水电站压力管道

——第八届全国水电站压力管道学术会议文集

中国电建集团成都勘测设计研究院有限公司 主编

中国水利水电出版社
www.waterpub.com.cn

内 容 提 要

本文集收录了有关水电站压力管道新规范、新材料、新技术应用等方面的最新研究成果和学术探讨论文93篇，分为压力管道，分岔管，伸缩节、波纹管及蜗壳，施工工艺及材料，管道规范与设计标准等五部分。其中，压力管道28篇，分岔管20篇，伸缩节、波纹管及蜗壳13篇，施工工艺及材料24篇，管道规范与设计标准8篇。

本文集可供从事水电站压力管道研究、设计及制造、安装的工程技术人员学习参考。

图书在版编目（CIP）数据

水电站压力管道 ：第八届全国水电站压力管道学术会议文集 / 中国电建集团成都勘测设计研究院有限公司主编. -- 北京 ：中国水利水电出版社，2014.8
ISBN 978-7-5170-2317-3

Ⅰ. ①水… Ⅱ. ①中… Ⅲ. ①水力发电站－压力管道－学术会议－文集 Ⅳ. ①TV732.4-53

中国版本图书馆CIP数据核字(2014)第181846号

书　　名	**水电站压力管道** ——第八届全国水电站压力管道学术会议文集
作　　者	中国电建集团成都勘测设计研究院有限公司　主编
出版发行	中国水利水电出版社 （北京市海淀区玉渊潭南路1号D座　100038） 网址：www.waterpub.com.cn E-mail：sales@waterpub.com.cn 电话：（010）68367658（发行部）
经　　售	北京科水图书销售中心（零售） 电话：（010）88383994、63202643、68545874 全国各地新华书店和相关出版物销售网点
排　　版	中国水利水电出版社微机排版中心
印　　刷	北京纪元彩艺印刷有限公司
规　　格	184mm×260mm　16开本　40.75印张　966千字
版　　次	2014年8月第1版　2014年8月第1次印刷
印　　数	0001—1500册
定　　价	**120.00**元

《水电站压力管道——第八届全国水电站压力管道学术会议文集》

主办单位 中国水力发电工程学会水工及水电站建筑物专业委员会
中国水利学会水工结构专业委员会
水电站压力管道信息网
中国电建集团成都勘测设计研究院有限公司
武汉大学水资源与水电工程科学国家重点实验室

前　言

为了促进水电站压力管道结构设计和工程实践的进步，交流水电站压力管道近年来在科研、设计及制造、施工方面的科技成果，由中国水力发电工程学会水工及水电站建筑物专业委员会、中国水利学会水工结构专业委员会、水电站压力管道信息网、中国电建集团成都勘测设计研究院有限公司、武汉大学水资源与水电工程科学国家重点实验室共同组织，于2014年9月在成都召开“第八届全国水电站压力管道学术会议”，并同步出版本届会议论文集。

本届会议充分交流了水电站压力管道建设的成功经验及教训，对进一步提高我国在压力管道研究、设计及制造施工和运行管理方面的技术水平具有重要的现实意义。

本届会议文集共收编学术论文93篇，分为压力管道，分岔管，伸缩节、波纹管及蜗壳，施工工艺及材料，管道规范与设计标准等五部分。文集紧紧围绕我国现阶段的水电建设项目，系统地整理了近年来在压力管道的理论研究、工程设计、施工技术、材料选型等方面取得的丰硕成果，全面总结了我国近年来压力管道的建设经验，这些宝贵的技术信息对进一步提高我国压力管道的发展水平将起到很好的促进作用。

在我国近年建设的许多大型水电站和抽水蓄能电站中，地下埋管仍然是主要的引水管道结构形式，如溪洛渡、向家坝、锦屏、三峡等大型水电站以及仙居、洪屏、琼中、天池、呼和浩特、张河湾等抽水蓄能电站。钢筋混凝土作为地下埋藏式压力管道的衬砌形式之一，设计理念已由把围岩作为荷载转变为把围岩作为承载体，提出的以围岩为承载体的地下埋管设计准则在工程中得到了成功应用，取得了明显的经济效益。近年来，在“安全第一”和“资产全寿命周期管理”总体最优的思想指导下，地下埋藏式钢管在高水头抽水蓄能电站引水系统中的应用越来越普遍，但其设计理论和方法总体变化不大，主要变化体现在新材料和新工艺的研发和推广应用等方面。

近年来混凝土坝下游面钢衬钢筋混凝土压力管道（简称背管）在坝后式

水电站中得到了进一步的推广和应用，例如金沙江中下游的金安桥、阿海、龙开口、观音岩、向家坝水电站以及澜沧江下游的景洪水电站。为了避免管坝施工相互干扰，同时提高背管承受高烈度地震（例如9度）荷载作用的能力，这些电站大多采用了浅槽式钢衬钢筋混凝土管道形式（即管道一半左右布置在坝下游面以外），对管道两侧的管坝接缝面取消垫层而采用键槽加插筋的接缝形式，也取得了成功。由于600MPa级高强钢的普及应用，并考虑到背管结构混凝土裂缝的存在和为了减小厂坝之间的距离，近年来也有些电站开始采用预留管槽的浅埋式坝内埋管（或垫层管）形式，如藏木、丰满水电站压力管道。因此，有必要在分析愈来愈多的原型观测资料的基础上，认真总结规律和经验，为坝后式水电站压力管道形式的选择提出更科学的依据。

此外，在长距离、复杂地基和高地震区的输水钢管设计、施工、新材料和新工艺的研究等方面，我国也取得了丰硕的成果。比如复式万向型波纹管伸缩节、新型钢管支座的研究与应用，解决了牛栏江—滇池补水工程输水钢管过小江区域活动断裂带的关键技术问题，为我国今后其他引水工程（如滇中引水工程等）类似技术难题的解决提供了宝贵的经验。

随着水电站建设规模的不断增大，引水发电系统分岔管的HD值也愈来愈高。在广大工程技术人员的共同努力下，无论是钢岔管还是钢筋混凝土岔管设计、施工，都取得了前所未有的成就。中国水电工程顾问集团公司企业标准《地下埋藏式内加强月牙肋岔管设计导则》（Q/HYDROCHINA008—2011）颁布以后，地下埋藏式钢岔管已经实现了由过去的按明钢岔管设计向围岩联合承载的转变。为了减小钢岔管管壁厚度，降低厚钢板的焊接困难，国内许多单位还组织开展了800MPa级甚至1000MPa级高强钢及其相关施工工艺的研发和应用，目前国产的800MPa级高强钢已经成功应用于内蒙古呼和浩特抽水蓄能电站，成果卓著。

随着三峡、向家坝、溪洛渡等巨型水电站的建成发电，水轮机蜗壳结构形式（或埋入方式）的优化设计研究也取得了丰硕的成果。不仅充水保压蜗壳和垫层蜗壳结构形式已经成功地应用于三峡、龙滩、拉西瓦等水电站的700MW巨型水轮发电机组，而且由我国创造性地提出的设置局部垫层的直埋蜗壳新结构形式，也已经在三峡、向家坝、溪洛渡等水电站中成功应用，为我国乌东德、白鹤滩等一大批巨型水电站蜗壳结构形式的选择提供了系统的设计理论方法和丰富的工程实践经验。

近年来，随着海外水电工程业务的快速发展，中国水电工程技术标准国际化已成为困扰和制约我国对外承包工程行业发展的因素之一，如何将中国工程技术标准与国际技术标准接轨并推向国际市场，是打破国际市场技术壁垒、增强我国企业综合竞争力的关键。通过对中国水电技术标准和国外标准内容的对比，以及据此进行的设计成果的比较，找出差异所在，分析各自的适用条件，是解决中外标准统一化问题的关键所在。美国和欧盟标准作为国际主流设计标准的典型代表，几乎得到世界各地的认可，国内许多设计、研究及施工单位结合各自承担的海外工程，对这些国外标准的引进和应用做了大量的工作，取得了很好的效果。

以上成果的取得，不仅为水电站压力管道专业的技术进步提供了坚实的理论基础和丰富的工程实践经验，而且可为新一轮的水电站压力钢管设计规范的修编提供参考依据，值得我们进一步总结、分析和交流。因此，有理由相信本文集对于提高我国水电站压力管道的研究、设计、制造、施工和运行水平，推动我国水电工程技术标准的国际化将起到重要的促进作用。

在文集的编印过程中得到了全国各水电水利工程设计、施工、科研院所等相关单位以及诸多专家的鼎力支持，在此表示衷心感谢！

由于组编文集时间紧迫，经验和专业水平不足，如存在错误和问题，敬请读者批评指正。

编委会

2014年8月

目　录

二、分岔管

三、伸缩节、波纹管及蜗壳

四、施工工艺及材料

五、管道规范与设计标准

一、压 力 管 道

溪洛渡水电站压力管道灌浆设计

苟芳蓉　杨怀德　邱　云

（中国电建集团成都勘测设计研究院有限公司，四川　成都　610072）

【摘　要】 溪洛渡水电站压力管道采用钢筋混凝土与钢板衬砌相结合的衬砌型式。地下厂房防渗帷幕前采用钢筋混凝土衬砌，帷幕后采用钢板衬砌。钢筋混凝土段，为提高岩体的完整性，保证围岩抗力充分发挥作用，且减小地下厂房防渗帷幕压力，全线采取系统固结灌浆。钢板衬砌段大部分按照围岩联合承载设计，除采用固结灌浆外，顶拱采用回填灌浆，底部采用接触灌浆。为了减小钢板开孔对钢板材质的损伤，减少开孔封堵焊接引起的敏感性裂纹，固结灌浆采用了无盖重灌浆，回填及接触灌浆采用了预埋管灌浆的新工艺，灌后质量检查效果良好。

【关键词】 压力管道；钢板衬砌；固结灌浆；回填灌浆；接触灌浆；无盖重灌浆；预埋管；灌浆优化

1　概述

溪洛渡水电站枢纽工程由混凝土双曲拱坝、坝身泄洪孔口、坝后水垫塘和二道坝、左右岸有压接无压泄洪洞、左右岸引水发电系统及送出工程组成。

左右岸引水发电系统对称布置，由电站进水口、压力管道、地下厂房、主变压器室、尾水调压室、尾水洞及出口等建筑物组成。左右岸地下厂房各安装 9 台 770MW 水轮发电机组。压力管道两岸呈基本对称布置，各布置 9 条地下埋管，进口中心线高程 523.00m。压力管道沿纵剖面分为渐变段、上平段（或上压坡段）、上弯段、竖井段、下弯段、下平段、锥管段及连接段。下平段、锥管段及连接段与厂房纵轴线垂直，中心间距 34m，中心高程 359.00m。压力管道总长，左岸 291.838～403.612m，右岸 306.214～372.054m。下平段（含锥管段、连接段）长 59.8m，内径 10m。

地下厂房防渗帷幕中心线距离厂房上游边墙 63.8m，位于压力管道下弯段末段。压力管道下弯段及上游部分采用钢筋混凝土衬砌，衬砌厚 0.9m。下平段、锥管段及与蜗壳连接段为钢板衬砌，钢管与围岩间回填混凝土。下平段长 32m，采用围岩联合承载，钢板材质 16MnR，板厚 28～30mm；锥管段长 20m，按地下埋管设计过渡到明管设计，钢板材质 ADB610D，板厚 34～54mm；与蜗壳连接段长 7.8m，按明钢管设计，材质 ADB610D，板厚考虑与蜗壳连接，为 54～66mm。下平段钢管设加劲环，间距 1m；其余段加劲环间距 1.25m。为防止渗漏，在钢衬起点处设置两道阻水环，间距 0.5mm。钢衬段前设置四道阻水帷幕，间距 1.5m，与厂房防渗帷幕搭接。钢衬段首端加设两道阻水帷幕，间距 0.75m，与厂房防渗帷幕、下平段钢管组成封闭防渗体系。

压力管道纵剖面布置以左岸 1 号压力管道为例，见图 1。

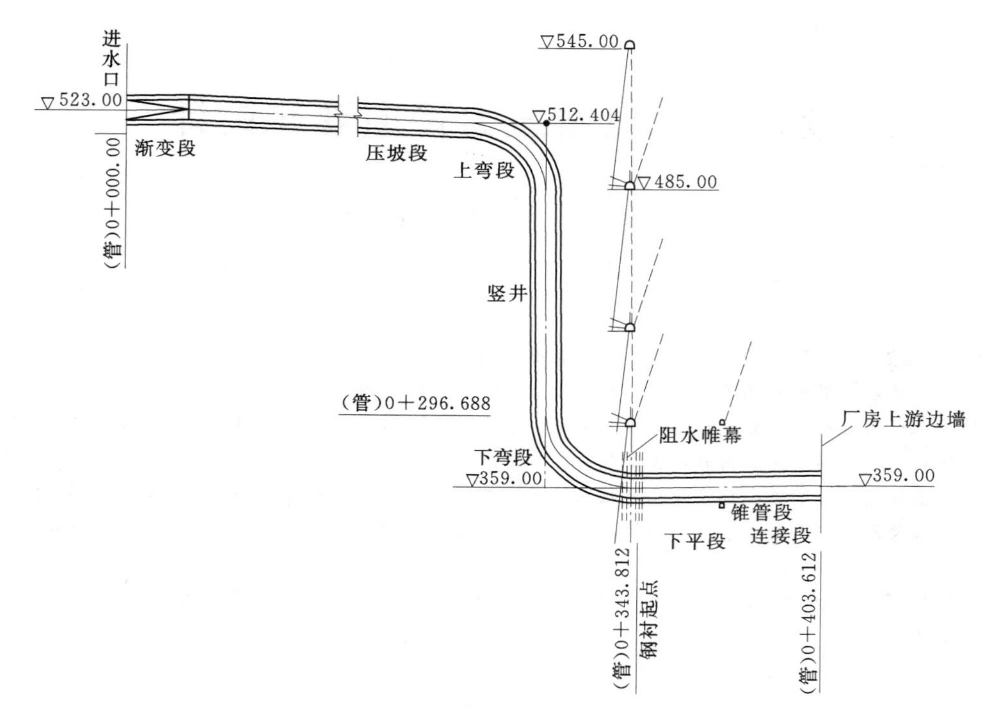

图1　1号压力管道纵剖面示意图（单位：m）

2　灌浆设计

压力管道灌浆设计需根据建筑物的使用功能、设计施工方法等因素综合考虑。根据溪洛渡水电站压力管道的结构布置、受力特点、防渗要求等，灌浆设计主要分为固结灌浆、回填灌浆、钢衬接触灌浆、阻水帷幕灌浆。

2.1　固结灌浆

压力管道岩性左岸为 $P_2\beta_4$～$P_2\beta_8$ 层，右岸为 $P_2\beta_3$～$P_2\beta_8$ 岩流层的玄武岩及角砾集块熔岩，岩石坚硬，均处在微新岩体内。岩体中发育的结构面主要为缓倾角的层间、层内错动带和陡倾角的节理裂隙。从洞室开挖揭示的地质条件来看，岩体多呈次块状结构为主，局部为镶嵌结构，围岩类别为Ⅱ类、Ⅲ1类，洞壁干燥，围岩总体稳定性较好。Ⅲ1类围岩变形模量（垂直向）可达10～12GPa，弹性抗力系数可达40～50MPa/cm。压力管道开挖后，表层岩体有所松弛，实测松动圈深为1～2m。

压力管道钢筋混凝土衬砌段运行时需要承受0.8～2.8MPa的内水压力，衬砌按限裂设计。为了提高岩体的完整性，让围岩抗力充分发挥作用，减小内水外渗，以减小厂房防渗帷幕压力，钢筋混凝土段有必要进行固结灌浆。同时，钢筋混凝土段管道距水库较近，管道放空时需承受较大外水压力，岩石固结灌浆圈可与衬砌联合承受外压，提高衬砌承受外压的能力。钢衬段大部分按照地下埋管设计并考虑围岩联合承载，以减少钢板用量，围岩固结灌浆亦是必要的。因此，设计在压力管道全线采取系统固结灌浆。固结灌浆孔深6m，每排布置8孔，排距3m，按22.5°相邻排交错布置。具体灌浆参数如下。

（1）上平段（压坡段）及上弯段末段设计内水压力约1.8MPa，固结灌浆分两序，全孔一次灌浆。Ⅰ序孔灌浆压力1～1.5MPa，Ⅱ序孔灌浆压力1.5～2MPa。

（2）竖井段最大设计内水压力约2.5MPa，固结灌浆分两序，全孔一次灌浆。高程440.00m以上Ⅰ序孔灌浆压力1.5～2MPa，Ⅱ序孔灌浆压力2～2.5MPa。高程440.00m以下Ⅰ序孔灌浆压力2～2.5MPa，Ⅱ序孔灌浆压力2.5～3MPa。

（3）下弯段最大设计内水压力约2.8MPa，固结灌浆分两序，全孔一次灌浆。Ⅰ序孔灌浆压力2～2.5MPa，Ⅱ序孔灌浆压力2.5～3MPa。

（4）下平段、锥管段、连接段均采用钢板衬砌，最大设计内水压力约2.9MPa。固结灌浆分两序进行，每孔2段。Ⅰ序孔0～3m段灌浆压力2～2.5MPa，Ⅰ序孔3～6m段灌浆压力2.5～3MPa；Ⅱ序孔0～3m段灌浆压力2.5～3MPa，Ⅱ序孔3～6m段灌浆压力3～3.5MPa。

根据现场灌浆试验情况，灌浆压力可适当调整。

2.2 回填灌浆与接触灌浆

水平洞段和缓倾角洞段的顶拱混凝土浇筑往往达不到密实，会留下一定的空腔。为使衬砌与围岩紧密结合，有效传递内水压力至围岩，在上、下平段（含上、下弯段缓倾角段）顶拱120°范围进行回填灌浆。回填灌浆压力0.3MPa，灌浆孔深入基岩0.1m，与固结灌浆孔结合，2孔、3孔交错布置，排距3m。回填灌浆须在混凝土达到设计强度的70%以后进行。

钢衬段回填混凝土，由于重力的作用底部区域浇筑易形成脱空区。因此在下平段、锥管段、连接段底部90°范围进行开孔接触灌浆，接触灌浆压力0.2MPa。接触灌浆孔结合固结灌浆孔，2孔、3孔交错布置。灌浆孔开孔孔径50mm，孔内加工丝扣，孔外侧焊接D150mm补强钢板。接触灌浆在钢衬回填混凝土浇筑60d，混凝土充分冷缩后进行。灌浆结束后采用丝扣堵头封堵，并用焊补法封口。

回填灌浆和接触灌浆孔布置见图2。接触灌浆孔及封堵见图3。

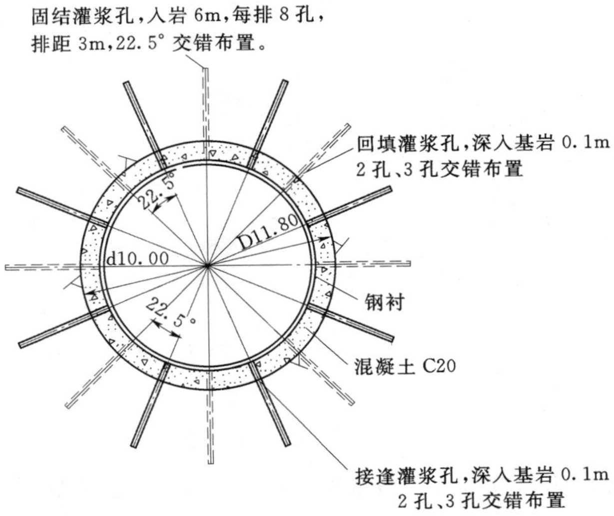

图2 回填灌浆和接触灌浆孔布置图（单位：mm）

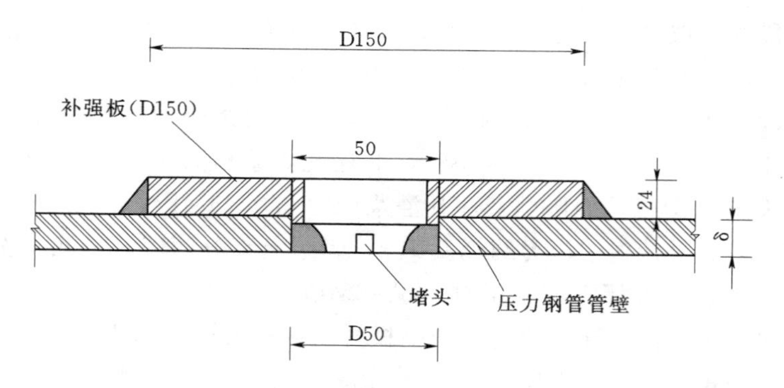

图 3　接触灌浆孔及封堵示意图（单位：mm）

2.3　阻水帷幕灌浆

压力管道钢衬起点设置在厂房防渗帷幕处，为了方便厂房帷幕灌浆，达到较好的灌浆效果，设计要求该段压力管道开挖须在厂房帷幕灌浆施工后进行。管道开挖爆破的影响势必削弱防渗帷幕，因此需要压力管道衬砌后对厂房防渗帷幕进行补强，并形成钢衬首端的阻水帷幕灌浆，与厂房防渗帷幕封闭连接。压力管道钢衬段前设置四道阻水帷幕，间距1.5m，钢衬段首端加设两道阻水帷幕，间距0.75m，与厂房防渗帷幕、下平段钢管组成封闭防渗体系。阻水帷幕孔深12m，每排8孔，相邻排交错布置。帷幕灌浆分两序孔灌注，Ⅰ序孔0～6m段灌浆压力3.5～4MPa，Ⅰ序孔6～12m段灌浆压力4～4.5MPa；Ⅱ序孔0～6m段灌浆压力4～4.5MPa，Ⅱ序孔6～12m段灌浆压力4.5～5MPa。阻水帷幕灌浆孔见图4。

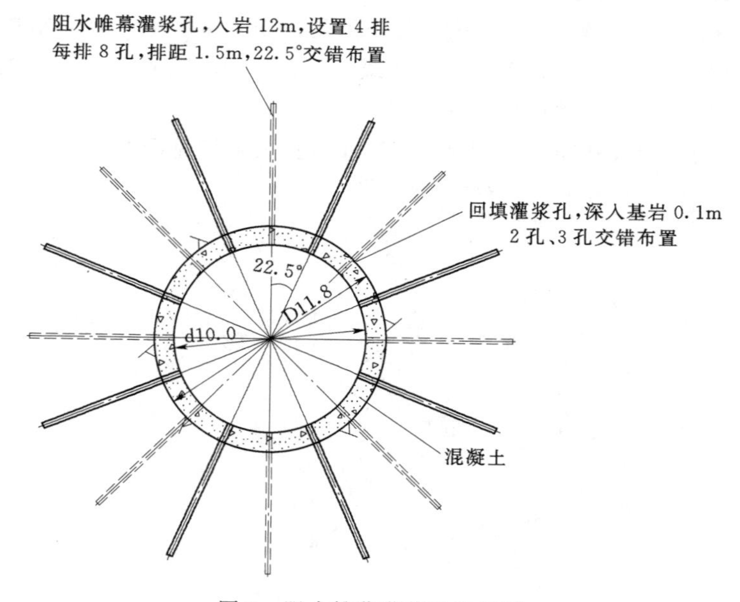

图 4　阻水帷幕灌浆孔布置图

各类灌浆实施顺序为：首先进行回填灌浆；然后进行固结灌浆和帷幕灌浆；最后进行接触灌浆。

3 钢衬段灌浆优化设计

压力管道钢衬段按照原灌浆设计，需要在钢板上开孔进行灌浆。钢衬段的施工须在开挖支护完成后首先进行钢管安装，再浇筑回填混凝土，然后在钢板上开孔进行各类灌浆，最后进行封孔，施工工艺复杂，工期长，经推算原灌浆方案不能满足完工结点工期要求。

溪洛渡压力管道钢衬材质采用的容器钢和高强钢均需要进行严格的焊前预热和焊后热处理。特别是高强钢灌浆孔堵头采用熔化焊时需进行预热和后热处理，以减少焊接裂纹的出现。高强钢的合金元素多，成分复杂，金相组织为低碳板条马氏体或粒状下贝氏体，缺口裂纹敏感性较高。由于强度较高，相应的塑性、韧性相对较低，采用熔化焊接工艺封堵灌浆孔，易产生裂纹等焊接缺陷。同时由于灌浆孔尺寸小，不便贴合可控制加热温度的远红外电加热片，而是采用人工控制温度的火焰加热法，从而导致各个部位加热、冷却不均匀，因冷却收缩不均匀，可能导致焊缝开裂。另外，地下埋管内施焊条件较差，灌浆孔内不易清除的浮锈、油污、油漆、泥浆以及围岩渗水或灌浆凝固水渗出，均会导致焊接接头内的扩散氢含量增加，存在氢致裂纹的可能。鉴于以上原因，经广泛收集资料，参考国内多个项目的经验并经进一步深入研究，将钢衬段灌浆方式优化为不开孔灌浆，结合溪洛渡压力管道较好的围岩条件，将钢衬段固结灌浆和帷幕灌浆调整为无盖重灌浆，回填灌浆和接触灌浆调整为预埋灌浆管进行灌浆的方式。

3.1 钢衬段固结灌浆方式

取消高强钢衬上开设的灌浆孔，固结灌浆采用无盖重方式进行。灌浆孔适当加密，布置由原设计的8孔/环调整为12孔/环，孔深仍为6m，排距3m，相邻排交错布置。对于锥管段及连接段，灌浆采用0～6m段全孔一次灌浆法，灌浆压力Ⅰ序孔采用1.5～2MPa，Ⅱ序孔采用2～2.5MPa。对于下平段（16MnR段），由于考虑围岩联合承载，须确保固结灌浆的质量和效果，灌浆采用自里而外分段灌浆法，2～6m段灌浆压力Ⅰ序孔采用2～2.5MPa，Ⅱ序孔采用2.5～3MPa；0～2m段灌浆压力Ⅰ序孔采用1～1.5MPa，Ⅱ序孔采用1.5～2MPa。灌浆压力可根据现场试验进行调整，同时要求进行围岩抬动观测，因固结灌浆产生新的卸荷松弛和抬动量小于100μm。在浅表松动及裂隙发育岩体部位，固结灌浆采用针对性引管，待回填混凝土浇筑后进行补充固结灌浆，引管管口须入岩0.3～0.5m。

3.2 钢衬段回填及接触灌浆方式

钢板衬砌段回填及接触灌浆均采用预埋灌浆管进行。对于回填灌浆，在洞顶部120°范围设置一套回填灌浆管路，顺管轴线方向为主管，沿管径方向设支管，灌浆主管和支管均采用钢管。管路与加劲环焊接便于牢固固定，管口紧贴基岩面，并用胶布或其他透气性材料封边，避免混凝土浇筑过程中堵塞管口，回填灌浆压力0.4MPa。洞底部120°范围设置一套接触灌浆管路，灌浆主管和支管均采用钢管，管路与加劲环焊接固定，管口紧贴钢衬外表面，并用胶布或其他透气性材料封边，避免混凝土浇筑过程中浆液堵塞管口，接触灌浆压力0.25MPa。回填灌浆和接触灌浆管路引至下平段施工支洞，待混凝土浇筑达到设计要求的龄期后实施灌浆，灌浆前对灌浆管进行压气检查，确保管路畅通。灌浆结束后，灌浆管路采用同等强度浆液灌注密实。

回填及接触灌浆管布置横剖面见图5。灌浆管布置纵剖面见图6。

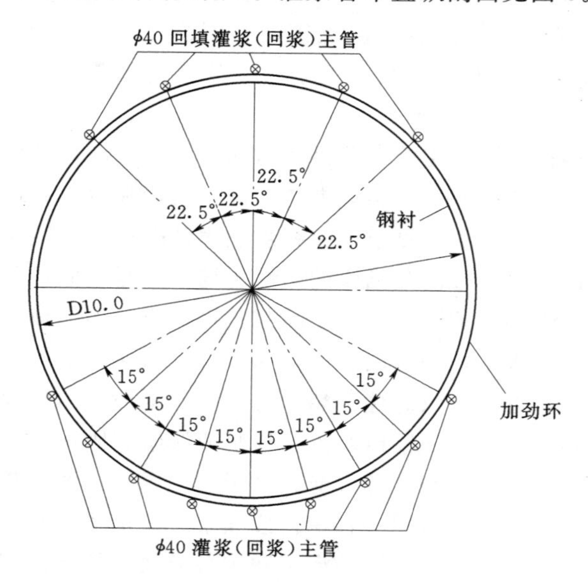

图5 回填及接触灌浆管布置横剖面图

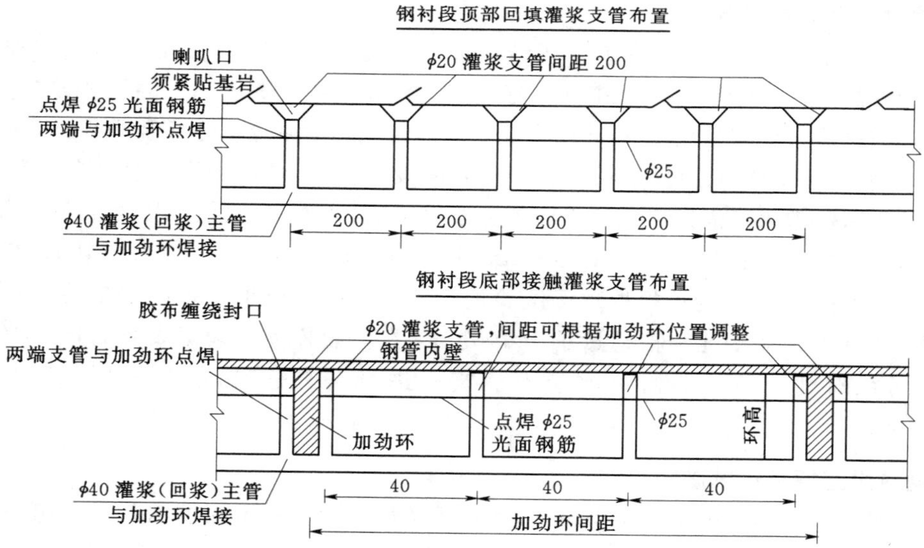

钢衬段顶部回填灌浆支管布置

喇叭口
须紧贴基岩
点焊 ϕ25 光面钢筋
两端与加劲环点焊
ϕ20 灌浆支管间距 200
ϕ25
ϕ40 灌浆（回浆）主管
与加劲环焊接
200 200 200 200 200

钢衬段底部接触灌浆支管布置

胶布缠绕封口
ϕ20 灌浆支管，间距可根据加劲环位置调整
两端支管与加劲环点焊
钢管内壁
加劲环
点焊 ϕ25
光面钢筋
ϕ25
环高
ϕ40 灌浆（回浆）主管
与加劲环焊接
40 40 40
加劲环间距

图6 灌浆管布置纵剖面图（单位：cm）

3.3 阻水帷幕灌浆

钢衬段的两排阻水帷幕灌浆调整为无盖重灌浆方式，灌浆参数仍参照原施工技术要求，实行分段分序灌浆。钢衬段前的四排阻水帷幕先采用无盖重灌浆，待混凝土衬砌完成后再对表层3m孔深段进行补强灌浆，以确保帷幕灌浆的质量。

4 灌浆质量检查方法及标准

4.1 回填灌浆

回填灌浆质量检查应在该部位灌浆结束7d后进行，检查孔的数量应为灌浆孔总数的5%。钢筋混凝土段采用钻孔注浆法和地质雷达测试两种方法进行。钻孔注浆法向孔内注入水灰比2∶1的浆液，在规定压力下，初始10min内注入量不超过10L，即为合格；地质雷达测试顶拱一线，对补灌后怀疑无法灌满的部位采用钻孔取芯检查，并进行补灌处理。钢衬段回填灌浆质量检查采用冲击回波法测试，对检查不合格部位，考虑在厂房灌浆廊道内进行补灌。

4.2 固结灌浆

压力管道固结灌浆质量检查采用声波测试和压水试验两种方法，检查孔数量占灌浆孔总数的5%以上，在地质条件复杂和灌浆异常部位，根据监理人指示加密布置。声波检查合格标准为：每条压力管道内所有检查孔全孔声波平均值大于4800m/s，且小于4000m/s的声波测试点比例小于10%。压水试验采用单点法，规定透水率上平段和上弯段小于3Lu，竖井段和下弯段小于1.5Lu，且孔段合格率90%以上为合格。

4.3 阻水帷幕灌浆

压力管道阻水帷幕灌浆质量检查采用压水试验方法，在该部位灌浆结束14d后进行。灌浆检查孔的数量不少于灌浆孔总数的10%。压水试验采用分段卡塞进行，设计规定透水率小于1Lu，孔段合格率90%以上为合格。

4.4 钢板接触灌浆

钢板接触灌浆工程的质量检查，在灌浆结束7d后采用锤击法进行，对于疑似脱空区，采用冲击回波法进行测试。钢板单处脱空面积大于$0.5m^2$的空腔，采用磁座电钻开孔进行补灌，并按技术要求进行封孔。

5 结语

溪洛渡水电站压力管道固结灌浆经质量检查，总体满足设计要求，少量洞段检查孔经补灌后满足了设计要求。钢衬段采用预埋管路进行顶拱回填灌浆及底板接触灌浆，采用冲击回波法对压力钢管回填灌浆进行质量检查，结果显示局部存在不连续的轻微脱空现象，管道混凝土与围岩间总体接触紧密，对结构受力影响不大。接触灌浆完成并达到凝期后，采用锤击法和冲击回波法对钢衬管段进行质量检查，检查结果显示，钢衬底部存在少量不连续脱空区，大多数小于设计要求$0.5m^2$，少量脱空面积超过$0.5m^2$，经补灌处理后，满足设计要求。

压力管道钢衬段固结灌浆、阻水帷幕灌浆采用无盖重灌浆方式，回填及接触灌浆采用预埋灌浆管方式，避免了在钢板上特别是高强钢板上开孔灌浆后封孔困难的风险，确保钢衬段不渗水，同时可大大简化施工工序，方便施工且缩短了施工工期。灌浆质量检查结果显示，只要精心施工，注重灌浆工艺，严格控制，灌浆质量能够满足设计及工程安全运行要求，截至2014年5月，金沙江溪洛渡水电站已经发电16台机组，压力管道变形、应力、渗流、渗压等观测资料显示，压力管道运行良好。

参 考 文 献

[1] DL/T 5017—2007 水电水利工程压力钢管制造安装及验收规范［S］. 北京：中国电力出版社，2007.
[2] DL/T 5148—2012 水工建筑物水泥灌浆施工技术规范［S］. 北京：中国电力出版社，2012.

地下气垫式调压室首次采用钢管闭气型式的应用

张 团[1] 郭元元[2] 杨兴义[1]

(1. 中国电建集团成都勘测设计研究院有限公司，四川 成都 610072
2. 四川省岷源水利水电工程设计有限公司，四川 成都 610072)

【摘 要】目前水电站地下气垫式调压室闭气型式一般采用围岩闭气、水幕闭气和罩式闭气，这三种闭气型式对调压室位置区域地形、地质条件要求较高，为增加地下气垫式调压室位置选择的灵活性，首次提出了钢管闭气型式。本文主要介绍四川省某水电站气垫式调压室闭气型式的应用，该电站气室区域地形单薄，其设置条件不满足规范要求，拟采用钢管闭气型式，并通过有限元方法计算分析和论证了钢管闭气结构型式的可行性。

【关键词】气垫式调压室；闭气型式；钢管闭气；联合受力

1 前言

气垫式调压室具有引水系统布置灵活、施工简便、对周围环境影响较小以及投资少等特点，近年来被越来越多的应用于高水头、小流量的中小型电站。地下气垫式调压室防渗设计关键是封闭高压气体、防止渗漏，目前已采用的闭气型式主要包括围岩闭气、水幕闭气和罩式闭气三种结构型式。挪威已建的气垫式调压室工程主要采用围岩闭气和水幕闭气，国内已建的地下气垫式调压室工程中，自一里和小天都水电站采用水幕闭气，金康、木座和阴坪水电站采用罩式闭气。

该电站气垫式调压室上游引水道采用明钢管型式，沿河岸布置，如采用地面气垫式调压室，气室内的气压近 4MPa，气室的设计难度相当大，为此考虑设置地下气垫式调压室。气室区域的围岩以Ⅲ类为主，但山体单薄，规范所要求的埋深、地应力和渗透条件均不满足，传统的气室闭气型式不适合该电站，该电站创新地提出了一种适用于地下气垫式调压室的钢管闭气型式。

2 气垫式调压室结构布置

气垫式调压室由气室和连接隧洞组成。气室平面为长条形，长 35m，断面采用圆形，直径 7m。气室中心线与压力管道中心线夹角为 55°，布置在压力管道右侧。气室布置见图 1～图 3。

气室底板高程 1523.00m，初始水面高程 1525.70m，初始水深 2.7m，最小水深 1.6m。气室托马稳定面积 $72m^2$，实际采用面积 $140m^2$，安全系数$K=1.9$。气室设计气体压力 3.20MPa，最大气体

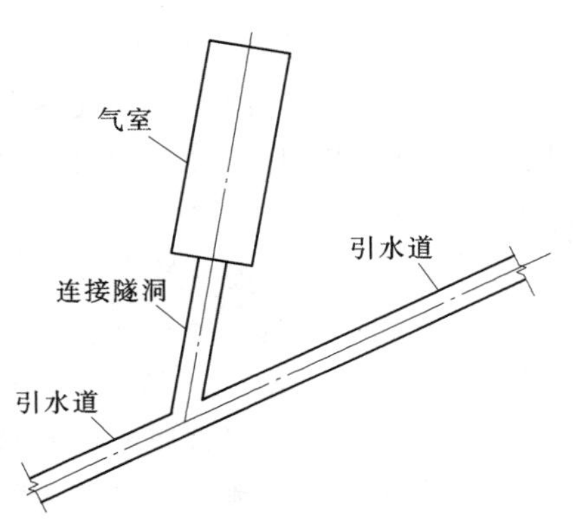

图 1 气室平面示意图

压力 3.85MPa，最小气体压力 2.76MPa。

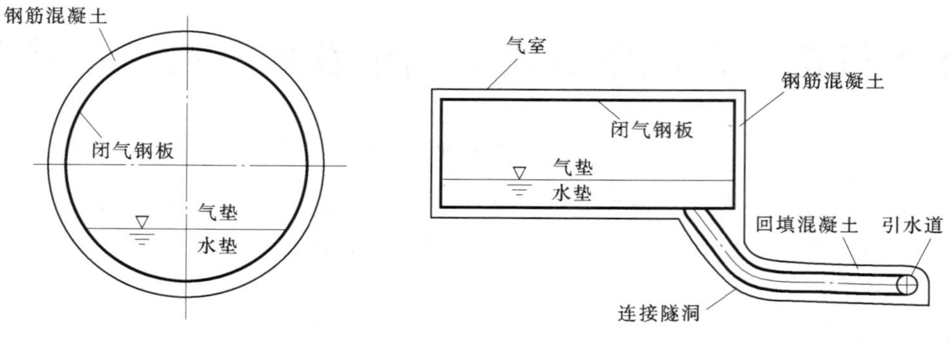

图 2　气室横剖面示意图

图 3　气室纵剖面示意图

气室采用“钢筋混凝土＋内衬钢板”结构型式，圆形断面和端墙部位的混凝土厚均为 70cm，气室内表面的钢板厚度均为 14mm，材质为 Q345R。气室开挖后采用 $\phi 25$、$L=4.5\text{m}$ 系统锚杆支护，锚杆间排距 1m，入岩 4m，外露 50cm 与钢衬的加劲环焊接。气室混凝土和围岩之间布置了系统排水管网。气室与压力管道最小水平净距 15m，气室底板高于压力管道顶拱 3m，两者间通过连接隧洞连接。连接隧洞采用埋管型式，钢管直径 1.7m，钢管外侧回填混凝土。

3　钢管结构设计

气室采用圆形内衬钢板断面后，整个气室相当于一个承受内压的压力钢管（区别在于气室内为高压气体，且外部无渗透水压），仅考虑内压工况。按《水电站压力钢管设计规范》（DL/T 5141—2001）埋管设计规定，当上覆盖厚度不满足附录 B 式 B7 要求时，钢管不能考虑围岩承载，但仍可取埋管抗力限值进行厚度估算，采用 Q345R 材质时，钢板的计算厚度为 64mm。由于该工程为小型工程，施工队伍不专业，采用大厚度的压力钢管，在安装、焊接等质量上不容易保证；另外，采用这种厚板钢材，投资较大，不经济。因此，有必要针对气垫式调压室的具体情况，研究薄钢板防渗，外侧钢筋混凝土受力的可行性，将钢板厚度尽量减小，以节省工程量和确保施工质量。

3.1　钢管、钢筋混凝土及围岩联合受力分析

为尽可能发挥外侧混凝土及围岩的作用，钢管的厚度不宜厚，按《水电站压力钢管设计规范》（DL/T 5141—2001）的规定，直径 7m 的钢管，为保证安装刚度，构造厚度可取 14mm。为了掌握钢管、钢筋混凝土及围岩的联合受力及分载比，采用三维有限元方法，对气室钢管不同边界及参数下进行应力和变形计算分析。

假定钢管、外侧混凝土及围岩紧密结合，当外侧材料参数变化时，钢板的整体应力变化不大，为 42～60MPa，远小于钢管的允许应力。但外侧混凝土的拉应力比较大，超过了混凝土的抗拉强度，需要配置钢筋，限制其裂缝开展，以保证混凝土能向围岩传递内压。由计算可知，外侧材料变形模量，弹模，泊松比等越高，钢板的应力越小（但变化范围不大），外侧混凝土承担的内水压力越大。以上方案的计算均未考虑钢板与外侧混凝土

之间的间隙，两者紧密结合，变形最大也不到 2mm，导致钢板的应力水平很低。但实际由于施工的原因，钢板与混凝土之间的，以及混凝土与围岩之间存在缝隙是必然的，一旦存在大于 2mm 以上的缝隙，钢板应力水平势必超过 60MPa。

3.2 钢管、钢筋混凝土间存在缝隙受力分析

由于施工导致的钢管外周缝隙实际是不均匀的，有限元计算也很难模拟施工导致的不规则缝隙。计算时假定钢管与混凝土之间存在均匀的缝隙值，进行敏感性分析。当管周存在 3mm 的均匀缝隙时，钢板首先向外变形，以充满缝隙，最后再与混凝土接触。当钢板变形大于 3mm 时钢板与混凝土联合承担内压，混凝土与钢板一起变形约为 4.9mm（模型采用点对点的接触行为，实际情况是整个单元面发生接触），此时钢板的应力为 410MPa，但未达到钢板的抗拉强度 510MPa（钢板未拉坏）。

假定钢管外周均匀缝隙值为 5mm，此时混凝土与钢板一起变形约为 6.5mm，钢板应力已经接近了抗拉强度，应力为 480MPa。综合以上分析，当外围缝隙值越大，钢板变形越大，应力增加越快，混凝土承担内水压力的比例越低。

3.3 小结

实际上钢板与外侧混凝土之间的缝隙根本不可能是均匀的，缝隙的大小也很难界定。因此上述计算仅为理论研究。总体趋势是，外围缝隙条数越少，分布范围越小，缝隙深度越小，围岩与混凝土之间的联合承担内水压力作用越是明显。另外值得一提的是，某设计院在水电站埋藏式岔管研究中，验证了很多成果。其中最重要的一条就是，无论钢板采用多厚，最后围岩分担内水压力的比例是非常高的，也就是说钢板的应力很小，围岩分担内水压力的比例基本达到 70%以上。该院在西龙池水电站还做了专门的原型模型试验，也验证了这一点。但限于国内目前未见相关实际工程支撑，只采用了 40%以内的围岩分担比例，以确保安全。

根据以上计算分析，本电站气室钢板采用 14mm，外侧钢筋混凝土结构是合理可行的。根据运行期实测的钢板应力计数据，最大实测钢板应力为 50MPa，与计算值吻合。气室内气压主要传递至外侧钢筋混凝土，内衬钢板应力水平较低。

4 结语

该水电站于 2014 年 2 月建成发电，至今运行良好，气室钢板和钢筋应力计等监测数据成果正常合理。本电站采用的钢管闭气结构型式，在国内外地下气垫式调压室设计中尚属首次，与传统的罩式闭气比较，气室内的闭气钢板为连续的封闭体，在最大气体压力 3.85MPa 的条件下，依然能够采用很薄的钢板厚度（主要依靠钢筋混凝土承担高内压），该技术应用前景非常巨大，值得以后的工程人员深入思考和其他小型工程应用参考。

参考文献

[1] 中国水电顾问集团成都勘测设计研究院．水电站气垫式调压室关键技术及应用研究项目总报告[R]．成都：中国水电顾问集团成都勘测设计研究院，2007.

吉牛水电站压力管道结构设计

曾海钊　杨　斌　陈子海

（中国电建集团成都勘测设计研究院有限公司，四川　成都　610072）

【摘　要】 吉牛水电站压力管道长 1179.63m，管径 3.8m，内水压力 0.07～5.58MPa。压力管道沿线为志留系第四岩组（Smx^4）薄—中层二云英片岩、二云片岩夹石英岩，岩石软硬相间，以Ⅳ类围岩为主。采地下埋管，钢板衬砌，并在顶拱设置回填灌浆、底拱设置接触灌浆。吉牛水电站于 2013 年 12 月充水发电，压力管道安全运行至今。

【关键词】 布置；结构设计；压力管道；灌浆设计

1　引言

吉牛水电站位于四川省丹巴县境内的革什扎河上，是革什扎河规划中的第四个梯级，为低闸引水式电站。水库正常蓄水位 2378.00m，总库容 197.5 万 m^3，具有日调节性能。引水线路全长 22.377km，额定引用流量 60.28m^3/s。电站装机 2 台，总装机容量 240MW，为单一发电工程，无灌溉、防洪等要求。

2　压力管道布置

2.1　地质条件

压力管道布置于微风化—新鲜岩体中，围岩为志留系第四岩组（Smx^4）薄—中层二云英片岩、二云片岩夹石英岩，岩石软硬相间，岩层产状 N40°～60°W/NE∠50°～70°（与压力管道小角度相交），以Ⅳ类围岩为主（断层破碎带属Ⅴ类）。覆盖层深度约 12m，坡度较抖，垂直向夹角约 45°。压力管道采用埋藏式，钢板衬砌。

2.2　压力管道布置

引水系统主要由有压引水隧洞、调压井、蝶阀室和压力管道等建筑物组成。

鉴于压力管道区的地质条件较差、管道所承受的内水压力较大，压力管道布置设计中设置三个斜段减短高压段的长度，力求降低管道内水压力，以减薄钢板厚度和减少钢材量，缩短支洞的长度节省工期。结合调压井及厂房的布置，压力管道在平面上设置了 2 个转弯点，在立面上设置了 6 个转弯点（ 即 3 个斜井）。采用一条主管经一个 Y 形岔管分成两条支管分别向厂房内 2 台机组供水的联合供水布置方式。压力管道由上平段、上斜井段、上中平段、中斜井段、下中平段、下斜井段和下平段以及岔、支管段组成。（管）0＋003.400～（管）1＋049.2139 为主管段，其后为岔支管段；主管内径 3.8m，支管内径 2m。

压力管道纵剖面布置见图 1。

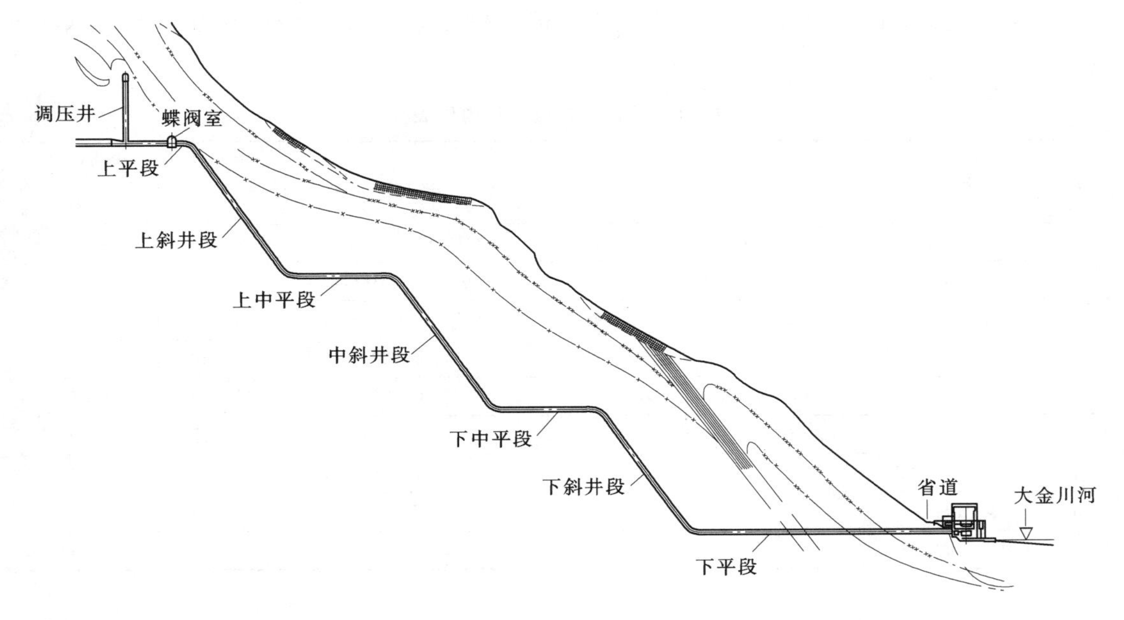

图 1　压力管道纵剖面布置示意图

3　压力管道结构设计

3.1　水锤计算

压力管道设计内水压力按调压室最高涌浪水位及压力管道水锤升压分析确定。压力管道最大水锤升压出现在运行工况为库水位 2378.00m，两台机满负荷运行时，突然丢弃全部负荷的情况，此时导叶有效关闭时间 $T_s=130s$，取压力波传播速度为 $c=1200m/s$，经计算最大水锤升压为第一相水锤，其水锤升压系数 ζ 小于 0.1，水锤升压系数 ζ 按 0.1 取值，最大升压水头 $\Delta H=50.725m$，压力管道承受最大内压为 5.58MPa。

压力管道最大水锤降压出现在运行工况为库水位 2375.00m，第一台机满负荷运行、第二台机组负荷由 $Q=0$ 增至满负荷运行的情况，此时导叶开启时间按 $T_s=130s$ 计算，取压力波传播速度为 $c=1200m/s$，经计算最大水锤降压为第一相水锤，其水锤降压系数 η 小于 0.1，水锤降压系数 η 按 0.1 取值，最大降压水头 $\Delta H=50.425m$，结合调压室最底涌浪，压力管道上平段末端压力为 0.072MPa。

3.2　结构设计

综合考虑管道水头损失、钢材量等因素，确定主管经济管径为 3.8m，支管经济内径为 2m。因该电站的设计水头较高、管道沿线地质条件较差，经技术经济比较，压力管道全线采用了钢板衬砌。为了节省钢材用量，针对压力管道沿线的内外水压力大小和相应地质条件，分段选用不同材质的钢板：以（管）0＋426.00m 为界，其上游管段采用 Q345R 钢材，下游管段钢材采用 600MPa 级高强钢。

鉴于压力管道沿线所承受的内水压力较大，为 0.07～ 5.58MPa（ 含水锤压力），具体分布见表 1。由于内水压力为控制工况，且管道区岩性复杂，受构造、埋深影响，岩体风化卸荷强烈且破碎，围岩稳定性总体较差，因此钢板混凝土衬砌结构设计中主要采取了如下原则。

表 1　　压力管道各控制点设计内压表

序号	部位	桩号/m	高程/m	设计内压（水头）/m	
				最大	最小
1	上平段	0+062.1920～0+076.5910	2312.90～2306.50	85.23	9.73
2	上斜井段	0+076.5910～0+243.9681	2306.50～2169.40	226.66	148.38
3	上中平段	0+243.9681～0+372.7661	2169.40～2156.60	245.07	148.38
4	中斜井段	0+372.7661～0+542.7068	2156.60～2017.40	388.68	290.42
5	下中平段	0+542.7068～0+671.5048	2017.40～2004.60	407.09	297.63
6	下斜井段	0+671.5048～0+827.0404	2004.60～1877.15	538.57	421.09
7	下平段	0+827.0404～1+049.2140	1877.15～1870.75	554.85	417.68
8	岔管		1870.75	554.85	417.68
9	支管		1870.75	557.98	414.55

3.2.1　主管段结构设计

主管按地下埋管且由钢管单独承载设计，埋管段管外回填 60cm 厚 C20 素混凝土。钢管管壁厚度计算公式按《水电站压力钢管设计规范》（DL/T 5141—2001）附录 B 公式，即

$$t=\frac{Pr}{\sigma_R}$$

$$\sigma_R=\frac{f}{\gamma_0\psi\gamma_d}$$

式中　t——钢管管壁厚度，mm；

P——内水压力设计值，N/mm²；

r——钢管内半径，mm；

σ_R——钢材抗力限值，N/mm²；

f——钢材强度设计值，N/mm²；

γ_0——结构重要性系数，取 1.0；

ψ——设计状况（持久状况取 1.0）；

γ_d——结构系数，见表 2。

钢材的抗力限值 σ_R 计算结果见表 2。

表 2　　钢材抗力限值及相关参数

部　　位	应力种类	设计强度 f /MPa	结构系数 γ_d	抗力限值 σ_R /MPa
（管）0+003.400～（管）0+426.000m 段主管	整体膜应力	315（≤16mm）	1.3	242
（管）0+003.400～（管）0+426.000m 段主管	整体膜应力	300（16～35mm）	1.3	231
（管）0+426.000m 后主管	整体膜应力	410	1.3	315

续表

部　　位	应力种类	设计强度 f /MPa	结构系数 γ_d	抗力限值 σ_R /MPa
支管段	整体膜应力	370	1.6	231
岔管段	整体膜应力	410	1.76（管壳）	233
	局部膜应力	410	1.43（管壳折角）	287
		410	1.43（肋板）	287

3.2.2　岔支管段结构设计

受厂区枢纽布置和岔支管运输安装通道等因素的影响，靠近厂房部分的岔支管段为明管外包钢筋混凝土，考虑岔管的受力复杂性和结构重要性，岔支管按明管设计。

将主管和支管的内水压力设计值 P 及其他参数代入上述公式进行计算，经计算，管0+003.400～（管）0+426.000m 段 Q345R 采用板厚为 14～28mm，经复核在运行状态下管壁的最大应力为 222MPa$<\sigma_R$（231MPa/242MPa）；（管）0+426.000～（管）1+049.214m 段 600MPa 级高强钢采用板厚为 24 ～40mm，经复核，运行状态下管壁的最大应力为 312MPa$<\sigma_R$（315MPa）。

3.2.3　钢管承受外压的弹性稳定设计

压力管道施工期无外水，进行承受外压的弹性稳定计算时，外水压力按弱风化下限的 0.6 倍考虑，钢管外壁在每间隔 1.5m 设置了一个高 15cm 加劲环，加劲环间管壁临界抗外压稳定 P_{cr} 按米赛斯公式计算。

（1）加劲环间管壁的抗外压稳定。

临界外压 P_{cr} 按米赛斯公式：

$$P_{cr}=\frac{E_s t}{(n^2-1)\left(1+\dfrac{n^2 l^2}{\pi^2 r^2}\right)^2 r}+\frac{E_s}{12(1-\mu_s^2)}\left(n^2-1+\frac{2n^2-1-\mu_s}{1+\dfrac{n^2 l^2}{\pi^2 r^2}}\right)\frac{t^3}{r^3}$$

$$n=2.74\left(\frac{r}{l}\right)^{1/2}\left(\frac{r}{t}\right)^{1/4}$$

式中　P_{cr}——抗外压稳定临界压力计算值，N/mm²；

E_s——钢材弹模，取为 2.06×10^5 N/mm²；

μ_s——钢材的泊松比，取为 0.3；

t——钢管厚度，mm；

l——加劲环间距，mm；

n——相应于最小临界压力的波数。

（2）加劲环的抗外压稳定。

临界外压可采用下式计算

$$P_{cr}=\frac{\sigma_s A_R}{rl}$$

$$A_R = ha + t[a + 1.56(rt)^{1/2}]$$

式中　σ_s——钢材屈服点，N/mm²；

A_R——加劲环有效截面面积，mm²；

h——加劲环高度，mm；

a——加劲环厚度，mm；

其余符号意义同前。

经计算，加劲环间管壁的临界外压为 1.238～4.538MPa，满足抗外压稳定要求；加劲环自身的临界外压为 1.30～1.49MPa，考虑回填混凝土对加劲环的嵌固作用，其抗外压稳定满足要求。

4　灌浆设计

4.1　回填灌浆

为使钢衬外的回填混凝土与围岩紧密贴合，以使围岩承受一部分内水压力并保证围岩压力均匀传递于衬砌上，对压力管道主管顶拱进行了回填灌浆设计。

在压力管道管壁顶拱开设回填灌浆孔，采用 1 孔或 2 孔交替布置，1 孔时在管顶，2 孔时孔中心线夹角为 70°，对称于管中心铅垂线，排距 1.5m。

根据现场的生产性灌浆试验结果，结合加劲环间管壁和加劲环自身的抗外压能力，为保证灌浆效果，回填灌浆压力采用 0.2～0.5MPa。

4.2　接触灌浆

为增强回填混凝土与钢板接触面间的结合能力，对压力管道埋管段钢板衬砌进行了接触灌浆设计。接触灌浆孔采用 1 孔或 2 孔交替布置，1 孔时在管底，2 孔时孔中心线夹角为 70°，对称于管中心铅垂线，排距 200cm。根据现场的生产性灌浆试验结果，结合加劲环间管壁和加劲环自身的抗外压能力，为保证灌浆效果，接触灌浆压力为 0.1～0.2MPa。回填及接触灌浆孔布置见图 2。

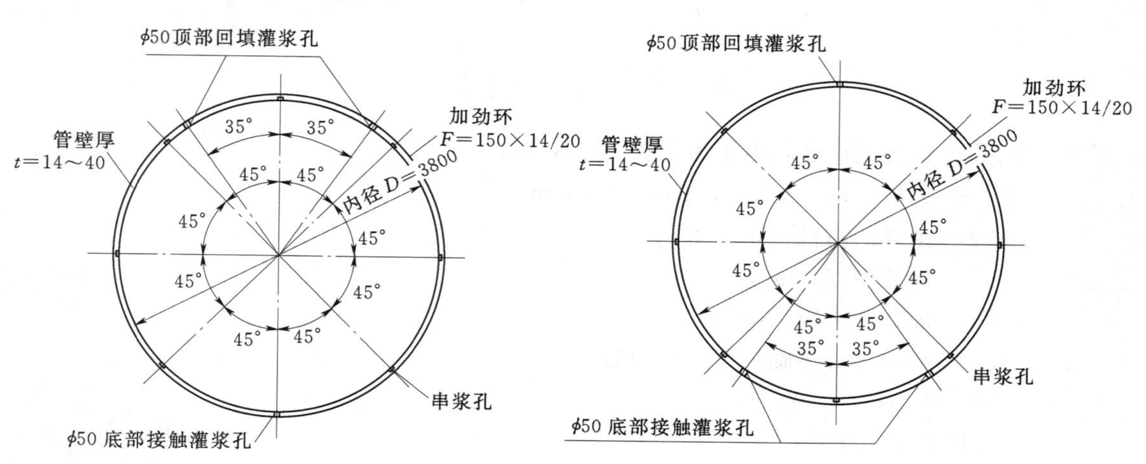

图 2　回填及接触灌浆孔布置图（单位：mm）

5 结语

吉牛水电站于 2013 年 12 月底对引水系统进行充水并发电，水电站运行情况良好。

参 考 文 献

[1] DL/T 5141—2001 水电站压力钢管设计规范 [S]. 北京：中国电力出版社，2002.

基于厂区三维渗流分析的压力管道钢衬优化设计

祖　威

（中国电建集团成都勘测设计研究院有限公司，四川　成都　610072）

【摘　要】 黄金坪水电站压力管道采用埋藏式、单机单管供水的布置型式。招标阶段，除压力管道上平段前20m为钢筋混凝土衬砌段外，其余洞段全部采用钢板衬砌。技施阶段，根据最新厂区三维渗流分析研究成果，在未设置防渗帷幕的情况下，进厂总渗流量满足设计要求。同意对压力管道钢衬进行优化，取消上平段及部分斜井段钢衬。从而达到结构优化设计的目的。

【关键词】 优化设计；压力管道；钢筋混凝土衬砌；渗流

1　引言

黄金坪水电站位于大渡河上游河段，系大渡河干流水电规划“三库22级”的第11级水电站。黄金坪水电站是以发电为主的二等大（2）型工程。水电站采用水库大坝和“一站两厂”的混合式开发，枢纽建筑物主要由沥青混凝土心墙堆石坝、1条岸边溢洪道、1条泄洪（放空）洞、左岸尾部式大厂房引水发电建筑物和右岸小厂房引水发电建筑物等组成。

压力管道采用埋藏式、单机单管供水的布置型式。4条压力管道平行布置，管轴线间距为30.5m，由上平段、上弯段、斜井段、下弯段及下平段组成，斜井坡度为60°。管道长度141.433m，内径9.6m，引用流量338.1m^3/s，洞内流速为4.67m/s。

压力管道围岩为微新的石英闪长岩、斜长花岗岩，其间穿插有花岗闪长岩～角闪斜长岩质混染岩，岩体致密坚硬，较完整，以次块状结构为主，局部为块状结构。管道沿线围岩类别以Ⅲ类围岩为主，部分Ⅱ类，局部断层及其影响带、裂隙密集带等为Ⅳ类、Ⅴ类围岩。管道区地应力值较高，有发生轻微～中等岩爆的可能。

2　招标阶段压力管道结构设计

招标阶段，压力管道虽以Ⅲ类围岩为主，但局部断层及其影响带、裂隙密集带等为Ⅳ类、Ⅴ类围岩，如采用钢筋混凝土衬砌，需对Ⅳ类、Ⅴ类围岩进行固结灌浆处理，施工工序多，施工质量难以保证，且施工工期长；同时考虑到调压室靠近厂房，且压力管道长度较短，故压力管道除进口段20m采用1m厚钢筋混凝土衬砌外，其余均采用钢板衬砌。

2.1　钢筋混凝土衬砌段结构计算

压力管道前段20m采用钢筋混凝土衬砌，前15m为渐变段，后5m为圆形断面，内径9.6m，衬C25混凝土厚0.8m，内水压力为0.4MPa。按结构力学方法进行结构及配

筋计算，衬砌按限裂设计。计算考虑的荷载有衬砌自重、内水压力、外水压力、山岩压力、围岩弹性抗力和灌浆压力等。

2.2 钢板衬砌段结构计算

压力管道钢衬段内水压力为 0.40～0.92MPa，钢板采用 Q345R。受地下厂房开挖爆破影响，靠近厂房上游边墙的部分管段按明管设计，其余管段按埋管设计。钢板厚度计算除满足结构所需的厚度外，另计入锈蚀、磨损及管壁厚度误差等 2mm。经计算，钢板板厚为 20～28mm。

钢衬段经抗外压稳定计算，每隔 1.0～1.2m 设一加劲环，加劲环高 300mm，板厚 20mm。钢衬段起点设两道断面为 40mm×30mm 的止水环，钢管外预留 80cm 的操作空间，并回填 C20 微膨胀混凝土。

3 地下厂区三维渗流计算成果

3.1 计算目的及内容

地下洞室位于深部岩体中，竖向和水平向埋深都很大，天然岩体中存在裂隙、节理、泥化夹层和断层等软弱结构面。地下厂房的过量渗漏影响厂房的正常运行。由于洞室群的开挖形成了新的自由面，为地下水渗流提供了新的通道，将会使地下水渗流发生变化，需研究地下厂房运行期，随上下游水位、地下水位、地下厂房排水量的变化情况，以选择合理的防渗帷幕及排水系统方案。

针对黄金坪地下厂房的水文地质条件、选取合理的水文地质分区及其相关参数，主要结构面和主要裂隙组的几何参数、渗透特性及连通延伸特性、节理裂隙发育分区及渗透特性，确定地下厂房天然水文地质环境及其渗流参数，构造计算模型及合理边界条件进行地下厂房运行期的渗控系统分析研究。

3.2 计算模型

由于地下厂房模型非常复杂，因此，先在较容易实现建模的 ABAQUS 软件环境下建立地下厂房系统计算模型，再将模型导入 ADINA 软件中，并对模型进行部分修改，如设置排水廊道，灌浆帷幕，排水孔等，并给洞室及压力管道施加衬砌和相应的边界条件，即可进行模型计算。

模型中对部分断层进行简化，仅考虑较大的三条断层。模型计算范围选取为：模型的上游断面取至调压室的上游边墙以上 50m，下游断面取至距尾闸室下游边墙的以下 145.4m 处，向左取至距厂房左边墙 100m 处，向右取至距副厂房右边墙 114.55m 处，向下取至高程 1300.00m 处，向上取至高程 1500.00m 处，建立的模型侧视透视图如图 1 所示。

坐标原点在主厂房前壁正下方的模型底面左岸边界处，竖直向上为 z 轴正方向，向上游方向为 x 轴正方向，平行于厂房轴线方向为 y 轴，从左岸到右岸为正方向。

3.3 计算工况

为了确定进入地下厂房的流量是否符合设计要求，对计算模型采用以下 4 种方案进行计算分析。

(1) 未设置帷幕且正常运行时的渗流分析。

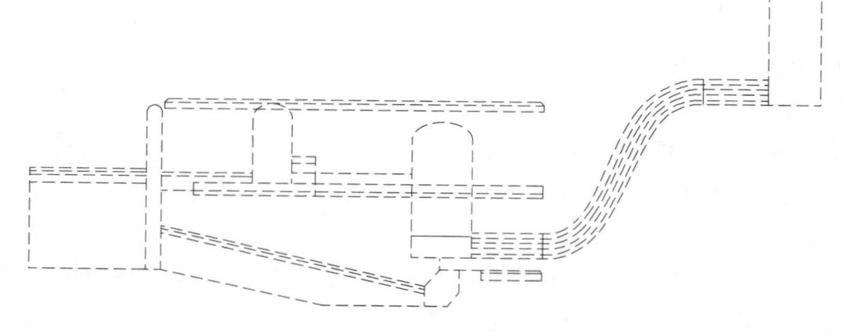

图 1　模型侧视透视图

(2) 设置帷幕且正常运行时的渗流分析。

(3) 未设置帷幕且最高涌浪水位运行时的渗流分析。

(4) 设置帷幕且最高涌浪水位运行时的渗流分析。

3.4　计算结果

根据计算结果，选取不同工况不同部位的压力水头图，如图 2～图 5 所示（由于篇幅有限，仅选取部分结果）。

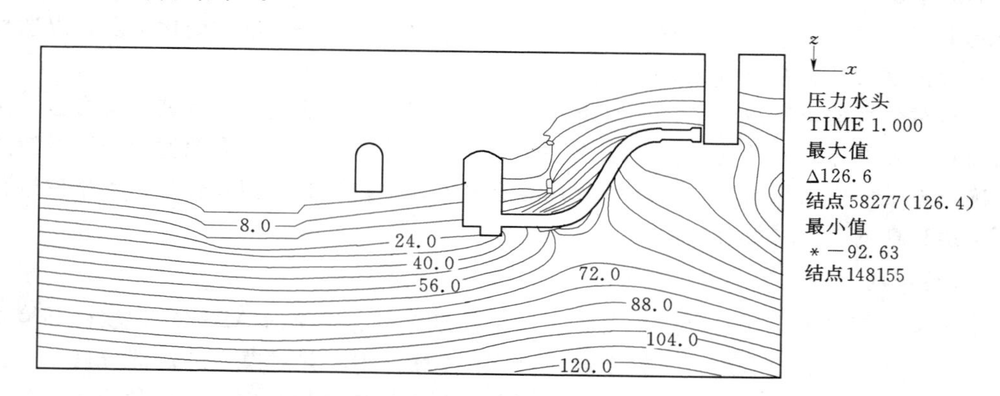

图 2　方案 1 y=50m 压力管道截面 1 压力水头图

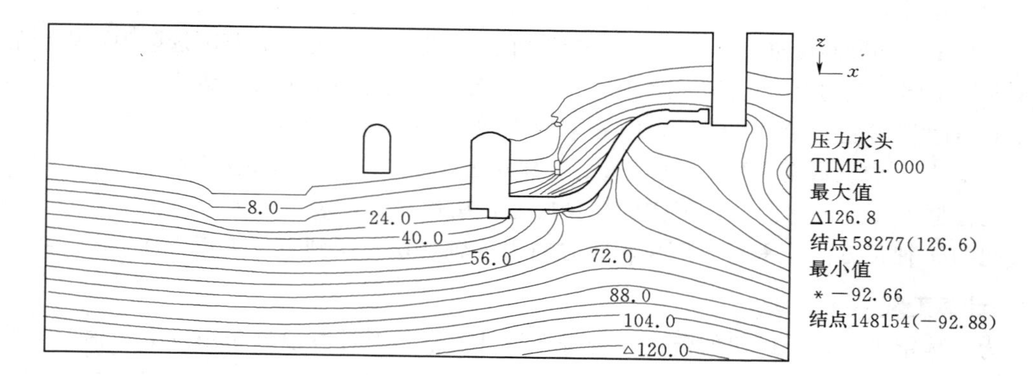

图 3　方案 2 y=50m 压力管道截面 1 压力水头图

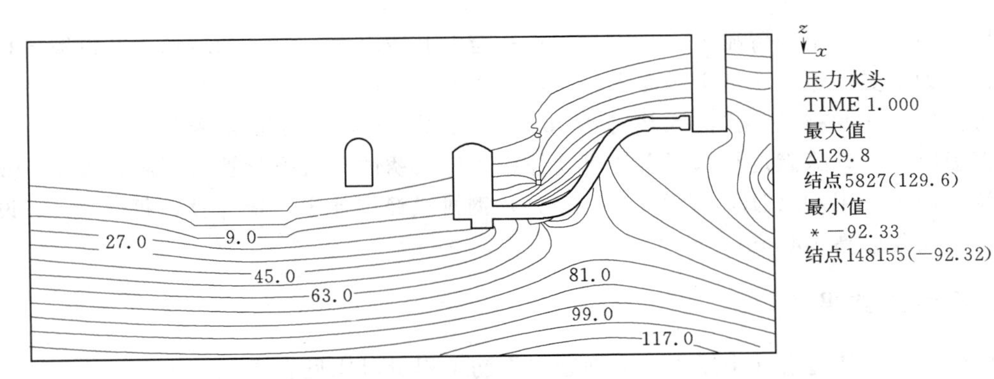

图 4　方案 3 $y=50$m 压力管道截面 1 压力水头图

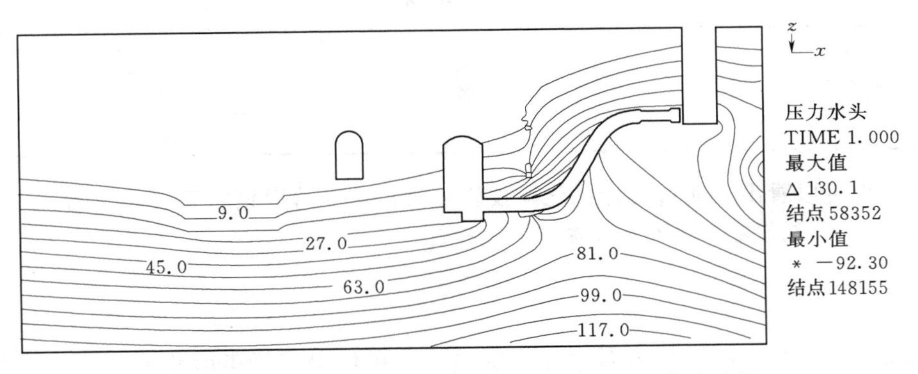

图 5　方案 4 $y=50$m 压力管道截面 1 压力水头图

方案 1：地下水位位于主厂房上游拱肩附近。排水廊道及其排水孔起到了很好的排水作用，但是第一层排水廊道的高程较高，排水效果不是很好，第一层排水廊道上的排水孔幕效果也不显著，排水孔的长度可以大大缩短；而进入第一层排水廊道的水流量与第二三层相比，则相差了一个数量级；相对第一层排水廊道上的排水孔幕，第二三层廊道上的排水孔幕排水效果很显著，主厂房周围的排水孔幕起到了很好的排水作用。

方案 2：进入厂房的总流量均有所减小，但是减小的幅度很有限。

方案 3：和方案 1 相比进厂总流量有所增加，但是没超过 $400m^3/h$，符合设计要求。

方案 4：与方案 2 相比，规律相似，浸润线的位置增高，进入厂区总流量有所增大。与方案 3 相比，进入厂区总流量减小。

不同方案进入厂区总流量见表 1。

表 1　　**不同方案进入厂区总流量**　　单位：m^3/h

点号	方案 1	方案 2	方案 3	方案 4	设计值
进入厂区总流量	311.15	267.81	354.13	329.62	400

4 种方案进入厂区总流量均小于 $400m^3/h$，满足设计要求。

4　技施阶段压力管道结构设计

技施阶段，根据上述计算成果及参考其他工程，对黄金坪电站压力管道进行优化设计，厂房防渗系统不设置帷幕，将钢衬起点移至斜井段（管）0＋082.143，并设置3排阻水帷幕。为了更好地阻止地下水渗入厂房，在压力管道的（管）0＋109.433～0＋119.433段进行扩挖，在此布设3排深入基岩8.0m的帷幕灌浆孔，进行帷幕灌浆。

钢板厚度计算除满足结构所需的厚度外，另计入锈蚀、磨损及管壁厚度误差等2mm。经计算，钢板采用Q345R，板厚28～30mm。钢衬段经抗外压稳定计算，每隔2.0m设一加劲环，加劲环高300mm，板厚24mm。

5 方案对比结果

招标设计和技施设计中压力管道钢管和钢筋工程量对比见表2。

表2 工程量对比表 单位：t

项目	钢材	钢筋
招标设计	3172.00	664.00
技施设计	1801.00	796.00

由对比结果可以看出，通过设计优化，技施阶段较招标阶段钢材工程量节省约43%，钢筋工程量增加了19.8%，总体上节省了工程投资。

6 结语

（1）黄金坪水电站大厂房压力管道采用埋藏式、单机单管供水的布置型式。招标阶段，除压力管道上平段前20m为钢筋混凝土衬砌段外，其余洞段全部采用钢板衬砌。技施阶段，对钢板衬砌进行优化设计。

（2）通过对厂区三维渗流计算结果，并结合其他工程经验，结果表明，在厂区未设置防渗帷幕的情况下，排水廊道排水孔幕效果明显，对降低入厂区渗流量有较大的作用，厂区的总体渗流量满足设计要求。防渗和排水设计仅选用衬砌、设排水孔、排水廊道等措施可以满足设计要求。

（3）考虑建模及计算能力大小的因素，有限元计算渗流场简化较多，加之地下断层裂隙发育，未进行全面模拟，有限元计算出的渗流场会与实际情况有出入。一旦运行期入厂渗流量过大，可以在排水廊道内进行补充防渗帷幕灌浆工作。

参考文献

[1] 中国水电顾问集团成都勘测设计研究院．大渡河黄金坪水电站引水发电建筑物土建招标设计报告[R]．成都：成都勘测设计研究院，2011.

[2] 费康，张建伟．ABAQUS在岩土工程中的应用[M]．北京：中国水利水电出版社，2010.

[3] 马野，袁志丹，曹金凤．ADINA有限元经典实例分析[M]．北京：机械工业出版社，2012.

[4] DL/T 5195—2004．水工隧洞设计规范[S]．北京：中国电力出版社，2004.

[5] DL/T 5141—2001．水电站压力钢管设计规范[S]．北京：中国电力出版社，2002.

仙居抽水蓄能电站引水隧洞钢衬设计

王东锋　陈丽芬

（中国电建集团华东勘测设计研究院有限公司，浙江　杭州　310014）

【摘　要】本文介绍了仙居抽水蓄能电站引水隧洞钢衬设计的主要内容，结合地质条件及围岩承载设计准则，重点介绍了引水隧洞衬砌型式的选择、钢衬的结构设计、外排水设计及灌浆设计的思路与特点，供其他工程参考。

【关键词】引水隧洞；围岩渗透准则；全钢衬；灌浆

1　工程概况

仙居抽水蓄能电站位于浙江省台州市仙居县境内，地处浙南电网台、温、丽、金、衢用电负荷中心，靠近浙东南500kV主环网，地理位置优越。电站为日调节纯抽水蓄能电站，建成后主要服务于浙江电网，承担系统调峰、填谷、调频、紧急事故备用等任务。

工程枢纽主要由上水库、输水系统、地下厂房、下水库、地面开关站等建筑物组成。电站额定水头437m，总装机容量1500MW，安装4台单机容量375MW的立轴单级可逆混流式机组，年发电量25.125亿kW·h，年平均抽水电量32.63亿kW·h，综合效率77%。

2　引水隧洞地质条件

引水隧洞沿线主要为含砾晶屑熔结凝灰岩及角砾凝灰岩，岩性坚硬，并揭露有花岗闪长斑岩、石英霏细斑岩、玄武玢岩、安山玢岩等脉岩，岩脉与围岩多呈裂隙接触，沿面挤压、蚀变泥化。断层较为发育，但规模小，带内多充填碎裂岩、断层泥等，胶结差，渗水易坍塌。围岩地下水主要为裂隙性潜水，断层、节理裂隙发育部位及岩脉接触带渗水较为集中，其导水性、赋水性较好。

钻孔高压压水试验成果表明，岩体总体透水性微弱，临界压力值在6.0MPa以上，大于静水压力5.57MPa。但对于受节理切割、岩脉侵入的部位，其临界压力值仅3.0～4.5MPa，且大多数试验段的压力—流量关系曲线为D型（冲蚀型），在高压水流的长期作用下，岩体可劈裂并产生冲蚀，尤其是岩脉、断层、节理发育部位，构造裂隙连通性较好，易发生渗透失稳破坏。

3　引水隧洞衬砌结构设计

3.1　引水隧洞布置

引水系统布置在上下水库之间冲沟北侧山体内，总长约2220m，其中引水隧洞长约

1219m，尾水隧洞长约1001m，均采用两洞四机布置。引水隧洞上下高差约490m，设两级斜井，倾角53°。引水隧洞过流断面直径6.2m，下平洞设对称Y形岔管，主管直径5m，支管直径3.5m，末端渐缩至2.6m，与球阀上游延伸段衔接，并以斜81°进厂。

引水隧洞纵剖面图如图1所示。

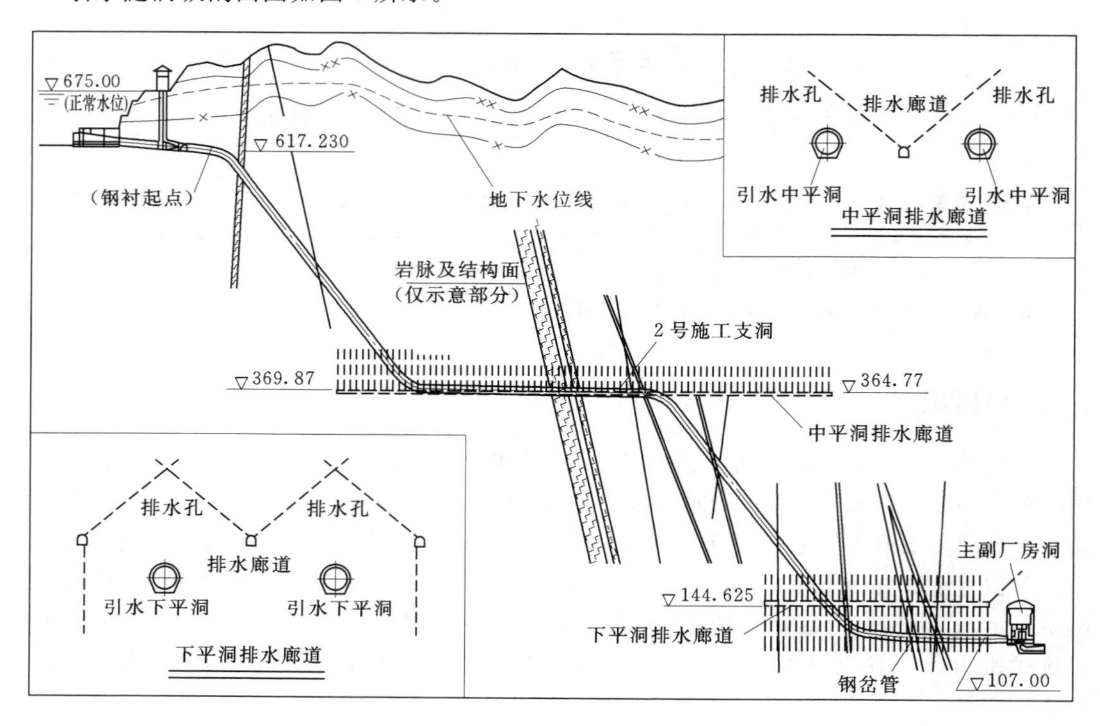

图1　引水隧洞纵剖面图（单位：m）

3.2　围岩承载性能

引水隧洞衬砌设计，首先要对围岩本身的承载能力进行分析。水工压力隧洞围岩由于地应力场的存在，实际上是一个预应力结构体，要使其成为安全承载结构，就必须要有足够的岩层覆盖厚度以及地应力量值，使围岩有安全承受隧洞内水压力的能力。

3.2.1　挪威准则

挪威准则是经验准则，其原理是要求不衬砌隧洞最小上覆岩体重量不小于隧洞内水压力，并再考虑1.3～1.5的安全系数，保证围岩在最大内水压力作用下，不发生上抬。经复核，本工程引水隧洞沿线山体较为雄厚，上覆岩体厚度满足挪威准则，见表1。

表1　　上覆岩体厚度计算成果表

部　　位	上平洞	上斜井底	下斜井顶	下斜井底	岔管处
静水头 h/m	65.8	305	307.1	559.8	563
上覆岩体厚度/m	96.0	302.0	317.0	512.0	460
安全系数 F	3.66	2.49	2.59	2.23	1.85

3.2.2 最小地应力准则

最小地应力准则建立在“岩体在地应力场中存在预应力”概念基础上，要求隧洞沿线任一点的围岩最小主应力应大于该点洞内最大静水压力，并有1.2～1.3倍的安全系数，防止发生围岩水力劈裂破坏。围岩内的最小地应力一般受岩体裂隙面上的法向应力所控制。

根据钻孔水压致裂法地应力测试，该地区地应力场以自重应力场为主，最小主应力7.25MPa，而引水下平洞最大静压力约为5.57MPa，因此引水隧洞沿线满足最小地应力准则。

3.2.3 围岩渗透准则

围岩渗透准则是指隧洞混凝土衬砌开裂后，在一定压力的渗透水长期作用下，岩体裂隙有可能会产生渗透变形，导致冲蚀破坏，渗透准则的原理是要求检验岩体及裂隙的渗透性能，是否满足渗透稳定要求，即内水外渗量不随时间持续增加或突然增加。

钻孔高压压水试验成果表明，引水隧洞围岩总体透水性微弱，但岩脉蚀变带、断层或节理切割发育部位透水性较好，且压力—流量关系曲线大部分为D型（冲蚀型），易发生渗透失稳破坏，因此必须加强对围岩的防渗处理，以提高围岩的抗渗透性能。由于整个引水隧洞中Ⅲ类偏差围岩、断层破碎带及岩脉蚀变带约占20%，虽然可以通过槽挖回填混凝土、高压固结灌浆等工程措施对上述围岩进行处理，但数量多，洞段长，其处理难度大、且效果不易评估，施工质量难以控制，此外还存在灌浆耐久性问题，工程风险较大，因此认为采用混凝土衬砌难以满足围岩渗透准则。

3.3 衬砌型式选择

根据地勘成果及围岩承载准则分析，由于引水隧洞沿线断层、岩脉发育，若隧洞全线采用钢筋混凝土衬砌，仅通过高压固结灌浆措施对断层、岩脉进行处理，存在较大的不确定因素，工程安全风险不易定量评估，工程投资与进度也不易得到有效控制，因此有必要研究采用不透水衬砌。

目前常见的不透水衬砌主要有钢板衬砌、预应力混凝土衬砌和“三明治”衬砌（双层构造混凝土间夹薄钢板）3种。为防止发生引水隧洞内水外渗，确保工程安全，经综合考虑上述3种不透水衬砌型式应用的HD值范围、技术可靠性、施工工艺成熟度、在高水头抽水蓄能电站的工程经验等因素，选用不透水衬砌中应用最广泛、实用可靠、工艺相对简单的钢板衬砌。

引水隧洞采用全钢衬布置方案，钢衬起点位于上斜井上弯段，对引水系统渗透稳定性较差的断层破碎带、节理切割密集带、岩脉蚀变带等进行了有效防护，全面解决引水系统渗透稳定问题。

3.4 钢衬结构设计

根据上述衬砌型式选择，引水上平洞采用钢筋混凝土衬砌，厚度60cm，衬后直径6.2m；上斜井至高压钢支管均采用钢板衬砌，钢衬主管直径6.2m，回填混凝土厚60cm；下平洞采用对称Y形钢岔管，主管直径5m，支管直径3.5m。钢衬结构设计原则如下。

（1）根据一般经验并考虑厂房上游边墙围岩塑性区及洞室尺寸效应，厂房上游6m范围内按明管设计，内水压力全部由钢管承担。

（2）厂房上游6～16m范围内的钢管按半埋管设计，钢衬应力取埋管应力值，围岩弹抗K取0，内水压力全部由钢管承担。

（3）其余部分按地下埋藏式钢管设计，考虑钢板、混凝土、围岩三者之间的联合受力作用和三者之间存在缝隙的影响。

（4）钢管沿线内水压力，通过过渡过程计算得到沿线动水压力值，考虑机组甩负荷压力脉动影响、模型试验机与原型机特性差别，脉动压力取甩前静水头的6%，计算误差取压力上升值的10%。经计算，沿线设计水头为85～794m。

（5）全钢衬外水压力取决于地下水位、外水折减系数、地下排水系统布置。本工程设有中平洞排水廊道、下平洞及支管排水廊道，结合水文地质特点，假定钢管运行期地下水位线接近地表，排水廊道以上外水则按0.6～0.4折减。

（6）钢板采用Q345R低合金钢、600MPa级和800MPa级高强钢。为尽量减免焊后消应力处理，Q345R钢、600MPa级钢设计厚度上限控制值分别为38mm、40mm，当计算厚度超过厚度上限控制值时需跳档为高一级钢材。

引水钢衬计算成果见表2。

表2　　引水钢衬结构计算成果表

部位	管材	管径/m	厚度/mm
上斜井	Q345R	D6.2	20～30
中平洞	Q345R	D6.2	32～34
下斜井	600MPa/800MPa	D6.2	28～38
下平洞	800MPa	D6.2～5.0	32～56
岔管（埋藏式）	800MPa	D5.0	60
引水支管段	800MPa/600MPa	D3.5	56～38
支管渐缩段	800MPa	D3.5～2.6	46～48

3.5　钢管外排水设计

为降低钢衬外水压力，提高钢衬抗外压失稳能力，钢衬设置外排水系统。根据引水隧洞的全钢衬布置形式及推测的地下水位线，共设置了两层排水廊道以及钢管外壁排水辅助措施。

上层排水廊道位于两条中平洞之间，与中平洞施工支洞垂直相交，排水廊道顶拱向上布置倒八字形排水深孔，间距6m，孔深50m，排水孔水平投影范围覆盖中平洞及下斜井上方区域，能够对上斜井底部、中平洞及下平洞外水形成有效的降压作用。

下层排水廊道位于引水支管上方约35m处，平面上呈三纵一横布置，并与厂房上层排水廊道衔接。排水廊道向上布置人字形排水深孔，间距6m，孔深40m，同时向下布置竖直深孔，间距6.0m、孔深50m，形成对引水下平洞及支管全方位的降压体系。

在排水廊道的降压基础上，钢衬外壁全长设置贴壁外排水作为辅助措施，以提高钢管安全裕度。钢管外壁布置排水角钢，并且每隔30m设置一道环向集水槽钢，提高外排水系统通畅的可靠度。为了能够有效的监测钢管外排水情况，其中上斜及中平洞管外排水管自中平洞施工支洞引出，设置量水堰；下斜井及下平洞管外排水管引排至厂房下层排水廊道，设置流量仪监测。

3.6 引水隧洞灌浆

固结灌浆主要功能为加固围岩，提高围岩承载能力以及抗渗性能。该工程钢衬与围岩联合承载，为改善钢衬的受力条件，对围岩破碎或承载力不足的洞段进行裸岩灌浆，主要选择断层或节理发育带、岩脉蚀变带等。裸岩灌浆虽然压力较低，但通过喷混凝土封闭开挖面后对破碎带灌浆，其胶结效果仍较好，灌后波速提高明显。此外，裸岩灌浆还能够避免钢衬开孔灌浆带来的不利因素，如灌浆塞封堵渗漏、高强钢开孔产生裂纹等。

回填灌浆主要针对平洞段顶拱，其中Q345R钢衬开孔回填灌浆，600MPa及800MPa级钢衬则采用预埋管回填灌浆。

4 结语

仙居抽水蓄能电站引水隧洞衬砌型式的选择与设计是前期研究阶段的一项重要内容，不仅开展了大量的地质勘察与试验工作，而且通过技术经济比较，对引水隧洞的衬砌型式进行深入的研究，从工程的永久安全角度考虑，最终选定全钢衬方案，可靠的解决了高水头下地下洞室围岩的渗透稳定问题。

白鹤滩水电站压力管道衬砌型式选择

杨　飞　吕　慷　吴旭敏　陈益民　倪绍虎

（中国电建集团华东勘测设计研究院有限公司，浙江　杭州　310014）

【摘　要】 白鹤滩水电站压力管道区域发育层间层内错动带，地质条件复杂，下平段最大动水压力超过300m，衬砌型式选择是压力管道设计的关键内容之一。本文在充分认识地质条件的基础上对压力管道的渗透稳定条件进行分析，并通过三维渗流场数值计算分析进行验证，最终确定压力管道的衬砌型式。

【关键词】 白鹤滩水电站；压力管道；衬砌型式；渗透稳定

1　概述

1.1　工程概况

白鹤滩水电站位于金沙江下游四川省宁南县和云南省巧家县境内，上游距乌东德坝址约182km，下游距溪洛渡水电站约195km，控制流域面积43.03万km^2，占金沙江以上流域面积的91.0%。白鹤滩水电站的开发任务以发电为主，电站正常蓄水位为825m，水库总库容206.02亿m^3。

白鹤滩水电站工程主要由混凝土双曲拱坝、二道坝及水垫塘、泄洪洞、引水发电系统等建筑物组成。混凝土双曲拱坝坝顶高程834m，最大坝高289m，坝身布置有6孔泄洪表孔和7个泄洪深孔；泄洪洞共3条，均布置在左岸；地下厂房采用首部开发方案布置，总装机容量16000MW，左右岸地下厂房各布置8台单机容量1000MW的水轮发电机组。引水系统和尾水系统分别采用单机单洞和两机一洞的布置形式，左岸3条尾水隧洞结合导流洞布置，右岸2条尾水隧洞结合导流洞布置。

1.2　压力管道布置

左、右岸压力管道均采用单机单洞竖井式布置，每岸各布置8条，由上平段、上弯段、竖井段、下弯段和下平段组成。左岸压力管道总长395～407m，右岸压力管道总长386～518m。根据经济洞径分析成果并结合工程类比分析，选择压力管道钢筋混凝土衬砌洞径为11m，相应流速约为5.8m/s，钢板衬砌洞径为10.2m，相应流速约为6.7m/s。

左、右岸压力管道承受最大动水头超过300m，其中上平段由于内水水头相对较低，结合地质条件和工程经验，采用钢筋混凝土衬砌以及混凝土置换和灌浆等措施，可满足防渗要求；下平段考虑厂区洞室开挖卸荷影响，结合工程类比分析，近厂段构造钢衬长度按0.3倍静水头考虑，即下弯段起始端至厂房之间压力管道采用钢板衬砌；竖井内水水头较高，钢筋混凝土衬砌开裂难以避免，考虑到竖井距离厂房洞群较近，内水外渗对电站运行的影响较大，因而竖井段成为压力管道衬砌型式选择的主要研究对象。

2 基本地质条件

左岸压力管道上覆岩体厚95～340m，穿过$P_2\beta_4^1$～$P_2\beta_2^3$岩流层，岩性主要为隐（微）晶玄武岩、杏仁状玄武岩、角砾熔岩、斜斑玄武岩等，其中，$P_2\beta_4^1$层底部为第三类柱状节理玄武岩，$P_2\beta_3^3$层主要为第一类柱状节理玄武岩，$P_2\beta_3^2$层主要为第二类柱状节理玄武岩。左岸压力管道区域主要发育F_{17}断层及C_3、C_{3-1}及C_2层间错动带，其中C_2层间错动带为泥夹岩屑型，性状较差。$P_2\beta_3^3$层、$P_2\beta_3^2$层层内错动带发育。

右岸压力管道上覆岩体厚度110～580m，穿过$P_2\beta_6^2$～$P_2\beta_3^3$岩流层，岩性主要为隐（微）晶玄武岩、杏仁状玄武岩、角砾熔岩、斜斑玄武岩等，其中，$P_2\beta_6^1$层底部为厚30～40m的第二类柱状节理玄武岩，$P_2\beta_4^1$层底部为第三类柱状节理玄武岩，$P_2\beta_3^3$层主要为第一类柱状节理玄武岩。右岸压力管道区域发育F_{15}、F_{16}等断层及发育C_5、C_4及C_3层间错动带，其中C_4层间错动带为泥夹岩屑型，性状较差。

左、右岸压力管道均位于地下水位以下，岩体渗透性受岩性、构造等因素控制，尤以缓倾角的层间、层内错动带影响最大，岩体透水性较小，以微～弱透水性为主。

左、右岸压力管道地应力量值中等，其中左岸最大主应力17～24MPa，右岸最大主应力22～28MPa。

3 衬砌型式影响因素分析

3.1 控制性因素分析

采用钢筋混凝土衬砌的压力引水隧洞必须满足透水衬砌设置的“三大准则”，即挪威准则、最小地应力准则和渗透稳定准则。若压力隧洞不满足其中的任何一个准则，则须采用钢板衬砌。

左岸压力管道埋深95～340m，挪威准则安全系数2.2～3.1，最小主应力为3～8MPa，最小地应力准则安全系数3.1～3.3。右岸压力管道埋深110～580m，挪威准则安全系数2.5～5.4，最小主应力为3.5～12MPa，最小地应力准则安全系数3.8～4.6。左右岸压力管道布置均满足挪威准则和最小地应力准则，因此，围岩渗透稳定性是决定衬砌型式的关键因素。

3.2 渗透稳定条件分析

厂区岩体总体透水性微弱，渗流场特性受构造（主要是层间错动带）控制。厂区代表性岩体及层间错动带、断层等渗透系数见表1，钻孔压水试验成果见图1和图2。

表1　岩体及层间错动带、断层渗透系数　单位：$cm \cdot s^{-1}$

岩体分区	主渗透系数	
断层F_{13}、F_{14}、F_{16}、F_{18}	1.5×10^{-3}	
断层F_{17}	1.0×10^{-3}	
C_2层间错动带	K_h	1.5×10^{-2}
	K_V	0

续表

岩 体 分 区	主渗透系数	
C_3 层间错动带	K_h	7.5×10^{-3}
	K_V	0
C_4 层间错动带	K_h	1.0×10^{-2}
	K_V	0
$P_2\beta_2$ 层玄武岩	K_h	0.06×10^{-5}
	K_V	0.004×10^{-5}
$P_2\beta_3$ 层中部柱状节理玄武岩	K_h	1.16×10^{-5}
	K_V	0.026×10^{-5}
$P_2\beta_3$ 层下部斜斑和杏仁少斑玄武岩和上部为杏仁少斑玄武岩和斜斑玄武岩互层	K_h	1.55×10^{-5}
	K_V	0.36×10^{-5}
	K_V	0.19×10^{-5}

注 K_h 为平行层面方向渗透系数；K_V 为垂直层面方向渗透系数。

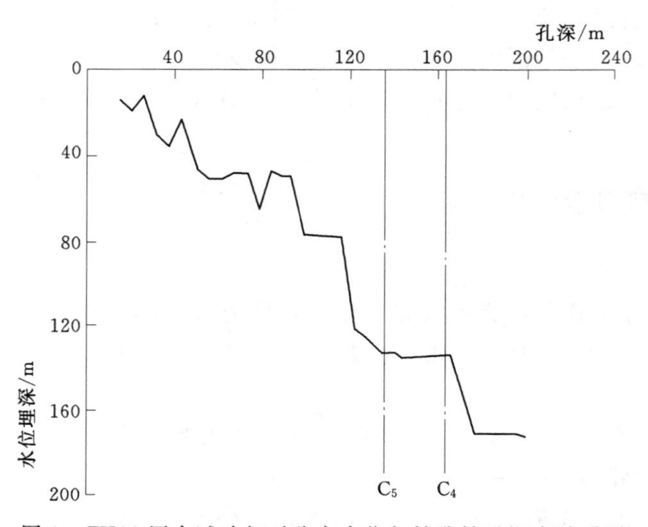

图 1 ZK82 压水试验相对稳定水位与钻孔钻进深度关系图

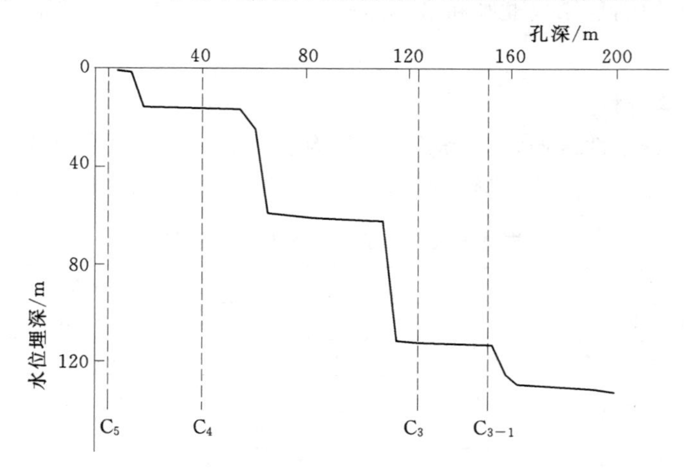

图 2 ZK75 压水试验相对稳定水位与钻孔钻进深度关系图

表 1 说明层间错动带顺层向的渗透系数大于各类岩体及断层渗透系数，对渗流场起到控制性作用。图 1 和图 2 可以看出当钻孔穿过层间错动带时，水位会出现急剧下降，层间错动带在垂直方向上的作用体现为相对隔水层，地下水位呈现较明显的分层分布现象。受层间（层内）错动带影响，厂区裂隙渗流场呈现出明显的不均匀性和各向异性。

现场针对层间错动带 C_2、C_4 及 C_5 的渗透变形试验成果同样表明各层间错动带的临界水力坡降均较低，渗透系数较大，透水性较好，层间错动带在高内水压力下发生渗透失稳或大量渗流的风险较大，同时易受地下水的侵蚀而导水性增强，若与压力管道贯穿或距离较近，内水外渗易形成集中渗漏通道。

3.3 潜在渗漏风险分析

通过以上渗透稳定条件的分析可以看出，压力管道内水外渗存在潜在的渗透稳定问题，其典型模式及路径如下。

（1）由于压力管道靠近帷幕，在高压内水外渗作用下，帷幕的长期有效性难以保证，存在失效的可能。若帷幕出现局部失效，可能导致厂房的渗漏量增加，甚至影响厂房的安全运行。

（2）由于层间错动带（如 C_2）性状差，允许渗透梯度小，层间错动带穿过或靠近压力管道部位，易被击穿而发生渗透失稳，或者由于错动带充填物被带走形成集中渗漏通道，造成渗漏量随时间不断加大。

（3）潜在的渗漏路径有两个：检修放空管道与相邻运行管道之间，以及运行压力管道与厂区洞室群之间。

4 衬砌型式比选

4.1 方案拟定

根据围岩渗透稳定条件分析，针对压力管道内水外渗存在的潜在渗漏风险，拟定了两种工程处理措施。

4.1.1 钢筋混凝土衬砌强化方案（方案 1）

压力管道除下弯段及下平段采用钢板衬砌外，其余均采用钢筋混凝土衬砌，仅针对存在潜在渗漏风险的洞段进行强化处理，局部扩挖后回填置换混凝土，后期进行高压固结灌浆处理。以左岸为例，钢筋混凝土衬砌强化方案压力管道纵剖面布置见图 3。

4.1.2 钢板衬砌方案（方案 2）

压力管道上平段采用钢筋混凝土衬砌，自上弯段起始端至下平段进厂段全部采用钢板衬砌，厂区帷幕及排水廊道分别布置在压力管道竖井上、下游侧。以左岸为例，钢板衬砌方案压力管道布置见图 4。

4.2 渗透稳定计算分析

根据基本条件对两方案进行三维渗流场数值计算分析，左右岸防渗帷幕线各典型断面上防渗帷幕与层间错动带交叉点的渗透梯度值及防渗帷幕的最大渗透梯度值见表 2 和表 3，左右岸典型剖面上防渗帷幕的渗透梯度分布曲线见图 5 和图 6。

表 2　　左岸厂区防渗帷幕与层间错动带交叉处的渗透梯度值

剖面编号	断面 1		断面 2		断面 3		断面 4		断面 5	
	方案 1	方案 2	方案 1	方案 2	方案 1	方案 2	方案 1	方案 2	方案 1	方案 2
C_{3-1}	5.28	5.06	交叉点在地下水位线以上							
帷幕最大值	8.55	8.11	12.94	5.75	27.28	9.19	30.11	11.44	21.48	11.75

注　C_2 位于主帷幕下部，与主帷幕没有交叉点；C_3 和主帷幕交叉点在地下水位线以上。

表 3　　右岸厂区防渗帷幕与层间错动带交叉处的渗透梯度值

剖面编号	断面 1		断面 2		断面 3		断面 4		断面 5	
	方案 1	方案 2	方案 1	方案 2	方案 1	方案 2	方案 1	方案 2	方案 1	方案 2
C_{3-1}	17.37	14.19	19.68	15.75	21.67	18.08	与主帷幕没有交叉点			
C_3	17.20	13.97	13.9	7.81	31.74	21.33	与主帷幕没有交叉点			
C_4	16.38	12.67	13.13	0	21.29	0	27.64	25.34	26.32	19.87
C_5	0	0	0	0	15.23	0	18.76	14.87	25.26	16.71
帷幕最大值	17.37	14.19	19.68	15.75	31.74	21.33	27.64	25.34	26.32	19.87

注　C_2 位于主帷幕下部，与主帷幕没有交叉点；0 表示交叉点位于地下水位线以上。

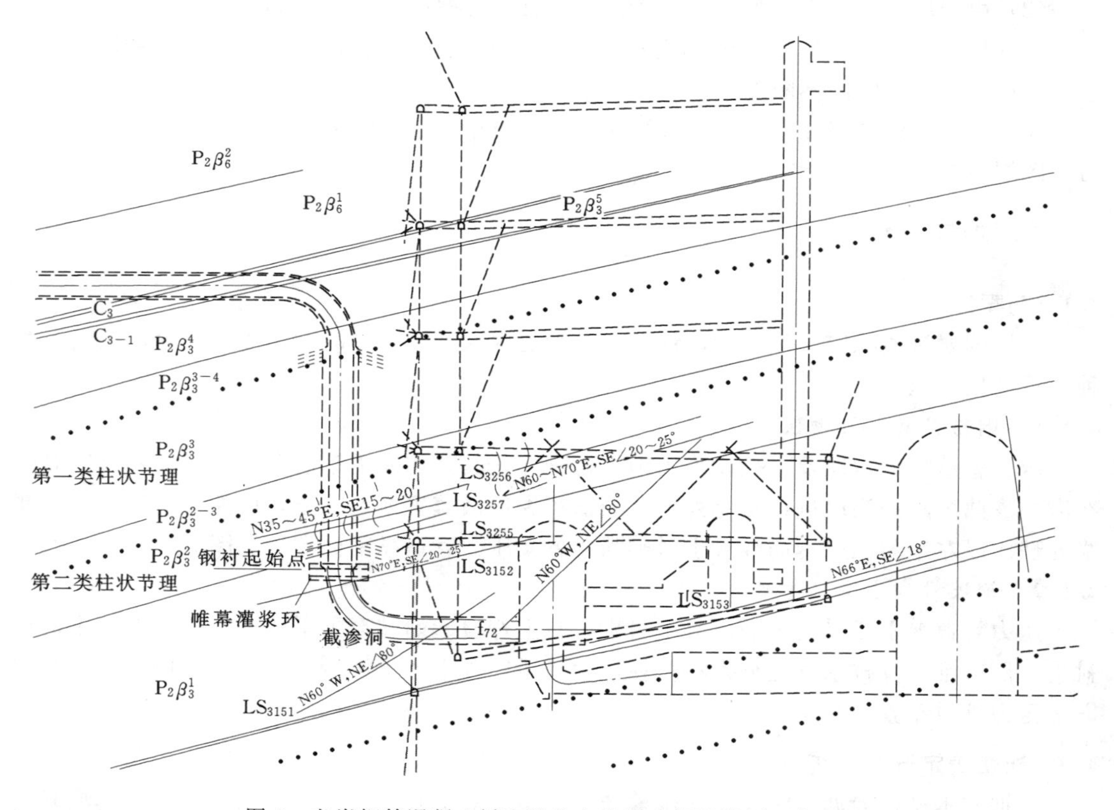

图 3　左岸钢筋混凝土衬砌强化方案压力管道纵剖面布置图

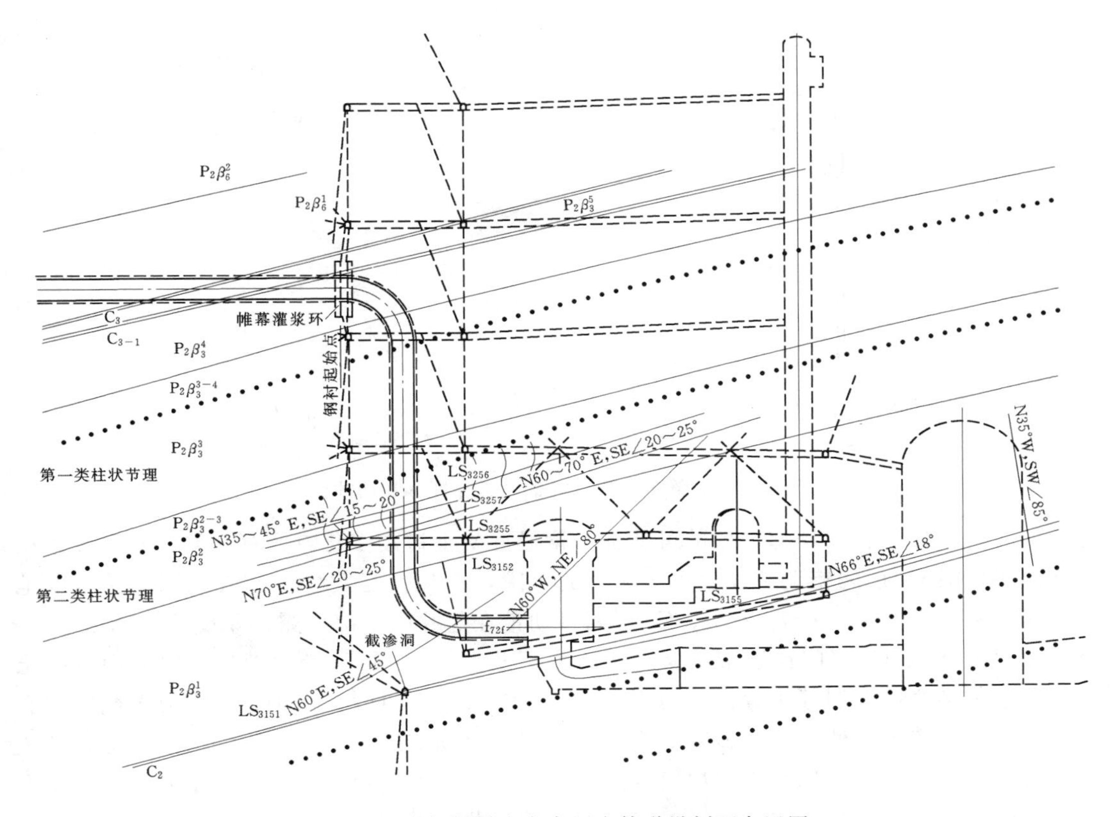

图 4　左岸钢板衬砌方案压力管道纵剖面布置图

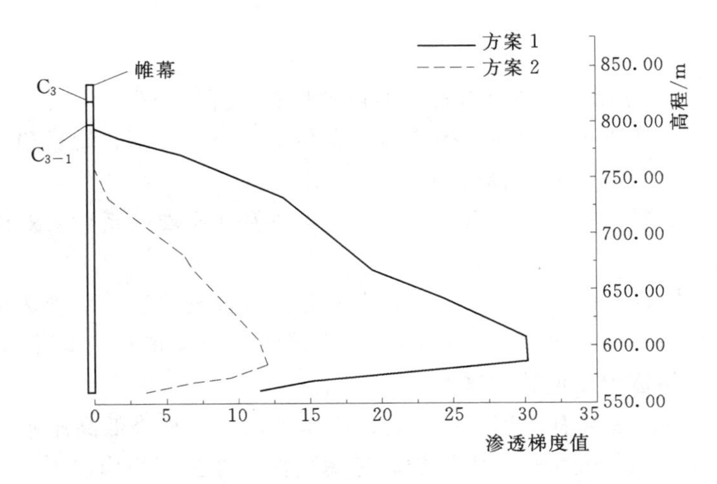

图 5　左岸断面 4 防渗帷幕渗透梯度分布曲线图

由表 2、表 3 和图 5、图 6 可以看出，左右岸竖井钢衬方案防渗帷幕渗透梯度较钢筋混凝土衬砌强化方案均有不同程度降低，右岸防渗帷幕渗透梯度值最大减小 30%以上，而左岸各剖面防渗帷幕渗透梯度值普遍减小 50%以上。左岸 C_2 层间错动带斜切厂房洞群，且距离竖井下部较近，由于其性状差，且竖井下部水头较高，混凝土衬砌开裂难以避

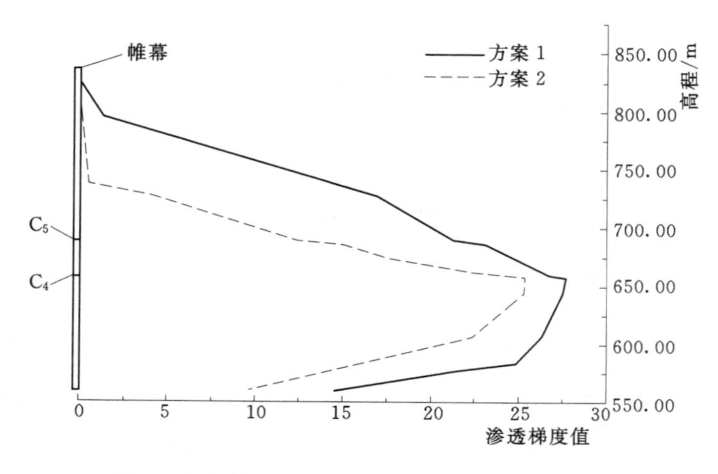

图 6　右岸断面 4 防渗帷幕渗透梯度分布曲线图

免，同时防渗帷幕存在局部失效的可能性，钢筋混凝土衬砌强化方案存在高压水经陡倾结构面绕渗后沿 C_2 层间错动带发生渗透失稳的风险，并且一旦发生渗透失稳则直接危及地下厂房洞室群正常运行；右岸 C_4、C_5 层间错动带在竖井中上部出露，承受内水水头 90～180m，虽然 C_4、C_5 层间错动带承受内水压力不及左岸 C_2 层间错动带高，但采用混凝土置换、灌浆结合截渗洞等工程措施后仍存在一定渗透失稳风险。而钢板衬砌方案则能够有效控制压力管道内水外渗，明显降低高压水沿层间错动带发生渗透失稳的风险，运行安全性大大增加。考虑到白鹤滩工程规模巨大，为最大限度地避免压力管道内水外渗对电站安全稳定运行带来的风险，推荐左、右岸压力管道竖井均采用钢板衬砌方案。

5　结语

本文主要针对白鹤滩水电站压力管道的衬砌型式选择进行研究，主要结论如下。

(1) 左右岸压力管道布置均满足挪威准则和最小地应力准则，渗透稳定准则是影响白鹤滩水电站压力管道衬砌型式选择的控制性因素。

(2) 层间错动带顺层向的渗透系数大于各类岩体及断层渗透系数，对渗流场起到控制性作用。

(3) 三维渗流场数值计算分析表明左右岸竖井钢衬方案防渗帷幕渗透梯度较钢筋混凝土衬砌强化方案均有不同程度降低，右岸防渗帷幕渗透梯度值最大减小 30%以上，而左岸各剖面防渗帷幕渗透梯度值普遍减小 50%以上。

(4) 钢板衬砌方案能够有效控制压力管道内水外渗，明显降低高压水沿层间错动带发生渗透失稳的风险，运行安全性大大增加。考虑到白鹤滩工程规模巨大，为最大限度地避免压力管道内水外渗对电站安全稳定运行带来的风险，推荐左右岸压力管道竖井均采用钢板衬砌方案。

地下埋管外排水系统设计

张建辉　顾一新　刘　洋　张　煜

（中水东北勘测设计研究有限责任公司，吉林　长春　130021）

【摘　要】地下埋管外排水系统包括间接排水系统和直接排水系统。间接排水系统为压力钢管外围排水廊道及围岩排水孔系统，直接排水系统为钢管管壁及岩壁排水系统。本文分别介绍了压力钢管外围排水廊道及围岩排水孔系统、钢管管壁和岩壁的排水系统设计常用的方法，重点介绍了钢管管壁和岩壁排水系统设计中可以采用的一种特殊软式透水管作为集水管、排水管材料的设计思路，既简化了工艺，降低了造价，又保证了排水效果，可在压力钢管直接排水系统设计中参考采用。

【关键词】压力钢管；地下埋管；排水；软式透水管；排水廊道

1　地下埋管外排水系统

压力钢管结构设计，一般壁厚是由内水压力确定的，而钢管本身承担外水压力的能力又远远小于承担内水压力的能力，因此，为保证压力钢管在内水压力条件下确定的壁厚满足承担外水压力的要求，需要在钢管外壁设置一定间距的加劲环，以提高压力钢管的抗外压稳定能力。当地下埋管外水压力较高时，为节省工程投资，保障运行安全，需要采取工程措施以降低压力钢管的外水压力。因此，对于外水压力较高的地下埋管，其外排水系统设计的合理与否，对压力钢管的投资和运行安全影响很大。

地下埋管的外排水系统主要包括间接排水系统和直接排水系统。间接排水系统即为压力钢管外围排水廊道及围岩排水孔系统，直接排水系统为钢管管壁及岩壁排水系统。

外排水系统设计原则：排水廊道应尽量考虑与地质探硐或施工支洞相结合，并宜与厂房排水廊道（或其他排水廊道）相连接，廊道内排水方式一般采用自流排水；钢管管壁及岩壁排水应力求施工工艺简单，安全可靠，排水效果好。

2　排水廊道及围岩排水孔系统

排水廊道系统可根据工程建筑物实际布置情况在压力钢管附近布置排水廊道及围岩排水孔。

平洞压力钢管的排水廊道可布置在压力钢管上方，也可与压力钢管近乎同一平面上布置。

布置在压力钢管上方的排水廊道，在工程上较为常见。纵向廊道在平面上一般与压力钢管平行布置，具体的布置条数和范围，应以排水廊道及系统排水孔所辐射的区域涵盖压力钢管为宜。其端部应布置在压力钢管的首管节附近，并设置横向连接廊道，根据工程需要，可在横向连接廊道内设置向下阻水帷幕与压力钢管首部的环向帷幕连接。排水廊道端部与钢管首管节间的岩体厚度，应保证首管节前混凝土衬砌洞段与排水廊道间岩体的强度稳定和渗透稳定。排水廊道内设置系统排水孔，一般只设置向上的排水孔。为增加辐射范围，除端部排水孔采用较大角度外，其余倾角一般选择30°～60°。排水廊道的另一端可与厂房的排水廊道或其他排水廊道连接，坡度应倾向厂房（其他排水廊道）侧，以保证自流排水。

与压力钢管近乎同一平面布置的排水廊道，通常布置在压力钢管的一侧，为节省工程投资，一般与通向厂房的施工支洞相结合。因此，与排水廊道相结合的施工支洞布置，在平面上及剖面上应与压力钢管近乎平行。排水廊道与压力钢管的距离，应保证压力钢管前端的混凝土衬砌段与排水廊道间岩体的强度稳定和渗透稳定。为保证排水效果，自排水廊道向压力钢管顶部和底部方向设置辐射状排水孔，并沿排水廊道在压力钢管全长范围内按一定间距设置。为保证排水孔内的水全部自流进入排水廊道，排水廊道的高程应略低于压力钢管底板高程。排水廊道的水可通过厂房或集水井等排出。与压力钢管布置近乎同一平面的排水廊道布置方式见图1。

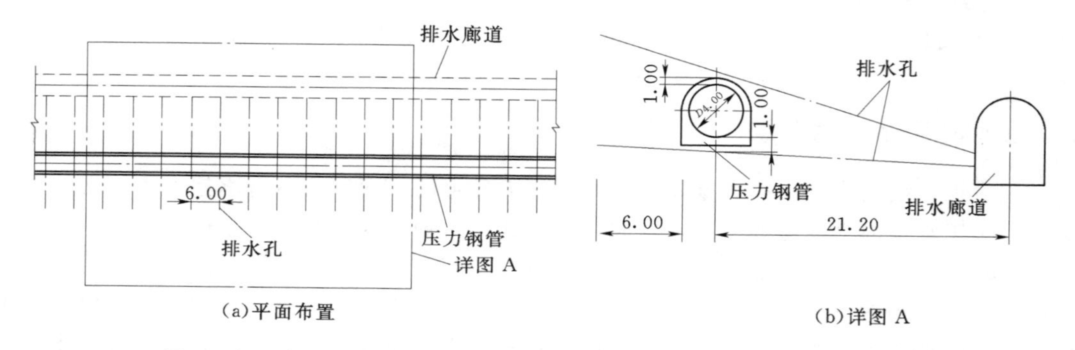

图1　与压力钢管布置近乎同一平面的排水廊道布置示意图（单位：m）

斜（竖）井压力钢管的排水廊道，其下层排水廊道可以与下平段压力钢管的排水廊道相结合，沿整个斜（竖）井压力钢管的外排水系统布置，可根据斜竖井的长度、中平洞的设置情况以及施工支洞布置情况来确定排水廊道的布置情况，若没有条件布置中层或上层排水廊道时，可考虑采用设置斜（竖）井围岩排水孔系统，沿斜（竖）井全长设置一定间排距入岩一定深度的排水孔，通过环向集水钢管与纵向集水钢管，形成排水管路。采用斜（竖）井围岩排水孔系统的前提是压力钢管不能开孔固结灌浆，否则，排水孔容易失效。如锦屏二级水电站压力钢管竖井段采用围岩排水孔系统来降低该段压力钢管外水压力。

3　钢管管壁及岩壁排水系统

3.1　压力钢管管壁排水系统常用的工程措施

压力钢管管壁排水一般有以下两种方法。

方法1：天荒坪、宜兴等抽水蓄能电站在钢管外设置环向集水管和纵向集水管，以纵向集水管为主，一般只在压力钢管起始管节设置环向集水管，并在压力钢管管壁上预留排水孔（预留排水孔做法同管壁上预留灌浆孔），要求预留排水孔位置与管壁集水管对正，待灌浆结束后通过预留排水孔打穿纵向集水管，再封焊管壁上的预留排水孔，布置见图2。

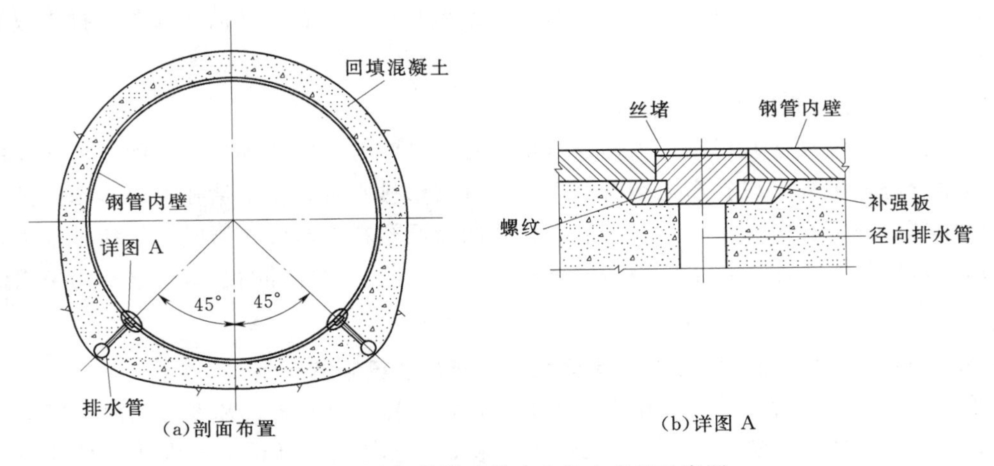

图 2　压力钢管管壁排水方法 1 布置示意图

方法 2：很多电站采用此种排水措施，如广蓄、泰安等抽水蓄能电站工程，在钢管外设置环向集水管和纵向集水管，每隔一定距离设置环向集水管，环向集水管与纵向集水管连通，环向集水管贴于钢管外壁，集水管与钢管外壁采用固体多脂肥皂密封，待水浸泡后可形成渗水通道，布置见图 3。

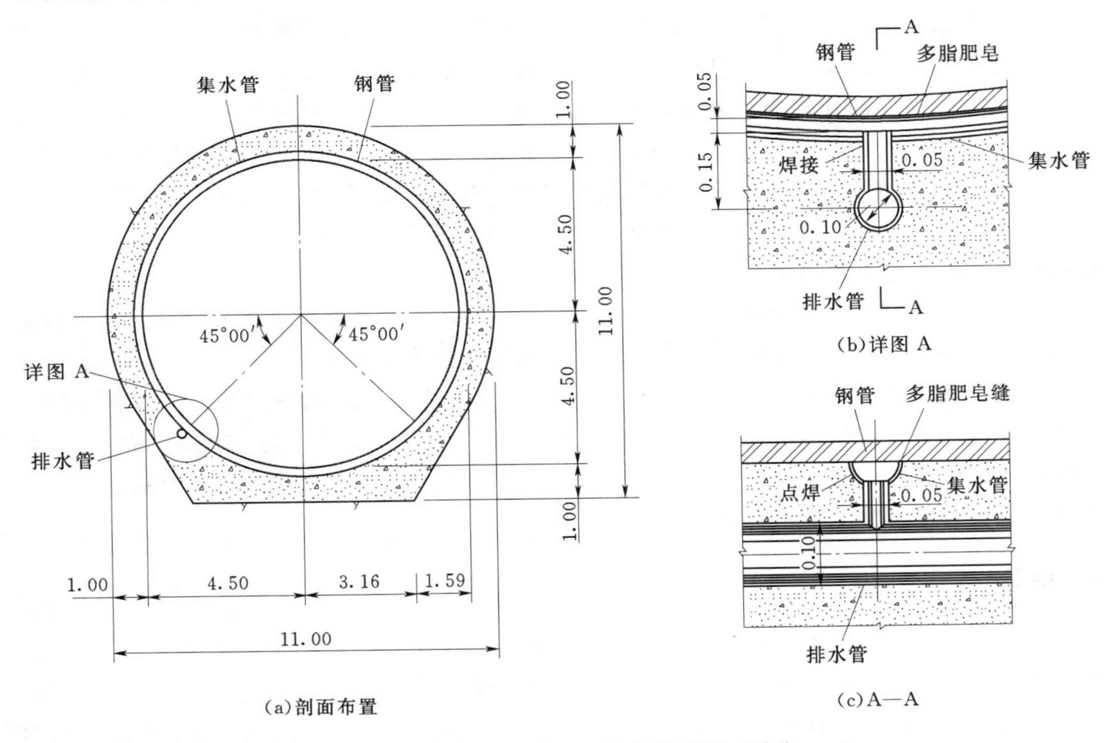

图 3　压力钢管管壁排水方法 2 布置示意图（单位：m）

方法 1，排水可靠，效果良好，而且可以对压力钢管进行灌浆，但其缺点是需在钢管上开很多孔，开孔补强质量不易保证，容易引起内水外渗。方法 2，钢管不需要开孔，故不存在内水外渗问题。若钢管不进行灌浆，排水效果可靠，若钢管需要灌浆，排水效果不能保证。

3.2 岩壁排水系统常用的工程措施

岩壁排水一般做法是沿钢管纵向靠岩壁设置无砂混凝土管或外包砂袋的孔管及普通的软式透水管等；另外可以在压力钢管洞段内设置岩壁排水管，排水钻孔按一定排距设在两侧岩壁中部，一般孔深为1～2m，由插入钻孔的硬质塑料管与设在洞底两侧的排水主管相连。以上岩壁排水方法，排水可靠，效果良好，十三陵、回龙等抽水蓄能电站均采用此方法，但缺点是钢管不能进行灌浆，否则排水容易失效。

3.3 特殊的软式透水管在压力钢管管壁和岩壁排水系统中的应用

通过以上对钢管管壁及岩壁排水措施的分析，当压力钢管外部需要灌浆时，以上岩壁排水的措施不适用；方法1，由于开孔较多，施工工艺复杂，且预留排水孔封焊补强质量很难保证，对于600MPa、800MPa乃至1000MPa级钢衬段的钢板，一般不允许开孔，而方法2，灌浆后的排水效果不容易保证。因此对于钢管管壁及岩壁排水需要考虑一种施工工艺简单，排水效果好且能够灌浆的行之有效的工程措施。

对于压力钢管的灌浆（包括回填、固结及接触灌浆），采用的是普通硅酸盐水泥灌浆。普通硅酸盐水泥的平均粒径约为0.02mm，最大粒径为0.044～0.1mm，比表面积为3000～4000cm^2/g。当孔管的孔径与水泥颗粒粒径差不多时，普通水泥颗粒不是堵塞孔口，就是堆积在孔口周围构成桥链，阻碍其他颗粒进入。因此普通水泥浆液灌浆时，很难灌入孔径为0.02mm左右的孔管内。基于以上理论，通过对一系列透水材料的研究，设计最终选用一种等效孔径为0.02～0.025mm的特殊软式透水管（普通软式透水管等效孔径为0.06～0.2mm）做为压力钢管外排水系统的材料。这不仅有效的解决了压力钢管灌浆时，水泥浆液进入排水管内并导致排水系统失效的问题，而且还具备施工工艺简单，工程造价低的优点，缺点是材料需要从厂家特殊定购。

基于以上的分析，在蒲石河抽水蓄能电站工程的压力钢管外排水系统设计时，大胆采用特殊软式透水管作为集水管、排水管材料，其钢管管壁及岩壁排水系统，由环向集水管和纵向排水管组成。环向集水管排距2.8m，纵向集水管沿横断面均匀布置6根，于厂房上游墙出露，并引至厂房集水井。集水管、排水管均采用等效孔径为0.02～0.025mm的特殊软式透水管。经输水系统充排水试验和近三年运行的验证，其排水效果是理想的。引水压力钢管管壁及岩壁排水布置见图4。

4 结语

压力钢管的外排水系统是根据工程的具体实际情况来进行布置的，若外水压力不高，钢管本身完全能够承担外水压力，可不设置外排水系统。但在抗外压稳定计算时应注意，不只要考虑到建设期该区域地下水位的高低，还需要考虑到工程投产后地下水位的相对关系。

对于地下水位较高，需要设置压力钢管外排水系统的工程，其排水措施和可靠性随不同的地形地质条件差异很大，因此，在外排水系统设计时，应充分考虑到工程自身的地形

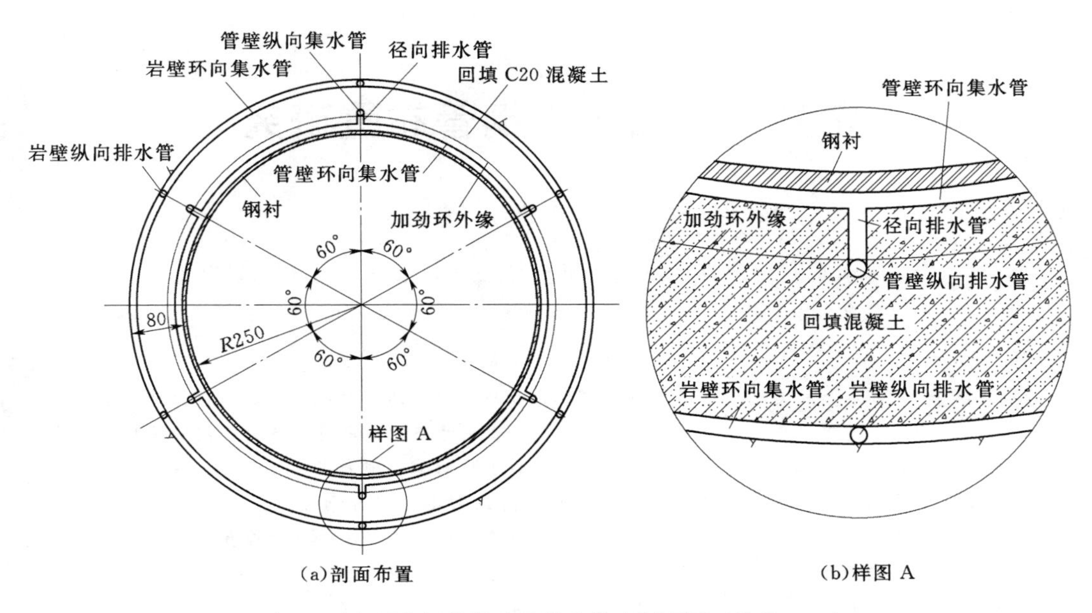

图 4　引水压力钢管管壁及岩壁排水断面图（单位：cm）

地质条件，结合其他建筑物的布置，并考虑到永临结合，选择合适的外排水方案。同时，还应设置地下水位监测项目，监测地下水位变化情况，防止工程事故发生。

参 考 文 献

[1] SL 281—2003 水电站压力钢管设计规范．北京：中国水利水电出版社，2003.

[2] 侯靖，吴旭敏，潘益斌．锦屏二级水电站高压管道设计．第七届全国水电站压力管道学术论文集．北京：中国电力出版社，2010.

[3] 张建辉，顾一新，姜树立．蒲石河抽水蓄能电站引水压力钢管设计．第七届全国水电站压力管道学术论文集．北京：中国电力出版社，2010.

丰满水电站压力钢管布置研究

刘　锋[1]　贾晶岩[2]　姜树立[1]

（1. 中水东北勘测设计研究有限责任公司，吉林　长春　130021
2. 黑龙江西沟水电站　黑龙江　黑河市　161400）

【摘　要】 丰满水电站发电引水建筑物由进水口和压力钢管两部分组成。进水口为坝式进水口，压力钢管采用单机单管布置，后接坝后式厂房。由于压力钢管直径较大，钢管结构受力复杂，直接影响了坝体的应力分布。同时，进水口下部的重力坝采用碾压混凝土结构，钢管布置型式对施工方案、施工工期亦有较大影响。因此需要对压力钢管布置型式进行比选研究，分析各方案的利弊，确定最合理的压力钢管布置型式。根据压力钢管埋置于坝体内的深度，设计时拟定了坝后背管、垫层式浅埋管和坝内埋管3种布置方案进行比选。最后，综合考虑各种利弊，本工程推荐采用了垫层式浅埋管方案。

【关键词】 丰满水电站；坝后背管；垫层式浅埋管；坝内埋管

1　概述

丰满水电站位于吉林省吉林市的第二松花江干流上，控制流域面积为42500km²。水电站枢纽建筑物主要由碾压混凝土重力坝、坝身泄洪系统、左岸泄洪兼导流洞、坝后式引水发电系统、过鱼设施及利用的原三期水电站组成。丰满工程为一等工程，工程规模为大（1）型。水库正常蓄水位263.50m，死水位242.00m，校核洪水位268.50m，总库容103.77亿m³。新建水电站安装6台单机容量为200MW的水轮发电机组，利用三期2台单机容量140MW的机组，总装机容量1480MW，多年平均发电量17.09亿kW·h。

丰满水电站引水建筑物布置在20～25号坝段，由进水口和压力管道两部分组成。进水口底板高程222.00m，沿水流方向依次布置拦污栅、检修闸门和事故闸门。电站采用单机单管引水形式，压力钢管直径8.8m，单机引用流量390.23m³/s，管内流速6.42m/s。压力钢管采用垫层式浅埋管，钢管斜管段与坝面平行，管顶外包混凝土最小厚度1.5m。大坝施工时采用预留钢管槽方案，预留槽宽度和深度均为11.8m，采用C30F200混凝土回填，管顶混凝土外缘与大坝下游面齐平。厂房采用坝后式厂房，机组安装高程190.04m。

2　方案拟定

由于该工程压力钢管直径较大，钢管结构受力复杂，直接影响了坝体的应力分布。同时，进水口下部的重力坝采用碾压混凝土结构，钢管布置型式对施工方案、施工工期亦有较大的影响。因此，根据压力钢管埋置于坝体内深度，设计时拟定了3种布置方案进行比选。

方案 1：坝后背管方案，压力钢管 1/4 埋入坝体内。

方案 2：垫层式浅埋管方案，压力钢管全部埋入坝体内，外包混凝土最小厚度为 1.5m，在斜管段和厂坝分缝处管道周围设置软垫层。

方案 3：坝内埋管方案，压力钢管全部埋入坝体内，外围混凝土最小厚度大于钢管直径。

3 方案布置

各方案引水建筑物布置基本相同，根据压力钢管埋置于坝体内深度的不同，各方案进水口及引水坝段混凝土浇筑方式稍有差别，其主要差别见表 1。

表 1　　压力钢管布置型式比选进水口及引水坝段主要差别

项　　目	方案 1 坝后背管	方案 2 垫层式浅埋管	方案 3 坝内埋管
拦污栅底坎高程/m	220.00	220.00	210.00
闸门底坎高程/m	222.00	222.00	212.00
进口喇叭口收缩型式	一面收缩	一面收缩	一面收缩
进口顶板曲线	椭圆曲线	圆弧曲线	圆弧曲线
进水口胸墙厚度/m	2.50	2.50	3.00
检修闸门孔口尺寸（宽×高）/(m×m)	8.80×10.40	8.00×11.20	8.00×11.20
事故闸门孔口尺寸（宽×高）/(m×m)	8.80×8.90	8.00×9.60	8.00×9.60
进口渐变段倾角/(°)	0	15	15
进口渐变段钢衬厚/mm	22	22	25
厂坝轴线距离/m	95.92	85.92	85.92
引水坝段混凝土浇筑方式	高程 218.00 以上现浇，以下碾压	高程 218.00 以上现浇，以下碾压	高程 208.00 以上现浇，以下碾压

各方案压力钢管布置如下。

3.1 方案 1（坝后背管方案）

坝后背管采用浅埋管的结构布置型式，钢管下部埋入下游坝坡面 1/4 的钢管直径，为 2.2m。坝体施工时，坝坡面上预留 3.7m 深的钢管槽。

压力管道全长 88.32m，由上平段、上弯段、斜管段、下弯段、下平段组成。上平段长 6.85m，管道中心线高程 226.40m；上弯段和下弯段长均为 16.32m，转弯角度 53.1°，转弯半径 17.60m；斜管段长 27.85m；下平段长度 20.98m，管道中心线高程 190.04m。下平段钢管四周均设置软垫层。

方案 1 布置如图 1 所示。

3.2 方案 2（垫层式浅埋管方案）

垫层式浅埋管方案钢管全部埋入坝体，钢管顶部与下游坝坡面之间混凝土厚度 1.5m。坝体施工时，坝坡面上预留 11.8m 深的钢管槽。

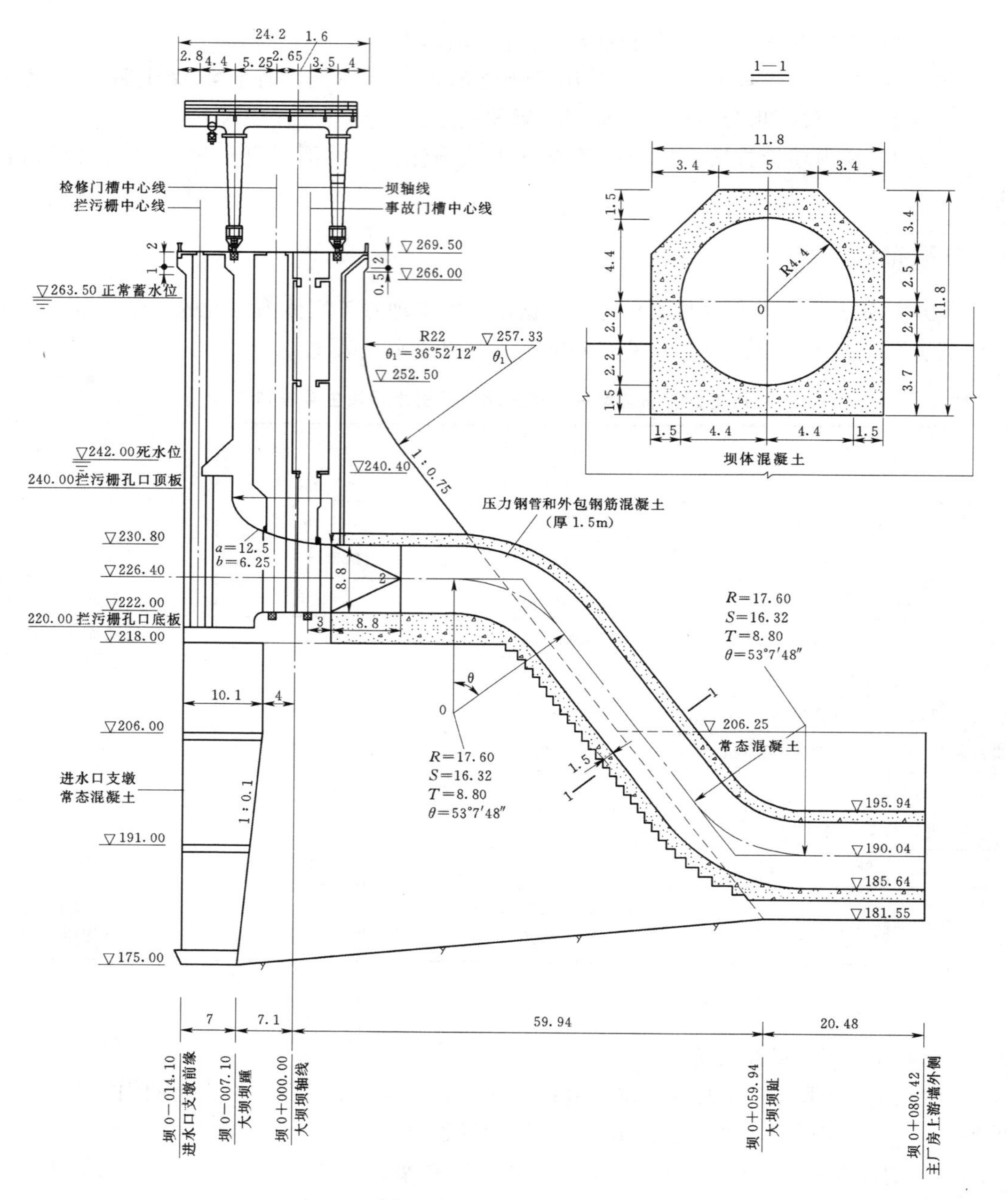

图1 坝后背管方案压力钢管布置图(单位:m)

压力管道全长76.06m,由上斜段、上弯段、斜管段、下弯段、下平段组成。上斜段长2.34m,与水平向夹角为15°;上弯段长11.71m,转弯角度38.1°,转弯半径17.60m;斜管段长24.59m;下弯段长16.32m,转弯角度53.1°,转弯半径17.60m;下平段长21.10m,管道中心线高程190.04m。上弯段和斜管段,钢管顶部外包220°软垫层。下平段钢管四周均设置软垫层。

方案2布置如图2所示。

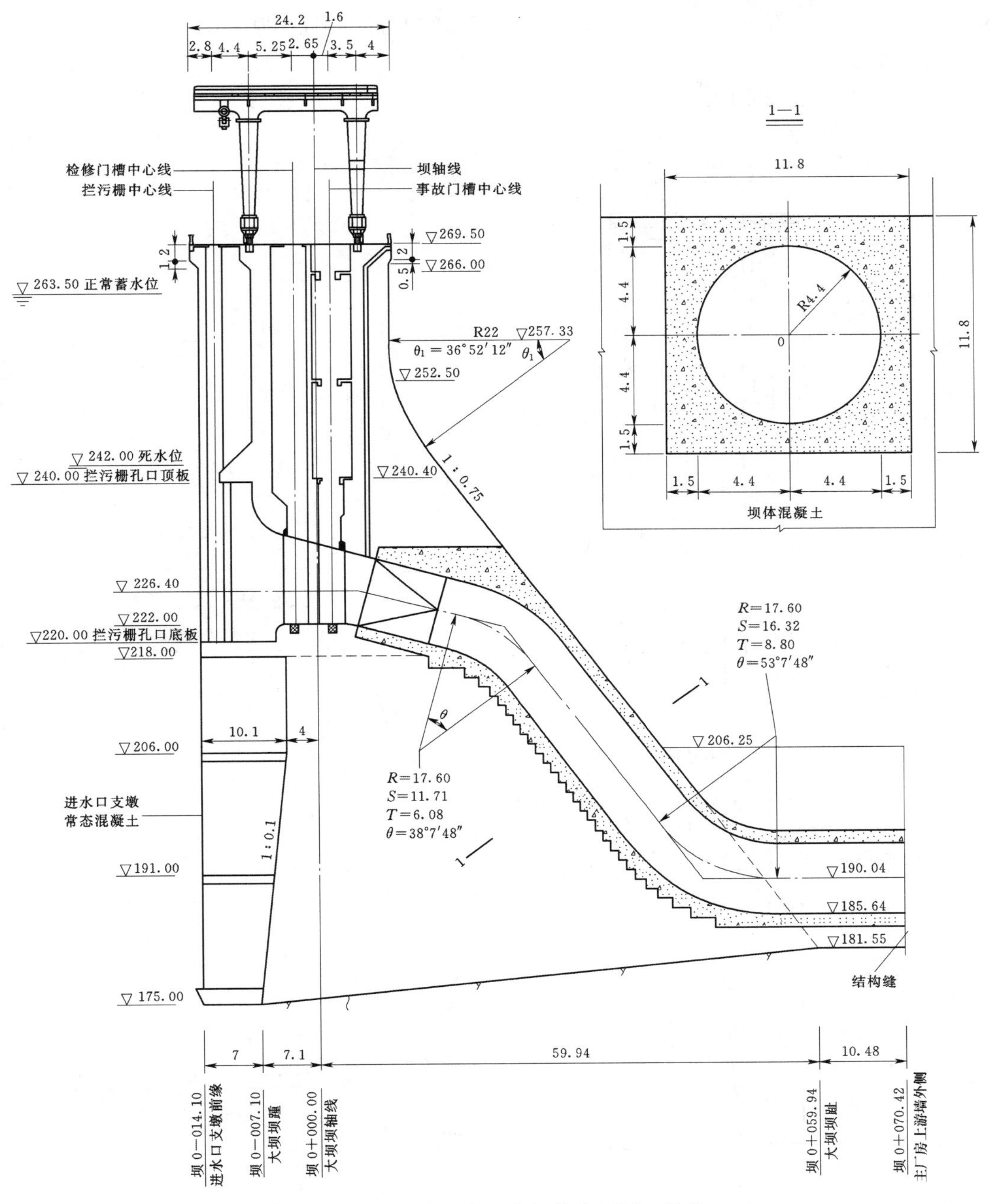

图 2　垫层式浅埋管方案压力钢管布置图（单位：m）

3.3　方案 3（坝内埋管方案）

坝内埋管方案钢管全部埋入坝体，钢管顶部与下游坝坡面之间混凝土最小厚度为 8.94m。

压力管道全长 71.3m，由上弯段、斜管段、下弯段、下平段组成。上弯段长 11.71m，转弯角度 38.1°，转弯半径 17.6m；斜管段长 12.86m；下弯段长 16.32m，转弯角度

53.1°，转弯半径 17.6m；下平段长 30.41m，管道中心线高程 190.04m。下平段钢管四周均设置软垫层。

方案 3 布置如图 3 所示。

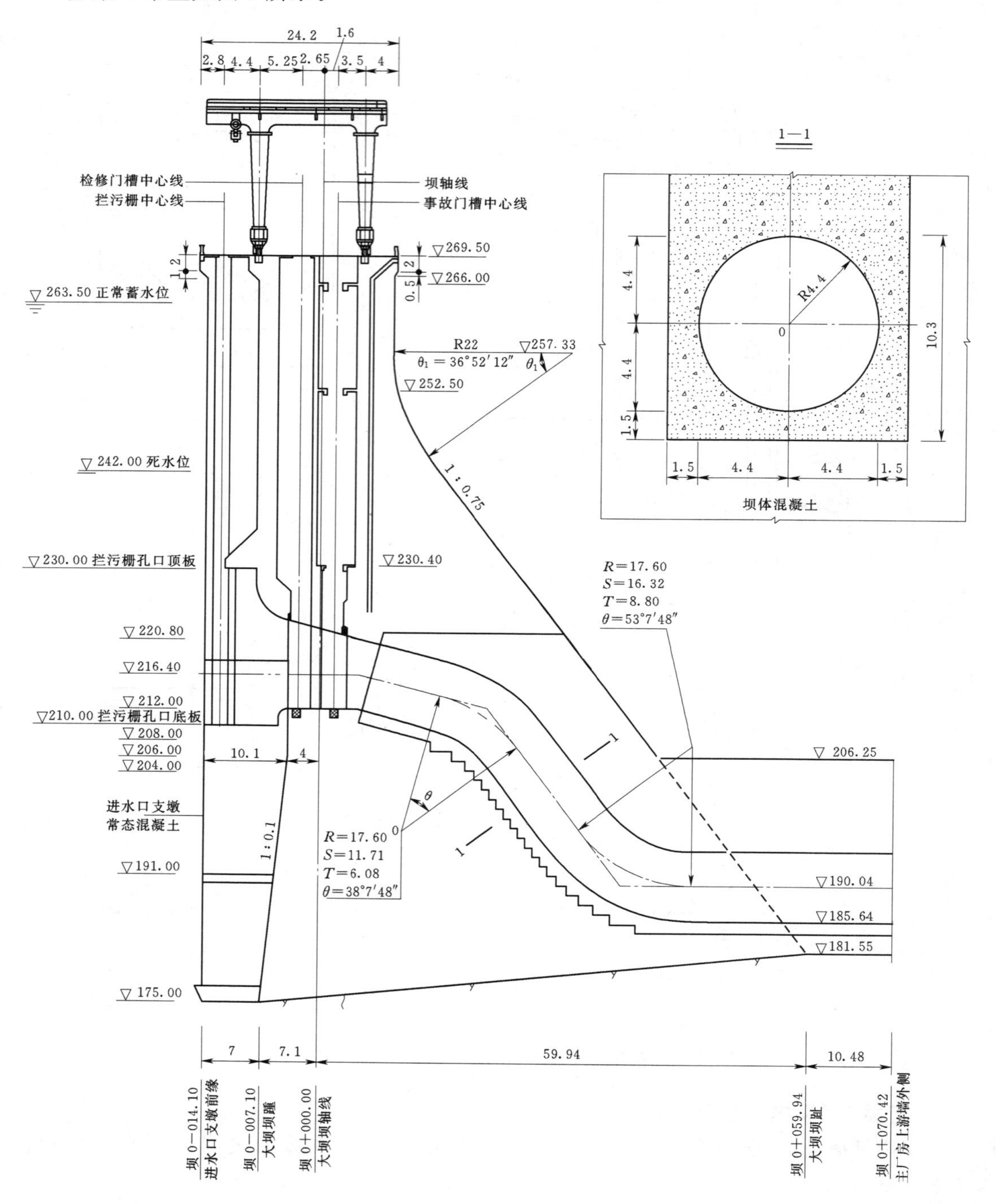

图 3　坝内埋管方案压力钢管布置图（单位：m）

4 方案比选

4.1 对坝体结构影响

方案 3 的管道全部埋于坝体内，由钢管与坝体共同承担内水压力，钢管周围混凝土配有受力钢筋，这种管道构造简单，在管径和内水压力不大时安全可靠。但该工程压力管道直径为 8.8m，额定水头为 57m，坝内开孔削弱了坝体，对坝体应力分布影响较大；同时采用预留钢管槽浇筑坝体时，预留槽尺寸较大，又会影响坝体应力和初期蓄水。

方案 1、方案 2 压力钢管仅上平段穿过坝体，主体部分均沿坝下游面铺设，避免或缓解了坝体开孔引起的坝体应力恶化，有利于保证坝体安全。

4.2 钢管结构构造处理

方案 1、方案 2 的上弯段结构受力条件复杂，管坝接缝面需做特殊处理，要设置键槽和大量的过缝钢筋。方案 3 由于上弯段和管坝接缝位置均在坝内，无需特殊处理。

4.3 施工方案

方案 1、方案 2 压力钢管施工方案基本相同（仅方案 2 大坝预留槽较深），均在坝体碾压混凝土施工时预留钢管槽。钢管设有两个始装节，靠近下弯段的一节作为第一始装节，靠近上弯管的一节斜管作为第二始装节。引水坝段碾压混凝土浇筑到高程 200.00m 后，先进行下游侧第一始装节的安装。待引水坝段混凝土浇筑到高程 218.00m 后，进行第二始装节的安装。钢管吊运采用布置在大坝上游高程 215.00m 的 SDTQ1800/60 型门机和布置在厂、坝之间高程 206.25m 的 SDTQ1260/60 型门机完成。

方案 3 压力钢管施工与坝体混凝土施工交替进行。下弯管的第一节作为始装节，钢管吊运采用布置在厂、坝之间的栈桥门机完成，栈桥高程 208.00m。

从施工方案上看，方案 1、方案 2 施工程序简单，施工干扰小，有利于尽早形成坝体度汛面貌，钢管吊运设备布置简单；而方案 3 坝体需同时进行常态混凝土、碾压混凝土浇筑及压力钢管的安装，施工程序复杂，施工干扰大，坝体上升速度受到制约，不利于尽早形成坝体度汛面貌，钢管吊运设备布置相对困难。

4.4 施工工期

方案 1、方案 2 坝体各年度汛面貌及施工工期基本相同，在完成压力钢管上平段安装后即可进行上部坝体混凝土施工，上部坝体基本可做到全断面均匀上升。方案 3 压力钢管安装与坝体混凝土浇筑施工需同步均匀上升，施工工序复杂、施工干扰大，发电引水坝段上升速度较慢，施工净工期较长。为满足第 4、5 年溢流坝段过流度汛要求，需控制溢流坝段浇筑速度。压力钢管布置型式比选各方案施工度汛面貌及施工工期见表 2。

表 2　压力钢管布置型式比选各方案度汛面貌及施工工期

项　目	方案 1、方案 2		方案 3	
	溢流坝段	引水坝段	溢流坝段	引水坝段
第 4 年 5 月末混凝土浇筑高程/m	200.00	212.00	194.00	—
第 5 年 5 月末混凝土浇筑高程/m	240.00	247.00	205.00	—

续表

项　　目	方案1、方案2		方案3	
	溢流坝段	引水坝段	溢流坝段	引水坝段
溢流坝闸墩浇筑及金属结构安装	第6年7月末完成		第7年5月末完成	
工期关键项目	厂房施工和机组安装		溢流坝施工和闸门安装	
首台机组发电/月	63		73	
工程总工期/月	78		·88	

由于方案3引水坝段施工不能满足第4年新坝缺口度汛的要求，限制了预留坝体缺口高程，影响了大坝的上升，使得首台机组发电推迟，总工期较前两个方案增长了10个月。

4.5 工程直接费用

压力管道布置型式比选各方案工程直接费用为：方案1为92613万元，方案2为89554万元，方案3为91382万元。

5 比选结论

综上所述，3个方案均适用于该工程，各有优缺点。从对坝体结构影响、施工方案、施工工期看，方案1、方案2优于方案3。从钢管结构构造处理看，方案3优于方案1、方案2。从投资上看，方案2工程直接费用与方案1、方案3相比，分别节省了3059万元和1828万元。综合考虑各种利弊，该工程推荐采用方案2，即垫层式浅埋管方案。

丰满水电站压力钢管三维有限元计算研究

姜树立[1]　刘　锋[1]　伍鹤皋[2]　胡　蕾[2]

(1. 中水东北勘测设计研究有限责任公司，吉林　长春　130021
2. 武汉大学水资源与水电工程科学国家重点实验室，湖北　武汉　430072)

【摘　要】 丰满水电站压力钢管采用垫层式浅埋管，单机单管布置，后接坝后式厂房。压力钢管直径 8.8m，最大水头 70m，水击压力 30m，单机引用流量 390.23m³/s，管内流速 6.42m/s。鉴于丰满水电站压力管道工程规模巨大，为了解该坝内垫层管在内水压力、地震等荷载作用下的应力应变分布、裂缝开展情况，需要对大坝和管道整体结构建立计算模型，利用三维非线性有限单元法进行计算分析，重点解决坝体、厂房与压力管道的变形协调问题。为了减少坝体混凝土拉应力、限制坝体混凝土裂缝宽度，同时降低坝体厂房不均匀沉降对钢管应力的影响，在钢管周围铺设了垫层，并通过比选确定了垫层的厚度、弹性模量和铺设范围。计算表明，采用垫层管过缝代替伸缩节、将厂坝分缝灌浆到钢管管底高程可以满足厂坝分缝处钢管和混凝土结构的受力及位移要求。

【关键词】 垫层式浅埋管；三维有限元；垫层铺设范围；钢管过缝措施

1　概述

丰满水电站位于吉林省吉林市的第二松花江干流上，控制流域面积为 42500km²。水电站枢纽建筑物主要由碾压混凝土重力坝、坝身泄洪系统、左岸泄洪兼导流洞、坝后式引水发电系统、过鱼设施及利用的原三期电站组成。丰满工程为一等工程，工程规模为大(1)型。水库正常蓄水位 263.50m，死水位 242.00m，校核洪水位 268.50m，总库容 103.77 亿 m³。新建水电站安装 6 台单机容量为 200MW 的水轮发电机组，利用三期 2 台单机容量 140MW 的机组，总装机容量 1480MW，多年平均发电量 17.09 亿 kW·h。

丰满水电站引水建筑物布置在 20～25 号坝段，由进水口和压力管道两部分组成。进水口底板高程 222.00m，沿水流方向依次布置拦污栅、检修闸门和事故闸门。电站采用单机单管引水形式，压力钢管直径 8.8m，单机引用流量 390.23m³/s，管内流速 6.42m/s。压力钢管采用垫层式浅埋管，钢管斜管段与坝面平行，管顶外包混凝土最小厚度 1.50m。大坝施工时采用预留钢管槽方案，预留槽宽度和深度均为 11.8m，采用 C30F200 混凝土回填，管顶混凝土外缘与大坝下游面齐平。厂房采用坝后式厂房，机组安装高程 190.04m，垫层式浅埋管和坝后厂房布置见图 1。

2　坝内垫层管三维有限元分析

2.1　计算模型

计算模型：由进水口、拦污栅墩、坝体、钢管、垫层及地基所组成。整体模型网格见图 2。

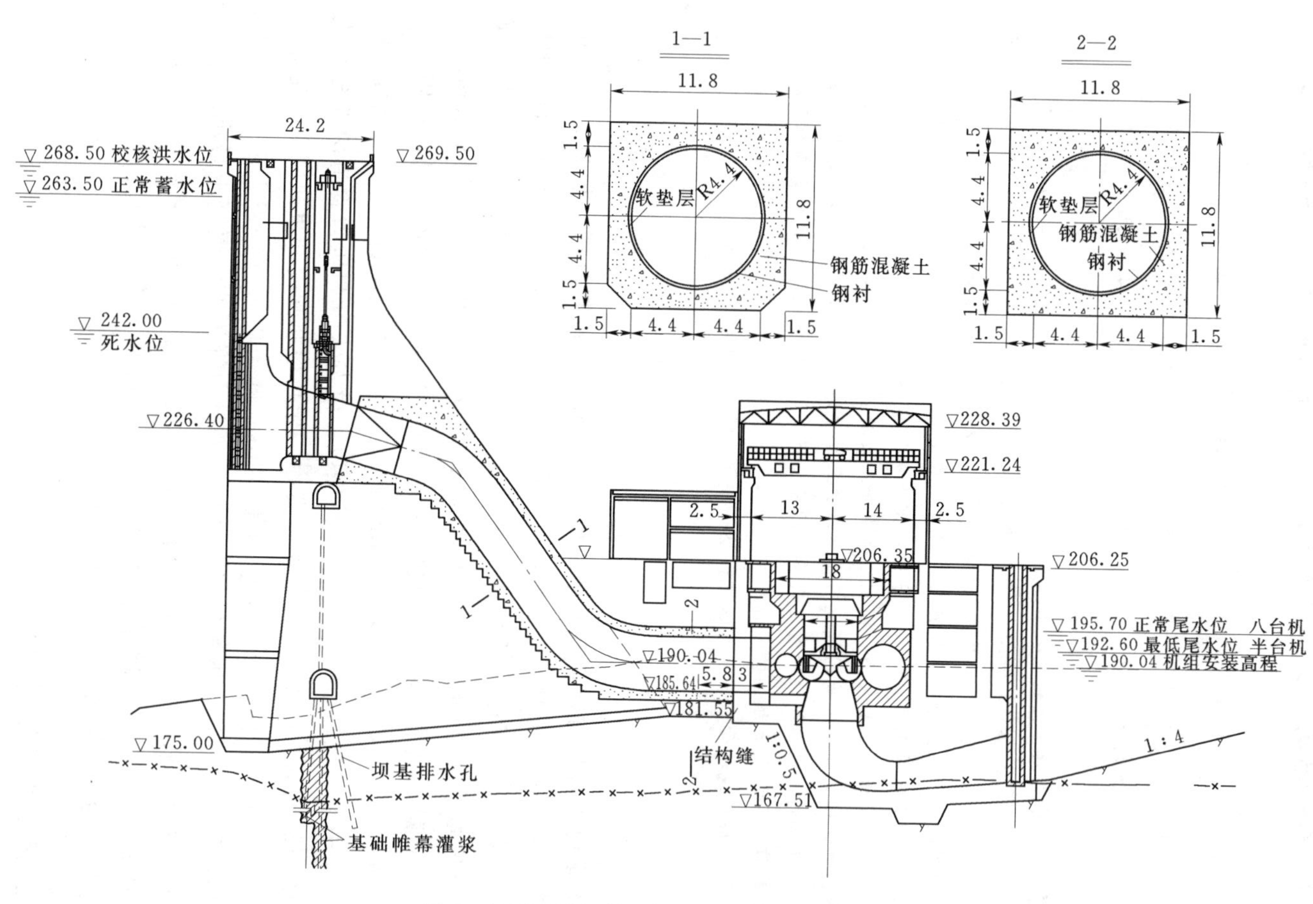

图 1　垫层式浅埋管和坝后厂房布置(单位:m)

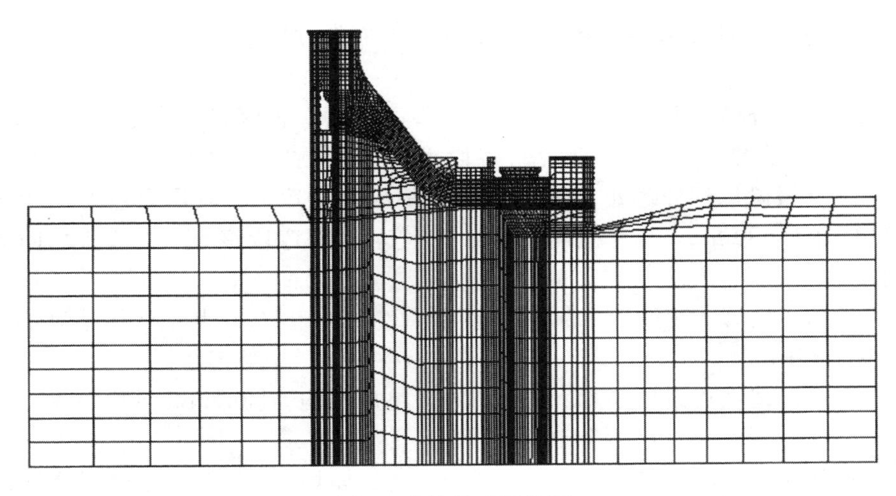

图 2　整体模型网格图

2.2　计算工况与荷载组合

为了研究坝内垫层管与坝体之间的相互作用和应力变形规律，并对管道上弯段进行研究，同时分析温度荷载和地震对管道应力的影响，共进行了 6 个工况的计算，各工况对应的荷载组合见表 1。

表 1　　垫层管计算工况和荷载组合

工况编号	设计状况	计算工况	荷载							
			静水压力	动水压力	结构自重	管径变化及转弯处水压力	弯道离心力	坝体变位作用	温度荷载	地震荷载
A－1	持久	正常运行	正常蓄水位	√	√	√	√	√		
A－2	持久	温降组合	正常蓄水位	√	√	√	√	√	√	
A－3	持久	温升组合	正常蓄水位	√	√	√	√	√	√	
A－4	偶然	特殊运行	校核洪水位	√	√	√	√	√		
A－5	偶然	单独地震								√
A－6	偶然	地震组合	正常蓄水位	√	√	√	√	√		√

注　1. 静水压力对应上游正常蓄水位，下游正常尾水位。
　　2. 坝体变位作用主要由大坝自重、上下游水压力、扬压力、浪压力等引起。

2.3　坝内钢管垫层铺设范围拟定

为了减少坝体混凝土拉应力、限制坝体混凝土裂缝宽度，在斜直段坝内钢管周围铺设了垫层。根据垫层的铺设范围和参数，拟定了4个布置方案进行比较分析，计算荷载均对应于正常运行工况A－1。

方案1：厂坝分缝处采用垫层管代替伸缩节，垫层包角为360°，其总长为8.80m，自厂坝分缝处向上游铺设5.8m。钢管斜直段上半周与混凝土之间设垫层，垫层包角为220°。钢管下平段除厂坝分缝处8.80m为全包垫层外，其余管段均为包角为220°的垫层管。软垫层厚度为30mm，弹性模量3MPa。上弯段和下弯段钢管与混凝土之间均不设垫层，起到镇墩的作用。

方案2：除了钢管上弯段后半部铺设包角为220°的垫层外，其他垫层铺设范围、参数与方案一完全相同。

方案3：垫层铺设范围与方案2完全相同，垫层厚均为30mm，但垫层弹性模量降低为1.5MPa。

方案4：垫层铺设范围与方案2完全相同，垫层厚均为30mm，但垫层弹性模量降低为1MPa。

计算结果表明：在垫层弹性模量一致的条件下，方案1的管道周围混凝土应力较大，尤其是上弯段和斜直段管道顶部外包混凝土很薄，表面混凝土拉应力值最大达到1.909MPa左右，超过C30混凝土的设计抗拉强度。相比方案1，方案2的管道混凝土拉应力范围和数值都相对减小，斜直段表面混凝土拉应力值最大为1.233MPa左右。说明将垫层铺设到上弯段对减小混凝土拉应力有利。

对比方案2、方案3和方案4，在垫层铺设范围一致的条件下，随着垫层弹性模量的降低，混凝土拉应力的数值和范围都有明显的减小。对于方案4，垫层弹性模量减小到1MPa，管道外表面混凝土拉应力最大值仅为0.60MPa左右，方案3中管道外表面混凝土拉应力最大值为0.96MPa左右。虽然均未达到C30混凝土的设计抗拉强度，但是丰满水电站所在区域年平均温差较大，考虑到温降及温升荷载的作用，混凝土拉应力值应有一定程度的富余。

经过以上分析，采用方案四作为推荐方案，并进行了工况A－1～工况A－6的计算。

2.4 坝内垫层钢管计算成果分析

（1）在线弹性假定情况下，钢衬Mises应力在未设垫层的管段都很小，而设置了垫层的管段钢衬Mises应力明显增大。这说明垫层可以使钢管尽可能多的承受荷载，减少混凝土承担的拉应力，且各工况下钢衬Mises应力均小于其抗力限值。

（2）在正常运行工况下，管道腰部混凝土大部分为压应力或者较小的拉应力，而管道顶部和底部混凝土，内侧的混凝土拉应力相对较大，外侧的拉应力相对较小，绝大部分在混凝土的设计抗拉强度以下。在上弯段和下弯段未设垫层的部位，管道内侧出现较大的拉应力，但也在混凝土的标准抗拉强度以下，因此管道周围混凝土在正常运行工况下可能不会开裂。

（3）考虑温度荷载共同作用以后，管周混凝土拉应力数值有较大的增加，数值局部超过了混凝土的标准抗拉强度，因此，在下游坝面采取了保温隔热措施，铺设了保温板。根据铺设保温板后的计算成果来看，混凝土拉应力均在标准抗拉强度以下，有效地降低了混凝土温度应力，避免了产生温度裂缝。

（4）常规荷载作用下管坝接缝面剪应力数值大部分在0.3MPa以内。管坝接缝面底部法向应力除在温降组合工况出现了较小的拉应力外，基本为压应力；管坝接缝面两侧上半部分容易出现法向拉应力，可采取相应的工程措施，在管道底面采用台阶形施工缝，台阶高宽比与坝坡保持一致；两侧采用键槽；接缝面上布置插筋为上弯段Φ28@300、斜直段Φ25@500。

（5）地震荷载对主变平台以下埋入坝体混凝土内的管段影响较小，但上弯段、斜直段管腰混凝土拉应力有所增加，而且主变平台以上管段管坝接缝面底部产生了法向拉应力。

3 厂坝分缝处钢管过缝措施研究

3.1 方案拟定

在发电引水钢管穿过建筑物永久分缝处，为适应温度、水压力、沉陷等因素而产生的轴向及径向变位差，通常设置伸缩节。但大量的工程实践表明，设置伸缩节后，不仅工程造价提高，还带来很多伸缩节的制造、安装、维修等方面的麻烦，因此近年来很多工程都提出了采用垫层管代替厂坝间伸缩节的问题。由于取消厂前伸缩节后，压力管道通过纵向结构缝处的受力情况极为复杂，因此对其受力状态和强度安全，必须进行深入系统的研究，并采取合理可行的工程措施，确保结构安全。

厂坝过缝处的处理措施通常是待大坝与厂房自重沉降基本完成以后，再焊接垫层管的预留环缝，并将厂坝分缝灌浆到一定高程，或者不做分缝的灌浆处理，厂坝过缝处局部结构见图3。

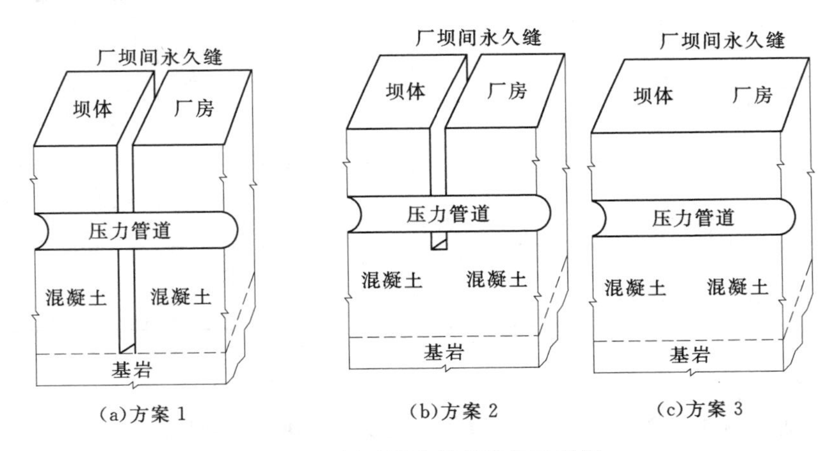

(a)方案1　(b)方案2　(c)方案3

图3　厂坝过缝处局部结构示意图

根据厂坝过缝处的灌浆高程，拟定了3种方案进行分析比较。

方案1：厂坝分缝处分缝至大坝建基面，大坝与厂房混凝土在分缝处完全分开，假定大坝与厂房是两个相互独立的结构，互不影响。

方案2：厂坝分缝处灌浆至管道底部，根据施工加载顺序，先分缝，待大坝建成且自重变形基本完成后，再进行灌浆。

方案3：厂坝分缝处灌浆至管道顶部，大坝与厂房通过灌浆完全连为一体，此种结构形式，考虑键槽的作用后，假定厂坝间既能传递水平推力又能承受剪力。

方案 3 保证了厂坝的整体性，对钢管的受力有利，但由于厂坝之间相互作用大，对厂房的变形影响较大，故在实际工程中该方案很少被采用，本节主要针对方案 1 和方案 2 进行计算比较分析。

3.2 计算工况与荷载组合

厂坝分缝处灌浆高程的选择，关键问题是灌浆之后的结构形式能否使厂坝分缝处大坝与厂房的相对位移满足要求，同时使钢管与混凝土结构的应力状态满足要求。计算分析时，对各工况进行荷载组合，共分成七个工况进行研究。钢管过缝措施研究计算方案与荷载组合见表 2。

表 2 钢管过缝措施研究计算方案与荷载组合

计算方案	设计状况	计算工况	荷载							
			静水压力	动水压力	结构自重	管径变化及转弯处水压力	弯道离心力	坝体变位作用	温度荷载	地震荷载
B—1	短暂	施工完建			√					
B—2		单纯温降							√	
B—3		单纯温升							√	
B—4	持久	正常运行	正常蓄水位	√	√	√	√	√		
B—5	持久	温降组合	正常蓄水位	√	√	√	√	√	√	
B—6	持久	温升组合	正常蓄水位	√	√	√	√	√	√	
B—7	偶然	地震组合	正常蓄水位	√	√	√	√	√		√

3.3 计算成果分析

通过对各种工况的位移和应力计算成果进行分析，可以得出以下结论。

（1）方案 1 厂坝分缝处水流向和铅直向位移均大于方案 2；从对厂房整体变形有利的角度来讲，方案 2 较为有利；各工况下方案 1 厂坝分缝处钢管 Mises 应力基本大于方案 3；从改善分缝处混凝土受力状态角度来讲，方案 2 也较为有利。

（2）无论是在常规荷载作用下还是在地震荷载作用下，适当提高厂坝分缝处灌浆高程可以减小垫层管、机墩和下机架的相对位移，改善分缝处钢管和混凝土结构的受力状态。因此，综合比较厂坝分缝处的施工条件、技术经济特点后推荐厂坝分缝处过缝措施采用方案 2。

（3）在厂坝分缝处上游侧长为 5.8m，下游侧长为 3m 的管段设置垫层以代替伸缩节，

垫层厚为 30mm，弹性模量 1MPa，技术上是可行的。为了保证垫层管段可自由伸缩，且能适应微量径向变位，对施工工艺也有特殊要求。首先，垫层管段不能设加劲环或锚筋，施工时采用特制的支架支撑钢管，使其不与钢管相焊；其次，垫层管段两端应该设止浆环，防止浆液流到垫层管段，并布置管外排水。

(4) 为了尽量减小厂坝不均匀沉陷和施工期温度荷载对钢管应力的影响，在厂坝分缝管段预留一个环缝，等到大坝厂房沉陷和水化热温升基本完成后，再施焊将钢管连接在一起。为避免施焊预留环缝所产生的轴向拉应力，与年内温降过程的收缩变位所产生的轴向拉应力不利地叠加，应该选择在年平均气温或比年平均气温稍微偏低一点的季节施焊。

4 结语

(1) 本工程采用垫层管过缝代替伸缩节、将厂坝分缝灌浆到钢管管底高程可以满足厂坝分缝处钢管和混凝土结构的受力及位移要求。

(2) 垫层可以使坝内钢管尽可能多的承受荷载，减少混凝土承担的拉应力，且各工况下钢衬 Mises 应力均小于其抗力限值。

(3) 在坝下游坝面铺设保温板，能有效降低混凝土温度应力，避免下游坝面产生温度裂缝。

(4) 常规荷载作用下管坝接缝面剪应力和法向应力数值大部分都较小，但在接缝面两侧上半部分容易出现法向拉应力；地震荷载使上弯段、斜直段管腰混凝土拉应力也有所增加，因此需要加强管坝混凝土的连接，比如设键槽、插筋。

参 考 文 献

[1] DL/T 5141—2001 水电站压力钢管设计规范 [S]. 北京：中国电力出版社，2002.
[2] DL 5073—2000 水工建筑物抗震设计规范 [S]. 北京：中国电力出版社，2000.
[3] DL/T 5057—2009 水工混凝土抗震设计规范 [S]. 北京：中国电力出版社，2009.
[4] DL 5077—97 水工建筑物荷载设计规范 [S]. 北京：中国电力出版社，1998.
[5] DL 5018—1999 混凝土重力坝设计规范 [S]. 北京：中国电力出版社，2000.

局部钢衬在高水头不良地质洞段处理中的应用

张建辉　宋守平　范　永　刘文斌

（中水东北勘测设计研究有限责任公司，吉林　长春　130021）

【摘　要】采用混凝土衬砌或钢筋混凝土衬砌的高水头压力管道，围岩中有断层等软弱结构时，若处理不当，可能会导致隧洞渗水、漏水，严重时会引起隧洞结构破坏，甚至会危及到厂房或其他建筑的安全。因此，对于高水头不良地质洞段的处理应引起足够的重视，在确保工程安全运行的前提下，经充分的技术经济比较选择合适的处理方案。本文介绍了蒲石河抽水蓄能电站引水隧洞下平段断层处理采用局部钢衬方案的设计过程和最终效果，为类似的高水头不良地质洞段的处理提供了一种新的思路。

【关键词】引水下平段；断层；渗透稳定；局部钢衬

1　工程概况

蒲石河抽水蓄能电站，位于辽宁省宽甸满族自治县境内，该电站是我国东北地区在建的第一座大型纯抽水蓄能电站，总装机容量1200MW，单机容量300MW，共4台机组。机组单机额定流量111m³/s（抽水流量为97m³/s），最大静水头394m，系统最大压力5MPa。水电站于2006年8月开工，于2011年底首台机组投产发电，2012年9月4台机组全部投产发电。

枢纽建筑物主要由下水库泄洪排沙闸坝，上水库钢筋混凝土面板堆石坝、输水系统、地下厂房系统及地面开关站等建筑物组成。

蒲石河抽水蓄能电站输水系统是由引水系统及尾水系统组成。发电引水系统是由上水库进/出水口、引水上平段、引水斜洞段、引水下平段、引水高压岔管和压力钢管组成。引水发电系统布置为二洞四机，两条引水隧洞下平段两洞中心线间距为60m，洞径8.1m，全部采用钢筋混凝土衬砌，衬砌厚60cm。

2　引水下平段地质条件

引水洞下平段围岩为混合花岗岩，岩石较坚硬。节理较发育，见有F_3、fy_{60}、fy_{120}、fy_{121}等30余条断层破碎带通过，大部分洞段为Ⅱ～Ⅲ类围岩。局部范围为Ⅲ～Ⅳ类围岩，主要分布在以下位置：

（1）引Ⅰ0+467.46～引Ⅰ0+525。发育F_3、fy_{120}、fy_{134}、fy_{135}、fy_{60}、fy_{161}、fy_{162}等7条断层。其中，F_3断层及上、下盘影响带宽约22m，沿断层渗水严重，性状差；fy_{60}宽0.3～1m；其他断层宽度多小于10cm。开挖时局部有掉块，多处有渗水现象。围岩局部稳定性差，属Ⅲ～Ⅳ类围岩。

（2）引Ⅱ0+465.52～引Ⅱ0+525。发育F_3、fy_{60}、fy_{112}～fy_{130}、fy_{132}等20条断层。其

中，F_3 断层及上、下盘影响带宽约 25.5m，沿断层渗水严重，性状差；其他断层宽度多小于 30cm。岩体中节理较发育，岩体较破碎。开挖时多处有渗水现象。围岩局部稳定性差，属Ⅲ～Ⅳ类围岩。

3　下平段断层处理必要性分析

3.1　高水头钢筋混凝土衬砌压力管道的岩体临界水力梯度

北京院前总工邱彬如总结了国内广蓄、天荒坪、惠州、宝泉等抽水蓄能电站以及国外的几个抽水蓄能电站的经验，提出对于采用钢筋混凝土衬砌的高水头压力管道，其岩体临界水力梯度的建议值如下：

完整岩石：水力梯度不大于 15～20。

节理裂隙闭合的岩体：水力梯度不大于 8～10。

张性节理裂隙密集带和断层破碎带：水力梯度不大于 3～5 甚至更小。

3.2　下平段断层危害性分析

由于断层破碎带比较软弱，若处理不当，其中夹泥和碎屑部分受到水的作用会溶蚀或软化，进而降低围岩强度，导致结构破坏，影响工程的使用及安全。

（1）对距离最近的压力钢管上部排水廊道及厂房边墙等建筑物的影响。运行工况下，受断层影响洞段若发生内水外渗，压力钢管上部排水廊道及厂房边墙有可能发生大量渗水，危害建筑物安全。厂房及排水廊道均位于 F_3 断层下盘新鲜完整的岩体内，岩体属于微～极微透水岩石。根据高压岔管区域的原位试验成果，高压压水试验压力低于 5MPa 时，裂隙或节理不会被劈开而大量渗水，隧洞运行时最大内水压力为 4.8MPa，未超过围岩的劈裂压力。受断层影响洞段与压力钢管上部排水廊道及厂房间的最近距离为 110m 左右，水力梯度最大约为 5，小于完整岩石的临界水力梯度。因此，对压力钢管上部排水廊道及厂房基本无影响。

（2）下平段断层若在山体表面有出露点或与山体表面断层衔接连通，运行时内水将沿山体产生渗漏，进而引起山体失稳的可能性。该工程隧洞围岩最小覆盖厚度达 280m，其水力梯度仅为 1.8，小于断层部位的临界水力梯度。因此，运行工况下，假设引水隧洞的围岩中断层的固结灌浆圈失去防渗能力，也不会造成大量渗漏，引起渗透失稳。

（3）F_3 断层在 2 号、4 号支洞出露部位产生内水外渗的可能性。F_3 断层在 2 号、4 号施工支洞出露部位与 2 号引水隧洞间的最近距离约为 160m，水力梯度最大约为 3，满足张性节理裂隙密集带和断层破碎带临界水力梯度 3～5 的要求，安全裕度稍小。

（4）当一洞运行一洞检修时，由于检修洞段内为临空面，而两洞间水力梯度为 9.5，水力梯度较大，致检修隧洞侧可能会出现大量渗水，进而导致两洞间不良地质段的岩体失稳。

3.3　下平段断层处理的必要性

结合蒲石河抽水蓄能电站的布置及下平段的地质情况，有多条断层贯穿两引水隧洞，两洞间岩体厚度为 50.7m，最大静水头为 394m，最大静水头下的水力梯度约为 8，大于 3～5，因此，两洞间岩体存在渗透稳定的风险。

根据以上下平段断层危害性的分析，对于本工程受断层影响洞段，若处理不当最有可能产生的危害是：①运行时，隧洞内水外渗，有可能于 F_3 断层在2号、4号支洞出露部位产生渗漏，进而影响结构安全；②一洞运行一洞检修时，由于断层影响，被检修的洞内大量渗水，围岩稳定受到威胁。同时，失去二洞四机运行的灵活性。

因此，为确保工程质量，需要对引水隧洞下平段进行处理，并确定合理处理方案。

4 下平段断层处理方案研究

对于受断层影响的引水隧洞下平段，设计最初处理的原则为：对于 F_3 断层，由于断层较宽且性状较差，采用混凝土塞作为刚性楔体，藉以将压力传递于破碎带两侧的岩石上。同时，结合水泥固结灌浆，提高围岩的变形模量，降低通过混凝土塞及围岩固结圈的渗透水压力值，进而减少对固结圈外断层的侵害，以保证运行安全。对于其他小规模的断层，采用水泥固结灌浆的方式进行处理。鉴于当时该洞段衬砌及回填灌浆的已完成的实际情况，因此，在最初方案的基础上拟定以下3个方案进行比较。

（1）水泥固结灌浆。对断层及其影响范围内的洞段进行水泥固结灌浆，孔深入岩10m，先用普通水泥灌浆，然后采用磨细水泥灌浆，灌浆压力为5MPa。

（2）环氧材料—水泥复合固结灌浆。入岩10m范围内先进行水泥固结灌浆，再进行补充环氧固结灌浆，灌浆压力为5MPa。

（3）局部钢衬方案。对受断层影响洞段采用局部钢衬，内径6.9m，采用600MPa级钢板，壁厚46mm，加劲环及加劲环间的钢管的抗外压能力按最大外水头考虑。

3个方案相比较如下。

（1）复合灌浆方案中环氧材料灌浆施工工艺较为复杂，需要有专门从事环氧材料化灌的专业队伍进行施工；环氧材料高压固结灌浆的过程及质量难以控制。

（2）高压水工隧洞采用环氧材料—水泥复合灌浆在国内应用较少，灌后效果也难以确定。

（3）环氧固结灌浆的吸浆量和可灌性只有通过现场灌浆实验才能确定；复合灌浆方案的投资只能根据概算定额来估算，与实际的环氧材料固结灌浆有很大的差别，投资控制具有不确定性。

（4）在高压水长期作用下，无论是水泥固结还是复合固结灌浆都可能会失效，即灌浆的耐久性问题。若失效，则需要停机、放空、补灌。补灌需要将球阀拆除，施工人员及设备才能从压力钢管段进入到引水隧洞下平段，施工难度较大，停机时间较长。

（5）对于高水头压力隧洞，遇到不良地质洞段且对防渗要求较高的隧洞，宜选抗裂设计衬砌方案，即钢衬方案。与复合固结灌浆方案相比，钢衬方案有以下特点。

1）钢衬方案可有效地解决内水外渗的问题。

2）钢管施工工艺成熟，施工单位的施工经验较多，不存在不确定因素。施工难度主要是现有施工空间限制，现场管节瓦片组圆对接较为困难。尽管钢衬方案施工难度较大，但是施工工艺容易控制，对于压力钢管的检测明确，能较好地保证钢衬的施工质量。

3）钢衬方案缺点是投资相对较大。

综上比较，钢衬方案是防止内水外渗和外水内渗的最可靠、最有效的方法，施工质量

容易保证；固结灌浆方案施工质量不容易控制，灌浆效果难以确定。另外，固结灌浆方案还有耐久性的问题，若失效，则需要停机、放空、补灌，这样造成的损失会更大。经综合比较，最终确定采用局部钢衬方案。

5 结语

自 2011 年 6 月末开始，蒲石河抽水蓄能电站相继进行了输水系统充排水试验、机组有水调试及上水库蓄水等工作，于 2011 年底首台机组发电，2012 年 9 月 4 台机组全部投入运行。历经近 2 年多的运行考验，通过一系列的相关试验和机组正常运行期间对断层处理部位的检查和监测，充分证明了下平段断层处理采用局部钢衬方案的合理性，有效地解决了下平段断层部位的内水外渗的问题，使得一洞运行一洞检修的工况得以实现，进而保证了引水系统二洞四机运行的灵活性，为工程安全、稳定、合理地运行奠定了基础。

对于采用混凝土衬砌或钢筋混凝土衬砌的高水头隧洞，围岩中有断层等软弱结构时，宜选择局部钢衬方案。尽管一次性投资较其他方案略大，但它是解决内水外渗最有效的办法，能够保证运行后无后顾之忧。局部钢衬设计时外排水系统布置起来较为困难，因此外水压力可按可能最大外水考虑，采用加密加劲环、增加加劲环的高度和厚度等方式，提高其抗外水压力能力。

浅谈寒冷地区压力钢管抗冻设计

杨　鹏　郝　鹏

（中国电建集团贵阳勘测设计研究院有限公司，贵州　贵阳　550081）

【摘　要】 在我国西部地区气温低、昼夜温差大，压力钢管的防冻设计要求高。寒冷地区的压力钢管防冻措施常采用建暖棚、浅埋覆土和外覆保温板技术。具体工程防冻设计时，应根据自身工程特点，宜因地制宜，选择合适的工程措施，达到安全可靠、防冻保温的目的。

【关键词】 寒冷地区；抗冻设计；浅埋；压力钢管

1　引言

在我国西部寒冷地区，极端最低气温达－40℃，昼夜温差大、阳光辐射强，工程环境复杂，压力钢管的抗冻安全问题突出。本文结合西部某水电站压力钢管防冻设计体会，浅谈寒冷地区压力钢管的抗冻设计措施，为同类工程设计提供借鉴参考。

2　压力钢管布置

2.1　基本资料

某水电站正常蓄水位1240m，装机容量95MW，工程为Ⅲ等工程，工程规模属中型。压力钢管上平段为缓坡，自然坡度5°～30°，岩层主要为砂卵砾层，岩性软弱，强度低。钢管斜坡段表层为Ⅳ级阶地砂卵砾石层及少量的残坡积层，下伏地层为K_1tg^a、K_1tg^b薄层、极薄层夹中厚层泥岩、粉砂质泥岩夹粉砂岩，岩性软弱，强度低，风化较深。该工程区属低山丘陵地带，降水少，蒸发强，日照时间长。多年平均气温为6.4℃，极端最高气温为39.1℃，极端最低气温为－30.4℃，季节性冻土标准冻深1.6m。多年月平均气温最高为20.7℃，相应月份为7月，多年月平均气温最低为－10℃，相应月份为1月。水文站多年月平均气温见表1。

表1　水文站多年月平均气温统计表　单位：℃

测站	1月	2月	3月	4月	5月	6月	7月	8月	9月	10月	11月	12月	年均值
石门水文站	－10	－8	－1.7	8.4	14.1	18.6	20.7	19.9	15	6.8	－2.1	－6.6	6.4
县气象水文站	－16.6	－13.3	－1.0	11.3	18.6	23.6	25.6	23.6	17.3	8.1	－2.9	－12.7	6.8

2.2　压力钢管布置

压力管道布置于厂房后坡靠SW侧（布置见图1、图2），在下平段后通过月牙肋岔管接2条支管与厂房蝶阀相连。主管段管径4.2m，支管段2.6m。压力管道始于调压井后隧洞渐变段末端，由一条主管和两条支管组成，总长1225.8m，其中主管前198.8m为埋藏式

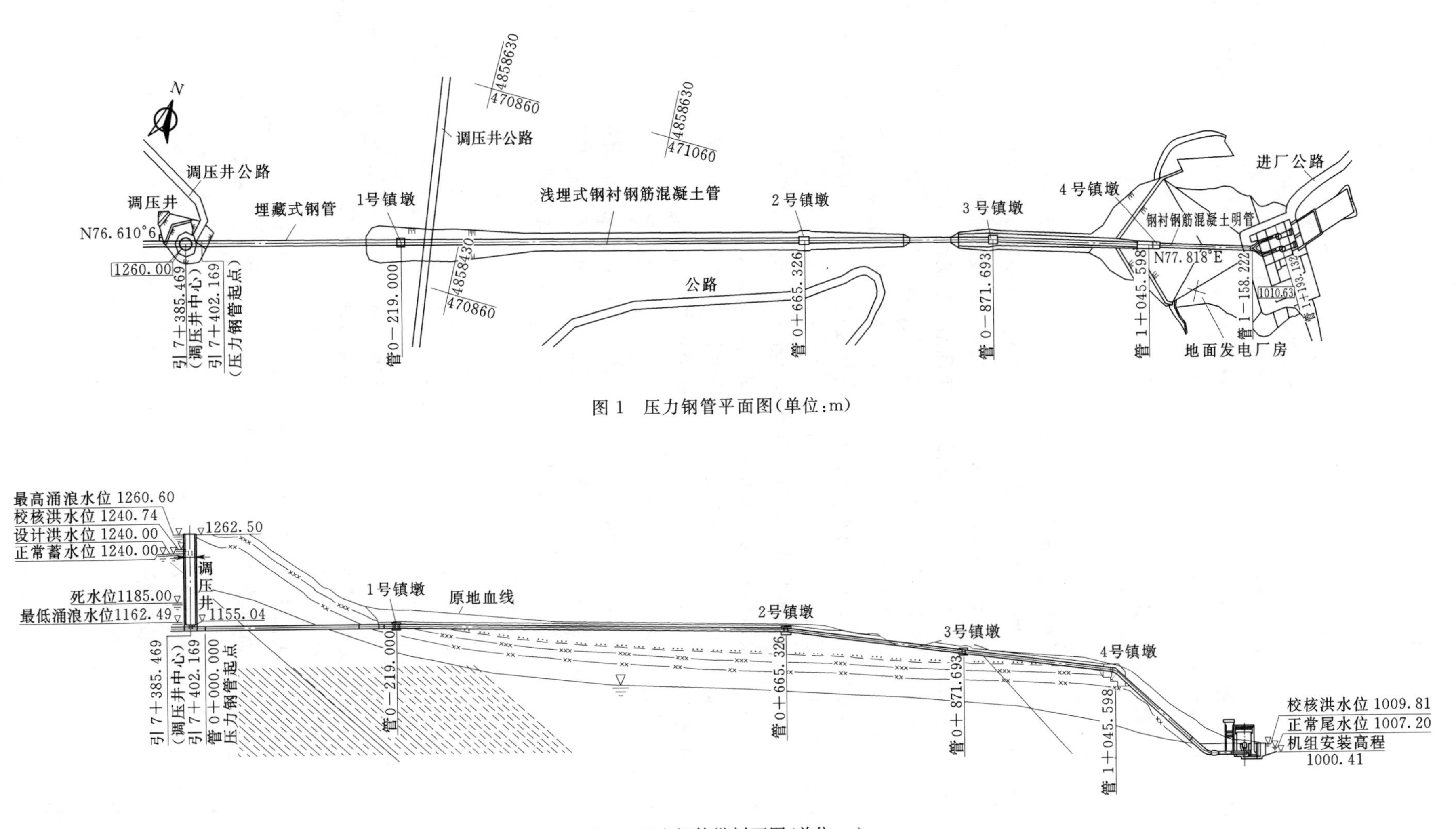

图1　压力钢管平面图(单位:m)

图2　压力钢管纵剖面图(单位:m)

压力钢管，上平段（1号镇墩与4号镇墩之间）847m为浅埋式钢衬钢筋混凝土管，斜坡段为钢衬钢筋混凝土明管，总长145m。支管段长度35m。埋管段回填素混凝土0.6m，钢衬钢筋混凝土管上平段管线基本沿山坡浅埋布置，外包混凝土厚0.6m，斜坡段采用钢衬钢筋混凝土明管型式，外包混凝土厚0.8m。钢衬钢筋混凝土管配双层钢筋，钢管管材采用Q345R钢材，壁厚16～30mm。

3 压力钢管抗冻设计

3.1 抗冻措施

水在低温环境下液固两相转化的体积膨胀，是导致混凝土结构破坏的主要原因，混凝土结构内部水或外部水渗入混凝土裂缝中经反复冻融，使得混凝土裂缝不断扩张或裂缝向纵深发展，从而使混凝土结构破坏、钢筋锈蚀。基于冻融破坏机理，寒冷地区压力钢管防冻设计应考虑以下几个方面：①管体保温，避免低温季节机组短暂停运期间钢管内部水体结冰发生结构冻胀破坏；②限制结构裂缝，尽量避免在温度及内水荷载作用下管身结构发生开裂，降低管身混凝土结构发生冻融破坏风险；③结构表面防渗，避免或者减少水汽及降水进入裂缝造成钢筋锈蚀、加剧冻融破坏；④保温构件防老化，提高强辐射高温差环境下保温构件的耐久性。

根据该水电站钢管布置情况，压力钢管埋管段处于当地冻深以下，基本上不受外界气温影响，不需要采取专门的保温措施，钢管抗冻设计重点为钢衬钢筋混凝土管段。施工详图阶段设计时，虽然对该水电站施工期钢管及外包混凝土封管温度提出了严格要求，但钢管制造安装及外包混凝土施工正处于气温较高的夏季，管道通水后管身外包混凝土由于温度荷载产生温度裂缝的风险较大。同时该电站钢衬钢筋混凝土管段结构设计采用了钢筋钢衬联合承载，在运行期最大内水压力作用下，混凝土将发生径向开裂。所以，在温度及内水荷载作用下，管道混凝土结构必然存在开裂情况，该水电站钢衬钢筋混凝土管结构具备发生冻融破坏的条件。结合该电站地形特点及钢管布置情况，初选了如下抗冻措施。

（1）钢衬钢筋混凝土管上平段。

1）对具备覆土回填地形条件的上平段回填不小于该地区冻土深度1.6m的覆土，初拟回填厚度3m。

2）为避免坡面积水对覆土及管身结构造成影响，在开挖开口线以外设置截水沟。

（2）钢衬钢筋混凝土管斜坡段。由于钢管斜坡段坡度达43°，不具备覆土回填条件，采用管道结构外覆材料保温。

1）外包混凝土表面涂刷沥青玛瑞脂进行防渗。

2）防渗涂层外面覆盖厚度10cm聚苯乙烯泡沫板保温，保温板导热系数91.7kJ/(m·月·℃)。

3）保温层外采用镀锌铁皮装置进行固定（见图3、图4）

图3和图4中：①为镀锌铁皮；②为压条扁钢及镀锌膨胀螺栓；③为聚苯乙烯泡沫板保温层；④为钢衬钢筋混凝土结构；⑤为沥青玛瑞脂防渗层。

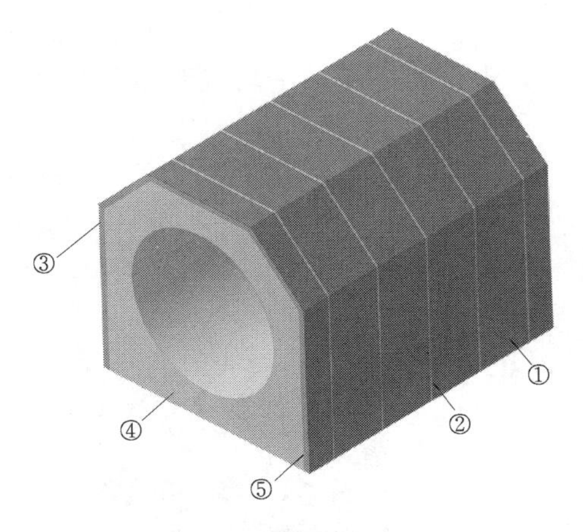

图 3　保温结构整体轴测图

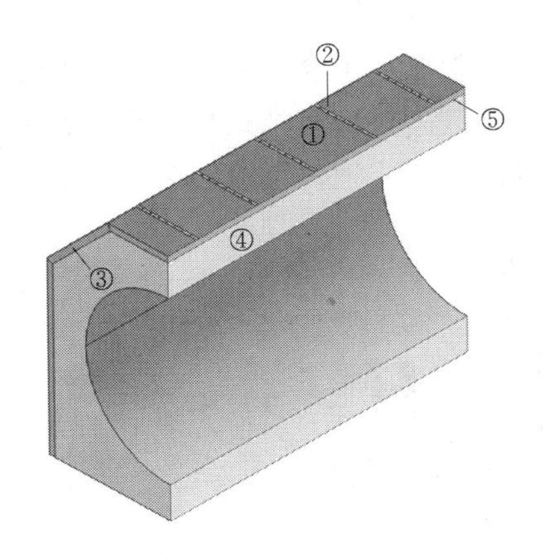

图 4　保温结构剖面轴测图

3.2　有限元模拟

3.2.1　计算模型

为了对该电站保温措施的保温效果进行评估，优选保温措施参数，采用有限元软件进行数值模拟。有限元计算软件采用 ANSYS10.0，选用 SOLID70 单元模拟外包混凝土、基岩、外包保温材料和回填石渣。在计算分析中，基本采用 8 节点 6 面体等参单元进行有限元离散，局部采用 6 节点 5 面体（三棱柱）单元过渡。离散后计算模型的有限元网格中：单元总数共有 14889 个，结点总数为 30432 个。

基本假定如下：

（1）由于引水系统在水库取水深度近 70m，库水体积大，库底温度稳定而钢材导热性能良好，假定钢管及管内水体温度恒定为 4℃。计算中地基底部和混凝土内部被视为固定温度约束，回填石渣表面、外包保温材料表面及地基表面为对流边界条件。

（2）考虑极端气温对管体结构温度影响时效，采用多年月平均气温来模拟气温对钢管及外包混凝土的影响较为合适，外界空气温度年度呈现周期性变化，假定年度温度按如下余弦曲线变化，即

$$T_a=6.4+15.35\cos\left[\frac{\pi}{6}(\tau-6.5)\right]$$

计算参数：管体混凝土结构、回填土石料（冻土层回土石料及标准冻深以下干燥土石料）、管身基础及保温材料参数选取见表 2。

表 2　有限元计算采用参数

编　　号	导热系数/[kJ/(m·月·℃)]	比热/[kJ/(kg·℃)]	密度/(kg/m³)
1. 钢筋混凝土	6023	0.908	2500
2. 保温材料	91.7	1.3	900
3. 地基	5278	0.9205	2660
4. 回填干燥砂卵砾层料	2482	0.9	2000
5. 回填砂卵砾层料（冻土层）	9928	0.9	2000

3.2.2 计算结果

对钢管进行了全年度12个月份温度场模拟，现仅列多年月平均气温最低月及多年月平均气温最高月份模拟结果（见图5和图6）。

（1）浅埋式钢衬钢筋混凝土管。

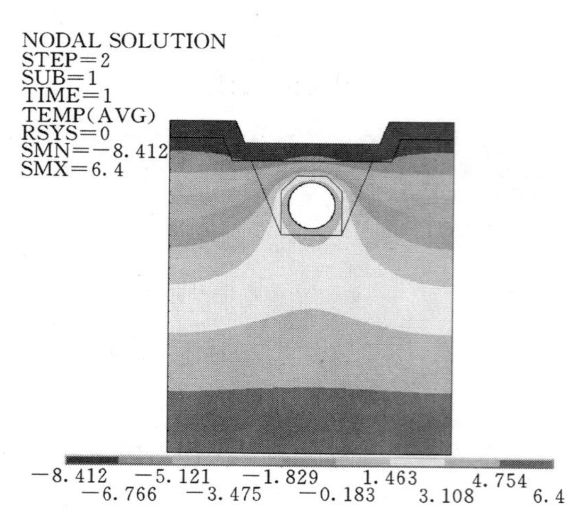

图5 多年月平均气温最低月（1月）

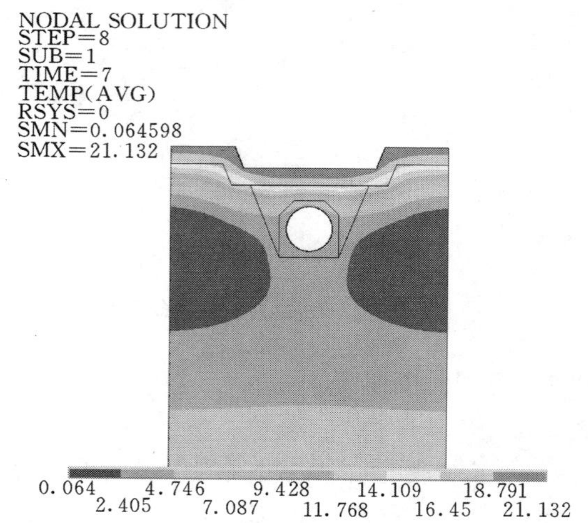

图6 多年月平均气温最高月（7月）

选取管道混凝土结构离覆土地表最近的两个特征点（见图7）来分析其年度温度变化特征。特征点温度年度历时变化曲线见图8。

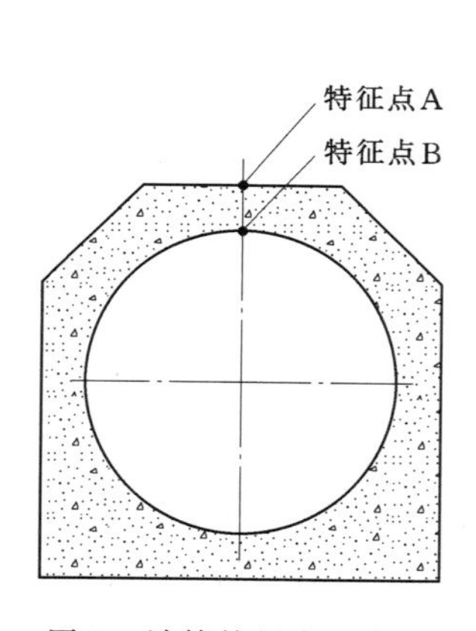

图7 计算特征点示意图

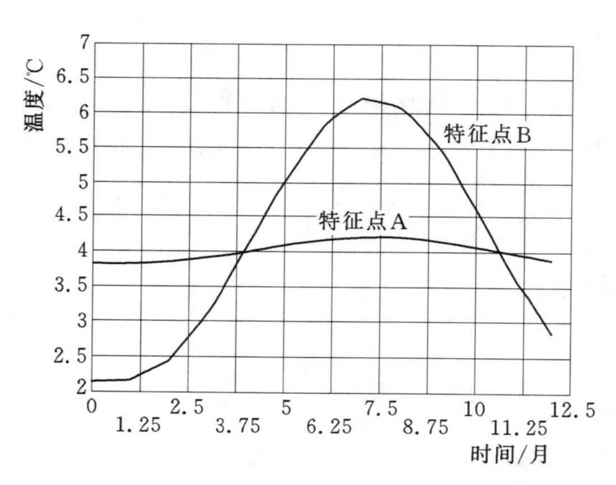

图8 特征点温度年度历时变化曲线图

由温度场模拟结果（图9和图10）可知，在对钢管进行厚3m覆土回填后，管身混凝土结构受外界气温影响较小，在最高及最低月与管内水体温度最大差值分别为2.2℃及1.9℃，保温效果明显。

（2）钢衬钢筋混凝土明管

选取管道混凝土结构四个特征点（见图11）来分析其年度温度变化特征。特征点温度年度历时变化曲线见图12。

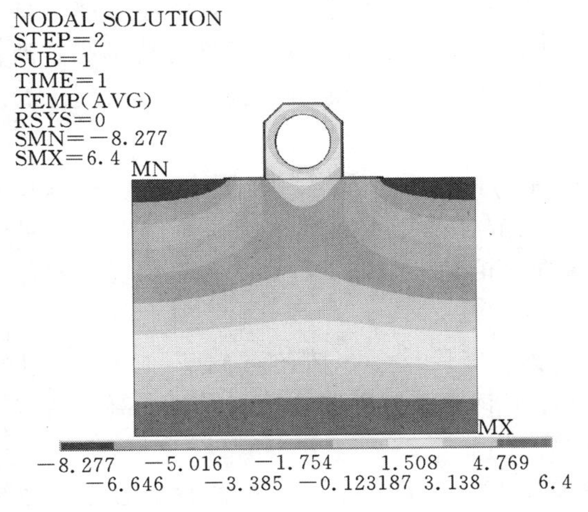

图 9 多年月平均气温最低月（1 月）

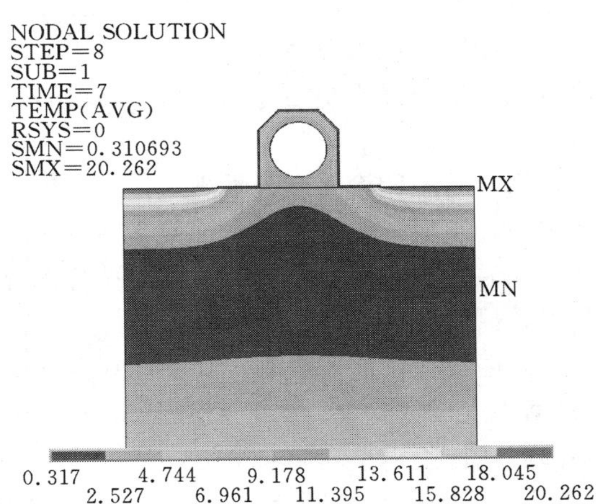

图 10 多年月平均气温最高月（7 月）

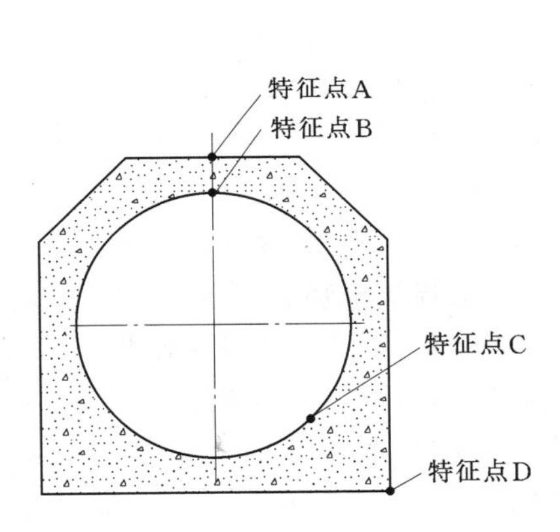

图 11 计算特征点示意图

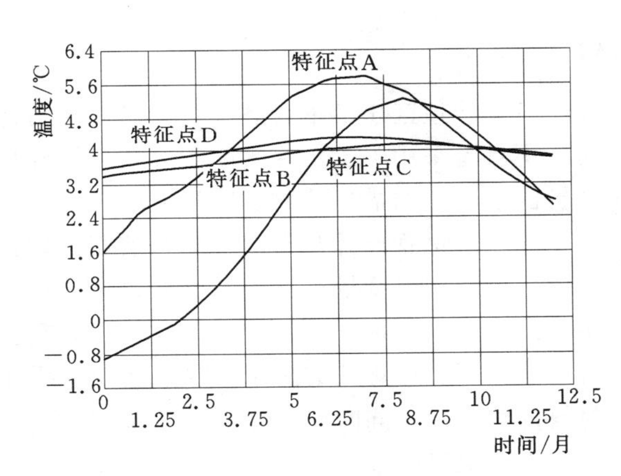

图 12 特征点温度年度历时变化曲线图

由温度场模拟结果可以看出，受基础导热性影响混凝土底角处受外界气温影响较大，最低温度−0.8℃，最高温度 5.2℃；其余部位受外界气温影响较小，结构顶部特征点最低温度 1.6℃，最高温度 5.8℃，结构内部特征点最低温度和最高温度差别不大，为 3.5℃左右，最高温度 4.2℃，保温层保温效果良好，选取保温层参数合适。

3.3 防冻措施实施

（1）浅埋式钢衬钢筋混凝土管。该管段保温措施为覆土回填，施工工艺较简单。为减少开挖、节省工程投资直接就地取材，将管槽开挖砂卵砾层料回填。同时完成管槽开挖开口线以外的截水沟设置，保证外水可靠引排。

（2）钢衬钢筋混凝土明管。该管段采用外覆保温材料措施，由于涉及防渗涂层、保温材料及保护固定装置施工，对施工工艺要求较高。

防渗涂层沥青玛琋脂是由沥青和填料按一定的比例热拌均匀而成，其配合比通过现场试验确定，应具有高温不流淌、低温不裂等技术要求。沥青玛琋脂施工时要求的黏度，一般为 10～1000Pa·s。外包混凝土达到设计强度后，对表面进行清洁，将潮湿部位烘干后均匀涂刷一层稀释沥青，用量为 0.15～0.20kg/m^2，其上再铺筑一层沥青玛琋脂，沥青玛琋脂涂层厚度不小于 1cm。沥青玛琋脂铺设应表面平整，无流淌和鼓包现象，施工温度 170～190℃。

沥青玛琋脂涂层充分干燥后，进行外覆保温材料施工，保温层厚度 10cm。保温板安装之前，须保证浇筑的外包混凝土水化热充分发散且混凝土温度达到稳定温度后方可安装。保温板按环向安装，板宽方向平行钢管轴向，沿轴向设施工缝，为保证保温材料保温效果，保温板接缝处必须接合紧密。

外层镀锌铁皮安装时，其上一块压住下一块，搭接长 5cm 左右，铁皮每隔一定间距（根据铁皮板宽确定，一般采用 1.5m）采用压条扁钢和镀锌膨胀螺栓与管身混凝土结构及基础面进行固定。

该电站于 2013 年投入运行，经过一个冬季运行检验，目前采用的两种保温方式效果明显，防冻设计措施合理。

4 结语

在进行寒冷地区压力钢管防冻设计时，宜结合地形条件优选覆盖不小于冻深 2 倍的覆土；对于不具备采用覆土保温的明管段，可结合当地气候条件选用防渗涂层＋外覆保温材料＋防护固定装置的措施达到防冻保温的目的。

该工程压力钢管设计基于结构冻融破坏机理初选了相应的抗冻措施，并采用 ANSYS 有限元软件对结构温度场进行模拟。从数值模拟结果及工程短期运行情况来看，所选取的压力钢管抗冻措施合理有效：针对钢衬钢筋混凝土明管采用镀锌铁皮对保温层进行防护，不仅有效响应了现行规范的防水要求，还能减缓强辐射地区保温构件的老化问题，提高了保温材料的耐久性；同时将规范要求设置的憎水性涂料由保温层表面调整至管身结构表面，相当于在保温措施里设置了两道防水措施，有效提高防水保证率，进一步降低结构冻融破坏的风险。

参 考 文 献

[1] 朱伯芳．大体积混凝土温度应力与温度控制（第二版）[M]，北京：中国水利水电出版社，2012.

[2] 肖琳等．含水量与孔隙率对土体热导率影响的室内实验 [J]，解放军理工大学学报，2008.9（3）：1-1.

董箐水电站压力钢管设计

申显柱　李晓彬

（中国电建集团贵阳勘测设计研究院有限公司，贵州　贵阳　550081）

【摘　要】董箐水电站压力钢管设计中，通过对压力钢管合理选材及正确选择结构设计原则，达到了既经济又安全的目的。采用恰当的回填混凝土设计、无盖重固结灌浆、顶部排水洞回填灌浆等方法，使高强钢压力钢管不开孔和少开孔，取得了较好的效果；多种措施相结合的排水系统，保证了压力钢管安全运行。采用垫层钢管取代波纹管伸缩节，具有良好的推广应用价值。

【关键词】压力钢管；结构设计；辅助设计；伸缩节，董箐水电站

1　工程概况

董箐水电站位于贵州省西部贞丰县与镇宁县交界的北盘江上，装机容量880MW，为Ⅱ等大（2）型工程。引水系统位于右岸，四台机组采用单元供水方式布置，压力钢管由上、下弯段、斜井和下平段组成，地质构造较简单，基本为单斜层面，岩层走向与洞轴线交角较小，董箐压力钢管结构平面、纵剖面布置见图1和图2。

压力钢管内径7m，最大内水压力水头181m，外水压力约70m，属高水头压力钢管。从布置上，受工程地形条件限制，使得压力钢管线路靠近河床岸边，上部及侧向岩石覆盖较浅，作为地下埋管其岩石覆盖不均一。因此，此种埋管的受力状态、工作性能的研究分析与评价，对压力钢管结构安全非常重要。从材料上，大部分采用Q345R钢材，靠近厂房上游墙30m左右范围内采用620MPa级高强钢，焊接工艺要求严格，尽量不在钢板上开孔或少开孔，且取消了伸缩节设计，这些关键技术的研究和应用对保证压力钢管安全运行，加快施工进度及节省工程投资都有着重要意义。

2　压力钢管结构设计

2.1　设计参数

引水系统压力钢管按2级水工建筑物设计，设计参数见表1。

2.2　结构设计

2.2.1　材质选择原则

用于压力钢管的材质主要有低合金钢和高强调制钢。当钢板超过一定厚度后，不仅给钢管的加工制作带来困难，而且规范规定钢板焊接后还需要进行焊后消除应力热处理，该工序不仅容易引起高强钢板的回火脆化、硬化、裂缝等材质劣化现象，而且工艺复杂。因此，为了免除焊后消应热处理的工序，需要通过提高钢板材质的强度等级来减少钢板厚度，

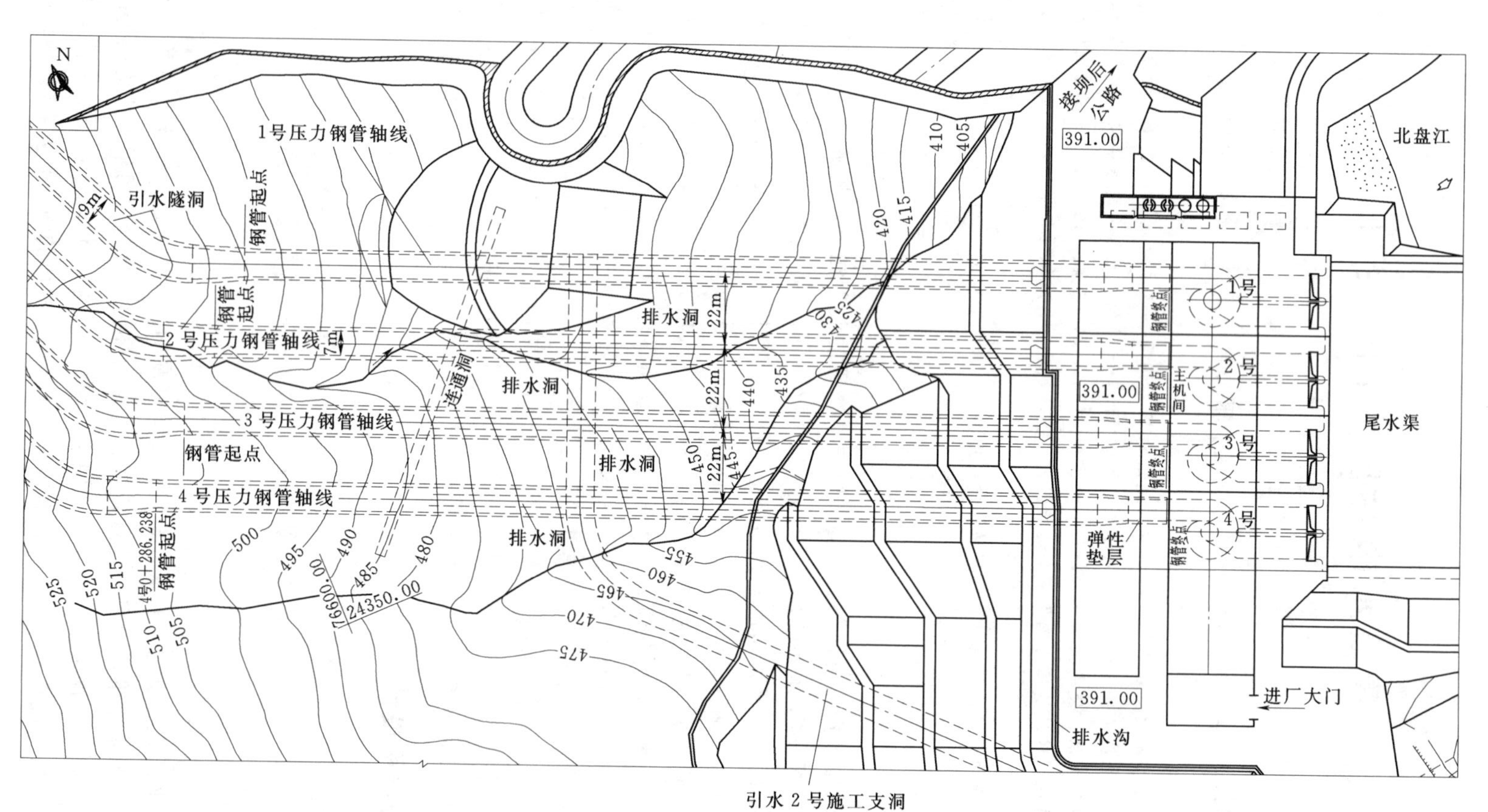

图 1 压力钢管结构平面布置图

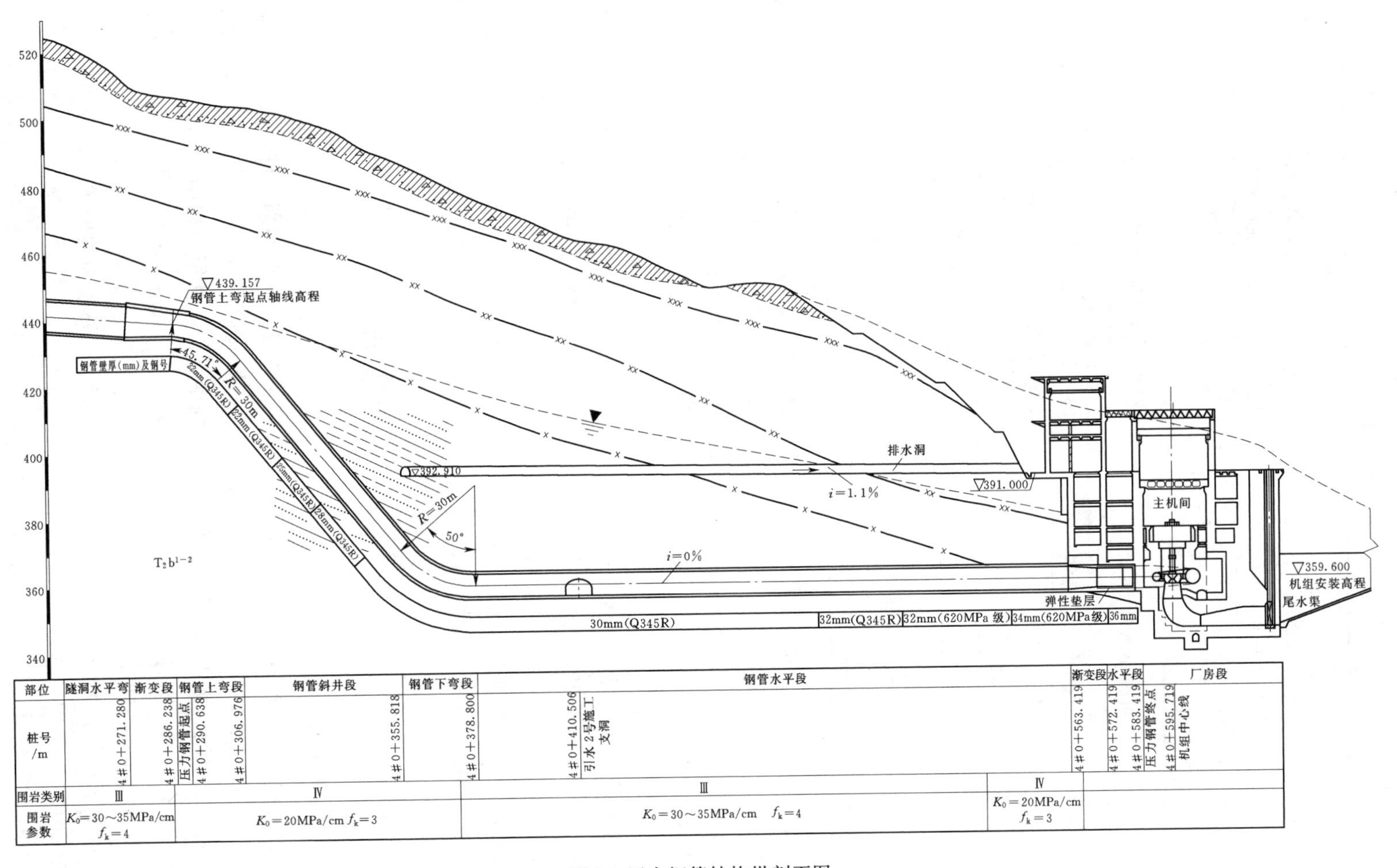

图 2　压力钢管结构纵剖面图

表 1　　设　计　参　数

序号	项　　目		参　　数
1	钢材	Q345R	屈服点 $\sigma_s \geqslant 325$MPa，抗拉强度 $\sigma_b \geqslant 490$MPa
		620MPa 级高强钢	屈服点 $\sigma_s \geqslant 490$MPa，抗拉强度 $\sigma_b \geqslant 620$MPa
2	最大内水压力（含水锤压力）		$p=181$m
3	外水压力水头		70m
4	围岩参数	线膨胀系数及容重	围岩线膨胀系数按砂岩选取 6.22×10^{-6}/℃，岩石容重取为 26.4kN/m³
		围岩单位抗力系数	Ⅲ类围岩为 30～35MPa/cm，Ⅳ类围岩为 20MPa/cm
5	回填混凝土参数		回填 C20 微膨胀混凝土，厚 0.85～0.65m
6	平均地温		$t_{地}=16.5$℃
7	最高水温		$t_{水max}=28.3$℃
8	最低水温		$t_{水min}=7.3$℃
9	最低 3 个月平均水温		$t_{水}=8.5$℃
10	钢管与混凝土之间接触灌浆压力		0.1～0.25MPa

同时，也要避免过多地选取价格相对较高的高强钢。本工程压力钢管材质选择原则：通过结构计算，若低合金钢 Q345R 厚度超过 32mm，则需要跳档为 620MPa 级高强钢，而且钢板厚度也宜控制在 40mm 以内（蜗壳连接管管壁厚度为 40mm）。当时 620MPa 级高强钢较 Q345R 每吨单价多 3000 元左右，通过分段选材，节省工程投资约 928 万元。

2.2.2　结构计算原则

董箐水电站引水系统压力钢管的结构分析计算主要包括两个方面：①钢管承受内水压力的承载能力计算，确定管壁厚度及刚度验算；②抗外压稳定分析（放空情况和施工情况）及抗外压承载能力验算，确定加劲环参数。

在设计时，该工程压力钢管距厂房上游墙 0～15m 范围内按明管计算，距厂房上游墙 15～30m 范围内取围岩单位抗力系数为 0 按埋管计算。主厂房内的明管，结构系数 γ_d 增大 20%。

结合排水洞布置进行压力钢管承受外水压力折减，按最大外水压力为 40m 进行压力钢管抗外压稳定分析计算。

2.2.3　结构计算成果

（1）钢管上、下弯段及斜井段为Ⅳ类围岩：满足埋管的 3 个判别条件，内压为控制工况，受力情况为钢管独立承担内压，抗力限值 σ_R 按地下埋管取值。

（2）钢管下平段Ⅲ类围岩：满足埋管的 3 个判别条件，外压为控制工况，受力情况为钢管与围岩联合承载，围岩承受的最大内水压力为 0.598MPa，最大分担率为 34.4%，抗力限值 σ_R 按地下埋管取值。

（3）钢管下平段Ⅳ类围岩：不满足埋管判别条件 3，外压为控制工况，受力情况为钢管独立承担内压，抗力限值 σ_R 按地下埋管取值。

（4）钢管厂内明管段：按厂内明管计算，内压为控制工况，受力情况为钢管独立承

担，抗力限值 σ_R 按厂内明管取值。

在保证压力钢管承载能力满足强度要求和抗外压稳定计算满足设计要求的前提下，通过对以上四种情况进行计算分析，大部分钢管段采用 Q345R，壁厚 20～32mm，靠近厂房上游墙 30m 左右范围内采用 620MPa 级高强钢，壁厚 32～36mm，加劲环均为 Q345R，厚 22mm，高 150mm，间距 1m。

3 压力钢管辅助设计

3.1 回填混凝土设计

地下埋管的结构设计，与钢管外的缝隙关系密切，缝隙值越小，对结构受力越有利。因此，为减少施工缝隙和混凝土收缩所产生的缝隙，达到不开孔及少开孔做接触灌浆的目的，钢管段采用掺 3.5%MgO 微膨胀混凝土进行回填。混凝土施工工艺：浇筑混凝土时，先从钢管一侧下料，覆盖住钢管底部后再从两边下料，以排空钢管底部的空气；为防止钢管偏移，混凝土应对称均匀上升；在压力钢管底部浇筑混凝土时，为保证钢板与混凝土的接触良好，应对钢管底拱部位、加劲环及阻水环附近加强振捣，防止钢管底部混凝土脱空。

3.2 灌浆设计

（1）固结灌浆。压力钢管全洞段采用无盖重固结灌浆，排距 2～3m，每排 9 孔，深入基岩 6m，全断面梅花型布置，灌浆按环间分序、环内加密的原则进行。先喷 15cm 厚的 C20 聚丙烯纤维混凝土，聚丙烯纤维掺量 0.9kg/m^3，完成喷锚支护后，待混凝土达到设计强度时，再钻孔灌浆，灌浆压力Ⅰ序孔为 0.2～0.5MPa，Ⅱ序孔为 0.5MPa。

（2）回填灌浆。除斜井段外，其他洞段顶拱 120°范围通过钢管顶部的排水洞进行回填灌浆。灌浆工艺采用"推赶灌浆法"的新工艺，即施工自较低的一端开始，向较高的一端逐环推进。灌浆应分区段进行，各设一个进浆管一个回浆管，进、回浆管设在 ϕ75mm 钻孔内，钻孔从钢管上方的排水洞打至洞顶。在混凝土回填之前预埋灌浆管，范围为顶拱 120°，灌浆管采用 ϕ50mm 聚乙烯硬管；纵向灌浆管顶部开孔距 1000mm 孔径 ϕ30mm 出浆孔；顶拱 120°设横向灌浆管，其排距为 3m，管顶部开孔距 300mm 孔径 ϕ30mm 出浆孔。在进、回浆管下端管与钻孔间设止浆塞，灌注水灰比为 0.6（或 0.5）：1 的水泥浆，灌浆压力不得小于 0.2～0.3MPa，压力应由小到大逐级增大。

（3）接触灌浆。在混凝土浇筑结束 60d 后，采用物探声波检查脱空缝隙大小和脱空面积。对脱空缝隙值大于 0.5mm，同时脱空面积大于 1.0m^2 的脱空区打孔进行接灌。在脱空区中部开灌浆孔，在高处打回浆排气孔，孔径均为 ϕ14mm。先用 0.2MPa 风压吹孔，再灌水泥浆。浆液配比 0.8：1 和 0.6：1 两个比级依次变化灌浆，并掺减水剂（扩散剂）提高浆液流动性。灌压 0.10～0.25MPa。在规定灌压下不吸浆 5min 结束灌浆。灌后 7d 进行敲击检查，脱空面积小于 0.5m^2 为合格。封孔时，先打入锥台，仅在管壁内留 5mm，最后用配套焊条进行封焊。

3.3 排水系统设计

压力钢管为埋藏式钢管，根据国内外压力钢管事故分析，多为外压失稳造成，压力钢管的排水系统直接影响电站的安全运行。董箐水电站压力钢管排水系统由布置在压力钢管上方的排水洞、洞壁及管壁预埋排水盲材组成。沿管道全长设纵横向排水系统，采用新型盲沟排水材料，排水盲材外裹 90g 无纺土工布；洞壁设置 4 道纵向排水盲材，管壁设置 3 道纵向排水盲材，分别布置于两侧腰线处和底部，盲材规格为 140mm×35mm 型中空塑料；环向排水盲材沿管道轴线按 4m 间距设置盲材规格为 70mm×30mm 型中空塑料。为降低压力钢管外水压力及兼顾厂房后坡的稳定，在每条压力钢管正上方顶部约 391.00m 高程（约 28m 高度）顺压力钢管向布置一条排水洞，排水洞长约 165m，在山体端横向连通，出口在厂房后高程 390.50m，隧洞纵坡 $i=1.1\%$，断面为 2.8m×2.9m（宽×高）城门洞型，洞内布置直径为 ϕ50mm 排水孔，孔深 6m，排距 3m，每个断面 5 个排水孔，在山体端靠上游侧斜井段布置两排直径为 ϕ75mm 排水孔，孔深 15m，排距 3m，洞内渗水引至发电厂房 390.50m 高程的排水沟内排走，洞壁及管壁排水盲材中的最后渗水从引水 2 号施工支洞排出，以降低压力钢管下平段钢管的外压。

4　取消伸缩节设计

4.1　提出设想

董箐水电站在引水钢管末端与发电厂房蜗壳连接处设置有筒形阀，其上下游附近无伸缩节，存在变形应力协调问题，因此，按照通常设计需要在钢管末端设置波纹管伸缩节来适应变位。但是波纹管伸缩节存在制造、安装周期长，造价较高等问题。由于本工程施工工期紧张，在研究坝后背管有关垫层钢管替代伸缩节应用成果的基础上，提出了采用垫层钢管代替伸缩节的设想。垫层钢管具有多向位移的伸缩的功能，可以利用垫层钢管弹性变形及软垫层的变形特点，使垫层钢管在设定的有限结构长度上实现变位，适应引水钢管末端与发电厂房蜗壳连接应力变形协调。垫层钢管设置弹性垫层范围为钢管外壁全断面，长度为中间副厂房底板以下接蜗壳段的 11m 压力钢管。

4.2　计算分析

引水钢管末端与发电厂房蜗壳连接处采用垫层钢管取代波纹管伸缩节，按材料力学及结构力学方法对钢管进行承载能力极限状态设计和正常使用极限状态设计，包括垫层钢管适应轴向变位值估算、承载能力计算、铅直变位计算、因变位产生的垫层钢管抗外压稳定计算、厂房地基变位估算；通过对垫层钢管结构的受力及变形进行分析，研究其合理性及其主要技术指标，确保垫层钢管能满足厂房沉降引起的变位要求。计算结果如下。

（1）从垫层钢管适应变位的能力估算可知，适应轴向伸长变位最大可达 11.4mm，适应轴向压缩变位最大可达 2.7mm，适应铅直向沉降变位最大可达 12.5mm。

（2）由厂房变位计算可知，厂房地基可能产生的均匀沉降变位最大值为 7.4mm，小于垫层钢管的铅直方向的沉降变位 12.5mm，因此满足厂房均匀沉降的要求。

（3）当厂房发生最不利不均匀变位时，垫层钢管轴向拉伸 3.37mm，端部沉降 2.74×10^{-4}mm，分别小于垫层钢管轴向变位 11.4mm 和铅直变位 12.5mm 的适应能力，承载能力复核也满足规范要求。

（4）按独立的梁计算钢管底部承受的最大压应力为 $\sigma=0.214\text{N/mm}^2$，据此应力选择

弹性垫层的主要指标。垫层钢管的抗外压计算满足规范要求。

因此，可以采用垫层钢管代替波纹管伸缩节，并可通过加强此段钢管的变位监测及钢管的制造安装施工来保证工程安全。

4.3 结论

通过对董箐水电站引水钢管末端与发电厂房蜗壳连接处采用的垫层钢管结构进行受力及变形分析，结果显示垫层钢管可满足厂房沉降引起的变位要求。采用垫层钢管取代波纹管伸缩节，可降低施工难度、缩短工期，同时节省工程投资约210万元，该做法具有良好的推广应用价值。

5 结语

（1）通过对高水头，大直径压力钢管合理选材，并结合复杂的水文地形条件，正确选择结构设计原则，达到了既经济又安全的目的。

（2）压力钢管辅助设计也是很重要的，采用恰当的回填混凝土设计、无盖重固结灌浆、顶部排水洞回填灌浆等方法，使高强钢压力钢管不开孔和少开孔，取得了较好的效果。排水洞、洞壁及管壁预埋排水盲材相结合的排水系统，对高外水埋藏式压力钢管抗外压稳定安全是很有必要的。

（3）采用垫层钢管取代波纹管伸缩节，具有良好的推广应用价值。

（4）董箐水电站四台机组于2009年12月全部并网发电，至今运行良好。

山东文登抽水蓄能电站高压管道衬砌型式选择

杜贤军　王文芳　梁健龙

（中国电建集团北京勘测设计研究院有限公司，北京　100024）

【摘　要】 常见的水工隧洞衬砌型式包括钢筋混凝土衬砌、钢板衬砌等，本文根据文登抽水蓄能电站实际工程情况，在分析在建及已建工程高压管道衬砌型式的基础上，通过技术因素对比分析并结合实际工程运行经验，考虑长远效益和安全运行，最终体现“安全第一”和“资产全寿命周期管理”总体最优的理念，选定高压管道及岔管为钢板衬砌型式。

【关键词】 抽水蓄能；高水头；高压管道；衬砌型式；资产全寿命周期管理

1　前言

常见的水工隧洞衬砌型式包括钢筋混凝土衬砌、钢板衬砌等，混凝土衬砌是低压隧洞常用的衬砌型式，根据实际工程经验的不断积累和认知的提高，在地质情况良好的高压隧洞区域，混凝土衬砌在高水头、大直径隧洞电站得到了较多的应用。我国以广蓄、天荒坪、宝泉等为代表的一批抽水蓄能电站高压管道及岔管采用了钢筋混凝土衬砌型式，但在实际运行过程中高压管道或多或少出现事故，特别是水头在600m级以上电站高压管道事故频发，不得不进行停机维修，降低了蓄能电站备用功能和经济效益。这些说明高水头高压管道采用混凝土衬砌是存在技术风险的。故在高水头高压管道型式比选时，要在“安全第一”和“资产全寿命周期管理”总体最优的指导思想下，选择合适的衬砌型式，以保证蓄能电站在电网中的安保作用。

文登抽水蓄能电站在可研设计阶段，根据已掌握的地质资料初步判断，高压管道基本具备采用混凝土衬砌的围岩地质条件，对比国内外已建电站运行管理经验，进行了高压管道及岔管衬砌型式比选，从长远利益考虑，降低高压管道运行期的风险，最终确定采用钢板衬砌型式。

2　工程概况

文登抽水蓄能电站位于山东省胶东地区威海市文登区界石镇晒字乡境内，东距文登区公路里程约35km，南距309国道16km，对外交通方便。电站装机容量1800MW，电站布置6台单机容量为300MW的立轴单级混流可逆式水泵水轮机组。电站额定水头471m，年发电量26.28亿kW·h，年抽水用电量35.04亿kW·h，年发电利用小时数为1460h，电站综合效率系数为0.75。

文登抽水蓄能电站枢纽工程由上水库、下水库、水道系统、地下厂房、开关站及出线场等部分组成。上水库位于昆仑山泰礴顶东南侧支沟首部，下水库位于西母猪河支流（楚岘河），水道系统沿六渡寺沟和苇夼沟之间的山体内布置，地下厂房位于水道系统中部。

上、下水库间水平距离约2850m，水头差约490m，距高比为5.8。水道系统总长约3071m，其中引水系统长1376m，尾水系统长1695m。高压管道由高压主管、高压岔管和高压支管组成。立面上采用双斜井布置，设有上平段、上斜段、中平段、下斜段和下平段，斜井角度为55°。高压岔管距厂房上游边墙60～120m，岔管处最大静水头约为590m，最大设计水头约735m，岔管上覆岩体厚493～506m。

3 压力管道地质条件

水道系统沿线山脊高程150.00～660.00m，引水隧洞轴线穿过上水库右岸单薄分水岭，地面高程635.00～658.00m，地面坡度小于30°，沿线上覆岩体厚为25～100m。其中高压管道沿线地形呈马鞍形，高差变化较大，地面高程460.00～666.00m，上覆岩体厚度由80m增至500m。管道基本沿山脊布置，两侧均发育有冲沟。

水道系统沿线基岩主要为石英二长岩和部分二长花岗岩，局部发育有少量煌斑岩、石英岩等岩脉。石英二长岩在水道系统沿线均有分布，二长花岗岩则主要分布在高压管道岔管及厂房附近。水道系统隧洞由于埋深较大，围岩以微风化～新鲜岩体为主。高压管道围岩以Ⅱ类为主，高压岔管及厂房部位围岩基本为Ⅰ类。天然地下水位高于洞室，岩体呈弱～微透水性，洞内以渗水、滴水为主。

4 混凝土衬砌风险性分析

根据《水工隧洞设计规范》（DL/T 5195—2004）及国内外工程设计经验，高压隧洞采用钢筋混凝土衬砌时，应满足以下几个方面的要求。

（1）高压隧洞上覆岩体最小厚度应足以抵抗内水压力，洞身部位岩体最小覆盖厚度按洞内静水压力小于洞顶以上岩体重力的要求确定，即满足挪威准则的要求。

（2）围岩中的最小主应力应大于内水压力，保证在运行水头下不会产生水力劈裂，以免引起严重渗漏。

（3）高压隧洞围岩属弱至微透水性，渗透梯度满足渗透稳定要求，以保证围岩具有足够的抗渗性。岔管区域内地质构造简单，岩体没有剪应力集中区，没有较大的断层和其他十分发育的节理密集带通过。岔管应置于相对不透水岩层，减少灌浆处理工程量。

4.1 挪威准则

4.1.1 文登高压管道最小岩体覆盖厚度

由厂顶探平洞揭示，文登岔管区域岩石新鲜、完整，没有倾向河谷的顺坡向不利构造面。由挪威准则计算高压管道沿线内水压力与最小覆盖厚度、最小应力比较见表1，围岩最小覆盖厚度及地形线关系如图1所示。

表1 高压管道沿线内水压力与最小覆盖厚度、最小主应力比较

管道高程/m	管内静水头 h_s/m	山体坡度 α/(°)	最小覆盖厚度 C_{RM}/m	实际覆盖厚度 H/m	实际系数F值	最小主压应力 σ_3/MPa	$100\sigma_3/h_s$
37.00	590	35	365.95	466	1.66	8.7	1.48
100.00	525	23	290.76	445	1.99	8	1.52

续表

管道高程/m	管内静水头 h_s/m	山体坡度 α/(°)	最小覆盖厚度 C_{RM}/m	实际覆盖厚度 H/m	实际系数 F值	最小主压应力 σ_3/MPa	$100\sigma_3/h_s$
150.00	475	23	263.07	405	2	6.9	1.45
200.00	425	23	235.38	346	1.91	6	1.41
250.00	375	23	207.69	295	1.85	5.2	1.39
310.00	315	23	174.46	206	1.54	5.5	1.75
350.00	275	23	152.3	261	2.23	6.4	2.33
400.00	225	23	124.61	212	2.21	5.7	2.53
450.00	175	23	96.92	159	2.13	4.7	2.69
500.00	125	23	69.229	108	2.03	3.85	3.08
558.00	67	30	39.441	56	1.85	3.05	4.55

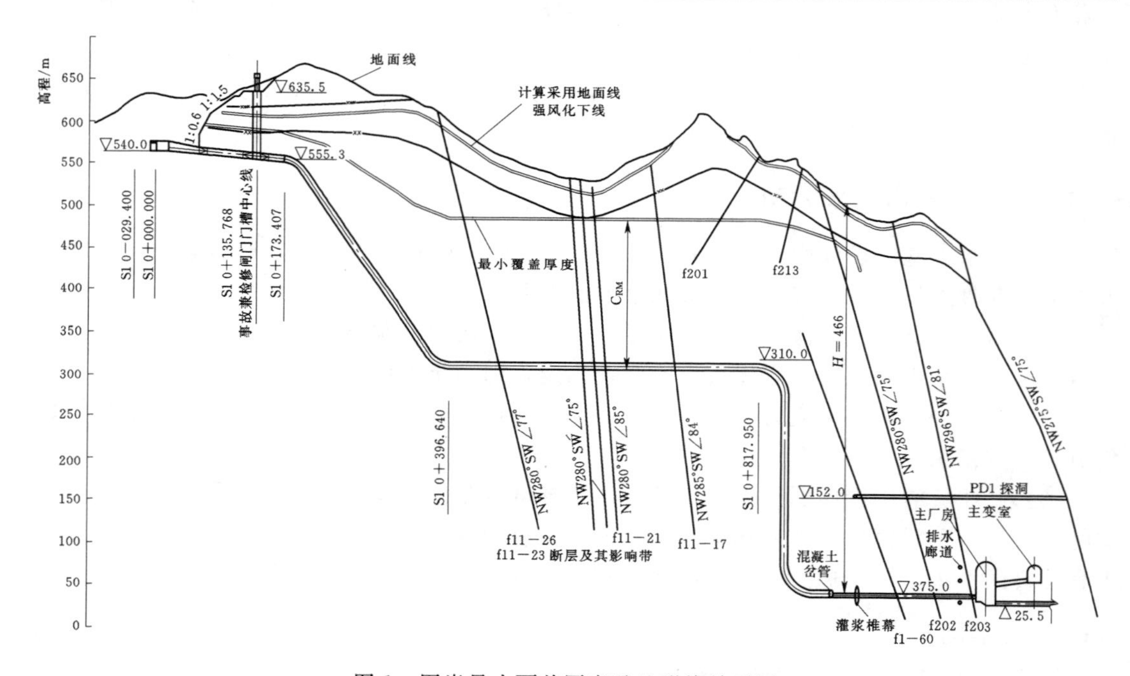

图1　围岩最小覆盖厚度及地形线关系图

由图1可知，水道系统沿线隧洞上覆岩体厚度满足采用混凝土衬砌的最小厚度要求。

4.1.2　工程对比分析

为对比分析文登电站高压管道覆盖厚度与水头的关系，收集了国内外数个采用混凝土衬砌的抽水蓄能电站有关资料。

图2为国内外抽水蓄能电站混凝土衬砌高压管道最大静水头与覆盖厚度比值。由图2可以看出：

(1) 最大静水头400m以下的电站最小埋深与最大静水头的比值均大于0.6，渗漏事故极少。

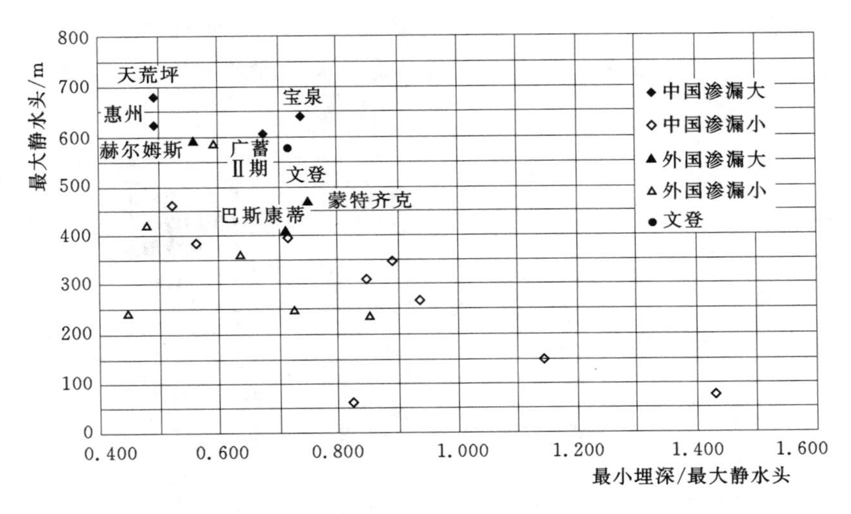

图 2　国内外抽水蓄能电站混凝土衬砌高压管道最大静水头与覆盖厚度比值示意图

(2) 随着最大静水头的增加，最小埋深与最大静水头的比值没有增加，最大静水头 400m 以上的水电站最小埋深与最大静水头的比值均在 0.8 以内。即当最大静水头超过 400m 之后，最小埋深没有明显增加，相对于最大静水头的安全裕度减小，出现事故的风险大大增加。500～600m 以上水头这些水电站大部分都出现了不同程度的渗漏。而文登电站最大静水头 590m，与最小覆盖厚度比值为 0.73，与已建的广蓄及宝泉水电站相近，存在渗漏事故的隐患。

4.2　区域地应力分析

4.2.1　文登高压管道地应力测试及回归成果

可研阶段在高压管道岔管部位进行了地应力测试，布置的两个钻孔所在高程的应力值范围为：最大水平主应力为 11.44～19.51MPa，最小水平主应力为 7.10～13.01MPa，垂直主应力为 10.66～12.39MPa。

根据单孔实测地应力值对地应力进行了回归分析，高压岔管区域的最大主应力范围在 15.20～18.50MPa 之间，而最小主应力范围在 8.70～11.50MPa 之间，按岔管高程部位实测结果 $F=\sigma_3/(\gamma_w H)=7.1/590/0.01=1.2$，勉强满足要求。

4.2.2　工程对比分析

图 3 为国内外一些高压管道采用混凝土衬砌的工程的最小地应力与最大静水头比值统计，也即最小地应力准则中安全系数 F 的实际值与最大静水头的关系。

由图 3 中可以看出，美国巴斯康蒂抽水蓄能电站钢筋混凝土高压岔管 $F=0.83$，美国赫尔姆斯抽水蓄能电站钢筋混凝土高压岔管 $F=0.93$，两者 F 均小于 1.0，说明最小主应力均小于最大静水头，且均出现了渗漏事故。国内抽水蓄能电站钢筋混凝土高压岔管最大静水头多数小于 400m、$F\geqslant 1.2$，因此，电站安全裕度大，运行良好。只有广蓄、天荒坪、惠州三个电站钢筋混凝土高压管道出现了渗漏事故，而它们的共同特点是 $F>1.0$，但 $F\leqslant 1.2$，且最大静水头都大于 600m。由此可知高压管道最大静水头大于 600m 后，最小地应力相对于最大静水头的安全裕度大大减小，出现水力劈裂，引起严重渗漏的风险大大增加。而文登电站最大静水头590m，实际测得的最小地应力与最大静水头比值接近1.2，安全余度不大，与已建的天荒坪及宝泉电站相近，存在渗漏事故的隐患。

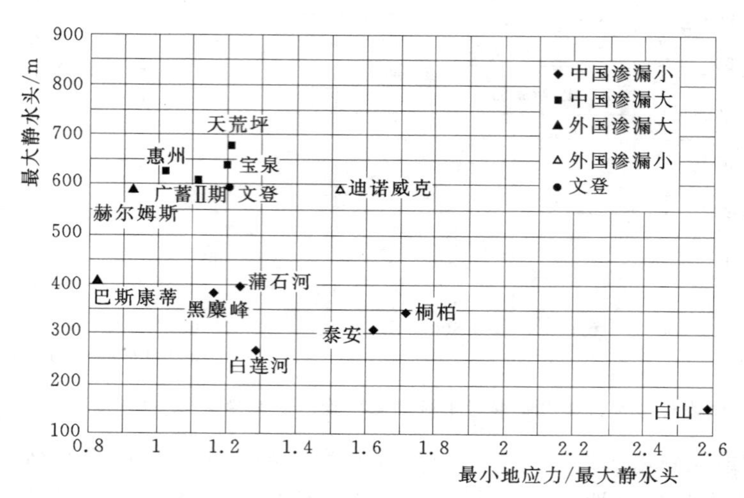

图3　混凝土衬砌高压管道最小地应力与最大静水头比值

4.3　围岩的完整性及抗渗性

4.3.1　文登高压管道围岩的完整性及抗渗性

岔管区域岩性为二长花岗岩，均为新鲜岩体，未见有断层及贯穿型裂隙发育，为整体块状结构，洞室围岩地应力为以水平应力为主的中等应力区，围岩强度应力比（$S_m=K_vR_b/\sigma_1$）在8以上，具有良好的整体稳定性。

高压管道在高水头内水压力作用下，围岩的渗透性及渗透稳定性是高压管道衬砌方式选择的重要条件。高压压水试验在岔管及厂房附近的PD_{11}、PD_1探洞内进行，以测定岩体在高水头内压作用下的渗透特性、渗透稳定性及结构面的张开压力等。

由实验可知，完整岩体在最大压力9MPa下基本上不透水，发育隐裂隙的岩体当压力达到8.5MPa时透水量略有增大，对于贯穿型闭合裂隙，当压力达到6MPa时透水量开始增大，随着压力的增加流量会逐渐增大，发育张性裂隙（含裂隙型断层）的岩体，在很小的水压力作用下（小于3MPa）流量明显较大。

4.3.2　工程对比分析

为对比分析文登高压管道围岩的完整性及抗渗稳定性，收集了国内其他几个工程高压管道压水试验的成果，见表2。

由表2可见，最小埋深400～500m的工程，完整岩体临界压力为7.5～10MPa；闭合裂隙发育岩体，临界压力为6～7MPa；张性裂隙发育（含断层）岩体，临界压力为3～4MPa。而部分孔段受裂隙或断层影响，测试的最小水平主应力值较低，部分低于6MPa，这部分岩体在持续高水头作用下有可能发生渗透破坏。文登压水试验贯穿性闭合裂隙压力为6MPa，接近最大静水头，在高内水压力长时间作用下，围岩易引起岩石劈开，产生渗漏，存在风险。

表 2　　各工程高压管道高压压水试验临界压力表

项目 水电站	最小埋深 /m	临界压力 /MPa	临界压力 /MPa	比值 /%	临界压力 /MPa	比值 /%	临界压力 /MPa	比值 /%	设计最小地应力 /MPa
		完整岩体	发育隐裂隙的岩体		贯穿型闭合裂隙		发育张性裂隙（含裂隙型断层）		
文登	420	＞9	8.5	94	6	67	3	33	8.7
板桥峪	460	10～12			6～9	60～75	3.9	39	6
仙居	460	≥7.5	6	80	4.5	60	3	40	7.25
广蓄	420	7.5±1							6.6～7
惠蓄	350	9.1					3.5	38	7.6
天荒坪	330	10.2	9.2		6.2～7.6				8～10
黑麋峰	215				4.5		2～2.5		4.47
回龙	240		6				2～3		
泰安	260				3～4				5.02

4.3.3 文登高压管道混凝土衬砌渗漏量估算

采用潘家铮主编的《水工隧洞和调压室》中推荐的衬砌裂缝进行渗水量估算，高压管道年渗漏量约为 242 万 m^3。渗漏量较大，水电站运营损失较大。

4.4 混凝土衬砌可行性判断初步结论

综上从地形地质条件，高压管道覆盖层厚度挪威准则、围岩最小地应力准则和抗渗稳定性准则等方面进行初步判断，该工程高压管道基本满足混凝土衬砌的条件，技术上是基本可行的。但从国内外工程实例来看，600m 级高压管道混凝土衬砌存在较大技术风险，均出现不同程度的事故，给电站运营造成了巨大的损失，因此应当高度重视 600m 级高压管道的技术风险问题。

4.5 技术风险分析

文登电站最大静水头为 590m，其水头与国内广州、天荒坪、惠州、宝泉四个抽水蓄能电站相近，但上述电站在钢筋混凝土高压管道中都不同程度出现了事故，事故处理费时费钱，施工难度也大（尤其是长斜井段），还造成电站较长时间停止运行，经济损失大，也增加电网调度的困难。我国采用压力钢管的十三陵、张河湾、西龙池抽水蓄能电站，压力钢管均未见异常，其中西龙池高压管道最大静水头 769.5m，国内第一。

文登高压管道混凝土衬砌的技术风险具体表现在：①该工程地质缺陷是不可避免存在的，有些地质缺陷甚至在施工期也难以发现，这样就会成为安全隐患，有可能对工程运行期安全产生不利影响；②高压管道段张性裂隙及断层部位在高水头内水压力下透水量较大，易造成渗透破坏；③高压管道事故处理费时费钱，施工难度也大（尤其是斜井段），灌浆效果也难以保证；④高压管道事故处理还造成电站较长时间停止运行，经济损失大，也增加电网调度的困难，这和蓄能电站在电网中应当承担的保安电源的作用也不相符。

4.6 衬砌型式方案比较

对混凝土、钢板衬砌和部分钢板衬砌三个方案进行综合比较。三个方案厂房均位于水道系统中部，为满足抗劈裂要求，混凝土衬砌方案采用一管三机的供水方式，钢衬方案和部分钢板衬砌方案为调度方便、运行安全采用一管两机的供水方式。

三个方案水道布置大体一致，混凝土衬砌方案高压隧洞立面采用52°上斜井、下竖井的布置方式，高压隧洞主洞总长1121.9m，岔管采用钢筋混凝土衬砌“卜”形岔管，引水支管长160m，采用钢板衬砌，部分尾水支管采用钢板衬砌，其余部分水道结构均为混凝土衬砌。钢衬方案自上平段30m后开始采用钢板衬砌，高压管道由高压主管、高压岔管和高压支管组成，钢衬段长1129.78m，立面上采用双斜井布置，高压岔管距厂房上游边墙60m，采用对称Y形内加强月牙肋型钢岔管；部分钢衬方案钢衬起始点位置位于中平段f_{11-23}断层上游60m处，高压主管钢衬段长778.3m，其余与钢衬方案布置相同。

三方案工程静态投资分别为混凝土方案58.2亿元、钢板衬砌方案62.4亿元、部分钢板衬砌方案61.5亿元。

5 结论

目前地质斟探资料表明文登高压管道围岩条件较好，覆盖层厚度、围岩最小地应力和抗渗性都基本满足混凝土衬砌要求，但考虑到当前600m级混凝土衬砌高压管道的风险较大，一旦出现事故，处理费时费钱，施工难度大，而且影响水电站运行，易对水电站运营造成巨大的损失。而对于部分钢衬方案来说，也曾有水电站出现上斜段渗漏的情况，该水电站上斜段有f_{2-33}、f_{10-49}、f_{11-26}等断层穿过，采用混凝土衬砌也存在安全隐患。而钢衬方案虽然投资较高，但从长远效益看，可以降低高压管道运行期的风险，减小维修频次，运行管理简化，一劳永逸地解决水电站运行期的安全问题，体现了“安全第一”和“资产全寿命周期管理”总体最优的指导思想，对蓄能电站来说也更能有效地发挥在电网中的安保作用。

综合技术经济比较，推荐高压管道及岔管采用运行期技术风险较小的钢衬方案。

参 考 文 献

[1] 张有天，论有压水工隧洞最小覆盖厚度［J］．水利学报．2002（9）．

[2] 张春生．混凝土衬砌高压水道的设计准则与岩体高压渗透试验［J］．岩石力学与工程学报．2009（7）．

[3] 伍智钦，刘学山．广蓄二期工程高压岔管渗漏问题的探讨［J］．水力发电．2001（2）．

[4] 叶冀升．广蓄电站钢筋混凝土衬砌岔管建设的几点经验［J］．水力发电学报．2001（2）．

[5] 刘学山，广州抽水蓄能电站二期工程钢筋混凝土岔管高压渗水的处理及有关问题探讨［J］．广东电力．2006（6）．

[6] 肖扬，吴伟功，张一．宝泉抽水蓄能电站地下厂房及高压洞段工程地质条件评价［J］．华北水利水电学院学报．2003（1）．

[7] 刘庆亮，刘亚丽，董昊雯．宝泉抽水蓄能电站高压钢筋混凝土岔管位置选择［J］．河南水利．2006（11）．

[8] 邱小佩，陈昊．高压通水隧道混凝土裂缝及围岩固结止水处理［J］．西部探矿工程．1999（11）．

[9] 陈云长．惠州抽水蓄能电站高压隧洞岩体稳定性评价［J］．水利水电．2005（2）．

[10] 张秀丽，天荒坪抽水蓄能电站钢筋混凝土岔管设计特点及结构设计［J］．华东水电技术．2000（2）、（3）．

压力钢管支承环结构计算分析

吴坤占　张战午　李　冲

（中国电建集团中南勘测设计研究院有限公司，湖南　长沙　410014）

【摘　要】 本文利用 ANSYS 有限元软件对压力钢管支承环结构进行了三维有限元分析计算，在考虑支座滑块接触非线性的情况下，通过不同工况下支承环及其影响范围内压力钢管管壁的应力应变分析计算，完成了承载力极限状态设计验算，对支承环的结构型式与断面尺寸提出了优化建议。

【关键词】 压力钢管；支承环；承载力极限状态；ANSYS

1　引言

压力钢管是水利水电工程输水建筑物的重要组成部分，在承受一定的水压条件下，将水从水库或压力前池等位置引入电站厂房。正因为压力钢管需承受较高的内水压力，如在设计、运行过程中稍有不当，则较容易产生事故，所以合理的结构设计以及正确的安装方法就显得格外重要。尤其是明管敷设过程中，为保证钢管段不致于发生倾覆和扭转，需间隔一定距离设置镇墩和支墩，同时在管道和支墩间利用支承环同时起到支撑和径向约束的作用。本文所引用工程实例中，由于压力钢管支墩间距较大、敷设坡度较陡、管段地质条件复杂等因素，加之支承环自身及支承环与压力钢管管壁连接处应力复杂，为了解支承环自身及支承环与压力钢管管壁连接处的应力大小及应力分布规律，有必要对支承环结构进行三维有限元计算，分析并提出支承环断面及支承环附近管壁应力状态和分布规律以及支承环结构变形特点。

2　工程资料

根据《水电枢纽工程等级划分及设计安全标准》（DL 5180—2003）的划分标准，该工程水库总库容 2.28 亿 m^3，水电站装机容量 450MW，为二等大（2）型工程，压力钢管和引水岔管等主要水工建筑物级别为 2 级，建筑物安全基本为Ⅱ级。考虑到压力钢管管道长、水头大、设计地震烈度高以及部分管段地质条件复杂等因素，根据《水电站压力钢管设计规范》（DL/T 5141—2001）第 8.0.3 条的规定，将钢管结构安全级别提高一级按Ⅰ级设计，钢管结构重要性系数 γ_0 取 1.1。

2.1　设计参数

（1）支墩间距 l=17.5m。

（2）钢管轴向与水平面夹角 α=18.5°。

（3）钢管管壁厚 52mm，管径 3.8m。

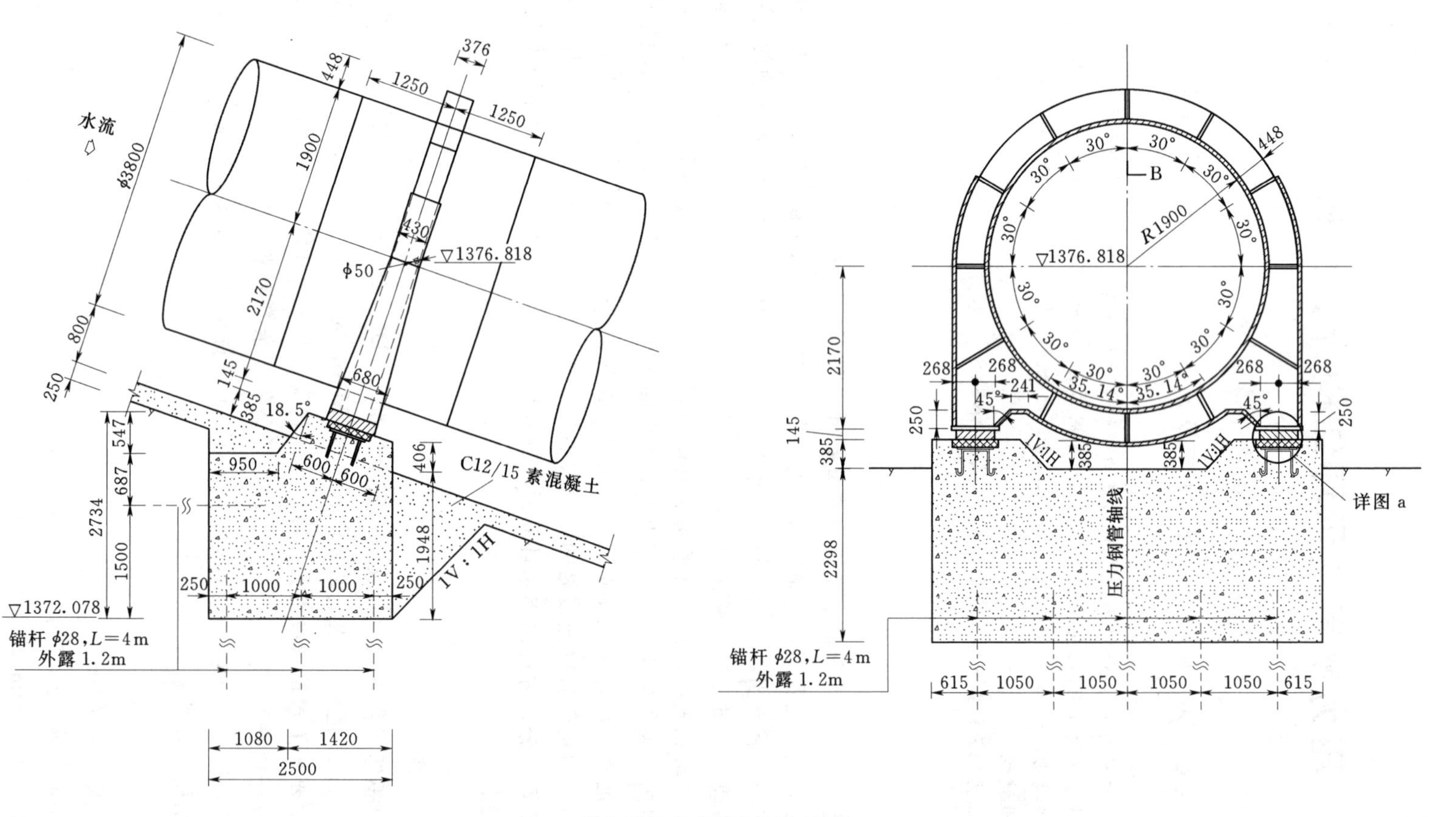

图 1 压力钢管支承环结构图(单位:mm)

(4) 正常蓄水位下静水压力 3.79MPa。

(5) 正常运行情况下最高内水压力：3.79MPa(静水)/1.36MPa(水锤)。

(6) 特殊运行情况下最高内水压力：3.86MPa(静水)/1.36MPa(水锤)。

(7) 水压试验情况内水压力：1.25×(1.0×3.79+1.1×1.36)=6.61(MPa)。

有关压力钢管及支承环结构尺寸见图 1。

2.2 钢材抗力限值

压力钢管管壁结构采用压力容器用 WDB620 高强度结构钢，支承环等附属结构则采用 Q345C 低合金高强度结构钢。钢材的泊松比取 0.3，弹性模量取 205GPa，线膨胀系数取 1.17×10^{-5}/℃。钢材抗力限值见表 1。

表 1　钢材抗力限值　单位：MPa

钢种	厚度/mm	设计强度/MPa	整体膜应力			局部膜应力			局部膜应力+弯曲应力		
			持久	短暂	偶然	持久	短暂	偶然	持久	短暂	偶然
Q345C	16～35	290	165	183	206	203	225	253	240	266	300
WDB620	≤52	375	213	237	266	263	291	327	310	344	388

注　水压试验工况下，钢材的抗力限值应在表中短暂状况对应数值的基础上再除以 0.9 后采用。

2.3 计算工况

按承载能力极限状况设计的作用效用组合对支承环结构主要进行以下工况的计算。

(1) 工况 1：持久状况，正常运行情况最高内水压力情况。

(2) 工况 2：短暂状况，水压试验情况。

(3) 工况 3：偶然状况，校核洪水情况。

3 计算方法

3.1 计算模型

为减小管道两端约束对分析部位的影响，整体模型取（17.5m×3m）长管段进行计算，分设 3 个支墩，考虑陡坡段真实坡角 18.5°，以中间支墩处压力钢管中心为原点，取分析部位为管轴向－1.25～1.25m 范围内钢管及支承环结构。因考虑到下游镇墩和上游伸缩节布置的影响，计算模型钢管下游管端固结，上游管端按自由端处理。压力钢管管壁和支承环应在图示板厚的基础上扣除 2mm 的锈蚀厚度。

计算采用 ANSYS 有限元计算软件，结构假定为各向同性、均匀连续的线弹性体。其中压力钢管和支承环结构网格划分采用 shell63 壳单元，滑动块体、支墩和混凝土底板采用 solid45 实体单元，滑动块体内接触面采用 conta173 和 targe170 考虑接触非线性计算，左右侧允许小范围内移动，轴向可自由滑动，其中滑动支座摩擦系数取 0.1，支座增强四氟乙烯滑板弹性模量为 2.0GPa。压力钢管支承环结构有限元计算模型见图 2，支承环部位细部网格见图 3。

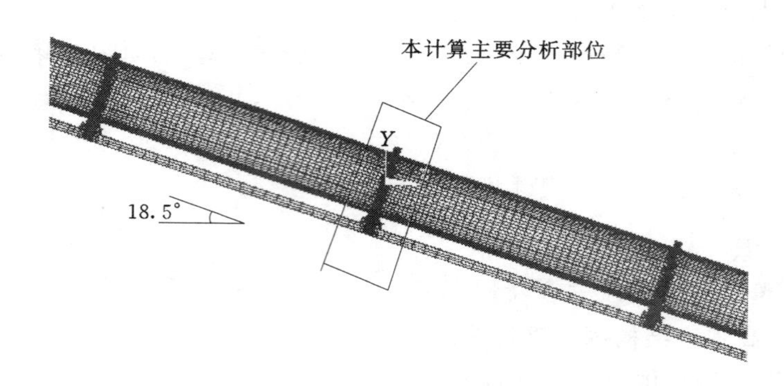

图 2　压力钢管支承环结构有限元计算模型

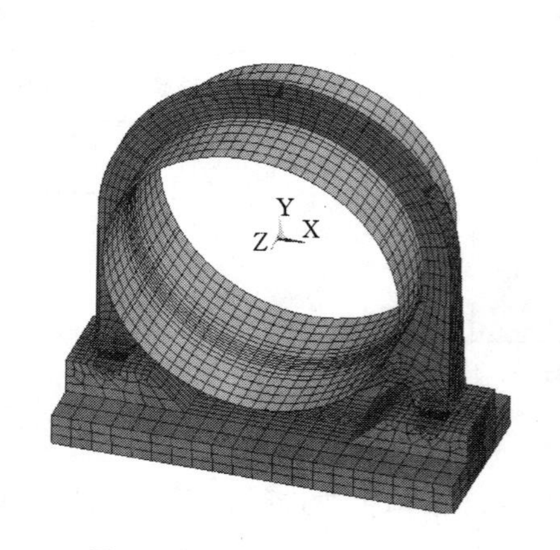

图 3　支承环部位细部网格图

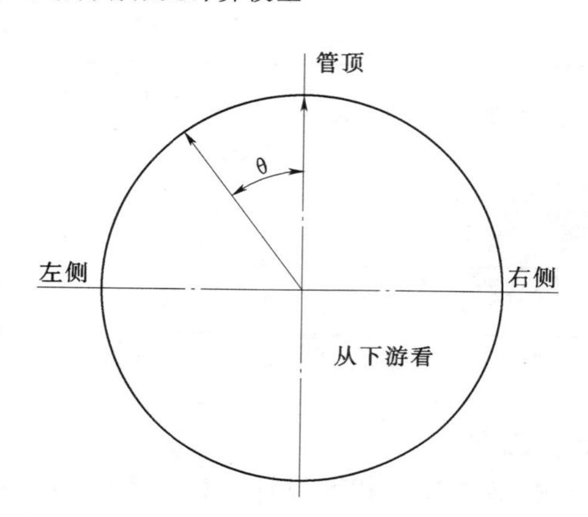

图 4　管壁环向角度示意图

3.2　成果整理规定

本次计算沿管轴向分别整理了 7 个剖面的位移应力成果。其中，剖面 1 距离支承环中心面 1.25m，剖面 2 根据应力计算结果所定，取计算管段应力最大处（本次计算取距离中心面 0.828m 处），剖面 3 为上游侧支撑面处，距离中心面 0.188m，剖面 4 为支承环中心面剖面，剖面 5～剖面 7 同上对称剖分，环向以 Y 轴正向开始逆时针为正（从下游看，管顶处为 0°），见图 4。

4　计算分析

4.1　管壁位移

通过计算分析，对于陡坡段支承环部位管道，其环向位移较小，轴向位移在此模型约束情况下各工况有 7～9mm 向下游约束端的位移。压力钢管在内水压力作用下不同剖面有不同程度的径向偏移（见表 2），相比之下，支承环部位管壁径向扩张较小，说明支承环对结构变形的约束较为明显。如图 5 所示，径向变形左右侧对称，以工况 2 为例，支承环范围之外的管壁最小径向位移在管壁±120°，最大位移在管底；而支承环作用下管壁最小径向位移仍出现在±120°，最大位移则出现在±45°管壁。

表 2	压力钢管各剖面最大径向位移					单位：mm

计算工况	剖面 1	剖面 2	剖面 3	剖面 4	剖面 5	剖面 6	剖面 7
工况 1	2.36	2.41	1.56	1.53	1.59	2.37	2.34
工况 2	2.75	2.81	2.00	1.96	1.99	2.78	2.73
工况 3	2.38	2.43	1.58	1.55	1.60	2.40	2.36

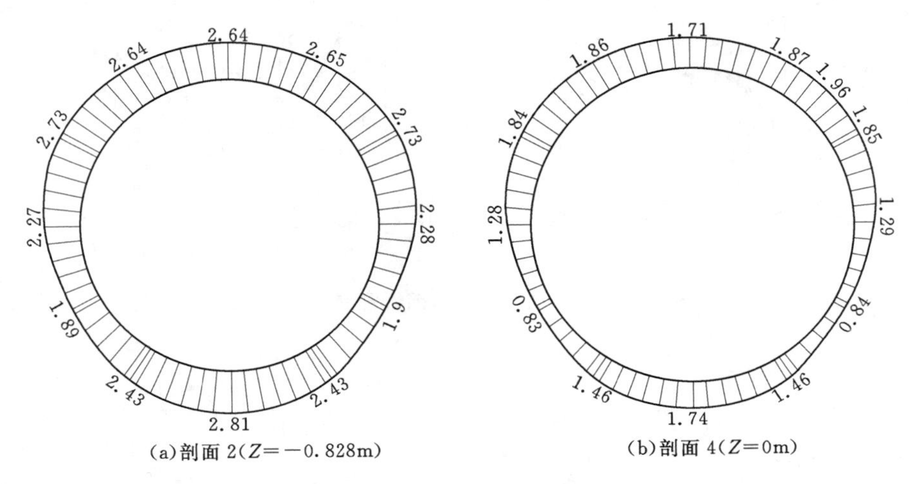

(a)剖面 2($Z=-0.828$m)　(b)剖面 4($Z=0$m)

图 5　工况 2 压力钢管剖面 2、剖面 4 径向位移图（单位：mm）

4.2　管壁应力

压力钢管各工况各剖面最大 Mises 应力列于表 3。支承环作用部位的压力钢管管壁应力左右侧对称分布，以工况 2 为例，最大 Mises 应力均发生在距离支承环中心面 828mm，± 120°管壁内侧（即剖面 2），为 275MPa，而最小 Mises 应力则发生在中心剖面管底部位管壁外侧（剖面 4）；对各剖面应力进行分析，剖面 1 和剖面 7 最大 Mises 应力发生在±118.3°附近管壁内侧，分别为 264.70MPa 和 263.63MPa，剖面 2 和剖面 6 最大 Mises 应力发生在±120°附近管壁内侧，分别为 275.00MPa 和 272.99MPa，剖面 3 和剖面 5 最大 Mises 应力发生在±118.3°附近管壁外侧，分别为 217.78MPa 和 207.82MPa，剖面 4 最大 Mises 应力发生±15°附近管壁内侧，为 182.78MPa。工况 2 各剖面应力分布情况见图 6 和图 7。

表 3	压力钢管各剖面最大 Mises 应力					单位：MPa

计算工况	剖面 1	剖面 2	剖面 3	剖面 4	剖面 5	剖面 6	剖面 7
工况 1	212.68 (213)	221.17 (213)	176.00 (310)	146.89 (310)	166.75 (310)	219.11 (213)	211.56 (213)
工况 2	264.70 (263)	275.00 (263)	217.78 (382)	182.78 (382)	207.82 (382)	272.99 (263)	263.63 (263)
工况 3	215.44 (266)	224.02 (266)	178.21 (388)	148.76 (388)	168.93 (388)	221.97 (266)	214.32 (266)

注　表中 212.68（213）代表该剖面最大应力值 212.68MPa，出现在环向 213°部位。

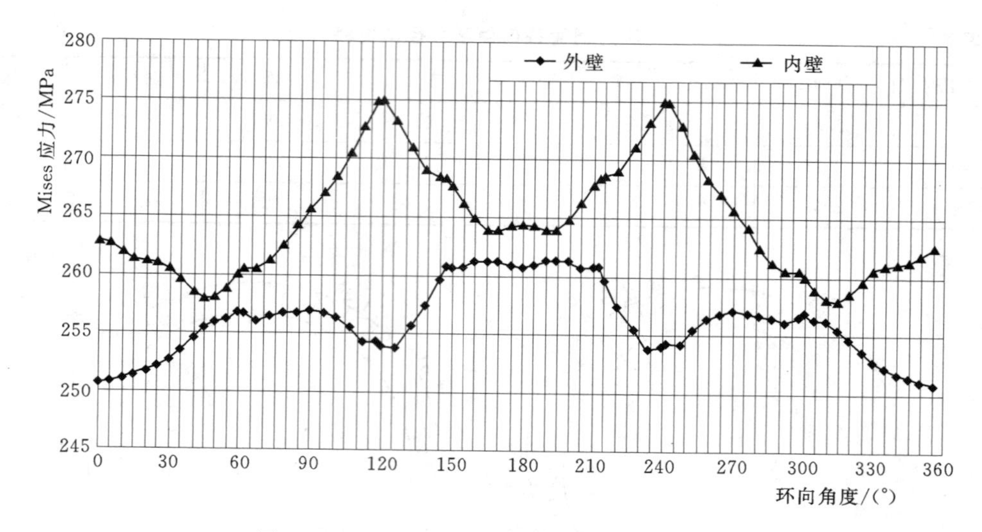

图 6　工况 2 剖面 2 压力钢管管壁 Mises 应力

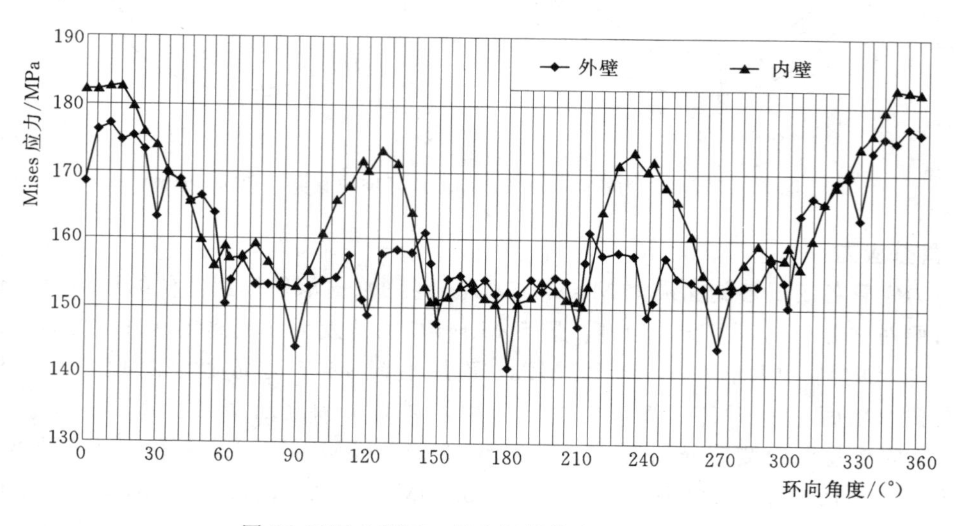

图 7　工况 2 剖面 4 压力钢管管壁 Mises 应力

4.3 支承环部件应力

各工况下支承环各部件的最大 Mises 应力见表 4 所列。支承环最大 Mises 应力发生在上游侧支承面内环侧±150°，为支承环腹板施加部位突变应力，支承面内环侧沿环向腹板施加处均有应力突变，见图 8 和图 9，其中以工况 2 应力最大为 239.19MPa，支承面外环侧形状不规则，外环侧最大 Mises 应力出现在±60°（加强板开始施加部位）。

表 4　　支承环各部件最大 Mises 应力　　单位：MPa

计算工况	上游侧支承环	下游侧支承环	支承环腹板	支承环加强板	支承环下垫板
工况 1	195.09（240）	182.78（240）	99.22（240）	274.09（240）	70.35（240）
工况 2	239.19（296）	225.39（296）	122.69（296）	338.64（296）	74.03（296）
工况 3	197.42（300）	185.01（300）	100.46（300）	277.50（300）	70.55（300）

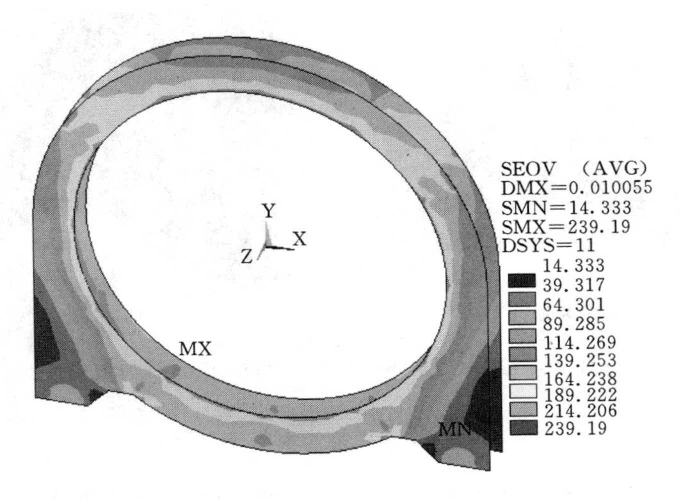

图 8　工况 2 支承环 Mises 应力（单位：MPa）

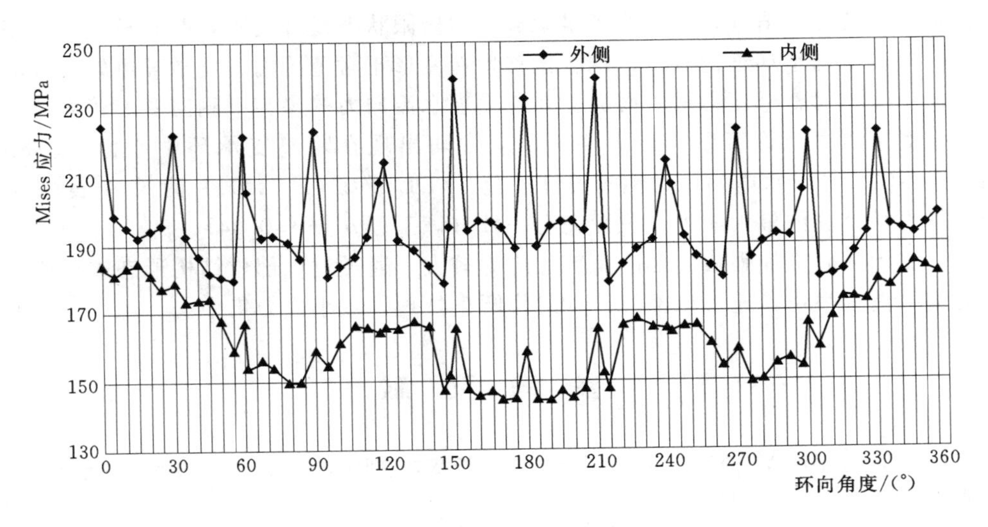

图 9　工况 2 上游侧支撑面内环侧 Mises 应力

支承环加强板 Mises 应力相对较大，较大应力主要发生在管底支承环加强板，加强板凸角部位局部存在形状突变产生的应力集中点，该应力集中部位超出钢材抗力限值，最大 Mises 应力工况 3 为 338.64MPa，工况 4 为 277.50MPa，然而超限应力辐射范围甚小。通过对该部位结构形态进行修圆处理，如图 10 所示，可以减小应力集中，仍以工况 2 为例，局部应力极值可降低 9.89%。

支承环腹板 Mises 应力相对较小，最大 Mises 应力出现在工况 2，数值为 122.69MPa；支承环下垫板 Mises 应力较小，最大 Mises 应力也出现在工况 2，数值为 74.03MPa。

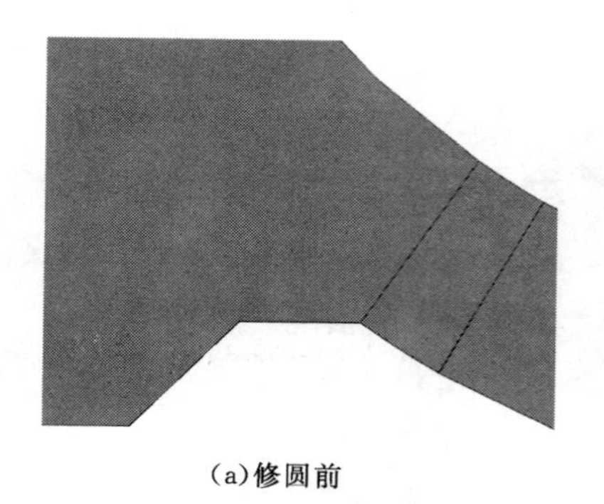
(a)修圆前

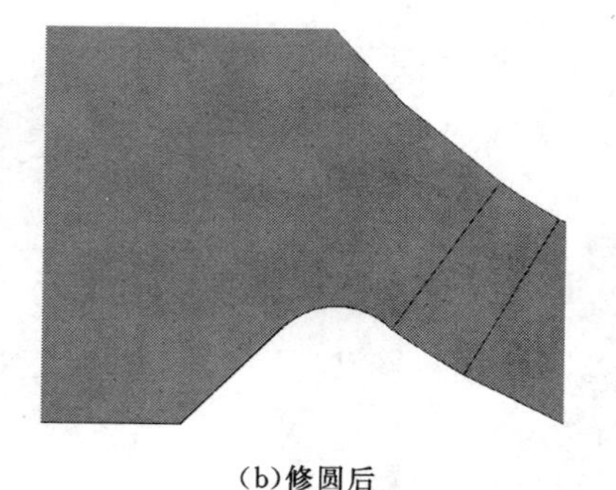
(b)修圆后

图 10　支承环及底部加强板（翼缘）修圆前后对比

5　结论

通过对压力钢管支承环结构进行三维有限元计算分析，得出以下结论。

(1) 压力钢管及支承环各部件 Von Mises 应力除管壁局部点及支承环底部加强板个别极值点超出抗力限值外，其余均满足承载能力极限状态设计要求，并有较大安全裕度。

(2) 对典型支承环结构分析，钢管位移均在变形正常范围内，支承环可较有效的限制钢管径向扩张。对整个压力钢管而言，在有垂直水流向力的参与下侧向变位较大。

(3) 对于压力钢管管壁，最大 Mises 应力均出现在距离支承环中心面±828mm，±118.3°部位，与《水电站压力钢管设计规范》(DL/T 5141—2001) 附录 A 表 A11 所采用的弹性力学计算的最大应力点位置完全一致（该工程 $b_0/R\approx0.04$）。

(4) 支承环底部加强板局部凸角部位应力较大，通过对该部位结构形态进行修圆处理后应力集中消减很快，建议该部位设计时作圆角处理，减小应力集中。

参 考 文 献

[1]　毛有智．基于 ANSYS 的压力钢管的应力变形分析及其壁厚选择 [J]．贵州大学学报（自然科学版）．2013，30 (2)：111-114.

[2]　DL/T 5141—2001，水电站压力钢管设计规范 [S]．北京：中国电力出版社，2001.

[3]　DL 5180—2003 水电枢纽工程等级划分及设计安全标准 [S]．北京：中国电力出版社，2001.

[4]　DL 5077—1997 水工建筑物荷载设计规范 [S]．北京：中国电力出版社，2003.

[5]　华东水利学院．弹性力学的有限单元法 [M]．北京：水利电力出版社，1974.

[6]　马文亮，张喜东，周国燕等．加劲环式压力管道非线性有限元分析及稳定性计算 [J]．华北水利水电学院学报．2010，31 (4)：36-38.

地面式钢衬钢筋混凝土管道温度作用机理与取消伸缩节研究

杨经会[1]　冯建武[1]　刘　曜[1]　伍鹤皋[2]　胡　蕾[2]　谢颖涵[3]

（1. 中国电建集团西北勘测设计研究院有限公司，陕西　西安　710065
2. 武汉大学 水资源与水电工程科学国家重点实验室，湖北　武汉　430072
3. 长江水利委员会长江勘测规划设计研究院，湖北　武汉　430010）

【摘　要】　为探讨温度作用对地面式钢衬钢筋混凝土管的影响，本文采用数值模拟的方法，研究温度作用下地面式钢衬钢筋混凝土管的受力机理。结果表明：温度作用对管道受力和变形的影响集中体现在管轴线方向，温降作用使钢管、钢筋和混凝土的轴向拉应力增大，其中混凝土在温降作用下容易产生环缝，并由两端部向中间扩展，温升作用使上述部位产生压应力；伸缩节对地面式钢衬钢筋混凝土管的结构自身受力和建基面应力状态的影响均较小，不能从根本上解决温度应力的问题。因此，管道设计和配筋时应考虑温度应力，并在构造上采取一定的措施避免产生过大的环缝；对于地面式钢衬钢筋混凝土管道，在解决地基不均匀变形问题的基础上，建议取消伸缩节。

【关键词】　钢衬钢筋混凝土管；温度；混凝土径向裂缝；环缝；伸缩节

1　引言

水电站钢衬钢筋混凝土管道有坝下游面钢衬钢筋混凝土管（简称坝后背管）和地面式钢衬钢筋混凝土管两种布置型式，其中地面式钢衬钢筋混凝土管一般布置在山坡的岩基之上。上述两种管道的工作原理和结构分析方法基本相同，均由钢管与外包钢筋混凝土联合承载，允许外包混凝土开裂，从而充分利用钢管和钢筋较高的抗拉强度。国内外许多水电站的压力管道利用这种特性，来达到减少或避免使用厚钢板、提高管道的整体安全度和降低造价的目的。

坝后背管已经广泛应用于国内外多座水电站引水钢管中，如国内的东江、五强溪、李家峡、三峡等水电站，以及苏联的契尔盖、克拉斯诺雅尔斯克、萨扬舒申斯克等水电站。地面式压力管道一般应用在输水建筑物中，如引水式电站的压力管道、用于长距离调水的管道等。在压力管道 HD 值较高时，传统的明钢管结构必须克服厚钢板在选材、卷板和焊接等方面的技术难题，为保证钢管安全还必须采用特殊的防爆、边坡处理措施，难度大且稳定性差。地面式钢衬钢筋混凝土管可以避免上述不利因素，提高管道的整体安全性，因此云南省依萨河水电站压力管道末端长 281.31m 的特高压管段（设计内压 1000m 以上）采用了钢衬钢筋混凝土地面管。另外，我国在公伯峡、积石峡等岸边式水电站引水管道（直径分别为 8m 和 11.5m）中，也采用了地面式钢衬钢筋混凝土管道布置形式，解决了大直径地面明钢管在钢材选择、支墩设计方面的技术困难。随着坝后背管设计和施工技术的不断进步，地面式钢衬钢筋混凝土管在基本结构设计包括钢管厚度、钢筋配置、混凝土厚度及裂缝宽度控制等方面也可以参考坝后背管的经验和方法，但仍存在一些特殊的问题。

温度作用对水电站压力钢管的影响一直是学术界和工程界关心的问题，在压力钢管沿线一般需采取一定的措施适应温度产生的变形。对于地面式管道，为减小温度和地基不均匀沉降的影响，明钢管一般在两镇墩之间的管段采用伸缩节将管道断开，然后沿线布置滑动式支墩，通过支承环承受管身和水重的法向分量。当明钢管纵坡较陡时，为了安装方便，伸缩节一般置于管段上镇墩下游侧，此时伸缩节可以适应钢管轴向的滑动和小幅的转动。对于地面式钢衬钢筋混凝土管，其结构受力机理和地面明钢管有所差别，在温度荷载作用下是否需要设伸缩节，管道如何适应温度变化，目前均缺乏相应的研究成果和技术资料。因此本文以地面式钢衬钢筋混凝土管为研究对象，采用数值模拟的方法探讨不同条件下温度作用对地面式钢衬钢筋混凝土管的影响和取消伸缩节的可行性。

2 基本资料

某水电站工程主要由首部枢纽和引水发电系统组成，引水隧洞后接压力钢管，压力钢管上游 700m 左右为地下埋管，后接明管段。经技术和工程量比较后，该明管段拟选用地面式钢衬钢筋混凝土管道布置形式。由于该钢管末端 HD 值高达 1700m^2 左右，计算时，选取明管段最后两镇墩之间的一段压力钢管作为研究对象，有限元模型见图 1。计算模型由引水钢管、外包混凝土、镇墩和地基组成，管道断面网格见图 2。压力钢管直径 2m，外包混凝土厚 0.5m，钢管厚 34mm（包含锈蚀厚度），配置钢筋两层Φ 32@167，内水压力最大达 8.6MPa。计算时考虑的荷载主要有结构自重、内水压力（静水压力＋水击压力）、温度作用（±20℃），另外考虑以下假定和条件。

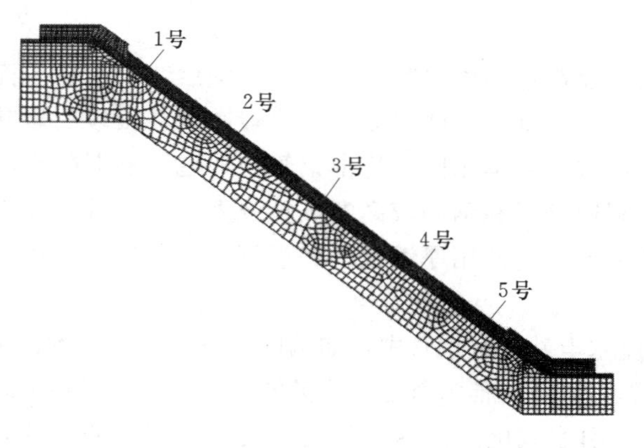

图 1 有限元模型图

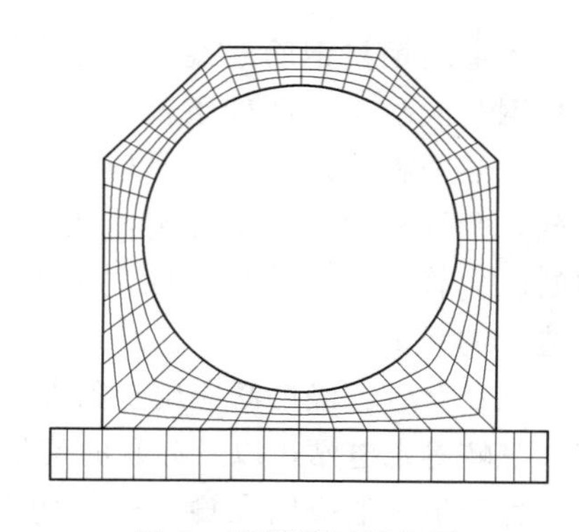
图 2 管道断面网格图

（1）由于镇墩对钢管相当于固定约束，两个镇墩间的管道在结构受力方面可以视为与上、下游管道独立，因此计算时仅以两个镇墩之间的管道为对象进行分析。

（2）钢管外包混凝土应用塑性损伤模型描述混凝土材料的软化和刚度退化特征，追踪管道可能的裂缝分布形态和发展过程。

（3）不考虑钢管与外包混凝土之间的初始缝隙，视为对外包钢筋混凝土受力最不利情况。

（4）假定结构承受的温度作用是均匀的，即管道沿线的温度作用大小是相同的。

3 温度作用影响效果

3.1 温度作用对混凝土受力的影响

由于钢衬钢筋混凝土管允许混凝土开裂，从而使内水压力全部由钢管和钢筋承担，所以外包混凝土中一般均会出现径向裂缝，以坝后背管为研究对象的成果也证明了这一点。因此，为排除内水压力的影响，首先仅考虑温度作用讨论了温度作用对混凝土受力的影响，相当于管道的放空状态。

计算结果表明，在温降作用下，管道混凝土收缩，由于受到两端镇墩和地基的约束作用，所以在管轴线方向会产生拉应力。当轴向拉应力超过混凝土的抗拉强度标准值后，混凝土将产生环向裂缝，反映在数值计算模型上混凝土单元出现环向损伤，损伤值的范围和大小可用以表示裂缝的开展和大小。图3为不同温降作用下管道混凝土损伤值，温降作用下靠近镇墩的底部混凝土首先出现损伤，温降作用从－5℃增大到－20℃过程中，损伤在轴线方向的范围由两端部逐渐向管道中间扩展，直至扩展至全线损伤。当温降作用增大到－20℃时，管道混凝土沿线几乎全部损伤，损伤值由端部向中间逐渐减小。说明温降作用首先会使镇墩附近出现环缝，随着温降作用的增大，环缝的范围沿管轴线向管道中部扩大。

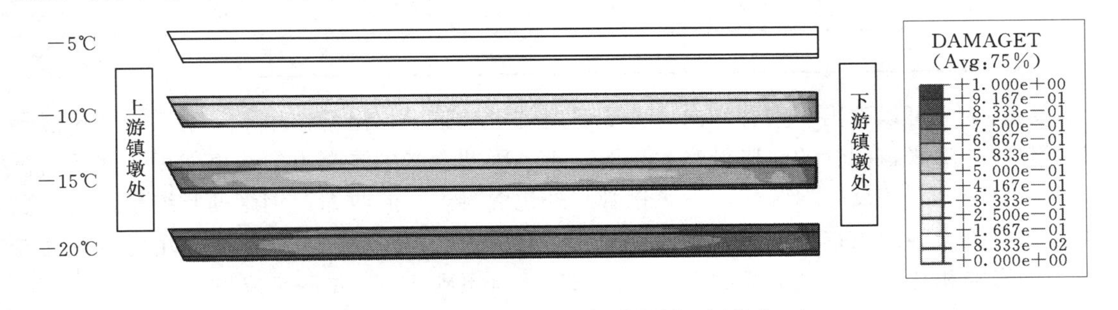

图3 不同温降作用下管道混凝土损伤值

在温升作用下，管道混凝土膨胀，同时受到两端镇墩和地基的约束作用，管轴线方向产生压应力。但由于混凝土抗压强度较大，所以一般不会出现受压破碎的情况。管道混凝土沿线全部受压，其中端部混凝土受压较严重，压应力较大，主要由于端部受镇墩的约束作用较强。随着温升作用的增大，混凝土压应力数值也随之增大，两者之间基本呈线性变化规律。

表1 温升作用下混凝土轴向应力 单位：MPa

温升作用/℃	1号断面		2号断面		3号断面		4号断面		5号断面	
	外侧	内侧	外侧	内侧	外侧	内侧	外侧	内侧	外侧	内侧
5	－1.61	－1.62	－1.42	－1.41	－1.41	－1.42	－1.47	－1.44	－1.72	－1.73
10	－3.20	－3.29	－2.91	－2.90	－2.81	－2.82	－2.89	－2.91	－3.42	－3.43
15	－4.84	－4.90	－4.33	－4.34	－4.19	－4.20	－4.41	－4.42	－5.04	－5.10
20	－6.43	－6.48	－5.67	－5.60	－5.56	－5.54	－5.82	－5.74	－6.72	－6.73

3.2 温度作用对钢管和钢筋受力的影响

在讨论温度作用对钢管和钢筋受力的影响时，以正常运行（自重＋内水压力）为基础，分别叠加温升（＋20℃）和温降（－20℃）作用。不同温度作用下各特征断面顶部钢管和钢筋应力见表2。

表2　不同温度作用下各特征断面顶部钢管和钢筋应力　单位：MPa

应力部位	断面编号	环向应力			轴向应力		
		正常＋温升	正常	正常＋温降	正常＋温升	正常	正常＋温降
钢管	1	223.0	234.1	245.2	8.5	68.8	132.7
	2	230.8	240.4	248.3	18.9	72.2	124.8
	3	235.4	245.1	253.1	20.3	73.6	126.2
	4	232.4	243.3	253.2	17.4	73.4	128.5
	5	243.4	252.6	264.8	13.1	75.2	141.6
钢筋	1	148.3	137.8	137.6	－53.4	3.4	64.2
	2	150.2	151.6	145.7	－50.8	－0.2	50.2
	3	152.1	154.5	148.8	－50.4	－0.1	49.8
	4	142.4	145.0	143.9	－52.2	－0.3	51.6
	5	155.8	158.3	152.6	－56.8	3.6	69.6

从表2中可以看出，钢管环向应力受温度的影响较小，温升作用下，钢管与外包混凝土一起向外膨胀，钢管的膨胀量略大于混凝土，因此会受到混凝土的约束作用，使环向拉应力略有减小。相反，温降作用下，钢管与外包混凝土一起收缩，钢管的收缩量略大于混凝土，混凝土的约束作用使钢管环向拉应力略有增大。但总体来看，温度作用对钢管环向应力的影响相比内水压力造成的环向应力来说只有不到5%，并不起控制作用。

但是，钢管和钢筋轴向应力受温度的影响明显，呈现为温升作用使钢衬轴向拉应力减小，对于钢筋则出现轴向压应力，温降作用使钢衬和钢筋轴向拉应力增大的规律，原因与上述环向应力的变化机理相似。尤其是对于轴向钢筋，正常运行时轴向钢筋应力非常小，应力几乎全部由温度作用产生。

3.3 温度作用对建基面受力的影响

各特征断面底部建基面应力平均值见表3，其中法向应力正值表示拉应力，负值表示压应力；剪切应力正值表示沿管轴线指向下游，即管道受到沿管轴线指向下游的剪切力，负值则方向相反。

正常运行时，受自重和水重的作用，管道结构底部建基面的法向应力均为压应力。在内水压力作用下管道径向向外变形，使得底部的混凝土向上挤压弯曲变形，因此管道建基面局部会出现拉应力。温降作用使混凝土收缩从而减弱上述局部变形的影响，温升作用使混凝土继续膨胀增强了局部变形的影响。因此温降作用使建基面的法向压应力增大，温升作用则使建基面出现很小的拉应力。总体来看，管道底部建基面受自重和水重的压力作用，温升作用对建基面的受力是不利的，容易出现拉应力，建议适当布置插筋。

管道受自重和水重的作用向下滑动，因此受到地基沿轴向向上的剪切力的作用，且从上游至下游逐渐减小。温降作用下管道在两端受到镇墩的轴向拉力，上游和下游的管道底部建基面剪切应力方向相反，靠近上游的管道受到的剪切力方向指向下游，而靠近下游的管道受到的剪切力方向指向上游；类似的是，温升作用下管道在两端受到镇墩的轴向压力作用，靠近上游的管道受到的剪切力方向指向上游，靠近下游的管道受到的剪切力方向指向下游，数值上比正常运行工况均有所增大。

表 3　　各特征断面底部建基面应力平均值　　单位：MPa

应力类型	工况	断面编号				
		1	2	3	4	5
法向应力	正常＋温升	0.06	0.04	0.06	0.04	0.05
	正常	−0.03	−0.02	−0.02	−0.02	−0.03
	正常＋温降	−0.08	−0.08	−0.09	−0.08	−0.08
剪切应力	正常＋温升	−0.28	−0.14	−0.02	0.12	0.26
	正常	−0.07	−0.04	−0.03	−0.03	−0.01
	正常＋温降	0.07	0.03	−0.04	−0.07	−0.13

4　设置伸缩节时温度作用影响效果的讨论

4.1　温度作用对管道受力的影响

温度作用对地面式钢衬钢筋混凝土管道的受力影响明显，尤其是在轴线方向上，钢管、钢筋以及外包混凝土的应力均会受到影响，原因都和温度作用变形受到外部约束有关。一般情况下，地面式明钢管为适应温度应力会设置伸缩节，对于钢衬钢筋混凝土管，由于结构传力机理的变化，是否需要设置伸缩节首先应从结构受力变形的角度分析。因此本文假定在钢衬钢筋混凝土管道中间位置设置一伸缩节，伸缩节范围内外包混凝土也取消，成为明管状态，在此基础上讨论钢管、混凝土和钢筋的受力变形情况。

在温降作用下，混凝土损伤值的发展规律与不设伸缩节时类似。在上下游端部出现损伤，随着温降作用的增大，损伤范围由端部向管道中间扩展。由于管道中间设置的伸缩节属于柔性约束，伸缩节附近的混凝土在温度作用下变形时受到的约束较弱，因此在相同的温降作用下，与不设伸缩节时相比，靠近伸缩节附近的管道混凝土并没有出现损伤，或损伤值较小。与上下游镇墩连接的端部混凝土的损伤值并未减小，与不设伸缩节时非常接近。由于钢衬钢筋混凝土管沿线每个微管段单元都可看成两端受到固定约束的作用，伸缩节只能放松中间管段的强约束作用，而对于远离伸缩节的管段并不起作用。伸缩节的设置只能避免或减小其附近管道混凝土的环缝，作用效果有限，对温度作用下管道混凝土环缝的出现和开展并不起控制作用。

表 4 为管道中间设置伸缩节后在不同温升作用下各特征断面顶部混凝土轴向压应力，管道混凝土沿线除伸缩节附近外全部受压，管道中间约束的放松并没有对端部的混凝土受力造成影响，端部混凝土的压应力和不设伸缩节时基本完全相同。伸缩节附近混凝土应力值很

小，说明伸缩节只能减弱伸缩节附近管段温升膨胀时受到的约束，从而不产生或只产生较小的压应力，但对于远离伸缩节的管段，压应力仍然存在并且和不设伸缩节时基本相同。

表4　　不同温升作用下各特征断面顶部混凝土轴向压应力　　单位：MPa

温升作用/℃	1号断面		2号断面		3号上游断面		3号下游断面		4号断面		5号断面	
	外侧	内侧	外侧	内侧	外侧	内侧	外侧	内侧	外侧	内侧	外侧	内侧
5	−1.61	−1.62	−1.33	−1.31	0.04	−0.05	0.03	−0.06	−1.08	−1.11	−1.61	−1.67
10	−3.14	−3.19	−2.59	−2.54	0.07	−0.09	0.06	−0.11	−2.21	−2.22	−3.23	−3.26
15	−4.73	−4.80	−3.82	−3.81	0.11	−0.14	0.09	−0.17	−3.32	−3.33	−4.93	−4.95
20	−6.29	−6.31	−5.09	−5.12	0.14	−0.19	0.12	−0.22	−4.40	−4.40	−6.50	−6.50

在讨论温度作用对钢管和钢筋受力的影响时，是以正常运行（自重＋内水压力）为基础，分别叠加温升（＋20℃）和温降（−20℃）作用。不同温度作用下各特征断面顶部钢管和钢筋应力见表5。从表5中可以看出，除伸缩节附近的断面外，无论是温升还是温降作用下，各个断面钢管和钢筋的应力数值都和不设伸缩节时非常接近。对于伸缩节附近断面（3号上游侧、3号下游侧断面），顶部轴向钢筋的压应力略有增大，原因在于内水压力作用下管道四周向外膨胀，在泊松效应作用下，在伸缩节上游侧管道顶部向上游变形，而在伸缩节下游侧管道顶部向下游变形，导致管道顶部钢筋受压，但受温度的影响程度仍然较小。总体来看，地面式钢衬钢筋混凝土管道中设置伸缩节并不能减小钢管和钢筋的温度应力。

综合混凝土受力的情况，对于钢衬钢筋混凝土管道而言，钢管的受力和约束机理不同于明钢管，外包钢筋混凝土相对钢管等同于全程固定强约束，因此仅在局部设置伸缩节并不能适应温度产生的变形。

表5　　温度作用下各特征断面顶部钢管和钢筋应力　　单位：MPa

应力部位	断面编号	环向应力			轴向应力		
		正常＋温升	正常	正常＋温降	正常＋温升	正常	温降
钢管	1	224.2	234.5	245.6	9.4	68.3	131.5
	2	229.9	239.3	245.6	21.3	67.4	110.7
	3号上游侧	230.9	230.6	228.1	26.7	42.1	50.9
	3号下游侧	232.8	232.4	229.9	26.6	42.5	51.4
	4	232.9	243.7	250.9	20.2	68.6	114.1
	5	243.1	252.8	264.8	13.8	74.5	139.9
钢筋	1	145.7	139.8	126.1	−50.6	3.1	63.5
	2	150.5	144.9	134.9	−48.3	−4.3	38.1
	3号上游侧	160.6	161.9	170.8	−43.5	−29.4	−21.9
	3号下游侧	162.9	165.1	174.0	−44.8	−33.8	−28.0
	4	153.1	153.6	143.1	−49.0	−6.5	32.1
	5	155.0	150.3	135.6	−56.2	3.0	68.3

4.2 温度作用对建基面受力的影响

设置伸缩节后，管道结构建基面应力平均值见表6。正常运行时，在伸缩节两端（3号上游侧、3号下游侧断面）建基面出现拉应力，并在温降作用时加剧，温升作用时拉应力变为压应力。其他部位建基面均为压应力，并在温降作用时增大，温升作用时出现拉应力，规律与不设伸缩节时类似，说明设置伸缩节并不能从根本上消除温升作用的不利影响，反而容易在正常运行时伸缩节室附近建基面出现较大的拉应力，并在温降作用时加剧。

正常运行时，在伸缩节室的上游端部（3号上游侧断面），由于泊松效应上半段管道向上游收缩变形，管道底部受到的剪切应力方向指向下游；除此断面之外，管道底部的剪切应力方向均指向上游。温降作用时，由于上半段管道向上游进一步收缩变形，伸缩节室上游的管段受到的剪切应力方向指向下游，与此相反，伸缩节室下游的管段受到的剪切应力方向指向上游，故为负值。温升作用时则方向相反，该规律也与不设伸缩节时相同，但应力数值更大。

表6 管道结构建基面应力平均值 单位：MPa

应力类型	工况	断面编号					
		1	2	3号上游侧	3号下游侧	4	5
法向应力	正常＋温升	0.06	0.05	−0.17	−0.16	0.05	0.06
	正常	−0.03	−0.03	0.31	0.34	−0.02	−0.03
	正常＋温降	−0.08	−0.11	0.65	0.69	−0.10	−0.09
剪切应力	正常＋温升	−0.30	−0.20	−1.38	1.36	0.17	0.29
	正常	−0.06	−0.01	0.47	−0.52	−0.05	−0.03
	正常＋温降	0.09	0.07	1.13	−1.17	−0.16	−0.14

5 结语

地面式钢衬钢筋混凝土管受温度作用的影响主要体现在管道的轴线方向，无论是钢管、钢筋还是外包混凝土的受力都会造成较大的影响。外包混凝土在温降作用下可能首先在镇墩附近出现环缝，随温降荷载的增大逐渐向管道中间扩展；管道建基面容易在温升作用时出现受拉的不利情况，因此在设计配筋时必须考虑温度的作用，适当加强轴向钢筋的配置，避免环缝过大，同时适当布置一些插筋，避免建基面处结构与基础脱离。

针对地面式钢衬钢筋混凝土管，设置伸缩节后，从结构受力和变形的角度出发，只能使局部管段的温度影响减小，作用范围非常有限，并不能从根本上适应温度产生的变形；从管道及镇墩建基面受力的角度出发，设置伸缩节并不能明显改善建基面的受力状态，反而容易在伸缩节室附近的建基面出现较大的拉应力和剪应力，因此对于地基不均匀沉降较小的钢衬钢筋混凝土管道，建议取消伸缩节。

参考文献

[1] 伍鹤皋，张伟，苏凯．坝后背管外包混凝土厚度研究［J］．水利学报，2006，37（9）：1085-1091.

[2] 李扬，侯建国．钢衬钢筋混凝土管外包混凝土裂缝宽度计算公式安全度水平研究 [J]．武汉理工大学学报，2012，34 (7)：88-92.
[3] DL/T 5141—2001 水电站压力钢管设计规范 [S]．北京：中国电力出版社，2001.
[4] Jeeho Lee，Gregory L Fenves. Plastic-damage model for cyclic loading of concrete structures [J]. Journal of Engineering Mechanics-ASCE，1998，124 (8)：892-900.
[5] 石长征，伍鹤皋，苏凯．有限单元法和弹性中心法在坝后背管结构设计中的应用比较 [J]．水利学报，2010，41 (7)：856-861.

沙沱水电站坝后背管设计

罗玉霞

（中国电建集团贵阳勘测设计研究院有限公司，贵州　贵阳　550081）

【摘　要】 沙沱水电站引水管道采用一机一管的供水方式，坝后背管采用预留浅槽方式，结构为钢衬钢筋混凝土联合承载型式。本文介绍坝后背管的结构计算、配筋形式、垫层管以及施工质量控制方面的内容。

【关键词】 坝后背管；结构计算；垫层管；质量控制

1　工程概述

沙沱水电站位于贵州省沿河县城上游约7km处，为乌江干流开发的第9个梯级电站，工程开发的任务以发电为主，其次为航运，兼顾防洪等综合效益。水库电站正常蓄水位365m，相应库容7.7亿m^3，水电站装机容量1120MW，保证出力322.9MW，多年平均发电量45.52亿kW·h。枢纽工程由碾压混凝土坝、坝身溢流表孔、右岸通航建筑、左岸引水发电系统（坝后厂房）组成，坝顶高程371.00m，最大坝高101m。引水管道采用一机一管的供水方式，厂房内设置4台280MW混流式机组，单机引用流量492.27m^3/s。

2　压力钢管布置

沙沱水电站引水发电系统纵剖面见图1。引水发电系统布置于河床左岸⑤～⑧号坝段，地基岩体为O_{1t}^{2-2}、O_{1t}^{2-3}中厚层白云质灰岩，岩体较完整，岩层缓倾下游偏右岸。进水口紧贴大坝上游布置，进水口底板高程326.00m，塔顶高程371.00m。进水口后接混凝土渐变段、坝后背管和坝后厂房。四条压力钢管平行布置，轴线方位与坝轴线和厂房轴线垂直，中心间距31.6m。坝后背管采用预留浅槽方式（1/2预留坝外），结构为钢衬钢筋混凝土联合承载，钢管内径10m，外包厚1.5m的C20混凝土。混凝土渐变段末端接钢管上平段，上平段经上弯段后与斜直段相连，斜直段钢管本体断面1/2位于坝体以外，钢管下弯段后接下平段，下平段在垫层管段前由直径10m渐变为直径9.6m，垫层管末端与蜗壳相连接。下平段轴线高程为机组安装高程285.00m，钢管轴线长107.792m，管内流速为6.268～6.8m/s。

3　压力钢管结构设计

3.1　结构计算原则

（1）管道环向应力主要由内水压力引起，全部由钢衬和钢筋承担，该极限状态假定混凝土开裂，不承担环向拉力，仅传递径向压力，由钢衬、钢筋联合受力计算确定钢材用量。

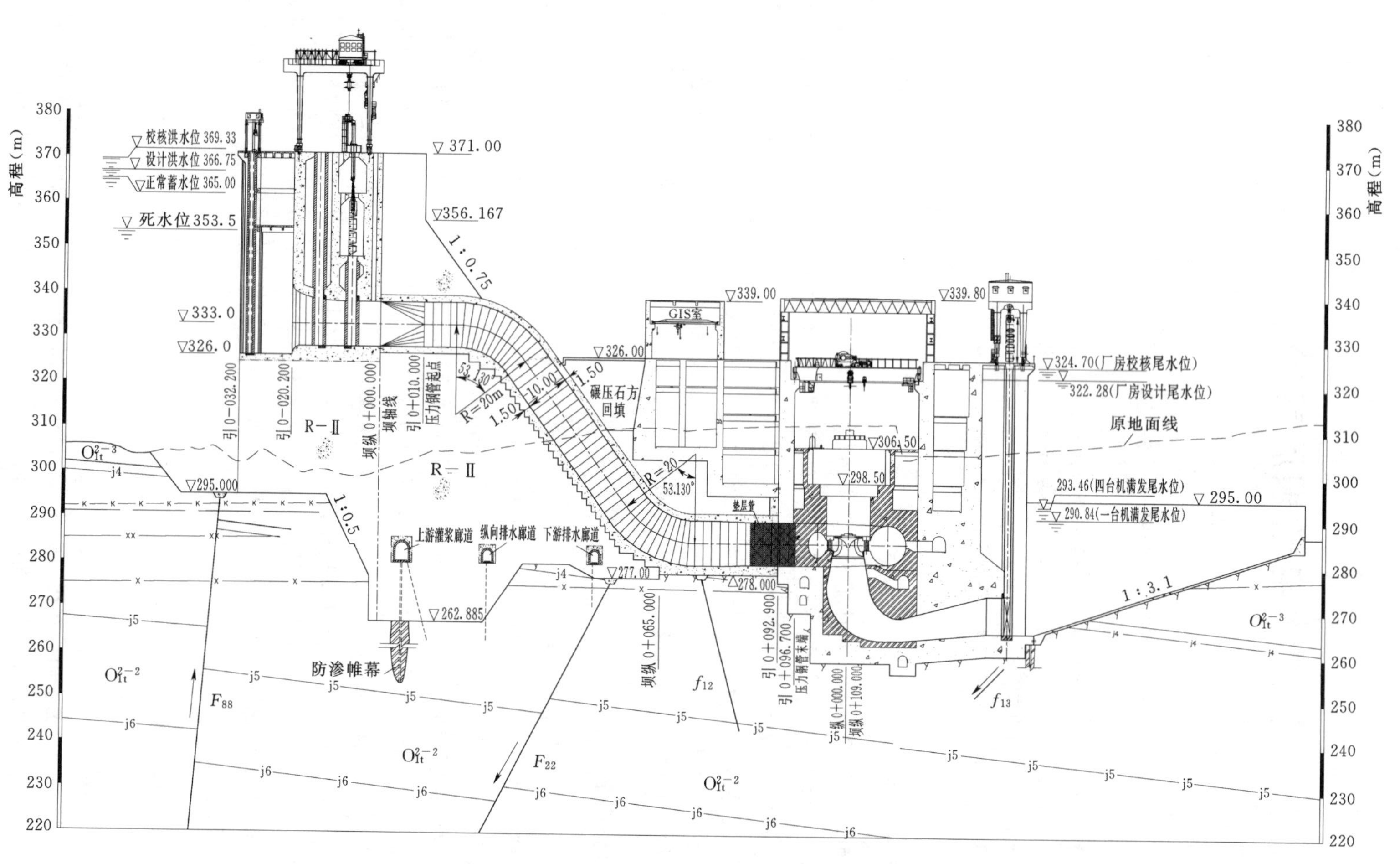

图 1　沙沱水电站引水发电系统纵剖面图(单位:m)

（2）钢衬、钢筋联合承担内水压力，联合承载总体安全系数 $K>2$，并要求钢衬单独承载的安全系数 $K_1>1$，钢筋单独承载的安全系数 K_2 只计算不做要求。

3.2 结构计算

钢衬钢筋配置根据《水电站压力钢管设计规范》（DL/T 5141—2001）和《水电站压力钢管设计规范》（SL/T 281—2003）的规定进行，两本规范规定钢衬钢筋混凝土管道钢管及环向配筋应满足下列公式：

$$\frac{tf_s+t_3f_y}{r_0\psi r_d}\geqslant Pr \tag{1}$$

$$\frac{t\sigma_s\phi+t_3f_{yk}}{Pr}\geqslant K \tag{2}$$

$$\frac{t\sigma_s}{Pr}\geqslant K_1 \tag{3}$$

$$\frac{t_3f_{yk}}{Pr}\geqslant K_2 \tag{4}$$

式中 P、r——计算断面处的设计内水压力，N/mm^2，钢管内半径，mm；

f_s、f_y——钢材和钢筋的抗拉强度设计值，N/mm^2；

f_{yk}、σ_s——钢筋的抗拉强度标准值和钢材的屈服点，N/mm^2；

t、t_3——钢管管壁厚度和环向钢筋的折算厚度，mm。

3.3 结构计算结果

沙沱水电站在校核水位时由于上下游水头差较小，机组不发电，所以钢管结构计算时只计算正常蓄水位工况。

压力钢管在正常蓄水位工况包括水锤压力在内的内水压为 0.4～1MPa，外压 0.2 MPa，钢管全部采用16MnR 钢材，外包混凝土采用二级配 C20 混凝土，钢筋采用Ⅱ级钢，钢筋的屈服强度与钢管屈服强度接近，钢板厚 20～36mm，总计 3166t。钢筋除上弯段考虑不平衡水压力、离心力、坝体作用等因素采用内一层外二层的配筋之外，其余包括垫层管段在内的管段均采用内外单层配筋，钢筋总计 1970t。压力钢管结构计算成果见表 1。

表 1　　压力钢管结构计算成果

项　　目	单位	计　算　断　面						
桩号	m	0+33.375	0+45.375	0+57.375	0+73.375	0+79.375	0+85.225	0+96.700
内径	m	10	10	10	10	10	9.6	9.6
内水压力	MPa	0.396	0.5	0.676	0.853	0.970	0.976	0.998
外水压力	MPa	0.2	0.2	0.2	0.2	0.2	0.2	0.2
钢管壁厚	mm	20	22	24	26	28	32	36
内层环向钢筋	mm	Φ25@20	Φ25@20	Φ25@20	Φ25@20	Φ25@20	Φ25@20	Φ25@20
外层环向钢筋	mm	双层Φ28@20	Φ32@20	Φ32@20	Φ32@20	Φ32@20	Φ32@20	Φ32@20
钢筋折算厚度	mm	8.613	6.476	6.476	6.476	6.476	6.476	6.476
钢衬钢筋联合承载安全系数 K		3.36	2.32	2.07	2.00	2.07	2.30	2.61
钢衬单独承载安全系数 K_1		2.39	1.84	1.68	1.63	1.74	1.99	2.31
钢筋单独承载安全系数 K_2		1.09	0.57	0.47	0.42	0.41	0.41	0.42

4 其他相关内容设计与施工质量控制

4.1 厂坝间取消伸缩节

沙沱水电站在厂坝分缝处设置伸缩节在技术上是可行的，但考虑到设伸缩节增加工程投资、影响施工工期以及运行期维护问题，经过有限元分析论证最后厂坝间采用垫层管替代了伸缩节。垫层管段跨越主副厂房分缝处，长 10.167m，按钢管和外包混凝土各承担总内水压力的 70% 和 30% 进行设计，垫层材料为聚胺脂软木，厚 10mm，变形模量 2.0MPa，钢管采用光面管，厚 36mm，外包混凝土内层每米设 5 根Φ 25 钢筋，外层每米设 5 根Φ 32 钢筋。

4.2 钢管外壁排水设计

压力钢管上平段在第二道阻水环后设置 2 根Φ 50 排水管与大坝上游的排水盲材对接。下平段除了在最后一道加劲环后设置 2 根Φ 50 排水管排入厂房的集水井外，还在钢管底部 50cm 找平混凝土中预埋 U 形Φ 100 花管（外包土工布）将坝基渗水排入下游厂房集水井。

4.3 钢管回填灌浆和接触灌浆设计

沙沱水电站考虑施工主厂房和钢管吊装的需要，将下平段钢管顶部与副厂房底部之间混凝土设置为暗梁作为移动门机基础，因度汛需要暗梁和主厂房上游墙先于钢管施工，因此对钢管下平段顶部需做回填灌浆处理，现场采用预埋管和在暗梁上开孔相结合的办法。

接触灌浆采用预先在钢管上平段和下平段（垫层管段除外）和部分上下弯段开孔进行接触灌浆，每个管节沿底拱 80°范围每 20°开设 4 个孔径 50mm 的接触灌浆孔，灌浆孔与加劲环上的串浆孔位置对应。接触灌浆前采用物探声波对接触灌浆区域进行脱空检测，发现有些脱空区域和灌浆孔不对应，又在钢管上临时开了孔径为 14mm 的接触灌浆孔。除了 4 号机压力钢管上（弯）平段区域灌浆吸浆量为 147L 外，其余区域的吸浆量均小于 10L。

4.4 外包混凝土质量控制

浇筑混凝土前凿毛和清理干净浮渣，盖上灌浆孔盖，回填混凝土先从一边进料，待底部混凝土盖满后才从两边对称进料，混凝土水平上升，2～3m 一层，层间凿毛并浇筑砂浆。钢管底部支撑和钢筋较密，底拱范围用软管和振捣器加强振捣。混凝土达到设计强度后才能拆除内支撑，上平段和下弯段受顶部施工外荷载的影响，施工过程加强钢管内支撑。

4.5 上平段施工质量控制

上平段待大坝碾压混凝土上升到高程 326.50m 后停止碾压大坝混凝土，然后安装钢管和浇筑外包混凝土，钢管外包混凝土达到设计龄期后才往上碾压大坝混凝土。

4.6 始装节与凑合节施工质量控制

钢管的始装节设置在下平段的第一个管节，这样可以从下平段始端向蜗壳和斜直段两头平行安装施工。下平段和下弯段安装一段后及时浇筑混凝土，防止下弯段由于钢管自重引起的下滑力而使钢管滑动。

每条钢管设置了两个凑合节，斜直段与上弯段之间的凑合节设置在上弯段的第三个管节。下平段末端与蜗壳之间的凑合节采用直接对焊，未设预留环缝。凑合节施工时先测量后下料，对接环缝满足错边量要求。

5 结论

沙沱水电站1号机组靠近山体一侧布置，汛期外压较大，后期结合大坝抗滑体施工支洞环绕厂房和钢管下平段布置了一道防渗帷幕，并在防渗帷幕后设置排水孔最终将外水排入大坝排水廊道。电站机组2013年5月上网发电至今，钢管运行良好。需要注意的是坝后式厂房施工吊装设备往往会布置在下平段钢管的顶部，结合钢管和厂房的施工进度综合考虑施工期外荷载对钢管外压的影响并做好防护。若钢管后期施工，顶部有混凝土梁时应做好回填灌浆。

龙开口水电站大断面坝后式背管温度应力分析

陈晓江

（中国电建集团有限公司华东勘测设计研究院有限公司，浙江　杭州　310014）

【摘　要】温度荷载对水电站坝后背管的影响是过去很长一段时间内工程上十分关注的问题，本文通过对龙开口水电站进水口坝段的温度应力分析，获得了对引水坝段温度场分布以及温变荷载对背管结构内力的影响的基本认识，可供类似工程的设计与安全性评价参考。

【关键词】坝后背管；温度应力；FEM

1　工程概况

龙开口水电站位于云南省鹤庆县中江乡境内的金沙江中游河段上，水电站装机容量1800MW。引水建筑物由坝式进水口和坝后背管组成。坝式进水口为深式短管压力式，单机单管，共设5个进水孔道，5台机的拦污栅悬出坝面，相互连通，连续布置。引水压力管道为坝后背管，采用钢衬和钢筋混凝土联合受力的结构型式，钢管内径10m，外包混凝土厚1.5m，背管段两侧面及底部通过键槽、台阶及插筋与坝体连接。发电引水系统布置见图1。

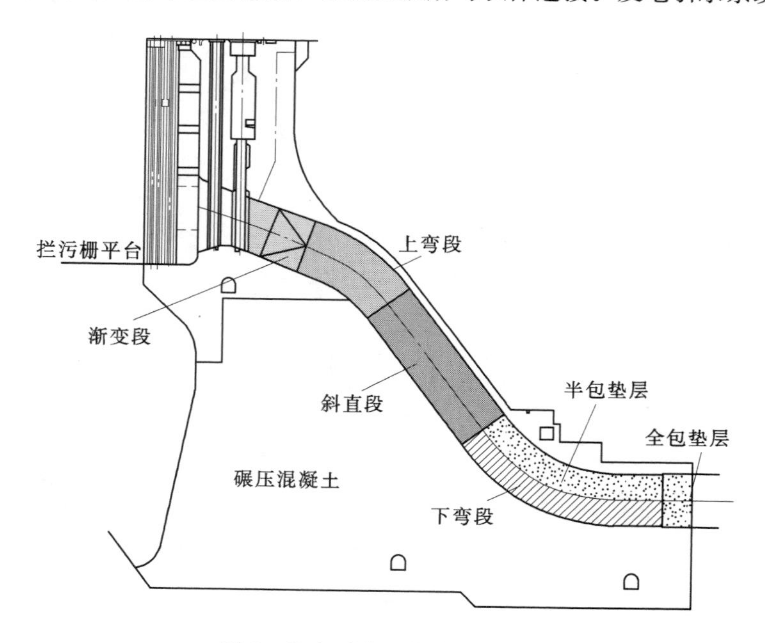

图1　发电引水系统布置示意图

温度荷载对水电站坝后背管的影响是过去很长一段时间内工程上十分关注的问题。从已有的研究成果看，温度作用对管道混凝土和钢筋应力的影响不可忽视，李家峡在施工期

温度应力作用下外包混凝土已经产生裂缝，温度荷载对管道钢筋应力场的影响可以认为：温差荷载大致可以引起10～20MPa以内的拉应力增量，以及20～30MPa以内的压应力增量。水电站压力钢管规范中提供了李家峡坝后背管通过结构力学法得到的温度应力分布，认为10℃左右的温差，对于背管混凝土产生约内水压力0.4倍左右的拉应力。

龙开口水电站进水口和压力管道规模大，引水钢管内径达10m，外包混凝土厚1.5m，受力复杂，坝后式压力管道在运行期间受管道内部水体和外界（如日照）温度的影响，管道内外层经常会出现内层温度较低而外层温度较高的温度场（以下简称内低外高温度场），所产生的温度荷载对压力管道开裂断面钢材应力和混凝土裂缝宽度的开展是否有影响，影响程度如何，需要开展深入研究。

2 温度场和温度应力有限元基本理论与方法

2.1 温度场分析基本理论

温度场按其是否随时间变化而变化分为两类：稳态温度场和瞬态温度场。稳态温度场假定热交换与时间无关，在分析一些无需研究热交换的整个过程的问题时，可以用这种方式求解问题。本文温度场分析主要采用稳态温度场分析。

温度场有限元分析通过弹性力学变分原理建立弹性力学问题有限单元表达格式，用泛函描述了温度场的热传导方程及边界条件，根据泛函取极小值的原理，用有限元法求解泛函。稳态温度场分析的有限元法基本思想是：将结构离散为一系列连续分布的单元，以单元结点温度为基本变量，初始假定单元内的温度与结点温度存在插值函数关系，通过对稳态温度场泛函求极值，建立单元热传导方程。将单元传导方程集成，得到整个结构的传导方程，根据温度边界条件，形成一系列线性方程，按直接解法或迭代法，在收敛精度允许范围内求解方程，得到结点温度。

2.2 温度应力基本理论

温度应力与常规静应力分析的主要区别可在弹性力学三大方程中体现：在弹性力学三大方程中，两者的平衡方程和几何方程相同，而物理方程有区别，前者主应变项中除了仍有常规应变外，还包含有自身热膨胀时由于弹性体内各部分之间的相互约束所引起的应变分量，用张量表达式表达温度应力分析中的物理方程式为

$$\varepsilon_{ij}=\frac{1}{E}[(1+v)\sigma_{ij}-v\sigma_{kk}\delta_{ij}]+\alpha T\delta_{ij} \tag{1}$$

温度应力的有限元计算方法基本同线弹性静力有限元方法。主要区别是物理方程式（1）的第二部分应变，有限元分析中为初应变的组成部分，一般将初应变在单元刚度矩阵的影响以等效结点荷载的形式考虑，初应变产生的结点荷载为

$$\{p\}_{\varepsilon_0}^{e}=\iiint[B]^T[D]\{\varepsilon_0\}\mathrm{d}x\mathrm{d}y\mathrm{d}z \tag{2}$$

式中$\{\varepsilon_0\}=\{\alpha T\quad \alpha T\quad \alpha T\quad 0\quad 0\quad 0\}^T$，则由最小位能原理得到的单元刚度矩阵为

$$\{F\}^e=[k]^e\{\delta\}^e-\{p\}_{\varepsilon_0}^{e}=[k]^e\{\delta\}^e-\iiint[B]^T[D]\{\varepsilon_0\}\mathrm{d}x\mathrm{d}y\mathrm{d}z \tag{3}$$

整体刚度集成以及单元应力、应变等计算同常规的静力有限元方法。

3 温度荷载的选取与三维计算模型

3.1 温变荷载

大气温度及水温的变化对结构的应力状态有较大的影响。以龙开口坝区区址提供的实测资料统计，多年平均气温为19.8℃，极端最高气温41.8 ℃，极端最低气温－2.1℃，一年以6月气温最高，多年平均6月气温为27.8℃，一年以12月气温最低，多年平均12月为11.7℃。坝区平均水温13.8℃，实测7月最高水温21.6℃，实测1月最低水温7.2℃。

根据当地的气温和水温条件，取气温的温变为温升＋8.0℃，温降为－8.1℃，水温的温变为温升＋7.8℃，温降为－6.6℃。根据混凝土结构设计规范，当温度在0～100℃时，混凝土的线膨胀系数 α_c 可采用 1×10^{-5}/℃，钢管的线膨胀系数取为 1.2×10^{-5}/℃。

温度场计算按稳定温度场进行，为结构分析提供温升和温降荷载。夏季温度场是按月平均最高温度边界条件计算所得稳定温度场，冬季温度场和年平均温度场分别按月平均最低和年平均温度边界条件计算所得稳定温度场。温升荷载为夏季温度场与年平均温度场之差，温降荷载为冬季温度场与年平均温度场之差。

根据荷载规范和重力坝规范，温度边界条件按下列方式考虑：

第一类温度边界条件：恒温边界条件。上游河床表面温度与库底水温度一致；坝体上游面和水接触面温度和库水温度一致，按高程变化；坝体上游面、下游面与大气接触面温度与大气温度一致；主副厂房内部的表面温度和室温一致；下游面与水接触面及下游河床表面温度和平均水温一致；坝体底部温度按由上游面坝底温度至下游面坝底温度线性分布；压力钢管内壁按进水口处的水温；岩体下边界按平均地温考虑；坝体侧面分缝处止水上游与库水温度一致。

第二类温度边界条件：绝热边界条件。包括岩体四周边界；坝段侧面分缝处上游止水至下游止水之间部位；厂坝分缝面。

3.2 计算模型与网格划分

计算选取进水口坝段整体建立有限元模型，岩石基础底部视为固端约束，认为不会发生位移；有限元模型采用专业前处理软件完成网格的划分。单元划分的难点，主要集中在采用实体单元来模拟钢管、缝隙，缝隙厚度仅1.2mm，钢管计算厚度24～28mm，混凝土外包混凝土厚度1500mm，坝体参数100000mm量级，如何实现单元尺寸上的匹配、内力传递的合理准确，需要进行繁复的尝试。

整体三维网络见图2。

4 温度场及应力分析

4.1 温度场分析

计算得到了冬季、夏季、常温3种状态下的进水口、背管及坝段整体的温度场，其中典型的夏季温度场细部等值线见图3。冬季温度场，最低温度等值线分布在与库水接触的上游坝面，极小值为上游库底温度4℃左右，库水温度沿整个高程变化不大，因而等值线分布较疏，温度梯度较小；坝下游面温度边界与背管内表面温度边界温差较大，因而等值

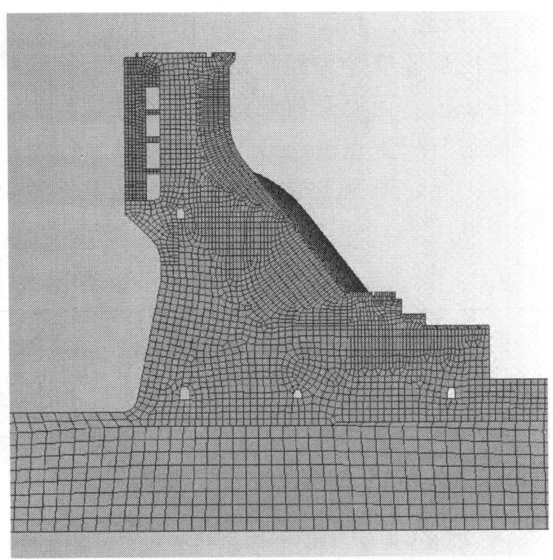

图 2　整体三维网格图

线密集，温度梯度很大。

年平均温度场，最大温度分布在坝体与大气接触面上，值为 19.8℃；坝上游河床的温度值最低，极小值为库底水温 7.8℃。库水温度沿整个高程相对变化不大，有一定的温度梯度；坝下游面温度边界与背管内表面温差较大，等值线分布比较密集。

夏季最高温度场边界条件中，第一类边界条件取月平均最高温度边界，第二类边界条件取绝热边界，温度场中，对坝体而言，气温边界条件的温度值最高，最大温度等值线分布在与空气接触的坝面附近，极大值为气温 28.2℃；坝上游河床的温度值最低，极小值为库底水温 12℃。库水温度沿整个高程相对年平均温度场变化大，因而等值线有一定变化和较大的温度梯度，坝下游面温度边界与背管内表面温度边界温差仍然较大，温度梯度很大，等值线密集。

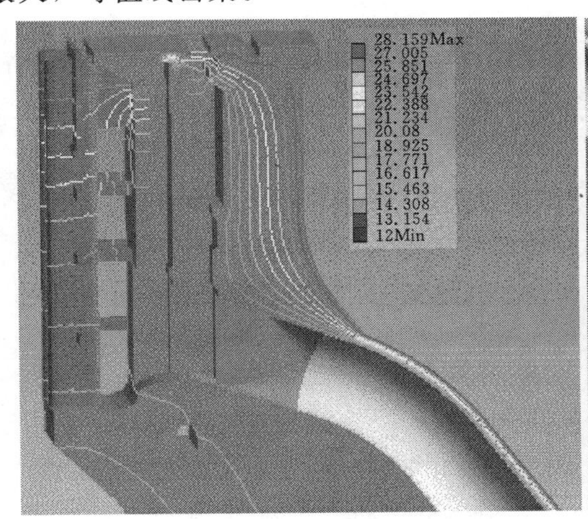

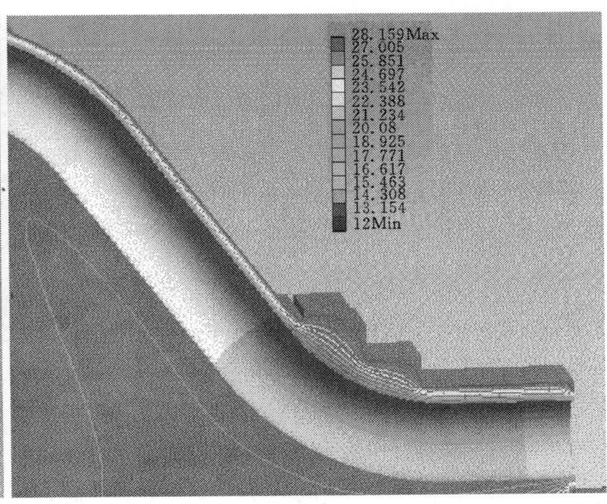

图 3　夏季温度场细部等值线图（单位：℃）

4.2 温升应力分析

温度场改变分为温降工况与温升工况，对于坝段内的混凝土结构来说，温降荷载主要引起压应力，而温升荷载则主要体现拉应力。混凝土的抗拉性能大致是抗压的 1/10，温升工况为分析重点。温升工况又可以细分为冬季温升至常温、常温状态温升至夏季最高温度两种工况，温升工况下应力对比见表 1，其中常温升高至夏季最高温度工况的第一主应力云图见图 4。

表 1　　温升工况应力对比

部　　位	冬季温度升高至常温	常温升高至夏季最高温度
空气与水体温度梯度	平均水温增加 6.6℃ 平均气温升高 8℃	平均水温增加 7.8℃ 平均气温升高 8℃
背管外表面拉应力/MPa	0.84	1.18
钢衬最大拉应力/MPa	4.5	10.5
管道内表面/MPa	1.05	1.34

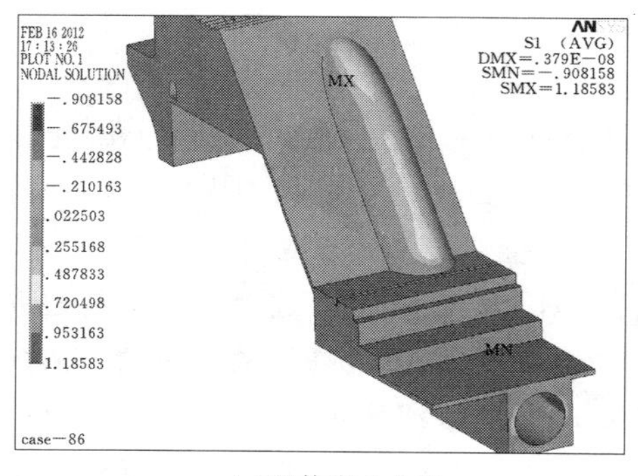

(a)整体应力分布

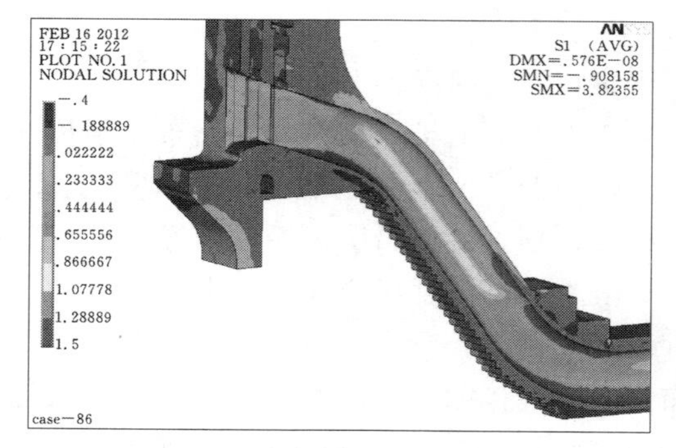

(b)应力剖视图

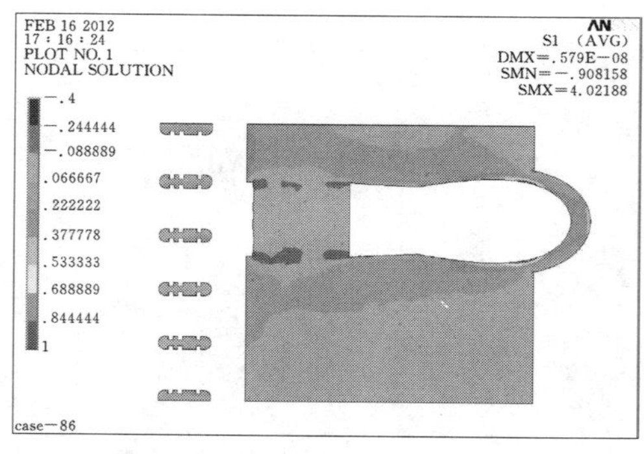

(c)剖面拉应力

图 4　常温升至夏季最高温度工况的第一主应力云图（单位：MPa）

温度从常温工况升高至夏天的最高温度时，空气温度由 19.8℃升高到 27.8℃，温差为 8℃，材料的热胀冷缩特性引起结构整体位移趋势为膨胀，具体表现为，坝体主要的位

移趋势是向上游变形，与空气接触的坝体表面，包括背后背管外包混凝土表面，均有一定程度膨胀性质的位移，坝顶最大位移为4.65mm。背管脊部拉应力集中明显，该部位温升引起的拉应力为0.4～0.72MPa，其中上弯段脊部应力集中较大。而背管与坝面相交的轮廓线则出现一定量的压应力。拦污栅排架中，支撑梁与联系梁端部等变截面部位，有最大为0.5MPa左右的拉应力分布。坝体中，拉应力较小，平均为0～0.1MPa。

综合来看，温升应力主要出现在温度梯度较大或受坝体整体温升变位影响的区域，比如背管外包混凝土、背管上弯段脊部等。

5 结论和建议

（1）温度梯度较大或受坝体整体温升变位影响的区域，温度荷载效应表现显著，比如背管外包混凝土、背管上弯段脊部等，温升应力在背管管壁内侧引起腰线位置沿全管线分布的拉应力集中，其中以上弯段与斜直段更为显著。

（2）相对静水压力引起的应力，温度荷载引起的应力增量约为50%，这一点与规范中接近。

（3）温升荷载对钢管的影响较有限，管内壁和外壁的应力，温升应力数值在0.8～1MPa。对背管混凝土来说，温升荷载在背管内壁和外壁引起的拉应力分布区域和分布特征与常规的静力工况下的分布大致相同，所以背管在实际受力中，两者是叠加关系，需要设计分析过程中予以足够的重视，并开展必要的定量分析工作。

参 考 文 献

[1] DL/T 5141—2001 水电站压力钢管设计规范［S］．北京：中国电力出版社，2001.
[2] DL/T 5057—2009 水工混凝土结构设计规范［S］．北京：中国电力出版社，2008.
[3] DL 5077—1997 水工建筑物荷载设计规范［S］．北京：中国电力出版社，1998.
[4] DL5108—1999 混凝土重力坝设计规范［S］．北京：中国电力出版社，2000.

加纳布维水电站坝下游面明钢管设计

路前平　费秉宏　廖春武　鹿　宁

（中国电建集团西北勘测设计研究院有限公司，陕西　西安　710065）

【摘　要】 加纳布维水电站主坝为碾压混凝土重力坝，最大坝高108m，发电厂房为坝后式地面厂房，电站装机3台，单机容量13.33万kW，总装机容量40万kW。加纳布维水电站由中国电建总承包，其引水钢管采用坝后明钢管，是我国工程设计人员设计的首例大直径的坝后式明钢管。相对坝后背管，坝后明钢管有便于施工及造价低的优势。本文旨在总结、介绍加纳布维水电站压力钢管的设计，对我国钢管的设计有借鉴作用。

【关键词】 坝坡明钢管；滑动支撑；波纹管伸缩节

1　工程简介

布维水电站工程位于加纳（Ghana）西部的黑沃尔特（Black Volta）河上，距下游的沃尔特湖约150km，坝址以上控制流域面积12.3万km^2，坝址处多年平均流量为207m^3/s，多年平均年径流量为65.23亿m^3，工程主要开发任务为发电。

布维水电站主要包括位于布维峡谷中段的主坝、坝后厂房和位于主坝右岸两个垭口中的1、2号副坝。水库正常蓄水位高程183.00m，正常蓄水位以下库容为125.7亿m^3；死水位高程168.00m，极限死水位高程160.00m，极限死水位以下库容为48.5亿m^3，调节库容77.20亿m^3。

布维水电站工程主坝为碾压混凝土重力坝，坝顶高程185.00m，最大坝高108m，坝顶长492.50m，宽7m。溢洪道位于主坝坝顶中部偏右岸，共分5孔，总溢流宽度75m。电站进水口位于主坝坝顶中部偏左岸，电站采用“一机一管”的供水方式，引水钢管采用坝坡明钢管，钢管直径为6.5m；电站厂房位于主坝左岸，为坝后式地面厂房，厂内装有3台单机容量为133MW的水轮发电机组，总装机容量为400MW。

1号副坝为土质心墙堆石坝，坝顶高程187.00m，最大坝高56m。2号副坝为均质坝，坝顶高程同1号副坝，最大坝高7m。

布维水电站于2008年8月开工，于2013年4月实现第一台机组发电，于2013年12月全部三台机组投产。

2　压力钢管布置及结构设计

2.1　压力钢管布置

布维水电站采用“一机一管”的供水方式，引水压力钢管由上平段、上弯段、斜直段、下弯段和下平段组成，其中斜直段采用坝后管槽内的明钢管型式，详见图1～图3。明管段钢管直径6.5m，最大设计水头78.5m。钢管壁厚22～25mm，加劲环间距3m，支承环间距

6m，支座采用滑动支座；明管段伸缩节采用波纹管，设置于压力钢管斜直段顶部。钢管在穿过厂坝缝处采用垫层管，以适应厂坝间的不均匀沉降并减小因此引起的钢管内力。

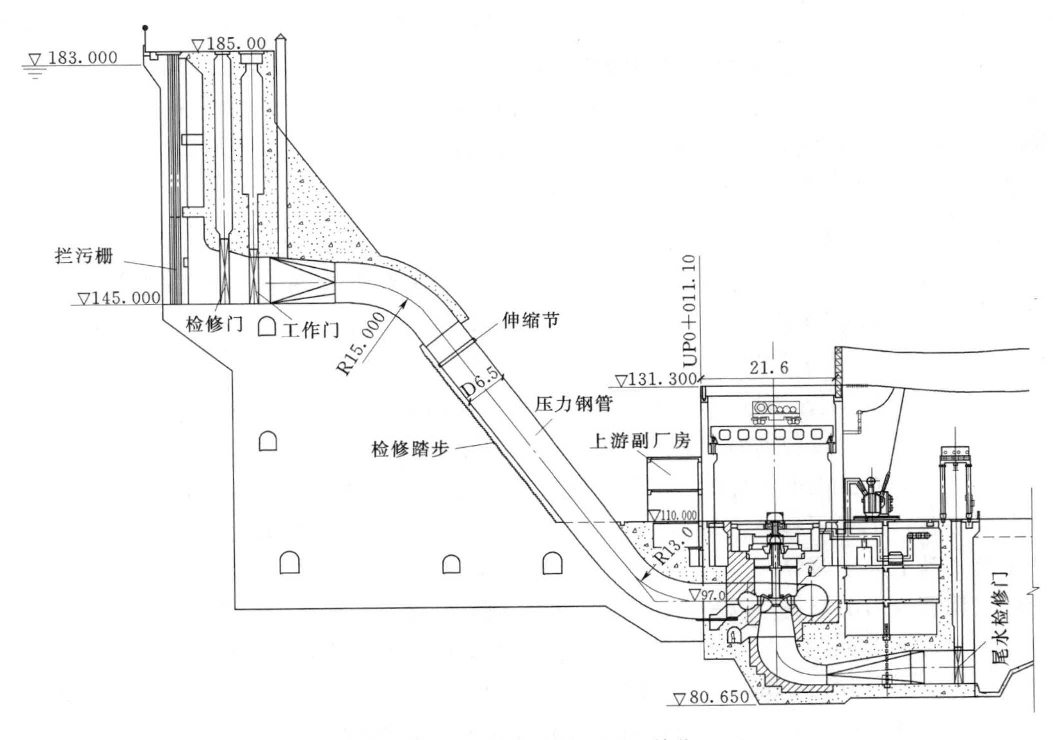

图1　引水发电系统纵剖面图（单位：m）

图2

图3

2.2　钢管结构设计

布维水电站压力钢管管节根据总承包商运输要求、工地起吊安装能力及节省材料的原则确定，明管段共16节，单节长度2.4m。内水压力按1台机组甩全负荷工况控制，机组甩全负荷时，明钢管斜直段底部断面处最大内水压力为78.5m。明管段抗外压稳定计算安全系数加劲环间管壁及加劲环均取2，坝内埋管加劲环间管壁和加劲环取1.8，抗外压稳定计算只考虑管道放空检修工况，管道放空检修外压按0.1MPa设计。

根据计算结果，压力钢管采用16MnR（Q345R）钢，管壁厚度最终确定为22～25mm，其中计算厚度为19mm及22mm。压力钢管上弯段厚度为22mm，斜直段及下弯段均为25mm。为了保证钢管有足够的刚度，使其在吊装、运输及安装过程中不致于产生过大的变形，在所有管节上都加设了间距3000mm，高200mm，厚25mm的加劲环。经计算，其最大整体膜应力为123MPa，其最大局部膜应力127.94MPa，其最大局部膜应力＋弯曲应力为136.37MPa，均小于规范限值。

2.3 伸缩节布置及结构设计

布维水电站伸缩节设置于压力钢管斜直段顶部，距离上弯段末端约3m。伸缩节采用金属波纹管，波纹管伸缩节具有轴向不小于40mm的变形伸缩量，管轴线竖直面内及水平面内能适应不小于0.1°的角变位。

对于坝后式的钢管，伸缩节一般都布置于斜直段的末端，这样的布置，有利于减小压力钢管的应力。由于总承包商考虑到施工安装方便的原因，建议伸缩节位置放在压力钢管斜直段顶部。因此对布维水电站伸缩节的位置做了对比研究。经比较，当伸缩节在压力钢管斜直段顶部时，各种工况下其最大轴向位移量为10.7mm；当伸缩节在压力钢管斜直段底部时，各种工况下其最大轴向位移量为10.79mm，轴向位移相差不大。同时，也对比了伸缩节位置变化对钢管应力的影响，以斜直段末端断面为例，当伸缩节在压力钢管斜直段顶部时，各种工况下其最大Mises应力为161.70MPa；当伸缩节在压力钢管斜直段底部时，各种工况下其最大Mises应力为158.0MPa，两者的应力水平比较接近。因此，从设计角度来说，伸缩节无论放置于顶部还是底部，对钢管应力及轴向位移的影响都是有限的，都是可以接受的。但是将伸缩节置于顶部，极大的方便了施工，缩短了压力钢管安装的工期。

2.4 支承环滑动支座结构设计

布维水电站压力钢管明管段共设置了5个支承环平面滑动支座，支座间距6m。支座大样见图4。

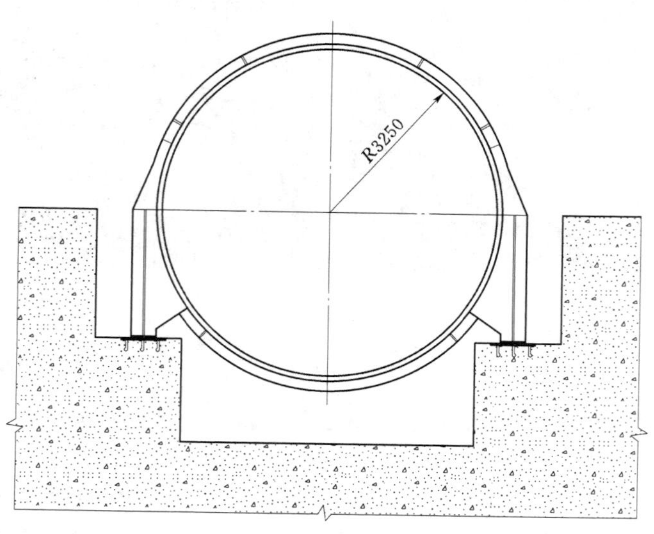

图4　支承环滑动支座（单位：mm）

支承环采用侧支承形式，支承环高 200mm，宽 300mm。在支座部位采用滑动支承。在支承环支柱底部焊接钢板，在混凝土墩座上预埋钢板，在上下两块钢板间各增设一块不锈钢板，在两块不锈钢板间设置聚四氟乙烯滑板。

支承环滑动支座采用有限元程序进行了计算，支承环最大 Mises 应力为 130.28MPa，支承环支腿最大 Mises 应力为 165.56MPa，支承环及支腿应力均在规范允许范围内。

3 结语

加纳布维水电站压力钢管斜直段采用明钢管设计，明钢管中心线位于坝坡坡面上，金属波纹管式伸缩节布置于斜直段顶部，采用支承环滑动支座支承，这样的设计在布维水电站大直径压力钢管的布置中成功应用，降低了布维水电站压力钢管的施工难度，缩短了工期，同时也减少大量混凝土及钢筋，取得很大的经济效益。

牛栏江—滇池补水工程输水线路过小江活动断裂带方案研究

朱国金　李　云　凌　云

（中国电建集团昆明勘测设计研究院有限公司，云南　昆明　650051）

【摘　要】 牛栏江—滇池补水工程输水工程线路总长达115.8km，在昆明市寻甸县和嵩明县分别穿越云南省著名的区域性断裂—小江活动断裂带中段的东支和西支，两断裂均为全新世活动断裂，构造变形量大、地震烈度高。本文在分析小江区域活动断裂带对输水工程影响的基础上，提出了过小江区域活动断裂带的输水建筑物特殊结构方案，并采用数值分析方法对结构方案适应较大构造变形能力和抗震性能进行深入研究，结果表明该结构方案可以较好适应活动断裂的大变形和强地震作用，可为类似工程设计提供参考。

【关键词】 小江活动断裂带；构造变形；高地震烈度；倒虹吸；复式万向型波纹管伸缩节

牛栏江—滇池补水工程是一项滇池水环境综合治理中的近期外流域调水工程，是滇中调水的近期重点工程。工程完工后计划每年向滇池补水近6亿m^3，极大地改善滇池水环境质量，使滇池水质得到明显改善，规划到2020年滇池水环境质量得到根本性好转，2030年可实现滇池的水功能目标。同时，牛栏江—滇池补水工程还作为曲靖市生产、生活供水水源，也是昆明城市供水的主要后备水源。

工程由德泽水库水源枢纽工程、德泽干河提水泵站工程及德泽干河提水泵站至昆明（盘龙江）的输水线路工程组成。输水工程总长为115.8km，在昆明市寻甸县和嵩明县分别穿越云南省著名的区域性断裂—小江活动断裂带中段的东支和西支，两断裂均为全新世活动断裂，历史上沿两断裂多次发生7.0级及以上震级地震，对工程影响较大。

基于此，本文在分析小江区域活动断裂带对输水工程影响的基础上，对过小江区域活动断裂带的输水建筑物特殊结构方案进行研究，并采用数值分析方法对特殊结构方案适应较大构造变形能力和抗震性能进行深入研究。

1　小江区域活动断裂带对输水工程影响性分析

小江断裂带是川滇菱形块体的东南边界断裂，构成青藏高原和华南块体的部分边界，该断裂北起巧家盆地，南止于建水南，走向近南北，全长370km，区内长360km，分北、中、南三段。中段由东、西两支断裂构成，所夹持断裂带宽达10～20km。牛栏江—滇池补水工程在昆明市寻甸县和嵩明县分别穿横小江断裂带的东、西支。为深入了解该断裂带对输水工程影响，对输水建筑物穿越部位的主断裂带具体分布位置和发育规模以及活动特性进行了研究。

1.1　工程穿越部位小江断裂带发育情况研究

小江活动断裂带的岩性主要为玄武岩和灰岩，而断裂带内的填充物主要为碎裂岩、构

造砾岩组成，表现为低电阻率和低波速带，基岩表现为高电阻率和高波速带，具备了开展浅层地震波勘探、高密度电法、电测深法和瞬变电磁法的地球物理前提。为此采用以地质为先导，高密度电法、瞬变电磁法、地震波法（折射、反射）、电测深法等方法相结合、互为补充的综合物探方法。

1.2 小江断裂带活动特性研究

以活动断裂研究成果为基础，采用断裂长度转换法、预测震级转换法和滑动速率法多方案的评估方法对小江断裂带（以东支为例）位移量进行计算，最后加权平均估计出断裂未来百年内最大可能位移量（见表1）。

表1　小江活动断裂带各种预测方法计算的构造变形值　单位：m

评估方法	水平位移量（左旋）			垂直位移量		
	均值	标准差	权重	均值	标准差	权重
断裂长度转换法	1.6	0.6	0.46	0.97	0.41	0.45
预测震级转换法	1.4	0.6	0.47	0.85	0.40	0.48
滑动速率法	3.5	1.6	0.07	2.12	1.05	0.07
加权综合法	1.63±0.67			0.99±0.45		

根据表1可得，小江断裂东支水平位移量累计约为1.63±0.67m，垂直位移量约为0.99±0.45m，该区域高地震烈度区，地震设计加速度分别为0.445g。

由于小江断裂带百年位移量极大，输水结构适应百年的位移量是很困难的，考虑到本工程供水保证率仅为70%，尤其是在2030年后，补水滇池的水量大幅度减少，供水保证率更低，具有较长的检修时间，因此，综合考虑，工程过小江断裂带变形能力为30年，则水平位移量累计按（1.63+0.67）×30/100计算，为0.69m；垂直位移量约为（0.99+0.45）×30/100=0.432（m）。

2 过小江区域活动断裂带输水建筑物特殊结构方案研究

2.1 研究思路

借鉴与该工程相类似的昆明市掌鸠河引水工程过普渡河断裂洞内明管方案，普渡河主断裂带宽150m，可能的最大变位为0.2m，采用在钢管（直径2.2 m）上每50m设一轴向、横向及轴向伸缩量均为100mm的复式万向型波纹管伸缩节适应断裂带地震位移。

考虑到该工程引用流量大（掌鸠河3倍）、断裂带宽、构造变形大、地震烈度高等特点，若采用洞内明管方案，工程规模将较大，工程投资较高，且洞内检修条件差，不利于后期维护，因此，初步确定本工程过小江活动断裂带采用地面明管方案，结合该区域的地形条件，输水建筑物采用倒虹吸结构形式。

为适应如此大变位和地震作用，过这区段的倒虹吸采用柔性结构，跨越主断裂带不设镇墩，双向聚四氟乙烯双向滑动支座、固定支座及适应变形能力较强的复式万向型波纹管伸缩节配套协调布置，断裂带的变位均由复式万向型波纹管伸缩节承担。

2.2 结构布置方案

以过小江断裂带东支为例，详细分析具体输水建筑物结构布置方案。

倒虹吸全部处于小江断裂带东支及其影响带内，其中2～3号镇墩之间管段处于主断裂带内，1～2号镇墩也在小江断裂带东支的影响带范围内。在主断裂中的小龙潭倒虹吸底部水平段（2～3号）镇墩间，采用在两个镇墩间各设5节复式万向型波纹管伸缩节，两个伸缩节间距为29.6m，每个复式万向型波纹管伸缩节按可独立适应大于100mm的变位设计。为以之相适应，支座采用聚四氟乙烯双向滑动支座，双向滑动支座顺管向位移量大于±100mm，横向位移量大于±100mm，支座间距设伸缩节的一跨为14m，不设伸缩节的一跨为15.6m。

3 过小江区域活动断裂带输水建筑物特殊结构方案适应性分析

采用三维非线性有限元分析方法对倒虹吸过小江断裂带的结构适应性以及抗震性能进行分析研究。

3.1 计算荷载及荷载组合

3.1.1 计算荷载

（1）内水压力。作用于钢管内壁，最大内水压力为0.5MPa。

（2）重力。管道、镇墩和支墩混凝土、支承环和支座自重，地基为无质量地基。

（3）断裂带水平向和铅直向错动。

倒虹吸使用年限均按30年设计，则水平位移量累计按（1.63＋0.67）×30/100计算，为0.69m；垂直位移量约为（0.99＋0.45）×30/100＝0.432（m）。

水平位移分拉伸和压缩两种情况，铅直位移分沉陷和上抬两种情况。计算时假设模型右端面没有水平位移，右端底部没有铅直位移，水平位移作用于左端面，铅直位移作用与基础底部。

（4）地震荷载。小龙潭倒虹吸地震设计加速度为0.445g。

3.1.2 计算荷载组合

计算荷载组合见表2。

表2　　计算荷载组合

计算方案	荷载					备注
	自重	水压力	水重	错动位移	地震荷载	
正常运行A	△	△	△	—	—	
正常运行B	△	△	△	△	—	错动模式：水平压缩＋铅直沉降
正常运行C	△	△	△	△	—	错动模式：水平压缩＋铅直上抬
正常运行D	△	△	△	△	—	错动模式：水平拉伸＋铅直沉降
正常运行E	△	△	△	△	—	错动模式：水平拉伸＋铅直上抬
地震工况	△	△	△	—	△	

注　“△”表示有；“—”表示无。

3.1.3 复式万向型波纹管伸缩节选型

复式万向型波纹管伸缩节作为倒虹吸系统中的最为关键的部件，其可靠性和安全性关系整个系统的可靠和安全。根据类似工程经验，该工程采用复式加强U形波纹管，伸缩节则选用复式拉杆型伸缩节。拉板两侧的螺母起限位作用，所留有的活动间隙应不妨碍正

常使用条件下波纹管的各向位移。为了防止地震载荷造成波纹管过度变形，拉板和拉杆应能承受地震的动载荷。单个伸缩节可以满足横向和轴向变位 100mm 要求。

复式加强 U 形波纹管的主要几何参数如下：内径为 3400mm，波高为 90mm、波距为 80mm、单层壁厚为 2mm、层数为 1，其中单个波纹管为 3 波。

3.2 计算模型

以小龙潭倒虹吸为基础，建立过小江活动断裂带倒虹吸结构的三维有限元模型（如图 1～图 3），模型中钢管、支承环、加劲环采用四节点板壳单元模拟，混凝土和地基采用八节点实体等参单元或退化的实体等参单元（三棱柱）模拟，支座滑动面采用面—面接触单元模拟，波纹管采用管单元模拟。

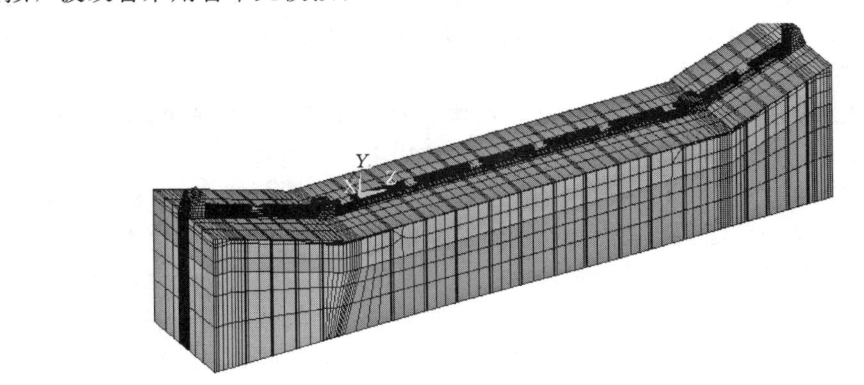

图 1　过小江活动断裂带倒虹吸结构三维有限元模型图

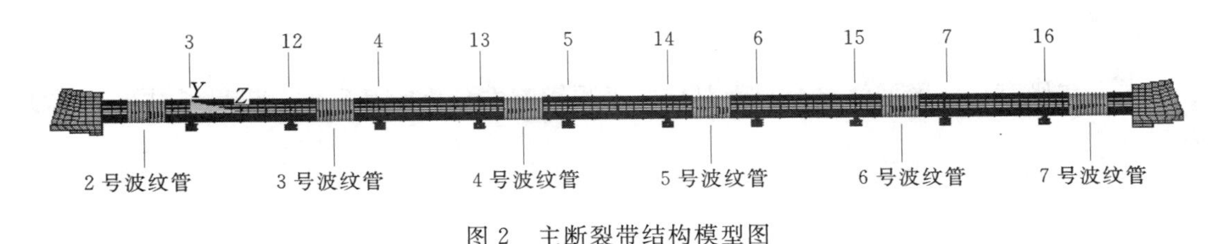

图 2　主断裂带结构模型图

3.3 倒虹吸系统结构构造变形适应性分析

根据计算成果分析，在小江活动断裂带各种错动变位模式下倒虹吸采用柔性结构是合理可行的。

（1）加劲环、支承环和支座应力均小于相应抗力限值，满足要求。

（2）错动位移主要由波纹管承担，波纹管的轴向和横向位移补偿量均在 100mm 以下，固定支座的转动量均小于 1.2°，滑动支座的滑移量均小于 100mm，均在设计允许范围内。总体而言，复式波纹管及支座的布置对适应错动位移是合理而有效的。

图 3　复式万向型波纹管伸缩节局部模型

（3）镇墩底部铅直向应力（包括镇墩自重产生的压应力）大部分为压应力，压应力一般不超过 0.3MPa，支墩偏心受压受力不均匀，底部大部分压应力在 0.35MPa 以下，基本满足地基承载力要求。

3.4 倒虹吸系统结构抗震特性分析

对倒虹吸结构进行三维非线性时程分析可知：

（1）正常运行遭遇地震时，在自重和水荷载的作用下，结构在 y 方向上发生了较明显的沉降位移，各支座上下滑板均保持接触且之间有较大的压力，说明遭遇地震时支座上下滑板不会脱开。

（2）波纹管两端部的相对位移均不大，小于相应的设计允许值 100mm。滑动支座的滑移量也小于设计允许值 100mm。钢管和支承环的应力均远小于相应的钢材抗力限值，满足安全要求。

（3）结构相对加速度和相对位移来看，结构相对运动的反应峰值基本上出现在 0.90～1.2s，随后逐渐减小，5s 之后相对运动很小，结构主要随地基发生运动。

（4）部分支墩高度达到 3m，高支墩放大了输入地震加速度，并使结构在水平向的刚度有了明显减小，增加了结构的柔性，结构对地震激励的响应在前 14s 之内均比较大。但是，滑动支座的滑移量、波纹管补偿量及钢管和支承环的应力仍在设计允许范围内，满足安全要求。

总体而言，采用柔性结构型式的倒虹吸对适应大型活动区域断裂的较大变位和高烈度地震作用是合适可行的。

4 结语

本文在研究小江区域活动断裂带对输水工程影响性分析的基础上，提出了过小江区域

图 4 过小江断裂倒虹吸工程

活动断裂带的输水建筑物采用柔性倒虹吸结构，跨越主断裂带不设镇墩，双向聚四氟乙烯双向滑动支座、固定支座及适应变形能力较强复式万向型波纹管伸缩节配套协调布置，断裂带的变位均由复式万向型波纹管伸缩节承担的特殊结构方案，并采用数值分析方法对结构方案适应较大构造变形能力和抗震性能进行深入研究，结果表明该结构方案可以较好适应活动断裂的大变形和强地震作用。

目前该倒虹吸工程（见图 4）已经投入运行，从监测数据来看结构安全可靠。

参 考 文 献

[1] 唐文清，刘宇平，陈智梁等．云南小江断裂中南段现今活动特征［J］．沉积与特提斯地质．2006 26（2）：21－24.

[2] 林向东，徐平，葛洪魁等．小江断裂中段及其邻近地区应力场时间变化分析［J］．地震学报．2011 33（6）：21－24.755－762.

[3] 张文甫．川滇毗邻地区新构造与活动断裂［J］．四川地震．1994（4）：34－43.

[4] 龚红胜，朱杰勇，陈刚，昆明市活动断裂与地质灾害关系的探讨［J］．中国地质灾害与防治学报，2006 17（3）：161－164.

[5] 黄光明，李云．掌鸠河引水供水工程关键技术问题研究［J］．水力发电．2006（11）：12－13.

[6] 李云，黄光明，凌云．掌鸠河引水工程穿越断裂带工程措施［J］．水力发电．2006（11）：69－70.

滇中引水工程龙川江倒虹吸结构型式比选研究

司建强　李　云　朱国金

（中国电建集团昆明勘测设计研究院有限公司，云南　昆明　650051）

【摘　要】 在长距离输水工程中，倒虹吸是过沟河的重要交叉建筑物，输水管道的选择对节约工程投资、保证工程安全及后期运行维护至关重要。本文针对滇中引水工程水头最高、工作条件最为复杂的龙川江倒虹吸的工作环境，通过对输水管道的管材、管径及管数进行了详细比选，提出最合理的管道设计方案。

【关键词】 滇中引水；龙川江倒虹吸；输水管道；选型

1　引言

滇中引水工程是云南省一项水资源综合利用的重大工程，工程实施可有效缓解滇中地区长时期的缺水矛盾，改善河道及高原湖泊的生态及水环境状况，对促进云南省经济社会协调和可持续发展具有重要作用。

滇中引水工程主要由水源工程、输水工程、配套工程等组成，其中水源工程、输水工程为主体工程。输水工程沿线经过迪庆、丽江、大理、楚雄、昆明、玉溪，终点为红河的蒙自，全长共852.73km，设计流量140～13m^3/s。

倒虹吸作为长距离输水工程中过山谷、河流、道路或其他渠道的压力输水管道，是输水及灌溉渠系工程中的重要建筑物之一。相对于高支墩、大规模渡槽，倒虹吸具有工程量小，施工方便、投资少等特点，特别是在山区，倒虹吸推广应用十分迅速。

龙川江倒虹吸位于楚雄段总干渠上，设计流量为90m^3/s，倒虹吸横跨龙川江干流，由于龙川江河床冲切较深达250m，倒虹吸压力钢管最大工作水头达205m，是滇中引水工程中工作水头最高、工作条件最为复杂的交叉建筑物，因此其采取可靠的结构形式对保证滇中引水工程安全运行是至关重要的。

2　龙川江倒虹吸概况

龙川江倒虹吸位于楚雄州牟定县，水平长1461.029m，实际长1565.79m，进口底板高程1931.83m，出口高程1930.97m。倒虹吸跨越龙川江干流，河道宽度50～80m，河底高程约1695m，为典型V形河谷，主河谷左侧边坡为30°，右岸为50°。倒虹吸采用压力管道输水，设计过流能力Q=90m^3/s。

龙川江河底距倒虹吸进出口水位垂直高差240m，无法采用渡槽形式，因此采用桥式倒虹吸跨过龙川江，管桥段倒虹吸管道中心线高程为1734m。桥架形式为单跨独拱桥，一跨跨越龙川江，独拱桥主跨跨径100m，桥面宽20m，宽跨比1/5，拱脚处最大墩柱高18m，如图1和图2所示。

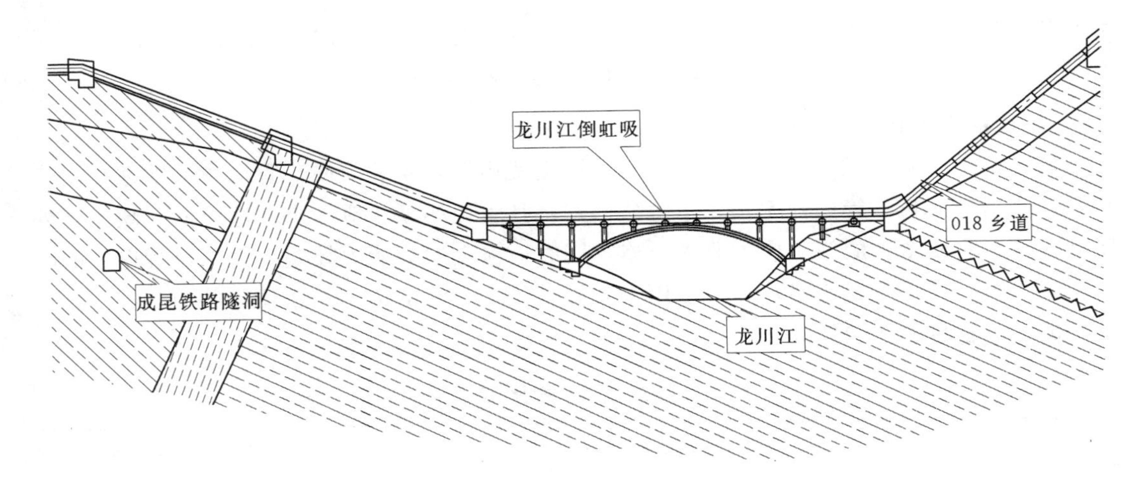

图 1　龙川江倒虹吸结构布置图

3　倒虹吸管材比选

根据龙川江倒虹吸地形地质条件、引水流量（90m^3/s）和工作水头（最大 2.05MPa），管材主要在钢管、球墨铸铁管、预应力钢筒混凝土管（PCCP 管）、预应力混凝土管和玻璃钢夹砂管之间进行比选。

图 2　龙川江倒虹吸结构布置 3D 展示图

3.1　钢管

钢管的优点是结构安全可靠，结构承压能力较高，管件重量较轻，运输费用低；适应变形的能力强，对不良地质条件的适应性强。缺点是需现场拼焊管段，需设置内外层环氧沥青防腐层，并定期进行检修、维护。

3.2　球墨铸铁管

球墨铸铁管主要化学成分为碳、硅、锰等元素，在铁素体和珠光体分布球状石墨。采用离心铸造的方法，使铸件组织严密。球墨铸铁管的优点是在中低压管网中结构运行安全可靠，抗拉强度大，耐腐蚀、耐电蚀性好，接口形式简单安装简单，内外防腐问题易于解决。缺点是管件重量大，管材的价格高，运输费用较高，抗压力低，在高压管网，一般不使用。

3.3　预应力钢筒混凝土管（PCCP 管）

管材是钢管和钢筋混凝土管的组合管。特点是具备钢管的耐高压和钢筋混凝土管的抗腐蚀和耐久性能好的优点，抗渗性能好，随着管道口径增大，PCCP 管的性价比越高。缺点是管件重量大，运输安装费用高，不适宜高架明管敷设。

3.4　预应力混凝土管

预应力混凝土管的优点是在中低压管网中结构可靠，造价较低。缺点是在高压管道中壁厚及重量大，运输费用高，安装时需配有一定的起吊设备及场地要求。当内压大于0.4MPa后，就较难满足混凝土限裂的要求，容易发生渗漏问题。

3.5 玻璃钢夹砂管

玻璃钢夹砂管的优点是管段重量较轻，运输费用低，安装简便；管道耐腐蚀性、耐久性好，使用寿命长；管壁糙率小，水力条件好，其管径亦可相应缩小，造价低。缺点抗外压能力差，对回填土的施工质量要求严格，同时适应变形的能力较差，大口径管道中的配件加工比较困难，管材价格较高。多用于公称直径1000mm以下给水压力管道。

倒虹吸管材的比较见表1。

表1　倒虹吸管材比较

项　目	钢管	球墨铸铁管	PCCP管	预应力混凝土管	玻璃钢夹砂管
糙率	0.012	0.012	0.0125	0.014	0.009
管径/m	4	4	4	4	4
每公里水头损失/m	0.876	0.876	0.95	1.192	0.493
每米管材投资/(万元/m)	2.311	5.875	2.2	1.719	2.058
适应变形的能力	好	一般	差	差	最差
防腐要求	高	较低	无	无	无
安装施工条件	有现场焊缝	较好	斜坡施工差	斜坡施工差	较好
对回填土施工要求	较高	较低	无	无	高
耐腐蚀、耐久性	较差	好	较好	较好	好

各种管材投资方面比选（未考虑运输及安装费用），球墨铸铁管的管材投资约为钢管的2.5倍，PCCP管的管材投资约为钢管的0.95倍，预应力混凝土管约为钢管的0.75倍，玻璃钢夹砂管的管材投资约为钢管的1.2倍。因此五种倒虹吸管材投资由大到小依次为：球墨铸铁管、玻璃钢夹砂管、钢管、PCCP管和预应力混凝土管。

从上述分析可以看出，PCCP管重量过大（每节长5m，重约70t），需采用轨道门机铺管施工，在陡斜坡施工难度巨大，安装及运输费用高，管道适应不良地基变形的能力差；预应力混凝土管造价低，但适应不良地基变形的能力差，管道重量大，且作为高承压管存在渗漏等问题；玻璃钢夹砂管糙率小，同等条件下管径小，造价较低，但其适应不良地基变形的能力差，基础条件要求高，抗外压能力差，埋管施工开挖支护工程量加大，多用于小管径管网；综上，以上三种管材不推荐采用。

由于龙川江倒虹吸为高承压管道，最低压力1.32MPa，且跨河管段为100m大跨度桥架，在地震等特殊工况下可能发生短暂的管道移位变形。采用钢管和球墨铸铁管结构更安全可靠，适应变形的能力强，并可通过设置柔性接头（如在桥架两端设置万向波纹管伸缩节）来适应管道较大的变形及错动。但是从经济性来看，钢管道比球墨铸铁管节约40%，同时适应变形能力优于球墨铸铁管，因此龙川江倒虹吸管材采用钢管。

4 倒虹吸管径及管数比选

在相同流量（$90m^3/s$）及相同水头损失（0.88m/km）条件下，对倒虹吸不同管径及管数进行比选，由于本工程引水流量较大，初步拟定双管、三管和四管三种方案进行综合比选。

根据取水输水建筑物丛书《泵站》中经济管径的经验公式初选管径：

$$D=11.5\sqrt{Q}$$

式中 D——钢管直径，mm；

Q——单管引水流量，m^3/h。

经验公式计算得出双管、三管和四管三种方案对应的经济管径分别为 4.6m、3.8m 和 3.3m。下面对三种不同管径及管数布置方案进行综合比选。

根据龙川江倒虹吸水头损失进一步计算，确定三种方案对应管径分别为：双管方案管径为 4.66m，三管方案管径为 4m，四管方案管径为 3.59m。当通过设计流量 $Q=90m^3/s$ 时，三种方案倒虹吸的流速均在《泵站设计规范》（GB 50265—2010）建议取值 2～3m/s 的范围内。倒虹吸不同管径、管数方案比选见表 2。

表 2　倒虹吸不同管径、管数方案比选

管数	管径/m	流量/(m^3/s)	流速/(m/s)	每公里沿程水头损失/m	壁厚/mm	每米钢管管重/(t/m×n)	倒虹吸管槽底宽/m	土石方开挖/(方/m)	每米投资/万元
双管	4.66	90	2.638	0.873	36	4.795×2	13.4	160	8.31
三管	4	90	2.387	0.876	31	3.541×3	18	171	9.17
四管	3.59	90	2.223	0.877	28	2.881×4	22.4	189	9.94

从表 2 可以知道，从直接工程投资来看，管数越少管径越大，方案经济性能越优。双管方案投资最低，比三管方案和四管方案分别减少约 9%和 16%，仅从经济性的角度讲应选择该方案，但管径达到 4.66m，根据工程经验拟在钢管上一定长度设一节软接头（如万向波纹管伸缩节）来适应变形和错动，而管径过大对适应变形错动能力差，且钢管、伸缩节及管道支座在斜坡管段的制造安装难度也越大，同时需采取更加严格的基础处理措施，增加基础处理投资，两管方案施工难度及后期运行维护、检修难度均较大，不推荐该方案。

由于倒虹吸进出口单管均设置检修闸或节制闸，倒虹吸三管和四管方案检修及运行方式均十分灵活，从施工和后期维护角度考虑基本相同，不存在任何难度，同时两种方案均能较好适应桥架管道的结构安全要求，但四管方案投资比三管方案增加约 8%，同时征地范围及桥架工程量均相应增加约 20%。

因此，从减少工程投资，兼顾工程结构安全、运行灵活及维修方便等角度综合考虑，最后推荐采取三管方案，管径 $D=4m$。

5 倒虹吸管道结构设计

龙川江倒虹吸钢管实际长度 1565.79m，最大工作水头 205m，三根钢管道总长度

4131m，管内流速 2.387m/s，总水头损失 1.546m。压力钢管道明管结构断面见图 3 和图 4。

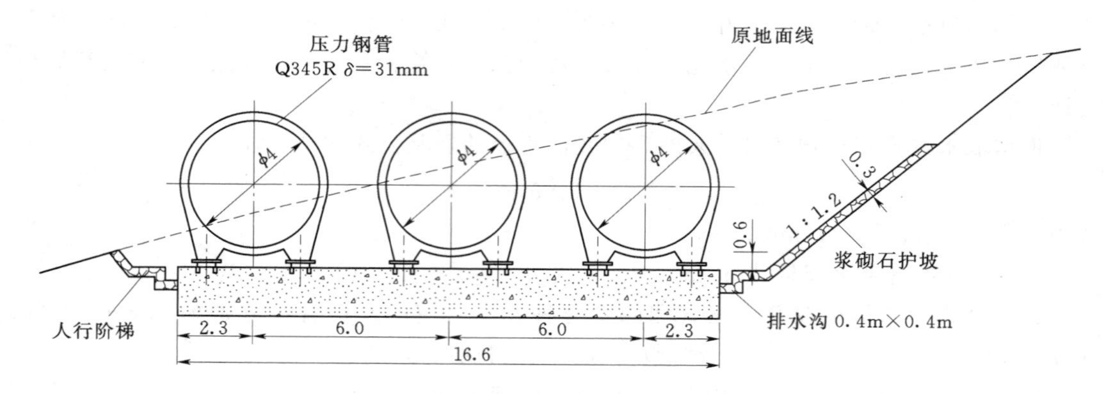

图 3　龙川江倒虹吸管道典型断面（单位：m）

比选方案倒虹吸压力钢管最大设计水头为 205m，管壁厚度按锅炉公式 $\delta=0.5PD/[\sigma]$ 计算，考虑到管壁受泥沙磨损、钢管锈蚀、制造不精确等因素，在计算壁厚的基础上应再加 2mm 锈蚀厚度，为尽量减小工程投资，倒虹吸管道设计分三个工作水头范围，管道厚度分别为 15mm、23mm 和 28mm，对应长度分别为 1926m、1038m 和 1167m。

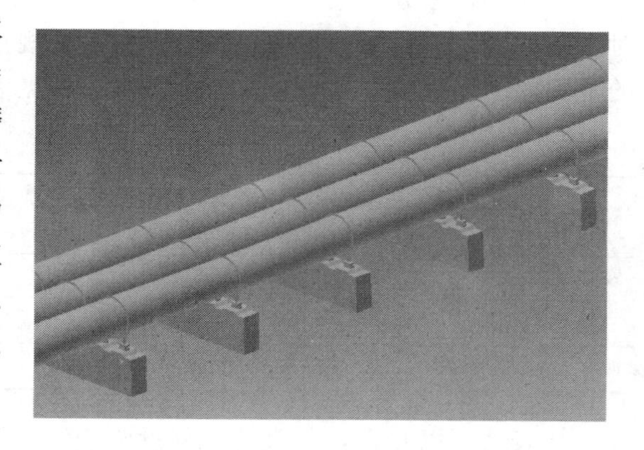

图 4　龙川江倒虹吸压力钢管道 3D 展示图

6　结语

龙川江倒虹吸是滇中引水工程中大型交叉建筑物，根据管材、管径及管数比选，龙川江倒虹吸最终采用 3 根公称直径 4000mm 的压力钢管道，管道壁厚根据工作水头范围进行设计，在保证工程运行安全及检修方式灵活的条件下，尽可能减少管材及开挖支护工程量，减少工程投资，为以后类似工程设计提供参考。

参 考 文 献

[1]　李炜．水力计算手册［K］．北京：中国水利水电出版社，2006.

[2]　李惠英，田文泽，闫海新．《取水输水建筑物丛书（倒虹吸管）》．北京：中国水利水电出版社，2006.

[3]　SL 281—2003 水电站压力钢管设计规范．北京：中国水利水电出版社，2003.

[4]　李鹤，贾运甫．新疆某水电站工程倒虹吸管材选择［J］．水利科技与经济，2013.

柔性回填钢管的设计方法与实例分析

石长征　伍鹤皋　袁文娜

（武汉大学水资源与水电工程科学国家重点实验室，湖北　武汉　430072）

【摘　要】 回填管是水电工程领域一种新型的管道布置和结构型式，具有结构简单、施工方便和保护环境等优势，具有较大的发展潜力。但目前水电工程领域还未有针对该类管道的设计方法，本文借鉴美国、日本以及我国给水排水工程相关规范，以德尔西水电站回填管段为例，考虑管—土相互作用，对管道按回填管进行了设计。结果表明，相比于现有钢衬外包钢筋混凝土的方案，按回填管设计时，钢衬厚度增幅不大，却能节省钢筋混凝土材料和简化施工，具有较好的经济性，是可行的方案。但现有回填管设计规范主要针对给水排水工程，其管道布置、受力特征和相关设计参数与水电行业压力钢管存在较大的差别，有必要探讨形成一套适用于水电工程的回填管设计方法。经试算发现，采用《给水排水工程管道结构设计规范》（GB 50332—2002）中回填管的设计理论，而相关钢材允许应力和荷载取值参照水电站压力钢管设计规范，可得到较合理的设计结果，该设计思路可为水电工程回填管设计提供参考。

【关键词】 回填管；土压力；强度；失稳；变形

1　前言

回填管在城市管网中有广泛的应用，但在水利水电工程领域还是一种新型的管道布置和结构型式。此类管道施工时沿管线开挖管槽，在进行钢管安装后直接回填土石料，沿管线除钢管转弯处采用镇墩固定外，不设置伸缩节及支墩。回填管结构简单、施工方便，能明显降低工程造价，加快施工进度。与明管相比，能减小外界环境对管道的影响，以及后期维护的工作量。此外，回填管还具有一个显著的优点，即能够恢复原来的植被，保护生态环境。随着我国对水电工程环境保护的日益重视，以及回填管优良的经济性，其应用机会将越来越多，具有较大的发展潜力。

目前在引水式电站中，回填管已得到了应用。例如，新疆伊犁河南岸干渠雅玛渡水电站，引水钢管内径 4.0m，管线长约 2020m，最大内水压力 2.27MPa。考虑到工程地处环境及冬季运行防冰冻等要求，压力管道采用浅埋回填管，管底设置厚 40cm 钢筋混凝土垫板，管顶平均回填深 2m，回填料为开挖的砂砾石土。老挝南梦 3 水电站位于老挝万象以北约 60km 处的国家森林保护区，由于环保要求，管道采用回填管，管道总长 3157.5m，管径 1.6～1.78m，最大设计水头 635.6m。回填管开挖沟槽底宽 2m，两侧边坡 1∶0.75。管顶以上埋深一般在 3.5m 左右，最小不低于 1.6m。斐济南德瑞瓦图水电站压力管道采用了无支墩的回填式埋管，压力钢管总长约 1393.65m，管径为 2.25m，最大静水头 299.215m。开挖沟槽为底宽 3.6m，1∶0.5 边坡的倒梯形槽，安装完钢管后，回填土石料，管顶最小回填厚 1.5m。

虽然回填管已经在水电工程领域得到了应用，但《水电站压力钢管设计规范》（DL/T 5141—2001）《水电站压力钢管设计规范》（SL/T 281—2003）中还未有针对回填管的设计理论，只能参考苏联、日本、美国等国家的压力钢管规范以及给排水规范中相关回填管（埋地钢管）的设计方法。

2 国内外回填管设计方法

2.1 设计基本原则和荷载

作用在回填管上的荷载主要包括结构自重和水重、内外水压力、管内真空压力、土压力、地基不均匀沉降、地面轮压、地下水浮力和温度作用等。管道不但应能承受内压，还需承受因填土引起的外荷载、过度挠曲变形引起的荷载、可能的地层活动，以及其他荷载。目前，国内外对内压作用下的回填管设计基本采用与明管相同的方法，而土压力和其他荷载作用下的钢管受力与管道和土体间的相互作用有关，相对比较复杂，须考虑管道的柔度及土的特性。对管道而言，其柔度不同，设计的原则也不相同。

我国给水排水领域认为：当管道在管顶及两侧土压力的作用下，管壁中产生的弯矩、剪力等内力由管壁结构本身的强度和刚度承担时，管顶处的最大变位不超过1%的管径，属于刚性管。如果管道在管顶上部垂直压力作用下，管壁产生的竖向变位导致水平直径向两侧伸长，管道两侧土体产生的抗力来平衡该变形，这类由管土共同支承管顶上方荷载的管道属于柔性管。在《给水排水工程管道结构设计规范》（GB 50332—2002）中，采用管道结构刚度与管周土体刚度的比值来判断管道是按刚性管还是柔性管设计。美国给水工程协会（AWWA）根据管道的柔度将管道分为三类：①刚性管，其横截面形状不能充分改变，当其纵向或横向尺寸变化大于0.1%时钢管就会损坏；②半刚性管，其横截面形状可以充分改变，当其纵向或横向尺寸变化大于0.1%但小于3%时钢管不会损坏；③柔性管，其横截面形状可以充分改变，钢管损坏前当其纵向或横向尺寸变化甚至可以大于3%。

而在实际设计中，常常根据管道材质来确定管道是刚性管还是柔性管。一般钢管、球墨铸铁管可按柔性管来进行设计，灰口铸铁管、混凝土管和钢筋混凝土管按刚性管进行设计。水利水电工程压力管道常采用的钢管可作为柔性管来设计。

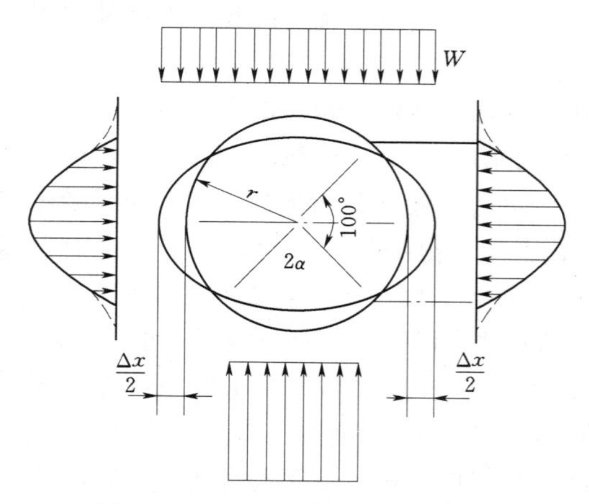

图1 Spangler土荷载分布示意图

对于柔性管，在土压力作用下，管道断面形状变为椭圆，水平直径增加Δx，竖向直径减小Δy，两者近似相等。Δx将引起横向土压力，使得管壁的承载能力得以提高；而Δy使得作用在管壁上的荷载得到部分释放，管道上部的土体由于拱效应的增强将承担更多的荷载。目前国际上多采用M. G. Spangler理论计算土压力和管道的变形，该方法假定管周土压力分布（见图1），管道顶部等直径范围内作用均布土压力，在两侧管腰上下50°范围内作用抛物线分布的侧向土压力，管底在 2α 圆心角范围内作用竖直向上的支承管道的均布土压力。根据虚功原理，Spangler 推导了 Iowa 公式计算 Δx 为

$$\Delta x=\frac{D_l K W r^3}{E_p I+0.061E' r^3} \tag{1}$$

式中 D_l——变形滞后系数，一般取 1.0～1.5，对于承受内压的管道，取 1.0；

K——与支承角 α 有关的系数，α 为 0°～180°变化时，K 从 0.11 变化至 0.083，近似可取 0.1；

W——作用在管顶的总压力；

r——管道半径；

E_p——管材的弹性模量；

E'——表征土体对结构反作用力的反力模量；

I——单位长度管壁的惯性矩。

要计算管道的变形，首先需要确定作用在管顶的荷载，主要包括土压力、车辆荷载和堆积荷载等。AWWA 和 GB 50332—2002 认为柔性管顶竖向土压力即为管顶管道直径宽的土柱重量，土体的容重根据各层土体的物理性质及是否含水具体确定。日本《水门铁管技术基准》（以下简称日本规范）中根据管顶回填土厚度 H 的不同，区别计算管顶回填土压力 W_v，当回填土的厚度不超过 2m 时，计算方法与 AWWA 和 GB 50332—2002 相同，当回填土的厚度超过 2m 时，考虑管顶回填土柱与沟槽侧壁土体摩擦力的影响，计算公式如下：

$$W_v=\begin{cases}\rho_b g H & H\leqslant 2000\text{mm}\\ C_d\rho_b g B & H>2000\text{mm}\end{cases} \tag{2}$$

式中 ρ_d——回填土的密度；

C_d——土压系数，$C_d=[1-e^{-2K\mu'(H/B)}]/2K\mu'$；

B——管顶沟槽宽度；

K——Rankine 土压力系数，$K=(1-\sin\varphi)/(1+\sin\varphi)$；

μ'——回填土与沟槽侧壁的摩擦系数 $\tan\varphi'$；

φ——回填土的内摩擦角；

φ'——回填土与沟槽侧壁的内摩擦角，可取 $\varphi'=\varphi$。

载重汽车引起的外荷载也常常是回填管设计中需要考虑的，各国规范均有较为详细的计算方法，这里不再具体列出。

在各荷载组合作用下，钢管的应力应首先控制在允许范围内，且在外荷载作用下保持稳定。另外，虽然管道的变形对承载有所帮助，但也应控制在合理的范围内，以免损坏管道、衬砌和涂层。因此，总体而言，柔性回填钢管的设计包含了 3 大内容，即强度设计、稳定性设计和变形校核。

2.2 强度设计

2.2.1 管壁厚度的确定

回填钢管设计中，一般需要初步拟定管壁厚度，然后进行强度和稳定性的分析。在拟

定管壁厚度时，国际上通行的做法是按明管进行设计，即假定钢管单独承担内水压力，采用锅炉式（3）计算管壁厚度，同时考虑制造、安装和运输要求的最小管壁厚度要求，拟定管壁厚度。

$$t=Pr/[\sigma] \tag{3}$$

式中 t——管壁厚度；

P、r——计算断面处的设计内水压力和钢管内半径；

$[\sigma]$——材料的允许应力。

不同的规范中，材料允许应力的取值有一定差别。例如，日本规范规定，钢材允许应力＝基本设计强度/安全系数(1.8)×允许应力提高系数，基本设计强度＝屈服强度/材料系数，对于满水的回填管，应力属于一次应力，允许应力提高系数取 1.0。AWWA 手册 M11 中规定，工作压力下，钢材的允许应力不应超过最小屈服强度的 50%，而最大工作压力＋水击压力或者水压试验工况下允许应力可取最小屈服强度的 75%。

钢管的厚度除应满足式（3），还应考虑运输和吊装的要求，美国太平洋电气公司（PG&E）和美国垦务局（USBR）提出了相应的保证运输和吊装要求的钢管最小厚度计算公式，即式（4）和式（5）。

太平洋电气公司的公式：$t=D/288$ （4）

美国垦务局的公式：$t=(D+508)/400$ （5）

式中 t——最小管壁厚度，mm；

D——压力钢管直径，mm。

日本闸门钢管协会参考式（4）和式（5），结合日本压力钢管制作、运输和安装方面的经验，提出了最小管壁厚度的计算式（6），式中 t 包括余裕厚度，且不应小于 6mm。

$$t=(D+800)/400 \tag{6}$$

2.2.2 管壁应力校核

钢管在各类荷载作用下，应限制管壁的应力在一定的范围内，以保证结构的安全。日本规范规定：管壁环向、轴向和垂直于管轴向的各向应力及等效应力不应超过材料的允许应力；GB 50332—2002 的规定，管道的环向应力和折算应力应满足下式的要求：

$$\begin{cases}\eta\sigma_\theta\leqslant f \\ \gamma_0\sigma\leqslant f\text{，其中 } \sigma=\eta\sqrt{\sigma_\theta^2+\sigma_x^2-\sigma_\theta\sigma_x}\end{cases} \tag{7}$$

式中 σ_θ——钢管管壁截面的最大环向应力；

σ_x——钢管管壁截面轴向应力；

σ——钢管管壁截面的最大组合折算应力；

η——应力折算系数，取 0.9；

f——钢材的强度设计值；

γ_0——管道的重要性系数。

AWWA 中对管壁的应力没有要求进一步校核。

（1）环向应力。管壁的环向应力主要由内水压力在管壁截面上引起环向拉力 N 以及

土压、外荷载和雪荷载引起的弯矩 M 产生，如式（8），b_0 和 t_0 分别为管壁计算宽度和计算厚度。由内水压力引起的管壁环向应力根据锅炉公式计算，按 GB 50332—2002 进行设计时需考虑荷载的分项系数和荷载组合系数，见式（9），ϕ_c 可变作用的组合系数取 0.9，荷载分项系数 γ_Q 取 1.4。

$$\sigma_\theta=\frac{N}{b_0t_0}+\frac{6M}{b_0t_0^2} \tag{8}$$

$$N=\phi_c\gamma_QF_{wd,k}r_0b_0 \tag{9}$$

对弯矩 M 的计算 GB 50332—2002 和日本规范有所不同。GB 50332—2002 中 M 按式（10）计算，考虑管重、水重、土压力及堆积荷载和轮压的作用。

$$M=\phi\frac{(\gamma_{G1}k_{gm}G_{1k}+\gamma_{G,sv}k_{vm}F_{sv,k}+\gamma_{GW}k_{wm}G_{wk}+\gamma_Q\phi_ck_{vm}q_{ik}D_1)r_0b_0}{1+0.372\dfrac{E_d}{E_p}\left(\dfrac{r_0}{t_0}\right)^3} \tag{10}$$

式中　ϕ——弯矩折减系数，取 0.7～1.0；

$F_{wd,k}$、q_{ik}——设计内水压力、堆积荷载和轮压的标准值；

G_{1k}、G_{wk}、$F_{sv,k}$——单位长度管道自重、管内水重、管顶竖向土压力的标准值；

γ——各荷载的分项系数；

k——各荷载作用下管壁的最大弯矩系数；

D_1——钢管的外半径；

r_0——管道计算半径；

E_d——管侧土的综合变形模量。

日本规范在计算管壁环向应力时考虑了管道变形的影响，管内满水时土压、外荷载及雪荷载引起的弯曲应力 σ_{b1} 按式（11）计算。

$$\sigma_{b1}=\frac{6M_1}{t^2},M_1=K_1Wr_m^2-0.083e'\Delta X_1r_m-K_1p\Delta X_1r_m \tag{11}$$

$$\Delta X_1=\frac{2KWr_m^4}{E_pI+0.061e'r_m^3+2Kpr_m^3} \tag{12}$$

$$\begin{cases}K_1=\dfrac{1}{\pi}\left(\dfrac{\theta}{4\sin\theta}+\dfrac{3}{4}\cos\theta+\dfrac{\theta\sin\theta}{2}\right)+\dfrac{3}{8}-\dfrac{\sin\theta}{2}-\dfrac{\cos^2\theta}{3\pi}\\K=-\dfrac{\sin^2\theta}{12}+\dfrac{\theta\sin\theta}{2\pi}+\dfrac{\theta}{4\pi\sin\theta}+\dfrac{3\cos\theta}{4\pi}-\dfrac{5}{24}\end{cases} \tag{13}$$

式中　M_1——管底处产生的弯矩；

W——管顶竖直方向的荷载强度，等于土压力、车辆荷载引起的压力及雪荷载之和；

p——内水压力；

r_m——管壁中面半径；

2θ——管底的支承角，rad；

e'——被动土压力系数，规范中列有参考值；

ΔX_1——水平方向的变形；

K_1 和 K——与管底支承角有关的系数。

当管道放空时，管壁环向应力计算中剔除与 p 相关的项即可。

（2）轴向应力。管道的轴向应力主要由泊松效应、温度作用和地基不均匀沉降产生。GB 50332—2002 中计算公式见式（14）。

$$\sigma_x = v_p \sigma_\theta \pm \phi_c \gamma_Q \alpha E_p \Delta T + \sigma_\Delta \tag{14}$$

式中 v_p——钢管的泊松比；

α——钢管管材的线膨胀系数；

γ_Q——温度作用的分项系数；

σ_Δ——地基不均匀沉降引起的轴向应力，可按弹性地基上的长梁计算确定。

日本规范中管壁轴向应力的计算方法与 GB 50332—2002 基本相同，仅不考虑 ϕ_c 和 γ_Q 两个系数。

2.3 管壁稳定校核

管壁稳定校核主要是考察管道是否能在管顶竖向土压力、地面堆积荷载、轮压及管内真空作用下保持稳定，且具有一定的安全裕度。GB 50332—2002 规定管壁截面的稳定验算根据式（15）进行。

$$\begin{cases} F_{cr,k} \geqslant K_{st}(F_{sv,k}/2r_0 + q_{ik} + F_{vk}) \\ F_{cr,k} = \dfrac{2E_p(n^2-1)}{3(1-v_p^2)}\left(\dfrac{t}{D_0}\right)^3 + \dfrac{E_d}{2(n^2-1)(1+v_s)} \end{cases} \tag{15}$$

式中 $F_{cr,k}$——管壁截面保持稳定的临界压力；

F_{vk}——管内真空压力的标准值；

K_{st}——钢管管壁截面的设计稳定性抗力系数，不低于 2；

n——屈曲波数，根据管道尺寸、沟槽宽度及管侧回填土综合弹性模量查表获得；

v_s——钢管两侧胸腔回填土的泊松比，砂性土可取 0.3，黏性土取 0.4。

日本规范中规定，对未设置加劲肋的管道，临界屈曲压力 p_k 一般按式（16）计算，该公式与式（15）基本形式相同，管壁的稳定性由管道和土体刚度两部分贡献。式（16）中 β 为考虑回填土受弹性约束影响的地基系数，可根据规范建议取值；屈曲波数 n 为大于 1、使 p_k 值最小的整数。管壁的临界屈曲压力应大于 1.5 倍外压力。

$$p_k = \frac{E_p}{12(1-v_p^2)}\left(\frac{t}{r_m}\right)^3 (n^2-1) + \frac{\beta r_m}{2(n^2-1)} \tag{16}$$

AWWA 将管道在外荷载作用下的稳定验算分为两种情况，一种情况为管道抵御外水和管内真空荷载；第二种情况为除了抵御外水和管内真空外，还需抵御土压力。对于第一种情况，根据 Timoshenko 圆形断面管道的失稳理论，管道失稳的临界压力按式（17）计算，$\sum EI/r^3$ 为钢管、砂浆衬砌和涂层刚度之和，临界压力应大于外水及管内真空之和，且安全系数不小于 2。对于第二种情况，允许的屈曲荷载 q_a 按式（18）计算，式中设计系数 $F_S=2.0$，水浮力系数 $R_w=1-0.33(h_w/H)$，h_w 为管顶处的水头，H 为回填土的厚度

(单位取 in)，$B'=1/[1+4e^{(-0.065H)}]$。管道安装时，外水压力 $\gamma_w h_w$、土荷载 $R_w W/D$ 和管内真空压力 P_{vac} 不应超过允许的屈曲荷载，即 $\gamma_w h_w + R_w W/D + P_{vac} \leqslant q_a$，如果考虑活荷载 W_L（例如地面堆积荷载和轮压）的作用，则不同时考虑管内真空，即 $\gamma_w h_w + R_w W/D + W_L/D \leqslant q_a$。

$$P = 3\sum EI/r^3 \tag{17}$$

$$q_a = \left(\frac{1}{F_S}\right)\left(32R_w B'E'\frac{EI}{D^3}\right)^{1/2} \tag{18}$$

2.4 管道变形校核

AWWA、GB 50332—2002 和日本规范中管道的变形均采用 Iowa 式（1）进行计算。日本规范计算时，E' 取被动土压力系数 e'。GB 50332—2002 计算时 E' 取管侧土综合变形模量 E_d，荷载均采用标准值，但地面堆积荷载和轮压荷载需乘以准永久系数 0.5。各国规范都提出了管道变形的控制标准，例如：AWWA 建议管道的最大变形率不应超过 5%，对于有砂浆衬砌和弹性涂层防护的管道，为避免砂浆开裂，最大变形率不超过 3%，如果采用砂浆涂层，则最大变形率不超过 2%；GB 50332—2002 的规定，当管道内防腐为水泥砂浆时，最大竖向变形不应超过 0.02～0.03 倍管道直径，当内防腐为延性良好的涂料时，最大竖向变形控制在 0.03～0.04 倍管道直径；日本规范规定根据回填土的压实情况，管道的变形率不应超过 3%～4%。

3 回填管设计算例

德尔西水电站位于南美洲厄瓜多尔萨莫拉·钦奇佩省境内的萨莫拉河上，为引水式电站，水电站装机容量 120MW。引水系统主要建筑物包括引水隧洞、调压井和压力钢管，布置在河道左岸。压力钢管在出隧洞之后采用回填埋管形式，主管管径 2.9m，填土厚度 5～18m，沟槽底宽 4.7m，沟槽两侧坡度为 1：1。本节将以管道末端断面为例，按回填管对管道进行设计，并与现有设计进行比较。该设计断面钢材采用 600MPa 级高强钢，设计内水压力标准值 $P_i=6.14$MPa，该管段在地下水位线以上，无外水压力，管内真空压力 $P_{vac}=0.10$MPa，回填土厚 $H=6$m，地面堆积荷载 $q=10\text{kN/m}^2$，温度作用 $\Delta T=10$℃，土体的支承角按 90°计算。钢材和回填土的相关参数见表 1。

表 1　　钢材和回填土相关参数

WDB620 厚 16～50 /mm	重度 γ_p /(kN/m³)	弹性模量 E_p /MPa	泊松比 v_p	屈服强度 /MPa	抗拉强度 /MPa	设计强度 /MPa
	78.5	206000	0.3	490	610	370
回填土	重度 γ_s /(kN/m³)	管侧土变形模量 E_s/MPa	泊松比 v_s	内摩擦角 ϕ/(°)	沟槽顶宽 B /m	管腰处沟槽宽 B_r/m
	18	30	0.3	30	12	8.8

注　不同规范中，土体的模量、被动土压力系数均取为 30MPa。

3.1 管壁厚度确定

根据式（3）确定内水压力作用下所需的管壁厚度，根据式（4）～式（6）确定安装运输所需最小管壁厚度。由于设计断面管道内水压力较高，因此管壁厚度由内水压力控制。管壁厚度计算表见表 2。从表 2 中可以看出，在内水压力作用下，不同规范计算得到的管壁厚度非常接近。

表 2　　管壁厚度计算表

规　　范		GB 50332	AWWA	日　　本
钢材允许应力/MPa		370（强度设计值）	490×50%=245	490/1.0/1.8=272
计算厚度/mm		30.3	36.3	32.7
最小管壁厚度/mm	D/288		11	
	D+508/400		8.5	
	D+800/400			9.3
选取管壁厚度/mm		32	38	34

注　按 GB 50332—2002 计算时，考虑内水压力作用分项系数 1.4 和应力折算系数 0.9；选取的管壁厚度不考虑锈蚀裕度。

3.2　荷载计算

根据初步确定的管壁厚度，可以计算得到各荷载。其中 GB 50332—2002、AWWA 和日本规范荷载计算方法基本相同，仅由于管顶回填土的厚度超过 2m，若根据日本规范则需要考虑管槽两侧土的摩擦作用，计算得到的管顶竖向土压力数值有所减小。

管顶堆积荷载压力：

$$qD=10\times2.9=29(\text{kN/m})$$

管道结构自重：

$$G_p=\gamma_p\pi Dt=78.5\times3.14\times(2.9+0.032)\times0.032$$
$$=23.13(\text{kN/m})(\text{GB }50332—2002)$$

管内水重：

$$G_w=\gamma_p\pi D^2/4=10\times3.14\times2.9^2/4=66.02(\text{kN/m})$$

管顶竖向土压力：

$$F=\gamma_s HD=18\times6\times2.9=313.20(\text{kN/m})(\text{相当于 }0.108\text{MPa})$$
$$(\text{GB }50332—2002\text{ 和 AWWA})$$

$$q_s=C_d\rho_b gB=\frac{1-e^{-2\times1/3\times\tan30^\circ\times(6/12)}}{2\times1/3\times\tan30^\circ}\times18\times12$$
$$=98.28(\text{kN/m}^2)=0.098\text{MPa}（\text{日本规范}）$$

3.3　强度校核

根据文中所列的公式，可以计算得到各荷载及其组合下管壁的环向应力和轴向应力，并根据相关规范进行应力校核，若应力校核不满足条件，则修改管壁厚度直至满足要求，钢管应力校核见表 3。从表 3 中可以看出按 GB 50332—2002 初步拟定的管壁厚度能满足管壁应力的要求，但按日本规范初拟的管壁厚度不能满足等效应力的校核要求，管壁厚度需增加至 42mm。

表 3　　　　　　　　　　钢管应力校核

规　　范		GB 50332—2002	日　本　规　范
管壁计算厚度/mm		32	42
单独内水压力引起的环向应力	计算公式	(9)、(3)	(3)
	数值/MPa	350.56	211.98
荷载组合下弯矩引起的环向应力	计算公式	(10)	(11)、(12)、(13)
	数值/MPa	43.01	51.21
管壁最大环向应力/MPa		393.57	263.19
管壁截面轴向应力	计算公式	(14)	(14)，不考虑 ϕ_c，γ_Q
	数值/MPa	149.21/86.92	103.68/54.24
等效应力	数值/MPa	344.12/358.09	229.63/240.70
环向应力判断		0.9×393.55＝354.20＜370	263.19＜272
轴向应力判断			51.21＜272
等效应力判断		1.0×0.9×358.09＝322.28＜370	240.71＜272

3.4　管壁稳定性

根据式（15）～式（18）对管壁的抗外压稳定进行校核，具体数值列于表 4。在各规范设计条件下，管壁均能满足抗外压稳定的要求，并且具有较大的安全裕度。

表 4　　　　　　　　　　钢壁抗外压稳定校核

规　　范		GB 50332—2002	日本规范	AWWA		
管壁计算厚度/mm		32	42	38		
土压力/MPa		0.108	0.098	0.108		
地面堆积荷载/MPa		0.01	0.01	0.01		
管内真空压力/MPa		0.10	0.10	0.10		
屈曲波数		3	2	外水＋真空	土压力＋外水＋真空	土压力＋外水＋活荷载
临界外压	计算公式	(15)	(16)	(17)	(18)	(18)
	数值/MPa	3.06	1.78	0.93	4.18	4.18
总外荷载/MPa		0.218	0.208	0.10	0.208	0.118
安全系数		14＞2	8.5＞1.5	9.3＞2	20.1＞2	35.4＞2

3.5　变形验算

根据式（1）计算得到了各设计方案下钢管的变形，列于表 5，管道的变形率均不超过 2%，满足各规范的要求。

表 5　　钢管变形校核

规　　范	GB 50332—2002	日　本　规　范	AWWA
管壁计算厚度/mm	32	42	38
土压力/MPa	0.108	0.098	0.108
地面堆积荷载/MPa	0.01	0.01	0.01
最大变形 ΔX/mm	15.62	13.38	15.36
$\Delta X/D$/%	0.54	0.46	0.53

4　水电站回填管设计探讨

上述回填管实例的设计说明，在水电工程领域采用回填管也是可行的。比较GB 50332—2002、日本规范以及AWWA的设计过程可以发现，虽然三个规范计算采用的公式不尽相同，但设计原理是基本一致的，主要差别体现在设计参数的取值上，例如材料允许应力和荷载分项系数等。三个规范中，日本规范和AWWA规范均不考虑荷载的分项系数，钢材的允许应力相差不大，因而计算得到的管壁厚度比较接近。并且这两个规范对荷载和材料允许应力的规定与该国相应的水电站压力管道设计规范一致，因此，相关设计方法和规定也适用于该国水电站回填管的设计。

GB 50332—2002的设计中，采用可靠度理论，考虑荷载分项系数，其中水压力的分项系数为1.4，由于采用钢材的设计强度来校核管壁的环向应力和等效应力，最终设计得到的管壁厚度要比日本规范和AWWA的设计结果小得多。DL/T 5141—2001虽然也采用可靠度理论进行设计，但与GB 50332—2002也存在有较大差别。DL/T 5141—2001中内水压力的荷载分项系数为1.0，而钢材的抗力限值（相当于允许应力）为$f/(\gamma_d\gamma_0\varphi)$，需要考虑结构系数$\gamma_d$、结构重要性系数$\gamma_0$和设计状况系数$\varphi$。以德尔西水电站回填管为例，内水压力作用下钢管按明管设计，按DL/T 5141—2001规范结构系数为1.6，结构重要性系数和设计状况系数均为1.0，所需的管壁厚度为$1.6Pr/f$，而按GB 50332—2002设计的管壁厚度为$0.9\times1.4Pr/f=1.26Pr/f$。虽然GB 50332—2002水压力的分项系数较高，但由于钢材的允许应力也高，计算得到的管壁厚度仍然比DL/T 5141—2001规范的计算结果小出许多。因此，直接将GB 50332—2002的方法移植到水电站回填管的设计中并不合适，可能导致钢管结构偏不安全。

尽管GB 50332—2002中回填管的设计习惯与水电站压力管道存在一定差别，但该规范对回填管有一套比较完整的设计方法和步骤，计算也采用国际通行的理论，因此仍然值得借鉴。为了适应水电站压力钢管的允许应力设计原则，本文尝试利用GB 50332—2002的计算理论，但采用水电站压力钢管设计规范中的荷载和材料参数对回填管进行设计，具体规定如下。

（1）当按DL/T 5141—2001设计时，内水压力、自重、温度作用和地面堆积荷载的分项系数分别取1.0、1.0、1.1和1.3，管壁的应力应满足以下条件：单独内水压力引起的环向应力不应大于明钢管整体膜应力的抗力限值（结构系数1.6），荷载组合引起的环向应力和等效应力不应大于明钢管局部膜应力抗力限值（考虑受弯，结构系数1.3）。

(2) 当按《水电站压力钢管设计规范》(SL/T 281—2003) 设计时，荷载不考虑分项系数，管壁的应力应满足以下条件：管壁单独内水压力引起的环向应力不应大于明钢管膜应力允许应力 ($0.55\varphi\sigma_s$)，荷载组合引起的环向应力和等效应力不应大于明钢管局部应力允许应力 ($0.67\varphi\sigma_s$)，其中 φ 为焊缝系数。

按两个规范对德尔西水电站回填管进行了设计，结果列于表6，并将其他规范的设计成果一并列出，便于比较。从表6的数据来看，基于GB 50332—2002的计算理论，按水电站压力钢管设计规范的荷载和材料参数对回填管进行设计时，计算得到的管壁厚度与日本规范和AWWA比较接近，设计结果相对比较合理。

表6　各规范设计结果

规　　范		GB 50332—2002	AWWA	日本	DL/T 5141—2001+GB 50332—2002	SL/T 281—2008+GB 50332—2002
钢材允许应力/MPa		370	245	272	整体膜应力 231	膜应力 223
					局部膜应力 285	局部应力 272
选取管壁厚度/mm		32	38	42	40	42
单独内水压力引起的环向应力/MPa		350.55	234.29	211.98	222.58	211.98
组合荷载作用下	环向应力/MPa	354.21		263.19	280.51	270.17
	轴向应力/MPa	149.21/86.92		103.68/54.24	111.35/56.96	105.77/56.33
	等效应力/MPa	344.12/358.09		229.63/240.70	244.64/256.81	235.80/246.87
临界外压/MPa		3.06	4.18	1.78	4.61	5.11
管道变形/mm		15.62	15.36	13.38	15.00	14.61

注　按SL/T 281—2008设计时，焊缝系数取0.95。

实际上，德尔西水电站引水压力钢管回填埋管段并未完全按回填管进行设计，而是钢管按明管进行设计，在采用美国压力钢管设计规范允许应力610/2.4=254 (MPa) 的情况下，末端断面钢管管壁厚度取为36mm (不包括锈蚀厚度)，且外包了0.4m钢筋混凝土，以承担回填土压力。为了使钢管的受力更接近明管状况，增强外包钢筋混凝土的完整性，钢管和外包混凝土之间还设置了垫层。通过本文对该断面按回填管设计的结果来看，对于承受较高内水压力的引水钢管，通常所需的管壁厚度较大，按回填管设计时，在回填土变形模量不大的情况下，管道仍然较容易满足抗外压稳定和变形的要求。相比于现有设计，管道完全按柔性回填管进行设计，钢管壁厚并没有大幅增加，而省去了外包钢筋混凝土，既节省了材料，又简化了施工工艺。若对填土进行压实处理，提高其变形模量，对结构受力和稳定将更为有利。因此，德尔西水电站引水压力钢管采用不包混凝土的回填管设计也是可行的。

5　结语

现有的柔性回填管设计方法主要针对给水排水工程管道，在荷载和材料等相关设计参数取值上与我国现行的水电行业压力钢管设计规范还存在较大的差别，并且水电领域钢管承受内压较高，管线布置较为陡峻，管道本身和回填土在雨水冲蚀下的稳定性要求也有别于给排水管道。本文尝试借鉴 GB 50332—2002 中回填管设计原理和计算方法，采用水电站压力钢管设计规范对材料和荷载的相关规定对回填管进行设计，结果与日本规范和美国 AWWA 规范比较接近，说明该设计方法在水电工程回填管设计中具有较好的适用性，值得进一步探讨和推广应用。

参考文献

[1] 张崇祥．回填管布置与设计［C］．第六届全国水电站压力管道学术会议论文集．2006.

[2] 刘玉奇．无支墩高水头浅埋式压力管道回填施工应用［J］．黑龙江水利科技．2012（9）：56－57.

[3] 给水排水工程结构设计手册编委会．给水排水工程结构设计手册（第二版）［M］．北京：中国建筑工业出版社，2007.

[4] GB 50332. 给水排水工程管道结构设计规范［S］．北京：中国建筑工业出版社，2002.

[5] AWWA Manual M11，Steel Pipe—A Guide for Design and Installation（Fourth Edition）［S］. Denver：AWWA，2004.

[6] ASCE Manuals and Reports on Engineering Practice NO. 79，Steel Penstocks（Second Edition）［S］. Reston，ASCE，2012.

[7] ASCE Manuals and Reports on Engineering Practice NO. 119，Buried Flexible Steel Pipe-Design and Structural Analysis［S］．Reston，ASCE，2009.

[8] AISI Design Manual，Welded Steel Pipe［S］．Washington，AISI，2007.

[9] 日本闸门钢管协会．水门铁管技术基准［S］．1993.

锦屏水电站压力管道衬砌裂缝处理探讨

张　旻

（中国电建集团成都勘测设计研究院有限公司，四川　成都　610072）

【摘　要】压力管道钢筋混凝土衬砌裂缝问题是一个普遍存在的问题，其产生的形式和种类很多，其裂缝处理显得尤为重要。本文结合锦屏一级水电站压力管道钢筋混凝土衬砌的裂缝情况，对裂缝分类处理原则，化学灌浆材料，裂缝处理方法及施工工艺进行了探讨。

【关键词】压力管道钢筋混凝土；衬砌裂缝；裂缝分类处理原则；化学灌浆材料；探讨

1　锦屏一级水电站引水工程概况

1.1　锦屏一级水电站工程概况

锦屏一级水电站位于四川省凉山彝族自治州盐源县和木里县境内，是雅砻江干流中下游水电开发规划的"控制性"水库梯级，在雅砻江梯级滚动开发中具有"承上启下"重要作用。雅砻江干流呷依寺至江口河道长1368km，天然落差3180m，干流初拟了21级开发水能资源，其中两河口梯级为雅砻江干流中下游段"龙头"水库，具有多年调节能力；锦屏一级水电站为下游河段控制性水库，具有年调节能力，对下游梯级补偿调节效益显著。

锦屏一级水电站工程规模巨大，开发任务主要是发电，结合汛期蓄水兼有分担长江中下游地区防洪的作用。水电站装机容量3600MW，保证出力1086MW，多年平均年发电量166.2亿kW·h，年利用小时数4616h。水库正常蓄水位1880m，死水位1800m，正常蓄水位以下库容77.6亿m^3，调节库容49.1亿m^3，属年调节水库。

混凝土双曲拱坝是世界第一高拱坝，坝高305m，坝顶高程1885.00m。泄洪设施由坝身4个表孔，5个深孔，2个放空底孔，坝后水垫塘以及右岸1条有压接无压泄洪洞组成。引水发电建筑物布置在右岸山体内，由进水口、压力管道、主厂房、主变压器室、尾水调压室、尾水隧洞组成，地下厂房主厂房安装6台单机600 MW的水轮发电机组。

1.2　压力管道概况

根据锦屏一级水电站枢纽总体布局，右岸布置6条地下埋管。压力管道沿纵剖面可分为渐变段、上平段（或上压坡段）、上弯段、斜井段、下弯段、下平段、锥管段及过渡段，压力管道总长458.986～552.289m，内径9m。上平段中心间距26m，管道水平长度成等差数列，管道进口中心高程1783.50m，上平段纵坡均为8.4%；下平段、锥管段及过渡段与厂房纵轴线垂直，坡度为平坡$i=0$，中心间距为31.70m，中心高程1630.70m；上、下平段之间由上弯段、斜井段和下弯段连接，弯管段中心转弯半径30.00m，斜井长度111.470～121.453m。

压力管道上平段帷幕以前部分均为钢筋混凝土衬砌，衬砌厚度1m（渐变段为1.5m）。

压力管道上平段帷幕以后部分（含上弯段、斜井、下弯段、下平段、锥管段及过渡段等）均为钢板衬砌，钢衬起点至斜井中部钢管材料采用16MnR钢材，壁厚24～36mm；斜井中部至连接段钢管材料采用600MPa高强度钢材，壁厚36～62mm。钢管与围岩间回填厚0.80m素混凝土。

1.3 压力管道钢筋混凝土衬砌段混凝土特性

压力管道钢筋混凝土衬砌采用C25混凝土（二级配）；采用强度等级为42.5的中热硅酸盐水泥。

2 压力管道钢筋混凝土衬砌裂缝情况

经过现场对压力管道衬砌裂缝的清查、统计、素描：1号压力管道钢筋混凝土衬砌裂缝总长约586.2m，裂缝宽为0.3～0.59mm；2号压力管道钢筋混凝土衬砌裂缝总长约374.5m，裂缝宽为0.27～0.40mm；3号压力管道钢筋混凝土衬砌裂缝总长约300.6m，裂缝宽为0.3～0.41mm；4号压力管道钢筋混凝土衬砌裂缝总长约912m，裂缝宽0.3～0.5mm；5号压力管道钢筋混凝土衬砌裂缝总长约为1225m，裂缝宽为0.32～0.52mm；6号压力管道钢筋混凝土衬砌裂缝总长约792.79m，裂缝宽为0.27～0.57mm。

3 压力管道钢筋混凝土衬砌裂缝处理

3.1 裂缝分类处理原则

根据引水系统压力管道运行条件和结构要求，对裂缝分类进行处理：

（1）压力管道钢筋混凝土衬砌裂缝宽$\delta<0.2$mm，采用"表面处理法"。

（2）压力管道钢筋混凝土衬砌裂缝宽0.2mm$\leqslant\delta\leqslant$0.4mm，采用"灌浆法"。

（3）压力管道钢筋混凝土衬砌裂缝宽$\delta>0.4$mm，采用"充填法＋灌浆法"。

3.2 裂缝处理方法及施工工艺

3.2.1 表面处理法

表面处理法包括表面涂抹和表面贴补法。

（1）表面涂抹主要用于浆材难以灌入的细而浅的裂缝，深度未达到钢筋表面的发丝裂缝，不漏水的缝，不伸缩的裂缝以及不再活动的裂缝。处理措施是先清理冲洗干净缝面后在裂缝的表面涂抹水泥浆或环氧胶泥。

（2）表面贴补（土工膜或其他防水片）法用于大面积漏水（蜂窝麻面等或不易确定具体漏水位置、变形缝）的防渗堵漏，采用在裂缝的表面黏贴玻璃纤维布等措施。

3.2.2 充填法

（1）充填法一：对较浅的表面裂缝（不需灌浆），须进行封缝处理，即沿缝刻深约5cm、宽约10cm的梯形槽，将槽面清洗干净并烘干后涂上环氧基液，然后回填水泥砂浆或环氧砂浆。裂缝处理示意图（一）如图1所示。

（2）充填法二：对结构有止水防渗要求的表面裂缝可采用刻V形槽嵌填塑性止水材料，凿槽范围需沿裂缝两侧顺延不小于50cm，裂缝处理示意图（二）如图2所示，塑性止水材料主要性能指标见表1。

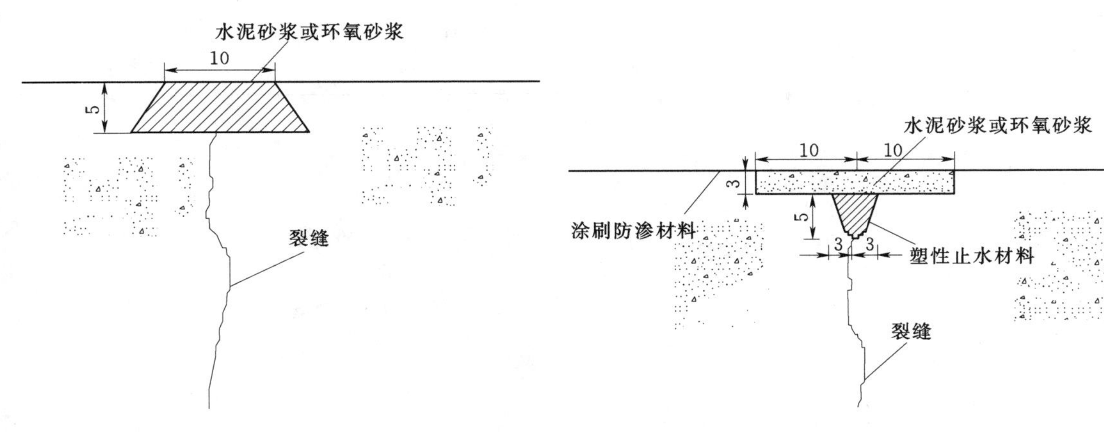

图 1 裂缝处理示意图（一）（单位：cm）　　图 2 裂缝处理示意图（二）（单位：cm）

表 1　　塑性止水材料主要性能指标

项　目	测 试 条 件	指　标
断裂伸长率	10℃	850
	－10℃	800
耐热性	10mm×10mm×100mm 槽；80℃，5h 流淌值	≤4mm
抗渗性	≤5mm 厚，48h	2.0MPa
冻融试验	－20～20℃循环，不破不裂次数	＞300 次

充填法施工先后次序为：凿槽一嵌填止水材料一填补水泥砂浆一涂刷防渗材料。

3.2.3 灌浆法

（1）灌浆孔的布置。沿缝两侧布置 d42mm 斜孔，对于 $\delta \leqslant 0.4$ 的裂缝采用 1m 孔距；对于 $\delta > 0.4$ 的裂缝采用 1.5m 孔距。各斜孔与缝面交于不同深度，也可采用垂直的骑缝孔，骑缝孔的深度与缝深一致，缝深可通过检查孔确定。灌浆孔布置见图 3。骑缝孔无法避开钢筋处，以不打断钢筋为原则。

（2）压风检查。压风应在裂缝表面充填完成 7 天后进行。风压为 0.2MPa，压风从一端开始，逐孔进行。压风检查主要是检查灌浆孔间的通畅情况及裂缝口是否密封，有外漏的则需重新作封缝处理。

（3）缝面止浆（灌浆前已做充填法的可不做）。

化学灌浆材料的渗透性能较好，造价高，为保证注浆质量，节省浆液，要求对缝面进行止浆。止浆方法是沿缝凿槽，洗刷干净后再嵌填改性砂浆或者速凝早强砂浆，并将表面压实抹光。

（4）试漏。目的检查止浆效果，以选择主注浆孔。注浆材料采用环氧树脂，则采用压气检测，压力大于灌浆压力，当发现止浆有缺陷时，应在灌浆前进行修补。

（5）灌浆材料。灌浆材料建议采用环氧树脂。因环氧树脂适用较干燥裂缝或经处理后已无渗水裂缝的补强，能灌 0.3mm 左右的细裂缝。环氧树脂黏度较高，在潮湿或水中黏合强度不高，故应选在裂缝较干燥或经处理后裂缝已无渗水时施工。

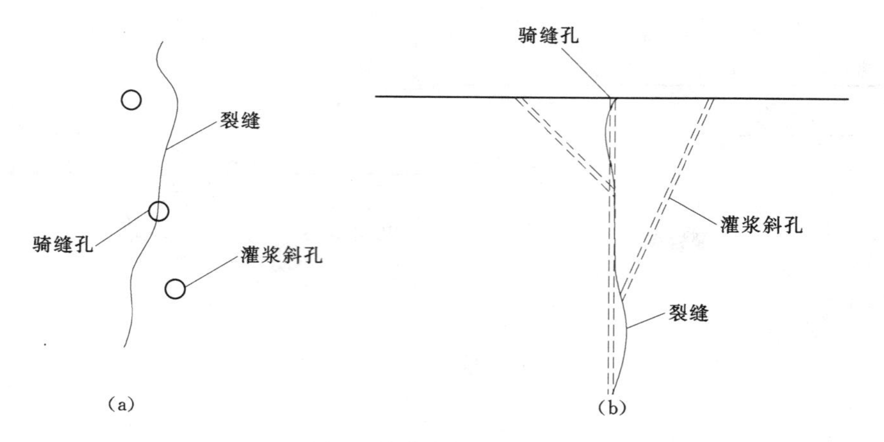

图 3　灌浆孔布置示意图

（6）灌浆。浆材与缝面黏结强度不小于 1MPa。

灌浆压力：灌浆压力控制在 0.2～0.4MPa。

起灌顺序：从最下端开始向上逐孔进行，同一裂缝的灌浆应由深到浅进行。

灌浆结束标准：吸浆量小于 0.02L/5min，再继续灌注 30min 压力不下降即可结束灌浆。

（7）封孔。对于固化后强度达到或超过混凝土强度的灌浆材料，灌浆后孔内的固结物不必清除。

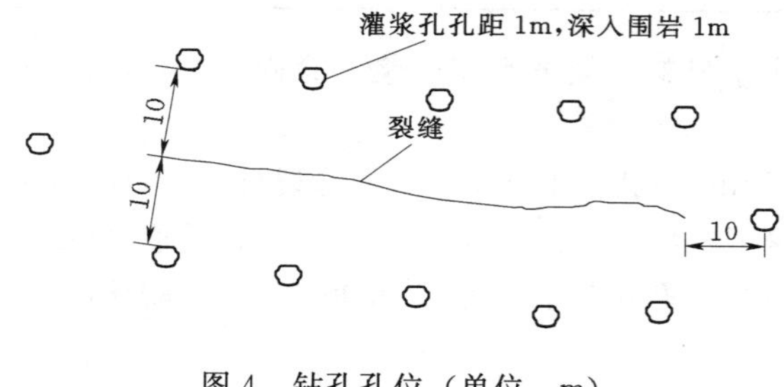

图 4　钻孔孔位（单位：m）

（8）灌浆注意事项。加强对基岩面渗水的封堵。在缝面处理之前应切断渗水的来源，建议对裂缝周边混凝土与基岩的接触面先采用灌浆措施进行封堵，钻孔孔位见图 4，孔距 1m，深入围岩 1m，孔径不小于 32mm，钻孔前应采用钢筋探测仪探测钢筋。钻孔后应立即用高速水流冲洗直至回水澄清 10min 后结束，并测量、记录冲洗后钻孔孔深。钻孔冲洗完成后应作简易压水试验和孔内钩槽、压水试验。

选择灌浆时机。为保证裂缝处理效果，其处理（灌浆）时机宜选在低温季节末期进行；裂缝的修复一定要在其停止发育以后进行，以免修复部分被重新拉裂。

4　压力管道钢筋混凝土衬砌裂缝处理的进一步探讨

4.1　完善、细化裂缝的统计工作

将每条压力管道的裂缝分别进行统计，分别说明每条压力管道的混凝土衬砌时间，裂缝发生时间及发展时段。要求对裂缝的类别、走向、长度等是否存在规律性进行统计说明。

4.2　裂缝分类处理原则

结合现场实际裂缝统计及灌浆试验情况，确定裂缝分类处理原则。

结合现场压力管道衬砌裂缝的统计资料，1～6号压力管道钢筋混凝土衬砌裂缝宽度均在0.27～0.59mm范围内。经过现场压力管道混凝土裂缝化学灌浆试验对比后，可以结合现场情况对裂缝处理进一步细化。

（1）压力管道钢筋混凝土衬砌裂缝，采用环氧树脂材料进行化学灌浆处理。

（2）压力管道钢筋混凝土衬砌施工缝、结构缝等均采用水泥灌浆进行处理。

4.3 进一步明确化学灌浆施工工艺流程

化学灌浆工艺流程如下：清理裂缝、描述──→钻孔、清洗、埋管、封缝──→通风检查──→灌浆──→灌后处理──→质量检查。

针对点渗水、面渗水等化学灌浆处理，首先要详细绘出渗水点及渗水面的部位、形状及大小，在点、面周边布孔，可同样采用上述工艺流程进行化学灌浆施工。

4.4 完善化学灌浆的第三方检测

施工单位应补充详细的化学灌浆材料指标和固化物理性能及岩芯的裂缝充填饱满度描述，同时应提供化学灌浆材质及裂缝岩芯的所有力学技术指标。

化学灌浆材料委托第三方检测单位统一检验。在第三方试验结果出来之前，现场只能做裂缝描述，严禁化学灌浆施工。

5 结语

压力管道钢筋混凝土衬砌裂缝问题是一个普遍存在的问题，其产生的形式和种类很多，其裂缝处理显得尤为重要。本文结合锦屏一级水电站压力管道钢筋混凝土衬砌的裂缝情况，对裂缝分类处理原则，化学灌浆材料，裂缝处理方法及施工工艺进行了探讨。

高压钢筋混凝土隧洞计算方法分析

唐碧华　谢金元　曾海钊

（中国电建集团成都勘测设计研究院有限公司，四川　成都　610072）

【摘　要】目前，圆形隧洞结构计算主要采用公式法、边值法及有限元方法，但计算方法不同，其计算结果相差较大，因此设计成果受计算方法影响较大，设计人员对计算方法的选择存在较大的困惑。本文对现有计算方法进行分析比较，并以实例说明各方法的优缺点，供参考讨论。

【关键词】高压隧洞；钢筋混凝土；计算方法

1　研究现状

隧洞结构型式看似简单，但由于隧洞是埋在岩体中的结构物，它在受力变形过程中与围岩相互约束，共同作用，使衬砌结构计算复杂化，虽进行了大量的计算，也不一定能够得出比较切合实际的结果。

根据《水工隧洞设计规范》（DL/T 5195—2004）的规定：针对钢筋混凝土衬砌隧洞，当洞身布置满足最小覆盖厚度，渗透水力梯度满足渗透稳定，且围岩相对均质的条件下，有压圆形隧洞可按厚壁圆筒原理推导公式进行计算（也称为公式法），计算中考虑围岩的弹性抗力；对无压圆形隧洞及其他断面形式（有压、无压）的隧洞（如城门洞形、马蹄形等）宜按边值数值解法计算；对于直径（宽度）不小于 10m 的 1 级隧洞和高压隧洞，宜采用有限元法计算。至于有限元计算方法，规范没有详细的条文。

2　存在的问题

2.1　公式法

公式法中是将衬砌和围岩相互分开，以研究衬砌本身为主，适当考虑围岩的作用。受均匀内水压力作用时，按厚壁圆筒法原理计算，假定隧洞混凝土衬砌沿径向开裂，荷载主要由钢筋承担；当受其他非均匀荷载（围岩松动压力、衬砌自重、洞内满水重）时，利用结构力学方法计算，其弹性抗力按一固定规律变化，且当不计侧向山岩压力时，弹性抗力分布范围假定作用于底部 270°，当计山岩压力时，则不考虑围岩弹性抗力，只考虑作用在衬砌下半圆且按余弦规律径向分布的地层反力和围岩的侧向松动力。

此方法在受均匀内水压时，考虑了混凝土开裂，其弹性抗力按钢筋受最大容许应力时的变形计算，其理论比较接近真实准确。但在受其他非均匀荷载，利用结构力学法计算时，则把衬砌考虑为弹性体，将衬砌的刚度人为放大，衬砌承担荷载的比例增加，加大了非均匀荷载配筋所占的比例，因此公式法仅适用于均匀内水压力为主的圆形隧洞计算。且

在考虑计与不计侧向山岩压力时，抗性抗力的假定存在突变，因此，计算结果对侧向山岩压力非常敏感，和实际情况不符。

2.2 边值法

边值法是将衬砌分为若干微段，根据微段的切向力、法向力、弯矩的平衡条件，得到内力微分方程组，在根据微段的几何条件，得到位移的微分方程组，合并起来写成矩阵式。并考虑到始端和终端的边界条件，得到微分方程的边值问题。此方法的假定较少，隧洞型式的适应性也很强，看似和实际情况吻合较好，但是其考虑弹性抗力时，采用的是衬砌材料的弹性变形，没有考虑混凝土开裂，因此计算成果的配筋量偏大，对高压隧洞，边值法计算成果非常大，基本达到无法施工的程度。

2.3 综合法

综合法是考虑了公式法中在计与不计侧向山岩压力时，弹性抗力的假定存在突变这一缺点，考虑在受其他非均匀荷载作用时采用边值法计算。在考虑侧向山岩压力时，其计算成果介于公式法和边值法之间，但是在受其他非均匀荷载作用计算时，其存在的问题和边值法是一致的。

2.4 有限元法

有限元法分线弹性模型和非线性模型，对于线弹性模型，由于没有模拟钢筋和混凝土开裂，和边值法存在同样的问题，其计算结果偏大。对于非线性模型可以较准确模拟隧洞衬砌的受力条件，但是计算过程复杂，计算量大，一般设计人员难以掌握，目前用于工程实例的非常少。

各种高压隧洞计算方法，各有特点，且计算成果相差较大，且有些差异规律随围岩条件、水头大小等条件不同而不同，设计方法的取舍成为影响设计成果的关键因素，给工程师们造成较大困惑。本文针对目前实际情况，对各种方法进行详细对比分析。

3 算例

为了说明上述各计算方法的特点，以某一工程实例分析存在的问题。

某工程压力管道隧洞内径10m，Ⅳ类围岩衬砌厚1m，混凝土强度等级C25，工程地质物理力学参数见表1。在隧洞计算中，影响计算成果的岩石物理力学参数主要有单位弹性抗力系数（结构力学法计算采用值）、变形模量及泊松比（有限元法采用值）。根据弹性理论，变形模量和抗力系数之间存在换算关系 $E_0=K_0\times100(1+\mu)$。物理力学参数相当是比较各计算方法及成果的前提条件，但在大多数实际工程中，变形模量及泊松比采用试验值，而单位弹性抗力系数则采用评分法综合考虑，且一般情况下，通过评分法提出的抗力系数值较换算值偏低，常存在物理力学参数不匹配的问题。

表1　工程地质物理力学参数

围岩类别	干密度 P /(g/cm³)	抗压强度湿 /MPa	变形模量 E_0/GPa		泊松比 μ	抗剪断强度 岩石/岩石		普氏系数 f	单位弹性抗力系数 K_0/(MPa/cm)
			水平	铅直		f'	C'/MPa		
Ⅳ	2.58	20～40	2.5～3.5	1.0～1.5	0.35	0.60～0.80	0.5～0.7	1～2.5	8～15

由于抗力系数一般较保守，因此本算例采用单位弹性抗力系数上限值：Ⅳ类围岩 $K_0=15\text{MPa/cm}$，而有限元计算中变形模量采用换算值：$E_0=K_0\times100(1+\mu)=15\times100(1+0.35)=2025$（MPa），$\mu=0.35$。为了更直观简洁比较各计算方法，主要针对承载能力极限状态计算，因此本算例暂不考虑裂缝宽度影响。计算成果见表2～表5。

表2　各种计算方法配筋成果比较表（仅计洞顶以上均匀内水压力）

内水/m	厚壁圆筒法/mm²	边值法/mm²	线弹性有限元法/mm²
36	计算面积小于0构造配筋应力小于46	内侧2953＋外侧2953	内侧2755＋外侧2484
61.5	计算面积小于0构造配筋应力小于78	内侧5383＋外侧5383	内侧4707＋外侧4244
107	计算面积小于0构造配筋应力小于135	内侧9718＋外侧9718	内侧8190＋外侧7384
200	内侧1882＋外侧1882双层5Φ22	内侧18578＋外侧18578	内侧15308＋外侧13802

表3　各种计算方法配筋成果比较表（同时计洞顶以上均匀内水压力、衬砌自重、洞内满水中）

内水/m	公式法/mm²	综合法/mm²	边值法/mm²	线弹性有限元法/mm²
36	构造配筋	构造配筋	内侧4330＋外侧4159 增加比例：47%＋41%	内侧3329＋外侧3012 增加比例：21%＋21%
61.5	构造配筋	构造配筋	内侧6625＋外侧6646 增加比例：23%＋24%	内侧5281＋外侧4772 增加比例：12%＋12%
107	构造配筋	构造配筋	内侧10960＋外侧10980 增加比例：13%＋13%	内侧8763＋外侧7912 增加比例：7%＋7%
200	内侧3833＋外侧1725 增加比例：104%～8%	内侧8Φ32（6434） 外侧5Φ22（1900）	内侧19820＋外侧19840 增加比例：7%＋7%	内侧15881＋外侧14330 增加比例：4%＋4%

注　表3内的“增加比例”为表3计算成果相对于表2相应计算方法的计算成果增加比值。

表4　各种计算方法配筋成果比较表（同时计洞顶以上均匀内水压力、衬砌自重、洞内满水中、侧向山岩压力系数0.05、垂直山岩压力系数0.2）

内水/m	公式法/mm²	综合法/mm²	边值法/mm²	线弹性有限元法/mm²
36	构造配筋	构造配筋	内侧4904＋外侧4159 增加比例：13%＋0%	内侧3366＋外侧2990 增加比例：1.1%－0.7%
61.5	构造配筋	构造配筋	内侧7180＋外侧6646 增加比例：8.4%＋0%	内侧5318＋外侧4750 增加比例：0.7%－0.5%
107	构造配筋	构造配筋	内侧11253＋外侧10978 增加比例：3%＋0%	内侧8800＋外侧7890 增加比例：0.4%－0.3%
200	内侧4562＋外侧1725 增加比例：19%＋0%	内侧9Φ32（7239） 外侧8Φ25（3927） 增加比例： 13%＋107%	内侧20113＋外侧19839 增加比例：1.5%＋0%	内侧15918＋外侧14308 增加比例：0.2%－0.2%

注　表4内的“增加比例”为表4计算成果相对于表3相应计算方法的计算成果增加比值。

表 5　各种计算方法配筋成果比较表（同时计洞顶以上均匀内水压力、衬砌自重、洞内满水中、侧向山岩压力系数 0.05、垂直山岩压力系数 0.2）

内水/m	公式法/mm^2	综合法/mm^2	边值法/mm^2	线弹性有限元法/mm^2
36	内侧 4182＋外侧 2800	构造配筋	内侧 4904＋外侧 4159 增加比例：0%＋0%	内侧 3251＋外侧 2937 增加比例：－3.4%－1.8%
61.5	内侧 4860＋外侧 3181	构造配筋	内侧 7180＋外侧 6646 增加比例：0%＋0%	内侧 5203＋外侧 4696 增加比例：－2.2%－1.1%
107	内侧 6651＋外侧 4182	构造配筋	内侧 11253＋外侧 10978 增加比例：0%＋0%	内侧 8686＋外侧 7837 增加比例：－1.3%－0.7%
200	内侧 12441＋外侧 8754 增加比例：225%＋407%	内侧 8Φ32（6434）外侧 7Φ25（3436）增加比例：－11%－13%	内侧 20113＋外侧 19839 增加比例：0%＋0%	内侧 15804＋外侧 14255 增加比例：－0.7%－0.4%

注　表 5 内的“增加比例”为表 5 计算成果相对于表 4 相应计算方法的计算成果增加比值。

从上述计算成果可知：

（1）在公式法中，非均匀荷载（自重、满水重和山岩压力）是影响计算成果的主要因素，特别是计与不计侧向山岩压力的假定对计算成果起控制作用，和实际情况相差甚远。

（2）边值法和线弹性有限元法，计算理论及计算成果规律基本相似，量值相当，内水压力为主要荷载，总体来说，边值法较线弹性有限元计算成果大 20%左右；但当考虑垂直山岩压力时，内层钢筋有增加趋势，外侧钢筋有减少趋势；当考虑侧向山岩压力时，内外压力有相互抵消的作用，计算配筋量有减小趋势（在边值法中，当荷载是有利作用时，其荷载分项系数为 0，因此加不加侧向山岩压力，结果不变，实际是有抵消作用的）；此两种方法由于没有考虑混凝土开裂，其衬砌变形相对较小，因此围岩承担荷载比例较实际情况偏小，计算配筋量偏大。

（3）综合法虽综合了公式法和边值法，但仍存在边值法计算非均匀荷载时，未考虑混凝土开裂的问题。

4　结论

目前由于各计算理论存在较大差异，因此设计成果差异较大，亟需研究一种简单快捷的计算方法模拟隧洞的实际受力情况，解决目前设计所面临的困难。

参 考 文 献

[1]　DL/T 5195—2004 水工隧洞设计规范［S］. 中国电力出版社，2004.

[2]　郭艳. 玛河一级电站引水隧洞围岩稳定及衬砌结构分析研究［D］. 石河子大学，2011.

[3]　沈威. 圆形水工压力隧洞衬砌变形特性与限裂设计研究［D］. 大连理工大学，2012.

内套钢衬在水工压力隧洞渗漏处理中的应用

谢金元

（中国电建集团成都勘测设计研究院有限公司，四川　成都　610072）

【摘　要】水工压力隧洞在发生严重渗漏事故时，可采取的处理措施一般有补充固结灌浆、增设或修补钢筋混凝土衬砌、增设钢衬等，但由于渗漏洞段围岩渗透性强、原衬砌缺陷众多、缺陷处理可靠性和及时性要求高等因素，内套钢衬具有十分突出的优势。本文分析了隧洞渗漏处理的特点和内套钢衬的优点，结合工程实例阐述了内套钢衬设计的要点。

【关键词】内套钢衬；渗漏处理；光面管；自密实混凝土；水工隧洞

1　前言

水工隧洞大多采用限裂设计，但若 HD 值较大需设置的钢筋过多或有严格防渗要求时，常采用钢板混凝土衬砌；有时为减短或平顺洞线，也采用钢板衬砌来穿越埋深不足或地质条件较差的洞段。

在我国水利水电工程建设过程中，也出现了一些工程因原认识不足或施工质量缺陷导致隧洞充水时出现严重渗漏甚至导致洞外边坡失稳的事故，在这些隧洞渗漏处理中，大部分都首先考虑对支护缺陷本身进行处理，或对围岩进行补强灌浆处理，结果第二次充水仍不能满足正常运行要求，最终不得不采用内套钢衬方案；如羊湖水电站引水隧洞处理、柳洪水电站压力管道处理、烟岗水电站引水隧洞处理、大洪河水电站压力管道技改、罗村水库三级电站压力管道处理、信邑水库放水洞除险加固等（见表 1）。

表 1　国内采用内套钢衬处理的隧洞实例

隧　洞　名　称	原隧洞内径 /m	内套钢衬管径 /m	内套钢衬总长 /m
羊湖水电站引水隧洞	D2.5	D2.2	3000
柳洪水电站压力管道	D3.8	D3.3	290（斜井为主）
烟岗水电站引水隧洞	D3.0	D2.6	1840
大洪河压力管道	D4.5	D4.1	120（含岔支管）
罗村水库三级电站压力管道	D1.8	D1.7	520
信邑水库放水洞	D1.5	D1.474（外径）	322

工程处理案例的经验证明，内套钢衬在水工隧洞渗漏处理上具有可靠性高、配套技术成熟、施工迅速等优势。

首先对水工隧洞渗漏处理的特点和内套钢衬处理隧洞渗漏的优点进行分析，再结合工程实例对内套钢衬设计要点进行论述，希望对类似工程压力隧洞设计和事故处理提供借鉴和参考。

2 水工隧洞渗漏处理特点

出现严重渗漏事故的水工隧洞围岩一般裂隙都较发育，渗透性较强；在渗漏事故中，围岩裂隙中的细颗粒被渗流带出，受内水压力作用，裂隙宽度和延伸长度更进一步被扩张。如果设置有钢筋混凝土衬砌，放空检查时往往会发现衬砌上分布众多缺陷，特别是贯穿性裂缝或孔洞等集中性渗漏通道在放空后外水内渗。

水工隧洞发生严重渗漏事故时，一般都是工程投产前的充水调试阶段或投产运行初期，事故发生对工程经济效益及当地社会影响均较大，往往要求尽快进行稳妥处理。在处理方案选择上，可靠和施工快速的要求往往高于投资控制的要求。

3 内套钢衬处理隧洞渗漏的优点

水工隧洞充水运行出现严重渗漏事故后，可采用的处理措施一般有：补充固结灌浆、增设或修补钢筋混凝土衬砌、增设钢板衬砌等。

如前所述，发生严重内水外渗的隧洞围岩本身透水性就强，渗流更加剧了其裂隙连通性，仅仅补充固结灌浆往往难以达到预期效果。

针对原混凝土衬砌缺陷，一般可采取如下处理措施：对裂缝进行化学灌浆、对混凝土内部缺陷进行置换或灌浆、对少筋区域进行纤维补强、对衬砌表面增设防渗涂层等。但要对原混凝土衬砌进行修补，首先需对外观和内部缺陷进行详细检查，相应制定针对性处理措施；修复处理施工中还存在工序复杂、高分子材料对施工环境和养护要求高、处理效果难以保证等问题。

若采取新增钢筋混凝土衬砌处理，则存在新增水头损失过大、新老混凝土衬砌间结合处理要求高、衬砌模板制作安装复杂、混凝土待强时间相对较长等问题。

而采用内套钢板衬砌，则可达到严密防渗的效果。内套钢衬虽需减小过水断面，但断面缩小幅度相对不大，且因钢板糙率更小，处理后对隧洞水头损失影响可进一步降低。

采用内套钢衬方案后，可按钢板单独承担内水压力来设计，以简化对原衬砌缺陷的检查和处理要求，尽量让管壁自身满足抗外压稳定以免除或简化加劲环设置，尽量减少现场安装焊缝，并采用单面焊接方式。由于内套钢衬按单独承担内水压力设计，也可适当降低管外回填混凝土（或砂浆）及灌浆的要求，适当放宽管外脱空面积限度。因此，内套钢衬方案还具有施工速度快的特点。

根据羊湖引水隧洞、柳洪压力管道和烟岗引水隧洞内套钢衬施工情况（见表 2）可知，内套钢衬施工进度均较理想。

表 2　内套钢衬处理施工进度实例

隧洞名称	内套钢衬总长/m	内套钢衬总重/t	处理工期/月	备　注
羊湖引水隧洞	3000	2742	6	平均日安装 8 节近 50m
柳洪压力管道	290	721	4	主要为斜井且运输受蝶阀短管割除口制约
烟岗引水隧洞	1840	1860	4	平均日安装约 35m

柳洪水电站压力管道内套钢衬布置示意图如图 1 所示。

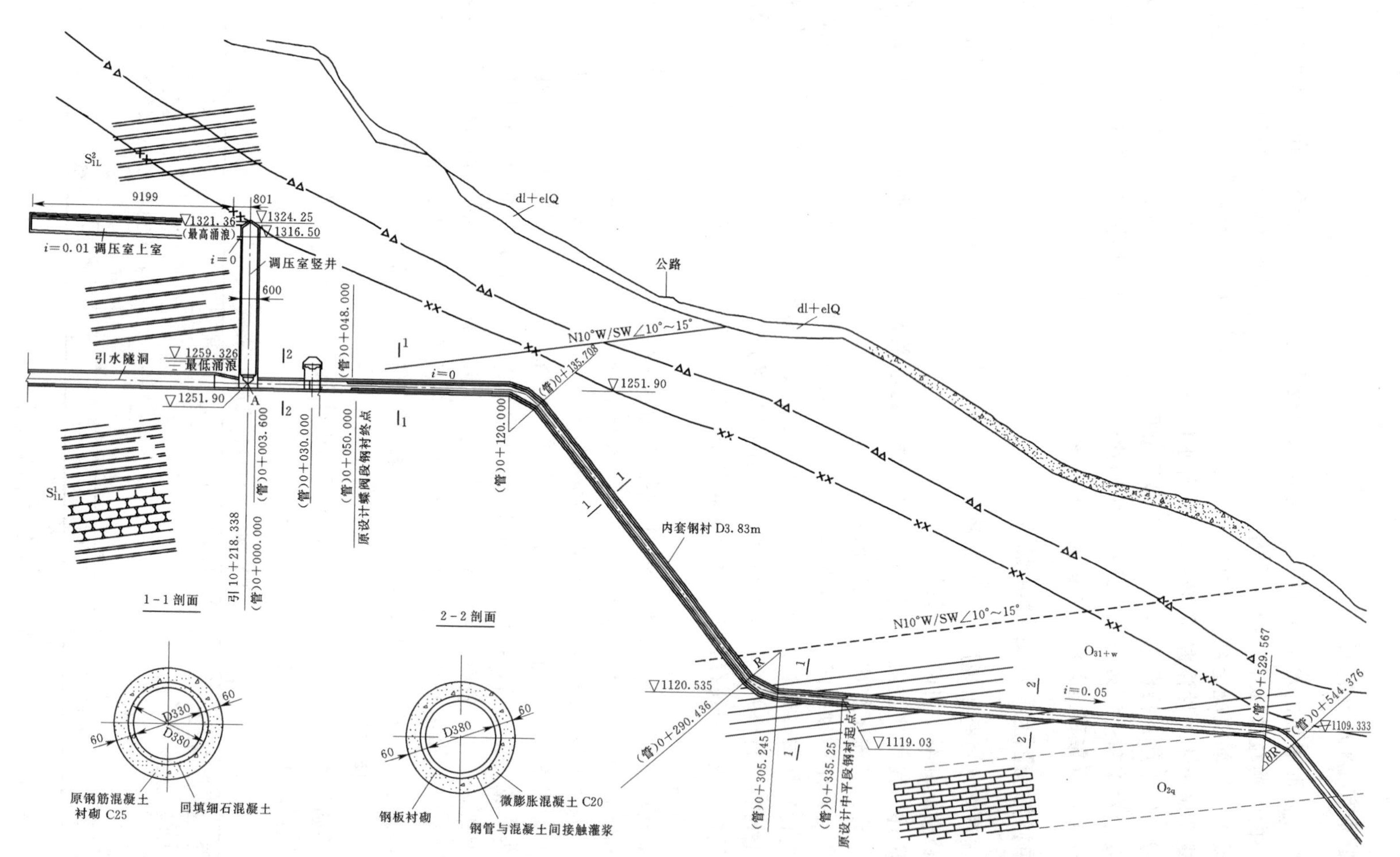

图 1　柳洪水电站压力管道内套钢衬布置示意图(单位:m)

4 内套钢衬设计要点

内套钢衬设计应综合考虑地形地质条件、渗漏事故表现、缺陷分布分类、工程运行要求、相邻建筑物布置、结构受力、施工方法、施工进度等多方面因素，重点确定内套钢衬范围、钢衬内径、钢衬壁厚及抗外压措施、钢衬焊接设计、管外回填及灌浆设计。

下面结合柳洪水电站压力管道上斜井渗漏处理内套钢衬设计施工实例予以具体阐述。

柳洪水电站为美姑河流域梯级开发的第四级，采用引水式开发，电站设计引用流量$57m^3/s$，额定水头361m，装机容量180MW(3×60MW)。压力管道为地下埋藏式，布置格局为一条主管分岔为三条支管，主管由上、中、下三个平段和上、下两个斜段组成，内径3.8m。原设计以压力管道中平段桩号（管)0＋335.25处为界，将压力管道分成两种衬砌型式，其上采用钢筋混凝土衬砌，其下采用钢板衬护；上平段（管）0＋000.000～(管)0＋050.000段因设置有检修蝶阀也采用钢衬。(管)0＋050.000～(管)0＋335.25原设计钢筋混凝土衬砌厚60cm，全段进行固结灌浆、平段进行回填灌浆。电站充水运行时压力管道上斜段发生了严重渗漏，随即采用了补强灌浆和内刷防渗涂料处理，再次充水，渗漏量仍较大；最后对（管)0＋050.000～(管)0＋335.250段进行了内套钢衬处理，钢衬内径3.3m，壁厚24～28mm。经内套钢衬处理后，电站至今运行正常。

（1）内套钢衬应根据缺陷分布连续包络设置，并做好与上下游端原衬砌的衔接。

柳洪压力管道渗漏发生后，放空进行外观检查发现压力管道上斜段存在混凝土集中破坏3处、集中外水内渗点3处、0.2mm宽度以上裂缝10条总长66.5m。外观检查发现上斜段重大缺陷存在分段集中规律，但数量较多，上平段总体情况相对较好。同时根据渗漏出水点位置分布及出水量在压力管道放水过程的变化，也可以判断，渗水集中主要发生在压力管道上斜段高程较高的部位。

为避免局部钢筋混凝土衬砌段出现集中绕渗而在钢衬外形成较大外水压力的问题，同时避免钢管与原衬砌钢筋混凝土连接的施工难度，对压力管道钢筋混凝土衬砌段即（管)0＋050～(管)0＋335.25段全部采用内套钢衬处理，并于上下游端与原钢衬焊接封闭。

（2）内套钢衬内径应综合工程运行和处理施工条件确定。

柳洪水电站压力管道内套钢衬管径的选择主要考虑水头损失、施工难度两个因素，设计比选了3.4m、3.3m和3.2m三个方案。经计算，三个方案水头损失比原方案分别增加0.232m、0.649m和1.150m。为减小管外空间占用，经计算，壁厚适当加大后即可满足抗外压稳定要求，加劲环仅需按施工构造要求配置。综合考虑水头损失和施工要求后，选用3.3m内径方案。同时对压力管道水锤压力进行了复核计算，计算表明，水锤升压未超过原钢衬段及机组设计内压，水锤降压下管顶压力仍满足要求。

（3）内套钢衬宜按单独承担内水压力设计，并尽可能简化加劲环设置。

柳洪水电站压力管道内衬钢管设计时，不考虑围岩承担内水压力，受施工条件限制，钢管采用内侧单面焊接。综合考虑工程处理工期及钢材采购供货情况，钢种选用Q345B。按《水电站压力钢管设计规范》（DL/T 5141—2001）附录B.1钢管单独承受内水压力公式计算并计入2mm裕量后管壁厚为8～20mm。

因管外净空尺寸不足25cm，不便设置较大尺寸的加劲环，为使光面管壁能满足抗外压稳定要求，经计算，管壁厚度实际取为24～28mm，按光面管计算即可满足抗外压稳定要求。为便于管节安装，在管外间隔10m设置一道高为10cm的加劲环。

对于斜井段，考虑前期处理时在原衬砌表面刷有光滑的防渗涂层，为简化原钢筋混凝土衬砌表面的凿毛处理，相应假定斜井段钢管自重、管内水重、管外回填混凝土自重的下滑力全部传递到钢衬上，而形成管道轴向压应力。受益于管壁厚度加大，综合钢衬内的环向应力、轴向应力和径向应力，按第四强度理论计算出钢衬内的组合应力值均小于钢材的抗力限值，满足规范要求。为增强安全度，仍要求沿管轴线每隔10m设置一排锚筋，每排4根，锚筋深度2.5m，端头与加劲环焊接。

（4）内套钢衬应尽量减小现场焊接工作量，并对现场焊缝进行严格探伤检查。

柳洪水电站压力管道内套钢衬在洞外制作成管节，采用车辆运至蝶阀室，卸车并翻身为水平状态后，采用设置在上平段蝶阀室和下平段的两台卷扬机作为牵引和反牵引缓慢沿管轴线运送至安装位置。管节间安装环缝采用单面焊接双面成形工艺，因此在组装过程中要求所有环缝背面都设垫板。考虑到内套钢衬施工的特殊性，要求对焊缝100%超声波探伤检查。

（5）内套钢衬外回填和灌浆设计宜尽量简化。

由于钢管外壁与原混凝土之间的间隙有限，回填材料无法振捣，同时考虑到柳洪压力管道处理工期的紧迫性，单次回填段在施工能力能够保证的情况下宜尽量长，因此管外回填采用了细石混凝土和砂浆，总共分了4个仓段。

根据衬砌缺陷检查成果和结构受力分析，柳洪水电站压力管道洞室围岩稳定无问题，同时考虑到内套钢衬可单独承担内水压力，为简化处理施工，可降低管外灌浆要求。最终仅在平段和弯段内套钢衬顶部设置了少量回填灌浆孔，排距6m，每排在管顶设1孔，补强板设置在管内；接触灌浆孔则根据管壁敲击检查出的较大面积脱空部位有针对性设置。

5 结束语

综上所述，内套钢衬是水工压力隧洞严重渗漏处理时的一种最有效措施，其具有安全可靠、技术成熟、施工快捷等优势；在围岩透水性强、原衬砌缺陷多，补充固结灌浆和原衬砌修补困难或效果难以掌控的情况下，宜优先采用。

参 考 文 献

[1] DL/T 5195—2004水工隧洞设计规范［S］．北京：中国电力出版社，2004.

[2] DL/T 5141—2001水电站压力钢管设计规范［S］．北京：中国电力出版社，2002.

[3] 张清琼．大洪河电站压力钢管技术改造设计方法探讨．四川水力发电［J］．2006（25）．

[4] 赖德元．西藏羊卓雍湖电站引水隧洞钢衬施工．水利水电施工［J］．1997（3）．61.

[5] 胡小龙，张国正．圆形水工隧洞钢衬加固技术，人民长江，第42卷第12期．

[6] 詹宇胜，杨远祥．西江引水工程盾构隧道内衬大口径钢管的施工技术．中国给水排水［J］．2012（28）．

抽水蓄能电站竖井式进水口下弯段三维有限元结构分析

李　冲

（中国电建集团中南勘测设计研究院有限公司，湖南　长沙　410014）

【摘　要】 本文借助于ANSYS软件，建立三维模型对某抽水蓄能电站竖井式进水口下弯段进行了不同工况的三维有限元分析，对混凝土衬砌的受力、配筋，以及裂缝开展情况等进行了分析。研究结果表明：正常运行时，进/出水口下弯段衬砌顶拱和底拱内侧拉应力较大，可能开裂，但是裂缝并未贯穿衬砌，钢筋应力也不大，裂缝宽度能满足规范要求；检修时，衬砌压应力为主，开裂可能性较小。

【关键词】 竖井式进水口；钢筋混凝土非线性；有限元

1　概况

某抽水蓄能电站工程总装机规模1500MW，单机容量250MW，共6台机。上水库两个进/出水口由竖井式进/出水口闸门段、进口扩散段、等直径洞段、进口下弯段等组成。该工程上库进/出水口为国内为数不多的竖井式进水口之一，其下弯段的结构形状及受力情况较为复杂，承受内、外水压力较大，故有必要对其在内水压力和外水压力等荷载作用下的受力特性进行研究。

2　基本资料

进/出水口下弯起始端横断面为圆形，直径为9.2m，下弯段内侧转弯半径为22.29m，外侧转弯半径为18.4m，中心线转弯半径为20.35m，后经20.65m渐变直管段与引水隧洞上平段相接。该段衬砌厚2m。上平段横断面为圆形，直径为9.2m。进/出水口下弯段结构图如图1所示，基本材料力学参数见表1～表2。

表1　　钢筋混凝土物理力学参数表

材　　料	容重 /(kN/m^3)	设计抗压强度 /MPa	设计抗拉强度 /MPa	弹性模量 /GPa	泊松比
C30混凝土	25.0	14.3	1.43	30	0.167
HRB400级钢筋	78.5	360	360	200	0.3

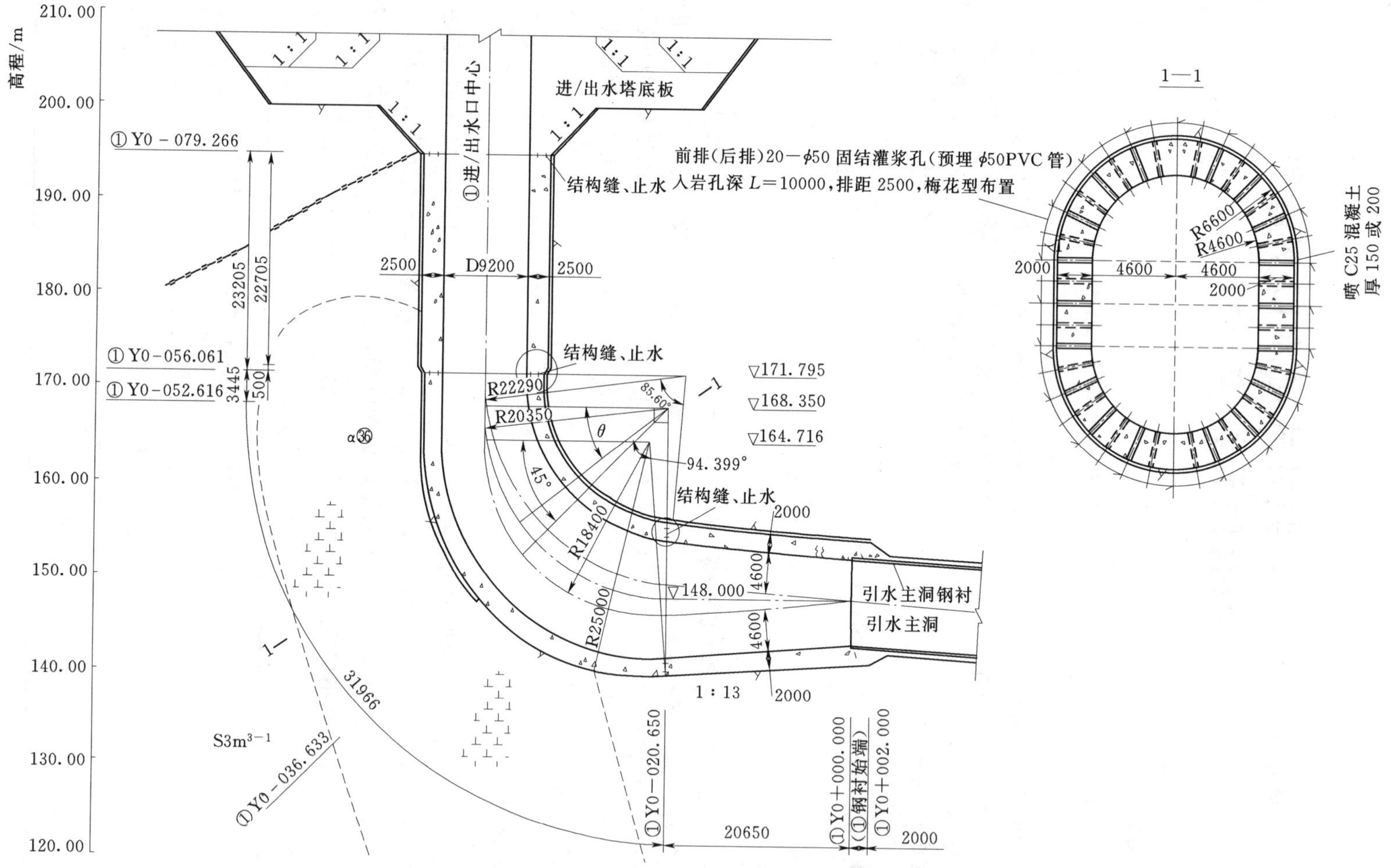

图 1　进/出水口下弯段结构图(单位:mm)

表 2　　岩石物理力学参数表

围岩类别			强风化带			弱风化带
			上部	中部	下部	上部
干密度		g/cm^3	2.55	2.60	2.63	2.65
静变形模量		GPa	1	3	4	5
泊松比			0.30	0.28	0.26	0.24
岩石/混凝土抗剪断强度	f'		0.5	0.6	0.7	0.8
	C'	MPa	0.3	0.4	0.5	0.7
允许承载力		MPa	1.0	1.5	2.0	3.0

3　基本理论和计算模型

3.1　基本理论

自重应力场计算，并采用“死活”单元的形式，以“死”单元来模拟开挖单元。锚杆采用等效连续法来模拟，具体公式如下：

$$C_b = C + \eta \frac{\tau_b A_b}{S_a S_b}$$

式中　C、C_b——加锚前、后围岩的黏聚力，MPa；

τ_b——锚杆抗剪强度，MPa，取 175 MPa；

A_b——锚杆的横截面积，cm^2，锚杆直径 28mm，$A_b = 4.907cm^2$；

S_a、S_b——锚杆间距与排距，cm，均取 100cm；

η——综合经验系数，一般取 2～5。

在钢筋混凝土非线性分析中，ANSYS 采用 Solid65 单元来模拟。衬砌混凝土的应力应变关系在混凝土开裂前按线弹性关系，通过破坏准则来判断材料是否达到破坏曲面。当材料达破坏曲面时，按拉压不同破坏形式相应改变应力应变关系。受拉开裂后，混凝土应力应变矩阵将沿着破坏面和垂直于破坏面的方向建立，并设置相应参数反映混凝土开裂后的应力应变关系。材料在受压破坏后所有方向发生应变软化，单元完全丧失承载力。多轴应力下的混凝土破坏准则采用组合破坏准则，三向受拉应力状态时取最大主应力准则，三向受压应力状态取 William-Warnke 五参数准则，其他应力状态取两准则的过渡型式。本文钢筋采用分布钢筋模型，假设钢筋以确定的角度分布在整个单元中，并假设混凝土与钢筋之间黏结良好。

3.2　计算模型

计算范围考虑进/出水口下弯段及相应围岩。根据一般工程经验及本工程实际地质条件，计算中四周围岩取 5 倍开挖洞径左右；顶、底部分别取至高程 195.00m 和 74.25m。

整个计算模型规模如下：计算时岩体采用八节点等参单元、Drucker-Prager 屈服模型模拟；混凝土衬砌、喷层分别采用八节点等参单元和板壳单元模拟，锚杆采用等效锚杆模型模拟。整体计算模型见图 2，衬砌网格见图 3。

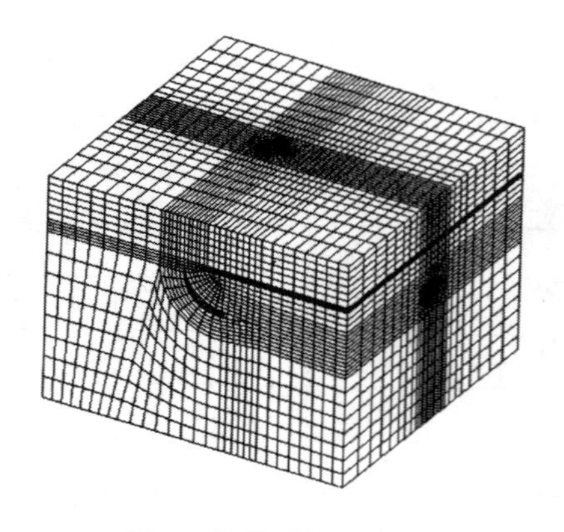

图 2　整体计算模型图

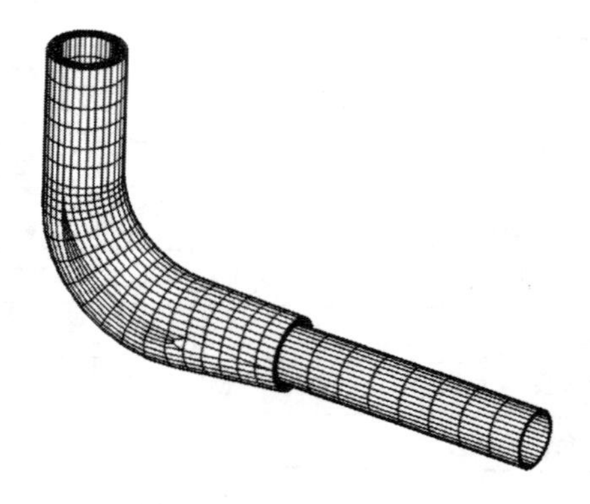

图 3　衬砌网格示意图

边界条件：计算模型四周和底部施加法向链杆，顶部施加等效压力来模拟顶部岩体、进水塔和水体自重。

3.3　计算方案

为了研究在各种荷载组合下，混凝土衬砌结构的受力特征，进行了 3 个方案的计算（见表 3）。其中方案 1、方案 2 为混凝土线弹性方案，主要用来对混凝土结构进行配筋，方案 3 为混凝土非线性方案，主要用来分析结构的裂缝开展情况。

表 3　计算方案及荷载

计算方案	设计状况	计算情况	荷载			
			地应力	结构自重	内水压力	外水压力
方案 1	持久	正常运行	√	√	1.55MPa	
方案 2	短暂	检修	√	√		0.81MPa
方案 3	持久	正常运行	√	√	1.55MPa	

4　下弯段混凝土衬砌三维有限元分析

4.1　计算方案 1 衬砌应力

计算方案 1 衬砌结构各方向应力和第一主应力如图 4～图 7 所示，从方向应力图来看，在内水压力作用下，顺水流方向应力以压应力为主；垂直水流向应力以拉应力为主，此方向最大拉应力值为 7.43MPa，远远大于 C30 混凝土抗拉强度设计值 1.43MPa。

从第一主应力图来看，在内水压力作用下，衬砌内出现了较大的拉应力，最大数值达到 7.506MPa，出现在弯段顶部，远远大于 C30 混凝土抗拉强度设计值 1.43MPa；而在衬砌底部，混凝土拉应力数值也基本在 4MPa 以上；对于两腰位置，衬砌的拉应力较小。这与衬砌结构的受力特点相一致。

从衬砌拉应力数值与分布区域判断，运行期衬砌结构有可能出现较大范围的开裂区域，需要配置钢筋控制裂缝的形成与扩展。

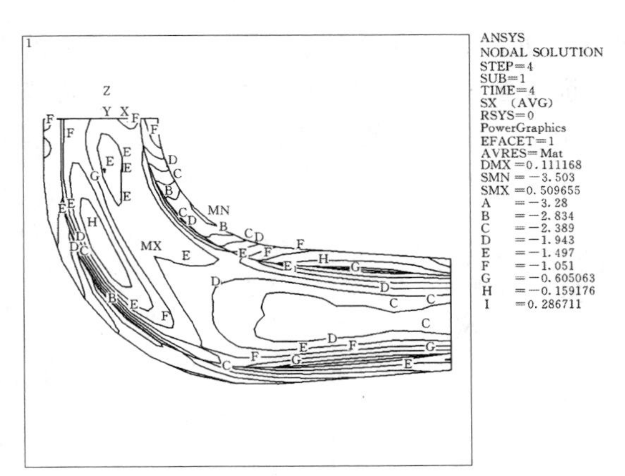

图 4　运行期衬砌结构 SX 图（单位：MPa）

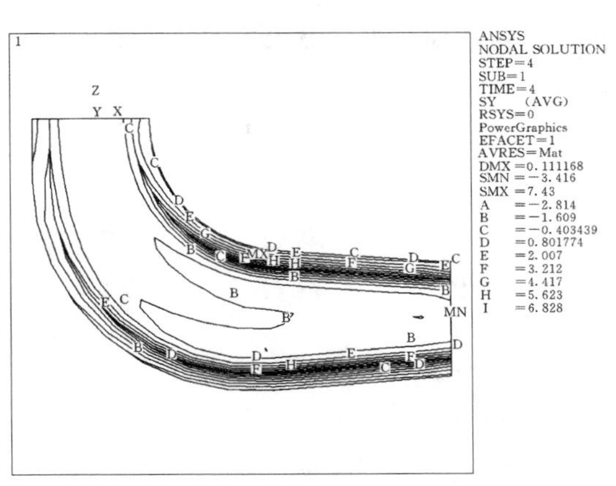

图 5　运行期衬砌结构 SY 图（单位：MPa）

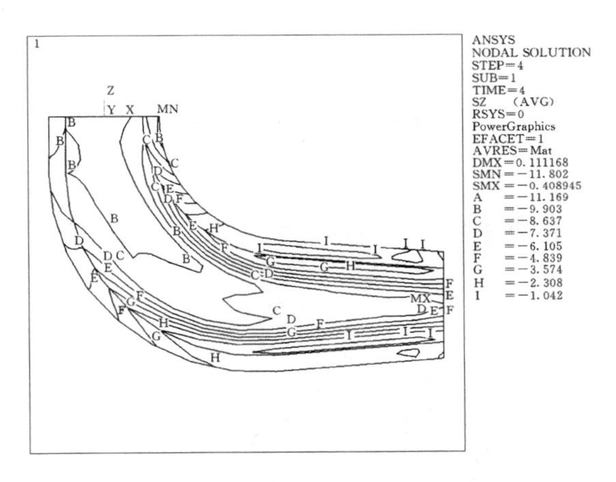

图 6　运行期衬砌结构 SZ 图（单位：MPa）

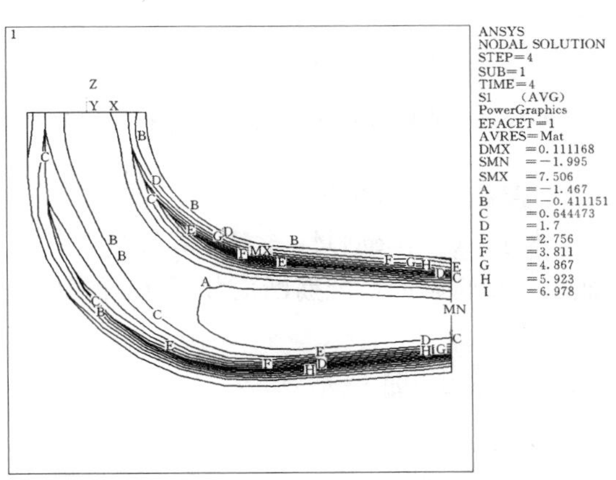

图 7　运行期衬砌结构 S1 图（单位：MPa）

4.2　计算方案 2 衬砌应力

计算方案 2 衬砌结构各方向应力和第一主应力如图 8～图 11 所示，从应力图可以看

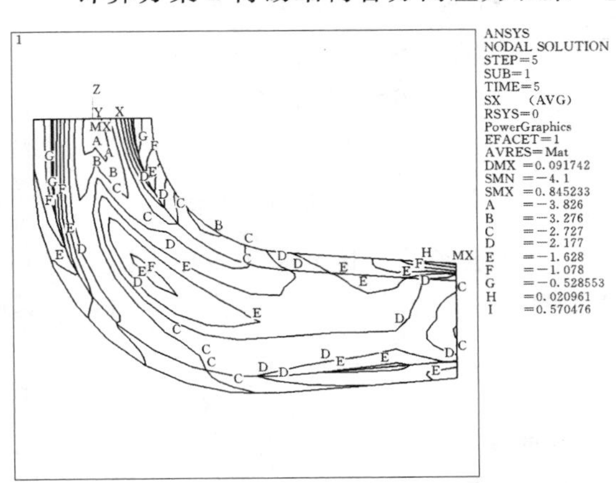

图 8　检修期衬砌结构 SX 图（单位：MPa）

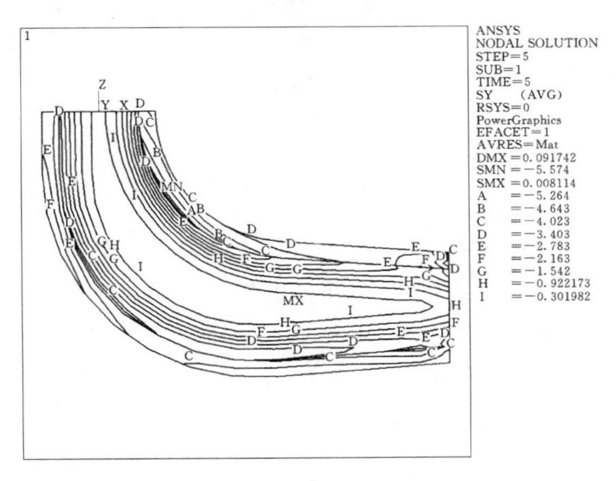

图 9　检修期衬砌结构 SY 图（单位：MPa）

出：在检修期外水压力作用下，除了边角很小区域外，整体直角坐标系下衬砌各个方向的应力基本为压应力，但未超过 C30 混凝土设计抗压强度－14.3MPa。故可以认为在检修期外水压力作用下，混凝土衬砌应力状态良好，出现裂缝的可能性较小。

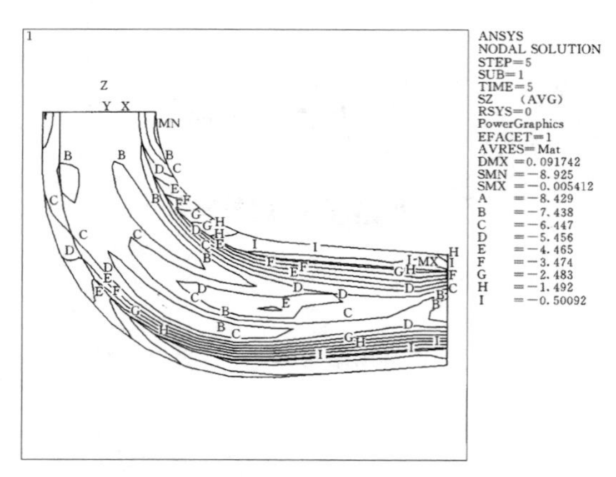

图 10 检修期衬砌结构 SZ 图（单位：MPa）

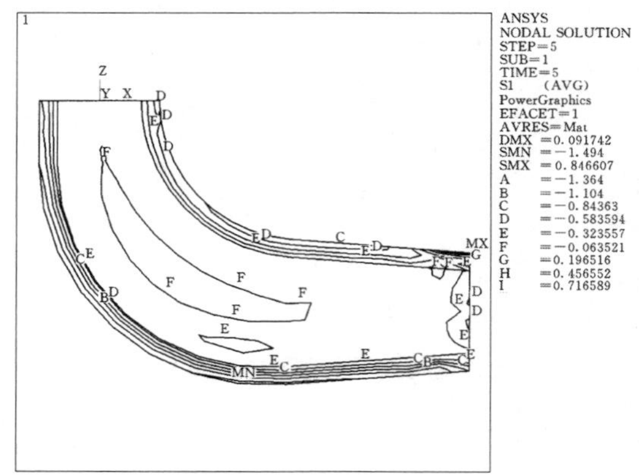

图 11 检修期衬砌结构 S1 图（单位：MPa）

4.3 混凝土衬砌配筋

根据以上衬砌弹性方案计算结果，针对衬砌混凝土的受力特征，本文选取应力最大断面进行配筋设计，配筋断面如图 12 和图 13。

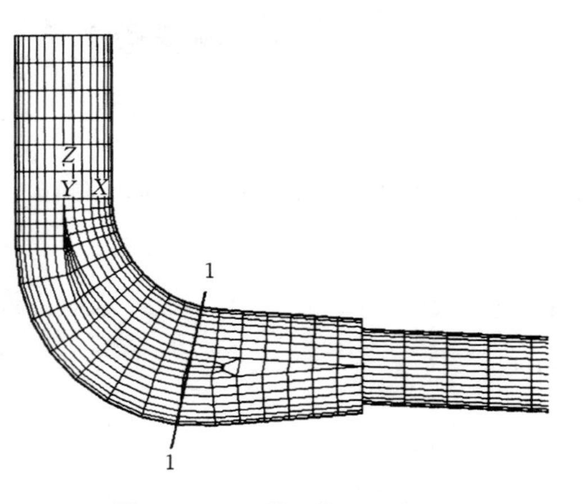

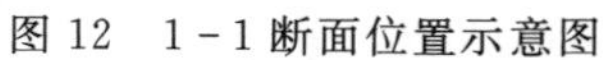

图 12 1-1 断面位置示意图

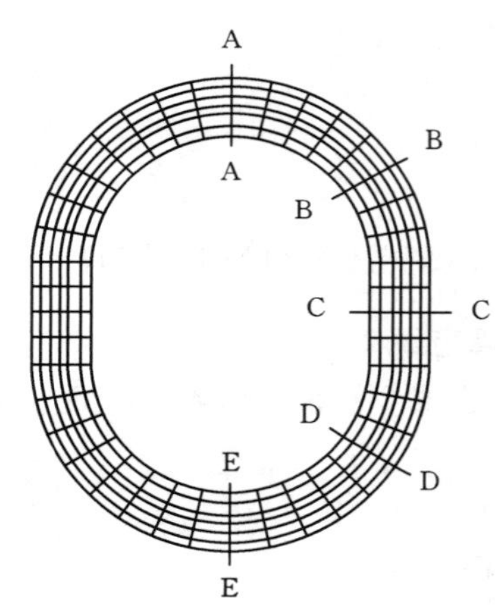

图 13 特征截面位置示意图

在运行期（计算方案 1）由于衬砌混凝土承受较大拉应力，因此采用拉应力图形配筋法；而检修期间（计算方案 2），衬砌混凝土主要呈受压应力状态，按构造配筋即可，具体配筋计算结果见表 4。

从配筋计算结果可以看出，假定弹性混凝土衬砌承担的内水压力全部转移至钢筋承担时，需要配置相当数量的受拉钢筋，其中在 A—A 断面位置，需要配置钢筋面积最大达到 $20023mm^2/m$，已经超过招标设计中采用的环向钢筋面积 $14120mm^2/m$，而在实际管道运行过程中，由于衬砌混凝土开裂，将向围岩传递相当数量的内水压力，因而在满足最大裂

缝宽度要求时，钢筋配筋面积将有较大程度的减小，因而需要展开衬砌混凝土开裂非线性有限元分析，并进行限裂校核。

表 4　　上库进/出水口隧洞段 1-1 断面配筋设计

特征截面	截面应力分布（从内至外）/MPa							截面拉力合力/MN	计算钢筋面积/(mm²/m)	构造配筋面积/(mm²/m)	招标设计配筋面积/(mm²/m)
A—A	7.50	5.04	3.14	1.56	0.17	−1.07	−2.21	4.551	20023	3000	14120
B—B	−3.59	−2.89	−2.37	−1.93	−1.56	−1.21	−0.89	0.000	0	3000	14120
C—C	−5.99	−5.37	−4.66	−3.92	−3.18	−2.47	−1.79	0.000	0	3000	14120
D—D	−3.83	−3.28	−2.88	−2.55	−2.26	−2.00	−1.77	0.000	0	3000	14120
E—E	5.72	3.50	1.80	0.39	−0.82	−1.90	−2.87	2.852	12550	3000	14120

4.4　计算方案 3 钢筋混凝土非线性分析

考虑到混凝土衬砌结构在正常运行工况下（计算方案 1）呈现较大拉应力，而在检修工况下（计算方案 2）以压应力为主。故本部分根据招标设计配筋结果（内侧双层环向钢筋⌀ 32@200mm，外侧双层环向钢筋⌀ 28@200mm），并结合相关工程非线性有限元的计算分析经验，对竖井式进/出水口下弯段混凝土衬砌结构进行运行工况下的非线性计算分析，以分析衬砌的裂缝开展情况。

从图 14～图 17 可以看出，钢筋主要在顶部和底部位置出现拉应力，而在边墙位置钢筋环向应力主要为压应力。另外，由内侧到外侧，环向钢筋拉应力呈减小趋势，最内层钢筋最大环向拉应力为 107.3MPa，第二层钢筋最大环向拉应力为 81.5MPa，第三层钢筋最大环向拉应力为 24.0MPa，最外层钢筋最大环向拉应力为 15.4MPa。可见钢筋应力可以满足《水工混凝土结构设计规范》（DL/T 5057—2009）第 10.3.3 节相关规定，说明开裂区裂缝宽度是可以满足要求的。

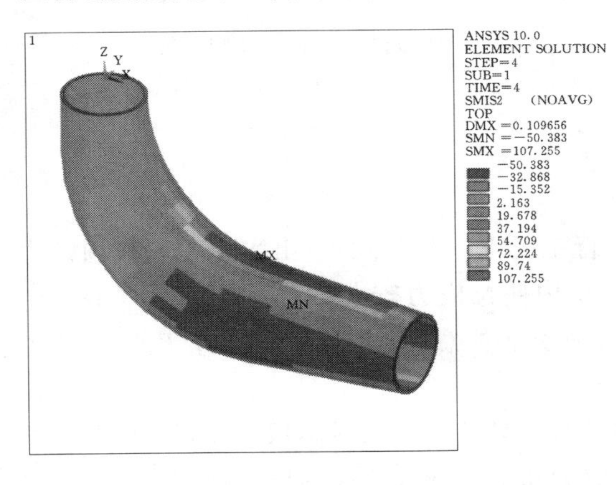

图 14　第一层钢筋环向应力图（单位：MPa）

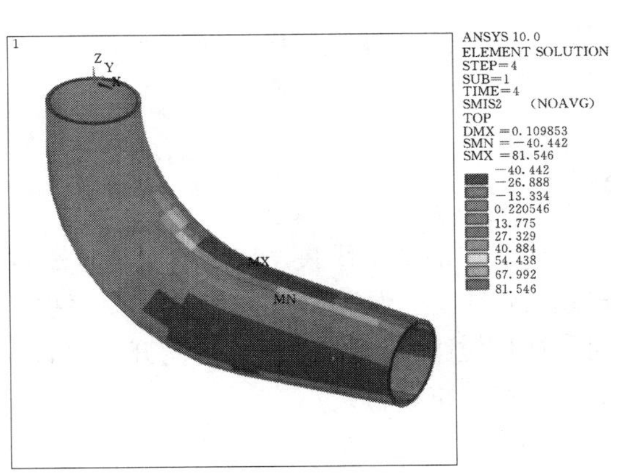

图 15　第二层钢筋环向应力图（单位：MPa）

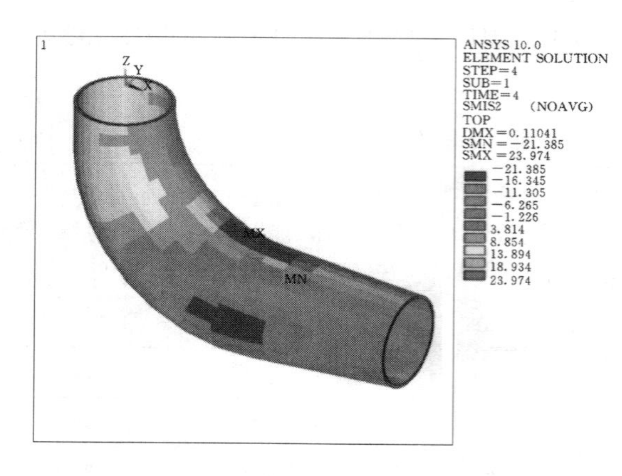

图 16　第三层钢筋环向应力图（单位：MPa）

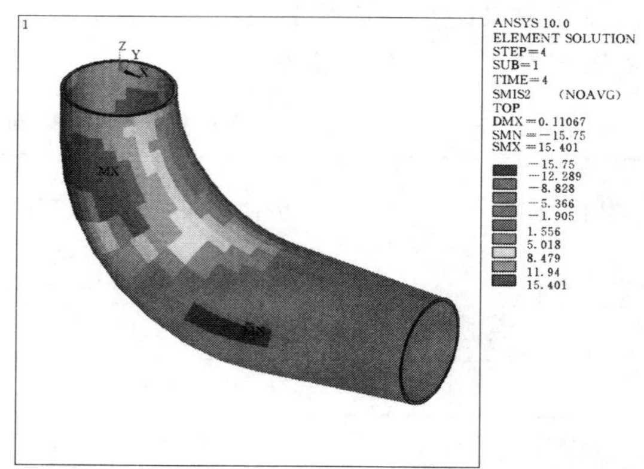

图 17　第四层钢筋环向应力图（单位：MPa）

从图 18～图 19 可以看出，从混凝土衬砌结构环向来看，进/出水口下弯段混凝土衬砌在顶部和底部可能会出现大范围的开裂区，而两侧边墙部位开裂的可能性较小；从径向来看，混凝土衬砌主要在内侧开裂，衬砌外侧并未出现裂缝，说明衬砌在径向并未裂穿，这与线弹性计算的结果规律是一致的。

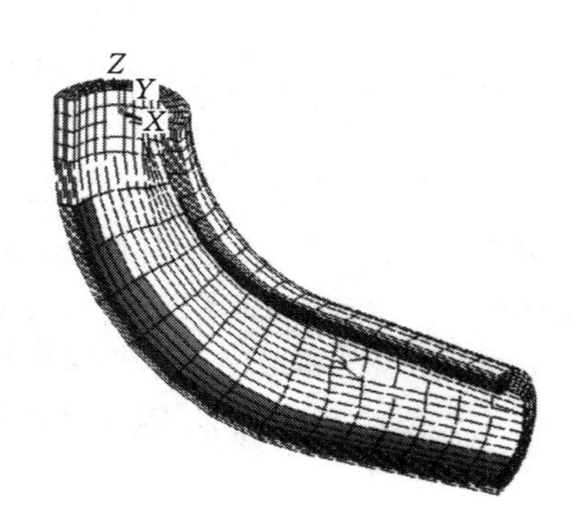

图 18　衬砌混凝土内侧开裂区图
（图中深色部分为开裂区）

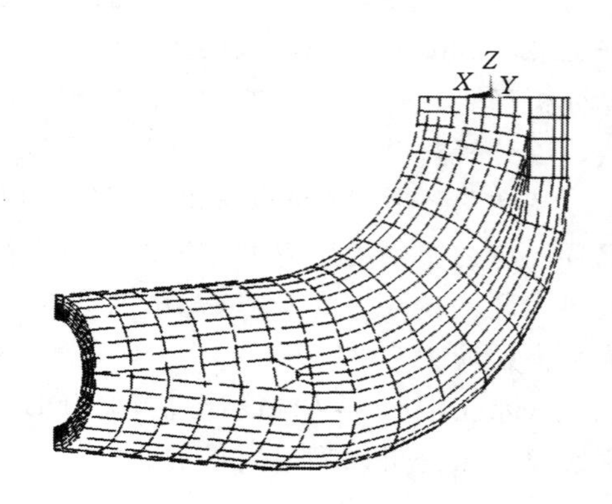

图 19　衬砌混凝土外侧开裂区图

5　结论

（1）在混凝土线弹性假定情况下，正常运行工况下，竖井式进/出水口下弯段顶部出现较大拉应力，从横断面来看，衬砌顶拱和底拱内侧拉应力较大，且均超过 C30 混凝土的设计抗拉强度 1.43MPa，可能开裂，设计时应引起注意。检修工况下，衬砌以压应力为主，开裂可能性较小。

（2）非线性有限元计算结果和线弹性计算成果一致，下弯段衬砌顶拱和底拱内侧出现裂缝，但在衬砌厚度方向均未贯穿。对钢筋应力进行分析表明，裂缝宽度也是符合要求的。

（3）采用均一Ⅳ类围岩进行计算，若施工过程中遭遇断层或岩脉，需进行进一步的分

析研究，以确保工程安全。

参 考 文 献

［1］ DL/T 5057—2009 水工混凝土结构设计规范［S］. 北京：中国电力出版社，2009.
［2］ DL/T 5195—2004 水工隧洞设计规范［S］. 北京：中国电力出版社，2004.
［3］ 王勖成. 有限单元法［M］. 北京：清华大学出版社，2003.

水电站尾水洞挂顶混凝土衬砌结构受力特性研究

李 冲 孙云峰 彭越尧

（中国电建集团中南勘测设计研究院有限公司，湖南 长沙 410014）

【摘 要】在水利水电工程建设中，地下洞室断面越来越大，其设计和施工难度也越来越大。挂顶混凝土衬砌可以增加洞室施工期的稳定性。本文借助于 ABAQUS 软件，对向家坝水电站尾水洞挂顶混凝土衬砌结构进行了有限元计算，对挂顶混凝土衬砌施工期的受力特性进行了分析。研究结果表明：当挂顶混凝土衬砌边墙高度较小时，其自身稳定性较好，但边墙高度较大时，对围岩稳定产生的效果更明显。

【关键词】水电站；尾水洞；挂顶混凝土衬砌；有限元；ABAQUS

1 引言

在我国高山峡谷地区的水利水电工程建设中，受地形地质条件的约束和满足水电工程经济指标的需要，地下工程大断面洞室将越来越多，其设计和施工难度也越来越大。若采用传统的开挖完毕后进行混凝土衬砌的施工方式，由于洞室高度较大，从洞室开始开挖到衬砌浇筑之间的这段时间里，洞室仅靠喷锚支护和围岩自身承载能力来维持洞室稳定，一旦喷锚支护起不到预期的作用，在衬砌完成之前就可能出现塌方现象，造成巨大的损失。而在大断面洞室第一层开挖后，先期浇筑挂顶混凝土衬砌结构维护拱顶稳定的施工方案，可以避免以上不利情况，挂顶混凝土浇筑后，可以尽早地使衬砌与围岩、支护一起承载，维持洞室的稳定性。但是，采用挂顶混凝土衬砌方案，由于后期下部岩体的开挖是在挂顶混凝土衬砌浇筑完成以后进行的，下部岩体的开挖荷载势必会对上部挂顶混凝土衬砌的稳定产生影响。因此本文依托向家坝水电站，对挂顶混凝土衬砌进行了施工期的有限元模拟，以分析挂顶混凝土衬砌的受力特征。

2 基本资料

向家坝工程位于四川宜宾县和云南水富县交界。水库正常蓄水 380m，相应库容 49.77 亿 m^3。挡水建筑物为混凝土重力坝，最大坝高 161m。推荐的工程总体布置方案为左岸坝后厂房和右岸地下厂房方案。向家坝地下厂房尾水系统采用两机合一洞变顶高方案，分尾水管段、尾水支洞段和变顶高尾水隧洞段（包括岔洞段），两条变顶高尾水隧洞的中心间距 67m，出口断面为 20m×34m(宽×高）的城门洞型。

变顶高尾水洞大部分洞段位于微风化—新鲜未卸荷岩体中。地表地质调查及平洞揭露均未见较大断层分布，岩体主要结构面为层间错动带、层面和节理裂隙。在洞室围岩中可能出露的层间破碎夹泥层主要有 JC2－2 和 JC2－4。围岩力学参数见表 1。

表 1　　　　　　　　　　　　　　　围岩力学参数

岩层参数	变形模量/GPa	泊松比 μ	重度/(kN/m³)	C'/MPa	f'
$T_3 3$	6.50	0.25	25.80	0.90	0.95
$T_3 2-6-4$	8.00	0.23	25.70	1.00	1.05
$T_3 2-6-3$	8.00	0.23	25.70	1.00	1.05
$T_3 2-6-2$	8.00	0.23	25.70	1.00	1.05
$T_3 2-6-1$	8.00	0.23	25.70	1.00	1.05
$T_3 2-5$	2.38	0.25	25.70	0.90	0.71
$T_3 2-4$	8.00	0.23	25.70	1.00	1.05
软弱泥层	0.25	0.40	21.98	0.20	0.45

表 2　　　　　　　　　　　　　　钢筋混凝土衬砌材料参数

材　料	容重/(kN/m³)	抗压强度/MPa	抗拉强度/MPa	弹性模量/GPa	泊松比
C25 混凝土	25.0	11.9	1.27	28	0.167
HRB335 级钢筋	78.5	300	300	200	0.3

3　计算方法

3.1　基本理论

采用通用有限元软件 ABAQUS，根据厂区地应力反演资料和计算结果分析，结合尾水管洞室群的地形曲线分析，采用侧压力系数方法模拟初始地应力场：

(1) 铅直向应力 $\sigma_z = 1.1\gamma H$。

(2) 顺水流向（主洞的水流向方向）$\sigma_x = 1.1\gamma H$。

(3) 垂直于水流向应力 $\sigma_y = 1.2\gamma H$。

围岩本构采用扩展的 Drucker-Prager 模型，采用“死活”单元的形式，以“死”单元来模拟开挖单元。锚杆采用理想弹塑性模型模拟。

3.2　计算模型

模型计算范围：以 1、2 号主洞的标准断面为对象。范围包括 1、2 号主洞，主洞外侧围岩取 4.5 倍洞宽，沿洞轴线方向取一倍锚杆排距。模型边界条件：计算模型除顶部边界根据洞室埋深施加覆盖层压力外，其他边界均施加法向链杆约束。整个计算模型共 16509 个节点，14696 个单元。模型网格见图 1，衬砌网格见图 2。

3.3　计算方案

洞室顶拱中央约 30°范围内衬砌与围岩脱开的情况下，各方案开挖和支护描述见表 3。

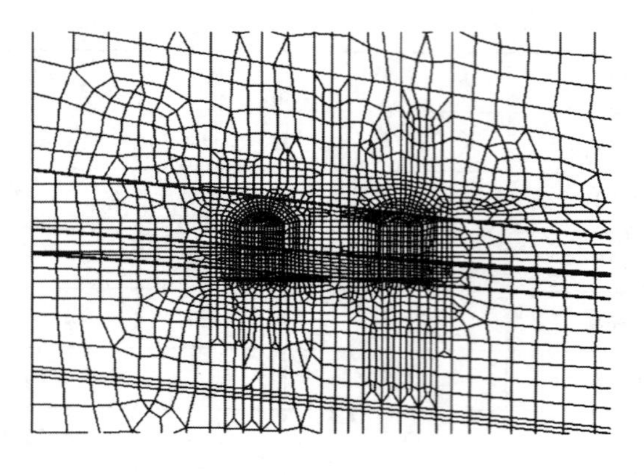

图 1　模型网格图

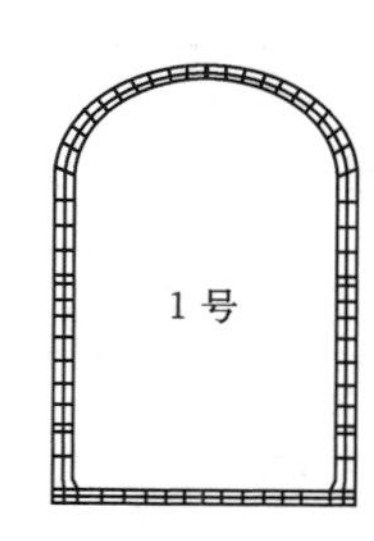

图 2　衬砌网格图

表 3　各方案开挖和支护描述

方案	计算荷载步骤			
	第一步	第二步	第三步	第四步
1	初始地应力	开挖至边墙（拱座以下）6m 高处，喷锚支护	浇筑顶拱和边墙上部 3m 高挂顶混凝土	隧洞下部开挖，喷锚支护
2	初始地应力	开挖至边墙（拱座以下）9m 高处，喷锚支护	浇筑顶拱和边墙上部 6m 高挂顶混凝土	隧洞下部开挖，喷锚支护
3	初始地应力	隧洞顶部开挖及喷锚支护	隧洞下部开挖及喷锚支护	—

4　计算成果

限于篇幅，本文以 2 号尾水洞为例分析挂顶混凝土结构受力特征。

4.1　尾水洞上部开挖后的计算成果

4.1.1　挂顶混凝土衬砌结构应力

挂顶混凝土衬砌施工期间，由于混凝土自重方向向下，因此在洞室与衬砌接触面上产生了一定的拉应力及剪应力。

从图 3～图 6 可以看到，总体上，两个方案的混凝土应力都不大。对于方案 1，除在隧洞顶部位置（衬砌与围岩脱空处的边缘）产生了最大为 0.2149MPa 的径向拉应力外，上部衬砌绝大部分区域的径向拉应力都在 0.1MPa 以下；而对于衬砌与洞室围岩接触面的剪应力，其最大值也仅在 0.0623MPa 左右。对于方案 2，隧洞顶部位置产生了最大为 0.2172MPa 的径向拉应力，在衬砌的底端位置，也别产生了 0.0694MPa 左右的剪应力。可以看出，其衬砌应力状态较方案 1 略差，其原因是方案 2 上部衬砌高度较大，故其自重较大，其受力条件也较差，导致在衬砌与围岩的接触表面，其拉应力和剪应力也比方案 1 大，因此方案 2 上部衬砌的稳定性也略差。

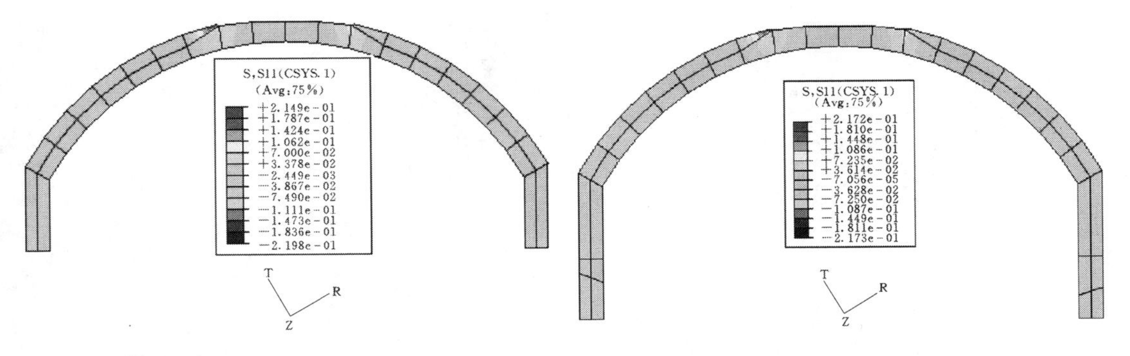

图 3　方案 1 挂顶混凝土施工期径向应力图（单位：MPa）

图 4　方案 2 挂顶混凝土施工期径向应力图（单位：MPa）

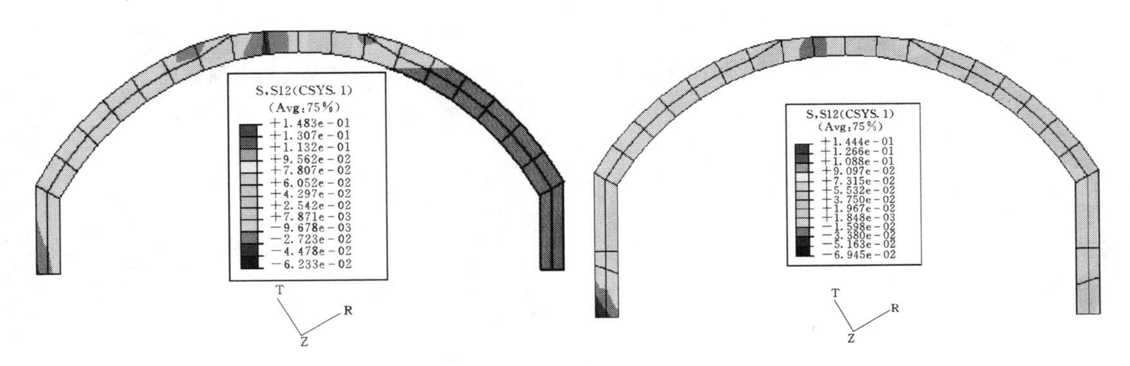

图 5　方案 1 挂顶混凝土施工期剪应力图（单位：MPa）

图 6　方案 2 挂顶混凝土施工期剪应力图（单位：MPa）

4.1.2　锚杆增量应力

从图 7～图 8 可以看出，衬砌上部混凝土浇筑完毕，锚杆应力变化规律与衬砌应力变化规律相似，即两个方案的锚杆应力均有所增加，且方案 2 的锚杆应力增量略大于方案 1，但是总体增加的幅度不大，最大应力增量分别为 5.149MPa 和 5.444MPa。其原因是上部衬砌凝固稳定之前，其自重作用会造成洞室顶部围岩产生一定的铅直向下的位移，并对该处围岩造成一定的扰动，导致其应力状态较差，使得局部锚杆应力有所增加，且衬砌自重越大，锚杆应力增量越大。

4.2　洞室开挖完毕时的计算成果

4.2.1　挂顶混凝土衬砌结构应力

分析图 9～图 12，对于方案 1，开挖至底板时，由于衬砌的浇筑成型，底部围岩开挖荷载会对上部衬砌产生一定的影响，并在衬砌边墙底部引起铅直向的拉应力，最大数值为 1.52MPa，但是拉应力衰减很快，且衬砌大部分区域承受压应力。而在垂直于水流向的水平方向，衬砌应力主要表现为压应力，最大压应力为－12.14MPa，主要出现在隧洞衬砌顶拱内侧；另外，在边墙部位也出现了较小的拉应力，主要是因为洞室围岩向内的变形所产生，其最大值为 0.31MPa。对于方案 2，由于挂顶混凝土衬砌高度比方案 1 中衬砌高度

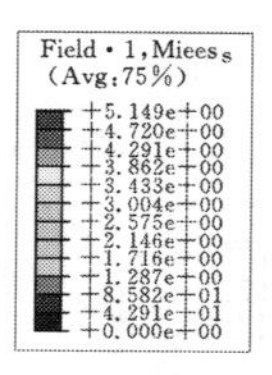

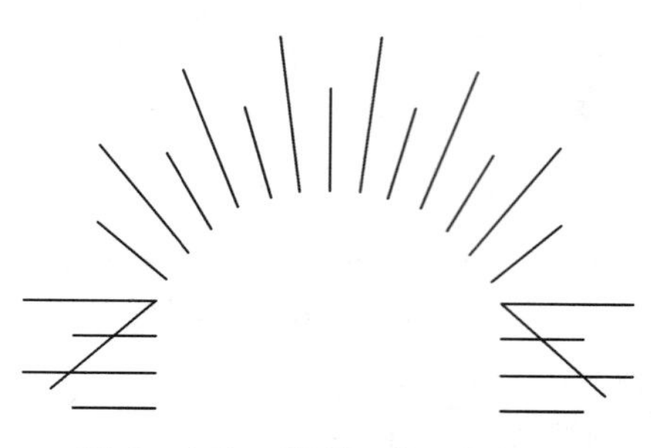

图 7　方案 1 混凝土施工期锚杆应力增量图（单位：MPa）

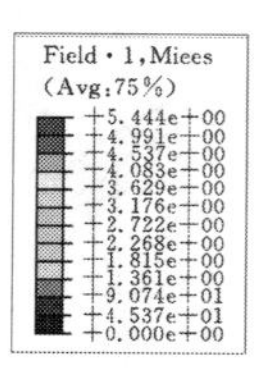

图 8　方案 2 混凝土施工期锚杆应力增量图（单位：MPa）

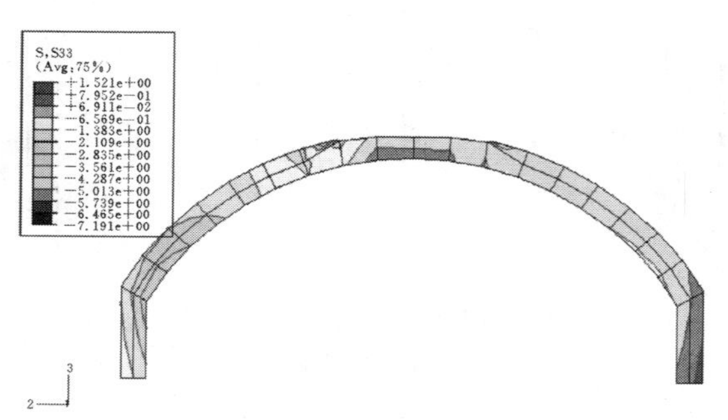

图 9　方案 1 开挖至底部时衬砌铅直向应力图（单位：MPa）

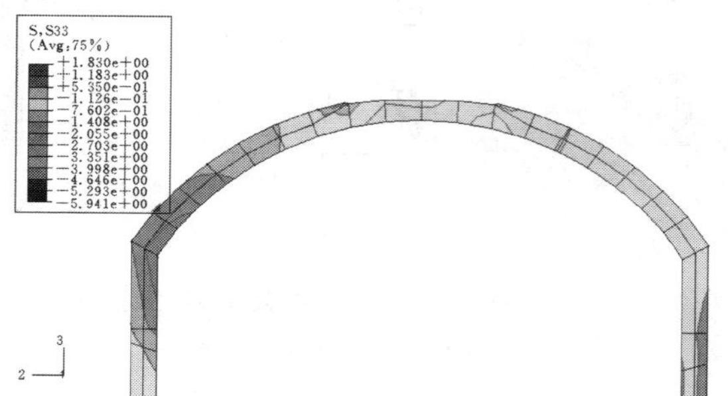

图 10　方案 2 开挖至底部时衬砌铅直向应力图（单位：MPa）

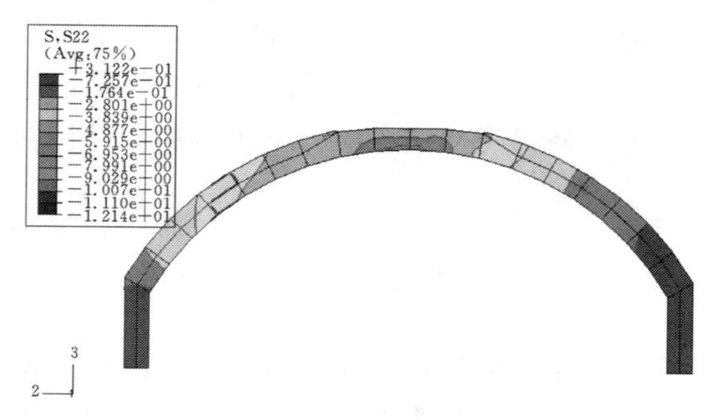

图 11　方案 1 开挖至底部时衬砌水平向应力图（单位：MPa）

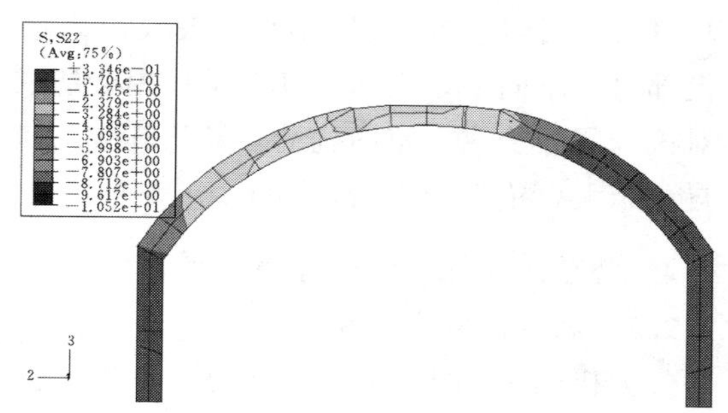

图 12　方案 2 开挖至底部时衬砌水平向应力图（单位：MPa）

大，因此其自重较大，衬砌受底部围岩开挖荷载的影响也较大，故开挖至底板时，衬砌边墙底部铅直向拉应力的数值和范围均比方案 1 大，拉应力最大数值为 1.83MPa。而在垂

直于水流向的水平方向，顶拱处衬砌以压应力为主，最大压应力为－10.52MPa，出现在隧洞衬砌顶拱内侧；而在衬砌边墙几乎全部为拉应力，最大值为0.33MPa，略大于方案1。

4.2.2 围岩塑性区

从图13可以看出，对于方案1和方案2，其围岩塑性区范围和深度比方案3要小，这主要是挂顶混凝土衬砌凝固稳定后，可以协助围岩承受底部岩体的开挖荷载，使得洞周围岩应力状态有所改善的缘故。另外，洞室开挖完毕后，方案1的围岩塑性区深度和范围，以及增量位移都略大于方案2，可见在一定程度内，上部衬砌浇筑高度越大，其对围岩的覆盖面积越大，使得上部衬砌对围岩变形的限制效果越好，对洞周围岩受力状态的改善也越明显。

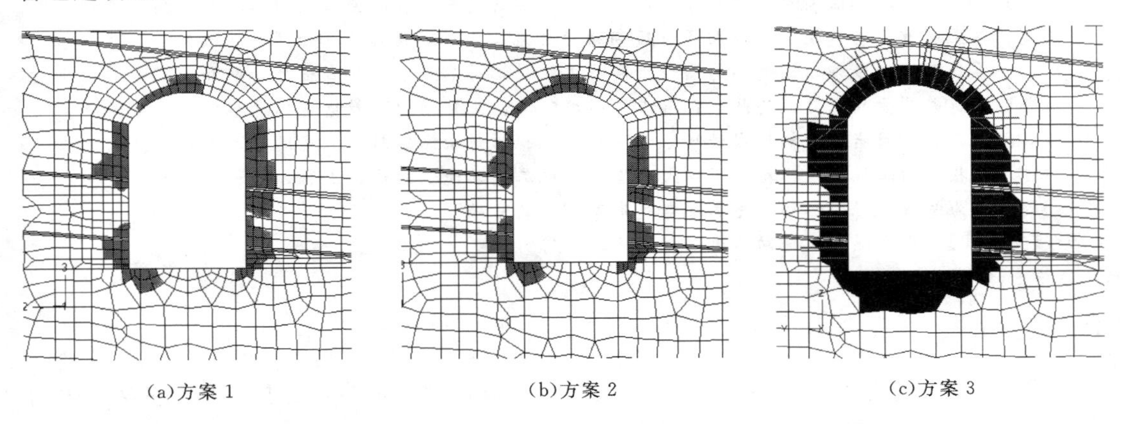

(a)方案1　　(b)方案2　　(c)方案3

图13　洞室开挖完毕时围岩塑性区分布图

5　结语

通过对向家坝水电站尾水洞挂顶混凝土衬砌结构进行的有限元计算分析，得到如下结论：当挂顶混凝土衬砌边墙高度较小时，其自身稳定性较好，但边墙高度较大时，对围岩稳定产生的效果更明显。向家坝水电站尾水洞采用了上述方案1进行了挂顶混凝土衬砌的施工，保证了施工期的安全，并顺利通过了工程验收，可供类似工程参考。

参考文献

[1]　王勖成．有限单元法［M］．北京：清华大学出版社，2003.

[2]　李冲．水电站变顶高尾水洞结构特性与围岩稳定性研究［D］．武汉大学硕士学位论文，2008.

[3]　ABAQUS Theory Manual. ABAQUS，INC，2003.

锦屏二级引水隧洞施工辅助通道封堵优化设计实践

何　江　张　洋　吉玉亮

（中国电建顾问集团华东勘测设计研究院有限公司，浙江　杭州　310014）

【摘　要】 锦屏二级引水隧洞横穿锦屏山，引水隧洞沿线众多的施工辅助通道在隧洞施工期发挥着至关重要的作用，但辅助通道后期的封堵施工又与隧洞的尾工处理存在较大干扰。如何妥善处理好众多辅助通道的封堵设计和施工，对锦屏二级电站早日投产发电和工程本身安全运行有着重要的意义。为此，锦屏二级引水隧洞施工辅助通道封堵施工过程中，结合现场实际情况，对封堵体结构型式进行了必要的优化、对封堵体的封堵工艺进行了适当调整，通过采取相应的工程处理措施，不但大大缓解了施工辅助通道封堵施工和现场施工间的干扰问题，也为早日实现引水隧洞充水发电奠定了坚实的基础。

【关键词】 引水隧洞；辅助通道；封堵体；优化

1　概述

锦屏二级水电站利用雅砻江150km长的大河弯，截弯取直，开挖隧洞集中水头引水发电，电站总装机容量4800MW。引水系统采用4洞8机布置，4条平行布置的引水隧洞自西向东横穿跨越锦屏山，进水口至上游调压室单洞平均洞线长约16.7km，隧洞开挖直径14.4～12.4m，隧洞中心距60m，隧洞沿线上覆岩体一般埋深1500～2000m，最大埋深约2525m，全洞平均埋深约1610m，具有埋深大、洞线长、洞径大的特点，为超深埋长隧洞特大型地下水电工程。为解决引水隧洞施工期的开挖、衬砌、排水、交通及通风等技术问题，根据施工规划以及现场施工进展情况，除东西端近岸坡段设置有东引施工支洞和西引施工支洞外，隧洞沿线设置有若干条施工辅助通道，包括：排引施工支洞（施工排水洞与引水隧洞相连的施工辅助通道）、辅引施工支洞（辅助洞与引水隧洞相连的施工辅助通道）、横向排水洞（解决引水隧洞施工期排水而设置的横通道）以及施工辅助横通道（引水隧洞间根据施工需要，按一定间距布置的施工辅助通道）。

据统计，四条引水隧洞共布置施工辅助通道达83条之多，施工辅助通道总长约15.4km，各施工辅助通道使用完成后，在引水隧洞充水发电前需要完成封堵处理。由于引水隧洞洞线超长，隧洞沿线施工辅助通道数量众多，辅助通道的封堵工程量大、封堵工期较长，占据工程直线工期，辅助通道封堵施工与引水隧洞尾工处理存在较大干扰。如何妥善处理好锦屏二级引水隧洞施工辅助通道的封堵设计及现场施工是该工程建设的重点和难点之一。

2　封堵体结构设计

施工辅助通道封堵设计时，在满足相关规范要求的前提下，本着安全、经济、科

学、施工简便的原则，针对不同部位、不同类型的施工辅助通道进行差别化的封堵体型设计，引水隧洞施工辅助通道主要的封堵体型有全实心封堵和实心＋空心封堵两种封堵型式。

2.1 全实心封堵体结构设计

引水隧洞之间开挖断面尺寸不大于 5m×5m 的施工辅助通道采用全实心封堵。封堵体采用 C25W8 的二级配混凝土分层、分块回填密实，封堵体浇筑时，沿封堵体长度 5～10m 设置施工缝，单层浇筑高度控制不大于 3m。为补偿引水隧洞施工辅助通道封堵体混凝土冷却收缩，需在封堵体回填混凝土中掺加 MgO 膨胀剂。同时，通过在封堵体混凝土内掺加粉煤灰以降低混凝土水泥用量，从而降低封堵体混凝土的绝热温升，达到避免封堵体开裂和早日具备灌浆的目的。为确保封堵体与围岩间接触紧密，减少引水隧洞充水后施工辅助通道封堵体的渗漏，确保渗透稳定，需对封堵体进行回填灌浆和固结灌浆。回填灌浆通过在实心封堵体顶部预埋灌浆管进行，待封堵体混凝土温度降至 16～18℃后再开展灌浆施工；固结灌浆在回填灌浆完成 7 天后进行，固结灌浆范围主要针对辅助通道与引水隧洞交叉口，固结灌浆入岩孔深 3.5～4.5m，锥形布置 2 环孔，每环 12 孔，灌浆压力 3MPa。

为增加封堵体与围岩间的黏聚力，提高封堵体的抗滑能力，距引水隧洞 8～12m 范围内的实心封堵体周边系统布置Φ25@1.5×1.5m，L＝3m 的锚筋，锚筋入岩 1.5m。为了降低封堵体绝热温升，避免封堵体混凝土产生温度裂缝，同时也为了尽早开展封堵体的灌浆工作，以实现隧洞早日充水目标，设计除要求实心封堵体分层、分块回填施工和在混凝土内掺加粉煤灰降低水泥水量外，另对封堵体提出了后期温控措施，后期温控主要通过在封堵体内预埋冷却水管，待封堵混凝土施工完成后，进行日常通水冷却处理。

引水隧洞间全实心封堵体封堵结构见图 1。

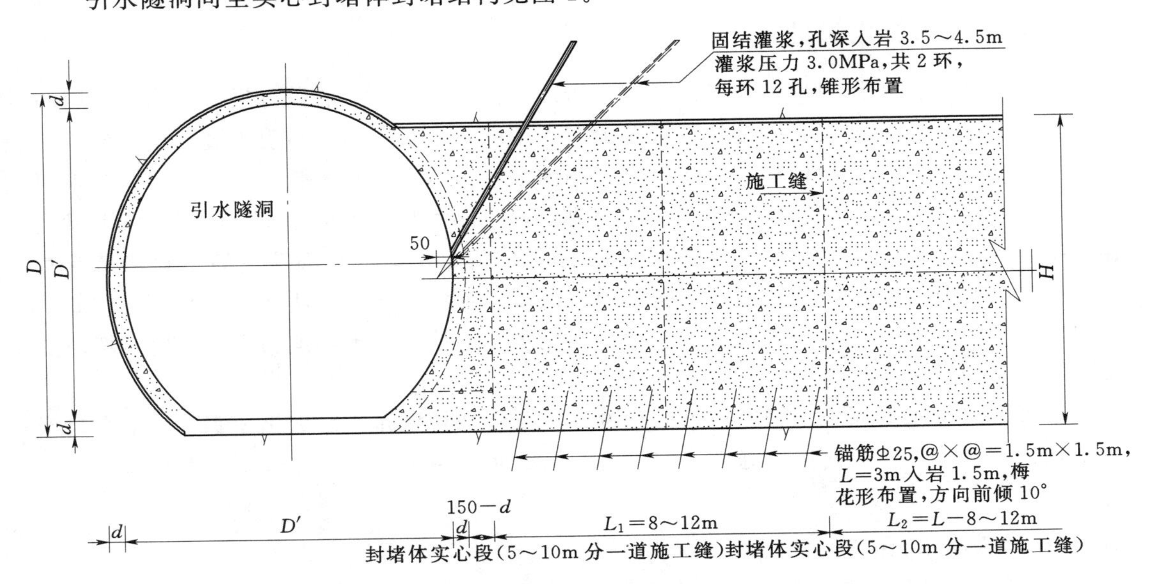

图 1　引水隧洞间全实心封堵体结构示意图

2.2 实心+空心封堵体结构设计

引水隧洞之间开挖断面尺寸大于 5m×5m 施工辅助通道采用实心+空心封堵型式。其中，实心封堵段的结构设计及相关施工要求与全实心封堵体相同，空心封堵段设计为全断面钢筋混凝土衬砌形成的空心廊道，以节省封堵混凝土用量，同时也有利于封堵混凝土降温、节约灌浆等待工期。空心廊道混凝土衬砌厚度为 1.2m，针对施工辅助通道空心段揭露的不良地质体进行有针对性的固结灌浆加固处理。

引水隧洞间实心+空心封堵体封堵结构见图 2。

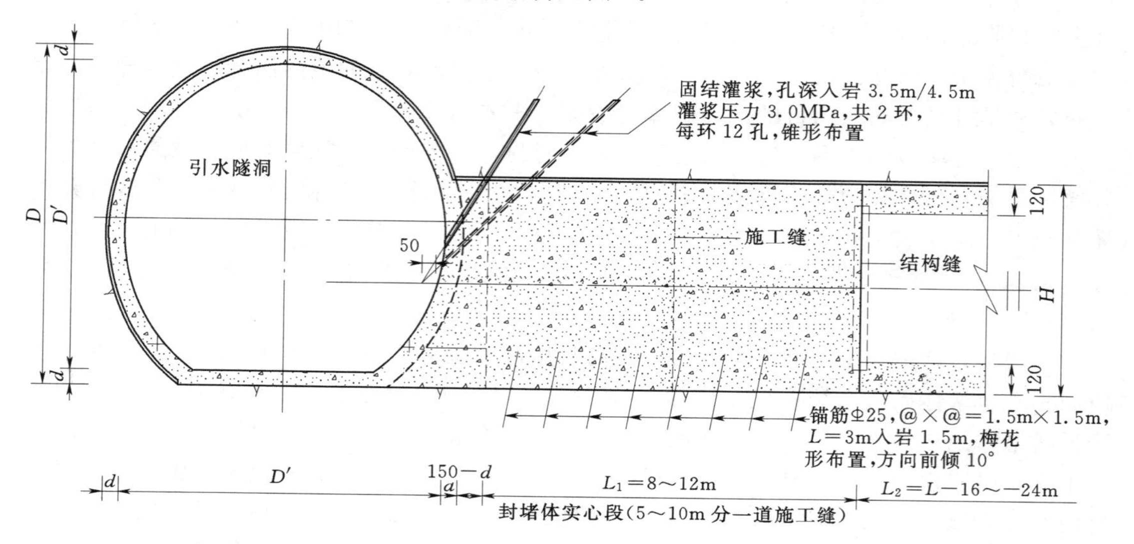

图 2　引水隧洞间实心+空心封堵体结构示意图

3　封堵体现场优化设计

锦屏二级引水隧洞封堵体施工包括基础清理、锚筋施工、实心段分层分块回填、空心段衬砌、封堵体回填灌浆及固结灌浆等多道施工工序，多工序施工与引水隧洞现场施工存在较大干扰。现场进行封堵体施工时，由于场内采购的 MgO 部分指标不满足设计要求而放弃用于封堵混凝土中。其次，封堵体温控要求较高，尤其是封堵体灌浆需待封堵混凝土温度降至 16～18℃后方可进行，如严格按设计要求施工，单个施工辅助通道封堵需花费较长时间。另外，由于引水隧洞施工辅助通道众多，辅助通道的封堵已成为制约电站如期发电的主要因素之一，为了按期实现引水隧洞充水发电目标，现场迫切需要开展封堵体的优化设计工作。

锦屏二级引水隧洞施工辅助通道优化设计主要包括封堵体锚筋优化、实心+空心封堵体结构体型优化、实心封堵段施工工艺优化、微膨胀混凝土的应用和采用可重复灌浆工艺等五方面。

3.1　封堵体锚筋优化

《水工隧洞设计规范》（DL/T 5195—2004）在“封堵体设计构造要求”一节明确规定：“封堵体与其围岩之间宜采用锚杆锚固”。根据规范要求，原设计的封堵体在距引水隧洞 8～12m 范围内的实心封堵体周边系统布置φ 25@1.5×1.5m，L=3m 的锚筋，锚筋入岩 1.5m，以期增加封堵体与围岩间的黏聚力，提高封堵体的抗滑能力。

现场实际施工时，发现封堵体周圈锚筋施工与现场施工存在较大干扰，由于锦屏二级引水隧洞沿线施工辅助通道众多，锚筋施工时给现场带来的施工干扰等不利问题得到了进一步放大；以致于设计不得不考虑封堵体锚筋优化事宜，以期实现引水隧洞沿线众多封堵体快速有效的封堵施工，不致于因封堵体周圈锚筋的施工而延长隧洞沿线众多辅助通道的封堵时间，进而保证工程投产发电目标按期实现。

考虑到锦屏二级引水隧洞沿线封堵体承受内水压力不高（30～80m），且封堵体长度较长——实心封堵段均大于 8m，且 8m 范围以外也都有相应的封堵措施（实心封堵或空心封堵）。鉴于此，结合现场实际情况，经慎重研究后决定取消实心封堵段的系统锚筋。

3.2 实心+空心封堵体结构体型优化

引水隧洞单侧实心封堵段长 8～12m，其余范围均为空心封堵段。空心封堵段为全断面 1.2m 厚的钢筋混凝土衬砌而成，空心段施工过程中的衬砌模板及钢筋制造安装较为耗时、费力，为加快辅助通道封堵施工进度，设计将空心段优化为紧接实心段仅 4m 范围为全断面厚 1.2m 的钢筋混凝土衬砌，并进行系统固结灌浆处理，灌浆参数为：孔深入岩 3m，每环 12 孔，梅花形布孔共 3 环，灌浆压力 3MPa。其余范围底板浇筑厚 1.2m 的素混凝土，边顶拱采用系统锚喷支护维持围岩永久稳定。

引水隧洞间实心+空心封堵体优化后结构见图 3。

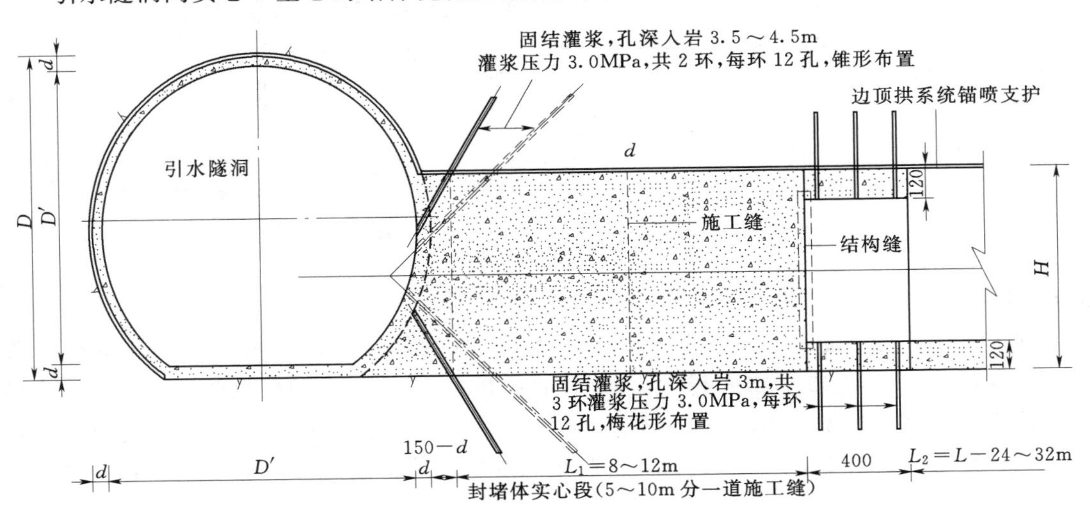

图 3 引水隧洞间实心+空心封堵体优化后结构示意图

3.3 撤离通道实心封堵段施工工艺优化

由于锦屏二级引水隧洞洞线长，隧洞后期进行洞内消缺处理和施工设备、材料等撤离仅靠永久进入门已无法满足现场紧张的施工需要，为此，隧洞沿线的施工辅助通道封堵时尚需考虑个别施工辅助通道留作撤离通道使用。考虑到撤离通道封堵时距引水隧洞充水时间较一般辅助通道要短得多，因此，撤离通道实心段封堵若按一般辅助通道实心段封堵已无法满足工程要求，故需对撤离通道实心封堵段施工工艺进行优化调整。

为减少撤离通道实心封堵段后期封堵工程量，并尽量降低封堵混凝土绝热温升，设计将撤离通道实心封堵段的混凝土分一期衬砌和二期回填两步施工，即一期采用全断面混凝土衬砌形成满足现场撤离要求的空心廊道，后期再对空心廊道采用混凝土回填处理。同时，将该撤离通道封堵体的2环锥形固结灌浆调整为在空心廊道内先期完成（一期混凝土施工完成并达到70%设计强度后开展灌浆）。撤离通道封堵混凝土施工完成后，除对封堵体顶部进行回填灌浆外，尚需对实心段一期、二期混凝土施工缝面进行接缝灌浆处理，接缝灌浆采用二期混凝土回填前预埋灌浆管方式进行。

引水隧洞间撤离通道实心段封堵工艺优化见图4。

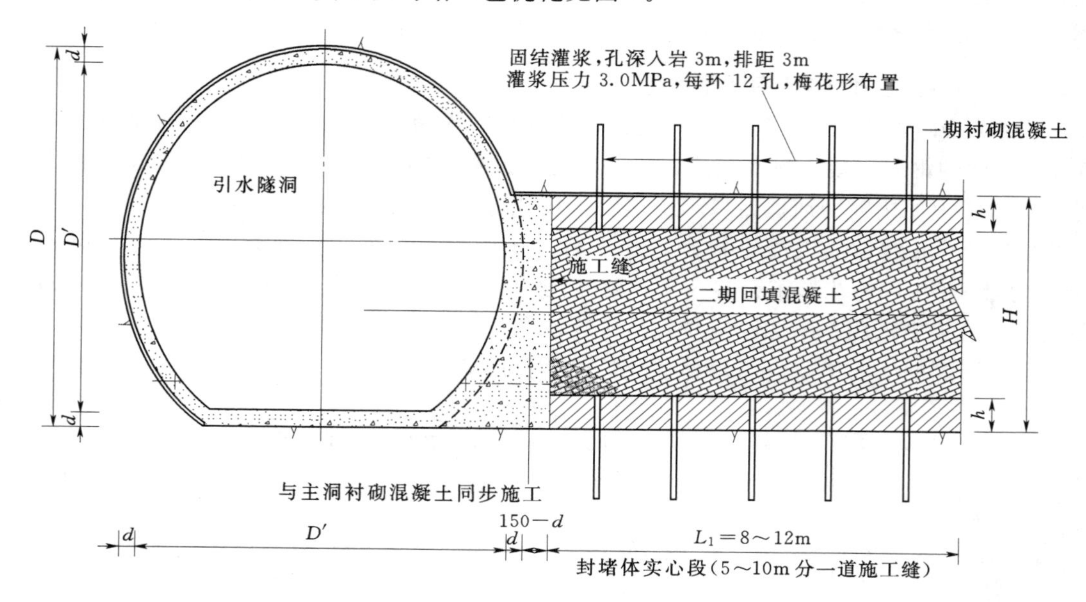

图4 引水隧洞撤离通道实心段封堵工艺优化示意图

3.4 微膨胀混凝土的应用

研究表明，掺MgO的混凝土的膨胀性能与MgO的活性和掺量呈现正相关性，即MgO的活性越高，混凝土膨胀越大，MgO的掺量越大，混凝土膨胀越大。因此，MgO品质的选择和其在混凝土中的掺量控制就显得极为重要；若MgO掺量过小，混凝土膨胀达不到预期目的；若MgO掺量过大，混凝土的膨胀不能得到控制，混凝土可能出现膨胀破坏。

考虑到现场采购的MgO部分指标不满足设计要求和MgO在混凝土中掺量较难控制等实际问题；根据锦屏二级引水隧洞施工辅助通道封堵体现场施工实际进展情况，研究决定，对封堵工期较充足的封堵体，通过对封堵体采用预埋冷却水管通水冷却和对封堵体进行重复灌浆等手段取消了MgO在封堵混凝土中的应用。而对于施工辅助通道封堵施工工期较紧张（现场以辅助通道开始浇筑的时间距引水隧洞充水时间不足3个月为限控制），或封堵混凝土温度下降缓慢以致隧洞充水前，可能无法按要求完成封堵体灌浆的施工辅助通道，要求在引水隧洞封堵体内掺加高效低碱商品微膨胀剂，以补偿施工辅助通道封堵体混凝土冷却收缩。

3.5 可重复灌浆工艺的应用

传统的回填灌浆预埋管材质为普通钢管，预埋时通过在回填灌浆范围最高处和易出现脱空部位钻孔安装若干个，再通过三通接头和主管连接形成多套进浆、排气管路系统。由于传统的预埋灌浆工艺一旦管路堵塞，后期疏通难度极大。实践证明，预埋管施工中和预埋管后的现场混凝土施工等均存在导致预埋管路堵塞的风险，因此传统的预埋灌浆系统存在失效可能。鉴于锦屏二级引水隧洞工程规模大、工程等级高，为了提高引水隧洞施工辅助通道封堵体预埋灌浆的保证率和可靠度，通过调研，决定预埋灌浆管选择具有可重复灌浆功能的可重复灌浆管进行。可重复灌浆管最大的特点为管身开有小孔、管身具有膨胀性，管身的小孔常压下处于闭合状态，但在一定压力下（如回填灌浆时）管身膨胀，管身小孔打开而成为出浆通道。另外，由于该灌浆管具备重复灌浆的功能，且埋设时直接紧贴预灌浆区边壁即可、无需钻孔安装，施工极为简便。鉴于该灌浆工艺曾在向家坝工程中成功使用过，且灌浆保证率较高，因此，锦屏二级引水隧洞施工辅助通道封堵体的回填灌浆和施工缝的接缝灌浆多采用该灌浆工艺进行。

4 封堵体优化效果评价

锦屏二级 1 号引水隧洞于 2012 年 10 月充水，12 月底投产运行。2 号引水隧洞于 2013 年 8 月充水，10 月投产运行。从两条引水隧洞充排水过程及运行以来日常巡视检查和相关监测数据分析看，与 1 号引水隧洞、2 号引水隧洞运行相关的各施工辅助通道封堵体均未出现明显的渗漏现象，封堵体工作状态正常，说明锦屏二级引水隧洞施工辅助通道封堵的设计和施工是成功的。

5 结语

工程实践表明，通过采取必要的工程处理措施，结合现场实际情况进行施工辅助通道封堵体设计优化是可行的、也是必要的，尤其是长引水隧洞施工辅助通道一般较多，且辅助通道的封堵设计影响面较广。针对施工后期个别仍有交通需求或设备撤离需要的施工辅助通道，优化封堵体的封堵工艺，将实心封堵体一次封堵调整为一期衬砌和二期回填封堵，对解决引水隧洞施工后期施工通道紧张有着重要的意义。本文所述的锦屏二级引水隧洞施工辅助通道封堵体优化实例，对类似工程具有较好的参考和借鉴意义。

参 考 文 献

[1] 钱觉时，别安涛，李昕成．水泥混凝土中 MgO 来源与作用研究进展［J］．材料导报，2010（6）．

[2] 李承木，杨元慧．氧化镁混凝土自生体积变形的长期观测结果［J］．水利学报，1999（3）．

向家坝地下电站引水洞检修方案及思考

易　志

（中国长江三峡集团公司，北京　100038）

【摘　要】 地下电站的引水洞一般穿过厂房帷幕，这一区域通常集合了开挖、混凝土、灌浆、金结等各大工序，设计施工时必须统筹考虑，充分研究各道工序之间的相关关系，避免出现遗漏而成为防渗的薄弱环节。向家坝地下电站投运后就发现引水洞围岩渗压偏高，主厂房部分上游边墙存在渗水或潮湿的现象。通过分析引水洞设计施工的情况，认为问题出自洞内搭接帷幕采用无盖重灌浆，导致孔口段防渗效果欠佳，为此研究制定了有针对性的检修方案，使该问题得到较好的处理。本文论述了以上问题的发现、分析、处理的全过程，并在此基础上提出了相关建议，其经验可供类似工程参考。

【关键词】 设计；施工；引水洞；水电站

1　工程概况

向家坝工程是金沙江梯级开发的最后一级电站，工程以发电为主，总装机容量6400MW，同时兼有改善航运、防洪、灌溉、拦沙等综合效益。工程主要由混凝土重力坝、坝后电站、地下电站、升船机等部分组成。

地下电站安装4台单机容量为800MW的水轮发电机组（5～8号机组），引水系统采用一洞一机，每条引水洞均由上平段、上弯段、斜直段、下弯段和下平段组成，其中下平段布置有压力钢管，并穿过厂房上游帷幕，其余洞段为钢筋混凝土衬砌；5、6号引水洞衬砌后直径为13.4m，7、8号引水洞为14.4m，是目前世界上直径最大的引水洞，设计和施工难度较大。引水洞布置见图1。

2　问题的提出

8号和6号机组下平段的帷幕前、后布置有渗压计（见图1中A3、A4断面），用以监测围岩渗流压力，每个监测断面在引水洞左右侧腰线各埋设一支渗压计。2012年11月投产发电以来，电站运行正常平稳，但监测发现，虽然6号机和8号机帷幕后的围岩渗压比帷幕前平均低70.8m和51.8m（指水头，下同），但帷幕后右侧渗压仍显偏高，6号机右侧比左侧高78m，8号机右侧比左侧高60m，说明帷幕在一定程度上起到了折减渗压的作用，但帷幕前后局部仍存在渗流通道，主要集中在右侧；同时监测表明，渗压计测值与引水洞充水或放空关系密切，且变幅较大，说明局部存在内水外渗。围岩渗压监测统计表见表1。此外还发现主厂房上游边墙局部有渗水现象，部分墙面潮湿有水印。

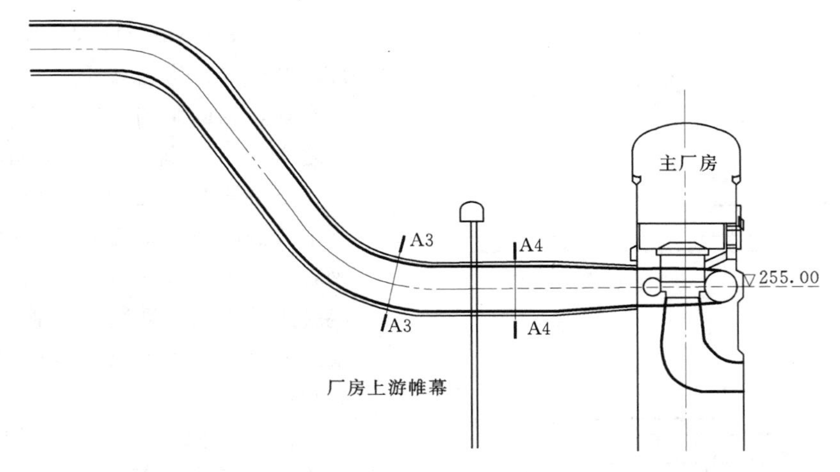

图 1　引水洞布置图

表 1　围岩渗压监测统计表（蓄水位 380.00m）　单位：m

机组编号	机组状态	渗压折算水位						
		帷幕前断面			帷幕后断面			帷幕前后渗压差（左右平均）
		左侧	右侧	左右平均	左侧	右侧	左右平均	
6 号机	检修前运行	362.15	371.08	366.62	256.79	334.83	295.81	70.81
	放空检修中	324.15	336.75	330.45	256.12	263.57	259.85	70.61
	检修后运行	361.11	367.25	364.18	256.79	282.84	269.82	94.37
8 号机	检修前运行	369.96	369.34	369.65	287.45	348.19	317.82	51.83
	放空检修中	341.16	356.15	348.66	268.57	270.49	269.53	79.13
	检修后运行	372.94	371.68	372.31	280.66	287.08	283.87	88.44

尽管上述现象不影响电站的安全和正常运行，但从长期运行和形象美观考虑需进行处理。

3　原因分析

引水洞施工过程未发生异常情况，开挖支护、帷幕灌浆、固结灌浆、压力钢管安装、混凝土浇筑及回填、接触灌浆等各道工序质量均满足设计要求，但分析其设计特点和施工过程，可能存在一定不足。

下平段穿过厂房上游帷幕，洞室开挖在帷幕灌浆之前完成。帷幕灌浆时，由于存在临空面，从灌浆廊道钻灌至下平段洞顶 3～5m 时中断，然后再在下平段洞内进行环向灌浆，与前期施工的帷幕相搭接，连接成防渗整体，下平段穿帷幕部位灌浆方法见图 2。由于压力钢管为

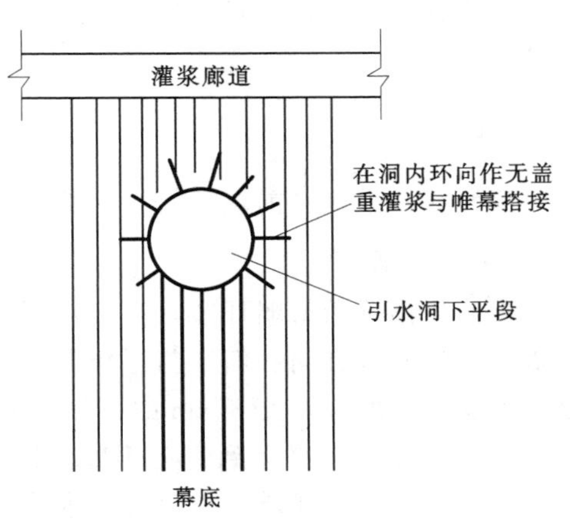

图 2　下平段穿帷幕部位灌浆方法示意图

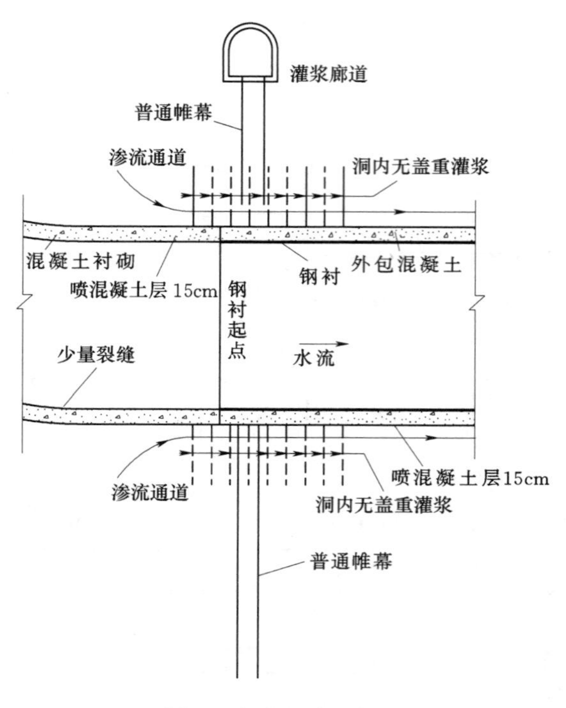

图 3　渗流通道示意图

610MPa 级 07MnCrMoVR 高强钢板，设计从结构受力考虑，不允许在压力钢管上开孔，因此洞内环向灌浆须在钢管安装之前施工。即下平段总体施工顺序为：下平段开挖支护→帷幕灌浆→下平段洞内环向搭接帷幕灌浆→压力钢管安装→外包混凝土浇筑→外包混凝土顶拱回填灌浆及钢管底部接触灌浆。分析认为，问题可能出自洞内环向灌浆：

洞内环向灌浆在压力钢管安装之前施工，只能在厚 15cm 的喷混凝土层封闭下作无盖重灌浆。环向灌浆入岩 8m，孔口至孔底分为 2m、3m、3m 三段灌浆，灌浆压力分别为 0.5MPa、1.5MPa、2.5MPa。其中孔口段正是受开挖爆破影响需要通过灌浆补强的区域，但由于灌浆栓塞占压（栓塞长约 20cm），而且没有盖重只能采用较小的灌浆压力，孔口段可能存在漏灌或灌浆效果欠佳的情况，加之喷混凝土层的密实性和防渗性能都不及现浇的衬砌混凝土，因此压力钢管外包混凝土外侧的喷混凝土层及一定厚度的围岩是防渗的薄弱环节，有可能将帷幕上、下游串通形成渗水通道，造成帷幕下游渗压偏高，详见图 3 所示。

同时，由于引水洞断面大，空间转弯体型复杂，衬砌未采取通水冷却温控措施，斜井段施工难度大，混凝土养护困难等综合因素的影响，引水洞衬砌混凝土难免产生少量的裂缝，可能在运行过流时造成内水外渗，渗流穿过帷幕渗至主厂房上游面，使边墙产生渗水或潮湿的现象。

4　处理措施

经研究，采取“前堵后排”的综合措施解决以上问题。

4.1　堵水措施

为消除帷幕的薄弱环节，在引水洞混凝土衬砌靠近压力钢管的部位增设两排环向补强灌浆孔，向钢管方向倾斜，与原帷幕搭接，补强帷幕灌浆见图 4。补强灌浆入岩 8m，仍分三段灌浆，但有厚度 80cm 的衬砌混凝土作为盖重，孔口段可在衬砌内卡塞，避免围岩漏灌，且灌浆压力提升到 1.5MPa，重点对喷混凝土层及周边围岩进行补强，切断帷幕上、下游之间渗水通道。同时对引水洞衬砌混凝土裂缝进行了水泥灌浆和化学灌浆处理，防止机组充水状态下内水外渗。

该项措施利用 2013 年汛后至 2014 年汛前的枯水期停机施工，补强帷幕灌浆的成果统

计见表 2。从表 2 可知，Ⅰ序孔、Ⅱ序孔单位耗灰量递减明显，符合灌浆一般规律；孔口段的单耗远大于全孔的单耗，说明孔口段确实存在薄弱环节，通过本次检修得到了补强。在施工补强灌浆的同时，还对下弯段衬砌混凝土渗水点和裂缝进行了处理。

4.2 排水措施

防渗帷幕不可能做到滴水不漏，为了改善主厂房上游边墙渗水、潮湿的状况，从主厂房上游侧的第四层排水廊道斜向上往主厂房方向增设排水孔，对透过帷幕的渗水进行引排，避免渗往主厂房，新增排水孔布置图如图 5 所示。该项措施新增 76 个排水孔，于 2013 年 4 月完成，几乎每个孔都有排水，总排水量初期约 25L/min，目前基本稳定在 10L/min。

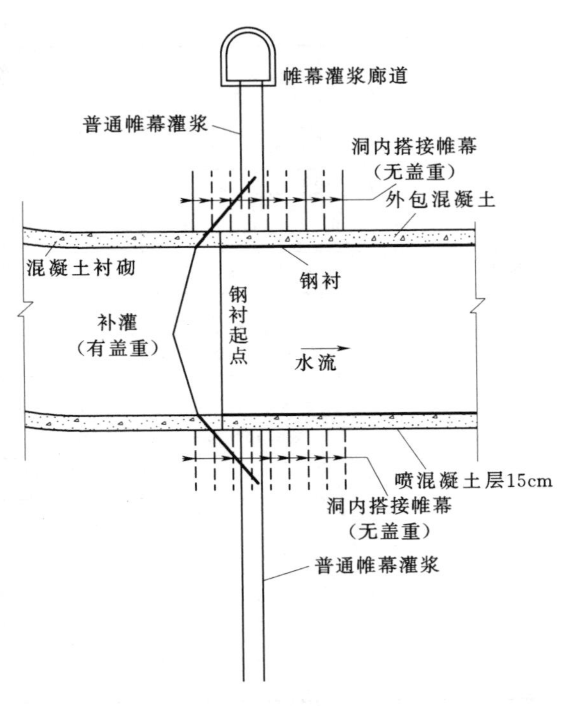

图 4　补强帷幕灌浆示意图

表 2　　**补强帷幕灌浆成果统计表**

机组编号	孔序	段长/m	段数	分段平均单耗/(kg/m)	分序平均单耗/(kg/m)	孔口段平均单耗/(kg/m)
5 号机	Ⅰ序	5.95～8.95	21	54.7	36.2	—
		2.95～5.95	21	14.4		
		0.95～2.95	21	40.9		
	Ⅱ序	5.95～8.95	21	7.6	4.5	
		2.95～5.95	21	2.9		
		0.95～2.95	21	42.4		
	合计	—	126	25.3	25.3	42.0
6 号机	Ⅰ序	5.95～8.95	20	5.9	21.5	—
		2.95～5.95	20	2.5		
		0.95～2.95	20	73.2		
	Ⅱ序	5.95～8.95	19	10.3	7.5	
		2.95～5.95	19	1.3		
		0.95～2.95	19	12.4		
	合计	—	117	14.6	14.6	43.6

续表

机组编号	孔序	段长/m	段数	分段平均单耗/(kg/m)	分序平均单耗/(kg/m)	孔口段平均单耗/(kg/m)
7号机	Ⅰ序	5.95～8.95	20	4.2	23.0	—
		2.95～5.95	20	9.0		
		0.95～2.95	20	72.3		
	Ⅱ序	5.95～8.95	21	2.5	16.1	
		2.95～5.95	21	3.1		
		0.95～2.95	21	56.3		
	合计	—	123	19.5	19.5	64.1
8号机	Ⅰ序	5.95～8.95	18	73.0	82.8	—
		2.95～5.95	18	40.9		
		0.95～2.95	18	160.3		
	Ⅱ序	5.95～8.95	19	18.4	18.8	
		2.95～5.95	19	8.1		
		0.95～2.95	19	35.6		
	合计	—	111	50.0	50.0	96.3

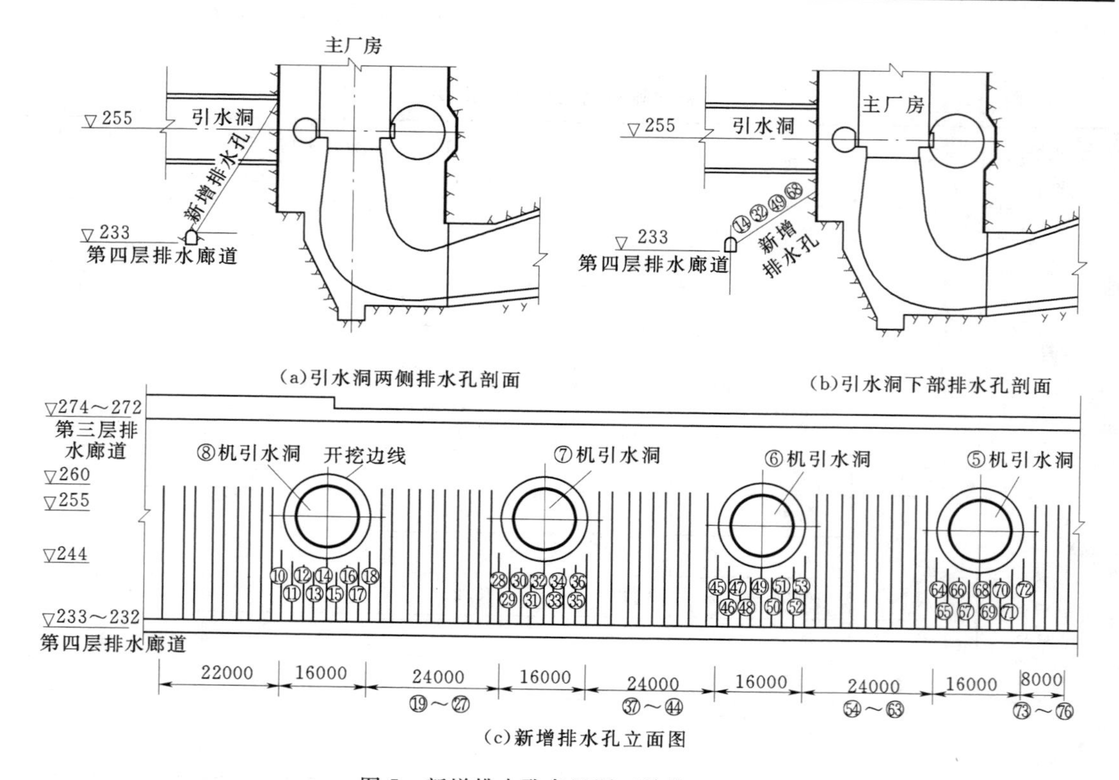

图5　新增排水孔布置图（单位：mm）

5　处理效果

引水洞检修后再次投入运行，帷幕后右侧渗压 8 号机下降了 61m，6 号机下降了 52m，左右两侧渗压基本平衡；检修后 8 号机帷幕后渗压比帷幕前平均低 88m，6 号机帷幕后渗压比帷幕前平均低 94m，表明补强后的帷幕阻断了原有的渗流通道，进一步折减了渗压；帷幕后测点在引水洞放空和充水时渗压变幅减小到 0.6～19m，变幅不大，说明引水洞明显的内水外渗通道已经消除。检修前后渗压变化情况见表 1。另外从直观效果看，主厂房上游边墙渗水现象明显减少，多数渗水裂缝逐渐干涸，墙面不再潮湿。综上说明，通过“前堵后排”的综合处理措施，较好地解决了引水洞渗压异常和主厂房渗水问题。

6　小结及建议

引水洞承担高水头压力，运行工况复杂，一旦出现问题也不便检修和补救，属于地下电站的重要部位，因此，从设计到施工都应采取较高的标准和严格的控制措施，通过一定的技术手段减小工程风险。

（1）应高度重视帷幕与引水洞结合部位的设计施工方案。单从结构受力考虑，向家坝的压力钢管不允许开孔，因此洞内环向搭接帷幕只能采用无盖重灌浆，使孔口段成为防渗的缺口，在衬砌混凝土和钢管外包混凝土浇筑后，也未对这一区域进行补灌，造成电站运行时出现引水洞渗压异常和主厂房渗水的现象，通过补强灌浆才得以解决，说明这是一个不容忽视的问题。建议从以下方面研究解决办法：①已有不少工程的压力钢管设计预留有灌浆孔，后期采取丝堵焊接，开孔虽然对钢管受力不利，但有盖重的灌浆对防渗有利，这两个矛盾因素应综合权衡，不能顾此失彼。例如龙滩地下电站的压力钢管部分采用 16MnR 级钢材，部分采用 610MPa 级高强钢，高强钢洞段不允许开孔，采用无盖重灌浆；其余钢管段则预留灌浆孔，待钢管外包混凝土浇筑后作有盖重灌浆，可避免出现灌浆薄弱区。②如果压力钢管确实不能开孔只能进行无盖重灌浆，则可有预见性地采取本文所述的补强灌浆措施，但应在浇筑衬砌混凝土时预埋灌浆管，避免灌浆钻孔破坏钢筋；孔口段的补强还可采用预埋灌浆管路的方式，即将灌浆管路插入孔口段并封闭孔口，管路沿洞轴线方向引出压力钢管之外，待外包混凝土浇筑之后再进行补强灌浆，溪洛渡地下电站采用了这种方法。③在帷幕搭接区域先浇筑一圈衬砌作有盖重灌浆，然后再凿毛，安装压力钢管，浇筑外包混凝土，这也不失为一种方案选择，当然该措施比较费工费时。

（2）增设排水减压通道。即使采取了以上措施，局部仍有可能存在渗流通道，应考虑排水减压措施。以向家坝的情况来看，可在压力钢管安装之前，在帷幕后的适当部位钻排水孔，在渗流到达主厂房之前，截住渗水向周边廊道引排，该措施应在设计阶段统筹考虑。龙滩地下电站下平段地下水位较高，更是有专项的排水设计来降低外水压力，避免渗压失稳：在相邻机组下平段之间布置了与下平段等长的排水廊道，在排水廊道内向两侧的下平段钻孔排水减压，龙滩引水洞排水设计见图 6。

（3）高标准，严要求，确保衬砌混凝土质量，避免内水外渗。要高度重视入仓、振捣

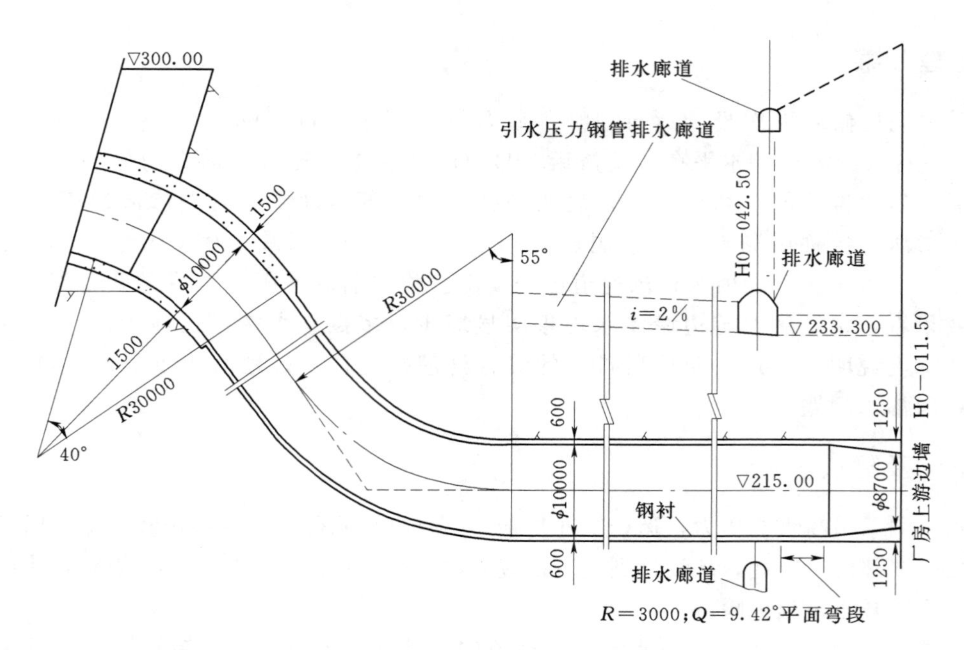

图 6　龙滩引水洞排水设计图

等工艺细节，保证混凝土密实性；采取必要的温控措施，减小温度裂缝风险；严格控制衬砌分段、分仓时止水片的施工质量。

二、分　岔　管

基于美国ASCE规范的GIBE Ⅲ水电站引水钢岔管设计

杨兴义[1]　伍鹤皋[2]　石长征[2]　周彩荣[2]

（1. 中国电建集团成都勘测设计研究院有限公司，四川　成都　610072

2. 武汉大学水资源与水电工程科学国家重点实验室，湖北　武汉　430072）

【摘　要】 基于美国ASCE No.79压力钢管规范对GIBE III水电站的一分三梁式钢岔管和生态流量贴边钢岔管按明管进行了体形设计和有限元分析，并将结果与国内压力钢管设计规范DL/T 5141—2001《水电站压力钢管设计规范》和SL 281—2003《水电站压力钢管设计规范》的设计结果进行了比较。结果表明：梁式岔管和贴边岔管由于体型复杂，加强构件较多，局部应力一般较大；由于ASCE No.79和SL 281—2003中局部应力相应的允许应力明显高于DL/T 5141—2001，因此按ASCE No.79和SL 281—2003设计的管壁厚度一般不受局部应力控制；而按DL/T 5141—2001设计的管壁厚度主要受局部应力控制，所需管壁厚度相对较大。考虑到加强梁附近的管壁局部应力分布范围小，且具有自限性、重分布性，特别是岔管外有围岩约束时，局部应力采用较高的允许值对结构的安全并不会造成太大影响，因此建议适当提高DL/T 5141—2001中的局部应力允许值。

【关键词】 梁式岔管；贴边岔管；ASCE No.79；DL/T 5141—2001；SL 281—2003；局部应力

1　工程概况

GIBE Ⅲ水电站是埃塞俄比亚OMO河梯级开发中的第3级电站，电站装设10台187MW的混流式水轮发电机组。该电站的压力管道共分成2组供水单元，其中靠右侧一组供水单元布置见图1。在靠近厂房处由两根主管道分岔以供电站10台机组的发电，即一管五机的供水方式，采用一个三分梁式岔管和两个卜形梁式岔管相结合的布置方式。为

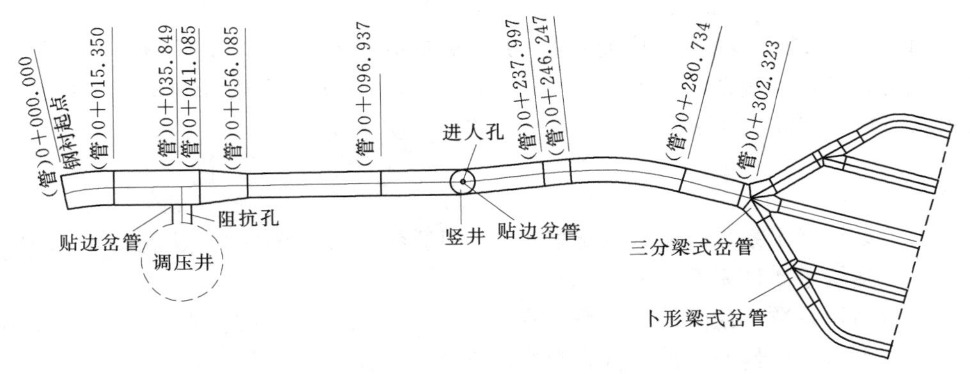

图1　右侧供水单元压力管道平面布置图

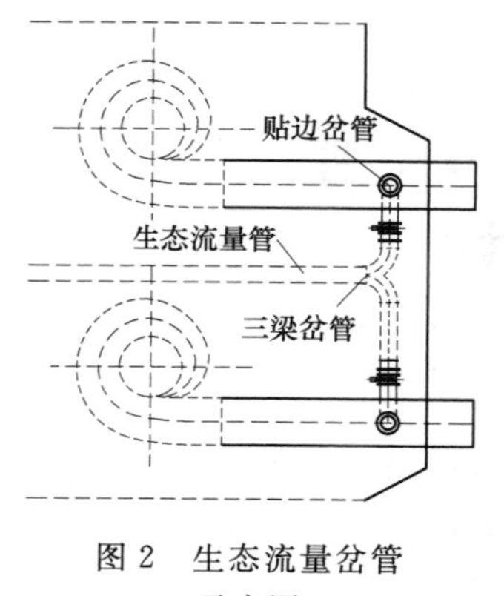

图 2　生态流量岔管示意图

了保证下游正常供水，在中间两台机组引水钢管下平段设置生态岔管，采用贴边岔管形式（见图 2）。此外，在上平段引水管处，为了保证主管与调压室顺滑连接，设置阻抗孔贴边岔管，在上弯段主管处设置进人孔贴边岔管，以供竖井的检修。该电站涉及的岔管数目和形式众多，结构复杂，且 HD 值较高，例如三分梁式岔管主管直径 7.7m，最大水头达 300m，因此采用有限元方法辅助设计也是十分必要的。该电站为涉外工程，其设计需符合美国或欧洲压力钢管相关规范要求，部分标准与国内规范也有所区别。本文将以三分梁式岔管和贴边岔管为例，介绍基于美国规范的钢岔管设计和有限元计算分析，并与按国内规范设计的成果进行对比。

2　计算条件

2.1　钢材允许应力

岔管钢材采用 610MPa 级高强钢，弹性模量 206.0GPa，泊松比 0.3，容重 78.5kN/m^3。钢材屈服强度不小于 490MPa，抗拉强度在 610～730MPa 之间。确定钢材的允许应力是进行钢岔管设计的关键，根据美国 ASCE 规范 Manual and Report on Engineering Practice No. 79，Steel Penstocks（以下简称 ASCE No. 79）的规定，对于不同的应力类型，允许应力为 $[\sigma]=KS$，其中 K 为提高系数．S 为基本允许设计应力。基本允许设计应力 S 取钢材标准规定的最小抗拉强度的 1/3 和最小屈服强度的 2/3 的较小值。其中 1/3 的抗拉强度 1/3×610＝203.3（MPa），2/3 的屈服强度 2/3×490＝326.7（MPa），所以取 S＝203.3MPa。持久状况下各类应力类型及其出现位置和允许应力值见表 1。在正常工况下整体膜应力取 1.0S；在岔管管壳几何不连续处的局部膜应力按 1.5S 考虑；在管壳与加强梁连接部位由于约束引起的具有自限能力的二次应力，其允许应力可取 3 倍基本应力。同时，对局部膜应力的定义进行了专门解释，即在岔管几何不连续处，如果应力集中的区域（即应力值超过 1.1 倍基本应力的范围）小于 1.0 $\sqrt{rt}$，那么该处应力可以按局部膜应力看待，另外，该处局部膜应力＋弯曲应力以及肋板应力也按 1.5 倍整体膜应力进行控制。

为了说明不同规范对各部位允许应力的控制不同，同时还按照 DL/T 5141—2001《水电站压力钢管设计规范》和 SL 281—2003《水电站压力钢管设计规范》进行设计。其中，DL/T 5141—2001 中按照下式（1）计算钢材抗力限值：

$$\sigma_R=\frac{f}{\gamma_0\psi\gamma_d} \tag{1}$$

式中　ψ——设计状况系数，持久状况取 1.0，短暂状况取 0.9，偶然状况取 0.8；

γ_0——结构重要性系数，取为 1.0；

γ_d——结构系数，岔管的结构系数在明钢管结构系数的基础上再增加 10%取用，而水压试验情况下的结构系数则降低 10%取用；

f——设计强度值，对于埋管，取钢材抗拉强度的 0.75 倍，再除以材料分项系数

1.111，经计算采用410MPa，计算得到的抗力限值见表1。

SL 281—2003中钢岔管结构的允许应力取值分别为：膜应力区0.5σ_S，局部应力区（即局部膜应力和局部膜应力+弯曲应力，具体部位为距承受弯矩的加强构件3.5$\sqrt{rt}$以内及转角点处管壁）0.8σ_S，肋板应力0.67σ_S，其中σ_S取钢材屈服强度和0.7倍抗拉强度二者中较小值，这里考虑焊缝系数0.95，经计算为405.65MPa。此外SL 281—2003在表注中还注明，采用有限元计算峰值应力时，其允许应力可适当提高，笔者理解大致相当于美国规范中的二次应力，出于安全考虑，其允许值取钢材屈服强度的0.95倍。计算得到的允许应力也列于表1。

表1　　持久状况下钢材允许应力

应力分类	应力位置	ASCE No.79		DL/T 5141—2001		SL 281—2003	
		提高系数 K	允许应力 /MPa	结构系数 γ_d	抗力限值 /MPa	系数	允许应力 /MPa
一次整体膜应力	远离加强构件和结构突变处	1.0	203.3	1.76	233.0	0.5	202.8
一次局部膜应力	与加强构件和结构突变相邻处中面	1.5	305.0	1.43	287.0	0.8	324.5
一次局部膜应力+二次应力	母线转折处和结构突变处表面应力	3.0	610	1.21	339.0	—	465.5
加强构件应力	承受弯矩的加强构件	1.5	305.0	1.43	287.0	0.67	271.8

注　国内外规范焊缝系数一般分别考虑为0.95和1.0。

从表中数据来看，ASCE No.79和SL 281—2003对整体膜应力的控制较严格，允许应力基本接近，而比按DL/T 5141—2001计算得到的抗力限值小30MPa左右，约12%；但是ASCENo.79和SL 281—2003对局部应力区的控制比DL/T 5141—2001规范要宽松，尤其是对一次局部膜应力+二次应力这类复杂的局部应力，ASCENo.79和SL 281—2003的允许值分别比DL/T 5141—2001高270MPa和127MPa左右，约80%和37%。

2.2　计算荷载

钢岔管设计计算时应考虑的荷载包括：(a) 最高库水位时的内水压力；(b) 水击压力；(c) 管道结构自重、管内水重等自重荷载；(d) 温度荷载（±10℃）；(e) 明管地震荷载；(f) 灌浆压力；(g) 管外渗透水压力。由于本工程各分岔管均埋置在围岩中，可不考虑地震荷载。那么荷载组合包括：内压工况(a)+(b)+(c)，内压和温度组合工况(a)+(b)+(c)+(d)；施工期灌浆工况（f)；放空检修工况（g)。本文将主要介绍控制工况即内压工况的计算结果，该工况分岔处设计内水压力值（含水锤压力）为3MPa。

3　一分三梁式钢岔管设计与有限元分析

3.1　体形设计

根据GIBEⅢ岔管的基本参数（如主支管直径和分岔角等）和具体布置，采用锥、锥相交的原理，可以确定主管一分三梁式钢岔管体形和加强梁尺寸如图3所示。

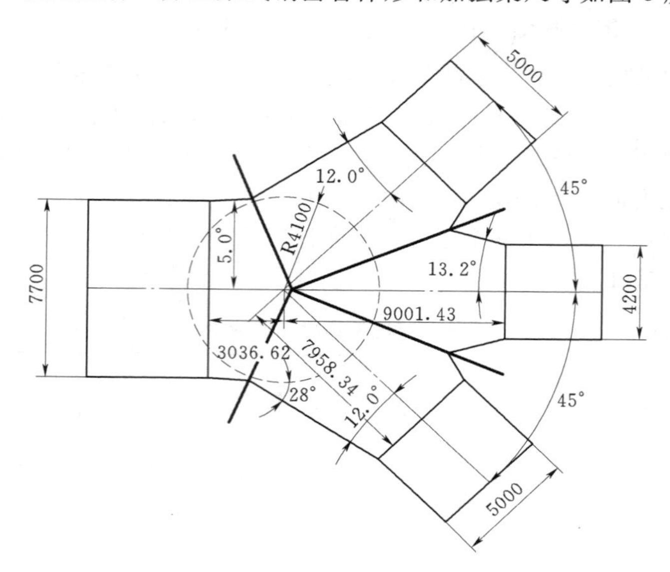

图3 主管一分三梁式钢岔管体形（单位：mm）

梁式分岔管是由薄壳和刚度较大的加强梁组成的复杂空间组合结构，受力状态复杂。而且岔管处水头损失较大，占引水系统总水头损失比重较高，有可能仅岔管一处的局部水头损失即超过引水隧洞和进水口水头损失的总和。因此，好的岔管体形不但应具有较好的受力状态，而且还应有较小的水头损失。影响钢岔管水力特性和结构特性的主要因素包括分岔角、加强构件内伸宽度、锥管圆锥角和扩大率等。DL/T 5141—2001推荐分岔角的范围为55°～90°，由于一分三布置的需要，岔管采用了较大的分岔角即90°，但仍在上述范围内。岔管U梁伸入管壳内部的宽度为1.5m，与U梁与管壳相贯线水平投影的长度之比等于0.22，该比值类似于月牙肋岔管的“肋宽比”，研究表明月牙肋岔管肋宽比小于0.30时，肋板宽度对岔管的水力学特性影响不大，可以推断U梁内伸不会对水力特性造成大的影响。在扩大率方面，日本本川和奥矢作第一抽水蓄能电站对岔管水力特性的研究表明扩大率为1.1～1.2范围内时对水头损失影响很小。本岔管扩大率为1.06，接近上述范围的下限。另外岔管主、支锥圆锥角完全满足DL/T 5141—2001的要求，可以认为对岔管水头损失的影响很小。通过以上分析可以认为，上述岔管体形能兼顾水力特性和结构特性，是较优的体形。

3.2 有限元模型和计算方案

根据3.1节确定的一分三梁式钢岔管的体形，采用有限元法对内水工况下的岔管应力进行计算。钢岔管网格剖分全部采用ANSYS中四节点板壳单元。有限元模型建立在笛卡尔直角坐标系坐标（x，y，z）下，xoz面为水平面，竖直方向为y轴，向上为正，坐标系成右手螺旋。一分三梁式钢岔管管壳和加强梁网格见图4。计算时模型在主管和支管端部取固端全约束，内水压力为3.0MPa，为了减小约束端的局部应力影响，主、支管段轴线长度从分岔点向上、下游分别取最大公切球直径的1.5倍以上。

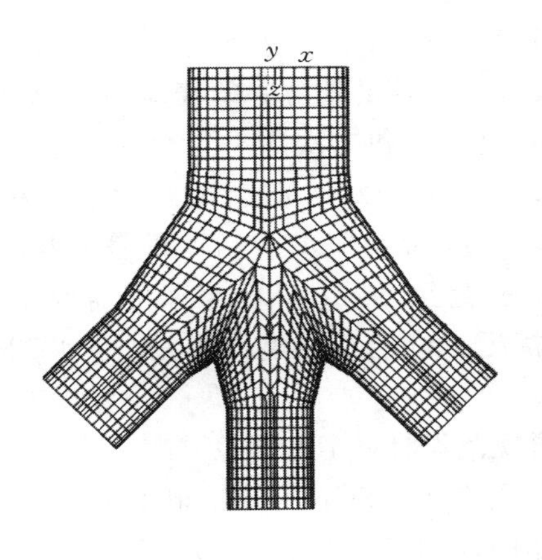

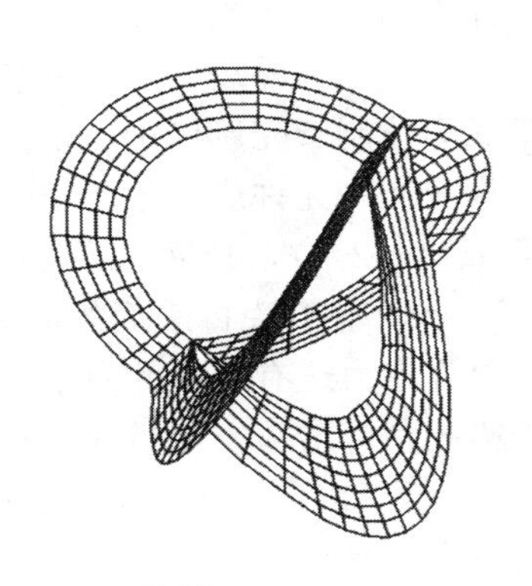

图 4　一分三梁式钢岔管管壳和加强梁网格图

计算中，赋给管壳单元相应的管壁厚度，通过计算可以得到内水压力作用下的管壳和加强梁的应力。对于钢材应按第四强度理论校核其强度，即钢岔管的等效应力（Mises 应力）应满足下式：

$$\sigma=\sqrt{\sigma_\theta^2+\sigma_x^2+\sigma_r^2-\sigma_\theta\sigma_x-\sigma_\theta\sigma_r-\sigma_x\sigma_r+3(\tau_{\theta x}^2+\tau_{\theta r}^2+\tau_{xr}^2)}\leqslant[\sigma] \quad (2)$$

ASCE No. 79 中明确规定，无论围岩条件好坏，地下埋藏式岔管都不考虑围岩分担内水压力，其围岩承载仅作为一种安全储备。而 DL/T 5141—2001 和 SL 281—2003 规定，地下埋藏式岔管若有足够的埋深，且回填混凝土和灌浆质量符合要求，可计入围岩抗力，围岩分担的内水压力可按圆柱管估算。为便于不同规范之间比较及设计安全，这里都按明钢岔管进行设计。通过试算得到满足上述要求的最小管壁厚度、梁的尺寸和厚度。一分三梁式钢岔管计算方案见表 2。

表 2　　**一分三梁式钢岔管计算方案**　　单位：mm

规　　范	管壁厚度	U　　梁				腰　　梁		
		厚度	管顶高度	管腰高度	内伸高度	厚度	管顶高度	管腰高度
ASCE No. 79	58	165	2000	2500	1500	165	2000	2000
DL/T 5141—2001	74	170	2000	2500	1500	170	2000	2000
SL 281—2003	58	190	2000	2500	1500	175	2000	2000

根据 ASCE No. 79 和 DL/T 5141—2001、SL 281—2003 的设计方案，整理了钢岔管管壳及加强梁各部位的最大等效应力（Von Mises 应力），列于表 3。从表中数据可以看出，三个规范设计方案管壳和加强梁的应力均小于钢材相应的允许应力或者抗力限值，满足结构安全要求。

采用 ASCE No. 79 和 SL 281—2003 进行设计时，设计管壳厚度相等，此时管壳的整体膜应力为 203MPa，接近整体膜应力的允许值，而局部应力区的应力值与各自的允许应力有较大的差距；ASCE No. 79 中加强构件允许值比 SL 281—2003 高，梁厚度需要从 165mm 提高至 190mm。由于 ASCE No. 79 整体膜应力对应的钢材允许应力要低于 DL/T 5141—2001，因此在校核管道的整体膜应力时，能满足 ASCE No. 79 要求的管壁厚度同时也能满足DL/T 5141—2001，并且有更大的裕度。然而岔管这类复杂的空间结构，受力状态往往不均匀，特别是在管节相交处或与加强梁连接的地方，管壳应力沿厚度方向的分布并不均匀，在内外表面产生较大的一次局部膜应力和二次应力综合作用的局部应力区，通常成为控制管壳厚度的关键应力。在DL/T 5141—2001设计时，由于一次局部膜应力+二次应力的允许应力远小于ASCE No.79，则满足ASCE No.79的管壁厚度无法满足DL/T 5141—2001，管壁的厚度需要从58mm提高至74mm，U梁厚度需要从165mm提高至170mm，且管壳内表面的应力已经十分接近允许值，而整体膜应力和局部膜应力与各自的允许应力还有较大的差距。

对于梁式岔管结构，在明管状态下采用美国规范设计的管壁厚度与SL 281—2003相等，而比DL/T 5141—2001有明显减小，主要原因在于ASCE No.79和SL 281—2003中对整体膜应力控制更严格，管壁厚度主要由整体膜应力来控制；而DL/T 5141—2001中对局部应力控制更严格，管壁厚度主要由一次局部膜应力+二次应力来控制。实际上，局部应力沿管壳厚度方向分布十分不均匀，应力能自限和调整，同时岔管外部围岩可以对岔管的变形加以限制，并且加强梁附近的管壳上所产生的一次局部膜应力+二次应力不会导致结构破坏，因此采用较高的局部应力的允许值对结构的安全并不会造成不利影响。

表3　各方案钢岔管特征部位最大应力　单位：MPa

部　位	应　力　类　型	ASCE No.79		DL/T 5141—2001		SL 281—2003	
		计算应力	允许应力	计算应力	允许应力	计算应力	允许应力
远离加强梁的管壳	整体膜应力	203.0	203.3	157.4	233.0	203.0	202.8
加强梁附近的管壳	一次局部膜应力	222.7	305.0	170.4	287.0	221.7	324.5
	一次局部膜应力+二次应力	419.9	610	336.3	339.0	415.3	465.5
加强梁	一次局部膜应力+弯曲应力	302.4	305.0	282.3	287.0	269.1	271.8

4　生态贴边钢岔管设计与有限元分析

4.1　钢岔管体形设计

为了保证下游的正常供水，GIBEⅢ水电站在5、6号机组引水钢管下平段（直径4.2m）各分出一条直径1.2m的支管，拟采用贴边岔管型式。根据管道布置的需要，生态流量贴边岔管采用90°分岔角。支管和主管半径相差较大，两者之比为0.29小于0.5，因此在圆柱主管上，用圆锥支管分岔，锥管半锥顶角为14°，圆锥支管直径由1.7m渐变至1.2m。主管的贴边宽度一般可按支管半径的（0.8～1.1）倍确定，支管的贴边宽度可按支管半径的（0.5～0.6）倍确定，根据该工程实际，主管和支管贴边的宽度均取为600mm，生态、流量贴边钢岔管体形图如图5所示。贴边厚度与管壳钢板厚度一致，将根据有限元计算确定管壁和贴边的厚度以及内外贴边的层数。

4.2　计算模型和计算方案

贴边钢岔管网格剖分全部采用ANSYS中四节点板壳单元。有限元模型建立在笛卡尔

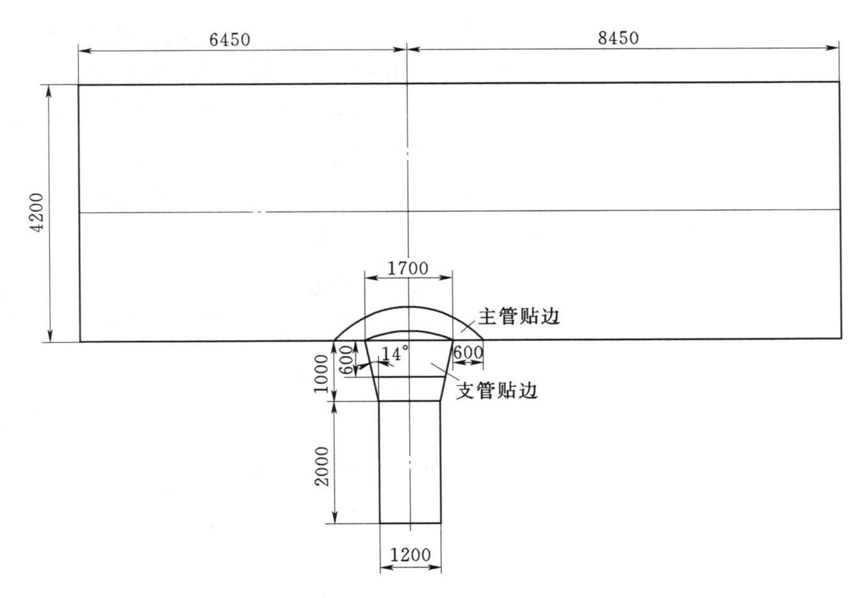

图 5　生态流量贴边钢岔管体形图（单位：mm）

直角坐标系坐标（x，y，z）下，坐标原点位于主管与支管轴线交点处。生态流量贴边钢岔管有限元模型计算网格见图 6 所示。计算中模型在主管和支管端部取固端全约束，内水压力为 3.0MPa。根据 4.1 节确定的贴边钢岔管的体形，本节采用有限元法对岔管应力进行了计算。钢材采用 610MPa 级高强钢，分别采用 ASCE No.79 和 DL/T 5141—2001、SL 281—2003 进行了设计，通过试算得到满足结构强度要求的管壳厚度，具体数据列于表 4。

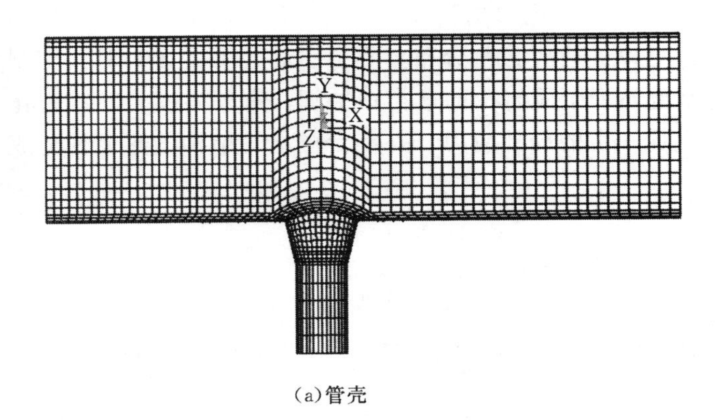

(a)管壳　　(b)贴边

图 6　生态流量贴边钢岔管管壳网格图

表 4　　**贴边钢岔管管壁和贴边尺寸厚度**　　单位：mm

规范	主管厚度	支管渐变段厚度	支管厚度	主管贴边厚度	主管贴边宽度	支管贴边厚度	支管贴边宽度
ASCE No.79	34	28	22	68（2 层）	600	28（1 层）	600
DL/T 5141—2001	34	34	22	68（2 层）	600	34（1 层）	600
SL 281—2003	34	28	22	68（2 层）	600	28（1 层）	600

根据计算结果，整理了钢岔管管壳的等效应力（Mises应力），列于表5。采用ASCE No. 79和SL 281—2003进行设计时，管壁厚度和贴边厚度由一次局部膜应力控制。当采用DL/T 5141—2001进行设计时，由于局部膜应力和一次局部膜应力＋二次应力对应的允许应力小于美国规范，因此支管渐变段和支管贴边的厚度需增加至34mm才能满足规范要求，支管管壁＋贴边总厚度增加了12mm。与三梁岔管相似，在贴边岔管的设计中采用DL/T5141－2001规范设计管壁厚度较大，ASCE No. 79和SL 281—2003相对较小。

表5　生态流量贴边钢岔管计算结果　单位：MPa

部　位	应力种类	ASCE No. 79		DL/T 5141—2001		SL 281—2003	
		Mises力最大值	允许应力	Mises应力最大值	允许应力	Mises力最大值	允许应力
主管柱管段	整体膜应力	180.7	203.3	180.7	233	180.7	202.8
主支管相贯处中面	一次局部膜应力	303.3	305.0	280.0	287	303.3	324.5
主支管相贯处内外表面	一次局部膜应力＋二次应力	364.7	610	337.3	339	364.7	465.5

5　结语

在梁式岔管和贴边岔管中，主、支管相互切割的破口较大，一般需要采用加强构件进行补强，因此在管节相贯线（加强梁）附近管壁形成较高的局部应力区，往往成为设计中控制管壁厚度的因素。ASCE No. 79和SL 281—2003规范中整体膜应力允许值接近且控制较严格，而DL/T 5141—2001规范中对局部应力控制较严格，因此按美国ASCE No. 79和SL 281—2003设计的管壁厚度明显小于DL/T 5141—2001设计厚度。由于局部应力的分布范围较小，具有自限性，可以进行应力重分布，不会引起显著变形，对其控制可以适当放宽。特别是对GIBE Ⅲ水电站埋于围岩中的这类钢岔管，有外界围岩的约束作用，局部应力可望明显降低，即使出现一定的局部应力，并不会对岔管结构的安全性造成明显影响。

参　考　文　献

[1]　杨海红，杨兴义，伍鹤皋．三分梁式岔管体形设计与有限元计算［J］．水力发电，2012，38（2）：54－56.

[2]　ASCE Manuals and Reports on Engineering Practice No. 79，Steel penstocks［S］．American，1993.

[3]　DL/T 5141—2001水电站压力钢管设计规范［S］．北京：中国电力出版社，2002.

[4]　SL 281—2003水电站压力钢管设计规范［S］．北京：中国水利水电出版社，2003.

[5]　王志国，陈永兴．西龙池抽水蓄能电站内加强月牙肋岔管水力特性研究［J］．水力发电学报，2007，26（1）：42－47.

[6]　黄希元，唐怡生．小型水电站机电设计手册（金属结构）［M］．北京：水利电力出版社，1991.

琼中抽水蓄能电站高压岔管衬砌形式选择与结构计算

王化龙[1]　苏　凯[2]　伍鹤皋[2]　周亚峰[2]

（1. 中国电建集团中南勘测设计研究院有限公司，湖南　长沙　410014

2. 武汉大学水资源与水电工程科学国家重点实验室，湖北　武汉　430072）

【摘　要】 琼中抽水蓄能电站采用一洞三机布置形式，高压岔管最小覆盖层厚度与最小主应力条件满足规范要求，施工开挖过程中的围岩稳定性较好，运行期衬砌除锐角区外整体裂缝宽度处于可控范围内，检修期间出现受压破坏可能性较小，具备采用钢筋混凝土衬砌的条件；随着衬砌厚度从0.8m增加1m、1.2m，回填灌浆作用下与检修期外水压力作用下的衬砌变形与压应力数值均逐渐减小，检修期间衬砌的承载比从58.51%增加为65.14%、67.20%；运行期衬砌混凝土大范围开裂，由钢筋与围岩联合承担内水压力，在保持配筋量不变时，随着衬砌厚度的增加，内层钢筋应力逐渐增大，外层钢筋应力逐渐减小，衬砌整体承载比从5.47%降低为5.39%、5.29%。

【关键词】 琼中抽水蓄能电站；高压岔管；衬砌形式；钢筋混凝土

1　工程概况

琼中抽水蓄能电站位于海南省琼中县境内，上、下水库均在南渡江腰仔河支流黎田河上游段，上、下水库落差约310m，电站距海南省海口市、三亚市直线距离分别为106、110km，距昌江核电直线距离98km。总装机容量600MW，厂房内布置3台单机容量为200MW混流可逆式水泵水轮发电电动机组。电站发电额定水头304m，单机额定发电流量为75.05m^3/s。电站引水系统采用一洞三机布置方式，引水系统由上水库进/出水口、引水隧洞、压力管道、高压岔管、高压支管组成。上库设计洪水位为568.240m，输水系统总长度最长约为2465m，其中引水主洞洞径8.4m段长899.040m，洞径7.2m段长25m，引水支洞洞径3.8m，长166.34m、155.5m、136.34m，两个高压岔洞分岔角均为60°，距离地下厂房中轴线分别约155.5m和125.5m（见图1）。引水主洞下平段洞段长约205.5m，洞室埋深250～285m，下平段最大静水头3.835MPa，最大水击压力1.456MPa。

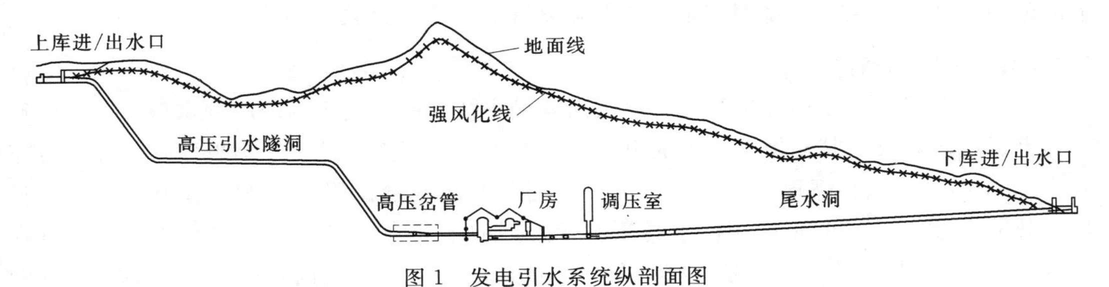

图1　发电引水系统纵剖面图

高压岔管处地下水位线高程582.87m，岔管中心线高程188.95m，高压岔洞至厂房上游边墙上部32.60m处布置有排水廊道（高程221.55m）。

岔管布置区围岩初始地应力测试布置在3号支洞55m处，初始地应力测点结果见表1。

表1　初始地应力测点结果

测孔位置	测点高程/m	测点上覆岩体厚度/m	最大主应力			中间主应力			最小主应力		
			σ_1	α_1	β_1	σ_2	α_2	β_2	σ_3	α_3	β_3
			MPa	(°)	(°)	MPa	(°)	(°)	MPa	(°)	(°)
3号支洞55m处	237.00	385.0	6.60	74.07	328.72	4.99	7.34	211.88	4.36	14.05	120.03
	227.10	394.9	6.87	75.97	329.52	4.96	7.89	205.84	4.37	11.53	114.22
	220.50	401.5	7.08	73.67	339.68	5.41	10.82	208.99	4.77	12.08	116.64
	213.90	408.1	7.54	69.19	355.35	5.63	14.76	221.67	5.00	14.42	127.78
	204.00	418.0	7.67	73.88	340.43	6.07	9.52	214.90	5.64	12.89	122.72
	194.10	427.9	8.36	71.61	356.15	5.77	13.77	218.65	5.21	11.95	125.67

2　高压岔管衬砌形式选择

高压岔管段衬砌形式一般有两种选择：钢筋混凝土衬砌或钢板衬砌，在满足围岩渗透水力梯度要求的前提下，可采用最小主应力与最小覆盖层厚度准则进行衬砌形式的选择。最小主应力准则作为围岩承载的核心准则，是决定能否取用钢筋混凝土衬砌形式的关键，最小覆盖层厚度是指有压隧洞埋深的允许最小值，是最小主应力准则的经验性判断，对于采用混凝土衬砌的水工有压隧洞，在较高内水压力作用下衬砌开裂常不可避免，设计时必须保证隧洞有足够岩石覆盖厚度以达到必要的初始应力，防止裂隙变形产生大量渗水而危及隧洞、边坡及临近建筑物的安全。

2.1　最小覆盖层厚度

有压隧洞的最小覆盖厚度作为最小主应力准则的经验性判断，通过考察隧洞顶部有效围岩厚度确定衬砌形式，应用较为广泛的有雪山准则与挪威准则，且后者为我国隧洞规范推荐计算方法，要求按照洞内最大静水压力小于洞顶以上岩体重力的要求确定。琼中电站高压岔管所处区域地势较为平缓，山坡的倾角约在10°以内，岩石重度为27.4kN/m^3，取安全系数为1.30～1.50时所需最小覆盖厚度为228～263m，明显小于管顶至岩石强风化下限的距离398～435m，说明满足最小覆盖厚度条件，可以采用钢筋混凝土衬砌。

2.2　最小主应力条件

高压岔管采用钢筋混凝土衬砌时要求围岩最小初始应力大于洞内的静水压力，并进行水力劈裂试验，验证其初始地应力的设计值，在内压作用下不发生水力劈裂。从表1可知高程194.10m测点和高程204.00m测点接近且稍高于岔管位置（下平段管道中心线高程188.95m），其地应力数据应稍低于高压岔管附近的地应力水平，由于高程194.1测点和高程204.00测点的最小主压应力数值在－5.64～－5.21MPa之间，明显大于高压岔管的最大静水压力 3.835MPa，且具有 1.36～1.47 的安全系数，说明满足最小主应力条件。

3 钢筋混凝土岔管结构分析

3.1 计算模型

从最小覆盖层厚度和最小主应力条件来看，琼中岔管可以采用钢筋混凝土衬砌，本文根据引水系统布置，岔管衬砌混凝土厚度取 1.2m 建立三维有限元计算模型，模型范围自 1 号岔管分岔点沿洞轴向往上游 53m，下游从 2 号岔管分岔点沿洞轴向向下游延伸 60m，岔管上下各取厚度 50m 的岩体，上部其余部分岩体采用等效覆盖压力模拟。

钢筋混凝土岔管布置形式与计算模型见图 2。

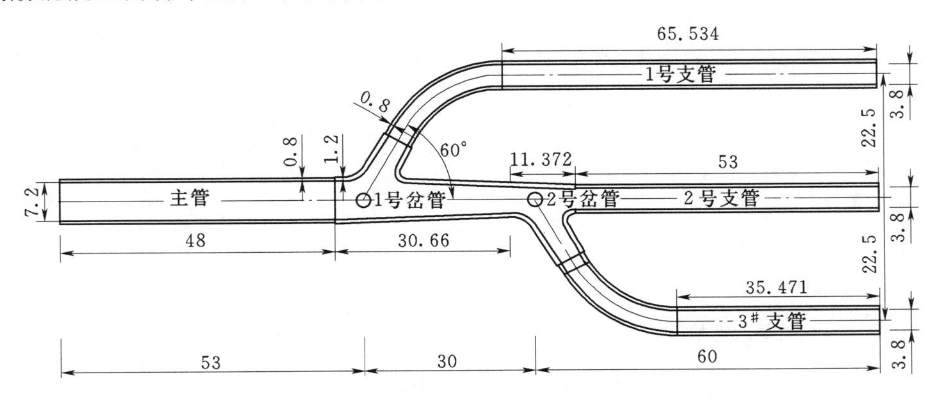

(a)衬砌厚 1.2m 方案（单位：m）

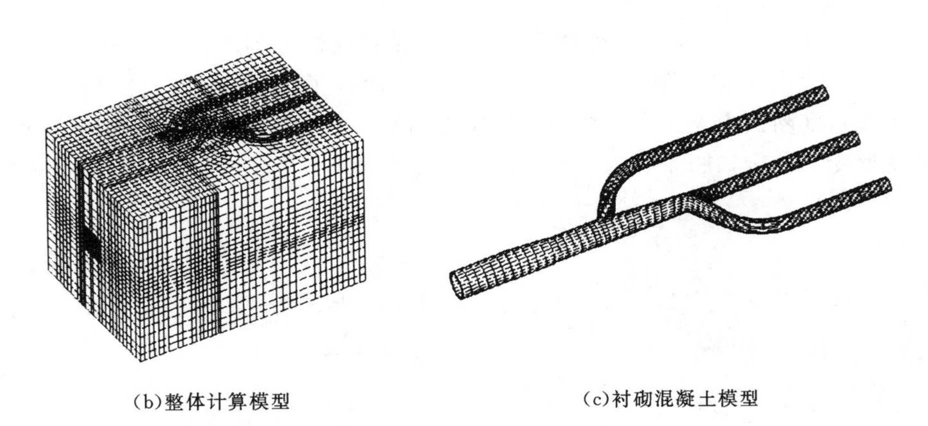

(b)整体计算模型　　　　(c)衬砌混凝土模型

图 2　钢筋混凝土岔管布置形式与计算模型（单位：m）

3.2 施工开挖期围岩稳定分析

围岩为微风化至新鲜含砾长石石英砂岩，变形模量为 15GPa，泊松比为 0.22，黏聚力为 1.6MPa，摩擦系数为 1.25，采用 Druck-Prager 屈服准则，施工开挖采用全断面开挖方式，开挖完成后围岩发生朝向洞内的变形，其中岔管最大开挖断面的变形较大，分别达到了 4.92mm 和 4.73mm（见图 3）。

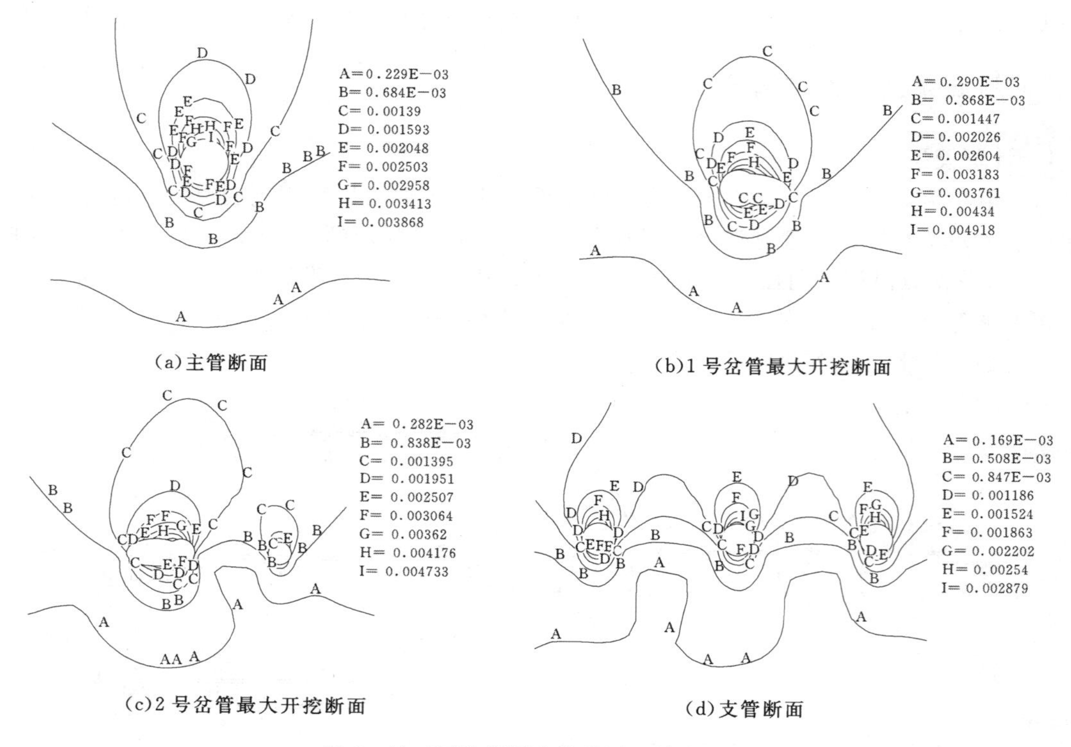

图3　施工开挖期围岩位移图（单位：m）

3.3　回填灌浆工况衬砌应力分析

回填灌浆压力为0.3MPa，作用在顶拱120°范围内的衬砌外表面。在回填灌浆压力作用下，衬砌顶拱发生朝向洞内的变形，最大变形达到了1.022mm，且衬砌以受压为主，仅岔管最大跨度断面内表面有小范围的拉应力出现，最大数值为0.508MPa。回填灌浆工况衬砌变形受力分析如图4所示。

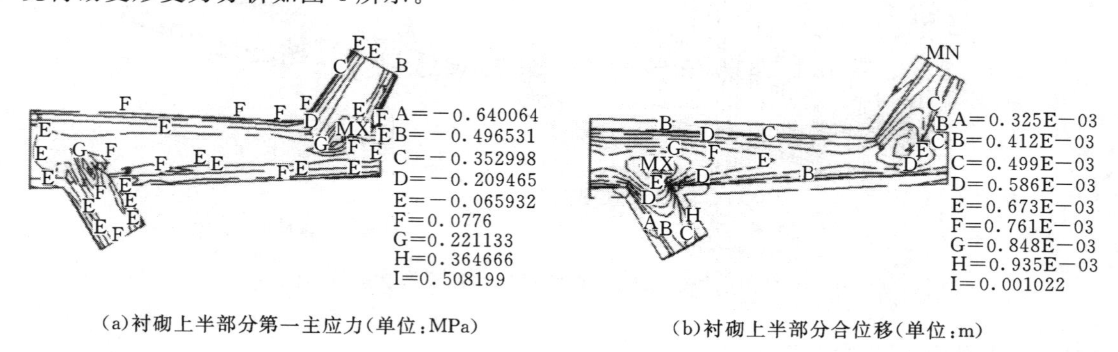

图4　回填灌浆工况衬砌变形受力分析

3.4　运行期衬砌结构安全分析

采用均布式钢筋模型，以单元体积率的方式体现配筋作用，混凝土采用正交均布式开裂模型和五参数组合破坏准则，其中主管和岔管布置双层钢筋，支管布置单层钢筋，环向

钢筋为 ϕ32@200mm，水流向钢筋为 ϕ25@250mm，衬砌混凝土标号为 C25。对于高压隧洞，钢筋混凝土衬砌开裂不可避免，隧洞衬砌混凝土开裂以后，水荷载将由钢筋和围岩共同承担，钢筋呈受拉状态，在岔管锐角区和钝角区的腰部位置，钢筋应力数值普遍较大，超过了 150MPa（对应裂缝宽度 0.25mm），其中内层钢筋应力最大值出现在 2 号岔管锐角区位置，数值为 344.499MPa，外层钢筋最大值出现在 1 号岔管锐角区腰部，最大为 185.989MPa，其他绝大部分钢筋应力在 140MPa 以下，对应的钢筋最大裂缝宽度亦在 0.2mm 以内，说明运行期间除岔管锐角区外的衬砌混凝土裂缝宽度处于可控范围内。

岔管段环向钢筋应力分布见图 5。

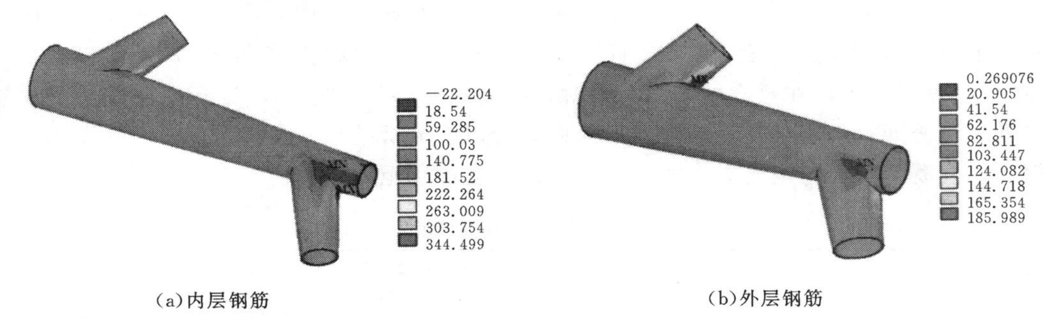

(a)内层钢筋　　(b)外层钢筋

图 5　岔管段环向钢筋应力分布（单位：MPa）

3.5　检修期衬砌结构受力

地下水位线高程 582.87m，岔管中心线高程 188.95m，外水压力取地下水位线与排水廊道底板高程差的 0.5 倍（约 180.66m），再加上排水廊道底板至岔管中心线的全水头（约 32.60m），总外水压力为 213.26m，荷载作用分项系数取 1.2。衬砌外侧围岩单元弹模折减为原来的 0.1 倍以考虑衬砌与围岩不完全联合承载作用。在外水压力作用下，衬砌以受压应力状态为主，其中在锐角区腰部处的最大主压应力为−25.8MPa，其他绝大部分区域的混凝土最大压应力在−7.8～−10.8MPa 范围内（见图 6），考虑到运行期间衬砌混凝土的开裂将导致衬砌渗透系数的增大，可在一定程度上降低衬砌外水压力数值，因此总体而言，检修期衬砌混凝土应不会出现受压破坏情况。

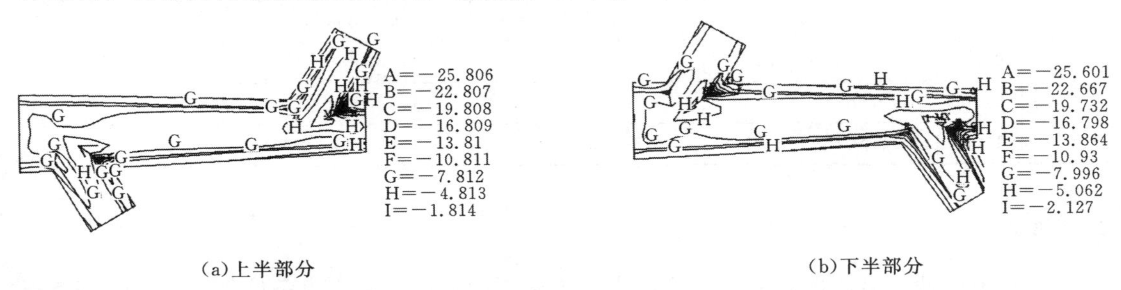

(a)上半部分　　(b)下半部分

图 6　检修期衬砌混凝土最大压应力（单位：MPa）

4　衬砌厚度优化设计

岔管段衬砌厚度采用 0.8m、1.0m 和 1.2m，依次对回填灌浆期、运行期以及检修期衬砌结构的受力与变形进行对比分析。从表2可以看出，回填灌浆工况，灌浆压力作用在顶拱120°范围内的衬砌外表面，随着衬砌厚度的增加（从0.8m增加到1.0m、1.2m），衬砌整体压应力数值略有减小，最大变形也从1.398mm减小到1.204mm、1.066mm；运行工况，在内水压力作用下，衬砌混凝土开裂，钢筋承受拉应力，随着衬砌厚度的增加，内层钢筋整体应力有所增加，这是由于衬砌厚度的增加，导致了钢筋配筋率的减小以及外层钢筋作用的降低（外层钢筋应力降低）；检修期间，在外水压力作用下，随着衬砌厚度的增加，衬砌整体压应力数值和变形均有所减小，其中最大变形从2.314mm降低为2.157mm、1.900mm。同时，本文根据运行期钢筋应力与配筋面积以及检修期混凝土应力，计算并对比分析了不同衬砌厚度条件下的衬砌承载比，厚度0.8m、1.0m和1.2m方案对应的承载比分别为：运行期5.47％、5.39％、5.29％和检修期58.51％、65.14％、67.20％。可以看出，在衬砌配筋量一致时，随着衬砌厚度的增加，运行期衬砌承载比逐渐降低，检修期衬砌承载比逐渐增加，因此综合以上分析结果，在满足施工条件要求（绑扎钢筋、混凝土立模与浇筑等）时，可将衬砌厚度优化至1.0m。

表2　　混凝土衬砌厚度敏感性分析

计算工况		优化对比数值			
回填灌浆工况	衬砌厚度	衬砌最大压应力/MPa		岔管衬砌位移/mm	
		大部分区域	最大值	大部分区域	最大值
	0.8m	−2.196～−1.342	−7.748	0.335～0.710	1.398
	1.0m	−1.821～−1.116	−6.400	0.326～0.636	1.204
	1.2m	−1.594～−0.973	−5.630	0.325～0.586	1.066
运行工况	衬砌厚度	岔管衬砌内层环向钢筋应力/MPa		裂缝宽度/mm	
		大部分区域	最大值	大部分区域	最大值
	0.8m	55.935～136.065	336.391	0.009～0.114	0.793
	1.0m	56.604～138.783	344.233	0.012～0.114	0.908
	1.2m	59.285～140.775	344.499	0.018～0.138	0.964
检修工况	衬砌厚度	岔管衬砌最大压应力/MPa		岔管衬砌合位移/mm	
		大部分区域	最大值	大部分区域	最大值
	0.8m	−9.632～−5.977	−31.559	0.688～1.438	2.314
	1.0m	−8.661～−5.339	−28.597	0.623～1.331	2.157
	1.2m	−7.812～−4.813	−25.806	0.564～1.181	1.900

5　结论

（1）琼中抽水蓄能电站高压岔管最小覆盖层厚度与最小主应力条件都可以满足规范要求，且施工开挖过程中的围岩稳定性较好，运行期衬砌除锐角区外其他部位裂缝宽度都处于可控范围内，检修期间出现受压破坏可能性较小，具备采用钢筋混凝土衬砌形式的条件。

（2）随着混凝土衬砌厚度的增加，回填灌浆作用下与检修期外水压力作用下的衬砌变

形与压应力数值均逐渐减小，其中检修期间衬砌的承载比从 58.51%(0.8m) 增加至 65.14%、67.20%(1.0m、1.2m)，但是在运行期内水压力作用下，衬砌混凝土大范围开裂，由钢筋与围岩联合承担内水压力，在保持配筋量不变时，随着衬砌厚度的增加，内层钢筋应力逐渐增加，外层钢筋应力逐渐减小，衬砌整体承载比从 5.47%降低为 5.39%、5.29%，因此，在满足相应施工技术要求时（绑扎钢筋、混凝土立模与浇筑等），可将衬砌厚度从 1.2m 优化至 1.0m。

（3）琼中抽水蓄能电站岔管衬砌形式以及衬砌厚度的选择不但取决于结构应力安全，而且需要考虑结构的渗透安全稳定性，以及不同衬砌形式导致的直接与间接投资、短期与长期费用效益比等因素。

参 考 文 献

[1] 童恩飞，李登波，王化龙．琼中抽水蓄能电站枢纽布置［C］．抽水蓄能电站工程建设文集 2013：91-96.

[2] DL/T 5195—2004. 水工隧洞设计规范［S］．北京：中国电力出版社，2004.

[3] 张有天．论有压水工隧洞最小覆盖厚度［J］．水利学报，2002，9：1-5.

蟠龙抽水蓄能电站月牙肋钢岔管的结构设计与水力数值模拟

邱树先[1]　伍鹤皋[2]　周彩荣[2]　汪　洋[2]

（1. 中国电建集团中南勘测设计研究院有限公司，湖南　长沙　410014
2. 武汉大学水资源与水电工程科学国家重点实验室，湖北　武汉　430072）

【摘　要】 本文对蟠龙抽水蓄能电站的埋藏式月牙肋钢岔管结构特性和水力特性进行了综合研究。通过对不同主、支管直径方案下的管壁应力、用钢量、水头损失等分析计算，得到岔管结构的受力状态和水力流态规律。研究结果表明，在正常运行情况下，管径越小岔管结构受力越有利，可有效地降低钢岔管制作安装的难度，但管内流速增大导致水头损失增加，从而降低电站发电效率。因此，管径选择时应综合考虑结构要求和水力要求，做到安全、经济、合理。

【关键词】 埋藏式月牙肋钢岔管；管径大小；结构设计；水头损失

1　研究背景

抽水蓄能电站水头较高，管道内为双向水流，岔管结构尺寸较大，在较高的内水压力作用下，岔管受力状态和水力流态都较为复杂。从结构上看，需解决不平衡内水压力问题，使结构有足够的安全度，并尽可能缩小尺寸；从水力学上看，要求在各种情况下水流平顺，损失最小。月牙肋钢岔管在抽水蓄能电站引水系统中应用越来越广泛，但目前对岔管结构水力特性和结构特性的综合研究却较少。在体型设计时，岔管的结构特性与水力特性往往相互矛盾，分岔角、肋宽比、扩大率、半锥顶角和管径比等参数都是主要影响因素。本文将研究管径大小对岔管受力状态和水力流态的影响，在保证正常引水的情况下，管径选择应综合结构受力、动能经济、水头损失等因素进行比较确定。

蟠龙抽水蓄能电站位于重庆市綦江县西南部中峰镇境内，电站安装 4 台 300MW 可逆式水泵水轮电动发电机组，发电额定水头为 428m，引水系统为 2 洞 4 机，选用两个相同的对称 Y 形埋藏式月牙肋钢岔管。初步拟定引水钢岔管主、支管直径分别为 5m、3.4m，高压岔管分岔角取 70°，正常运行工况下最高内压（含水击压力）为 8MPa，高压岔管段隧洞埋深大于 280m，岩体呈微风化至新鲜状，完整性较好，岩石为软岩，泥岩含量偏高，围岩类别为Ⅳ2～Ⅴ类。计算中，综合考虑洞室开挖爆破影响、回填混凝土和灌浆质量等因素，围岩单位抗力系数建议值为 12.5MPa/cm、初始缝隙值为 $6\times10^{-4}r$（r 指相应管节处半径），施工难度系数不大。

2　钢岔管的体型设计与有限元分析

高压岔管中 HD 值为 4000m²，采用 800MPa 级高强钢，钢材弹性模量为 2.06×

10^5MPa，泊松比 0.3，容重为 78.5kN/m³。按照《水电站压力钢管设计规范》（DL/T 5141—2001）中的公式（8.0.10－6）进行钢材抗力限值的计算，结构重要性系数 γ_0 为 1.1，设计状况系数 ψ 为 1.0。但这里埋藏式钢岔管结构系数的取值与规范中规定（按明钢管结构系数增加 10%采用，明钢管中整体膜应力为 1.6，局部膜应力为 1.3，局部膜应力＋弯曲应力为 1.1）不同。根据多年的钢岔管设计研究成果，有不少设计单位和技术人员提出采用在埋管结构系数 γ_d（整体膜应力为 1.3，局部膜应力为 1.1，局部膜应力＋弯曲应力为 1.0）的基础上增加 10%的方法，该做法较大程度地提高了地下埋藏式钢岔管的抗力限值，可充分体现不同管型安全性的差别，更好地反映明钢管与埋藏式钢岔管受力条件的差别。埋藏式钢岔管的抗力限值见表 1。

表 1　800MPa 级高强钢埋藏式钢岔管抗力限值　单位：MPa

应力区域厚度/mm	屈服强度	强度设计值	整体膜应力区	局部膜应力区	局部膜应力＋弯曲应力区	肋板应力区
<50	685	526.6	335	396	435	396
50～100	665	513.1	326	386	424	386
>100	645	506.3	322	380	418	380

注　管壳整体膜应力对应结构系数取 1.43，局部膜应力对应结构系数 1.21，局部膜应力＋弯曲应力对应结构系数取 1.1，肋板结构系数取 1.21。

2.1　体型设计和有限元模型

钢岔管体型设计应兼有较小的水头损失、较均匀的应力分布和便于制作安装的特征。有研究表明，对称内加强月牙肋岔管中肋宽比对水力特性影响相对较小，在岔管结构受力允许的前提下，肋宽比在 0.25～0.35 较合适；无论处于发电还是抽水工况，分岔角越大水头损失越大，但从结构特性考虑时，分岔角过小两支锥相贯面积过大，岔管制作安装难度较大。综合结构特性和水力特性分析，推荐分岔角 60°～80°，这里取 70°；通常采用加大岔管中心断面面积降低流速，以减少岔管合流和分流的水头损失，但若扩大率过大，将导致主、支管锥顶角过大，易产生涡流等现象。日本葛野川电站和本川电站研究成果表明，扩大率取 1.1～1.2 时对水头损失影响较小，本电站扩大率取 1.15。根据岔管体型参数调整及优化，拟定的钢岔管体型尺寸见图 1，图中 A～G 为关键控制点位置。

埋藏式钢岔管过去通常按明钢岔管设计，围岩分担内水压力的作用仅视为一种安全储备，设计方法过于保守。其主要的原因是没有一种既能体现围岩的弹性约束作用，又能反映初始缝隙的计算方法。目前，能够考虑钢岔管与围岩之间初始缝隙和接触特性的三维有限元方法已经成熟，钢岔管应按与围岩联合承载进行设计研究。建模中，钢岔管管壳和肋板分别用 ANSYS 中壳单元 SHELL63 和实体单元 SOLID45 模拟，这里采用点点接触单元 CONTAC52 来模拟围岩和混凝土对钢岔管的弹性约束作用。

有限元模型建立在笛卡尔直角坐标系（x，y，z）下，xoy 面为水平面，竖直方向为 z 轴，向上为正，坐标系成右手螺旋，坐标原点位于主锥管与支锥管公切球球心处。埋藏式月牙肋钢岔管有限元网格见图 2。计算中所施加约束及荷载为在主管和支管端部取固端全约束，所有的点点接触单元也加以全约束，整个管壳和管内部分肋板上施加内水压力 8.0MPa。

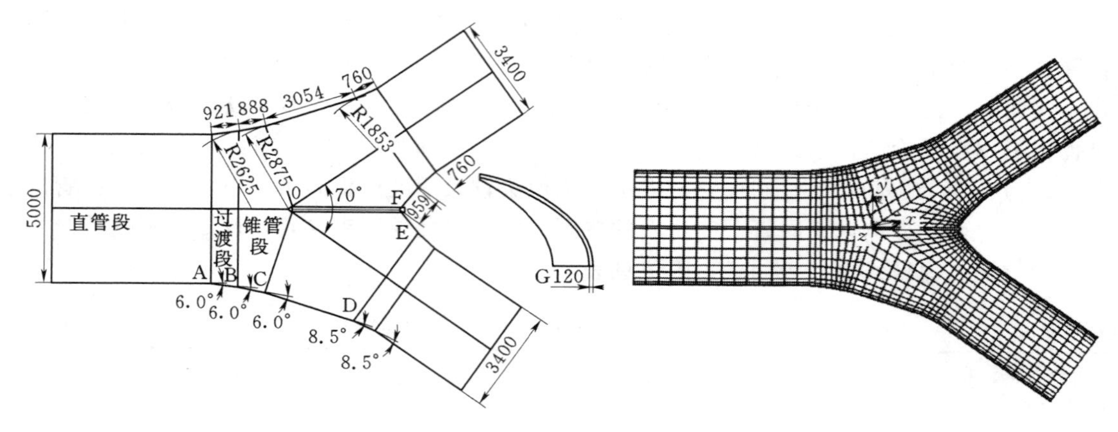

图 1　对称钢岔管体形示意图（单位：mm）　　图 2　对称钢岔管网格图

2.2　计算方案

采用图 1 所述的体型参数，其他参数都不变，选用不同的主支管直径进行比较分析。计算方案有：主管 5.5m，支管 3.8m；主管 5.0m，支管 3.4m；主管 4.5m，支管 3.2m，分别以 5.5—3.8、5.0—3.4、4.5—3.2 方案表示。考虑钢岔管与围岩联合承载时除满足各部位抗力限值外，还应满足岔管设计导则中的其他规定：为防止围岩分担率过高而管壁厚度过薄的现象，将平均围岩承载比控制在 30%以内；为确保因回填混凝土、灌浆质量等出现问题，钢岔管还能正常运行，采用明管准则进行校核，即在钢岔管单独承载时其应力值也不超过材料屈服强度。

经多次试算后，得到各方案在正常运行工况下满足联合承载时各部位抗力限值所需的管壁厚度和肋板尺寸见表 2。经验算，表中管壁厚度和肋板尺寸也能满足钢岔管明管校核条件；采用整个管壳的埋管状态应力平均值与明管状态应力平均值来计算围岩承载比，各方案平均围岩承载比都不超过 30%。

表 2　　各种应力控制标准下管壁厚度和肋板尺寸

计算方案	设计内水压力/MPa	主管管壁厚度/mm	支管管壁厚度/mm	肋板厚度/mm	肋板最大截面宽度/mm	肋宽比	围岩承载比/%	用钢量/t
5.5—3.8	8	64，60，58	64，60，56	160	1100	0.281	10.56	199.48
5.0—3.4	8	58，56，54	58，54，50	140	1000	0.281	10.40	163.60
4.5—3.2	8	52，50，48	52，48，44	130	900	0.281	11.07	132.11

注　表中管壁厚度依次为主支管的锥管段、过渡段及直管段的厚度，包括 2mm 锈蚀厚度。

钢岔管与围岩联合承载时，各方案中管壁厚度主要由整体膜应力、局部膜应力和局部膜应力+弯曲应力共同控制，各关键点 Mises 应力及整体膜应力见表 3。可看出各管段的整体膜应力值、局部应力区的最大应力值、肋板应力接近各类相应抗力限值。

表 3　　各种应力控制标准下关键点 Mises 应力　　单位：MPa

计算方案	A		B		C		D		E		O－F		整体膜应力			肋板G点
	中面	表面	中面	表面	中面	表面	中面	表面	中面	表面	中面	表面	锥管段	过渡段	直管段	
5.5－3.8	351	358	349	359	359	369	273	279	287	296	291	379	321	323	323	368
5.0－3.4	344	351	347	358	361	370	271	277	280	286	292	377	324	317	317	374
4.5－3.2	345	351	348	358	365	374	287	294	310	324	296	390	325	319	320	370
抗力限值	386	424	386	424	386	424	386	424	386	424	386	424	326	326	326	380

注　表中 O－F 列表示与肋板相邻管壁的最大值，肋板应力主要由肋板上 G 点来控制，且中面与表面 Mises 应力相同。

2.3　管径大小的讨论

从计算结果来看，管径的改变对管壁厚度和肋板尺寸的影响都比较显著。主管直径从 5.5m 减小到 5m，主锥管段厚度减少 6mm，肋板尺寸相应减少，用钢量也减少 35.88t。主管直径从 5m 变为 4.5m，主锥管段厚度从 58mm 减小到 52mm，岔管用钢量减少 31.49t。可知，在正常运行情况下，管径选择越大时，其管壁厚度和肋板尺寸越大，用钢量也相应大大增加，则管径选择不宜过大。

从结构特性来说，管径越小对岔管结构受力越有利，它可以相应减少分岔处的最大公切球直径，也有效减少管壳厚度和肋板尺寸，这可以大大降低高压岔管制作安装的难度。但从水力特性来看时，在流量一定的情况下，管径越小则流速越大，水头损失也相应增加，还可能产生管壁脱流、涡流等现象。因此，管径选择时应综合结构特性和水力特性等多方面的因素，以最大限度地满足结构受力和水力流态的要求。

3　钢岔管水力学数值模拟

分岔管是由薄壳和刚度较大的加强梁组成的复杂空间组合结构，水头损失较大，影响电站运行的经济性。数值计算及模型试验的经验成果表明，岔管处的水头损失系数与规范推荐的系数相差较大。为了能比较准确反映岔管处水头损失情况，有必要通过数值计算和分析，判断岔管内是否产生脱流或涡流现象，提出各工况下岔管主、支管的水头损失系数，优化岔管的体形和布置，为钢岔管体形选择及水头损失计算提供依据。

3.1　数学模型及计算方法

CFD 数值模拟的基本方程为流体力学的连续方程和动量方程。目前计算湍流的方法中 $k-\varepsilon$ 模型计算量适中且精度和适用性好，是在目前工程中最常用的湍流模型。考虑到岔管的流动特点，参考现有的模拟经验，综合分析认为，本计算选用 RANS 方法中的可行化 $k-\varepsilon$ 模型比较合适。该模型是对标准 $k-\varepsilon$ 模型的改进，在模拟强逆压力梯度、射流扩散率、分离、回流、旋转上有较高精度。其对应的 k 方程和 ε 方程分别为（其中 G_b 是关于浮力的湍动产生项，在本文中不计：

$$\frac{\partial}{\partial t}(\rho k)+\frac{\partial}{\partial x_j}(\rho k u_j)=\frac{\partial}{\partial x_j}\left[\left(\mu+\frac{\mu_t}{\sigma_k}\right)\frac{\partial k}{\partial x_j}\right]+G_k+G_b-\rho\varepsilon \tag{1}$$

$$\frac{\partial}{\partial t}(\rho k)+\frac{\partial}{\partial x_j}(\rho k u_j)=\frac{\partial}{\partial x_j}\left[\left(\mu+\frac{\mu_t}{\sigma_\varepsilon}\right)\frac{\partial \varepsilon}{\partial x_j}\right]+\rho C_1 S\varepsilon-\rho C_2\frac{\varepsilon^2}{k+\sqrt{v\varepsilon}}+C_{1\varepsilon}\frac{\varepsilon}{k}C_{3\varepsilon}G_b \tag{2}$$

$$\mu_t = \frac{\rho k^2}{\left(A_0 + A_s \frac{kU^*}{\varepsilon}\right)\varepsilon} \tag{3}$$

3.2 数值格式及精度保证

本文水力学数值计算中，采用非结构化网格离散计算区域，用有限体积法将以上方程的积分形式转化为代数方程组。为保证计算可靠性，本文采取如下措施：选用合适岔管流动特点的可行化模型和考虑边壁粗糙度的壁函数；划分足够的网格（近壁网格按要壁函数要求划分；根据流场参数，特别是压力梯度对网格局部加密；进行网格敏感性分析）；慎重选择适定的边界条件；给定很小的迭代误差并保证迭代收敛。

计算基于 FLUENT 软件，为保证精度，采用二阶迎风格式，隐式求解，速度和压力方程用 SIMPLEC 算法耦合，给定 0.1%的迭代误差并保证迭代收敛。为避免边界对岔管流态影响以及岔管流态对边界出流影响，上下游都取到离岔管分岔点 8 倍洞径以外。

3.3 计算模型及计算工况

采用与本文 2.2 节相同的三种岔管布置方案和岔管体形，通过 CATIA 和 GAMBIT 软件分别建立三维计算模型，坐标系原点在最大公切球中心处，坐标轴 x 位于水平面内且与主管轴线垂直方向，坐标轴 y 沿主管轴线方向，指向下游为正，坐标轴 z 沿高程方向，向上为正。

沿用上节表示方法，采用 5.5—3.8、5.0—3.4、4.5—3.2 表示计算方案，其中 5.0—3.4 方案岔管三维几何模型见图 3。计算模型采用混合网格，绝大多数采用六面体网格，在肋板附近有少量四面体网格，总单元规模约 350 万，最小单元体积约 $8\times10^{-8}\text{m}^3$。这些网格根据流态和经验进行了优化，能保证消除计算结果的网格依赖性，5.0—3.4 方案岔管局部网格划分见图 4。

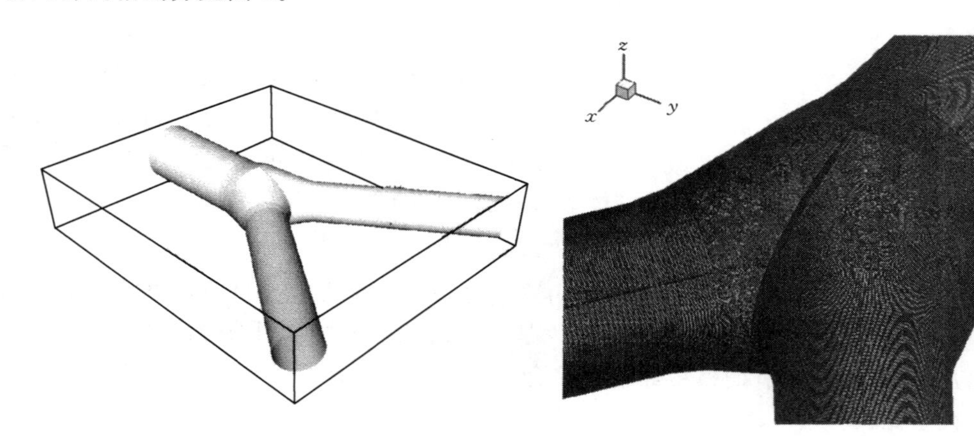

图 3　5.0—3.4 方案钢岔管岔管三维几何模型　　图 4　5.0—3.4 方案钢岔管局部网格划分示意图

根据模型特点和计算条件，本文针对三种模型分别计算双机正常发电和双机正常抽水两种工况，计算中给定图 3 所示的边界条件：在引水发电时，主管进口断面 Inlet 给定流速，两条支管 Outlet1 和 Outlet2 给定出流比；在抽水蓄能时，两条支管 Outlet1 和 Outlet2 给定流速，主管出口断面 Inlet 给定出流比。G 和 D 分别表示双机发电和抽水，具体工况和边界条件如表4所示。

表4　钢岔管水力学数值模拟计算工况及边界条件

计算模型	计算工况	编　号	主管入口	支管1出口	支管2出口
主管直径5.5 支管直径3.8	双机发电	5.5—3.8G	6.785m/s	outflow	outflow
	双机抽水	5.5—3.8D	outflow	7.107m/s	7.107m/s
主管直径5.0 支管直径3.4	双机发电	5.0—3.4G	8.021m/s	outflow	outflow
	双机抽水	5.0—3.4D	outflow	8.877m/s	8.877m/s
主管直径4.5 支管直径3.2	双机发电	4.5—3.2G	10.136m/s	outflow	outflow
	双机抽水	4.5—3.2D	outflow	10.022 m/s	10.022m/s

注　1. 表中outflow系FLUENT软件中出口边界条件，双机发电及双机抽水中权重均设定为1。
2. 发电工况以G表示，对钢岔管而言为分流工况；抽水工况以D表示，对钢岔管而言为合流工况。

3.4　岔管水头损失计算

在岔管三维流场数值计算中，管道内水流流速、测压管水头、流速水头、总水头在各断面分布不均匀，一般是通过进行断面加权平均将之概化为一维总流值。表5为各个运行工况计算进口断面至两个出口断面之间的水头损失计算结果。

表5　钢岔管各计算工况水头损失　单位：m

断　面	水　头　损　失					
	5.5—3.8G	5.5—3.8D	5.0—3.4G	5.0—3.4D	4.5—3.2G	4.5—3.2D
主管—支管1	0.524	0.597	0.844	0.953	1.137	1.344
主管—支管2	0.520	0.598	0.846	0.954	1.143	1.344

随着主、支管直径变小，不论是发电还是抽水，岔管的水头损失增加，增幅在30%～60%，其程度和支管管径减小程度相当；水头损失均在正常范围内，相对于其他岔管类型较优；双机抽水时由于两支管汇流相互碰撞，水头损失相对双机发电均增加12%左右。

3.5　岔管水流流态分析

依照水力学数值模拟结果，由于管道和岔管的特殊布置（两支管对称）和体形（转弯、分岔、扩散、收缩、拐角、肋板），各工况的流场分布相对比较均匀。出现了以下的几种典型流动现象，钢岔管工况流态分析见表6。5.0—3.4方案机组各模型工况的流场图如图5～图6所示。

表6　钢岔管各工况流态分析

部　位	流　态　特　征
主管段	主流无偏心，但双机抽水时明显双环形二次流
扩散段	流动减速增压
收缩段	流动增速减压
分岔处	随分流或汇流比不同，产生不同的流动现象，伴随分离和回流现象
拐角处	凸拐角附近流速增大压力降低，凹拐角附近流速降低
肋板处	双机发电时由于肋板阻碍流道作用，使肋板后主流流速减小，有局部分离和回流现象，但不明显，双机抽水时起到一定导流作用，但局部分离和回流现象明显

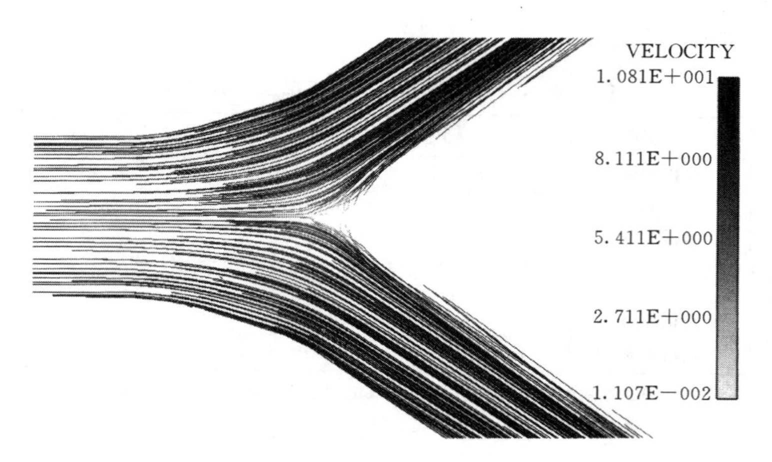

图 5　5.0—3.4G 钢岔管中间断面流场分布图

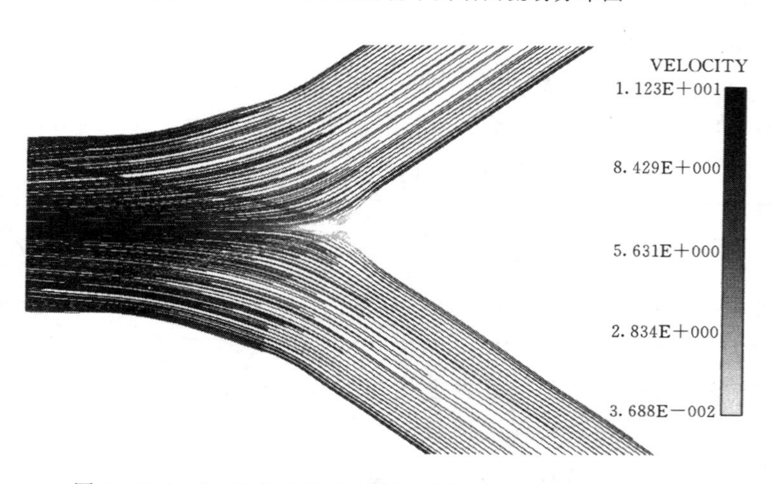

图 6　5.0—3.4D 钢岔管中间断面流场分布图（单位：m/s）

可以看出，双机正常发电和抽水工作时，各支管流态较对称，总体流态较好，在各个分岔裆部和支管入口的收缩段，测压管水头和流速水头的梯度较其他地方大得多，说明水头损失主要发生在这些地方。

4　结语

在正常运行情况下，管径越小对岔管结构受力越有利，管壁厚度和肋板尺寸将减小；而此时流速将越大，对水头损失和水力流态越不利，因此在管径选择时应最大限度地满足结构受力、水力流态等方面的要求。上述三种方案进行比较，主管直径由 5m 变为 4.5m 和 5.5m 时，管壁厚度分别减小 6mm 和增加 6mm，岔管用钢量分别降低 19.25%和增加 21.93%，从结构受力的角度来说管径选择不宜过大；主管直径 5.5m 和 5m 时，双机发电和双机供水的水头损失都较小，而主管直径 4.5m 时，两种工况下水头损失较大，且局部分离和回流现象更显著。综合结构特性和水力特性两种因素来说，主管直径选用 5m 时较为合适。

参 考 文 献

[1] 刘启钊．水电站（第三版）[M]．中国水利水电出版社，1998.

[2] DL/T 5141—2001 水电站压力钢管设计规范 [S]．北京：中国电力出版社，2002.

[3] 王志国．水电站埋藏式内加强月牙肋岔管技术研究与实践 [M]．北京：中国水利水电出版社，2011.

[4] 刘沛清，屈秋林，王志国等．内加强月牙肋三岔管水力特性数值模拟 [J]．水利学报，2004，(4)：42-46.

[5] Q/HYDROCHINA 008—2011，地下埋藏式内加强月牙肋岔管设计导则 [S]．中国水电工程顾问集团，2011.

[6] DL/T 5058—1996 水电站调压室设计规范 [S]．北京：中国电力出版社，1996.

[7] Miller D S. Internal flow a guide to lossesinpipe and duct system [M]．The British：Hydromechanics Research Association，1971.

[8] 李炜，徐孝平主编．水力学 [M]．武汉：武汉水利电力大学出版社，2000.

[9] Shih T H，Liou W W，Shabbir A，et al. A new k-ε eddy-viscosity model for high Reynolds number turbulent flows—modeldevelopment and validation [J]．Computers Fluids，1995，(3)：227-238.

[10] 梁春光，程永光．基于 CFD 的抽水蓄能电站岔管水力优化 [J]．水力发电学报，2010，29 (3)：84-91.

[11] 李玉樑，李玲，陈嘉范等．抽水蓄能电站对称岔管的流动阻力特性 [J]．清华大学学报，2001，43 (2)：270-272.

[12] 杨校礼，高季章，刘之平．基于水流数值模拟的抽水蓄能三岔管肋宽比最优化分析 [J]．水利学报，2005，36 (9)：1133-1137.

[13] 戎贵文，魏文礼，刘玉玲．分岔管道三维湍流水力特性数值模拟 [J]．水利学报，2010，41 (4)：398-405.

南欧江六级水电站岔管结构计算与选型分析研究

崔留杰[1]　喻建清[1]　苏　凯[2]　汪　洋[2]　伍鹤皋[2]

（1. 中国电建集团昆明勘测设计研究院有限公司，云南　昆明　650051

2. 武汉大学水资源与水电工程科学国家重点实验室，湖北　武汉　430072）

【摘　要】 南欧江六级水电站采用一洞三机布置形式。本文采用三维有限元数值分析方法，分别从钢筋混凝土岔管方案的施工开挖期围岩稳定性、运行期和检修期衬砌结构的安全性等方面进行了论述，同时对比分析了钢岔管方案的体型设计参数与结构受力分析，并针对钢岔管水压试验问题展开讨论。鉴于围岩地质条件不太好，初始地应力水平裕度不足，渗流可能危及边坡安全等原因，工程最后决定采用钢岔管方案，同时对取消水压试验的各种施工措施进行了论证。

【关键词】 南欧江六级水电站；钢筋混凝土岔管；钢岔管；围岩稳定性；水压试验

1　工程概况

南欧江六级水电站发电厂房为引水式地面厂房，厂内安装 3 台混流式水轮发电机组，总装机容量 180MW（见图 1）。采用一洞三机联合供水方式，由一条压力隧洞依次连接两个岔管（1 号岔管和 2 号岔管）及三条支管组成。引用流量 349m³/s，引水道总长约为 370m，主洞内径 10.5m，支管内径均为 4.8m，岔管中心高程静水头为 67m。

岔管布置地段地层岩性为微风化—新鲜板岩，Ⅲ级及以上结构面不发育，主要为挤压面及板理，板理与岔管洞段轴线交角约 55°～70°，岩体渗透性以弱透水上带—下带为主，洞室埋深浅，其围岩受开挖体型及结构影响，爆破松弛现象明显，岩体完整性差，为薄层状结构—块裂结构岩体，属Ⅳ类围岩，围岩稳定条件差，变形模量为 1～2GPa，黏聚力 C 为 0.4～0.5MPa，抗剪断摩擦系数 f 为 0.55～0.7。

2　高压岔管衬砌形式选择

高压岔管段衬砌形式有钢筋混凝土衬砌或钢板衬砌两种形式，一般可采用最小主应力或最小覆盖层厚度准则进行选择。最小主应力准则是围岩承载能力判别的核心准则，最小覆盖层厚度则是最小主应力准则的经验性判断，足够岩石覆盖厚度基本可以避免水力劈裂现象的产生，避免内水外渗危及隧洞、边坡及临近建筑物的安全。

2.1　最小覆盖层厚度

我国隧洞规范要求按照洞内最大静水压力小于洞顶以上岩体重力，见式（1），本岔管所处区域地势较为平缓，山坡的倾角约在 11°，岩石重度取 26.5kN/m³。根据式（1）计算得到所需最小覆盖厚度为 33.5～38.6m，高压岔管分岔点处上覆盖层的有效厚度为 38.75m（管顶至岩石强风化下限），刚刚满足最小覆盖层厚度条件。

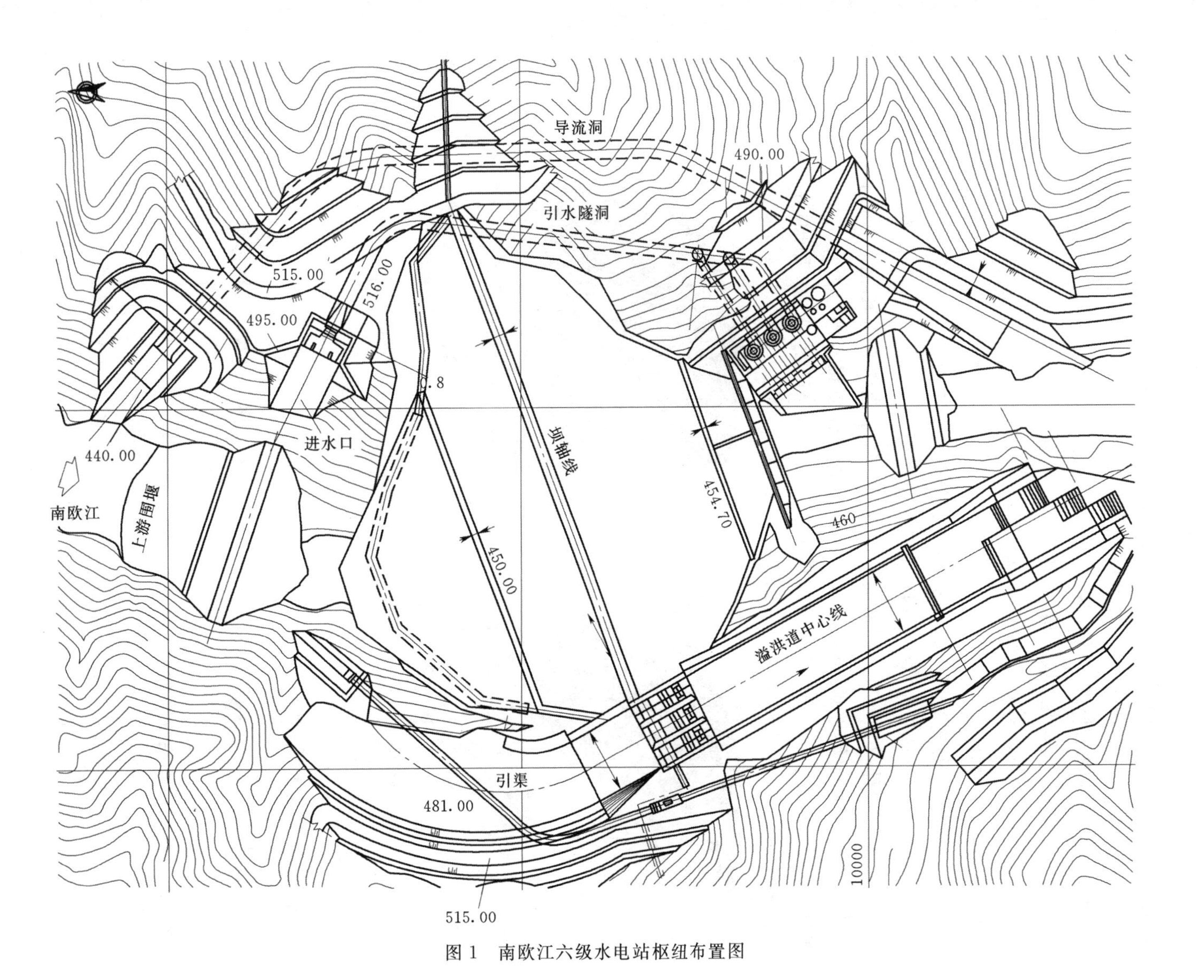

图 1　南欧江六级水电站枢纽布置图

$$C_{RM}=\frac{h_s\gamma_w F}{\gamma_R\cos\alpha} \tag{1}$$

式中 C_{RM}——岩体最小覆盖厚度（不包括全风化与强风化厚度），m；

h_s——洞内静水压力水头，m；

γ_w、γ_R——水和岩体的重度，N/m^3；

α——河谷岸边边坡倾角，(°)；

F——经验系数，一般取 1.30～1.50。

2.2 最小主应力条件

高压岔管的上覆盖岩层为 38.75m（管顶至强分化下限），最大覆盖深度为 51.75m 左右（管顶至地表）。计算时整体模型自岔管向下游取 115m，上游主管段取 40m，左右两侧分别取 75m；顶部取至地表，底部向下取 60m，顺水流向为 X 轴正向，铅直向上为 Z 轴方向。从初始应力场云图可以看出（见图 2）：岔管位置铅直向应力为 1.3～1.4MPa，水平应力分量为 0.56～0.66MPa（对应最小主压应力），与静水压力 67m 的数值相当，安全裕度不足。

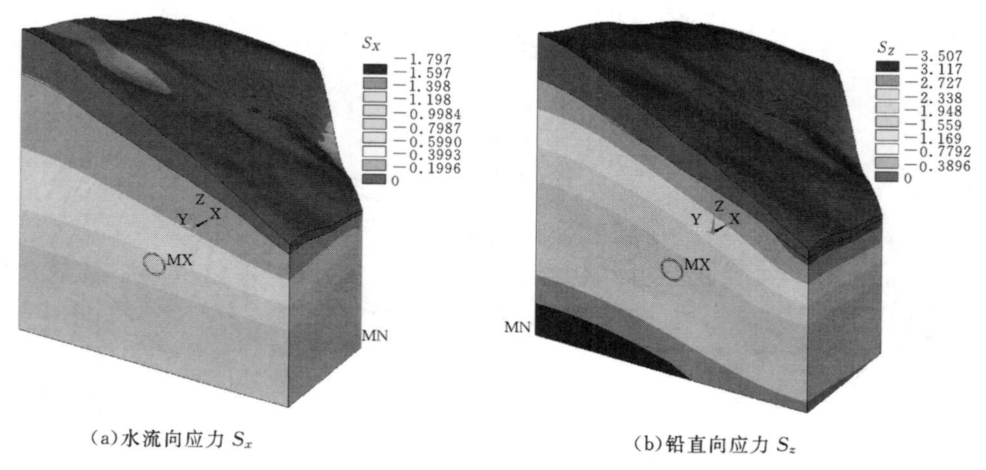

(a)水流向应力 S_x　　(b)铅直向应力 S_z

图 2　初始地应力分布图（单位：MPa）

3 钢筋混凝土衬砌结构分析

钢筋混凝土岔管方案主管内径 10.5m，采用锥管逐渐过渡，具体体型设计与计算模型见图 3。

3.1 施工开挖期围岩稳定分析

围岩采用 Druck-Prager 屈服准则，采用全断面开挖方式，开挖期间，围岩发生朝向洞内变形，整体数值较小，最大变形出现在 1 号岔管底板位置，数值为 9.79mm，见图 4；洞周围岩的环向压应力增大，导致洞周围岩出现了一定范围的塑性区，最大塑性区深度为 2m 左右，出现在岔档位置，高度方向上与开挖洞径基本同高；其他洞段塑性屈服区主要出现在洞腰位置，其中主管和岔管两腰位置的最大围岩塑性区深度为 1m 左右，围岩整体稳定性较好，见图 5。

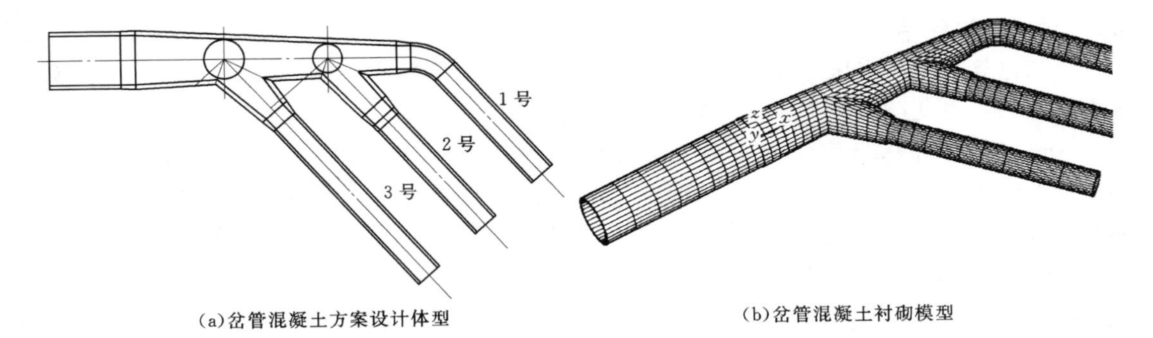

(a)岔管混凝土方案设计体型　　(b)岔管混凝土衬砌模型

图 3　钢筋混凝土岔管体型设计与计算模型

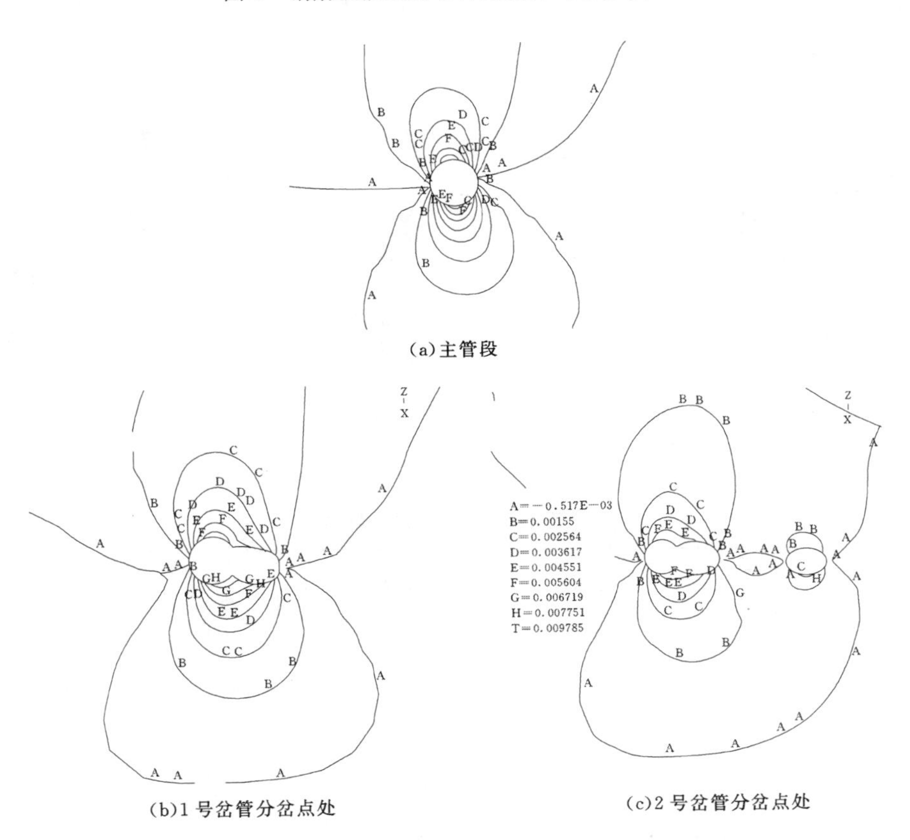

(a)主管段

(b)1 号岔管分岔点处　　(c)2 号岔管分岔点处

图 4　施工开挖期典型断面围岩位移等值线图（单位：m）

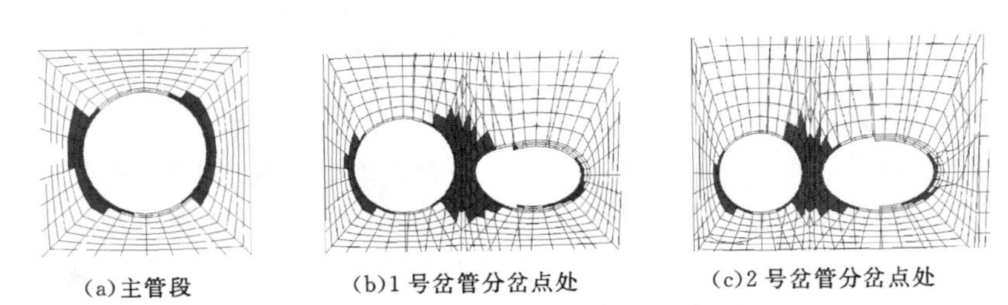

(a)主管段　　(b)1 号岔管分岔点处　　(c)2 号岔管分岔点处

图 5　施工开挖期典型断面围岩塑性区分布图

3.2 运行期衬砌结构安全分析

引水岔管最大静水压力为0.67MPa，最大水击压力取静水头的30%；荷载作用分项系数按照一般可变荷载取1.2，不考虑外水压力作用。主管、岔管和支管的衬砌厚度依次为0.8m、1.0m和0.6m，衬砌混凝土采用C25。在内水压力作用下，衬砌混凝土绝大部分区域的最大拉应力数值均在1.6MPa以上，混凝土将发生较大范围开裂（见图6），混凝土开裂后内水压力将由钢筋与围岩分担（取衬砌外表面水压力为最大静水压力的0.7倍），岔管段腰部位置的内层钢筋应力普遍在40～70MPa，外层钢筋应力普遍在30～40MPa，锐角区钢筋应力数值最大达到了105.483MPa（内层钢筋），外层钢筋应力最大数值为57.515MPa，详见图6。经计算，当围岩渗透系数为$1.0\times10^{-7}\sim1.0\times10^{-6}$m/s时，岔管段单位管长（1m）渗透流量为$(1.32\sim12.1)\times10^{-5}$m^3/s，见表1，非常不利于岔管顶部边坡的安全。

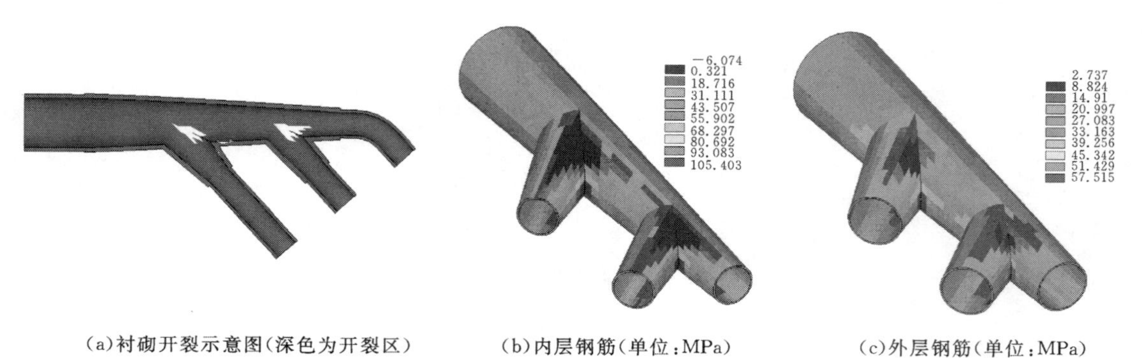

(a)衬砌开裂示意图(深色为开裂区)　(b)内层钢筋(单位:MPa)　(c)外层钢筋(单位:MPa)

图6　运行期衬砌开裂区分布与环向钢筋应力图

表1　钢筋混凝土岔洞段渗流量计算

内水压力/MPa	围岩渗透系数/(m/s)	管段位置	单位管长渗透流量/(m^3/m)	
			每秒/($\times10^{-5}$)	每天
0.67	1×10^{-7}	主管段	1.49	1.2886
		岔管	1.32	1.1417
		支管	1.24	1.0725
	5.0×10^{-7}	主管段	7.28	6.2916
		岔管	6.26	5.4079
		支管	5.93	5.1239
	1.0×10^{-6}	主管段	14.3	12.3925
		岔管	12.1	10.4235
		支管	11.5	9.9406

3.3 检修期衬砌结构受力

由于原地下水位线较低（水头不到30m），因而管道放空检修时，考虑一部分的外水回渗作用，内水外渗水头依然是衬砌外压安全校核的控制水头，取管内静水压力的0.6倍作用于衬砌上，荷载分项系数取1.2。为反映衬砌与围岩的不完全联合承载特性，将紧靠衬砌的外围围岩单元变形模量降低为原来的1/50。在外水压力作用下，衬砌朝向洞内变形，最大变形为 2.1mm，衬砌混凝土主要承受压应力，腰部应力数值较大，应力数值在－4.5～－6MPa，仅岔管最大跨度断面内表面分别出现了小范围的拉应力区，最大数值出现在 1 号岔管内表面，应力数值为 1.364MPa，整体来说检修期间衬砌受力条件较好。检修期衬砌混凝土受力图如图 7 所示。

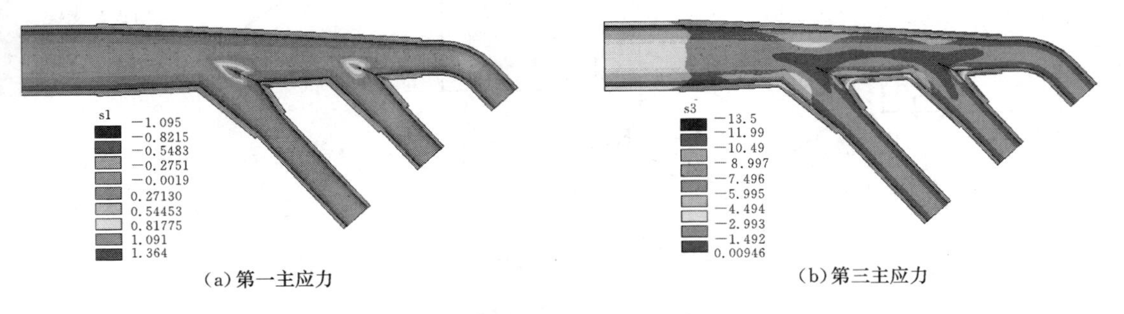

(a)第一主应力　　(b)第三主应力

图 7　检修期衬砌混凝土受力图（单位：MPa）

4　钢岔管方案结构分析

4.1　基本参数

根据我国压力钢管规范和月牙肋专业设计分析程序确定设计体型参数见表 2 和图 8。

表 2　　岔管体形尺寸

名称		岔管尺寸 1号	岔管尺寸 2号	名称		岔管尺寸 1号	岔管尺寸 2号
主锥管C	主管进口内半径/mm	3750	3250	肋板	肋板总高度 $2b$/mm	8690	7572
	主管与过渡管公切球半径/mm	3750	3250		肋板总宽度 a/mm	6204	5319
	过渡管与主锥管公切球半径/mm	3895	3374		肋板厚度 t_w/mm	64	52
	最大公切球半径/mm	4300	3700		肋板中央截面宽度 B_T/mm	2050	1800
	过渡管节半锥顶角/(°)	4.5	5		断面最大宽度/肋板总宽	0.33	0.338
	主锥管半锥顶角/(°)	11	12		断面最大宽度/肋板高	0.236	0.238
	主管柱管管壁厚度/mm	28	24		肋板厚/管壁厚/mm	2	2
	主管过渡管管壁厚度/mm	30	26		分岔角/(°)	60	62
	主锥管管壁厚度/mm	32	28		支管 A、B 轴线夹角/(°)	48	48
支锥管A	支管 A 出口内半径/mm	3250	2400	支锥管B	支管 B 出口内半径/mm	2400	2400
	支管与过渡管公切球半径/mm	3250	2400		支管与过渡管公切球半径/mm	2400	2400
	过渡管与主锥管公切球半径/mm	3337	2560		过渡管与主锥管公切球半径/mm	2537	2488
	过渡管节半锥顶角/(°)	3.5	6		过渡管节半锥顶角/(°)	6.5	5
	主锥管半锥顶角/(°)	9	12		主锥管半锥顶角/(°)	17	14
	支管柱管管壁厚度/mm	28	22		支管柱管管壁厚度/mm	24	22
	支管过渡管管壁厚度/mm	30	24		支管过渡管管壁厚度/mm	28	24
	主锥管管壁厚度/mm	32	28		主锥管管壁厚度/mm	32	28

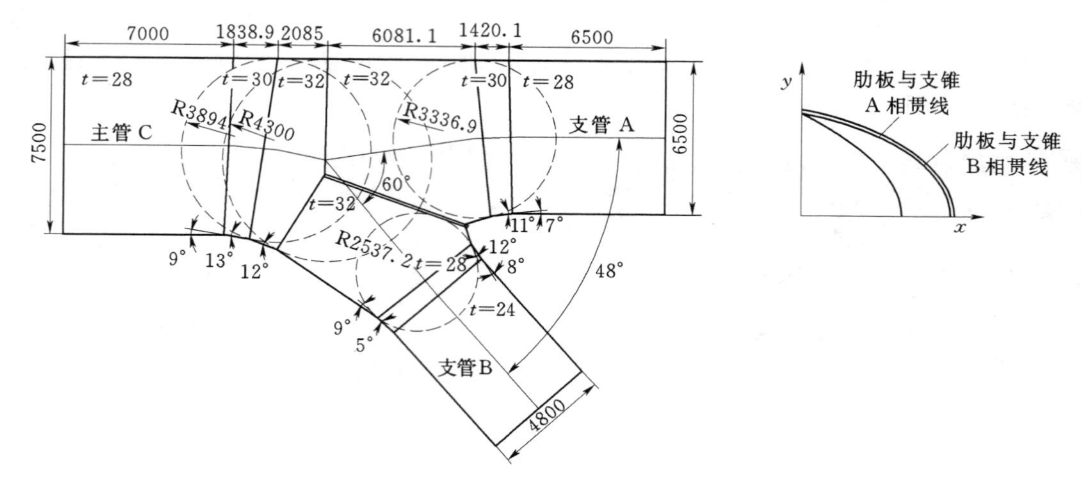

图 8　1 号钢岔管体形图（单位：mm）

4.2　计算模型与结果分析

根据岔管体型设计参数，建立三维有限元计算模型，其中管壳采用空间板壳单元模拟，肋板采用三维实体单元模拟，计算模型与应力校核特征点见图 9。由于篇幅关系，本文仅列出 1 号岔管计算结果。

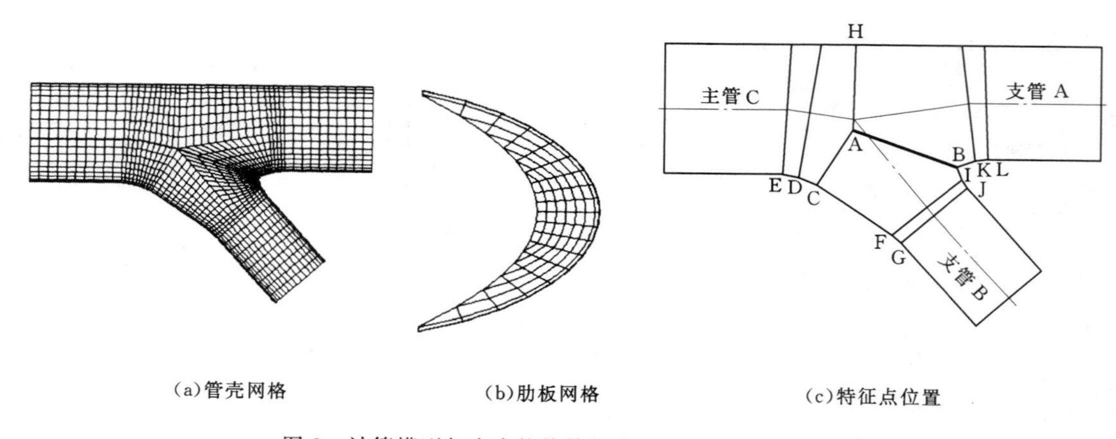

图 9　计算模型与应力校核特征点示意图（1 号岔管）

1 号岔管在内水压力作用下，钢管发生膨胀变形，其中管壳中面最大 Mises 应力为 200.19MPa，出现在主管基本锥与过渡锥管节的母线转折 D 点，小于钢材的局部膜应力的抗力限值 210MPa；管壳表面最大峰值应力值为 235.79MPa，同样出现在 D 点内表面，小于钢材的局部膜应力加弯矩应力的抗力限值 248MPa；肋板最大 Mises 应力为 184.36MPa，出现在肋板最大截面处的内侧，小于相应局部膜应力抗力限值 210MPa。1 号岔管正常运行期岔管应力校核分析见表 3。

表 3　　1 号岔管正常运行期岔管应力校核分析　　单位：MPa

部　位		关键点应力						应力种类	抗力限值
		A	B	C	D	E	F		
管壳	内	166.10	61.70	212.29	235.79	194.51	122.52	(3)	248
	外	82.97	57.94	209.90	227.75	195.20	105.60	(3)	248
	中	48.88	59.80	189.56	200.19	185.88	111.12	(2)	210
		G	H	I	J	K	L	应力种类	抗力限值
	内	112.60	119.11	141.44	124.87	181.82	136.17	(3)	248
	外	96.95	111.44	133.87	109.72	203.36	157.33	(3)	248
	中	103.98	115.27	123.75	116.10	156.67	139.70	(2)	210
整体膜应力区							120.33	(1)	170
上述管壳关键点以外的局部膜应力＋弯曲应力区域							206.44	(3)	248
肋板		肋板最大截面处		184.36	肋板最大截面处		52.10	(2)	210

注　表中应力种类一栏中，(1) 为整体膜应力；(2) 为局部膜应力；(3) 为局部膜应力＋弯曲应力。

5　水压试验方案讨论

5.1　水压试验必要性

水压试验是对设计成果和施工质量进行检验的一种较全面的方法，可以以超载内压暴露结构缺陷，检查结构整体安全度，检验设计参数、材料质量和施工质量；并在缓慢加载条件下，促使缺陷尖端发生塑性变形，使缺陷尖部钝化，卸载后产生预压应力；可能导致焊接残余应力与不连续部位的峰值应力区达到屈服，并在卸压后得以削减残余应力的作用。目前国内工程一般将水压试验作为检验钢岔管结构安全度和消除焊接应力的重要手段，但很少有洞内原位水压试验的实例。当岔管规模较大时，如作整体水压试验，不仅闷头及附件的工程量较大，而且运输通道和岔管布置处需要扩挖，洞室开挖和支护工程量大为增加，当地质条件差时，将导致洞室围岩稳定问题突出。另外，岔管主体重量较大，运输、就位安装均存在较大难度；水压试验、工程量的增加、施工难度的加大均会引起工期的增加，因而对大型钢管是否一定要做水压试验存在不同的看法。表 4 为国内几个大型工程钢岔管水压试验的情况。

表 4　　国内几个大型工程钢岔管水压试验情况

工程名称	主、支管直径/m	管壁、肋板厚/mm	钢材级别	水压试验情况
十三陵抽水蓄能电站	3.8、2.7	62、124	800MPa 级	洞外水压试验
西龙池抽水蓄能电站	3.5、2.5	56、120	800MPa 级	洞外水压试验
宜兴抽水蓄能电站	4.8、3.4	60、100	600MPa 级	洞外水压试验
张河湾抽水蓄能电站	5.2、3.6	52、120	800MPa 级	洞外水压试验
引子渡水电站	8.7、4.94	38、80	管壁 600MPa 级	未做水压试验
冶勒水电站	3.4、2.2	40、70	600MPa 级	未做水压试验
毛尔盖水电站	7.0、2.7		600MPa 级	未做水压试验

南欧江六级水电站引水钢岔管规模大，施工存在较大难度，国内对大型钢岔管的制造安装和焊接经验较少，怎样保证施工质量是一个突出的问题，因此有必要对钢岔管的施工方法、施工工艺、质量检测措施等进行研究，以寻求一种既能保证施工质量又经济合理的施工方案。

5.2 焊接质量保证措施

高强钢材的洞内焊接在许多工程都已遇到，如乌江彭水水电站（钢管直径14m，衬砌钢材600MPa级，板厚超过40mm）和正在施工的金沙江向家坝水电站（钢管直径14.4m，衬砌钢材600MPa级，板厚54mm）以及大渡河瀑布沟水电站（钢管直径8.0m，衬砌钢材600MPa级，板厚60mm)，都采用了将瓦片运至现场组装成管节的方式。钢管（或钢岔管）在洞内焊接或洞外焊接，就焊接而言在工艺要求上并无本质不同，焊接工艺要求基本是一致的。两者的差别主要在于焊接环境，由于焊接产生的烟尘大，要做好洞内焊接的通风散烟工作，同时局部焊接环境的改善和控制是可以通过一些简单有效的方法做到的，如：通过搭设防水隔水的棚架（或篷布）防止地下水的影响，通过架设施工区段前后的帘布来防止风速超标，通过电热丝加热来调整焊接区域的气温，这些措施已经在其他工程中成功使用，而投资却不多。提高焊接施工质量可靠性的另一个途径就是尽量减少洞内焊接量。根据运输通道（不扩挖）的尺寸，通过合理的焊缝划分，可以减少洞内的焊接工程量，尤其是减少重要和不易检测的焊缝的焊接量，国内某抽水蓄能电站钢岔管的分部划分和焊缝的初步布置见图10。

5.3 焊后应力的消除措施

除水压试验外，目前国内钢岔管一般采用爆炸冲击波处理技术和振动技术来消除焊接残余应力，这两种技术近年来发展较快，得到了较广泛的应用。清江隔河岩水电站引水压力钢管、托海水电站压力钢管和长江三峡水电站左岸1～5号机的引水压力钢管（管径12.4m，采用600MPa级钢材，最大壁厚60mm）采用爆炸消除应力法。新疆恰甫其海水电站钢岔管主管内径9.5m，支管内径5.0m，最大外形尺寸13.715m×20.814m×11.427m，单个总重量187t，采用振动时效消除焊接残余应力，消应率达到30%以上。羊卓雍湖抽水蓄能电站、沙河电站钢岔管（主管直径5m，支管3.4m，管壁最大厚度36mm，最大外形尺寸6.21m×7.75m×5.934m，总重34.133t）采用振动消应亦取得了较好效果。实践证明，上述消应方法是有效的工程措施。但是爆炸消应法目前尚无成熟理论，实施时人为因素影响较大，而振动时效消应法目前国家已有相应的技术标准，实施时易于控制一些。

6 结论

（1）南欧江六级水电站引水岔管施工开挖期的围岩稳定性以及运行期与检修期衬砌结构安全性均较好，但是围岩覆盖层厚与最小主应力裕度不大，运行期内水外渗水流可能危及引水洞顶部边坡，综合对比钢岔管设计与应力校核成果（Q345R钢材，管壁最大厚度32mm），工程决定采用钢岔管方案。

（2）水压试验是国内钢岔管质量检验中应用较多且较成熟的方法，但是由于本工程引

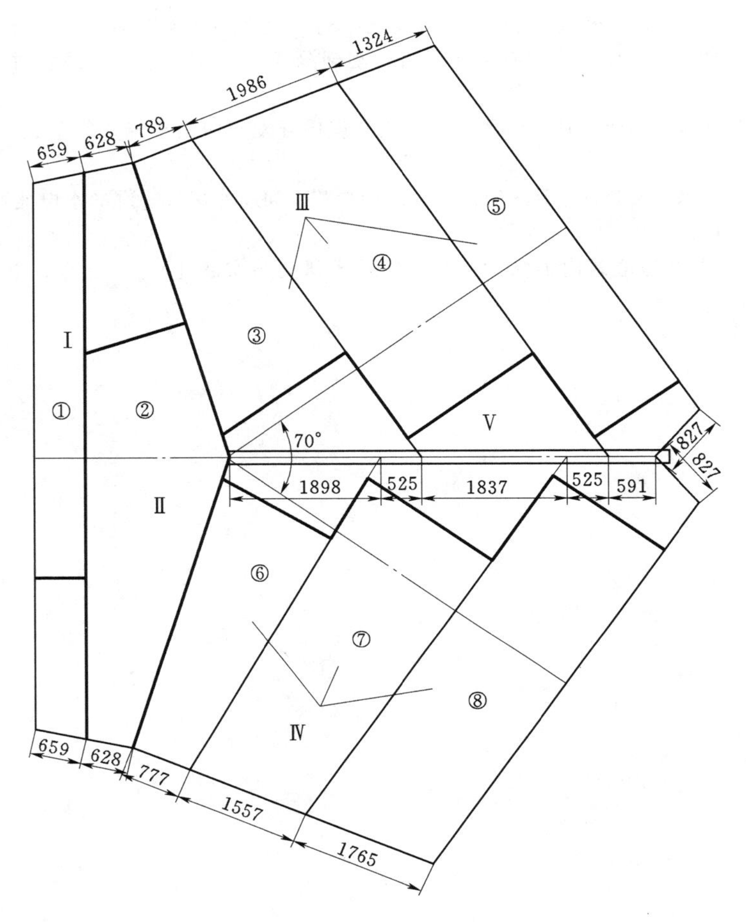

图 10　国内某抽水蓄能电站岔管焊缝布置示意图（1 号岔管，粗线所示）（单位：mm）

水钢岔管规模大，如采用洞外水压试验方案，则需要采用整体运输的方式，引起的工程量大大增加和降低相关洞室的稳定性，可在严格的施工管理、先进的焊接工艺、全面的检测技术、高效的消应技术等条件下，取消水压试验。

参　考　文　献

[1] DL/T 5195—2004. 水工隧洞设计规范［S］. 北京：中国电力出版社，2004.

[2] 张有天. 论有压水工隧洞最小覆盖厚度［J］. 水利学报，2002，9：1-5.

[3] 侯靖，胡敏云. 水工高压隧洞结构设计中若干问题的讨论［J］. 水利学报，2001，7：36-40.

[4] Dann H E，Hartwing W P，Hunter J R. Unlined Tunnels of the Snowy Mountains［J］. Hydro-Electric Authority，Australia，ASCE Power Journal，1964，10：47-79.

[5] ANSYS theory reference［M］. Ansys，2004.

[6] DL/T 5057—2009. 水工混凝土结构设计规范［s］. 北京：中国电力出版社，2009.

[7] Q/HYDROCHINA 008—2011，地下埋藏式内加强月牙肋岔管设计导则［S］. 中国水电工程顾问集团，2011.

[8] DL/T 5141—2001，水电站压力钢管设计规范［S］．北京：中国电力出版社，2001.
[9] 罗京龙，伍鹤皋．月牙肋岔管有限元网格自动剖分程序设计［J］．中国农村水利水电，2005，(2)：86-87.
[10] 宋蕊香，伍鹤皋，苏凯．月牙肋岔管管节展开程序开发与应用研究［J］．人民长江，2009，40(13)：34-37.
[11] 杜芳琴，伍鹤皋，石长征．月牙肋钢岔管设计中若干问题的探讨［J］．水电能源科学．2012，30(8)：129-131，139.
[12] 王志国．水电站埋藏式内加强月牙肋岔管技术研究与实践［M］．北京：中国水利水电出版社，2011.

月牙肋钢衬钢筋混凝土岔管设计与三维数值分析

杨海红[1]　黄　涛[1]　伍鹤皋[2]

（1. 中国电建集团昆明勘测设计研究院有限公司，云南　昆明　650051
2. 武汉大学水资源与水电工程科学国家重点实验室，湖北　武汉　430072）

【摘　要】结合某高水头水电站工程实际，对于埋置于洞外镇墩中的月牙肋钢岔管，考虑钢衬与钢筋混凝土联合承载进行了设计；然后引入混凝土损伤塑性模型，运用 ABAQUS 对其进行了三维开裂非线性计算。通过对比钢岔管单独承载时的有限元计算结果，论证了考虑钢衬钢筋混凝土岔管联合承载设计的优越性；同时分析了初始缝隙值对钢衬钢筋混凝土岔管联合承载特性的影响规律，最后建议对埋置于洞外镇墩中的钢岔管进行联合承载设计，以减小钢岔管管壁厚度和限制外包混凝土裂缝宽度。

【关键词】月牙肋钢岔管；钢衬钢筋混凝土；联合承载；非线性；ABAQUS

1　引言

月牙肋岔管具有受力明确合理、设计方便、结构可靠、制作安装容易等优点，在国内外大中型常规和抽水蓄能电站中得到了广泛的应用。随着水电站的设计水头与引水管道管径的乘积 HD 值越来越大，如果按照单独承载设计原理设计月牙肋岔管，可能导致月牙肋岔管的管壁厚度和肋板尺寸过大，这不仅不符合经济社会发展的需求，也增大了施工难度。

钢衬钢筋混凝土岔管所承担的内水压力是由钢衬和外包钢筋混凝土共同承担的。内部钢岔管即钢衬不仅能承担内水压力还能起到防渗的作用，对于镇墩内的钢筋，以往一般仅按经验布置一些插筋和温度钢筋，导致裂缝很多，而按照联合承载配置钢筋不仅能承担内水压力还能对混凝土进行限裂，所以，钢衬和钢筋混凝土都能比较充分地发挥作用。由于钢筋混凝土的联合承载作用，减轻了钢衬所承担的内水压力，因而钢衬钢筋混凝土岔管，管壁厚度可以减薄，加强构件尺寸同样可以减小甚至在某些情况可以取消。

本文结合某高水头水电站工程实际，先对钢岔管按单独承载进行了优化设计，分析了单独承载钢岔管的受力特点，提出有必要对钢岔管进行联合承载设计以限制岔管的不均匀变位；进而运用 ABAQUS 对钢衬钢筋混凝土岔管进行三维非线性数值分析。

该高水头水电站钢岔管主管直径为 2m，支管出口直径为 1.3m，分岔角为 65°，设计内水压力 8.61MPa（含水锤压力），岔管布置为 Y 形布置。

2　钢岔管单独承载优化设计和受力分析

月牙肋钢岔管管壳厚度往往是由折角点局部膜应力和局部膜应力＋弯曲应力决定的，而管壳母线转折角大小，直接影响其应力集中程度。管壳和肋板平面结构示意图见图 1。为使各折角点应力尽量均匀，得到岔管的优化设计方案，在初步设计岔管体型的基础上，保持各管节管壁厚度、肋板尺寸（见表 1）、公切球直径以及分岔角不变的前提下，同时尽可能满足最小母线长度的构造要求，调整母线转折角，共进行了 10 个方案比较分析，具体方案见表 2。通过有限元计算，得出各方案下管壳应力值和管腰管顶位移值（见表 3 和图 2、图 3）。

表 1　月牙肋钢岔管单独承载管壁厚度和肋板尺寸

计算工况	内水压力/MPa	主管 C 管壁厚度/mm	支管 A 管壁厚度/mm	支管 B 管壁厚度/mm	肋板厚度/mm	肋板最大宽度/mm
单独承载	8.61	46、44、42	46、42、38	46、42、38	92	550

注　管壁厚度依次为基本锥、过渡锥、直管段；计算时减去 2mm 锈蚀厚度。

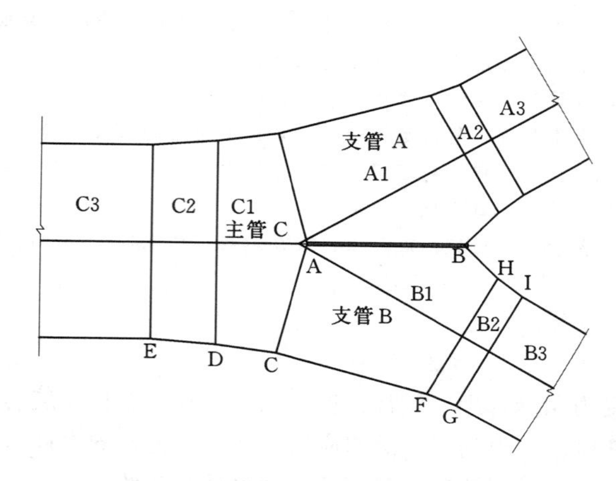

图 1　管壳和肋板平面结构示意图

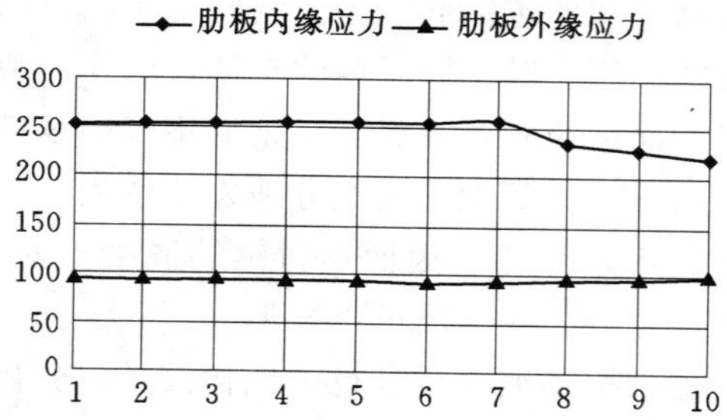

图 2　各方案肋板应力（单位：MPa）

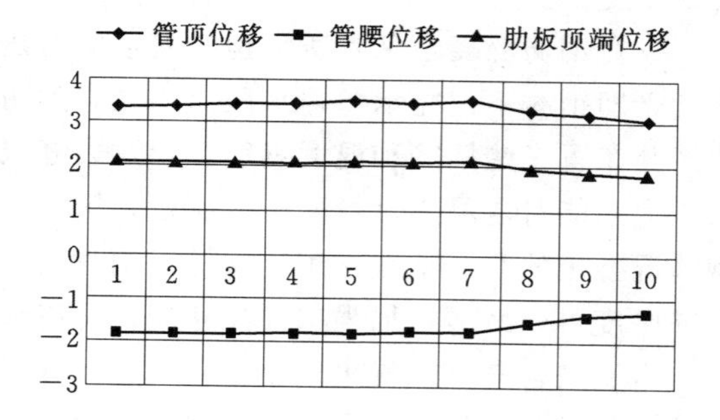

图 3　各方案特征部位位移（单位：m）

表 2　钢岔管单独承载不同转折角计算方案

方案	分岔角	E/(°)	D/(°)	C/(°)	F/(°)	G/(°)
1 号	2×32.5	5	5	6.5	8	8
2 号	2×32.5	5	5.5	6	8	8
3 号	2×32.5	5	6	5.5	8	8
4 号	2×32.5	5	6.5	5	8	8

续表

方案	分岔角	E/(°)	D/(°)	C/(°)	F/(°)	G/(°)
5号	2×32.5	5	7	4.5	8	8
6号	2×32.5	6	6	4.5	8	8
7号	2×32.5	6	7	3.5	8	8
8号	2×32.5	6	6	3.5	8	9
9号	2×32.5	7	5	2.5	8	10
10号	2×32.5	6	5	2.5	9	10

表3　钢岔管单独承载时各方案关键点和肋板应力值　单位：MPa

方案	1号	2号	3号	4号	5号	6号	7号	8号	9号	10号
C	238.8	235.6	232.2	229.1	226	226.2	220.1	220.6	215.7	216.0
D	215.3	218.2	221.1	224.1	227.2	220.3	226.5	220.0	214.2	213.9
E	210.5	210.5	210.5	210.4	210.3	215.7	215.4	215.4	221.1	215.1
F	164.1	164.0	163.9	163.8	163.8	163.7	163.5	163.1	162.7	167.4
G	155.0	155.0	154.9	154.8	154.9	154.8	154.6	158.4	162.3	162.9
平均应力	164.3	164.3	164.4	164.4	164.5	164.6	164.7	164.8	165.2	165.2
不均匀度	11.7	11.5	9.35	8.16	7.44	4.64	2.83	2.34	3.12	0.97
肋板内缘	253.7	254.6	255.1	255.9	256.6	255.8	257.1	234.6	227.5	220.6
肋板外缘	93.8	93.5	93.2	93.0	92.7	90.3	92.5	94.6	95.3	97.0

从计算结果分析可知：

(1) 岔管分岔角和肋板尺寸不变时，管壳关键点应力与母线转折角的大小成正相关，如减小C点母线转折角，相应的增大D点转折角（方案1号～方案5号），则C点的应力减小，同时D点的应力增大，方案5号D点应力达到最大。继续减小C点转折角相应增大D点转折角（方案7号），使C、D、E三点应力更均匀，此时D点应力达到最大。增大支管G点和F点转折角，相应减小C点和D点转折角（见方案8号～方案10号），C、D、E三点应力更加均匀，G点应力相应增大。由此可知，通过调整母线转折角，1号～10号方案C、D、E三点应力不均匀度［（关键点最大应力－关键点最小应力）/最大应力］依次减小，10号方案应力不均匀度最小仅0.97%，该方案为最终优化方案。

(2) 方案1号～方案7号岔管支管转折角F、G不变时，肋板应力基本不变，当增大支管F、G处母线转折角时（方案8号～方案10号），肋板应力有较大幅度的减小。可见，适当增大支管母线转折角对岔管肋板受力是有利的。

(3) 从各方案管壳位移值的分析可知，钢岔管单独承载下，管顶和肋板顶部是正的位移值，而管腰部是负的位移值，即当钢岔管单独承载时，管顶向外变形而管腰变形是向内收缩的。由此可以设想当钢岔管埋置于混凝土或是地下围岩中时，依靠围岩或混凝土的作用就能控制岔管顶部变位，从而改善岔管应力。

3　钢衬钢筋混凝土岔管设计与计算

3.1　计算参数与计算模型

参照《水电站压力管道设计规范》（DL/5141—2001）坝后背管钢管壁厚和环向配筋计算方法，钢衬钢筋混凝土分岔管横截面内的钢材面积可以按下式初步确定：

$$pr \leqslant \frac{tf_s + t_3 f_y}{\gamma_0 \varphi \gamma_d} \tag{1}$$

式中　p——内水压力设计值，MPa；

r——钢管内半径（对于支锥 A1 和支锥 B1 交汇处的岔管段，取两管腰半径的最大值），mm；

f_s、f_y——钢衬和钢筋设计强度，MPa；

t、t_3——钢管管壁厚度和环向钢筋折算厚度（单位长度范围内钢筋截面积除以单位长度），mm。

采用极限状态验算强度，综合考虑上述强度条件和钢筋布置的要求，初步拟定主管基本锥、过渡锥、直管段的管壁厚度分别为 40mm、38mm、36mm，由式（1）可得钢筋的折算厚度 t_3，然后进一步确定基本锥处布置两层配筋Φ 32@200，直管段和过渡段均为一层配筋Φ 32@200，见图 4。

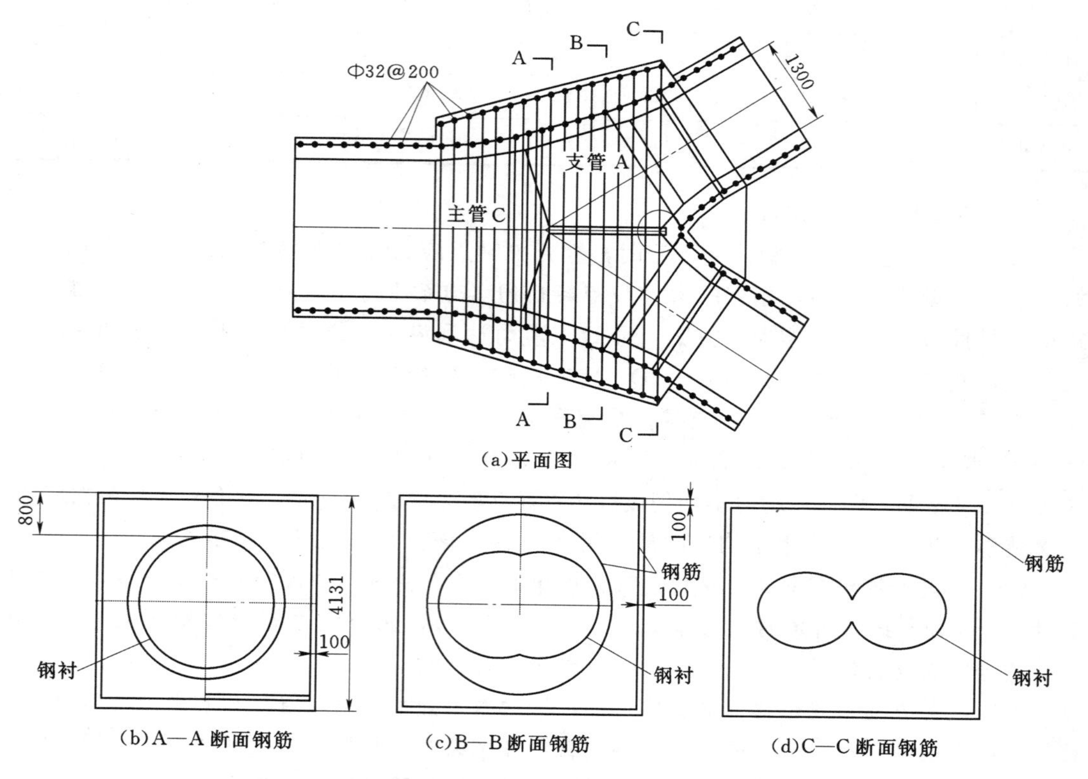

图 4　钢衬钢筋混凝土岔管配筋图（单位：mm）

有限元模型建立在笛卡尔直角坐标系坐标（x，y，z）下，其中 xoy 面为水平面，竖直方向为 z 轴，向上为正，坐标系成右手螺旋，坐标原点位于主管基本锥与支管基本锥管的公切球球心处。钢岔管管壳网格剖分全部采用四节点板壳单元，月牙肋由于厚度较厚，为分析肋板 z 向（厚度方向）的应力情况，故采用八节点实体单元模拟。镇墩混凝土和钢筋分别采用八节点实体单元和两节点杆单元进行模拟。各部位网格见图 5～图 7。

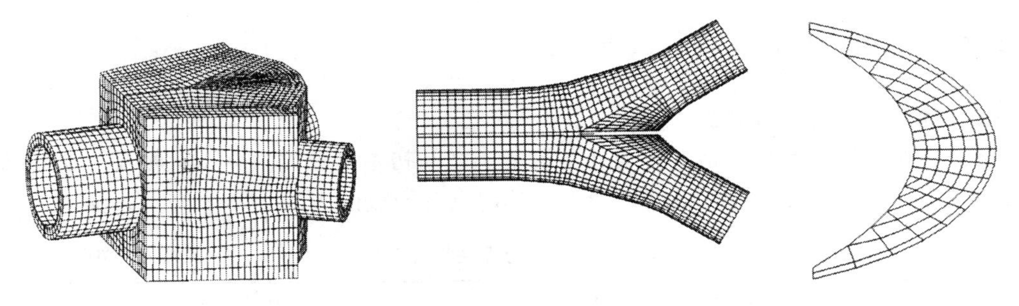

图 5　整体模型网格图　　　　图 6　钢岔管管壳和肋板网格图

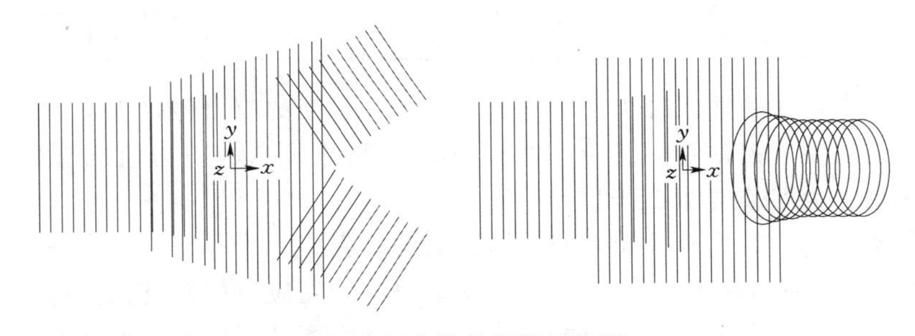

图 7　钢岔管外钢筋网格图

模型施加约束情况为：模型在主管和支管端部以及混凝土镇墩底部均取法向约束。

在钢衬和外包混凝土接触面之间建立滑动接触关系，接触面之间的摩擦系数取为 0.25。钢筋的模拟是通过 ABAQUS 软件中埋入方法将钢筋单元嵌入混凝土单元。混凝土和钢筋的黏聚滑动和暗销作用都是通过引入混凝土的拉伸软化模型来模拟的。

3.2　计算方案

为分别考虑钢衬和外包混凝土的最不利荷载承载情况，取 A－1 和 A－2 两种方案，其中 A－1 方案为钢衬和混凝土之间的初始缝隙值取 0，此时对外包钢筋混凝土最不利；A－2 方案主管段初始缝隙值假定为主管半径的 6×10^{-4}，其他管节初始缝隙值根据管径的变化按比例取值，此方案对钢衬最不利，具体见表 4。两种方案的管壁厚度参数均相同，见表 5。

表 4　　**各方案不同缝隙值**　　单位：mm

方案	基本锥	主管		支管	
		过渡段	直管段	过渡段	直管段
A－1	0	0	0	0	0
A－2	0.65	0.64	0.60	0.55	0.46

表 5　　月牙肋钢岔管联合承载管壁厚度和肋板尺寸

计算工况	内水压力/MPa	主管 C 管壁厚度/mm	支管 A 管壁厚度/mm	支管 B 管壁厚度/mm	肋板厚度/mm	肋板最大宽度/mm	配筋方案
联合承载	8.61	40、36、34	40、36、32	40、36、32	80	500	Φ32@200

注　管壁厚度依次为基本锥、过渡锥、直管段；计算时减去 2mm 锈蚀厚度。

4　钢衬钢筋混凝土岔管计算成果分析

4.1　钢岔管应力及变位情况

根据计算结果，整理了钢岔管与外包混凝土之间初始缝隙值为 0（方案 A－1）和 $6\times10^{-4}r$（方案 A－2）时，各方案钢岔管管壳关键点及肋板的 Von Mises 应力，见表 6。

表 6　　各方案管壳和肋板关键点应力　　单位：MPa

方案	A	B	C	D	E	F	G	H	I	肋板内缘/外缘
A－1	100	120.8	115	129.1	146.7	96.9	101.4	102.4	104.9	101.3/48.4
A－2	123.3	130.2	143.4	152	159.7	133.8	132.8	136.4	133.2	120.8/64.4

从表 6 可看出，在钢筋混凝土联合承载情况下，管壳的应力值趋于均匀化，这是由于外包钢筋混凝土限制了钢岔管的变位。两个方案的管壳 E 点的应力值比管壳其他关键点应力值大，这是因为 E 点处混凝土厚度减薄。

通过两个典型方案的比较可知，初始缝隙值对管壳应力影响很大，方案 A－2 应力值基本上比方案 A－1 应力值大 10%～20%，支管处的管壳应力相差更大。这是由于主管处的管径较大，在内水压力作用下相应的变位较大，管壳更易于接触上钢筋混凝土而形成联合承载的受力状态。

4.2　外包混凝土开裂情况及钢筋受力分析

对于 A－1 和 A－2 两种方案，由于初始缝隙值的不同，外包钢筋混凝土承担内水压力大小也不一样，从而导致外包混凝土损伤情况和钢筋受力不一样，方案 A－1 和方案 A－2混凝土损伤见图 8、图 9，其中深色部位为混凝土损伤区，颜色越深损伤越严重。

由图 8 可以看出，当钢衬和混凝土之间的初始缝隙值为 0 时，混凝土损伤最严重的部位在主管直管段和支管腰部，都出现多条贯通性裂缝。这都是因为主管直管段外包混凝土较薄。而基本锥处，腰部和顶部也都出现了一条贯通性裂缝，一直延伸到分岔点。这是由于混凝土对钢衬的顶部和腰部都有较大的变位限制，因此承担的荷载相应也较大。

外部钢筋应力大小分布与混凝土损伤部位相对应，最大值为 201.4MPa，出现在支管岔档部位的腰部；而主管直管段钢筋应力也较大，基本上在 150MPa 左右，由于直管段管径和内水压力无变化，因此钢筋应力分布也较均匀；其次在基本锥顶部和腰部，数值也较大，基本上在 150～170MPa 之间。按主管外层最大钢筋应力 175.1MPa，混凝土保护层厚度 50mm 进行计算，得到最大裂缝宽度为 0.28mm，小于规范规定的 0.3mm。

由图 9 可以看出，当考虑钢岔管与外包混凝土之间的初始缝隙值为 $6\times10^{-4}r$（方案 A－2）时，钢岔管外包混凝土损伤范围小于方案 A－1，但主管直管段混凝土开裂依然比

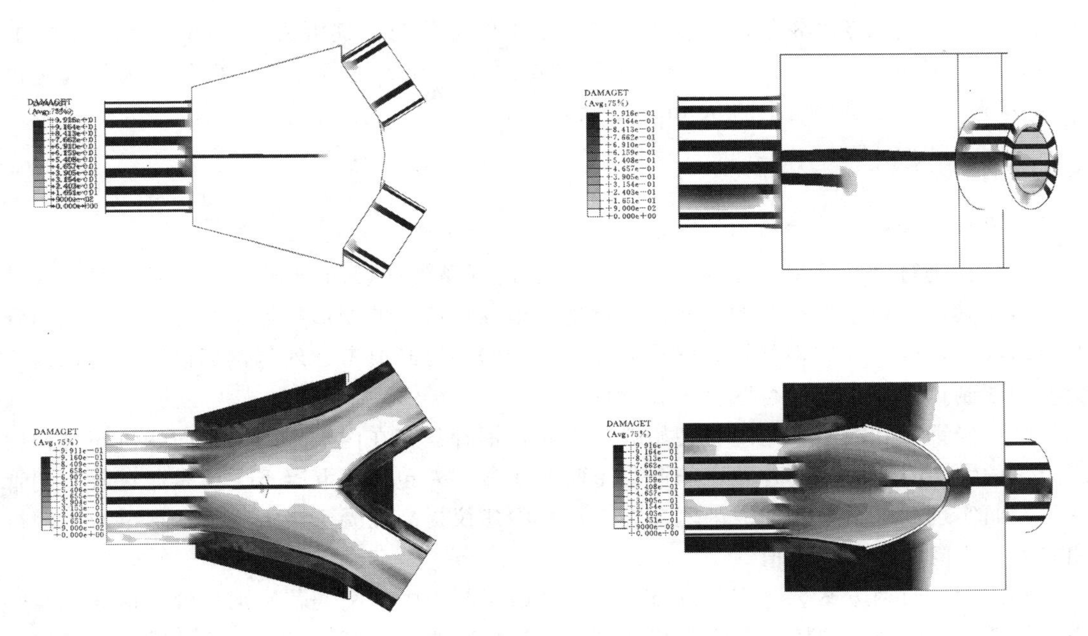

图 8　方案 A－1 混凝土损伤区

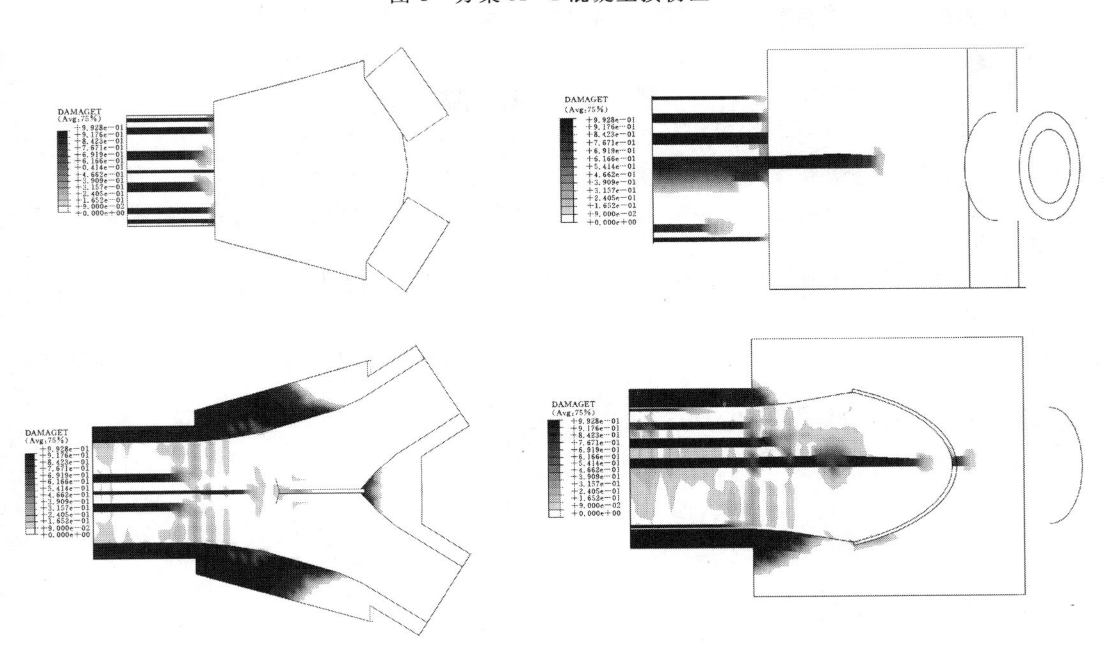

图 9　方案 A－2 混凝土损伤区

较严重，出现若干条贯通裂缝；基本锥部位由于外包混凝土较厚，除腰部和底部各出现一条延伸的贯通裂缝外，其他部位混凝土损伤很小，支管部位混凝土基本上没有开裂。

外包钢筋应力最大值为 101.1MPa，出现在主管过渡段内层钢筋的腰部。基本锥部位内层钢筋应力基本上在 100MPa 左右，而主管直管段应力基本为 80MPa 左右，应力分布也较均匀。由此可知，钢筋应力较大及应力集中的部位与上述混凝土损伤部位是一致的。按最大外层钢筋应力 96.2MPa，混凝土保护层厚度 50mm 进行计算，得到最大裂缝宽度为 0.08mm，满足规范规定的 0.3mm 的要求。

5 结语

通过本文的研究，能得出以下结论。

（1）在进行钢岔管单独承载设计时，可通过调整母线转折角等方式来优化钢岔管设计，但是其优化效果是有限的；此外，钢岔管单独承载时的变形特点是管顶向外扩张而管腰向内收缩，因此导致钢岔管管壁受力非常不均匀，有必要考虑外包钢筋混凝土对钢岔管变形的限制作用并对其进行联合承载设计。

（2）当钢衬和混凝土之间有初始缝隙值时，钢管只有在内水作用下径向变位超过初始缝隙值的大小时才可以与外包钢筋混凝土联合承载，外包钢筋混凝土主要是通过限制钢管变位，而实现联合承载作用。因此在施工过程中建议提高混凝土浇筑质量，尽量减小钢衬和混凝土之间的初始缝隙值。

（3）通过对两方案裂缝宽度进行计算，镇墩混凝土中的配筋若按钢岔管与钢筋混凝土联合承载设计配筋，镇墩混凝土裂缝宽度能满足限裂要求，可以避免以往镇墩中因仅配一些构造筋和温度筋而导致镇墩开裂严重的现象。

参 考 文 献

[1] 张义．月牙肋钢岔管联合承载机理研究［D］．北京：清华大学，2008.

[2] 大型月牙肋钢岔管材质选择及焊接工艺研究专题研究报告［M］．国家电力公司贵阳勘测设计研究院，2004.

[3] 汪艳青，伍鹤皋，苏凯．钢衬钢筋混凝土岔管三维非线性数值分析［J］．人民珠江，2011，30（1）：32-35.

[4] 王志国．水电站埋藏式内加强月牙肋岔管技术研究与实践［M］．北京：中国水利水电出版社，2011.

[5] ABAQUS Theory Manual. ABAQUS，INC，2003.

抽水蓄能电站国产800MPa级钢材钢岔管模型试验研究

陈丽芬　孟江波　王东锋

（中国电建集团华东勘测设计研究院有限公司，浙江　杭州　310014）

【摘　要】 本次研究以仙居抽水蓄能工程引水钢岔管为依托进行研究。采用国产800MPa级钢板制作钢岔管模型进行材料和焊接制作工艺研究，模拟水压试验工况进行有限元计算分析；对宝钢产B780CF钢板材质进行化学成分检验、力学性能试验、焊接工艺评定，并完成岔管模型制作与焊缝探伤检验；通过水压试验对钢岔管模型进行打压，测试钢岔管应力分布，测定水压试验前后的残余应力，评价水压试验对降低残余应力的作用；通过水压爆破试验，测试钢岔管所能承载的最大压力，并分析钢岔管结构安全裕度。通过上述研究工作，充分论证了国产800MPa级高强钢作为水电工程中高压管道、高压岔管等结构材质的可行性。

【关键词】 国产800MPa级钢板；钢岔管；正态模型；水压试验；爆破试验

1　研究背景和目的

高水头抽水蓄能电站钢岔管HD值大，多采用高强钢，且板材较厚，设计难度大，制作工艺复杂。

以往国内几个大型抽水蓄能电站工程的钢岔管制作均采用国际招标，均由国外承包商制作，不仅成本高，也不利于国内工业技术的发展。

随着国内抽蓄电站的迅猛发展，钢岔管国际招标面临较多问题。从水电建设必然趋势来看，对钢岔管制作完全国产化的要求必然越来越迫切，同时钢岔管制作完全国产化对于提高电站的技术经济性能，推动我国水电建设技术进步，也具有重要的现实意义。

2011年2月中国水利水电第十四工程局有限公司（以下简称十四局）、中国水电顾问集团华东勘测设计研究院（以下简称华东院）、浙江大学建筑工程学院（以下简称浙江大学）、宝山钢铁股份有限公司（以下简称宝钢）、华电郑州机械设计研究院有限公司（以下简称郑州院）经认真研究、协商，针对水电站钢管用800MPa级钢材，合作开展相关试验研究工作。

2　工程概况

仙居抽水蓄能电站位于浙东南中心地带仙居县境内，电站装机1500MW（4×375MW），主要任务是为华东电网提供调峰填谷容量，承担系统的紧急事故备用和调频、调相作用。

本电站工程为一等大（1）型工程，枢纽建筑物包括上水库、下水库、输水系统、地下厂房洞群和开关站等。输水系统按两洞四机方案布置，引水上平洞为钢筋混凝土衬砌，从上斜井开始为钢板衬砌，上斜井、中平洞、下斜井管径6.2m、下平洞管径5.0m、钢支管直径3.5m。

在地下厂房上游约90m处设有两个引水钢岔管，将两条引水钢管分岔为四条高压钢支管，钢岔管主管直径D=5m，支管直径d=3.5m。岔管采用对称Y形内加强月牙型肋钢岔管。钢岔管分岔角75°，公切球半径2815.4mm，为主管内径的1.126倍。钢岔管承受内水头784m（含水锤压力），HD值高达3920m²，钢岔管的结构受力较复杂，采用800MPa级钢材，管壳厚度60mm，月牙肋厚度120mm。

3 钢岔管模型设计制作

3.1 设计

本次试验按照正态模型原则设计模型岔管。

根据工程经验，综合考虑模型岔管的制作难度、材料供应、试验场地等方面因素，原型和模型的管壳厚度和肋板厚度比值取2.5。模型岔管的厚度取24mm，肋板厚度取48mm。

3.2 制作

岔管模型制作由宝钢提供800MPa级B780CF高强钢和部分焊材，并提供钢板材料相关技术指标。十四局昆明水工厂对试验钢板化学成分、力学性能等进行检验，并根据设计图纸下料、卷板、焊接拼装等工作，郑州院对焊缝质量、焊接残余应力进行检测。

B780CF钢是宝钢开发的屈服强度690MPa级水电专用低合金高强钢，采用调质工艺生产，具有冷裂纹敏感性低、综合力学性能好等特点。钢板焊接工艺评定试板拉伸、冲击等试验表明，B780CF钢板满足规范对800MPa级钢板各项指标的要求。

钢岔管模型制造工艺流程为：钢板UT探伤⟶数控切割⟶坡口制备⟶卷板⟶筒节纵缝焊接⟶纵缝UT/RT探伤⟶岔管组装⟶环缝UT/RT探伤⟶整体检查。

经检测，所有焊缝均满足相应规范要求。

4 钢岔管模型水压试验

4.1 水压试验内容

华东院提出水压试验任务，明确试验内容、过程和成果要求等；具体试验由昆明水工厂执行；郑州院进行水压试验岔管应力检测，并对水压试验后的残余应力进行检测，评价水压试验对钢岔管残余应力的降低作用。

图1 钢岔管模型水压试验

整个水压试验加压系统由排气系统、充水系统、排水系统以及增压系统等组成。钢岔管模型水压试验照片见图1。

4.2 水压试验成果

4.2.1 焊接残余应力测试

焊接残余应力测试采用盲孔法，测试部位分布在岔管具有代表性的焊缝上，共布置了 7 个测试部位。

比较水压试验前后残余应力测试结果，可以发现水压试验前焊接残余应力高的测点经 9.6MPa 水压过载后，应力峰值明显降低，最大降幅可达 20%～40%。说明高压力循环下的水压试验可以有效地降低各部位的焊接残余应力峰值。

从测试结果上看，岔管水压前的焊接残余应力普遍不高，说明岔管焊接过程中焊接工艺、焊接参数运用合理，运用焊接工艺有效地控制了焊接残余应力。

4.2.2 应力测试

根据月牙形内加强肋岔管的受力特征，岔管应力测量的重点部位为钝角区、肋旁管壳区和月牙肋板处，管壳测点在内、外壁对应布置，以考察薄膜应力和局部弯曲应力。岔管内、外部分别布置了 45 个测点、46 个测点。

从水压试验应力测试数据看，各测点的应力值和试验压力值呈较好的线性关系，说明测量系统稳定可靠，系统非线性误差得到了很好的控制。水压试验过程中测试到的最大应力均小于钢板的屈服强度，岔管各部位处于弹性变形状态。

4.2.3 变形测试

岔管变形采用位移传感器进行测试。在岔管外侧的腰部及月牙肋腰部、顶部、底部共布置 7 个位移传感器。

从岔管变形测试数据看，岔管顶和底向管内收拢，其余部位向外膨胀。各个压力循环下变形量与水压成较好的线性关系。除底部受约束导致数据呈非线性关系外，其余部位变形线性良好。

5 钢岔管模型爆破试验

在水压试验完成的基础上，进一步对模型岔管进行水压爆破试验。

试验测得爆破水压力为 17.4MPa，破坏的部位位于腰线以上约 0.8m 处，见图 2，图中圆圈处为裂纹源位置，长方形框处为断口位置。

图 2 钢岔管模型爆破试验破坏

岔管爆破试验的进水量与试验压力对应关系见图 3。从图 3 中可以看出，岔管出现明显的塑性变形是从试验水压 14MPa 开始的，计算成果表明塑性应变从内水压力 14.5MPa 开始出现。

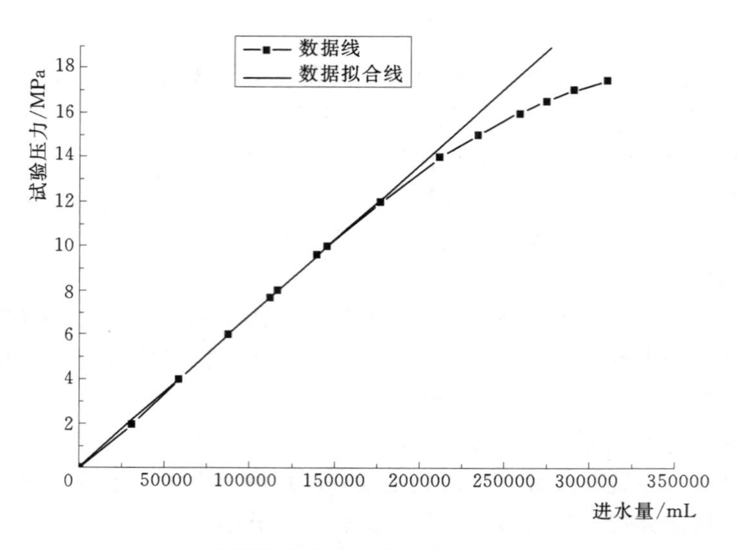

图 3　钢岔管模型爆破试验进水量和压力关系图

模型岔管设计压力 7.683MPa，爆破水压力为 17.4MPa，表明钢岔管有足够的安全裕度。

6　水压试验数值复核计算

6.1　计算说明

根据钢岔管模型试验的实际体型和边界条件建立整体三维模型，进行有限元计算，得到钢岔管模型的变形和应力分布，并将计算结果与水压测试成果进行对比分析。

水压爆破工况，考虑钢板材料为非线性（按照钢材拉伸曲线建立本构关系），模拟钢岔管内水压力不断增大，直至钢岔管破坏的整个过程，得到钢岔管随着内水压力逐渐增大后的应力、变形分布，并得到水压爆破极限内水压力。

钢岔管水压试验三维有限元计算模型如图 4 所示。

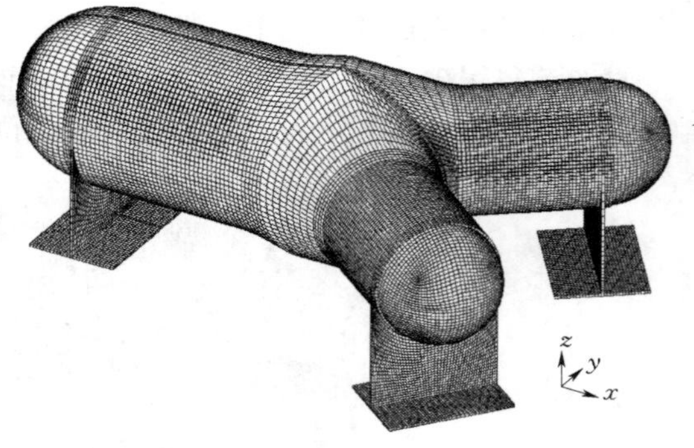

图 4　钢岔管水压试验三维有限元计算模型

6.2　正常运行工况

正常运行工况，岔管内水压力为 7.683MPa，与岔管测试应力对比见图 5。

从图 5 中可以看出，数值计算和水压试验成果分布规律大致相同；月牙肋由于体型简单，试验测点布置较准确，因此水压试验值和计算值两者吻合得较好，实测值为 411.35MPa，计算值为 412.1MPa；除月牙肋之外，计算数值较实测值有所偏小，应力相差约 40～140MPa。

钢岔管整体最大变形为 3mm，模型试验 B6 测点位移为 3.63mm（顺水流方向），整

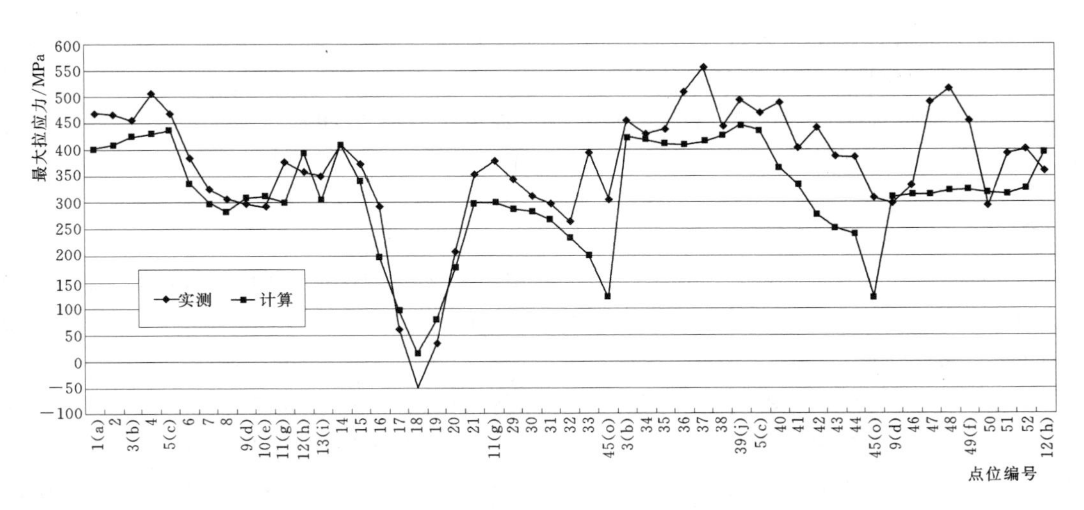

图 5　钢岔管内侧最大拉应力实测和计算数值比较示意图

体变形规律类似，数值相差不大。

水压试验成果和诸多外界因素有关，例如制作工艺、残余应力、钢材特性、测点位置、读数误差、温度应力等原因；三维有限元数值模拟同样存在计算误差，例如网格的划分、材料参数、边界条件等因素，因此两者之间存在一定的误差，总体规律基本类似。

6.3　水压爆破工况

根据钢板材质的试验本构曲线，应力超过屈服强度后钢板出现塑性变形，因此在计算爆破压力值时，需考虑钢材的非线性特征，进行弹塑性计算。当钢岔管塑性应变过大，计算不收敛，则认为钢岔管已破坏，此时的内水压力则为估算的超压爆破内水压力，最大塑性应变区域即为钢岔管破坏部位。

经计算，内水压力小于 17.5MPa 时，岔管应变基本呈线性变化（塑性应变从内水压力 14.5MPa 开始出现）；内水压力继续加大后，岔管变形和塑性应变开始急剧增大；当内水压力为 19.5MPa 时，钢管塑性应变过大，计算不收敛，即估算的爆破内水压力在 19～19.5MPa 之间，破坏点位于岔管腰部转折点部位。等效塑性应变随内水压力变化见图 6。

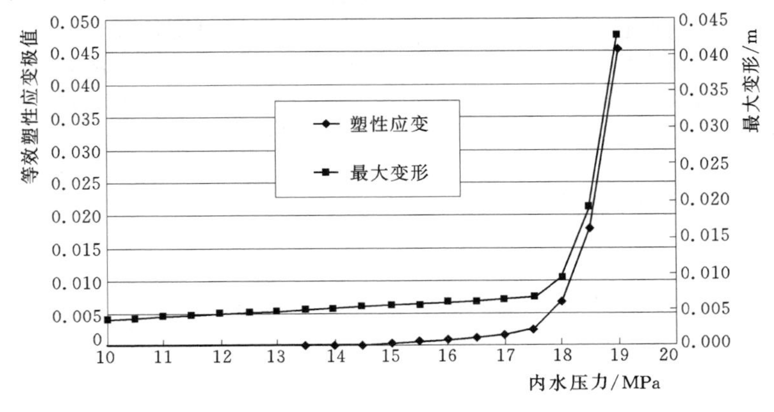

图 6　岔管等效塑性应变、最大变形随内水压力变化示意图

现场模型岔管水压爆破试验的压力达到17.4MPa时，主管的左侧焊接接头热影响区（爆破口的开裂位置）迅速启裂，使岔管爆破。由于数值模拟比较理想化，计算得到的爆破压力较试验值高1.6～2.1MPa。总体来看，数值计算成果和水压试验符合较好，较为可靠。

7 结论

本次研究以仙居抽水蓄能工程为依托，对引水钢岔管的体型结构进行设计、优化，并提出1：2.5正态模型，采用宝钢提供的24mm、48mm厚B780CF钢板完成岔管模型制作、检验、水压试验等科研工作。经过大量的研究工作，主要结论如下。

（1）经不断优化和完善后，本钢岔管体型设计合理，结构安全可靠。

（2）水压试验表明：岔管应力—压力、位移—压力曲线呈良好的线性关系，表明岔管处于弹性状态及测试系统的误差得到较好的控制；设计压力下，最大测试应力值（即明岔管应力）为550.3MPa，远小于材料的实测屈服强度785MPa；水压试验对降低岔管的焊接残余应力峰值有明显效果。

（3）试验前后的数值计算成果与试验实测数据吻合性较好，总体变化规律基本一致，表明有限元计算手段在钢岔管设计过程中具有较高的可靠性。由于钢岔管制作工艺、水压试验边界条件等均较为复杂，数值模拟也存在一定的误差，但控制在合理的范围内。

（4）国产的宝钢B780CF钢，具有良好的热加工、冷加工、力学性能，含碳量、碳当量及裂纹敏感性低，焊接性良好，无需进行焊后消除应力热处理，是水利水电工程中的高压容器、压力管道、高压岔管，特别是HD值在4000m^2及以上的高压岔管和管道的优选材料。

（5）在世界工业发展过程中，新型材料在工程上的开发研究、推广应用是必然的发展趋势。800MPa级别高强钢将对降低工程综合成本具有较高的经济效益，社会效益显著，在国内外的大型、巨型电站的建设中有非常广泛的应用前景。

参考文献

[1] DL/T 5141—2001. 水电站压力钢管设计规范. 北京：中国电力出版社，2002.

[2] 钟秉章，陆强. 水电站压力钢管设计规范中的若干问题. 第7届全国水电站压力管道学术会议论文集[J]. 北京：中国电力出版社 2010.

[3] 陆强. 肋板对明岔管的应力分布影响. 第7届全国水电站压力管道学术会议论文集[J]. 北京：中国电力出版社，2010.

影响月牙肋钢岔管有限元计算结果主要因素的初步分析

孟江波　陈丽芬

（中国电建集团华东勘测设计研究院有限公司，浙江　杭州　310014）

【摘　要】 月牙肋钢岔管适应性强，地面和地下埋藏式岔管均有较广泛的应用，在设计过程中通常需要运用有限元计算岔管应力和变形等，钢岔管管壁、月牙肋等部位单元类型的选取和计算网格质量、密度的控制，对钢岔管应力、变形等计算结果影响较大。文章针对Y形月牙肋钢岔管，根据某工程实例，拟定不同的计算方案，进行了对比分析，并从受力模式进行深入分析，得到了一些有益的结论，对设计具有指导意义。

【关键词】 钢岔管；单元类型；网格密度；三维有限元；应力分布

1　问题的提出

岔管作为常规和抽水蓄能水电站引水系统中的水道分岔结构，一般地，按材料分为钢筋混凝土岔管和钢岔管等；按布置形式通常有Y形、非对称Y形、三岔形等；按布置位置则可分为明岔管和地下埋藏式岔管等。

钢岔管通常应用于内水压力较高的水道系统中，型式主要有三梁岔、月牙肋岔管、球形岔管、无梁岔管、贴边岔管等，地面和地下埋藏式均有较广泛的应用。其中月牙肋钢岔管适应性强，应用较广泛，是一种由圆锥、圆筒薄壳和刚度较大的加强肋板组成的复杂空间组合结构，体型较为复杂，通常承受较大的内水压力，应力分布较复杂。

目前，地下埋藏式月牙肋钢岔管通常按“与围岩联合承载，明管校核”的原则进行设计，联合承载（正常运行）工况需满足《水电站压力钢管设计规范》（DL/T 5141—2001）中对抗力限值的要求，明管校核工况岔管需满足任何一点均不超过钢材的屈服强度，围岩分担内水压力的作用可以视为一种额外的安全储备。

随着有限元计算程序功能的不断完善和计算能力的不断提升，越来越多的大型岔管（地面或者地下埋藏式等）结构采用有限元方案进行仿真模拟，均能达到较为满意的程度。如何较准确地得到明钢岔管的应力、变形等数据，对钢岔管的设计具有重要的指导意义。

在有限元计算过程中，钢岔管管壁、月牙肋等部位单元类型的选取和计算网格质量、密度的控制，对钢岔管应力、变形等计算结果影响较大。本文选取某抽水蓄能电站月牙肋钢岔管作为代表，针对影响有限元计算结果的几个主要因素进行详细论述，进行对比计算。

2 工程实例计算

2.1 钢岔管实例

以某抽水蓄能电站引水钢岔管为例，采用对称 Y 形内加强月牙型肋型式，分岔角 75°，主、支管内径分别为 5m、3.5m，HD 值为 3920m²，管壁厚度为 56mm，月牙肋厚为 120mm，采用 800MPa 级高强钢。钢岔管体型图如图 1 所示。

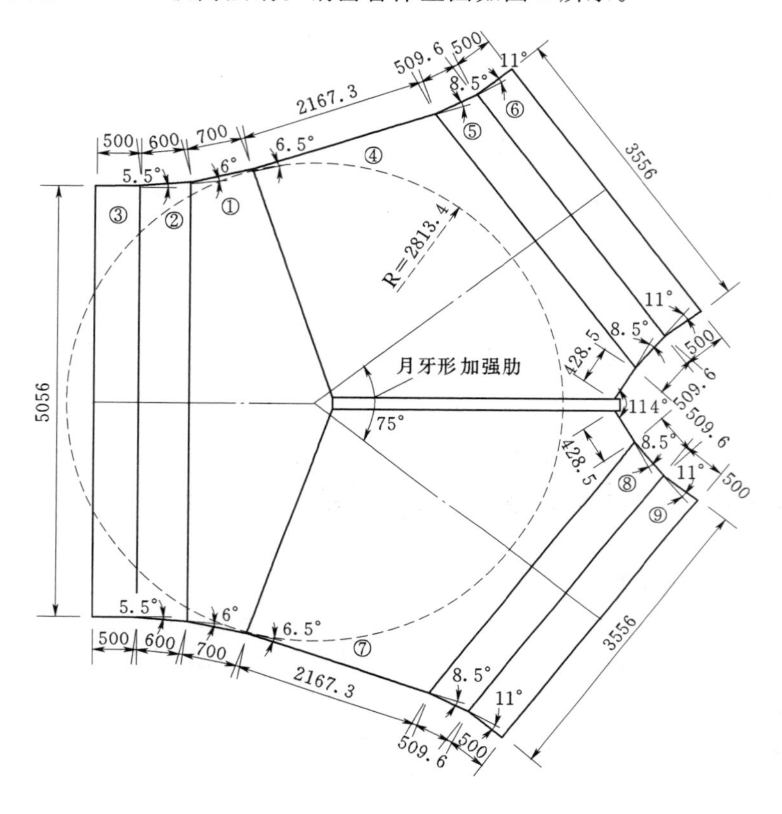

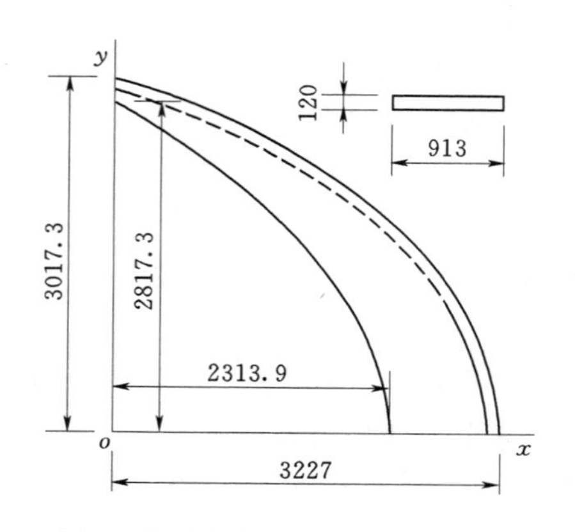

图 1 钢岔管体型图（单位：mm）

下面针对该岔管拟定不同的计算模型进行有限元计算和对比分析。

2.2 计算方案

为了了解钢岔管计算中单元类型的选择对计算结果的影响，拟定了下面三种计算方案：

方案一：管壁和肋板全部采用壳单元。

方案二：管壁采用壳单元，月牙肋采用实体单元。

方案三：管壁和肋板全部采用实体单元。

通过以上三种方案计算结果变形和应力的对比分析，了解各种单元类型组合对钢岔管计算结果的影响。

采用 ANSYS 结构计算软件，壳单元采用四节点平面 Shell63 单元，实体单元采用八节点六面体 Solid45 单元，计算模型网格如图 2 所示。

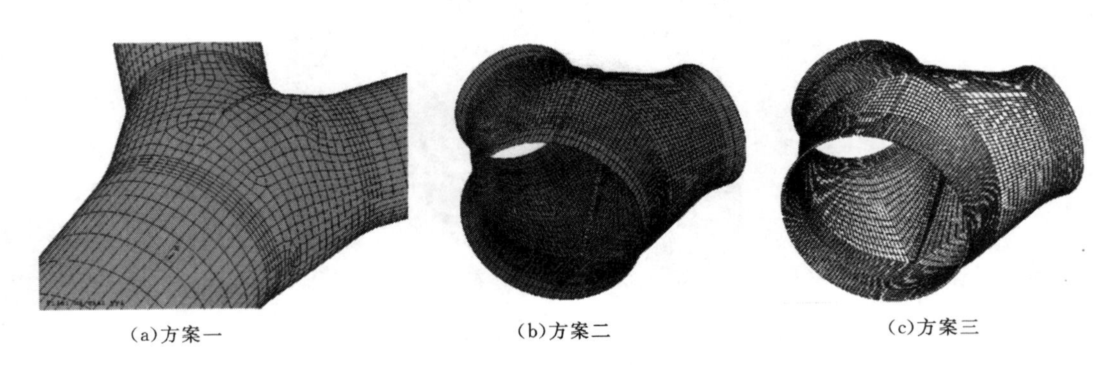

(a)方案一　　(b)方案二　　(c)方案三

图 2　三种方案计算网格示意图

2.3 计算结果分析

2.3.1 变形

三种方案变形规律一致，钢岔管水平两侧向内收缩、上下两侧向外膨胀，数值稍有区别，最大变形分别为 22.703mm、22.833mm、20.47mm，差别不大，其中方案三变形较小。

2.3.2 应力

三种方案应力计算结果见表 1，表 2 和图 3。

表 1　三种方案最大主应力计算结果

部位	方案一（Ansys）	方案二（Ansys）	方案三（Marc）
整体极值	852MPa，4 号、7 号管节和月牙肋连接上下部位	751MPa，1 号和 4 号连接部位，靠近月牙肋	526.5MPa，月牙肋内侧中部
管壁极值	852MPa，4 号、7 号管节和月牙肋连接上下部位	751MPa，1 号和 4 号连接部位，靠近月牙肋	482.0MPa，1 号管节中部内侧，顶部和底部外侧应力较大
月牙肋极值	510MPa，月牙肋内侧中部	450MPa，月牙肋内侧中部	526.5MPa，月牙肋内侧中部

表 2　　三种方案 Mises 应力计算结果

部位	方案一（Ansys）	方案二（Ansys）	方案三（Marc）
整体极值	750MPa，4 号、7 号管节和月牙肋连接上下部位	645MPa，1 号和 4 号连接部位，靠近月牙肋	535.9MPa，月牙肋内侧中部
管壁极值	750MPa，4 号、7 号管节和月牙肋连接上下部位	645MPa，1 号和 4 号连接部位，靠近月牙肋	439.1MPa，1 号管节中部内侧，顶部和底部外侧应力较大
月牙肋极值	501MPa，月牙肋内侧中部	452MPa，月牙肋内侧中部	535.9MPa，月牙肋内侧中部

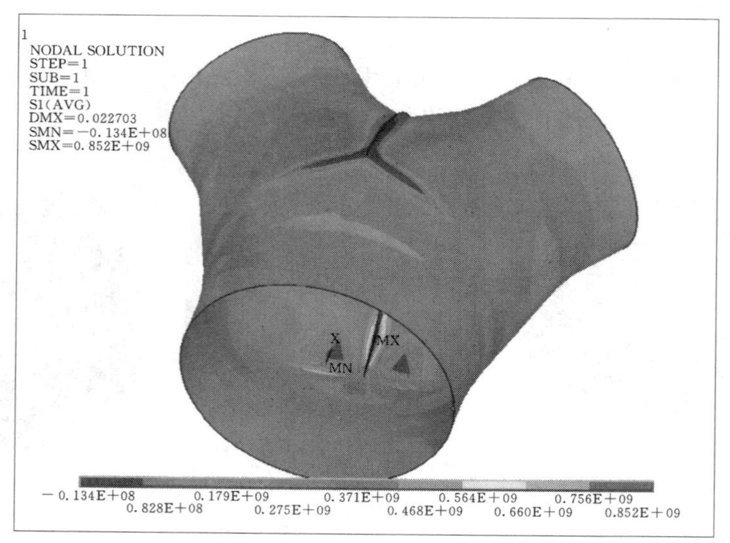

(a)方案一

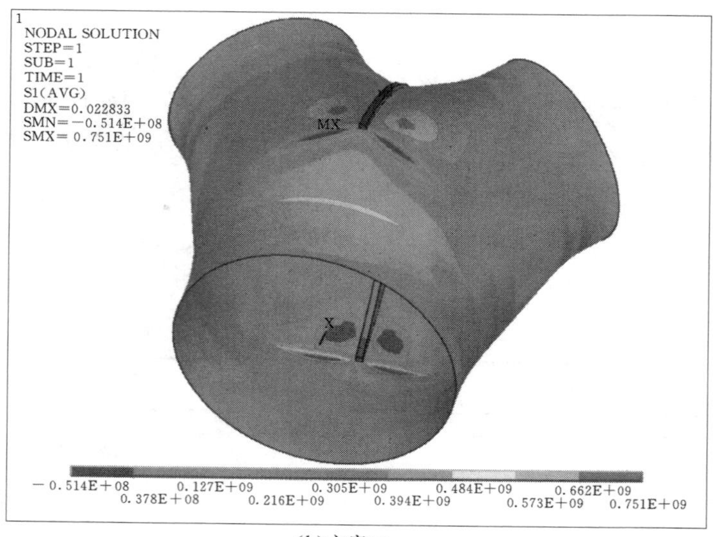

(b)方案二

图 3（一）　三种方案整体第一主应力分布示意图（单位：MPa）

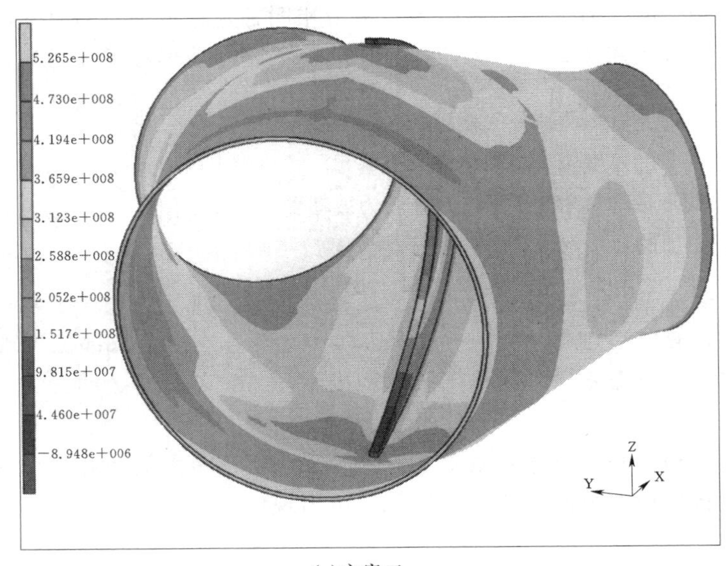

(c)方案三

图 3（二） 三种方案整体第一主应力分布示意图（单位：MPa）

方案一：管壁和月牙肋全部采用壳单元，在 4 号、7 号管节和月牙肋连接上下部位出现较大的应力集中现象，第一主应力极值为 756～852MPa；另外，1 号和 4 号、7 号连接上下部位也出现较大的应力集中，在 564～660MPa 之间；月牙肋内侧中部拉应力最大为 510MPa。

方案二：管壁采用壳单元、月牙肋采用实体单元，在 4 号、7 号管节和月牙肋连接上下部位无应力集中现象；1 号和 4 号、7 号连接上下部位出现较大的应力集中，第一主应力极值为 662～751MPa；月牙肋内侧中部拉应力最大为 450MPa。

方案三：管壁和月牙肋全部采用实体单元，管壁没有出现应力集中现象，第一主应力极值出现在月牙肋内侧中部，约 526.5MPa。

对于 Mises 应力分布，管壁和第一主应力分布规律一致，但数值相差较大，为 43～106MPa；月牙肋 Mises 应力和第一主应力分布相差较小。

三个方案比较发现，应力分布差别较大，采用壳单元时均出现了应力集中现象，全部采用实体单元应力分布较为均匀，无应力集中现象。

3 原因分析

3.1 单元类型

以上计算表明，对于钢岔管，选取不同的单元类型进行有限元计算，得到的应力分布差别较大。需要对具体计算方案的受力原理进行详细分析。

方案一和方案二相比，管壁第一主应力分别为 852MPa 和 751MPa，相差 101MPa，月牙肋相差 60MPa；方案二和方案三相比，管壁第一主应力分别为 751MPa 和 482MPa，相差 269MPa，月牙肋相差 76.5MPa。

钢岔管正常运行时，月牙肋左右两侧水压力相同，互相抵消，但月牙肋厚度较大，内侧表面作用较大的内水压力，其合力使得月牙肋上下张开变形和整体顺流向变形，月牙肋内侧中部承受较大的弯矩作用，通常也是拉应力极值产生的部位，这部分为主动受力；同时，月牙肋同管壁焊接在一起，管壁在内水压力作用下，向外侧张开变形，并带动月牙肋变形，这部分受力为被动受力。月牙肋真实的受力状态应该是以上两部分的叠加。

对于方案一，月牙肋厚度较大，简化成为壳单元，其内侧水压力无法作用于月牙肋内侧，直接作用于管壁，管壁变形带动月牙肋变形，月牙肋为被动受力，结果使得月牙肋受力偏小，而管壁受力偏大，在管壁和月牙肋连接部位易出现应力集中现象；

对于方案二，管壁采用壳单元，在 1 号和 4 号、7 号连接上下部位出现了较大的应力集中，使得管壁应力分布不均，承担了较大的内水压力，使得月牙肋受力偏小，管壁受力偏大。

根据类似工程经验和水压试验结果，钢岔管采用实体单元的计算结果和试验结果较接近，可避免管壁转折角部位和月牙肋连接等部位出现应力集中现象。

3.2 其他因素

实际计算中，影响有限元分析的结果还有很多方面，比如网格划分的密度、形态等，应该根据钢岔管的直径、厚度、长度、计算要求等参数来选取单元的大小。

本次研究未针对单元划分展开论述，根据其他工程计算经验，网格密度对应力的影响程度为 10%～20%，需引起一定的重视。

当然，如果有条件，对于规模较大的、重要的钢岔管，计算结果还应该结合模型试验，验证采用何种计算单元类型、如何划分计算网格较合适，进一步验证计算结果的准确性和合理性。

4 分析结论

通过以上分析，可以得到如下结论：

（1）对钢岔管进行有限元计算分析时，选用不同的单元类型对应力计算结果影响较大，采用壳单元模拟钢岔管时，在明管工况下，管壳与肋板连接处将出现较大局部应力，如若根据此处局部应力确定管壳厚度，将使设计过于保守，因此对于重要的、大 PD 值钢岔管，建议采用实体单元模拟肋板和管壁，以使计算结果更具可信度；

（2）网格划分的密度、形态对钢岔管应力具有一定的影响，在实际计算中，网格剖分应综合考虑结构尺寸、厚度、单元形态、计算要求等多方面因素；

（3）对于规模较大的、重要的钢岔管，计算结果还应该结合模型试验，验证采用何种计算单元类型、如何划分计算网格较合适，进一步验证计算结果的准确性和合理性。

参 考 文 献

［1］ DL/T 5141—2001 水电站压力钢管设计规范．北京：中国电力出版社，2002.

［2］ 王志国．高水头大 PD 值内加强月牙肋岔管布置与设计［J］．水力发电，2001.

西龙池抽水蓄能电站埋藏式月牙肋岔管考虑围岩分担内水压力设计的验证

王志国[1]　李　明[2]　胡五星[1]

（1. 中国电建集团北京勘测设计研究院有限公司，北京　100024
2. 天津市水利勘测设计院，天津　300204）

【摘　要】 西龙池抽水蓄能电站钢岔管HD值高达3552.5m²，采用对称Y形月牙肋钢岔管，在国内首次采用考虑围岩分担内水压力的设计。借助工程原型进行应力量测与分析，同时根据埋藏式条件下实际运行状态进行三维有限元计算分析，并将计算成果与观测主要成果进行比较，以验证埋藏式条件下钢岔管考虑围岩分担内水压力设计的可行性和工程运行的安全性。

【关键词】 抽水蓄能电站；月牙肋钢岔管；围岩分担内水压力；原型观测；三维有限元计算

1　研究背景

内加强月牙肋岔管由于具有受力明确合理、设计方便、水流流态好、水头损失小、结构可靠、制作安装容易等特点，在国内外大中型常规和抽水蓄能电站地下埋管中得到广泛的应用。但随着电站向高水头、大容量方向发展，岔管HD值（水头与管径的乘积）随之增大，管壁厚度和肋板尺寸随之增大，给制作、安装带来了很大难度。国内外埋藏式岔管基本按明管设计，围岩分担内水压力仅作为一种安全储备。在岔管的实际运行状态下，内水压力是通过变形协调，实现围岩与钢岔管共同分担的。对已建工程岔管的原型观测资料分析发现，岔管应力并不高，说明围岩分担内水压力的作用是明显的。大HD值岔管考虑围岩分担内水压力设计，对减小钢板厚度、降低制造、安装难度和工程造价意义重大。岔管围岩分担内水压力设计国内外尚处于探索阶段，目前仅有日本的奥美浓电站的内加强月牙肋岔管进行了围岩分担内水压力设计尝试。西龙池抽水蓄能电站钢岔管HD值高达3552.5m²，远超过当时国内已建工程规模，岔管采用对称Y形内加强月牙肋钢岔管，在国内首次采用了考虑围岩分担内水的设计。

根据埋藏式岔管受力特点，对钢岔管应力状态、混凝土应变、围岩变位、岔管与混凝土及混凝土与围岩间的缝隙、钢管与围岩间的压力传递等项目进行了观测。本文通过对钢板计的观测成果，分析西龙池抽水蓄能电站埋藏式钢岔管在充水条件下的应力状态，同时按照钢岔管实际运行状态建立三维有限元埋藏式钢岔管模型，对埋藏条件下钢岔管结构考虑围岩分担内水压力的运行规律进行了计算分析，并将计算成果与观测主要成果进行比较，以验证埋藏式条件下钢岔管考虑围岩分担内水压力设计的可行性和工程运行安全性。

2 岔管设计概况

岔管位于寒武系张夏组$\in_{2z}^{1-2}$和$\in_{2z}^{1-3}$地层中，$\in_{2z}^{1-2}$岩性为极薄层—薄层条带状、泥质条带状灰岩与中厚层—厚层泥质柱状灰岩互层，$\in_{2z}^{1-3}$岩性为极薄层—薄层条带状、泥质条带状灰岩与中厚层—厚层泥质鲕状灰岩互层。岩石呈微风化至新鲜状态，围岩类别属于Ⅲb类。围岩裂隙较发育，主要有走向NE40～60°和NW300～320°两组陡倾裂隙。岩石饱和抗压强度为60～95MPa，水平、垂直变形模量分别为10GPa和7GPa，泊松比为0.28。岔管部位上覆岩体厚260m。

西龙池工程为一等1级工程，工程规模属大（1）型。岔管按1级建筑物标准设计。岔管为对称Y形月牙肋钢岔管，采用围岩分担内水压力设计，主管直径为3.5m，支管直径为2.5m，最大公切球直径为4.1m，分岔角为75°，采用800MPa级调质钢制造。壳体最大厚度为56mm，肋板厚120mm，岔管中心线静水压力7.695MPa，设计内水压力为10.15MPa。西龙池钢岔管体型经过结构、水力特性理论分析和模型试验验证，结合工程布置特点选定，具体尺寸见表1。由于当时在国内尚属首次采用围岩分担内水压力设计，从安全角度考虑，通过合理选取设计参数，控制岔管平均围岩分担率不超过15%。

表1　　岔管体型尺寸

项目		参数	项目		参数
管壳	主管内径/mm	3500	肋板	肋板高/mm	4427.4
	支管内径/mm	2500/2500		肋板总宽/mm	2681
	壳体最大厚度/mm	56		断面最大宽度/mm	860
	分岔角/(°)	75		肋板宽/肋板高	0.606
	最大分切球直径/mm	4100		断面最大宽度/肋板高	0.194
	主锥半锥顶角/(°)	9、4.5		肋板厚/mm	124
	主锥公切球直径/mm	3906、3800		肋板厚/壳板厚	2
	支锥半锥顶角/(°)	16、8			
	支锥公切球直径/mm	2902、2700			

3 观测资料分析

3.1 监测设计

观测设计尽可能使观测项目选择和仪器布置合理，减少边界条件的影响。对于埋藏式岔管来讲，缝隙值是影响岔管与围岩联合受力效果的主要因素之一，为能准确观测缝隙值，采用多种途径来观测的方法，在设置测缝计直接观测的同时，还通过对岔管外围混凝土应变、围岩变形以及传至围岩的压力等的观测，来间接推算缝隙值。

西龙池埋藏式钢岔管监测布置分别在肋板、岔管进口、主支锥相贯线、岔管出口设置4个集中监测断面，并沿腰线折角点及整体膜应力的部位设置钢板计测点，在围岩边墙与腰线同高程相应设置压应力计。岔管具体观测布置见图1。1-1断面位于肋板厚度的中心线，布置 3 支钢板计进行肋板外测切向应力观测。2－2 断面位于岔管主支锥相贯线位置，该部位钢板应力进行环向和轴向应力监测，分别在三个象限点和 45°方向的钢板外表面成组设置钢板计测点。2－2 断面监测布置见图 1，3－3 断面、4－4 断面监测布置与 2－2 断面一致。

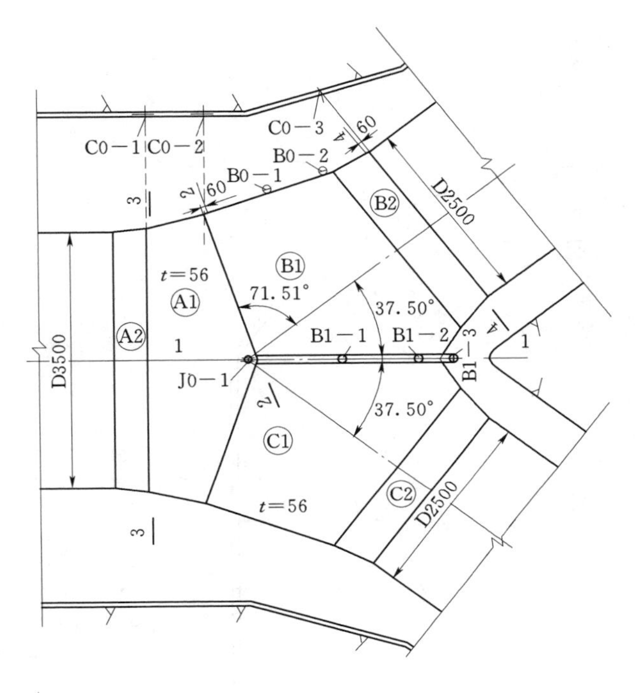

(a)岔管监测平面图

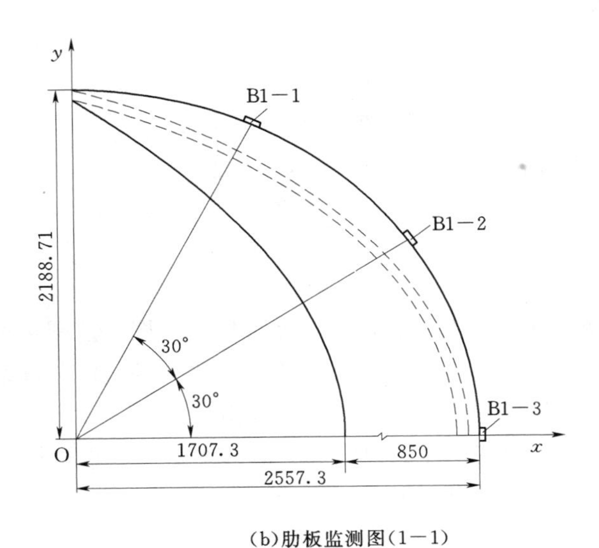

(b)肋板监测图(1－1)

图 1（一）　岔管监测布置图（单位：mm）

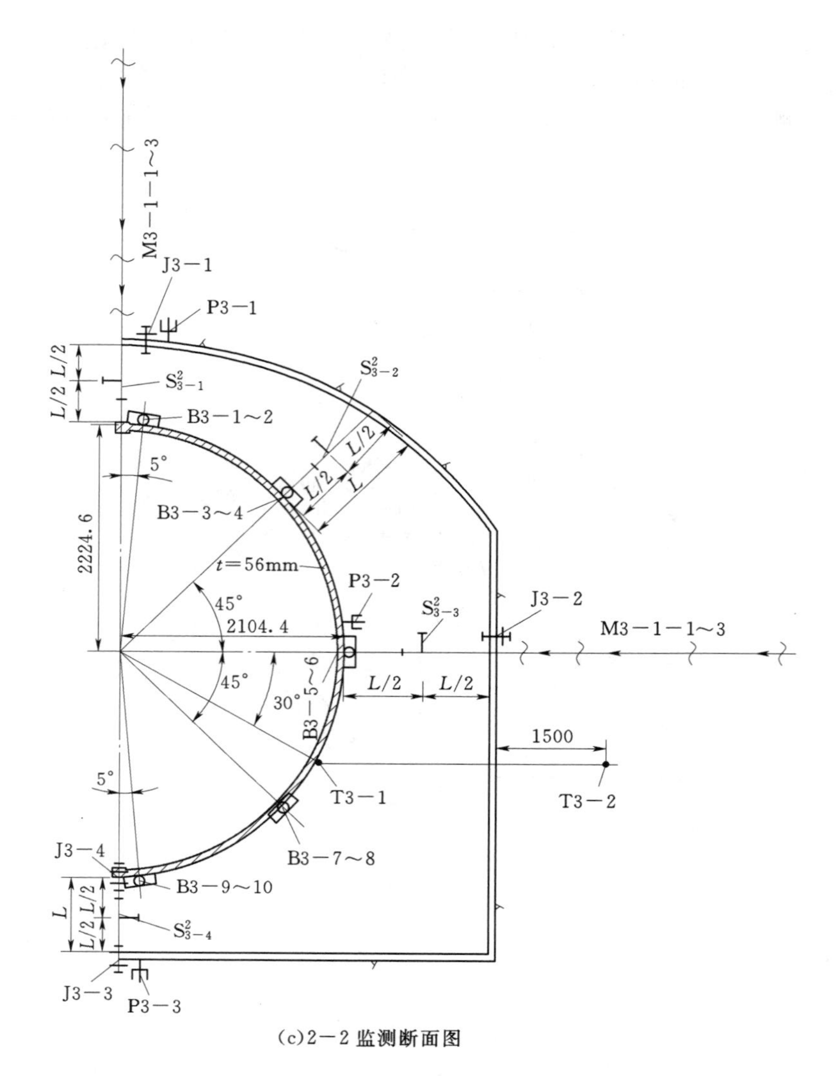

(c)2－2 监测断面图

图 1（二）　岔管监测布置图（单位：mm）

3.2　监测成果及分析

3.2.1　应变观测

图 2 给出了岔管实测内水压力与钢板环向应变变化曲线图。从图 2 可以看出，在内水压力作用下，钢管向外变形，钢管与混凝土（或围岩）之间的缝隙值逐渐较小，当岔管变形值小于缝隙值时，围岩不起作用，钢管单独承担内水压力；当内水压力在 2.0～2.4MPa 之间时，应变值基本保持不变，说明缝隙值基本闭合完毕，钢管与围岩开始共同承担内水压力；随着内水压力的增大，应变值逐渐增加。

3.2.2　应力观测

表 2 给出内水压力为 7.72MPa 时岔管部分特征点的环向应力值，同时根据缝隙完全闭合时的内水压力值推算出钢管与围岩之间的初始缝隙值，亦列于表 2。根据对已建

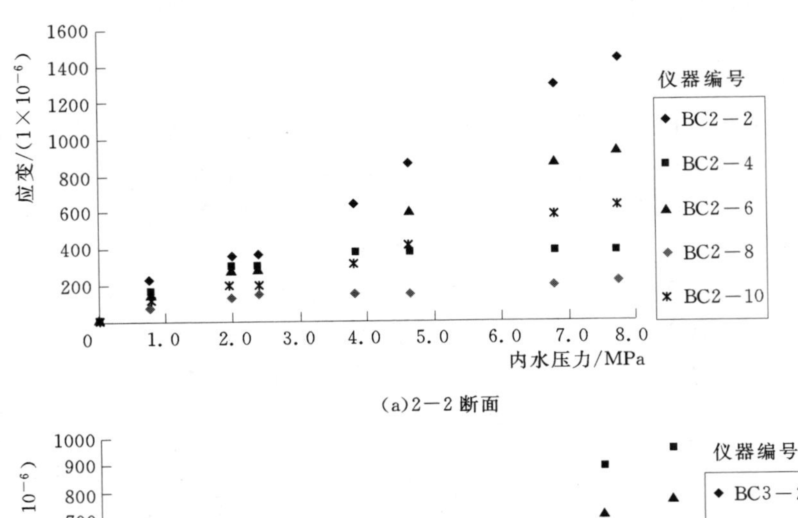

(a)2－2 断面

(b)3－3 断面

图 2　实测环向应变与内水压力关系图

工程的统计，地下埋管初始缝隙值与半径之比一般不超过 4×10^{-4}，由于岔管体形复杂，外围混凝土回填施工难度较大，致使埋藏式岔管的初始缝隙值可能会比钢管大，根据《地下埋藏式月牙肋岔管设计导则》（Q/HYDROCHINA 008－2011），埋藏式岔管初始缝隙最小值不小于 $4\times10^{-4}R$（R 为岔管公切球半径），对于西龙池岔管其初始缝隙值不应小于 0.82mm。而从表 2 可以看出，推算的特征点初始缝隙值最大为 0.9mm，平均值为 0.65mm 左右，说明钢岔管周围混凝土施工质量较好。从表 2 可看出，实测环向应力基本不大，远小于钢材局部膜应力＋弯曲的抗力限值，围岩分担内水压力作用较为明显。

表 2　　钢岔管观测点环向应力及初始缝隙值

观测点	B2－2	B2－4	B2－6	B2－8	B2－10	B3－2	B3－4	B3－6
实测环向应力/MPa	326	88	213	47	143	133	215	173
推算缝隙值/mm	0.9	0.9	0.9	0.4	0.7	0.7	0.6	0.6
观测点	B3－8	B3－10	B4－2	B4－4	B4－6	B0－1	B0－2	
实测环向应力/MPa	72	57	146	116	152	187	147	
推算缝隙值/mm	0.6	0.7	0.3	0.3	0.3	0.8	0.4	

4　三维有限元计算分析

4.1　计算模型

为分析监测成果合理性，采用三维有限元方法，模拟原型岔管边界条件和受力状态进行结构分析。为了减小约束端的局部应力的影响，模型计算范围的选取时加以考虑。钢岔管网格剖分全部采用 ANSYS 中四节点板壳单元，月牙肋由于厚度较厚，采用八节点实体单元模拟。当埋管计算时，假设岔管、回填混凝土及围岩应力状态均在线弹性范围内。回填混凝土开裂后只起传递荷载的作用，即将其简化成只对管壁法向位移起弹性约束作用的“弹性连杆”，用 ANSYS 中的接触单元来模拟实现。为此，本文计算方法除了上述管壳单元和肋板单元外，还要求在管壳和肋板与围岩（回填混凝土）之间都设置接触单元，以模拟初始缝隙和围岩抗力。岔管管壳和肋板网格见图 3 和图 4。

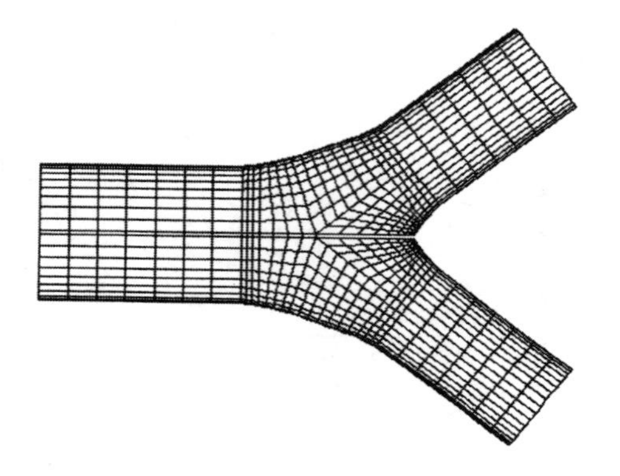

图 3　岔管管壳网格图

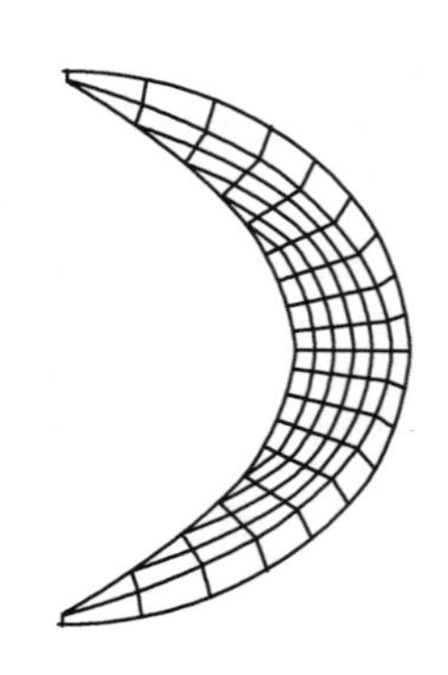

图 4　肋板网格图

4.2　计算成果及分析

为验证岔管与围岩联合作用效果，对西龙池岔管按明岔管和埋管围岩分担内水压力方案分别进行了三维有限元计算，其中埋管计算中围岩单位抗力系数为 1000MPa/m，初始缝隙值取按观测数据资料推算出来的初始缝隙值（见表 2）。两方案管壳对应特征点的应力成果见表 3。

表 3　　**钢岔管特征点环向应力**　　单位：MPa

方案	观测点										
	B2－2	B2－4	B2－6	B3－2	B3－4	B3－6	B4－2	B4－4	B4－6	B0－1	B0－2
明管	319.63	316.03	264.69	86.11	251.37	276.18	240.38	240.59	239.82	213.14	224.06
埋管	215.74	245.01	251.67	78.51	212.55	272.18	194.05	206.20	192.75	206.60	199.78
围岩分担率/％	32.50	22.47	4.92	8.83	15.44	1.45	19.27	14.29	19.63	3.07	10.84
平均分担率/％	13.88										

由表 3 可以看出，明管状态下，各断面特征点环向应力值差别较大；而埋管状态，由于围岩的约束作用，管壳特征点的应力集中有很大程度消减，且应力分布趋于均匀。围岩

分担率最大达到了32.5%，平均分担率为14%左右，可见埋管状态下，钢岔管围岩分担内水压力作用是很明显的。考虑围岩分担内水压力可以较大幅度地减小钢管环向应力，有利于节约工程投资，减少岔管的制造安装难度。

5 观测成果和计算成果比较

通过对原型观测钢管环向应力与三维有限元计算结果进行比较可以看出（见表4），计算值基本上比原型观测环向应力大。究其原因主要有：①缝隙值大小对埋藏式岔管的应力状态的影响十分敏感，且缝隙值不确定因素较多，测试难度较大；②本次有限元计算采用了通过压力—应变过程分析缝隙闭合荷载，进而推算出缝隙值作为初始缝隙，存在一定误差；③围岩弹性抗力系数沿洞周环向分布并非均匀；④岔管制作、安装存在误差；⑤钢板计位置与管壳折角点不可能重合，计算应力输出位置与钢板计埋设位置有一定偏差等。从观测总体应力水平分析，应力水平较低，围岩分担内水压力效果是比较明显的。

表4　　观测结果与有限元计算结果比较

观测点	B2-2	B2-4	B2-6	B2-8	B2-10	B3-2	B3-4	B3-6
观测结果/MPa	326	88	213	47	143	133	215	173
计算结果/mm	215.74	245.01	251.67	245.64	215.71	78.51	212.55	272.18
相对误差/%	-51.11	64.08	15.37	80.87	33.71	-69.41	-1.15	36.44
观测点	B3-8	B3-10	B4-2	B4-4	B4-6	B0-1	B0-2	
观测结果/MPa	72	57	146	116	152	187	147	
计算结果/mm	205.42	69.54	194.05	206.20	192.75	206.60	199.78	
相对误差/%	64.95	18.03	24.76	43.74	21.14	9.49	26.42	
备注	相对误差=(计算结果-观测结果)×100%/计算结果							

6 结语

（1）从监测数据资料和三维有限元计算结果分析，围岩分担内水压力的效果是比较明显的。同时钢岔管外回填混凝土和灌浆质量是影响围岩分担比例的关键因素，加强施工管理，做好质量控制将是埋藏式岔管施工过程中特别关注的问题。

（2）对考虑围岩分担内水压力设计的高水头、大HD值岔管进行原型监测是十分有必要的，通过原型数据资料可了解在内水压力作用下钢岔管的实际运行状况，研究围岩分担内水压力的规律，验证钢岔管体型设计的合理性和工程安全性。为保证观测仪器的有效性，在施工过程中，对仪器采取有效的保护措施，同时及时采集设备的初始读数是需要特别关注的问题。

（3）月牙肋岔管属薄壳结构，利于围岩对内水压力的分担，在围岩的约束作用下，岔管应力集中程度得到较大程度的消减，同时应力分布也趋于均匀，便于材料强度的充分发挥。在目前数值计算和观测设备比较完善的基础上，考虑围岩分担内水压力设计也是高水头、大HD值岔管设计的一种必然趋势。

参 考 文 献

［1］ 王志国．高水头大PD值内加强月牙肋岔管布置与设计［J］．水力发电，2001，10：56-62.

［2］ 钟秉章，陆强．按联合受力设计的埋藏式钢岔管有限元分析方法［J］．水利学报，1994，2：18～23.

［3］ 王志国，陈永兴．西龙池抽水蓄能电站内加强月牙肋岔管围岩分担内水压力设计［J］．水力发电学报，2006，25（6）：61-66.

［4］ 伍鹤皋，李明，王志国等．地下埋藏式内加强月牙肋钢岔管设计方法研究［J］．水力发电，2009，3：68～71.

［5］ 王永辉，联贵彪，刘宝昕．西龙池抽水蓄能电站埋藏式内加强月牙肋岔管监测设计．水电站压力钢管—第6届全国水电站压力管道学术会议论文集［J］．北京：中国水利水电出版社，2006.

埋藏式卜形月牙肋钢岔管结构受力特性研究

宋蕊香　黄海锋　刘　新　陆冬生

（中国电建集团北京勘测设计研究院有限公司，北京　100024）

【摘　要】 在大中型水利水电工程中，地下埋藏式钢岔管的承载能力计算是非常重要的一项内容，目前对于钢岔管与围岩联合承载的机理尚处于研究阶段，尤其是卜形钢岔管结构的联合受力特性研究还比较少。本文以某引黄工程的卜形月牙肋钢岔管为例，按照钢岔管与围岩联合承载原则，采用三维有限元方法对地下埋藏式钢岔管进行计算分析，讨论了钢岔管与围岩之间缝隙值及围岩弹性抗力对岔管受力的影响。计算结果表明：缝隙值越小，围岩分担作用越明显，岔管的变位也比较均匀。围岩的分担作用随着弹性抗力系数的提高而增大，岔管的变形也趋于均匀，但围岩分载作用最终会趋于一个稳定的承载水平，不会随着弹性抗力系数的增大而无限增加。

【关键词】 埋藏式钢岔管；联合承载；有限元法；缝隙值；弹性抗力系数

随着我国水利水电事业的发展，岔管的规模（设计水头与主管管径乘积HD值）普遍变大。月牙肋钢岔管由于其受力型式合理、结构尺寸较小、良好的流态及水头损失较小，并且设计工具和经验也日趋丰富，而受到了更多的应用。目前，对于埋藏式钢岔管的设计，大多仍基于明管结构单独受力原理，即不考虑围岩对荷载的分担，将围岩的承载仅作为一种安全储备。按明管单独承载原则设计，设计方法相对简单、设计工具较多、计算结果也易于分析，在较小规模埋藏式钢岔管的各设计阶段及大中型埋藏式钢岔管的初步设计中也得到了较多应用。但对于大中型埋藏式钢岔管，按明管单独承载原则设计，板材厚度的不经济性比较突出，施工难度也较大，所以在施工详图阶段，宜按围岩联合承载原则进行复核或重新计算。当岔管体型确定后，影响埋藏式钢岔管应力状态的主要参数是缝隙值和围岩的弹性抗力。联合承载情况存在围岩分担比的概念，此设计理念目前仍处于探索阶段。本文以某引黄工程埋藏式卜形月牙肋钢岔管为例，在明管单独承载原则优化设计后的岔管体型基础上，研究按围岩联合承载原则设计时，围岩弹性抗力、缝隙值等因素对围岩承载比的影响。

1　计算条件

该工程出水压力管道采用一管六机的布置方式，出水支管均为垂直出厂，出水主管与支管斜交角度为60°。本次研究以较大的5号岔管为对象，岔管型式为卜形内加强月牙肋型，分岔角为57°，主管内径3.5m，主支管内径3.2m，支管内径1.6m。设计内水压力为4.32MPa。岔管采用600MPa级钢材制作。基于明管单独承载原则设计的岔管体型见图1。为了便于施工，管壁厚度级差取在4mm范围以内，厚度依部位不同取38～42mm，肋板厚度84mm。本文的所有计算均基于上述尺寸，下面不再一一赘述。

为了使岔管模型网格不复杂，对围岩及回填混凝土进行了以下合理的简化：围岩均质

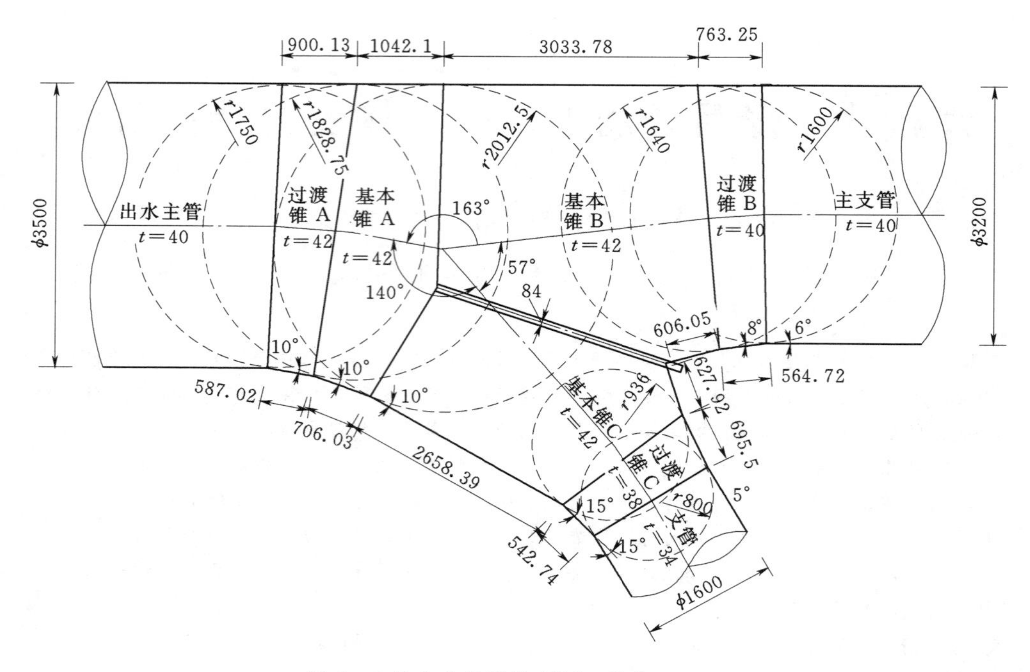

图 1　5 号出水岔管体型图（单位：mm）

各向同性；钢管、回填混凝土以及围岩的应力状态均处于线弹性范围以内；在内水压力作用下，回填混凝土径向均匀开裂，钢管所承受的部分内水压力通过径向开裂后的混凝土传递到围岩上，混凝土不承载仅起传递荷载作用；不考虑混凝土水化热引起的温度作用对岔管受力的影响；将混凝土与钢岔管之间的缝隙以及混凝土与围岩之间的缝隙并为一层缝隙；围岩与回填混凝土只对钢岔管管壁正的法向位移起弹性约束作用，将这种作用简化为具有法向刚度 K 的接触单元，即作用在围岩上的径向力 P 满足 $P=K\Delta$ 的条件，Δ 为围岩的径向位移。

计算使用三维有限元分析软件 ANSYS，采用壳单元和实体单元分别模拟岔管壳、月牙肋板，用接触单元来模拟围岩及缝隙，既能体现围岩的弹性约束作用，又能反映存在的缝隙，计算采用的有限元模型见图 2。

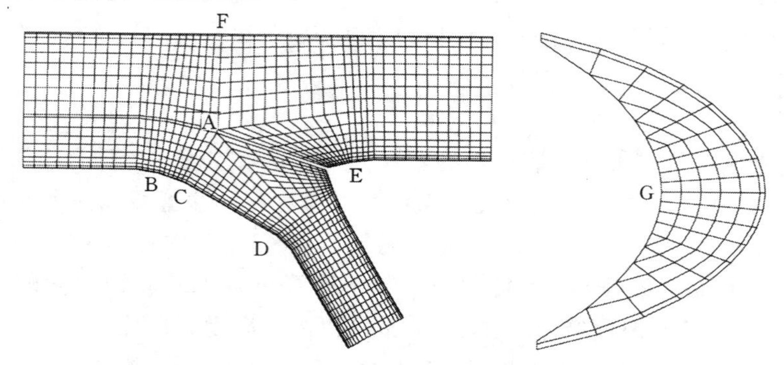

图 2　有限元模型：岔管（接触单元）、肋板图

为了定量地描述围岩与岔管结构联合受力以及其对内水压力的分担作用，围岩承载比定义如下：

$$\lambda=(1-\sigma/\sigma_0)\times 100\%$$

式中 σ——钢岔管在埋管状态下的管壁应力；

σ_0——钢岔管在明管状态下的管壁应力。

2 缝隙值敏感性分析

本节探讨在联合承载情况下，围岩弹性抗力条件一定时，不同缝隙值对岔管受力的影响。计算中按三类围岩取围岩单位弹性抗力系数 $K_0=1.25\text{MPa/mm}$，缝隙值 δ 分别取 0mm、0.4mm、0.8mm、1.2mm、1.4mm、1.6mm、1.8mm、2.0mm、4.0mm、6.0mm。其中缝隙值为 0mm 的情况是理论上的一种极限情况，不具有实际应用意义。各工况计算时，将根据岔管各节平均开挖内径的不同，对弹性抗力系数和缝隙值进行换算，以上所说的缝隙值均指最大管径处即公切球处的缝隙值。岔管各关键点中面 Mises 应力、径向位移和缝隙值的关系见图 3 和图 4。关键点位置见图 5。

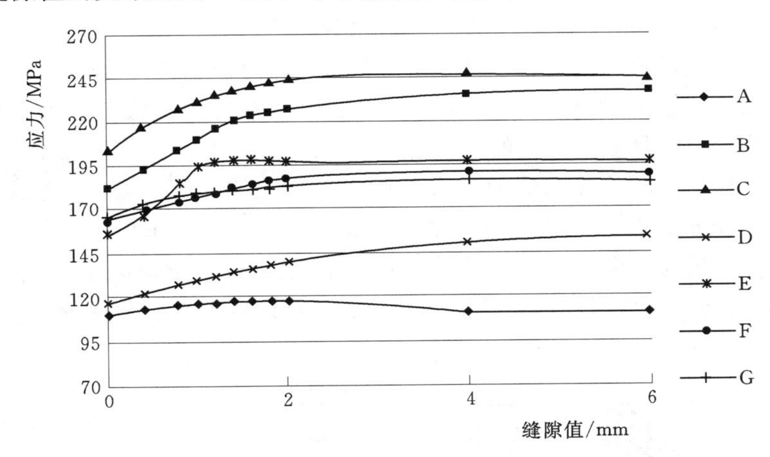

图 3 各关键点中面 Mises 应力和缝隙值的关系曲线图

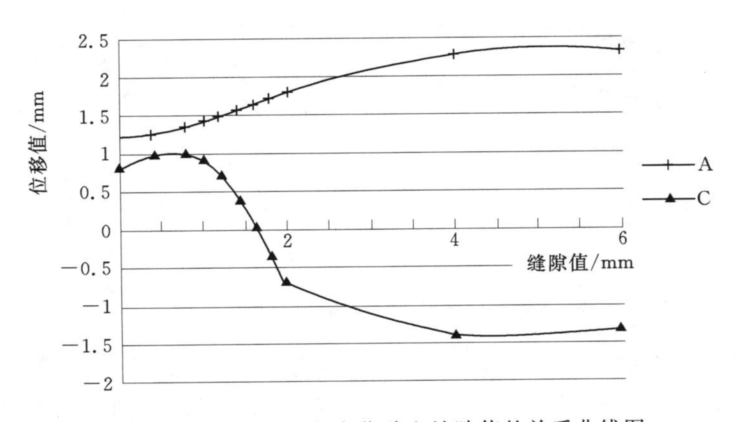

图 4 关键点 A、C 径向位移和缝隙值的关系曲线图

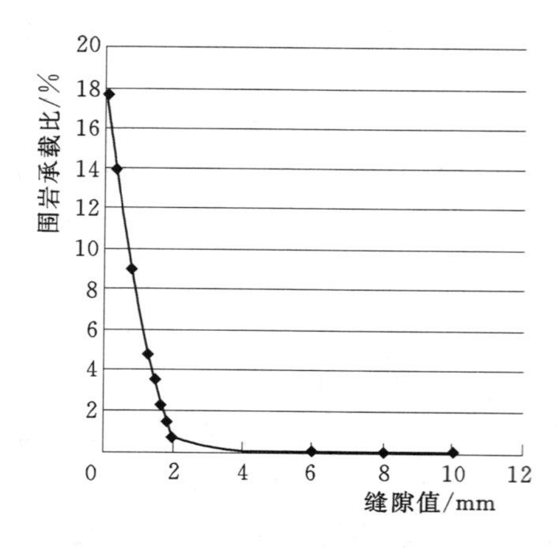

图5 关键点C围岩承载比和缝隙值的关系曲线图

从计算结果可知，岔管各关键点的应力随着缝隙值的增大总体上都是呈增大趋势的，除岔管顶部A点附近区域刚度较大，应力水平不高，应力变化微小。从图3可看出，当缝隙值小于2mm（相当于最大公切球半径的9.9×10^{-4}倍）时，随着缝隙值的增大，应力增大的趋势比较明显，缝隙值超过2mm以后，应力增大的趋势逐渐平缓，各关键点的应力基本不变，说明趋近明管的应力状态。以关键点C（岔管最大转折角腰线处）为例，当缝隙值大于1.5mm（相当于最大公切球半径的7.8×10^{-4}倍）时，关键点C及其附近区域的径向位移均已小于缝隙值，管壳未接触到围岩，为明管应力状态；当缝隙值小于1.5mm时，管壳与围岩逐渐接触，缝隙值越小，接触面积越大，围岩承载比越大，围岩分担内水压力的作用对缝隙值相当敏感。显然，缝隙值越小，围岩作用能越早发挥，对岔管结构越有利。

此外，岔管变位对缝隙值的大小是很敏感的，随着缝隙值的增大，岔管各关键点变位不均匀程度加大，当缝隙值继续增大时，岔管变位逐渐接近明管状态，在内水压力作用下无围岩约束的岔管变形是极不均匀的。以管顶部位关键点A和管腰处关键点C为例，见图4。顶点A位移一直随着缝隙值的增大而增大，缝隙值1mm之前变化较慢，1～2mm之间增加较快，2mm之后又趋于平缓。岔管腰部C点位移，缝隙值1mm之前随缝隙值增大而缓慢增加，表现为和围岩一起向外变形；1mm之后位移反而减小（相当于管壁向内变位)，体现出明岔管的变形趋势，即顶底向外、腰部向内的椭圆化变形。

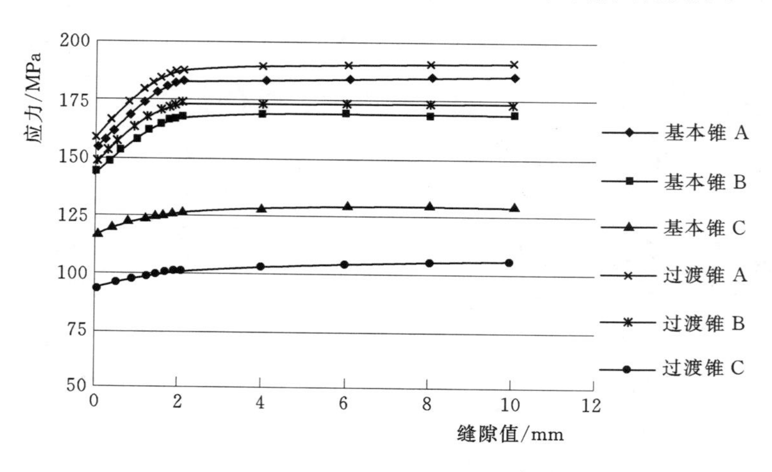

图6 各锥管节平均应力和缝隙值的关系曲线图

从图6可看出，在缝隙值小于2mm时，各锥管节平均应力随着缝隙值的增大逐渐变大，具体变化规律与各关键点相似。各锥管节对缝隙值的敏感性与应力水平有关，应力水平越低（比如基本锥C和过渡锥C），缝隙值的敏感性就越小，相应的围岩承载比也越小。

说明管壁厚度如果取得偏大，即使相同缝隙值和围岩条件下，围岩承载比会减小。从而也验证了管壁厚度越厚，管壳的径向位移值就会变小，降低了管壁与围岩的接触密实度，围岩对内水压力的分担作用就会降低。

3 围岩弹性抗力的敏感性分析

围岩和岔管之间荷载的分担比例除了受到缝隙值的影响外，与围岩类别有关的围岩单位弹性抗力系数 K_0 也是影响围岩承载的重要因素。本节探讨联合承载原则计算时，在一定的缝隙值条件下，不同围岩弹性抗力对岔管受力的影响。计算中取缝隙值 $\delta=0.8$mm（约为最大公切球半径的 4×10^{-4} 倍），围岩单位弹性抗力系数 K_0 在 0～200MPa/mm 范围取值。其中 K_0 为 0 的情况对应围岩完全不起作用的情况，实际上相当于明岔管的一种极限情况。各方案计算时，将根据岔管各节平均开挖内径的不同，对弹性抗力系数和缝隙值进行换算。岔管各关键点中面 Mises 应力和围岩单位弹性抗力系数的关系见图 7。

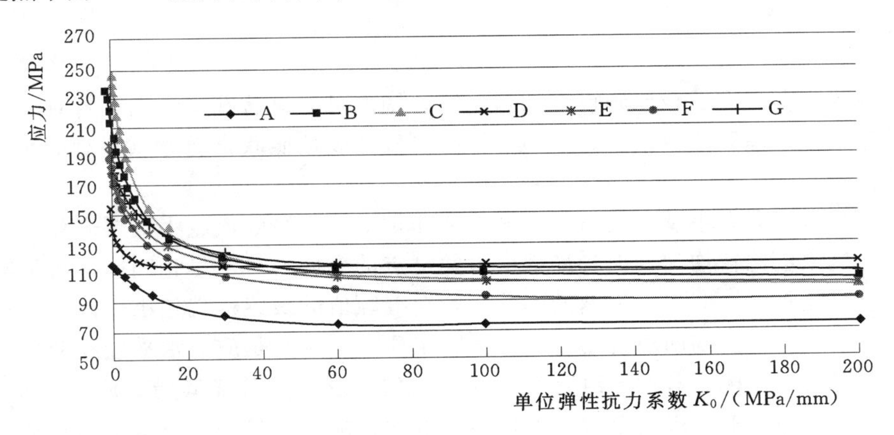

图 7　各关键点 Mises 应力和单位弹性抗力系数 K_0 的关系曲线图

从计算结果可知，岔管各关键点的应力随着单位弹性抗力系数的增大均呈减小趋势。当 $K_0=0$ 时，各关键点处应力集中比较严重，应力较大；随着 K_0 的增加，关键点应力减小趋势非常敏感；当 K_0 超过 15MPa/mm 后，应力减小的趋势逐渐变缓；当 K_0 超过 100MPa/mm 后，各关键点的应力将趋于稳定。从图 7 中也可看出，随着 K_0 的增大，岔管应力状态逐渐均匀化。同时，岔管变位随着围岩抗力系数的增大也是趋于均匀的。岔管变位对围岩抗力系数的敏感性水平在很大程度上受到缝隙值大小的影响，所以此处不再深入分析。

从图 8 可看出，在一定弹性抗力范围内，各锥管节的围岩承载比随着 K_0 的变大迅速增大。以基本锥 A 为例，当 $K_0=15$MPa/mm 时，平均围岩承载比已达到 36.6%；当 $K_0=60$MPa/mm 时，平均围岩承载比达到 47.5%；随着 K_0 的继续增加，围岩承载比趋于稳定，约为 52%。另外从图中也可看出，各锥管节对围岩弹性抗力的敏感性与应力水平有关，应力水平越低，围岩弹性抗力的敏感性就越小，相应的围岩承载比也越小。同时也验证了管壁厚度越厚，管壳相对于围岩的刚度比就变大，从而减少围岩对内水压力的分担。

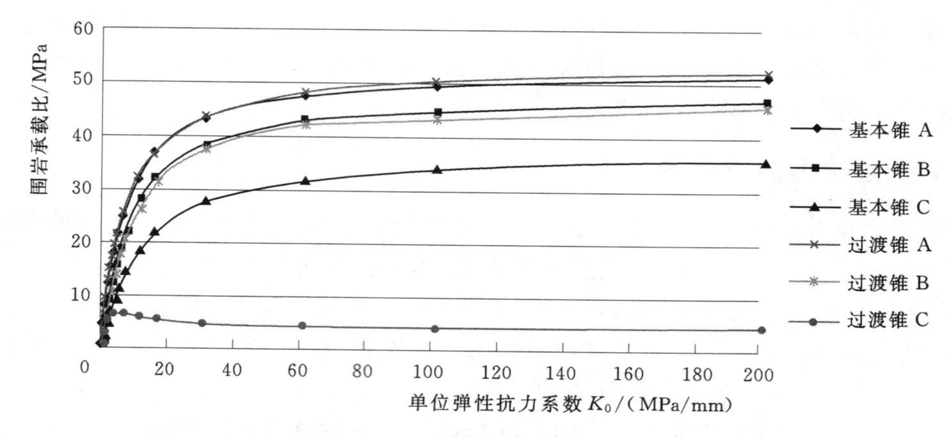

图 8　各锥管节围岩承载比和单位弹性抗力系数 K_0 的关系曲线图

4　结论

（1）按照联合受力承载原则设计的钢岔管，围岩可以显著减少管壳本身对内水压力的承担。对于大中型埋藏式钢岔管，在施工详图阶段建议按照联合受力原则对钢岔管进行三维有限元复核。

（2）岔管的应力大小及变位情况对缝隙值非常敏感，缝隙值越小，围岩分担作用越明显，岔管的变位也比较均匀，但各局部应力关键点的变位趋势不尽相同。岔管不同部位对缝隙值的敏感性不同，应力水平越低的管节，对缝隙值的敏感性就越小。因此，对于埋藏式岔管，一定要严格控制回填混凝土和灌浆施工质量，尤其是应力水平较高的部位。

（3）围岩的弹性抗力有助于改善岔管的不均匀变形，显著降低局部应力的集中程度。但围岩的分担作用会随着围岩单位弹性抗力系数的增加最终趋于一个稳定的水平。围岩的最大分担作用与管壳的应力水平有关，岔管各部分的最大围岩分担比不尽相同。

（4）围岩分担作用的大小受多种因素的影响，如围岩单位弹性抗力系数、缝隙值、岔管体型、管壁厚度、内水压力等。所以不宜按固定的围岩分担比来设计埋藏式岔管。岔管应力对缝隙值及弹性抗力具有高度的敏感性，考虑到实际施工缺陷引起的缝隙值及围岩弹性抗力的不确定性，在采用联合承载原则设计岔管时应慎重选择岔管的结构厚度，宜对最终体型及壁厚等按照明岔管准则进行复核。

（5）在工程前期设计时，建议对埋藏式钢管的缝隙值采用规范建议的偏上限值进行近似计算。从本文计算可看出，规范缝隙建议值（3.5～4.3）$\times 10^{-4}r$ 位于缝隙值的敏感区段，对应力的影响很是明显，在前期水文地质资料较少的情况下，建议取不小于 $4.0\times 10^{-4}r$ 的缝隙值进行近似计算。

（6）对于埋藏式钢管的联合承载计算，建议限制围岩分担比在一定范围内，尤其是对于大直径、低水头的埋藏式钢管要注意围岩分担比的选取不宜太大。从本文计算可看出，围岩的分担作用随着管壳应力水平的提高有一定的增大趋势。如果围岩分担比取得偏大，相应的管壁厚度则越小，钢（岔）管的刚度也就变小，管壁可能就过于单薄，而不利于施工安装及运行稳定，也增加了安全隐患。结合以往工程设计，本文建议围岩分担比不宜大于30%，对于大直径、低水头情况，应适当降低，对于局部应力集中部位可提高此值。实际工程设计时，应结合围岩参数、钢（岔）管规模、施工工艺及电站运行安全等因素，选取合理的围岩承载比。

参 考 文 献

[1] 潘家铮．压力钢管［M］．北京：电力工业出版社，1982.

[2] 伍鹤皋，石长征，苏凯．埋藏式月牙肋岔管结构特性研究［J］．水利学报，2008，(4)：460-465.

[3] 钟秉章，陆强．按联合受力设计的埋藏式钢岔管有限元分析方法［J］．水利学报，1994，(2)：18-23.

[4] 博弈创作室．APDL参数化有限元分析技术及其应用实例［M］．北京：中国水利水电出版社，2004.

格里桥水电站月牙肋钢岔管设计

李治业

（中国电建集团贵阳勘测设计研究院有限公司，贵州　贵阳　550081）

【摘　要】 根据格里桥水电站枢纽布置以及工程规模，按照水电站压力钢管设计规范对电站引水系统月牙肋岔管的布置和设计进行了计算分析，使其结构合理、安全、经济，并满足运行要求。

【关键词】 格里桥；月牙肋钢岔管；体形设计；抗力限值

1　概述

格里桥水电站工程位于贵州省贵阳市开阳县与黔南州瓮安县交界的清水河干流上，是清水河干流的第四个梯级。水库正常蓄水位 719.00m，对应库容 6953 万 m^3，电站装机容量为 150MW（2×75MW），属三等中型工程。枢纽由拦河大坝、泄水建筑物、左岸引水系统和地面厂房等建筑物组成。引水发电系统为 3 级建筑物，按 50 年一遇（$P=2\%$）洪水设计，200 年一遇（$P=0.5\%$）洪水校核，地震基本烈度Ⅵ度。

引水系统采用 1 洞 2 机供水方式，布置在左岸山体内，由岸塔式进水口、引水隧洞、压力钢（岔）管等组成。压力钢管主管经 1 个岔管后分为两根支管，经蝶阀正向进入厂房。

岔管采用内加强月牙肋岔管，分岔角度 65°，主管内径 6.9m，支管内径 4.5m。岔管公切球内径 8.2m，岔管处最大内水设计压力为 134m 水头，岔管规模 HD=925m^2。压力钢管岔管及上下游段围岩为吴家坪组（P_{2w}^3）薄层至厚层硅质岩与页岩、炭质页岩互层，属于Ⅲ类围岩，上覆围岩厚度约为 55m。

2　岔管段开挖一期支护

岔管段围岩为Ⅲ类，一期支护设计为开挖断面上部 180°范围内喷厚 7cm 混凝土 C20，按梅花型布置长度为 4.5m 直径为 25mm，间排距为 3m 的砂浆锚杆，入岩深度 4.43m。岔管段开挖过程中对围岩按设计及时一期支护，岔管段扩挖基本成型。由于此段围岩为薄层的页岩、灰岩，岩层走向基本平行于洞轴线，导致岔管分岔处有局部掉块现象，但是围岩整体处于稳定状态。

3　岔管体形设计

引水系统总长 447.07m，由上斜段（5%）、上弯段、斜井段（50°）、下弯段、渐变段 9.6～6.9m、下平段组成，其中渐变段以后为压力钢管。岔管段主管部分轴线方位角为 NW 50.0°，两根支管进入厂房后方位角为南北向。岔管体形参数根据《水电站压力钢管

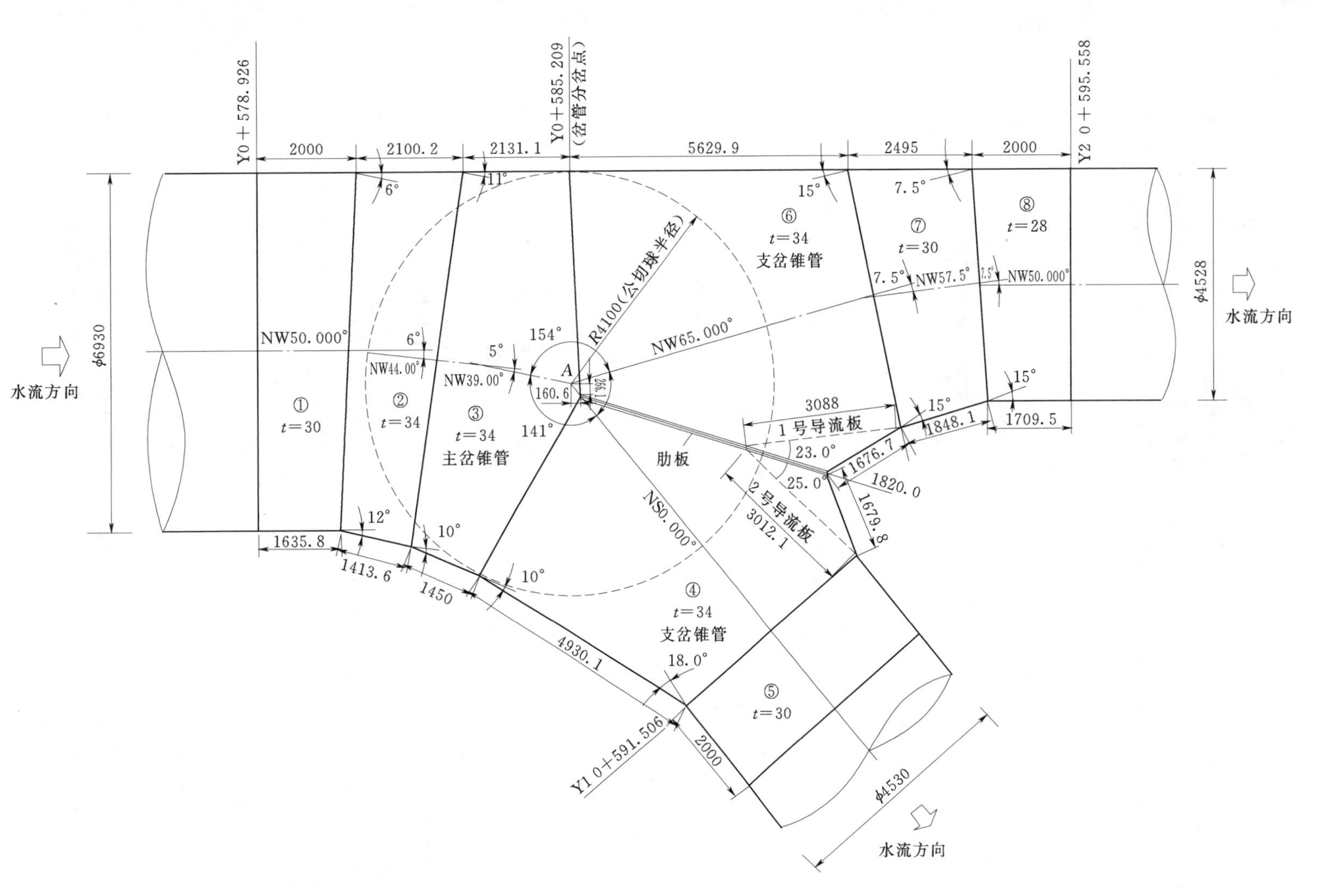

图1　月牙肋岔管体形图(单位:mm)

设计规范》(DL/T 5141—2001，以下简称《规范》)确定，分岔角65°，岔管分岔后1号支管轴线方位角南北向，2号岔管轴线方位角结合支岔锥从NW65.0°逐步调整为NW50.0°，然后通过设一转弯段使轴线方位角变为南北向。

根据规范结合引水系统和发电厂的布置，最终确定图1所示的岔管体形。

最大直径处腰线转折角为10°，最大公切球直径为8200mm。肋板尺寸见图2。

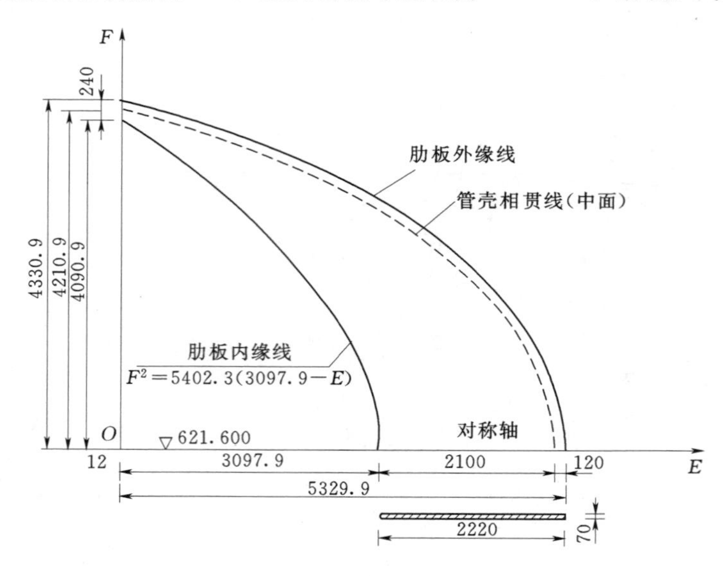

图2 肋板体形图(单位：mm)

4 岔管材质选择

从结构应力分布、抗外压稳定、国内钢板制造安装卷板能力、焊接工艺和经济性，综合考虑最终采用国内生产容器钢。根据规范结构力学初步计算后，确定采用国内已普遍使用的16MnR，其特点是能经受冷热加工和焊接，具有良好的工艺性能，并且具有一定强度和足够的韧性，在正常工作条件下能承受外载荷而不发生脆性破坏。

肋板：采用16MnR，厚度70mm，强度设计值 $f=260\mathrm{N/mm^2}$。

管壁：②号、③号、④号、⑥号管节采用16MnR，厚度34mm；①号、⑤号、⑦号管节采用16MnR，厚度30mm；⑧号管节采用16MnR，厚度28mm。管壁强度设计值 $f=300\mathrm{N/mm^2}$。

5 结构设计

5.1 构件抗力限值 σ_R

月牙肋钢岔管构件分为管节、肋板，岔管应力包括管节部位的膜应力、局部膜应力和肋板应力。依据《规范》地下埋管管壁应力属于整体膜应力，承受内力为轴力，结构系数按明管整体膜应力增加10%计即 $\gamma_d=1.76$；3级建筑物结构重要性系数为 $\gamma_0=1.0$。

根据公式 $\sigma_R=\dfrac{1}{\gamma_0\psi\gamma_d}f$ 计算得到：

管壁运行、检修及施工工况抗力限值 σ_R 分别为：170.45N/mm²、189.39N/mm²、213.07N/mm²；

肋板运行、检修及施工工况抗力限值 σ_R 分别为：147.73N/mm²、164.14N/mm²、184.667N/mm²。

5.2 围岩分担分析

目前岔管段围岩分担内水压力的比例没有相关的规范说明，一般根据主管段围岩分担比例来推测岔管段围岩分担内水压力的比例，国内电站岔管段围岩分担比基本控制在15%以内。本工程主管段跟岔管段相同围岩条件下，经计算围岩分担内水压力达到50%，由于缺少此方面的工程经验，考虑岔管的结构庞大以及受力复杂性等特点，最终按围岩分担内水压力10%、管节管壁承受90%内水压力计。

5.3 构件应力分析

5.3.1 管壁厚度计算

按照规范的相关规定，埋设在岩体中的月牙岔按膜应力估算管壁厚 t。其中管壁厚度 t 按公式 $t=\frac{pr}{\sigma_{R1}\cos A}$ 计算，式中 r 为该节管壳计算点到旋转轴的旋转半径。各管节管壁厚度计算成果见表1，只列出了最不利工况下的管壁厚度。

5.3.2 肋板厚度计算

肋板厚度根据肋板截面受力和构件抗力限值通过《规范》公式计算，将肋板分为20个截面，计算各截面竖向及水平向内力，然后求出肋板各截面竖向力和切向力的合力 Q_1，通过肋板截面应力 $\sigma=\frac{Q_1}{b_r t_r}\leqslant\sigma_R$ 来计算肋板截面宽度，肋板各截面宽度见表2，只列最不利工况下的肋板厚度。

表1　　各管节管壁厚度计算结构表

参数 管节	内水压力设计值 p /(N/mm²)	考虑围岩分担后 p_1 /(N/mm²)	旋转半径 r /mm	半锥顶角 A /(°)	焊缝系数 φ	抗力限值 σ_{R1} /(N/mm²)	计算厚度 t /mm
管节③	1.36	1.22	4024.7	11	0.95	170.45	30.86
管节④	1.36	1.22	3788.5	18	0.95	170.45	31.77
管节⑥	1.36	1.22	3960.3	15	0.95	170.45	31.33
管节②	1.36	1.22	3665.6	6	0.95	170.45	26.45
管节①	1.36	1.22	3450.0	0	0.95	170.45	24.76
管节⑦	1.36	1.22	2569.3	15	0.95	170.45	19.09
管节⑤	1.36	1.22	2250.0	0	0.95	170.45	16.14
管节⑧	1.36	1.22	2250.0	0	0.95	170.45	16.14

表 2　　肋板各截面宽度

点号＼参数	肋板横截面上的法向与切向内力的合力 Q_1/N	Q_1 与水平线之间的夹角 J /(°)	肋板宽度 b_r /mm	肋板截面应力 $\sigma=Q_1/b_r/t_r$ /(N/mm²)	抗力限值 σ_{R1} /(N/mm²)	实际肋板宽度取值（不计焊接宽度） b_r /mm
1	2.02×10^6	6.784	201.518	147.70	147.73	204
2	3.81×10^6	7.098	383.533	146.09	147.73	389
3	5.44×10^6	12.105	551.782	145.05	147.73	560
4	6.94×10^6	16.872	709.392	143.90	147.73	720
5	8.33×10^6	21.370	858.308	142.72	147.73	871
6	9.62×10^6	25.583	999.437	141.57	147.73	1014
7	1.08×10^7	29.503	1133.014	140.51	147.73	1150
8	1.19×10^7	33.136	1258.892	139.52	147.73	1277
9	1.30×10^7	36.490	1376.742	138.61	147.73	1397
10	1.39×10^7	39.579	1486.163	137.76	147.73	1508
11	1.48×10^7	42.418	1586.762	136.94	147.73	1610
12	1.55×10^7	45.021	1678.187	136.12	147.73	1703
13	1.62×10^7	47.403	1760.160	135.28	147.73	1786
14	1.67×10^7	49.576	1832.490	134.39	147.73	1859
15	1.72×10^7	51.551	1895.093	133.42	147.73	1923
16	1.75×10^7	53.335	1948.013	132.34	147.73	1976
17	1.78×10^7	54.932	1991.442	131.11	147.73	2021
18	1.79×10^7	56.343	2025.754	129.70	147.73	2055
19	1.79×10^7	57.565	2051.558	128.04	147.73	2082
20	1.77×10^7	58.588	2069.767	126.08	147.73	2100

管壁和肋板厚度考虑锈蚀裕度以及相邻管壁坡口焊接需要，最终取值见图 1。本工程实际肋板最大宽度取为 2100mm，并为满足管壳相贯线处和锥管焊接需要，宽度在相贯线往外再增加 120mm，最终肋板最大宽为 2220mm。

5.4　抗外压稳定

本工程主管及月牙肋岔管外壁均设加劲环，高 150mm、宽度为 20mm。按照《规范》加劲环式钢管抗外压稳定按经验公式 $p_{cr}=\dfrac{\sigma_s A_R}{rl}$ 进行计算，通过计算临界外压 p_{cr} 达到 7.0N/mm² 远大于外压荷载压强，月牙肋岔管满足抗外压稳定要求。

6　运行监测

月牙肋岔管段共布置 8 组钢板应力计，分别埋设于肋板、3 条锥管应力集中部位。本

工程于2010年1月27日开始充水、2月8日开始发电，月牙肋岔管通过试运行，目前已进入正常运行期，根据埋设的监测仪器数据显示，没有发现异常现象。岔管段钢板应变计应变变化过程（其中5组应变计）见图3。

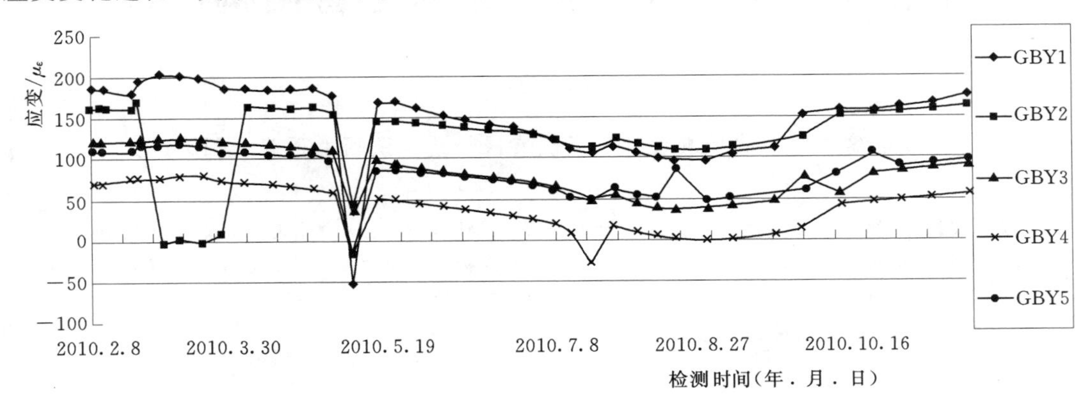

图3　岔管段钢板应变部分时段变化过程线（应变数量级$\times10^{-6}$）

通过检测数据显示最大应变为202.57×10^{-6}，应力为41.6N/mm^2，远小于岔管构件抗力限值。而且到了水电站运行期后，应变变化趋于稳定，岔管段整体安全可靠。

7　结语

（1）月牙肋钢岔管在国内引水式水电站中广泛使用，岔管设计、制造、安装、监测都很成熟，通过试运行及运行期监测数据显示，月牙肋钢岔管运行安全，因此设计是合理的。

（2）本工程应力计算中考虑围岩分担10%的内水压力，根据运行监测数据显示，应力明显低于构件抗力限值，说明围岩分担情况比较乐观，为将来的同类工程设计可提供一些参考。

（3）月牙肋钢岔管通过三维模型有限元计算，岔管体形有可优化的空间。

参考文献

[1]　DL/T 5141—2001水电站压力钢管设计规范［S］. 北京：中国电力出版社，2002.

[2]　姚元成，何启勇，罗玉霞．引子渡水电站大型钢岔管设计［J］．贵州水利发电，2003（03）：54-57.

甘肃省杂木河神树水电站钢岔管结构设计

冯　华

（中国电建集团西北勘测设计研究院有限公司，陕西　西安　710065）

【摘　要】 神树水电站月牙肋钢岔管设计水头5.04MPa，按明钢岔管设计，本文针对钢岔管体型设计进行了详细的总结，并采用三维有限元分析方法对岔管的应力应变进行了结构分析。通过计算分析可知，钢岔管的体型设计是合理可行的。

【关键词】 月牙肋钢岔管；体型设计；结构计算

1　工程概况

甘肃省杂木河神树水电站是杂木河规划河段的第一个梯级，电站为引水式电站，主要任务是发电。电站安装3台冲击式水轮机组，总装机容量52MW，属三等中型工程，设计水头426.77m，设计引用流量15.0m^3/s。引水系统采用“一洞三机”布置形式，厂前通过两个钢岔管连接3条支管。压力钢管主管直径2.9m，主支管直径1.8m，3条支管中2条直径为1.1m，另外一条直径为0.8m。

2　钢岔管特点

经过技术经济比较，本工程两个岔管均采用卜形月牙肋明钢岔管。其中1号钢岔管主管直径2.9m，最大公切球直径3.34m；2号钢岔管主管直径1.8m，最大公切球直径2.16m。机组喷嘴处最大内水压力设计值（含水击压力）为5.04MPa，岔管的HD值分别为1683m^2和1089m^2，岔管在同等规模装机水电站中规模较大。

由于工程场地限制，岸边厂房距离隧洞出洞口较近，增加了明岔管的布置难度，主管与支管轴线夹角确定为60°，两个岔管环缝间距最小为400mm，略大于《水电站压力钢管设计规范》（DL/T 5141—2001）11.1.3条中第2条要求（不小于300mm），无法满足其余两条，只能通过有限元验算能否满足结构要求。

3　岔管体型设计

岔管体型设计主要包括主支管轴线夹角、最大公切球直径、腰线转折角和环缝间距、月牙肋板设计等工作，最终确定岔管的体型见图1。

3.1　主支管轴线夹角设计

月牙肋岔管主支管轴线夹角的大小不仅影响到水头损失，最主要影响到岔管的整体受力情况，根据岔管和厂房的相对位置，并结合岔管腰线转折角的合理分配，最终确定两个岔管的主支管轴线夹角均为60°。

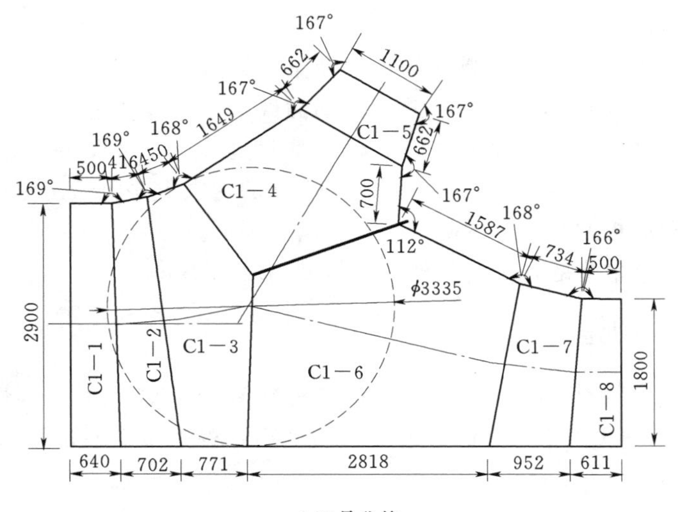

(a)1号岔管

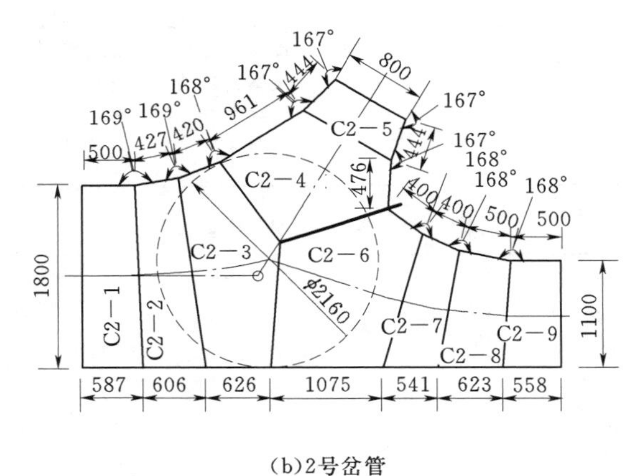

(b)2号岔管

图 1　岔管体型图（单位：mm）

3.2　最大公切球直径设计

最大公切球直径的选取直接影响到腰线转折角和环缝间距是否能满足《规范》要求。通过反复试设计和比较，最终确定 1 号岔管和 2 号岔管的公切球直径分别为 3.34m 和 2.16m。

3.3　腰线转折角和环缝间距的设计

岔管主支管通过过渡圆锥进行连接，主要为减少应力集中，同时也能使水流平稳转向，减少水头损失；环缝间距的控制主要是针对焊接提出的要求，完美的岔管设计，如若焊接不能达到要求也是失败的，因此，严格控制环缝间距在岔管设计中显得尤为重要。但相邻过渡锥的腰线转折角和环缝间距是一对矛盾体，当相邻两过渡锥之间的腰线转折角较大时，环向焊缝间距就会增大，相反就会减少。通过反复设计，最终确定 2 个岔管的腰线转折角控制在 12°左右；由此将环缝间距的最小值确定在 400mm，略有突破规范 DL/T 5141—2001，但根据已建电站的岔管设计经验与三维有限元复核，能够满足结构要求。

3.4 月牙肋板设计

月牙肋板为沿支锥相贯线受弹性约束的曲梁，通过与支锥管壳的变形协调来传递应力，可按其中心受拉计算肋板宽度，并由椭圆曲线确定外缘方程，由抛物线确定内缘方程。初步确定1号岔管月牙肋腰部宽为800mm，肋宽比为0.44，2号岔管月牙肋腰部宽为400mm，肋宽比为0.364。月牙肋板外轮廓高度的选取主要由焊接的完整度和施工方便决定，可由管壳和肋板的平面布置确定其是否满足要求。由于本工程HD值较大，管壳和肋板厚度大，故两个岔管的月牙肋板外轮廓高度均取150mm。

4 岔管管壁厚度拟定

岔管及肋板均采用国产高强度结构用调质钢板WDB620C，其力学性能见表1，根据规范DL/T 5141—2001关于钢材的抗力限值的计算，可确定在明岔管状态下调制容器钢WDB620C的抗力限值，见表2。

表1　钢材的基本力学性能

钢号	厚度 t /mm	屈服强度 σ_s/MPa	抗拉强度 σ_b /MPa	抗拉、抗压、抗弯设计值 f_s/MPa	钢板弹性模量 E_s /(N/mm²)	泊松比 ν_s	线膨胀系数 α_s/℃
WDB620C	16～50	490	610	410	2.06×10^5	0.3	1.2×10^{-5}

表2　钢材抗力限值（WDB620C）

结构部位	应力种类	正常运行工况		水压试验工况	
		结构系数 γ_d	抗力限值 /MPa	结构系数 γ_d	抗力限值 /MPa
管壁	整体膜应力	1.76	233	1.44	285
	局部膜应力	1.43	287	1.17	350
	局部膜应力+弯曲应力	1.21	339	1.00	410
肋板	整体膜应力	1.76	233	1.44	285

注　焊缝系数采用0.95，要求施工单位在岔管制造过程中采用双面对接焊工艺。

岔管管壁厚度估算可根据规范DL/T 5141—2001第10.2.4节相关公式。岔管管壁有整体膜应力区和局部膜应力区两部分，管壁计算厚度按以下两式计算并取其大者。按整体膜应力估算的管壁厚度 t_{y1} 和按局部膜应力估算的管壁厚度 t_{y2} 的计算式如下：

$$t_{y1}=\frac{pr}{\sigma_{R_1}\cos A};\quad t_{y2}=\frac{k_2 pr}{\sigma_{R_2}}$$

式中　t_{y1}——按整体膜应力估算的壁厚，mm；

t_{y2}——按整体膜应力估算的壁厚，mm；

p——内水压力设计值，N/mm²；

r——该节管壳计算点到旋转轴的旋转半径（即垂直距离），mm；

A——该节钢管半锥顶角，(°)；

σ_{R_1}——压力钢管结构按整体膜应力计的抗力限值，N/mm²；

σ_{R_2}——压力钢管结构按局部膜应力计的抗力限值，N/mm^2。

经计算 1 号岔管 C1-4、C1-6 管壁厚为 44mm，2 号岔管 C2-4、C2-6 管壁厚为 32mm，该工程岔管采用等厚度设计，故初步拟定 1 号岔管管壁厚为 44mm，2 号岔管管壁厚度为 32mm。

根据规范 DL/T 5141—2001 附录 F，月牙肋板厚度一般取管壳厚的 2～2.5 倍，初步拟定 1 号岔管月牙肋板厚为 80mm，2 号岔管月牙肋板厚为 60mm。

5 岔管三维有限元结构复核

5.1 分析模型建立

模型计算范围的确定按钢岔管单元应力应变分布满足足够的精度要求进行考虑。根据岔管的实际受力状态，为了减小端部约束的影响，主、支管段轴线长度从公切球球心向上、下游分别取最大公切球直径的 2 倍以上，模型在主管和支管的端部采取固端全约束。

两个岔管网格剖分均采用四节点板壳单元，直管和锥管段沿圆周划分成 32 等份。有限元模型采用笛卡尔直角坐标系坐标（x，y，z），xoy 面为水平面，竖直方向为 z 轴，向上为正，坐标系成右手螺旋，坐标原点位于主锥管与支锥管公切球球心处。1 号岔管计算网格见图 2，2 号岔管计算网格见图 3。

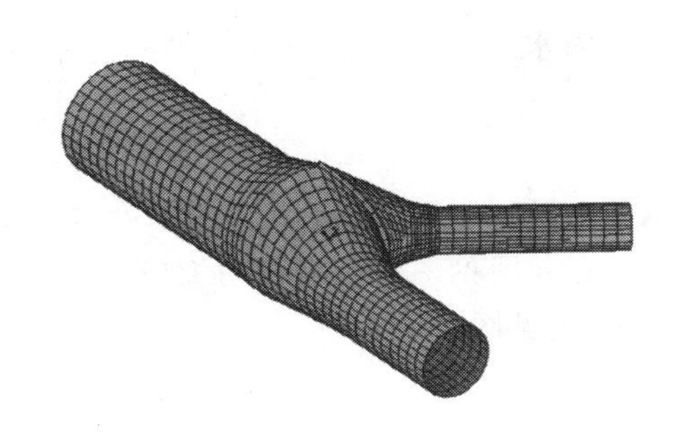

(a)管壳网格

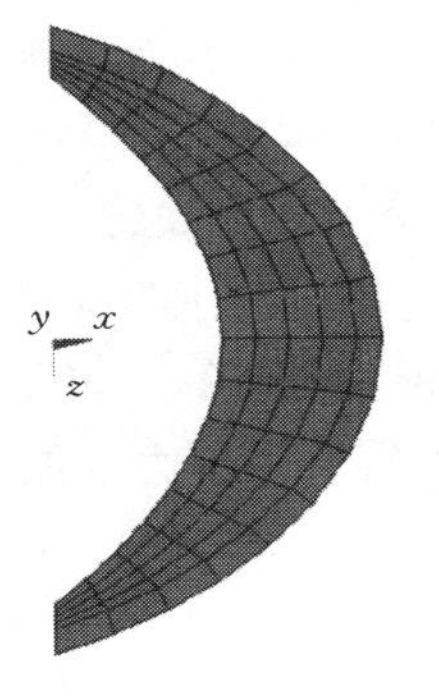

(b)月牙肋板网格

图 2　1 号岔管有限元网格示意图

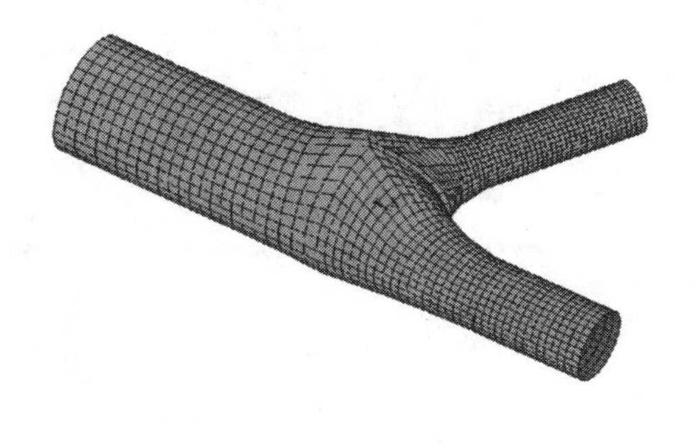

(a)管壳网格

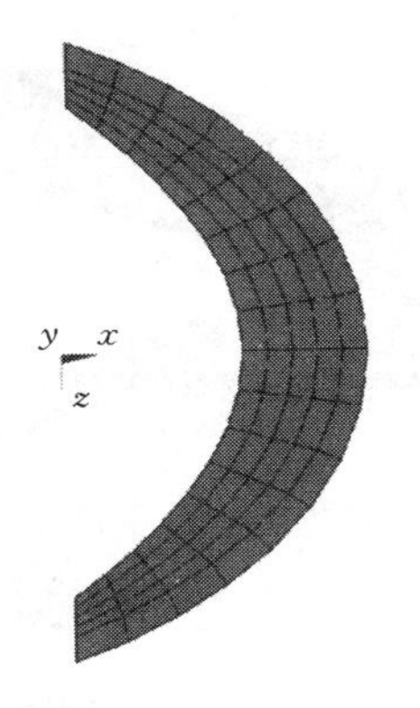

(b)月牙肋板网格

图 3　2 号岔管有限元网格示意图

月牙肋岔管一般在钝角区和各管节母线转折处容易出现应力集中，是计算关注的重点部位，也是应力控制的关键点，如图 4 所示。关键点计算分内表面、外表面和中面，内、外表面应力同局部膜应力＋弯曲应力的抗力限值比较，中面应力同局部膜应力的抗力限值比较。

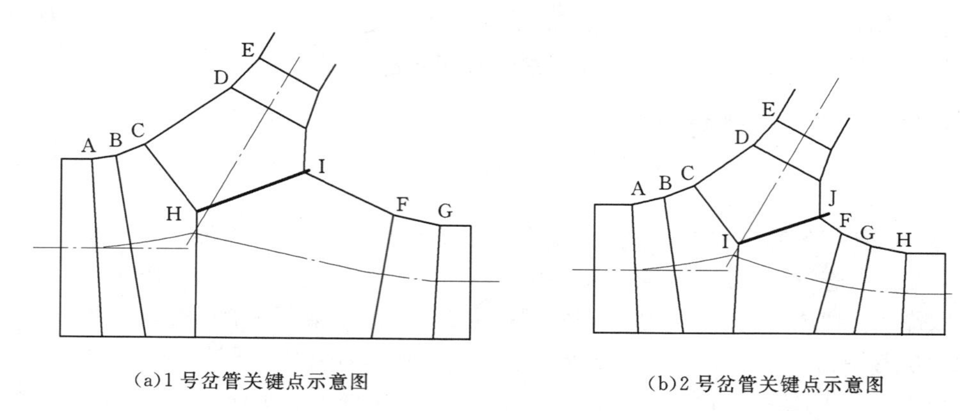

(a)1 号岔管关键点示意图　　(b)2 号岔管关键点示意图

图 4　岔管关键点位置示意图

5.2　有限元成果分析

计算过程中采用如下假定：钢管单独承担内水压力；水击压力按等同静水压力施加；钢材符合线弹性。

5.2.1　正常运行工况下计算分析

正常运行工况下最大内水压力设计值为 5.04MPa，对已拟定管壁厚度方案进行有限元计算分析。经计算，可得出 1 号岔管管壳应力云图见图 5 所示，肋板应力云图见图 6 所示；2 号岔管管壳应力云图见图 7，肋板应力云图见图 8 所示。

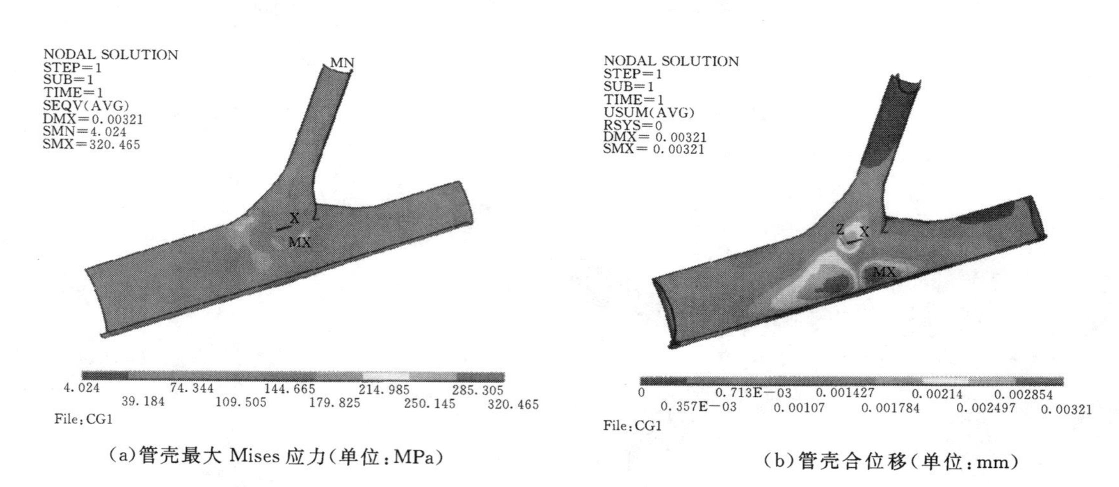

(a)管壳最大 Mises 应力(单位：MPa)　　(b)管壳合位移(单位：mm)

图 5　1 号岔管管壳有限元计算成果示意图

根据有限元计算结果，得出 1 号钢岔管和 2 号钢岔管关键点 Mises 应力和肋板位移，分别见表 3 和表 4。

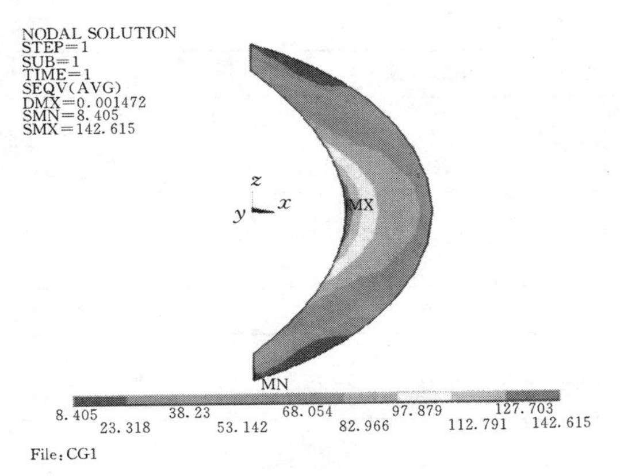

(a)肋板最大 Mises 应力(单位:MPa)

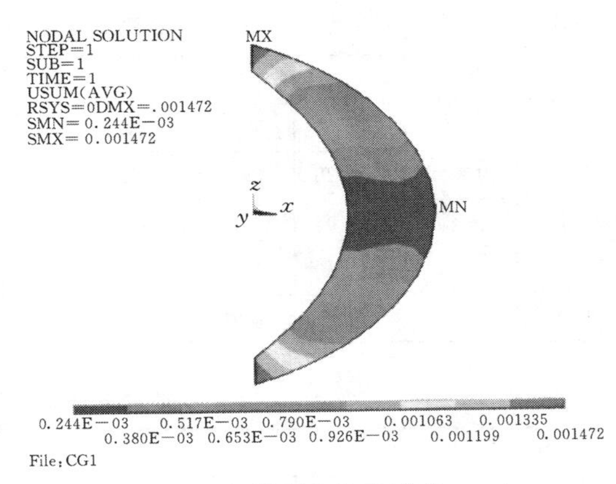

(b)肋板合位移(单位:mm)

图 6 1号岔管月牙肋板有限元计算成果图

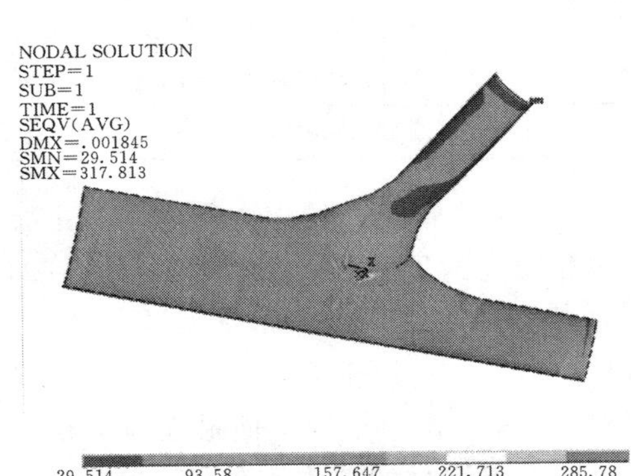

(a)管壳最大 Mises 应力(单位:MPa)

(b)管壳合位移(单位:mm)

图 7 2号岔管管壳有限元计算成果图

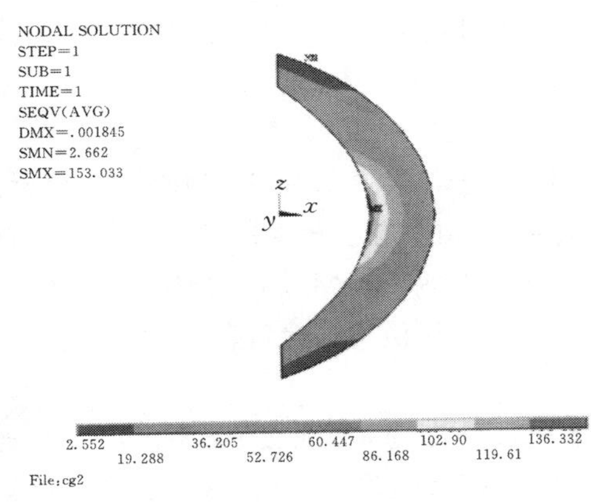

(a)肋板最大 Mises 应力(单位:MPa)

(b)肋板合位移(单位:mm)

图 8 2号岔管月牙肋板有限元计算成果图

表 3　　　　　　　　　　1 号岔管关键点 Mises 应力和肋板位移

部位	管壁	关键点应力/MPa								
		A	B	C	D	E	F	G	H	I
管壳	内表面	254.25	281.65	291.34	194.88	124.79	159.42	147.21	320.47	116.42
	外表面	239.04	242.30	249.33	111.39	115.343	157.74	137.41	281.57	113.83
	中面	236.50	251.07	261.52	151.43	115.587	157.94	142.25	284.37	114.24
肋板	肋板最大应力				142.62	肋板位移/mm				3.21

表 4　　　　　　　　　　2 号岔管关键点 Mises 应力和肋板位移

部位	管壁	关键点应力/MPa									
		A	B	C	D	E	F	G	H	I	J
管壳	内表面	212.48	240.21	268.87	189.36	129.03	161.38	134.96	131.39	317.81	106.46
	外表面	213.83	212.01	224.59	115.27	122.90	174.14	136.99	121.23	279.90	101.14
	中面	205.18	220.13	237.81	150.30	118.18	162.99	135.47	126.303	285.62	102.38
肋板	肋板最大截面处应力				153.05	肋板和管壳位移/mm					0.913

根据应力云图及表 3 和表 4 分析得出：1 号岔管和 2 号岔管管壳的应力集中区域主要出现在管节 C1－4（C2－4）、C1－6（C2－6）与肋板相交处的顶（底）部，即 1 号岔管的关键点 H 和 2 号岔管的关键点 I 附近区域，1 号岔管内、外表面最大应力值为 320.47MPa，2 号岔管内、外表面最大应力值为 317.81MPa，均属于局部膜应力＋弯曲应力，小于钢材的抗力限值 339MPa；另外，1 号岔管和 2 号岔管管壳的中面最大应力值分别为 284.37MPa 和 285.62MPa，均属于局部膜应力，小于钢材的抗力限值 287MPa；肋板最大应力出现在肋板腰部（管壳内）远离管壳内壁端，1 号岔管肋板最大应力值为 142.62MPa，2 号岔管肋板最大应力值为 153.05MPa，均属于整体膜应力，小于钢材的抗力限值 233MPa。1 号岔管管壳最大位移出现在管节 C1－2（C2－2）、C1－3（C2－3）、C1－6（C2－6）的顶（底）部，肋板最大位移出现在肋板顶（底）部，位移值均在允许范围内。

5.2.2　水压试验工况下计算分析

水压试验工况最大内水压力为最大静水压力的 1.25 倍，设计值为 6.3MPa。经分析，两个岔管的应力最大值为 402MPa 和 397MPa，均属于局部膜应力＋弯曲应力，小于钢材的抗力限值 410MPa；两岔管肋板的最大应力值为 179MPa 和 191MPa，均属于整体膜应力，小于钢材的抗力限值 285MPa；两个岔管各部位最大位移值均在允许范围内。

5.2.3　抗外压稳定分析

根据 DL/T 5141—2001 的要求，对钢岔管应校核抗外压稳定。但迄今为止，钢岔管尚无相应的抗外压稳定计算公式，一般仍近似按圆柱管（取岔管最大公切球直径）校核其抗外压稳定。计算临界外压力时，首先按光面管采用规范 DL/T 5141－2001 推荐的经验公式进行计算。根据前述计算的钢岔管各管节厚度，计算出光面管的临界外压力。经分析比较，两个岔管抗外压稳定安全系数均远高于规范允许值 2，无需采取其他加劲措施。

6 结语

神树水电站钢岔管HD值大，钢岔管体型设计合理、便于施工是工程设计的重点。通过三维有限元计算，不断对岔管体型设计进行调整和优化，以保证结构本身的安全和施工焊接的质量。通过三维有限元计算复核，表明优化后的体型设计是合理可行的。

参 考 文 献

[1] DL/T 5141—2001 水电站压力钢管设计规范 [S]. 北京：中国电力出版社，2002.

[2] DL/T 5017—2007 压力钢管制造安装及验收规范 [S]. 北京：中国电力出版社，2008.

[3] 郝文化，等. ANSYS土木工程应用实例 [M]. 北京：中国水利水电出版社，2005.

[4] 王志国. 高水头大PD值内加强月牙肋岔管布置与设计 [J]. 水力发电，2001，(1).

地下埋藏式钢岔管体型设计与结构计算分析

苏　凯[1]　伍鹤皋[1]　周彩荣[1]　杨海红[2]

(1. 武汉大学水资源与水电工程科学国家重点实验室，湖北　武汉　430072
2. 中国电建集团昆明勘测设计研究院有限公司，云南　昆明　650051)

【摘　要】 根据埋藏式钢岔管设计导则，结合某电站工程实际，依托研制开发的月牙肋岔管体型设计与应力分析程序，介绍了埋藏式钢岔管体型设计的一般过程与应力校核方法。即首先在初步体型设计的基础上，建立有限元数值分析模型，进行考虑围岩联合承载的埋管方案应力校核，然后校核明管状态下的应力与埋管状态下的围岩承载比，最终确定岔管的设计方案。计算结果表明：与卜形相比，对称Y形方案受力更为均匀、施工难度较小，水流条件更好，整体布置时用钢量更小，建议优先采用。随着围岩单位抗力系数的增加，埋管方案需要的钢衬厚度逐渐减小，钢衬厚度从埋管方案控制逐渐过渡为明管方案控制，且随着围岩承载比的进一步增加，最终过渡为围岩承载比控制。由围岩承载比控制钢衬厚度时，将导致钢材用量的非承载性需要的浪费，建议根据围岩的不同类别采用相应的围岩承载比，而不是采用30%的定值。

【关键词】 埋藏式钢岔管；体型设计；应力校核；围岩承载比

1　埋藏式钢岔管设计

国内外埋藏式钢岔管过去常按明管设计，围岩分担内水压力作用仅作为一种安全储备，但是我国也有部分工程不同程度的考虑了围岩分担内水压力的潜力，只是目前仅仅限于经验做法，不具有较为成熟的设计与校核方法。本文在埋藏式钢岔管设计导则的基础上，结合某电站工程实际，依托研制开发的月牙肋岔管体型设计与计算分析程序，介绍了埋藏式钢岔管体型设计的一般过程与应力校核方法。

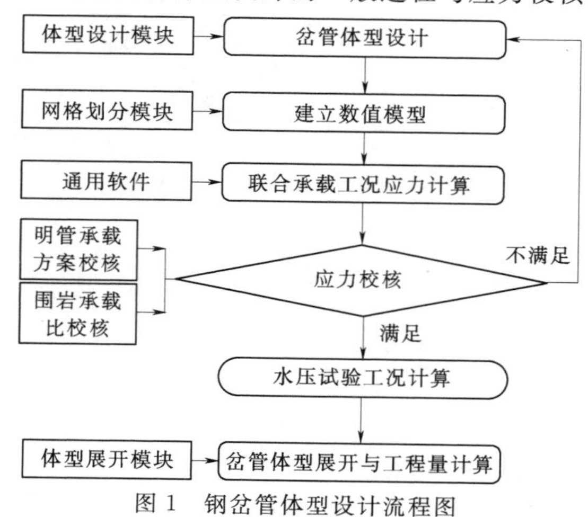

图1　钢岔管体型设计流程图

武汉大学压力管道课题组根据我国压力钢管规范以及钢岔管设计导则，研制开发的埋藏式月牙肋钢岔管设计与计算分析程序，主要包括体型设计模块、网格划分模块和体型展开模块（见图1），首先进行钢岔管的体型初步设计，然后建立有限元数值模型（包含钢岔管、接触单元），根据岔管特征进行联合承载工况（埋管方案）下整体膜应力与局部应力等的校核，当满足抗力限值要求时（否则，需要重新进行体型设计）再进行明管方案应力与埋管方案围岩承载比校核，当明管方案钢岔管各点应力都小于钢材屈服强度以及埋管方案围岩承载比不超过30%时，认为体型设计满足要求，然后进行水压试验工况试算以及岔管展开与工程量核算。对于考虑围岩联合承载的埋管方案，水压试验工况不是决定管壁厚度与体型设计参数的控制工况，而是作为检测焊缝质量和消除局部焊接应力的一种手段，条件允许时应进行水压试验，但是不要求承担1.25倍的内水压力，进行水压试验工况数值计算旨在推求试验时岔管可以承担的最大水压力，为水压试验做准备。

月牙肋岔管初步设计体型见图2。

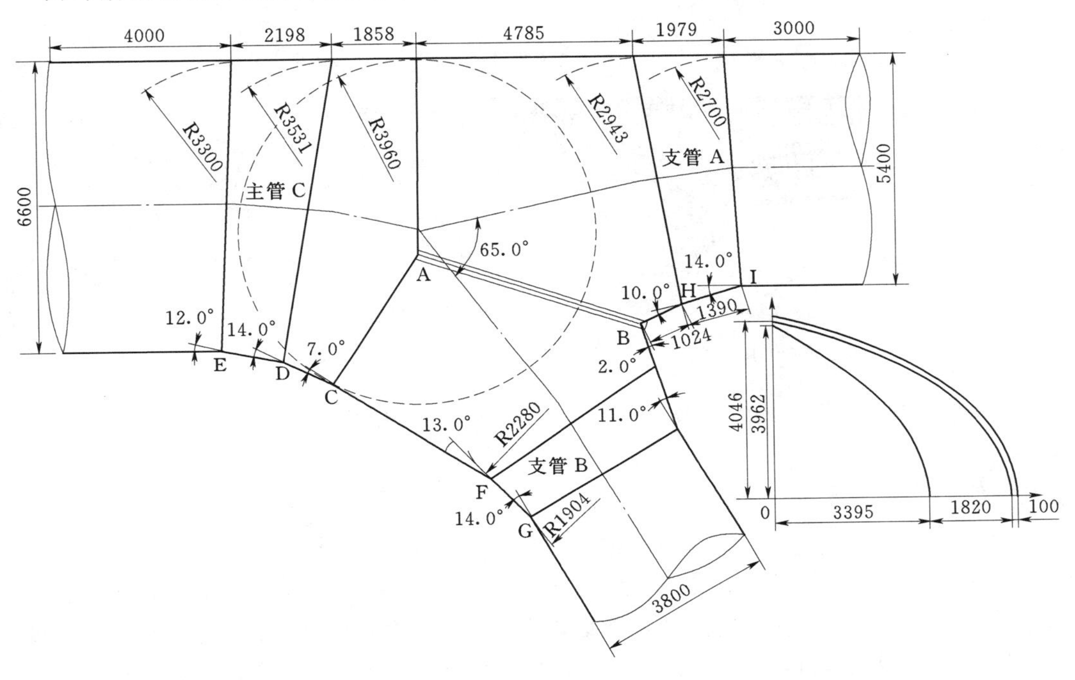

图2　月牙肋岔管初步设计体型图（1号卜形岔管，单位：mm）

2　计算模型

某电站引水系统采用一洞三机布置方式，两个高压岔管分岔角均为60°，本文针对规模较大的1号岔管介绍体型设计与应力计算校核过程，该岔管主管直径为6.6m，支管直径分别为5.4m和3.8m，最大静水压力为3.76MPa，最大水击压力为0.44MPa。岩体单位弹性抗力系数取Ⅲ2类围岩下限45MPa/cm，缝隙值取主管内半径的6×10^{-4}倍，即1.98mm。采用接触单元反映钢衬与围岩的缝隙与联合作用。岔管分成三个基本区域，即主管C、支管A与支管B，每个基本区域包含锥管段、过渡段和直管段（由分岔点分别向直管段过渡）。

计算模型采用笛卡尔直角坐标系，xoy面为水平面，竖直方向为z轴，向上为正，坐标系成右手螺旋，坐标原点位于主锥管与支锥管公切球球心处（见图3），计算时采用以下基本假定：①围岩为均质各向同性；②钢衬、混凝土不承受来自围岩初始应力状态及开挖后的二次应力状态影响；③在内水压力作用下，混凝土径向均匀开裂，可传递水荷载至外围岩体；④将混凝土与钢岔管之间的缝隙及混凝土与围岩之间的缝隙合并为一层缝隙进行处理；⑤围岩与回填混凝土对钢岔管法向向外位移起弹性约束作用。

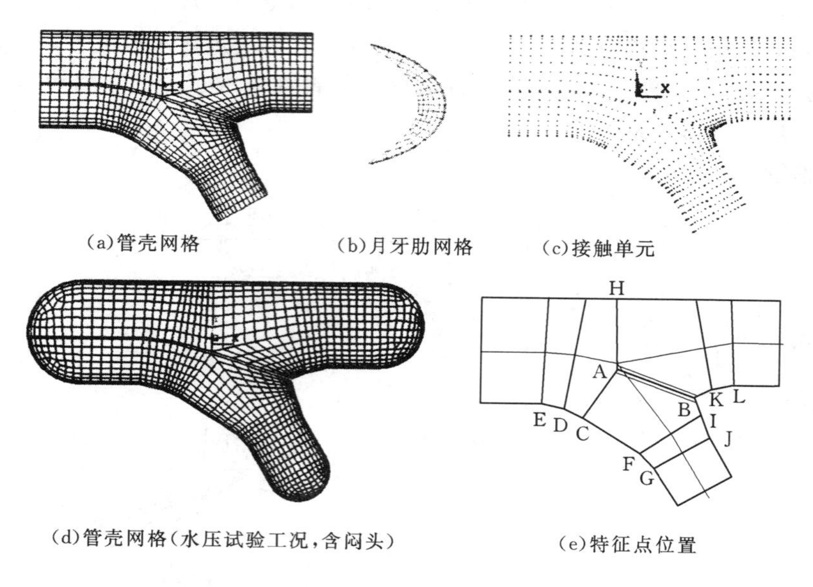

图 3　月牙肋岔管计算模型图（卜形方案）

3　应力校核

参考同类工程以及压力钢管设计规范，首先需要对埋管方案的钢岔管应力进行校核，在计算钢材抗力限值时（本文采用600MPa级钢材），直管段膜应力结构系数取1.76，局部膜应力结构系数取1.3，峰值应力结构系数取1.1，肋板结构系数取1.5；结构重要性系数取1.1；水压试验结构系数降低10%。从计算结果可以看出考虑围岩联合承载时，管壳各特征点应力和肋板应力均小于对应的抗力限值，如岔管中面最大Mises应力为251.8MPa，出现在特征点C点，小于钢材的局部膜应力的允许值287MPa；管壳表面峰值应力为259.3MPa，小于钢材的局部膜应力加弯曲应力的允许值339MPa。肋板最大Mises应力为245.6MPa，小于肋板应力允许值248MPa，见表1，其中应力种类一栏的（1）为整体膜应力、（2）为局部膜应力、（3）为局部膜应力+弯曲应力、（4）为肋板应力。

对于明管校核方案，不考虑围岩联合承载作用，需要去除接触单元，由钢管单独承受内水压力，管壳和肋板各处应力相比埋管方案均有不同程度的增加，最大达到了474.90MPa，小于钢材的屈服强度490MPa（见表2）。然后以明管方案为基准，采用整个管壳的应力平均值计算围岩承载比，其中埋管方案平均应力为174.04MPa，明管方案平均应力为228.68MPa，计算得围岩承载比为23.89%，满足不超过30%的要求。对于考虑围岩联合承载的钢岔管水压试验工况，钢岔管不再需要承担全部设计内水压力的1.25倍，水压试验工况不控制钢衬厚度，其主要目的旨在确定水压试验时可以承受的最大内水压力。本文根据试算结果，当试验压力不超过设计内水压力的80%时，管壳各点与肋板应力均满足规范抗力限值要求（见表3）。

表 1　　　　1 号钢岔管埋管联合承载工况关键点 Mises 应力　　　　单位：MPa

部位		关键点应力						应力种类	抗力限值
		A	B	C	D	E	F		
管壳	内	169.6	100.8	259.3	256.2	242.3	190.3	(3)	339
	外	125.5	62.7	247.6	243.9	233.3	188.3	(3)	339
	中	122.9	81.6	251.8	248.6	236.6	189.0	(2)	287
		G	H	I	J	K	L	应力种类	抗力限值
	内	173.2	204.0	194.6	174.0	224.7	220.2	(3)	339
	外	173.5	203.2	180.2	168.1	223.4	212.4	(3)	339
	中	173.3	203.4	187.2	170.0	223.1	215.1	(2)	287
整体膜应力区							207.2	(1)	212
上述管壳关键点以外的局部膜应力＋弯曲应力区域							242.4	(3)	339
肋板最大截面处		内侧		245.6	外侧		76.1	(4)	248

表 2　　　　1 号钢岔管明管校核工况关键点 Mises 应力　　　　单位：MPa

部位		关键点应力						钢材屈服强度
		A	B	C	D	E	F	
管壳	内	327.5	143.7	370.3	446.0	406.6	275.4	490
	外	197.8	125.9	334.9	414.4	422.4	225.8	490
	中	132.3	134.7	345.7	401.4	386.3	247.7	490
		G	H	I	J	K	L	钢材屈服强度
	内	270.2	303.3	196.8	264.2	317.8	341.2	490
	外	273.1	279.4	179.1	204.3	341.0	354.2	490
	中	253.7	291.3	187.6	231.2	305.8	324.6	490
整体膜应力区							291.2	490
上述管壳关键点以外的局部膜应力＋弯曲应力区域							474.9	490

表 3　　　　1 号钢岔管水压试验工况关键点 Mises 应力　　　　单位：MPa

部位		关键点应力						应力种类	抗力限值
		A	B	C	D	E	F		
管壳	内	300.3	141.7	296.3	387.2	334.4	210.5	(3)	410
	外	144.6	140.4	316.4	394.9	340.9	219.7	(3)	410
	中	95.6	140.8	289.3	345.1	316.0	203.2	(2)	351
		G	H	I	J	K	L	应力种类	抗力限值
	内	176.3	209.3	137.9	150.7	262.7	298.1	(3)	410
	外	197.4	235.7	158.1	188.2	290.8	319.1	(3)	410
	中	176.8	222.5	147.5	162.8	252.8	281.4	(2)	351
整体膜应力区							201.0	(1)	259
上述管壳关键点以外的局部膜应力＋弯曲应力区域							407.5	(3)	410
肋板最大截面处		内侧		227.1	外侧		127.0	(4)	304

4　体型对比分析

本文在整个岔管布置区域（$L_1=55.92\text{m}$）范围内进行整体布置设计，对比分析了下

形与对称Y形两种方案（见图4），两种方案均需要满足布置范围（L_1＝55.92m）、2号岔管布置区间（L_2＝24.812m）、分岔点间距（L_3＝30m）和支管中心间距（L_4＝22.5m）的要求。

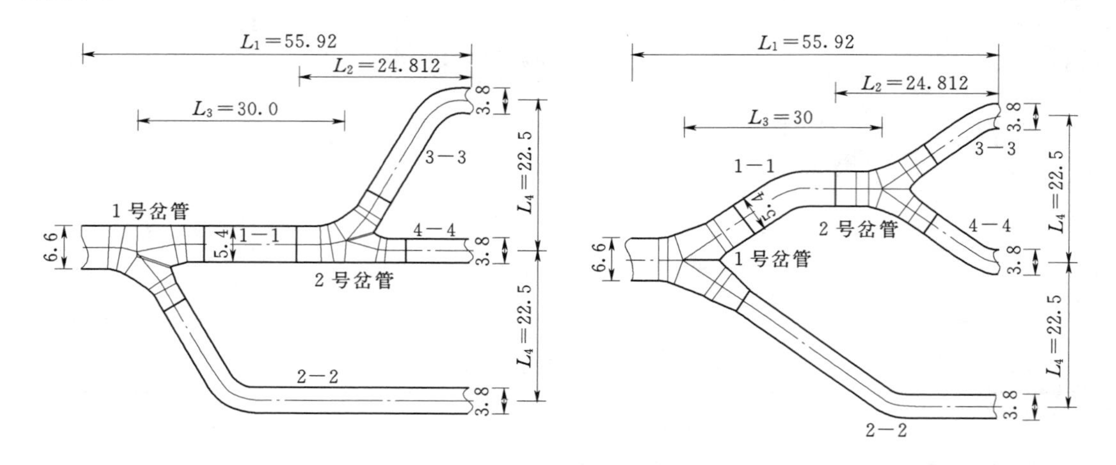

(a)卜形布置方案　　　　(b)对称Y形布置方案

图4　岔管体型设计与布置方案对比（单位：m）

从岔管体型设计参数与用钢量对比结果可以看出：对称Y形方案的应力分布更为均匀，受力状态更好，对应管段的钢衬厚度较小，比卜形方案的钢衬厚度薄2～4mm。对于1号岔管（两大一小体型，含锥管段、过渡段、直管段和肋板），卜形岔管总体用钢量为2349.526kN，略小于对称Y形方案的2570.330kN（见表4），对于2号岔管（一大两小体型，含锥管段、过渡段、直管段和肋板），卜形方案总用钢量为1387.032，大于对称Y形方案的1374.347kN（见表5）。同时，对于2号岔管布置区域（L_2＝24.812m，含2号岔管，衔接管段3-3和4-4），卜形方案的用钢量为2630.451kN，大于对称Y形的用钢量2379.511kN；对于整个岔管布置区域（L_1＝55.92m，含1号和2号岔管、衔接管段1-1、2-2、3-3和4-4）范围内，卜形方案用钢量为8030.280kN，明显大于对称Y形方案的7758.101kN（见表6）。而且两个岔管的围岩承载比，对称Y形方案（27.14%和21.75%）明显高于卜形方案（24.01%和20.02%），考虑到Y形布置方案用钢量小，受力更为均匀，围岩承载比较高，施工难度较小，水流条件更好等因素，建议优先选择对称Y形布置方案。

表4　　　　1号岔管体型参数与用钢量对比

岔管		卜形			对称Y形		
		主管C	支管A	支管B	主管C	支管A	支管B
锥管段	管壁厚度/m	0.066	0.066	0.066	0.064	0.064	0.064
	展开面积/m²	45.822	83.003	61.817	35.522	86.879	86.879
	重量/kN	237.405	430.039	320.273	178.464	436.478	436.478

续表

岔管		卜形			对称Y形		
		主管C	支管A	支管B	主管C	支管A	支管B
过渡段	管壁厚度/m	0.064	0.062	0.062	0.062	0.060	0.060
	展开面积/m^2	39.298	30.305	17.968	31.063	22.065	22.065
	重量/kN	197.433	147.493	87.452	151.185	103.928	103.928
直管段	管壁厚度/m	0.064	0.058	0.058	0.062	0.056	0.056
	展开面积/m^2	80.076	48.567	33.800	89.981	66.929	57.534
	重量/kN	402.300	221.126	153.890	437.936	294.221	252.919
肋板	厚度/m	0.165			0.150		
	面积/m^2	11.744			14.845		
	重量/kN	152.114			174.795		
用钢量合计/kN		2349.526			2570.330		
围岩承载比/%		24.01			27.14		

表5　　2号岔管体型参数与用钢量对比

岔管		卜形			对称Y形		
		主管C	支管A	支管B	主管C	支管A	支管B
锥管段	管壁厚度/m	0.054	0.054	0.054	0.052	0.052	0.052
	展开面积/m^2	33.000	55.545	47.091	29.334	51.893	51.893
	重量/kN	139.888	235.456	199.620	119.740	211.825	211.825
过渡段	管壁厚度/m	0.054	0.050	0.050	0.050	0.048	0.048
	展开面积/m^2	26.793	15.021	12.981	31.439	22.513	22.513
	重量/kN	113.575	58.957	50.951	123.398	84.828	84.828
直管段	管壁厚度/m	0.054	0.046	0.046	0.050	0.044	0.044
	展开面积/m^2	57.514	34.718	34.212	54.447	34.809	34.809
	重量/kN	243.804	125.368	123.541	213.705	120.231	120.231
肋板	厚度/m	0.135			0.120		
	面积/m^2	9.047			8.889		
	重量/kN	95.872			83.737		
用钢量合计/kN		1387.032			1374.347		
围岩承载比/%		20.02			21.75		

表6　　岔管布置方案用量对比分析　　单位：kN

布置方案	1号岔管	2号岔管	衔接管段				2号布置区域	整体区域
			1-1	2-2	3-3	4-4	$L_2=24.812m$	$L_1=55.92m$
卜形	2349.526	1387.032	965.062	2085.240	862.635	380.784	2630.451	8030.280
对称Y形	2570.330	1374.347	1031.560	1776.700	502.582	502.582	2379.511	7758.101

5　围岩抗力系数敏感性分析

根据不同围岩单位抗力系数下的钢岔管计算结果，选取1号岔管主管C段（含基本锥、过渡锥、直管段）进行钢衬厚度对比分析，围岩单位抗力系数 K_0 依次选取为15、30、45、60、75MPa/cm。

表7　不同围岩条件下的钢衬厚度对比　　单位：mm

钢衬方案	单位抗力系数 K_0/(MPa/cm)	卜形			对称Y形		
		基本锥	过渡锥	直管段	基本锥	过渡锥	直管段
埋管方案计算厚度	15	84	82	78	82	80	76
	30	74	72	72	72	70	70
	45	66	64	64	64	62	62
	60	60	60	56	58	56	56
	75	54	54	52	52	50	50
明管方案厚度	—	66	64	64	62	60	60
推荐方案钢衬厚度	15	*84*	*82*	*78*	*82*	*80*	*76*
	30	*74*	*72*	*72*	*72*	*70*	*70*
	45	<u>*66*</u>	<u>*64*</u>	<u>*64*</u>	*64*	*62*	*62*
	60	<u>66</u>	<u>64</u>	<u>64</u>	66	64	64
	75	66	66	66	70	68	68

从表7和图5、图6可以发现：对于卜形方案，当 K_0 小于45MPa/cm时，钢衬厚度由埋管方案控制（表7中斜体数据），增加到45MPa/cm以后（60MPa/cm、75MPa/cm）时，随着埋管方案要求钢衬厚度的减小，钢衬厚度逐渐由明管方案控制（表7中下划线数据），但是在 $K_0=75$MPa/cm时，围岩承载比达到了30.04%，钢衬厚度转由围岩承载比控制（表7中阴影数据），将过渡锥与直管段钢衬从64mm增加至66mm后，围岩承载比可降低至29.78%。对于对称Y形方案，当 K_0 小于45MPa/cm时，钢衬厚度由埋管方案

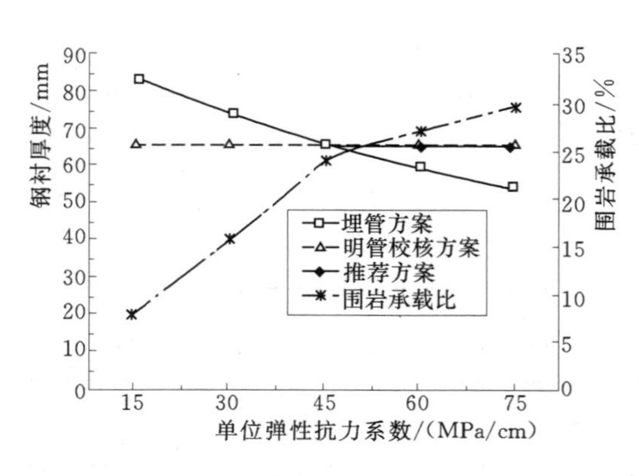

图5　卜形方案钢衬厚度分析（基本锥）

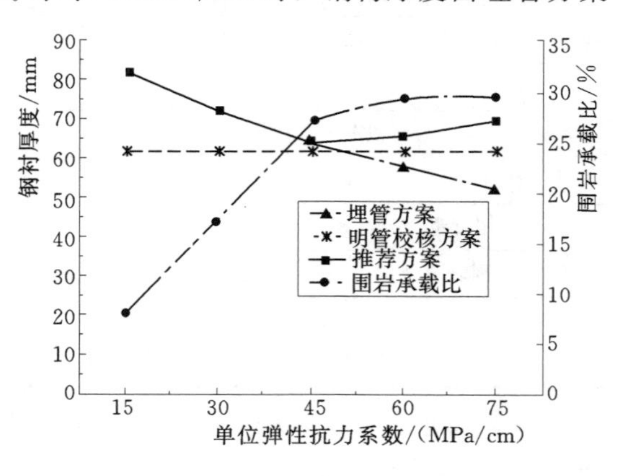

图6　对称Y形方案钢衬厚度分析（基本锥）

控制，在 K_0=45MPa/cm 时，埋管方案与明管校核钢衬厚度非常接近，而且围岩承载比小于 30%；当 K_0 增加至 60MPa/cm 和 75MPa/cm 时，根据明管校核钢衬厚度（64mm）计算得到的围岩承载比分别增大到了 32.17%和 35.04%，不能满足小于 30%的要求，因此需将钢衬厚度增加至 66mm、64mm、64mm 和 70mm、68mm、68mm 后方可降低围岩承载比在 30%以内，见图 6。

6 结论

本文结合某电站工程实际，介绍了埋藏式钢岔管体型设计的具体过程与应力校核计算方法，即在体型初步设计的基础上，建立有限元数值分析模型，进行考虑围岩联合承载的埋管方案计算，并在同时满足明管应力校核与围岩承载比的基础上，最终确定岔管的设计方案。本文研究成果结论如下：

（1）对于本工程而言，Y 形布置方案不但受力均匀、施工难度较小，水流条件更好，而且考虑整体布置时用钢量更小，建议优先采用。

（2）随着围岩单位抗力系数的增加，埋管方案需要的钢衬厚度逐渐减小，钢衬厚度控制从埋管方案逐渐过渡为明管方案；随着围岩承载比的进一步增加（比如本工程的 75MPa/cm），钢衬厚度最终过渡为由围岩承载比控制。

（3）当围岩承载比控制钢衬厚度时，单位抗力系数越大，围岩承载比越高，为降低围岩承载比，则需要的钢衬厚度越大，将导致钢材用量非承载性需要的浪费，因此地下埋藏式钢岔管设计时围岩承载比的限制值建议随围岩类别的不同而改变，当围岩条件达到$Ⅲ_1$甚至Ⅱ类时，围岩承载比的限制应放宽至 30%以上，但同时要求保证钢岔管外围回填混凝土的浇筑质量，尽量减小初始缝隙值。

参 考 文 献

[1] Q/HYDROCHINA 008—2011 地下埋藏式内加强月牙肋岔管设计导则［S］. 中国水电工程顾问集团，2011.

[2] DL/T 5141—2001 水电站压力钢管设计规范［S］. 北京：中国电力出版社，2002.

[3] 罗京龙，伍鹤皋. 月牙肋岔管有限元网格自动剖分程序设计［J］. 中国农村水利水电，2005，(2)：86-87.

[4] 宋蕊香，伍鹤皋，苏凯. 月牙肋岔管管节展开程序开发与应用研究［J］. 人民长江，2009，40(13)：34-37.

[5] 杜芳琴，伍鹤皋，石长征. 月牙肋钢岔管设计中若干问题的探讨［J］. 水电能源科学. 2012，30(8)：129-131，139.

[6] ANSYS theory reference［M］. Ansys，2004.

[7] 王志国. 水电站埋藏式内加强月牙肋岔管技术研究与实践［M］. 北京：中国水利水电出版社，2011.

不同体型岔管群水力损失规律分析

张晓曦　陈　迪　程永光

（武汉大学水资源与水电工程科学国家重点
实验室，湖北　武汉　430072）

【摘　要】 水电站一管多机供水岔管群的水力损失规律与单个岔管有明显差异，对输水系统总水头损失有重要影响，关系到电站运行效率和长期效益。本文将水头损失经验公式与CFD（Computational Fluid Dynamics）模拟相结合，对不同布置形式的一管四机供水岔管群在不同运行工况下的水头损失规律进行分析。首先总结了岔管群各支路的水头损失变化规律，即水流经历的分岔越多，水头损失越大；在经历的分岔个数相同的情况下，水流流向在分岔处改变越大，水头损失越大。然后比较了不同工况的水头损失，给出了各布置下不同运行条件的最优组合。最后对比各布置不同工况下水头损失系数的最小值和平均值，对水电站的岔管群方案选择提出了建议。这些成果可为实际工程岔管群布置形式的选取和运行方案的优化提供依据。

【关键词】 岔管群；水头损失系数；CFD；经验公式

1　前言

岔管群是水电站（抽水蓄能电站）输水系统的重要组成部分，它将多台机组并入一个水力单元中，组成一管多机的布置形式，降低了建设成本和施工量。由于岔管群结构复杂，其引起的水头损失在整个水电站引水发电系统中所占比重很大。因此，准确预测岔管群的水头损失对水电站的布置优化及效益评估具有重要意义。

目前已有不少针对岔管及岔管群水力特性的研究。夏庆福等指出分岔角是影响月牙肋岔管水头损失系数的主要因素，并给出了水头损失系数与分岔角、肋宽比和分流比等参数的关系曲线。黄智敏对抽水蓄能电站卜形岔管群的水力特性进行了实验研究，指出若要减小水头损失，应在岔管群中主管分岔后设置一锥管过渡段，使水流处于缓慢的加速（发电分流）和减速（抽水汇流）状态。李玲等利用CFD（Computational Fluid Dynamics）技术对抽水蓄能电站对称岔管的流动阻力特性进行研究时发现，岔管的水头损失及其变化率随主管雷诺数的增大而减小；相同分岔角的岔管，水头阻力系数与工况条件密切相关。梁春光等用CFD对抽水蓄能电站月牙肋岔管进行了水力特性研究，得出分岔角、管径比和分流比对水头损失的影响程度比较大，肋宽比和扩散率的影响相对较小的结论。综上所述，现有的研究主要针对单一体型、单一布置形式的岔管或岔管群，而鲜有对不同体型、不同布置形式岔管群水力特性的研究。

将CFD模拟与经验公式相结合来研究岔管群水头损失系数随工况和布置形式的变化特点。首先用CFD模拟了单个卜形和Y形岔管在不同分流比下的水头损失系数，然后将

模拟结果结合经验公式计算了四种典型的岔管群在不同运行工况下的水头损失系数并分析了其分布规律，最后给出了最优工况组合和布置方式。

2　研究方法

2.1　数学模型和计算方法

CFD 模拟的控制方程采用稳态不可压缩的 N－S 方程组，湍流模型选用通用性较好的 Standard $k-\varepsilon$ 模型，压力和速度采用 SIMPLE 算法耦合，对各流场变量采用一阶迎风格式进行离散。为了保证计算可靠性，本研究采取以下措施：划分足够的网格并在流场变化剧烈的区域加密网格；慎重选择适定的边界条件；给定很小的迭代误差并保证迭代收敛。

2.2　典型算例验证

CFD 计算得到的岔管水头损失系数，将在后续计算过程中被多次采用，故其准确性非常重要，需要对以上模型和方法进行验证。选用突扩管和渐扩管两个典型体型来验证以上模型和方法计算局部水头损失系数的准确性。

图 1 为经验公式计算值与 CFD 计算结果的对比，可以看出两者吻合度很好，且两个算例 CFD 结果与经验值的最大误差均不超过 5%，说明采用以上模型和方法计算管道局部水头损失系数是准确可靠的。

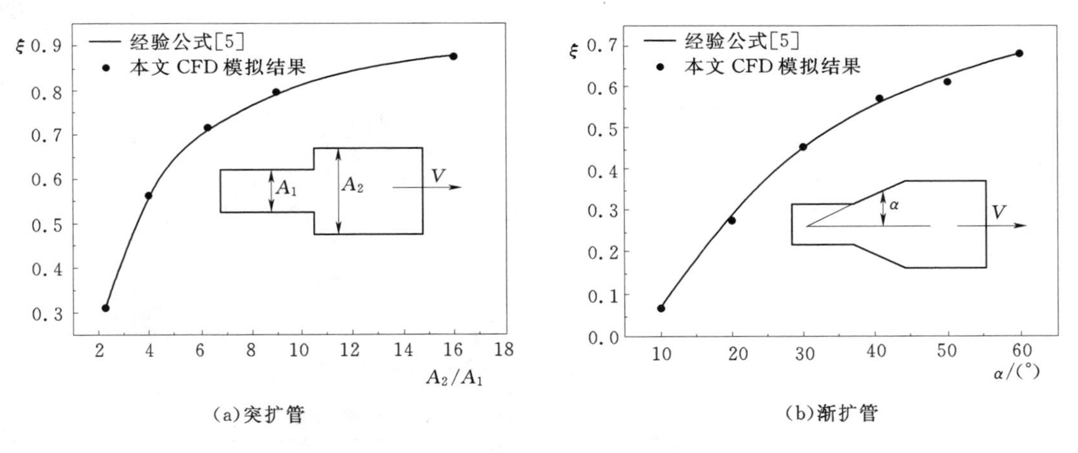

图 1　简单算例的水头损失系数的 CFD 计算数据与经验值对比图（ξ 表示水头损失系数）

3　月牙肋岔管水头损失系数 CFD 模拟

3.1　CFD 模型建立

本节计算单个卜形和 Y 形的月牙肋岔管在不同分流比工况下的水头损失系数。由于岔管是按额定工况下总管与各支管断面平均流速相等设计的，其体型参数的比例随额定工况分流比不同而不同。因此在一管四机情况下，卜形岔管需分三种体型计算，而 Y 形岔管只需考虑一种情况。计算体型及网格划分见图 2（a）和（b），其中卜形岔管只给出了其中一种体型的示意图。网格运用六面体和四面体混合划分的方式，在管道中采用质量较高的六面体结构化网格，在分岔部分采用能适应复杂体型的四面体非结构化网格。为保证计算结果的准确性，对分岔部分的网格进行加密处理，最终网格数约为 140 万个。

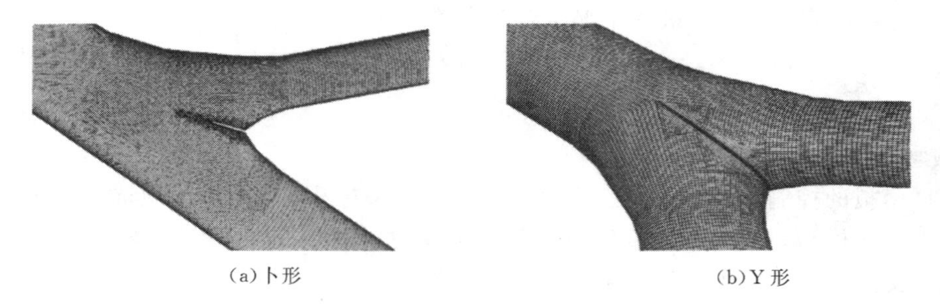

(a)卜形　　(b)Y 形

图 2　单个月牙肋岔管体型及网格示意图

岔管总管进口设为速度边界，各支管出口设为自由出流边界，管壁设为无滑移的壁面边界。计算中通过监测残差值来判断收敛情况，以残差值达到 10^{-7} 为收敛标准。

3.2　模拟结果

单个卜形和 Y 形岔管在不同分流比下的局部水头损失系数的 CFD 模拟值如表 1 所示，其分流比的定义如图 3 所示。卜形岔管分三种体型（三种体型所对应的额定工况分流比分别为 1∶3、1∶2 和 1∶1），Y 形岔管只考虑一种情况（分流比为 1∶1 所对应体型）。

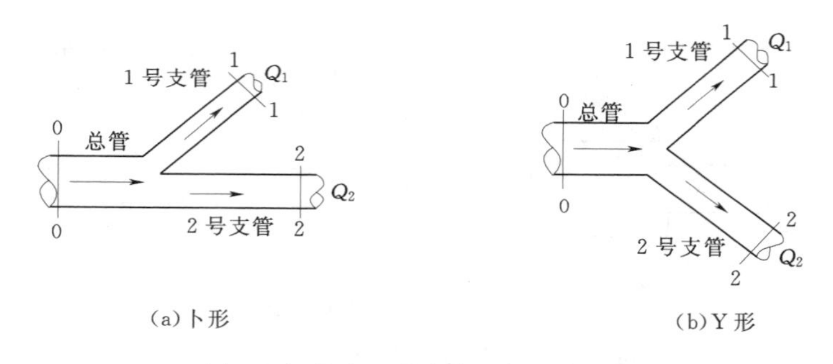

(a)卜形　　(b)Y 形

图 3　卜形及 Y 形岔管分流比示意图

表 1　　单个岔管不同分流比水头损失系数 CFD 模拟值

$Q_1:Q_2$			1∶0	0∶1	1∶1	1∶2	1∶3	2∶1
卜形岔管	$Q_{R1}:Q_{R2}=1:3$	ξ_{01}	3.177	0.235	0.605	0.270	0.188	—
		ξ_{02}	0.227	0.292	0.032	0.048	0.081	—
	$Q_{R1}:Q_{R2}=1:2$	ξ_{01}	1.855	0.204	0.327	0.153	—	—
		ξ_{02}	0.210	0.403	0.030	0.079	—	—
	$Q_{R1}:Q_{R2}=1:1$	ξ_{01}	1.052	0.296	0.194	0.131	—	0.377
		ξ_{02}	0.151	0.726	0.059	0.182	—	0.033
Y 形岔管	$Q_{R1}:Q_{R2}=1:1$	ξ_{01}	1.300	0.475	0.325	0.250	—	0.575
		ξ_{02}	0.475	1.300	0.325	0.575	—	0.250

注　Q_{R1} 和 Q_{R2} 分别表示额定工况下 1 号和 2 号支管的流量；所有数据均扣除了沿程水头损失；水头损失系数均以主管流速头为基准；ξ_{ij} 表示断面 i 到 j 的局部水头损失系数。

4 岔管群水头损失系数计算与分析

4.1 岔管群水头损失系数估算公式

对于一个总管连接四台机组的岔管群，各个支路的尺寸、流速和水头损失系数可能不同。因此，在运行机组的台数一定的情况下，选择不同的机组组合，岔管群的水头损失也可能不同。为了便于比较不同工况下各支路的水头损失大小，这里将所有支路的水头损失系数均以主管流速水头为基准来表达。

流速 v 与流量 Q 之间存在如下的关系：

$$v=4Q/(\pi D^2) \tag{1}$$

其中 D 为管道直径。根据下式可得 i 断面的流速：

$$v_i=v_1\frac{Q_iD_1^2}{Q_1D_i^2} \tag{2}$$

式中 v_i、Q_i——进口总管断面处第 i 断面的流速和流量；

D_1——进口总管直径；

D_i——第 i 断面的直径。

定义以 i 断面为主管的岔管局部水头损失 ΔH_{ij} 为：

$$\Delta H_{ij}=\xi_{ij}\frac{v_i^2}{2g} \tag{3}$$

式中 g——重力加速度；

ξ_{ij}——断面 i 到 j 的岔管局部水头损失系数。

将式（2）带入式（3）得：

$$\Delta H_{ij}=\xi_{ij}\left(\frac{Q_iD_1^2}{Q_1D_i^2}\right)^2\frac{v_1^2}{2g} \tag{4}$$

这样就得到以总管流速 v_1 表示的断面 i 到 j 的岔管局部水头损失系数 ξ'_{ij}：

$$\xi'_{ij}=\xi_{ij}\left(\frac{Q_iD_1^2}{Q_1D_i^2}\right)^2 \tag{5}$$

4.2 岔管群水头损失系数的叠加

从总管到各支管沿流线将经过的各岔管水头损失和沿程与局部水头损失求和即可求得各支路的总水头损失。由于各支管的沿程水头损失较小，在本计算中可略去，但计及弯管局部损失。

以图 4（a）的卜形岔管群为例，总管至第④号机组的损失系数为：

$$\xi'_{1④}=\xi'_{12}+\xi'_{23}+\xi'_{38}+\xi'_{87} \tag{6}$$

式中 ξ'_{12}、ξ'_{23}、ξ'_{38}——岔 A、B 和 C 以总管流速表示的局部水头损失系数；

ξ'_{87}——弯管 8－7 段以总管流速表示的局部水头损失系数。

4.3 不同岔管群水头损失规律与分析

结合 3.2 中采用 CFD 模拟所得单个月牙肋岔管的水头损失系数以及 4.1 和 4.2 中以

主管流速表示的水头损失系数公式，计算了四种不同结构和布置形式岔管群在不同运行工况下的水头损失系数，各种岔管群体型示意如图4所示。

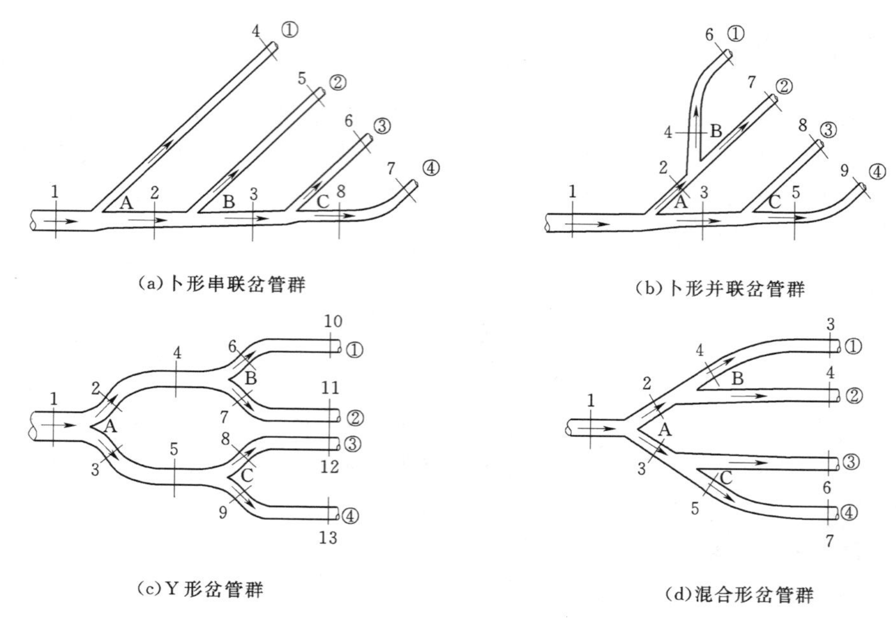

图4　四种岔管群示意图

根据计算结果，总结出岔管群各支路水头损失分布的一般规律，即水流经历的分岔越多，水头损失越大；在经历的分岔个数相同的情况下，水流流向在分岔处改变越大，水头损失越大。具体分析如下。

卜形串联岔管群各工况下计算结果见表2。依照所经历的分岔个数，1-①支路水头损失系数最小，1-②支路的水头损失系数稍大，1-③和1-④支路最大。③号和④号两台机同时运行时（岔C处分流比为1∶1），1-④支路的水头损失比1-③支路小，这是由于此时3-6管段在岔C处方向突变，引起较大水头损失，而3-7管段则包括缓弯段8-7，水头损失相对较小。其他工况下（岔C处分流比为0∶1或1∶0时），1-④支路的水头损失均比1-③支路大。在部分机组运行时，应即优先使用①号机组单独运行；①号和②号机组联合运行；或①号、②号和③号机组联合运行的方案。

卜形并联岔管群各工况下计算结果见表3。此方案同方案（a）在基本结构上均为卜形岔管，但布置方式不同。此时水流流过各支路都必须经历两个分岔（岔A、B或岔A、C），但流过各个分岔时流向改变的角度不同。水流流过1-①支路时在每个分岔处均会经历流向突变，产生的水头损失最大，所以三机组运行时应优先选择②号、③号和④号三台机组。由于不同分流比情况下各岔水头损失规律不同，四台机同时运行时1-④支路引起的水头损失最小；单台机运行时，1-②支路引起的水头损失最小。

Y形岔管群各工况下计算结果见表4。此时各条支路完全对称，单机运行时，水流流经各岔管时的分流比相同，所以各支路的水头损失系数相同。同理，全部机组同时运行时，各支路的水头损失系数也相同。三机运行方式虽有4种，但实际分流比组合仅有一种，因此4种方式的水头损失系数相同。双机组运行时，①号、②号或③号、④号机组组

合时的水头损失系数最大，应避免使用这两种运行方式。

混合形岔管群各工况下计算结果见表5。此时A岔为对称的Y形岔管，而B和C岔为不对称的卜形岔管，因此其水头损失分布规律兼具这两种岔管群的特点。由前面对卜形串联岔管群的分析可知1-①和1-④支路的水头损失并非总小于1-②和1-③支路的水头损失；而1-①、1-②支路和1-③、1-④支路对称，因此不同运行机组组合下各支路水头损失分布具有对称性。对于运行的建议是，一台机时应选用②号机或③号机，二机运行时应选用②号机和③号机，而三台机运行时则应选①号机和④号机外加剩下的任意一台机组。

表2　　卜形串联岔管群不同工况水头损失系数

工况		$\xi'_{1①}$	$\xi'_{1②}$	$\xi'_{1③}$	$\xi'_{1④}$	$\xi'_{总}$
四机	1111	0.188	0.234	0.349	0.299	1.070
三机	0111	—	0.413	0.769	0.680	1.862
	1011	0.270	—	0.703	0.614	1.587
	1101	0.270	0.307	—	0.532	1.109
	1110	0.270	0.307	0.528	—	1.105
两机	0011	—	—	1.766	1.567	3.333
	0101	—	0.874	—	1.381	2.255
	0110	—	0.874	1.398	—	2.272
	1001	0.605	—	—	1.265	1.870
	1010	0.605	—	1.263	—	1.868
	1100	0.605	0.857	—	—	1.462
一机	0001	—	—	—	5.152	5.152
	0010	—	—	5.113	—	5.113
	0100	—	3.594	—	—	3.594
	1000	3.177	—	—	—	3.177

表3　　卜形并联岔管群不同工况水头损失系数

工况		$\xi'_{1①}$	$\xi'_{1②}$	$\xi'_{1③}$	$\xi'_{1④}$	$\xi'_{总}$
四机	1111	0.470	0.253	0.253	0.200	1.176
三机	0111	—	0.453	0.527	0.432	1.412
	1011	0.744	—	0.527	0.432	1.703
	1101	0.868	0.482	—	0.501	1.851
	1110	0.868	0.482	0.501	—	1.851
两机	0011	—	—	1.502	1.289	2.791
	0101	—	0.920	—	1.113	2.033
	0110	—	0.920	1.111	—	2.031
	1001	1.574	—	—	1.113	2.687
	1010	1.574	—	1.111	—	2.685
	1100	2.157	1.287	—	—	3.444
一机	0001	—	—	—	4.941	4.941
	0010	—	—	4.934	—	4.934
	0100	—	3.955	—	—	3.955
	1000	6.573	—	—	—	6.573

表 4　　Y 形岔管群不同工况水头损失系数

工况		$\xi'_{1①}$	$\xi'_{1②}$	$\xi'_{1③}$	$\xi'_{1④}$	$\xi'_{总}$
四机	1111	0.793	0.793	0.793	0.793	3.172
三机	0111	—	0.979	1.408	1.408	3.795
	1011	0.979	—	1.408	1.408	3.795
	1101	1.408	1.408	—	0.979	3.795
	1110	1.408	1.408	0.979	—	3.795
两机	0011	—	—	3.175	3.175	6.350
	0101	—	1.966	—	1.966	3.932
	0110	—	1.966	1.966	—	3.932
	1001	1.966	—	—	1.966	3.932
	1010	1.966	—	1.966	—	3.932
	1100	3.175	3.175	—	—	6.350
一机	0001	—	—	—	7.864	7.864
	0010	—	—	7.864	—	7.864
	0100	—	7.864	—	—	7.864
	1000	7.864	—	—	—	7.864

表 5　　混合形岔管群不同工况水头损失系数

工况		$\xi'_{1①}$	$\xi'_{1②}$	$\xi'_{1③}$	$\xi'_{1④}$	$\xi'_{总}$
四机	1111	0.466	0.519	0.519	0.466	1.970
三机	0111	—	0.863	0.920	0.825	2.608
	1011	0.718	—	0.920	0.825	2.463
	1101	0.825	0.920	—	0.718	2.463
	1110	0.825	0.920	0.863	—	2.608
两机	0011	—	—	2.076	1.617	3.693
	0101	—	1.377	—	1.379	2.756
	0110	—	1.377	1.377	—	2.754
	1001	1.379	—	—	1.379	2.758
	1010	1.379	—	1.377	—	2.756
	1100	1.617	2.076	—	—	3.693
一机	0001	—	—	—	5.515	5.515
	0010	—	—	5.508	—	5.508
	0100	—	5.508	—	—	5.508
	1000	5.515	—	—	—	5.515

图 5 比较了以上四种岔管群不同运行方案下水头损失系数的最小值和平均值。两种表示方式所反映出的变化规律基本一致，即整体水头损失系数随运行机组台数的增加而减小

(水头损失系数以总管实际流速头为基准)。通过岔管群之间的比较可以看出，卜形串联岔管群水头损失系数总体最小，而Y形岔管群的水头损失系数总体最大。这是由于Y形岔管群中各支路管线沿流向均有突变和弯管段，使其在四台机同时运行时水头损失较大；并且在部分机组运行工况下，岔管群各支管流速头均比总管流速头大，以总管流速头为基准表示的弯管的水头损失系数也较大，引起Y形岔管群的总水头损失偏大。因此，若条件允许，在电站设计中应优先考虑卜形串联布置的岔管群。

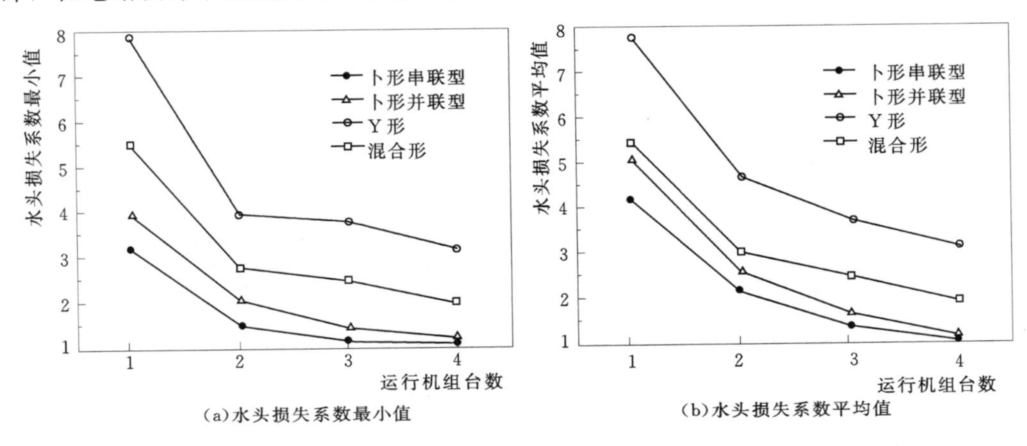

图5 各岔管群布置方案下不同运行工况水头损失系数最小值和平均值比较图

5 结论

本文利用CFD和经验公式相结合的方式，计算了4种布置形式岔管群在不同运行工况下的水头损失系数。总结出岔管群各支路水头损失分布的一般规律，即水流经历的分岔越多，水头损失越大；在经历的分岔个数相同的情况下，水流流向在分岔处改变越大，水头损失越大。通过比较各方案不同运行工况的水头损失系数，给出了最优的运行机组组合。同时，对比了不同运行工况下水头损失系数的最小值和平均值，对电站的岔管群选择提出了建议。本文的研究成果可为实际工程中岔管群布置形式的选取和运行方案提供依据，但这里仅计算了发电工况，针对抽水蓄能电站的岔管群还应研究抽水工况下各方案的水头损失系数规律，以完善此研究。

参 考 文 献

[1] 夏庆福，孙双科．抽水蓄能电站月牙肋岔管局部水力损失系数的试验研究 [J]．水利水电技术，2004，35 (2)：81-85.

[2] 黄智敏．抽水蓄能电站岔管群特性的实验研究 [J]．广东水电科技，1991，3：28-35.

[3] 李玲，李玉梁．抽水蓄能电站对称岔管的流动阻力特性 [J]．清华大学学报，2003，43 (2)：270-272.

[4] 梁春光，程永光．基于CFD的抽水蓄能电站岔管水力优化 [J]．水力发电学报，2010，29 (3)：84-91.

[5] 赵昕，张晓元，赵明登．水力学 [M]．北京：中国电力出版社，2009：125-128.

国产790MPa级高强钢岔管水压试验测试及监测技术特性及成果

张伟平　胡木生

（水利部水工金属结构质量检验测试中心，河南　郑州　450044）

【摘　要】 呼和浩特抽水蓄能电站工程钢岔管采用790MPa级国产高强钢，在水压试验过程中，采取了先进的焊接残余应力测试技术、声发射监测技术、数字摄影测量技术和应力测试技术等，测试结果验证了国产材料的优良性能和设计的合理性。并通过水压试验过程中采集的测试数据，科学地组织、调整试验流程，取得了较好的技术成果，为国产水电用高强钢的开发利用奠定了检验测试的基础。

【关键词】 抽水蓄能电站；钢岔管；水压试验；焊接残余应力；声发射；数字摄影测量；应力测试

1　试验测试及监测技术特性

呼和浩特抽水蓄能电站（以下简称呼蓄电站）的钢岔管是国内目前水头最高、HD值最大的工程之一，采用的国产钢材强度等级高，厚板钢材生产、瓦片和月牙肋制作难度大，施工质量要求高，焊接残余应力测试和水压试验工况下应力测试技术含量高，代表了我国抽水蓄能电站工程建设发展的技术水平。为了更好地完成高水头抽水蓄能电站高强钢岔管钢材、制作、试验和质量检验，提高国产化的科技创新水平，针对呼和浩特抽水蓄能电站高强钢岔管水压试验测试及监测的技术特性开展专题科研项目的研究，为我国抽水蓄能电站的工程建设提供经验和借鉴。钢岔管形式见图1。

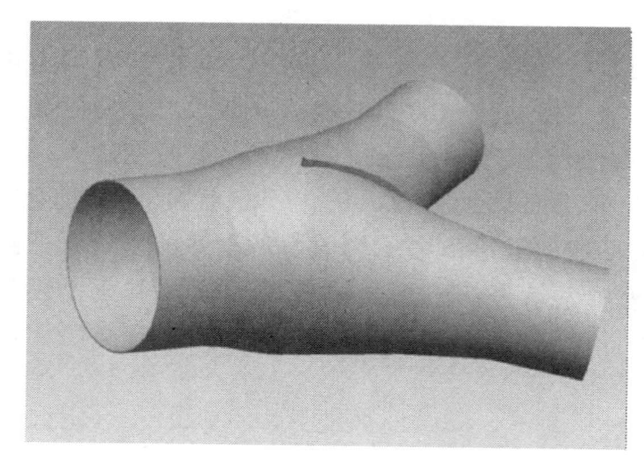

图1　钢岔管形式图

1.1　主要工作内容和主要技术要求

根据工程设计要求，钢岔管制作完成后，现场进行钢岔管的水压试验，并进行焊接残余应力和水压试验应力、焊缝热影响区硬度、变形及缺陷扩展等检测和监测工作。

1.2　岔管的基本技术特征

（1）水压试验工况按明管载荷。

(2) 岔管腰线最大内水压力按 9.06MPa 控制。

(3) 钢材材料弹性模量 $E=206$GPa，泊松比 $\mu=0.3$。

(4) 钢材的抗力限值 [s] 见表 1。

表 1　　钢材的抗力限值 [s]（水压试验工况下明岔管允许应力）

整体膜应力 /(N/mm²)	局部膜应力＋弯曲应力 /(N/mm²)	局部膜应力 /(N/mm²)	肋板应力 /(N/mm²)
289	463	386	338

2　测试方案

2.1　焊接残余应力测试方案

2.1.1　焊接残余应力机理

焊接过程中，局部热输入是产生焊接残余应力与变形的决定性因素。而热输入是通过材料、制造和结构所构成的内拘束度和外拘束度而影响热源周围的金属运动，最终形成焊接应力的变形。在焊接温度场中，热膨胀系数、弹性模量等材料特性呈现出决定热源周围金属运动的内拘束度。制造因素（工艺措施、夹持状态）和结构因素（构件形状、厚度及刚性等）则更多地影响着热源金属的外拘束度。随焊接热过程而变化的内应力场和构件变形，称为焊接瞬态应力与应变。而焊后，在室温条件下残留于构件中的内应力场和宏观变化，称为焊接残余应力与焊接残余变形。

焊接工程中的焊接变形和焊接残余应力并不是两种孤立的现象。两者之间的联系是有机的，它们同时存在于同一焊件，相辅相成而又相互制约。焊接过程其实就是在焊件局部区域加热后又冷却凝固的热过程，但由于不均匀温度场，导致焊件不均匀地膨胀和收缩，从而使焊件内部产生焊接应力和材料的应变。

2.1.2　焊接残余应力及焊接变形对高强钢岔管的影响

(1) 对钢岔管强度的影响。如果在高残余拉应力区中存在焊缝缺陷，而焊缝又在低于脆性转变温度下工作，则焊接残余应力将使静载强度降低。在循环应力作用下，如果在应力集中处存在残余拉应力，则焊接残余拉应力将使钢岔管的疲劳强度降低。

(2) 对钢岔管刚度的影响。焊接残余应力与外载引起的应力相叠加，可能使焊件局部提前屈服产生塑性变形。焊件的刚度会因此而降低。

(3) 对稳定性的影响。焊接残余应力与外载所引起的应力相叠加，可能使结构局部屈服或局部失稳，结构的整体稳定性将因此而降低。

(4) 对耐腐蚀性的影响。焊接残余应力和载荷应力一样也能导致焊缝应力腐蚀开裂。

2.1.3　焊接残余应力测试方法分析

焊接残余应力的测量方法可分为机械释放破坏性测量法和非破坏无损伤测量法两种。机械释放测量法，是将具有残余应力的部件从构件中分离或切割出来使应力释放，然后测量其应变的变化求出残余应力。主要包括小孔应力释放法、取条法、切槽法、剥层法等破坏性方法和压痕电测法等。其优点是测量方法简便，但对构件构成损伤，在高强钢钢岔管上不允许采用。非破坏性方法，包括X射线衍射法、中子衍射法、磁性法、超声波法、电子散斑干涉法等。它对被测构件无损害，但对测试工作的技术条件要求高、劳动强度大、仪器成本也高。根据呼和浩特抽水蓄能电站钢岔管工程的技术特点，决定采用X射线衍射法测定焊接残余应力。

X射线对晶体晶格的衍射发生干涉现象，通过测出晶格的面间距，确定被测构件的残余应力。它的优点是可以测量出应力的绝对值，测试结果准确，重复性、再现性好。X射线衍射法对测试表面的处理质量要求十分严格，设备操作智能化程度高，测试数据稳定，现场适应性较强，无需特殊防护。三峡水利枢纽左岸电站600MPa级蜗壳与压力钢管、三峡水利枢纽地下电站600MPa级蜗壳与压力钢管、四川瓦屋山水电站600MPa级高强钢岔管、云南大盈江水电站600MPa级高强钢岔管、新疆喀腊塑克水电站790MPa级高强钢岔管、四川沙坪电站600MPa级高强钢岔管、偏桥电站600MPa级高强钢岔管、新疆雅玛渡电站Q345D压力钢管、河北张河湾抽水蓄能电站790MPa级高强钢岔管等项目上均得到了应用，并取得了较好的测试结果。经过焊接残余应力峰值消除率的测试、评价分析，测试成果得到工程建设单位和设计单位的认可，所测试的工程项目运行状态良好。近年来已将X射线衍射法测定焊接残余应力的方法推广到水轮机转轮、大型金属结构、压力钢管、钢岔管等结构件的焊接残余应力测试领域，在仪器性能和计算机软件的开发、研究方面取得了较丰富的技术成果，在水利水电工程上的应用和推广，也得到全国残余应力学会的认可和支持。

采用X射线衍射法测定焊接残余应力，可以针对被测结构件在不同状态下，对同一被测区域和测点进行多次重复测量，对于需要比较焊接残余应力峰值降低效果评价的场合，这是其他测试残余应力方法无可比拟的优点。尤其是再现测量数据，重复性最大误差不大于20MPa。例如，被测结构件在载荷试验、时效处理和热处理的过程前、后的不同状态，焊接残余应力分布情况的比较，应当严格地限定于被测点的数据比较，但是传统的测试方法无法满足测试点再现测量的要求，不能合理、准确评价被测点焊接残余应力峰值降低效果，因此传统的测试方法如小孔应力释放法、取条法、切槽法、剥层法等破坏性方法和压痕电测法难以满足钢岔管焊接残余应力峰值降低评价的要求。

2.1.4 呼蓄电站钢岔管焊接残余应力测试方案

(1) 布置测区。测试部位按焊缝分布情况确定，用油漆标记出测试部位并编号，所有被测部位不得有涂层、飞溅及污物。布置5个测区，每个测区分别包含焊缝中心、熔合线、热影响区的测点。

(2) 测区表面处理。对各测区表面进行表面处理，划定测量区域，用角向磨光机磨平测区焊缝余高，用抛光轮精细打磨，用饱和盐水作电解质进行电解抛光，直至消除磨痕，并清晰地分辨出焊缝、熔合线和热影响区。

(3) 测点标记。每个测区按垂直焊缝的方向标记测点，测点至少包含焊缝中心、熔合线、热影响区，对称焊缝纵向轴线标记，见图2。σ_x 表示与焊缝方向平行的焊接残余应力，σ_y 表示与焊缝方向垂直的焊接残余应力。

(4) 测量仪器

仪器名称：X-350A型X射线应力测定仪技术性能，见表2。

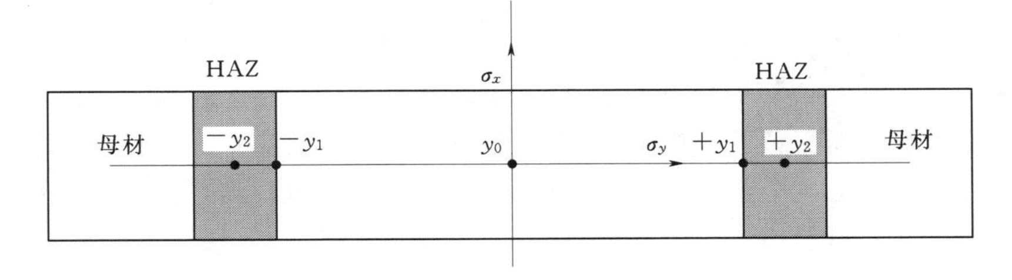

图 2 残余应力测点标记示意图

表 2 X-350A 型 X 射线应力测定仪技术参数

测量方法	侧倾固定 Ψ 法
定峰方法	交相关法
辐射	Cr kα
衍射晶面	211
Ψ 角	0°，45.0°
应力常数	−318MPa/(°)
2θ 扫描起始角	162.00°/163.00°
2θ 扫描终止角	151.00°/152.00°
2θ 扫描步距	0.10°
计数时间	0.5s/1s
准直管直径	2mm
X 光管高压	22.0kV
X 光管电流	6mA

2.2 水压试验应力测试

水压试验应力测试布点原则，依据工程设计提出的“岔管实验检测平面布置图”实施。

2.2.1 准备阶段

钢岔管现场组装完成后，上下游闷头焊接完毕，按施工编号：钢岔管主锥和支锥分别为 1、2、3 号，水压试验进水管路、测压点布置在 3 号锥。根据岔管施工设计，不设人孔，2 号锥闷头最后安装施焊。

所有布点位置打磨抛光处理，焊缝旁的测点位置距焊缝中心 35mm，并用记号笔标注测点编号。岔管内部引出线采用自主研发的接线端子引出。接线端子法兰座与岔管闷头的过渡段采用焊接。焊接法兰座前，应按要求先在 1、3 号闷头的过渡锥下部采用磁力钻制孔，孔径 22mm，孔数按内部应变片数量确定。制孔及接线端子法兰座的焊接由测试人员技术指导，由委托方施工。内部贴片、引线等全部工作结束、岔管内部清理工作完成后，施工单位方可封闭 2 号锥闷头。

水压试验应力测试采用水下应变片和黏接剂，内部连线采用绝缘硅胶密封。

2.2.2 水压试验应力测试

水压试验升压与应力测试同步进行，在每个保压阶段测试稳定的应力数据，试验测试阶段确定为 0～1MPa、2MPa、3MPa、4MPa、5MPa、6MPa、7MPa、8MPa、9.06MPa，每个保压段保压时间 10～15min，最后升压到 9.06MPa 保压 30 min，完成一次水压试验的全过程约 360 min。水压试验过程中的升压速率控制在 0.05MPa/min。

最大水压试验压力值的控制：根据设计和规范要求，试验水压达到设计最高水头时，岔管的管壳应力和肋板应力均应处于允许应力范围内。当水压试验测试应力达到结构允许应力时，应做出是否继续加压的决定。

水压试验过程中，通过应力测试，以岔管管壳控制点的应力和肋板控制点的应力限定在材料的允许应力以内，是考虑到焊接残余应力和加工误差的影响，避免水压试验载荷产生附加应力，超出材料的屈服强度，形成加载过程中的材料失效。水压试验过程中的测试应力实际上是岔管在承载过程中的工作应力。如果岔管在焊接制作中存在一定的误差，例如焊缝错边量超差、焊缝内部存在缺陷、表面成形不良等，水压试验过程中，在局部会产生附加的集中应力，并破坏有限元计算的边界条件，造成局部应力增大或形成材料的破坏。因此在水压试验压力值的控制上，应力测试的环向、水流方向上分量的变化范围与计算应力的环向、水流方向分量比对作为试验压力值的控制手段是合理的，在试验现场能够及时地将信息传达给试验指挥人员，进行试验过程中的决策，是切实可行和安全的。

3　水压试验过程安全监测技术

3.1　V－STARS 数字摄影测量变形监测方案

岔管水压试验过程中的变形监测，采用 V－STARS 数字摄影测量系统。

V－STARS 是基于数字摄影的大尺寸三坐标测量系统，也称为工业摄影测量系统（Industrial Photogrammetry System）、数字近景摄影测量系统、数字近景摄影视觉测量系统、数字摄影三维测量系统、三维光学图像测量系统（3D Industrial Measurement System）。采用高精度的专业相机，通过在不同的位置和方向，对试验岔管进行拍摄，V－STARS 软件自动处理数据照片，通过图像匹配等处理及相关数学计算后得到待测点精确的三维坐标。V－STARS 系统是测量硬件和数据处理软件一体化的技术，其特点是：

（1）高精度。单相机系统在 10m 范围内测量精度可以达到 0.08mm。

（2）非接触测量。光学摄影的测量方式，无需接触工件。

（3）测量速度快。单相机几分钟即可完成大量点云测量。

（4）可以在不稳定的环境中测量（温度变化、振动等因素）。

（5）特别适合狭小空间的测量。

（6）数据率高。可以方便获取大量数据。

（7）适应性好。被测物尺寸 0.5～100m 均可用一套系统进行测量。

（8）便携性好。单相机系统 1 人即可携带到现场或外地开展测量工作。

3.2　声发射技术监测方案

岔管水压试验过程（升压、保压）中，采取声发射技术对水压试验安全性进行监控。在承受内水压力的载荷作用下，岔管管壁、焊缝表面和内部缺陷产生扩展，根据声发射检测的原理，确定声发射源的部位及划分综合等级，判定是否存在危害性缺陷，为岔管水压试验的安全进行提供技术保障。

3.2.1　*声发射监测技术原理*

声发射监测技术是一种动态非破坏的检测技术，可提供缺陷随荷载、时间、温度等外变量而变化的实时或连续信息，适合于在线监控及早期或临近破坏预报。可解决常规无损检测方法所不能解决的问题。声发射是指材料局部能量的快速释放而发出弹性波的现象。材料在应力作用下的变形与裂纹扩展，是结构失效的重要机理。这种变形与断裂机理有关的弹性波源为典型的声发射源。通过对声发射源的采集和分析，对结构的运行状况进行综合的评价。

呼蓄 790MPa 级高强钢岔管水压试验最高内水压力达到 9.06MPa，为确保在水压试验过程中，钢岔管、封头的焊缝及母材在安全状态下，顺利完成水压试验的各项检测数据，同时，对可能发生的缺陷扩展及避免不能及时发现缺陷而遗留到安装、运行阶段，决定采取水压试验过程中声发射监测技术，对钢岔管水压试验加载过程进行安全性监控，为试验的安全进行提供科学的数据。

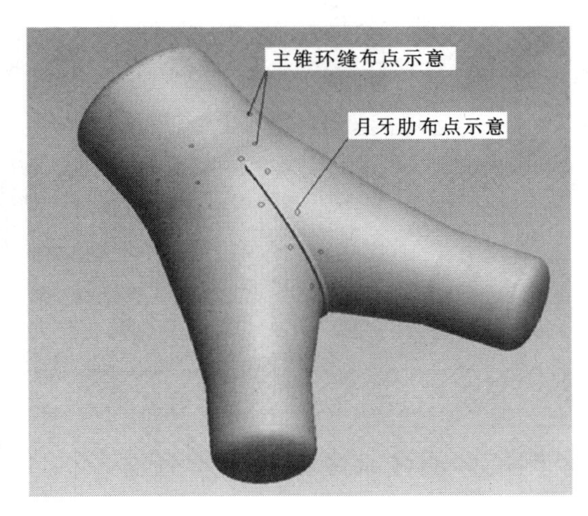

图 3　声发射测点布置示意图

3.2.2　声发射传感器布置方案

主锥环缝、月牙肋焊缝采用德国 ASMY-6 型声发射仪进行监控，传感器采集信号通道数 38 个，形成数据采集网。信号采集定位方式为圆柱型定位，对岔管的焊缝在水压试验过程中实施进行监控。声发射测点布置见图 3。

3.2.3　声发射监测结果的评定标准

确定传感器位置，打磨传感器布置区域，安放传感器，与声发射监测仪器连接，调试完成后，随水压试验开始进入监测状态。在岔管升压、保压过程中，采集声发射源信号，分析声发射源强度，为水压试验安全进行提供安全保障。评定依据《金属压力容器声发射检测及结果评定方法》（GB/T 18182—2000）。

3.2.4　声发射源分析

当声发射源信号强度大于 80dB，并且在升压和保压过程都有该声发射源，根据标准 GB/T 18182—2000，判定该声发射源为强活性，这时应立即停止水压试验。用其他无损检测方法（UT、TOFD、MT）来定性该信号源，判断是否定性为危害性缺陷。若为危害性缺陷，应论证是否需要排除后再进行水压试验。

3.2.5　声发射检测仪器技术特性

全数字多通道声发射监测仪型号 Vallen AMSY-6，产地德国，主要参数指标如下：

（1）工作频率：可用于多种材料检测。

（2）每个通道 AD/C；40MHz，18 位精度。

（3）所有通道之间的误差为 25ns。

（4）采样率：40MHz。

（5）通道的运算速度：420m/s；采集速度大于 15000 撞击/s。

（6）计数：16 位。

（7）串级撞击、串级计数、完整串级的串级能量。

（8）在数据表中，标出超出时间撞击、开始撞击、标定撞击等。

（9）到达时间：48 位，100ns。

（10）超低白噪音：15dB。

（11）具有 4～8 个外接参数，可以采集压力、拉力、温度等参数，采样率为 20kHz。

（12）声发射采集卡，采用四边固定方式，可靠性高。

（13）AD 前端模拟滤波：2 高通、1 低通滤波。

4 测试及监测结果

测试及监测工作完成后，形成工作成果的技术报告，其中包括：

（1）焊接残余应力测试技术报告。

（2）水压试验应力测试技术报告。

（3）焊缝热影响区硬度检测技术报告。

（4）水压试验过程钢岔管变形监测技术报告。

（5）水压试过程钢岔管声发射监测技术报告。

5 测试监测技术成果及经验总结

呼蓄电站 790MPa 级高强钢岔管水压试验所包含的内水压力加载的工作应力测试、声发射安全监测、焊接残余应力对比测试以及水压试验变形观测等测试项目在承担单位与水压试验参与各方的共同努力下，已经结束了现场试验、测试工作，取得了完整的试验、测试数据，完成了《呼蓄电站 790MPa 级高强钢岔管水压试验大纲》所要求的各项测试、监测的工作内容，水压试验实施过程及试验测试数据等技术成果达到了预期目标。

呼蓄电站是首次采用国产 790MPa 级、厚 70mm 板高强钢制作钢岔管的蓄能电站工程，也是首次在 790MPa 级高强钢岔管水压试验过程中全面实施了全过程检验、测试和监控等技术措施的钢岔管水压试验施工典型案例。

近年来，我国水电工程建设出现快速发展的趋势，工程设计的工况参数和质量要求达到了世界先进水平，尤其是压力钢管和钢岔管结构设计和制作，对高强钢的需求日益增高。过去，受国产钢材性能、品质的制约，水电工程采用的高强钢大多是从日本、欧盟国家进口，尤其是 790MPa 级高强钢，主要依赖进口。我国抽水蓄能电站如十三陵、西龙池、张河湾等工程的钢岔管，采用的都是国外高强钢板及焊材，而且均由国外将岔管瓦片制造、检验合格后运抵现场组装、安装。除新疆某水电工程钢岔管采用了国产 790MPa 级高强钢（HD 值 1064m·m、设计水头 140m、岔管壁厚 32mm、月牙肋板 Q345B）外，国内其他已建、在建水电工程没有采用国产 790MPa 级 70mm 及以上厚度的厚板高强钢制作钢岔管的先例。呼蓄电站建设单位经过调研、考察，决定在呼蓄电站高水头、大体型的钢岔管（HD 值 4168m·m、设计水头 906m、岔管壁厚 70mm，月牙肋板厚 140mm）制作材料全部采用国产 790MPa 级高强钢，体型设计和结构计算、施工工艺和施工组织设计依靠国内力量完成，水压试验过程监控及测试任务由专业检测机构承担，这是一项我国水电工程建设史上的突破和技术创新，开创了 790MPa 级高强钢技术国产化的道路，为今后水电工程建设，尤其是高水头蓄能电站的建设施工，大力推广采用国产化高强钢材料、设计技术和施工工艺、水压试验和检验测试技术奠定了良好的基础。

呼蓄电站 790MPa 级高强钢岔管水压试验、测试所取得的技术成果，具有较高水平的创新因素和推广价值，工程建设单位、设计单位、施工单位和检测机构应在总结工作经验、完善后续施工工序落实和质量管理的基础上，分析、论证、进一步研究高强钢岔管水压试验过程中的客观现象和试验数据，将试验工作的成果转化为科研成果，并作为科技成果进行推广，为我国水电工程建设事业增添光彩，为水电工程建设的发展和科技创新贡献力量。

5.1 呼蓄电站790MPa级高强钢岔管水压试验主要技术成果

5.1.1 验证了工程设计、结构计算数据的符合性

水压试验前，施工单位和工程设计单位都对岔管水压试验工况下的强度和刚度进行了有限元分析计算，根据所提供的资料，分析计算的结果趋势是一致的。从岔管管壳Mises应力和合位移等值线所表示数据看，最大Mises应力出现在主锥管节顶点处。施工单位按试验压力10.35MPa计算结论，最大Mises应力664MPa，最大径向位移15.6mm。工程设计单位按试验压力9.06MPa计算结论，最大Mises应力520MPa，最大径向位移12mm。水压试验加载升压过程中，测试的数据验证了主锥管节顶点处最大应力区应力幅值变化的趋势。

5.1.2 验证了施工组织设计、工艺参数的正确性、合理性和完善性

呼蓄电站790MPa级高强钢岔管的施工组织设计和工艺参数的评定，从材料性能验证开始，对下料卷板、车间预组、现场焊接、闷头设计、整体组装、试验设施等环节，进行了专家的论证研讨、咨询。施工的过程是一个不断完善、不断改进的过程。从水压试验的过程和试验测试数据上判断，钢岔管本体、闷头、组对焊接施工等组织设计的措施是正确、合理的。同时，通过试验环节，也反映出在确定水压试验配套设备、支撑方式方面的不完善。尤其是试验加载设备加压泵的规格、性能与水压试验的性能要求有较大差距，没有相应替补措施和方案。试验配套设备、支撑方式的不完善说明施工单位在水压试验施工及实施方面的经验和专业技术准备的不足。

5.1.3 验证了施工过程质量监督和控制的有效性、重要性

在钢岔管的施工质量监督管理上，实行了监理制度。驻场监理对施工生产条件、人员素质、材料的验证、工艺方法、施工环境要求严格进行了控制，对生产过程中出现的质量缺陷和工艺纪律松懈的状况进行及时纠正，并在关键节点，实施业主单位赋予的权限，达到了预防、监督、控制和改进的目的；采取协调、沟通、信息交流、组织专家研讨会议等多种形式，有力促进了施工组织措施的落实，全面地保证了工艺性能和制作质量。

5.1.4 验证了国产790MPa级高强钢材料性能指标的先进性、稳定性

呼蓄电站钢岔管采用材料是宝钢生产的B780CF高强钢，钢材性能指标和质量与国外发达国家同类级别的钢材相比，处于同一水平。尤其是具有良好的延伸率指标（保证值20%），这是钢岔管生产过程中，涉及到高强钢厚板的卷板工艺、焊接工艺性能最关键性的技术指标。水压试验是在明管状态下的加载，没有运行条件下围岩分担载荷的能力，如果材料的塑性指标不良，水压试验的加载会对局部构造产生塑变和表面应力破坏，本次水压试验恰恰证明了这一点。例如，当水压试验加压到5MPa时，岔管局部表面应力达到了520MPa，接近了设计允许应力值，此时按水压试验技术要求，测试表面应力达到520MPa应当结束水压试验，但距工程设计给出的水压试验规定压力9.06MPa相差较大。继续加载，局部表面应力逐步接近屈服限，并进入到弹塑性区，而水压试验压力值尚未达到额定值9.06MPa。如果在这种条件下继续升压，有可能造成局部表面产生裂纹甚至出

现破坏。由于材料具备了良好的延伸率指标，充分利用材料的塑韧性储备、实施表面强化的措施，采取多次打压卸压、逐步提高最大试验压力方法，来提高局部的材料表面屈服强度，满足水压试验的试验压力值的要求。国产790MPa级高强钢具有较好的延伸率指标，这是呼蓄电站钢岔管水压试验能够达到或接近额定值9.06MPa的关键性条件。

5.1.5 验证了测试方法和结果分析的先进性、正确性和准确性

高强钢岔管的焊缝施工质量，主要由两方面的质量评价：①焊缝无损检测的评价质量；②焊缝接头力学性能指标的评价。无损检测是直观的，无论采取哪种无损检测方法，依据评定标准，可以判断焊接施工的质量是否满足规范要求。而且无损检测可以重复、再现检测，具有完善的检测工艺、作业流程和评价规程。焊缝接头的力学性能是隐蔽的，与焊接过程参数运用的正确性、返工次数、瓦片组对、矫形以及约束条件等等有关，一旦岔管焊接成型后，焊缝接头的力学性能参数是不可重复和再现检测的。因此，水压试验一方面具有验证焊缝成型质量的需求；另一方面更重要的是通过加载、超载的方式，验证焊缝接头承受极端载荷的能力。这个能力必须通过与试验同步测试的方法，也就是采取水压试验应力测试、变形测试的手段，测出在加载过程、超载试验的条件下，岔管结构强度、刚度的变化范围和发展趋势。不实施应力测试、变形测试的水压试验是一种盲目的施工方法。呼蓄电站水压试验的测试要求，测点布置设计是合理的、正确的，覆盖了主体结构的控制部位和控制点，与有限元结构分析的控制区域是一致的。为了验证水压试验钝化焊接残余应力的效果，采用X射线衍射方法对试验前后的焊接残余应力进行了测试。同时，出于试验的安全考虑，在水压试验加载过程中，实施了声发射监控测试和数字摄影变形观测，有利于加载时的缺陷扩展的判定和试验过程的安全性。试验结果表明，呼蓄电站的测试手段先进、方法正确、结果准确。

5.2 呼蓄电站790MPa级高强钢岔管水压试验实践经验及意义

呼蓄电站790MPa级高强钢岔管水压试验及过程测试的结果，提供了非常宝贵的实践经验，总结有以下方面。

（1）高水头、大体型的钢岔管应选择具有较好力学性能和延伸率（塑性）指标高的材料。高水头、大体型钢岔管采用高强钢材料，必须要注意厚板卷制、组对焊接、岔管结构的特点，除了力学性能和化学成分指标外，良好地延伸率是非常关键的技术指标，这是水电工程用高强钢与其他行业的不同点。钢岔管管壁在厚径比数据上往往超出允许冷卷的范围，局部即有膜应力与弯曲应力叠加，同时，还存在着较高水平的焊接残余应力、厚板卷制冷加工残余应力、安装应力以及应力集中的结构构造，例如本案例的主锥顶部。当水压试验加载时，受上述因素影响，测试的局部表面应力发展的比较快，而且提前进入弹塑性区。

（2）高强钢岔管的结构设计和计算分析中应当重视残余应力的影响。焊接残余应力是结构件焊接施工不可避免的，厚板冷加工卷制同样存在残余应力。常规材料（普通碳素钢）结构由于受强度级别和结构刚度的限制，结构件的板厚和承载有较大裕度，通常不考虑焊缝接头焊接残余应力和母材冷加工形成残余应力的影响。即使存在消应的要求，大多从控制变形的角度考虑。高强钢结构，由于其本身所要求的承载能力高，尤其在钢岔管结构上，受膜应力理论计算的假定，在制作过程中，尽量减少因施工所

产生的附加弯曲应力；在承载过程中，尽量采取避免工作弯曲应力的结构设计。降低构件表面弯曲应力的初衷，是考虑到高强钢焊接过程中所产生的焊接残余应力，一方面优化施工和设计；另一方面不恶化、不提升焊接残余应力水平，是高强钢岔管结构最为理想的状态。但实际上会存在局部膜应力与弯曲应力的工作状态，再附加较高水平的焊接残余应力，并且结构上还存在应力集中现象，这样结构的表面应力会达到较高的水平。而在结构设计和计算分析中，不考虑焊接残余应力水平的存在，这是因为事先不能掌握焊接残余应力、冷加工残余应力的水平和确切位置。通过水电工程实际测试的数据表明，600～790MPa级高强钢岔管局部的焊接残余应力最高可达到甚至超过材料的屈服极限。如果未采取钝化残余应力的措施，就应当进行水压试验，对焊接残余应力、冷加工残余应力、安装应力对水压试验应力测试数据的影响，要有足够的认识，有时这种影响是非常显著的。

（3）高水头、大体型高强钢岔管的水压试验对钝化结构焊接和冷加工残余应力、安装应力的作用明显。高强钢岔管的水压试验工艺参数和试验流程组织的合理，可以有效地钝化结构焊接和冷加工残余应力、安装应力，相反，不合理的试验方法，也会产生恶化结构承载能力的结果。呼蓄电站1号岔管在试验压力5MPa、局部表面测试应力520MPa时，果断地停止继续升压，经过综合分析后，采取措施，将局部焊接残余应力钝化后，试验压力接近设计额定值，保持在8.6MPa。1号岔管的闷头解体后，测试局部点的焊接残余应力水平处于240MPa，与未钝化的2号岔管相同位置测试的数据340MPa比较，焊接残余应力水平降低了近100MPa，根据焊接残余应力测试结果的反算，通过水压试验降低焊接残余应力幅度在30%以上。

（4）利用水压试验的加载、卸载过程，可以强化、提高局部结构的承载能力。如果存在较高水平的焊接残余应力，局部构造又受结构设计的限制，不可能再进一步进行结构优化，这个部位的应力水平就会比较高，对运行会产生不利影响。如果没有其他手段，可以利用水压试验的条件，确定合理的参数，分步骤地反复加载、卸载，可以达到强化局部结构、提高材料屈服极限的目的。采取这种做法，首先应保证材料具备良好的延伸率指标，其次，无损检测评定的焊缝质量必须保证满足规范要求，且焊接施工严格按评定合格的工艺参数执行，返修次数、热输入值等都应有详细地记录。呼蓄电站1号岔管经过5次加载，每次试验最高压力值升高约1.2MPa，局部最高应力保持在630MPa，提高了材料s—e曲线的拐点。在1号岔管试验经验的基础上，2号岔管经过了3次加压，试验压力达到9.06MPa，局部最高应力保持在603MPa。1号、2号局部最高应力—应变曲线仍处于弹性变形的线性区间。

（5）高强钢岔管的工程设计、结构分析计算、工艺评定和施工组织设计、施工过程质量监督控制、水压试验及检验测试、监控等各环节组成了一个系统工程，在任何环节出现的问题应采取综合分析和论证的科学方法。呼蓄电站790MPa级高强钢岔管水压试验的全过程，是一个从不知到知之的过程，从对国产790MPa级、70mm厚度及以上的厚板高强钢的怀疑、担心，到制作工艺过程的持续改进，从对测试方案、测试手段及测试数据的质疑和争论，到水压试验程序和方法不断完善、不断协调，得到最后成功的结果。反映了理论和实践相结合的过程中，对待出现的问题，需要我们从提高认识、统一思想的角度入手，将客观事物、生产试验过程视作为技术创新过程的系统工程，不做偏离客观规律、片面的结论，将解决问题取得的答案作为成功的目标，这就是我们在从事水电工程建设事业中应有的责任心和实事求是的科学态度，也是呼蓄电站水压试验及测试工作带给我们极为宝贵的经验。

基于CATIA二次开发的水电站月牙肋钢岔管三维辅助设计系统

何新红[1] 伍鹤皋[2] 石广斌[1] 付 山[2] 汪 洋[2]

（1. 中国电建集团西北勘测设计研究院有限公司，陕西 西安 710065
2. 武汉大学水资源与水电工程科学国家重点实验室，湖北 武汉 430072）

【摘 要】 水电站月牙肋钢岔管具有受力条件好、水流平顺、水头损失小等优点，得到了广泛的应用，但月牙肋钢岔管体形复杂，给其优化设计带来很大的工作量，因此实现月牙肋钢岔管的快速设计以提高工作效率具有重要的现实意义。二次开发是软件用户化的重要手段，本文利用基于Automation API的CATIA二次开发技术，开发出了月牙肋钢岔管三维辅助设计系统，可以快速完成月牙肋钢岔管的体形设计、有限元网格剖分、管节展开计算等设计工作。运用该软件对国内某抽水蓄能电站工程钢岔管实例进行了设计与分析，结果表明该系统具有设计速度快、计算精度高、运行稳定、界面简洁美观等优点，具有较广阔的应用前景。

【关键词】 CATIA二次开发；水电站；月牙肋钢岔管；三维设计；计算机辅助设计

1 引言

三维设计是一种建立在二维（平面）设计的基础上，让设计目标更立体化，更形象化的新兴设计方法，随着水电行业的发展，三维设计将是水电工程设计的必然发展趋势。目前市场上流行的三维设计软件在建模和有限元分析上各有所长，软件联合使用可以发挥各软件的优势，不失为解决工程上各种建筑物结构设计问题的一条有效途径。CATIA作为一款CAD/CAM/CAE一体化软件，在很多高端领域有着广泛运用，它造型功能十分强大，但相对于专业的有限元软件，其计算分析模块还不完善；ANSYS软件具备有限元分析功能强大、兼容性强、使用方便和计算速度快等优点，但在建模尤其是网格剖分方面需要花费大量的时间。

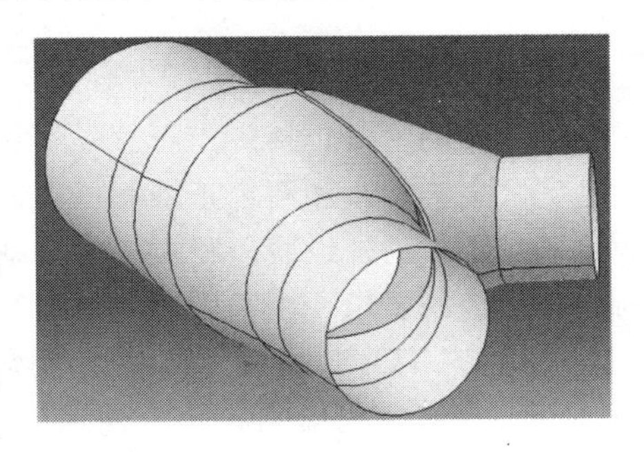

图1 岔管CATIA三维图

月牙肋钢岔管被广泛运用到水电站输水系统中，它是由三梁式岔管逐渐演变而成的一种岔管形式，具有制作相对简单，受力条件好，岔管内流体流态平顺，水头损失较小等优点，见图1。但月牙肋岔管结构体形复杂，在优化岔管体形时反复修改设计参数使得设计和计算的工作量非常大，所以实现快速完成月牙肋钢岔管设计有着重要的意义。

针对以上现状，本文以水电站月牙肋钢岔管为对象，运用基于Visual Basic（VB）语言的CATIA二次开发技术，开发出了具有独立可视化界面的水电站月牙肋钢岔管辅助设计系统。

2 开发方式

CATIA 为了满足用户专业化设计需要，提供了多种二次开发接口。CATIA 主要的二次开发方式有：自动化对象编程（Automation API）和基于开放的组件应用构架编程（CAA - RADE）。经调研，Automation API 功能有限，但足以满足本系统的开发要求，且模式简单，可以形成独立的可执行文件，开发出的软件对 CATIA 软件版本依赖性较弱；CAA - RADE 功能强大，运用复杂，且钢岔管存在多个过渡管节的情况，不宜采用此种方式。因此本系统拟采用 VB 语言，利用基于 Automation API 的 CATIA 二次开发技术。

3 设计思路

使用 VB 语言中程序调用函数实现对 CATIA 二次开发接口的连接；为了较好的模拟管壳受力，有限元模型中管壳、肋板和闷头均采用壳单元进行模拟，而在管节展开时必须考虑肋板厚度对支锥相贯线的影响，因此本程序需快速生成两套模型，分别是有限元模型和管节展开模型。在程序界面上输入设计参数和选择主支管过渡管节个数后，可实现有限元模型网格自动剖分和管节展开模型的管节自动展开；通过 export mesh 命令导出 CATIA 中有限元模型的网格单元节点信息文件后，再通过本系统的一键转换功能，即可将其转换为 ANSYS 能直接读入的 *. dat 形式的各种工况下的命令流文件，包括明钢管单独承载、水压试验和埋管联合承载方案，实现 CATIA 与 ANSYS 的无缝对接。该命令流导入 ANSYS 后生成的模型为已经完成前处理和荷载加载的有限元模型，可直接进行有限元计算。管节展开模型由管壳中面，模型自动展开后通过 CATIA 工程制图模块可直接投影成二维工程图，另外在 Excel 中可以输出各管节展开后在相应局部坐标系下边界曲线上的点坐标，以方便钢岔管加工制造。

4 建模方法

月牙肋钢岔管包括主支管管壳和月牙肋板两部分，其中主支管管壳的基本锥又由一个倒锥管（主锥管）和两个正锥管（支锥管）组成，三者共切于一个公切球。肋板为月牙状的钢板，肋板的外缘线以相贯线为基础向管壳外适当加宽 50～150mm 而成，以满足管壳与肋板焊接的要求，内缘则为一抛物线，见图 2。

运用 CATIA 建模时，可将三维体形设计简化为较易的二维设计来完成，利用 CATIA 曲面造型的优势，可以很方便地建立岔管模型。具体的建模方案为：有限元模型主要包括管壳、肋板和闷头，通过程序界面参数可定位锥管和柱管的轴线和腰线，再通过旋转命令让腰线绕着轴线旋转 360°得到各锥管和柱管段；例如腰线 BF（见图 2）的方程为：

$$y=\tan(2c)x+RT/\cos(2c) \tag{1}$$

式中 c——主锥 C 的半锥顶角；

RT——最大公切球半径。

由于相贯线均为平面曲线，两锥公切时相贯线在 xoy 面的投影为相邻管节腰线交点

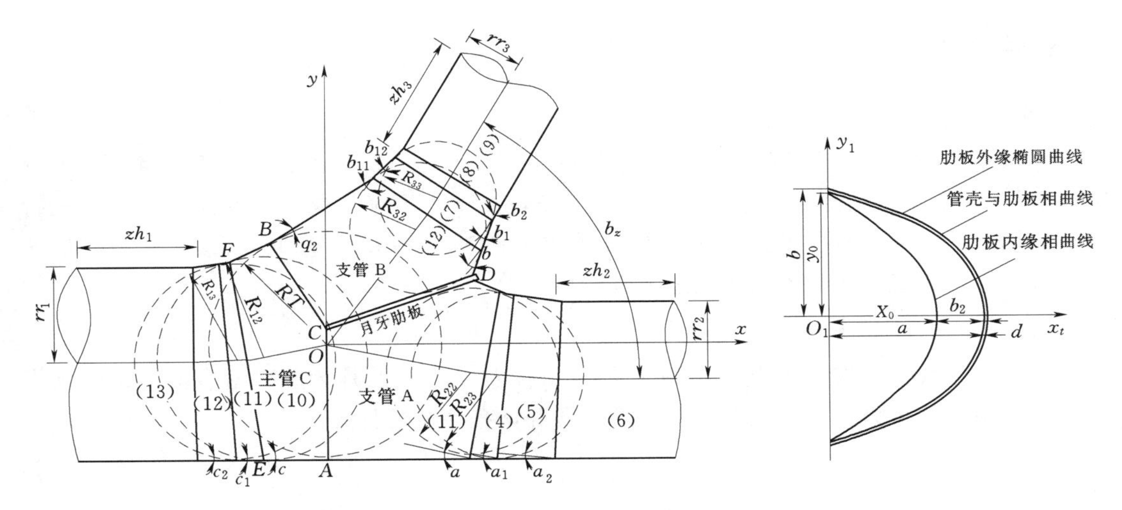

图 2　岔管平面图

（见图 2 中的 E、F 点）的连线，三锥公切时相贯线在 xoy 面的投影为相邻管节腰线交点与三锥公共点（见图 2 中的 A、B、D 和 C 点，其中 C 点为三锥公共点）的连线，通过拖拉此连线建立切割平面，再用切割平面切割锥管或柱管即可得到管壳的各管段。腰线交点坐标求法：A、B、D 三点可联立两直线方程相交得到［对于卜形，A 坐标为（0，RT)］，再根据各腰线的方向和长度依次推算出其他腰线交点的坐标，腰线的方向很容易通过程序界面参数推算，见图 3，腰线一般管节腰线长度为：

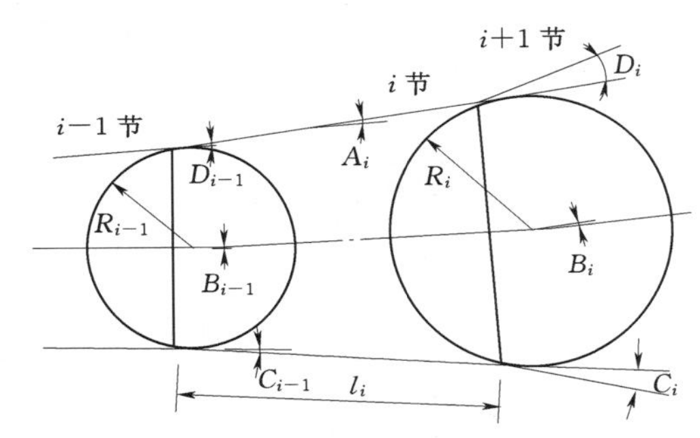

图 3　锥管腰线长度计算图

$$l_i=R_i\left(\mathrm{cat}A_i-\tan\frac{C_i}{2}\right)-R_{i-1}\left(\tan\frac{C_{i-1}}{2}+\mathrm{cat}A_i\right) \tag{2}$$

式中　l_i——第 i 节腰线长；

R_i——第 i 节公切球半径。

顶点 C 的坐标在 A，B 坐标已知的情况，可根据《小型水电站机电设计手册》中公式（13－66）和公式（13－67）求出直线 AC 和 BC 的方向，进而建立方程求得。在肋板中面先绘制轮廓草图，然后进行曲面填充操作即得到肋板，可使用防射（CATIA 自带命令，需设置防射轴系和防射轴系 x 向与 y 向的防射比例）对两支锥的相贯线（即支锥管壳与肋板中面的交线）向管壳外延伸一定宽度即得到肋板外缘线，内缘采用抛物线，可进入草图利用抛物线命令生成。在进行水压试验工况计算时，对直管段端口平面上的草图圆进行半球操作可得到闷头。管节展开模型不包含闷头，由于对称性，管节展开模型取岔管上半部；肋板要输入厚度，取肋板的两侧面与支锥管的相贯线进行建模，模型建立方法与有限元模型类似。

5 软件介绍

5.1 软件测试

本系统在 Microsoft Windows 7 操作系统下编译完成，已完成在 Microsoft WindowsXP/Vista/7/8 操作系统下的运行测试工作，发现本系统均能正常使用，且程序运行稳定。同时，经过反复的测试，本系统可成功实现对 CATIA V5R17 及其以上版本的调用，并能输出正确结果，本系统的适用性较广。

5.2 软件框架

本系统可快速完成主支锥 0～2 个过渡管节任意组合下的月牙肋钢岔管的三维辅助设计工作，包括体形设计、有限元计算和管节展开，程序流程见图 4。

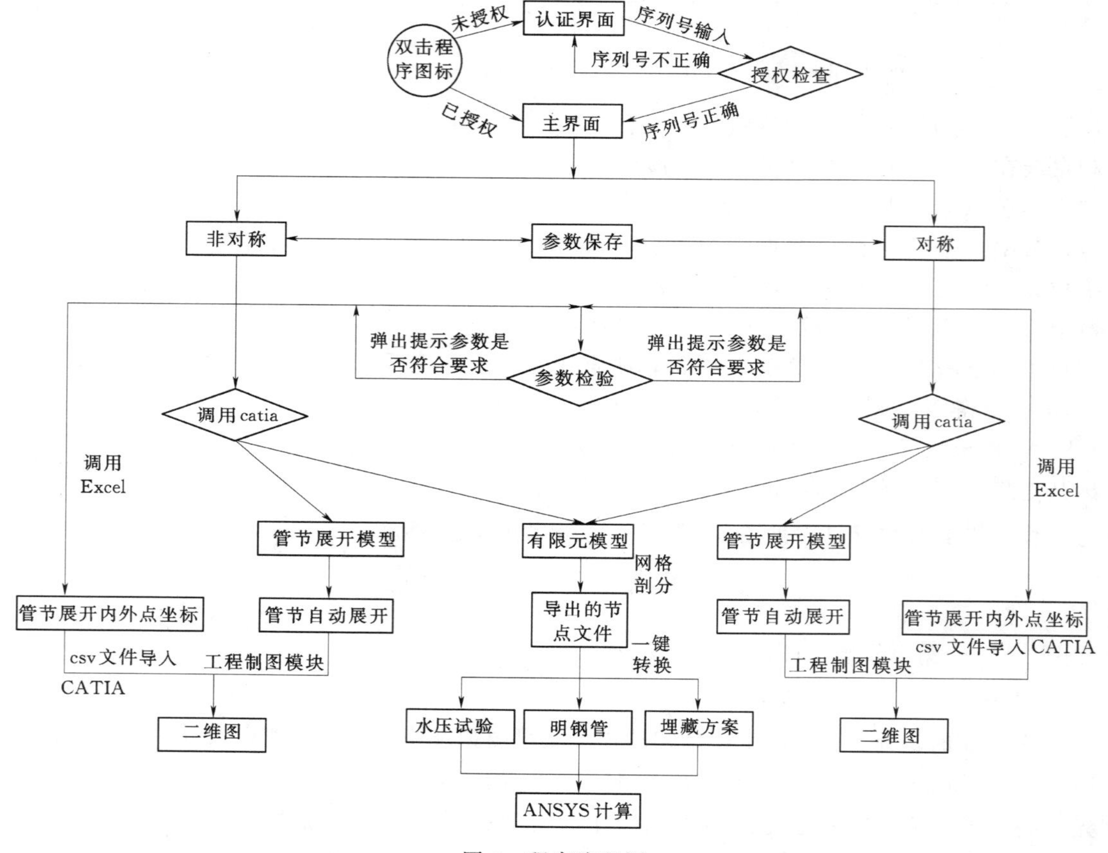

图 4　程序流程图

程序包括三个界面：登陆界面，主界面和参数输入界面。计算机经过授权后，则程序将跳过登陆界面直接进入主界面。主界面是参数输入界面的入口，从菜单栏可进入相应管型的参数输入界面，见图 5（a)。参数输入界面分为对称 Y 形和卜形，两者界面相互独立，风格类似，本文以卜形参数输入界面为例进行说明，见图 5（b)，其界面包含菜单栏、选项卡。菜单栏包括网格剖分、管节展开、参数检验、一键转换节点信息文件以及边

界点输出等多项功能。选项卡则包括岔管几何体形、网格剖分、荷载、材料参数输入文本框以及过渡管节个数输入选项等。程序还提供参数提示、参数保存和参数检验等多项辅助功能。

(a)

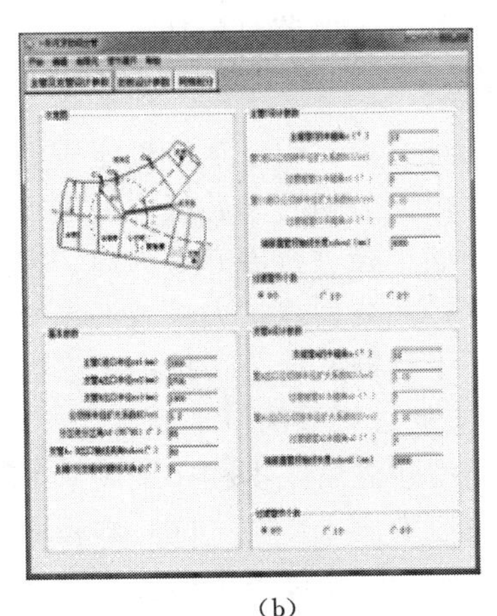

(b)

图 5　程序界面图

5.3　网格剖分

网格剖分顺序为：过渡管段＞直管段＞锥管段＞肋板＞闷头，主管 C 大于支管 A 大于支管 B，网格剖分顺序决定了模型导入 ANSYS 中各管节壳单元实常数编号。如图 2 所示岔管为例，各管节实常数编号与图 2 中括号中的数字相同，不同的过渡管节个数的岔管的各管节实常数编号方法一致，可以类推。

本程序调用 CATIA 的 surface mesh 网格划分方式，此方式默认以网格尺寸大小来划分曲面，所以本程序为了方便用户输入，在程序界面只需输入管节环向份数，程序会自动通过 GlobalSize$=2PI\times R_i/N_r$（N_r 为环向份数，R_i 为相应管段进口公切球半径）推算出网格尺寸大小，进而控制网格划分，肋板的形状不太规则，且由于和支锥网格共节点问题，肋板网格的大小要受到支锥网格大小影响，可将肋板网格大小等于支锥网格大小乘上系数 α，α 可根据具体工程设计需要做相应调整，一般小于 1。

5.4　计算工况

在 CATIA 导出单元节点信息后，通过本程序可以一键转换成相应工况下的 ANSYS 可读入的命令流，图 6 为岔管在 CATIA 中的网格图。

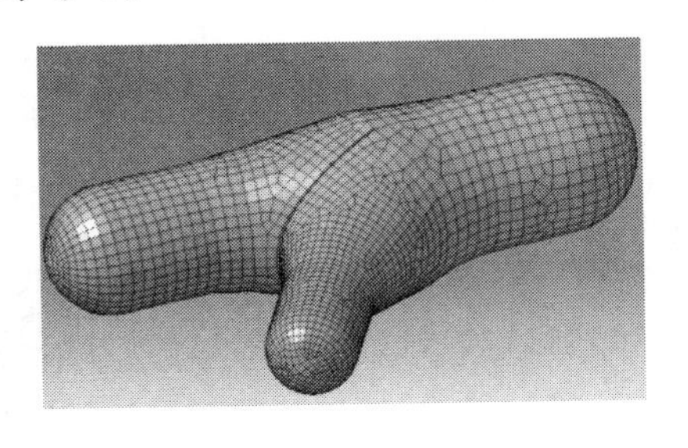

图 6　岔管在 CATIA 中的网格图

（1）明钢管单独承载工况。通过程序转换后，模型将去掉端部闷头，对每个直管段最远端的一圈节点施加全约束，并在管壳节点上自动施加用户设定的内水压力值。

（2）水压试验工况。通过程序转换后，对主管闷头上最远端的一个节点施加全约束，在管壳和闷头节点上施加用户设定的内水压力值。

（3）埋管联合承载工况。通过程序转换后，模型将去掉端部闷头，对每个直管段最远端的一圈节点施加全约束；另外，根据程序界面参数，将管壳上所有的节点向管壳外偏移微小距离，建立点点接触来模拟围岩的作用，单元类型为 CONTAC52，对 CONTAC52 单元上不在管壳上的节点施加全约束；在管壳节点上自动施加用户设定的内水压力值。

5.5 管节展开

有限元计算前，由于还没确定管壁厚度和肋板尺寸，因此钢岔管体形只能按管壳内面有关参数（内面公切）和肋板中面进行设计。但在实际工程中，月牙肋钢岔管展开计算一般要求按中面半径进行展开，为此，采用本程序按中面展开时，需对某些参数做些调整，主要调整管径和公切球扩大系数。基本参数中的进口半径和出口半径需要加上对应管节管壁厚度的一半，调整后公切球扩大系数=(原公切切球半径+相应管节管壁厚度的一半)/(调整后对应的进口或出口半径)。

展开模型建立后，本程序调用 CATIA 内部曲面展开命令来展开各管节，进入工程制图模块可快速生成二维图。同时本程序根据几何学计算公式可在 Excel 中输出各展开管节分别在相应的局部坐标系下的边界曲线上的点坐标值，并且可以通过程序界面参数控制边界曲线点坐标个数来满足精度要求，将 Excel 中坐标文件保存成 *.csv 文件也可直接导入 CATIA 中。

6 工程实例

本文选取国内某抽水蓄能电站工程实例进行分析。首先根据工程资料进行体形设计，通过参数检验和程序界面参数提示，初步确定岔管体形，如图 7 所示，其中的管壳和肋板厚度由有限元计算确定。在程序界面设置好参数，网格环向份数取 36 份，正常运行工况设计内水压力取 5.444MPa（由于篇幅限制，本文仅以明钢管单独承载工况为例），点击菜单栏下的网格剖分，程序立即调用 CATIA，在 CATIA 中快速完成月牙肋钢岔管有限

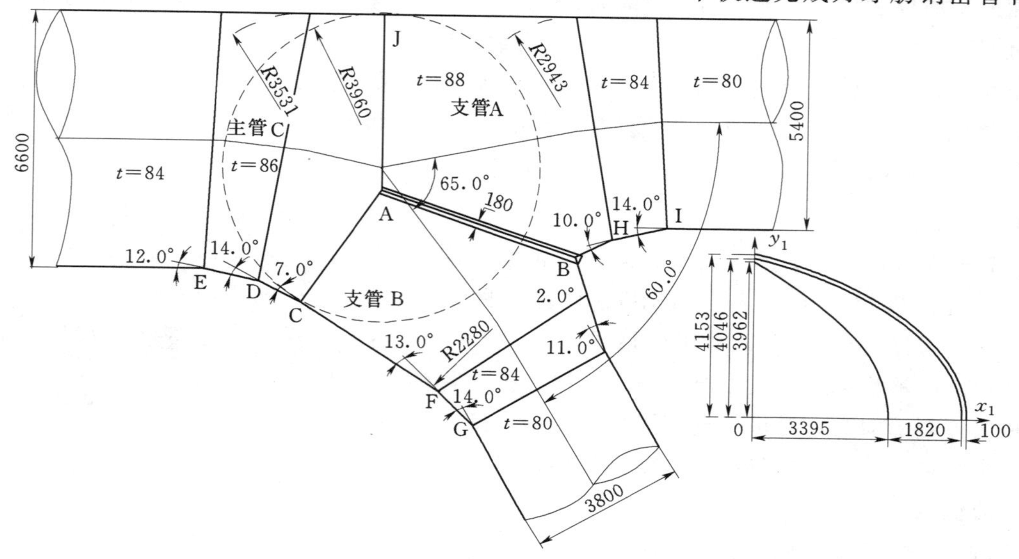

图 7 岔管体形图（单位：mm）

元模型的建立，一键转成命令流导入ANSYS中进行有限元计算，ANSYS网格见图8。

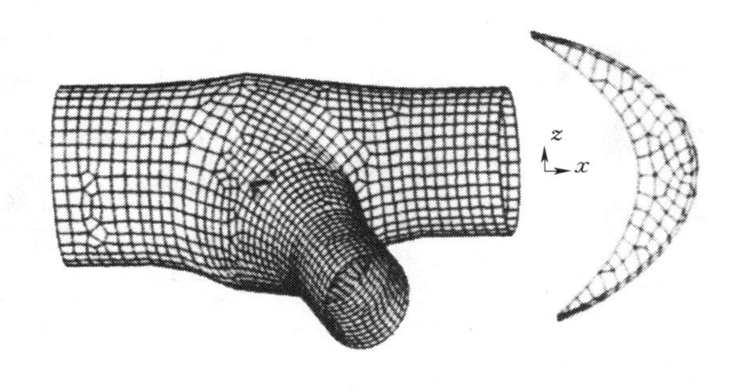

图8　岔管ANSYS网格图

经过ANSYS分析计算后，图9为明钢管单独承载正常运行工况钢岔管中面Mises应力，经校核发现得到的各项应力指标均满足设计要求，同时经水压试验工况计算验证，表明上述钢岔管体形和管壳厚度等尺寸均能满足相应工况允许应力的要求。

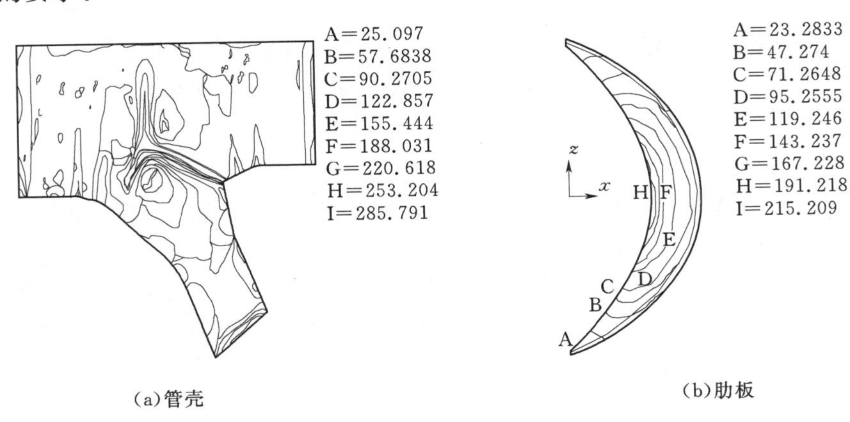

图9　单独承载工况钢岔管中面Mises应力图（单位：MPa）

通过有限元计算确定各管壳厚度和肋板厚度等尺寸后，调整界面中有关参数按中面进行展开。点击菜单栏下的“管节展开”可调用CATIA生成管节展开图，见图10，从右往左依次是肋板、主管C、支管A和支管B，基本锥二维投影见图11，点击“边界点”在EXCEL

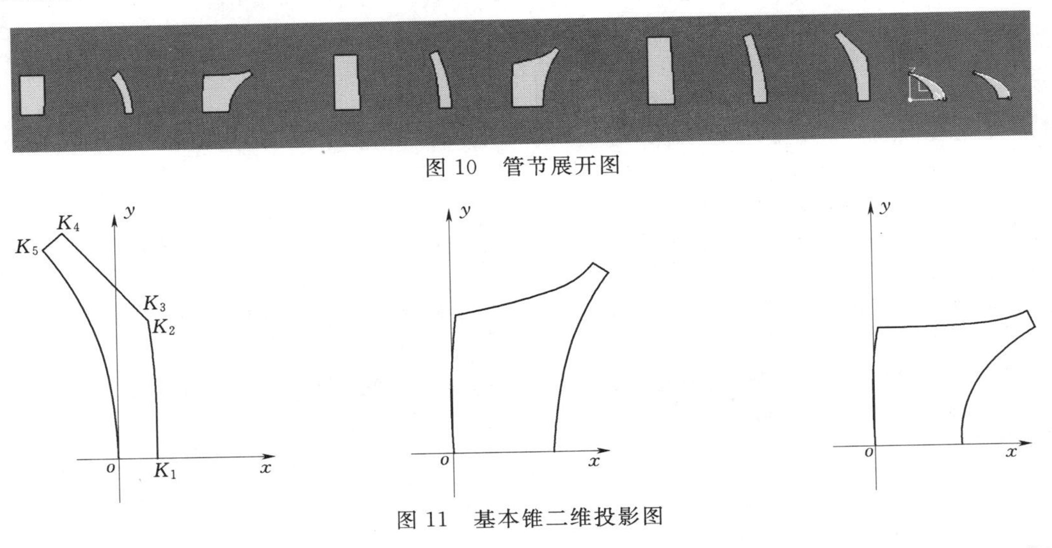

图10　管节展开图

图11　基本锥二维投影图

中生成各管节展开后边界曲线上的点坐标。为了验证本程序的正确性，取此工程钢岔管主锥管展开后关键点为例来进行对比验证，表1分别列出了在体形完全相同的情况下本程序直接计算和直接在 CATIA 中测量所得的关键点坐标值，主锥管 C 上关键点（见图 11）。

表 1　　主管 C 关键点坐标对比

单位：mm

点号	K_1		K_2		K_3		K_4		K_5	
	x	y	x	y	x	y	x	y	x	y
本程序（中面）	1862.54	0.00	1557.00	6763.37	1468.85	6945.51	−2477.31	11102.48	−3373.80	10337.04
CATIA 测量（中面）	1862.54	0.00	1557.05	6763.21	1468.92	6945.34	−2477.15	11102.28	−3373.65	10336.87

由表1可以看出，本程序展开计算所得坐标与 CATIA 中直接测量所得坐标数据两者几乎一致，误差在 0.05‰，完全可以满足工程设计需要，验证了本程序的可靠性。

7　结语

本系统为 CATIA 平台下的二次开发产品，拥有独立、简洁、美观可视化界面，程序运行稳定，最终得到的计算结果可靠，能快速完成月牙肋钢岔管的计算机辅助设计工作，大大提高设计效率，缩短设计周期。本系统充分利用了 CATIA 的优势，并且实现了 CATIA 中节点单元数据到 ANSYS 的无缝对接，为解决其他建筑物的结构设计问题提供了一条新的思路，有着广阔的应用前景。

参考文献

[1]　张社荣，顾岩，张宗亮．水利水电行业中应用三维设计的探讨［J］．水力发电学报，2008－06，12（3）：67－71.

[2]　马善定，伍鹤皋，秦继章．水电站压力管道［C］．武汉：湖北科学技术出版社，2002.

[3]　胡挺，吴立军．CATIA 二次开发技术基础［M］．北京：电子工业出版社，2006.

[4]　李斌等编著．基于 CATIAV5R20 的水利水电工程三维设计应用教程［M］．郑州：黄河水利出版社，2011.

[5]　王娟玲，田玲．水电站工程中月牙肋岔管表面交线研究［J］．人民黄河，2009，31（9）：101－103.

[6]　黄希元，唐怡生．小型水电站机电设计手册［M］．北京：水利电力出版社，1991.

[7]　乔淑娟，罗京龙，伍鹤皋．月牙肋岔管体形优化与设计［J］．中国农村水利水电，2004（12）：118－120.

[8]　杜芳琴，伍鹤皋，石长征．月牙肋钢岔管设计若干问题探讨［J］．水电能源科学，2012，30（8）：135－137.

[9]　罗京龙．水电站月牙肋钢岔管计算机辅助设计系统开发与研究［D］．武汉：武汉大学水利水电学院，2005.

钢岔管计算机辅助设计二次开发研究与应用

汪　洋　伍鹤皋　付　山

（武汉大学水资源与水电工程科学国家重点实验室，湖北　武汉　430072）

【摘　要】本文论述了钢岔管计算机辅助设计二次开发的研究背景，介绍了钢岔管CAD二次开发总体思想，同时展示了基于ObjectARX的AutoCAD二次开发、基于C#.NET的CAD/CAE二次开发和基于BASIC的CATIA二次开发三种CAD二次开发实例，证明了这些运用能提高工作效率、计算精度和经济效益，并展望了水电站钢岔管CAD二次开发未来发展趋势。

【关键词】钢岔管；CAD二次开发；体形设计；展开计算；有限元

1　研究背景

我国水电事业在近年来保持了飞速发展的势头，随着高水头、大容量抽水蓄能电站和常规引水式电站的兴建，压力钢管被越来越多地采用，其中的弯管、分岔管等异形构件是压力钢管的重要组成部分之一，与石油化工行业中的输油管道、压力容器具有基本相同的结构特点，安全性至关重要。

钢岔管是由薄壳和刚度较大的加强梁组成的复杂空间组合结构，在分岔区，一部分管壁被割裂，不再形成完整的圆形，在内水压力（或其他有压气、液体）的作用下，存在较大的不平衡力，需要增大压力钢管壁厚或者另外设置加强构件来承担。面对分岔管等异形构件复杂的体形，采用传统的结构力学方法进行设计和分析，计算难度非常大，而且效率低下，得出的计算结果与实测成果往往有较大出入。

随着计算机辅助设计（CAD）技术和有限元方法的快速发展，采用有限元法模拟计算复杂分岔管结构成为十分有效的手段。随着水电站中压力钢管承受的内水压力与管道直径的乘积HD值越来越大（例如三峡水电站压力钢管直径达12.4m，山西西龙池抽水蓄能电站钢岔管承受的最大内水压力达10.5MPa）、工程地质条件越来越复杂，分岔管等异形构件的有限元建模和网格剖分难度变得越来越大。分岔管的结构设计内容不仅包括体形设计、有限元网格剖分，还包括管节展开、拼装等环节，通常是一个循环往复的过程，重复计算工作量非常巨大。

在分岔管等异形构件设计中，通用计算机辅助设计软件的功能往往难以满足工程需要，此时根据客户的特殊用途进行软件的客户化定制和二次开发，往往能够大大提高分岔管的设计效率和技术水平。因此，对水电站钢岔管等异形构件的计算机辅助设计二次开发研究具有重要的理论意义和实用价值，本文将主要以分岔管为研究对象，对此提出不同的二次开发思路和软件，希望能同时对水电行业和石油化工等其他行业类似问题的解决提供参考。

2 钢岔管 CAD 二次开发总体思想

为了切实保证 CAD 二次开发的产品能够有效地运用到工程实际中，不论以何种方式进行程序设计或软件定制，最终的系统必须包括三个模块：岔管体形设计模块、岔管有限元网格剖分模块和岔管管节展开模块。

体形设计模块的主要功能为：根据初始设计参数和用户的设计要求及水电站压力钢管设计规范的相关规定和公式，计算出岔管的管壁厚度、转折角、腰线长等几何尺寸；由几何尺寸绘制体形示意图，方便用户对岔管体形的判断与选择；估算部分关键点应力值；输出各种设计参数及计算后的几何尺寸，方便用户使用。

网格剖分模块的主要功能为：根据初始设计参数，按照用户的要求对设计好的岔管进行有限元网格节点坐标计算；直接在 CAD 环境下输出图形供用户检查网格质量；生成供有限元分析软件使用的包括单元、节点等信息的有限元接口文件。

管节展开模块的功能为：根据设计好的体形参数，对各管节进行展开点坐标计算；调用 CAD 软件直接绘制出管节展开图，将展开图和展开点坐标输出至图框中，并将展开点坐标按文本格式输出，供用户计算工程量、指导施工安装等使用。

只要联合运用以上三种模块，就能实现从 CAD 设计、到有限元计算和安装生产出图三者的无缝连接，大大提高设计效率。以上模块功能见图 1。

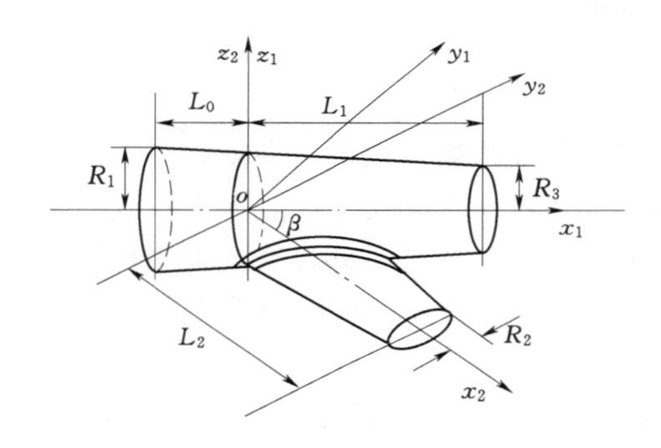

(a)体形设计模块

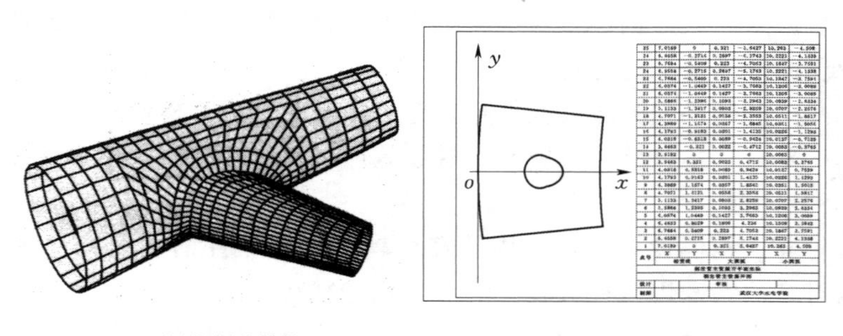

(b)网格剖分模块 (c)管节展开

图 1 模块功能示意图

3　钢岔管 CAD 二次开发实例

3.1　基于 ObjectARX 的 AutoCAD 二次开发

ObjectARX 是一种早期使用的以 C＋＋为编程语言开发 AutoCAD 应用程序的工具，采用先进的面向对象的编程原理提供可与 AutoCAD 直接交互的开发环境，能使用户方便快捷地开发出简洁的 AutoCAD 应用程序，它能够对 AutoCAD 的所有事务进行完整的、先进的、面向对象的设计与开发。

基于 ObjectARX 的钢岔管 AutoCAD 二次开发，开发思路如下。

（1）根据岔管几何关系推导体形计算公式，利用对话框采集基本设计参数，系统自动计算岔管的空间几何尺寸和自动生成岔管的结构轮廓图。

（2）提出空间复杂岔管结构的有限元网格剖分方法，根据初始设计参数，按照用户的要求进行有限元网格节点坐标计算，直接在 AutoCAD 中生成有限元网格，并生成有限元接口文件。

（3）依实际需要，根据锥面展开原理推导钢岔管管节展开计算公式，根据初始设计参数，按照用户的要求能自动绘制岔管管节展开图并将展开图上一系列点坐标以表格形式列出，以指导进一步施工。

（4）设计基于 MFC 的 Windows 风格的对话框方便人机交互。

2004 年起，前后开发了水电站贴边、月牙肋和无梁岔管计算机辅助设计系统，这是完整意义上的基于 ObjectARX 计算机辅助设计系统在水电行业的应用，见图 2。

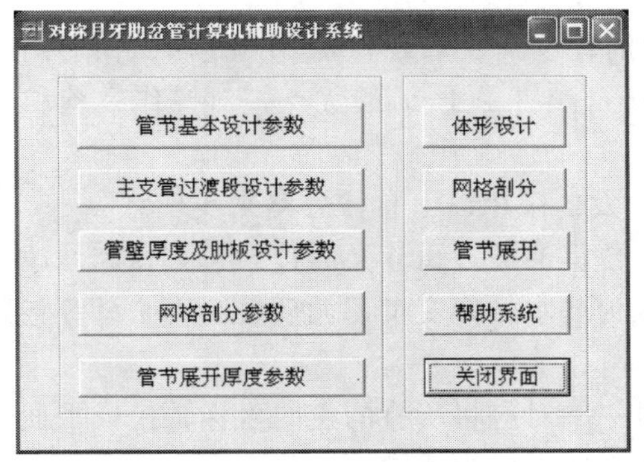

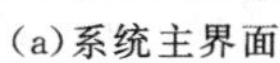
(a)系统主界面

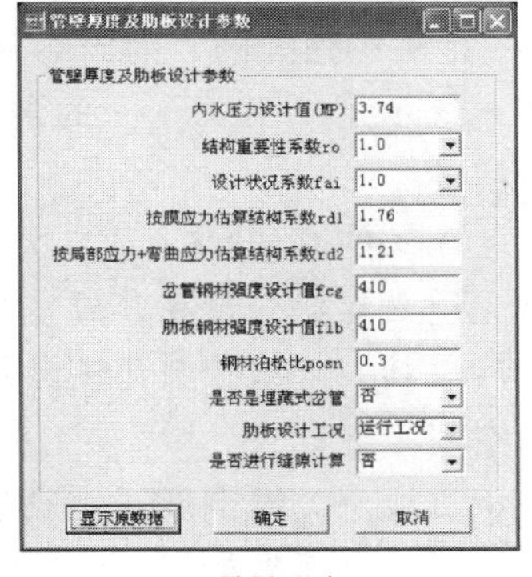

(b)子界面之一

图 2　基于 ObjectARX 计算机辅助设计系统界面

基于 ObjectARX 的 AutoCAD 钢岔管二次开发，这一方法不仅适用于钢岔管分析计算，也适用于其他类似异形构件的体型设计。同时，由于计算周期的缩短，使有限元的计算从复核性计算拓展到参与优化设计，不仅提高了工作效率和计算精度，而且也可使有限元法在设计周期较短的中小型工程中运用。工程运用效果图如图 3 所示。

根据该思路开发出的程序，建立了本系统的框架结构，同时对数据和具体实现进行封装，利用 VC＋＋的特点开发了友好的界面，更重要的是利用 ObjectARX 实现对 AutoCAD 数据库进行读写操作，使得该系统具有多种菜单、丰富的对话框，实现了 AutoCAD

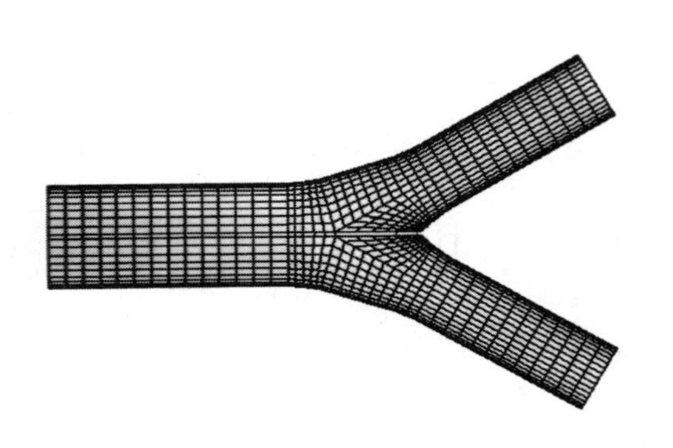
(a)系统划分的网格效果

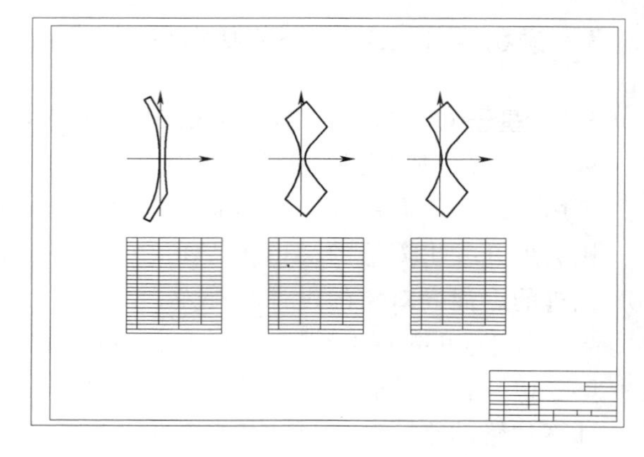
(b)系统自动管节展开设计效果

图 3　基于 ObjectARX 计算机辅助设计系统工程运用效果图

菜单的挂接，大大降低了模型修改难度。

3.2　基于 C＃.net 的 CAD/CAE 二次开发

目前，为数不多的针对钢岔管设计开发的相关程序大多是基于 AutoCAD 的传统二次开发，随着 AutoCAD 版本的迅速更新，这些程序对于 AutoCAD 软件的强烈依赖性逐渐成为其应用的瓶颈：随着版本更新，程序再不能使用，程序也仅仅只能实现与 AutoCAD 的交流。针对以上情况，需要进行新一代水电站钢岔管辅助设计系统的开发与应用研究工作，开发出独立于 AutoCAD 之外的辅助设计系统。

C＃.net 是一种强大的、面向对象的程序开发语言，是 Microsoft 专门用于 .net 平台的编程语言，继承了 C 和 C＋＋的语法，参考了 Java 的优点，对操作系统和运行环境有着极大的兼容性。

基于 C＃.net 的 CAD/CAE 二次开发，采用以下总体思路来实现。

(1) 首先定义参数变量和存放坐标数据的类，设计类的搜索、查找和修改等方法；

(2) 然后以某一基准管节角度参数为基本循环变量，循环整圆周来计算指定份数的相贯线上各点空间坐标；

(3) 将相贯线上关键点展开，通过一一对应将所有的空间坐标转换成平面坐标；

(4) 在展开的平面坐标系上，以相贯线坐标为关键点，依次进行展开计算和网格划分计算，求得相应网格上各点的坐标；

(5) 在展开的平面坐标上完成计算后，最后把所有的平面坐标还原成空间坐标。

通过这套算法，最后可以迅速得到节点坐标信息和节点空间位置信息，且节点编号连续，有限元计算带宽良好，为以后网格划分和管节展开打下了基础。在展开设计部分，将相应的关键控制点的空间坐标通过圆锥展开成平面坐标，采用二进制代码输出成 DXF 文件等形式即可完成设计。

2011 年起，前后开发了基于 C＃.net 的水电站贴边、月牙肋岔管计算机辅助设计系统。系统同样包括体形参数设计系统、管节展开设计系统和网格划分设计系统三大模块。将各模块有机地结合起来，能迅速完成水电站分岔管体形设计、展开设计和有限元计算等

前处理的相关工作，计算精度高，具有广泛的工程应用价值，见图 4。

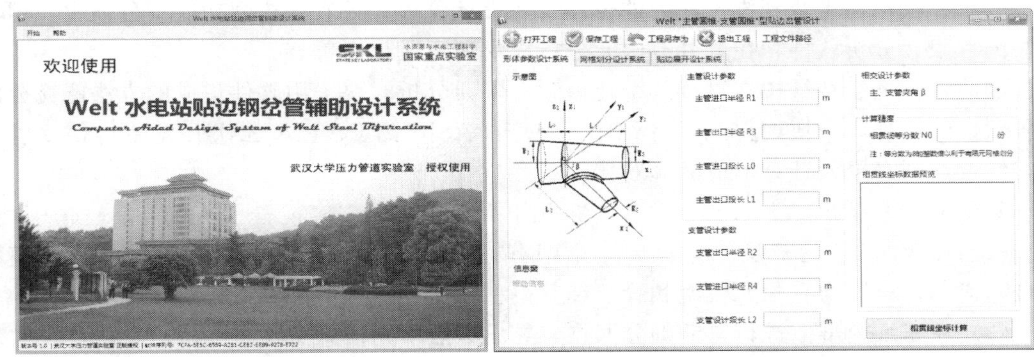

(a)系统主界面　　　　(b)子界面之一

图 4　基于 C#.net 的 CAD/CAE 二次开发界面图

基于 C#.net 的 CAD/CAE 二次开发，实现了网格智能划分，并能人性化多项指标自由加密网格，生成 ANSYS 命令流与有限元软件对接；能够在完全独立于 CAD 系统之外设计，生成 DXF 文件与 CAD 软件对接；采用了三种功能模块分离的设计构架，同时采用了子父窗体设计，支持多模型任务同时运算等。经过工程实例进行分析，结果表明系统设计速度快，精度高，能大大减小岔管手工计算的工作量，具有很高的实用性。工程运用效果见图 5。

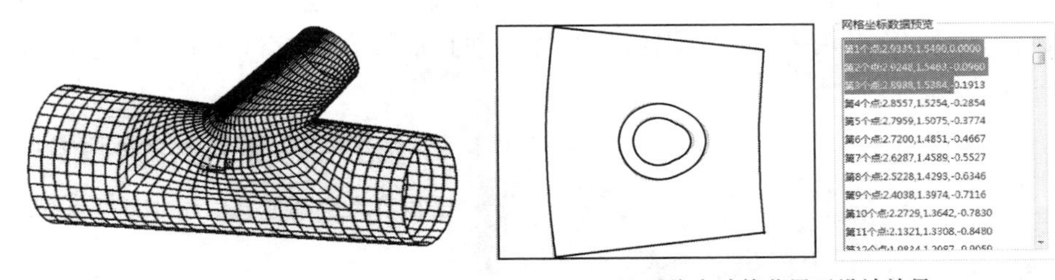

(a)系统划分的网格效果　　　　(b)系统自动管节展开设计效果

图 5　基于 C#.net 的 CAD/CAE 二次开发工程运用效果图

这种开发方式最大的优势在于和 AutoCAD 完全独立，使计算结果用 DXF 图元文件输出；使设计系统不再需要在 AutoCAD 环境下运行，但计算结果还可以很好地与 CAD 实现交互，实现所有版本的兼容。同时具有多种菜单和丰富的信息提示功能，专业功能强，运算速度快，可以采用高级软件操作。该方式能直接离散模型，生成最基本的有限元节点信息，可以根据需要实现智能网格划分，可以方便修改格式后导入到任意有限元软件，对非线性等复杂工况的可以进行无缝操作。真正意义上形成了软件产品，是 CAD 二次开发的新模式和有效手段。

3.3　基于 BASIC 的 CATIA 二次开发

虽然 ANSYS 软件具备功能强大、兼容性强、使用方便和计算速度快等优点，但是面对越来越复杂的工程结构，专业有限元软件在建模尤其是网格剖分方面花费的巨大精力使人难以忍受，结构体形的改动给建模带来了很大的困难。

CATIA 是法国达索公司的产品开发旗舰解决方案，支持从项目前阶段、具体的设计、分析、模拟、组装到维护在内的全部工业设计流程，虽然其造型功能十分强大，但与专业的有限元分析软件相比，其有限元分析模块还不是很完善。

因此，大型复杂结构在进行三维建模和有限元分析时，采用软件集成的方法能充分发挥各软件的长处，较快地得到设计结果。基于 BASIC 的 CATIA 二次开发使得钢岔管的全三维设计到有限元计算形成无缝对接。

基于 BASIC 的 CATIA 二次开发，采用下列总体思路来实现。

（1）在 VB 6.0 的开发环境下，利用 VB 调用 CATIA，在 CATIA 中实现钢岔管模型的自动建立，分别为有限元模型和管节展开模型。

（2）在三维模型上进行自动剖分网格，导出节点单元信息文件（*.dat）后，一键转换该文件数据格式后再导入 ANSYS 进行明钢管、水压试验、埋藏式联合承载三种工况下的有限元分析。

（3）在管节展开模型上进行管节自动展开，然后进入 CATIA 工程制图模块生成二维图，一键在 Excel 中生成各管节展开边缘线上的点坐标，保存为 csv 文件即可导入 CATIA 中。

2012 年起，我们研发了基于 BASIC 的 CATIA 二次开发 Y 形月牙肋岔管计算机辅助设计系统。程序是利用 Visual Basic6.0 程序开发语言和 CATIA V5 R17 平台，开发出的水电站月牙钢岔管计算机辅助设计可视化系统，软件拥有美观、简便的基于 Windows 操作系统的交互式界面，程序实现了对月牙肋岔管的快速自动建模和网格剖分，以及一键转换生成能被 ANSYS 直接读入的节点信息文件，并且能够在 ANSYS 中直接进行有限元计算。文件均以 *.dat 的形式保存，见图 6。

(a)系统主界面

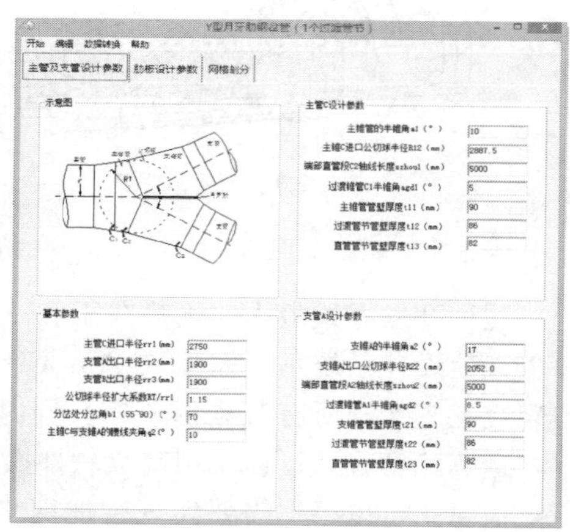

(b)子界面之一

图 6　基于 BASIC 的 CATIA 二次开发界面图

基于 BASIC 的 CATIA 二次开发充分利用了 CATIA 的建模优势和先进的网格自动剖分功能，能够快速得到用户所需要的有限元网格，同时它又实现了 CATIA 到 ANSYS 很好的连接，最终在 ANSYS 中快速完成有限元计算，因此可以省去重复的手工操作，缩短了设计周期。工程运用效果见图 7。

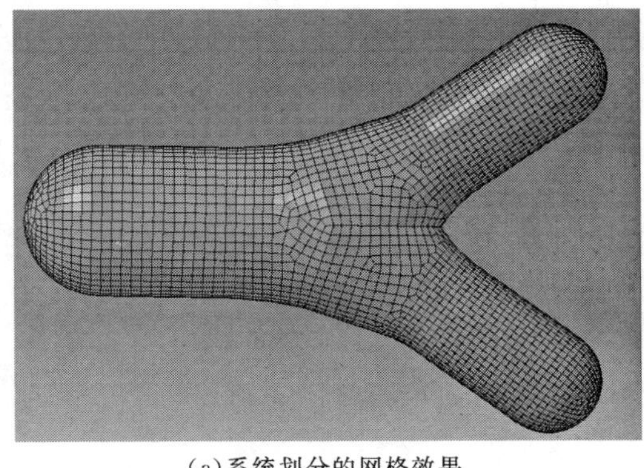

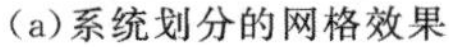

(a)系统划分的网格效果

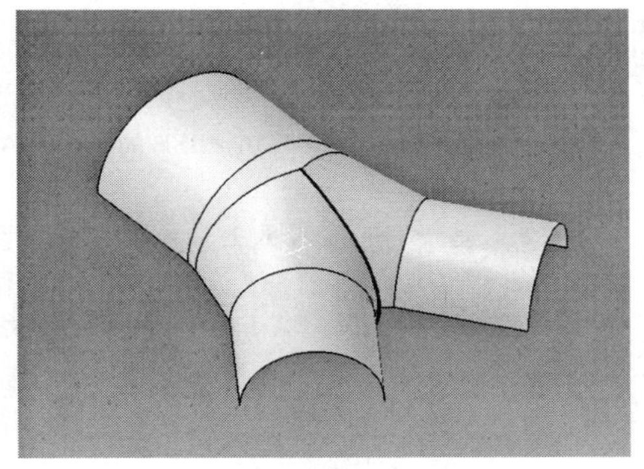

(b)系统自动管节展开设计效果

图 7　基于 BASIC 的 CATIA 二次开发工程运用效果图

利用 BASIC 等高级语言进行 CATIA 的二次开发工作，这种开发模式简单、界面友好。从本系统的开发过程和结果来看，以 CATIA 为平台，实现钢岔管三维参数化设计是可行的，同时此系统的开发思路也可以运用到其他工程构件，尤其是其他形式的异形构件的辅助设计系统开发过程中，具有广阔的前景。

4　结语

(1) 水电站钢岔管 CAD 二次开发，通过岔管体形设计模块、岔管有限元网格剖分模块和岔管管节展开模块的结合使用，能实现从给定尺寸参数到有限元计算，最终到施工图形的绘制，从而达到高效、准确的目的。事实证明能把大量、复杂的操作进行有效的封装，减少设计人员的机械性、重复性操作，使其能把主要精力投入到如何设计上，缩短设计周期，提高工作效率和经济效益。

(2) 水电站钢岔管 CAD 二次开发在未来凸显出以下趋势。

1) 设计三维化。许多设计单位和科研机构开始实行三维设计，大型三维 CAD 软件的使用和二次开发成为趋势，传统的 AutoCAD 平面设计逐渐减少，传统的基于 Object-ARX 的 AutoCAD 二次开发逐渐被淘汰。

2) 设计一体化。许多设计单位和科研机构开始进行 CAD 的二次开发，特别是引入三维设计后，这就使得参数化设计成为必然的趋势，并且各机构往往希望一种 CAD 软件能解决绝大部分设计问题，同时希望设计的模型能够直接用来有限元计算，实现 CAD 和 CAE 的无缝对接。

3) 设计多样化。虽然每个设计单位和科研机构自身使用的 CAD 软件有减少的趋势，但不同机构之间的选择却有差别，这就使得二次开发独立于 CAD 更加必要，同时网络化设计在目前的中国尚未大规模运用，但在未来必然成为趋势。

参 考 文 献

[1] DL/T 5141—2001，水电站压力钢管设计规范 [S]．北京：中国电力出版社，2001.

［2］ 潘家铮．压力钢管［M］．北京：电力工业出版社，1982.
［3］ 黄希元，唐怡生．小型水电站机电设计手册（金属结构）［M］．北京：水利电力出版社，1991.
［4］ 马善定，伍鹤皋，秦继章．水电站压力管道［M］．第1版．武汉：湖北科学技术出版社，2002.
［5］ 郭秀娟，范晓鸥．基于AutoLISP的AutoCAD二次开发研究［J］．吉林建筑工程学院学报，2008（4）
［6］ 乔淑娟．基于ObjectARX的月牙肋钢岔管计算机辅助设计系统开发［D］．武汉：武汉大学水利水电学院，2006.
［7］ 伍鹤皋，汪洋，苏凯．基于C#.net的水电站贴边钢岔管辅助设计系统开发与应用［J］．水利水电技术．2012（1）．

基于CATIA的梁式钢岔管辅助设计系统开发与应用

刘　园　伍鹤皋　石长征　付　山

（武汉大学水资源与水电工程科学国家重点实验室，湖北　武汉　430072）

【摘　要】 针对水电站梁式钢岔管设计繁琐、工作量大、有限元计算前处理耗时长的缺点，利用CATIA二次开发工具Visual Basic 6.0编写了梁式岔管的计算机辅助设计系统。该系统集成了梁式钢岔管在CATIA中快速建模、网格自动剖分和管节展开三大模块，并能生成包含节点、单元、材料等信息的ANSYS命令流，与有限元软件对接，为有限元计算提供完整的前处理信息。结合工程实例采用辅助设计系统进行了梁式岔管的设计，并与其他方法进行了对比，验证了设计系统的可靠性和稳定性，结果表明该系统具有设计速度快、精度较高等优点，具有较高的实用价值。

【关键词】 水电站；梁式钢岔管；CATIA；二次开发；计算机辅助设计

1　概述

梁式岔管是一种用首尾相接的曲梁作为加固构件的岔管，加强梁系具有较大的承载力，且岔管水力流态较好，适用的水头和管道直径范围较广。但梁式岔管体形复杂，设计繁琐，在进行有限元分析时，运用ANSYS交互式建模花费时间较长、操作易出错、模型不易修改，往往使得岔管体形的优化设计效率很低。另外，梁式岔管各管节形状各异，利用传统的图解法或数解法展开管节，不但工作效率低，劳动强度大，而且有时结果也不精确。因此，如何快速、准确地完成梁式岔管的设计和展开工作已成为迫切需要解决的问题。

国内针对梁式钢岔管展开提出了各种有效的计算机辅助设计方法，原武汉水利电力大学冯秉超等依托CAD开发了正圆柱主管、正圆锥支管的三分岔管计算机辅助设计；安吉县水利水电勘测设计所王卫平利用Q BASIC语言编制了岔管展开程序；辽宁省水利水电勘测设计研究院阎秋霞等利用VB语言编写了卜形岔管展开程序。这三种方法都通过推导较精确的展开计算公式编制特定类型的梁式岔管展开程序，对于一般类型的岔管难以推广应用，且展开图与展开点坐标文件没有兼并，使用起来不够方便，展开模块功能也比较单一。作者所在课题组也先后利用APDL语言实现了三梁岔管的参数化建模，利用Auto-CAD二次开发工具ObjectARX开发了三分梁式钢岔管计算机辅助设计系统。前者仍然要靠手工编写APDL命令流，可移植性差；后者能完成体形设计和网格自动剖分功能，但岔管类型仅限于三分岔型。目前国内还没有针对一般梁式岔管提出贯穿岔管体形设计、有限元前处理信息生成及管节展开的计算机辅助设计软件。

CATIA软件具有强大的曲面造型功能和先进的参数化设计理念，提供了多种访问

CATIA 对象的编程方法。本课题组已开发了基于 CATIA 的月牙肋钢岔管辅助设计系统并在实际工程中得到了广泛应用。基于以上背景，本文基于 CATIA 软件，利用其 Automation API 二次开发接口，以 Visual Basic 6.0 程序为平台，开发了水电站梁式钢岔管辅助设计系统，可完成多种常用的梁式岔管从体形设计、自动网格剖分到管节展开的一体化辅助设计，实现了有限元前处理完全自动化及参数输入的界面化，对缩短计算周期和钢板放样下料具有重要意义。

2 辅助设计系统的开发

2.1 系统的总体结构

梁式钢岔管辅助设计系统是以 CATIA 为图形支撑平台，在 Visual Basic 6.0 开发环境下进行二次开发，并将生成的系统嵌入到 CATIA 中运行，系统见图 1。

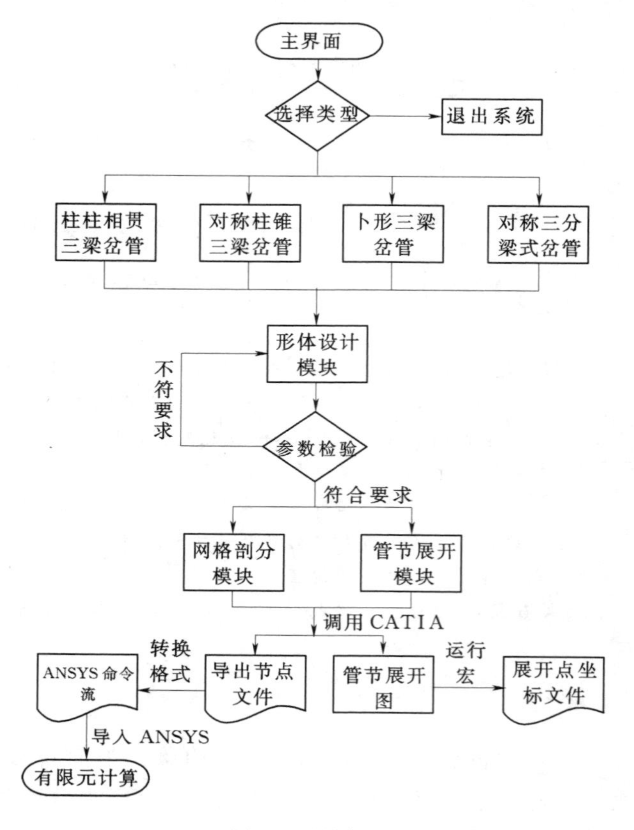

图 1 系统框图

2.2 系统的功能模块设计

2.2.1 主模块

主模块以主菜单形式控制整个系统的运行，同时为各模块提供运行的场所。该系统包含四个子系统，对应常见的四种梁式钢岔管管型，分别为等径柱柱相贯三梁岔管、对称柱锥相贯三梁岔管、卜形三梁岔管、对称三分梁式岔管。对应各管型的设计由主菜单调用相应的模块进行体形设计、网格剖分和管节展开等。为方便说明本系统的建模、展开、计算步骤及使用方法，下面着重以对称三分岔管子系统为例进行阐述，对称三分梁式岔管简图如图 2 所示。

2.2.2 岔管体形设计模块

根据岔管受力、水流条件要求初拟主管半径、支管半径、分岔角等设计参数，系统将按照岔管平面几何关系自动求得其他建模关键参数，对于三分梁式岔管，还可按照相贯线是否共点的设计要求，根据用户需要的计算精度得到中支锥半锥顶角，或按照拟定的中支锥半锥顶角校核相贯线交点误差。根据 U 梁是否嵌入管壳可以选择 U 梁是否内伸。

2.2.3 岔管有限元网格剖分模块

根据初始体形设计参数，可按照用户要求对岔管进行任意份数的网格剖分，并直接在 CATIA 环境下输出三维模型和三维网格图形供用户检查体形和网格质量，以方便设计者对岔管体形进行直观判断、选择及修正。若网格质量满足要求，则可输出网格单元节点信

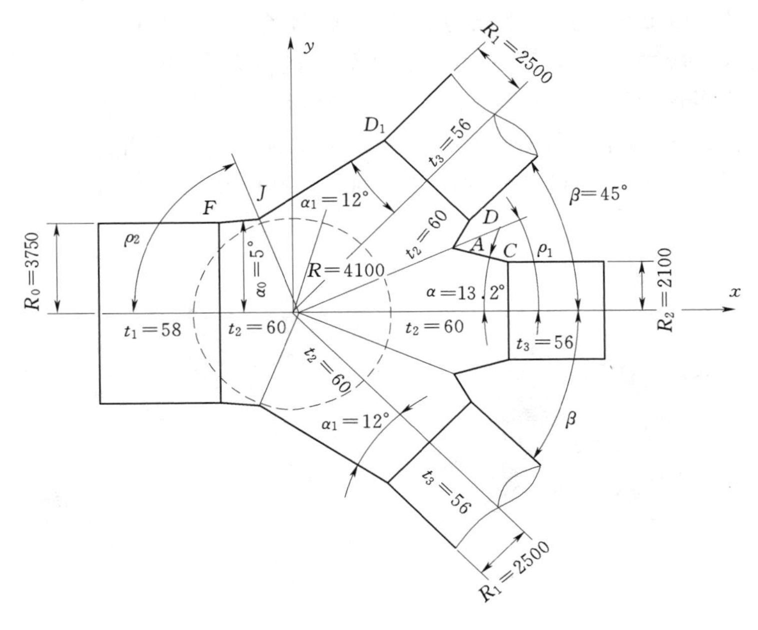

图 2　对称三分梁式岔管简图（单位：mm）

息；若网格质量不满足要求，可重新设定网格剖分参数重复此过程。输入初拟管壁厚度及内水压力等参数后，利用一键转换菜单将网格曲面节点、单元、组件、荷载及约束条件等完整的有限元前处理信息输出到有限元接口文件 *.dat，以直接导入有限元分析软件（ANSYS）中进行数值计算，实现了有限元前处理的所有工作。该子系统体形设计模块界面见图 3。

2.2.4 岔管各管节展开模块

钢岔管各管节形状各异，在生产下料前必须计算管节的全部或部分轮廓的平面展开图，然后才能切割下料、卷板焊接。本系统中每一段管节的展开均依托于 CATIA 自带的曲面展开功能自动生成展开图，用量取工具获取展开图的面积，然后运行宏文件按用户要求的等分份数输出各管节展开图中轮廓边线上点的坐标文件 *.xls。

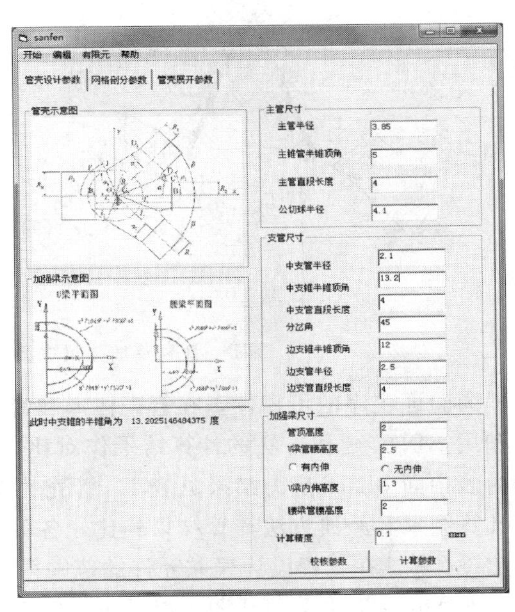

图 3　子程序界面图

3　程序应用

本文以某工程三分岔管为例对该系统进行介绍。该工程采用一管三机对称三分梁式钢岔管形式布置，主管管径 7.7m，左右侧边支管管径 5m，中间支管管径 4.2m，设计内水压力为 3MPa。岔管拟采用 610MPa 级高强钢，按美国 ASCE 压力钢管规范，管壳设计允许应力取值为：整体膜应力为 203.3MPa；局部膜应力为 305MPa；与梁连接处二次应力为 490MPa，加强梁允许应力为 305MPa。岔管按明管设计，利用体形设计模块和网格剖分模块，可获得完整的有限元前处理信息并导入 ANSYS 中进行分析计算，经过多次调整试算后确定出岔管基本体形和基本管壁厚度，见图 2。利用网格剖分程序形成的岔管网格如图 4 所示，有限元计算成果见图 5。

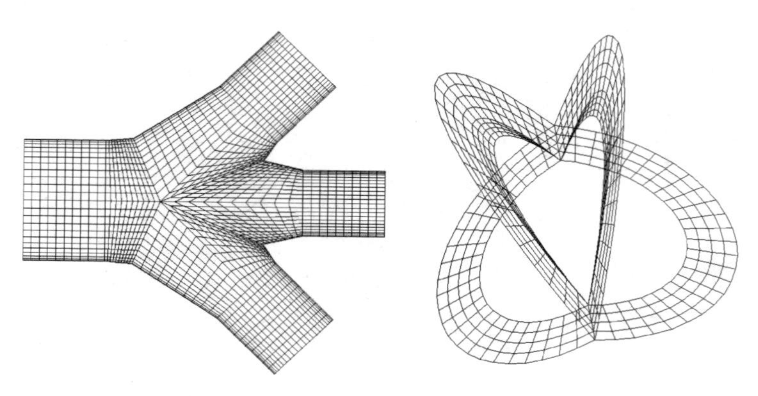

图 4　管壳及加强梁网格图

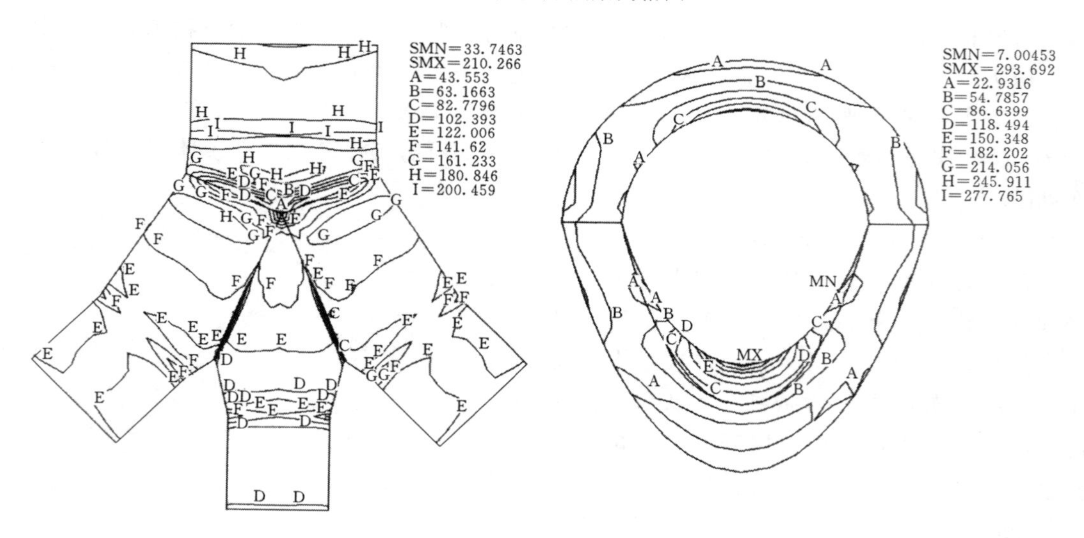

图 5　管壳及加强梁中面 Mises 应力图（单位：MPa）

为验证程序的可靠性，在管壳体形和管壁厚度等条件相同的情况下，将本程序与经典的利用 APDL 建模方法的计算结果作对比，整理出三分岔管管壳关键点和加强梁最大截面内侧中面 Mises 应力结果见表 1，管壳关键点已在图 2 中标注。从表 1 可以看出，本程序计算结果和经典方法计算结果相比，各关键点 Mises 应力值及其他控制应力值大小相差不超过 2%，在工程设计误差允许的范围内，从而证明了本程序的可靠性。从管壳及加强梁中面 Mises 应力等值线图可以看出，管壳整体膜应力和局部位置应力及峰值应力均没有超出相应的允许应力范围，体形设计和管壁厚度满足要求。

表 1　　**管壳关键点和加强梁中面 Mises 应力结果对比**　　单位：MPa

计算方法	管壳关键点应力						加强梁最大截面内侧应力		管壳整体膜应力
	F	J	D_1	A	D	C	U 梁	腰梁	
本程序	208.68	156.36	171.39	80.089	177.87	156.41	293.69	156.36	200.46
APDL	208.41	157.44	171.65	79.723	181.17	158.57	291.57	155.32	201.57

通过本系统的管节展开模块，能够依托 CATIA 自带的曲面展开和测量功能直接生成各管节展开图并得到展开图的面积，据此可算出钢材用量。运行 VBA 脚本语言编写的宏文件，可根据用户要求设定各管节展开图中轮廓边线的等分份数并自动将各点坐标输出到文件 *.xls。各锥管展开图及关键点见图 6～图 8。展开图面积及轮廓边线部分关键点坐标列于表 2。由于本系统展开模块严格依靠 CATIA 曲面展开功能，没有算法上的复杂推导和近似计算，所得的展开坐标计算精度更高。

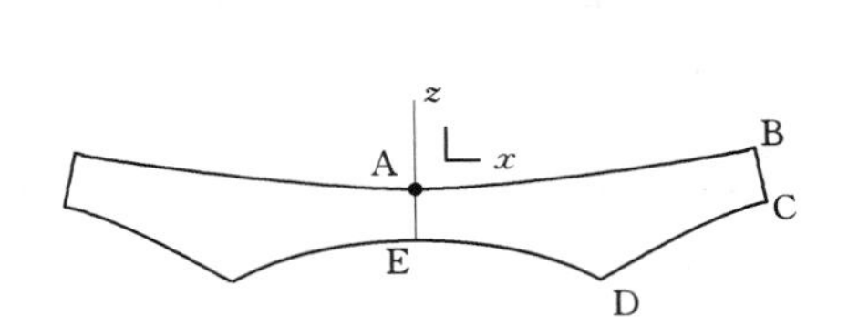

图 6　主锥展开图

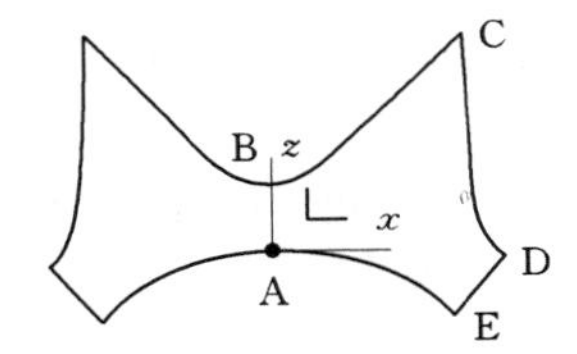

图 7　中支锥展开图

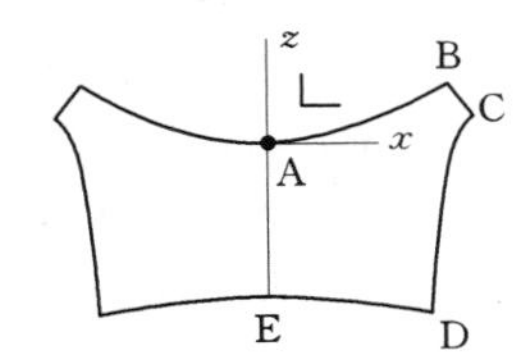

图 8　边支锥展开图

表 2　　**各锥管展开图面积及关键点坐标**

管节	坐标值/m										面积/m²
	A 点		B 点		C 点		D 点		E 点		
	x	z	x	z	x	z	x	z	x	z	
主锥	0.000	0.000	11.870	1.636	12.395	−0.235	6.485	−3.177	0.000	−1.943	56.37
中支锥	0.000	0.000	0.000	2.450	6.367	7.786	7.656	−0.421	6.045	−2.267	74.99
边支锥	0.000	0.000	7.307	2.475	8.177	1.338	6.597	−6.799	0.000	−6.242	102.24

4　结论

（1）基于 CATIA 二次开发的梁式钢岔管辅助设计系统充分利用了 CATIA 的建模优势、先进的网格自动剖分功能及精确的展开功能，简化了梁式岔管繁琐的有限元前处理过程，避免了岔管展开过程中复杂冗长的公式推导及近似计算，缩短了设计周期。

（2）利用 Visual Basic 6.0 对 CATIA 进行二次开发工作模式简单、界面友好。通过工程实例的计算分析，表明了以 CATIA 为平台实现梁式钢岔管贯穿体形设计、有限元前处理信息生成及管节展开的计算机辅助设计是可行的，同时可将此系统的开发思路扩展到其他岔管形式，实现各种岔管的计算机辅助设计，具有广阔的应用前景。

参 考 文 献

[1] 冯秉超，张竞，冯霞．锥面三岔管展开放样 CAD [J]. JOURNAL OF WUHAN INSTITUTE OF CHEM ICAL TECHNOLOGY，1998，(4)：78－81.

[2] 王卫平．小水电设计中运用 Q BASIC 程序解钢管展开图 [J]. 浙江水利科技，1999，(2)：26－28.

[3] 阎秋霞，张玉坤．三梁钢岔管展开程序计算 [J]. 吉林水利，2002，(6)：33－36.

[4] 徐良华，伍鹤皋，刘波．基于 APDL 的水电站三梁岔管设计研究 [J]. 水电能源科学，2008，26 (3)：100－102.

[5] 伍鹤皋，罗京龙，张伟．梁式三分钢岔管计算机辅助设计系统 [J]. 水电能源科学，2005，23 (3)：60－61.

[6] 付山，伍鹤皋，汪洋．基于 CATIA 二次开发的月牙肋钢岔管辅助设计系统开发与应用 [J]. 水力发电，2013，39 (7)：73－76.

[7] 黄希元，唐怡生．小型水电站机电设计手册（金属结构）[M]. 水利电力出版社，1987.

[8] 杨海红，杨兴义，伍鹤皋．三分梁式岔管体形设计与有限元计算 [J]. 水力发电，2012，38 (2)：54－56，64.

[9] ASCE Manuals and Reports on Engineering Practice No. 79 Steel Penstocks [S]. New York：American Society of Civil Engineers，1993.

基于MicroStation平台对称Y形钢岔管设计模块的开发应用

曹　竹　杨建城

（中国电建集团华东勘测设计研究院有限公司，浙江　杭州　310014）

【摘　要】本文介绍了在MicroStation平台上开发对称Y形钢岔管设计模块的基本流程，并运用该模块快速完成对称Y形钢岔管的体形设计、生成结构计算模型、流体力学模型及管节展开图等图纸。

【关键词】MicroStation平台；对称Y形钢岔管；软件开发

1　引言

在中、高水头的长管道、多机组水电工程中，多采用一管多机的供水方式。岔管是一管多机供水钢管的重要组成部分。Y形钢岔管流量分配对称均匀、受力明确合理、水头损失小、结构可靠、制作安装容易，在国内外的大中型常规电站和抽水蓄能电站中得到广泛的应用。

Y形钢岔管的设计优化过程繁杂（包括结构体型设计及优化、结构应力分析、结构流体力学分析、钢管管节展开图和结构图等），图纸要求精确度非常高，管节展开图计算复杂。开发一套高效的设计制图程序，可以大幅减少设计人员和校核人员的资源投入，在现在越来越短的工程设计周期中，意义突出。

2　模块简介

MicroStation软件是美国BENTLEY公司开发的企业及工程模式系列应用软件的基础平台。对称Y形钢岔管设计模块是在MicroStation平台上，采用APM参数化设计技术，针对对称Y形岔管的设计工作开发的工程应用模块。全部设计工作可在普通计算机上完成，编程语言为C++，共有4858行。

Y形钢岔管设计模型程序运行流程见图1。

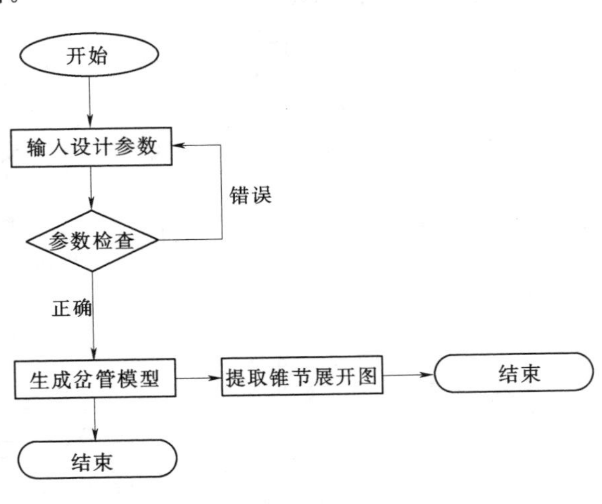

图1　模块运行流程图

该模块有以下几个特点。

（1）岔管设计参数直接填写在操作界面内，运用简单、直观。

（2）输入参数后能立刻生成与参数对应的三维模型（体模型、面模型或面加厚模型），用户可以重新修改设计参数或者进一步生成结构应力计算、流体力学计算模型和各锥节展开图。

（3）充分利用 MS 平台的三维图形处理功能，根据各相邻锥节必须公切于同一球面的原理，求出空间椭圆相贯线。

（4）用图形处理技术得出各节锥管的展开图。

（5）定义剖切面，得到相应的剖切图。添加相应的标注、说明文字，即形成设计图。

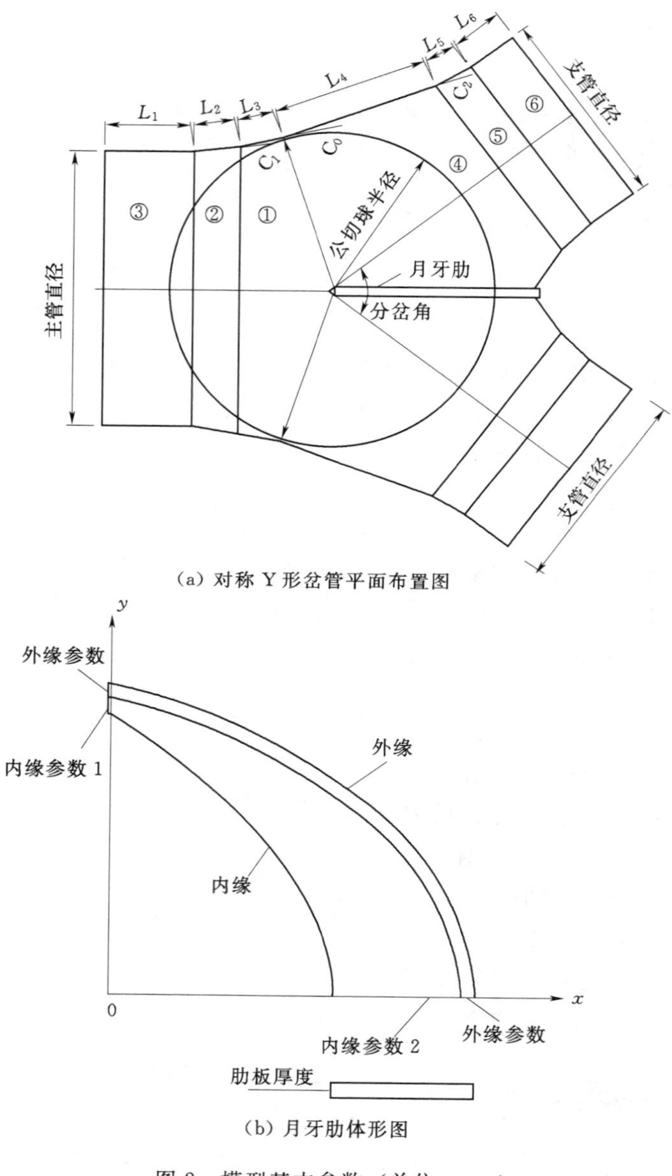

(a) 对称 Y 形岔管平面布置图

(b) 月牙肋体形图

图 2　模型基本参数（单位：mm）

3 体型设计

根据《水电站压力钢管设计规范》(DL/T 5141—2001)以及设计经验，得到一系列基本输入框架和规则。主要影响因素及参数包括：主、支管直径；环向焊缝间距；纵向焊缝；岔管分岔角；腰线转折角；公切球半径；管节长度；月牙肋厚度。模型基本参数见图2。

用户输入数据后，程序首先会验证数据的合理性，主要是要保证两点：主管和支管均与公切球相切并且各参数在规范规定的范围。若输入数据不合理，程序会根据各参数间的约束关系，以主管直径为基准，给出其他参数的建议值供用户参考。

当程序读取到合理的输入数据后，会依次生成主管和两个支管的初步模型，然后通过实体间的布尔运算功能，得到岔管体形，最后创建月牙肋，见图3。

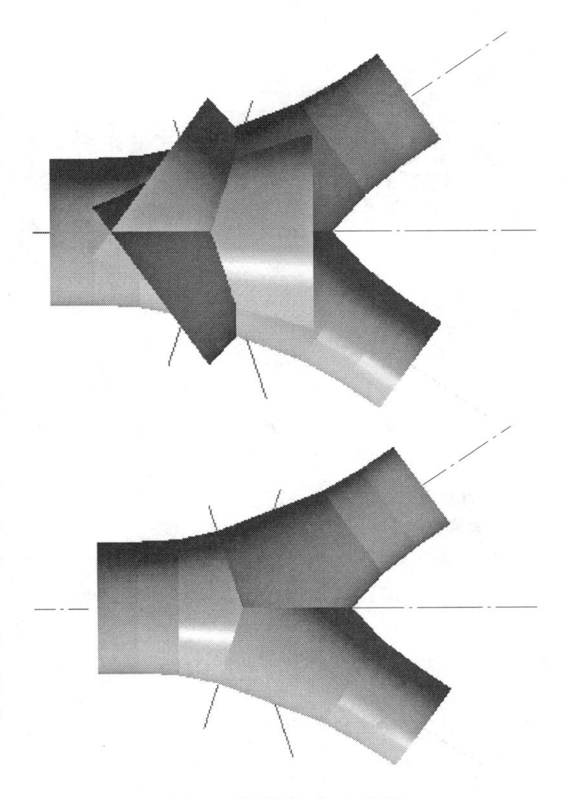

图3　岔管创建过程图

3.1 对称Y形岔管设计模块的控件

对称Y形岔管控件图及说明见表1。

表1　　**控件说明表**

图标	名　称	功能介绍
AP	启动 APModeling	用于参看和修改模型参数
AP	退出 APModeling	退出参数化设置面板
	钢岔管工具	根据参数绘制钢岔管
	锥节展开工具	画钢岔管各管节展示图及对应坐标表

3.2 模块的操作界面及输出成果

对称Y形岔管控件参数化程序操作界面见图4。

根据岔管形成的基本条件以及岔管管节划分及对应参数，可以得到完整的三维模型(见图5)，图6为三种模型的平视图。

根据参数化模型再建立结构计算模型以及CFD水力学模型如下：

生成岔管

岔管参数设置

主管半径	862	公切球半径	1032.53
支管半径	612	岔管分岔角	70
主管L1	500		
主管L2	500	L1/L2夹角	3
主管L3	500	L2/L3夹角C1	9
L4	1407.7	L3/L4夹角C0	9.5
支管L5	552.46	L4/L5夹角C2	9
支管L6	500	L5/L6夹角	4.5
生成方式	面模式	岔管厚度	10

月牙肋参数设置

肋板厚度	50	内缘参数1	100
外缘参数	100	内缘参数2	400

使用线段终点作为岔管中心点　选择轴线

图 4　操作界面图

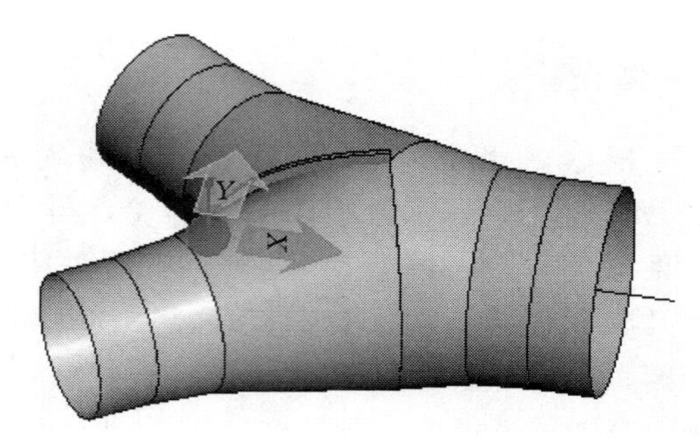

图 5　输出参数化模型图

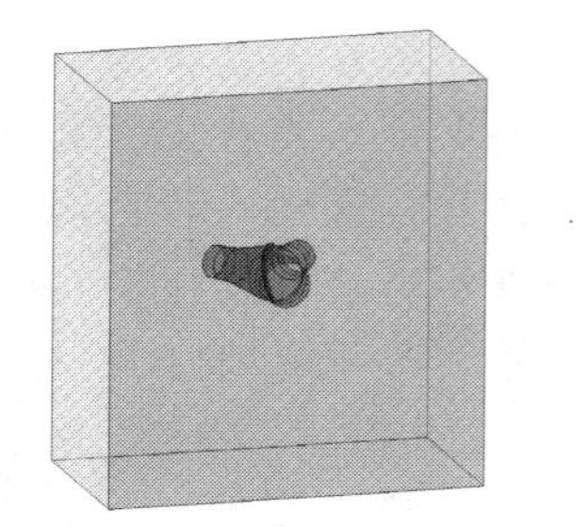

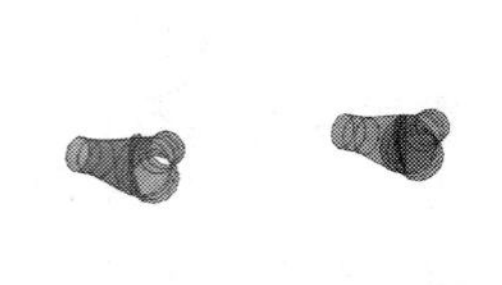

图 6　三种模型的平视图

3.3　采用三维结构抽图功能及软件自动生成锥节展开图

程序采用画法几何的基本原理来生成锥节的展开图。见图 7，2 号、3 号、5 号、6 号锥节为圆筒或圆台形结构，展开方式比较简单。1 号和 4 号锥节展开原理如图 7 所示。

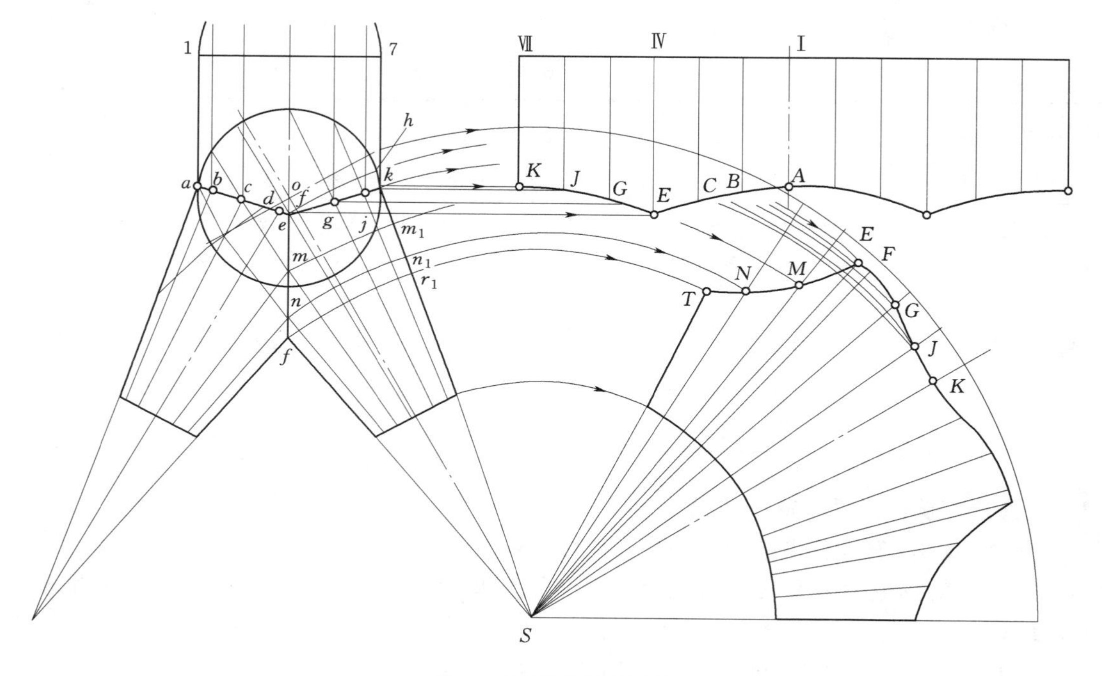

图 7　锥节展开原理图

画出完整的圆锥表面展开图（扇形），并作出等分素线，为了使展开图尽量光滑，等分数量应该尽量多，程序中等分为 20 份。

延长锥面的外形线，相交得锥顶 S。过岔管中各轴线的各交点 o，作锥管底圆的辅助半圆，并把它 20 等份，从而可作出锥面上的素线。

求出各素线的实际长度，并将其移动至扇形展开图上，利用投影面平行线反映实长的特点，便可求出被截掉各素线实长。

最后用光滑曲线依次连接各端点，即得所求切口的展开曲线，完成展开图。

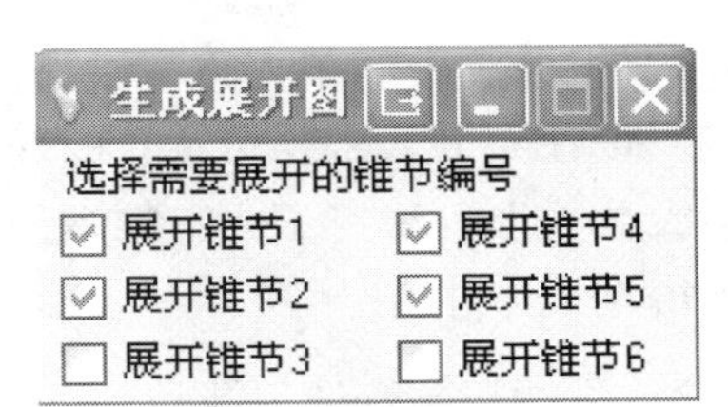

图 8　锥节展示界面图

生成锥节展示图的程序界面见图 8。

生成的锥节展开图见图 9、图 10。

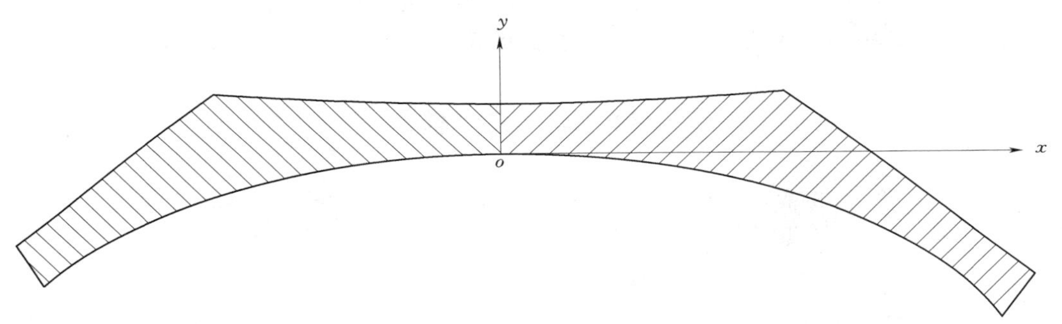

X1	0.0	425.6	1284.1	1720.3	2613.2	3071.4	4010.9	4389.7	5113.0	5461.6	6144.0	6482.5	7164.5	7511.6
Y1	749.0	753.2	783.2	806.9	861.3	886.3	913.0	628.9	51.9	−234.3	−790.5	−1058.1	−1570.8	−1817.0
X2	0.0	399.1	1195.5	1591.7	2378.0	2767.0	3534.5	3912.1	4652.6	5014.7	5720.1	6062.6	6725.3	7044.6
Y2	0.0	−6.9	−62.5	−111.0	−249.1	−338.7	−558.0	−687.6	−985.7	−1153.9	−1527.6	−1732.6	−2177.8	−2417.4

图 9　1 号锥节（主管基本锥）展开图

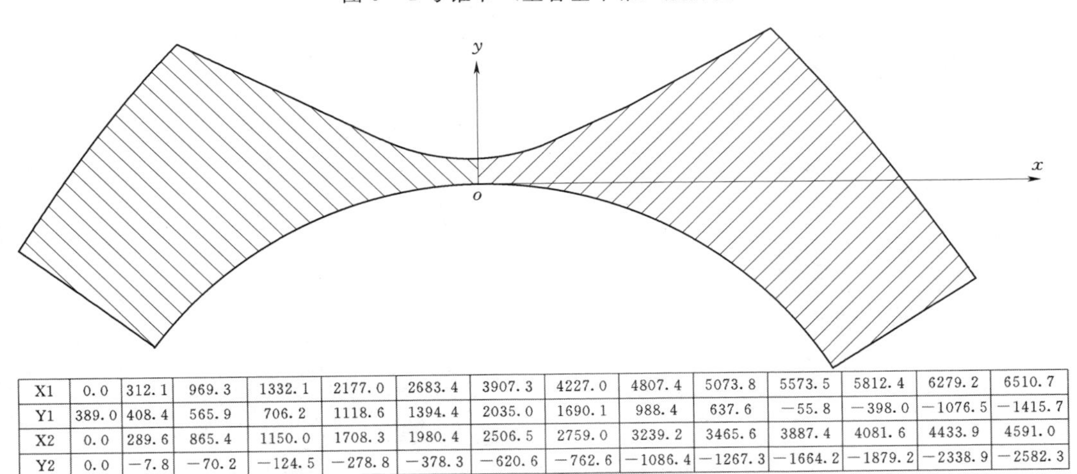

X1	0.0	312.1	969.3	1332.1	2177.0	2683.4	3907.3	4227.0	4807.4	5073.8	5573.5	5812.4	6279.2	6510.7
Y1	389.0	408.4	565.9	706.2	1118.6	1394.4	2035.0	1690.1	988.4	637.6	−55.8	−398.0	−1076.5	−1415.7
X2	0.0	289.6	865.4	1150.0	1708.3	1980.4	2506.5	2759.0	3239.2	3465.6	3887.4	4081.6	4433.9	4591.0
Y2	0.0	−7.8	−70.2	−124.5	−278.8	−378.3	−620.6	−762.6	−1086.4	−1267.3	−1664.2	−1879.2	−2338.9	−2582.3

图 10　4 号锥节（支管基本锥）展开图

4　三维设计的优点

4.1　设计过程简单

设计人员只需要对岔管的理论进行了解，能够了解三维软件MS的基本操作，输入相关参数，即可快速形成三维模型。再对模型进行简单的操作即可形成结构模型和水力学三维模型。

4.2　运行速度快捷、高效

运用参数化的模型进行设计，仅需修改相关参数即可以完成设计；同时，结构模型也是进行结构计算、水力学计算的模型。

用本模块生成的体型数据，与采用以前二维程序生成的结果进行比较，结果证明没有差异。本模块生成的展开图的样条轮廓线长度与实际相贯线椭圆的长度比较，误差均在0.1mm以内。且本模块生成的体型能够供结构计算和流体计算使用。

在实际设计中使用表明，利用该模块大大提高了对称Y形钢岔管设计效率。

参　考　文　献

[1]　王娟玲，田玲．水电站工程中月牙肋岔管表面交线研究［J］．人民黄河，2009（31）．

[2]　DL/T 5141—2001水电站压力钢管设计规范［S］．北京：中国电力出版社，2002.

平底等截面岔管体型设计与计算

傅金筑　沈大伟　颜英军　何新红　许　敏

（中国电建集团西北勘测设计研究院有限公司，陕西　西安　710065）

【摘　要】为方便施工、排水通畅、有利运行，要求把岔管布置为平底。本文提出的平底等截面钢岔管，除满足平底布置外，从主管到岔管布置为接近等截面过渡，以期减小水头损失，改善结构应力。这是一种新型的地下埋藏式钢岔管。本文仅就其体型特征和体型计算作一介绍，供同行继续探讨。

【关键词】水电站；平底钢岔管；岔管体型

1　岔管布置为平底要求的提出

岔管是主管与各支管间分岔衔接的特殊异形管段。现有的水电站引水管道上的钢岔管一般将主管、岔管、支管的管轴线布置在同一高程上，即在一个水平面内。各管段的体型上下对称。各管段管底存在高差，当主管直径较大时，高差可超过 2m。DL/T 5141—2001《水电站压力钢管设计规范》中规定："三梁岔和贴边岔的主管、支管也可布置在同一高程上"，但工程实例尚未查到。现有的钢筋混凝土岔管一般布置为平底，即各管段的管底在同一高程上，该高程所在的平面称为基面。

平底岔管的管底同高（必要时，也可向水流方向下倾缓坡），仅各管段的高度和体型有所变化，这种布置便于地下洞室开挖、安装和混凝土浇筑等项施工；管内积水可直接由设在厂内管段管底的排水阀排除，很通畅；施工及检修中由进人孔进入管道后，在同一高程上的管底作业，无需采取临时措施解决主管与岔管间、岔管与支管间管底存在高差的问题，比较有利。所以从施工、排水和运行出发，有布置为平底岔管的要求。

平底钢筋混凝土岔管体型变化间的衔接比较容易解决，而平底钢岔管存在体型和结构应力不对称、钢管制作困难等问题，尚难实现。西北院所设计的涉外水电站 Xeset2 其引水管道上一分为二钢岔管，业主要求布置为平底岔管。所采用的布置方案为，由主管分岔为两条与主管直径相同的支管，再下接管底为水平的斜圆锥渐变段，把主管直径过渡为支管直径，从而满足了把主管、岔管、支管的管底布置在同一高程上的要求。但这种岔管的截面积是主管截面积的两倍，比支管截面积之和大得更多，所以水头损失较大；且加强梁高度较大，与主管直径相同。

为了满足岔管平底布置的要求，又解决岔管截面平顺过渡的问题，本文提出了平底等截面钢岔管布置方案。这是一种新型的钢岔管。

2　岔管体型特征和分段

2.1　岔管体型特征

（1）平底是这种岔管体型的基本特征，已如上述不再重复。

（2）岔管体型的第二个特征，是包括岔管各分段在内的岔管整体，其任何一个横截面的面积 S 都与主管截面积 S_D（以及椭圆截面积）相等或相近。各支管截面积之和与主管截面积间的比例关系由设计确定，不受此限。

（3）岔管可分为两岔、三岔、四岔，从主管、岔管到支管左右对称，主管只能正向进水。若为两条支管，只能布置为对称 Y 形，不能布置为非对称 Y 形（即卜形）。若支管直径不相同，各支管均以大直径支管与岔管相接，随后再在小直径支管上设置斜圆锥渐变段，实现直径过渡。这是该岔管的布置限制。

（4）岔管各分段中，渐变段顶面为一个斜坡，所以上下不对称，这是该岔管的结构特征。其他分段上下对称。支管与岔管的交线为双轴对称，即左右对称和上下对称。

2.2 岔管分段

岔管分段详见三维概念图、平面图及 1－1 纵剖面图，见图 1～图 4，以下从上游到下游分段介绍。

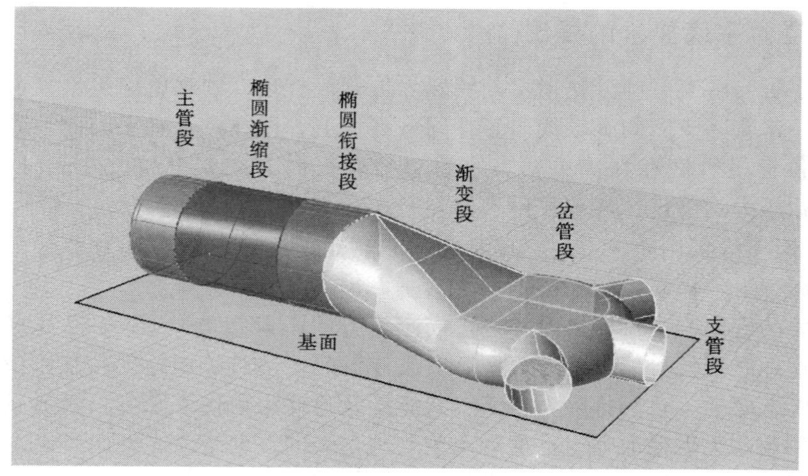

图 1　平底三岔管三维概念图

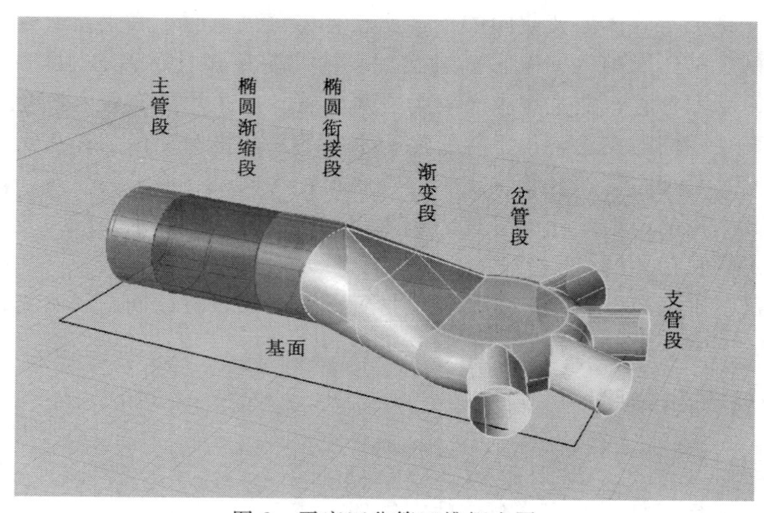

图 2　平底四岔管三维概念图

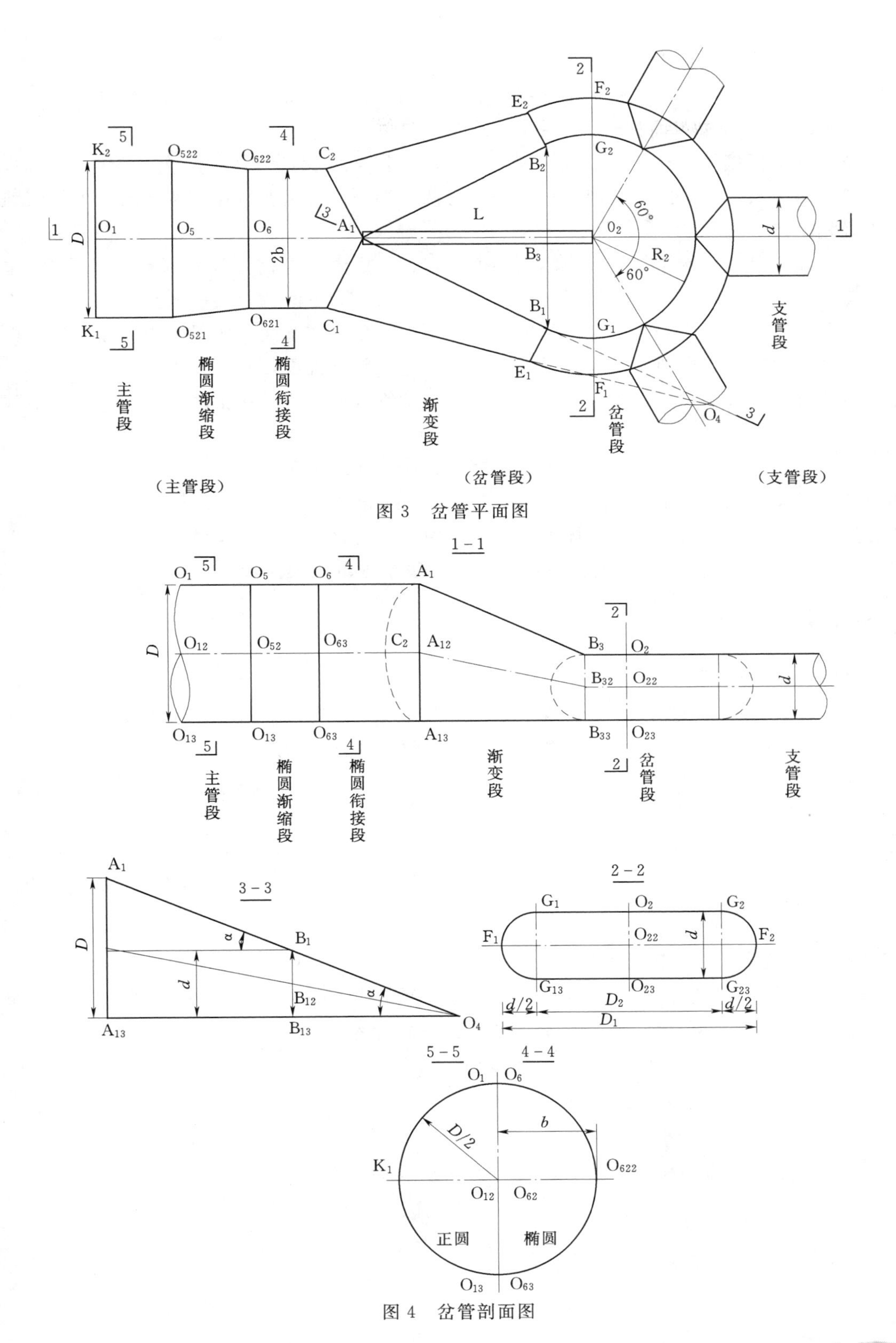

图3 岔管平面图

图4 岔管剖面图

（1）主管段：直径 D。

（2）椭圆渐缩段：由主管正圆渐缩为椭圆，铅垂轴为长轴 $2a$，$2a$ 与 D 相等，椭圆水平轴为短轴 $2b$。椭圆截面积略小于主管截面积。

（3）椭圆衔接段：这是为衔接椭圆断面和渐变段而设置的管段，其上口为椭圆断面；其下口为两个铅垂面内的对称斜切口，切口为两个半圆，与渐变段左右两侧的半个斜圆锥面正好相接。

（4）渐变段：其作用是把管道断面逐渐压扁，高度由主管直径 D 降为支管直径 d，宽度由椭圆短轴加宽至便于和岔管段相接的宽度。其顶面为下倾的等腰三角形，三角形底边与岔管段顶面相交，底面为基面内的三角形，顶面三角形在基面上的投影与底面三角形重合。其左右两侧为半个斜圆锥面，该斜圆锥面为直角斜圆锥面，底圆为正圆，圆锥面顶点在一条垂直于底圆的圆锥面素线上。斜圆锥面与岔管段的交线是在铅垂面内的半圆，半圆直径为 d。

（5）岔管段：其体型类似一个圆饼，厚为 d，顶底为圆平面，周围为半个圆环面，圆环面直径为 d，这种体型又类似水轮机蜗壳，但比蜗壳简单，蜗壳直径是渐小的，岔管圆环面是等直径。岔管选择为圆饼体型，是为了便于和支管衔接，以及降低加强梁高度。

（6）支管段：直径 d，支管间分岔角可参考设计规范三梁岔管和球形岔管选定。

3　岔管体型计算

3.1　岔管体型控制尺寸

借用甘肃省陇南市白龙江橙子沟水电站岔管主要尺寸进行介绍，该电站岔管虽为地下埋藏式钢筋混凝土岔管，但基本体型与平底等截面钢岔管较接近。

（1）主管直径 $D=10.5\text{m}$。

（2）支管直径 $d=5.0\text{m}$。

（3）渐变段底面三角形顶点 A_{13} 至岔管段底圆圆心 O_{23} 的距离 L 由水力学条件确定，其长度与主管直径和支管直径之差 $D-d$ 正相关。本例 L 选为 15m，约为 $D-d$ 的 3 倍。详见图 4 中 1－1 剖面图。

3.2　岔管体型尺寸的具体计算

（1）岔管段主要尺寸。岔管高度等于支管直径 d，见图 4 中 2－2 剖面；岔管圆饼外圆直径 D_1 和顶底圆板直径 D_2 按等截面要求由下式计算：

$$S_D \geqslant S_0 \geqslant nS_d \tag{1}$$

式中　S_D——主管截面积，$S_D=\frac{\pi}{4}D^2=86.6\text{m}^2$；

S_0——岔管截面积，$S_0=D_2d+\frac{\pi}{4}d^2=5D_2+19.63$；

n——支管条数，$n=3$；

S_d——支管截面积，$S_d=\frac{\pi}{4}d^2=19.63\text{m}^2$。

将参数代入式（1）得：

当 $S_0=S_D$ 时，得 D_2 最大值 $D_{2max}=13.39m$，相应 $D_{1max}=18.39m$。

当 $S_0=nS_d$ 时，得 D_2 最小值 $D_{2min}=7.90m$，相应 $D_{1min}=12.90m$。

满足布置岔管要求，D_2 和 D_1 对三岔管和四岔管可用大值；对两岔管可用小值。本例为三岔管，选用 $D_2=13.4m$，$D_1=18.4m$。D_2 的半径 $R_2=6.7m$。

（2）渐变段的主要尺寸。渐变段高度，在顶面等腰三角形$\triangle A_1B_1B_2$ 的顶点 A_1 处等于 D，在三角形底边 B_1B_2 处等于 d。沿等腰三角形的侧边 A_1B_1 切铅垂图 4 剖面 3－3，A_1 点和 B_1 在基面上的投影为 A_{13} 和 B_{13}。

经推导$\overline{A_{13}B_{13}}=\sqrt{L^2-R_2^2}$，实例$\overline{A_{13}B_{13}}=13.42m$

A_1B_1 和 $A_{13}B_{13}$ 延长线在基面内的交点 O_4 即为斜圆锥的顶点。

可推得锥顶角

$$\alpha=\text{arctg}\,\frac{D-d}{\sqrt{L^2-R_2^2}} \tag{2}$$

实例 $\alpha=22.2856°$

$$\overline{A_{13}O_4}=\frac{D}{\text{tg}\alpha} \tag{3}$$

实例$\overline{A_{13}O_4}=25.62m$

（3）椭圆衔接段主要尺寸。

经推导，椭圆短轴

$$2b=D\sin\left(\arccos\frac{R_2}{L}\right) \tag{4}$$

实例 $2b=9.394m$，$b=4.697m$，详见图 4 剖面 4－4。

椭圆长轴 $2a=D$，实例 $2a=10.5m$，$a=5.25m$。

椭圆面积

$$S_{椭圆}=\pi ab=77.469m^2$$

椭圆周长

$$C_{椭圆}\cong 2\pi\sqrt{\frac{(a^2+b^2)}{2}}=31.298m$$

椭圆与圆的面积比为

$$\frac{S_{椭圆}}{S_{圆}}=\frac{4\pi ab}{\pi D^2}=\frac{4ab}{D^2}=0.895$$

椭圆衔接段长度，由钢管分节长度要求及钢板宽度适当选定。

（4）椭圆渐变段长度，与主管直径和椭圆短轴之差 $D-2b$ 正相关，再根据相关要求和条件适当选定。

4 岔管加工图体型的初步拟定

上述讨论的岔管体型是岔管的概念体型，其中圆饼状岔管段周围的半个圆环面无法用钢板卷制，应划分为若干段直管面拼接而成，初步拟定了加工图，岔管加工分节见图 5。为了避开焊缝尖点，将半个直管面各沿切线方向延伸一段形成宽边，见图 5 中剖面 6－6。

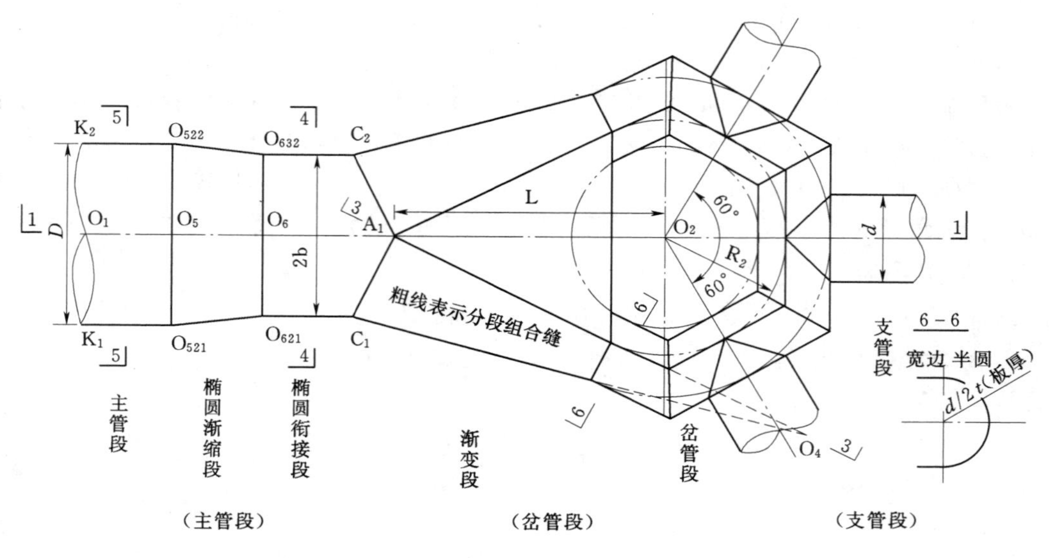

图5　岔管加工图

5　小结

平底等截面钢岔管虽是一种新型岔管，但还处于设想探索阶段。它解决了平底和等截面问题，且管壳体型明确便于制作，然而其水力学条件、结构加固、抗外压能力、下部平底混凝土浇筑等问题都有待于进一步研究和解决。

参　考　文　献

[1]　DL/T 5141—2001 水电站压力钢管设计规范［S］．北京：中国电力出版社，2002.

[2]　何新红，石广斌，牛天武．Xeset2 水电站三梁岔管结构优化分析［J］．西北水电，2009（2）．

肋板对埋藏式岔管的应力分布影响

陆　强

（浙江大学建筑工程学院，浙江　杭州　310058）

【摘　要】用正交曲线坐标系下的板壳组合结构有限元分析方法，针对工程常见的Y形和卜形布置的月牙肋岔管，在埋藏式运行工况条件下进行了系列不同肋宽比的月牙肋岔管有限元计算分析，绘制了肋宽比随管壳和肋板应力大小变化的曲线，从而得出了一些有益于埋藏式月牙肋岔管设计的结果。

【关键词】岔管；月牙肋；有限元分析；正交曲线坐标

1　引言

埋藏式月牙肋岔管普遍应用于国内外高水头、大HD值的抽水蓄能电站等工程中，现行电力行业的《水电站压力钢管设计规范》（DL/T 5141—2001）和水利行业的《水电站压力钢管设计规范》（SL 281—2003）对明岔管的设计作出了具体的规定，如分岔角的范围、钝角区以及主、支管的腰线转折角的范围和最大公切球半径的取值等；对管壁厚度的设计则近似按照柱或锥壳在膜应力和局部膜应力条件下弹性力学的计算公式近似估算；肋板厚度一般按照管壁厚度的两倍设计；给出了肋宽比的大小与分岔角大小的近似关系曲线，并依据该曲线确定肋宽比的大小。埋藏式月牙肋岔管的一般是按照规范明岔管设计的方法设计，通过有限元计算，在明岔管工况下进行结构优化，在埋藏式工况进行应力校核，优化管壁和肋板参数等。

在一定的内水压力作用下，肋板尺寸的变化会直接影响到肋板的应力大小和分布，同时也会影响到岔管管壳的应力分布，在明岔管和埋藏式工况下这种影响有所不同，按照规范中的结构力学计算方法无法精确评估这种影响，水压试验的方法更无法不计成本的进行不同肋板参数条件下的系列试验，唯有限元计算可以较为精确地评估其影响。

本文在“肋板对明岔管的应力分布影响”基础上，针对工程广泛应用的Y形和卜形结构型式的月牙肋岔管，确定一定的管壁厚度和肋板厚度，补充计算了埋藏式工况下不同肋宽比的计算，用有限元计算方法探讨肋宽比对埋藏式工况下岔管管壳和肋板应力的影响，以期所得出的结论对埋藏式月牙肋岔管的设计能提供有益的参考。

2　计算模型

本文计算采用基于正交曲线坐标系的有限元方法，选取的岔管模型均来自工程实例，一为Y形布置，一为卜形布置，两个岔管大小尺寸和内水压力相当，Y形岔管主管和支管侧均为3个管节过度，卜形岔管主管、直支管、斜支管侧均为4个管节布置，两个岔管的结构平面见图1和图2，肋板结构如图3和图4所示，肋板内缘曲线为抛物线，外缘曲线为与相贯线平行的椭圆曲线，肋板腰部外伸宽度均为100mm。Y形岔管的内水压力为2.8MPa，管壁厚度为34mm，肋板厚度为80mm，分岔角为65°，公切球半径为2283mm，主管侧各管节的半锥顶角依次为10.5°、5°、0°，支管侧各管节半锥顶角依次为18°、9°、0°，主管入口直径为4000mm，支管出口直径为2600mm。卜形岔管的内水压力为3.2MPa，管壁厚度为28mm，肋板厚度为60mm，分岔角为71°，公切球半径为2063mm，主管侧各管节的半锥顶角依次为12.5°、8°、4°、0°，直支管侧各管节半锥顶角依次为18°、12°、6°、0°，斜支管侧各管节半锥顶角依次为21°、11°、5°、0°，主管入口直径为3500mm，直支管和斜支管出口直径均为2400mm。

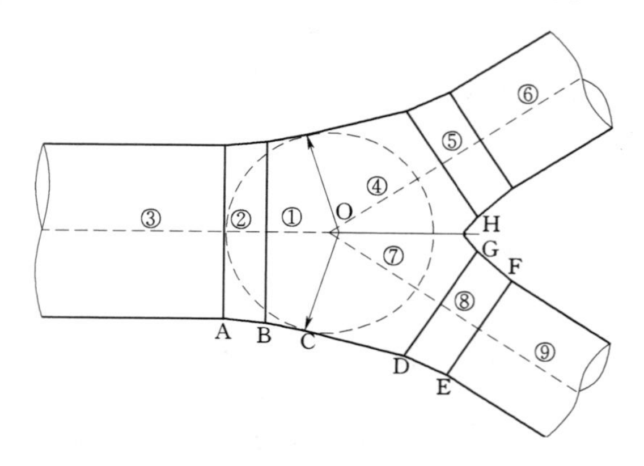

图1　Y形岔管工程实例

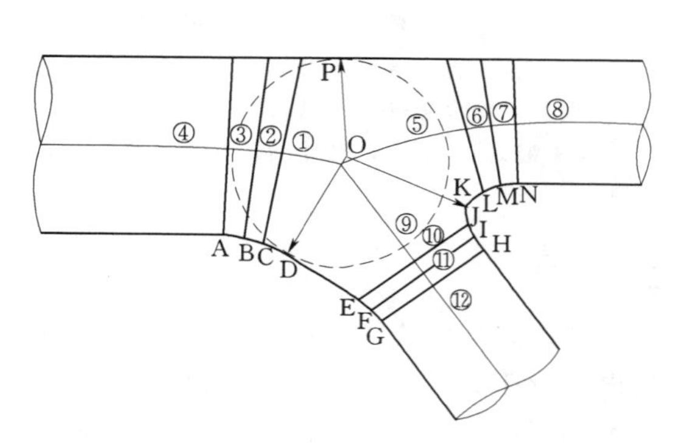

图2　卜形岔管工程实例

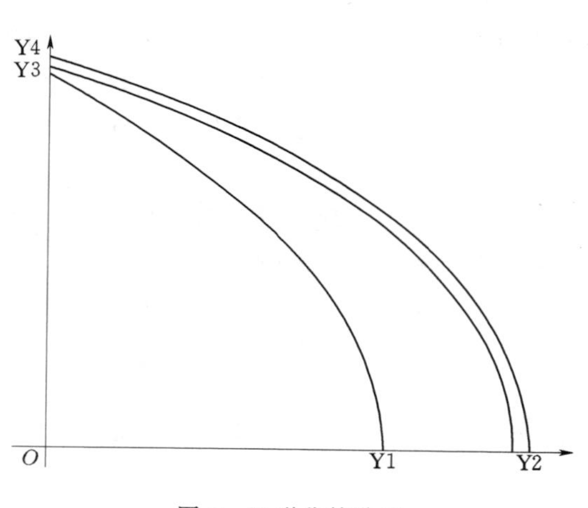

图3　Y形岔管肋板

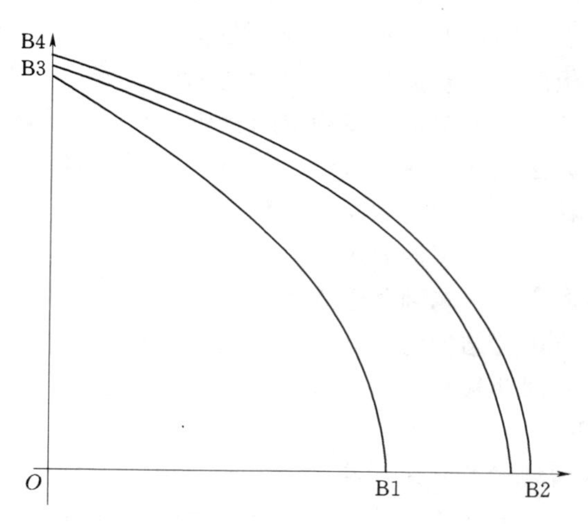

图4　卜形岔管肋板

埋藏式条件下，岔管与围岩联合受力属于非线性接触问题，其作用机理是，岔管在内水压力作用下发生变形，首先使部分管壁填满缝隙，继而部分接触围岩，并引起与岔管接触部分的围岩产生与岔管内水压力相反的弹性抗力，由于这种弹性抗力的作用，围岩对岔管管壁径向位移会起到一定的约束作用，同时围岩会分担一部分内水压力，引起岔管应力的重分布，最终使得岔管管壁应力和径向位移均匀化。联合受力钢岔管有限元分析理论采用以下假定：①将混凝土与钢岔管之间的缝隙及混凝土与围岩之间的缝隙合并为一层缝隙，并假定在钢岔管管壁外法线方向缝隙值是均匀分布的；②由于钢岔管结构复杂，回填混凝土在内水压力作用下不可避免也会开裂，且裂缝分布更不均匀，但仍可假定混凝土只起传递荷载作用；③围岩与回填混凝土只对钢岔管管壁正的法向位移起弹性约束作用，将这种作用简化为具有综合弹性抗力系数为 K 的纯压缩弹簧模型，即 $P=K\delta$ 成立，式中 P 为作用在围岩上的径向力，δ 为围岩的径向位移。

针对以上 Y 形和卜形岔管，埋藏式工况取工程中经常采用的缝隙值 $\Delta=1.2$mm，围岩弹性抗力 $k=50$MPa/cm。

3 计算结果及分析

为了研究肋宽比变化对两种不同结构岔管的应力影响，两个岔管的肋宽比分别取 0.0、0.05、0.10、0.15、0.20、0.25、0.30、0.35、0.40，其中肋宽比 0.0 对应岔管不设置肋板的情形，没有实际意义。计算结果表示为岔管不同部位的应力随肋宽比变化的应力曲线。见图 1 和图 2 分别选择两个岔管顶部 O 点、档部（Y 形：H、G 点。卜形：K、L、J 点）、钝角区一侧（Y 形：B、C、D 点。卜形：C、D、E 点），这些点多是岔管腰线的转折部位，在内水压力作用下产生不同程度的应力集中。对肋板见图 3 和图 4，分别选择肋板腰部（Y 形：Y1、Y2。卜形：B1、B2 点）及顶部（Y 形：Y3、Y4。卜形：B3、B4 点）。以上不同部位均以管壁和肋板中面应力为准，应力均换算为第四强度等效应力(以下简称应力)。岔管和肋板不同部位的应力和肋宽比的关系曲线见图 5～图 14，其中后缀“埋”表示埋藏式工况。

3.1 肋宽比对岔管顶部应力的影响

由图 5 和图 6 可知，埋藏式工况肋宽比对岔管顶部 O 点的应力影响较小，肋宽比在 0.05 范围内，O 点应力随肋宽比增加而降低，但肋宽比大于 0.05 时，O 点应力并没有随肋宽比的增加而减小，而是小幅增加，但幅度非常小。这表明埋藏式工况下，由于 O 点位移受围岩所限制，围岩分担了部分内水压力，管壳应力均化和降低极大地削弱了肋板对 O 点的加强作用。因此，O 点虽然是多个管节相交的部位，但由于围岩分担作用，其应力相对于管壳其他部位不高，不是埋藏式岔管设计的主要的应力控制部位。

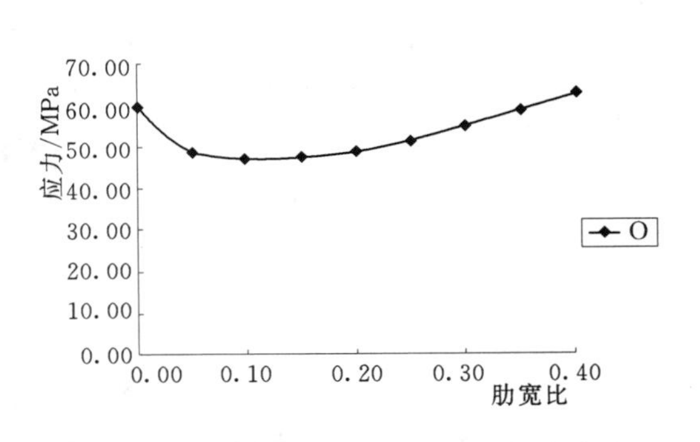

图 5　肋宽比与 Y 形岔管顶部应力关系图

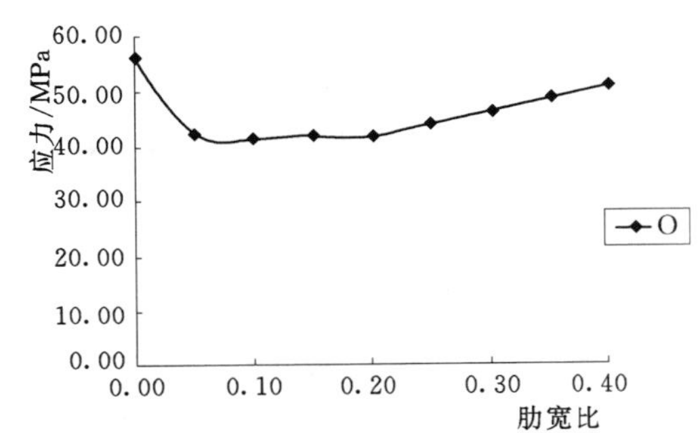

图 6　肋宽比与卜形岔管顶部应力关系图

3.2 肋宽比对岔管档部应力的影响

由图 7 和图 8 可知，埋藏式工况下肋宽比对 Y 形岔管档部分岔点（图 7 中 H 点）的应力影响很大，随着肋宽比的增加，分岔点的应力降低幅度很大，较瘦的肋板（如肋宽比在0.15范围内时）即可起到很大的加强作用，但当肋宽比大到一定程度时（本例为0.15），分岔点应力的变化趋于平缓，表明其受肋宽比的影响趋弱。对卜形岔管档部分岔点（图8中K点，其中K5表示肋旁分岔点位于5号管节上的K点，K9表示肋旁分岔点位于9号管节上的K点）影响则有所不同，对斜支管侧K9点的应力影响很大，其规律基本同Y形岔管H点，而对直支管侧K5点应力则基本没有影响。岔管档部区域其他远离分岔点的部位（如Y形G点、卜形L、J点）应力基本不受肋宽比不受肋宽比变化的影响。埋藏式工况下，由于围岩的分担作用，岔管档部应力值明显低于明岔管工况。分岔点虽然有一定的应力集中，但在肋板的加强作用下很快衰减，应力甚至低于档部其他部位，因此在一定的肋宽比条件下，岔管档部区域不是埋藏式岔管设计主要的应力控制部位。

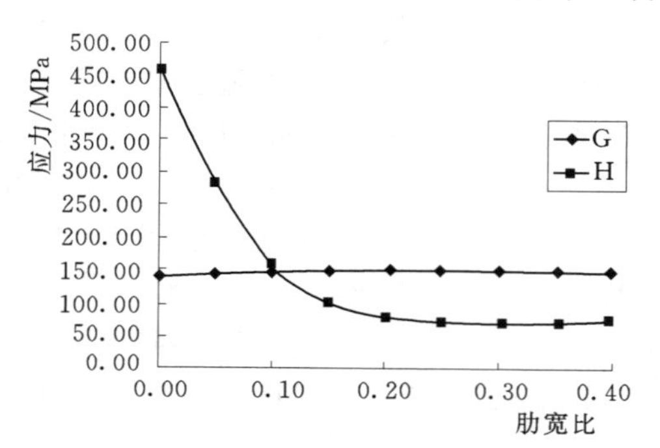

图7　肋宽比与Y形岔管档部应力关系

图8　肋宽比与卜形岔管档部应力关系

3.3　肋宽比对岔管钝角区应力的影响

由图9和图10可知，埋藏式工况下肋宽比对两种岔管钝角区部位的应力略有影响，但幅度很小，该部位的应力在不设置肋板（肋宽比为0）时和设置肋板加强时几乎没有什么变化。由于围岩分担作用，管壳应力明显低于明岔管工况。钝角区主管侧应力往往高于管壳其他部位，该部位是岔管设计主要的应力控制部位。

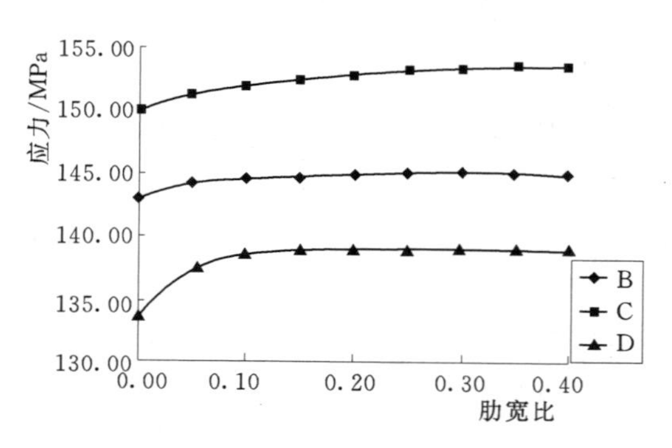

图9　肋宽比与Y形岔管钝角区应力关系

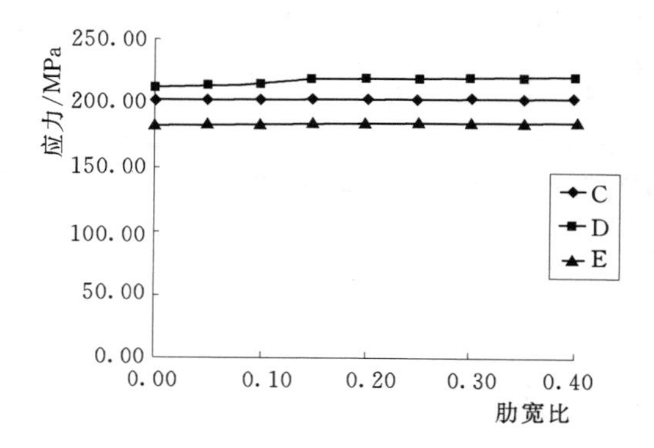

图10　肋宽比与卜形岔管钝角区应力关系

3.4　肋宽比对岔管肋板腰部应力的影响

由图11和图12可知，埋藏式工况下肋宽比对Y形和卜形岔管肋板腰部内缘处（Y1、

B1）应力影响很大，总的规律是随着肋宽比的增加，该处应力随之减小。肋宽比较小时，该处的应力很高。对于肋板腰部外缘处（Y2、B2），肋宽比的变化对其应力影响小于外缘处，变化的幅度也小，且当肋宽比高于一定值（本例 0.15）时，外缘处应力随肋宽比增加而缓慢增加。随着肋宽比的增加，肋板腰部内缘的应力接近于外缘的应力，表明肋板承受的弯曲作用随着肋宽比的增加在减小。埋藏式工况由于围岩分担了管壳应力，肋板应力明显低于明岔管工况。由于肋板腰部内缘处的应力高于其他部位，该部位是肋板设计主要的应力控制部位。

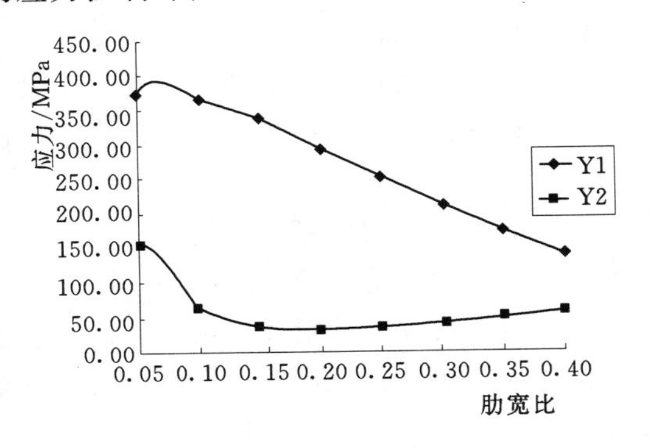

图 11　肋宽比与 Y 形岔管肋板腰部应力关系图

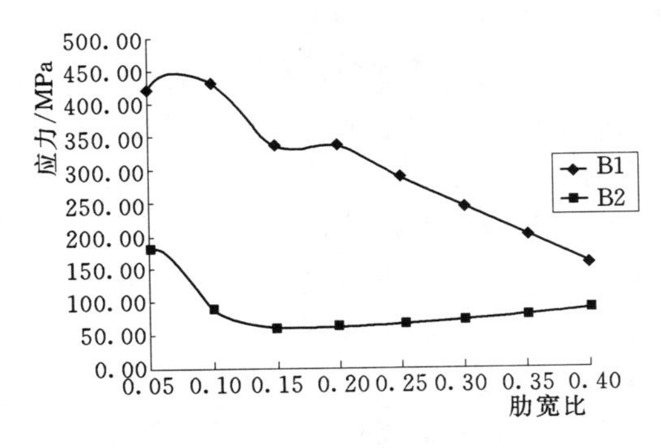

图 12　肋宽比与卜形岔管肋板腰部应力关系图

3.5　肋宽比对岔管肋板顶部应力的影响

由图 13 和图 14 可知，埋藏式工况下肋板顶部应力并不高，其应力随肋宽比的变化而变化，但没有一定的规律性，相比较肋板腰部，肋板顶部因为承受的弯曲和牵拉作用很小，且还有围岩分担作用，其应力也较明岔管肋板顶部低，该部位不是肋板设计的应力控制部位。

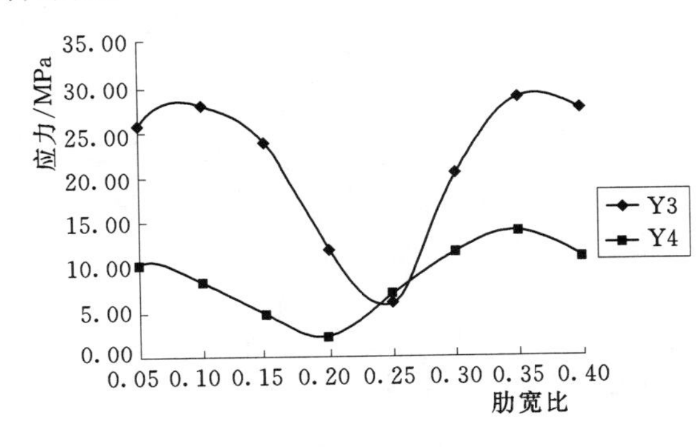

图 13　肋宽比与 Y 形岔管肋板顶部应力关系图

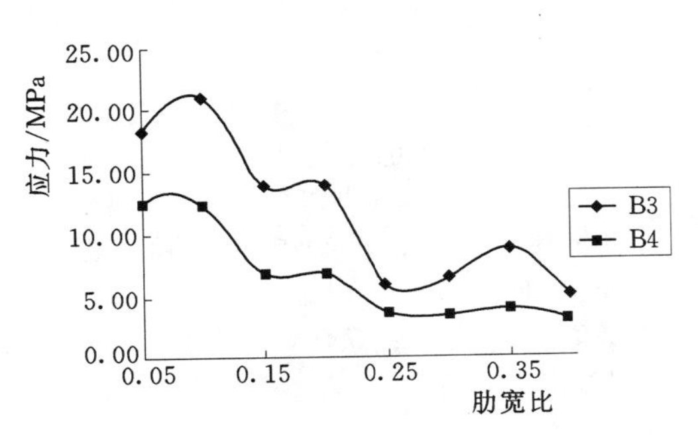

图 14　肋宽比与卜形岔管肋板顶部应力关系图

4　结论

综上，在埋藏式工况条件下，针对工程中典型的 Y 形和卜形结构型式的月牙肋岔管，在一定的内水压力作用下，保持岔管管壳几何参数和肋板厚度不变，计算肋宽比的改变对管壳应力和肋板应力产生的影响，基于以上计算结果可以得出以下结论。

（1）不同于明岔管，埋藏式岔管在不设置肋板时，由于围岩的分担作用，管壳的总体应力明显低于明岔管，但岔管档部分岔处仍然存在明显的应力集中，因此设置肋板仍是必要的加强措施。

（2）无论明岔管还是埋藏式岔管，肋板对岔管档部分岔处的加强作用明显，但不同于明岔管，由于围岩分担部分管壳应力，肋板对埋藏式岔管分岔处的加强和应力分担作用没有明岔管显著，但很小肋宽比的肋板仍然起着很大的分担作用，但当肋宽比大到一定程度时，增加肋宽比对岔管分岔处的应力几乎没有影响。因此，埋藏式岔管肋板的设计只需要考虑其应力在满足肋板材料的强度和必要的刚度要求条件下，尽可能选择较小的肋宽比，以利于水力学要求，较大的肋宽比对埋藏式岔管设计没有意义。

（3）与明岔管类似，肋板对岔管应力的影响仅限于肋旁附近管壳和肋板本身，对岔管其他部位的应力大小和分布影响较小，特别是远离肋板的部位（如钝角区一侧）则几乎没有影响。

（4）不同于明岔管，由于围岩分担管壳应力，肋板承受拉力和弯曲作用减弱，但肋板腰部应力仍高于肋板其他部位，肋板腰部宽、顶部窄，月牙形仍是肋板理想的形状，一般肋板内缘曲线设计为抛物线，外缘曲线设计为与相贯线平行的椭圆曲线，按此设计的肋板结构紧凑，完全满足肋板对岔管的加强和应力分担作用的要求。肋板外伸宽度很大没有意义，满足必要的安装和焊接要求即可。

（5）类似明岔管，岔管设计的关键应力控制部位仍是主管钝角区一侧和肋板腰部内缘部位，前者往往决定了管壁材料的厚度，后者则决定了肋板材料的厚度和肋板腰部的宽度。

（6）本文计算虽只选择了月牙肋岔管两种典型的结构型式 Y 形和卜形，但由于其他不对称月牙肋岔管结构是介于以上 Y 形和卜形之间，因此本文所得一些规律性的结论应该也适用于其他不对称的埋藏式月牙肋岔管。

参 考 文 献

[1] DL/T 5141—2001 水电站压力钢管设计规范［S］. 中国电力出版社，2002.

[2] SL 281—2003 水电站压力钢管设计规范［S］. 中国水利水电出版社，2003.

[3] 丁成辉，钟秉章，丁皓江. 正交曲线坐标系中三角形曲壳单元及其应用［J］. 计算结构力学及其应用. 1989（1）.

[4] 钟秉章，陆强. 按联合受力设计的埋藏式钢岔管有限元分析方法［J］. 水利学报，1994（2）.

[5] 顾克秋，钟秉章，丁皓江. 岔管有限元网格自动生成及计算机绘图［J］. 水利发电学报，1989（4）.

[6] 宋擒豹，钟秉章. 组合板壳结构人机交互网格自动生成［J］. 浙江大学学报，1992（2）.

[7] 丁成辉，钟秉章，丁皓江. 单折管受内压有限元分析［J］. 工程力学，1988（3）.

[8] 陆强，钟秉章. 埋藏式钢岔管按联合受力设计的若干问题［M］. 第 6 届全国水电站压力管道学术论文集. 北京：中国水利水电出版社，2006.

[9] 陆强. 肋板对明岔管的应力分布影响［M］. 第 7 届全国水电站压力管道学术会议论文集. 北京：中国电力出版社，2010.

三、伸缩节、波纹管及蜗壳

波纹管伸缩节在水利水电行业的应用与展望

张为明[1]　鲍　乐[2]　汪　飞[3]　卫书满[3]

（1. 中国葛洲坝集团股份有限公司，湖北　宜昌　443002

2. 中国华电工程公司，上海　200000

3. 葛洲坝集团机电建设有限公司，四川　成都　610091）

【摘　要】本文对波纹管伸缩节在水利水电工程中的应用场合、运行要求、应用历程等情况作了简要介绍；对目前已经在水利水电行业应用的几种典型结构进行了介绍和分析；对波纹管伸缩节应用中的几个问题进行了探讨；对水利水电行业波纹管伸缩节的应用前景作了展望。

【关键词】波纹管伸缩节；水利水电工程；应用；展望

1　引言

金属波纹管伸缩节的诞生和应用在我国已走过了半个多世纪的发展历程，在中国各主要工业行业中，水利水电行业是最迟引进及应用波纹管伸缩节的。

波纹管伸缩节在石油、化工、机械、火电、核电等行业应用广泛。这些行业有一些共同的特点，如管道直径较小、温度变化大、内压较大、介质较复杂等，例如现有的国家规范规定直径不大于4m，温度变化可能高达上千度，介质有气体、液体等。在水利水电行业，伸缩节主要是用于补偿因温度变化、地质条件变化、压力变化等引起的管道位移变化，避免因此导致的管道系统失效。水利水电行业的介质主要是水，温度变化一般不超过60℃，压力钢管的不均匀位移主要由复杂地质条件、地震等产生。另外，水利水电行业的引水压力钢管往往直径很大（0.5～12.4m）、内压很高（0.5～12MPa以上），一旦爆裂极可能产生人员和财产的重大损失，造成灾害性影响。故针对水利水电工程的特点，特别是明管的运行安全，在如何应用伸缩节、如何正确设置伸缩节等问题上，一直存在着争议、探索，甚至是反复。

在水利水电行业，20世纪90年代以前，伸缩节主要以套筒式伸缩节为主，但在使用过程中发现渗漏现象较多，维护困难，而且随着压力钢管水头的增高，渗漏就越来越严重，维护更加困难。而波纹管伸缩节正好能克服这些缺点，因此20世纪90年代后波纹管伸缩节开始在水利水电行业应用，由此产生了多种波纹管伸缩节形式，由于运用时间不长，在国内尚有争议、观望等现象存在。作者认为这些都是正常的。本文将就伸缩节在我国水利水电工程中的应用情况作简要介绍，并就存在的问题提出作者的一些看法与建议。

2 水利水电行业伸缩节的应用场合、特点及要求

2.1 伸缩节应用场合的主要类型

2.1.1 坝式水电站（又分坝后式、河床式等）

在坝后式水电站中，伸缩节一般布置在厂坝之间的分缝处，位于坝后压力钢管下游临近蜗壳的下平段上，用以补偿顺水流向和地质沉降引起的压力钢管位移变化。

伸缩节已经应用在坝后式水电站的典型项目有（含在建）：长江三峡水电站（ϕ12.4m）、金沙江向家坝水电站（ϕ12.2m）、贵州清水江白市水电站（ϕ9.0m）、四川嘉陵江亭子口水电站（ϕ8.7m）、云南李仙江戈兰滩水电站（ϕ7.5m）、缅甸 YEYWA 水电站（ϕ6.8m）、西藏雅鲁藏布江藏木水电站（ϕ6.1m）等。

2.1.2 引水式和混合式水电站

引水式水电站是用引水道（如：明渠、隧洞、压力钢管等）集中河流流量和水头用以发电的水电站。引水式水电站多建在坡度较陡、落差较大的河流上，其主要结构特点是上游取水口和下游厂房相距较远，中间引水道往往要经过不同的地质层面。

混合式水电站是由坝和引水道两种建筑物共同形成发电水头的水电站，这类水电站通常兼有坝式和引水式水电站的优点及工程特点。

用于引水式或混合式水电站压力钢管中的伸缩节，主要用于补偿压力钢管因温度和地质变化引起的位移，其特点主要有：下游钢管内压一般都较高（甚至可达 12MPa 以上）；当用于隧洞埋管中时，一般径向位移较大，但运行的循环次数极少；当用于露天明管段时，主要为轴向位移，但循环位移比较频繁。

伸缩节已经应用在引水式或混合式水电站的典型项目有（含在建）：四川南桠河姚河坝水电站（ϕ4.0m，2.5MPa）、马来西亚 KOTA 水电站（ϕ2.1m，2.5MPa）、甘肃黑河西流水水电站（ϕ5.4m，2.5MPa）、四川洪坝河洪坝水电站（ϕ2.6m，5.3MPa）、四川金汤河金康水电站（ϕ2.1m，6.2MPa）、西藏羊卓雍湖抽水蓄能电站（ϕ2.3m，6.5MPa）、伊朗 RUDBAR 水电站（ϕ4.4m，5.8MPa）等。

2.1.3 长距离引水管线穿越地震活断层

这是一个比较独特的水利水电引水管线中伸缩节的应用场合。目前在这类场合已应用伸缩节的典型项目有（含在建）：① 云南掌鸠河引水供水工程，管线在厂口隧洞段穿越普渡河断裂带（活断层），该隧洞段管线长 450m，布置 10 套复式伸缩节，伸缩节内径 ϕ2.0m、内压 0.5MPa，轴向和径向位移均为±100mm；② 云南洗马河赛珠水电站，引水压力钢管穿越普渡河断裂带（活断层），穿越段管线长 354m，布置 14 套复式膨胀节，伸缩节内径 2.7m、内压 1.3MPa，轴向和径向位移均为±150mm；③ 云南牛栏江—滇池补水工程，在小龙潭倒虹吸和新春邑倒虹吸分别经过小江断裂带（活断层），其中小龙潭倒虹吸段长 287m，新春邑倒虹吸段长 924m，共布置 25 套复式伸缩节，伸缩节均为内径 3.4m、内压 0.5MPa、轴向和径向位移±100mm。

2.2 水利水电工程伸缩节的特点和要求

（1）水利水电工程压力钢管的设计寿命通常为 50 年，由于水利水电工程环境的特殊

性，伸缩节一旦安装完成，要进行维修或更换往往非常困难（一般仅为理论上的可能），故对伸缩节的安全可靠性有很高要求，并且在规定的使用年限内，伸缩节除了内外表面的防腐外，其他部分均应是免维护的。

（2）由于伸缩节的刚度较低，在整条压力钢管管线中，伸缩节往往是一个最薄弱环节，但伸缩节不应成为引发管线运行异常的诱因，而且当管线运行异常时伸缩节仍应能保持自身和管线的安全。

（3）大口径波纹管的流固耦合频率较低，当流体有冲击、脉动、紊流时，伸缩节较易产生共振，故对于大口径伸缩节（尤其是复式伸缩节）应有可靠的防振或减振装置。

（4）复式伸缩节的临界柱失稳压力一般不高，因此当复式伸缩节应用于明钢管管段时，伸缩节上应带有可靠的轴向和径向限位装置。

（5）当管线发生系统短时超压时（如水锤、系统误操作等），伸缩节应保持不会发生爆裂，故在伸缩节设计、制造和检验各环节上都要有相应的保证措施。

（6）水利水电工程压力钢管中的水流或多或少都会带有一定的泥沙，为防止泥沙在伸缩节波纹间积淀、硬结，最终导致伸缩节失效，要求用于水利水电工程压力钢管中的伸缩节必须带有防沙阻沙装置。

（7）由于水电站大多处于深山峡谷之中，受运输条件的限制，直径大于5m的伸缩节在工厂整体制造完成后大多无法直接运到现场，而是需要采取在工厂进行分体、再到现场组装和水压试验的工艺方法。为保证现场组装试验的伸缩节具有和工厂整体制造的膨胀节具有同样的性能和质量保证，要求伸缩节在设计、制造和检验各环节上都要有相应的保证措施。

（8）水利水电工程中的压力钢管直径一般都比较大，钢管内侧或外侧都有可能成为人员、设备来往的通道或临时施工作业面。虽然在伸缩节的说明文件中要求不得损坏膨胀节内外表面，但在伸缩节结构设计中还是应考虑适当加强导流筒和外保护罩的厚度和强度，以免出现因安装施工不慎而引起的伸缩节损坏。

3 水利水电行业伸缩节应用及主要型式

3.1 伸缩节在水利水电行业的应用历程

第一个应用项目是河北桃林口水电站（内径3m，内压1MPa），伸缩节为复式，用于解决电站厂、坝之间的地质沉降问题，该电站于1998年竣工投运。

2001年投产发电的四川姚河坝水电站在早期的膨胀节应用项目中是一个较典型的例子。该电站为引水式发电，压力钢管内径4m，内压2.5MPa，膨胀节为复式，用于补偿引水隧洞地质断层的滑移。

在水利水电行业，真正具有里程碑意义的膨胀节应用项目，是长江三峡水利枢纽工程。三峡电站共安装了17套复式膨胀节（左岸电站8套、右岸电站9套），项目前期曾就是否采用膨胀节进行了反复论证（1998～2000年），在项目执行过程中（左岸电站为2001～2002年），三峡公司的领导和行业内高层专家都给予了极大的关注，三峡工程波纹管膨胀节的应用成功为在水利水电行业中推广膨胀节起到了一个巨大的示范和宣传作用。

此后，随着水电建设高潮迭起，膨胀节的应用项目也在不断增加。时至今日，虽然波纹管膨胀节还未完全取代传统的套筒伸缩节，但其无渗漏、免维护的优点却是不争的事实，因此也为越来越多的用户所采用。

经过十多年的推广和应用实践，目前水利水电行业的业主、设计、安装等单位对膨胀节的认知和了解越来越深，具体应用在工程项目上膨胀节的性能和结构也更趋完善。

3.2 水利水电工程伸缩节应用型式总结

3.2.1 伸缩节基本结构型式分类

伸缩节基本结构型式分为7种类型，见表1，各类结构示意图见图1。

表1 伸缩节基本结构型式分类

伸缩节基本结构型式	代号	可吸收位移方向	能否承受波纹管压力推力	示意图
单式轴向型	DZ	轴向位移	不能承受	见图1（a）
单式铰链型	DJ	一个平面内的角位移	可承受	见图1（b）
单式万向铰链型	DW	任意平面内的角位移	可承受	见图1（c）
复式自由型	FZ	轴向与横向组合位移	不能承受	见图1（d）
复式拉杆型	FL	任意平面内的横向位移	可承受	见图1（e）
复式铰链型	FJ	一个平面内的横向位移	可承受	见图1（f）
复式万向铰链型	FW	任意平面内的横向位移	可承受	见图1（g）

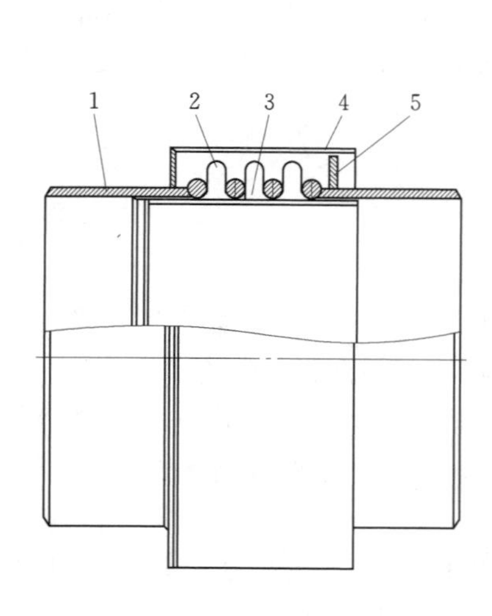

(a)单式轴向型伸缩节

1—端管；2—波纹管；3—导流筒；4—外护罩；5—端环板

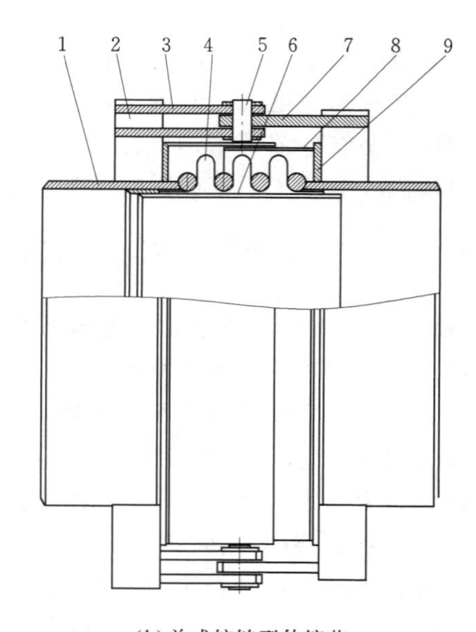

(b)单式铰链型伸缩节

1—端管；2—立板；3—副铰链板；4—波纹管；5—销轴；6—导流筒；7—主铰链板；8—外护罩；9—端环板

图1（一） 各类伸缩节结构型式示意图

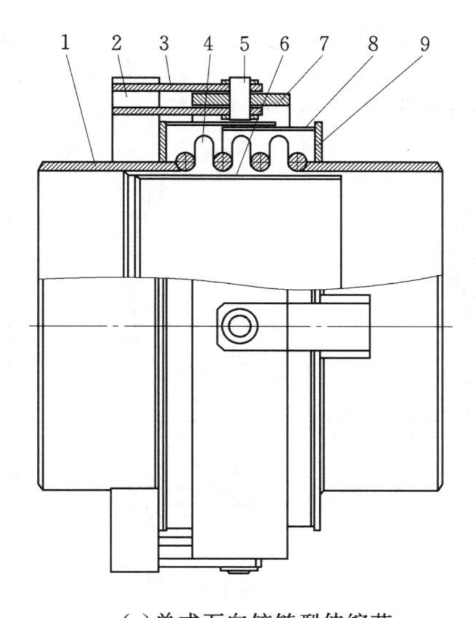

(c)单式万向铰链型伸缩节

1—端管；2—立板；3—副铰链板；4—波纹管；5—销轴；6—导流筒；
7—万向环；8—外护罩；9—端环板

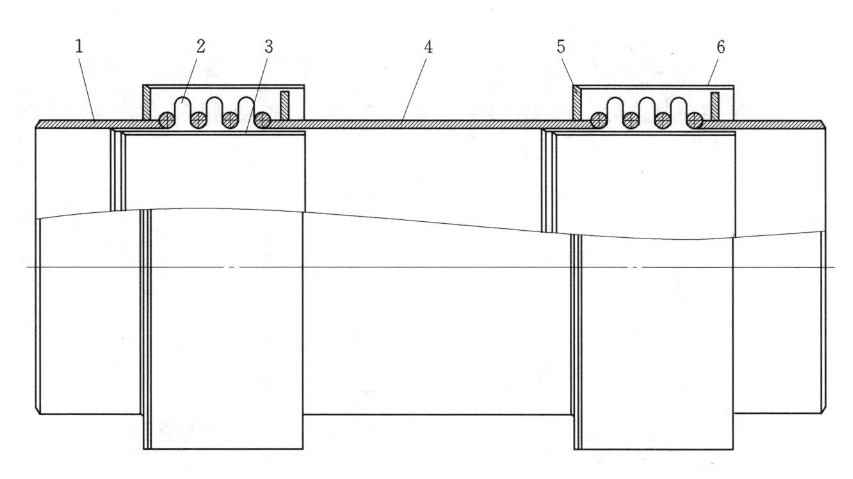

(d)复式自由型伸缩节

1—端管；2—波纹管；3—导流筒；4—中间管；5—端环板；6—外护罩

图 1（二）　各类伸缩节结构型式示意图

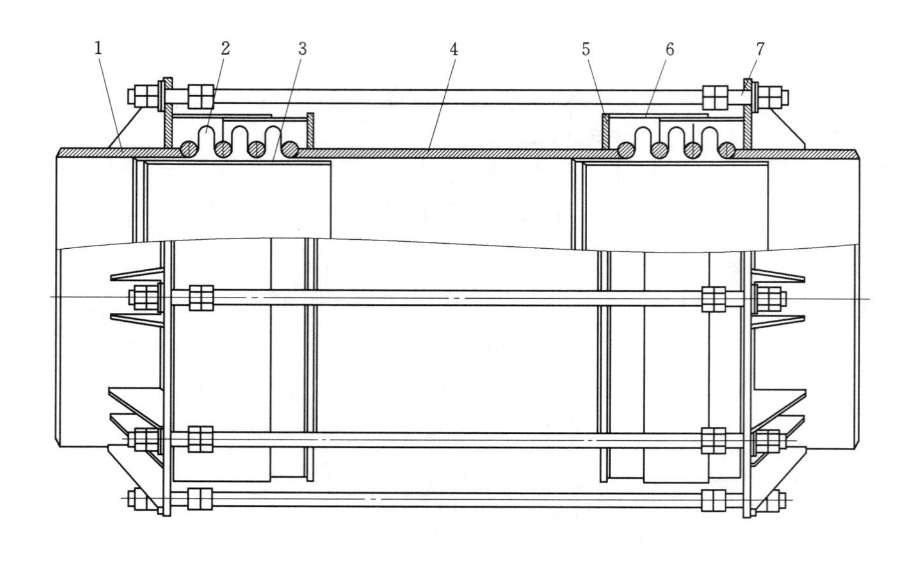

(e)复式拉杆型伸缩节

1—端管;2—波纹管;3—导流筒;4—中间管;5—端环板;6—外护罩;7—大拉杆

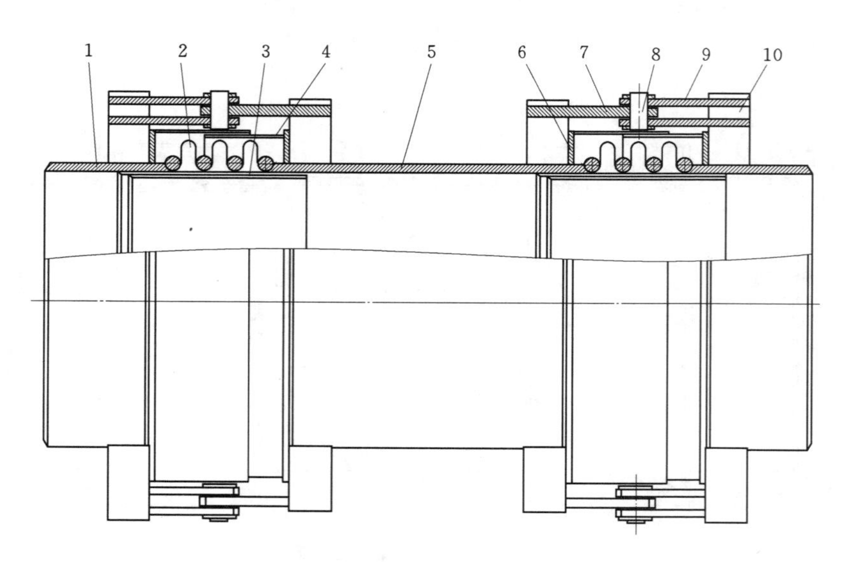

(f)复式铰链型伸缩节

1—端管;2—波纹管;3—导流筒;4—外护罩;5—中间管;6—端环板;
7—主铰链板;8—销轴;9—副铰链板;10—立板

图 1(三) 各类伸缩节结构型式示意图

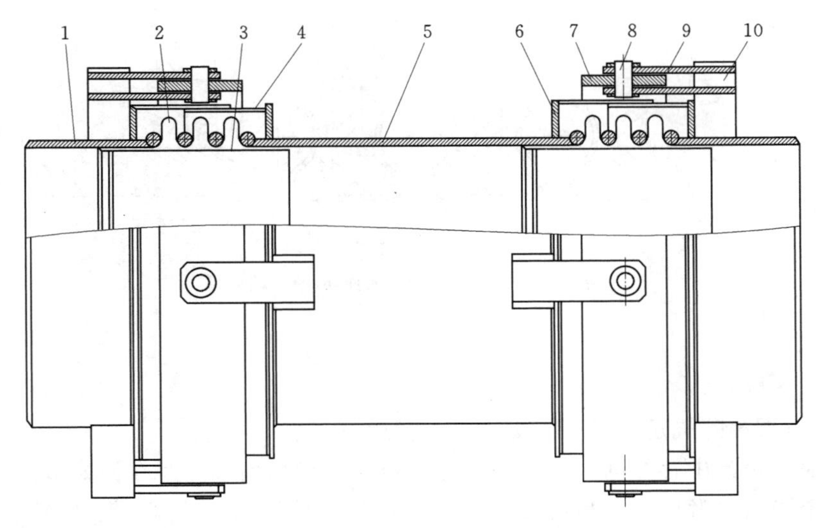

(g)复式万向铰链型伸缩节

1—端管；2—波纹管；3—导流筒；4—外护罩；5—中间管；6—端环板；
7—万向环；8—销轴；9—副铰链板；10—立板

图 1（四） 各类伸缩节结构型式示意图

3.2.2 波纹管型式分类

波纹管型式分为 3 种类型，见表 2，结构型式如图 2～图 4 所示。

表 2 **波纹管型式分类**

波纹管型式	代号	结构特点	示意图
无加强 U 形	U	波纹上无加强环	见图 2
加强 U 形	J	中间波和边波均采用圆形截面的加强环	见图 3
		中间波采用圆形环、环板组成加强环，边波采用端环板作为加强件	见图 3
		中间波采用 T 形截面加强环，边波采用端环板作为加强件	见图 3
Ω 形	O	中间波采用⊥形截面加强环，边波采用端环板作为加强件	见图 4

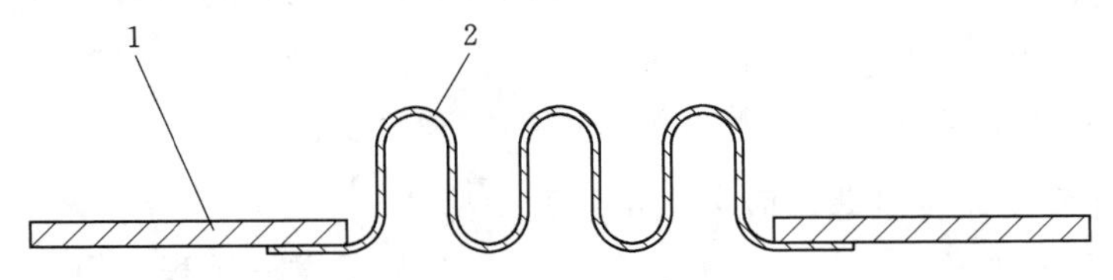

图 2 无加强 U 形波纹管

1—端管；2—波纹管

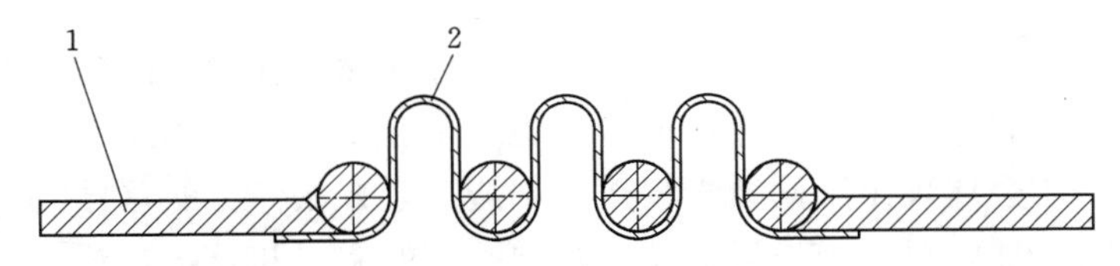

图 3 加强 U 形波纹管

1—端管；2—波纹管

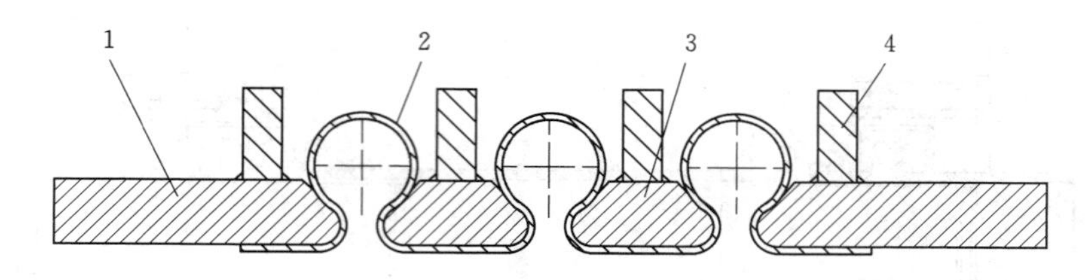

图4　Ω形波纹管

1—端管；2—波纹管；3—加强环；4—端环板

4　问题探讨

4.1　伸缩节位移量的确定问题

目前伸缩节设计中存在的问题之一是伸缩节位移量如何确定。在伸缩节位移量的确定上至少有3个因素要考虑：一是地质影响究竟有多大是否勘探清楚。针对某一地质情况，是通过基础处理解决问题，还是从伸缩节结构上想办法，把伸缩节的位移量设计得很大，但即使采用很大的位移设计量能否从根本上解决地质缺陷的影响呢？这是设计和勘探专家必须首先面临的问题。目前伸缩节的设计中，很多在未分析清楚地质情况的条件下，盲目加大伸缩节的位移量的情况确实存在，不但加大了制造成本而且也不一定能从根本上解决地质缺陷，而实际上伸缩节出问题往往是由地质问题造成的，特别是国际工程因种种原因对地质缺陷的勘探和认识确实需要加强；二是从制造角度考虑，位移量的极限究竟多大是合理的，既要考虑成本因素又要考虑制造能力，笔者认为必须兼顾；三是温度差对伸缩量的影响必须计算清楚，实际上在3个问题中这是最容易解决的，相关的软件及规范对此问题已经阐述得很清楚了，只是针对不同的地区一定要分析清楚而已。

4.2　水利水电行业伸缩节的设计、制造技术标准制定滞后

波纹管伸缩节在石油、压力容器、化工等行业应用得非常普遍，不可否认的是这些行业的国内外规范非常健全，规范了其制造和安装行为，推动了其应用与发展。由于波纹管伸缩节在水利水电行业的应用历史较短，大多数典型应用项目的投运年限均未满10年，而水利水电项目的设计寿命又较长，故目前已积累的试验、运行参数及反馈信息还很不全面，这影响了相关的水利水电波纹管伸缩节设计、制造技术标准的制订工作。而滞后的标准制订工作又在实践中影响了波纹管伸缩节的推广和普及。

4.3　波纹管伸缩节设计、制造、应用水平还有待提高

波纹管伸缩节在水利水电行业虽然已经历了十多年的发展历程，但由于水利水电工程运行环境条件的特殊性和多样性，就目前状况而言，波纹管伸缩节的设计、制造和应用水平还有待提高。

很多水利水电项目在竣工之初，波纹管伸缩节处在零位移或小位移状态，即使波纹管伸缩节结构不合理或制造、安装上存在瑕疵，也不一定会显出征兆，当运行一段时间后、或遇突发事情时，才会体现出不同结构型式、制造工艺方法优劣的差异。

所以作者认为应加强对已经投运的波纹管伸缩节的调研和总结，对每一种型式的波纹管伸缩节的使用情况、结构进行分析归纳，如：波纹管环焊缝加强接头、防爆裂措施、振

动阻尼装置、套筒限位结构、阻沙填料等等，由此摸清波纹管伸缩节的全貌，为波纹管伸缩节产品的设计、制造和安装提供指导，为波纹管伸缩节标准的制定提供依据。

5　波纹管伸缩节在水利水电行业的应用前景与展望

水电是我国目前可大规模开发的可再生清洁能源。在我国经济发展的现阶段，受技术和成本因素的制约，成本低廉的水电是目前经济条件下实现节能减排首选的替代能源。

综观国内水电建设发展的过程，水资源的流域开发大致遵循“先低后高”、“先易后难”的发展顺序。“先低后高”是指流域开发一般是先建下游电站，然后逐渐向上游推进；“先易后难”是指先开发的电站大多位于地质条件较好、交通和施工较为便利的地方。随着水电建设向上游和纵深推进，越来越多的水电站将建在地质条件复杂的高原上和深山里，电站引水压力钢管对伸缩节的需求亦会增加。

中国的水电建设能力（设计、制造、安装等方面）目前已步入世界先进行列，随着中国对海外投资、融资项目的增加，近年来由中国水电投资、设计、施工企业承建的海外大型水电项目呈明显增长的趋势，这又为伸缩节的应用提供了一个新的海外市场。

可以预言的是波纹管伸缩节在水利水电行业的应用将会迎来一个蓬勃发展的新局面。

Rudbar 水电站主副厂房分缝处引水钢管取消伸缩节研究

聂金育

（中国电建集团中南勘测设计研究院有限公司，湖南　长沙　410014）

【摘　要】 结合 Rudbar 水电站的实际情况，运用 ANSYS 进行三维有限元分析，对不同方案对比分析选出最优方案，并对最优方案的不同工况进行计算，以研究取消厂前伸缩节的可行性。计算结果表明，用垫层管代替伸缩节并采取一定工程措施可以满足结构应力和位移要求，达到节约工程投资等目的。

【关键词】 伸缩节；垫层；水电站厂房

1　引言

水电站厂房中，由于主副厂房的沉降不一致，另外在温度等荷载作用下，很容易在主副厂房连接处出现应力集中和破坏，因此一般在主副厂房设置永久伸缩缝，当发电引水钢管穿过主副厂房的永久分缝处，为适应温度、水压力、沉陷等因素而产生的轴向变位差及径向变位差，通常设置伸缩节。以轴向变位为主时，设单向伸缩节；当径向变位或扭转变位不可忽略时，设双向伸缩节。为了使钢管受力明确，一般在主厂房上游墙内设置止推环，但止推环的设置，使得当球阀关闭时上游墙承受由钢管带来的巨大水推力，容易导致结构破坏，同时设置伸缩节又带来影响工程进度、漏水、制作、安装维修麻烦、增加工程费用等问题。在龙羊峡、李家峡和宝珠寺等水电站的伸缩节加工过程中，都出现过局部管壁过薄甚至报废的问题。近年来，也有一些管道在过缝处设波纹管伸缩节，俄罗斯扎戈尔抽水蓄能电站已有伸缩节运行损坏更换的报导，因此近年来很多工程都提出了取消伸缩节的问题。但是厂前取消伸缩节后，压力管道通过纵向结构缝处的受力情况极为复杂，由于基础不均匀沉降和温度荷载的作用，钢管可能承担很大的荷载作用，球阀处可能出现很大的位移。基于此，本文结合 Rudbar 水电站的工程实际，采用三维有限单元法，对其进行了结构计算分析，并提出了取消主副厂房间伸缩节后更有利的主副厂房联结型式，可为类似工程提供有益参考。

2　垫层管设计

Rudbar 水电站厂房处地面高程约为 1300.00m，电站安装两台单机 225MW 立轴混流式水轮发电机组，电站额定流量 115.6m^3/s，设计毛水头 422.3m，总装机容量 450MW，采取一机一缝结构形式。为了取消厂前伸缩节后能适应不均匀沉降等结构上的要求，跨越主副厂房分缝处设置垫层管以适应不均匀变位和温度变化，起到类似伸缩节的作用。垫层

管由 2～3 节钢管组成，垫层管上游端设止推环，同时起止浆和止水环的作用，并在上游端设排水，在垫层管外壁用垫层材料包裹，用以适应施工期主副厂房分缝的不均匀变位和按设计比例外传内水压力。垫层管安装时采用特殊支架，以保证在运行期垫层管可在轴向和径向有微小移动。要将主副厂房不均匀变位特别是轴向压缩钢管所引起的内力限制在一定范围内，垫层管需要有一定的长度，经综合考虑，将垫层管长度初步定为管道直径（本工程为 2.4m）的 1.5 倍左右，约 3.6m。由于本工程钢管进入主厂房后为一明管段，后面紧接有球阀，因此该段钢管应按明管设计。为了安全起见，主、副厂房分缝处的垫层管也按承担全部设计内水压力进行设计。取钢管半径 1200mm，设计内水压力 6MPa（其中静水压力 4.63MPa，水击压力 1.26MPa），钢材采用 610MPa 级高强钢，主厂房内明钢管整体膜应力的抗力限值取 213.5MPa（设计强度 410MPa，结构系数提高 20％为 1.6×1.2＝1.92，结构重要性系数和设计状况系数均取 1），计算得钢管厚度 33.7mm，综合考虑其他因素，取钢管计算厚度为 38mm，加 2mm 锈蚀厚度，最终取钢管厚度为 40mm，同时按照规范短期组合钢材整体膜应力的抗力限值为 237.2MPa，局部应力的抗力限值取 256.3MPa。

综上所述，发电引水系统压力钢管下平段（无垫层处）管壁厚度取 36mm，垫层管段钢管壁厚取 40mm，厂房明管段钢管壁厚取 40mm，垫层厚度为 20mm，弹性模量为 2.0MPa，垫层管长度取 3.6m，据此进行有限元分析。

3 计算模型与结构方案

为了研究采用垫层管取代伸缩节的可行性，共进行了 3 个结构方案的计算分析，以对比不同方案下分缝处结构的相对位移和钢管的应力状况，以及球阀处的位移，通过对比论证最终确定可能的最优方案。3 个结构方案如下。

结构方案 1，主副厂房分缝至基础顶面（高程 1292.50m），分缝宽 50mm；主厂房上游侧设伸缩节，钢管采用 610MPa 级高强钢，钢管壁厚 40mm，止推环设在主厂房上游墙内。

结构方案 2，主副厂房分缝至基础顶面（高程 1292.50m），分缝宽 50mm；用垫层管代替伸缩节，钢管采用 610MPa 级高强钢，钢管壁厚 40mm，止推环设在垫层管上游镇墩混凝土内。

结构方案 3，主副厂房分缝至基础顶面（高程 1292.50m），分缝宽 50mm，待主、副厂房基本施工完毕后，对分缝灌浆至 1302.90m 高程；用垫层管代替伸缩节，钢管采用 610MPa 级高强钢，钢管壁厚 40mm，止推环设在垫层管上游镇墩混凝土内。

本文以 2 号机组段为对象，沿厂房纵轴线方向总长为 27m，沿厂房上下游方向宽为 172.4m，其中以厂房中心为界，下游侧取 102m，上游侧取 70.4m，高度从高程 1230.00m 到高程 1338.00m，共 108m。计算模型采用笛卡尔直角坐标系，其 x 轴为厂房纵轴线方向，指向左端为正（面向下游）；y 轴为铅垂方向，向上为正；z 轴为水平方向，指向下游为正；坐标系原点取在水轮机机组中心线高程 1300.00m 处。在计算范围内，对主厂房上下游墙、排架柱、风罩、机墩、楼板等均按实际尺寸进行模拟，蜗壳和尾水管进行了简化。网格模型如图 1 所示。

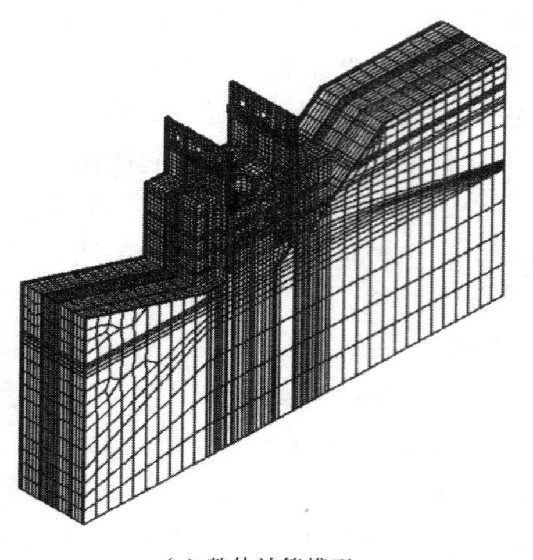

(a) 整体计算模型

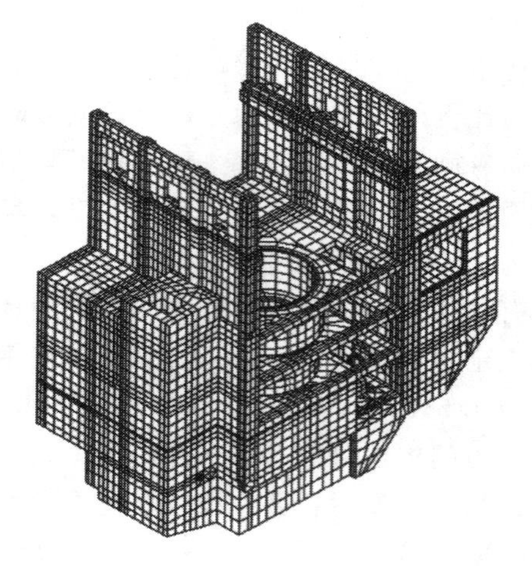

(b) 厂房计算模型

图1　计算模型网格

能否取消伸缩节，关键问题是采用的替代方案能否使分缝两侧结构的相对位移和球阀处的位移满足要求，同时使过缝管道附近的钢管应力满足钢材抗力限值的要求。计算时，先针对两个工况（完建工况和检修工况）分别对3个结构方案进行比较分析，找到最优方案（因为完建工况反映出不同方案的施工过程，以利于选出最优方案；检修工况球阀关闭，管道要承受约2713t的轴向水推力，对垫层管和球阀处的变位影响最大）。然后再对最优方案进行各荷载组合的分析，共包括四个工况，分别为：正常运行、温降组合、温升组合、地震组合。主、副厂房分缝两侧结构和球阀处的位移以及伸缩节室中的钢管或垫层管的Mises应力是研究的重点，因此取图2所示的几个控制断面及断面上关键点的应力和位移进行分析，由于方案2和方案3不设伸缩节，为便于比较，方案2、3中上2断面取在与方案1伸缩节处相同的位置。

4　方案优化分析

4.1　结构位移

各方案典型断面铅垂向和顺河向位移见图3和图4。计算结果表明，完建工况，方案1与方案2主副厂房的变位规律和数值基本一致，主要是由于在施工阶段，两种方案的结构基本一致，最大沉降约4mm，在缝上游侧，不均匀沉降在0.5mm以内，顺河向位移差最大在3mm以内，主副厂房靠拢。在方案3中，当自重引起的变位基本完成后，对主副厂房分缝处高程1302.90mm以下进行灌浆处理，主副厂房在高程1302.90m以下可以一起变位，因此主副厂房分缝处不均匀位移差很小，最大不超过0.1mm，顺河向位移差也在0.5mm以内（主副厂房靠拢），由于灌浆处理，大大降低了不均匀沉降，这对钢管和厂房的受力是非常有利的。检修工况由于水荷载作用，钢管在水推力的作用下向下游变位比较大，球阀处最大，其中方案1最大为2.68mm，方案2为3.84mm，方案3为2.76mm。方案1虽然球阀处位移最小，但是止推环设在上游墙内，上游墙承受巨大的水推力，方案

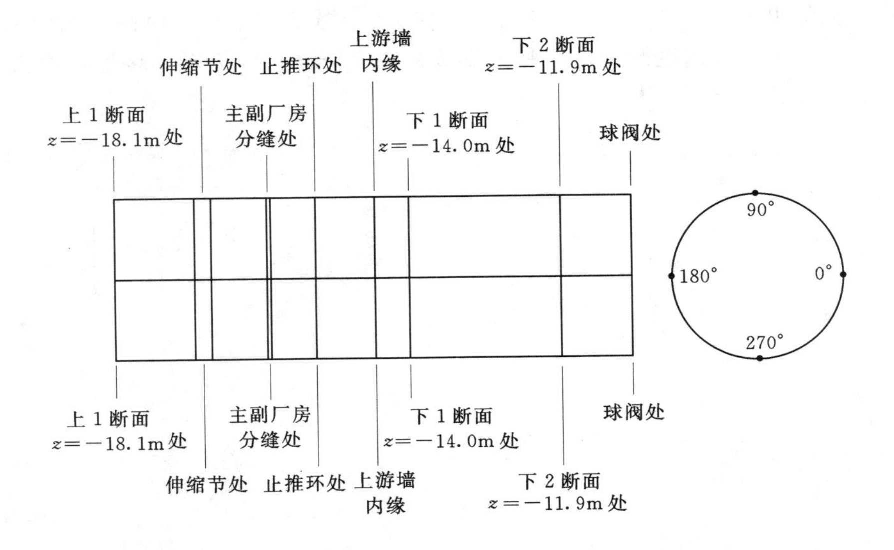

(a) 方案 1

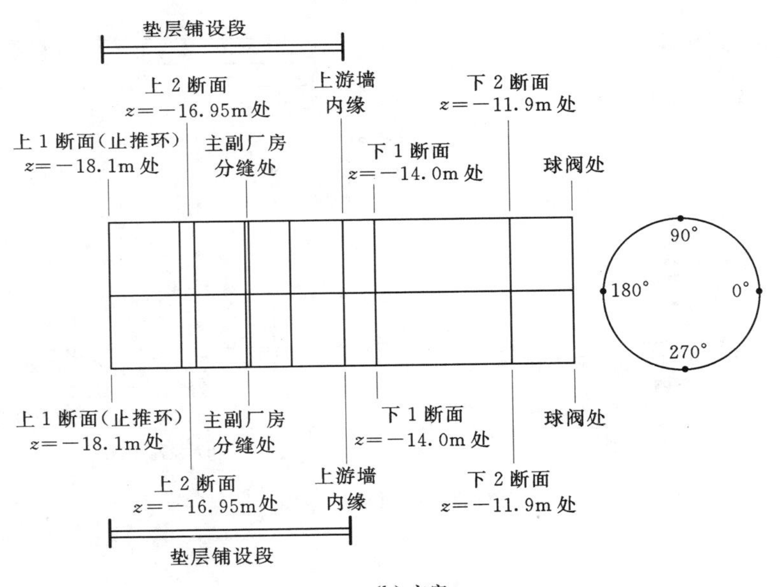

(b) 方案 2、3

图 2　控制断面及关键点位置示意图

2 和方案 3 止推环设在上游镇墩处，有效地减小了钢管对上游墙的作用，同时方案 3 在自重作用变位基本完成后对分缝处高程 1302.90m 以下进行灌浆处理，有效地减小了不均匀沉降，同时使得在高程 1302.90m 以下主副厂房连在一起，增大了刚度，有效地减小球阀处钢管向下游变位，最大变位 2.76mm 小于方案 2 的 3.84mm，较方案 2 对球阀处位移有利，同时小于设计规定的 6mm。

从图 3 可以看出，完建工况方案 3 各断面沉降要较方案 1、2 要小，同时缝上下游侧的不均匀沉降也要小，说明方案3能有效地减小分缝处的不均匀沉降，对钢管受力有利；同时从图4看出，球阀处顺河向位移方案2最大，方案3和方案1接近，说明方案3球阀处顺河向位移较为有利。

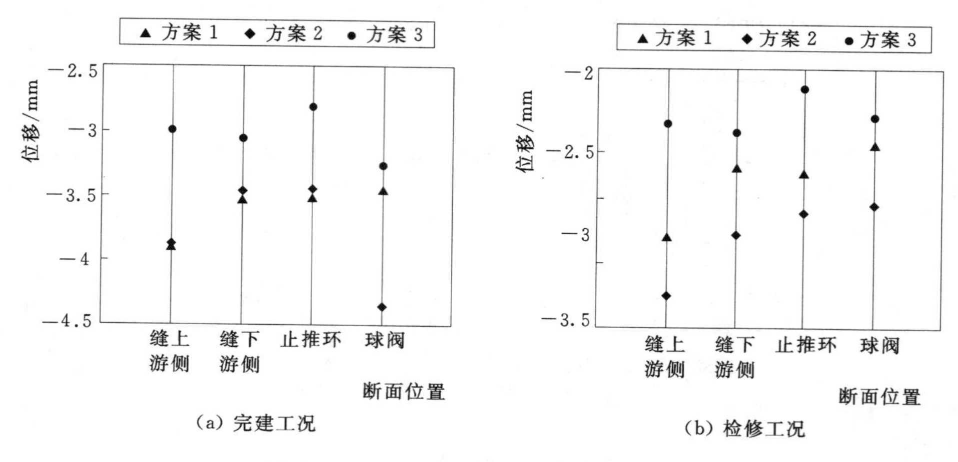

(a) 完建工况

(b) 检修工况

图3 铅垂向位移（沉降量，单位：mm）

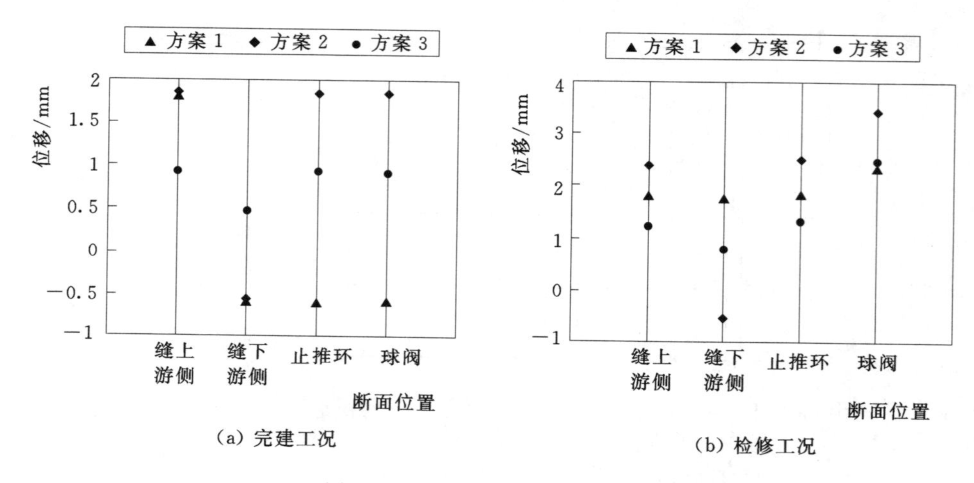

(a) 完建工况

(b) 检修工况

图4 顺河向位移（单位：mm）

4.2 钢管应力

根据《水电站压力钢管设计规范》（DL/T 5141—2001）的规定，钢管的计算应力（即按第四强度理论计算的折算应力，亦称Mises应力）应满足下式：

$$\sigma=\sqrt{\sigma_\theta^2+\sigma_x^2-\sigma_\theta\sigma_x+3\tau_{\theta x}^2}\leqslant[\sigma] \tag{1}$$

计算得到的钢管Mises应力见表1。在所有荷载中，水压力主要产生环向应力，是组成Mises应力的主要应力分量，占总应力90%以上。从表1看出：方案1，由于止推环设在上游墙内，Mises应力最大值出现在主副厂房分缝处，在检修工况下分缝处超过220MPa，方案2、3，由于设了垫层管，从止推环到球阀钢Mises应力分布比较均匀，大部分在155～210MPa之间，且最大应力出现止推环下游侧的上2段面处，最大应力不大

于 210MPa，小于方案 1 的最大应力，亦小于钢管的抗力限值，较方案 1 对钢管的受力有利。

通过上面的分析，方案 3 待自重变位完成后，对分缝处 1302.9m 以下进行灌浆处理，有效地减小了钢管不同断面的不均匀变位，同时设置垫层管代替伸缩节，球阀处顺河向的位移比方案 2 小，数值在 3mm 以下，小于规定的 6mm，满足设计要求，钢管的 Mises 应力分布较均匀，且最大值小于 210MPa，小于钢材的抗力限值 237.2MPa，为最优方案。

表 1　　检修工况下各结构方案钢管 Mises 应力　　单位：MPa

结构方案	断面位置	0°	90°	180°	270°
1	伸缩节	167.41	168.61	166.76	168.83
	缝上游侧	225.05	223.08	226.01	221.21
	缝下游侧	225.76	224.13	226.33	222.33
	止推环	22.05	24.97	21.66	28.95
	下 2 断面	162.13	161.79	161.88	169.29
2	上 1 断面	54.20	58.60	55.67	64.59
	上 2 断面	208.92	204.28	208.79	201.73
	缝上游侧	158.64	158.31	158.49	158.96
	缝下游侧	161.16	160.96	160.93	160.80
	下 2 断面	161.25	161.44	161.22	164.54
3	上 1 断面	55.18	59.29	55.53	62.55
	上 2 断面	207.75	203.74	208.08	202.40
	缝上游侧	158.36	158.16	158.29	158.82
	缝下游侧	160.82	160.66	160.73	160.80
	下 2 断面	161.20	161.31	161.18	163.40

5　结构方案 3（取消伸缩节）计算结果分析

结构方案 3 为采用垫层管替代伸缩节的结构方案，在主副厂房分缝处待主副厂房基本建成且自重产生的变形基本完成以后，将高程 1302.90m 以下的分缝采用灌浆的方法回填，使分缝上下游结构连为一体；钢管在分缝处连续通过，外包厚度为 20mm、长度为 3.6m 的软垫层，以适应分缝两侧结构的不均匀位移。

本节对结构方案 3 的施工完建等 6 个工况进行了研究，以完整地论证该方案的可行性。正常运行工况，其 x 方向和 y 方向的位移规律及数值和检修工况基本一致，由于球阀处无轴向水压力，内水压力向外膨胀导致球阀处向上游变位，最大小于 2mm。温降组合和温升组合位移变化规律与正常运行工况基本一致，只是在数值上略有不同，但是位移差与正常运行工况是基本相同的，说明温度荷载不会过于加大不均匀变位，主要是因为铺设垫层以及球阀处支墩刚度较小，有效地吸收了温度荷载导致的膨胀和收缩，同时主副厂房分缝处两侧沉降在 4mm 以内，不均匀沉降在 2mm 以内，顺河向变位大部分在 4mm 以内，说明方案 3 主副厂房分缝处两侧位移在温升温降组合工况下满足结构要求。

单独地震作用导致主副厂房一起变位，因而主副厂房分缝处两侧的位移差基本为0。但地震使得主副厂房分缝处有较大变位，地震组合工况下球阀处向下游变位最大达6.64mm。

各工况钢管的应力分布规律基本一致，最大应力出现在止推环附近的上2断面，其中温降组合工况的应力最大，最大值为245.52MPa，小于钢材局部抗拉限值，钢管大部分应力在210MPa以下，各种荷载中，仍然是水压力荷载为结构的主要荷载，钢管应力主要是由水压力产生的。

6 结论

计算结果表明，方案3取消传统的伸缩节，用一段垫层管代替伸缩节，同时在一定高程将主副厂房通过灌浆连为一体，无论是结构位移还是钢管应力，都是三个结构方案中最优的，取消伸缩节可以有效地减小水推力对上游墙的作用，同时方案3亦满足球阀处的位移要求，完全可以替代传统的伸缩节以满足结构要求，达到加快工程施工进度，解决漏水、制作、安装维修伸缩节麻烦、增加工程费用等问题。

参 考 文 献

[1] 吴海林，杨威妮，张伟．水电站压力管道取消伸缩节研究进展［J］．三峡大学学报（自然科学版），2009，31（3）：1－6.

[2] 林绍忠，刘宁，苏海东．三峡工程水电站厂坝间压力钢管取消伸缩节研究［J］．水利学报，2003（2）：1－5.

[3] 吴海林，伍鹤皋，张伟等．水电站厂坝联结形式与取消伸缩节研究［J］．水力发电学报，2006（2）：118－122.

[4] Y. Q. Ni，X. G. Hua，K. Y. Wong，J. M. Ko，F. ASCE. Assessment of Bridge Expansion Joints Using Long-Term Displacement and Temperature Measurement［J］．JOURNAL OF PERFORMANCE OF CONSTRUCTED FACILITIES，2007（4）：143－151.

[5] 刘宪亮，董毓新，何长利．大型坝后式水电站厂坝联结形式的优选［J］．水利学报，1995（8）：39－45.

大口径高压膨胀节波形方案分析与讨论

梁　薇　王文刚　於松波　周海龙　谢　月

（南京晨光东螺波纹管有限公司，江苏　南京　211153）

【摘　要】 本文结合重大工程实例，对U形和Ω形两种波形的大口径高压膨胀节在波纹管设计、计算、加工过程等方面进行分析讨论，提出目前尚存在的主要问题及解决思路，并根据需要在实际应用中合理运用。

【关键词】 大口径；高压；膨胀节；设计

1　概述

膨胀节是含有一个或多个波纹管，用以吸收管线、导管或容器由于热胀冷缩等原因而产生的尺寸变化的装置。

近年来，膨胀节正朝着大口径、高压力方向发展，尤其在水利水电行业，膨胀节作为水电站引水压力钢管的关键部件，其主要用途是使位于两镇墩或厂坝之间的压力钢管能自由伸缩，以适应由于温度变化、不均匀沉陷而产生的位移。随着需求不断增加，大口径高压膨胀节的设计也就因势开展。

2　U形波纹管和Ω形波纹管的结构方案

2.1　方案选择

在大口径、高压的工况下，膨胀节设计按照相应标准通常可采用以下几种波形：第一种是按照GB/T 12777《金属波纹管膨胀节通用技术条件》选取的U形，第二种是同样按照GB/T 12777选取的Ω形，另一种是按照HG 20582《钢制化工容器强度计算规定》选取的钢管盘弯式Ω形。

2.2　U形波纹管的结构方案

根据GB/T 12777中关于U形膨胀节的设计要求，大口径高压膨胀节通常采用加强U形波纹管的结构，如图1所示。

由于口径大、压力高，U形波纹管一般采用多层薄壁结构，且外部加装加强环以提高承压能力。为了便于安装，外部加强环多采用Half形式，其连接处设计结构应牢靠且需详细校核其焊缝强度，并在设计时尽可能减少加强环数量以确保产品结构的整体可靠性。

2.3　Ω形波纹管的结构方案

在大口径、高压的工况下，GB/T 12777中的Ω形波纹管由于成型设备的限制，一般不予采用。

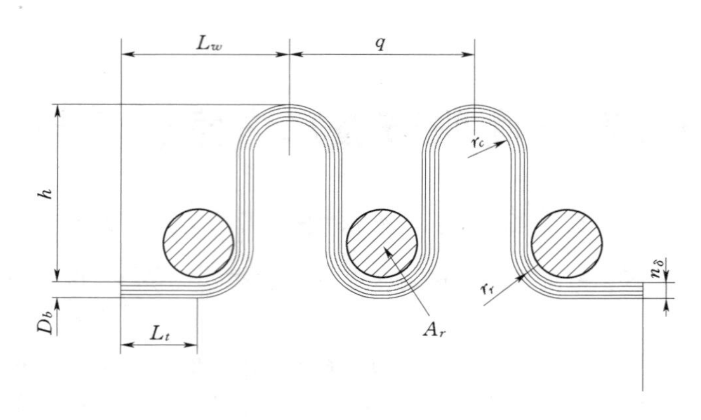

图 1　加强 U 形波纹管结构图

根据 HG 20582 中关于 Ω 形膨胀节的设计分析，大口径高压膨胀节的结构采用不锈钢无缝钢管盘弯式波纹管，如图 2 所示。

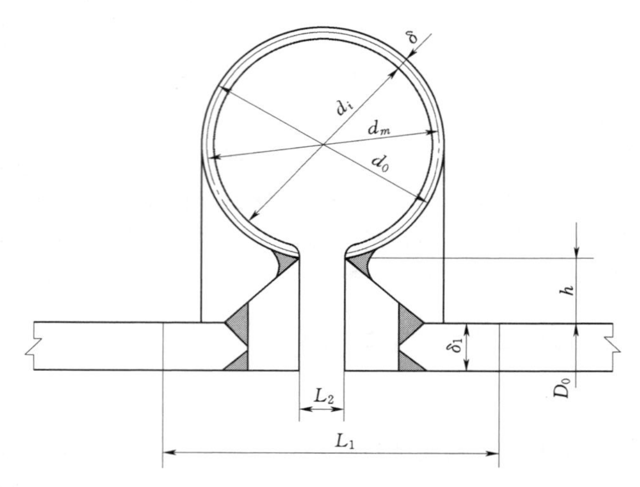

图 2　HG 20582 中 Ω 形波纹管结构图

其波纹管由无缝钢管改制，为单层厚壁结构，考虑到盘弯制造中壁厚薄可能会引起内圆弧处皱褶，壁厚选取时不宜过薄。此外，钢管盘弯式 Ω 波纹管的波纹段与钢管直接焊接，故在有效宽度范围内，压力钢管的横截面积应大于计算出的套箍横截面积，否则应对压力钢管进行补强。

3　U 形波纹管和 Ω 形波纹管的设计计算

3.1　符号说明

3.1.1　U 形波纹管设计计算符号

A_{cu}——单个 U 形波纹的金属横截面积，mm^2。

A_r——一个加强件的金属横截面积，mm^2。

A_{tc}——加强 U 形的一个直边段加强套环的金属横截面积，mm^2。

D_b——波纹管直边段内径，mm。

D_c——波纹管直边段加强套环平均直径，mm。

D_m——波纹管平均直径，mm。

E^t——设计温度下弹性模量，下标 t、c 分别表示波纹管、加强套环，MPa。

e——单波总当量轴向位移，mm。

F_g——每个直边段加强套环筋板的轴向力，N。

h——波高，mm。

K_r——周向应力系数。

K_s——直边段加强套环截面形状系数。

L_t——波纹管的直边段长度，mm。

L_w——加强 U 形波纹管连接环焊接接头到第一波中心的长度，mm。

N——一个波纹管的波数。

$[N_c]$ ——波纹管设计疲劳寿命，周次。

n——厚度为 δ 波纹管材料层数。

n_f——设计疲劳寿命安全系数，$n_f \geqslant 10$。

p——设计压力，MPa。

q——波距，mm。

r_c——U 形波纹管波峰内壁曲率半径，mm。

δ——波纹管一层材料的名义厚度，mm。

$[\sigma]^t$——设计温度下材料的许用应力，MPa。

3.1.2 Ω 形波纹管计算符号

P——设计压力，MPa。

d_i——膨胀节管子内直径，mm。

d_m——膨胀节管子平均直径，mm。

d_o——膨胀节管子外直径，mm。

δ——膨胀节名义厚度，mm。

δ_o——膨胀节名义厚度扣除附加量，mm。

D_o——壳体外直径，mm。

δ_1——壳体名义厚度，mm。

δ_{10}——壳体名义厚度扣除附加量，mm。

L_1——壳体有效长度，mm。

L_2——膨胀节开槽间距，mm。

h——膨胀节开槽处管子外侧至壳体外侧高度，mm。

$[\sigma]^t$——膨胀节管子材料设计温度下许用应力，MPa。

$[\sigma]^t_s$——壳体材料设计温度下许用应力，MPa。

$[\sigma]^t_{min}$——壳体与膨胀节在设计温度下许用应力较小值，MPa。

E^t——膨胀节材料在设计温度下的弹性模量，MPa。

Δ——膨胀节轴向位移量，mm。

N_d——半波数。

$[N]$ ——设计许用疲劳次数，周次。

σ——膨胀节管子径向薄膜应力，MPa。

σ_2——L_1 范围内壳体、膨胀节短节和膨胀节管子组合截面上的环向薄膜应力，MPa。

σ_3——轴向位移作用下的应力，MPa。

σ_R——内压和轴向位移同时作用下的合成应力，MPa。

3.2 U形波纹管和Ω形波纹管的设计分析和对比

表1列出了GB/T 12777中U形与HG 20582中Ω形波纹管设计中应力和疲劳寿命的计算公式。

表1　GB/T 12777中U形与HG 20582中Ω形波纹管设计对比

序号	GB/T 12777中U形波纹管		HG 20582中Ω形波纹管	
1	压力引起的波纹管周向薄膜应力/MPa	$\sigma_1=\dfrac{p(D_b+n\delta)^2L_wE_b^t}{2[(n\delta L_t+A_c/2)E_b^t(D_b+n\delta)+A_{tc}E_c^tD_c]}$	L_1壳体、膨胀节短接和膨胀节管子组合截面环向薄膜应力/MPa①	$\sigma_2=\dfrac{P\left[D_oL_1+2\left(L_2h+\frac{\pi}{4}d_i^2\right)\right]}{2[(L_1-L_2)\delta_1+\pi d_m\delta_o]}\leqslant[\sigma]^t_{\min}$
2	压力引起的波纹管子午向薄膜应力/MPa	$\sigma_3=\dfrac{0.85(h-C_rq)}{2n\delta_m}$	膨胀节管子径向薄膜应力/MPa	$\sigma_1=\dfrac{Pd_m}{2\delta_o}\leqslant[\sigma]^t$
3	位移引起的波纹管子午向薄膜应力/MPa	$\sigma_5=\dfrac{E_b\delta_m^2e}{2h^3C_f}$	轴向位移作用下的应力/MPa	$\sigma_3=\dfrac{1.5E^t\delta\Delta}{d_o^2N_d}$
	位移引起的波纹管子午向弯曲应力/MPa	$\sigma_6=\dfrac{5E_b\delta_me}{3h^2C_d}$		
4	子午向总应力的范围/MPa	$\sigma_t=0.7(\sigma_3+\sigma_4)+\sigma_5+\sigma_6$	内压和轴向位移同时作用下合成应力/MPa	$\sigma_R=\sigma_1+\sigma_3$
5	疲劳寿命/周次	$[N_c]=\left(\dfrac{35720}{\sigma_t-290}\right)^{2.9}\Big/n_f$	疲劳寿命/周次：膨胀节管子材料为奥氏体不锈钢	$N=\left(\dfrac{5835.5}{\sigma_R}\right)^{3.5}\geqslant[N]$
			膨胀节管子材料为抗拉强度$\sigma_b\leqslant549$MPa的碳钢或低合金钢	$N=\left(\dfrac{6187}{\sigma_R}\right)^{2.9}\geqslant[N]$

① 原标准中此处有误，此公式为根据理论公式修改。

比较U形波的成熟设计公式，HG 20582—2011中关于Ω形波的设计缺少单波轴向

弹性刚度和柱失稳极限压力的公式计算，可用GB/T 12777 中的传统Ω形波设计公式对其设计计算结果进行验证，确保膨胀节安全。

4 U形波纹管和Ω形波纹管的对比

4.1 U形波纹管

U形波纹管凭借其补偿能力强、疲劳寿命高以及理论计算成熟等优势，是最常采用的波形之一。

在用于大口径高压工况时，大多采用多层薄壁结构，其常用的成型工艺主要有两种，一种是液压成型，这种方式成型效果好，是多层薄壁波纹管制造的理想工艺手段，但是需要有与之对应的模具和成型该口径波纹管的设备（液压机等），从而会受到成型设备的限制，故制造费用高。另一种是旋压成型，这种方式采用地滚成形机对波纹管进行成形，该成型设备便于运输并且安装非常简单，可以根据工程的实际需要变换工作地点，且可根据管坯的大小任意调节，不受口径尺寸的限制，但是容易造成波纹管缺陷，且旋压多波时情况更严重，要通过控制旋压成型的参数达到要求。

4.2 Ω形波纹管

Ω形波纹管在补偿能力和疲劳寿命方面一般弱于U形波纹管，但是它有着更强的承压能力，并且具有易于加工和方便补焊的优势。

Ω形波纹管的制作也可以采用液压成型，特点同上述U形波，即成型效果好的同时受到成型设备的限制。另一种制作方法是采用无缝钢管盘弯成型，这种方法只需要盘弯设备即可，无需模具和成型设备，理论上可随意调节口径大小。

对于外廓超出运输条件的产品，设计方案中必须将产品剖半运抵现场后再拼装成整体。现场手工拼焊对波纹管设计提出了很高的要求，传统的U形或Ω形波纹管壁厚较薄，现场手工拼焊很难保证焊缝质量，即使拼焊成功，也只能进行着色渗透检测（因结构原因无法100%射线探伤或超声波探伤），焊接接头系数较低，较低的焊接接头系数反过来又影响着波纹管的强度设计，所以单层的钢管接管结构更有利于现场拼焊。

盘弯的钢管涉及到一个拼焊问题（即Ω波纹管自身纵焊缝），由于盘弯后管子端部的圆度有较大误差，矫形后也不易对正，加之只能从外侧施焊，反面（内侧）无法清根，射线探伤后焊缝缺陷率高。若在内侧增加环向不封闭的垫板，虽然解决了不易对正、焊缝缺陷高的问题，但此工艺方法对波纹管的性能有一定影响，疲劳寿命会有所降低，必须重新计算校核。

5 工程实例

5.1 云南金沙江向家坝水电站

向家坝水电站是金沙江梯级开发中的最后一个梯级，位于四川省与云南省交界处的金沙江下游河段，坝址左岸下距四川省宜宾县的安边镇4km、宜宾市33km，右岸下距云南省的水富县城1.5km。工程开发任务以发电为主，同时改善航运条件，兼顾防洪、灌溉，并具有拦沙和对溪洛渡水电站进行反调节等综合作用。右岸坝后电站安装3台单机容量450MW机组，电站总装机容量为1350MW，额定水头93m，单机额定引用流量532m³/s。

膨胀节内套管直径为9.2m，前后连接管段材质均为抗拉强度610MPa级钢材，厚度均为46mm。设计内水压力为1.65MPa，顺水流向最大相对位移20mm，径向最大相对位移3mm。

该项目对产品的可靠性要求极高，遵循压力钢管设计可靠性、实用性、经济性的原则，并结合该项目的特点，“安全第一”的原则始终贯穿于产品设计的整个全过程。

根据GB/T 12777—2008《金属波纹管膨胀节通用技术条件》和DL/T 5141《水电站压力钢管设计规范》等相关标准和客户要求，该项目采用了多层薄壁加强型U形结构，端环直接加强，整体旋压成型。在保证波纹管抗压安全性的前提下，减小了波纹管的自身刚度，使波纹管变形时系统所受内应力大大减小，另一方面也提高了波纹管伸缩节的使用寿命。

该项目目前正在实施生产阶段。

5.2 贵州北盘江光照水电站工程

光照水电站位于贵州省关岭县和晴隆县交界的北盘江中游，是北盘江干流梯级的龙头电站，在贵州电力系统中承担调峰、调频、负荷和事故备用的任务，是系统中重要的大型电站，也是贵州省“西电东送”工程第二批开工项目之一。

压力钢管为地下埋藏式，4条钢管平行布置。钢管长度为294.048～302.156m，设计压力为2.1MPa，钢管直径6.7m，材质为15MnNbR容器钢和WDB620高强钢。压力钢管变位控制温差按42℃考虑，轴向变位值40～50mm，横向变位值20～25mm，轴向长度为3000mm。

该项目由于压力高，运输条件限制以及现场拼焊补焊的要求，最终决定采用无缝管盘弯式Ω形波纹管，见图3和图4。

图3　光照水电站波纹管组焊图

图4　光照水电站膨胀节交付图

6　结论

综上所述，在压力高、口径大的工况下，U形波纹管和Ω形波纹管在理论上都可以满足设计要求。其中，U形波纹管补偿能力强，疲劳寿命高，且设计和制造经验都很成熟，但是制造时受成型设备的限制，成型较困难，制造成本高，且多层薄壁不利于现场拼

焊，不适于运输条件受限的地点。而Ω形波纹管在补偿能力和疲劳寿命方面不及U形波纹管，且设计过程和制造工艺还不够完善，但其承压能力好且制造方便，适合现场拼焊补焊，方便运输，制造成本低。两种波形各有其优缺点，在实际应用中可根据具体生产条件合理选取方案。

水利水电用Ω膨胀节设计分析与对比

於松波　王文刚　梁　薇　谢　月　周海龙

（南京晨光东螺波纹管有限公司，江苏　南京　211153）

【摘　要】 水利水电行业常用到大口径、高压力Ω型膨胀节，针对GB/T 12777—2008与HG 20582中的设计方法，对不同设计标准中的计算公式进行分析与对比，可以为今后设计计算Ω型膨胀节提供借鉴。

【关键词】 膨胀节；水利水电；Ω波；标准

在水利水电行业中，膨胀节主要用于补偿压力钢管由温差、沉降、地震等引起的位移变化。随着水利水电事业的发展，引水压力钢管的直径往往很大，压力越来越高。膨胀节破裂带来的后果往往是灾难性的，极可能伴随着大量的人员伤亡与财产损失。Ω型膨胀节由于其承压能力显著，在大口径、高压力的压力钢管中有着明显优势。

Ω型膨胀节主要有两种结构形式，其产品特点、结构与设计标准略有不同。现根据GB/T 12777—2008《金属波纹管膨胀节通用技术条件》与HG 20582《钢制化工容器强度计算规定》分别对这两种结构进行分析，对比如下。

1　符号说明

GB/T 12777—2008与HG 20582中对相同内容的符号表示略有不同，为统一比较，表1列出相同或近似内容对应的符号。

表1　符号说明对照表

序号	GB/T 12777—2008	HG 20582
1	p—设计压力，MPa	P—设计压力，MPa
2	无	d_i—膨胀节管子内直径，mm
3	r—Ω形波纹管平均半径，mm	d_m—膨胀节管子平均直径，mm
4	r_o—Ω形波纹管开口外壁曲率半径，mm	d_o—膨胀节管子外直径，mm
5	δ—波纹管一层材料的名义厚度，mm	δ—膨胀节名义厚度，mm
6	δ_m—波纹管成形后一层材料的名义厚度①，mm	δ_o—膨胀节名义厚度扣除附加量，mm
7	D_b—波纹管直边段内径，mm D_c—波纹管直边段加强套环平均直径②，mm	D_o—壳体外直径，mm
8	δ_c—直边段加强套环名义厚度，mm	δ_1—壳体名义厚度，mm
9	无	δ_{10}—壳体名义厚度扣除附加量，mm
10	无	L_1—壳体有效长度③，mm
11	L_o—Ω形波纹管波纹开口距离，mm	L_2—膨胀节开槽间距，mm

续表

序号	GB/T 12777—2008	HG 20582
12	无	h—膨胀节开槽处管子外侧至壳体外侧高度，mm
13	$[\sigma]_b^t$—波纹管设计温度下许用应力，MPa	$[\sigma]^t$—膨胀节管子材料设计温度下许用应力，MPa
14	$[\sigma]_p^t$—管子设计温度下许用应力，MPa	$[\sigma]_s^t$—壳体材料设计温度下许用应力，MPa
15	无	$[\sigma]^t{}_{min}$—壳体与膨胀节在设计温度下许用应力较小值④，MPa
16	E_t—波纹管设计温度下弹性模量，MPa	E^t—膨胀节材料设计温度下弹性模量，MPa
17	e—单波总当量轴向位移，mm	Δ—膨胀节轴向位移量，mm
18	N—波数	N_d—半波数⑤
19	σ_t—子午向总应力范围，MPa	σ_R—合成应力，MPa
20	$[N_c]$—波纹管设计疲劳寿命，周次	$[N]$—设计许用疲劳次数，周次
21	f_{it}—单波轴向刚度，N/mm	无
22	p_{sc}—柱失稳极限压力，MPa	无

① $\delta_m=\delta\sqrt{\dfrac{D_b}{D_m}}$。

② $D_c=D_b+2n\delta+\delta_c$。

③ 按下式计算，但不应大于 120mm，$L_1=1.1\sqrt{D_o\delta_{10}}$ mm。

④ $[\sigma]_{min}^t=\min([\sigma]^t,[\sigma]_s^t)$。

⑤ 对于单波 Ω 型膨胀节，$N_d=2$。

2 GB/T 12777—2008 与 HG 20582 中 Ω 膨胀节标准分析与对比

2.1 Ω 膨胀节波纹管结构

GB/T 12777—2008 与 HG 20582 中由于采用的波形连接方式不同，故具体的波形结构也各有不同，如图 1、图 2 所示。

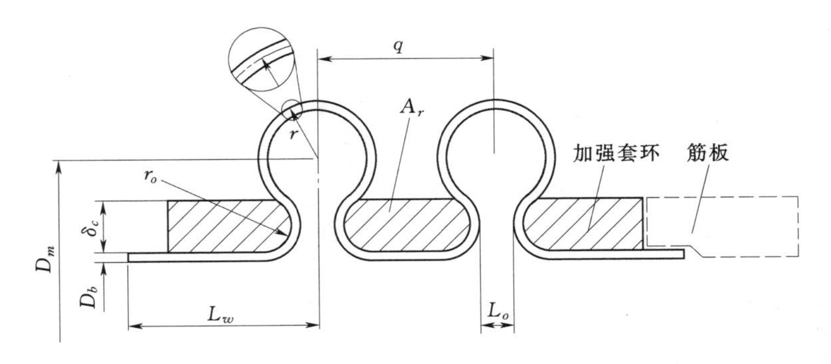

图 1 GB/T 12777—2008 中 Ω 形波纹管结构及零部件名称

2.2 Ω 膨胀节结构对比和分析

对比图 1 与图 2，GB/T 12777—2008 结构中，主要由加强件与波纹管联合承压，波纹管与接管连接焊道受拉应力或压应力；而 HG 20582 结构由于波纹管直接与接管焊接，

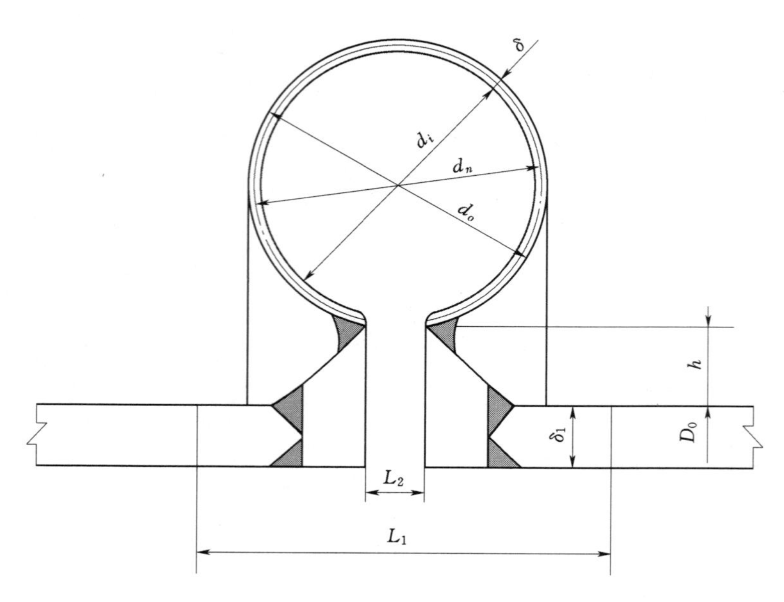

图 2　HG 20582 中与壳体对接 Ω 型膨胀节

焊道主要受剪切应力。

水利水电用膨胀节中很多压力钢管口径巨大，由于 GB/T 12777—2008 所示的连接依赖于液压成型方式，实现起来具有很大局限性，且大口径的运输限制也制约了整体成型。而 HG 20582 钢管盘弯制成膨胀节不受口径限制，理论上可以制作任意大口径，故在大口径的成型上采用这种方式更加经济高效。

2.3　Ω 膨胀节设计

在上述标准中，波纹管计算涉及公式主要差别见表 2。

表 2　　GB/T 12777—2008 与 HG 20582 关于波纹管设计主要差别

序号	GB/T 12777—2008		HG 20582	
1	压力引起的波纹管周向薄膜应力/MPa	$\sigma_2=\dfrac{pr}{2n\delta_m}\leqslant C_{wb}[\sigma]_b^t$	L_1 壳体、膨胀节短接和膨胀节管子组合截面环向薄膜应力/MPa①	$\sigma_2=\dfrac{P\left[D_0L_1+2\left(L_2h+\dfrac{\pi}{4}d_i^2\right)\right]}{2[(L_1-L_2)\delta_1+\pi d_m\delta_o]}\leqslant[\sigma]_{\min}^t$
2	压力引起的波纹管子午向薄膜应力/MPa	$\sigma_3=\dfrac{pr(D_m-r)}{n\delta_m(D_m-2r)}\leqslant[\sigma]_b^t$	膨胀节管子径向薄膜应力/MPa	$\sigma_1=\dfrac{Pd_m}{2\delta_o}\leqslant[\sigma]^t$
3	位移引起的波纹管子午向薄膜应力/MPa	$\sigma_5=\dfrac{E_b\delta_m^2eB_1}{34.3r^3}$	轴向位移作用下的应力/MPa	$\sigma_3=\dfrac{1.5E^t\delta\Delta}{d_o^2N_d}$
	位移引起的波纹管子午向弯曲应力/MPa	$\sigma_6=\dfrac{E_b\delta_meB_2}{5.72r^2}$		

续表

<table>
<tr><th>序号</th><th colspan="2">GB/T 12777—2008</th><th colspan="3">HG 20582</th></tr>
<tr><td>4</td><td>子午向总应力的范围/MPa</td><td>$\sigma_t=3\sigma_3+\sigma_5+\sigma_6$</td><td colspan="2">内压和轴向位移同时作用下合成应力/MPa</td><td>$\sigma_R=\sigma_1+\sigma_3$</td></tr>
<tr><td rowspan="2">5</td><td rowspan="2">疲劳寿命/周次②</td><td rowspan="2">$[N_c]=\left(\frac{15860}{\sigma_t-290}\right)^{3.25}\Big/n_f$</td><td rowspan="2">疲劳寿命/周次</td><td>膨胀节管子材料为奥氏体不锈钢</td><td>$N=\left(\frac{5835.5}{\sigma_R}\right)^{3.5}\geqslant[N]$</td></tr>
<tr><td>膨胀节管子材料为抗拉强度 $\sigma_b\leqslant549$MPa 的碳钢或低合金钢</td><td>$N=\left(\frac{6187}{\sigma_R}\right)^{2.9}\geqslant[N]$</td></tr>
</table>

① 原标准中此处有误，此公式为根据理论公式修改。

② 最新版本 EJMA 已修改为：$[N_c]=\left(\frac{35720}{\sigma_t-290}\right)^{2.9}\Big/n_f$。

相较于 GB/T 12777—2008 标准，HG 20582 中关于 Ω 膨胀节设计计算缺少或是不适用的内容见表 3。

表 3　GB/T 12777—2008 中刚度与柱失稳压力计算

序号	GB/T 12777—2008	计 算 公 式
1	单波轴向弹性刚度/(N/mm)	$f_{it}=\frac{D_mE_b^t\delta_m^3nB_3}{10.92r^3}$
2	波纹管两端为固支时，柱失稳极限压力/MPa	$p_{sc}=\frac{0.15\pi f_{it}C_\theta}{rN^2}$

2.4　两种 Ω 膨胀节优缺点对比和分析

从上文对比中不难看出，波纹管的设计非常复杂，它需要对耐压能力，位移引起的应力，疲劳寿命，弹性力和稳定性等进行计算和校核，以确保膨胀节的安全可靠。

对于本次讨论的水利水电用 Ω 膨胀节，往往应用于超大口径压力钢管。GB/T 12777—2008 标准所示薄壁结构（见图 1）成型受模具限制，不能随意调节口径大小，新的波纹管需要制造新的成型模具，制造费用高。采用 HG 20582 标准钢管盘弯结构（如图 2）则不存在以上所述问题。在这种结构下 GB/T 12777 标准的很多设计公式是不适用的，但是设计时仍可以作为参考对 HG 20582 标准的设计计算结果进行验证。尤其是对于膨胀节的刚度与柱失稳压力的计算，前者可以对后者起到很好的补充，确保膨胀节安全。

2.4.1　耐压能力公式对比和分析

对于图 2 中 Ω 膨胀节，它的耐压能力主要体现在膨胀节管子径向薄膜应力（波纹管子午向薄膜应力）、膨胀节短接和膨胀节管子组合截面环向薄膜应力（波纹管周向薄膜应力）两个方面。

在水利水电用超大口径 Ω 膨胀节中口径都远大于 Ω 形波纹管平均半径，故：

$$\frac{(D_m-r)}{(D_m-2r)}\approx1$$

又 δ_m 波纹管成形后一层材料的名义厚度与 δ_c 膨胀节名义厚度扣除附加量取值一致。

由表 2 中序号 2 公式可以看出不同标准中子午向薄膜应力与膨胀节管子径向薄膜应力在计算结果上基本一致的。

由于连接结构不同，表 2 中序号 1 中关于波纹管周向薄膜应力与膨胀节短接和膨胀节管子组合截面环向薄膜应力的计算公式差异较大，主要原因是公式推导基于的假定不同。

在 GB/T 12777—2008 中由于近似的认为 Ω 形波纹管波纹开口距离 L_0 很小，故不考虑波纹管承压作用，波纹管周向薄膜应力的计算仅为波纹管段 Ω 波形内部压力所产生的应力。从计算公式可以看出其主要应力等于作用在 Ω 形波纹管截面内的压力除以 Ω 形波纹管金属截面积。

在 HG 20582 标准中计算周向薄膜应力变为在壳体有效长度 L_1 范围内含壳体、膨胀节短接和膨胀节管子组合截面环向薄膜应力。这种计算方式将 Ω 形波纹管与接管作为一个整体统一校核了在这段范围内的平均应力。相比较而言，在图 2 所示的结构中，HG 20582 标准的计算更加合理。

2.4.2 位移引起的应力公式对比和分析

波纹管位移引起的应力都是在位移情况下波纹段内产生的应力，由于它们已经超过了材料的弹性极限，故公式给出的值都不是真实的应力值。这些数值的主要作用在于推算出波纹管的疲劳寿命。

在 GB/T 12777—2008 中位移引起的应力分为薄膜应力与弯曲应力两部分，而 HG 20582 仅仅给出了一个应力。由表 2 中序号 3 中公式可以看出位移引起的应力与位移量、波形、壁厚、材料弹性模量有关。GB/T 12777—2008 中在计算位移引起的薄膜应力与弯曲应力时分别引入了修正系数 B_1、B_2，而 HG 20582 中则是固定算法。在波形参数不变的前提下，前者在计算时会根据 Ω 波形参数与口径的关系修正最终的应力结果，而后者无论口径如何变化应力值总是不变。由于这些公式都是为了计算最终的疲劳寿命，计算的结果也仅仅是虚拟的数值，它与寿命之间的关系多是靠试验取得疲劳寿命的数值后再由计算机反向拟合的结果。

查 GB/T 12777—2008 可知，对于 $\dfrac{6.61r^2}{D_m\delta_m}=5.0725$ 的 Ω 形波纹管，其位移引起的弯曲应力就将大于 HG 20582 标准算出的轴向位移作用下应力。

2.4.3 其他公式对比和分析

最终评判波纹管疲劳寿命的计算公式由波纹管总应力水平来决定，它由压力引起的应力与位移引起的应力两部分叠加构成。从上文的对比中可知，两种标准的计算结果中压力引起的子午向薄膜应力值基本一致，而位移引起的应力的主要区别取决于修正系数的取值，而 B_1 与 B_2 的值总是不小于 1 的，故大部分情况下由 GB/T 12777—2008 计算得来的总应力往往稍大于 HG 20582 的计算结果。

虽然两种标准中关于疲劳寿命的公式（表 2 序号 5）各自不同，但同等波形参数下，即使考虑 10 倍安全系数，GB/T 12777—2008 计算出来的寿命始终高于 HG 20582 所得结果。

综合来讲，GB/T 12777—2008 在总应力水准大于 HG 20582 时，前者的寿命在保留安全系数的情况下也要高于后者。后者在计算疲劳寿命的时候过于保守，对于补偿量要求

高的场合会使所设计的膨胀节波数增加，致使膨胀节更加容易失稳。但是，在满足补偿量的前提下，优先使用后者的计算公式对于保证膨胀节的安全具有重大意义。

在 HG 20582 中未涉及波纹管刚度与稳定性计算，这些计算都与波纹管波形参数、尺寸、材料有关。虽然连接型式不一致，但是主体计算思路不变，故 GB/T 12777—2008 计算结果也可以适用于图 2 所示结构。运用这些计算公式能够求出膨胀节的弹性反力与失稳极限压力，对膨胀节的稳定性进行校核，能够极大的保证整条管道的安全运行。

3 Ω 膨胀节应用实例

目前 Ω 膨胀节应用于水利工程的项目并不多，但已用于水利工程的都是较大的或是较重要的项目。基于两种标准的膨胀节结构均有应用实例。

3.1 甘肃黑河西流水水电站

西流水（龙首二级）水电站位于甘肃省肃南裕固族自治县境内黑河大峡谷西流水至榆木沟河段，坝址距张掖市西南郊约 53.8km，是黑河水能梯级规划的第七座梯级电站。西流水（龙首二级）水电站以发电为主，属中型三等工程，水库库容 8620 万 m^3，正常蓄水位 1920.00m，为日调节水库。电站总装机容量 157MW(3×45+1×22MW)，年均发电量 5.28 亿 kW·h，年利用小时 3363h。

西流水水电站引水压力钢管的工作压力 2.5MPa，主管内径为 5400mm，波纹管采用 Ω 形波，膨胀节的径向补偿量高达±100mm。

在结构设计上，以 Ω 波纹管能够承受更高的设计压力为切入点，将波形选为 Ω 形状；在设计计算时，为满足补偿量要求，采用图 1 所示结构，以 GB/T 12777—2008 中 Ω 形波纹管计算公式为依据，对其进行校核计算。

在膨胀节设计制造过程中，由于受运输条件限制，波纹管在工厂整体制造后进行分体，运输到现场再拼装成整体。膨胀节的结构件制作、组装及膨胀节整体水压试验均在现场进行，见图 3 和图 4。

图 3 黑河西流水水电站波纹管分瓣

图 4 黑河西流水水电站膨胀节拼装

3.2 云南李仙江戈兰滩水电站

戈兰滩水电站位于云南省思茅市江城县与红河州绿春县的界河李仙江河段上，为李仙江流域规划七个梯级电站中的第六级，该电站是以发电为主的大型水电站工程。电站装机 3 台，单机容量为 150MW 的混流式水轮发电机组。

3 台套 ϕ7500mm 压力钢管膨胀节布置于水电站大坝和坝后引水隧洞进口之间高程 418.00m 平台上，水平管道露天放置。

压力钢管膨胀节工作压力 0.6MPa，钢管内径 7500mm，相连接的压力钢管壁厚 18mm，钢管材料 Q235C。压力钢管膨胀节轴向最大相对位移±20mm，径向最大相对位移±10mm。过流介质为水库及上游来水。

在结构设计上，以 Ω 波纹管能够承受更高的设计压力为切入点，将波形选为 Ω 形状；由于口径大和运输距离远，最终确定用不锈无缝钢管制作 Ω 波纹管。

在设计计算上，以 HG 20582 中关于“Ω 型膨胀节的设计和计算”作为依据，并对模型间的差异做了细致分析，增加了对波纹管与接管间连接环焊缝的校核计算，证明了分析的正确性。

在制造上，采用了钢管盘弯工艺制造 Ω 波纹管，制造费用大为降低。

该项目起始于 2006 年 8 月，并于 2007 年 11 月由戈兰滩水电公司、黄河勘测规划设计有限公司（监理）、中水北方勘测设计研究院共同验收通过且一致认为：产品外观检查、尺寸检查、焊缝检查等情况符合要求，资料完整，同意接收（见图 5 和图 6）。目前产品已经安装在压力钢管上且运行良好。

图 5　戈兰滩水电站波纹管组焊图

图 6　戈兰滩水电站膨胀节交付图

4　Ω 膨胀节存在问题分析

由于 Ω 膨胀节引入水利水电行业历史较短，很多项目的运行时间均未满 10 年，而水利水电项目的设计寿命通常达到 50 年之久，所以目前在水利水电行业积累的试验、运行参数很不全面。这些数据、经验的确实又进一步影响了标准制定、更新工作，使其滞后于实践生产。

例如 GB/T 12777—2008 中就缺少对图 2 结构的具体计算方法，而运用 HG 20582 中的计算公式又不能够全面的得出刚度、失稳压力等参数。

水利水电工程中 Ω 膨胀节压力高、口径大，多采用分瓣后整体拼焊，避免了大口径

运输的限制。虽然 GB/T 12777—2008 膨胀节结构（如图 1）在理论计算时也可以满足要求，但在实际生产制造时往往十分困难，其运输条件也会受到极大的限制。HG 20582 膨胀节结构（如图 2）本身就需要在成型后焊接，成型手段不受口径限制，但其波纹管与接管对接焊缝主要受剪切应力，对于位移较大，疲劳周次要求较高的产品，此处极易发生疲劳破坏。

且实际生产中，由于焊接均在不规则曲面上进行，造成焊接难度的增加，波纹管自身对接纵焊缝、波纹管与接管对接环焊缝均有可能出现焊道根部未焊透，强度不够等缺陷。针对这些缺陷，通过采用相同材料薄板盘圆后覆盖于原焊道，再对其进行焊接的方式，可增加原有焊道的厚度，通过对原有焊道进行补强加固圆满解决了上述的缺陷，使焊缝强度达到设计要求。

5 结论

水电作为我国最具开发潜力的可再生清洁能源，随着水电行业的不断发展，对于大口径、高压力的膨胀节需求也会越来越多。Ω 形膨胀节凭借其优良的承压能力，电站引水压力钢管系统对其的需求亦会大大增加。

通过对 Ω 膨胀节在不同标准中的结构与公式对比，论述了 GB/T 12777—2008 与 HG 20582 的优缺点，及其适用范围，为今后选用、设计、制造 Ω 形膨胀节提供了借鉴。

某水电站蜗壳不同结构型式受力特征比较分析

马玉岩　龚少红　王　蕊

（中国电建集团成都勘测设计研究院有限公司，四川　成都　610072）

【摘　要】 蜗壳结构作为水电站厂房水下结构的重要组成部分，不仅要承受巨大的内水压力，还要承受上部机电设备和楼板等传来的各种荷载。蜗壳结构型式主要有垫层蜗壳、充水保压蜗壳、直埋式蜗壳（完全联合承载蜗壳）等三种型式，它们各有特点。本文以某水电站的蜗壳结构为研究对象，结合某水电站水头不高，工期紧的实际情况，取蜗壳进口段（包含一个完整固定导叶在内）的扇形区域作为基本有限元模型，考虑钢衬和混凝土间的滑动摩擦接触性质，从应力特性及混凝土承载比两方面对垫层蜗壳和直埋式蜗壳两种蜗壳型式进行了对比分析。根据分析结果，某水电站蜗壳采用垫层蜗壳结构型式可合理调整蜗壳各部分分担内水压力，显著降低腰线部位内外圈和设置垫层段混凝土内圈等薄弱部位的环向拉应力，并充分发挥钢蜗壳的承载作用。

【关键词】 水电站；垫层蜗壳；直埋蜗壳；应力特征；承载比

1　前言

目前，我国水电能源开发空前发展，一大批水电站正在设计和建设中，蜗壳结构作为水电站厂房水下结构的重要组成部分，不仅要承受巨大的内水压力，还要承受上部机电设备和楼板等传来的各种荷载。能否保证蜗壳结构正常工作的安全性和耐久性直接关系到水电站能否长期正常运行，能否发挥应有的社会效益和经济效益。

水电站蜗壳结构型式主要有垫层蜗壳、充水保压蜗壳、直埋式蜗壳（完全联合承载蜗壳）等三种型式，它们各有特点，其中垫层蜗壳外围混凝土受力较小，施工工序相对简单，工期较短，但对机组运行稳定性可能有一定影响；充水保压蜗壳在机组正常运行时，蜗壳与外围混凝土联合受力，机组稳定性好，但施工工序复杂，工期较长，造价高；直埋式蜗壳施工最简单，工期较短，但外围混凝土受力较大，配筋较多，钢筋施工较为困难，而且混凝土开裂范围可能比前两种型式更为严重。

因三种蜗壳型式的上述特点，结合某水电站水头不高，工期紧的实际情况，本文通过三维有限元分析方法，对其采用垫层蜗壳和直埋蜗壳两种不同结构型式的受力特征加以对比研究，以期为蜗壳埋设方式的合理选择和优化设计提供参考。

2　垫层蜗壳与直埋蜗壳计算方法

在以内水压力为主的荷载作用下，蜗壳结构（包括座环及固定导叶、垫层、钢板及外包混凝土）的有限元分析经历了最初的平面应力（应变）模型、平面轴对称模型后发展到

现在的空间三维模型。当考察蜗壳组合结构整体的受力和变形状态时，建立从蜗壳进口至尾端的整体三维数值计算模型是非常必要的，并且计算精度最高。但由于蜗壳结构几何及材料构成上的异常复杂性，采用全三维模型进行详尽的模拟计算工作量巨大。平面轴对称模型不能模拟蜗壳沿水流方向的受力和变形特征，同时固定导叶被简化成平面应力状态与实际情况相差较远。

本文计算方法采用循环对称（或周期对称）模型，选取进口段包含一个完整固定导叶在内的扇形区域作为其计算基本模型（称为基本扇区）。该断面钢壳直径最大、外包混凝土厚度最薄，在应力分析时最为不利。实际上，蜗壳断面尺寸沿水流向是渐缩的，蜗壳外包混凝土厚度沿水流向也是变化的，这种近似处理与实际有一定的差别，但从计算结果来看，与整体全三维模型计算结果符合较好，计算量也显著降低。

垫层蜗壳由钢蜗壳、垫层、外围钢筋混凝土三部分组成。钢蜗壳的上部一定范围与外围混凝土之间用垫层材料隔开，使上部结构传来的荷载主要由蜗壳外围钢筋混凝土承担，蜗壳内水压力主要由钢蜗壳本身承担。

在垫层蜗壳设计中，钢蜗壳和外围钢筋混凝土及垫层之间的传力特性非常复杂，目前通常的做法是不考虑钢蜗壳与外围混凝土间接触滑移而建立的共节点模型。然而共节点模型会使不连续的部分共同工作，而提高了整个结构的承载力和刚度或起到减震作用，导致计算模型不能完全反应工程实际。本文在蜗壳与外围混凝土及垫层间采用了接触单元模型，可较好地反映蜗壳联合承载结构的实际应力状态，应力分布规律更符合工程实际。

直埋蜗壳结构型式中，在任何水头下，钢蜗壳与外围混凝土始终结成整体，一起构成主要承载构件，结构刚度较高。从蜗壳承担荷载（主要是蜗壳内水压力）的工作机理分析，直埋式蜗壳可以看成是垫层厚度为零的垫层蜗壳的一个特例。

3 工程概况与基本数值模型

某水电站单机容量85MW，蜗壳进口断面直径6.1m，HD值约为574m^2。机组额定水头53.5m，最大水头67m，最小水头44.30m，最大水锤升压水头约为94.2m。计算中，蜗壳内水压力按照最大水锤升压水头计算。

正常运行工况下，发电机层和水轮机层楼面无检修设备，仅有机组盘柜等少量固定设备，假定为均布活荷载，分别取为10kN/m^2、5kN/m^2。

在计算范围内，对水轮机钢锅壳、座环以及外围混凝土均按实际尺寸进行模拟。计算模型底部边界及蜗壳外侧混凝土边界施加全约束，沿蜗线方向混凝土边界施加法向约束，上部边界为自由。

整个模型由块体单元模拟混凝土及上下环板，板壳单元模拟钢蜗壳及固定导叶。蜗壳钢板与外围混凝土之间采用面—面接触单元来模拟其接触关系。计算荷载主要考虑结构自重、内水压力和由上部机墩传递的机组荷载等。计算模型的材料参数见表1。

计算时考虑厂房施工和机组安装的顺序，第一步施加与水荷载无关的荷载，即厂房完建时的荷载，包括结构自重、机组设备荷载和各楼层活载（简称水荷载作用前）；第二步施加与水荷载有关的荷载：蜗壳内水压力、尾水管内水压力（简称水荷载作用后）。采用扩展的拉格朗日乘子法进行接触问题的求解。

表 1　　材料参数

材料	容重/(kN/m³)	弹性模量/GPa	泊松比
钢蜗壳、座环	78.5	206	0.3
混凝土	25	28	0.167
垫层	1.4	0.0025	0.05

4　垫层蜗壳计算成果分析

本文计算模型中，蜗壳垫层铺设范围为上端距机坑里衬 3m，下端至腰线下 15°，垫层材料弹性模量取 2.5MPa，泊松比 0.05，垫层厚度 30mm。单元分为座环、钢蜗壳、垫层和混凝土四大组。钢蜗壳、座环、机井里衬、尾水管里衬采用四节点平面板壳单元，个别过渡区域采用三节点板壳单元；垫层和外围混凝土采用八节点三自由度六面体单元，个别区域采用三自由度四面体单元过渡。蜗壳和垫层及蜗壳与混凝土之间采用面—面接触单元模拟其接触关系，摩擦系数取为 0.25。

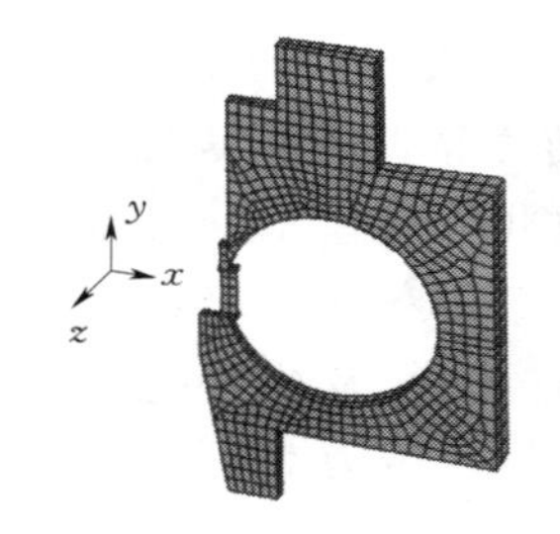

图 1　FEM 计算模型

整个计算模型共 2121 个节点，1520 个单元，其中座环 26 个单元，钢蜗壳 124 个单元，接触单元 248 个单元。座环、钢蜗壳、垫层和整体模型单元图分别见图 1。

计算结果显示，垫层蜗壳应力水平普遍较低，其中，钢蜗壳 Mises 应力最大值达到 77.821MPa，座环 Mises 应力最大值达到 52.239MPa，绝大部分混凝土抗拉强度标准值（C25 混凝土为 1.78MPa）可满足应力要求，但座环蝶形边外混凝土出现应力集中，应力值较大。钢蜗壳、座环和混凝土的应力图，分别见图 2～图 5。

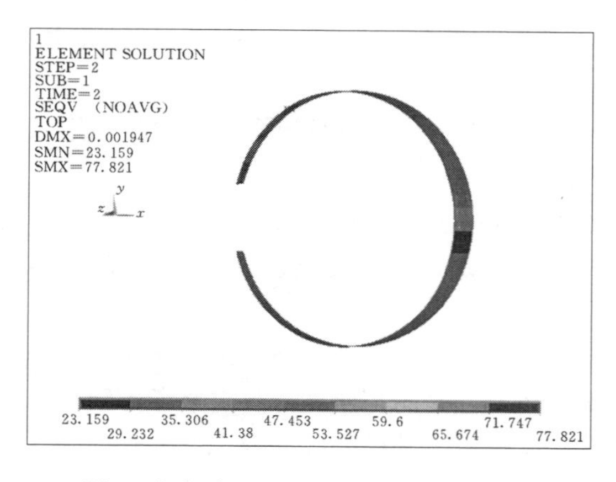

图 2　钢蜗壳 Mises 应力（单位：MPa）

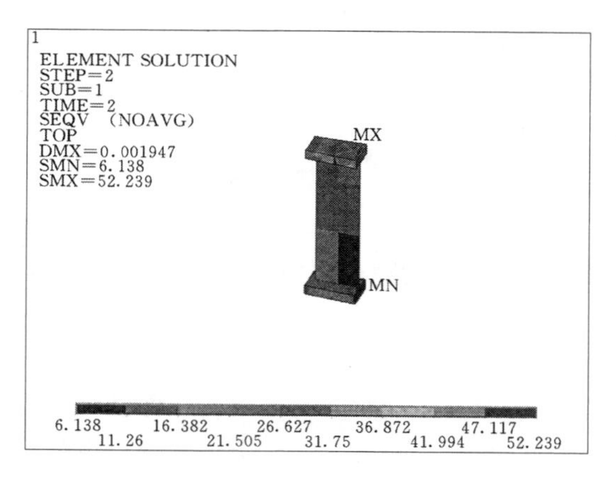

图 3　座环 Mises 应力（单位：MPa）

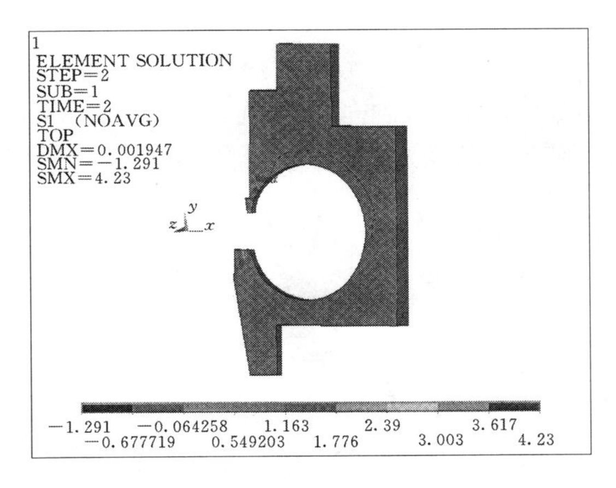

图 4　混凝土第一主应力（单位：MPa）

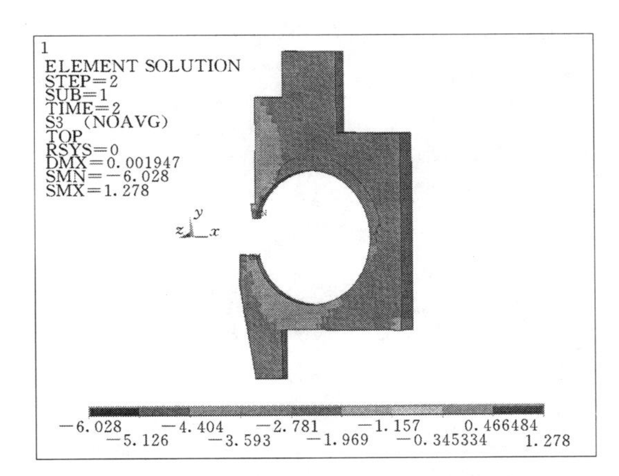

图 5　混凝土第三主应力（单位：MPa）

根据计算结果，整理了该断面钢蜗壳各特征点（位置见图 6）的环向应力。

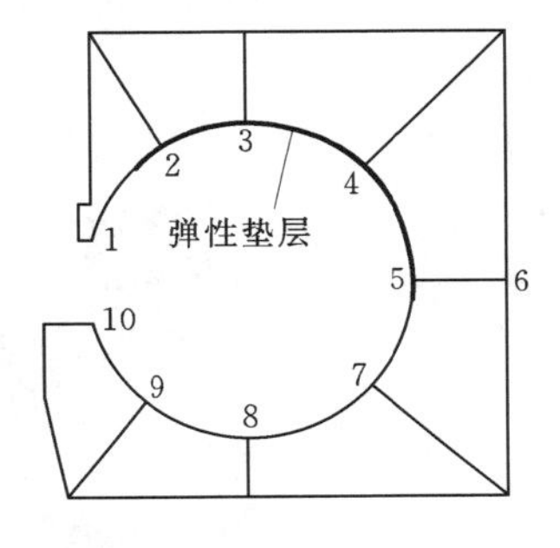

图 6　蜗壳断面特征点

根据公式（1）计算蜗壳外围混凝土的承载比。

$$\eta=1-\frac{\delta\sigma_0}{rp} \tag{1}$$

式中　δ——典型断面处钢蜗壳厚度，mm；

r——典型断面处钢蜗壳半径，mm；

σ_0——钢蜗壳环向应力平均值，MPa；

p——钢蜗壳设计内水压力（含水击压力），本工程为 0.942MPa。

计算显示，设垫层的上半周混凝土承载比（39.29%）比下半周混凝土承载比（53.31%）小得多，即设垫层区域蜗壳与混凝土联合承载程度小得多，有利于充分发挥钢蜗壳的承载作用，计算结果见表 2。

表 2　垫层方案钢蜗壳环向应力和混凝土承载比

部位	钢蜗壳应力/MPa				δ /mm	$\delta\sigma_0$	蜗壳断面半径/mm	混凝土承载比 η/%
	2/9 点	3/8 点	4/7 点	5 点				
上半周	53.13	54.71	49.73	38.11	34	1663.28	2908.4	39.29
下半周	32.72	38.33	41.32	38.11	34	1279.08	2908.4	53.31

5　直埋蜗壳计算成果分析

直埋蜗壳计算模型、边界条件等均与垫层蜗壳模型相同，只是将垫层单元赋以混凝土的力学参数。

计算结果显示，钢蜗壳应力水平较低，其 Mises 应力最大值为 27.814MPa，未能充分发挥其承载能力，座环 Mises 应力最大值为 27.691MPa，蜗壳外围混凝土应力分布较为均匀，但拉应力数值很大，第一主应力最大值为 9.164MPa。钢蜗壳、座环和混凝土的应力图，分别见图 7～图 10。

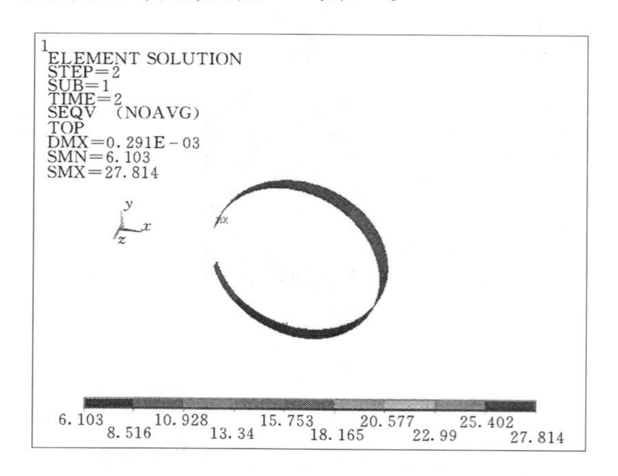

图 7　钢蜗壳 Mises 应力（MPa）

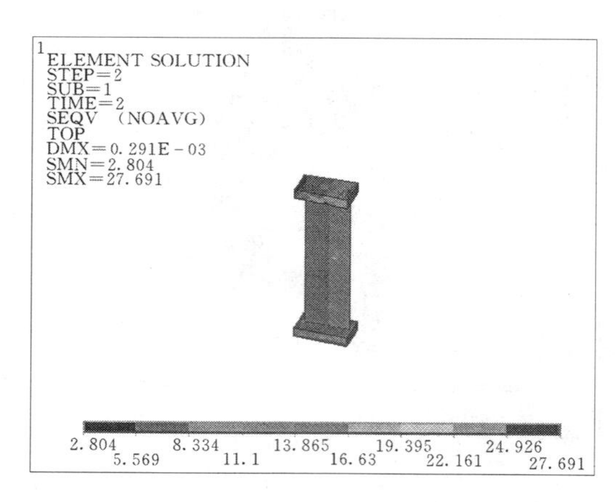

图 8　座环 Mises 应力（MPa）

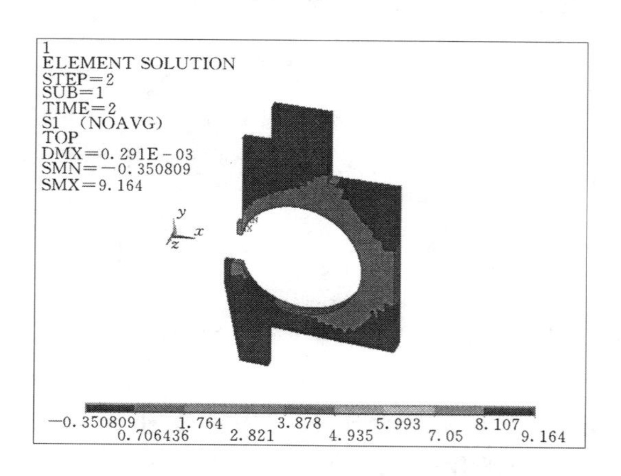

图 9　混凝土第一主应力（MPa）

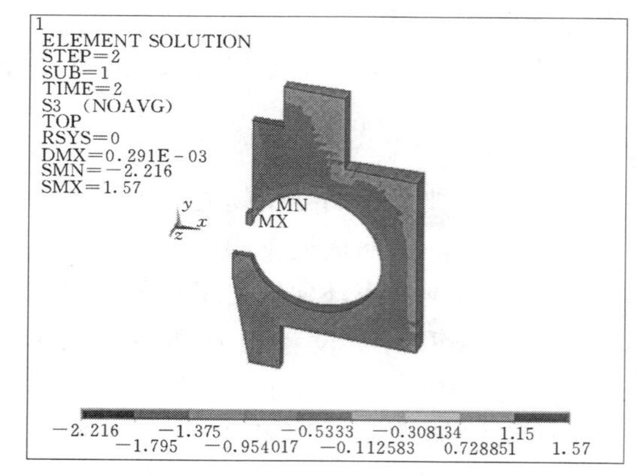

图 10　混凝土第三主应力（MPa）

根据计算结果，与垫层方案计算方法相同，整理了该断面钢蜗壳各特征点（位置见图 6）的环向应力，根据公式（1）计算蜗壳外围混凝土的承载比。计算显示，上、下半周混凝土承载比较为接近，均为 85%左右，钢蜗壳作用未得到充分发挥，计算成果见表 3。

表 3　　直埋方案钢蜗壳环向应力和混凝土承载比

部位	钢蜗壳应力/MPa				δ /mm	$\delta\sigma_0$	蜗壳断面半径/mm	混凝土承载比 η/%
	2/9 点	3/8 点	4/7 点	5 点				
上半周	13.94	11.99	13.90	12.86	34	447.78	2908.4	83.66
下半周	8.11	8.22	11.25	12.86	34	343.74	2908.4	87.45

6　结论

（1）相对于直埋蜗壳，垫层蜗壳具有可合理调整蜗壳各部分分担内水压力的特点，设置垫层能显著降低腰线部位内外圈和设置垫层段混凝土内圈等薄弱部位的环向拉应力，对

于混凝土与钢蜗壳直接接触的部位（不铺设垫层部位），其应力有较大幅度的降低。

（2）直埋蜗壳外围混凝土应力分布较为均匀，但局部拉应力数值很大，超过了混凝土的设计抗拉强度，进而影响到整个蜗壳结构的刚度，对混凝土抗裂和整体稳定性不利。

（3）两种蜗壳型式的计算表明，该水电站蜗壳钢衬与座环蝶形边连接处的应力集中是不容忽视的。由于蜗壳联合承载结构座环蝶边处的混凝土保护层相对薄弱，受应力集中的影响，在内水压力作用下，在上、下蝶边附近的蜗壳外围混凝土应力较大，因此须加强此部位的构造钢筋。

（4）对该水电站而言，若采用垫层蜗壳，则设垫层的上半周混凝土承载比比下半周混凝土承载比小得多，即联合承载程度小得多，有利于充分发挥钢蜗壳的承载作用；若采用直埋蜗壳，则使得外围混凝土承担内压高达85%左右，需要配置大量的钢筋，而钢蜗壳的作用没有得到充分发挥。

（5）通过以上计算分析与比较，该水电站采用上述两种蜗壳型式在技术上都是可行的，可以满足结构强度和正常使用的要求。但是综合比较而言，垫层蜗壳较好，因为直埋蜗壳配筋量大，同时蜗壳外围混凝土可能有较大范围的开裂，降低结构刚度和影响结构的耐久性。

（6）考虑到水电工程的复杂性，对具体工程的蜗壳型式的选择还需考虑蜗壳组合结构、温度荷载以及厂房整体的动力特性等。

参 考 文 献

[1] 李杰，姚栓喜，赵晓峰等．大型水轮发电机组钢蜗壳—蜗壳混凝土承载结构型式研究［R］．中国水电顾问集团成都勘测设计研究院、西北勘测设计研究院．2009.

[2] 李光顺．关于高水头、大容量水电站机组蜗壳结构型式的探讨［J］．水力发电，2010（10）：39 -41.

[3] 刘国华，王振宇，钱镜林．混凝土蜗壳有限元分析研究［J］．中国农村水利水电，2012（11）：47 -50.

[4] 伍鹤皋，蒋逵超，申艳，马善定．直埋式蜗壳三维非线性有限元静力计算［J］．水利学报，2006（11）：1323 - 132.

[5] 张运良，马震岳，程国瑞，陈婧．巨型水电站采用垫层蜗壳的分析与探讨［J］．水电能源科学，2006（12）：65 - 68.

[6] 孙海清，伍鹤皋，郝军刚，何敏．接触滑移对不同埋设方式蜗壳结构应力的影响分析［J］．水利学报，2010（5）：619 - 623，629.

锦屏一级水电站蜗壳外围混凝土结构设计

熊先涛　廖成刚

(中国电建集团成都勘测设计研究院有限公司，四川　成都　610072)

【摘　要】 锦屏一级水电站蜗壳采用充水保压联合承载的结构形式，用 ANSYS 有限元软件的钢筋混凝土非线性分析模块进行计算，得出不同工况下的蜗壳外围混凝土应力、位移及钢筋应力等，结合工程类比确定蜗壳外围混凝土的最终配筋值，确保了蜗壳的稳定运行。

【关键词】 水工结构；蜗壳外围混凝土；水电站厂房；锦屏一级水电站

1　工程概况及基本参数

锦屏一级水电站位于四川省盐源县、木里县交界的雅砻江干流，是雅砻江中、下游河段五级水电开发中的第一级。水库正常蓄水位 1880.00m，总库容 77.6 亿 m^3，调节库容 49.1 亿 m^3，为年调节水库。电站装机容量 3600MW，装机年利用小时数 4616h，年发电量 166.20 亿 kW·h。

电站最大水头 240m，设计水头 200m，采用单机单管布置，压力管道与厂房纵轴线垂直，并在钢管与钢蜗壳之间设置凑合节。单机引用流量约 337.40m^3/s。蜗壳设计水头 3.10MPa，最大断面直径 7m，HD 值达到 2170m^2；具有设计水头高、单机引用流量大的特点，经研究并借鉴同类工程经验，采用钢蜗壳与外围混凝土联合受力结构形式。蜗壳充水打压至 3.10MPa 以上，保压于 1.95MPa 下浇筑外围混凝土，在机组低于 1.95MPa 时，由钢蜗壳承受全部内水压力，而机组高于 1.95MPa 时则由钢蜗壳与外围钢筋混凝土联合承担。

本电站蜗壳平面最大尺寸分别为 21.5m（厂纵方向）、19.46m（厂横方向）。蜗壳进口内径同压力管道，为 7m，在机组纵轴线上游侧 11.5m 处与压力管道相接，钢板厚 35～80mm。机组采用一机一缝布置，每台机组为单独的结构单元，蜗壳上下游侧与围岩间用混凝土填实，右侧为机组技术供水泵房，下部为混凝土实体结构，最小混凝土厚度分别为 1.92m（距缝边），1.42m（距水轮机层）。蜗壳闷头至进口段铺设垫层，待蜗壳混凝土浇筑完成闷头拆除后浇筑。

蜗壳外围混凝土结构见图 1。

2　计算模型、边界条件及工况

计算分析采用 ANSYS 程序中钢筋混凝土非线性分析模块。模型主要由外围混凝土、钢蜗壳、座环和导叶等组成。模型底部取至尾水管排水廊道高程 1622.70m，顶部取至水轮机层高程 1635.40m，高 12.7m；水平纵向宽度取一个机组段，宽 31.7m；水平横向宽度取至上下游边墙处，共 25.5m。蜗壳钢衬采用薄板单元模拟，座环上下环板、固定导叶等用厚板单元模拟。蜗壳钢衬与混凝土的接触面上设置接触单元，采用 ANSYS 的四结点

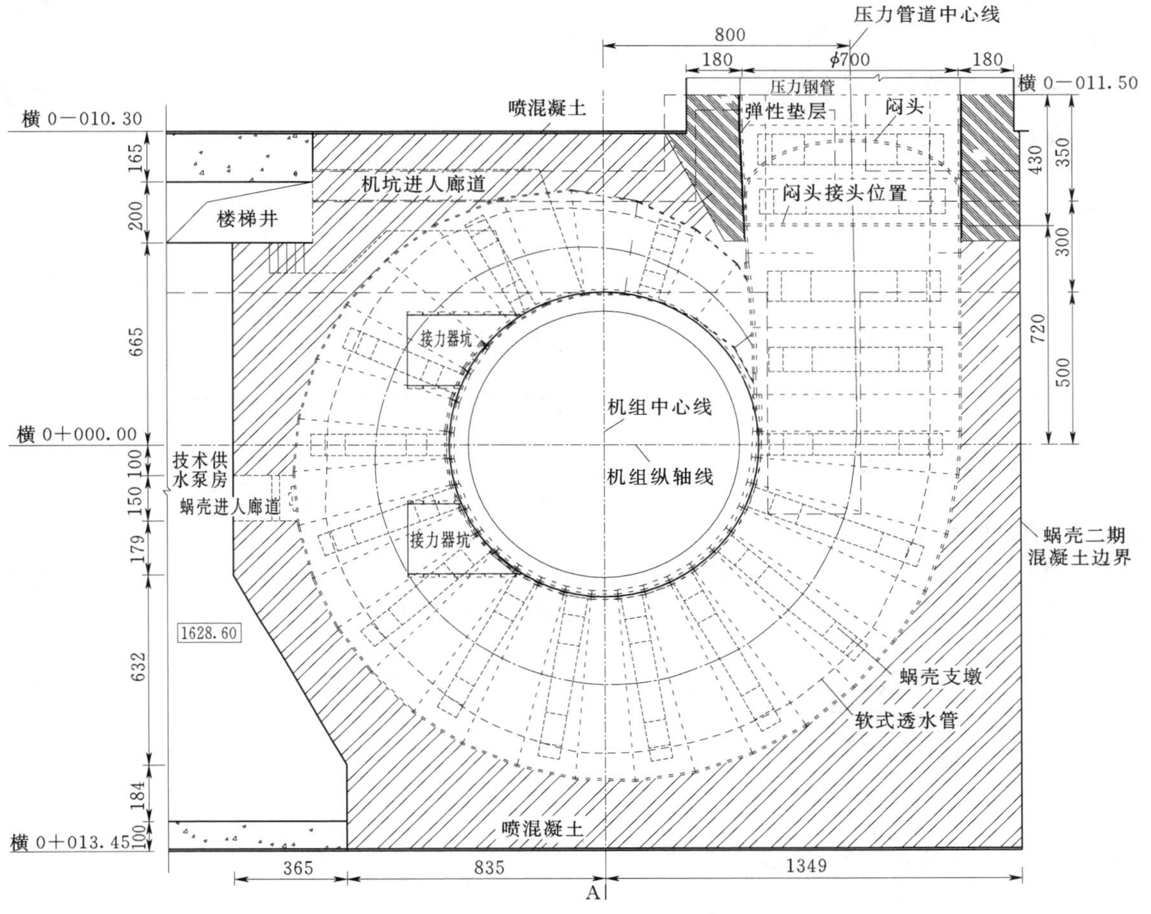

图 1　蜗壳外围混凝土结构布置（单位：cm）

四边形单元来模拟钢衬“目标面”，四结点四边形单元来模拟混凝土“接触面”，摩擦系数取为 0.25。整个模型共划分单元 32965 个，结点 32474 个。

锅壳整体有限元模型见图 2。蜗壳三维模型见图 3。

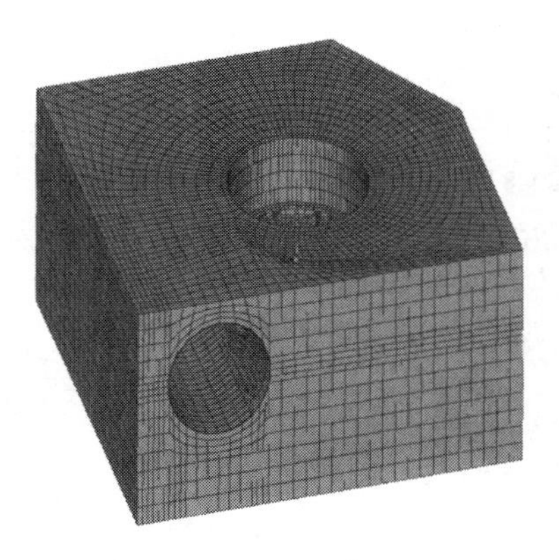

图 2　蜗壳整体有限元模型

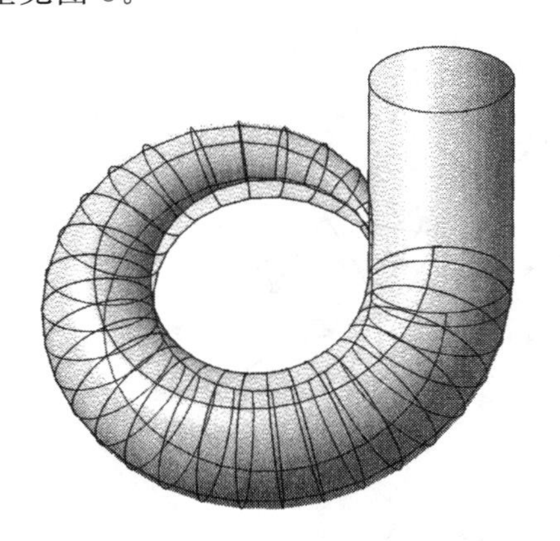

图 3　蜗壳三维模型

计算边界条件：机组两端的混凝土结点自由，上下游岩石受法向约束，模型底部高程1622.70m处固定约束，不计下部尾水管对结构的影响，其他边界自由。

计算工况及荷载组合见表1。

表1　　计算工况及荷载组合

计算方案	计算工况	保压水头/m	蜗壳内水压力/m	联合承载内压/m	荷载组合			
					定子基础荷载	下机架基础荷载	楼板等	结构自重
工况1	正常运行最大	195	240	45	√	√	√	√
工况2	正常运行设计	195	200	5	√	√	√	√
工况3	飞逸工况	195	310	115	√	√	√	√

3　计算结果与分析

3.1　蜗壳外围混凝土应力

在保压水头195m下，进行各工况下不同剖面（见图4）的特征点（见图5）混凝土应力计算，三种工况不同的剩余水头作用下各剖面特征点的主拉应力见图6～图10。

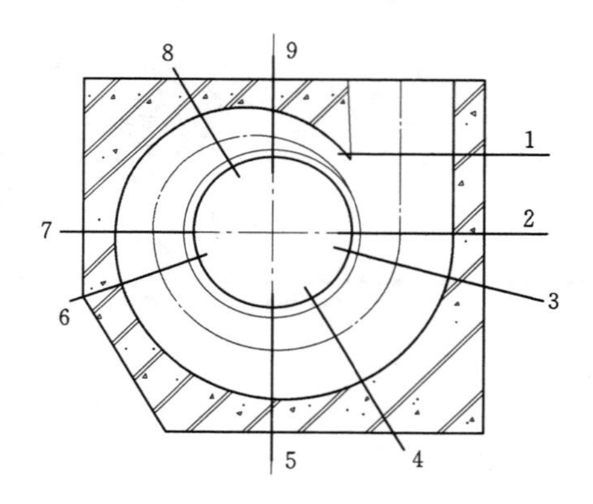

图4　典型剖面示意图

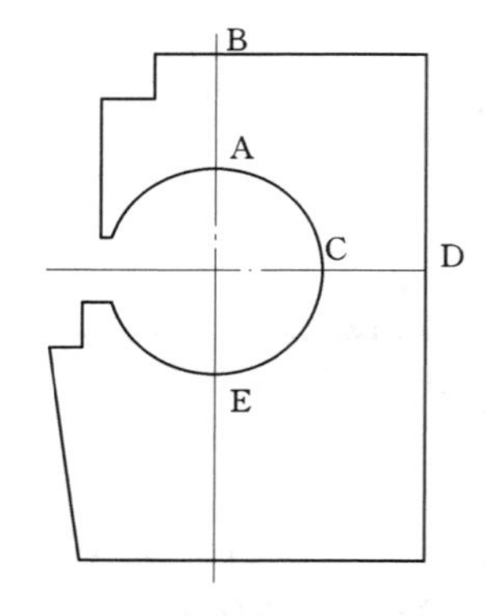

图5　应力典型剖面特征点示意图

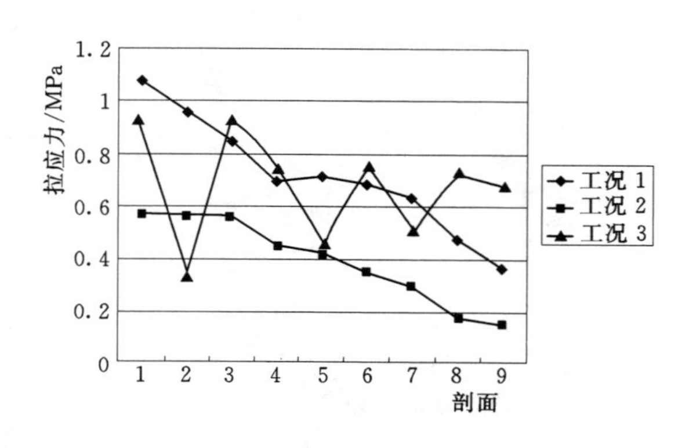

图6　A点主拉应力

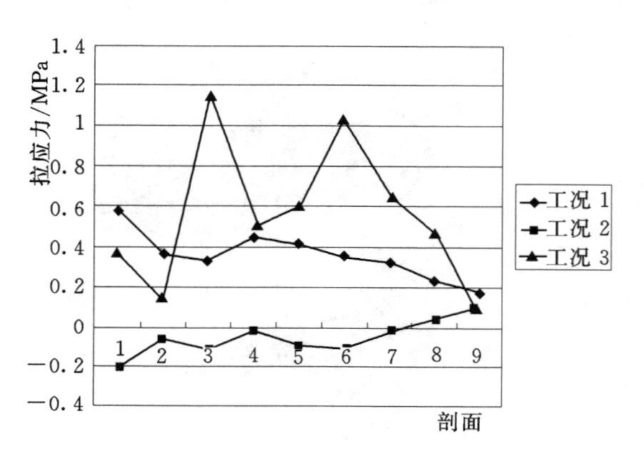

图7　B点主拉应力

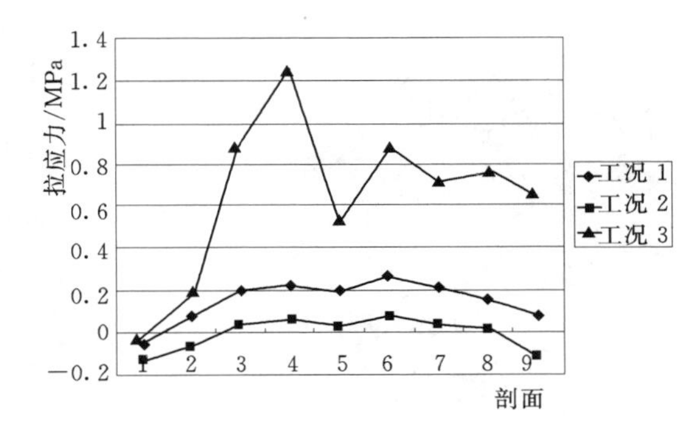

图 8　C 点主拉应力

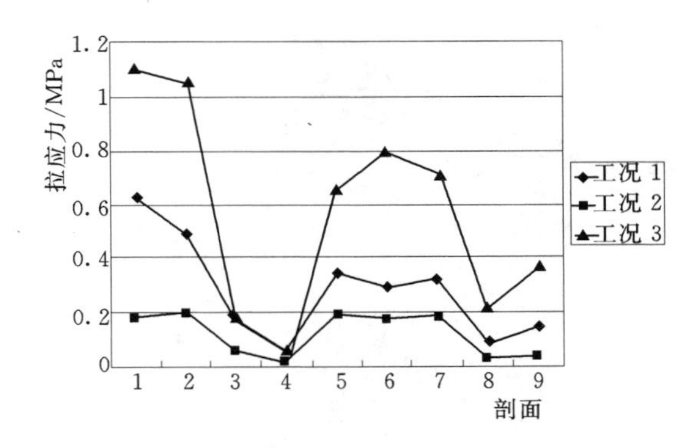

图 9　D 点主拉应力

计算结果表明，工况 1 的最大主拉应力为 1.08MPa，位于剖面 1 的蜗壳顶部内侧，最大主压应力值为－0.42MPa，位于剖面 1 的腰部内侧；工况 3 的最大主拉应力为 1.22MPa，位于剖面 4 的腰部内侧，最大主压应力值为－0.75MPa，位于剖面 3 的腰部外侧；因为工况 2 的混凝土承担水头较低，拉应力值较小。

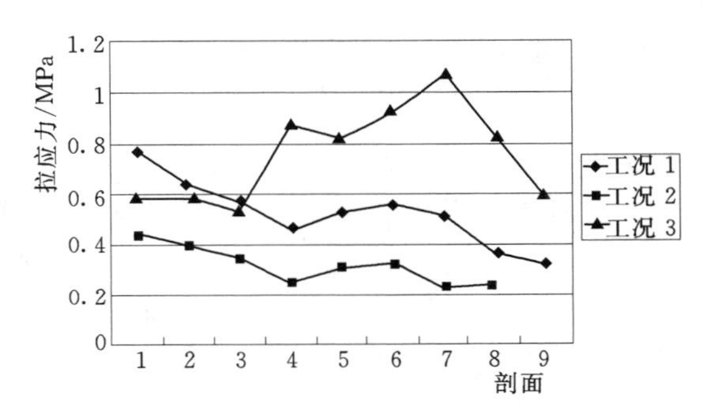

图 10　E 点主拉应力

在工况 1 下，各典型剖面混凝土结构的顶部和底部内侧特征点即 A 点和 E 点处，以及剖面 1 和剖面 2 腰线外侧 D 点处，主拉应力值较大。各剖面对应特征点的主拉应力值总体上沿水流方向随着蜗壳断面直径的减小而降低，但受边界约束及混凝土厚度影响，部分特征点应力变化趋势不明显，尤其在工况 3 下，混凝土开裂后应力影响较大。此外，在上下蝶边处由于混凝土厚度较小，混凝土的主拉应力值也比较大，整个蜗壳混凝土结构在工况 1 下的最大主拉应力值为 1.12MPa，即发生在混凝土与环板相接的碟边处。混凝土的主压应力分布均匀，最大值为－1.16MPa，位于混凝土机井与蜗壳下环板相接处。

由于工况 3 外围混凝土承担的水压力最大，各特征点的拉应力值明显增加，主拉应力最大达到 1.34MPa，位于尾管处的混凝土与蜗壳下环板相接处；压应力最大值为－2.39MPa，位于混凝土机井与蜗壳下环板相接处。

总体而言，工况 1 和工况 2 混凝土应力值不大，低于混凝土拉应力设计值 1.27MPa，混凝土未开裂；工况 3 下部分特征点应力超过拉应力限值，部分混凝土开裂，但拉应力值并不大，考虑钢筋作用后，裂缝宽度和范围可得到限制，混凝土结构厚度合适。

工况 1 下蜗壳混凝土结构主拉应力、主压应力分别见图 11、图 12。

3.2　蜗壳混凝土位移

蜗壳结构是个管径渐变的复杂流道系统，在内水压力作用下，除造成机组安装高程以上的结构产生明显的竖向上抬位移外，在顺河向与横河向产生了一定的不平衡力，使得各下机架基础在顺河向、横河向位移绝对值相差也较大。

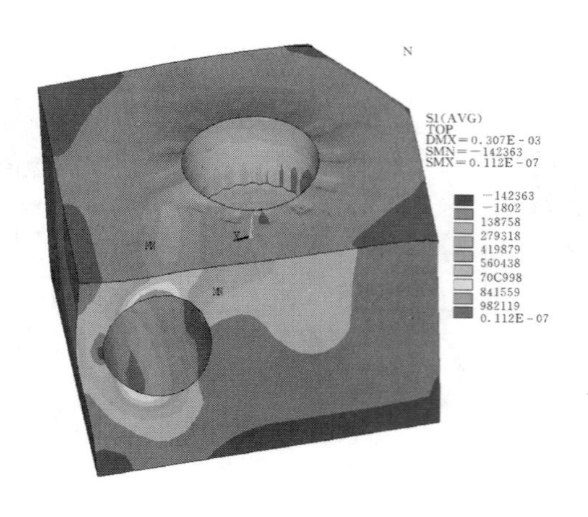

图 11　工况 1 下蜗壳混凝土结构
主拉应力（单位：Pa）

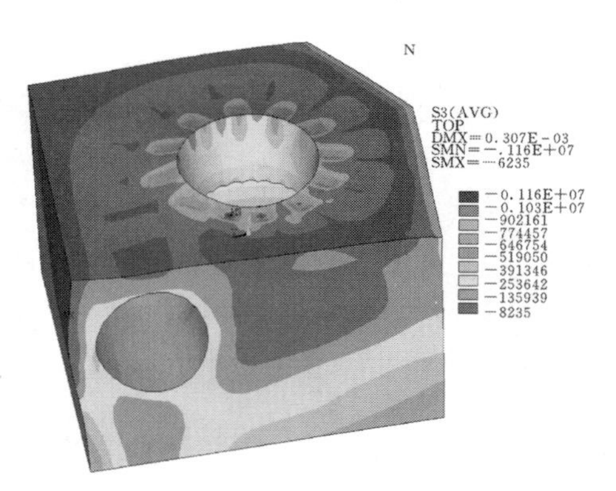

图 12　工况 2 下蜗壳混凝土结构
主压应力（单位：Pa）

为分析下机架基础和座环混凝土的位移，在各剖面上取特征点 A～E 进行分析。计算表明，三种工况下，混凝土结构位移分布规律相似，同一剖面内的下机架基础、座环顶部及底部等均以竖向（y）位移为主。从数值上看，工况 1 和工况 2 下，混凝土位移以沿蜗壳向外四周膨胀变形为主，竖向位移值较小。在工况 3 中，横河向和顺河向位移分布规律和前两种工况相似，竖向位移由于内水压力较大，大部分为正值，主要以向上变位为主（见图 13），在剖面 4 的下机架基础达到最大值，为 1.97mm，说明随着内水压力的增大混凝土开裂后对机墩竖向位移也显著增大。由于位移在各剖面沿圆周分布比较均匀，最大不均匀上抬位移发生剖面 4 和剖面 8 之间，数值为 1.35mm，属于非正常运行工况，对机组的安全稳定运行影响有限。

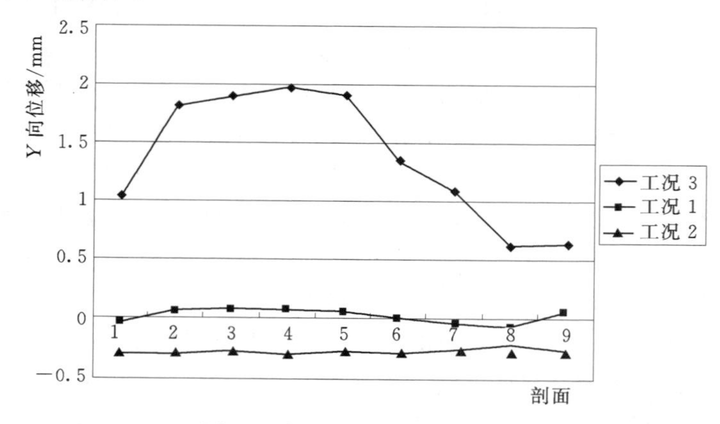

图 13　各工况下 A 点竖向位移

由此可见，当水头较小时，下机架基础的变形较小，当水头增大到一定程度后，下机架基础的变形值较大；内水压力与下机架基础的上抬量相关性强。

4　结构配筋及裂缝

根据规范规定，本工程外围混凝土配筋采用三维非线性有限元计算分析和工程类比

确定。

4.1 外围混凝土配筋及裂缝计算分析

根据以上模型，计算不同配筋方案下的钢筋应力和混凝土开裂情况，初拟了三种配筋方案进行对比分析。根据前述外围混凝土计算表明，混凝土仅在飞逸工况下开裂，所以仅对飞逸工况下进行配筋方案对比分析。飞逸工况下配筋方案见表2。

表2　　飞逸工况下混凝土配筋方案

计算方案	计算工况	内水压力/m	联合承载/m	配筋方案/mm			
				内层环向	内层水流向	顶层环向	顶层水流向
方案1	飞逸工况	310	115	ϕ32@150	ϕ28@150	ϕ32@150	ϕ28@150
方案2	飞逸工况	310	115	ϕ32@100	ϕ28@100	ϕ32@100	ϕ28@100
方案3	飞逸工况	310	115	ϕ32@200	ϕ28@200	ϕ32@200	ϕ28@200

4.1.1 钢筋应力

计算结果表明，各典型剖面环向钢筋应力基本为拉应力。在混凝土较薄的区域钢筋受力较大，但均未超过130MPa，远低于钢筋的屈服强度。三方案的环向钢筋应力分布规律类似，各剖面对应位置的环向钢筋应力总体上沿水流向随蜗壳直径的减小而逐渐降低。在剖面3、4和剖面5的顶部和腰部处，随着配筋率的增加，钢筋应力减小了20MPa左右，但在其他剖面位置，钢筋应力变化不大。对于各剖面的底部，在进口段的剖面1～3，钢筋应力有20～50MPa的变化范围，但剖面3之后，钢筋应力变化不大，说明增加内层环向配筋率可以降低钢筋应力，但是降幅不太明显。配筋方案1环向钢筋拉应力最大值为117.69MPa，配筋方案2为113.06MPa，均发生在1号剖面的腰部，与配筋方案3对应位置的钢筋应力相比，分别下降了2.60%和6.43%。

各方案水流向钢筋应力变化规律与环向钢筋应力变化规律相似。计算结果表明，水流向钢筋应力明显小于环向钢筋，且应力值均较小，基本在80MPa以内，远低于钢材的屈服强度。

4.1.2 混凝土裂缝

计算结果表明，在配筋方案3下，除上下蝶边局部应力集中区外，剖面1直管段内侧顶部和腰部由于环向钢筋应力引起的裂缝宽度比较大，最大裂缝宽度为0.22mm；水流向钢筋应力最大处对应的裂缝宽度为0.13mm，均未超过荷载短期组合工况的裂缝宽度限值0.30mm，满足规范限裂要求。与配筋方案3类似，配筋方案1和配筋方案2，除上下蝶边局部应力集中区外，剖面1直管段内侧顶部和腰部由于环向钢筋应力引起的裂缝宽度也比较大。配筋方案1，环向应力引起的最大裂缝宽度为0.182mm；配筋方案2，最大裂缝宽度为0.175mm，与配筋方案3的对应数值相比，略有下降。配筋方案1和配筋方案2的水流向钢筋应力最大值处裂缝宽度分别为0.12mm和0.1mm。配筋方案1和配筋方案2的两个方向上的混凝土裂缝宽度均满足规范限裂要求。从混凝土开裂的发展过程看，下蝶边处首先出现水流向裂缝，然后在蜗壳顶部、上环板处及135°附近也出现了沿水流方向的裂缝。

各配筋方案下的配筋和裂缝计算表明，随着配筋率的提高，裂缝开裂范围不断减小。在进口段顶部和下45°附近，开裂程度减小并不明显；在上环板和机坑里衬处，方案2能够有效地限制混凝土的开裂，但在蜗壳进口主管段、腰部下45°和剖面7附近的裂缝带仍有贯穿的趋势。

三个配筋方案的钢筋应力和裂缝宽度均满足规范要求。

4.2 工程类比分析

二滩、瀑布沟和小湾水电站与本工程规模相当，蜗壳均采用保压浇筑，且均已建成投产，机组运行可靠。国内已建同类工程蜗壳参数见表3。

表3　国内已建同类工程蜗壳参数

工程名称	最大水头/m	设计水头/m	保压值/m	蜗壳最大直径/m	HD值/m^2	混凝土厚度/m	实际配筋
二滩	194	231	194	7.2	1633.2	侧1.56	内 ϕ32@180，ϕ25@250，外 ϕ32@200，ϕ25@200
瀑布沟	189	245	140	8	1960	侧1.56	内 ϕ36@120/ϕ32@120/ϕ28@150 ϕ25@200，外 ϕ32@200，ϕ25@200
小湾	260	290	190	6.5	1885	侧2.0	2ϕ32@200/2ϕ28@200，ϕ25@200
锦屏一级	240	310	195	7	2170	侧1.92	

从表3可见，四个工程蜗壳量级相当，HD值均较大。二滩电站由于保压水头较高，联合承载的水头（37m）较小，故其配筋在三个已建工程中为最小的（4468mm^2，配筋率为0.29%）；小湾电站和瀑布沟电站联合承载的水头分别为100m和105m，大体相当，二者的配筋量也基本相同，分别为8048mm^2（配筋率为0.4%）和8483mm^2（配筋率为0.54%）。本工程HD值在四个工程中最大，混凝土与蜗壳共同承担的最大水头为115m，为三个电站中最大。鉴于三个电站已建成发电，且机组运行可靠，故外围混凝土的配筋宜与瀑布沟水电站和小湾电站相当。

4.3 配筋结果

综合计算分析和工程类比结果，本工程蜗壳外围混凝土最终配筋为：进口断面范围内为2ϕ32@200mm（8042mm^2），中部为ϕ32@200＋ϕ28@200（7100mm^2），末端渐变为ϕ32@200，水流向分布筋ϕ25@200；外层ϕ32@200，分布筋ϕ25@200。

5 其他处理措施

5.1 进口连接段处理

蜗壳闷头至压力管道连接段长4.3m，该段混凝土在闷头拆除后浇筑，其受力形式不同于周边混凝土。本工程该段采用垫层结构处理，钢衬按承受全部内水压力设计，外围混

凝土仅承受外荷载和部分内水压力。垫层材料为自熄型聚苯乙烯泡沫塑料，厚度 5cm，敷设在蜗壳上半圆至腰线以下 10 度区域，末端及前后连接段平缓过渡，以降低连接部位的应力集中。

5.2 缝面积水处理

蜗壳与外围混凝土间的缝隙，在机组运行、尤其是停机检修时，缝中可能充填冷凝水或渗漏水，这些不可压缩的水体如不及时排出，在机组运行时将会起到传力作用，从而改变外包混凝土的受力状态。因此，应使缝中积水在任何工况下均处于无压状态。对于冷凝水的引排常用两种方法：①沿蜗壳腰线设置截水槽钢；②在蜗壳上敷设了透水软管。本工程采用后一种处理措施，软式透水管敷设的蜗壳腰线以下，末端引排至厂房上游侧尾水管层廊道内。

6 监测布置与结果分析

本工程选取 1 号机组和 6 号机组设置测缝计、钢板计、钢筋计、混凝土应变计、无应力计等永久监测仪器。打压阶段临时增设部分监测仪器以便监测蜗壳在打压阶段的变形情况。6 号机组蜗壳监测仪器布置见图 14，蜗壳安全监测仪器布置简表见表 4。

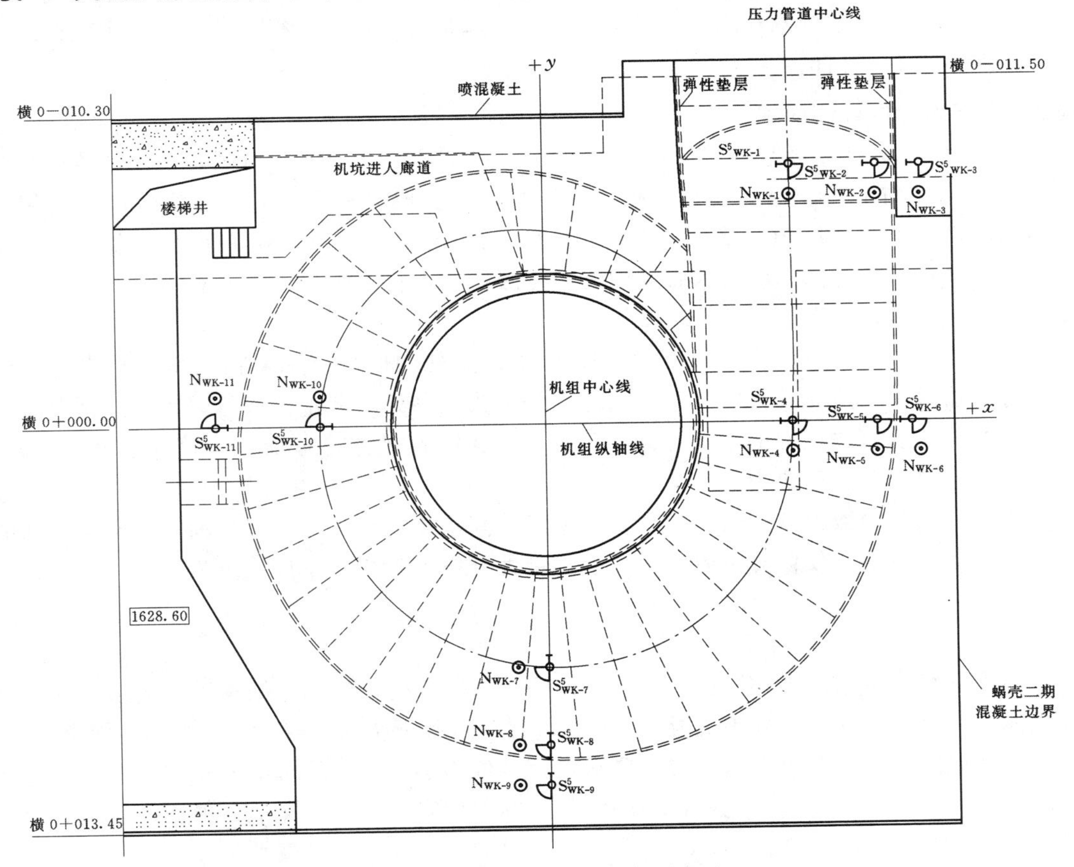

图 14 6 号机组蜗壳监测仪器布置

表 4　　蜗壳安全监测仪器布置简表

断面	部　位	监测仪器数量				
		测缝计	钢板应变计	钢筋计	五向应变计	无应力计
1-1	蜗壳进口断面	3	6	5	3	3
2-2	蜗壳进口横向断面	3	6	5	3	3
3-3	蜗壳进口横向断面	3	4	5		
4-4	蜗壳纵向断面	3	6	5	3	3

6.1　蜗壳打压阶段的变形

根据蜗壳打压试验监测成果，升压至最大压力 3.1MPa 时，在 $+x$ 位置，座环轴向最大变形 1.1mm；$-y$ 位置，蜗壳下侧最大变形 1.45mm。降压至零时座环轴向百分表最大不归零值为 0.18mm，在 $+x$ 位置；径向百分表最大不归零值为 0.3mm。

由此可见，蜗壳在承受内水压力时存在明显变形，卸压后变形量减小，保证了蜗壳与混凝土间的空隙，使得一定压力下蜗壳能单独承受水压力。另外，卸压后蜗壳存在一定的不归零值，变形难以完全消除，可能造成蜗壳压力低于保压值时，蜗壳和混凝土已经结合紧密，提前共同承担内水压力，这一点在二滩水电站运行过程也得到验证（实际运行时联合承载值约为保压值的 85%）。

6.2　运行阶段的监测成果

本电站于 2013 年 8 月 30 日首台 6 号机组建成发电，运行时间有限，水库初始运行水位为 1840m，尚余 40m 达正常蓄水位。从测缝计监测成果来看，混凝土浇筑卸压后蜗壳与混凝土存在明显的缝隙，从 JWK-13 测缝计可以看出（位于 7 号断面处），缝隙值介于 2.09～1.03mm 之间；机组充水后缝隙值明显减低，运行至今缝隙最小值为 0.24mm，尚未达到联合承载的工况。

蜗壳外围混凝土总体应力值不大，以上述 D 点处的应变计测量值为例，充水前后混凝土应力值较小，且无较大突变，分析原因是因为电站处于低水位运行，尚未达到混凝土和蜗壳共同承受高水压力的工况。同样剖面 7D 点处的钢筋应力充水前后差距也不明显，钢筋应力主要表现为压应力。

由于目前观测数据序列较短，电站尚未经历高水位运行工况，其外围混凝土及钢筋的内力反馈值不全面，仅供分析时参考，但从定性分析看与相应设计工况相符。

7　结论

锦屏一级水电站蜗壳 HD 值大，在国内同类型工程处于前列，结构受力复杂。本工程采用充水保压结构形式，外围混凝土在 195m 保压水头下浇筑，经过三维非线性有限元分析，外围混凝土及钢筋应力满足规范要求，相对位移小，保证了机组的稳定运行。同时结合国内同类型工程的混凝土配筋，外围混凝土的结构安全得到了保证；根据目前的监测成果，混凝土及钢筋应力均较小。

本工程的计算分析存在诸多假定，且未考虑施工期及运行期的温度影响等，故结构设

计成果存在一定的近似性；由于监测数据历时较短，相关成果有待进一步收集整理，其设计理念与实际运行的相符合程度有待进一验证。

参 考 文 献

[1] 中国水电顾问集团成都院、西北院．大型水轮发电机组钢蜗壳—钢筋混凝土承载结构型式研究，2009.

[2] 程国瑞．不同埋设方式的巨型蜗壳结构分析 [D]. 大连：大连理工大学硕士学位论文，2006.

[3] 张运良，马震岳，程国瑞，陈婧．水轮机蜗壳不同埋设方式的流道结构刚强度分析 [J]. 水利学报，2006：1206－1211.

[4] 秦继章，马善定，伍鹤皋，等．三峡水电站“充水保压”钢蜗壳外围混凝土结构三维有限元分析 [J]. 水利学报，2001：28－32.

[5] 伍鹤皋，田海平，李永祖．水电站混凝土蜗壳三维有限元分析 [J]. 武汉大学学报（工学版），2007：53－57.

[6] 叶波，王承勇．锦屏一级蜗壳水压试验及变形监测分析．水电站机电技术，2013.2.

水电站厂房钢筋混凝土蜗壳结构分析

黄克戬

（中国电建集团成都勘测设计研究院有限公司，四川　成都　610072）

【摘　要】钢筋混凝土蜗壳结构复杂，在河床式厂房的水电站中应用较为广泛，由于其结构复杂，传统的平面框架结构计算方法存在一些不足，本文以一河床式水电站的钢筋混凝土蜗壳的三维结构分析为载体，分析了钢筋混凝土蜗壳设计中配筋问题。

【关键词】钢筋混凝土蜗壳；三维有限元；混凝土；非线性

1　工程概况

钢筋混凝土蜗壳主要应用于40m水头以下的水电站，在河床式厂房中应用较为广泛，一般为梯形断面。在结构设计分析时，过去一般采用平面框架法计算，该方法计算方便，但是忽略了空间作用，计算成果不够精确，导致蜗壳顶板径向钢筋和侧墙竖向钢筋偏多，而环向钢筋不足，而且对于大体积构件，受力钢筋锚固长度按照常规处理也不尽合理，应按照应力分布状况确定，因此大中型水电站钢筋混凝土蜗壳应采用三维有限元方法进行计算分析。本文以一河床式水电站钢筋混凝土蜗壳结构设计为例，分析了混凝土蜗壳结构设计中应该注意的问题，有较为有益的工程意义和借鉴价值。

雅砻江上某一河床式水电站采用轴流转桨式水轮发电机组，电站装机600MW，单机容量150MW，厂房蜗壳型式为混凝土蜗壳，蜗壳进口处流道高度达15m，蜗壳最大水锤压力0.435MPa。蜗壳单线图见图1。采用常规材料力学和结构力学方法进行计算，难以反映厂房内部结构的真实受力情况，因此对厂房钢筋混凝土结构进行了三维有限元分析。

2　钢筋混凝土蜗壳结构及有限元模型

混凝土蜗壳结构复杂，由蜗壳顶板、上下锥体、座环、侧墙和底板组成，蜗壳单线图由水轮机生产厂家提供（见图1），从蜗壳单线图可见蜗壳结构复杂性。主要荷载为蜗壳内部的水压力荷载，同时还有外部水压力、上部机墩传来的荷载、水轮机层活荷载以及结构自重。

为计算更为合理反应蜗壳结构受力，建立了厂房整体模型进行分析。计算模型中除了厂房结构外，还包括厂房基岩，具体范围如下：上下游侧各取135m，基岩深度取120m，沿厂房纵轴线方向与厂房同宽，为36m。在计算范围内，对厂房上、下游排架柱、风罩、机墩、楼板、梁等均按实际尺寸了进行模拟。整个计算模型共分成113283个结点，139379个单元，见图2和图3。

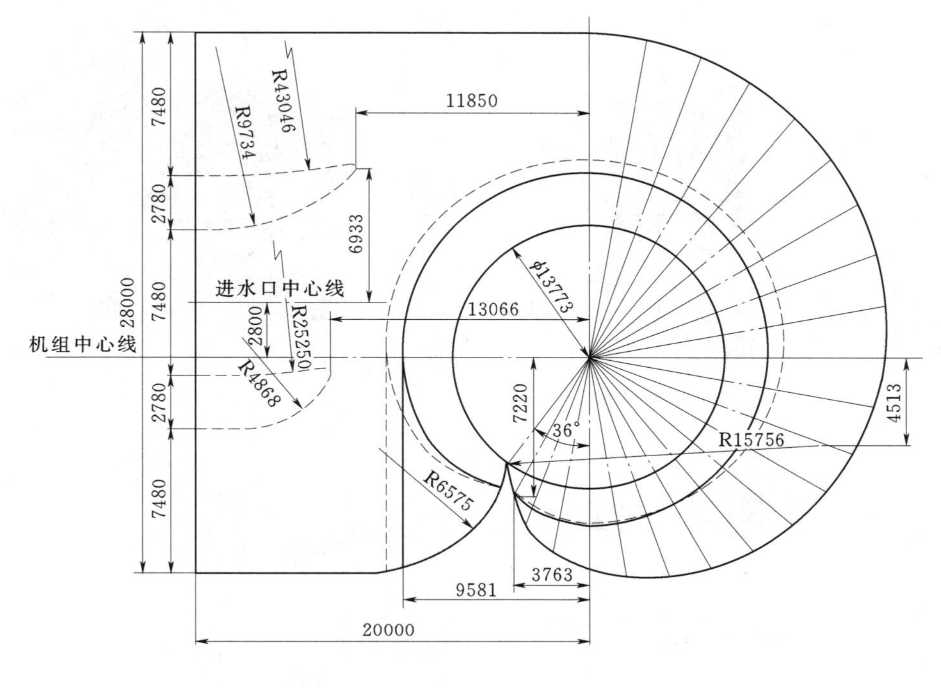

(a)

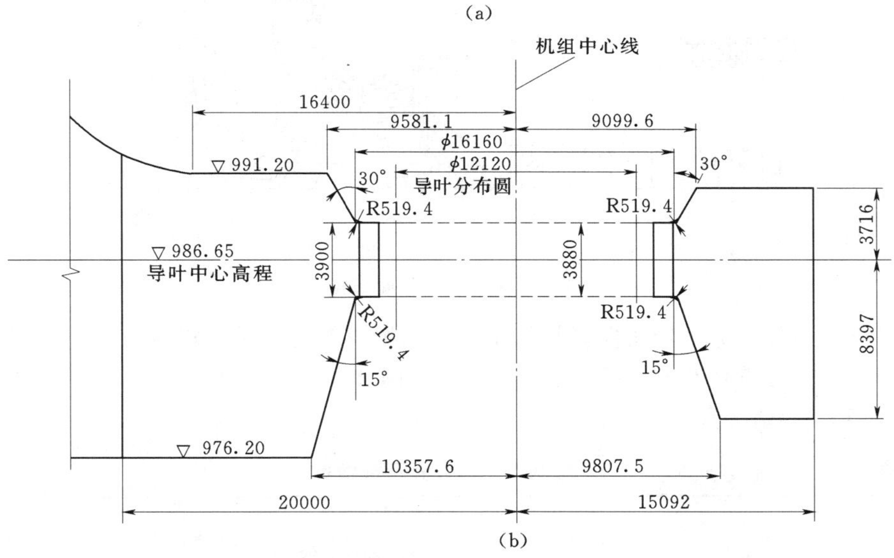

(b)

图 1　蜗壳单线图（单位：mm）

3　钢筋混凝土蜗壳三维线性分析

蜗壳结构计算中各种工况复杂，根据规范要求，分别计算分析了完建工况、正常运行工况、检修工况、校核洪水工况、设计洪水工况和地震组合工况，各工况荷载见表 1。由于蜗壳结构复杂，为了方便整理沿蜗壳内的应力，建立蜗壳部位的局部柱坐标系：以导叶中心高程与水轮发电机组中心线的交点作为局部柱坐标系 $r\theta z$ 的原点，沿整体坐标系 y 轴

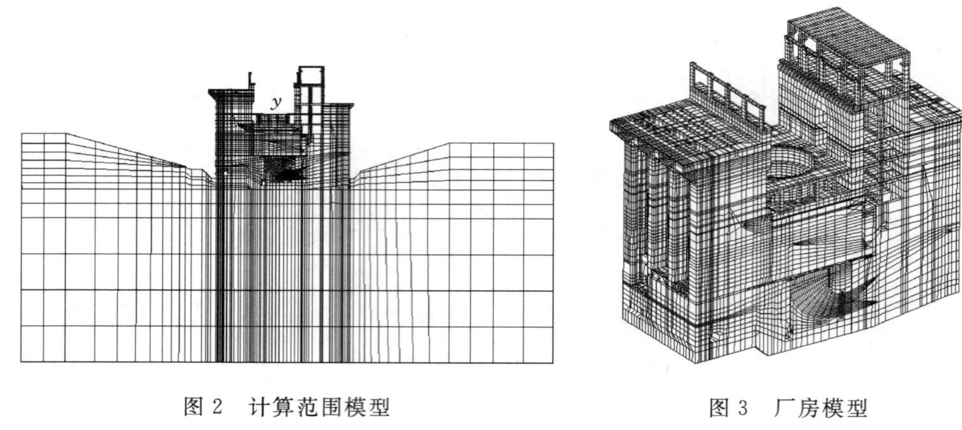

图 2　计算范围模型　　　　图 3　厂房模型

图 4　蜗壳典型断面部位

（铅直向）负向为柱坐标 z 轴正向，机组水平剖面俯视图的顺时针转向为环向坐标 θ 正向，且 $\theta=0°$时，r 向与整体坐标的 x 轴正向一致。图 4 中顺时针依次标出了 θ 为 0°、45°、90°、135°、180°等蜗壳典型断面部位。

表 1　　　　厂房蜗壳结构计算荷载情况

工况	自重	水压力				扬压力	发电机层荷载	水轮机层荷载	定子荷载	机架荷载	地震荷载
		上游水位	下游水位	蜗壳对应水位	尾水管对应水位						
完建	√										
正常甩负荷	√	1015.00	992.24	1015.00	992.24	√	√	√	√	√	
检修	√	1015.00	992.24			√	√	√	√	√	
校核洪水	√	1018.22	1010.04	1018.22	1010.04	√	√	√	√	√	
设计洪水	√	1014.59	1006.66	1014.59	1006.66	√	√	√	√	√	
地震组合	√	1015.00	992.24	1015.00	992.24	√	√	√	√	√	√

根据计算结果，整理了蜗壳0°、45°、90°、135°、180°断面的径向应力σ_r、铅直向应力σ_z和蜗向应力σ_θ，蜗壳各断面拉应力峰值详见表2。

表2　　蜗壳各断面拉应力峰值表　　单位：MPa

断面位置	应力方向	完建工况	正常工况	检修工况	校核洪水	设计洪水	地震工况
0°	径向	0.42	1.57	0.36	0.84	0.86	1.13
	铅直向	0.12	1.57	0.20	0.89	0.88	0.78
	蜗向	0.06	0.13	0.08	—	—	—
45°	径向	0.06	0.72	—	0.27	0.28	0.58
	铅直向	0.20	0.98	0.18	1.00	0.73	0.26
	蜗向	—	0.37	—	—	—	—
90°	径向	0.05	0.71	0.10	0.51	0.51	0.49
	铅直向	0.23	0.09	0.10	—	0.13	—
	蜗向	0.53	1.73	0.87	1.22	1.11	1.19
135°	径向	0.03	0.58	0.05	0.39	0.40	0.32
	铅直向	0.05	0.05	0.50	—	—	0.29
	蜗向	0.36	0.58	0.43	0.25	0.25	0.40
180°	径向	0.15	0.94	0.32	0.48	0.47	0.90
	铅直向	—	0.53	—	0.13	0.16	—
	蜗向	0.23	—	—	—	—	—
	Y向	0.14	1.83	0.19	0.93	0.96	0.72
	Z向	0.22	1.20	0.15	1.23	1.02	0.64

根据计算分析结果可以看出，正常甩负荷工况为结构设计控制工况，在结构自重、设备重量和流道内、外水压力作用下，蜗壳各断面顶、底板径向均出现一定的拉应力，其中0°断面底板和顶板径向拉应力值最大，分别为1.57MPa、1.21MPa，0°断面正常运行径向应力图见图5。蜗壳边墙由于自重作用，边墙铅直向应力以压应力为主，但由于蜗壳内水压力的作用，该工况边墙铅直向压应力有所减小，甚至在0°和180°断面边墙外表面出现拉应力，最大值为1.57MPa，出现在0°断面见图6。

蜗壳蜗向应力在45°断面边墙内表面、90°断面蜗壳顶板和边墙内表面、135°断面蜗壳顶板出现一定的拉应力，其他部位均为压应力。最大值出现在90°断面顶板处，数值为1.73MPa，见图7。

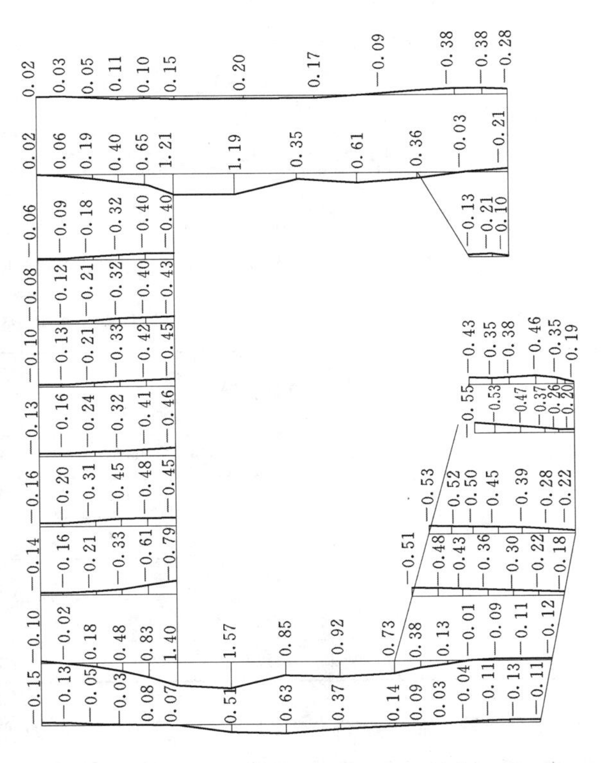

图5　0°断面正常运行径向应力图（单位：MPa）

图 6　0°断面正常运行工况竖直向应力图（单位：MPa）

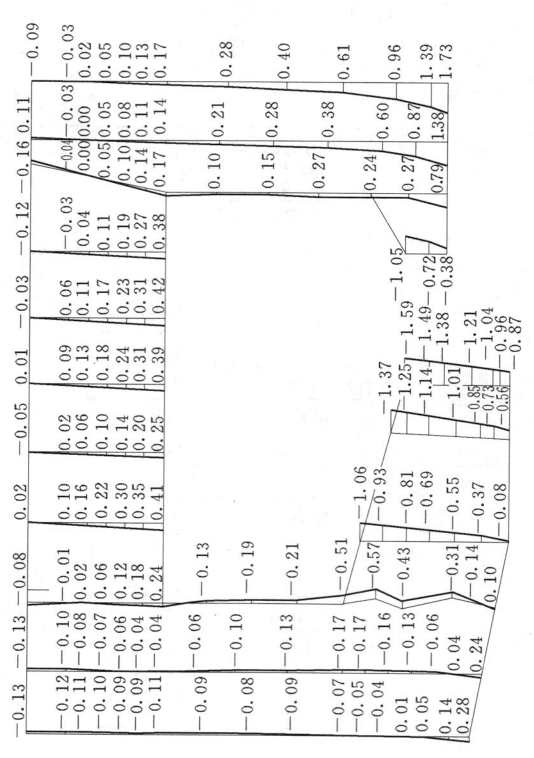

图 7　90°断面正常运行工况蜗向应力图（单位：MPa）

4　钢筋混凝土蜗壳三维非线性分析

根据线弹性计算结果可知，正常运行工况蜗壳混凝土应力起控制作用。采用拉应力图形配筋方法对蜗壳各断面进行配筋，计算结果详见表 3。

表 3　　**蜗壳混凝土断面配筋面积**　　单位：mm^2/m

计算工况	合力方向	截面位置	断面号				
			0°	45°	90°	135°	180°
正常运行	径向	顶板	6487	1588	3060	1979	794
		底板	7498	3569	794	247	4838
	竖直向	直墙	5450	—	—	—	1702
	蜗向	顶板	—	—	17964	5236	—
		底板	—	—	945	—	—
		直墙	—	2064	2331	—	—

为了研究荷载组合作用下蜗壳混凝土的应力变形规律、钢筋应力情况以及混凝土裂缝的分布规律和宽度，根据线弹性计算的结果进行配筋，运用有限元软件 ABAQUS 进行了

非线性三维有限元计算。

荷载与线性计算时相同，包括结构自重、楼面荷载、机组荷载、流道蜗壳内水压力和水击压力、厂房两侧缝隙水压力、扬压力等。蜗壳混凝土强度等级为C25，计算采用混凝土弹塑性模型。在线性分析时正常运行工况下，座环、尾水管里衬及机井里衬应力都远小于钢材屈服极限 σ_s，因此可认为这些钢构件在弹性范围内工作的，作为一种线弹性材料考虑。计算模型在混凝土中嵌入钢筋单元，钢筋量参照表3以及类似工程经验。

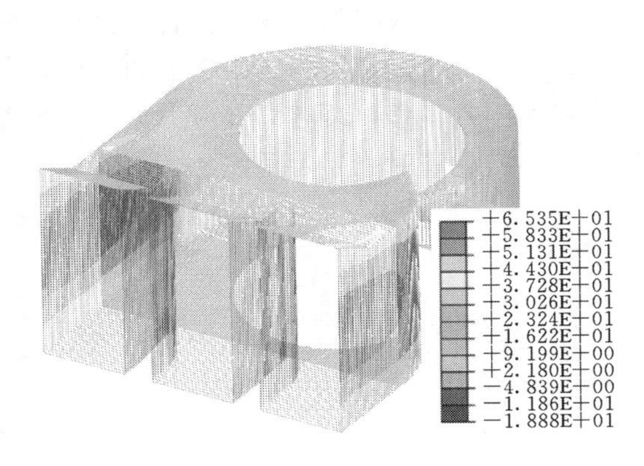

图8　蜗壳环向钢筋应力图

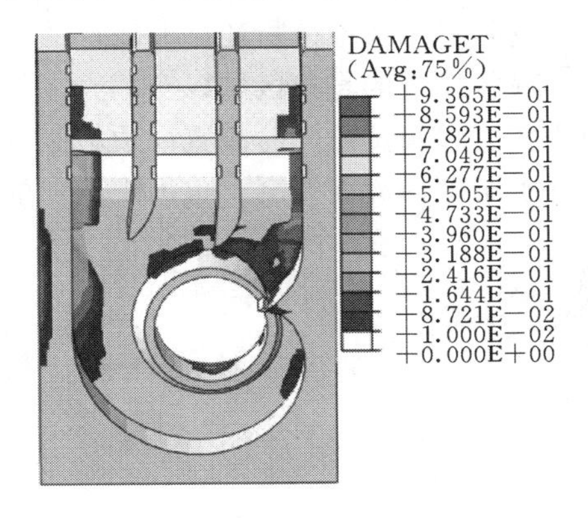

图9　流道及蜗壳结构混凝土损伤区仰视图

经过计算分析，各断面内环向钢筋应力最大部位在蜗壳进水口断面顶板处，最大值约为65.35MPa，见蜗壳环向钢筋应力图，见图8。蜗向钢筋应力最大位置出现在机井上游侧机墩环向钢筋处，最大值达到21MPa。同时左边墩的环向（竖直向）钢筋应力也明显较右边墩大，两者在内水压力作用下均为跨中部位内压外拉，与顶、底板连接的两端内层受拉外层受压。局部钢筋应力较大的位置在边墩与顶、底板衔接的直角区域以及蜗壳上部鼻端区，这些都是局部应力集中造成的，但数值不大，均在30MPa以内。因此在实际的结构布筋时，建议在流道直角处布置同边墩竖直钢筋直径相同的斜筋以缓解局部的应力过大。

参照蜗壳混凝土损伤图，损伤部位与以上所述钢筋应力较大及应力集中的部位是一致的，混凝土损伤最严重的部位出现在左右两侧边墩与顶板、底板相交的地方，另外左侧边墩外表面中部和机井上游侧内表面混凝土的损伤也比较严重，蜗壳混凝土的其他部位没有出现较明显的损伤。图9为流道及蜗壳结构混凝土损伤区仰视图。

5　蜗壳混凝土裂缝宽度验算

根据《水电站厂房设计规范》(SL 266—2001）中钢筋混凝土蜗壳的裂缝宽度控制要求，短期组合的裂缝限值为0.20mm。根据《水工混凝土结构设计规范》(DL/T 5057—2009）的规定，蜗壳外包混凝土属于非杆件体系，结构最大裂缝宽度可先由钢筋混凝土非线性有限元法计算出钢筋单元应力，在标准组合作用下，由钢筋混凝土有限元计算得到的第一层受拉钢筋的钢筋单元应力在保护层为50mm时，不宜超过110～160MPa；保护层厚度为100mm时，不宜超过80～140MPa。钢筋混凝土蜗壳混凝土长期处于淡水水下环境，相当于二类环境，其保护层厚度一般大于50mm。

综合考虑后，混凝土表面裂缝受拉钢筋单元应力限值宜取为120MPa。根据钢筋混凝土蜗壳非线性计算，钢筋最大应力为65.35MPa，满足裂缝宽度限制的要求。

6 结语

钢筋混凝土蜗壳结构复杂，采用一般的材料力学和结构力学方法简化结构受力分析存在一些不足之处，采用三维有限元分析能够较好的反映混凝土结构的受力情况。

无论是三维线性分析还是非线性的计算分析，应力较大或损伤区域的位置一般在边墩与顶、底板衔接的直角区域以及蜗壳上部鼻端区，这些都是局部应力集中造成的，建议在流道直角处采用倒角同时布置同边墩竖直钢筋直径相同的斜筋以缓解局部应力集中。另外在机井上游侧内表面混凝土也出现一定的损伤，在结构配筋时也要着重注意。

不同边界条件下地下厂房直埋式蜗壳弹塑性分析

侯　攀[1]　赵晓峰[1]　伍鹤皋[2]

（1. 中国电建集团成都勘测设计研究院有限公司，四川　成都　610072
2. 武汉大学　水资源与水电工程科学国家重点实验室，湖北　武汉　430072）

【摘　要】巨型直埋式蜗壳结构受力水平较高，地下厂房中蜗壳外围混凝土结构厚度相对较薄，边界条件复杂。本文结合溪洛渡水电站，探讨边界条件对地下厂房直埋式蜗壳受力的影响。计算时，考虑了围岩与混凝土完全黏结、机组之间分缝进行平缝灌浆、机组之间分缝设置键槽并进行灌浆三种边界条件的影响。计算结果表明，加强上下游围岩对蜗壳结构的约束作用，蜗壳外围混凝土的损伤范围和损伤程度大幅减小，钢衬和钢筋应力有所降低，蜗壳结构变位有所减小；在机组之间分缝处进行平缝灌浆或设键槽并灌浆，减小了直管段腰部损伤区、直管段外层钢筋应力；通过挖掘边界条件潜力，改善了直埋式蜗壳结构的受力条件。

【关键词】地下厂房；直埋式蜗壳；边界条件；非线性分析；损伤

1　研究背景

直埋式蜗壳因其独特优势越来越受到工程设计人员重视，目前已在景洪和三峡 15 号机组得到应用。之前的研究表明，巨型直埋式蜗壳结构整体受力水平较高，往往需要布置大量钢筋，并且易在结构薄弱部位形成损伤区和可见裂缝。在我国西南地区受地形条件限制，发电建筑物常选择地下厂房，地下厂房中蜗壳外围混凝土结构厚度相对较薄，围岩对蜗壳外围混凝土结构具有约束作用，边界条件复杂。针对地下厂房直埋式蜗壳上述特点，本文结合溪洛渡水电站，分析了不同边界条件下地下厂房直埋式蜗壳受力状态，研究了地下厂房围岩对蜗壳结构的约束作用，在机组之间分缝处进行平缝灌浆或设键槽并灌浆，3 种边界条件对地下厂房直埋式蜗壳结构受力的影响。

2　弹塑性有限元计算

本文以溪洛渡水电站典型机组段为对象建两个不同模型。模型Ⅰ，左右两侧至机组段结构缝，沿厂房纵轴线方向长度为 34m；上下游至围岩开挖面，宽度为 26.6m；高度上从直锥段底部至发电机定子基础，总高度为 22.56m。计算模型采用笛卡尔直角坐标系，其 x 轴为水平方向，沿厂房纵轴指向左端为正；y 轴为铅垂方向，向下为正；z 轴为水平方向，指向上游为正；坐标系原点在机组安装高程与机组轴线相交处。计算模型中，钢蜗壳、座环以及机井钢衬和尾水管钢衬采用壳单元模拟，钢筋采用杆单元模拟，混凝土采用块体单元模拟。模型Ⅱ，将模型Ⅰ上下游侧各 10m 范围内的围岩模拟出来，围岩与混凝土之间采用共节点，以此来模拟围岩与混凝土完全黏结时对蜗壳混凝土结构的约束作用。计算模型见图 1。

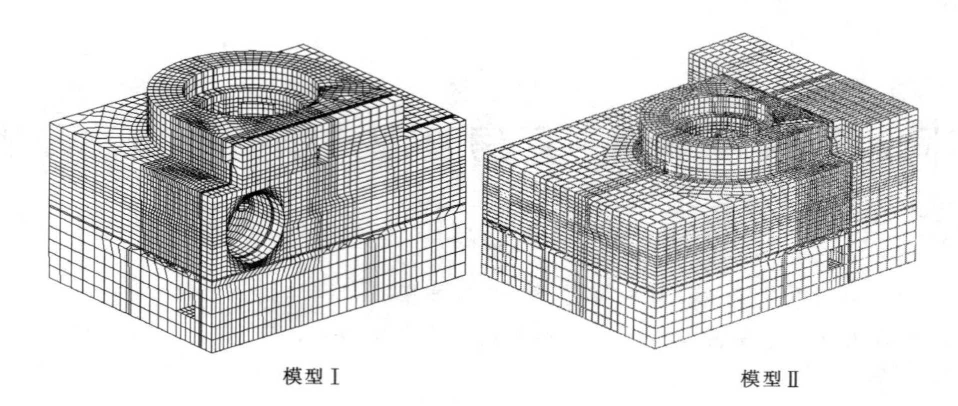

图 1　整体结构计算模型

钢蜗壳和座环分别采用 ADB 610D 和 S550Q 钢材，混凝土结构主要采用 C30 混凝土，各种材料力学参数见表 1。

表 1　材料参数

材料名称	材料型号	容重 /(kN/m³)	弹性模量 /GPa	泊松比	抗拉强度 /MPa	抗压强度 /MPa	允许应力 /MPa
混凝土	C30	25	30.0	0.167	1.43	14.3	
蜗壳	ADB610D	78.5	206	0.3			163.3
座环	S550Q	78.5	206	0.3			150.0
钢筋	HRB335	78.5	200	0.3	300	300	

蜗壳外围混凝土结构的配筋方案如图 2 所示。

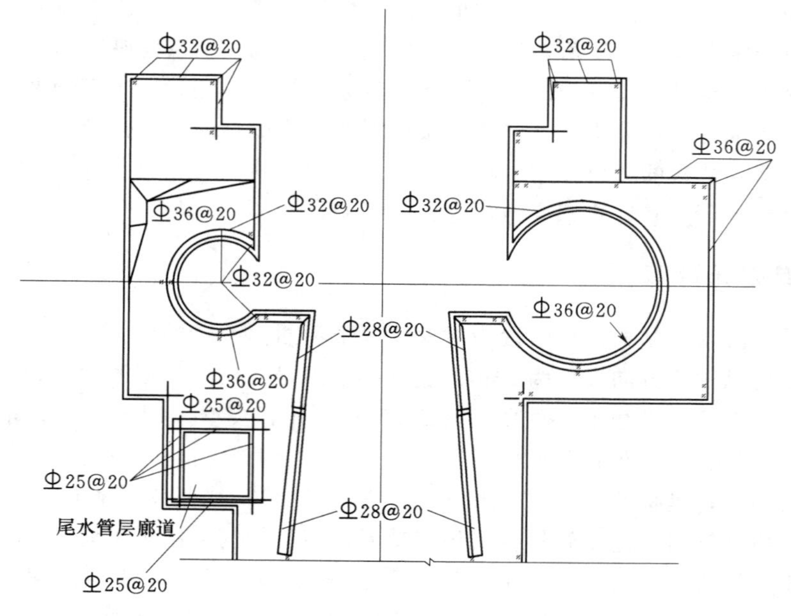

(a) 厂房横剖面

图 2（一）　蜗壳外围混凝土结构配筋示意图

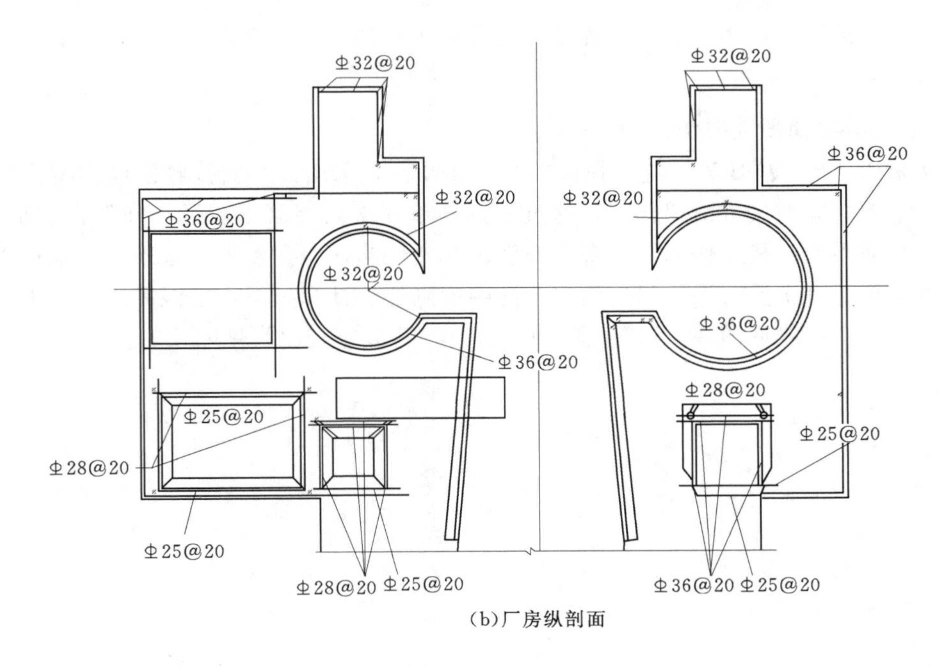

(b)厂房纵剖面

图 2（二） 蜗壳外围混凝土结构配筋示意图

2.1 荷载组合

计算荷载主要包括结构自重、机组设备荷载、楼面荷载、水轮机轴向水推力、顶盖传给座环的荷载和蜗壳内水压力。发电机下机架重量 270t，发电机转子重量 1450t，发电机定子重量 800t，水轮机转轮重量 230t，水轮机顶盖重量 260t，轴向水推力 18560kN，顶盖传给座环的力 10380kN，蜗壳最大内水压力为 2.87MPa（包括水击压力），水轮机层楼面均布活荷载为 $2t/m^2$。

考虑施工及运行顺序，第一步施加的荷载（充水之前）：结构自重、机组设备荷载、楼面荷载，第二步施加的荷载（充水之后）：蜗壳内水压力、水轮机轴向水推力和顶盖传给座环的荷载。

2.2 计算方案

（1）方案 1。计算模型为模型Ⅰ，采用弹簧单元模拟周边围岩对混凝土的弹性抗力作用。边界条件为模型底部全约束，蜗壳进口以及模拟围岩抗力作用的弹簧单元自由端均为法向约束。

（2）方案 2。计算模型为模型Ⅱ，模拟了围岩与混凝土完全黏结时对蜗壳混凝土结构的约束作用，包括围岩的法向抗力约束作用和切向约束作用。边界条件为围岩底部全约束，各侧面施加法向约束，其他边界条件与方案 1 相同。

（3）方案 3。计算模型为模型Ⅰ，机组段分缝处混凝土界面施加法向约束，其他计算条件与方案 1 相同。该方案模拟机组之间分缝进行平缝灌浆。

（4）方案 4。计算模型为模型Ⅰ，机组段分缝处混凝土界面施加法向约束，并沿竖向考虑一定刚度的弹性约束，其他计算条件与方案 1 相同。该方案模拟机组之间分缝设置键槽并进行灌浆。

2.3 钢筋混凝土弹塑性损伤模型

本文采用 ABAQUS 软件进行弹塑性有限元计算，采用面—面接触滑动模型模拟钢蜗壳与外围结构之间的接触滑移作用，通过将钢筋单元嵌入混凝土单元，并保持变形协调，模拟钢筋与混凝土的相互作用。混凝土模型为弹塑性损伤力学模型，该模型中采用损伤力学理论来模拟混凝土受力发生损伤而引起的刚度降低。计算时采用的混凝土拉伸损伤值—混凝土开裂应变曲线见图 3，混凝土单轴拉应力—开裂应变曲线见图 4。

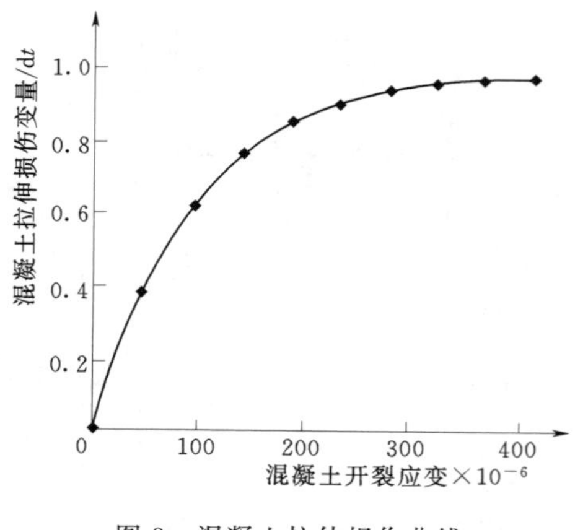

图 3　混凝土拉伸损伤曲线

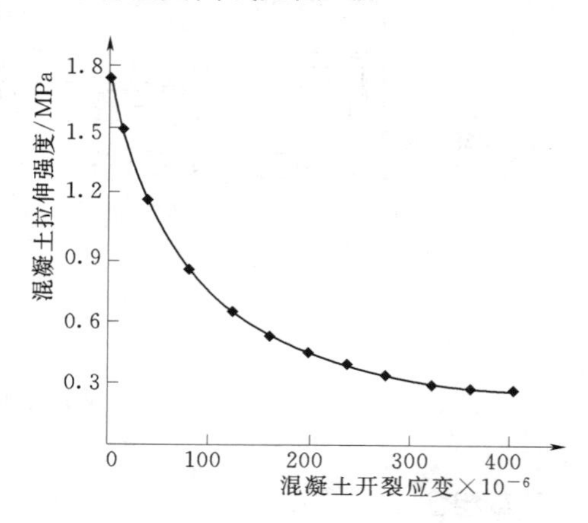

图 4　混凝土拉伸软化曲线

3　成果分析

3.1　地下厂房上下游围岩约束的影响

水电站地下厂房，蜗壳外围混凝土结构往往与上下游围岩直接相连。目前，计算时大多采用弹簧单元模拟周边围岩对混凝土的约束，仅考虑了上下游侧围岩的法向抗力约束作用，即方案 1。为了更真实的反应地下厂房围岩对蜗壳结构的约束作用，现采用方案 2，以此来模拟围岩与混凝土完全黏结时对蜗壳混凝土结构的约束作用。

（1）两个方案蜗壳钢衬和蜗壳内层钢筋应力分布规律基本一致，数值略有减小。

（2）两个方案机组段四周钢筋（外层钢筋）应力总体分布规律相似，但数值有所减小。竖向钢筋应力最大值出现在直管段腰部左侧位置，方案 1 为 139.72MPa，方案 2 为 109.55MPa，降幅达 21.6%；水平向钢筋应力最大值出现在下游侧 90°断面，方案 1 为 67.34MPa，方案 2 为 14.94MPa，降幅达 77.8%。

（3）水轮机层厂房纵轴向钢筋应力和水流向钢筋应力，方案 1 为 73.65MPa 和 177.59MPa，方案 2 为 40.08MPa 和 97.92MPa，降幅均达 45%左右。

（4）从图 5 可以看出，蜗壳外围混凝土出现损伤的部位基本相同，但方案 2 的损伤范围和损伤程度相比方案 1 减小很多，尤其是直管段腰部两侧和下游 90°断面处的贯穿性损伤得以改善。

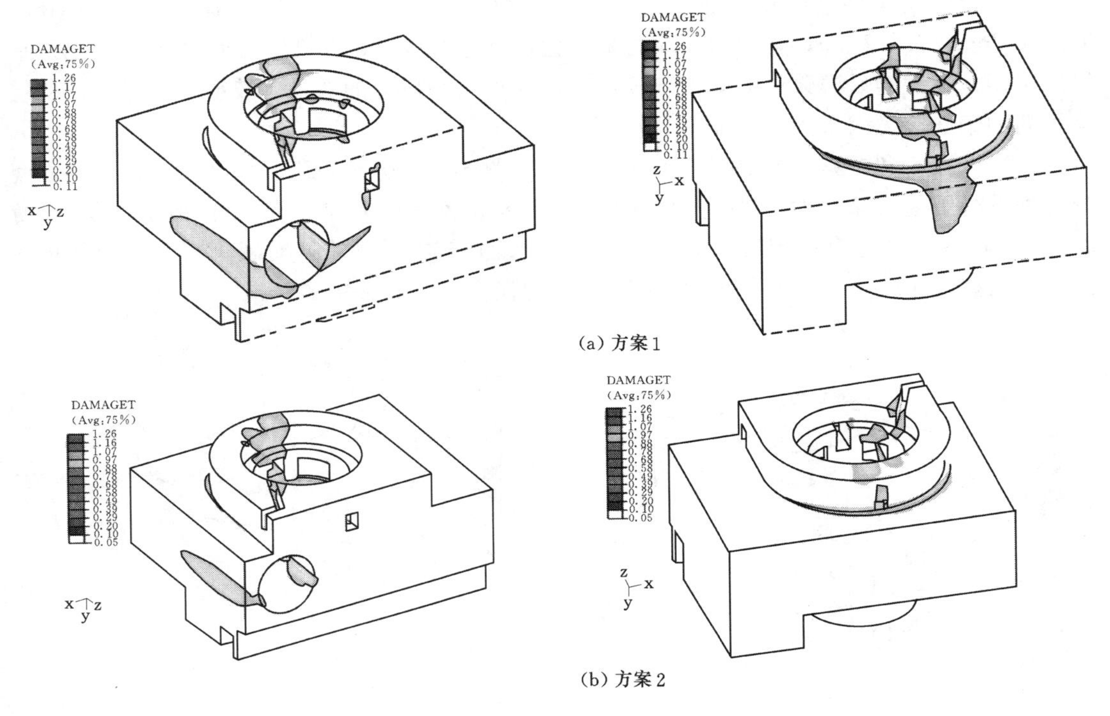

(a) 方案1

(b) 方案2

图5 蜗壳外围混凝土损伤区

(5) 从表2可以看出，对于蜗壳内水压力导致的设备基础对角不均匀上抬位移，方案2基本都低于方案1，但方案2在90°～270°方位，定子基础和下机架基础的不均匀上抬位移达到1.18mm和1.15mm，相比方案1中1.09mm、1.00mm，反而有所增加，这主要是上下游围岩约束不对称造成的。

表2　水荷载作用下设备基础铅直向不均匀上抬位移　单位：mm

计算方案	特征点位置	0°～180°断面	45°～225°断面	90°～270°断面	135°～315°断面
方案1	定子	0.84	1.09	1.05	0.21
	下机架	0.70	0.97	1.00	0.06
方案2	定子	0.67	1.06	1.18	0.07
	下机架	0.57	0.98	1.15	0.16

3.2 机组段分缝处采取工程措施的影响

直埋式蜗壳外围混凝土结构受力水平较高，混凝土开裂范围较大。在实际工程中可以对机组分缝处采取一定的工程措施，以改善蜗壳结构的受力状况，机组段分缝处可进行平缝灌浆，即方案3，机组段分缝处可设置键槽并进行灌浆，即方案4。将方案3和方案4的计算成果与方案1进行对比分析。

(1) 3种方案的蜗壳钢衬和蜗壳内层钢筋应力水平相当，机组之间分缝处无论是平缝灌浆还是设键槽后灌浆，对蜗壳钢衬和蜗壳内层钢筋应力的影响不大。

（2）机组段外层竖向最大钢筋应力，方案1、方案3、方案4分别为139.72MPa、94.69MPa、87.46MPa，竖向钢筋应力最大值位于直管段腰部。机组之间分缝处无论是平缝灌浆还是设键槽后灌浆，对降低直管段腰部外层钢筋应力的效果比较明显，对降低外层水平向的钢筋应力效果不甚明显。

（3）方案3和方案4的混凝土损伤区分布见图6，与方案1进行对比可知，机组之间分缝处进行平缝灌浆，对减小直管段腰部损伤区有较好的效果，对减小下游90°和上游270°断面的损伤区也有一定的效果；机组之间分缝设键槽并灌浆，对减小直管段腰部损伤区效果明显，对减小下游90°和上游270°断面的损伤区也有一定的效果。

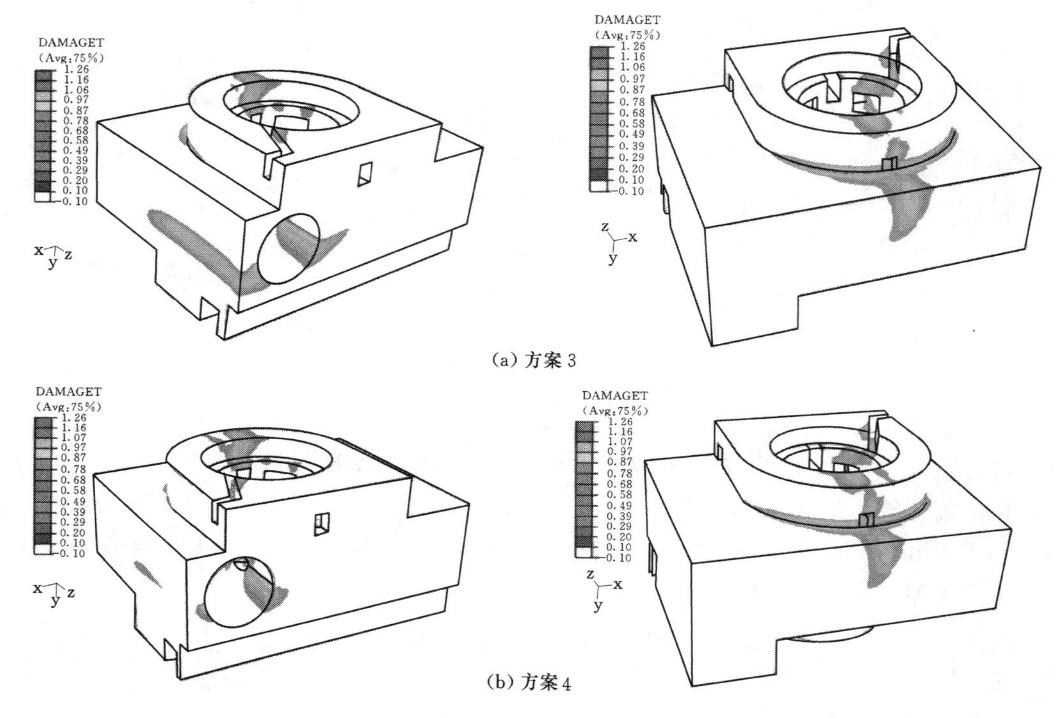

(a) 方案3

(b) 方案4

图6　蜗壳外围混凝土损伤区

（4）方案3和方案4的设备基础不均匀上抬位移见表3，与方案1进行对比可知，机组之间分缝处进行平缝灌浆，对减小机墩不均匀上抬位移效果不明显；机组之间分缝处设键槽并灌浆，对减小机墩0°～180°断面、45°～225°断面不均匀上抬位移效果明显，但对减小90°～270°断面不均匀上抬位移效果不明显。

表3　水荷载作用下设备基础铅直向不均匀上抬位移　　单位：mm

计算方案	特征点位置	0°～180°断面	45°～225°断面	90°～270°断面	135°～315°断面
方案3	定子	0.91	1.09	0.94	0.36
	下机架	0.79	0.96	0.89	0.18
方案4	定子	0.62	0.94	1.06	0.06
	下机架	0.59	0.86	1.01	0.02

4 结语

对于地下厂房直埋式蜗壳，应加强蜗壳混凝土与上下游围岩的黏结作用。当围岩与混凝土完全黏结时，蜗壳外围混凝土的损伤范围和损伤程度大大减小，钢材应力也普遍有所降低，蜗壳结构变位也有所减小，围岩约束作用对于蜗壳结构的受力比较有利。

当蜗壳受力水平较高，尤其是蜗壳直管段混凝土开裂严重时，可在机组之间分缝处进行平缝灌浆或设键槽并灌浆，对减小直管段腰部损伤区和直管段外层钢筋应力有较好的效果，可以改善蜗壳结构的受力状况。

参考文献

[1] 伍鹤皋，蒋逵超，申艳，马善定．直埋式蜗壳三维非线性有限元静力计算［J］．水利学报，2006，37（11）：1323－1328.

[2] 张存慧，张运良，马震岳．上下部结构对直埋式蜗壳静力特性的影响［J］．水电能源科学，2008，26（5）：107－109，141.

[3] 张运良，张存慧，马震岳．三峡水电站直埋式蜗壳结构的非线性分析［J］．水利学报，2009，40（2）：220－225.

[4] 张存慧，张运良，马震岳．内水压力重复加载作用下蜗壳外围钢筋混凝土的损伤分析［J］．水利学报，2008，39（11）：1262－1266.

[5] ABAQUS Theory Manual［M］．ABAQUS，Inc.，2003.

[6] 庄茁，张帆，岑松，等．ABAQUS非线性有限元分析与实例［M］．北京：科学出版社，2005.

大型水轮发电机组蜗壳安全监测设计及分析评价

刘 畅 李 俊 彭薇薇 赵晓峰

（中国电建集团成都勘测设计研究院有限公司，四川 成都 610072）

【摘 要】 本文通过研究、收集近年来在建、已建大量大型水电站蜗壳监测设计实例及原始数据，全景展示了目前我国大型蜗壳监测设计现状；总结了蜗壳监测设计中的经验教训及尚存的问题，对未来蜗壳甚至厂房监测设计的规范化、标准化具有一定的推动作用；并根据蜗壳结构设计的发展规律，对其监测设计未来发展的方向阐释了建设性意见。

【关键词】 蜗壳；监测设计；数据分析；垫层；直埋；充水保压；裂缝；应力

1 大型蜗壳监测设计概况

近年来我国大流量、高水头水电站发展迅速，水轮发电机组单机容量正在从 800MW 级别向 1000MW 级别（如向家坝、白鹤滩水电站等）迈进。电站压力管道及蜗壳直径越来越大，承受水头越来越高，HD 值超过 2000m^2 已不鲜见。这不仅对“蜗壳—钢筋混凝土”结构本身的设计提出了新的挑战，更使得蜗壳监测设计与分析承担了更大的责任与使命。

目前的蜗壳监测分为施工期和运行期监测，主要采集蜗壳混凝土浇筑期温度变化、蜗壳钢板变形、应力、外包混凝土应力应变以及蜗壳—外包混凝土开度变化、可能的渗漏等。

2 监测设计中常见问题探讨

当前我国尚无相关水电站厂房（蜗壳）安全监测技术规范和标准，广大监测设计人员往往参照其他水工建筑物监测设计并结合已建成工程监测设计经验及反馈，最终确定水电站厂房蜗壳及外包混凝土监测设计。多年来，对于蜗壳监测的“机组台数”、“监测断面选择”、“监测项目”、“误差分析”等常见问题形成了以下共识和经验，经过近年多个大型水电站运行反馈，满足相关要求，可推而广之。

2.1 监测机组台数选择

大型水电站通常拥有较多机组台数，如三峡水电站左岸 14 台机组、溪洛渡水电站单岸厂房 9 台机组、二滩、锦屏、瀑布沟水电站均布置 6 台机组。以尽量少的机组台数满足监测要求，从而节约投资、减少施工干扰是监测设计的首要问题。根据数十个电站设计实践经验，装机不大于 4 台选择总装机台数的 1/2；装机大于 4 台选择总装机台数的 1/3～1/4 并进行间隔布置，较为合理经济，且该比例呈逐步下降趋势。采用多个厂家或多种承载型式的蜗壳有必要增加监测台数（如三峡工程最终蜗壳监测台数比例超过 1/2）。

2.2 监测断面选择

监测断面往往布置在45°为单位的水流向沿线，但非越多越好（大型蜗壳通常布置3～4个断面），应根据不同的蜗壳—混凝土承载型式及蜗壳受力特点灵活选择，特别是蜗壳受力典型断面、特征断面，如HD值最大值处、垫层蜗壳垫层结束处、配筋变化处等等。如图1中7－7、9－9断面无论哪种型式蜗壳，其环向及水流向应力均处于较小水平，加之目前蜗壳外包混凝土多为矩形，所在区域的安全储备较大，布置中如非确有科研或反演分析需求，一般无须设置监测断面。而3－3～7－7断面间是各种类型蜗壳型式钢板应力、钢筋应力、混凝土应力等指标出现特征值区域，必须布置1～2个监测断面。对于压力管道与蜗壳存在渐变段的机组、充水保压式蜗壳还应在1－1断面布置监测仪器。

蜗壳监测断面典型剖面图见图2。

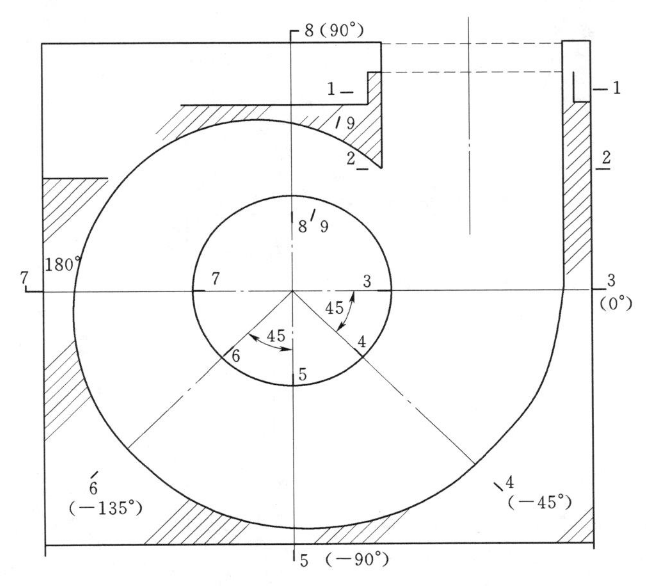

图1 蜗壳监测断面典型平面布置图

2.3 监测项目及仪器选择

蜗壳监测项目主要包括温度监测（施工期及应力—应变监测辅助）、应力—应变监测、裂缝—开合度监测以及渗压监测等。监测项目选择主要考虑蜗壳规模、运行条件、蜗壳承载型式等。监测仪器主要分为差动电阻式和振弦式仪器两大系列。目前我国监测仪器研制生产水平已与世界先进水平无异，但两类仪器的基本测量原理仍决定了蜗壳监测中应适当选择仪器。例如差阻式仪器利用内部张紧的弹性钢丝作为传感元件，将所受物理量通过电阻（电量）变化反映出来。这就决定差阻式仪器内高应力钢丝不耐振，不耐碰撞，在需要充分振捣的蜗壳混凝土区域应慎重选择差阻式应变计。振弦式仪器依靠内部张紧的钢弦自振频率与所受张力关系测得外接物理量变化实现测量，因此广泛应用于钢筋计、钢板计、（无）应力计等仪器。其缺陷在于仪器保护管（筒）本身刚度较大，在反映混凝土（特别是低弹模混凝土）的应变时存在一定失真；同时振弦自振的延迟效应及与水锤频率共振、耦合作用等问题决定了振弦式仪器无法作为动态连续监测设备使用。

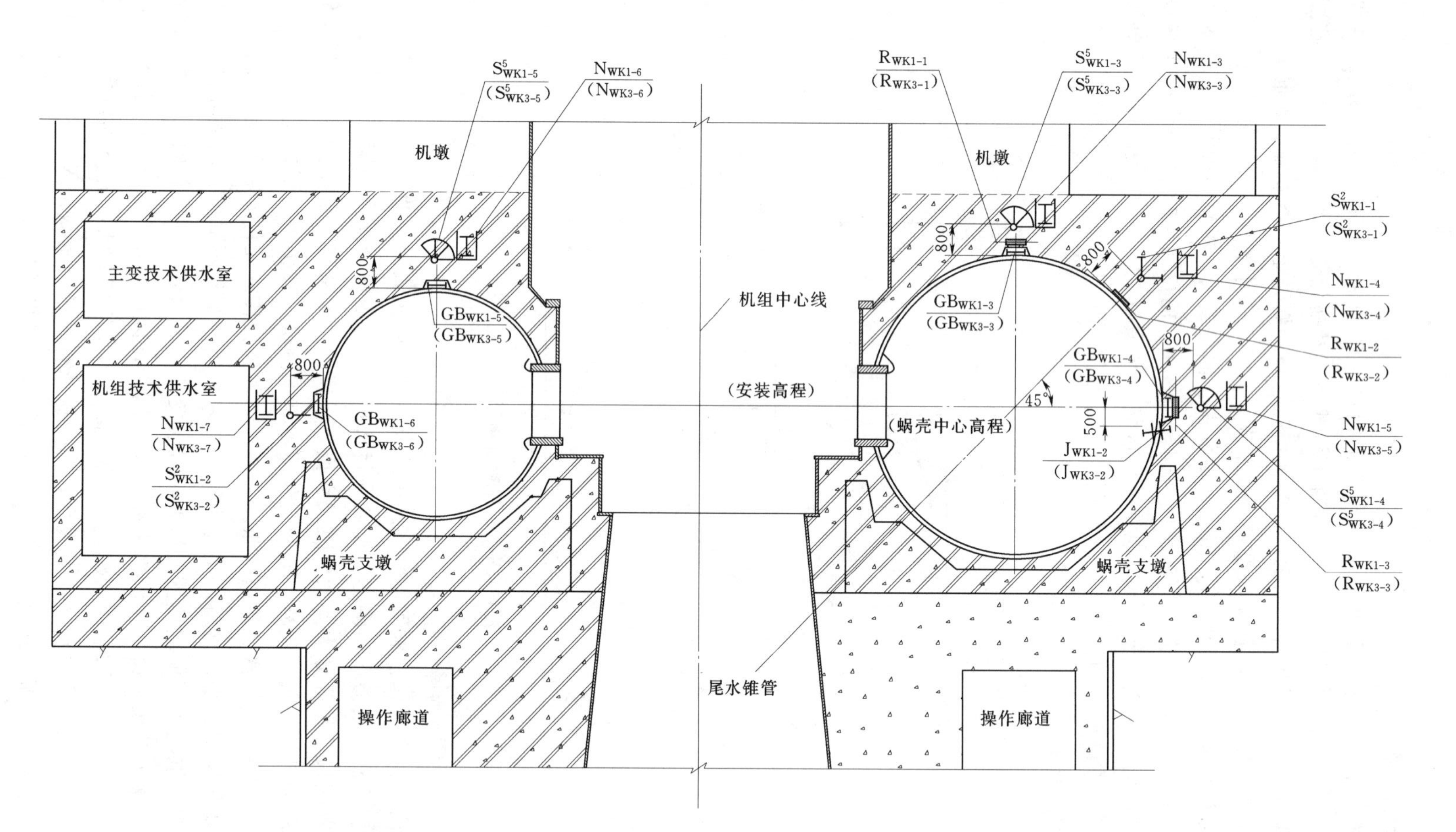

图 2 蜗壳监测断面典型剖面图

2.4 误差分析

蜗壳监测是一项综合监测项目，涉及多个监测项目、仪器，误差来源纷繁芜杂，除了仪器本身系统误差，还存在安装方法、施工干扰等人为造成的多种误差。主要表现在以下几个方面。

（1）仪器生产制造的缺陷及“仪器系数”不准确，造成的系统误差。

（2）在安装、施工中对监测仪器造成损伤但未察觉，仪器也未完全失效造成的粗差。

（3）连接读数仪器和监测设备的电缆线长度差异、出现超长电缆等读数失真造成的偶然误差。

（4）施工中仪器电缆接头、电缆间接头的绝缘性下降，造成的偶然误差。

目前常用蜗壳监测仪器见图3。

序号	仪器名称	图例	代号
1	钢板应变计		GB
2	测缝计		J
3	钢筋计		R
4	五向应变计组		S^5
5	双向应变计组		S^2
6	无应力计		N

图3 目前常用蜗壳监测仪器

2.5 蜗壳监测设计总结

水轮机蜗壳监测主要目的有两个：①在施工期反映施工质量及蜗壳结构设计方案正确性；②兼顾蜗壳长期运行参数的采集，作为机组甚至整个厂房稳定运行的佐证。而随着各种设计手段的完善，设计经验的积累以及水轮发电机组自动化控制、监控手段的进步，各种类型的大型蜗壳陆续取得成功，蜗壳监测的第二项功能正在弱化。这就决定了蜗壳监测设计必须更紧密的贴近结构设计的诉求，进行针对性监测。

大型蜗壳振源特性复杂，振动能量巨大，易诱发厂房结构的振动，目前监测设计几乎未涉及蜗壳及厂房振动监测。笔者也在此呼吁，蜗壳监测应与水电站机组振动、摆度监测相结合，完善建立水电站厂房整体动力分析监测系统，并最终形成统一的“水电站厂房振动控制设计值”。现今针对机墩、蜗壳混凝土采用的振动标准建议值为：振动位移不大于0.2mm，振动速度不超过5mm/s，加速度不大于1.0m/s^2。同时，振动监测除了有利于反馈、修正目前的设计方法、设计手段；对于运行期间振动较大的蜗壳，从改变频率、调整机组运行计划直至技术改造等方面都具有相当指导意义。

3 大型机组蜗壳监测成果分析

3.1 直埋式蜗壳（三峡水电站15号机）

直埋式蜗壳在我国大型机组运用相对较少，目前仅有三峡电站15号、景洪电站5台机组、溪洛渡电站4台机组等大型水电站采用直埋蜗壳型式。其中三峡水电站右岸15号机组是近年来通过运行考验的大型直埋式蜗壳之一，其单机容量700MW，额定水头139.50m，HD值为1730m^2。

其中蜗壳钢板计监测到的最大环向拉应力仅63MPa（出现在3-3断面120°），符合直埋蜗壳结构受力规律，且远不及蜗壳钢材屈服强度的1/3，反映了钢蜗壳设计裕度之大。蜗壳—混凝土开度监测显示，无论蜗壳充水调试前、调试中还是运行期，开度最大值均出现在5-5剖面顶部，分别为0.24mm、0.11mm、0.10mm。开度绝对值均很小，认为二者处于紧密贴合状态；同时可见钢蜗壳因自身几何特性及残余应力效应，每次加载后并非完全线弹性回缩，加之外包混凝土的干缩，使得二者连接随运行越来越紧密，这对于结构及运行是有利的。在外包混凝土应力监测方面，断面5-5、8-8的环向均出现最大拉应力，均为2.2MPa，相应位置钢筋应力为17.6MPa和17.9MPa，可见裂缝得到有效控制。各项应力实测值与计算值契合度均较好，唯独大编号断面水流向实测值与计算值差距较大，最高达4倍之多。可见由于蜗壳直径与蜗向半径比值减小以及接近蜗壳尾端，水流及其边界条件愈发复杂，现行计算模型对水流向的应力准确模拟尚存一定难度。建议在直埋蜗壳结构设计中－90°后的蜗壳外包混凝土环向、水流向应力比值按不超过2～1对水流向应力进行修正。

三峡水电站15号机自2007年运行至今，水轮机蜗壳运行稳定，各项监测数据保持良好收敛状态。

3.2 垫层式蜗壳（溪洛渡水电站18号机）

溪洛渡水电站单机容量770MW，额定水头241m，HD值达到2066m²，在左右岸总计18台机组中选择了1、6、9、10、18号机组进行监测布置。以18号机垫层蜗壳为例，垫层厚度为20mm，弹模为2.5MPa，监测项目包括钢板应变、混凝土及钢筋应力以及开度等，布置了1-1、3-3、(近) 7-7剖面。截至目前，通过近3年的运行及持续监测，在垫层铺设范围内的开度变化大部分均在0.3～0.6mm之间，显示钢蜗壳在弹性变形区间量值很小区域，垫层压缩量很小，可认为蜗壳与外包混凝土几乎完全贴合。值得注意的是，开度变化量最大的区域均出现在垫层敷设外区域，如剖面7-7顶部、腰部，均达到0.74mm左右，显示缺乏垫层传力情况下，施工期蜗壳内支撑偏强以及混凝土干缩效应影响，使得非垫层区域蜗壳与外包混凝土在无压状态存在微缝隙，在今后结构设计过程中应考虑到这种情形。

钢板应变计显示垫层蜗壳钢板受力较另外两种蜗壳承载形式更加不均衡。最大值出现在3-3剖面顶拱区域－45°（环向），达到124.55MPa，这也是本次研究涉及到钢板应力最大的电站，但也不及其采用钢材610U2屈服极限的1/3。此监测点的水流向钢板应力仅24.07MPa，而同一断面＋45°环向、水流向拉应力均达到110MPa，显示在水流开始剧烈涡旋时，起水流导向作用的钢板承受的水流向应力与环向应力比值在0.5～1.0之间的蜗壳设计，经济性较好。而同部位的结构应力计算得到等效应力分别为121.38MPa和103.15MPa，显示钢蜗壳模拟较为成功。

根据原型应力应变监测，钢筋计测值无论是环向还是水流向绝大部分均在30MPa以下，处在较低水平。混凝土四相应变计组监测显示蜗壳外包混凝土大部处在压应力状态下，仅部分区域如剖面7-7拱顶及腰线附近沿蜗壳中心发散向存在极低水平拉应力，这与模型计算得到该区域环向及水流向混凝土最大裂缝仅0.09mm、0.001mm吻合度较好。

溪洛渡水电站垫层蜗壳的结构设计与实际运行匹配度较高，但由于垫层介质的加入，及垫层敷设范围的影响，蜗壳整体受力反映出了一定的不均衡性，加大了设计模拟难度。因此溪洛渡水电站18号机组也呈现了较大的安全储备。通过近年来运行，蜗壳监测各项指标与三维模拟计算指标较为匹配，蜗壳处于良好运行状态。

3.3 充水保压蜗壳（二滩水电站2号机）

二滩水电站系我国第一座采用充水保压蜗壳型式的大型水电站，单机容量为550MW，额定水头165.0m，HD值为1664m^2，在其2号机布置了1-1、3-3、5-5断面，其保压值定为1倍设计水头，即1.94MPa进行保压浇筑，而实际运行中当内水压力达到1.66MPa时钢蜗壳与混凝土已全部接触，意味着混凝土承压提早，且比例有所提高。蜗壳应力通过钢板应变计获得最大内水压力工况下应力为63.44MPa（蜗向），颠覆了以往认为大直径钢蜗壳环向应力占主导地位的思维，其值也远低于蜗壳钢材屈服强度。因此，把保压水头定为最大静水头的0.7～0.9倍比较合适。

混凝土应力监测反映距离蜗壳0.5m范围均为拉应力，其中断面3-3在内水最大压力（1.875MPa）测得最大拉应力2.0239MPa，出现在钢蜗壳环向底部，应是钢蜗壳与混凝土在底部的黏聚作用较大造成的。而对于距离蜗壳超过1m的混凝土应力随水压无明显线性规律。最大值为1.1309MPa出现在3-3剖面顶部三向应变计组的环向。通过钢筋计的测值反映，钢筋最大拉应力测值均出现在蜗壳顶部混凝土内侧，分别为41.659MPa（3-3剖面）和53.737MPa（剖面5-5）。扣除上部荷载对蜗壳内侧钢筋造成的初始应力，钢蜗壳在与外包混凝土接触后内侧钢筋最终拉应力均有明显增长，符合受力规律。最终通过监测数据得出联合受力水压提前0.28MPa，与设计模型仅差距15%；超过保压水头后蜗壳和外包混凝土承压比例与模型基本一致，为40%～60%。

二滩水电站运行十多年以来，通过监测数据反馈，机组运行状况良好。

4 结论及建议

（1）长期监测数据表明，直埋蜗壳、垫层蜗壳和充水保压蜗壳3种结构型式，只要设计得当、论证充分，在长期运行过程中均满足要求，在技术上均可行，仅在施工期存在工期、投资等差异。

（2）蜗壳外包混凝土是限裂结构，应正确认识混凝土裂缝对蜗壳正常运行刚度及耐久性的影响。可利用各电站长期裂缝观测数据及分析结构，帮助最终确定大型水轮机蜗壳裂缝设计标准，节约投资。目前各设计单位采用的裂缝控制标准是0.3mm，是比较适当的。局部区域通过计算得到混凝土拉应力超过1.27MPa的应布设限裂钢筋并设置钢筋计。

（3）蜗壳监测数据显示，采用自密实混凝土（特别是蜗壳阴角），对于减少施工干扰、确保施工质量有积极作用，如避免了底部灌浆对蜗壳的抬动作用；少振捣或不振捣对于提高各种监测仪器安装成功率、保证率也有有利作用。

（4）机组甩负荷工况下，水锤振动频率高，衰减快，将用于长期安全监测的振弦式监测仪器兼作动态数据采集，采样速率不能满足要求，效果不理想。因振弦式仪器内钢弦激振存在零点几秒的迟滞。建议条件许可情况下，建立专门的动态信号采集系统，或临时采用差阻式仪器持续读数。

（5）根据监测数据，超过钢蜗壳外边缘50cm的混凝土应力随水压变化已不敏感，混凝土应变计应布置在距离钢蜗壳10～20cm为宜。

（6）目前的结构设计对蜗壳环向模拟较为准确，水流向普遍误差较大，应采用经验值进行适当修正。

（7）厂房蜗壳层上部结构对蜗壳层钢筋混凝土应力产生抑制作用，地下厂房部分围岩的约束作用，进一步加大了蜗壳结构的安全裕度。

（8）我国目前的蜗壳结构设计为厂家设计钢蜗壳，设计院负责外部结构，且钢蜗壳均按照全水压设计，混凝土承压比例选择较为保守。根据各工程监测数据，蜗壳整体安全裕度较大，特别是钢蜗壳本身，往往实测拉应力仅几十兆帕，与动辄 400MPa 以上的屈服强度相比存在较大优化空间。

5 蜗壳监测设计展望和发展方向

目前，就各已建成水电站蜗壳监测数据分析来看，蜗壳设计手段多种多样，各大设计院均能较好的完成蜗壳整体结构设计，但普遍存在较大的安全储备（这也与蜗壳的复杂性及其在厂房中的重要性有关）。例如，二滩充水保压蜗壳实测外围混凝土承担水压比例略大于设计分配值，而钢筋最大应力测值 54.69MPa，混凝土最大压应力测值 1.6887MPa 均小于设计值。而三峡水电站 15 号机直埋蜗壳的最大实测钢筋应力更仅有 17.9MPa，较大的优化空间使得蜗壳监测设计仍然肩负着较大的设计反馈责任，以进一步提高蜗壳设计、施工水平，使蜗壳结构更加合理经济。

大型水轮机蜗壳系水电站厂房运行时主要振源，分析振动规律及诱因，揭示振动和对厂房结构产生动力损伤或影响厂房结构正常使用的机理，对整个厂房结构运行的稳定性评价，提出防控厂房振动的措施，减少振动对水电站正常运行都具有深刻意义。

另外，努力建立厂房整体动力监测系统，将水电站厂房内机电的运行监控系统与土建的应力应变、振动监测系统有效接驳，形成更大的“水电站厂房实时运行监控系统”，也是今后蜗壳乃至厂房监测设计的必然方向。

参 考 文 献

[1] 李文慧．二滩水电站水轮机蜗壳层联合受力监测研究［J］．水电站设计，2003；19（3）：41～44.

[2] 孙海清，赵晓峰等．水电站蜗壳结构局部垫层平面设置范围探讨［J］．四川大学学报（工程科学版）2011；43（2）：39－44.

[3] 张宪明，廖明菊．三峡水电站左岸厂房 10 号机组充水保压蜗壳监测成果分析［J］．中国西部科技 2007，（11）：24－26.

实现水电站蜗壳结构受力特性控制的初步设想

张启灵[1,2]　伍鹤皋[3]

（1. 长江科学院，湖北　武汉　430010

2. 水利部水工程安全与病害防治工程技术研究中心，湖北　武汉　430010

3. 武汉大学水资源与水电工程科学国家重点实验室，湖北　武汉　430072）

【摘　要】 结合我国水电站蜗壳结构型式的发展近况，首先分别说明了：①混凝土的损伤开裂；②机墩结构不均匀上抬变形；③座环受剪和流道结构受扭等三种蜗壳结构力学响应与内水压力作用之间的关系，并探讨了相应的控制原则。随后，通过分析蜗壳结构受力特性控制中的核心问题，即各子午断面的内水压力外传的独立控制问题，在考虑了技术可行性的基础上，提出了基于直埋—垫层组合埋设技术实现蜗壳结构受力特性控制的初步设想。最后，结合蜗壳直埋—垫层组合埋设技术的研究发展现状，指出了：①垫层对蜗壳内水压力外传模式的影响；②垫层材料的非线性压缩—回弹特性；③钢衬—混凝土间的接触状态等3个尚需研究的问题。本文提出的初步设想可以为实现更高层次的蜗壳结构受力特性的控制提供参考，促进当前蜗壳结构研究角度的转变。

【关键词】 水电站厂房；蜗壳；埋设技术；受力控制；内水压力；组合结构

1　引言

大中型水电站厂房的发电结构由钢蜗壳（钢衬）及其外包大体积混凝土组成，两者的组合体系通常也被称为蜗壳结构。蜗壳结构与常规水电站钢衬—混凝土压力管道组合结构的受力特点存在相似之处，两种结构承受的主要荷载均为内水压力，相应的外在力学表现均以钢衬—混凝土联合承载引起的膨胀变形为主，因此有关两种结构的设计和研究都很关注混凝土在内水压力作用下的损伤开裂问题。

从结构功能上看，常规压力管道与蜗壳结构均属水电站引水发电系统的组成部分，前者附属于坝体（位于坝面或坝内）或埋于地下，主要起输水作用；后者作为厂房的下部结构，除了起输水导流作用外，还给水力发电机组和厂房上部结构提供基础支承作用。由此可见，蜗壳结构在内水压力作用下的力学响应除了与自身的结构安全相关外，也关系到水电站厂房的发电安全。因此，有关蜗壳结构的设计和研究除了关注混凝土的损伤开裂问题之外，还会关注机墩结构不均匀上抬变形及座环受剪和流道结构受扭等问题。

传统的垫层蜗壳和充水保压蜗壳埋设技术均是针对混凝土的损伤开裂问题而发展起来，两种埋设技术分别通过在钢蜗壳—混凝土之间预设较软的传力介质（软垫层）和预留初始间隙，达到充分发挥钢蜗壳的承载力、减小蜗壳内水压力外传至混凝土比例的目的。相应地，通过调整垫层的设置（压缩刚度、子午断面内铺设范围）和保压值的大小，基本可以对蜗壳内水压力外传至混凝土的比例实现控制。

可以看出，如果仅考虑混凝土损伤开裂这一控制目标，采用垫层蜗壳或充水保压蜗壳埋设技术均可行。然而，随着近年来所建水电站的单机容量越来越大，机组的发电安全问题日益受到重视。在此背景下，有关蜗壳结构设计中需要更为全面地考虑可能影响机组稳定运行的各种因素（如机墩结构不均匀上抬变形及座环受剪和流道结构受扭等），兼顾混凝土的结构安全，将蜗壳结构各种相关的力学响应控制在可以接受的范围内。针对这一要求，传统的垫层蜗壳和充水保压蜗壳埋设技术是无法满足的，必须进一步发展相关技术，以实现更高层次的蜗壳结构受力特性的控制。

2　蜗壳结构受力特性控制的核心问题及原则

如前所述，对蜗壳结构各种力学响应影响最大的荷载因素是内水压力，内水压力通过钢衬外传至混凝土，受荷后结构最基本的力学响应表现为钢衬—混凝土组合体系的膨胀变形。由此可见，控制蜗壳结构受力特性的核心是控制内水压力的外传模式，控制关注的核心应是钢衬—混凝土组合体系的膨胀变形力学行为。以下分别说明蜗壳结构的各种力学响应与内水压力作用之间的关系，并探讨相应的控制原则。

2.1　混凝土的损伤开裂

蜗壳结构中混凝土的损伤开裂问题一直是工程界普遍关注的焦点，迄今工程界对其与蜗壳内水压力作用之间的关系已经基本形成共识，可以归纳如下：内水压力通过钢衬外传至混凝土，致使蜗壳各子午断面内的混凝土中产生环向拉应力，在钢衬管径较大、混凝土结构较薄的子午断面内，上述环向拉应力可能较大，若超过了混凝土材料的抗拉强度，则会引起混凝土的损伤开裂。基于这种认识，工程界发展了垫层蜗壳和充水保压蜗壳埋设技术，通过减小各子午断面内蜗壳内水压力外传至混凝土的比例达到降低混凝土损伤开裂程度的目的，经实践检验效果良好（见图 1）。

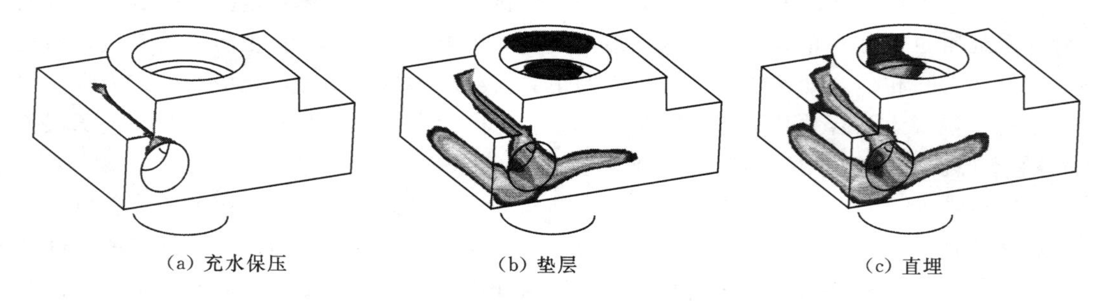

(a) 充水保压　　(b) 垫层　　(c) 直埋

图 1　溪洛渡水电站采用不同蜗壳埋设技术时混凝土的损伤范围（灰黑色部分）

2.2　机墩结构不均匀上抬变形

机墩结构是水力发电机组的支承基础，其自身的变形可能引起机组轴线的偏心或倾斜，从而影响机组的稳定运行。针对这一问题，最具代表性的工作出现在三峡水电站右岸 15 号机组直埋蜗壳结构型式的技术论证过程中，武汉大学、长江科学院和大连理工大学等 3 家单位的非线性有限元计算结果表明，15 号机组若采用蜗壳直埋技术，则蜗壳外围混凝土开裂后机组机墩结构的不均匀上抬变形量可能达到 2～3mm。

迄今，工程界对机墩结构不均匀上抬变形与蜗壳内水压力作用之间关系的认识已比较

深入，可以归纳如下：内水压力作用下的蜗壳结构膨胀变形在其上半部（蜗壳层以上）表现为上抬位移，在钢衬管径较大、混凝土结构较薄的子午断面内，所受内水压力的向上合力较大且结构自身刚度较小，因此结构的上抬位移也相应较大；反之，在钢衬管径较小、混凝土结构较厚的子午断面内，结构的上抬位移相应较小；上述不同子午断面内蜗壳结构上半部的上抬位移之差造成了机墩结构的不均匀上抬变形。

由此可见，控制机墩结构不均匀上抬变形的基本原则应为：在钢衬管径较大、混凝土结构较薄的子午断面内，适当减小蜗壳内水压力向上外传至混凝土的比例；在钢衬管径较小、混凝土结构较厚的子午断面内，适当增加蜗壳内水压力向上外传至混凝土的比例。

2.3 座环受剪和流道结构受扭

水轮机流道结构包括钢蜗壳、止推环和座环等组成的引水与导水系统，其在水平面内承受由蜗壳内水压力引起的不平衡水推力（图 2 中的 P），此力会引起座环受剪和流道结构受扭。西北院姚栓喜等于 2003 年最早开始关注上述问题，并将这一问题作为拉西瓦水电站蜗壳埋设方式选择的重要评价指标加以考虑。近几年，西北院联合武汉大学和大连理工大学等单位，开展了有关这一问题的系统研究，对蜗壳结构中座环受剪和流道结构受扭等力学响应与内水压力作用之间的关系有了更为深入的认识。

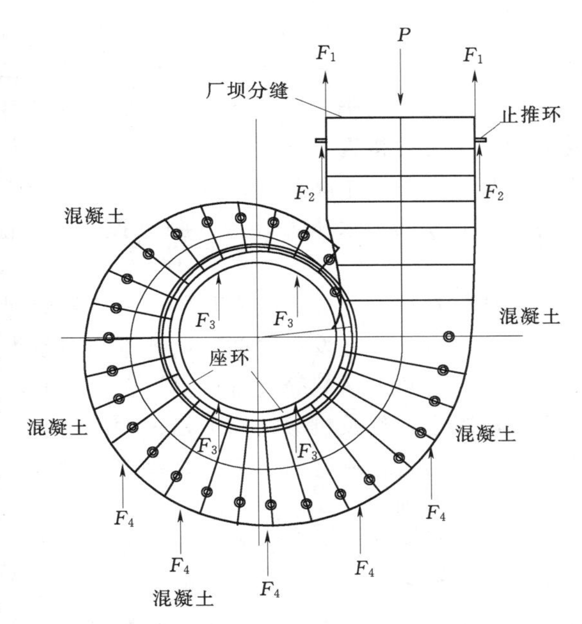

图 2　流道结构平面受力简图

内水压力作用下，钢蜗壳除了在各个子午断面内径向膨胀外，在水平面内也会整体向四周膨胀。由于钢蜗壳与座环焊接，因此前者水平面内的膨胀会引起后者类似的变形趋势，随之产生座环上下环板对混凝土的剪力，可见，座环的受剪与钢蜗壳在水平面内的膨胀变形密切相关。若在水平面内钢蜗壳四周的结构刚度分布不均匀程度较大，则其向四周膨胀的不均匀程度也较大，这样座环的受剪合力也较大。

由此可见，座环受剪的产生根源在于水平面内蜗壳内水压力向四周外传分布的不均匀性。在水平外传比例较小的子午断面范围，钢蜗壳自身的膨胀变形较大，相应的范围方向上座环受剪较大；反之，在水平外传比例较大的子午断面范围，钢蜗壳自身的膨胀变形较小，相应的范围方向上座环受剪较小。不同子午断面范围之间座环受剪的差异越大，座环的受剪合力也越大。因此，若要改善流道结构的抗扭性能，控制座环的受剪程度，需要遵循的基本原则应为：尽可能使得水平面内钢蜗壳四周的结构刚度分布均匀，最大程度上保证水平面内蜗壳内水压力向四周均匀外传。

3 蜗壳结构受力特性的控制技术设想

由上节分析可见，工程师关注的3种蜗壳结构力学响应中，混凝土的损伤开裂与蜗壳内水压力外传之间的关系最为简单和明确，采用传统的垫层蜗壳或充水保压蜗壳埋设技术，通过定量控制各子午断面内蜗壳内水压力的外传比例即可实现混凝土损伤开裂的控制，并且各子午断面内蜗壳内水压力的外传控制目标是一致的（均是期望减小内水压力的外传比例）。

然而，蜗壳结构受关注的另外两种力学响应与内水压力外传之间的关系则相对复杂，它们不单与内水压力的外传比例有关，更与内水压力的外传路径和分布有关。对于机墩结构不均匀上抬变形的控制，要求各子午断面内蜗壳内水压力的竖向外传合力与混凝土结构尺寸成比例，以此达到各子午断面的机墩结构上抬位移趋于均匀；对于座环受剪的控制，要求各子午断面内蜗壳内水压力的水平外传（向四周）尽量均匀，使得各子午断面的座环受剪大小尽可能接近，以此减小座环的受剪合力。由此可见，对于蜗壳结构的上述两种力学响应来说，各子午断面内蜗壳内水压力的外传控制是需要相互协调配合的，因此只有实现各子午断面的内水压力外传的独立控制，才能达到蜗壳结构相关力学响应的整体控制目标。

直埋—垫层组合埋设技术是国内近年发展起来的一种蜗壳埋设新技术，最早应用于景洪和三峡水电站。在发展之初，该技术主要是为了平衡水电站厂房结构和机电设计之间存在的矛盾，将垫层从蜗壳直管段铺设至进口断面下游一定范围，以此解决蜗壳大管径子午断面的混凝土损伤及机墩结构上抬过大的问题。可以看出，组合埋设技术是以控制蜗壳结构受力特性为目标应运而生，只是在技术发展初期，考虑的控制对象不够全面，相应的控制原则尚不明确。

从施工技术的角度看，在钢蜗壳外表面不同范围铺设软垫层并无太大难度，对土建施工过程的影响也不大，即垫层的铺设具有很强的灵活性和可控性，这给蜗壳各子午断面的内水压力外传的独立控制提供了良好的技术操作条件。组合埋设技术正是利用了垫层铺设的上述优点，根据需要在钢蜗壳外表面合适的范围铺设合适的垫层材料，以此实现内水压力外传路径的定向控制及在相关路径上外传比例的定量控制，最终达到蜗壳结构相关力学响应的整体控制目标。

综上可以看出，由于组合埋设技术对于解决蜗壳结构受力特性控制中的核心问题，即各子午断面的内水压力外传的独立控制问题具有较强的针对性，且该技术在实践层面操作难度不大，因此本文认为，基于该技术最终实现蜗壳结构受力特性控制的可行性是较大的。

4 尚需研究的问题

4.1 垫层对蜗壳内水压力外传模式的影响

垫层在蜗壳结构中的实质作用是通过改变钢蜗壳外围的结构刚度分布，影响内水压力的外传模式，包括内水压力的外传比例和路径两方面。当前工程界对前一方面的定性认识已比较深入，即垫层的厚度越小、压缩模量越大、铺设范围越小，则内水压力的外传比例越大；然而，有关垫层如何影响内水压力外传路径的问题尚未引起足够重视。

上节已经提到，只有结合内水压力外传比例和路径等两者的控制，才能实现蜗壳结构多种力学响应的协调控制。因此，进一步探寻子午断面内垫层对蜗壳内水压力竖向及水平向外传的影响规律，从而揭示垫层参与传力条件下的内水压力外传路径的演化机制，对于实现各子午断面的内水压力外传的独立控制意义重大。

4.2 垫层材料的非线性压缩—回弹特性

尽管已有物理试验数据表明，在反复加—卸压作用下垫层材料的应力—应变不满足线弹性关系，但在长期的设计实践中，为简化结构计算过程，工程师还是更习惯于将垫层视为理想线弹性材料。基于此前提，可以将垫层材料的弹性模量和厚度比（E/d）作为参数指标，简化垫层材料压缩刚度的力学描述及厚度的参数分析。

上述工程界对垫层材料的线弹性假设长期沿用的一个重要原因在于目前有关垫层材料力学特性的理论研究成果不多，缺乏对复杂加—卸压条件下垫层材料的压缩—回弹响应机制的深入认识和探索，因而尚不具备在设计实践中对其复杂的压缩力学特性加以考虑的应用基础条件。在应用层面，尽管有关垫层材料非线性压缩—回弹特性的数值模拟技术研究已经起步，并取得了一些阶段性成果（见图3和图4），但离设计实践的要求还存在一定差距。垫层材料的非线性应力—应变关系对蜗壳内水压力外传的影响是显著的。因此，从实现蜗壳结构受力特性的控制这一目标出发，有必要开展系列物理力学试验，以此揭示复杂加—卸压条件下常用垫层材料的压缩—回弹响应机制，并依据试验成果，进一步发展可以考虑其非线性压缩过程和残余变形的数值模拟技术。

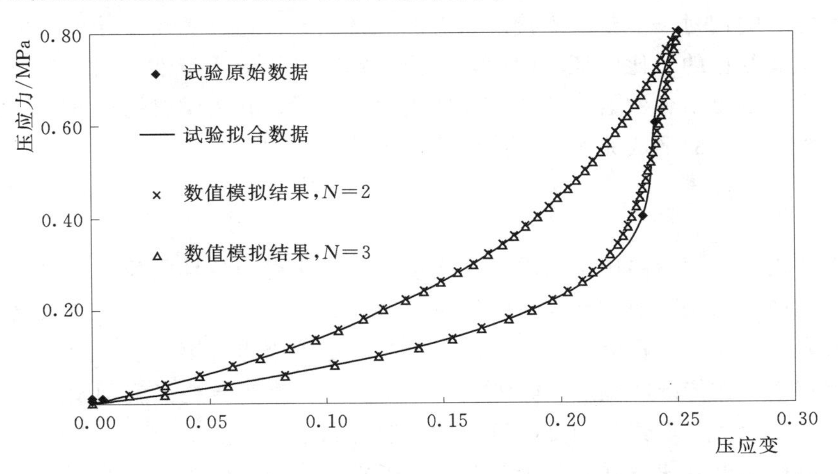

图3 基于HYPERFOAM模型的某垫层材料压缩—回弹过程的数值模拟结果

4.3 钢衬—混凝土间的接触状态

垫层介入钢衬—混凝土间的传力会在一定程度上削弱混凝土对钢衬的包裹和嵌固作用，从而可能导致钢衬—混凝土间出现脱空状态，这也是长期以来机电设计方不太接受在钢蜗壳外表面铺设垫层这一工程措施的主要原因。因此，站在机电设计方的立场来看，结构设计方理应将钢衬—混凝土间的接触状态纳入蜗壳结构受力特性控制的考虑对象范围。

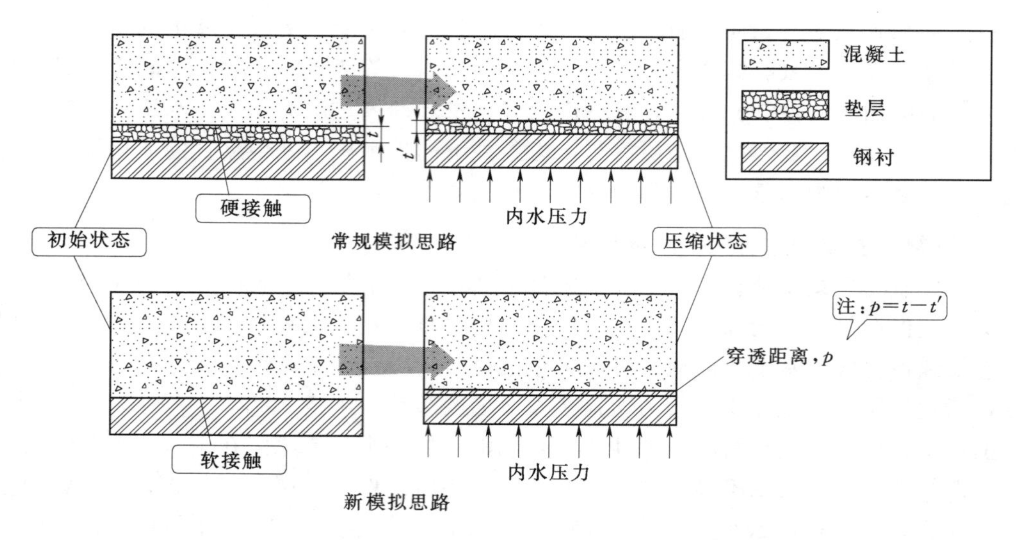

图 4　采用软接触关系描述垫层材料的新思路

事实上，20 世纪 80 年代，有关荷载变化时钢衬—混凝土间的接触问题就已经引起了国内少数单位的关注；近年来随着有限元接触非线性模拟技术的发展，有关这一问题的研究逐渐普遍。然而时至今日，影响两者之间接触状态的关键因素尚未得到澄清，导致实践中一般没有将这一问题纳入蜗壳结构设计的考虑因素范围，更无法对其加以控制。文献[23] 借助非线性有限元数值模拟技术，围绕上述问题开展了一系列的参数分析工作，初步预测了可能影响钢衬—混凝土间接触状态的关键因素，但有关初步计算结果尚需进一步的物理模型试验数据的对比验证。因此，以完善蜗壳结构受力特性控制的考虑对象范围为目标，下一步有必要结合数值模拟技术和物理模型试验，在力学机制层面上澄清钢衬—混凝土间潜在脱空状态的形成原因，据此明确相关控制原则。

5　结语

从蜗壳结构型式的发展历史来看，为实现蜗壳结构受力特性的控制，水工结构工程师最初想到了两种“原始”而“朴素”的解决方案，即传统的垫层蜗壳和充水保压蜗壳埋设技术，并依靠它们在一定程度上达到了部分目的，尽管迈出了第一步，然而离初衷还有相当距离。近年来，在传统的垫层蜗壳埋设技术基础上，水工结构工程师发展了直埋—垫层组合埋设技术，为实现蜗壳结构受力特性的控制迈出了又一步。

组合埋设技术可以使得蜗壳各子午断面的内水压力外传的控制彼此相对独立，其实施难度也不大，因此可以说该技术已为实现蜗壳结构相关力学响应的整体控制目标开启了一扇门，具有良好的发展和应用前景。

参　考　文　献

[1]　龚国芝，张伟，伍鹤皋，等．钢衬钢筋混凝土压力管道外包混凝土的裂缝控制研究 [J]．岩土力学，2007，28 (1)：51－56.

[2] 王海军，练继建，闫晓荣，等．三峡水电站钢蜗壳外围混凝土损伤分析 [J]. 四川大学学报：工程科学版，2006，38 (4)：24-28.

[3] 伍鹤皋，蒋逵超，申艳，等．直埋式蜗壳三维非线性有限元静力计算 [J]. 水利学报，2006，37 (11)：1323-1328.

[4] 陈琴，林绍忠，苏海东．大型机组直埋式蜗壳结构不同限裂措施的三维非线性分析 [J]. 长江科学院院报，2008，25 (6)：101-105.

[5] 张运良，张存慧，马震岳．三峡水电站直埋式蜗壳结构的非线性分析 [J]. 水利学报，2009，40 (2)：220-225.

[6] 姚栓喜，孙春华，王冬条．关于水轮机蜗壳结构不平衡水推力初步研究 [J]. 西北水电，2010，(5)：16-20.

[7] 刘波，伍鹤皋，张启灵．水轮机蜗壳不同埋设方式的座环受力特性研究 [J]. 水力发电学报，2011，30 (1)：126-131.

[8] 张宏战，姚栓喜，马震岳，等．不平衡水推力下垫层蜗壳座环结构剪力特性分析 [J]. 大连理工大学学报，2013，53 (4)：565-571.

[9] 付洪霞，马震岳，董毓新．水电站蜗壳垫层结构研究 [J]. 水利学报，2003，(6)：85-88.

[10] 郭涛，张立翔，姚激．大型水电站充水保压蜗壳结构联合承载分析 [J]. 土木建筑与环境工程，2011，33 (4)：80-84.

[11] 张启灵，伍鹤皋，黄小艳，等．大型水电站不同埋设方式蜗壳结构分析 [J]. 水力发电学报，2009，28 (3)：85-90.

[12] 长江勘测规划设计研究有限责任公司．大型水轮发电机组蜗壳组合埋设技术 [P]. 中国：CN102296577A，2011-12-28.

[13] 刘金堂．景洪水电站工程设计优化与创新成果 [J]. 水力发电，2006，32 (11)：51-53.

[14] 袁达夫．重大水电工程机电设计进步与创新 [J]. 人民长江，2010，41 (4)：65-72.

[15] 周述达，谢红兵．三峡工程电站设计 [J]. 中国工程科学，2011，13 (7)：78-84.

[16] 练继建，王海军，秦亮．水电站厂房结构研究 [M]. 北京：中国水利水电出版社，2007.

[17] 甘启蒙．聚氨酯软木垫层材料在水电站的应用 [J]. 水力发电，2008，34 (12)：107-109.

[18] 甘启蒙．聚氨酯软木垫层材料压缩模量的特性及影响因素 [J]. 水力发电，2010，36 (5)：82-84.

[19] Zhang Qiling, Wu Hegao. Effect of compressible membrane's nonlinear stress-strain behavior on spiral case structure [J]. Structural Engineering and Mechanics, 2012, 42 (1): 73-93.

[20] Zhang Qiling, Wu Hegao. Using softened contact relationship describing compressible membrane in FEA of spiral case structure [J]. Archives of Civil and Mechanical Engineering, 2013, 13 (4): 506-517.

[21] 阎力．龙羊峡水电站钢蜗壳与钢筋混凝土联合承载试验应力浅析 [J]. 西北水电，1991，(4)：40-47.

[22] 阎力．水电站钢蜗壳与钢筋混凝土联合承载结构试验研究 [J]. 水利学报，1995，(1)：57-62.

[23] 张启灵，伍鹤皋．垫层蜗壳结构中钢衬—混凝土间的接触状态：有限元分析 [J]. 水利学报，2013，44 (12)：1468-1474.

基于伸缩节过缝的垫层蜗壳结构优化分析

聂金育

（中国电建集团中南勘测设计研究院有限公司，湖南　长沙　410014）

【摘　要】 本文以采用伸缩节过缝的垫层蜗壳为研究对象，利用ANSYS软件，分析了止推环的设置、垫层铺设范围对蜗壳流道刚度、蜗壳与混凝土之间的相对滑移及座环受力等方面的影响。研究结果表明，设止推环能提高流道刚度，有效抑制蜗壳与混凝土之间的相对滑移，承担不平衡水推力，对垫层蜗壳受力有利；缩小垫层铺设范围增加了部分区域混凝土拉应力，影响座环受力，但并不能有效控制相对滑移，试图通过减小垫层铺设范围来控制相对滑移并不可行。

【关键词】 水工结构；垫层蜗壳；有限元法；止推环；伸缩节

1　前言

在坝后式电站中，为了适应厂坝间不均匀沉降，使厂坝受力明确，常在厂坝间设置永久分缝，并在过缝处引水钢管设置伸缩节，以防止引水钢管在分缝处破坏，通常称此种过缝结构形式为伸缩节过缝，厂坝分缝和管道过缝研究是工程设计和科学研究中关心的部分。采用伸缩节过缝可以避免压力钢管因不均匀沉降产生破坏，但同时使上游压力钢管与下游蜗壳分离，降低了下游侧蜗壳流道刚度，可能会对蜗壳结构产生不良影响，特别对于垫层蜗壳，软垫层的铺设使蜗壳和混凝土部分脱离，蜗壳流道刚度进一步降低，其影响将更加突出。

以往研究中，伍鹤皋等对过缝处压力管道的受力状态研究较多，但较少关心下游蜗壳结构受力；马震岳等对设止推环和伸缩节与否对巨型蜗壳的受力进行了较详细的研究，但文中对蜗壳与混凝土之间的滑移错动、座环受力等关注较少，而蜗壳与混凝土之间相对滑移关系到蜗壳的运行安全，应是研究的重点，同时文中对止推环进行了简化，采用壳单元模拟；近年来，张启灵等从垫层铺设范围等方面分析了不平衡水推力的影响，开始关注下部结构和座环受力。本文正是基于此，着重关注下游蜗壳结构受力，研究控制蜗壳与混凝土相对滑移的措施，对垫层蜗壳结构进行进一步优化分析。

2　研究重点

引水压力钢管经过厂坝分缝直接连接到下游蜗壳结构，又由于蜗壳是不完全轴对称的、内侧开口的半封闭蜗形结构，内水压力合力不为零，在进口段会产生一个较大的不平衡轴向水推力，相对于机组中心竖轴则是一个较大的扭矩，在其作用下，蜗壳和座环可能产生扭转变形，从而影响到机组的运行稳定与结构安全，特别是对于高HD值电站，进口轴向不平衡水推力将比较大，而垫层蜗壳中垫层的铺设使得蜗壳外围混凝土对蜗壳约束减弱，受到的影响将更加明显。

采用伸缩节过缝，伸缩节的设置使得蜗壳与上游侧钢管断开，蜗壳流道刚度减弱，在进口不平衡水推力作用下，有可能使得蜗壳与混凝土之间有较大滑移，影响机组运行安全，并可能对座环受力不利，工程中一种常用的做法是在紧邻厂坝分缝下游侧设止推环（见图 1）来提高蜗壳流道刚度，因此止推环设置与否对下游蜗壳结构受力的影响，止推环的作用机理及其与伸缩节之间的相互作用关系是值得关注和研究的内容。以往研究中，为了简化建模难度，对止推环结构进行简化，未具体做出止推环而用共节点模拟，或用壳单元模拟。用共节点或壳单元模拟止推环，将无法分析止推环与钢管焊接面的剪应力状态，也无法考虑止推环上下游侧与混凝土之间的接触作用，当止推环在钢管内水压力作用下向下游变形时，其上游面可能与混凝土脱开，若不考虑止推环与混凝土之间的接触作用，此种情况将无法模拟，并可能致使混凝土产生较大拉应力，使得应力集中程度明显，和实际情况不相符。

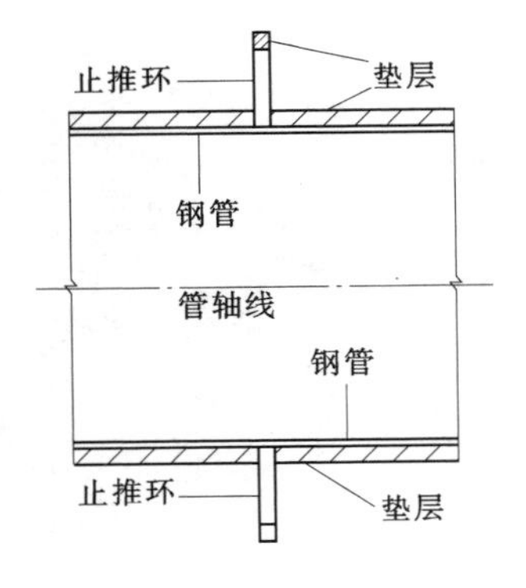

图 1　止推环简图

另外一种做法是减小垫层的铺设范围，使蜗壳与混凝土直接接触范围加大，以此来提高蜗壳流道刚度，减小相对滑移，但减少垫层铺设范围在抑制相对滑移，提高流道刚度等方面的作用机理尚不明确，同时减小垫层铺设范围直接关系到蜗壳外围混凝土受力状态，是应重点关注和研究的问题。

基于此，本文采用三维有限元软件 ANSYS，较精确地建立了厂房模型，对止推环结构用实体单元模拟，考虑蜗壳与混凝土之间及止推环与混凝土之间的接触滑移作用，以伸缩节过缝的垫层蜗壳为研究对象，对是否设置止推环、减少垫层铺设范围对垫层蜗壳的影响进行了研究，着重关注蜗壳流道刚度、蜗壳与混凝土之间的相对滑移、不平横扭转力的分配、座环受力等。

3　计算模型

本文以某巨型电站为实际工程背景，该电站单机容量 800MW，进口直径 12.2m，水头 158m，根据该电站蜗壳结构的实际几何尺寸，建立了标准机组段三维有限元计算模型（见图 2），对表 1 所列的五个方案进行了计算。文中采取典型断面、特征点进行分析，其中典型断面和特征点的位置详见图 3 和图 4，直管段的三个断面分别称为直管 1 号、直管 2 号、直管 3 号，简写为 Z1 号，Z2 号、Z3 号，其中 Z1 号位于三道止推环附近。

表 1　　　　计　算　方　案

方案代号	垫层末端位置 （厂房 $+x$ 轴顺时针旋转角度）	有无止推环	方案简称
A	270°	无	270°方案
B	270°	有	270°止推环方案
C	180°	无	180°方案
D	90°	无	90°方案
E	45°	无	45°方案

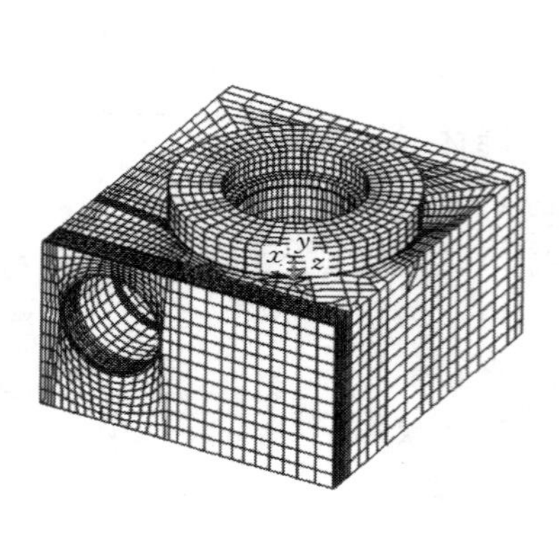

图 2　有限元模型网格

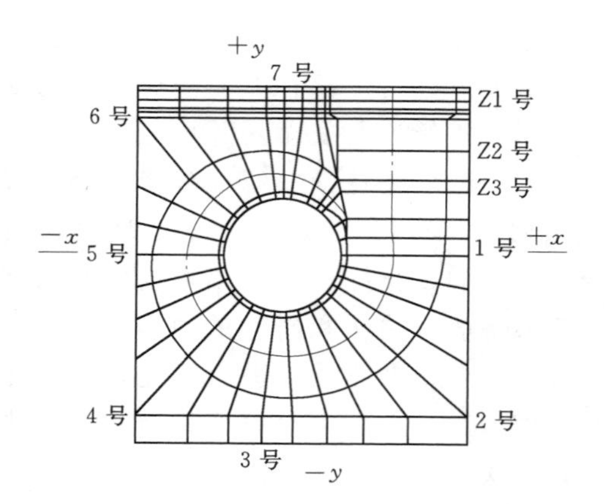

图 3　典型断面

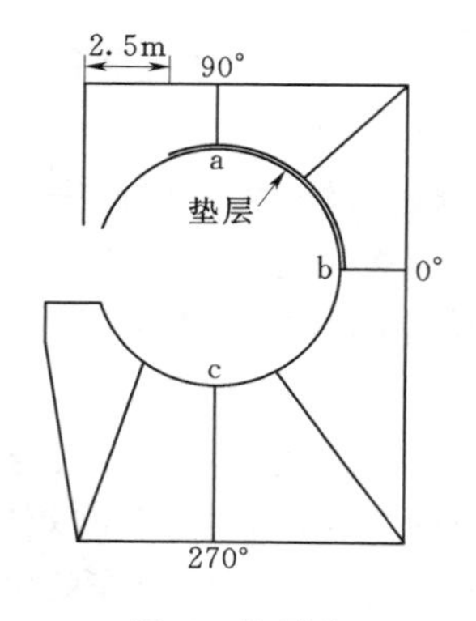

图 4　特征点

本文计算材料参数根据工程实际按照规范选取；垫层相关参数为：垫层厚度取 30mm，垫层弹模为 2.5MPa。垫层子午断面铺设范围为：蜗壳部位垫层下部末端铺至腰线，垫层上部始端距机坑里衬距离 2.5m（见图 4），直管段上半周 180°全部设垫层；垫层平面铺设范围为：方案 A、B 从直管段铺设至厂房 $+x$ 轴顺时针 270°，即铺至 7 号断面（见图 3），方案 C、D、E 分别铺设至厂房 $+x$ 轴顺时针 180°，90°，45°，即分别铺置至 5 号、3 号、2 号断面（见图 3）。通过方案 A、B 对比研究止推环对垫层蜗壳作用机理，通过方案 A、C、D、E 研究减少垫层平面铺设范围在抑制相对滑移，提高流道刚度等作用机理，并对 5 个方案进行综合比较。

方案 B 在直管段设三道止推环，止推环的参数为：止推环间距为 1m，止推环沿水流向厚度为 34mm，径向高为 0.3m，从上游往下游命名为第一、二、三道止推环，第一道止推环距离厂坝分缝 0.5m。由于止推环上下游侧与混凝土接触处无筋板，接触面较为光滑，同时为了防止止推环对周围混凝土的不利影响，止推环外侧铺设 30mm 厚垫层（见图 1），止推环可以沿径向较自由变形，内水压力将更多的由止推环承担而不会传递给混凝土，可以充分发挥止推环的“止推”作用而不至使周围混凝土产生较大拉应力。本文建立止推环实体模型，并考虑与混凝土上下游接触面的接触滑移，较精确的模拟止推环与混凝土之间的传力机理。

4　计算成果分析

4.1　混凝土应力

蜗壳外围混凝土应力通常是关注的重点，图 5 列出了各断面混凝土部分特征点的环向应力。

从图 5 可以看出，对照方案 A、B，由于其垫层铺设范围一致，根据圣维南原理，止推环的设置仅仅影响到其周围一定范围内混凝土的应力，方案 A 和方案 B 除了止推环附近 Z1 断面混凝土应力略有差别外，其他区域混凝土应力基本一致。

对照方案 A、C、D、E，4 个方案均不设止推环，只是垫层平面铺设范围不同，平面区域铺设垫层段混凝土应力规律均较为相似，而随着垫层铺设范围的缩小，未铺设垫层区域是混凝土和蜗壳联合承载，拉应力有较大的上升，因此从混凝土的应力角度来看，通过减小垫层铺设范围来抵抗蜗壳进口水推力产生的扭转作用是不可取的。

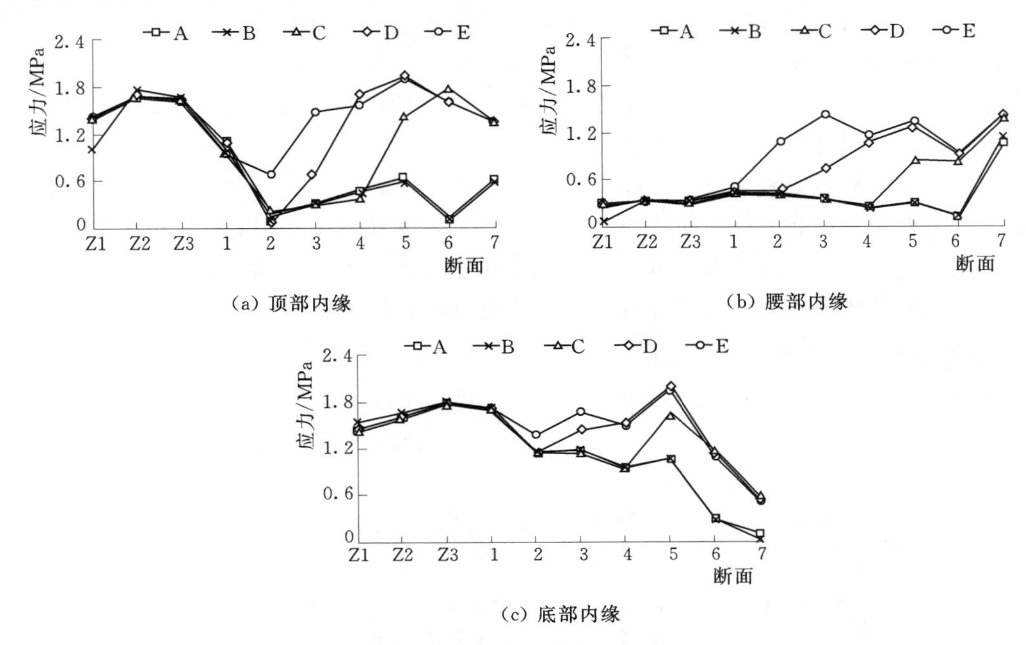

(a) 顶部内缘

(b) 腰部内缘

(c) 底部内缘

图 5 蜗壳外围混凝土环向应力

4.2 蜗壳各构件变形

蜗壳水流向位移、蜗壳与混凝土的相对滑移量如果过大，都直接影响到蜗壳结构的安全运行。图 6 给出了蜗壳水流向位移（相当于绕机组中心线的环向位移）以及蜗壳与混凝土之间的位移差，即相对滑移量。其中蜗壳各断面水流向位移是指该断面各点沿水流向位移的均值，混凝土各断面水流向位移指该断面紧贴蜗壳壁的混凝土各点水流向位移的均值，用同一断面蜗壳与混凝土水流向位移差来反映蜗壳与混凝土在水流向的相对滑移量的大小。

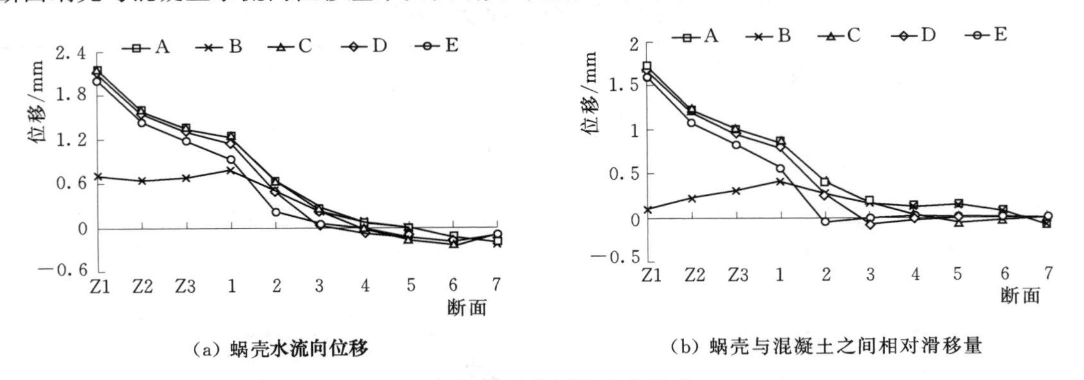

(a) 蜗壳水流向位移

(b) 蜗壳与混凝土之间相对滑移量

图 6 蜗壳及外围混凝土位移

由图可知，直管段以及进口的1号断面蜗壳水流向位移值较大，而其他断面位移较小且分布规律基本一致，由此可以看出，蜗壳进口断面水推力对垫层蜗壳位移的影响范围主要集中在直管段以及从厂房$+x$轴沿水流方向45°范围内。

对照方案A、B，止推环的设置使得蜗壳直管段以及进口1号断面蜗壳水流向位移、蜗壳与混凝土的相对滑移量大为减小，蜗壳水流向位移最大值从方案A的2.15mm下降到方案B的0.73mm，蜗壳与混凝土的相对滑移量最大值从方案A的1.72mm下降到方案B的0.09mm。由此可见，止推环的设置对阻止蜗壳滑动，减小蜗壳与混凝土之间相对滑移是非常有帮助的，有利于垫层蜗壳的安全运行；对照方案A、C、D、E，四个方案蜗壳水流向位移和相对滑移均差异不大。

如果以位移来衡量蜗壳流道刚度，采用伸缩节过缝时，设置止推环能有效提高蜗壳流道刚度，减小蜗壳与混凝土之间相对滑移，止推环的设置是非常必要的；由于蜗壳进口断面水推力对垫层蜗壳位移的影响范围主要集中在直管段以及从厂房$+x$轴沿水流方向45°范围内，通过缩减垫层管平面铺设范围来提高流道刚度作用并不明显。

4.3 蜗壳各构件承受的扭转力比例

由蜗壳内水压力引起的不平衡水推力相对于机组轴线对蜗壳结构有一个扭转作用，根据承受部位的不同，此扭转作用由3个部位承担，如图7所示。图中F表示不平衡水推力（扭转力），此力等于钢蜗壳直管段进口断面面积与内水压力值的乘积，对于本文研究对象，$F=\pi\times6.1^2\times1.55=181.10$（MN）；$F_1$表示止推环的作用力，若不设止推环，则$F_1=0$；$F_2$表示混凝土对座环的水流向作用力，即为座环承担的水流向剪力，此力值越大，对座环受力越不利；F_3表示混凝土对整个钢蜗壳的作用力合力，此力由混凝土和钢蜗壳之间的法向压力和切向摩擦力组成。根据力的平衡原理，$F=F_1+F_2+F_3$，以$P_1=F_1/F$、$P_2=F_2/F$和$P_3=F_3/F$分别表示止推环、座环和混凝土承受的扭转力比例。计算结果见表2。

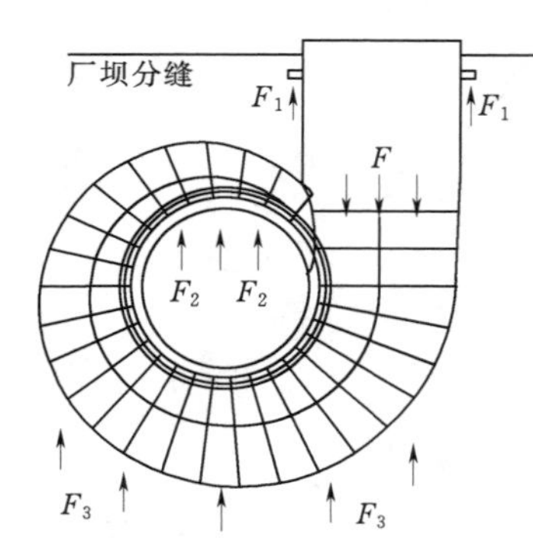

图7 不平衡水推力的分配

表2 各构件承受的扭转力比例

方案	各构件合力/MN			承担的扭转力比例/%			
	F_1	F_2	F_3	F	P_1	P_2	P_3
A	0.00	20.03	161.07	181.10	0.00	11.06	88.94
B	54.25	17.14	109.71	181.10	29.96	9.46	60.58
C	0.00	34.82	146.28	181.10	0.00	19.23	80.77
D	0.00	11.38	169.72	181.10	0.00	6.28	93.72
E	0.00	2.53	178.57	181.10	0.00	1.40	98.60

对照方案A、B，止推环的设置使得混凝土承担的不平衡扭转力比例大大降低，座环

承担的扭转力有所减小，止推环承担近30%的不平衡扭转力，可见止推环能有效的承担不平衡扭转力，防止其对垫层蜗壳结构的不利影响。对照方案A、C、D、E，4方案均不设止推环，座环承担的扭转力比例在垫层平面布置范围末端位置由270°到180°时增大，再由180°到45°时逐渐减小，可见垫层末端位置位于180°（方案C）对座环受力最不利。不设止推环，混凝土承担了绝大部分不平衡扭转力，相应地，四个方案中，混凝土结构承担的扭转力比例在垫层末端位置位于180°时最小，但也高达80.77%，在垫层末端位置位于45°时最大，高达98.60%。

由上分析可知，座环承担的不平衡扭转力比例主要是受垫层铺设范围的影响，而受止推环的影响较小；止推环的设置能有效承担不平衡水推力，降低混凝土和座环的承担比例。

4.4 座环承受水平不平衡力

座环不但承受水流向的不平衡力，同样承受横河向的不平衡力，整理了5个方案座环在这两个方向的不平衡力，以分析各方案对座环受力的影响。表3列出的是座环上下环板与混凝土接触面上沿厂房$+x$轴向和$+y$轴向剪应力合力，合力指向厂房$+x$轴（左侧，面向下游）为正，$-y$轴（下游）为正；其中不设止推环方案A、C、D、E座环承受不平衡力对比见图8。

表3 座环环板与混凝土接触面上剪应力合力 单位：MN

方案	A	B	C	D	E
$+x$合力	−17.58	−15.50	−2.71	20.59	11.47
$+y$合力	20.03	17.14	34.82	11.38	2.53

对照方案A、B，不论是座环承受的横河向还是水流向不平衡力，止推环的设置均使得其值略有减小，但减小的幅度不大，x轴向剪力合力减小11.8%，y轴向剪力合力减小14.4%，可以认为止推环对座环的影响不大。从图8可以看出，方案A、C、D、E中，座环上下环板与混凝土接触面上沿厂房$+x$轴向剪应力合力在垫层平面布置范围末端位置由45°到90°时增大，由90°增加到270°时先减小后反向增大。当垫层末端位置在90°时，对座环x轴向受力是最不利的。

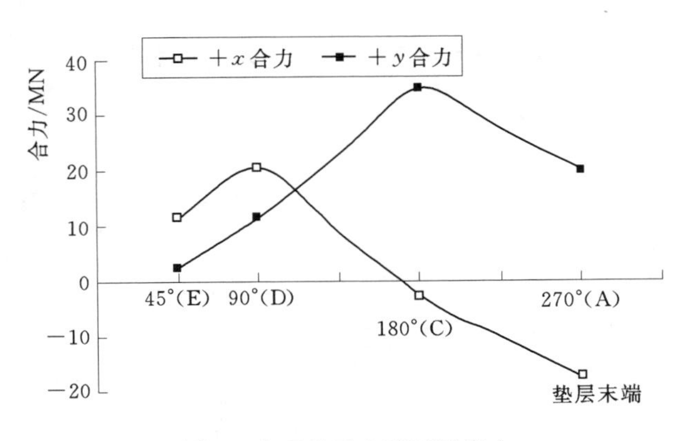

图8 座环承受水平不平衡力

座环上下环板与混凝土接触面上沿厂房$+y$轴向剪应力合力均指向厂房下游侧，在垫层平面布置范围末端位置由45°到180°时增大，由180°到270°时减小，当垫层末端位置在180°时，y轴向剪力合力最大，达到34.82MN，对座环y轴向受力是最不利的。

因此，设止推环对座环受力有利，但是影响不大；垫层铺设范围对座环受力影响较大。

5 结语

伸缩节过缝是一种常用的过缝形式，伸缩节的设置削弱了蜗壳流道的刚度，止推环设置得当可以提高流道刚度，减小蜗壳与混凝土之间相对滑移，有效承担不平衡水推力，对限制蜗壳滑动，提高机组安全等级是极为有利的，也是很有必要的，并不会对混凝土应力产生较大影响；垫层平面铺设范围减小对混凝土的受力是不利的，会加大混凝土的拉应力范围和数值，且减小垫层平面铺设范围对减小蜗壳水流向位移和蜗壳与混凝土之间的相对滑移量效果并不明显，试图通过改变垫层铺设范围来降低蜗壳的滑移并不可取；座环的受力则主要受垫层铺设范围的影响。

参 考 文 献

[1] 吴海林，伍鹤皋，张伟，等．水电站厂坝联结形式与取消伸缩节研究［J］．水力发电学报，2006，25（2）：118～122.

[2] 林绍忠，刘宁，苏海东．三峡工程水电站厂坝间压力钢管取消伸缩节研究［J］．水利学报，2003，（2）：1～5.

[3] 程国瑞．不同埋设方式的巨型蜗壳结构分析［D］．大连：大连理工大学，2006.

[4] 张运良，马震岳，程国瑞，等．水轮机蜗壳不同埋设方式的流道结构刚强度分析［J］．水利学报，2006，37（10）：1206～1211.

[5] 张启灵，伍鹤皋，李端有．水电站蜗壳垫层平面铺设范围的确定原则［J］．应用力学学报，2011，28（2）：194～200.

[6] 聂金育，伍鹤皋，张启灵，等．管道过缝结构对垫层蜗壳的影响研究［J］．水力发电学报，2012，31（2）：192～197.

[7] 姚栓喜，孙春华，王冬条．关于水轮机蜗壳结构不平衡水推力初步研究［J］．西北水电，2010，（5）：16～20.

一种实用新型滑动支座在水电站压力钢管上的应用

张战午[1]　陈启丙[2]

（1. 水能资源利用关键技术湖南省重点实验室，湖南　长沙　410014

2. 成都市蜀都水利水电工程配件总厂，四川　成都　610041）

【摘　要】 介绍了一种水电站压力钢管实用新型滑动支座，该支座主要从公路桥梁单向盆式滑动支座移植并加以改造而来，具有滑动摩擦系数小、支座承载力高、抗震性能好、适应钢管变形能力强、防尘防侧滑功能效果好以及使用寿命长的特点。该类型支座在伊朗鲁德巴水电站压力钢管中得到了良好应用，解决了大管径、大跨度、高地震区复杂地质条件下压力钢管支座的设计问题。

【关键词】 压力钢管；实用新型；滑动支座；研究与应用；伊朗鲁德巴水电站

1　引言

压力明钢管是水电站常见的重要水工建筑物之一，系薄壁结构，通常需要支承在一系列的支墩上，而钢管与支墩之间则需采用支座进行连接。水电站压力钢管常用的支座型式主要有鞍型支座、滑动支座、滚动支座和摇摆支座。鞍型支座一般仅适用于小管径钢管，滚动与摇摆支座虽可适用于管径与跨度较大的钢管，但其材料采购、制作与安装通常较为复杂，而平面滑动支座由于具有滑动摩擦系数相对较小、制作安装简单的特点，在水电站中的应用较为普遍。传统的平面滑动支座通常由上下两块不锈钢质平板组成，压力钢管在自重及管内水重荷载以及外界温度的作用下，管轴线将产生轻微的挠度与轴向变形，为了适应压力钢管的变形需要，滑动支座上下两块滑板之间需要不断产生相对位移，而滑板为平面且刚度大，使得滑板上的反力分布很不均匀。支座滑板的平面尺寸主要由支承力确定，支承力越大滑板越大，反力也就越不均匀。因此，平面滑动支座一般不宜使用在大管径与大跨度压力钢管上，从而使得滑动支座的应用受到一定程度的限制。

本文结合伊朗鲁德巴水电站的压力明钢管滑动支座的设计与制造，通过对公路桥梁盆式单向滑动支座的移植和改造，提出了一种最大承载力可达 2000kN 的实用新型滑动支座，该滑动支座具有滑动摩擦系数小、支座承载力高、抗震性能好、适应钢管变形能力强、使用寿命长和防尘防侧滑功能效果好的特点，解决了大管径、大跨度、高地震区复杂地质条件下压力钢管支座的设计问题。

2　工程简介

伊朗鲁德巴水电站位于伊朗西部洛雷斯坦（Lorestan）省扎格罗斯（Zagros）山区的鲁德巴（Rudbar）河上，距首都德黑兰约 454km。电站为高地震区、复杂地质条件下的引水式电站，工程由大坝、溢洪道、坝身泄流孔、输水系统、地面厂房和开关站等主要建筑物组成。电站装机2台，单机容量225MW，额定水头430.74m，额定流量115.6m^3/s。引水隧洞洞径6m，长约1.3km，经对称月牙肋钢岔管分岔后与两条明钢管相接。两条明钢管分别长约2.34km、2.32km，管径从4.4m渐变到4m、3.8m、3.4m和2.4m。根据布置，两条压力钢管沿线设置有镇墩32个，支墩169个，各类荷载等级的滑动支座总计达207对。

3 工程特点

（1）工程位于地震高烈度与高发区，压力钢管抗震能力要求高。根据雇主要求，压力钢管设计基准地震（DBE）重现期为500年一遇，最大设计地震（MDE）重现期为1000年一遇，基岩水平峰值加速度分别为0.36g和0.42g，竖向峰值加速度分别为0.31g和0.38g。

（2）压力钢管跨越地震活动性断层，且管线布置区第四系覆盖层较厚，地质条件复杂，压力钢管变形适应能力要求强。

（3）压力钢管管径与跨度均较大，支座承载能力要求高。压力钢管最大管径4.4m，支墩间距17.5m，最大支座承载力达2000kN。

（4）工程区昼夜温差大，风沙天气多发，环境恶劣，压力钢管轴向变形位移大，支座防尘性能要求高。

针对上述工程特点，对伊朗鲁德巴水电站压力钢管滑动支座的设计与制造进行了研究。

4 滑动支座的研究与应用

4.1 主要技术参数

根据电站压力钢管的布置与结构设计要求，滑动支座的主要技术参数要求见表1。

表1　　滑动支座主要技术参数表

竖向承载力/kN	水平承载力/kN	滑动摩擦系数	竖向转动角度/(°)	顺管轴向位移/mm	垂直管轴向最大位移/mm	设计使用年限/a
2000	400	<0.08	±1	±150	±5	50
1500	300	<0.08	±1	±150	±5	50
1000	225	<0.08	±1	±150	±5	50

4.2 支座构造

压力钢管滑动支座采用减震型单向滑动盆式支座。支座构造主要由支座上盆、支座下盆、增强四氟滑块、橡胶减震板、防尘与防侧滑装置以及各连接螺栓等组成。支座构造见图1与图2。

图1～图2中：1—固定增强四氟滑块；2—上橡胶减震板；3—下橡胶减震板；4—侧向防尘橡胶密封件；5—支座夹槽；6—支座上盆；7—支座下盆；8—5201硅脂；9—支座上滑块；10—增强四氟滑块压板；11—防尘橡胶件压条；12—地脚螺栓；13—垫圈；14—

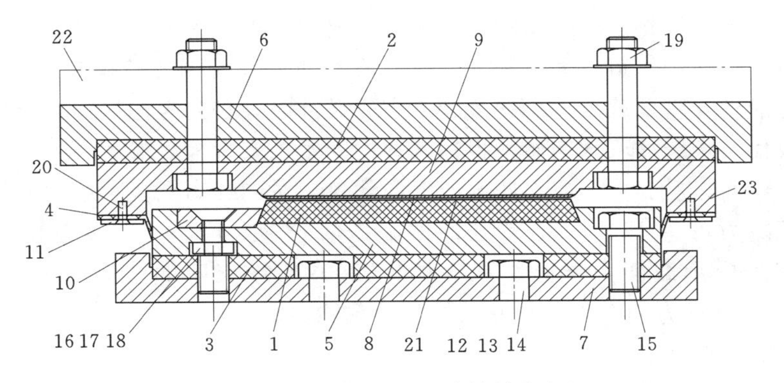

图 1　支座组装图（垂直管轴线向）

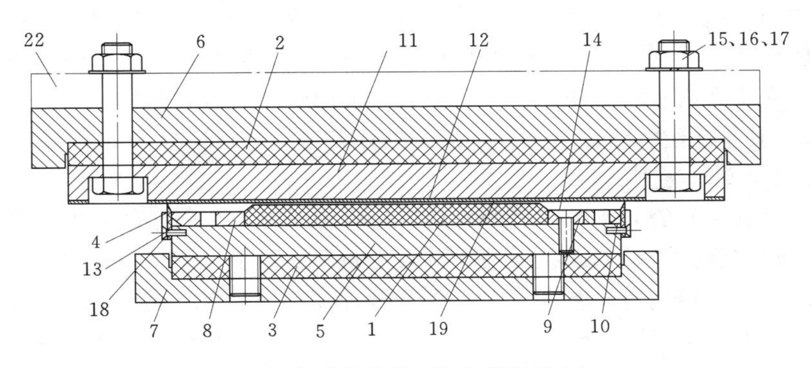

图 2　支座组装图（平行管轴线向）

螺母；15—连接螺栓；16—沉头螺栓；17—垫圈；18—螺母；19—带开口销的连接螺栓；20—沉头螺栓；21—不锈钢上滑板；22—支承环支腿下垫板；23—支座防侧滑约束装置。

4.3　主要技术特点

考虑本工程的特点，为了保证电站压力钢管的运行安全，滑动支座在设计与制造过程中，通过对公路桥梁盆式滑动支座的改造和新型增强四氟乙烯材料的应用，针对上述工程特点所面临的问题进行了重点研究，经反复设计优化与试验检验，最终形成了如图 1、图 2 所示结构型式的滑动支座，该新型滑动支座主要具有以下技术特点。

4.3.1　滑动摩擦系数小

当外界温度发生变化时，压力钢管将产生轴向变形。为了适应压力钢管的轴向变形需要，降低压力钢管管壁应力，应最大限度地减小压力钢管支座的滑动摩擦系数。支座在设计时，首先通过优选滑动摩擦系数低的四氟乙烯与不锈钢板作为支座的上下滑块，同时在四氟滑板上增设圆形储脂坑，储脂坑内装填 5201 硅脂，这样不仅可以降低摩擦系数，减小支座滑块间的磨耗，提高支座的使用寿命，而且还可起到自润滑的作用，减小支座后期运行维护工作。试验结果表明，四氟乙烯滑块的滑动摩擦系数小于 0.04，在润滑条件下其滑动摩擦系数甚至小于 0.01。

4.3.2　承载能力高

传统的平面滑动支座通常由上、下两块不锈钢质平板组成，压力钢管在自重及管内水重荷载作用下，管轴线将产生轻微的挠度变形，但由于滑板为平面且刚度大，使得滑板上的反力分布很不均匀，使得平面滑动支座一般不宜使用在管径与跨度较大的压力钢管上。为了解决上述滑动支座承载力偏小的问题，支座设计时，首先考虑采用抗压能力强的增强四氟乙烯滑板代替传统的不锈钢质平板和普通的四氟乙烯滑板，然后通过将滑板固定于支座夹槽中，实现前、后、左、右与底部的五向约束，达到提高支座承载力的目的。增强四氟乙烯的抗压能力可达 150MPa，是普通四氟乙烯的近 5 倍，可大大提高支座的承载能力。制造厂家室内承载能力试验结果表明，2000kN 级支座的最大极限试验荷载可达 4000kN，是设计承载力的 2 倍，具有较好的承载能力。

4.3.3 抗震性能好

为了有效提高压力钢管的抗震能力，确保电站安全运行，在支座设计时主要采取了以下两方面的抗震措施：①通过在支座上盖板与下垫板内分别设置一定厚度橡胶减震板，达到消能减震的作用；②在支座两侧设置防侧滑约束装置，防止压力钢管在地震荷载作用下滑出支座，并允许在内水压力作用下产生较大的横向位移，有效避免了压力钢管薄弱部位（如伸缩节，尤其是波纹管膨胀节）发生撕裂破坏，造成电站运行安全事故。

4.3.4 适应钢管变形能力强

压力钢管在自重及管内水重荷载的作用下，管轴线将产生轻微的挠度变形，为了适用压力钢管的变形需要，滑动支座上下两块滑板之间需要产生一个小角度的相对角位移。传统的滑动支座上下不锈钢滑块刚度较大，对钢管的变形适应能力差。为了解决上述问题，设计时考虑在支座上盖板与下垫板内分别设置一定厚度的橡胶板，该橡胶板不仅可以在压力钢管遭遇地震情况下起到消能减震作用，而且还可以在上下两块滑板之间产生一个小角度的相对位移，以适用压力钢管的变形需要。试验结果表明，该支座顺管轴向最大竖向转角位移可达 2°，完全可适用正常情况下压力钢管的变形要求。

4.3.5 使用寿命长、后期维护方便

支座采用防尘与自润滑设计，有效地降低了支座的磨耗，提高了支座的使用寿命，减少了后期维护工作。支座的理论设计使用年限为 50 年。支座与压力钢管支承环支腿下垫板采用螺栓连接，该连接方式不仅可以通过调整支座垫板的厚度或者增添支座垫板的方式解决支墩沉降问题，还可以通过对整个支座的替换与更新解决支座的意外损坏问题，大大地方便了压力钢管后期的运行维护。

5 结论

本文结合伊朗鲁德巴水电站的压力明钢管滑动支座的设计与制造，介绍了一种水电站压力钢管实用新型滑动支座。该支座主要从公路桥梁盆式单向滑动支座移植并加以改造而来，具有滑动摩擦系数小、支座承载力高、抗震性能好、适应钢管变形能力强、使用寿命长以及防尘防侧滑功能效果好的特点。该类型支座在伊朗鲁德巴水电站压力钢管中得到了良好应用，解决了大管径、大跨度、高地震区复杂地质条件下压力钢管支座的设计问题，可供同类工程压力钢管滑动支座设计借鉴。

水电站技术供水系统分析及新技术推广应用探索

文习波

（雅砻江流域水电开发有限公司，四川　成都　610051）

【摘　要】本文以官地水电站为例，阐述了采用压力钢管蜗壳取水方式作为发变组技术供水系统主用水源在实际运行中存在的问题，提出了处理措施和防止堵塞的解决办法。结合对相关问题的探讨，本文介绍了蜗壳取水口拦污栅改造和供排水管正反向倒换冲洗排污等新技术，其具有很强的实用性和很好的应用价值，值得广泛推广应用于类似水电站。

【关键词】水电站；技术供水系统；蜗壳取水；拦污罩；正反向倒换；技术改造

1　概述

官地水电站位于四川省凉山州西昌市与盐源县交界的雅砻江上，东距西昌市直线距离约40km，是锦屏一、二级电站和二滩电站的中间梯级电站。地下厂房装有4台单机容量为600MW机组，总装机容量2400MW，年平均发电量为111.29亿kW·h。

官地水电站机组技术供水系统采用单机单元蜗壳取水自流减压供水方式，蜗壳取水作为主用水源，在每台机组蜗壳进口延伸段侧壁上设置有取水口，由经过机组和主变供水支管并经过两路过滤器减压后分别引至本机组、主变压器的供水干管。

四台机组四个取水口通过一根联络总管联通互为备用，每台机组的供水干管间均设置一个联络阀，在某一台机组蜗壳取水口堵塞或流量不足时，可打开本机组和相邻机组至全厂技术供水的联络阀，直接接入全厂技术供水联络总管由其余机组供水。蜗壳取水与机组联络供水二者相互备用，主要为水轮发电机组各部轴承、发电机空冷器和主变冷却器提供过滤的冷却水。

2　存在的问题

官地水电站水库库容小，且上游水库中的木头、树枝、塑料袋等垃圾物较多，加之发电引水隧洞进水口的结构问题，同时，上游锦屏一、二级水电站正处于施工阶段，在每年的汛期来临之际，进水口拦污栅前总是会汇集大量来自上游的漂浮杂物，导致官地水电站机组技术供水系统滤水器存在易堵塞的问题。

2012年3月，在1号机组投产前的调试过程中，机组滤水器发生了多次堵塞事件，滤水器后端压力降至约0.4MPa，滤水器排污系统已不能解决堵塞问题。2012年7月，1号机组停机后对滤水器进行了全面检查和清理。在清理过程中，从滤水器下部浊水腔内掏出了大量杂物，各单元滤网筒内的小滤筒均被木块、木屑、树枝、塑料瓶盖、塑料包装袋和塑料膜等垃圾物塞满。

2.1 取水口及滤网筒堵塞

因发电初期水库首次蓄水时河床里的漂浮物随着水流上浮，小的漂浮物穿过进水口拦污栅缝隙聚集在入口段。在提起进水口闸门后，这些漂浮物随同水流进入压力钢管内。当技术供水系统启动后，小的漂浮物通过蜗壳取水口处的拦污栅缝隙随同浊水一起进入到滤水器内，造成滤网筒的堵塞；而另一些则吸附在拦污栅上，造成取水口的堵塞，导致技术供水水压和流量的降低和不稳定。

2.2 滤水器反冲洗效果不佳

从滤水器检修情况看，堵塞滤网筒的杂物几乎都是硬质细长状物，如树枝、木屑等，说明单元滤网筒结构的过滤组件容易被硬质长条状杂物卡阻，使得滤水器在反冲洗时不能将其从滤网筒中冲走。同时，滤水器的反冲洗水流进入下腔时断面突然扩大，流速减缓，泥沙和杂质容易沉积在滤水器罐体底部，由于底部没有设置排淤口，长期运行后可能会淤积、板结和锈蚀，影响过滤和排污效果，而其间一些颗粒状杂物及泥沙由于受条状物堵塞也滞留其中不易排出，使得反冲洗排污达不到预期的效果，堵塞情况日积月累愈发严重。

2.3 影响减压阀控制精度

减压阀导阀的控制回路对水质要求高，前置有两个导阀过滤器，定时自动反冲洗清污，避免杂质进入到控制回路，从而影响导阀的精确控制功能。减压阀前滤水器的滤孔直径为 4mm，而导阀过滤器过滤精度较之更高，大量杂质将附着在导阀过滤器滤网表面。汛期江水泥沙和杂质含量大，若滤网表面迅速堵塞，而过滤器由于定时器设定的时间未到无法反冲洗清污，导阀过滤器将完全堵塞，减压阀失效。

3 技术供水应对措施

要彻底解决滤水器易堵塞问题，就必须从根本上解决问题，主要从以下三点着手：①尽量减少垃圾物从水库进入电站发电引水隧洞；②尽量减少垃圾物从压力钢管进入技术供水取水管；③尽量保证各供水对象管道清洁、无污垢或钙化。相应采取的措施为：①加强对电站发电引水隧洞进水口拦污栅的检修和定期维护，拦污栅前淤积的垃圾物过多时要及时清除；②对技术供水系统蜗壳取水口拦污栅进行改造，用专门设计的蜗壳取水口拦污栅取代原有的拦污栅，以减少垃圾物进入蜗壳取水口；③当轴承冷却器或空冷器发生单向堵塞时，通过正反向倒换来改变水流方向，对堵塞在冷却器管路内的杂物实施有效的反冲刷。

官地电站与三峡左岸电站技术供水系统类似，文献［1］对三峡左岸电站技术供水系统运行中存在的风险进行分析并提出了应对策略，官地电站以此为依据，在实际运行中综合采用各种解决方法和应对措施，获得了非常好的实际效益。

3.1 拦污栅及漂浮物清理

为防止因进水口拦污栅破损导致压力钢管水质变差、蜗壳取水口堵塞最关键的步骤就是加强库区漂流物的治理工作，对上游库区的废品废渣、生活垃圾、白色污染物、树干树枝、动物尸体、塑料膜等污染物，实施定期维护和清理计划，采取人工打捞、

定期清渣、借助水力引流排泄等技术措施，尽量减少库区漂浮物，降低对机组技术供水的影响。

3.2 滤水器排污与定期维护

在汛期前后，对滤水器进行一次定期维护，降低过滤器堵塞的发生几率。滤水器设定自动和手动两种运行模式。在自动运行模式下，根据设定的冲洗时间间隔（定时）或进出水口压力差（差压）进行自动在线排污。采用漂浮物和沉积物分别排污，双排污相互连锁，有效地将进入滤水器的大量泥沙、杂草、污物等通过漂浮物排污阀和沉积物阀分别排放，避免泥沙和污物的堵塞。技术供水自动过滤在线运行，是技术供水系统的必要装置，尤其适用于“无人值班，少人值守”的电站。

3.3 蜗壳取水口冲洗

当运行机组进水口压降较大，取水口堵塞严重时，开启机组联络供水总管与机组技术供水干管之间的联络阀 102DDF（以 1 号机为例），由来自其他机组蜗壳的备用水源供水，再关闭蜗壳进水口阀门 101DDF 或滤水器前电动阀，随着反水锤的反向冲击和蜗壳内的主水流的高速冲刷，拦污栅杂物将被清除，可基本恢复取水口压力和流量，能够解决在机组不停机的情况下快速清除蜗壳取水口杂物的问题。

采取措施前后的各项数据对比详见表 1，可见经处理后的效果非常明显。

表 1　　2 号机蜗壳取水口冲洗前后数据

2 号机	机组滤水器前压力/MPa	主变滤水器前压力/MPa	机组及主变减压阀后压力/MPa	机组总流量/(m^3/h)	主变总流量/(m^3/h)
采取措施前	0.57	0.57	0.53	815	270
采取措施后	1.20	1.20	0.57	1300	350

4 取水口拦污栅改造

4.1 采用拦污罩＋导流格栅方式

小关子水电站技术供水系统蜗壳取水口拦污栅采用半球形网状拦污栅，电站投运后，水中漂浮物经常缠绕在拦污栅的钢筋栅条上堵塞拦污栅，堵塞严重时因压差太大导致拦污栅的钢筋栅条被压断。通过技术改造，检修人员设计制作并安装了一种自身不易被堵塞且能够明显减少水中漂浮物进入蜗壳取水口的拦污栅，拦污栅由壳体结构的拦污罩和 4 根扁钢制成的导流格栅组成（见图 1、图 2）。

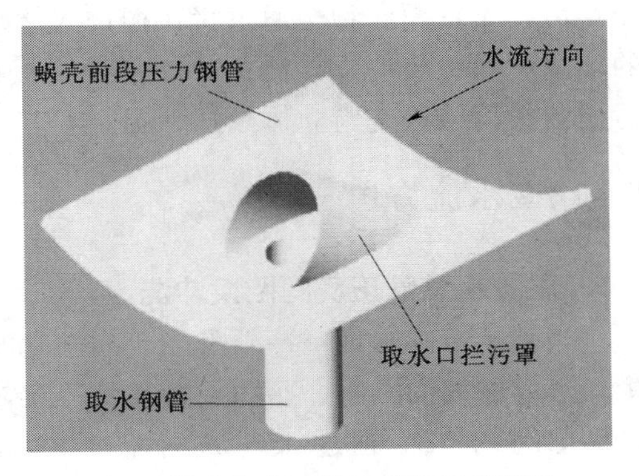

图 1　蜗壳取水口拦污栅改造模型图

拦污罩的作用：当木块、塑料瓶等坚硬漂浮物随水流接近蜗壳取水口时，与拦污罩发生撞击而脱离取水口；当塑料膜等柔软的漂浮物接近蜗壳取水口时，会在拦污罩下游的漩涡中漂离蜗壳取水口。导流格栅的作用：降低漩涡

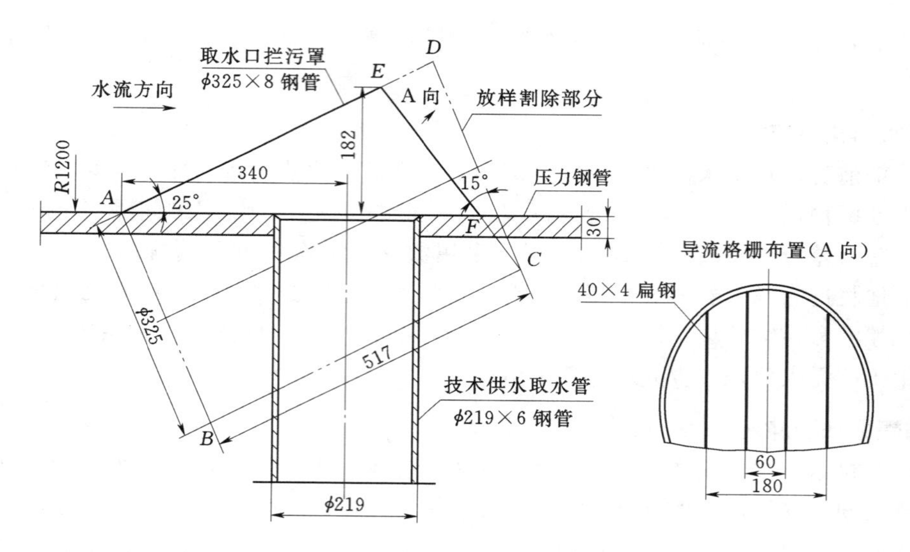

图 2 蜗壳取水口拦污罩制作图（单位：mm）

强度、稳定水流（不起拦污的作用）。

2009 年汛前，小关子水电站对 3、4 号机组技术供水取水口拦污栅进行改造；2010 年汛前，对 1、2 号机组技术供水取水口拦污栅进行改造。在 2009 年的汛期，对改造的机组和未改造的机组进行运行对比，用实际运行情况验证改造效果：1、2 号机组滤水器堵塞均超过两次；3、4 号机组没有发生过滤水器堵塞情况，也没有发生过滤水器后端压力明显降低情况。截止到 2012 年，经过改造的 4 台机组的技术供水滤水器一直没有发生过堵塞情况，并且在检修时打开滤水器没有明显的垃圾物积存。

4.2 采用导流板+拦污栅方式

为三峡电站厂用电及枢纽建筑物提供主备用电源的三峡电源电站，采用蜗壳取水方式供水，在电站进入汛期后，由于长江来水增大、漂浮物激增，大量漂浮物会进入电源电站机组蜗壳，极易堵塞机组技术供水取水口。

针对技术供水取水口拦污栅存在的结构缺陷，该电厂对取水口拦污栅进行了重新设计改造。改造后的拦污栅具有两大特点：①加大了拦污栅栅距（栅距 30mm）。加大拦污栅栅距后，大量漂浮物会通过拦污栅进入滤水器，通过滤水器排污至尾水，有效延长拦污栅的堵塞时间；②加焊导流板，并将导流板迎水面高度增加至 100mm。加焊导流板后，拦污栅由平面结构变为立体结构，提高了其纳污和抗堵塞能力。

5 改变水流方向

5.1 供排水总管正反向倒换冲洗

当轴承冷却器或空冷器发生单向堵塞时，通过正反向倒换来改变水流方向，对堵塞在冷却器管路内的杂物、污垢及钙化物等实施有效的反冲刷。在供排水总管上设置两个三通电动球阀 A、B，通过 A 与 B 的配合，达到对供水对象的正反向冲洗（见图 3）。实际操作中，可以由电动驱动装置带动三通球阀转动 90°即可改变水流方向，完成传统的利用 4

个阀门配合操作来改变水流方向的工作，从而减小运行人员的工作量和操作风险。

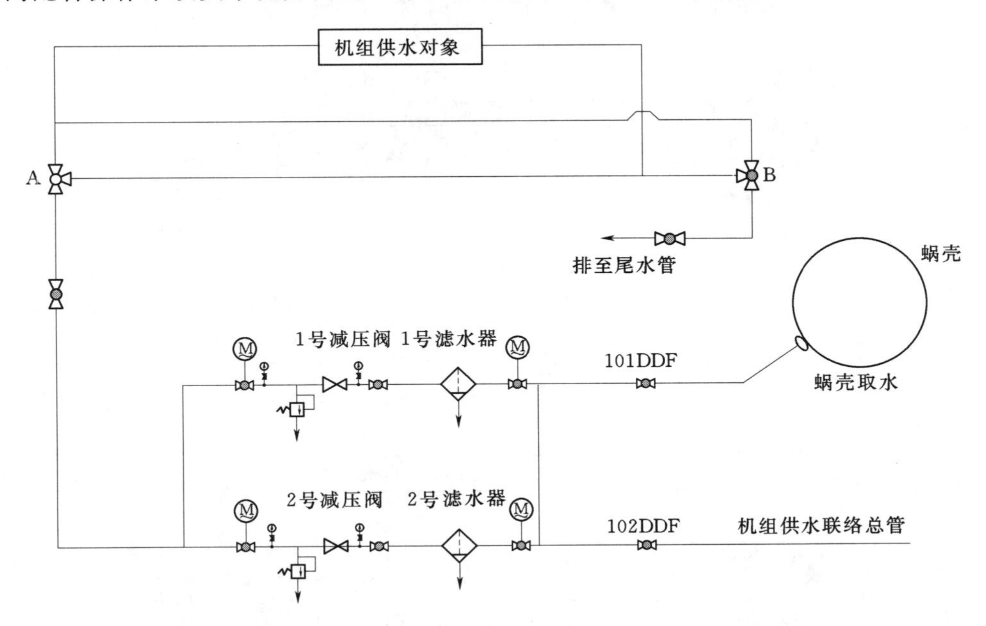

图 3　供排水总管利用三通阀进行正反向倒换冲洗

5.2　特定供水对象正反向倒换冲洗

对于机组技术供水系统中额定或运行流量较大的供水对象，如空冷器则可采取 4 个阀门配合的方式对空冷器管道进行在线冲刷。在不影响空冷器供水能力和机组冷却效果的前提下，特别是满足 DL/T 5066—2010《水电站水力机械辅助设备系统设计技术规范》中的技术供排水系统的相关内容，采用将双进双出供水管道改为正向单进单出和反向单进单出供水方式，并以某个固定周期轮换运行，能够很好地实现机组空冷器的正反向冲刷效果，降低机组空冷器的事故发生率（见图 4、图 5）。

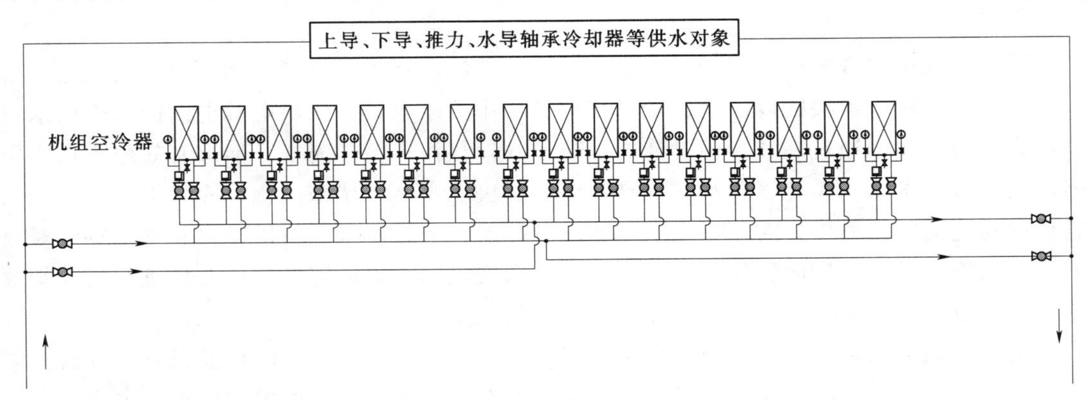

图 4　原设计双进双出供水方式

图 4 为原设计的双进双出供水方式，图 5、图 6 分别为正向单进单出供水方式、反向单进单出供水方式，可以实现对空冷器管道的正反向冲洗、排污。

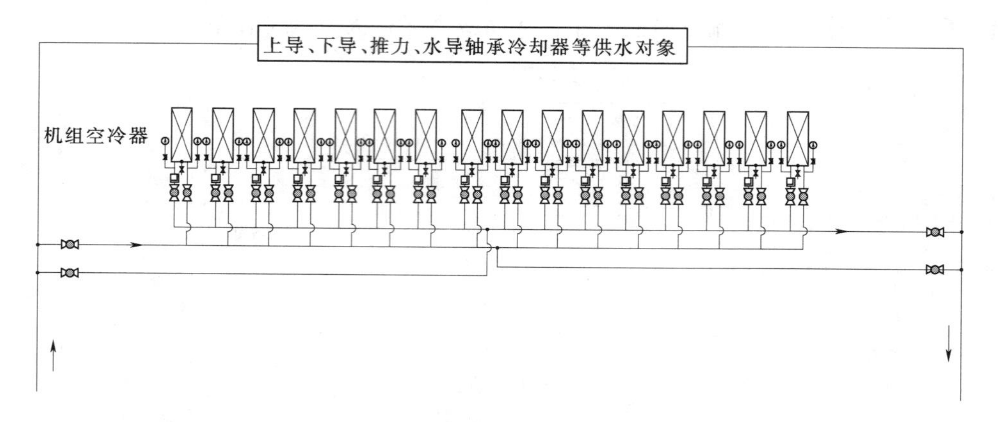

图5　正向单进单出供水方式

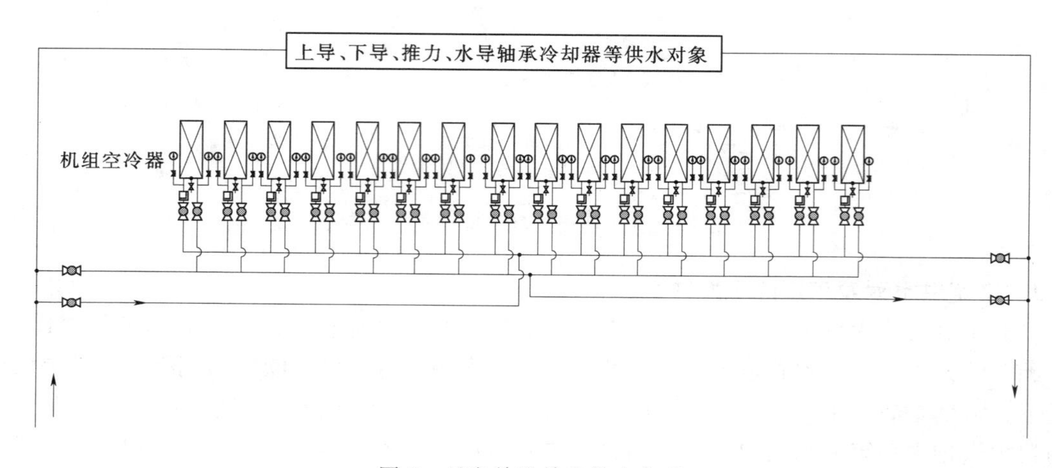

图6　反向单进单出供水方式

6　结语

采用蜗壳取水方式的发变组技术供水系统，其滤水器管路易堵塞问题是国内水电站普遍存在的而又难以解决的棘手问题。而采用类似小关子电站、三峡电源电站的蜗壳取水口拦污栅改造方案，通过加装专门设计的蜗壳取水口拦污罩、导流板，能够有效地阻挡水中漂浮物进入技术供水系统管路和滤水器，彻底解决滤水器易堵塞问题，并且不会影响到水轮机的稳定运行。另外，对于蜗壳取水情况良好的水电站，采用将供排水总管或特定对象的进出水管道进行正反向倒换改造，增加三通阀或电动阀，能够有效地改良机组的冷却效果，具有改造费用低、改造效果好和易于实施的优点。

机组技术供水系统对机组各部提供冷却水，是水电厂非常重要的辅助设备。针对流域在电站集中建设时期泥沙含量高、漂浮物多的特点，各梯级电站可根据地理、水库、水源及厂房基建等实际情况因地制宜灵活选用技术供水方式，通过管理手段采取不同的预控措施来抗沙防堵，并在运行方式上进行优化，能够大幅度地提高电站技术供水的质量水平。而本文所推荐的采取蜗壳取水口拦污栅改造技术和供排水管正反向倒换技术正反映了新技

术的发展趋势，具有很强的实用性和很好的应用价值，可以推广应用于类似情况的其他电站。

参 考 文 献

[1] 马玉涛．姜德班．吴晶．三峡左岸电站技术供水正反向倒换方案探讨［J］．水电站机电技术，2004，(4)：54-56.

[2] 张春．万平国．田斌．小关子水电站机组技术供水系统滤水器易堵塞问题的解决［J］．西北水电，2012，(2)：65-67.

[3] 杨艳．孙亚涛．三峡电源电站机组技术供水系统技术改造［J］．华中电力，2005，(5)：80-83.

[4] 钟然．陈宙．胡学龙．多泥沙条件下向家坝电站技术供水系统分析［J］．水电站机电技术，2012，(5)：117-119.

[5] DL/T 5066—2010．水电站水力机械辅助设备系统设计技术规范［S］．北京：中国电力出版社，2010.

四、施工工艺及材料

浅析向家坝水电站超大直径引水压力钢管制作与安装优化

周建平

（中国水利水电第七工程局机电安装分局，四川　彭山　620860）

【摘　要】 向家坝水电站右岸地下厂房引水隧洞压力钢管直径最大为14.4m，截至目前系水电工程上钢管直径之最、具有制作技术含量、质量要求、施工安全高等特点。本文针对此压力钢管制作安装的工艺特点和安装技术优化进行分析，为今后水利水电工程建设具有借鉴意义。

【关键词】 压力钢管；制作技术；施工安全；方案；优化

1　概况

向家坝水电站右岸地下厂房共设置4台机组，引水隧洞采用一洞一机布置型式，4条引水隧洞均由上平段、上弯段、斜直段、空间下弯段和下平段组成，1、2号和3号全部下平段布置压力钢管，均为直管；4号下平段和下弯段的一部分布置压力钢管，分为直管、弯管、锥管。其中1、2号管径14.4～11.4m，3号和4号管径13.4～11.4m，压力钢管的长度分别为56m、36m、36m、36m，主管材质为07MnCrMoVR高强钢，管壁厚有40mm、42mm、48mm3种规格，加劲环材质为Q345，厚30mm，宽200mm。压力钢管单节最大吊装重量为46t，总工程量2796t。

2　压力钢管制作安装要点、难点

向家坝水电站右岸地下厂房4条引水隧洞压力钢管制作安装共88节。其制作、安装工艺主要有以下特点。

（1）直径大14.4m，管壁厚有40mm、42mm、48mm3种规格，加劲环厚度30mm。主管材质为07MnCrMoVR高强钢，加劲环材质为Q345。

（2）制作加工，自动化水平高。钢板全部采用PHOENLXDP－5数控切割机切割下料；卷板采用EZW11S－140×4000程控水平下调三辊卷板机卷制；坡口制备采用12m刨边机加工。

（3）焊接工艺水平高。钢管纵缝全部采用全自动富氩焊进行焊接，其自动化程度高，大大提高了焊缝质量和施工效率；安装环缝采用手工电弧焊；制作纵缝、安装环缝、加劲环对接缝要求UT、TOFD100％检测。

（4）引水压力钢管的最大内径为14.4m渐变至13.4m，考虑到钢管制作、吊装、运输有较大安全风险，吊装过程中还容易造成钢管变形。因此管节在米字平台采用立式拼装，钢管厂瓦片、管节吊装，用自制T形式平衡梁立式吊运，钢管（半圆）运输用50t拖板车采用立式装车，如图1所示。采用此吊装运输方案，其主要目的是控制钢管在吊装运输过程中的变形。

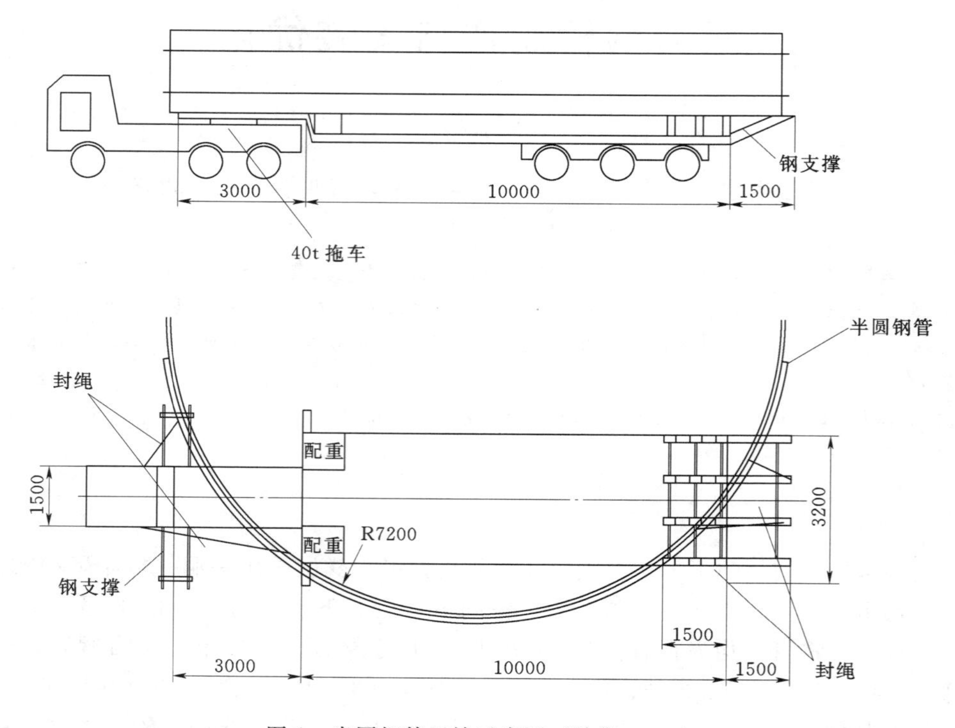

图1 半圆钢管运输示意图（单位：mm）

3 原施工方案及存在的问题

原压力钢管施工方案（招标文件施工方案）：在进水口上游新滩坝渣场设立钢管制造厂；钢管在厂内制作成长838～2000mm的管节，单节分4张瓦片在钢管厂完成瓦片的下料、切割、坡口加工、卷制（成型）、预组装、加劲环组装焊接（只留纵缝处少量未组装）、内外壁防腐等工序，防腐及检验后储存；管节需用60t的吊装设备装上拖车，经12号路运输至进水口314.5m高程平台，用进水口的60t门塔机吊装，翻身吊运至引水隧洞进口324m高程的运输轨道上；管节用卷扬机和滑车组牵引，从上平洞、斜洞进入工作面至管节的安装位置，进行管节的安装和调整。运输线路：右岸上游新滩坝渣场压力钢管加工厂⟶12号路⟶厂房进水口高程314.00m，运距13km。

为了保障管节轨道运输通畅，需要在主洞的上弯段和下弯段先期进行扩挖，每条洞以最后一节钢管做定位节依次向上游进行安装。钢管运输安装时段为2008年7月至2009年5月15日，工期约10个月。同时还影响土建单位施工的直线工期。

钢管原定运输方案不仅在安全技术上存在运输保障的难题，洞内运输高宽比例大的超大件，距离较长、弯点和拐点多，整个过程绝大部分需要繁重的人工劳动实现，施工资源

投入较大。在进口设大吊车，土法吊放，斜度50°，2节下滑重约90t，高15m，施工中存在较大的安全风险，难以实施。且钢管运输对主洞以及进水口相邻标段的施工产生很大的干扰。

4 施工方案优化

施工方案优化的总体思路：由传统的钢管洞内组圆焊接、运输，改为把制作好的瓦片运到相对空间大、施工条件好的地下厂房安装间进行单节组圆焊接，然后用50t桥机将钢管进行翻身，垂直吊运到引水隧洞下平洞口所设置好的接料平台，再用卷扬机水平牵引，把钢管拖到制定的位置，进行整体组焊。

4.1 方案优化后主要施工程序

（1）钢管在制造厂内制作成两个半圆（完成2条纵缝的焊接、加劲环组装焊接），向长为838～2000mm的瓦片，组焊加劲环、纵缝，焊接完成后，经防腐、检验后储存。

（2）瓦片运输至安装现场地下厂房安装间，进行安装前的组圆。

（3）组圆焊接完成验收后，用50t桥机吊至241平台将钢管进行翻身，最后吊至隧洞出口接料平台进行加固，加固后再吊下一节。

（4）两节钢管加固连接成一个整体，用下平段布置好的两台10t卷扬机进行牵引。为保证钢管在洞内移动的稳定性，把4节钢管作为一组进行移动，移动到安装位置，然后进行管节的调整、固定和环缝焊接，依次循环进行管节的安装和组焊。

方案优化后运输线路：右岸上游新滩坝渣场压力钢管加工厂⟶⑤公路⟶⑨公路⟶③公路⟶金沙江大桥⟶⑧公路⟶进厂交通洞运输至地下厂房安Ⅰ平台（或转吊至机坑平台），运距约4km（原方案中运距13km）。

4.2 优化方案特点

施工方案优化后，与原施工方案相比较具有以下特点。

（1）钢管运输在地下厂房进行组圆焊接，在钢管施工期间，地下厂房施工正好是基坑开挖、混凝土浇筑，钢管段的施工相对独立，避免了与厂房及进水口、斜井系统施工干扰。

（2）瓦片运输、钢管吊装利用60t门机、50t汽车吊、地下厂房50t桥机，机械化程度大大提高，职工劳动强度降低，改善了作业环境，施工安全得到更大的保障。

（3）钢管运输所需的轨道、支撑、起重设施（吊装锚具、钢丝绳和卷扬机）数量大为减少。

（4）钢管安装纵缝可全部实现全自动焊接，施工场地比较集中，焊接及其辅助的供电电源电加热等设施利用率高，节约能源消耗。

（5）减少了土建扩挖的工程量。

（6）减少现场防腐工作量，避免了环境污染，既环保又经济。

方案优化后压力钢管安装流程示意图见图2。

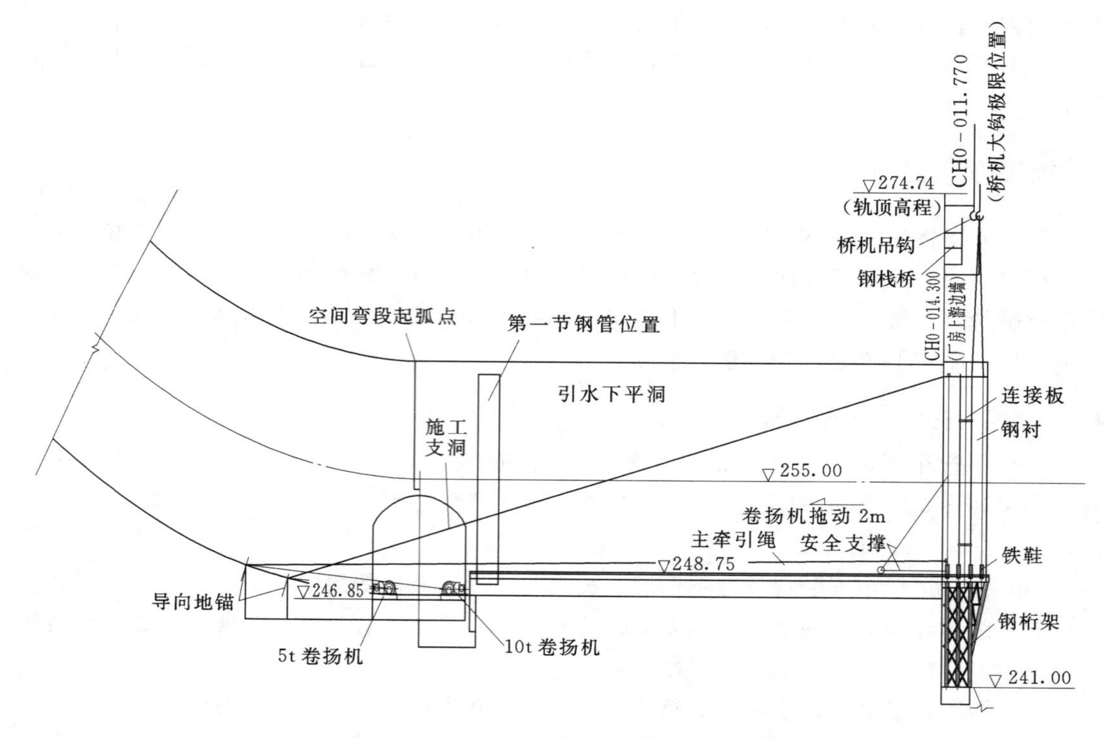

图 2　方案优化后压力钢管安装流程示意图

5　方案优化经济对比分析

5.1　施工设备

原方案与优化方案在钢管厂加工部分，其使用的加工设备完全相同，主要不同点为钢管翻身及吊装使用的设备不同，具体如下。

（1）原方案主要投入的设备为：60t 高架门机、50t 汽车吊各 1 台。

（2）优化方案：50/20t 桥机 1 台。

5.2　临时设施

原方案与优化方案在临时设施方面的不同，主要体现在以下几个方面：

（1）原方案中①～④洞内使用轨道（50kg）总长为 1037m；优化方案洞内轨道总长度为 380m。

（2）原方案中钢管在洞内的运输需要辅助支架。

（3）原方案中，在进水口进行钢管纵缝的焊接，受施工场地风的影响，因此需要防护蓬（10t）进行保护。

（4）优化方案中，由于受吊装范围影响，须将 4 条引水洞下游末端延长 4.5m 左右，但是延长部分距地面高度大约 8m，因此需要增加钢结构桁架进行支撑（20t/套，共投入 2 套，约 40t）。

（5）原方案中，为了适应钢管运输要求，确保施工安全，需要在上、下弯段进行工艺

性扩挖；优化方案中，由于引水下平洞锥管段末端引水隧洞的开挖直径为13.5m，小于直管、弯管段钢管的直径，因此在引水隧洞开挖时须按照直管段隧洞的直径进行开挖，即①、②机16.3m，③、④机15.3m。

5.3 施工工期

原方案和优化方案压力钢管在工厂内的制造时间是一样的，区别只是在压力钢管现场组装和安装，原方案安排2008年7月至2009年5月15日进行压力钢管现场组装和安装；优化方案计划在2009年6月至2009年12月进行压力钢管的现场组装和安装。

可以看出，原方案中钢管现场组装和安装为10个月，而优化方案中钢管现场组装和安装工期为7个月。其工期的变化，主要是由于原方案洞内运输的距离比优化方案长，而且在斜坡段的运输为了保证施工安全，运输速度更加缓慢。加上原方案中钢管运输到位后，还需要将辅助支架拆除，必然增加每节钢管的安装工期。

因此，优化方案在钢管安装的工期比投标工期减少了近3个月。

5.4 施工质量

施工质量的比较主要体现于进水口与地下厂房施工环境不同。

(1) 进水口基本属于露天作业，风力、气候、温度、湿度等因素对焊接质量影响较大，虽采取一定措施但还是存在的。

(2) 地下厂房等同于工厂厂房作业，焊接质量不受环境的影响。

5.5 施工安全

向家坝压力钢管最大直径14.4m，属世界之最。原方案中，钢管运输需要经上水平段、斜坡段及下水平段，其中，斜坡段运输，由于钢管直径大，自身的刚性较差，同时斜坡段运输其抗倾翻能力很差，存在很大的安全隐患。优化方案中，钢管运输仅为下水平段运输，其运输稳定性很高，安全性能够得到很好的保障。

根据钢管优化方案可量化的经济价值对比分析表（见表1），优化后方案可节约成本约530万元。

表1　钢管优化方案可量化的经济价值对比分析表

序号	项　　目	单位	原工程量	优化结果	说　　明
1	上下弯段因钢管运输的开挖及回填混凝土量	m^3	8000	没有	
2	轨道安装	m	1037	降低63%	优化方案洞内轨道总长度为380m
3	吊装天锚安装	项	1	没有	优化后不需要天锚
4	进水口门塔机MQ1260B/60t	台	1台	没有	
5	运输辅助支架	t	20	没有	
6	钢管接料平台	套	没有	投入制作2套(40T)	
7	焊接防护蓬	项	1	没有	进水口露天钢管组圆焊接用

6 结语

向家坝水电站引水隧洞超大直径压力钢管安装，通过施工方案的优化，最大限度地降低了安全风险，摆脱引水隧洞压力钢管安装与进水口土建施工的交叉约束，既解决了超大型钢管运输技术难题，又缩短了工程建设建设工期和施工成本的降低，达到工程均衡施工的目标，特别是由传统的钢管洞内组圆焊接、运输，改为把制作好的瓦片运到相对空间大、施工条件好的地下厂房安装间进行单节组圆焊接，然后再进行安装。这样很大程度上降低了安全风险、职工劳动强度，改善了作业环境，提高了引水隧洞超大直径压力钢管安装的机械化程度，必然对我国水电建设产生十分重要的影响。该工程的成功，给我国水电站引水压力钢管的制造和安装提供了一条新的途径。

参 考 文 献

[1] 张政．金属结构制造与安装［M］. 北京：中国水利水电出版社. 1995.

[2] 徐灏．机械设计手册（第三版）［M］. 机械工业出版社．2008.

[3] DL/T 5017—2007 水电水利工程压力钢管制造安装及验收规范［S］. 北京：中国电力出版社，2007.

亭子口水利枢纽工程伸缩节选型特点及现场组装技术简介

周建平

（中国水利水电第七工程局机电安装分局，四川　彭山　620860）

【摘　要】本文简述了亭子口水利枢纽工程压力钢管复式波纹管式伸缩节的结构特点及制作难点，重点介绍了其设计优点、使用功能，并对制作工艺要点，异种钢装焊技术进行剖析。

【关键词】复式伸缩节；波纹管；制作工艺；异种钢；焊接

1　概况

1.1　工程概况

嘉陵江亭子口水利枢纽位于四川省广元市苍溪县境内，是嘉陵江干流开发中唯一的控制性工程，是以防洪、城乡供水及灌溉、发电为主，兼顾航运，并具有拦沙减淤等效益的综合利用工程。嘉陵江亭子口水利枢纽为坝后式厂房，装机 4 台，单机容量 27.5 万 kW，总装机容量 110 万 kW。采用一管一机引水方式，4 条引水管道平行布置。钢管由上弯段、斜直段、下弯段、下平段组成，之后接入蜗壳进口端。钢管直径 8.7m，设计水头为 120m，单机引用流量 428.87m^3/s，一条钢管长为 103.458m，4 条钢管总长 413.832m。

根据亭子口水利枢纽地理及气候特点，为满足水温变幅、气温变幅、内水压力及压力脉动等变化情况下压力钢管在径向和轴向方向上的补偿功能，保证压力钢管的运行安全，压力钢管在厂、坝分缝处设置了伸缩节检修室，伸缩节室上游端墙桩号 X0＋95.68，下游端墙桩号为 X0＋100.68。伸缩节室长 5m，宽 12.5m，高 13.2m，伸缩节长 2.0m，伸缩节过流内径 8.70m，管节长 2m，设有两组波纹管（即采用复式伸缩节），轴线中心高程 366.60m，伸缩节前后连接管段材质均为 Q345R 钢板，厚度均为 36mm。

1.2　伸缩节主要技术参数及结构特点

1.2.1　伸缩节主要设计参数

（1）荷载和伸缩节室两端相对位移。

内水压力：1.2MPa。

顺水流向循环相对位移：40mm。

坝轴向循环相对位移：4mm。

径向循环相对位移：4mm。

顺水流向最大相对位移：50mm。

坝轴向最大相对位移：6mm。

径向最大相对位移：6mm。

循环次数：≥1000。

(2) 压力脉动频率及伸缩节内水流流速。

机组转频：1.67Hz。

单机引用流量：428.87m^3/s。

相应流速：7.22m/s。

1.2.2 伸缩节主要结构特点

因设计参数的横向变位较大（最大横向位移50mm），亭子口水利枢纽选用复式伸缩节，该结构型式伸缩节的核心构件为两组波纹管和一个中间接管，两个端接管和两个导流筒组成。通过两组波纹管的反向角变位和中间接管的旋转，达到补偿管道横向变位、角向变位和轴向变位。亭子口水利枢纽伸缩节结构见图1。

该伸缩节过流内径8700mm，最大外径9200mm（不考虑固定组件尺寸）管节长度2000mm，主要组成材质为Q235、Q345R和304不锈钢3种，壁厚4～36mm等7种规格，主要由端接管、中间接管、抬高接管等构成的连接接管，波纹管、铠装环、导流筒等构成的波芯装置和外护套、固定组件等安装运输防护装置三大部分组成。因设计压力1.2MPa，且流道内的流阻尽量小，伸缩节采用了波纹管抬高加设导流筒的结构，波纹管通过两边抬高的短接管连接于DN8700mm的接管上，波纹管与抬高短接管采用内插焊接的连接方式，起加强波纹管作用，波纹管安全性能更可靠。由中间接管连接两个具有较强轴向、角向位移补偿功能和一定横向位移补偿功能的单式波纹管功能装置构成的复式波纹管伸缩节，其横向位移补偿被中间接管得到放大，具有良好的三维位移补偿性能。

2 伸缩节的设计特点

2.1 波纹管的设计

波纹管关键考虑因素有承压性能、补偿量、材质选择，且通常波纹管的波形有U形和Ω形两种，因特殊的结构形状而且有优越的承压和补偿变形能力。U形波纹管相对补偿能力强，Ω形波纹管相对承压能力强。亭子口水利枢纽U形波纹管，因考虑到内压较大，在波谷处加铠装环，增加承压能力。波纹管的材料选用304不锈钢制作，该材料具有优良的耐酸、耐碱及氧化性环境抗腐蚀性能，该材料可以用液压、滚压或冲压等方法成型。

2.2 导流筒的设计

导流筒可改善流态，为减小水头损失，防止或削弱高速流体引发波纹管结构振动，并避免水中泥沙对波纹管的冲蚀或磨损。导流筒的设计内径与压力钢管内径基本一致，沿其圆周均布开设平压导流孔，保证压力钢管内表面平滑过流。

导流筒安装在抬高接管上的定位垫环上，内衬筒的内径与用户管道内径一致（为8700mm），起流阻接近于0。

2.3 采用橡胶阻尼减振装置

为了防止及限制伸缩节中间段钢管在运行中因水流脉动可能引起的振动现象，本文方

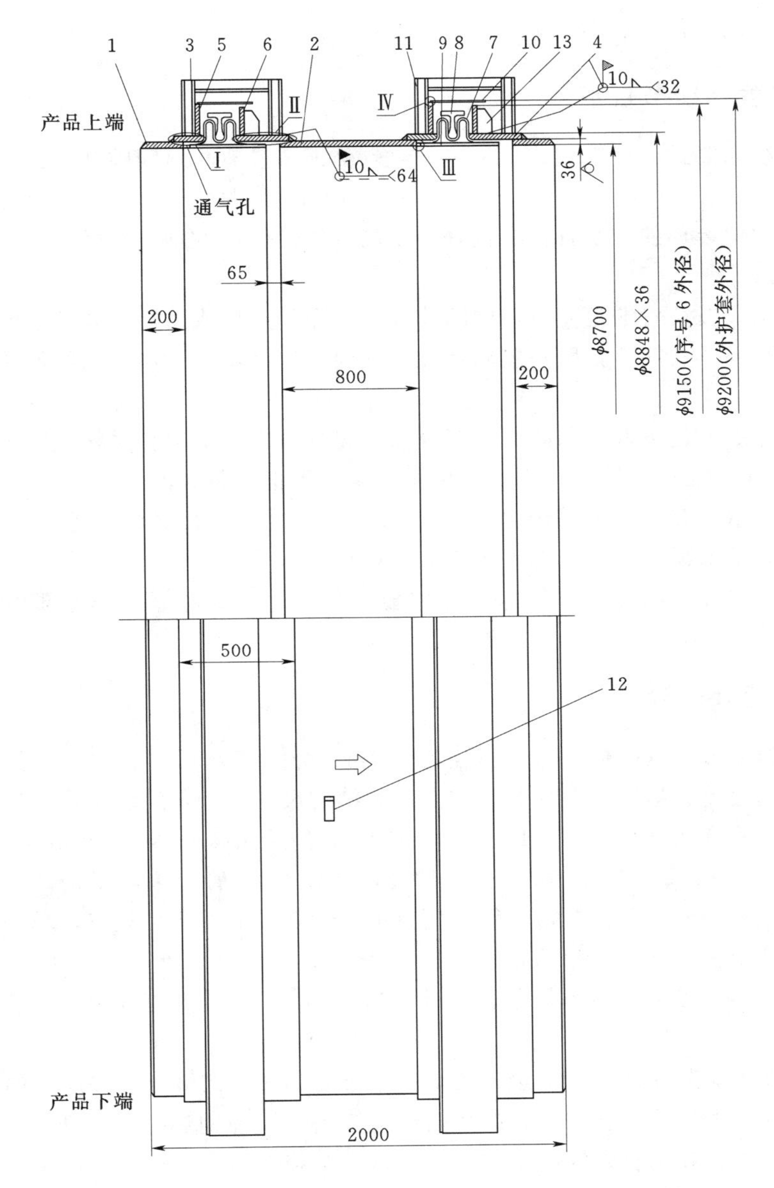

图 1　复式波纹管伸缩节结构图（单位：mm）

1—端接管；2—中间接管；3—抬高接管 1；4—抬高接管 2；5—环板 1；6—环板 2；7—波纹管；8—铠装环；9—导流筒；10—外护套；11—运输、安装固定组建；12—铭牌；13—筋板

案中采用了橡胶阻尼装置，其主要特点：

(1) 采用优质合成橡胶作为阻尼材料，要求橡胶的室温老化疲劳寿命在 80 年以上，以满足伸缩节 50 年免维护使用寿命的设计要求。

(2) 利用加强的外套管作为阻尼压圈的支承依托，具有可靠和结构紧凑的优点。

(3) 由于该阻尼装置的支承圈（即外套管）是焊固在上、下游端的钢管上，因此阻尼装置同时还对中间段钢管起到了辅助支撑作用。

3　复式波纹管伸缩节优点

（1）和传统套筒式伸缩节相比，复式波纹管伸缩节没有止水间隙和密封填料，无泄漏问题。

（2）多层加铠装环的波纹管具有良好的耐高水压性能，且轴向刚度不大，不会增加轴向应力。

（3）利用两段波纹管的角变位和中间接管的放大作用构成的复式波纹管伸缩节，具有良好的三向位移补偿性能，特别是能满足较大轴向变位（亭子口水利枢纽伸缩节最大横向位移 50mm）。

（4）复式伸缩节是按低周和高周疲劳设计，充分考虑了结构和材料的安定性，设计使用寿命长达 50 年，在运行期限内不需要更换，实现真正的免维护。

（5）此外，由于波纹管伸缩节是管道上的柔性元件，有很好的吸振能力抵抗超载能力，可避免如异常水锤事故、地震等造成的损坏。

（6）波纹管内部有内衬筒，外部有外护套，产品无论从内部还是外部均不易受到损害，因此本产品不需要其他的保护措施。

4　伸缩节制造难点分析

（1）因该伸缩节为巨型伸缩节，内径为 8.7m，分三辨制作、组装。尤其两组波纹管需长途运输，则运输、吊装变形控制难度大。其结构尺寸复杂，组装工序繁锁：单套伸缩节其组成管节单元含 2 件端接管、1 件中间接管、2 件抬高接管 1、2 件抬高接管 2、2 件波纹管、2 件铠装环、2 件导流筒、2 件外护套，共计 15 个管节单元紧密镶嵌扣接，管节内径有 8700～9180mm 等 5 种规格，管节高有 120～800mm 等 7 种规格，单个管节单元组装周长、圆度控制精度高（即相邻管节周长差 8mm，管口平面度 2mm，内、外接管和波纹管的实际直径与设计直径的偏差不超过 ±2.5mm），整体组装管节成形长度控制难度大。

（2）波纹管伸缩节保证运行安全的关键技术难点是薄壁的波纹管和厚壁的上下游钢管之间的焊接问题。由于波纹管和钢管的环向焊接接头是异种钢焊接（不锈钢 304＋低合金钢 Q345），且波纹管和钢管之间的壁厚相差悬殊，若施焊不当，焊缝表面有产生浅层细微裂纹的倾向（通常肉眼不易察觉），在交变应力的作用下，这样的焊接接头疲劳寿命会较短。

（3）伸缩节厂内进行整体开口水压试验，试验压力为 1.8MPa，每组保压 20min，其实验压力高、外形尺寸大，保证在开口情况下不变形、不泄压，对波纹管、打压装置的焊缝质量要求高，对打压装置组焊拆除要求高。

5　伸缩节制作应对策略

5.1　瓦片下料控制方法

瓦片是伸缩节制作的最基本单元，其下料尺寸控制是伸缩节制作质量控制的基础也是

关键之一。

（1）下料工艺时，须抽检分析所到板材厚度，根据板厚板宽情况压力容器板厚度一般在5～200mm其厚度附加值一般在+0.1～+1.65mm之间，具体偏差以实际抽查分析确定，确定下料瓦片尺寸时应加上厚度附加值计算。

（2）伸缩节各接管管径大高度小，端接管、抬高接管、导流筒、外护套各管节高度尺寸为170～355mm之间5种规格，管节内径8700～9180mm之间4种规格，为便于控制焊接变形和收缩一般采取分割3张瓦片制作，每张瓦片的长宽比极大。瓦片下料切割受热后极易产生侧弯及扭曲变形，在卷制过程中，瓦片与卷板机上下辊之间接触面积小，难以对正卷制时容易产生扭曲变形，为保证成形后的尺寸精度，采取在同一块钢板上对同一类型的瓦片进行统一下料的工艺，切割时根据板长、板厚等预留8～10段长为80～100mm切割连接点，下料完成后预留点暂不割开，待瓦片整体卷制检验合格后，割开、修磨预留的连接点。

5.2 瓦片卷制控制方法

对于宽度较窄与卷板机上下辊之间接触面积小，难以对正卷制容易产生扭曲变形的瓦片卷制，采取多组瓦片点焊在一起，卷制成形检验合格后割开、修磨点焊点的方式进行。

5.3 异种钢装配及焊接质量控制方法

传统对接焊接接头是异种钢焊接（不锈钢—合金钢），因金属融合区不同元素的稀释作用易造成韧性降低的缺陷，大大提高了焊接接头的弯曲疲劳寿命。针对该问题采取如下方式解决。

（1）增加的不锈钢过渡连接环虽然在另一端和上、下游钢管为环向搭接焊接接头，但因为该连接环和波纹管连接端同时也和上、下游钢管内壁融合在一起，实际为两条焊缝共同受力，因此和传统插入式对接焊接接头相比，其抗拉强度相同。

（2）传统插入式对接焊接接头为异种钢焊接，焊缝韧性较差，并且接头两侧材料壁厚相差悬殊（通常为3：1～10：1）焊接应力较高，焊缝在弯曲疲劳作用下易产生疲劳裂纹。新型加环焊接接头由于增加的过渡环壁厚和波纹管壁厚相同，且它和波纹管之间为同种钢焊接，因此有效地避免了上述情况的发生（接头方式见图2和图3）。

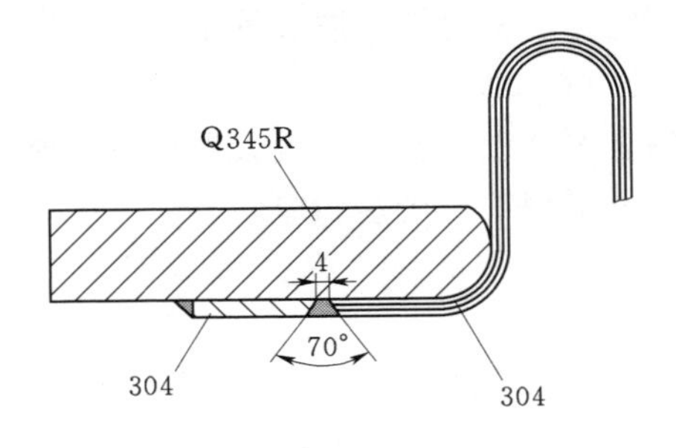

图2 新型加环对接焊接接头示意图

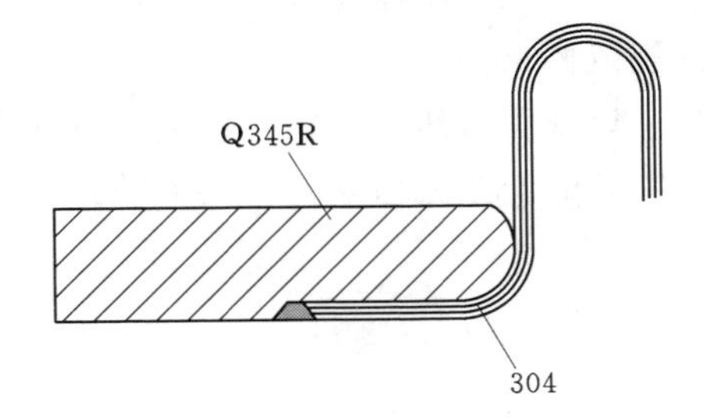

图3 传统插入式对接焊接接头示意图

5.4 伸缩节水压试验质量控制

伸缩节打压主要是对波纹管段进行全密封水压试验，采用打压钢带组焊于中间接管与端接管上进行密封打压。钢带的外径小于伸缩节内径 20mm，纵向长度大于波纹管长度 100mm，套入伸缩节波纹管段，调整好上下、直径距离，采用 16mm 厚钢垫环将打压钢带与接管间间隙封堵焊接牢固。最后将打压设备接入钢带预留的螺孔上，即完成打压设备安装（见图 4）。具体水压试验方法如下。

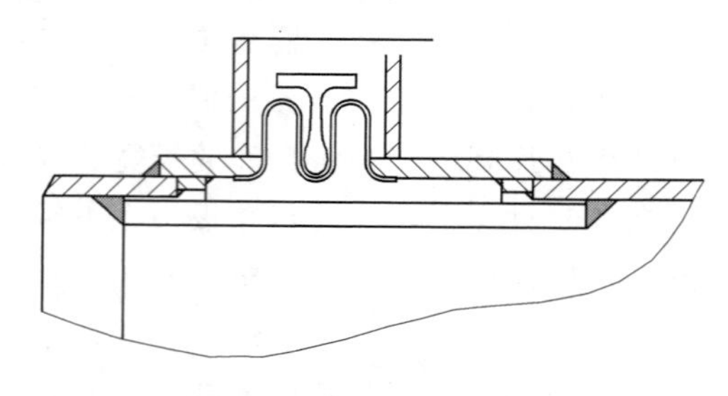

图 4

（1）注入常温水，待注满后接入打压泵进行打压。

（2）0.5MPa 耐压强度试验：先利用专用注水、排气接头用试压泵向伸缩节密封的内衬和波纹管之间打压注水，当水压达到 0.5MPa，关闭注水阀，开始计时，保压 10min，用 5 倍放大镜，对波壳体表面及其纵缝、环焊缝进行全面仔细的目视循环检查。

（3）1.8MPa 保压试验：在 0.5MPa 强度试验的基础上，打开注水阀，将试水压力从 0.5MPa 上升到 1.8MPa，然后关闭注水阀，进行保压。时间为 20min，保压过程中，利用 5 倍放大镜，全过程对波壳体表面及波壳体纵缝、环缝进行全面目视检查，无渗水、变形。

该打压装置采用 ϕ16mm 圆钢垫环与端接管和中间接管镶嵌焊接其安装简便，水压试验证明其强度足够，打压试验完成后采用碳弧气刨刨除钢垫环再整体打磨，垫环与伸缩节本体接触面积小可避免伤及母材。

6　结语

亭子口水利枢纽工程伸缩节制造过程中对制造工艺、焊接工艺、焊接人员资质、施工过程质量等进行了严格控制，所有探伤检查焊缝一次合格率均为 100%。伸缩节水压试验顺利通过 1.8MPa 耐压强度试验，承压强度、稳定性、密封性及波纹管水压强度密封性符合设计规范要求。

亭子口水利枢纽压力钢管伸缩节制作质量完全符合设计要求，极大地缓解了所处地震带位置电站的安全隐患，值得类似的大型水利水电工程项目借鉴和应用。

向家坝水电站超大直径引水隧洞压力钢管B610CF高强钢焊接技术

侯　明

（中国水利水电第七工程局机电安装分局，四川　彭山　620860）

【摘　要】向家坝水电站右岸地下厂房设置四台800MW机组，四条引水隧洞压力钢管全部采用了B610CF高强钢制作。本文围绕这种低焊接裂纹敏感性钢的特点，介绍压力钢管制作、安装焊接过程中采取的焊接质量控制措施和合理的焊接工艺，包括焊接方法及设备的选用、焊缝坡口的设计及制备、焊接工作环境要求、定位焊接要求及控制变形的措施、预热和焊后处理、焊接工艺及焊接规范参数、焊后消应方法及工艺、质量检验方法及标准、缺陷返修等内容。通过总结B610CF高强钢焊接取得的成功经验，希望能为同类焊接结构件提供可借鉴的经验。

【关键词】压力钢管；B610CF高强钢；焊接技术

1　概述

向家坝水电站位于四川省宜宾县和云南省水富县交界的金沙江峡谷出口处。它以发电为主，同时改善上、下游通航条件，兼顾灌溉，结合防洪、拦沙，并且具有为上游梯级进行反调节的作用。向家坝水电站枢纽由拦河大坝、泄洪排沙建筑物、左岸坝后厂房、右岸地下厂房、左岸垂直升船机和两岸灌溉取水口等组成。左岸坝后厂房位于溢流坝左侧，右岸地下厂房位于右岸坝肩上游山体内，左右岸各装机4台水轮发电机组，总装机容量640万kW，多年平均发电量307.5亿kW·h。

向家坝水电站右岸地下厂房共设置4台机组，引水隧洞采用一洞一机布置型式，4条引水隧洞均由上平段、上弯段、斜直段、空间下弯段和下平段组成，1、2号和3号全部下平段布置压力钢管，分为直管、锥管；4号下平段和下弯段的一部分布置压力钢管，分为直管、弯管、锥管。其中1、2号管径14400～11600mm，3号和4号管径13400～11600mm，压力钢管的长分别为56m、36m、36m、36.448m，主管材质为07MnCrMoVR，管壁厚40mm、42mm、48mm 3种规格，加劲环（阻水环）材质为Q345C，厚30mm，宽分别为350mm、300mm、200mm。4条引水隧洞共88节钢管，压力钢管单节最大吊装重量为46t，总工程量2796t。

2　焊接技术要求

（1）严格按照GB/T 19001—2000idt、ISO 9001—2000质量标准，组织焊工学习《三峡工程施工工艺标准化培训》，建立严格的焊接质量控制体系，实行质量责任终身制。

（2）焊工必须持有与本标段压力钢管焊材种类、焊接方法与焊接位置相适应的合格证上岗，若持有合格证的焊工中断焊接工作6个月以上者应重新进行考试。

（3）无损检测人员经过专业培训，通过国家专业部门考试，取得无损检测资格证书。评定焊缝质量由Ⅱ级或Ⅱ级以上的无损检测人员担任。

（4）根据右岸地下引水发电系统土建及金属结构安装工程（合同编号：XJB/0184）第二卷《技术条款》及DL/T 5017—2007《水电水利工程压力钢管制造安装及验收规范》进行焊接工艺评定，并将评定结果报送监理工程师审批，施工过程中严格按照批准的焊接工艺进行施焊。

3 B610CF高强钢简介

B610CF是宝山钢铁股份有限公司生产的低焊接裂纹敏感性压力容器用高强度钢板。冶炼方法是钢由氧气转炉冶炼，并经真空处理。交货状态时钢板以调质（离线淬火加回火）状态交货，其中回火温度应不低于600℃。根据需要，允许供方进行多次热处理。通常情况下钢板的边缘状态以剪切或火焰切割边交货。其化学成分、力学和工艺性能见表1、表2。

表1　　B610CF高强钢化学成分

牌　号	厚度/mm	化　学　成　分/%									
		C	Si	Mn	P	S	Ni	Cr	Mo	V	P_{cm} d
B610CF	12～60	≤0.09	0.15～0.40	1.20～1.60	≤0.015	≤0.007	≤0.40	≤0.30	≤0.30	0.02～0.06	≤0.20

P_{cm}为焊接裂纹敏感性组成，按以下公式计算：

$$P_{cm}=C+\frac{Si}{30}+\frac{Mn}{20}+\frac{Cu}{20}+\frac{Ni}{60}+\frac{Cr}{20}+\frac{Mo}{15}+\frac{V}{10}+5B\quad(\%)$$

表2　　B610CF高强钢力学和工艺性能

牌号	厚度/mm	拉　伸　试　验			V形冲击试验		180°弯曲试验 $b=2a$（a=试样厚度，b=试样宽度）
		下屈服强度 R_{eL} /MPa	抗拉强度 R_m /MPa	断后伸长率A/%（$L_0=5.65\sqrt{S_0}$）	温度/℃	冲击功/J	
B610CF	12～60	≥490	610～730	≥17	−20	≥100	$d=3a$

4 焊接材料选用

熔化极全自动气保焊，焊丝选择CHW－65A，焊丝规格ϕ1.2mm。CHW－65A属低合金高强钢用气保焊丝，该焊丝具有良好的全位置焊接工艺性能，其化学成分和力学性能见表3。

表3　　CHW－65A化学成分及力学性能

焊丝熔敷金属化学成分/%										
C	Si	Mn	P	S	Cr	Ni	Mo	V	Cu	Ti、B
0.06	0.60	1.60	0.010	0.006	0.40	/	0.20	/	0.12	微量

焊丝力学性能

项　　目	最大拉力 F_b/kN	抗拉强度 R_m/MPa	屈服强度 R_{el}/MPa	伸长率 A/%	冲击功/J
ϕ1.2mm	196	625	540	26	103

手工焊选用焊条 CHE62CFLH，规格 ϕ3.2mm、ϕ4.0mm。CHE-62CFLH 属低氢钠型药皮的超低氢低合金钢焊条，可进行全位置焊接，具有优良的塑性和韧性，整体性能优良。其化学成分和力学性能见表 4。

表 4　CHE62CFLH 化学成分及力学性能

焊条熔敷金属化学成分/%										
C	Si	Mn	P	S	Cr	Ni	Mo	V	Cu	Ti
≤0.08	≤0.50	≥1.00	≤0.035	≤0.035	/	≤1.20	≥0.15	/	/	/

焊条力学性能					
项　目	最大拉力 F_b/kN	抗拉强度 R_m/MPa	屈服强度 R_{el}/MPa	伸长率 A/%	冲击功 /J
ϕ3.2mm	73	645	550	25.5	143
ϕ4.0mm	204	650	560	24	136

5　焊接方法及设备

根据焊缝形式，施工条件正确选择焊接方法和焊接设备。龙滩水电站压力钢管成功应用了全自动熔化极气体保护焊焊接钢管纵缝，因此在向家坝电站超大型压力钢管制作借鉴以往经验，提高焊接自动化水平，不仅是焊接质量的保证，同时也是提高效率的重要途径。通过实验钢管纵缝焊接采用手工焊封底，全自动气体保护焊焊接；单节钢管纵缝同时预热、同时施焊。对于焊接缺陷的处理采用手工电弧焊接；环缝均采用手工焊焊接。

熔化极全自动气保焊使用的设备为奥地利福尼斯电源 TPS4000 型，美国巴贡的全自动焊接小车 BUG-0MDS 型。设备性能优良，焊接质量稳定，轨道为刚性轨道。手工电弧焊使用的设备为熊谷的逆变焊机 ZX7-400S 型。焊接方法和焊接设备如表 5。

表 5　焊接方法和焊接设备

焊缝形式	材质	板厚/mm	焊接方法	焊　接　设　备
纵缝（立焊缝）	B610CF	40、42、48	全自动气保焊＋手工焊	全自动焊接小车 BUG-0MDS 型、熊谷逆变焊机 ZX7-400S 型
环缝（平/立、仰焊缝）			手工焊	熊谷逆变焊机 ZX7-400S 型

6　焊接工艺参数

焊接工艺参数是根据 DL/T 5017—2007《水电水利工程压力钢管制造安装及验收规范》要求，在现场进行焊接工艺评定来确定的。因此列举 δ=48mm 3 种焊接方式的参数：自动焊立焊平板对接立焊、手工焊平板对接平仰焊及手工焊平板对接立焊。根据实验结果，确定的焊接参数及熔敷顺序见表 6～表 8。

表 6　δ=48mm 自动焊平板对接立焊

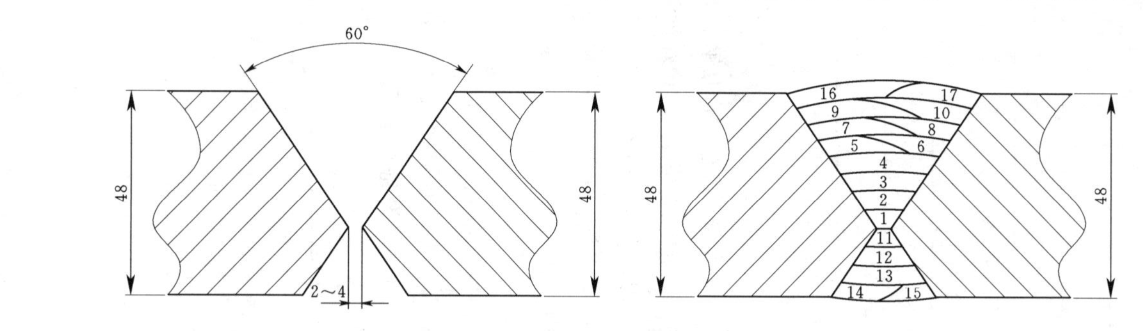

焊接层(道)数	焊接方法	填充金属		焊接电流		电弧电压/V	小车行走速度/(mm/min)	焊枪摆动频率/刻度	焊枪停留时间/s		每道焊缝厚度/mm	气体流量/(L/min)	
		牌号	直径/mm	极性	电流/A				左	右		CO_2	Ar
1～2	手工焊	CHE62C FLH	ϕ3.2	直反	90～120	23～27	/	/	/	/	4～6	/	/
3	全自动焊	CHW-66A	ϕ1.2	直反	160～170	23～27	60～100	6～8	0.6	0.6	3～5	3～5	13～15
4	全自动焊	CHW-66A	ϕ1.2	直反	110～160	21～23	60～90	6～8	0.6	0.6	3～5	3～5	13～15
5～6	全自动焊	CHW-66A	ϕ1.2	直反	100～150	21～23	60～90	6～9	0.6	0.6	3～5	3～5	13～15
7～8	全自动焊	CHE62C FLH	ϕ1.2	直反	100～130	23～27	60～90	6～9	0.6	0.6	3～5	3～5	13～15
9～10	全自动焊	CHW-66A	ϕ1.2	直反	110～160	21～23	60～100	7～9	0.6	0.6	3～5	3～5	13～15
11～12	手工焊	CHW-66A	ϕ3.2	直反	100～120	23～27	60～90	/	/	/	2～3	/	/
13～15	全自动焊	CHW-66A	ϕ1.2	直反	140～160	21～23	60～100	7～9	0.4	0.4	3～5	3～5	13～15
16～17	全自动焊	CHW-66A	ϕ1.2	直反	150～170	20～22	70～110	6～8	0.3	0.3	2～3	3～5	13～15

表 7 δ=48mm 手工焊平板对接平仰焊

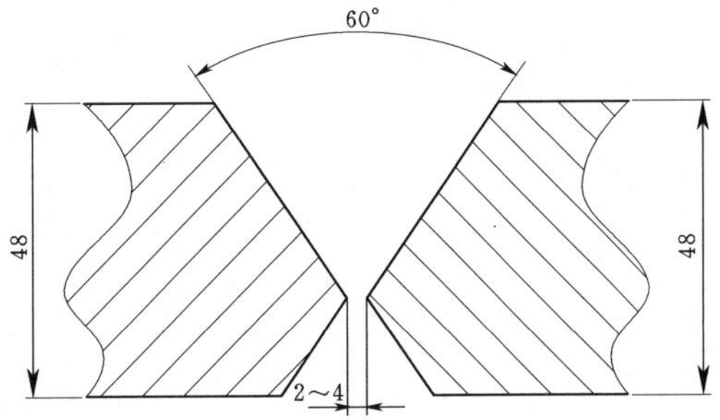

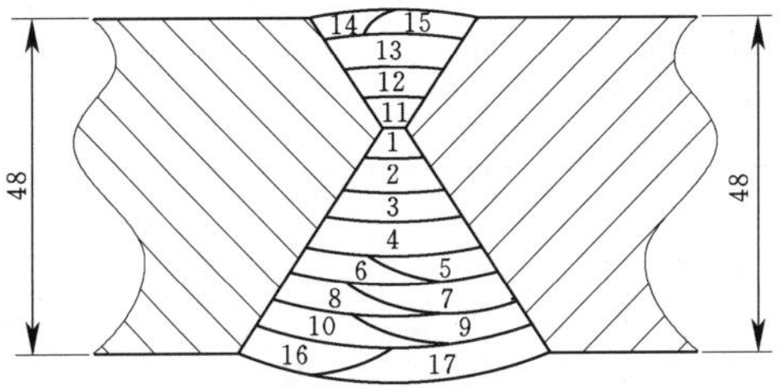

焊接层（道）数	焊接方法	填充金属		焊接电流		电弧电压/V	小车行走速度/(mm/min)	焊枪摆动频率/刻度	焊枪停留时间/s		每道焊缝厚度/mm	气体流量/(L/min)	
		牌号	直径/mm	极性	电流/A				左	右		CO_2	Ar
1	手工焊	CHE62CFLH	φ3.2	直反	90～120	23～27	/	/	/	/	4～6	/	/
2～3	手工焊	CHE62CFLH	φ3.2	直反	100～130	23～27	/	/	/	/	3～4	/	/
4	手工焊	CHE62CFLH	φ4.0	直反	140～160	23～27	/	/	/	/	3～5	/	/
5～8	手工焊	CHE62CFLH	φ4.0	直反	140～160	23～27	/	/	/	/	3～5	/	/
9～10	手工焊	CHE62CFLH	φ4.0	直反	100～130	23～27	/	/	/	/	3～6	/	/
11	手工焊	CHE62CFLH	φ3.2	直反	100～120	23～27	/	/	/	/	3～5	/	/
12～13	手工焊	CHE62CFLH	φ4.0	直反	140～170	23～27	/	/	/	/	2～3	/	/
14～15	手工焊	CHE62CFLH	φ4.0	直反	140～160	23～27	/	/	/	/	3～5	/	/
16～17	手工焊	CHE62CFLH	φ4.0	直反	140～155	23～27	/	/	/	/	2～3	/	/

表 8

δ=48mm 手工焊平板对接立焊

焊接层（道）数	焊接方法	填充金属		焊接电流		电弧电压/V	小车行走速度/(mm/min)	焊枪摆动频率/刻度	焊枪停留时间/s		每道焊缝厚度/mm	气体流量/(L/min)	
		牌号	直径/mm	极性	电流/A				左	右		CO_2	Ar
1～2	手工焊	CHE62C FLH	ϕ3.2	直反	90～120	23～27	/	/	/	/	4～6	/	/
3	手工焊	CHE62C FLH	ϕ4.0	直反	90～120	23～27	/	/	/	/	3～4	/	/
4	手工焊	CHE62C FLH	ϕ4.0	直反	140～160	23～27	/	/	/	/	3～5	/	/
5～6	手工焊	CHE62C FLH	ϕ4.0	直反	140～160	23～27	/	/	/	/	3～5	/	/
7～8	手工焊	CHE62C FLH	ϕ4.0	直反	140～160	23～27	/	/	/	/	3～6	/	/
9～10	手工焊	CHE62C FLH	ϕ4.0	直反	140～160	23～27	/	/	/	/	3～5	/	/
11～12	手工焊	CHE62C FLH	ϕ3.2	直反	110～130	23～27	/	/	/	/	2～3	/	/
13～15	手工焊	CHE62C FLH	ϕ4.0	直反	140～160	23～27	/	/	/	/	3～5	/	/
16～17	手工焊	CHE62C FLH	ϕ4.0	直反	140～160	23～27	/	/	/	/	2～3	/	/

7 焊接工艺评定结果

焊接工艺评定的项目包括自动焊立焊平板对接立焊、手工焊平板对接平仰焊及手工焊平板对接立焊。制备试板严格按照上述焊接方法、焊接设备等工艺要求焊接完成24h后，按照DL/T 5017—2007《水电水利工程压力钢管制造安装及验收规范》检验焊缝外观无任何缺陷，由监理现场见证，对试件焊缝进行X射线探伤方法100%的无损探伤。最后按照焊接工艺评定的要求对试件焊缝进行机械性能试验。

工艺评定结果表明，焊缝的抗拉强度和屈服强度均大于母材，其焊缝的工艺性能满足设计及有关标准的要求，相应的焊接工艺可以应用于生产。

8 坡口制备

向家坝超大直径引水隧洞压力钢管纵缝坡口为无钝边的1/3不对称X形，坡口角度为60°，采用12m刨边机加工；环纵缝坡口为2mm钝边的对称X形，坡口角度为60°，采用半自动切割机加工。δ=48mm压力钢管坡口如图1所示。

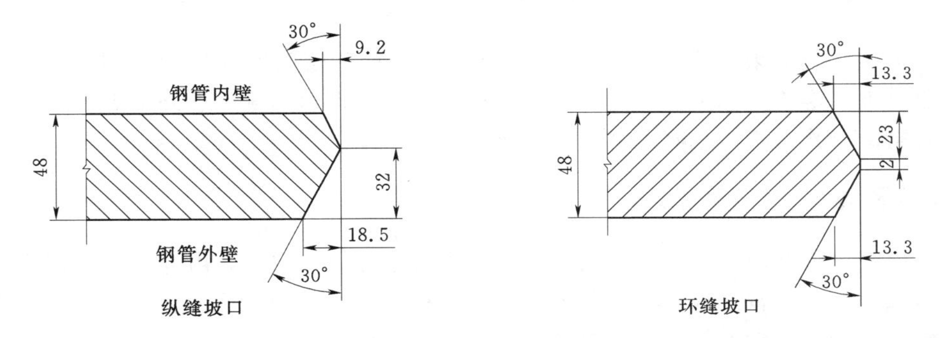

图1 δ=48mm钢管纵缝及环缝坡口示意图

9 纵缝焊接

（1）纵缝采用不对称X形（1/3+2/3）坡口，焊接时注意保证对称和多层多道焊。对于钢管纵缝焊接时，注意焊接时需两条纵缝同时施焊且尽量保证一致的焊接速度。

（2）先焊接2/3侧坡口焊缝，留盖面层；转到背缝进行碳弧气刨清根、并打磨渗碳层，检查合格后进行背缝的焊接，最后焊正缝盖面层。

（3）焊接前应检查纵缝处的弧度。如果弧度值是正常的，则按上述焊接顺序进行焊接。如果弧度向外凸，则在钢管内侧焊接，使之进一步向外凸，然后在外侧清根、打磨并焊接外侧焊缝，在焊接过程中随时监测变形情况，及时调整焊接顺序，保证弧度在控制范围之内；反之，如果弧度向内，则在钢管外侧焊接，使之进一步向内凸，然后在内侧清根、打磨并焊接内侧焊缝，在焊接过程中随时监测变形情况，及时调整焊接顺序，保证弧度在控制范围之内。

（4）线能量控制在不大于40kJ/cm。

（5）正缝第一、二层采用手工焊打底，然后采用全自动气保焊焊接，背缝清根后第

一、二层采用手工焊打底焊接，打磨干净，然后采用全自动气保焊。

(6) 纵缝焊接，除封底和盖面焊道外，中间焊道每层厚度控制在 3～6mm 范围内，焊接分层分道如图 2 所示。

10 环缝焊接

(1) 安装焊缝，都为环缝，应逐条焊接，不得跳焊，不得强行组装，不得在混凝土浇筑后再焊。

(2) 钢管的环缝是Ⅱ焊缝，焊接必须由合格焊工施焊。

(3) 焊接钢管的焊条应与所施焊的钢种相匹配且经烘焙，现场使用焊条应装入保温筒。

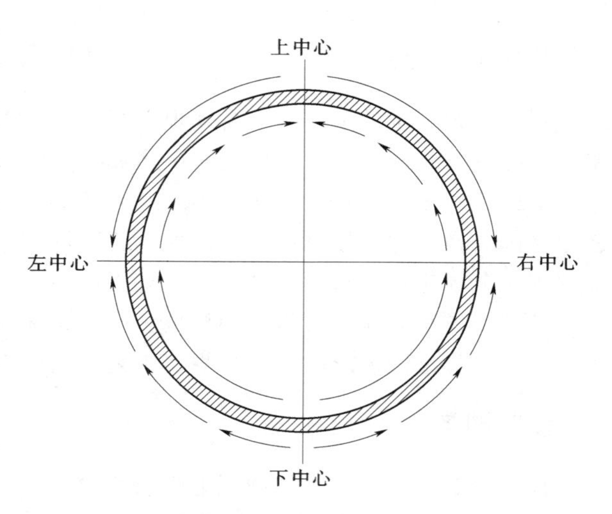

图 2 安装环缝对称施焊顺序

(4) 安装焊缝均采用手工焊焊接、12 个焊工对称分段倒退施焊的原则进行，管内 6 名焊工管外 6 名焊工，以管左右中分界，管内先立焊、仰焊焊缝。管外平焊、立焊背缝气刨清根、打磨、作检查。示意图如图 2 所示：

11 焊接要点

(1) 纵缝引弧板、熄弧板的组装、拆除。纵缝定位焊完成后，由焊工按照管节的板厚组装相应板厚的引弧板、熄弧板。引弧板、熄弧板焊接所用的焊接材料与管节焊接的焊接材料一致。对于高强钢的管节需预热焊接，引弧板、熄弧板的焊接同样需预热，预热方式采用火焰预热，预热温度比正式焊接时高 20～30℃。

引弧板、熄弧板的拆除。用火焰切割，离母材 3mm 以上处切割，不得伤及母材，然后用砂轮打磨平整。局部需补焊的，焊接材料与母材级别一致，工艺同正式焊缝。

(2) 生产性焊接试验试板的组装。压力钢管制造需进行生产性试验的有 $\delta=40$、42、48 三种。上述三种板的首节钢管需进行生产性焊接试验。试板的尺寸与焊接工艺评定的试板一致，宽 500mm，长 800mm。

(3) 控制变形措施。通过调整焊接顺序控制弧度；通过预留反变形控制弧度；通过机械矫正方式调整弧度。

(4) 焊前清理。焊前对焊接坡口面及坡口两侧各 10～20mm 范围内的氧化皮、铁锈、油污及其他杂物清理干净。

(5) 焊前预热。所有管节纵缝焊接前必须进行预热。加热方式：采用履带式远红外加热装置进行。预热宽度为焊缝中心线两侧各 3 倍板厚，且不小于 100mm。焊缝在背缝清根前也需预热。钢板的预热温度根据焊接工艺试验确定为 120～150℃。预热后用表面温度计或远红外数字测温仪测定温度，在距焊缝中心线各 50mm 处对称测量，每条焊缝测量点不少于 3 对。

（6）定位焊：钢管纵、环缝的定位焊在焊缝的背缝位置，每隔 400～800mm 焊接 80～120mm；焊接材料选用与母材强度级别相当的 CHE－62CFLH 焊条，同时定位焊接时预热温度较主缝要高 20～30℃。

（7）焊后消氢方法及工艺：焊接完成后立即对焊缝进行后热处理后热采用远红外温控器进行加热，后热温度为 150～200℃，采用测温枪进行温度监控并做好记录，保温时间为 2h。

12 焊缝检验及缺陷处理

12.1 外观检验

焊接完成后，进行外观检验，检验项目包括裂纹、表面夹渣、咬边、未焊满、表面气孔、飞溅、焊瘤、焊缝余高 Δh、对接接头焊缝宽度，检验结果应满足 DL/T 5017—2007《水电水利工程压力钢管制造安装及验收规范》的要求。

12.2 内部探伤检查

焊缝内部探伤在焊接完成 24h 以后进行。采用超声波探伤、TOFD 探伤结合磁粉探伤进行焊缝的探伤检验。超声波探伤按《钢焊缝手工超声波探伤方法和探伤结果分级》（GB 11345—89）的标准评定，一类焊缝 BⅠ级合格，二类焊缝 BⅡ级为合格；磁粉探伤的检验按《无损检测 焊缝磁粉检测》（JB/T 6061—2007）的标准进行检验评定。抽（复）查比例见表 9。

表 9　　纵环缝无损探伤抽（复）查率

焊缝形式	纵缝	环缝	
钢种	610MPa	610MPa	
焊缝类别	一类	一类	二类
超声波探伤抽查率/%	100	100	100
TOFD 探伤复查率/%	10	10	5
磁粉探伤复查率/%	10	10	5

焊缝局部无损探伤部位包括全部丁字焊缝及每个焊工所焊焊缝的一部分。在焊缝局部探伤时，如发现有不允许缺陷，在缺陷方向或在可疑部位作补充探伤，如经补充探伤还发现有不允许缺陷，则对该焊工在该条焊缝上所施焊的焊接部位或整条焊缝进行探伤。根据检测结果确定焊缝缺陷的部位和性质，制定缺陷返修措施再处理缺陷，返修后的焊缝按规定进行复验，同一部位的返修次数不宜超过两次，超过两次须制定可行的技术措施并报监理人批准。

13 结语

目前我单位按照此焊接工艺已完成了向家坝右岸地下厂房 4 条引水隧洞压力钢管的制作、安装焊接任务，焊缝通过了 UT、TOFD 无损探伤检测。三峡公司金结检测中心专家对首节压力钢管安装环缝焊接质量进行了超声波及 TOFD 检查，检测结果符合压力钢管制造安装规范标准要求，合格率100%，整体质量优良。通过总结B610CF高强钢焊接取得的成功经验，希望能为同类焊接结构件提供可借鉴的经验。

参考文献

[1] 陈祝年．焊接工程师手册［M］. 北京：机械工业出版社，2002.

[2] 徐初雄．焊接工艺500问［M］. 北京：机械工业出版社，1997.

[3] 王云鹏，戴建树．焊接结构生产［M］. 北京：机械工业出版社，1998.

[4] 闻立言，曾金传．焊接生产检验［M］. 北京：机械工业出版社，1996.

大岗山水电站蜗壳与压力钢管高强钢凑合节安装及焊接技术

李金明　余丽梅

（中国水利水电第七工程局机电安装分局，四川　彭山　620860）

【摘　要】 大岗山水电站蜗壳与压力钢管之间采用凑合节连接，蜗壳、压力钢管和凑合节钢板均采用 610MPa 级的 B610CF 高强钢板，装配焊接控制难度大，工艺要求高。本文介绍了大岗山水电站凑合节安装时机的选择确定，以及凑合节安装和焊接的工艺方法，为国内同类水电站凑合节安装提供可行的经验。

【关键词】 高强钢；凑合节分瓣；安装；焊接

1　引言

大岗山水电站总装机 2600MW，设置有 4 台单机 650MW 的水轮发电机组，引水隧洞采用单元供水即一机一洞方式，4 条引水隧洞平行布置，隧洞中心间距 32.98m。引水隧洞分为上平段、斜坡段、下平段三部分，上平段、斜坡段为钢筋混凝土衬砌，下平段采用钢衬即压力钢管，其主管直径 10m，锥管小头（下游出口）直径 8m，凑合节直径 8m。在下平段压力钢管末端采用 1.655m 长凑合节与蜗壳连接。蜗壳、压力钢管及其凑合节均采用 B610CF 钢板，凑合节分 4 个瓦片交货，壁厚 54mm，与凑合节相接蜗壳壁厚 53mm，现场封闭环缝设置在下游侧（与蜗壳的对接焊缝），坡口形式见图 1。

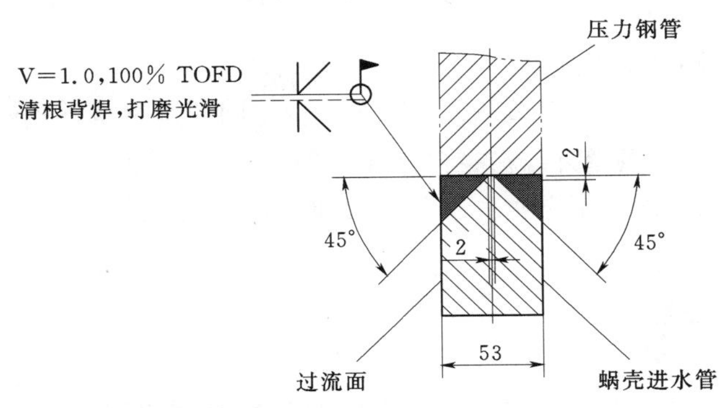

图 1　凑合节封闭环缝坡口形式

2　安装时机选择

凑合节安装可在蜗壳层混凝土浇筑前或浇筑后进行，其安装时机选择对于安装质量控制、整体安装进度均至关重要。结合国内其他水电工程凑合节安装情况，对大岗山水电站蜗壳与压力钢管凑合节安装时机初步拟定了四种方案，分别介绍如下。

方案1：先浇筑蜗壳、压力钢管混凝土，预留凑合节部位为三期混凝土，凑合节装焊完成后进行该部位混凝土浇筑。

方案2：部分浇筑蜗壳混凝土，预留三期混凝土，凑合节装焊完成后进行三期混凝土和剩余蜗壳混凝土浇筑。

方案3：先焊接凑合节纵缝和凑合节与压力钢管环缝，对封闭焊缝采用带垫板的V形坡口设计，待蜗壳（含凑合节段）混凝土整体浇筑、养护完成后，再从凑合节过流面焊接封闭环缝。

方案4：凑合节先全部装焊完成，再整体浇筑蜗壳混凝土。

对4种方案进行对比分析，采用方案3凑合节封闭环缝无法进行双面100%UT探伤，焊接质量难以检验和控制，存在一定的技术风险，且方案3要求封闭环缝焊接坡口为V形坡口，而大岗山蜗壳进口端原封闭环缝坡口设计为K形坡口，因此该方案首先被否定；采用方案4，在未浇筑蜗壳混凝土情况下，蜗壳、座环沿周向处于不稳定状态，当焊接蜗壳与压力钢管凑合节封闭环缝时，焊接收缩将产生较大拉应力，可能造成蜗壳、座环扭转、位移或超标变形，导致严重后果，且补救困难，工期影响大，经讨论不采用此方案；方案1和方案2均可有效防止因焊接收缩引起蜗壳、座环位移或超标变形，且蜗壳混凝土浇筑时水化热影响造成的热膨胀，对尚未焊接约束的蜗壳与压力钢管影响较小，为较优方案，方案1在三峡、龙滩、拉西瓦等电站均已采用，方案2在亭子口电站已采用，均有成功经验，但方案1需待所有蜗壳混凝土浇筑完成后再进行凑合节安装，而方案2所剩余蜗壳混凝土可与凑合节三期混凝土同时浇筑，较方案1有利于进度控制，考虑到大岗山总体工期目标，决定采用方案2进行凑合节安装，时机选择在蜗壳混凝土浇筑至覆盖蜗壳顶部时。

3 凑合节安装及焊接

3.1 凑合节安装空间及验收依据

根据施工需要，大岗山凑合节三期混凝土预留空间确定为凑合节环缝上下游两侧各自向外延伸0.8m，凑合节管壁外缘沿径向延伸1.5m。

凑合节安装验收依据《水电水利工程压力钢管制造安装及验收规范》（DL/T 5017—2007）执行。

3.2 凑合节划线及安装

3.2.1 划线下料

以制造标示管口中心为基准，对压力钢管出口管口平面度进行确认，并在蜗壳和压力钢管管口进行等分划线，等分弧长控制在300mm，测量两管口对应等分点之间的距离，测量完成后，计算凑合节每个等分点处的下料尺寸。根据制造标示管口中心在凑合节瓦片上划出等分线，在预留修切余量的下游管口等分线上根据已确认的管节长度标出相应点位，然后用弧线将全部标记点位平滑连接，此弧线即为凑合节切割线，用样冲进行标识并切割。

凑合节划线时按预留间隙 2～3mm 进行考虑，同时应注意划线尺寸的准确性，以保证凑合节装配间隙尽量小，从而减小因焊缝的横向收缩所导致的应力集中。

3.2.2 凑合节安装

凑合节安装时，先安装下中心瓦片，利用手拉葫芦、千斤顶等工器具，配合卷扬机将瓦片吊装就位，用压码、楔子板、拉紧器等调整压缝，安装应以下中心为基准，分别向左、右中心方向压缝，且两条环缝需同时进行，装配过程中还应尽量保证封闭环缝间隙为 1～2mm（凑合节与压力钢管连接环缝焊接完成后，由于焊接收缩变形，凑合节与蜗壳封闭焊缝将产生 2～3mm 间隙）。后续瓦片以先装瓦片为基准，自下向上压缝，最后安装顶部瓦片。压缝结束，经检验四条纵缝及两条环缝的错边量和间隙等均满足规范要求后，进入焊接工序。

3.3 凑合节焊接

3.3.1 焊接顺序

凑合节焊接顺序为：凑合节纵缝焊接⟶凑合节加劲环焊接（加劲环在纵缝焊接、检验合格后安装）⟶凑合节与压力钢管对接环缝焊接⟶凑合节与蜗壳对接环缝（第二条合拢环缝，即封闭焊缝）焊接。后一条焊缝焊接应在前一条焊缝完成外观、无损探伤检验合格后进行。

凑合节正式焊接前，在凑合节纵缝、凑合节与压力钢管连接环缝上安装、焊接骑马块（火焰预热，预热温度 120～150℃），对以上焊缝进行焊前加固。凑合节与蜗壳连接的封闭环缝不得定位焊接，只能采用压缝器、压码定位，以确保凑合节与压力钢管连接环缝焊接时，凑合节瓦片可自由横向伸缩。

3.3.2 焊接材料及控制

凑合节焊接采用牌号为 CHE62CFLH（即对应国家标准型号 E6015－G）焊条，纵缝和第一条环缝打底焊接采用 ϕ3.2mm 焊条，中间层和盖面层采用 ϕ4.0mm 焊条，封闭焊缝全部采用 ϕ3.2mm 焊条焊接。

焊前采用履带式电加热方式，对焊缝两侧从坡口起 100mm 的宽度范围进行预热，测温点为距离焊缝两侧各 50mm 处进行测温，预热温度为 100～120℃。焊缝首先进行大坡口侧（即平焊位置）焊接，焊接不低于 2/3 坡口深度后进行背缝清根（碳弧气刨后砂轮机打磨熔渣和渗碳层），经过坡口修磨并做 MT 检查确认后焊接背缝（连续焊接完成），最后完成剩余正缝焊接工作。焊接热输入控制在 17～41kJ/cm，焊接速度控制在 60～120m/min，并尽量减少焊条的横向摆动幅度，使焊条摆动幅度不大于 2 倍焊芯直径。

凑合节环缝采用 8 名焊工同时对称、匀速施焊，采取多层多道、分段退步焊接工艺，焊接顺序和方向如图 2 所示。

封闭焊缝焊前彻底检查坡口间隙，间隙超过 2mm 的部位，需进行坡口堆焊处理，确保环缝周围的间隙为 2mm。打底焊道采用叠焊法，对称施焊，叠焊长度为 300～400mm，见图 3。

3.3.3 焊接过程中锤击消应

封闭环缝除打底的 3 层和盖面焊缝以外，其余焊道焊后立即锤击消除应力。为了避免锤击产生裂纹，锤击用的锤头必须是圆形，其圆弧半径不小于 5mm，锤击部位必须在焊

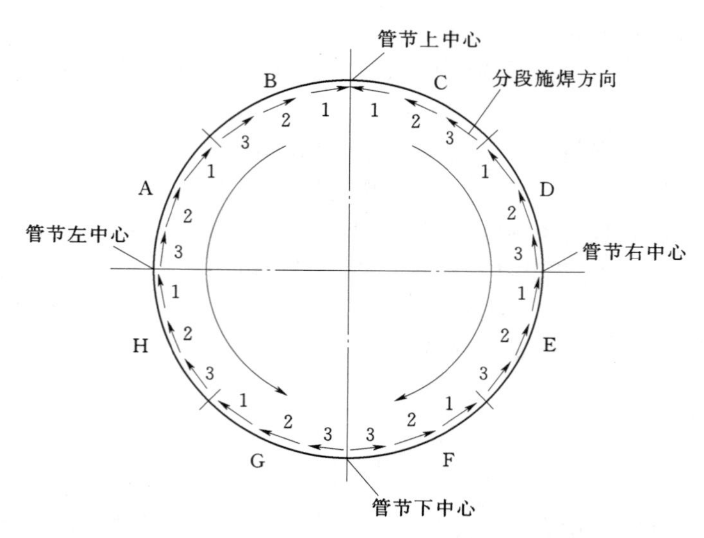

图 2　环缝焊接示意图（图中字母代表焊工，
数字代表分段退步焊的焊接顺序）

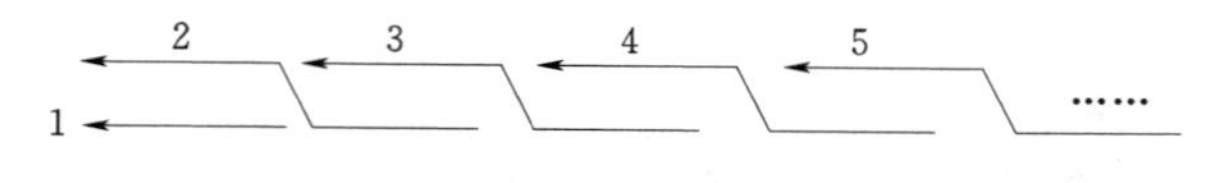

图 3　叠焊打底示意图

道的中间，不得锤击焊趾（即熔合线）部位，锤击应沿着焊缝方向进行，直到焊缝表面出现均匀麻点为止。

3.3.4　焊接完立即后热

焊缝在焊后且温度未低于 100℃前立即进行焊后后热，后热温度为 250℃，保温 4h。

3.3.5　焊缝探伤

所有焊缝采用 100%PT、100%UT、100%TOFD 进行探伤，经检测，大岗山压力钢管与蜗壳凑合节所有焊缝一次合格率为 99.81%。

4　结语

大岗山水电站压力钢管和蜗壳凑合节采用 610MPa 级低合金高强度钢，且封闭环缝是在高拘束状态下进行焊接，极易产生焊接裂纹，其焊接控制难度大、焊接热数输入范围窄、焊接工艺要求高。在大岗山凑合节装焊过程中，严格按工艺措施进行，并做好时刻监测控制，凑合节焊缝经无损探伤检验一次合格率达 99.81%，未发现裂纹缺欠，证明大岗山凑合节的装焊工艺是切实可行的。大岗山水电站压力钢管与蜗壳之间凑合节安装方法的成功经验，为国内其他水电站同类凑合节的安装积累了成熟和可靠的经验。

论述苏巴姑水电站 1200m 超高水头水压试验部位及平板闷头设计

刘云坤

（中国水利水电第七工程局机电安装分局，四川　彭山　620860）

【摘　要】本文介绍了已经建好的苏巴姑水电站超高水头 1200m 的工程规模，重点论述了水压试验焊接平板闷头的设计计算方法和结构形式，以及闷头材质为什么要选择低碳钢和低合金钢的原因。

【关键词】苏巴姑水电站；超高水头；平板闷头；针阀闷头；设计计算；结构形式；材质

1　工程概述

该水电站为引水式电站，由首部枢纽、引水系统及厂区枢纽组成。工程为单一发电工程，电站装机容量 2×26MW。多年平均年发电量 2.441 亿 kW·h/2.668 亿 kW·h（单独运行/联合运行）。机组转速为 750r/min。压力管道布置采用隧洞式明管、沟槽式外包混凝土埋管、明管、隧洞式埋管和外包钢筋混凝土埋管等，可谓“电站钢管博物馆”。

其钢管全长约 2257.3m，工程总量约 1665t。前段隧洞式明管长 123m，在桩号 0+095.934m 处设置蝶阀室。接着为明管段长 850m，沿线共设置 8 个镇墩，64 个支墩，支座型式采用滑动支座，镇墩下游侧 2～4m 长度处设置波纹管伸缩节，管道安装水平倾角 3°～50°。后为隧洞式埋管段分为 5 个平段，2 个竖井段（其中 1 号竖井高差 247m，2 号竖井高差 237m），3 个斜井段（倾角为 55°，每段高差平均约为 130m），长约 1401.3m。主管内径为 1.2m，壁厚为 12～36mm，G2～D5～G17 管段材质为 Q345R、G17～岔管段材质为 WDL610D2。岔管属斜 Y 形布置的内加强型月牙肋地下埋管，分岔角 50°，位于主厂房上游，紧接下平段主管末端，岔管中心点桩号为管 2+181.164m，中心高程为 662.38m，壁厚为 28～30mm，材质为 B610CF。岔管分岔出 2 条支管分别与水轮机球阀连接，2 条支管前段内径为 0.8m 及 0.8～0.6m 变径，支管末端内径为 0.6m，壁厚为 30mm，材质为 WDB620。配水环内径 0.6～0.4m，材质为 WDB620。

2　水压试验部位及要求

本次试验管段为 3 号斜井、下平段、岔支管及 1、2 号机配水环。因为该电站为高水头冲击式机组，其工作水头 1170m，沿钢管轴线，2、3 号斜井布置在（管）1+632.723—1+948.395 位置，倾角 55°，两斜井之间布置平段。2、3 号斜井压力钢管母材材质为 Q345R，钢管内径 1200mm，板厚为 32mm、34mm、36mm 三种规格。经检验，发现用于制造该电站压力钢管的 Q345R 材质 32mm、34mm、36mm 板厚钢板部分管节试样的冲击

韧性（KV_2 接近于标准下限值 34J）偏低，经业主方组织专家咨询会讨论，决定对冲击韧性较低的管节以及其同炉批号管节进行补强处理。处理措施为在需补强的管节内加装内套管，并在内外管间进行环氧化学灌浆，内管壁厚、结构及灌浆充分发挥内外管联合受力。为确保工程质量，设计单位要求对压力管道的岔管、支管、下平段及 3 号斜井进行水压试验，见图 1。

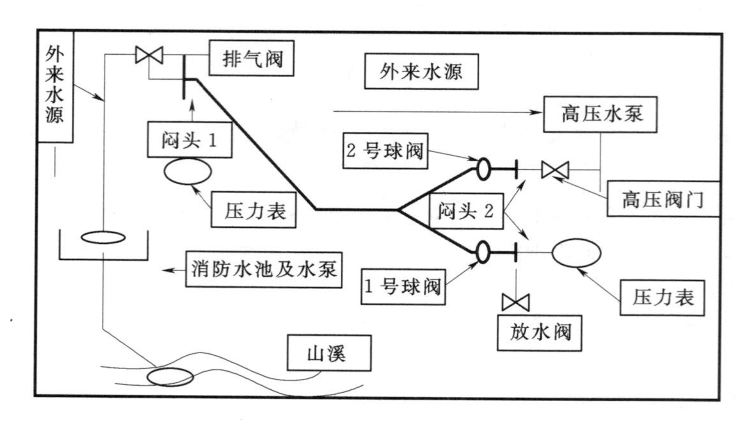

图 1　配水环、岔管、下平段及 3 号斜井联合水压试验示意图

注：1. 闷头 1 为自制焊接平板闷头（1 个）；2. 闷头 2 为焊接针形平板闷头（4 个）；
3. 图中粗黑线为试压管段。

3　闷头设计计算

3.1　3 号闷头设计计算（数量 1 个）

本次水压试验，3 号斜井上平段采用平板闷头。闷头形式见图 2。

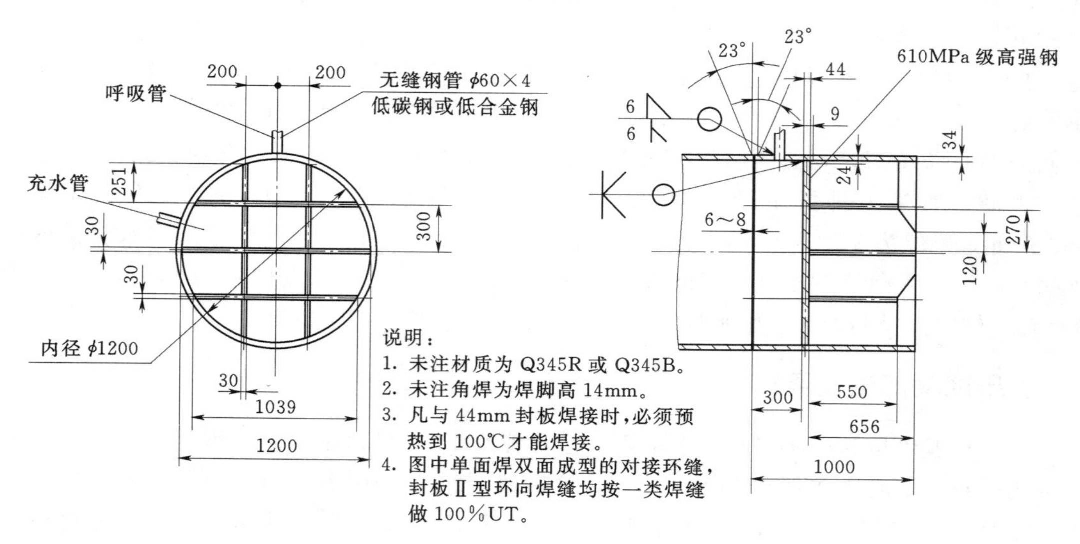

图 2　3 号斜井平板闷头（单位：mm）

3.1.1 闷头面板设计计算

（1）闷头承受载荷计算：

$$F=PS=P\frac{\pi D^2}{4}=16\times\frac{3.14\times1.2^2}{4}=18.096(\text{MN})=1809.8\text{t}$$

式中 D——平盖闷头计算直径，$D=1.2\text{m}$；m；

F——平盖闷头承受的工作压力，t；

P——内部水压，$P=16\text{MPa}$；MPa。

所以整个平盖闷头需要承受的水压推力为 1809.8t。

（2）闷头面板厚度计算。设肋板间距为 $a=300\text{mm}$，面板材质为 610N/mm^2 高强钢 WDL610D_2，按钢管设计规范 DL/T 5141—2001 表 6.1.4-1，取其容许应力为 $[\sigma]=\frac{370}{2}=185\text{N/mm}^2$，弹塑性调整系数取 $\alpha=1.65$，四边固定矩形弹性板在支承长边的弯应力系数。可查表得 $K=0.308$，则得面板厚为：

$$\delta\geqslant a\sqrt{\frac{Kp}{0.9\alpha[\sigma]}}=300\times\sqrt{\frac{0.308\times16}{0.9\times1.65\times185}}=40(\text{mm})$$

由上计算知，板厚取 40mm 即可，但现场有板厚 44mm 剩下边角余料，则取面板实际板厚为 44mm，面板厚度满足受力要求。

3.1.2 闷头强度计算

（1）承受载荷：

$$P=16\text{MPa}$$

（2）强度计算。

1）钢管和闷头连接为钢质连接，可将加强肋视为简支梁来计算。加强肋承受的均布载荷为

$$q=Pb=16\times300=4800(\text{N/mm})$$

2）最大弯矩计算：

$$M_{\max}=\frac{qL^2}{8}$$

式中 $M_{\max}$——最大弯矩，N·m；

q——均布载荷，N/mm；

L——加强肋板长度，m。

$$L_1=D=1.2\text{m}$$

$$L_2=2\times\sqrt{\left(\frac{D}{2}\right)^2-a^2}=2\times\sqrt{0.6^2-0.3^2}=1.0392(\text{m})$$

计算得：

$$M_{1\max}=\frac{4800\times10^3\times1.2^2}{8}\approx8.64\times10^5(\text{N}\cdot\text{m})$$

$$M_{2\max}=\frac{4800\times10^3\times1.0392^2}{8}\approx6.48\times10^5(\text{N}\cdot\text{m})$$

（3）抵抗矩计算：

$$\sigma_{max}=\frac{M_{max}}{W}\text{得 } W=\frac{M_{max}}{[\sigma]}$$

式中 σ_{max}——最大弯曲拉应力，N/mm²；

$[\sigma]$——肋板材质为 610N/mm² 级高强钢。其容许应力 $[\sigma]=\frac{R_m}{2}=\frac{610}{2}=305$N/mm²；考虑现场制作条件比较差，本设计取值为 290N/mm²；

M_{max}——最大弯矩，N·m；

W——抵抗矩，cm³。

1）加强肋要求的抵抗矩计算如下：

$$W_1=\frac{M_{1max}}{[\sigma]}=\frac{8.64\times10^5\times10^2}{290\times10^2}=2979(\text{cm}^3)$$

$$W_2=\frac{M_{2max}}{[\sigma]}=\frac{6.48\times10^5\times10^2}{290\times10^2}=2234(\text{cm}^3)$$

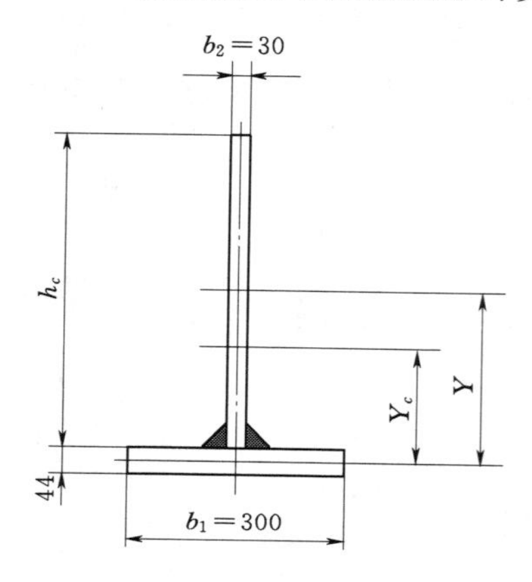

图 3　3 号斜井平板闷头加强肋板数学计算模型

2）加强肋选用的抵抗矩计算如下。

如图 3 所示，横截面形心计算：

由 $Y_c=\frac{y_1+A_1+y_2\times A_2}{A_1+A_2}$得形心坐标位置：

$$Y_{c1}=\frac{0\times(30\times4.4)+35\times(3.0\times65.6)}{(30\times4.4)+(3.0\times65.6)}=20.95(\text{cm})$$

$$Y_{c2}=\frac{0\times(30\times4.4)+29.7\times(3.0\times55)}{(30\times4.4)+(3.0\times55)}=16.50(\text{cm})$$

惯性矩计算：

由 $J_x=\frac{\delta_1h_1^3}{12}+a_1^2A_1+\frac{\delta_2h_2^3}{12}+a_2^2A_2$ 得：

$$J_{x1}=\frac{30\times4.4^3}{12}+20.95^2\times(30\times4.4)+\frac{3.0\times65.6^3}{12}+(35-20.95)^2\times(3.0\times65.6)$$
$$=58148.09+109423.916$$
$$=167572.006(\text{cm}^4)$$

$$J_{x2}=\frac{30\times4.4^3}{12}+16.50^2\times(30\times4.4)+\frac{3.0\times55^3}{12}+(29.7-16.50)^2\times(3.0\times55)$$
$$=36149.96+70343.35$$
$$=106493.31(\text{cm}^4)$$

抵抗矩计算：

由 $W'=\frac{J_x}{y_{max}}$得：

$$W_{g1}=\frac{167572.006}{65.6+2.2-20.95}=3577(\text{cm}^3)$$

$$W_{g1}>W_1$$

$$W_{g2}=\frac{106493.31}{55+2.2-16.50}=2617(\text{cm}^3)$$

$$W_{g2} > W_2$$

经计算抵抗矩知，闷头满足强度要求。

3.1.3 刚度校核

已知低合金钢和高强钢的弹性模量均为 $E=2.06\times10^5\text{N/mm}^2$。闷头加强肋允许挠度 $[w]=\dfrac{L}{800}$。

由 $f_{\max}=\dfrac{5qL^4}{384EJ_x}$ 得：

$$f_{1\max}=\frac{5\times4800\times1200^4}{384\times2.06\times10^5\times167572.006\times10^4}=0.38\text{mm}<[w_1]=1.5(\text{mm})$$

$$f_{2\max}=\frac{5\times4800\times1039.2^4}{384\times2.06\times10^5\times106493.31\times10^4}=0.33\text{mm}<[w_2]=1.3(\text{mm})$$

经计算，闷头刚度满足要求。

3.1.4 封板环向焊接接头强度计算

由周界固定知，整个板面受均布载荷 P 的圆形平板弯曲理论得知，圆平板最大应力是板边内表面的拉伸应力和板边外表面的径向压应力。

（1）平板闷头封板可承受载荷：

$$P=\frac{\delta_P^2[\sigma]^t\varphi}{D^2K}$$

式中 δ_P——平盖底板计算厚度，取 $\delta_P=44\text{mm}$；

D——平盖计算直径，$D=1200\text{mm}$；

$[\sigma]^t$——设计温度下材料的许用应力，查表后再乘以 0.8 的折算系数得 $[\sigma]^t=252\text{N/mm}^2$；

φ——焊接接头系数，取 $\varphi=0.8$；

K——平盖结构特征系数，GB/T 150 表 7－7 查取 $K=0.44$。

则
$$P=\frac{44^2\times252\times0.8}{1200^2\times0.44}=0.616(\text{N/mm}^2)$$

2）封板环向焊接接头强度计算：

$$\sigma_{r\max}=0.75P\left(\frac{R}{\delta}\right)^2$$

式中 $\sigma_{r\max}$——最大应力，N/mm^2；

P——圆形平板所受均布载荷，N/mm^2；

R——圆形平板的计算半径，mm；

δ——圆形平板的厚度，mm。

$$\sigma_{r\max}=0.75\times0.616\times\left(\frac{600}{44}\right)^2=86\text{N/mm}^2<[\sigma_t]=252\text{N/mm}^2$$

经计算知，闷头和管壁的组合焊缝满足强度要求。

闷头封板（即平板）与钢管的连接环缝型式采用组合焊缝，即 23°K 型焊接坡口＋贴角焊（贴钢管内壁侧焊脚高度为 9mm，贴闷头封板侧熔覆金属盖过焊接坡口边 1～2.5mm）。闷头的封板拼接焊缝、与钢管壁的组合焊缝以及平板闷头和钢管的单面焊双面成形对接环缝均采用100%UT探伤，按一类焊缝检查，见图2。图2和图3中的封板拼接焊缝、K型组合焊缝和单面焊双面成形焊缝均做表面探伤——MT或PT检测。其目的是防止闷头打压时渗水，从而焊缝连接强度才能得以保证。

3.2 针阀闷头设计计算（数量4个）

水压试验共需4个针阀平板闷头，闷头形式见图4。闷头法兰和堵头材质为Q345R和Q345B。管座为无缝钢管，其材质为Q345R(Q345B)。

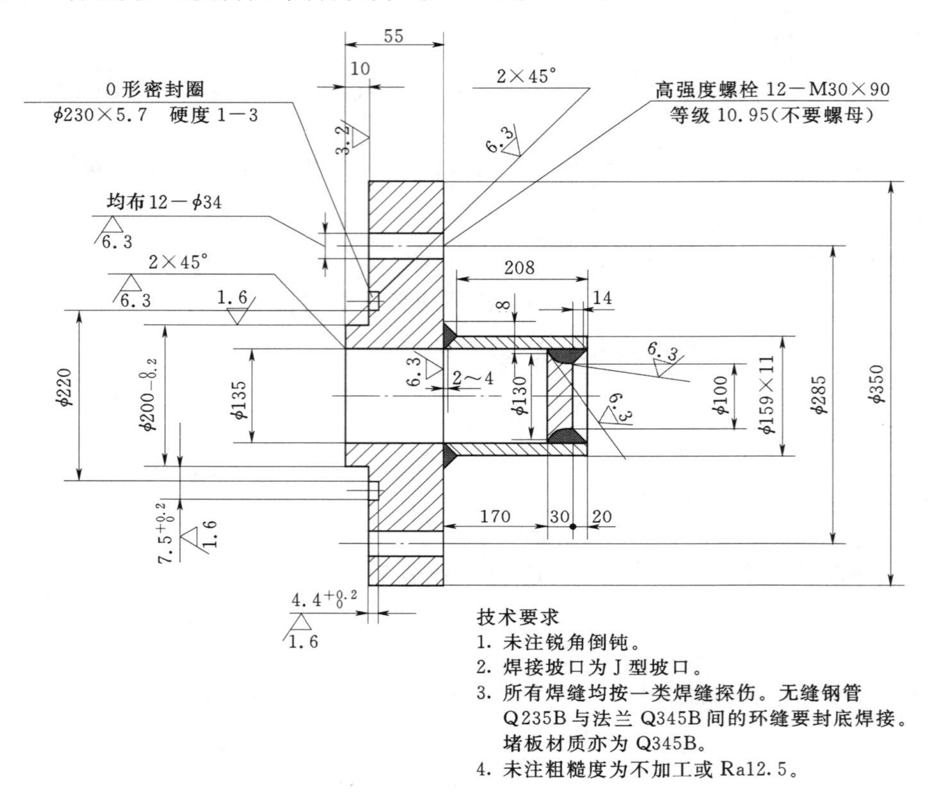

图4 针阀闷头（单位：mm）

3.2.1 法兰强度校核

已知，计算直径 $D_{c1}=220+7.5=227.5$mm。查GB 1591—2008《低合金高强度结构钢》得在管壁厚 $\delta\leqslant 63$mm 时为 $f_s=\dfrac{R_m}{2}=\dfrac{470}{2}=235\text{N/mm}^2$，查GB/T 150—1998《钢制压力容器》，取 $K=0.25$，法兰连接为螺栓连接，则 $\phi=1$，水头压力取 $P=16$MPa。

查GB/T 150知，由下式得法兰计算厚度：

$$\delta_p=D_c\sqrt{\frac{Kp}{f_s\phi}}=227.5\times\sqrt{\frac{0.25\times16}{235\times1}}=30(\text{mm})$$

则

$$\delta_p=30\text{mm}<\delta=(55-10)=45(\text{mm})$$

所以，法兰厚度满足强度要求。

3.2.2 管座强度校核

由下式得管壁计算厚度为：

$$\delta=\frac{PD}{2f_s\phi}=\frac{16\times143}{2\times235\times0.8}=6.09(\mathrm{mm})$$

所以采用已有的无缝钢管 $\phi159\times8$ 满足强度要求。

3.2.3 堵头强度校核

已知，$D_{c2}=143\mathrm{mm}$，内套堵头焊接型式，由 GB/T 150 查表，取：

$$K=0.44\times\frac{\delta}{\delta_e}=0.44\times\frac{6.09}{8}=0.335$$

焊缝系数 $\phi=0.8$。

$$\delta_p=D_c\sqrt{\frac{KP}{f_s\phi}}=143\times\sqrt{\frac{0.335\times16}{235\times0.8}}=24(\mathrm{mm})$$

图 4 中为已有的边角预料选为堵头厚度为 30mm 满足强度要求。

堵头焊脚计算，查 GB/T 150 知，焊喉计算公式：

$$f\geqslant1.25\delta=1.25\times6.09=8(\mathrm{mm})$$

焊脚计算值为

$$h_f=\sqrt{2}f=\sqrt{2}\times8=12(\mathrm{mm})$$

图 4 中，焊脚取为 14mm，所以强度满足要求。

4 结语

由于本水电站水头为超高水头 1200m，选取图 1 中所示的管段部位做水压试验，可进一步防止对厂房运行安全事故的威胁。

做水压试验时，若选取球形或椭球形闷头，施工单位要外协，从而使工期不受控，而选取平板类型闷头，施工单位不受外协厂的工期限制。但平板闷头相对于球形或椭球形闷头需要的钢材较多，焊接工作量相对较大。

隧洞式引水压力钢管（埋管）洞内组圆制造安装技术

万天明

（中国水电第七工程局机电安装分局，四川　彭山　620860）

【摘　要】结合彭水水电站施工情况，介绍一下水电站引水压力钢管洞内瓦片组圆、焊接等施工的特殊性和优越性。

【关键词】钢管；钢管节；洞内施工；扩挖；组圆平台；吊装；天锚；桥机；滑轮组；卷扬机；轨道台车；瓦片预组；瓦片组圆；焊接；瓦片安装；灌浆孔

1　引言

重庆彭水水电站发电机组供水方式为单元供水方式，即五台机组由五条隧洞式引水压力管道分别对其供水。各管道仅在下平段才设置钢管衬砌（下称：钢管），管道最大设计水头 140m，钢管直径为 14.0～9.75m，管壁厚 40mm 和 45mm，瓦片最大板宽 2.4m，单个管节由 4～5 个瓦片焊组成形，钢管径厚比最大值为 $D/\delta>350$，对此刚度很小，可谓超薄壁管道。单个管节最大倒运重量 50t，单个管节最大外形尺寸为 ϕ15.1m×2.4m。管壁材质为武钢生产的低碳低合金马氏体调质高强度钢（简称：高强钢），钢号为 WDL610D（即 07MnCrMoVR）钢。

由于彭水水电站钢管单节直径大（最大达 ϕ14.0m）、刚度很小（径厚比为 $D/\delta>350$），如果采用常规施工，不仅占用较大的洞外施工场地、影响其他施工工作面，而且洞外组圆焊接成管节再运输进洞内，对沿途施工的干扰很大，运输难度，危险性和吊运设备等都会增加。

2　施工方案对比分析

首先，应说明在下面提到的 3 个方案中，钢管瓦片制作均在洞外钢管厂下料、卷板、瓦片预组、检查、调圆、装配加劲环、拆开组圆状态为自由状态的瓦片后，再焊接加劲环（只要断面中心层在其角焊缝内，瓦片均可在自由状态下焊接加劲环。但需预留 1m 左右加劲环不焊、待管节纵缝焊完之后再焊）、检查瓦片、涂装防腐、码放。

2.1　方案 1（进水口钢管管节组圆方案）

就是将制作好的瓦片运输到洞外电站进水口处设置二次制作组焊场，进行组圆、焊接成管节。该方案对大直径钢管公路运输比较困难时，多选择此种施工方法，且多适用于整条引水隧洞都设置有压力钢管时才采用，严格讲，就是在斜段、上平段有钢管时，才采用进水口运输。而隧洞式下平段的钢管一般是在下平段的施工支洞或进厂交通洞运输进洞。

本方案的优点是可以充分利用自然采光、焊接施工烟尘相对较少、通风良好等。其缺点是影响进水口的施工进度、增加吊装设备起吊额定荷载、若无车间房屋将会对施工和操作人员受风、雨、雪、严寒、烈日和高温等不利气候因素的影响较大、洞内长距离运输干扰沿途的施工点、增加运输难度和安全危险性等。

2.2 方案2（主厂房安装间钢管管节组圆方案）

即把制作好的瓦片通过厂房交通洞运输到主厂房安装间设置二次制作组焊场，进行组圆、焊接成管节。此方案，主要适用于大型钢管的管节洞外运输比较困难，主厂房安装间场地能满足钢管组焊施工要求，对主厂房其他施工面干扰比较小，相互间进度工期不发生冲突，且隧洞下平段有钢管等时，才比较适用此种方案。该方案不受雨、雪、风、气温等恶劣气候的干扰，不受强烈的太阳辐射和不存在环境高温对施工人员的工作不利影响。环境气温比较恒定，钢管尺寸精度受气温变化的影响较小。但本方案存在隧洞末端的锥管要进行扩挖到直管一样大的洞径及其随后将会增加混凝土的回填量；隧洞末端出口与相应机组仓号衔接处要设置接料钢平台（便于桥机吊装管节到运输轨道台车上）；考虑到施工作业面和施工工期，可能还会增加临时施工桥机；桥机在安装间处，对于大直径钢管可能存在起吊高度不够使钢管节不能在安装间位置翻身等不利施工因素的影响。

2.3 方案3（洞内钢管管节组圆方案）

就是把制作好的瓦片通过施工支洞直接运输到主洞内。在主洞内一定位置区段（通常在主洞下平段）根据钢管直径大小将原来的圆形横截面隧洞稍许扩挖成“城门洞”形横截面，在该处设置为二次组圆焊接场，进行组圆和焊接成管节。此方案，主要适用于大型钢管的管节洞外运输比较困难，进水口和主厂房均同时在施工时，可选用本方案。该方案可以减小进洞施工支洞的截面尺寸开挖量（注：因不是管节运输，而是瓦片运输进洞）；亦不受雨、雪、风、气温等恶劣气候的干扰，不受强烈的太阳辐射和不存在环境高温对施工人员的工作不利影响。洞内环境气温比较恒定；钢管尺寸精度受气温变化的影响较小。与上面两方案比较，本方案投入的起吊设备少。若仅下平段有钢管，则采用本方案，对斜段等其他洞段土建施工不发生干扰，可以同时进行施工。该方案不利因素是：若洞内湿度比较大时，施焊前应对焊接坡口进行预热除湿；二次组圆焊接场地的围岩破碎疏松的部位要设置锚杆、混凝土喷护等加固措施，以免围岩崩塌的危险；为了管节的运输，主洞之间的施工支洞洞顶可能要扩挖加高。

对上述3方案通过安全、质量、成本、工期、钢管尺寸大小和现场施工特点等进行综合比较之后，彭水水电站最终选用方案三，即在洞外制作瓦片、洞内组焊成管节，之后再进行安装。

3 洞内钢管管节组圆及安装技术

3.1 施工准备

首先，在主洞内一定位置区段（通常在主洞下平段）根据钢管直径大小将原来的圆形横截面隧洞稍许扩挖成“城门洞”形横截面，在该处设置为二次组圆焊接场，如图1和图2所示。管节运输施工支洞扩挖，如图3所示。搭设组圆平台见图1和图2。埋设管节运输用钢轨，轨道间距见图2和图3。彭水水电站最大钢管管节含内支撑共计重量为50t，轨道运输台车重量亦为 50t，为此，选取钢轨规格为 50kg/m（亦可用 43kg/m 的钢轨）。轨道运输台车的四个行走轮采用万向节的型式，结合千斤顶进行转向。用千斤顶进行管节卸车。

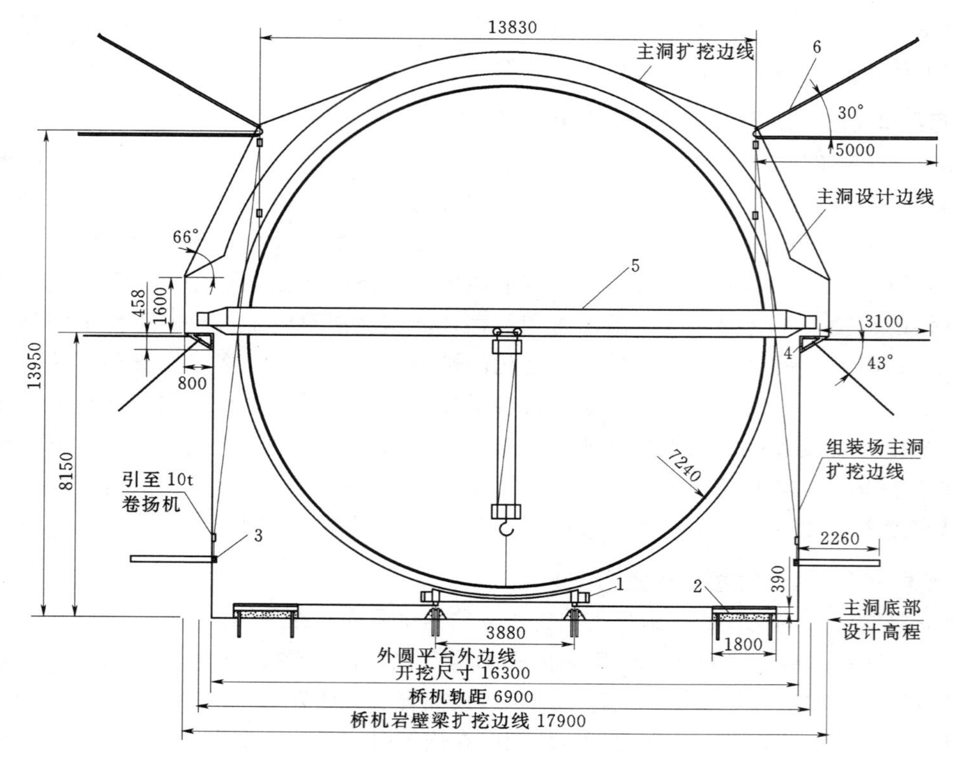

图 1　洞内组焊场正面（隧洞横断面，单位：mm）

1—轨道台车（含配重 40t，为降低重心防止倾覆）；2—组圆平台；3—导向地锚；4—16t 电动葫芦桥吊混凝土圆包梁；5—16t 电动葫芦桥吊；6—30t 天锚

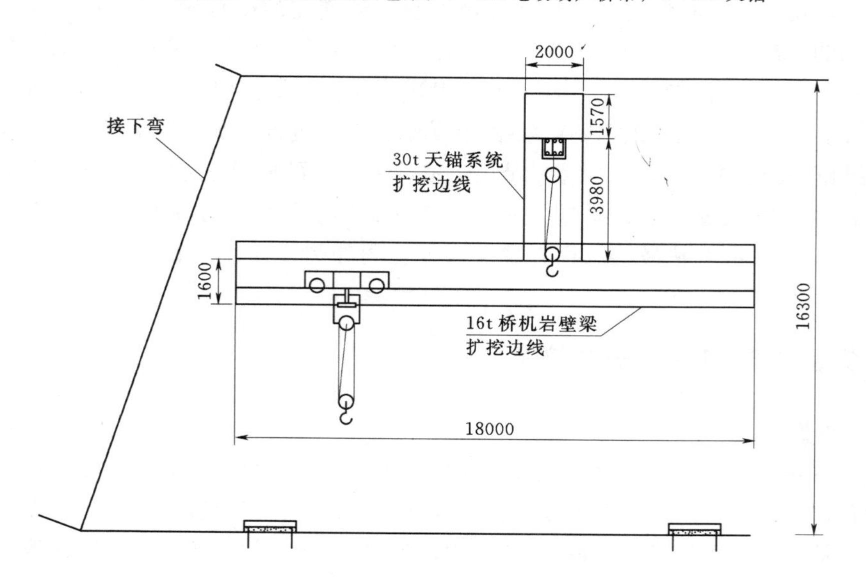

图 2　洞内组焊场侧面（隧洞轴向断面，单位：mm）

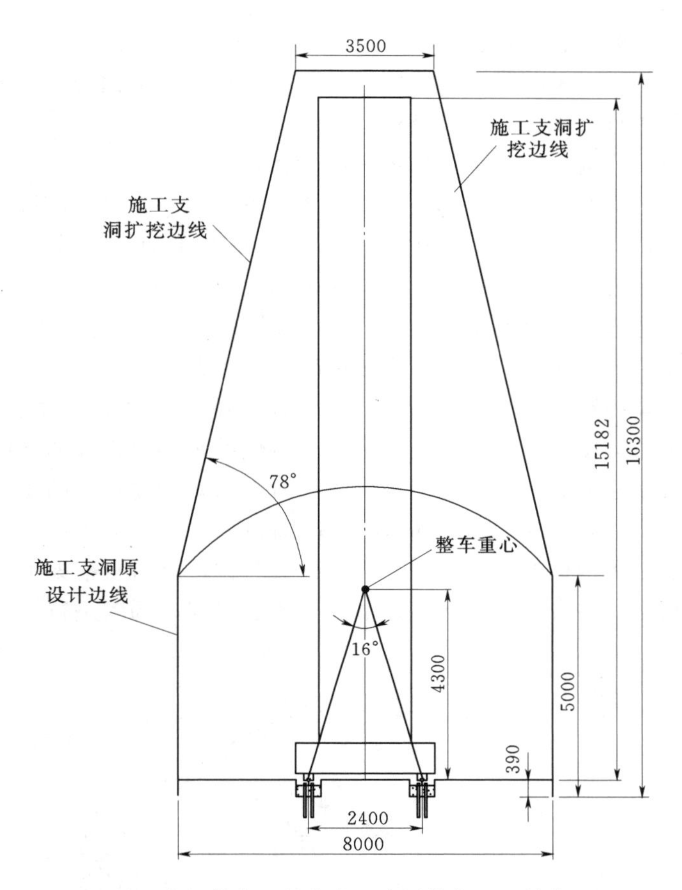

图 3　施工支洞管节运输状态（支洞横断面，单位：mm）

3.2　瓦片组圆和焊接

将带有加劲环的瓦片（纵缝附近预留 500mm 不上加劲环），运输到洞内组圆焊接场。采用 16t 桥吊卸车到组圆平台上，进行组圆和上内支撑调圆，焊接纵缝，之后装焊纵缝附近预留的 1m 加劲环。焊接采用焊条电弧焊或全自动 MAG 焊接纵缝。检验和防腐合格后，采用该位置洞顶的 4 个 30t 天锚中的两个结合 16t 桥吊进行翻身和装上台车，封车加固。待牵引至安装位置。

3.3　管节安装

采用 10t 卷扬机进行牵引运输管节，在支洞和主洞交汇处。两者轴线为非正交，而成 79°夹角。为此，结合千斤顶将台车的一个行走轮固定，而在其余 3 个轮子的行走轨迹上各自垫上 20mm 厚的钢板，绕“固定轮子”为旋转轴线进行转弯进程。采用台车和卷扬机把管节运到安装位置后，再采用千斤顶进行卸车。随后按传统安装方法进行施工。

3.4　瓦片直接安装

城门洞型组焊平台处，由于洞内没有管节存放地点从而采用瓦片直接散片安装，2.4m 管节长的共计 8 节。

瓦片使用15t汽车运输到安装现场，再用1台25t汽车吊现场卸车后直接吊装就位。最上面一张瓦片由于汽车吊起重臂角度干涉，需要用焊在已装钢管顶部的临时悬臂吊梁悬挂滑车组与汽车吊进行空中接力吊装就位。

该8节钢管每个管节由5张瓦片构成。因为瓦片直接就位在空中安装，所以常规的调圆架形式的米字型内支撑就不能适用了，而应考虑可站人、压缝、焊接和探伤等需要的新构造形式的内支撑，见图4。设计一个沿管道轴线8m长的可移动式管内安装台车来替代以前的内支撑。该台车上部为一圆形包络线的脚手架，脚手架包络线周边距钢管内壁300mm，脚手架横竖杆件的间距为1m，设有剪型支撑，整个脚手架承载在一个矩形的工字钢框架上下装4个行走轮。这样，这个8m长的脚手架就具备了管内行走功能，可以满足一节压缝、一节焊接和一节无损探伤的“三节同时施工，呈流水线平行作业”的要求。先用钢管运输台车做支撑平台，将已装管节的上游侧的头三节钢管的下中心位置的2张瓦片安装就位，焊接好底部瓦片承重外支撑（注：所有与钢管壁焊接的支撑必须设置与管壁相同材质的焊接节点板，以免支撑材料对钢管壁材质合金元素的稀释）。后将台车移走，将带行走轮的矩形工字钢框架在瓦片内表面上摆放就位，之后在框架上搭设脚手架，形成管内安装台车。利用安装台车逐张瓦片逐节进行安装压缝，同时进行焊接和探伤。

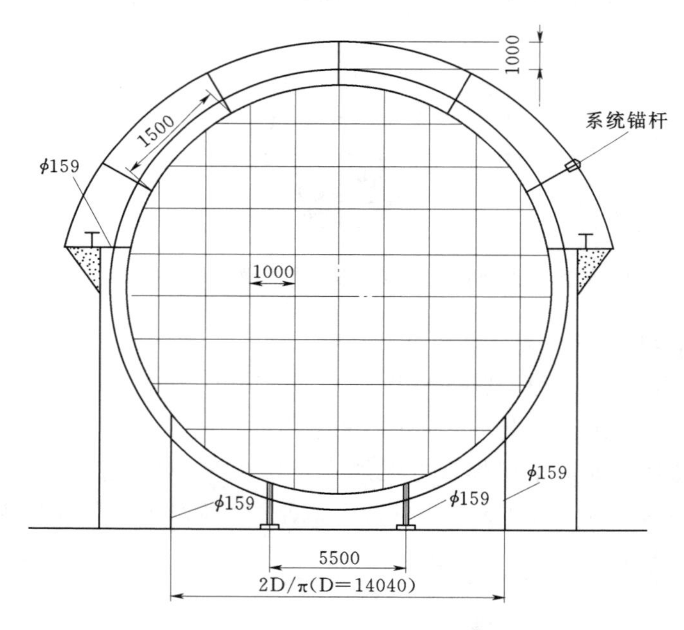

图4　最后8节钢管支撑加固图（单位：mm）

该8节的瓦片安装必须严格加固，以防瓦片掉落伤人。钢管底部用20号工字钢或$\phi159\times8$无缝钢管做竖向承重外支撑，4点半和7点半方向仍用$\phi159\times8$的无缝钢管做竖向外支撑兼加固，再往上每间隔2～3m弧长用带有花篮螺栓的$\phi20$的圆钢或$\angle50\times5$以上角钢作为钢管外支撑将加劲环与土建打入围岩内的系统锚杆焊连，焊接采取双面焊，焊角不小于8mm，搭接焊长度不短于100mm。每安装完一张瓦片，因为此时钢管未形成整圆，也未焊接纵缝和环缝，为此每安装完一张瓦片，都必须用150mm长的拉板将该瓦片与已安装好的瓦片或钢管进行焊连。每隔 1m 必须有一道拉板，拉板厚度 16mm 以上，焊角不小于 10mm，拉板焊接由持证熟练焊工操作，严格执行预热要求，方可允许继续安装下一块瓦片。一节钢管的 5 块瓦片全部压缝完毕后，必须测量管口周长，作为下一节继续挂装的参考依据；同时必须测量管口圆度，上下中心和左右中心处各测一对直径，若圆度相差太大，则通过外支撑的花篮螺栓和设置在左右中心处围岩上的千斤顶来进行调圆，完毕后用 ϕ108×6 无缝钢管做支撑加固。管口平面度因为是以已装钢管为基准，所以问题不大，但每隔 3 个管节仍应测量一次，进行适当修正后挂装下一节瓦片。每安装完一节钢管，都必须按前述的加固要求使钢管与系统锚杆可靠连接后才允许安装下一节。

钢管测量验收满足要求后，先进行纵、环缝的加固定位焊焊接，每隔 300～500mm 必须在坡口内加固焊接 100mm，厚度必须大于 8mm（应力大的部位适当加长和加大厚度），以防焊接时崩裂。再按照“先纵缝后环缝”的原则进行焊接，焊接时每班 8～10 人，均匀分布，连续作业。应采用多层多道、分段倒退的原则进行施焊。环缝应逐条焊接，不得跳焊。施焊过程中严格按照焊接工艺评定确定的焊接规范以及预热、保温和后热温度进行。

每一节钢管的纵缝焊接完成后，应无损探伤和缺欠处理完成后再进行环缝的焊接。

混凝土浇筑前应用管内安装台车上的脚手架将浇筑部位的管壁顶紧，才能进行浇筑。

3.5 特制灌浆孔螺纹护套来确保灌浆孔封堵质量

通过钢管管壁上设置的灌浆孔来进行固结灌浆、回填灌浆和接触灌浆是确保围岩和混凝土密实性和防止钢管外水压力过大的必要途径，一般在管线较长时多采用这一设计。通常在管壁上预留 ϕ60mm 左右的孔，外部搭接焊一块带 M50 左右管螺纹的补强板，灌浆完毕后将堵头上的螺纹部分拧入补强板，再将堵头上的焊接坡口与管壁焊接（应按水密焊接接头要求设计，不要求整个管壁厚度焊透）。

固结灌浆时土建要通过灌浆孔对混凝土进行钻孔，由于钻杆的震动和摆动，往往会破坏补强板上的螺纹，使得堵头带不上。为此有些电站施工时一旦堵头拧不上就将堵头上的螺纹部分切掉，剩余堵头直接与管壁焊连。这样由于没有管螺纹（可结合在螺纹上缠绕聚四氟乙烯胶带）的封水作用，在地下水比较多的地方，不断有水从灌浆孔冒出，堵头怎么也封焊不上，反复开裂。为此必须保护补强板上丝扣的完好性，用无缝钢管或钢质水管车制与补强板上丝扣配套的外螺纹，作为螺纹护套在钢管制造补强板装焊完成即将其护套拧上，见图 5，从而避免了混凝土浇筑时粘上丝扣，也避免了灌浆打钻对丝扣的破坏。但是要注意螺纹护套拧入补强板的深度（以二者端头齐平为准），不能让螺纹护套的螺纹伸入到混凝土浇筑部位，否则会导致以后螺纹护套旋不出来。还应保证补强板螺孔与管壁上灌浆孔的同心度，若差得太多以后丝堵也拧不进去。

4 结语

通过彭水水电站引水压力钢管洞内施工关键技术的研究，丰富了我国在超大型压力钢管的制造安装经验。本论文得以推广应用，必将为今后同类型的超大直径压力钢管制造安装提供借鉴和技术参考。并且可以简化工地钢管厂的场地、减少起重设备和减小运输支洞开挖断面等，从而带来很大的经济效益。

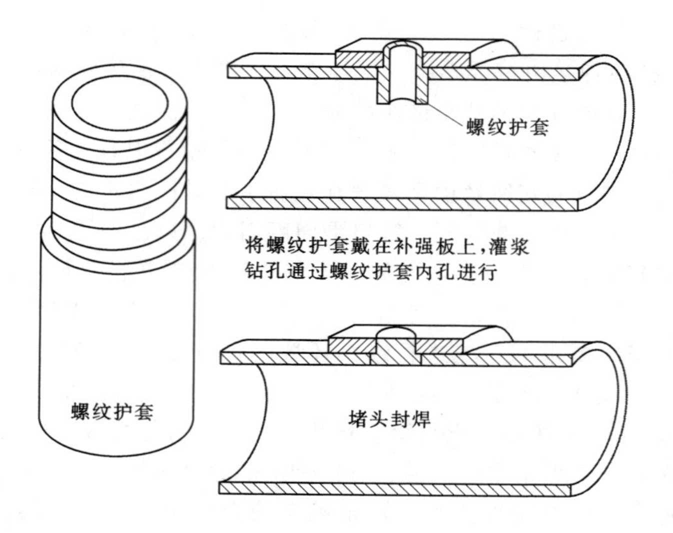

图 5　灌浆孔螺纹护套和堵头装配示意图

参 考 文 献

［1］ DL/T 5017—2007 水电水利工程压力钢管制造安装及验收规范［S］. 北京：中国电力出版社，2008.

［2］ 霍立兴编著. 焊接结构工程强度［M］. 北京：机械工业出版社，1995.

水电站引水压力钢管空间平面弯管安装位置确定方法

赵小勇

（中国水电第七工程局机电安装分局，四川　彭山　620860）

【摘　要】水电站引水压力钢管施工中常遇到空间平面弯管安装的计算问题，防止空间平面弯管安装过程中出现偏移、非设计折线等，本文介绍了空间平面弯管的转折角和安装转角计算方法。

【关键词】引水压力钢管；空间平面弯管；弯管转折角；弯管安装转角

1　引言

作为水电站引水道布置的重要组成部分，引水压力钢管的空间平面弯管（以下简称：弯管）安装计算往往是个不可回避的，是施工单位比较复杂的一个施工难点之一。计算不正确，将会对其后的测量放点、安装出现错误，使弯管出现偏移、非设计折线等，导致不必要的水头损失，恶化弯管的受力条件，甚至使弯管报废返工。浪费施工成本，影响施工工期。为此，本文介绍对弯管转折角和安装转角的计算方法，以求施工技术人员予以借鉴和参考，以确保弯管的施工安装质量。

2　弯管转折角

2.1　弯管转折角计算方法之一

图1中，AB、BE′均为弯管轴线的切线，且设AB＝BE′＝a，α、β分别为AB、BE′与水平面的倾角，Ω为弯管的水平投影AD、DE的水平夹角，ε为弯管在B点的转折角。

按图1中弯管在空间的位置关系得：α、β、Ω、ε的关系公式

$$\cos\varepsilon=\sin\alpha\sin\beta+\cos\alpha\cos\beta\cos\Omega$$

2.2　弯管转折角计算方法之二

已知：A点的高程Z_A，A点的坐标（x_A、y_A、z_A）；B点的高程Z_B，B点的坐标（x_B、y_B、z_B）；C点的高程Z_C，A点的坐标（x_C、y_C、z_C）。

管段AB的长度为

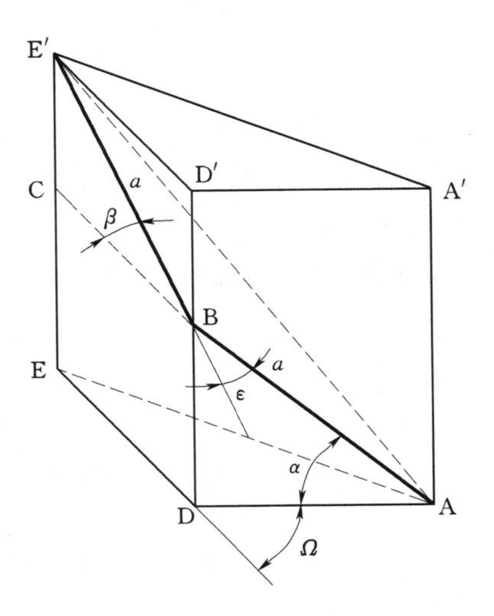

图1　空间平面弯管在空间的位置关系一

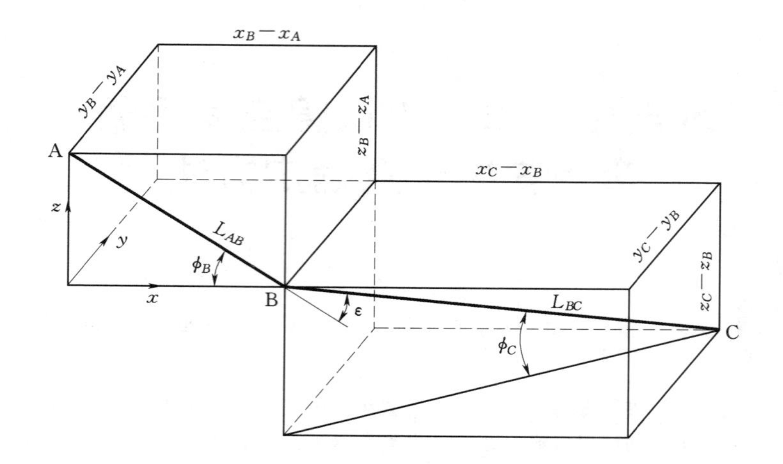

图 2　空间平面弯管在空间的位置关系二

$$L_{AB}=\sqrt{(x_B-x_A)^2+(y_B-y_A)^2+(z_B-z_A)^2}$$

AB 在 xz 平面内，$y_B-y_A=0$。所以计算 L_{AB} 的公式成了平面几何问题：

$$L_{AB}=\sqrt{(x_B-x_A)^2+(z_B-z_A)^2}$$

管段 AB 与水平面的倾角 ϕ_B 为

$$\sin\phi_B=\frac{|z_B-z_A|}{L_{AB}}$$

管段 BC 的长度为

$$L_{BC}=\sqrt{(x_C-x_B)^2+(y_C-y_B)^2+(z_C-z_B)^2}$$

管段 BC 与水平面的倾角 ϕ_C 为

$$\sin\phi_C=\frac{|z_C-z_B|}{L_{BC}}$$

从图 2 可知，管段 AB 是位于 xz 平面上的管段，而管段 BC 则是位于空间的管段，所以在管轴线 AB 与 BC 的转折处 B 点，管轴线的转折角（即弯管的转折角）是一个空间角度。

B 点管轴线的空间转折角 ε 的计算，按下列公式进行：

$$\cos\varepsilon=\cos\alpha_B\cos\alpha_C+\cos\beta_B\cos\beta_C+\cos\gamma_B\cos\gamma_C$$

其中：

$$\cos\alpha_B=\frac{x_B-x_A}{L_{AB}};\quad \cos\alpha_C=\frac{x_C-x_B}{L_{BC}}$$

$$\cos\beta_B=\frac{y_B-y_A}{L_{AB}};\quad \cos\beta_C=\frac{y_C-y_B}{L_{BC}}$$

$$\cos\gamma_B=\frac{z_B-z_A}{L_{AB}};\quad \cos\gamma_C=\frac{z_C-z_B}{L_{BC}}$$

为了及时地校对计算结果，可以用下式加以校对：

$$\cos^2\alpha_B+\cos^2\beta_B+\cos^2\gamma_B=1$$

$$\cos^2\alpha_C+\cos^2\beta_C+\cos^2\gamma_C=1$$

3　弯管的安装转角

上述已计算出管轴线在B点的转折角 ε，角度 ε 就是弯管的转折角。但是按照角 ε 制造成的弯管，安装到空间位置时弯管自身的平面和它的中心轴线（水平轴线和垂直轴线）与管轴线上的坐标轴 z 和 y 是不重合的，它们之间相差一个 ω 角度，这个转角 ω 称为空间平面弯管的安装转角。由投影几何可知道：转角 ω 在弯管的上游端管口和下游端管口的数值是不同的。为了安装方便和检查，计算时应该同时把弯管上游端管口和下游端管口的安装转角 ω 数值算出。设 ω_s 为上游端弯管管口的安装转角，ω_x 为下游端弯管管口的安装转角。安装转角 ω_s 和 ω_x 的计算，按照投影几何的方法进行。下面列出两种基本的管轴线转折情况的安装转角计算方法。

3.1　弯管向上弯的情况

即在 xz 立面上，管轴线的转折点是向上的情况，如图3（a）所示。

弯管在B点的转折角为 ε。

弯管上游端管口的安装转角 ω_s 按下列公式计算［见图3（a）］：

$$\tan\omega_s=\frac{\sin\Omega}{\tan\phi_C\cos\phi_B-\sin\phi_B\cos\Omega}$$

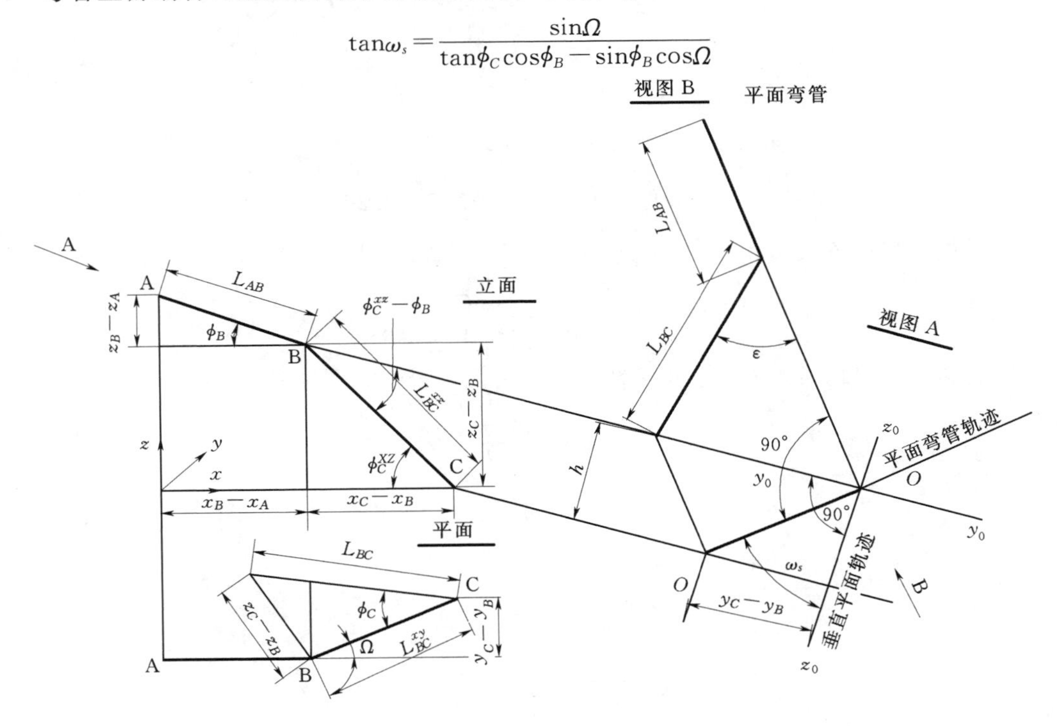

(a)上游端管口安装转角 ω_s 计算图

图3（一）　转折角向上的空间平面弯管安装转角计算图

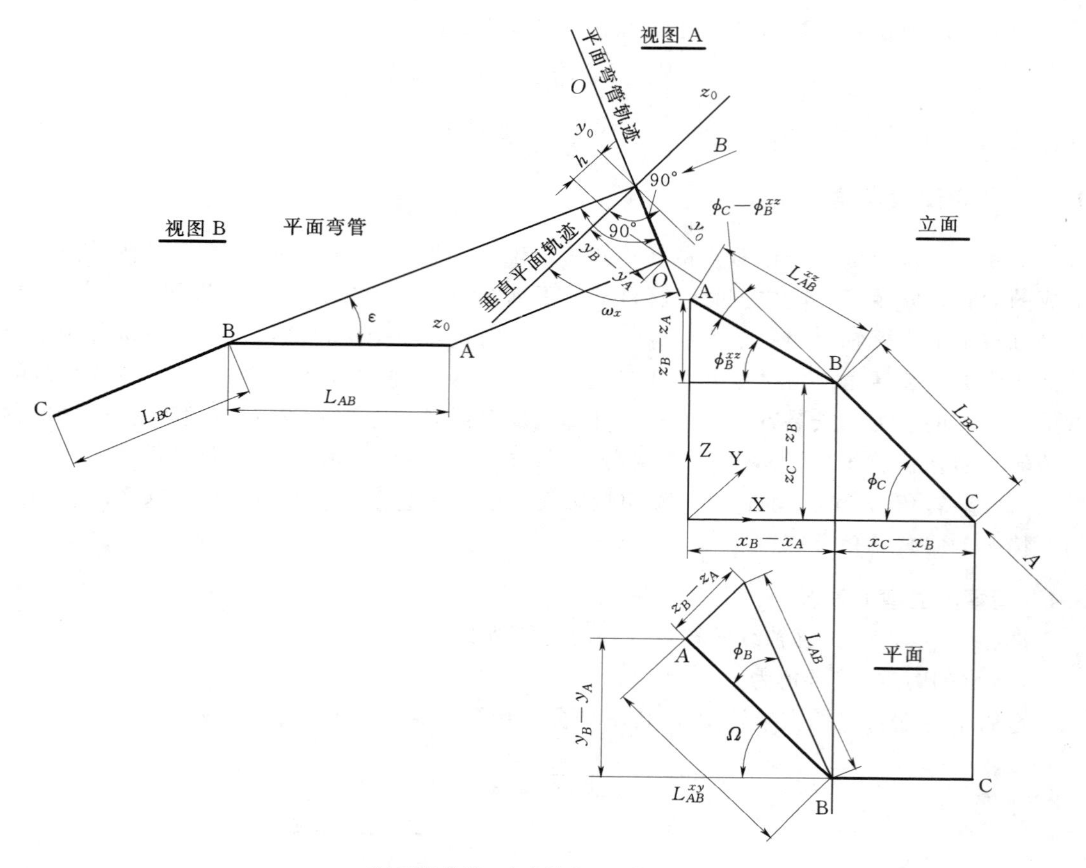

(b)下游端管口安装转角 ω_x 计算图

图 3（二） 转折角向上的空间平面弯管安装转角计算图

下游端管口的安装转角 ω_x 按下列公式计算，见图 3（b）：

$$\tan\omega_x=\frac{\sin\Omega}{\sin\phi_C\cos\Omega-\tan\phi_B\cos\phi_c}$$

安装转角 ω_s 和 ω_x 亦可由三角函数关系的公式进行计算［见图 3（a)］：

$$\tan\omega_s=\frac{y_C-y_B}{h}$$

$$h=\sqrt{(x_C-x_B)^2+(z_C-z_B)^2}\sin(\phi_C^{XZ}-\phi_B)$$

同样在图 3（b）中可得：

$$\tan\omega_x=\frac{y_B-y_A}{h}$$

$$h=\sqrt{(x_B-x_A)^2+(z_B-z_A)^2}\sin(\phi_C-\phi_B^{XZ})$$

3.2 弯管向下弯的情况

即在 xz 立面上，管轴线的转折点是向下的情况［见图 4（a)］。

弯管在 B 点的转折角为 ε。

弯管上游端管口的安装转角 ω_s 按下列公式计算［见图 4（a）］：

$$\tan\omega_s=\frac{\sin\Omega}{\sin\phi_B\cos\Omega-\tan\phi_C\cos\phi_B}$$

下游端管口的安装转角 ω_x 按下列公式计算［见图 4（b）］：

$$\tan\omega_x=\frac{\sin\Omega}{\tan\phi_B\cos\phi_C-\sin\phi_C\cos\Omega}$$

安装转角 ω_s 和 ω_x 亦可由三角函数关系的公式进行计算，在图 4 中可以得到：

$$\tan\omega_s=\frac{y_C-y_B}{h}$$

$$h=\sqrt{(x_C-x_B)^2+(z_C-z_B)^2}\sin(\phi_B-\phi_C^{xz})$$

同样在图 4（b）中可得：

$$\tan\omega_x=\frac{y_B-y_A}{h}$$

$$h=\sqrt{(x_B-x_A)^2+(z_B-z_A)^2}\sin(\phi_B^{xz}-\phi_C)$$

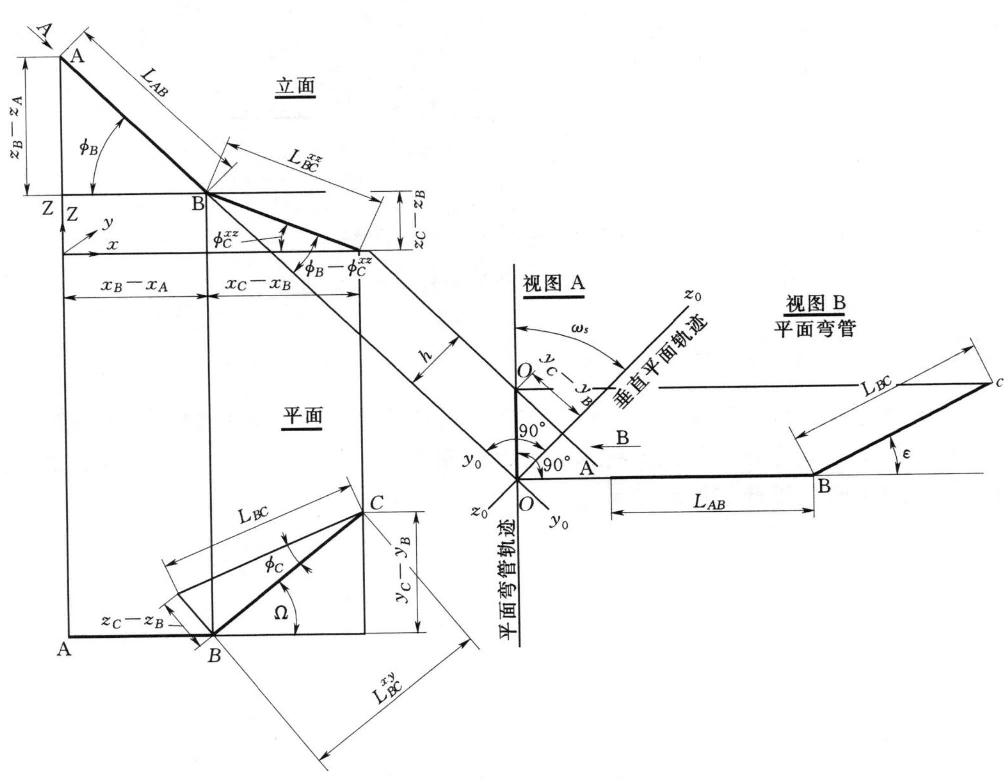

(a)上游端管口安装转角 ω_s 计算图

图 4（一）　转折角向下的空间平面弯管安装转角计算图

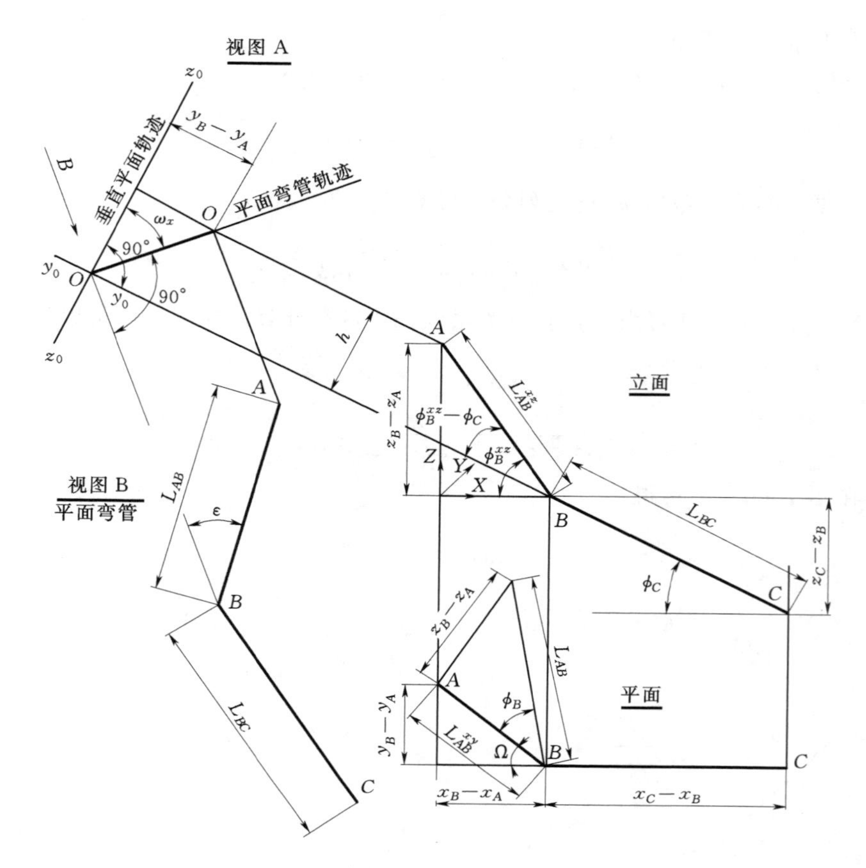

(b)下游端管口安装转角 ω_x 计算图

图 4（二）　转折角向下的空间平面弯管安装转角计算图

4　结语

空间平面弯管在水电站引水压力钢管施工安装中常常遇到，通过弯管转折角和安装转角的计算公式，极大地方便了施工技术人员对空间平面弯管的安装计算，具有一定的参考实用价值。防止施工质量事故的发生。

四川某水电站引水压力钢管质量事故典型案例探讨

万天明

(中国水电第七工程局机电安装分局，四川　彭山　620860)

【摘　要】四川省某水电站为引水式水电站，采用联合供水方式，即一管两机。其设计水头为1175m，为亚洲第一高水头。本文着重介绍了该水电站引水压力钢管施工中，发现两起质量事故的情况。即钢管道部分炉批号母材冲击吸收能量低于标准值后的处理方式，水压试验时闷头崩裂后的原因分析。为今后从事水电工程建设的工作者提供一定的借鉴。

【关键词】钢管博物馆；冲击吸收能量；内套管；环氧砂浆；水压试验；闷头爆裂；蒸汽爆炸；真空破坏阀

1　引言

四川省某水电站为引水式电站，由首部枢纽、引水系统及厂区枢纽组成。工程为单一发电工程，电站装机容量2×26MW。多年平均年发电量2.441/2.668亿kW·h（单独运行/联合运行）。机组转速为750r/min。

压力管道布置形式为联合供水方式。结构形式含有隧洞式明管、沟槽式外包混凝土埋管、露天明管、隧洞式埋管和外包钢筋混凝土回填管等，可谓“电站钢管博物馆”。图1钢管布置及构造情况。

该水电站引水压力钢管的设计水头为1175m，属亚洲第一高水头。其钢管全长约2257.3m，工程总量约1665t。前段隧洞式明管长123m，在桩号0＋095.934m处设置蝶阀室。接着为沟槽式外包混凝土埋管和露天明管段二者共计长850m，沿线共设置8个镇墩，64个支墩，支座型式采用盆式滑动支座，镇墩下游侧设置波纹管伸缩节，管道安装水平倾角3°～50°。后为隧洞式埋管段分为5个平段，2个竖井段（其中1号竖井高差247m，2号竖井高差237m），3个斜井段（倾角为55°，每段高差平均约为130m），长约1401.3m。

主管内径为1.2m，壁厚为12～36mm，G2～D5～G17管段材质为Q345R、G17～岔管段材质为牌号WDL610D2的60kg级高强钢。岔管属非对称Y形布置的内加强型月牙肋地下埋管，分岔角50°，位于主厂房上游，紧接下平段主管末端，岔管中心点桩号为管2＋181.164m，中心高程为EL662.38m，壁厚为28～30mm，材质为牌号B610CF的60kg级高强钢。岔管分岔出2条支管分别与水轮机球阀连接，2条支管前段内径为0.8m及0.8～0.6m变径，支管末端内径为0.6m，壁厚均为30mm，材质为牌号WDB620的60kg级高强钢。配水环内径为0.6～0.4m，材质为牌号WDB620。

图 1　钢管布置及构造情况

2　水压试验部位及要求

本次试验管段为 3 号斜井、下平段、岔支管及 1、2 号机配水环。因为该水电站为高水头双喷嘴冲击式立式机组，其工作水头 1175m，沿钢管轴线，2、3 号斜井布置在（管）1＋632.723～（管）1＋948.395 位置，倾角 55°，两斜井之间布置平段。2、3 号斜井压力钢管母材材质为 Q345R，钢管内径 ϕ1.2m，板厚为 32mm、34mm、36mm 三种规格。焊接中发现部分母材裂纹，即由焊缝的热影响区起裂往母材方向扩展。经检验，发现用于制造该水电站压力钢管的 Q345R 材质 32mm、34mm、36mm 厚度的钢板部分管节试样的冲击吸收能量偏低，经业主方组织专家咨询会讨论，决定对冲击吸收能量较低的管节以及其同炉批号管节进行补强处理。处理措施为在需补强的管节内加装内套管，并在内外管间进行环氧砂浆化学灌浆，由内套管和外管联合受力，见图 2。采用内套管补强措施处理完后，为确保其工程质量，设计单位要求对压力管道的岔管、支管、下平段及 3 号斜井进行联合水压试验。

2010 年 6 月 5 日，该施工项目部按照监理批复的《水压试验方案》进行水压试验。水压试验部位见图 3 和图 4。在钢管下平段压力到达 12.1MPa（距最高水压试验值 14.83MPa）时，由主机厂提供的法兰式球冠铸钢闷头 4 个之一（下称，铸钢闷头裂为 4 瓣）破裂，导致第一次水压试验失败，现就此事件描述如下。

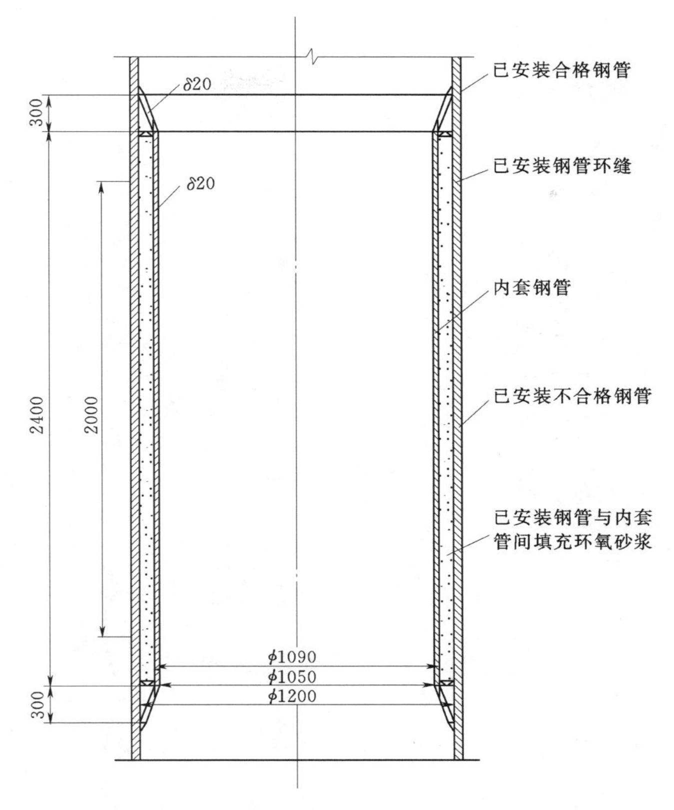

图 2　内套管补强结构方式（单位：mm）

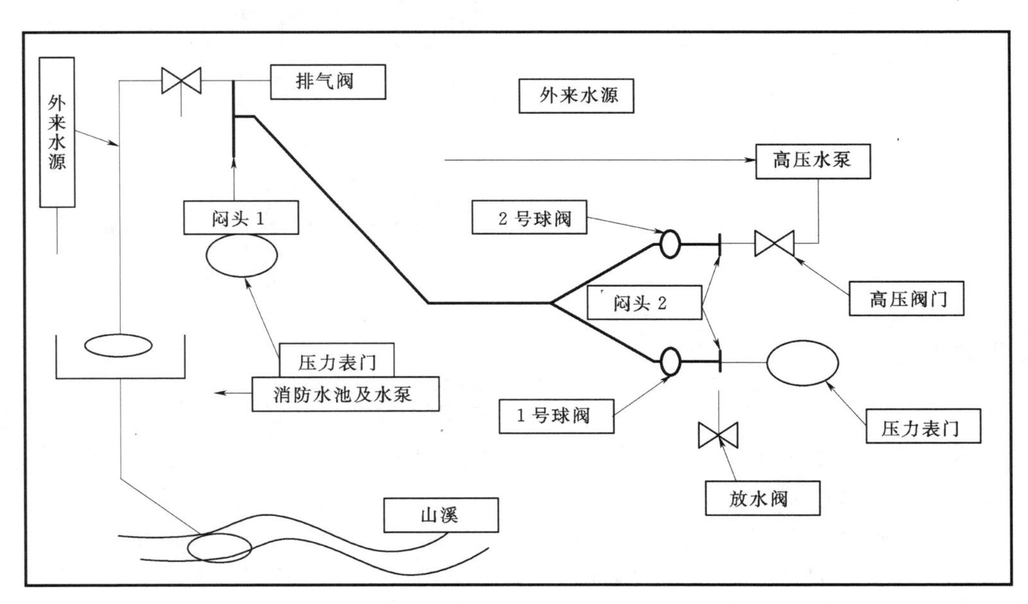

图 3　配水环、岔管、下平段及 3 号斜井联合水压试验部位示意图

说明：闷头 1 为自制平板焊接闷头（1 个）；闷头 2 为主机厂供应法兰式铸钢球冠闷头（4 个）；图中粗黑线为水压试验管段。

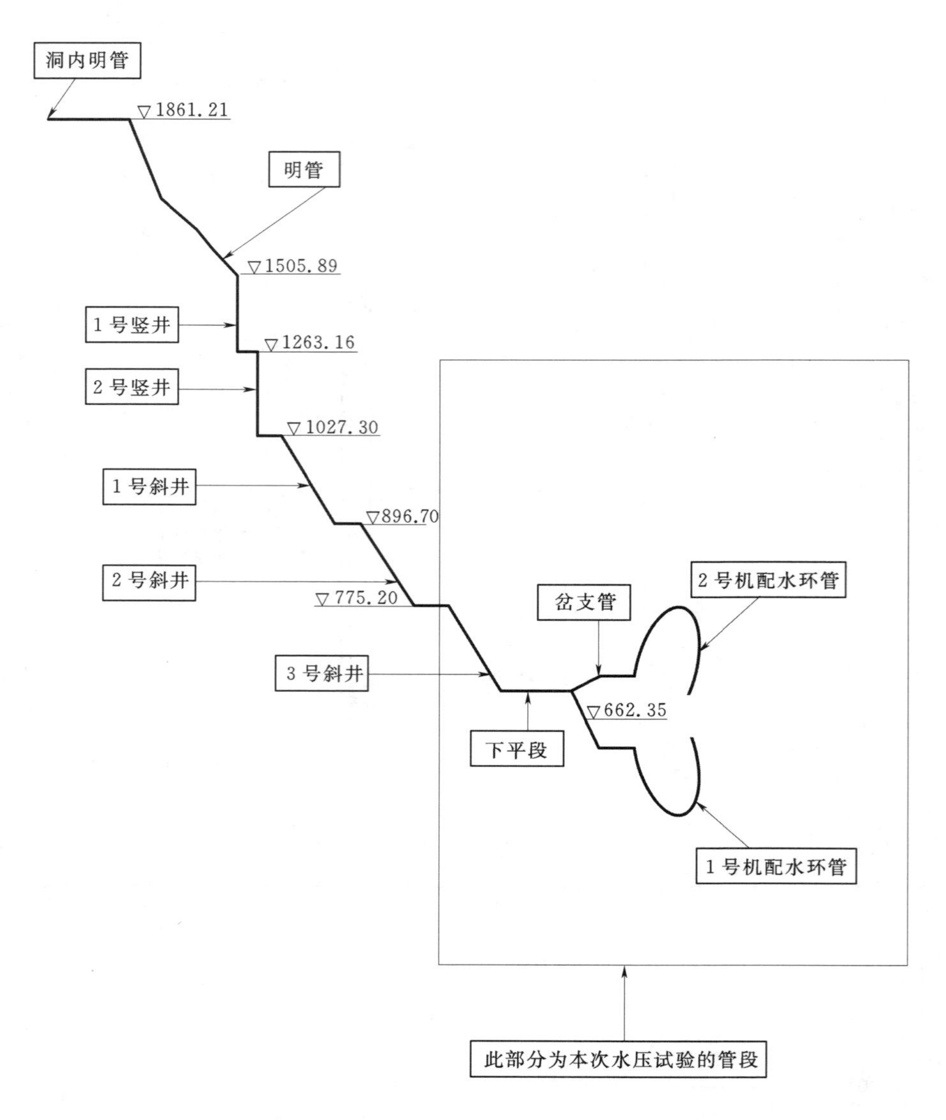

图4 本次水压试验的管段平面示意图（单位：m）

3 事件经过

2010年6月5日15时30分，该施工项目部开始按照批复的《水压试验方案》进行水压试验，并及时通知业主单位、监理单位、水利部郑州质检中心及项目部相关人员。在升压过程中，严格控制压力上升速率即8MPa以下时，升压速度为0.1MPa/min；8MPa以上时，升压速度为0.05MPa/min。郑州质检中心人员严格监视钢管应力变化值。

2010年6月5日20点32分，球阀部位水压上升至12.1MPa，3号斜井部位的水压上升至约11.3MPa，开始稳压观察。此时3号斜井压力管道的管壁应力观测值为237MPa，球阀室压力管道的管壁应力观测值为210MPa，20点34分。在球阀室人员（试验操作人

员均在球阀室）忽然听到三声巨大的爆炸声，同时伴随剧烈震动，之后听见主厂房水机室水流冲击声。所有人员立即赶往水机室，发现1号机组右侧配水环管的喷嘴上的铸钢闷头破裂，压力管道的水从闷头破裂处喷射而出，进而水从水轮机室喷射流淌出来，蔓延至廊道，廊道淹没水深约400mm。

发现此情况后，指挥人员立即（约20点35分）通知3号洞人员打开排气阀（目的在于防止泄水产生负压进而汽化膨胀，导致压力管道破坏）。3号洞人员接到通知后，还未来得及执行指令，少顷3号斜井处闷头突然爆破、崩落，伴随爆破声和气浪。气浪冲向3号斜井上平段未参与打压管段内，沿管道内随机分布的施工型钢件全部被气浪吹冲到离平板闷头安装位置30m远的2号斜井下弯段处，堆积在该处。即被2号斜井斜坡挡住，阻止了施工型钢件继续往前冲的可能。

4 事故原因分析

4.1 1号机右侧铸钢闷头爆裂原因

每台机（属双喷嘴冲击式立式机组）为左右各一个铸钢闷头，2台机组共计4个铸钢闷头，见图5。本次水压试验时，爆裂为1号机右侧喷嘴的铸钢闷头，见图6。

图5 水压试验前法兰式铸钢闷头

图6 水压试验水压达到12.1MPa时法兰式铸钢闷头爆裂状态

由于闷头是由中碳钢铸钢牌号ZG310－570浇注成型的。铸钢件为铸态组织，金相组织比较粗大，且组织比较疏松、铸钢液比铸铁液的浇注流动性差、充填性差由此较易出现夹渣、缩松和空隙等铸造缺陷。且没有进行红热锻造，即使晶粒细化、密实处理使上述缺陷得不到弥合消除。铸件没做人工时效热处理消除铸造残余内应力，没做重结晶热处理调质，即没使铸态组织重结晶晶粒细化，均会使闷头的强度、塑性和韧性等力学性能得不到可靠保证。铸件除了法兰螺栓连接面是加工面外，其余部位是铸造原始表面，没有做无损探伤。这些因素均是导致这次铸件闷头爆裂的直接原因。

4.2 3号斜井上平段焊接式平板闷头爆炸蹦脱原因

导致3号斜井焊接平板闷头突然爆炸蹦脱是由如下原因诱发的：

蒸汽爆炸现象，由于1号机配水环管右侧法兰式铸钢闷头爆裂，导致很快泄水，从而使管内的水压突然下降，进而导致3号斜井顶端及上平段突然形成真空负压，开始使该处管段和焊接平板闷头有一个抽瘪的受力负压趋势，当1号机爆裂的铸钢闷头泄水到（3号斜井顶端管内）常温水的汽化压力，当时测得水温在20℃，由图7水的相图知，水温为20℃对应的管内真空度降低到汽化压力2.3kPa时，顶端水突然沸腾汽化使液态水汽化为气体。

由《物理化学》得知：拿1L水举例，1L液态水为1000g；1mol水的克分子量为18g，汽化后，气体摩尔体积常数为22.4L/mol，则1L液态水为（1000/18）mol，1L水完全汽化后的体积为（1000/18）×22.4＝1244.44L气体，所以水汽化后膨胀了约1244倍。

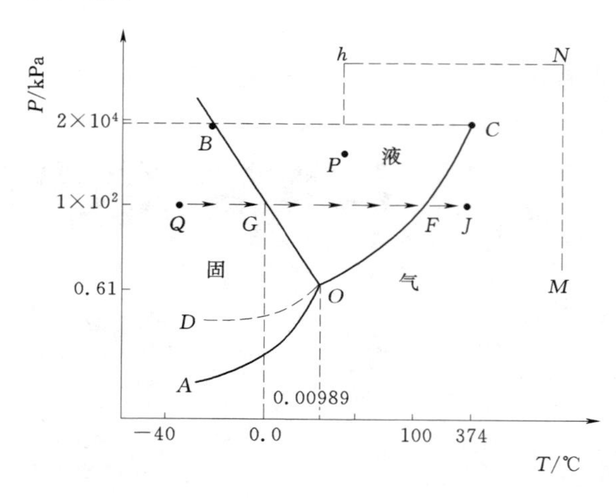

图7 水的相图

图8 水压试验水压达到12.1MPa后3号斜井顶端爆开的平板闷头

由上计算知，水由液态变为气态时体积将膨大1200多倍。此时3号斜井顶端及其上平段管内充满了具有爆炸性的气态水蒸气，犹如即刻爆炸的一颗炸弹，随着泄水量的增加，3号斜井顶端内的汽化气体越来越多，累积到一定程度导致3号斜井焊接平板闷头承受不住突然爆炸蹦脱。管内蒸汽爆炸后情况见图8。

5 结语

（1）重要工序和重要部位应邀请外面专家予以论证后才能实施。

（2）用于钢管的钢板，应按炉批号继续抽检。每个炉批号的钢板用在哪些管节上，记录在案，便于发生母材质量问题有追溯性。防止每根管节均要进行检查，从而导致时间、成本的浪费。

（3）高压闷头应该采用锻造件或焊接件，材料必须有质量保证书或有资质的厂家产品合格证。

（4）当水柱高程差在100m左右的钢管段做水压试验时，应在钢管段上端顶部设置真空破坏阀。之所以在水压试验钢管段上端顶部设置真空破坏阀的目的，是防止误操作或下端突然漏水时，钢管段上端顶部的呼吸管未打开或来不及打开而使钢管上段没有即时得到空气补充而使管内水形成真空汽化导致蒸汽爆炸，从而防止酿成质量安全事故的发生。

（5）施工时严格按照制订的方案不折不扣的执行。技术和管理人员应具有科学的、认真的态度，不能犯经验主义。经验主义在这个工程不出事，也许在下一个工程就出事，一出事往往是大事故。

三峡右岸地下电站压力钢管安装焊接质量控制

卫书满

（葛洲坝集团机电建设有限公司，四川　成都　610091）

【摘　要】 详细分析了三峡右岸地下电站压力钢管现场焊接质量影响的原因，并提出焊缝组装质量控制措施，以减少现场焊接困难。针对地下电站巨型钢管采用不同材质和板厚的焊接工艺现状，具体阐述了在特定环境中焊接工艺控制、焊接工艺参数选用、焊接热处理、TOFD无损检测新工艺等措施。实践证明，该工艺在工程中取得了良好的应用效果，为三峡右岸地下电站压力钢管现场焊接质量提供了有力的保证。

【关键词】 三峡右岸地下电站；压力钢管；安装焊接；热处理；TOFD

1　概述

三峡右岸地下电站压力钢管共6条，每条钢管设计为49节（实际制作时，第13、14节合并为1节，制造、安装总节数变为48节，安装单元29个），由下水平段、锥管过渡段、下弯段、斜直段四部分构成，下水平段管口直径为12.4m，斜直段管口直径为13.5m，下水平段、锥管过渡段、止推环采用强度级别为60kgf/mm^{2}级的高强钢(B610CF)，下弯段和斜直段采用强度级别为50kgf/mm^{2}级的16MnR钢（板厚36mm)，加劲环、阻水环为Q345C钢（板厚34mm)，与下弯段相接的三节锥管过渡段板厚依次为42mm、48mm、54mm，下平段其余钢管板厚为60mm，每条钢管安装的焊缝熔敷金属总量约16t。由于焊接工程量大，焊接材料特殊，其焊接工艺必须进行充分研究才能有效保证其质量的稳定性。

2　存在问题

目前主要存在以下5个方面的问题需要解决。

（1）局部安装间隙造成的焊接困难。压力钢管在安装组对过程中，由于巨型管节在制造与现场安装过程中存在累计误差，造成管节组对间隙不均匀的现象时有发生。管节组对间隙的变化会引起焊接施工困难。控制管节组对间隙是焊接质量保证的重要内容之一。

（2）610CF高强度调质钢，对延迟裂纹敏感性较强，且焊接板材较厚，对焊接工艺要求严格，采用何种焊接工艺，方可保证大量钢管焊接质量的稳定性，是焊接工艺研究中必须解决的问题。

（3）610CF型高强度调质钢板材较厚，最厚达60mm，焊前需预热，焊后需消氢。由于现场钢管最大直径达13.5m，加温范围跨度大，加热位置变化多，加温的质量优劣直接影响到整条焊缝质量。采用何种加温手段方可保证加温质量达到预定要求，也是需要研究

的问题。

（4）钢管/蜗壳凑合节合拢环缝焊接时，焊缝处于刚性拘束状态，巨大的焊接内应力可能导致焊接延迟裂纹。为此，必须控制焊接工艺规范参数，并采取适当的焊前预热和焊后消氢工艺措施。

（5）γ射线为传统的最有效地检验焊缝内部质量的无损检测方法，但其对人体有伤害，造成施工组织复杂，对工期影响大，不能满足三峡地下电站压力钢管的复杂施工，需找到一种新型的无损检测方法代替γ射线。

3　压力钢管焊缝组装质量的控制

3.1　管节组对精度的控制

管节现场安装组对质量首先取决于管节制造精度。管节的制造形位公差应严格按有关设计规范 DL 5017—2007 要求及三峡工程质量标准 TGP·J02—2003《压力钢管安装质量检测及等级评定标准》进行控制；管节出厂前应使用可靠的内支撑并严格按要求进行调圆。由于受巨型管节自重的影响，其内支撑在钢管竖立状态，垂直受力比水平受力要大得多，故必须充分考虑内支撑垂直受力后的刚度满足设计要求，以保证管节全方位的圆度，进而减轻现场焊缝组装超标的可能。同时，考虑到现场环缝焊缝横向收缩的原因，管节轴向安装误差会随着管节安装的增加而累积增大。因而，在瓦片下料时就必须考虑该种因素的影响。

3.2　测量控制点的精度保证

用于钢管安装的控制点线均由安装单位专门填写正式申请放样单，委托专业的测绘大队测放，并经监理单位认可后，方可使用。施工期间必须注意保护测放的控制点线，严禁破坏。测放的控制点线精度是保证安装精度的基础，应严格控制在 1mm 以内。

3.3　关键管节或管段的安装精度控制

因首装节安装精度关系到该部分管段安装精度和焊缝的组装质量，应按 DL/T 5017—2007 及三峡工程标准 TGP·J02—2003《压力钢管安装质量检测及等级评定标准》要求控制；将下弯段起始点 38/39 管节摞节作为首装节，首装节安装定位后，从上下两侧进行后续管节安装，以控制钢管环缝焊接后里程发生的累计变化。

3.4　外支撑加固措施

为了确保已安装好的管节不会因焊缝不均匀收缩而产生管口中心偏移，应采取可靠的外支撑加固措施。

3.5　管节装配质量控制

为保证环缝的装配质量，首先应在工厂制造时严格控制相邻管口的周长差、圆度等方面误差，将理论错牙尽量减小。

对 16MnR 低合金钢，环缝装配可采用传统的压码方法，并根据情况使用千斤顶进行压缝，在 60kgf/mm^2 高强钢环缝组装采用压缝顶杆进行压缝。安装现场，使用外支撑结构上配套设置的拉紧器或千斤顶进行管节中心及里程的调整。

通过采取以上措施，三峡地下电站压力钢管安装几何中心偏差均控制在10mm以内，组对间隙均匀，为压力钢管焊接奠定了良好基础。

4 钢管焊接工艺

地下电站压力钢管布置在引水隧洞内，其外壁与隧洞基岩距离不足1m，安装溜放斜井在0°～60°～0°的倾角变化的深长陡峭斜井的条件下完成，根据现场条件，主要采用手工焊条电弧焊进行焊接。

4.1 定位焊焊接工艺

点焊的顺序通常从下中开始，分两个工作面，自下而上经左、右中心一直点焊到上中心汇合。定位焊的质量要求及焊接工艺应与正式施焊工艺相同，其焊缝应有一定的强度，其厚度一般不应超过正式焊缝的二分之一，通常为4～6mm。定位焊缝的长度一般为50～60mm，间距400～500mm为宜。

4.2 现场焊接材料选用与管理

4.2.1 焊接材料的选用

现场手工焊焊材根据母材来选用，16MnR选用CHE507焊条，B610CF高强度钢的焊接选用国产CHE62CFLH焊条。各型焊材均需通过焊接工艺评定合格后，才投入正式使用。

4.2.2 焊材管理

焊接材料进厂实行一级库、二级库管理。其中一级库主要用于批量存放，应有木地板隔潮，设货架，内设去湿机、加温设备、干湿度计及温度计等，确保室内通风、干燥，室温不低于5℃，相对湿度不大于50%。焊材入一级库，设专人保管，做好记录，分类存放，做好标记，按工艺任务书校对、发放及回收，只能由二级库专人领取。

焊条应严格按焊接工艺评定要求规定的温度和时间烘焙，并做好实测温度和时间的记录，烘焙后的焊条应保存在100～150℃的恒温箱内，药皮应无脱落和明显的裂痕。

施焊时，待用的焊条应放在具有电源的保温桶内，随焊随取，并随手盖好筒盖，焊条在保温桶内的保存时间不宜超过4小时，否则应重新烘焙，重复烘焙次数不宜超过两次。

4.3 焊接施工工艺原则

4.3.1 焊前准备

施焊焊工应对焊件的组对质量进行检查，如发现尺寸超差或坡口及其附近有缺陷，应及时提出，进行处理或修复。焊件组对局部间隙超过4mm，但长度不大于该焊缝长度的15%时，允许在坡口两侧或一侧作堆焊处理。堆焊后应对堆焊部位的焊缝应进行磁粉（MT）探伤检查。

施焊前应将坡口表面和两侧至少10～20mm范围内的水分、油、毛刺、铁锈、氧化皮及夹渣等清除干净，并打磨露出金属光泽。

4.3.2 焊接工位的布置

由于钢管已在工地制造厂组装成整节，因而现场焊缝主要为环缝的焊接。受地形位置变化和手段制约，环缝焊接主要采用手工焊接。通常按Ⅰ、Ⅱ、Ⅲ、Ⅳ象限。每象限内布

置三个工位（即同时上 12 名焊工施焊），尽量同时对称施焊，减小焊接变形和应力。

4.3.3　压力钢管/蜗壳凑合节焊缝的焊接

凑合节合拢焊缝焊接，宜采用小规范、偶数个焊工对称多层多道施焊，在合拢环缝焊接过程中，使用电锤锤击焊缝中间层以消除焊接应力（焊缝封底层和盖面层不锤击），焊道锤击工作在每层焊缝完成后立即进行，锤击过程中，焊道表面温度不低于焊缝预热温度，锤击效果以焊缝表面布满麻点、有致密的锤击鱼鳞纹为止。凑合节合拢焊缝焊接，如果环境温度较底或相对湿度较大时，可适当提高预热温度。

在合拢逢焊前、封底焊完成后、焊缝焊接完成后，监控焊缝收缩量及座环四个中心方位变化量，确保焊缝焊接收缩量在 4mm 以内，座环中心变化在 1mm 以内。

施焊者完成规定的焊缝焊接并自检合格后，按要求填写焊接工艺流程卡交焊接专业质检员进行检查。

4.3.4　焊接规范

压力钢管安装环缝采用 X 型不对称坡口，$\alpha=50°\sim55°$，（钝边厚 2mm，对缝间隙2～4mm），焊接最大线能量 16MnR 不大于 45kJ/cm、高强钢控制在 15～41kJ/cm，采用直流反接。焊条摆动幅度不大于 3 倍焊条直径。背缝采用碳弧气刨清根。焊接工艺参数见表 1。

表 1　　焊 接 工 艺 参 数

母　　材	焊 条 直 径	焊接电流（A）	电弧电压（V）
$60kgf/mm^2$ 级高强钢	3.2	110～150	18～21
	4.0	140～190	19～23
16MnR 钢、Q345C 钢	3.2	110～150	18～21
	4.0	140～190	19～23

5　压力钢管现场焊接热处理工艺

5.1　焊前预热处理工艺

预热时必须均匀加热，预热区的宽度应为焊缝中心线两侧各 3 倍板厚，且不小于 100mm。其温度测量应用远红外测温仪，在距焊缝中心各 50mm 处对称测量，每隔不少于 10min 测量一次，每米测量点不少于 8 个（4 对）。

对预热焊接的部位，在焊接全过程中均应保持层间温度不低于最低预热温度。预热及层间温度要求见表 2。

表 2　　地下电站压力钢管焊接预热及层间温度参数表　　单位：℃

项　　目	温 度 要 求
$60kgf/mm^2$ 级高强钢相关的焊缝预热	100～120
16MnR 钢一、二类焊缝预热	80～100
层间温度	不低于预热温度，但不高于 230

5.2 焊后消氢处理工艺

60kgf/mm^2 级高强钢焊后要求及时进行焊后消氢热处理，加热温度 150～200℃，保温 1h 后自然冷却。消氢热处理加热宽度范围与预热范围相同。

5.3 现场加热工艺要求及加热板布置

环缝焊接加热，根据焊缝长度采用 1280mm×200mm 的 LCD 履带式红外线加热板，利用自制工装及磁铁固定于焊缝上。同时，需在焊缝与加热板之间铺一块 $\delta=0.75$mm、宽 150mm 长与加热板等长的薄铁皮，防止封底焊时烧坏加热板。

6 地下电站压力钢管无损检测应用 TOFD 先进工艺

按照压力钢管制造安装及验收规范的规定和三峡工程质量验收标准的规定，所有一、二类焊缝内部探伤均要进行超声波探伤和射线探伤。在二期、三期工程中压力钢管射线探伤均采用 X 射线和 γ 射线方法进行，其中受设备限制，超过 50mm 以上厚板和现场焊缝，大多采用 γ 射线探伤。无论是 X 射线还是 γ 射线，一是都对人体有伤害，γ 射线尤胜；二是都要拍摄大量的底片。实际施工要采取屏蔽措施、安排其他工作面避让，对工期和人体影响很大，协调难度大。而 TOFD（Time－of－flight－diffraction technique）检测技术在国外已有 15 年成功应用经验，TOFD 的优点表现在：缺陷检出能力强，缺陷定位精度高，检测速度快，对人体生理没有影响，可以在不中断生产的情况下安全检测，节省设备的制造时间，检测数据可以用数字形式永久保存等，与 X 射线和 γ 射线比较，它最大的优点是人性化，对工期和生产组织十分有利。

在三期蜗壳安装中，专门进行了对比实验，验证了它的检出率，并多次组织专家论证其可行性。在地下电站压力钢管安装中，全面推行了 TOFD 技术代替 γ 射线技术，检测实践证明，TOFD 工艺对缺陷判断准确，能够保证焊缝质量，而且生产组织得当，一台钢管节省工期约 3 个月，收到了明显的效果。

7 地下电站压力钢管安装焊缝无损检测结果

地下电站压力钢管现场环缝焊接共 174 条（含钢管/蜗壳凑合节），焊缝总长度 7045.9m，UT 检测 5681.2m，返修长度 4875mm，一次检测合格率 99.91%。TOFD 检测长度 1427.3m，返修长度 5256mm，一次合格率 99.63%。

8 结语

本文结合三峡地下电站工程压力钢管焊接实践经验，并在此基础上对三峡地下电站压力钢管现场焊接工艺进行深入研究，提出了解决现场焊接施工的工艺措施与方法，对焊接工艺参数的选用进行了认真分析，确定可行的焊接工艺要求，并引进应用先进的 TOFD 无损检测技术，通过实践检验证明，该焊接工艺已取得成功的应用。这必将为类似不易采用自动焊接技术的巨型钢管现场焊接提供有益的焊接经验，值得其他工程借鉴。

压力钢管用卷板机使用常见问题技术研究

万天明

（中国水利水电第七工程局机电安装分局，四川　彭山　620860）

【摘　要】 本文介绍了卷板机在卷制钢管瓦片或管节时发生的常见问题，介绍了怎么避免出现这些问题的措施以及在卷板机选型规格时考虑的哪些要素。通过选定的卷板机计算其最大压头厚度和最大卷弧的能力，以供同行参考。

【关键词】 卷板机；钢管；瓦片；压头；卷板能力

1　引言

压力钢管的加工成形，在水利水电工程中，鲜见采用压力机来压制瓦片（或管节），通常采用卷板机卷制。卷板机型式通常选用四辊卷板机、三辊水平下调式卷板机、三辊横竖上调式（俗称：万能式）卷板机等来卷制钢管。瓦片（或管节）卷制为压力钢管制作的关键工序，瓦片卷制包括板料对中、压头（亦称板端预弯）、卷弧和修弧四道工序。对中，就是使板料垂直辊子轴线，以免防止钢管纵向焊缝、环向焊缝错边。压头，就是在卷弧前，先对板料两端分别进行滚压预弯，确保钢管纵向焊缝的弧度要求和防止其错边。卷弧，就是进行多次下压往复滚卷，使其达到所需要的瓦片半径或管节直径。修弧，就是瓦片弧度（半径）或管节直径未达到所需要求时，采用卷板机滚压进行修正。

在进行卷板机计算卷制能力时，不得按板料的标准屈服强度下限值进行计算，而应按板料的真实的屈服强度（通常是按《板料质保书》上的屈服强度）计算确定。

2　卷板机使用常见问题

卷板机使用主要有以下几个常见问题。

（1）板料拼接后再进行卷制瓦片（管节）。或卷制之后纵向焊缝焊接完后，再用卷板机进行滚压矫正修弧。

（2）由于卷板机卷制能力额定容量达不到板料厚度压头所需力量，导致压头出现超标直边，为此，为了防止超标直边的出现，被动的加长板料长度，即在板料两端头各自延长预留长 50mm 及以上，瓦片卷制成形后，再在其两端切去多余长度余量。

（3）由于卷板机额定容量不够或操作不当，导致瓦片或管节，在纵向焊缝出现超标直边。

（4）当板料压头时，由于上辊下压力很大，压头往往是确定卷板机额定容量的主要指标。当上辊下压力超出卷板机的额定容量时，加之存在液压系统故障并操作不当，从而会导致减速器的万向节崩裂脱落，甚至导致断棍等损坏卷板机设备现象的发生。

(5) 钢管径厚比超出冷卷要求，而卷制后又不进行退火处理，直接就进行安装导致瓦片或管节的塑韧性下降。

3 卷板常见问题原因分析及处理方式

问题2.1，这种制作方式为倒工序。因为焊接接头与母材比较，往往晶粒度均匀性差、残余应力高和应力集中、强度硬度高而不均匀、塑性韧性差、焊缝厚度处又有余高或不匀、焊趾咬边等。当拼焊后再卷板滚圆或焊接后再上卷板机对纵向焊缝进行矫形修弧时，由于冷作硬化的作用，将会使焊接接头及其附近有劣化力学性能的倾向，产生新的缺陷甚至出现裂纹。从而为今后电站运行埋下质量隐患。所以按这种倒工序制作钢管瓦片或管节是不允许的。

问题2.2和问题2.3，主要是卷板机额定容量达不到钢管材质、屈强比、板厚、曲率、板宽和锥度所需成形的力量要求。为了防止超标直边，从而被迫延长板料长度的预留量来满足钢管的板料板端弧度和板端直边的要求，这样将会导致板料的浪费，随着钢管工程量增大，浪费的板料将会越来越大。

问题2.4，主要原因是液压控制系统带病运行、钢板屈强比偏高、厚度过厚、曲率过大、板宽较大等原因，其次是操作失误，继续通过上辊施加下压力进行板料压头导致的。

问题2.5，为了避免这种情况发生，在设计钢管，尤其是高水头、小直径厚壁钢管时，不仅仅要考虑水能储力，还得考虑钢管所需材质、屈强比、板宽、板厚、曲率和锥度等加工工艺对钢管力学性能的影响。若设计时达不到对钢管径厚比值的规定冷卷要求，那么在钢管瓦片或管节加工时，应采用对板料进行热卷或冷卷后进行退火热处理。这样可使冷卷时导致的钢管的塑韧性降低得以回升进而降低脆性。

4 卷板机卷制能力确定要素

为了避免钢管制作过程中，由于卷板机选型额定容量不足，导致钢管出现板料端头直边、瓦片纵缝处出现弧度超差和错边、减速箱传动轴万向节崩裂脱落、辊子断裂甚至板料压头时压不动。或者是卷板机卷板能力虽然足够了，但由于上辊直径偏大等设备构造原因，导致无法卷制管节，尤其是小直径厚壁管卷制选型时，更要侧重卷板机上辊直径和下辊中心距是否满足其卷制的管节直径要求。若卷板机型号选择不当，使得制作瓦片或管节时，不得不外加工或重新选择卷板机进场，势必影响钢管制作的工期和成本。为此，在选择卷板机时，不能只评经验确定，而应从钢管的材质、屈强比、最大厚度、最大板宽、最小曲率半径以及锥度加以计算确定卷板机型号。

5 卷板机卷板能力换算和压头能力

卷板机卷制能力换算见图1，并按表1内的计算公式进行换算。卷板机的压头厚度能力为其卷板厚度最大能力的80%～90%（小直径大厚度钢管取下限值，大直径薄壁管取上限值）。若卷制锥管，其卷制厚度比卷直管厚度要薄。随着锥管的锥度增加，其卷板板厚减小，通常为直管卷板厚度能力的70%左右。若采用垫板压头，只能使用其最大能力的60%～70%（取值由卷板机的设计构造确定）。

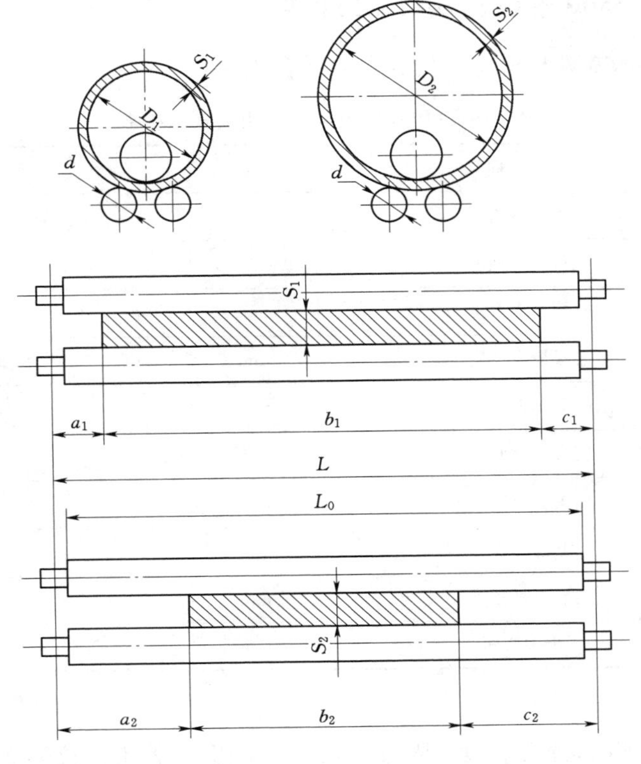

图 1　卷板机能力换算符号含义

表 1　　**卷板能力换算公式**

序号	假设条件		换算公式
1	弯曲曲率不同，其余条件相同 d_c 为离上辊最近的工作辊的直径		$S_2=S_1\left[\dfrac{D_2(D_1+d_c)}{D_1(D_2+d_c)}\right]^{\frac{1}{2}}$
2	板料尺寸不同，其余条件相同	$a_1\neq c_1$，$a_2\neq c_2$	$S_2=S_1\left[\dfrac{b_1(b_1+2c_1)(4a_1L+2b_1c_1+b_1^2)}{b_2(b_2+2c_2)(4a_2L+2b_2c_2+b_2^2)}\right]^{\frac{1}{2}}$
		$a_1=c_1$，$a_2=c_2$， $b_1\approx L$	$S_2=S_1\left[\dfrac{b_1^2}{b_2(2L-b_2)}\right]^{\frac{1}{2}}$
		$b_1\approx 2L-b_2$	$S_2=S_1\left(\dfrac{b_1}{b_2}\right)^{\frac{1}{2}}$
3	板料材质不同，且忽约材料的硬化差别，其余条件相同		$S_2=S_1\left[1-\dfrac{0.001(R_{eL2}-R_{eL1})}{5}\right]\left(\dfrac{R_{eL1}}{R_{eL2}}\right)^{\frac{1}{2}}$
4	当材质、板宽、曲率等因素同时改变时		$S_2=S_1\left[\dfrac{D_2(D_1+d_c)}{D_1(D_2+d_c)}\right]^{\frac{1}{2}}\left[\dfrac{b_1^2}{b_2(2L-b_2)}\right]^{\frac{1}{2}}\left[1-\dfrac{0.001(R_{eL2}-R_{eL1})}{5}\right]\left(\dfrac{R_{eL1}}{R_{eL2}}\right)^{\frac{1}{2}}$

6 W11S－120×3500 卷板机卷制能力计算

W11S－120×3500 卷板机主要技术参数见表 2。

表 2　　W11S－120×3500 卷板机主要技术参数

序号	名　　称	单位	数　　据
1	机器规格	mm	120×35000
2	板料屈服强度	MPa	250
3	卷板最大厚度	mm	120
4	卷板最大宽度	mm	3500
5	满载最小钢管直径	mm	4800
6	压头最大厚度	mm	95
7	压头剩余直边	mm	1.5 倍板厚
8	上辊直径	mm	980
9	下辊直径	mm	515
10	下辊中心距	mm	1000

已知：

610MPa 级高强钢标准屈服强度下限值为 $R_{eL}\geqslant 490\text{MPa}$；标准抗拉强度为 610～730MPa。压头（板头预弯）折减系数取 80%。

卷弧厚度换算公式为

$$S_2=S_1\sqrt{\frac{D_2(D_1+d_c)}{D_1(D_2+d_c)}}\times\sqrt{\frac{b_1^2}{b_1(2L-d_c)}}\times\left[1-\frac{0.001(R_{eL2}-R_{eL1})}{5}\right]\sqrt{\frac{R_{eL1}}{R_{eL2}}}$$

（1）当钢板真实的屈服强度为 $R_{eL}=600\text{MPa}$。

1）当板宽 $b_2=3\text{m}$，钢管直径 13m 时：

卷弧厚度为

$$\begin{aligned}S&=120\sqrt{\frac{13(4.8+0.515)}{4.8(13+0.515)}}\times\sqrt{\frac{3^2}{3(2\times3.5-3)}}\times\left[1-\frac{0.001(600-250)}{5}\right]\sqrt{\frac{250}{600}}\\&=120\times1.0651\times0.8660\times0.6003\\&=66(\text{mm})\end{aligned}$$

压头厚度

$$S_1=66\times0.8=53(\text{mm})$$

2）当板宽 $b_2=3\text{m}$，钢管直径 7.5m 时：

卷弧厚度

$$S=120\sqrt{\frac{7.5(4.8+0.515)}{4.8(7.5+0.515)}}\times\sqrt{\frac{3^2}{3(2\times3.5-3)}}\times\left[1-\frac{0.001(600-250)}{5}\right]\sqrt{\frac{250}{600}}$$

$=120\times1.0179\times0.8660\times0.6003$

$=64(\text{mm})$

压头厚度

$$S_1=64\times0.8=51(\text{mm})$$

3）当板宽 $b_2=2.5\text{m}$ 钢管直径 7.5m 时：

卷弧厚度

$$S=120\sqrt{\frac{7.5(4.8+0.515)}{4.8(7.5+0.515)}}\times\sqrt{\frac{3^2}{2.5(2\times3.5-2.5)}}\times\left[1-\frac{0.001(600-250)}{5}\right]\sqrt{\frac{250}{600}}$$

$=120\times1.0179\times0.8944\times0.6003$

$=66(\text{mm})$

压头厚度

$$S_1=66\times0.8=53(\text{mm})$$

4）当板宽 $b_2=2\text{m}$，钢管直径 7.5m 时：

卷弧厚度

$$S=120\times1.0179\times\sqrt{\frac{3^2}{2(7-2)}}\times0.6003$$

$=120\times1.0179\times0.9487\times0.6003$

$=70(\text{mm})$

压头厚度

$$S_1=70\times0.8=56(\text{mm})$$

5）当板宽 $b_2=1.5\text{m}$，钢管直径 7.5m 时：

卷弧厚度

$$S=120\times1.0179\times\sqrt{\frac{3^2}{1.5(7-1.5)}}\times0.6003$$

$=120\times1.0179\times1.0445\times0.6003$

$=77(\text{mm})$

压头厚度

$$S_1=77\times0.8=62(\text{mm})$$

（2）钢板真实的屈服强度为 $R_{eL}=560\text{MPa}$。

1）当板宽 $b_2=3\text{m}$，钢管直径 $\phi13\text{m}$ 时：

卷弧厚度

$$S=120\sqrt{\frac{13(4.8+0.515)}{4.8(13+0.515)}}\times\sqrt{\frac{3^2}{3(2\times3.5-3)}}\times\left[1-\frac{0.001(600-250)}{5}\right]\sqrt{\frac{250}{560}}$$

$=120\times1.0651\times0.8660\times0.6267$

$=69(\text{mm})$

压头厚度

$$S_1=69\times0.8=55(\text{mm})$$

2）当板宽 $b_2=3\text{m}$，钢管直径 7.5m 时：

卷弧厚度

$$S = 120\times1.0179\times0.8660\times\left[1-\frac{0.001(560-250)}{5}\right]\sqrt{\frac{250}{560}}$$

$$= 120\times1.0179\times0.8660\times0.6267$$

$$= 66(\mathrm{mm})$$

压头厚度

$$S_1 = 66\times0.8 = 53(\mathrm{mm})$$

3）当板宽 $b_2=2.5\mathrm{m}$，钢管直径 7.5m 时：

卷弧厚度

$$S = 120\times1.0179\times0.8944\times0.6267$$

$$= 68(\mathrm{mm})$$

压头厚度

$$S_1 = 68\times0.8 = 55(\mathrm{mm})$$

4）当板宽 $b_2=2\mathrm{m}$，钢管直径 7.5m 时：

卷弧厚度

$$S = 120\times1.0179\times0.9487\times0.6267$$

$$= 73(\mathrm{mm})$$

压头厚度

$$S_1 = 73\times0.8 = 58(\mathrm{mm})$$

5）当板宽 $b_2=1.5\mathrm{m}$，钢管直径 7.5m 时：

卷弧厚度

$$S = 120\times1.0179\times1.0445\times0.6267$$

$$= 80(\mathrm{mm})$$

压头厚度

$$S_1 = 80\times0.8 = 64(\mathrm{mm})$$

7 结语

本篇论文阐述了，在制作钢管过程中，为什么不能“先焊接后卷板”的原因。从而防止此类现象再次发生，杜绝钢管制作导致的质量隐患具有一定的现实意义。

通过钢管的材质、屈强比、最大卷弧厚度、最大压头厚度、最大板宽、最小曲率半径等要素来确定卷板机卷制能力的大小。以免由于卷板机型号选择小了，导致板料压卷不动，从而导致瓦片或管节外协加工或重新购置卷板机，这样既影响了工期又增加了制作成本；卷板机型号选大了，又增加运输、基础处理和能耗等成本。

对于高强钢钢板，按我国的钢板规范标准计算屈强比$\frac{R_{eL}}{R_m}=0.8$左右，按这一屈强比数值提供的钢管用板料，其塑韧性与强度匹配是较为理想的。但若按标准规定的屈服强度下限值来确定卷板机的卷板能力，那就会导致厚板卷不动的失误。因为我国规范标准只给出了屈服强度下限值，而上限值没做限制。我国部分钢厂往往出产的这类钢板的屈强比$\frac{R_{eL}}{R_m}$≥0.9。当要求钢厂降低屈强比时，就会增加钢厂的制造成本。为此，在计算卷板机的卷制能力时，应采用板料的真实屈服强度来计算。而真实的屈服强度通常采用板料质保书写出的屈服强度即可。

A517 高强钢岔管制作技术

张世平　赖德元　荣　珍

（中国水利水电第十工程局机电安装分局，四川　都江堰　611830）

【摘　要】 斐济 Nadarivatu 水电站岔管材质为 A517（80kg 级高强钢），该材质岔管制造在国内属首次。在制造过程中，针对 A517 钢材强度高、脆性大，焊接淬硬倾向与冷裂倾向大等特点，研究制定了一系列专项技术方案，成功攻克瓦块成型、焊接、整体热处理等工序的技术难题。

【关键词】 A517 岔管；压制成型；焊接；整体热处理

1　工程概况

1.1　项目背景

斐济南德瑞瓦图（Nadarivatu）可再生能源项目是中国水利水电建设股份有限公司中标的 EPC 合同项目，由中国水利水电第十工程局有限公司总承包施工。合同约定由美华国际新西兰公司（MWH New Zealand Ltd）实施设计和施工咨询。该项目位于斐济群岛的维提岛西北部，属于水电集团公司定义的海外高端市场，电站装机 2×22MW 冲击式水轮发电机组，装机容量 44MW。引水方式为一管双机，引水道长 3.3km（其中压力钢管 1.4km），通过钢岔管分水供给两台机组。

该电站采用 ASME 标准，设计、施工咨询是该合同竞争对象之一的新西兰公司，由于国内设计方与咨询公司在设计理念上的差异，仅压力钢管设计选型和材质的确定，相互沟通磨合到达成共识就历时一年半之久，最终确认压力管道高强钢部分钢管及岔管材料为 A517。A517 钢板应用于水电站压力钢管案例较少，应用于钢岔管在国内尚属首次。另外，受各方面因素制约，该岔管只能现场制作，这就更增加了岔管的制作难度。

1.2　岔管参数简介

岔管型式为内加强月牙梁岔管，公切球半径 1300mm，壁厚 28mm，月牙肋板厚 80mm，岔管重量 12.5t，材料为 ASTM 标准 A517。岔管结构形式见图 1。

A517 是美国 ASTM 标准的 80kg 级高强钢（抗拉强度为 795～930MPa，屈服强度大于 690MPa），钢板是调质供货。本工程选用 A517GrB（$\delta=14\sim28$mm）和 A517GrQ（$\delta=80$mm）两种类型，按 ASTM 标准由国内舞阳厂生产，每 100t 由咨询抽检在新西兰分析及试验，不合格该批次全部作废。其实际成分的碳当量和裂纹敏感系数为：

碳当量 $C_{eq}=C+Mn/6+(Cr+Mo+V)/5+(Ni+Co)/15$ 为 0.463%～0.470%

裂纹敏感系数 $P_{cm}=C+Si/30+Mn/20+Cu/20+Ni/60+Cr/20+Mo/15+V/10+B/5$ 为 0.2615%～0.271%。

该钢材强度高、脆性大，加工成形困难；碳当量大于0.4%，裂纹敏感系数大于0.25%，表明该种钢材淬硬倾向和冷裂倾向都较大，焊接难度大，焊接技术要求高。

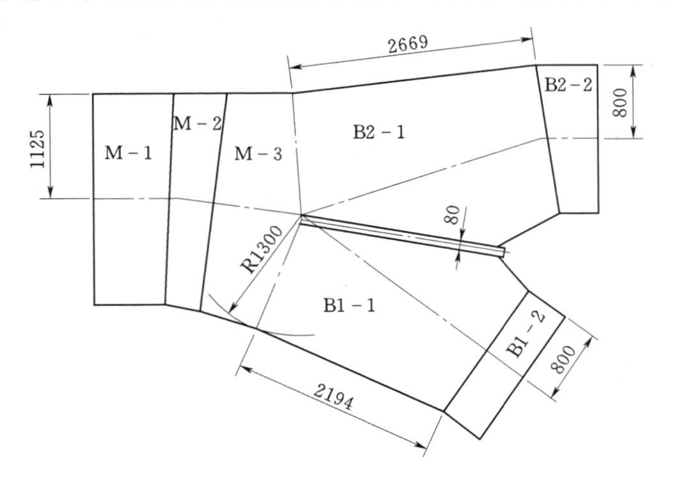

图1 岔管结构形式（单位：mm）

2 主要技术难点

（1）岔管材质为A517，施工按ASME标准检验，对岔管各管壳成型质量要求高，该高强钢非常敏感，瓦块成型、组对过程中不允许随意焊接压马等工装，这就对瓦块单件成型质量要求很高。常规卷板机近似成型法难以达到要求。瓦块成型是我们面临的技术难点。

（2）A517钢材碳当量大于0.4%，裂纹敏感系数大于0.25%，钢材淬硬倾向和冷裂倾向都较大，焊接技术要求高。因此，合理、合适的坡口加工方法及焊接材料的选择、焊接工艺参数确定是一技术难题。

（3）技术要求中明确规定岔管必须整体热处理。斐济国家几乎无工业更谈不上大型热处理炉，现场建退火炉成本高、条件差工期也不允许。如何实现岔管整体热处理是现场必须解决的技术难题。

3 主要技术措施及方案

3.1 瓦块压制成型技术

岔管各锥瓦块成型，一般为卷板机卷制成型。该成型方法因卷板机的圆柱形卷筒旋转周长一致，锥形体展开的伞形钢板在卷制过程中其大小头长度方向是等距离行进，正常情况下板材卷制后形成的是圆柱形管，不能直接成型锥形管，要卷制锥形管须在卷制过程中人为调整大小径端板行进距离来形成锥管，卷制时调整的行进距离越小成形就越接近锥管，这种成形方法在理论上是一种近似成型办法，成型误差较大，瓦块组装时需加辅助设施，施加较大外力完成。本工程岔管材料的特殊性及高端市场的要求，该岔管锥形瓦块成型不能用常规卷制近似成型方案。

为此，专门设计制作了一套专用压制设备（获国家专利），实现了岔管瓦块现场压制成型工艺。具体是两台独立动作的630t压力机连接上模，并配以相应的专用下模分别在锥管内外素线上压制，控制成型的相应锥形体弦长弓高就是标准的锥体段。模具设计的原则是：锥管压制成型过程中，上模压在锥管的内侧每条素线上，下模支承在锥管外壁两相应素线上，控制相应弦长及弓高，从理论上保证了锥管成型的准确性。具体尺寸根据管壳锥角和弦长及弓高关系确定，设计原理如下。

据岔管管口最小正锥半径，及模具结构要求确定：R_0、L、L_0，则

$$H_0=\left[R_0-\sqrt{\left(R_0^2-\frac{L_0^2}{4}\right)}\right]\sin A$$

$$B=\arctan\left[\tan A\sqrt{\left(R_0^2-\frac{L_0^2}{4}\right)}\right]/R_0$$

$$H_1=H_0+L\tan(A-B)$$

$$R_1=R_0+[L+(H_1-H_0)\tan A]\sin A$$

$$L_1=2\sqrt{\left(2R_1\frac{H_1}{\cos A}-\frac{H_1^2}{\cos^2 A}\right)}$$

各参数含义见图2。

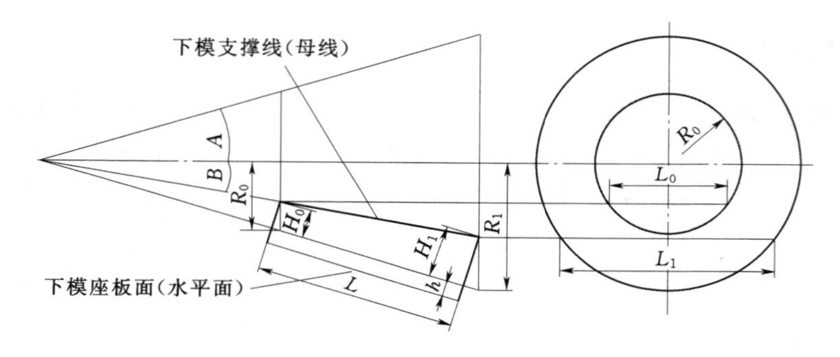

图2　模具设计计算原理图

L_0、L_1—下模小径和大径弦长；H_0、H_1—小径和大径的理论弓高

岔管下料时锥管每5°圆心角放出一素线，做好标记。压制时，一素线压一次，上模压下的高度按弓高及弹性变形的关系控制，并用样板检查弧度。各分块再检查大小口弦长、弓高控制成形质量。样板弦长500mm，与管壁的间隙应小于1mm，各分块成型后接口处弦长与理论值偏差不能大于±5mm。

各单锥及月牙梁单件拼装、焊接检查合格后，首先进行两个支管端两支锥与月牙肋组装，组装时控制锥壳外素线与月牙肋对应圆心角吻合，再将进口主锥竖立固定，支锥与肋组合体吊装组对于主管锥上，形成岔管主体，检查合格后进行焊接。

3.2　焊接工艺参数的确定

3.2.1　坡口加工方案确定

咨询公司是新西兰，其人员主要为新西兰人员，该电站国际投标之前是他们规划设计。在他们的意识中该钢板坡口只能机械加工，采用火焰切割及背缝碳弧气刨清根在坡口面必须去除1.5mm渗碳层。我们此前对80kg级高强钢没有施工经历，对A517性能更是

陌生，虽然国际高端市场主要使用ASME标准，但我们不熟悉。刚开始一段时间我们对咨询疲于应付，后来我们认真学习中文版ASME规范，并在第Ⅷ卷UHT－83去除金属的方法中找到这样规定：(a) 加工扳边、焊接坡口、倒角以及其他涉及去除金属的操作，应使用机械加工、铲削或磨削，但 (b) 款规定者除外。(b) 当除去金属时采用含有熔化的方法（如气割或碳弧气刨等）来完成时，操作应十分谨慎，以防产生裂纹。切割后如不随后进行熔敷金属熔化来消除其切割表面则应以机械加工或磨削去除这些表面，其深度至少应为（1.5mm），随后用磁粉探伤或液体渗透法检查。咨询有条件接受这个规定。

坡口加工方案初定为火焰切割及背缝碳弧气刨清根方式。通过对焊接特性参数调整匹配，在咨询工程师都全程监控的情况下，进行了焊接工艺评定试验，焊接试件送新西兰试验鉴定，多组试块试验结果全部合格，咨询给予“技术先进，质量可靠”的评价，该坡口加工方案被予以认可。

按ASME规范第Ⅷ卷UHT－83规定，通过焊接工艺评定结果合格，A517钢材焊缝坡口加工采用数控火焰切割机切割加工坡口（背缝碳弧气刨清根），采取两天内“及时”焊接取消了打磨去除1.5mm渗碳层工序，大大提高了各瓦块下料及坡口加工的工效，对本岔管如期完工不影响整体工程进展起到至关重要的作用。

3.2.2 焊接材料选用

岔管焊接全部为手工电弧焊。焊材的选用，结合焊工对国内焊条生产厂家产品掌握的熟练程度，确定选用自贡大西洋电焊条厂生产产品。依据A517钢材强度等级，按常规选配原则为等强匹配或高匹配，应选用CHE857焊条，但考虑到A517钢材的特性，降低其裂纹出现几率才是控制关键，最终确定焊材选用按“低匹配”原则，选用了CHE807RH超低氢高韧性焊条（相当：GBE 8015－G），具有良好的低温冲击韧性和抗裂性能。两种焊条的化学成分及焊缝熔敷金属的力学性能对比见表1及表2。

表1　焊条的化学成分对比表

焊条类别	C	Mn	Si	Cr	Mo	Ni	S	P
CHE807RH	≤0.10	1.30～1.80	≤0.50	≥0.60	0.30～0.60	≤0.035	≤0.035	≤0.020
CHE857	≤0.15	≥1.00	≤0.80		≥0.20		≤0.035	≤0.035

表2　焊条熔敷金属力学性能对比表

焊条类别	抗拉强度/MPa	屈服强度/MPa	伸长率/%	冲击功/J
CHE807RH	≥785	≥685	≥15	－40℃时≥34
CHE857	≥830	≥740	≥12	常温≥27
A517	≥795	≥690	≥16	

从两种焊条化学成分及性能对比可以看出，虽然CHE807RH焊条熔敷金属抗拉强度下限785MPa稍微低于母材下限强度795MPa，但其C、Mn、Si元素含量较CHE857焊条均低，韧性好，有利于降低焊缝裂纹出现的几率。另外，母材强度控制下限795MPa实际最低值在820MPa以上，较控制下限高25MPa达3%，CHE807RH焊条最低控制强度785MPa，但普遍强度可以满足795MPa要求，考虑到焊接二次冶炼效应，母材与焊条融

合后焊缝强度可满足 795MPa 的要求。为此，焊材按“低匹配”原则匹配，选择了 CHE807RH 焊条。

上述施工方案很好的解决了 A517 的焊接难题。在咨询工程师全程旁站的基础上，焊接工艺评定试块送新西兰检验下，各项指标均合格。工程实施进程中，咨询工程师还随机抽检多组试块，送新西兰检验，各项指标也全部合格，焊缝抗拉强度均大于 795MPa。

3.2.3 焊接工艺评定及参数确定

对于 A517 钢材，焊接时淬硬倾向明显，热影响区容易形成脆性组织，冷裂纹倾向较大，所以焊接参数、预热、后热就特别重要。按 ASMEⅧ UHT 篇规定，板厚小于 38mm 焊前预热温度在 95～150℃之间，板厚大于 38mm 时，焊前预热温度应该大于 150℃。预热温度的确定还要参考焊条制造厂建议的预热温度，然后进行综合考虑。预热温度过低马氏体得不到自回火容易产生冷裂纹，预热温度过高，易引起过热区晶粒粗大的脆化。为此，确定预热温度 120±10℃，层间温度差≤85℃；后热 4h，后热温度 205～250℃。焊接线能量，焊接速度按 80mm/min 计，焊接电压 30V，热输入控制在 2700～3500J/mm 范围，其焊接电流 140A 左右。

具体焊接工艺参数见表 3。

表 3 焊接工艺参数

焊接方式	焊接材料	焊条直径/mm	操作技术	层间温度/℃	清根方式	焊接电流/A	电弧电压/V	预热温度/℃	后热温度/℃	线能量/(kJ/cm)	焊接设备
手工焊	CHE807RH	4	微摆动多层多道焊	<150	碳弧气刨	135～145	25～30	120～130	205～250	≤35	直流反接

该焊接工艺评定及焊接特性参数的确定历时 4 月，咨询工程师旁站、参与，焊接工艺评定试块由咨询工程师送到新西兰无损探伤检测和力学性能试验。

3.3 生产性焊接

3.3.1 焊接人员

岔管焊接全部采用手工焊，所有参与钢管制作安装的焊工均经现场考试，全部试板由监理工程师送往新西兰进行检验测试，考试合格的焊工由咨询公司发放“上岗证”方可从事焊接工作。

3.3.2 焊前预热

预热采用履带式远红外加热片加热，温控柜进行温度监控，焊接层间温度检测采用红外线测温计进行测量。预热温度设定为 120±10℃，焊接过程中的层间温度之差不大于 85℃。

3.3.3 焊接现场布置

由于气候变化大，为了防止起大风影响焊接质量，将岔管整体置于临时搭设的焊接棚内，将岔管竖直放置，主管端管口向下，为了便于进出，下面用钢支墩将岔管垫起约 500mm 高，以便进入岔管内部焊接和加热。

3.3.4 焊接工艺参数

焊接方式，手工电弧焊。焊接参数严格按工艺评定确定参数进行。

3.3.5 焊接程序及后热处理

岔管各支管焊接结束进行整体组装焊接，先焊两支锥与月牙梁的组合焊缝，后焊主锥与支锥的连接缝。组合焊缝先焊外侧，内侧清根，焊接顺序是从岔心向腰缝焊接，采用两侧对称分段退步焊。主锥与两支锥的连接腰缝先焊内侧缝，外侧清根，对称焊接。

焊接中途不得随意停止，从预热开始到全部焊接结束分班进行。全部焊接完成后，在焊缝温度冷却到95℃前加热至205～250℃保温后热4h。

高强钢焊接最容易出现冷裂纹，而氢是导致焊缝冷裂纹元凶，控制氢的输入是高强钢焊接的关键。为此，焊条使用前严格按规定烘干，使用中的焊条保存在保温筒内，保温筒保持通电加热，焊条在保温筒中不超过4h，否则重新烘焙，烘烤次数不应超过两次。

为了确保焊接质量，岔管焊接时，由专人负责预热温度、焊接电流、焊接速度、层间温度和后热温度工作，并作好检测记录，随时接受咨询工程师核查。

3.3.6 焊接检验

焊缝无损检测人员，按 ASME IX 的要求进行培训、考试并取得操作许可证。

岔管焊缝超声波无损检测比例为100%，X射线探伤抽查10%。抽查部位包含每个焊工焊接的位置，焊缝“丁”字接头部位。各锥壳及月牙肋板拼接焊缝、起重吊耳角焊缝需进行100%磁粉探伤检测；检测标准按照 ASME 锅炉及压力容器规范第Ⅴ卷 A 分卷第2章和第4章执行。咨询工程师聘请新西兰的无损检测工程师对我无损检测人员检查合格焊缝进行随机抽查，合格率100%，并签署了免检资格文件。

4 整体热处理

国内岔管焊后消应处理主要包括局部热处理，近年来有爆炸法以及振动法消应都比较容易实施，但咨询工程师都不予接受，坚持按合同要求进行整体热处理。找外协专业厂家进行，在斐济这个没有任何工业的国度进行整体热处理是一件不可能的事，只有现场退火，拟定修建退火炉方案，可工期、热源、成本等问题不少，一个偶然的灵感，既然是建一个炉房将岔管放在里面对房内进行加热，就可以以岔管体作为“房”，将岔管体表包裹保温成为“房”的保温体，再在岔管空腔加热空气实现整体升温。基本思维确定后热源、加热方式就是关键。为此，我们咨询、查找了大量的国内外热处理资料，确定了燃气加热方案，燃气加热的关键是燃烧器选用及升温控制。最终和新西兰斯多克．库珀赫特有限公司合作，选用他们的燃气燃烧器及燃气，并要求他们派人员参加岔管热处理。其基本方法是岔管外部包裹保温棉被，管口保温棉被用骨架固定封闭，两支管管口留热源输入孔，主管口设排气道，燃烧器的燃烧热气输入岔管空腔将岔管整体加热升温，贴固在岔管外壁上的温度传感器反馈温度，控制燃烧器燃气输入热量大小，从而控制温升速度和温度。

依据 A517 钢板特性（板厚80mm、板厚28mm的调质回火温度都为650℃），提出咨询确认的退火温度为545～565℃；升温过程：300℃以下为自由升温，300℃以上要控制升温速度，升温速度为50～60℃/h；保温过程：当平均温度达到545～565℃后，保温四个小时，在保温期间各部位最低温度与最高温度之差严禁超过85℃；降温过程：300℃以上降温速度小于50℃/h；300℃以下自由冷却。

热处理时，将岔管平放，下部用钢支墩垫离地面500～600mm，用防火保温被将岔管外面严实包裹，管口也用保温材料封闭，在两个支管留出热源孔，主管口中下部设排气道，燃烧器布置在主管口中部，燃气为液化丁烷气。丁烷经燃烧器燃烧燃气从岔管两支管端输入岔管内腔加热腔内空气，随着腔内空气温度的升高岔管管壁温度也逐步升高，按温升要求达到热处理所需温度。腔内气体温度均匀岔管体也在温升的气体中受热均匀，温度随之升高，岔管整体升温达到热处理温度。岔管各部位的温度从温控仪的显示屏上可以随时观察，火力大小自动调节。当温度达到540℃后，调节火焰大小，保持岔管内部的温度处于（540±10)℃，保温4h，然后关掉燃烧器，检查岔管各处的包裹和封闭严实，静置以待其缓慢冷却，完成岔管的整体消应热处理。只要岔管包裹完好，并进行密封，降温时不需人为控制，让其自然冷却即可满足规定的冷却速度。温度记录仪器同步打印出岔管热处理的时间—温度曲线。

岔管包裹保温和加热器布置见图3。

热处理时在岔管内放置了几块A517钢板试块和焊接试块，热处理结束后进行拉伸试验，验证整体热处理效果。热处理完成，放置48h后，对全部岔管焊缝进行无损探伤复测。各项测试结果表明热处理效果良好。

热处理结束后对岔管进行了水压试验，水压试验一次成功。

图3　岔管包裹保温被和加热器布置

5　结语

斐济南德瑞瓦图（Nadarivatu）岔管，结构形式为内加强月牙肋岔管，材质为A517高强钢，在实际施工中相对于常规施工方法，有如下几个方面的技术创新值得总结。

岔管瓦块成型技术，实现了各瓦块的准确成型，保证了岔管的组对尺寸准确性。设计制作的专用简易的压制设备，成本低廉效果好。在异型管道的制作中有极大的推广价值。

焊接材料选用“低匹配”理念，充分利用材料的保障强度的富裕值及焊接冶炼过程中强度综合提升因素，既保证焊缝强度又在一定程度上降低了焊缝裂纹敏感性即降低了裂纹产生的几率，这点对高强度钢种焊接意义尤为重要。在以后高强度钢材焊接工艺参数确定中，有极大的借鉴意义及探讨价值。

在岔管外部包裹保温材料，利用岔管空腔作为封闭空间，通过可控可燃气体加热岔管内空腔空气，进而实现岔管整体升温，实现岔管现场整体热处理。该办法可推广于钢结构空腔类大型构件的整体热处理，这种方式有极大的现实意义及社会价值，对于大型钢构件的整体热处理特别是施工现场热处理，降低成本是可行的。

本工程岔管主材为A517钢板，执行规范标准为ASME规范，本工程岔管的成功制作标志着我们的制作水平有了巨大提升。由于岔管主材对我们来说是一种新材料，适用规范为欧美标准，与国外咨询工程师之间，存在着语言沟通、理念差异等困难，每一步都是一种探索与挑战。咨询工程师多次抽查均未发现不允许缺陷。水压试验一次性成功。美华国际新西兰公司的咨询工程师对在现场简陋条件下高质量完成本工程岔管制作给予高度评价。

工程于2012年5月18日和19日1号与2号水轮发电机组先后并网发电，为斐济当地的经济和社会发展注入了强大的动力。

可持续创新的水工钢管先进制造技术

彭智祥

（成都阿朗科技有限责任公司，四川 成都）

【摘 要】相对于传统的水工钢管制造技术，钢管先进制造技术具有高效化、数字化、可视化、自动化和机动性的特点，能够节约工程资源，适应当今水电建设环境和发展要求，有利于工程设计和施工管理持续创新，随着技术的日益成熟，利用多项目进行跨区域合作，形成集群式产业发展，为更多国内外工程建设服务。

【关键词】钢管；先进制造；水电站；设计；建设

1 前言

自2006年以来，水工钢管先进制造技术经过不断的创新和完善，逐步将技术构想变为了现实，先后经历了工艺研究、产品设计、工厂制造、负荷试验、工程生产性试验及应用等阶段，钢管台车试验在锦屏一级开创了国内外工程建设的先例，大型智能化钢管组焊设备应用在梨园、黄金坪等水电站钢管施工中（图1），并已经对乌东德、白鹤滩等水电站的施工规划产生直接的影响。随着技术的日益成熟与进步，将会在国内外水电工程建设中发挥越来越积极的影响。以下就本项技术的持续创新实践及对水电工程规划设计等方面的具体作用进行说明。

图1 梨园及黄金坪水电站钢管现场组焊实例

2 钢管制造安装技术创新与实践

钢管先进制造技术的工艺特征是将可控的机械运动贯穿到整个流程中，使瓦片或钢管由静止状态变成了运动状态。减少了传统工艺中大量的人、机具设备围绕钢管重复低效率移动，利用组焊台车及配套设备实现钢管组圆及焊接自动化。

在钢管制作中，一方面，采用专业化的组焊设备替代了简易的组焊钢平台；另一方面，将智能化控制和视觉传感技术移植到传统的焊接设备中，对机械运动和焊接参数实时记录、准确反馈和自动警示，保证制造全过程可控性。

在钢管安装中，用特制钢管滚焊组合式台车进行钢管的多节组对、转动、升降和前后左右移动，在一定范围内实现钢管6个自由度运动，适用水工钢管安装现场特性。现在，无论直径多大的水平段钢管，只需遥控手柄操作即可运输、安装到位。

与钢管运动状态相适应，埋弧自动焊的优点可以达到充分的展示，高效、质量稳定、无焊接弧光以及极少的烟尘，特别是在融入现代的数字化、可视化焊接技术之后，智能化的专家系统大部分替代了传统意义上的手工焊接，用经过培训合格的操作工或产业化工人即可轻松胜任，降低了作业环境条件要求。目前正在加大探索新式的等离子自动刨缝清根等先进工艺，逐步实现全面的焊接自动化。

经过梨园和黄金坪等水电站的应用，智能化钢管组焊的先进理念和技术创新成果被业内人士广泛认同，在即将展开全面施工的乌东德水电站建设中，从规划阶段就得到充分的技术运用，因而对工程的设计和施工不断优化提供了可能。从梨园到黄金坪的实施方案，再到乌东德拟定施工方案（见表1）的演变，是工程技术不断创新和成熟的过程。梨园工程案例的最大意义是智能化组焊设备的性能得到验证，以至于业主在项目评审会上感叹梨园“用晚了、用少了”。首个在洞内进行机械化组焊的案例是黄金坪电站，经过了很大的努力之后，形成了一套完整的洞内设施，如钢管组焊专机、多功能滚焊台车、横向转运台车、用于弯管整体施工的钢绞线提升机，值得一提的是在多个设备上都配备了遥控功能，作业人员操作起来非常得心应手。

表1　　水工钢管先进制造技术不同应用方案对照表

项　目	金沙江梨园模式	大渡河黄金坪模式	金沙江乌东德模式（拟定）
主要参数	主管直径12m，σ24～40，材质A610；加劲环材质Q345；工程量9000t	主管直径9.6m，σ28～30，材质Q345；加劲环材质Q345；工程量2000t	主管直径13.5/12.5m，σ50～70，材质600MPa或800MPa高强钢；加劲环材质Q345；工程量13000t
制造场地	设立现场钢管厂，面积8000m^2	设立瓦片制造厂，面积4000m^2	因施工场地不足，待定
下料卷制	工地钢管厂内	工地钢管厂内	工厂或工地钢管厂内
瓦片贮存	工地钢管厂内	工地钢管厂外	工厂或工地钢管厂内
钢管组对	厂内平台人工组对＋机械组对	在洞内安装位置机械组对	洞内钢管安装进口上游机械组对
纵缝组焊	手工焊＋埋弧自动焊接	焊埋弧自动焊接	埋弧自动焊接
加劲环组焊	机械组对，环缝100%自动焊	钢管厂内平台组对，50%自动焊＋50%半自动焊	1. 钢管厂内平台组对半自动焊； 2. 洞内机械组对环缝埋弧自动焊
钢管存放	钢管厂内外堆放，共约20000m^2	洞内安装位置，不需专用场地	洞内安装位置，不需专用场地

续表

项　目	金沙江梨园模式	大渡河黄金坪模式	金沙江乌东德模式（拟定）
钢管吊装	多次翻转，对吊点的强度和位置需专门设计	无翻转，无吊点	无翻转，无吊点
运输通道	洞外14m宽道路，洞内8×14m施工支洞，需转运，速度慢，实行了交通管制	5m×5m施工支洞运输瓦片，无交通干扰	8m×7m施工支洞运输瓦片，无交通干扰
钢管安装	人工组对，卷扬机辅助	遥控滚焊台车轨道运输调整；转运台车横向运输钢管；弯段采用液压提升机辅助	遥控滚焊台车运输机械调整，多节组对，与蜗壳安装联合优化实现无凑合节快速施工
环缝焊接	手工焊条焊	手工焊条焊＋大节埋弧自动焊	埋弧自动焊为主，手工焊条焊为辅
辅助工程	制作和存储场地开挖平整；运输道路扩挖，部分隧道填筑	支洞运输段需增加部分扩挖和填筑	仅在钢管组焊位置有少量扩挖和填筑

在钢管先进制造技术条件下，有多种不同的工艺组合，可根据各个工程和客户的需求提供个性化服务。对比梨园和黄金坪的实际工艺参数（见表2、表3）可知，若需要更快的现场组焊速度就应预组瓦片并组焊加劲环，而对于ϕ12m高强钢材质的钢管，含加劲环组焊在内的组焊工期在3天以内，事实上与目前单个钢管节段的安装工期匹配。

表2　　金沙江梨园水电站钢管自动化制造工艺参数（2013年5月记录）

结构特性	钢管直径	单节长度	单节重量	管壁壁厚	加劲环厚度	材质或等级
	12m	2500mm	24～35t	24～40mm	20mm	610CF/Q345
工艺特性	作业人员	生产周期	3个瓦片组对	纵缝焊接	2组加劲环组	2组加劲环焊
	4～6人	2～3天	2个人工日	4个人工日	2个人工日	2个人工日

表3　　大渡河黄金坪水电站洞内钢管自动化制造工艺参数（2014年5月记录）

结构特性	钢管直径	单节长度	单节重量	管壁壁厚	加劲环厚度	材质或等级
	9.6m	1800～2400mm	12～20t	28/30mm	20mm	Q345
工艺特性	作业人员	生产周期	3个瓦片组对	纵缝焊接	3片加劲环组	3片加劲环焊
	3～4人	2～3台班	2个人工日	2个人工日	1个人工日	1个人工日

3　对于水电工程设计规划创新的影响

实现水电工程总体布置优化，钢管先进制造技术是值得推荐的一个技术手段。因为现场钢管组焊技术以钢管的瓦片为基本单元，能够最大程度地减小运输单元尺寸，将“智能化焊接车间”直接搬到洞内进行钢管现场制造。而传统的水电工程规划往往要根据引水钢管的需要建设大件运输道路，并几乎每个工程都要在施工现场规划建设的大大小小的钢管制造厂。

进而言之，以瓦片运输和钢管组焊设备的机动性为核心，形成一套完整的钢管先进制造工艺规划，是技术发展和工程建设的必然趋势。最大的优势在于，设备和瓦片更容易在工厂进行标准化生产，钢管工程管理的重心大部分转移工厂中，当然适合现代化制造的需求。

资料表明，早期在成勘院设计的大渡河龚嘴、长委院设计的清江流域多个电站中，就采用的瓦片工厂制作后远程运输的方法，节约了当时十分稀缺卷板机等关键设备的投入，这一方式沿用至今，在多个国际水电工程建设中应用，如马来西亚沐若水电站、缅甸耶卡、苏丹麦洛维和阿特巴拉等，其特点是在多个项目中用同一套设备和工艺，提高生产率实现工厂规模化。

在高山峡谷地区的水电建设项目，现场钢管制作厂的建设是否必须，值得大家商榷。一方面现在寻找一处适合大型设备安装使用的场地不易，且面临地质风险（类似锦屏一级瓦片制作厂）；另一方面，仅仅为了钢管下料和瓦片的卷制建厂，必须投入重大设备、众多人员和运输大量的耗材，年平均产量很难达到5000t的水平，从经济成本而言，其投入产出比小，体现不了应有的经济效益。若采取多项目统一将瓦片在工厂规模化制造的方式，能够实现建设环保、节省土地资源，是更高效经济的生产方式。

在运输道路布置方面，黄金坪水电站的案例值得参考，位于地下厂房上游的一条断面约为5m×5m的施工交通支洞，前期是引水管道和地下厂房开挖交通要道，开挖完成之后，就自然成为其直径9.6m钢管洞内组焊和安装的供应线。在乌东德水电站的规划设计中就采纳了瓦片进洞、洞内自动焊接的方案进行招标设计和前期施工准备。今后西部高原地区，更多地质条件较差或直径较大的引水发电工程中，尽可能减小因钢管运输需要而产生的临时交通，无疑是最优的工程选择。

采用智能化的钢管组焊设备易于实现高效的生产，在梨园水电站直径12m的钢管组焊中，从瓦片吊装到组焊后验收的生产全周期为2～3天，这其中包含了600MPa高强钢加热和加劲环组焊等工艺。在黄金坪水电站直径9.6m的洞内钢管组焊中，仅仅只需2～3个台班就可以完成一节钢管的组焊，已经完成的生产性试验表明，在洞内机械化组焊3～4个单管构成的大节技术上可行，采用埋弧焊时环缝焊接质量更优，梨园项目钢管纵缝探伤一次合格率高达99.7%。先进的自动化组焊设备和高效的生产方式为推进工程的快速施工提供了基础。

钢管先进制造技术是一个系统的解决方案，在工程的工期规划方面能够灵活运用。黄金坪水电站左岸地下引水发电钢管安装较原计划推迟了10个月进入安装，但因新技术提高了施工进度，管道施工总体工期没有受到影响。宏观而言，因缩短了传统的钢管生产周期，不仅在材料采购等方面可以降低工程动态投资，而且通过合理安排组焊设备资源进行下平段钢管快速施工，形成以蜗壳安装为中心的工期调整，减小或取消凑合节，有利于优化整个引水发电系统工程施工，为提前发电提供有利条件。

钢管先进制造技术可能产生的一个作用，是为钢管及相关的管道的设计优化提供帮助，特别是在大量应用自动化焊接之后，原有的埋管与钢管外壁之间的空间改由机械进行操作，利于采用管内空间在现场制作更大直径的钢管。当然，管道的结构优化需要设计人员根据地质条件、结构计算、工程经济性等各种复杂条件进行综合判断。乌东德水电站就根据现有的工程技术条件，将左右岸钢管的直径增加了0.5m，按照设计分析，能够增加发电量，形成长期稳定的经济价值。

综合而言，利用钢管先进制造技术在工程规划设计阶段进行持续改善，将形成一个融合建设、设计、监理和工程承包商的共同创新的平台，利用多个建设项目进行跨区域共同合作，构件钢管制造方面的集群式产业发展，发挥中国制造的先进性，最大程度地节约工程资源，使传统工程技术获得更新的发展。

4 工程管理创新实现超越

水工钢管先进制造技术经过多年的培育和发展，形成了一个既独具特色又具包容性的技术创新平台，不断融入各种先进的理念、应用技术和工程经验，为水电工程项目管理创造新的活力。当今中国水电工程建设事业发展的大趋势是，以三峡集团、中国电建和中能建等国际知名企业为主力，继续开发建设我国西部山区的水电站，并逐渐扩大国外水电市场。过去的人海战术显然不能胜任这种战略发展的需求，更无法在国际市场上形成核心竞争力。传统的经济发展是靠劳动、资本和资源的投入，新经济发展时代要靠知识和技术的创新，更要靠多元化的合作，形成人力资源减少、物力资源节约、投资价值高效的优势。对具有自主知识产权的水工钢管先进制造技术进行成果转化和推广，能够建立中长期发展的竞争优势战略，形成企业内在独特的核心竞争力。

水工钢管先进制造技术，将会在这一领域开发、完善、提升更多的先进技术、工艺、管理，实现可持续创新。

（1）借鉴国内外先进工艺，加强在钢管的在线数字化或可视化探伤检测、现场整体防腐等技术的应用，进一步提高效率和钢管工程总体质量。

（2）继续完善和总结多项目的实施成果，形成水工钢管施工新工法，为更多的水利水电工程施工提供借鉴。

（3）探讨水工钢管技术标准的升级，通过共同创新提高行业整体水准，不仅有利于国内工程建设，而且有利于增强在国际市场的竞争力。

（4）构建水工钢管施工的安全、质量与环境管理新模式，为国内外工程建设管理服务。

埃塞俄比亚吉布Ⅲ压力钢管岔管U形梁成型控制

王　剑　张有林

（中国水利水电第八工程局机电公司，湖南　岳阳　414009）

【摘　要】埃塞俄比亚吉布Ⅲ压力钢管岔管均为加强肋结构，岔管支管相接处采用U形梁加强，U形梁材质为07MnCrMoVR，板厚为150mm，整体外形尺寸：三通岔管U形梁7042mm×6572mm，四通岔管U形梁12262mm×9356mm。U形梁乃岔管结构中的重要构件，关系着整个岔管结构的稳定性，本文主要从下料成型、坡口成型、焊接成型几个方面讨论U形梁的成型控制。

【关键词】埃塞俄比亚；吉布Ⅲ；岔管；U形梁；焊缝；成型控制

1　前言

吉布Ⅲ水电站位于埃塞俄比亚吉布地区。引水压力钢管共2条，沿线钢管直径分11、7.7、5.8、5.0、4.2m不等，坝身中孔泄洪洞钢管直径7～5.4m不等，厂房永久生态放水管1.2m，导流洞临时生态放水管1.6m。按钢管型式来分，钢管主要有上游隧洞渐变段、调压井、节流管钢衬、上部锥形渐变段、上平段、上弯管、竖井段（一）、竖井段（二）、竖井段（三）、下弯管、下水平段、三分岔管、分岔管、直径5m联接管、1～10号支管段、坝身中孔泄洪洞钢管、临时生态供水管钢管、生态供水管钢管等类型。吉布Ⅲ水电站2条钢管共有四通岔管2件，三通岔管4件，岔管型式均为加强肋型。本文以四通岔管为例，四通岔管重约350t，整体尺寸约15000mm×13000mm×12500mm，四通岔管体形如图1所示。

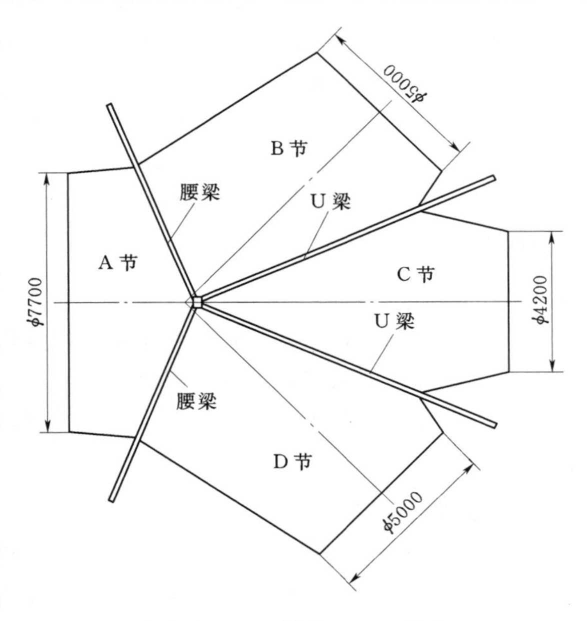

图1　吉布Ⅲ四通岔管体形图（单位：mm）

2　工程概况

2.1　U形梁结构特点

吉布Ⅲ四通岔管共有2件腰梁，2件U形梁，U形梁板厚150mm，材质为

07MnCrMoVR，U 形梁整体外形尺寸 12262mm×9356mm。因为运输原因无法将整个岔管制造成整体，因此根据需要将 U 形梁分成 2 块场内制造。U 形梁结构如图 2 所示。

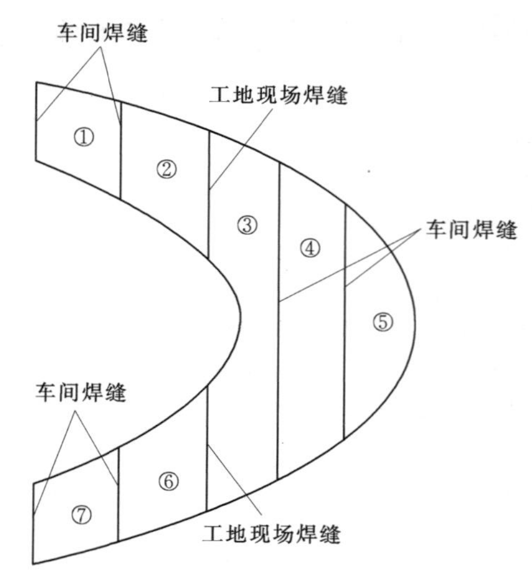

图 2　吉布Ⅲ四通岔管 U 形梁结构示意图

2.2　U 形梁制造主要控制点

（1）平面度：≤5mm。

（2）长、宽：±5mm。

（3）U 形梁端部内开档：±2mm。

（4）U 形梁端部宽度：±2mm。

（5）U 形梁腰部宽度：±2mm。

（6）U 形梁所有焊缝均需满足一类焊缝质量要求。

3　U 形梁成型控制

3.1　下料成型控制

根据 U 形梁结构特点可以得出 U 形梁制造主要控制点 d、e 需在下料成型时直接控制到位，其余控制点在下料时进行第一步控制。

由于 U 形梁为 150mm 厚钢板下料，切割变形不宜控制，因此在下料前对钢板平面度进行测量，保证切割前的钢板平面度控制在 $2mm/m^2$ 以内（采用标准平面度样板进行检查，超出部分用卷板机进行平板）。

为了控制 U 形梁零件在切割时受热变形导致尺寸偏差大及火焰割炬穿透，切割前先喷粉检查外形尺寸，并在粉样转角点采用磁力钻进行预钻孔。

经过以上几个步骤，可以很好地对 U 形梁下料尺寸进行控制，确保 U 形梁下料精度控制在±1mm。

3.2　坡口制备

U 形梁切割成型后为了更好地控制焊接变形，特根据试验设计 U 形坡口，此种坡口型式相对常用的 X 形坡口焊接填充量更小，更容易进行焊接变形控制，坡口制备如图 3 所示。

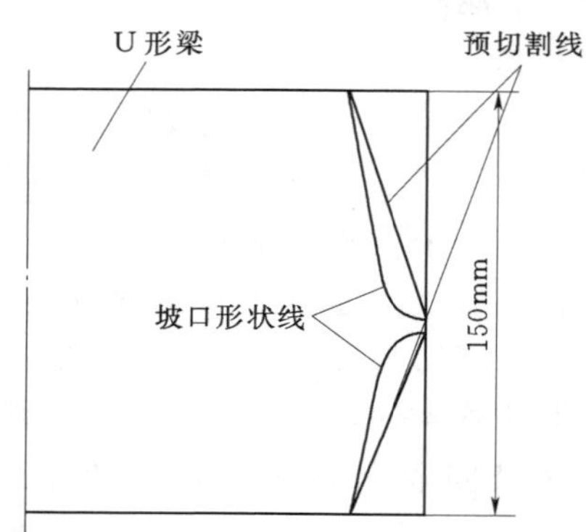

图 3　U 形梁坡口制备示意图

3.3　焊接成型控制

U 形梁的材料为 150mm，07MnCrMoVR 高强度钢板，焊缝多，焊接量大，焊接变形控制难度大。主要通过正确的拼装、焊接工艺以及一些其他控制手段进行。通过图 2 可知 U 形梁共分 7 个构件组成，根据制造情况件 1 与件 2，件 3、件 4、件 5，件 6 与件 7 分别焊接，将整个 U 形梁在车间焊接制造成 3 个部分。

3.3.1　U 形梁材料化学成分分析

根据钢板 07MnCrMoVR 的牌号可得出 U 形梁材料的各项化学成分见表 1。

表 1　　07MnCrMoVR 钢板化学成分

C	Si	Mn	P	S	Ni	Cr
≤0.07	0.15～0.40	1.20～1.60	≤0.012	≤0.006	≤0.40	≤0.30
Mo	V	Cu	B	Nb	C_{eq}	P_{cm}
0.10～0.30	0.02～0.06	≤0.25	≤0.002	≤0.03	≤0.44	≤0.20

碳当量按以下公式计算：

$$C_{eq}(\%)=C+Mn/6+Si/24+Ni/40+Cr/5+Mo/4+V/14$$

焊接裂纹敏感性组成按以下公式计算：

$$P_{cm}(\%)=C+Si/30+Mn/20+Cu/20+Ni/60+Cr/20+Mo/15+V/10+5B$$

3.3.2　U 形梁焊接工艺方案制定

根据材料化学成分（焊接工艺评定）及 U 形梁结构特性制定焊接工艺参数及方案：对 U 形梁焊前预热 100℃，ϕ3.2 焊条：100A－140A，19V－24V；ϕ4.0 焊条：130A－180A，19V－25V；ϕ1.2 焊丝：110A－220A，20V－30V，后热 150℃×3h。焊接前将坡口及其两侧 10～20mm 范围内的铁锈、熔渣、油垢、水迹清除干净；焊前先按要求焊定位焊：首先应对定位焊缝周围宽 150mm 用烘枪进行预热并用点温计进行测量（点温计与工件距离为 100mm），预热温度应比正式焊缝预热温度高出 20～30℃，定位焊在小坡口一侧，定位焊缝位置应距焊缝端部 30mm 以上，长度 80mm 以上且至少焊三层，间距为 400mm，厚度为 15mm，以防止加温时焊缝炸裂；高强钢焊接时严格限制焊接线能量，ϕ3.2 的焊条焊接时，每根焊条长度在 60mm 以上，焊条焊，每根焊条长度在 80mm 以上，焊接过程中实施多层多道焊，焊道接头应错开 25mm 以上，并且每层焊道厚度不超过 5mm（焊层焊道见图 4），为保证焊接质量，必须将每层每道焊缝的熔渣、飞溅等清除干净后方可进行焊接。在焊接过程中，焊缝预热温度、层间及后热温度、焊缝变形情况、焊接线能量由班长及质检员严格监督执行到位。

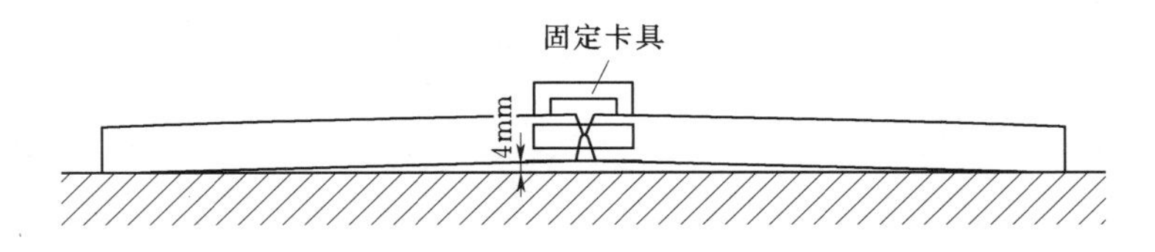

图 4　U 形梁平焊位拼装示意图

3.3.3　U 形梁拼装控制

将 U 形梁各拼装件放置在平面度≤2mm 的钢平台上，对焊缝两侧构件拼装时预留 4mm 反变形余量，控制焊前尺寸 0～2mm，对焊缝位置用“［”形连接件进行加固。

3.3.4　U 形梁焊接过程控制

根据制定好的焊接工艺对 U 形梁焊缝进行焊接，首先对 U 形梁进行平焊位焊接，每焊接一道对 U 形梁进行检测一次，待 U 形梁平面度为 0 时焊接固定卡具并将 U 形梁改为竖焊。焊接前预热温度达到 100℃时方可进行焊接。焊接时严格根据焊接工艺控制电流电压、温度以及焊条的使用方法。焊接过程中每 30min 对 U 形梁的焊接变形情况进行测量，通过测量情况实时对焊接方位及焊接速度进行调整，确保焊接过程 U 形梁始终处于受控状态。

U 形梁竖焊见图 5。

图 5　U 形梁竖焊

4　结语

通过以上几点对 U 形梁制造过程进行控制，确保了 U 形梁的制造质量。根据检测结果，吉布Ⅲ岔管 U 形梁各项尺寸均满足图纸及合同质量要求，焊缝 100%UT，100RT 合格。通过此文可以给类似超厚板超大型构件的制造提供适当借鉴。

呼和浩特抽水蓄能电站岔管水压试验封头设计选型

王　剑　张有林

（中国水利水电第八工程局机电公司，湖南　岳阳　414009）

【摘　要】 内蒙古呼和浩特抽水蓄能电站高压钢岔管为对称Y形结构，其管体厚度为70mm，采用国产B780CF材料制造。进水口管径4600mm，出水口管径3200mm，水压试验压力9.06MPa。实验采用三个封头与岔管的三个管口相连，本文主要讨论此岔管水压试验封头的选用。

【关键词】 呼和浩特；高压；钢岔管；水压试验；封头

1　工程概况

呼和浩特抽水蓄能电站位于内蒙古自治区呼和浩特市东北部的大青山区，距离呼和浩特市中心约20km。电站总装机容量1200MW，装机4台，单机容量300MW。水道系统由上水库进/出水口、引水隧洞、引水调压井、压力管道、尾水隧洞和下水库进/出水口组成。引水系统采用一管两机的布置方式，尾水系统采用一机一洞的布置方式，直进直出厂房。2条压力管道采用斜井布置，相互平行，主管直径为5.4～4.6m，支管直径3.2m，全部为钢板衬砌，在厂房上游布置高压岔管。

岔管采用对称Y形内加强月牙肋结构，主管直径4.6m，支管直径3.2m，最大公切球直径5.2m，分岔角70°，岔管月牙肋厚度为140mm，岔管本体厚度为70mm。岔管最大外形尺寸约为6.07m×7.10m×5.51m。设计内水压力9.06MPa，采用790MPa级B780CF钢材制造。呼和浩特抽水蓄能钢岔管设计体形图见图1。

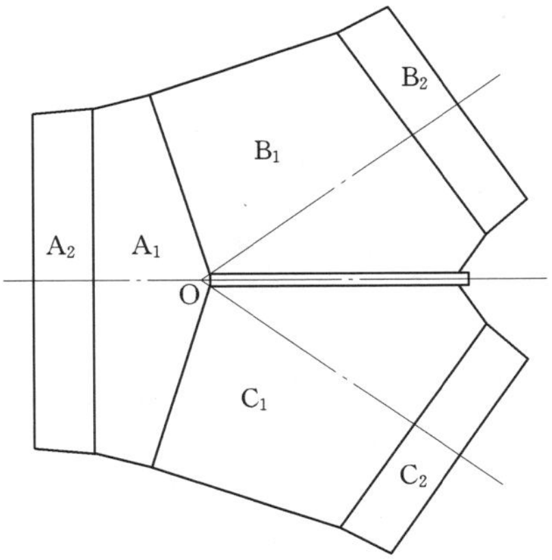

图1　岔管设计体形图

2　水压试验封头设计

为了验证设计及明确钢板和焊接接头的可靠性和安全性，以及消除某种程度的残余应力，应按规定的岔管设计内压进行岔管水压试验。水压试验应在制造完成，按规定进行几何尺寸及焊缝质量检验，并提交各项质量指标满足要求的检验报告后进行。

2.1 水压试验封头技术要求

根据《内蒙古呼和浩特抽水蓄能电站高压钢岔管采购合同文件》规定，闷头设计应符合 GB 150 或买方批准的其他等效国际标准的规定。

根据水压试验的需要，应在闷头上或试验用联接管段上设置进人孔、排气孔、进水孔、排水孔和测试仪表安装孔等。

水压试验压力为 10.35MPa。

2.2 水压试验封头设计方案及对比

因为本岔管本体为 80kg 级材料，理论上根据本岔管的实际情况，应采用 60kg 材料制造的封头来进行水压试验。根据对现行主要封头制造厂的调查了解，60kg 材料制造封头时必须冷压成型方可保证材料强度且冷压对设备的要求非常高，制造成本大，所以呼和浩特钢岔管的水压试验封头放弃使用 60kg 材料封头。主要分以下 3 种情况进行分析对比：

（1）钢岔管水压试验封头采用过渡锥与岔管连接。

（2）钢岔管进水口端采用过渡锥结构，出水口两个封头直接与岔管连接。

（3）钢岔管进出水口均采用封头与岔管直接连接。

2.2.1 水压试验封头设计方案 1

呼和浩特抽水蓄能高压钢岔管水压试验封头采用 60kg 级材料制造的过渡锥与岔管连接。呼和浩特抽水蓄能电站高压钢岔管进水端管径 4554mm，出水端管径 3138mm。由于现有卷制设备只能卷制锥度角小于 15°的锥管，且为了不占用太大的空间，因此暂定过渡锥管锥度为 15°，锥管长 1000mm。水压试验锥管及封头装配图见图 2。

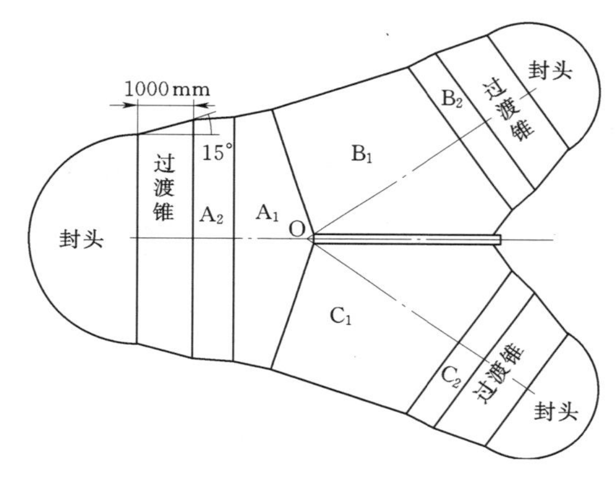

图 2　水压试验封头及过渡锥与岔管装配图

根据图 2 可得出钢岔管进水端增加 1000mm 过渡锥后的管口尺寸为 4019mm；出水端增加 1000mm 过渡锥后的管口尺寸为 2600mm。

根据固定式压力容器设计规范 GB 150—2011 中公式（5－8）为：

$$\delta_c=\frac{p_c D_c}{2[\sigma]_c^t\phi-p_c}\times\frac{1}{\cos\alpha}$$

式中　p_c——锥管计算压力，取值 10.35MPa；

D_c——锥管大端计算直径，取值 4554/3138mm；

$[\sigma]_c^t$——材料设计许用应力，取值 226MPa；

α——锥管半顶角，取值 15°；

ϕ——焊缝系数，焊缝 100%双面探伤，取值 1.0。

根据以上数据可计算得出过渡锥的厚度：进水端 111mm；出水端 77mm。

根据固定式压力容器设计规范 GB 150—2011 推荐公式（5－1）为：

$$\delta_h=\frac{Kp_cD_c}{2[\sigma]_c^t\phi-0.5p_c}$$

式中　p_c——锥管计算压力，取值10.35MPa；

D_c——封头计算直径，取值4109/2600mm；

$[\sigma]_c^t$——材料设计许用应力，取值181MPa；

ϕ——焊缝系数，焊缝100%双面探伤，取值1.0。

可计算得出封头的设计厚度：标准椭圆封头进水端114mm，出水端74mm；球形封头进水端57mm，出水端37mm。

2.2.2　水压试验封头方案2

呼和浩特抽水蓄能高压钢岔管水压试验采取进水端接过渡段，管口尺寸4019mm；出水端直接接封头，管口尺寸3138mm。水压试验锥管及封头装配图见图3。

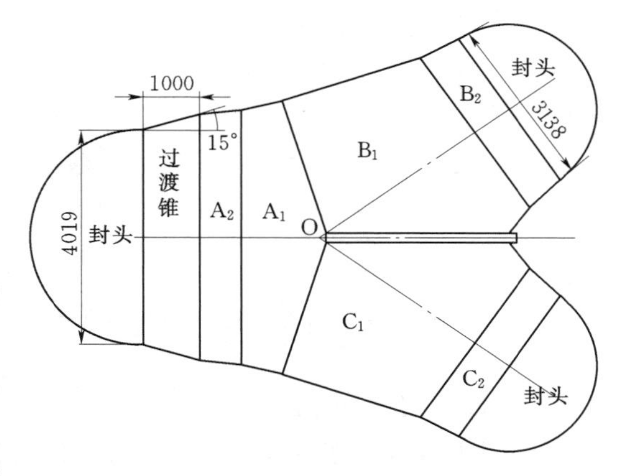

图3　水压试验封头及过渡锥与岔管装配图（单位：mm）

根据固定式压力容器设计规范GB 150—2011公式（5-8）为

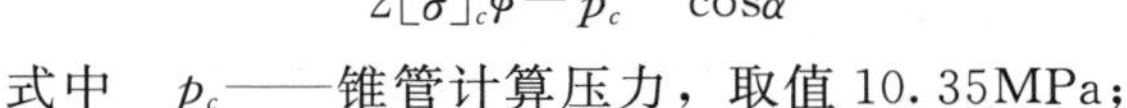

$$\delta_c=\frac{p_cD_c}{2[\sigma]_c^t\phi-p_c}\times\frac{1}{\cos\alpha}$$

式中　p_c——锥管计算压力，取值10.35MPa；

D_c——锥管大端计算直径，取值4554mm；

$[\sigma]_c^t$——材料设计许用应力，取值226MPa；

α——锥管半顶角，取值15°；

ϕ——焊缝系数，焊缝100%双面探伤，取值1.0。

可计算得出过渡锥的厚度，进水端111mm。

根据固定式压力容器设计规范GB 150—2011推荐公式（5-1）为

$$\delta_h=\frac{Kp_cD_c}{2[\sigma]_c^t\phi-0.5p_c}$$

式中　p_c——锥管计算压力，取值10.35MPa；

D_c——封头计算直径，取值4109/3138mm；

$[\sigma]_c^t$——材料设计许用应力，取值181MPa；

ϕ——焊缝系数，焊缝100%双面探伤，取值1.0。

可计算得出封头的设计厚度：标准椭圆封头进水端114mm，出水端89mm；球形封头进水端57mm，出水端45mm。

2.2.3　水压试验封头方案3

呼和浩特抽水蓄能高压钢岔管水压试验采取进出水端直接接封头方式，进水端管口尺寸4554mm；出水端管口尺寸3138mm。水压试验封头装配图见图4。

根据固定式压力容器设计规范GB 150—2011推荐公式（5-1）为

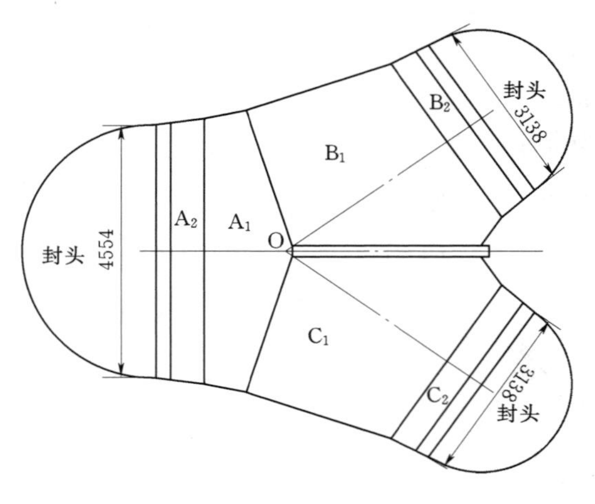

图 4　水压试验封头与岔管装配图（单位：mm）

$$\delta_h = \frac{K p_c D_c}{2[\sigma]_c^t \phi - 0.5 p_c}$$

式中　p_c——锥管计算压力，取值 10.35MPa；

D_c——封头计算直径，取值 4554/3138mm；

$[\sigma]_c^t$——材料设计许用应力，取值 181MPa；

ϕ——焊缝系数，焊缝 100% 双面探伤，取值 1.0。

可计算得出封头的设计厚度：标准椭圆封头进水端 129mm，出水端 89mm；球形封头进水端 65mm，出水端 45mm。

2.3　水压试验封头的选定

根据以上 3 种方案的设计可列出呼和浩特抽水蓄能电站高压钢岔管水压试验封头方案对比表见表 1。

表 1　　呼和浩特抽水蓄能电站高压钢岔管水压试验封头方案对比表　　单位：mm

呼和浩特高压钢岔管水压试验设计	进水端					
	过渡锥		标准椭圆形封头		半球形封头	
	管径	厚度	口径	厚度	口径	厚度
方案 1	4554/4019	111	4019	114	4019	57
方案 2	4554/4019	111	4019	114	4019	57
方案 3	/		4554	129	4554	65
呼和浩特高压钢岔管水压试验设计	**出水端**					
	过渡锥		标准椭圆形封头		半球形封头	
	管径	厚度	口径	厚度	口径	厚度
方案 1	3138/2600	77	2600	74	2600	37
方案 2	/		3138	89	3138	45
方案 3	/		3138	89	3138	45

2.3.1　水压试验进水口封头的选择

根据表 1 的 3 种方案先对钢岔管进水端方案进行对比分析。方案 1、方案 2 进水口端过渡锥管厚度达到了 111mm，而岔管壳体厚度仅仅为 70mm，因此进水口采用过渡锥结构的方案不可取；方案 3 进水端岔管采用直接接标准椭圆形封头时封头厚度达到 129mm，远远大于钢岔管壳体厚度，因此进水口直接接标准椭圆形封头方案不可取；方案 3 进水口直接接半球形封头时封头厚度为 65mm，与钢岔管壳体厚度相差不大，因此钢岔管进水口水压试验封头只能选择方案 3 进水口直接接半球形封头。

2.3.2　水压试验出水口封头的选择

根据表1方案1出水口过渡锥管厚度达到77mm，封头厚度达到74mm，与岔管壳体厚度相差不大，可以进入备选方案；方案2、方案3出水口端直接接标准椭圆形封头时封头厚度达到89mm，超出岔管壳体厚度较多，因此出水口端直接接标准椭圆形封头方案不可取；方案2、方案3出水口端直接接半球形封头时封头厚度为45mm，小于钢岔管壳体厚度，可以进入备选方案。

由于钢岔管水压试验出水口端存在2种备选方案，因此需选出最适宜方案作为钢岔管水压试验出水口端的最终方案。方案1与方案2、3相比较不仅仅多使用了很多材料，并且制造难度也相对较高。因此钢岔管水压试验出水口端选择方案2、3在出水口端直接接半球形封头作为最终方案。

2.3.3　水压试验封头选择

根据以上分析对比可确定呼和浩特抽水蓄能电站高压钢岔管水压试验最终封头设计方案，呼和浩特抽水蓄能电站高压钢岔管水压试验封头设计规格表见表2。

表2　呼和浩特抽水蓄能电站高压钢岔管水压试验封头设计规格表　　单位：mm

封头型式	进水端		出水端	
	半球形封头		半球形封头	
封头尺寸	口径	厚度	口径	厚度
	4554	65	3138	45

3　呼和浩特抽水蓄能电站高压钢岔管水压试验封头设计

根据以上考虑可进行呼和浩特抽水蓄能电站高压钢岔管封头的最终设计，考虑封头需要使用2次，取1.2的安全系数。呼和浩特抽水蓄能电站高压钢岔管最终设计见图5～图7。

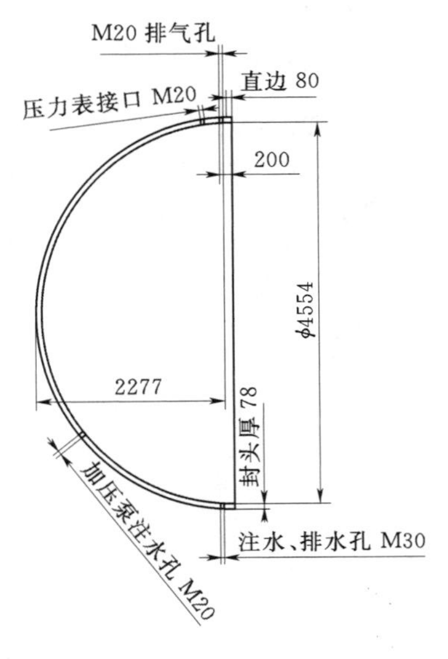

图5　进水端封头

（单位：mm）

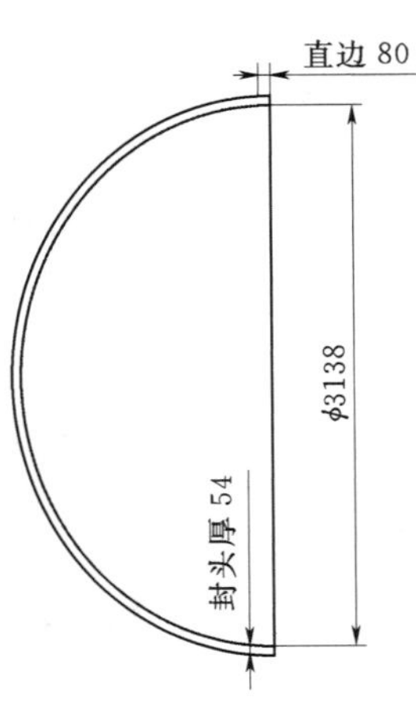

图6　出水端封头1

（单位：mm）

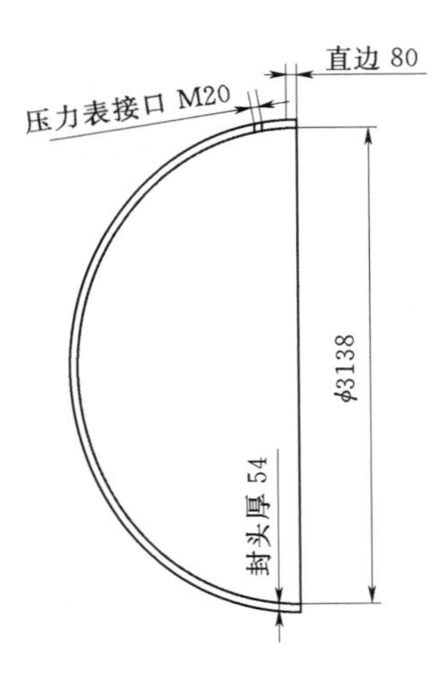

图7　出水端封头2

（单位：mm）

4 结语

根据此文的分析对比，最终选定呼和浩特抽水蓄能电站高压钢岔管水压试验封头采用半球形封头，即降低了制造成本，又满足了性能要求，在后续800MPa级材料应用及相似工程可以提供好的借鉴，解决了不同等级钢材在水压试验时出现板厚相差较大，正常焊缝无法满足要求的问题；并针对水压试验的要求对封头进行了如上设计及进行比较，目前呼和浩特抽水蓄能电站水压试验已顺利完成，各封头完全符合水压试验要求。

大岗山水电站大坝泄洪深孔钢衬制作

陈双发　左　琛

（中国葛洲坝集团机械船舶有限公司，湖北　宜昌　443007）

【摘　要】 本文结合大岗山深孔钢衬的结构特点，采用双定尺采购材料，减少结构焊缝，进而减少焊接变形及焊接残余应力。通过精确画线下料，严格控制钢衬侧板体形。总体拼装时，以侧板为基准，采用适当外力，将顶底板的线形控制在设计允许范围内，从而制作出体形优良的产品。

【关键词】 钢衬制作；双定尺；体形控制

1　引言

1.1　概述

大岗山水电站坝址位于四川省大渡河中游雅安市石棉县挖角乡境内，上游与规划的硬梁包（引水式）电站尾水相接，下游与龙头石电站水库相接，为大渡河干流规划的 22 个梯级的第 14 个梯级电站。4 个泄洪深孔沿溢流中心线对称布置，按左岸至右岸顺序依次编号为 1～4 号泄洪深孔。

1.1.1　1、4 号泄洪深孔钢衬结构

1、4 号泄洪深孔钢衬进口底板高程为 1052.00m，与进口事故检修门二期埋件相接；出口高程为 1043.18m，与弧形工作门二期埋件相接，断面均为矩形，包含进口喇叭形渐变段（顶衬线形为抛物线）、直线段、弯段（顶衬圆弧半径为 R65000mm、底衬圆弧半径为 R85000mm）、出口渐变段（顶衬圆弧半径为 R65000mm、底衬为直线）等部分，轴线长度约 40m；其平段典型断面净尺寸为 6m（宽）×8.946m（高），出口高度向下收缩至 7.555m（净高尺寸）。1、4 号深孔钢衬图见图 1。

1.1.2　2、3 号泄洪深孔钢衬结构

大坝 2、3 号泄洪深孔钢衬进口底板高程为 1049.00m，与进口事故检修门二期埋件相接，出口底板高程为 1046.21m，与弧形工作门二期埋件相接，断面均为矩形，包含进口喇叭形渐变段（顶衬线形为抛物线）、直线段、弯段顶衬圆弧半径为 70000mm、底衬圆弧半径为 50000mm、出口渐变段（顶衬圆弧半径为 70000mm、底衬为直线）等部分，轴线长度约 38.7m；其平段典型断面净尺寸为 6m（宽）×9.293m（高），出口高度向下收缩至 7.138m（净高尺寸），2、3 号深孔钢衬图见图 2。

1.1.3　钢衬结构特性

泄洪深孔钢衬由顶衬、侧衬和底衬组成，壁厚 22mm；每条钢衬外壁设有纵、环向加强肋板，板厚为 22mm。泄洪深孔钢衬、阻水环、加劲肋及堵头均采用 Q345C 钢。

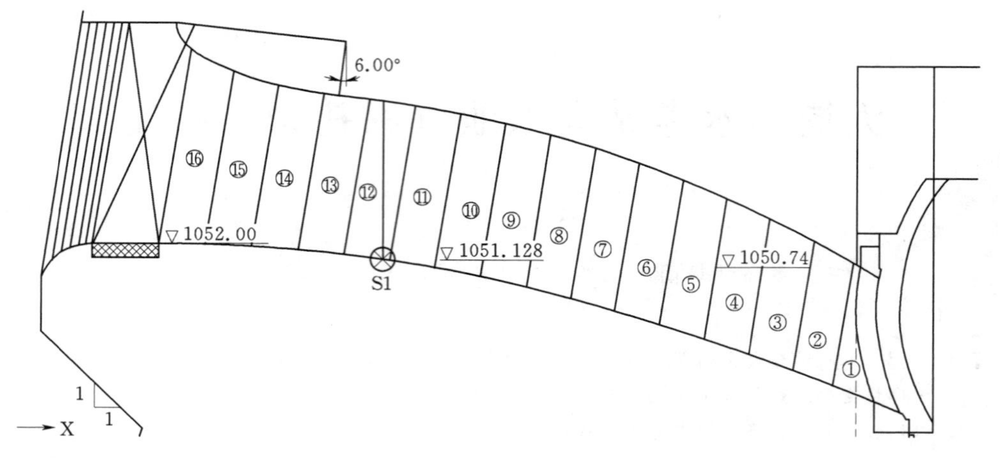

图 1　1、4 号深孔钢衬图（单位：m）

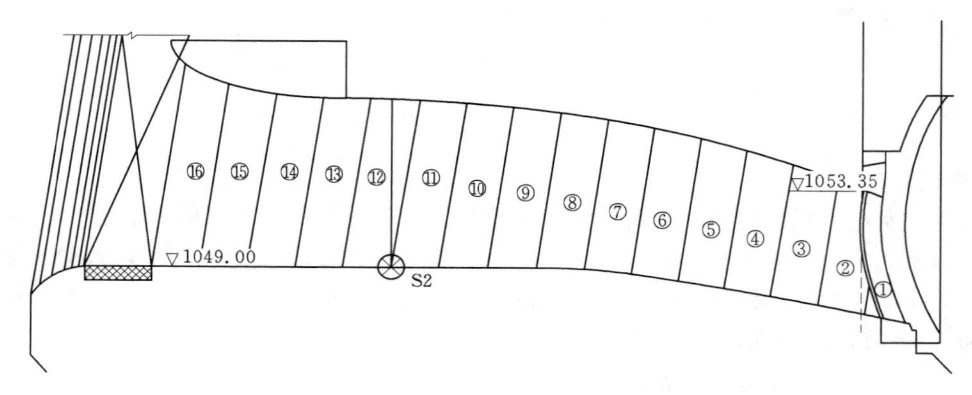

图 2　2、3 号深孔钢衬图（单位：m）

加强肋高 200mm，其中环向肋间距一般为 500mm；顶、底衬板各设两道纵向肋，沿孔道轴线对称布置，侧衬板布置 3～5 道纵肋，间距为 1800mm。钢衬上游端起第 15～17 节设有三道阻水环，环高 400mm。

钢衬所有钢板对接焊缝为 60°的 X 形坡口，正交钢板焊缝为组合焊缝型式，单边 V 形 45°坡口。

1.2　泄洪深孔钢衬几何尺寸制作特点

每孔洞身钢衬轴线总长近 40m，包括直线段、渐变段，弧面段，中轴线由两个直线段通过一个空间偏转角度连接，因此控制点较多。同时其组装技术要求高，主要包括与设计轴线的平行度要求、钢衬顶底偏差、边墙偏差、对角线偏差、始装节的里程、始装节两端管口垂直度偏差、弯管起点的里程，以及与闸门门框相连的钢衬端部的极限偏差等的要求均很高。

2　制作工艺方法

2.1　施工工艺准备

（1）熟悉钢衬施工图纸及钢衬制作与安装施工技术要求。

（2）根据钢衬施工图纸绘制施工工艺图。

本钢衬共4条管线，1、4号为同一线形，2、3号为同一线形。按照分节图，每条管线分为16节，编号从深孔工作门开始，逐级编至进口喇叭段深孔事故检修门止。

（3）工艺设计注意事项。

1）同一钢衬分节上相邻纵缝间距不小于500mm，相邻分节的纵缝不小于200mm（4个边角的纵缝除外）；任何纵缝均不应在横断面的水平和垂直轴线上，且间距不宜小于700mm（需进行卷板圆弧部位钢衬，该间距不宜小于200mm）。

2）全段钢衬内，顶板、侧板及底板相邻横缝的间距不得小于500mm。

3）横肋与钢衬纵缝之间的焊缝应为双面连续角焊缝；横肋的对接焊缝应与钢衬纵缝错开200mm以上：横肋与钢衬的横缝的间距不应小于200mm。

按照以上原则要求，结合钢衬图纸尺寸，对钢衬进行双定尺为2500mm×10000mm和2500mm×6050mm。其中2500mm×10000mm板面用于侧板，由分节图可知，对于2、3号管线，进口喇叭段第16节和第15节侧板各需要对接一条纵向焊缝，对于1、4号管线，进口喇叭段第16节侧板需要对接一条纵向焊缝，其余分节直段和渐变段均不需要对接纵缝。

2.2 钢板的下料和坡口加工

（1）首先根据钢板到货情况对钢板进行划线和齐边，钢板划线后，用钢印、油漆分别标出钢衬分段、分节、分块的编号、水流方向、水平和垂直的中心线、排气孔位置、坡口角度以及切割线等符号。

（2）钢板下料、坡口加工采用半自动切割机进行切割，气割前清除切割范围内（10～20mm）的锈斑、油污等，气割后用砂轮清除熔渣、飞溅物及淬硬层等。所有板材加工后的边缘不得有裂纹、夹层和夹渣等缺陷。坡口加工完毕后，根据焊接方法、坡口放置时间和放置环境，必要时在坡口面及清理范围内涂刷无毒且不影响焊接性能的涂料以防坡口生锈。钢板加工后坡口尺寸的极限偏差，符合有关规定。

钢衬对接缝采用X形坡口。

（3）钢板划线的极限偏差应符合表1的规定。

表1　钢板划线的极限偏差表

序　号	项　目	极限偏差/mm	序　号	项　目	极限偏差/mm
1	宽度和长度	±1	3	对应边相对差	1
2	对角线相对差	2	4	矢高（曲线部分）	±0.5

2.3 分节部件制作工艺

（1）每节钢衬分为2.5m，上下盖板与腹板错缝150mm，实际高度为2.8m，单节最大重量22t（包括内支撑）。顶底板与侧腹板错位图见图3。

（2）单节钢衬部件制作。

1）将下料并开制坡口的钢衬顶、底、侧板铺放在工作平台上，根据分节部件工艺图放出横向肋板位置线及灌浆孔、震捣孔的位置。

图 3 顶底板与侧腹板错位图（单位：mm）

2）将横向肋板按肋板的位置线点固在衬板上，肋板与衬板外壁的局部组装间隙应≤1mm，点焊焊缝高度不超过6mm，点固焊的长度10～15mm，间距为100～250mm，在肋板两侧交错点焊。

3）加工灌浆孔和震捣孔，并焊接补强板。

4）制作的钢衬顶板、侧板和底板等部件，衬板在1m范围内局部挠曲矢高顺水流方向不得大于3.0mm，孔口高度方向不得大于4mm。

5）肋板组装的极限偏差应符合表2的规定。

表2　　肋板组装极限偏差

序　号	项　　目	肋板的极限偏差/mm
1	肋板与钢衬的垂直度	$a \leqslant 0.02H$ 且不大于5
2	相邻两横肋的间距偏差	±50

2.4　典型段面制作工艺

2.4.1　进口喇叭段制作

进口喇叭段盖板为长轴半径9200mm，短轴半径3100mm的抛物线。

（1）盖板制作。第16节矢高达到150mm，第15节达到50mm，先将顶、底板下成2500mm宽，相应对应弧长的钢板，在卷板机上卷制成抛物线弧，以样板进行检验，合格后，再对接成顶板。

（2）腹板制作。先将腹板对接一条纵缝，满足相应的长度要求后焊接，合格后按照下料详图的控制尺寸画出相应的位置控制点，利用事先检验合格的样板画出弧顶抛物线。

以上工作完成检验合格即可进行拼装焊接。

2.4.2　中间典型节段制作

（1）盖板制作。2、3号钢衬底板半径为50000mm圆弧分节矢高最大，约15mm，1、4号底板半径为85000mm圆弧分节矢高最小，约8mm；基于圆弧矢高与弦长相比，几乎可以忽略不计，在制作时，顶底板采用直接冷卷的方式，即将一端与腹板点焊牢靠，在另一端适当加外力压弯成形（如5t千斤顶压，10t手动葫芦拉），不允许采取锤击的方法弯曲成形，防止在钢板上出现任何伤痕。该工艺可以取消除第15和第16节外，其余各节钢衬顶底板的纵向对接焊缝，对于控制钢衬制作质量，减少焊接工作量，降低焊接残余应力大有裨益。

（2）腹板制作。按照下料详图的控制尺寸画出腹板相应的位置控制点，利用事先检验合格的样板画出圆弧线。

2.4.3　出口弧段制作

（1）盖板制作。顶底板圆弧采用直接冷卷的方式，即将一端与腹板点焊牢靠，在另一端适当加外力压弯成形（如5t千斤顶压，10t手动葫芦拉）。

（2）腹板制作。按照下料详图的控制尺寸画出腹板相应的位置控制点，利用事先检验

合格的样板画出圆弧线。

2.5 整体组装工艺

所有部件制作完成后，进行严格的检查，合格后才进行整体组装。

（1）首先在拼装平台上以钢衬内孔尺寸为基准放出样点，焊好定位块，水平定位必须在同一高程，侧面定位块必须在一条直线上。

（2）组拼吊装顺序为侧板、顶板、底板，每节钢衬上游侧开口朝下，卧拼摆放在平台上。

（3）单节衬板吊装上平台后，调整其垂直度并加固，加固应在钢衬外侧进行。

（4）钢衬的组拼点焊在纵缝的外侧坡口内，点焊完毕后，检查其开口及对角线尺寸，满足设计图纸及规范要求，合格后将内支撑设置于钢衬内部（见图4），然后施焊。

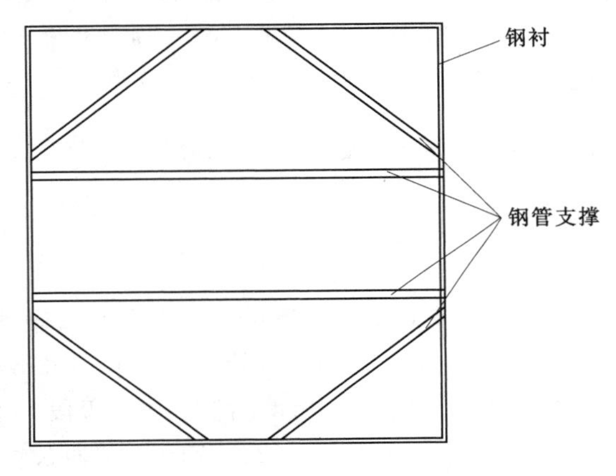

图4 钢衬内支撑固定图

（5）钢衬焊接完成后，经检验相邻分节的对口高差≤3mm，对口宽度差≤2mm，口形结构对角线装配公差≤±2.5mm。其中在与闸门门框相连的钢衬断面端部公差在水平方向为±4mm，在垂直方向为±2mm，其余断面水平方向及垂直方向公差为±10mm。

3 取得成效

大岗山深孔钢衬从2013年7月28日开始安装，四条管线采用分段安装，分段验收，分段浇筑的方法进行施工，至2013年9月28日全部完成，所有尺寸均满足设计、规范、合同文件的规定，大大推进了大坝整体施工进度，获得了各方好评。

4 结语

针对大岗山深孔钢衬结构特点，通过精心设计制作工艺，采用双定尺采购材料，精确画线下料控制侧板体形，依据侧板体型，外加适当外力，严格控制顶底板线型，从而得到体形控制精准的优良产品，安装时大大提高了生产效率。

液压整体提升技术在水电站压力钢管安装中的应用

周建平

（中国水利水电第七工程局机电安装分局，四川　彭山　620860）

【摘　要】 成功应用液压提升技术实现钢管下弯段整体提升，是水电站压力钢管洞内施工的一项技术创新，既能够确保大型钢管施工的安全，又减小了钢管运输与其他专业施工之间的干扰，对于安装和焊接而言，充分利用在同一工作位置进行钢管节间组对、环缝焊接及防腐，有利于提高安装质量和工效。

【关键词】 压力钢管；弯段；整体提升；安装；水电工程

1　工程简述

黄金坪水电站为单机单管供水，4 条压力管道平行布置，管轴线间距为 30.5m。电站压力钢管分布范围：桩号（管）0＋082.143m～（管）0＋141.733m，管轴线高程 1408.52～1393.00m。4 台机压力钢管采用同样的设计，都是由下弯段、下平段（直段、锥段）组成，管轴线长度 59.59m，其中下平段长度为 24.274m，弯段长度为 35.316m，弧度 60 度，根据前期设计及制造工艺，整个下弯段总重量 260t（含加劲环），分为 22 单节。本工程下平段较短，且因为施工条件等因素，钢管只能从压力管道下支洞，即下平段施工支洞进入。故下弯段钢管安装是工程的重点和难点所在。

按照传统施工工艺，在此状况下，压力钢管一般采用倒装，即按正常顺序生产压力钢管后，将钢管按从上至下顺序依次存放在下弯段。按照这一步骤循环，待下弯段制作完成后，依次放下钢管按下弯段从下往上顺序安装。按顺序描述即为：制作钢管—储存钢管—安装钢管。该安装方法存在以下特点和难点。

（1）钢管存放时，通常采用卷扬机加滑轮组并铺设轨道的方式拖运至安装位置，在拖运就位前，相关辅助设施布置工序繁多，卷扬机、地锚、滑轮组走向等关联尺寸需反复核对校核。且在拖运就位时，存在较大安全隐患。

（2）钢管就位时，需将临时固定的钢管解除锁锭，并蹓放到安装位置，在此蹓放过程中，对已安装就位好的钢管易造成冲击，若加固不牢靠导致安装好的形位尺寸变化，同时在蹓放过程中存在失控的安全风险。

（3）钢管安装施焊时，相邻钢管环缝位置随弯段角度变化而变化，则安装调整、施焊时均需搭设操作平台（该平台的拆除、搭设尤为困难），通常该操作平台需在钢管内外壁焊接型材搭设，且在拆除操作平台时将伤及母材及钢管内壁涂装。不利于控制施工质量，也不利于检测。

鉴于上述情况，值得借鉴的是二滩水电站压力钢管下弯段的施工，采用了液压顶推法进行整体施工，特点是钢管安装一节、焊接一个环缝之后用液压油缸向上游推进一个钢管长度，锁定前面的钢管之后，循环进行施工，但由于这样的液压推进系及锁定装置的造价高、需要相应的空间进行布置，在类似的工程中没有得到推广。

2　黄金坪水电站下弯管整体提升技术方案

液压提升机进行引水钢管下弯段整体提升的技术原理是：在下弯管的前端（如上平段等部位）设置锚点，下弯管前端设置多个活动的受力点，提升段内安装轨道，并在钢管的相应部位安装钢轮或滑靴，通过洞内布置一套大吨位的液压提升机和相应的钢绞线连接锚点和活动的受力点，当液压提升机工作时，钢绞线的长度缩短，钢管被移动，随着钢管向前移动，在固定位置逐节进行钢管的组对和焊接，钢管提升到位同时组焊完成。

在黄金坪水电站左岸地下引水钢管下弯管整体提升工艺基本流程为：钢管洞内制作—钢管洞内组对—环缝焊接—钢管提升—整体安装固定。

黄金坪电站采用钢管组焊专机在洞内进行组焊，组焊完成后，运输至下弯段起弯处。在此处，即进行钢管组对环缝焊接。焊接完成后，即将钢管向上提升。

钢管每 3 节分为一个单元，在此 3 节钢管节间环缝焊接过程中，可使用传统手工焊，也可使用埋弧自动焊滚焊工艺。每完成 3 节钢管焊接后，向上提升一次，钢管下方焊接有高度经过计算的钢轮，提升时，钢轮沿轨道运动。每次提升至下弯段起弯处后，进行下一个单元组焊过程。

在弯段整体提升到位后，微调钢管位置，并固定。此时钢管即安装完成。

应用液压提升机进行引水钢管下弯段整体提升，是一项创新的施工技术，结合了传统的钢管工程倒装技术经验，又引进了近年水电安装工程逐步应用的液压提升施工新工艺的优点，在弯管整体提升中形成了以下优势：

（1）在平段完成所有钢管组对和焊接工作，施工环境安全，焊接效率高、质量好。

（2）液压提升机具有提升重量大、连续性好，整个提升过程更安全、平稳、可靠。

（3）牵引到位后简单调整即可固定到位。

（4）与传统工艺相比，无需先固定后放下重复施工，更节约工期。

（5）液压提升设备的造价较液压推进装置节省。

3　钢绞线液压提升装置

液压同步提升技术是一项成熟的构件提升安装施工技术，它采用柔性钢绞线承重、提升油缸集群、液压同步提升的原理，结合计算机控制等现代化施工工艺，能够将成千上万吨的构件在地面拼装后，整体提升到预定位置安装就位，实现大吨位、大跨度、大面积的超大型构件超高空整体同步提升。

系统组成：液压同步提升系统基本构成为钢绞线及提升油缸集群（承重部件）、液压泵站（驱动部件），可以配置传感检测及计算机控制（控制部件）和远程监视系统等几个部分组成。

钢绞线及提升油缸是系统的承重部件，用来承受提升构件的重量。根据提升重量（提升载荷）的大小来配置提升油缸的数量，每个提升吊点中油缸可以并联使用。钢绞线符合GB/T 5224—2003，其抗拉强度、几何尺寸和表面质量都得到严格保证。液压泵站是提升系统的动力驱动部分，它的性能及可靠性对整个提升系统稳定可靠工作影响最大。在液压系统中，采用比例同步技术，这样可以有效地提高整个系统的同步调节性能。

传感检测主要用来获得提升油缸的位置信息、载荷信息和整个被提升构件空中姿态信息，并将这些信息通过现场实时网络传输给主控计算机。这样主控计算机可以根据当前网络传来的油缸位置信息决定提升油缸的下一步动作，同时，主控计算机也可以根据网络传来的提升载荷信息和构件姿态信息决定整个系统的同步调节量。

同步提升控制原理：主控计算机除了控制所有提升油缸的统一动作之外，还必须保证各个提升吊点的位置同步。在提升体系中，设定主令提升吊点，其他提升吊点均以主令吊点的位置作为参考来进行调节，因而，都是跟随提升吊点。主令提升吊点决定整个提升系统的提升速度，操作人员可以根据泵站的流量分配和其他因素来设定提升速度。

根据现有的提升系统设计，最大提升速度不小于5m/h。主令提升速度的设定是通过比例液压系统中的比例阀来实现的。在提升系统中，每个提升吊点下面均布置一台长距离传感器，这样，在提升过程中这些长距离传感器可以随时测量当前的构件高度，并通过现场实时网络传送给主控计算机。每个跟随提升吊点与主令提升吊点的跟随情况可以用长距离传感器测量的高度差反映出来。主控计算机可以根据跟随提升吊点当前的高度差。

依照一定的控制算法，来决定相应比例阀的控制量大小，从而，实现每一跟随提升吊点与主令提升吊点的位置同步。为了提高构件的安全性，在每个提升吊点都布置了油压传感器，主控计算机可以通过现场实时网络监测每个提升吊点的载荷变化情况。如提升吊点的载荷有异常的突变，则计算机会自动停机，并报警示意。提升动作原理：提升油缸数量确定之后，每台提升油缸上安装一套位置传感器，传感器可以反映主油缸的位置情况、上下锚具的松紧情况。通过现场实时网络，主控计算机可以获取所有提升油缸的当前状态。根据提升油缸的当前状态，主控计算机综合用户的控制要求（例如，手动、顺控、自动）可以决定提升油缸的下一步动作。提升系统上升时，提升油缸的工作流程见图1。

穿芯式提升油缸：穿芯式提升油缸是液压提升系统的执行机构，提升主油缸两端装有可控的上下锚具油缸，以配合主油缸对提升过程进行控制。钢管上升时，上锚利用锚片的机械自锁紧紧夹住钢绞线，主油缸伸缸，张拉钢绞线一次，使被提升构件提升一个行程；主油缸满行程后缩缸，使载荷转换到下锚上，而上锚松开。如此反复，可使被提升构件提升至预定位置。

4 黄金坪引水钢管下弯段整体提升实例

4.1 整体运输方案及轨道布置

与黄金坪水电站钢管洞内组焊方案相适应，弯管段提升采用共轨方式，轨道间距4m，利用多功能滚焊台车将钢管运输到下弯段起始点进行组焊后，在首段钢管上焊接提升吊耳，连接提升机后即可进行操作。

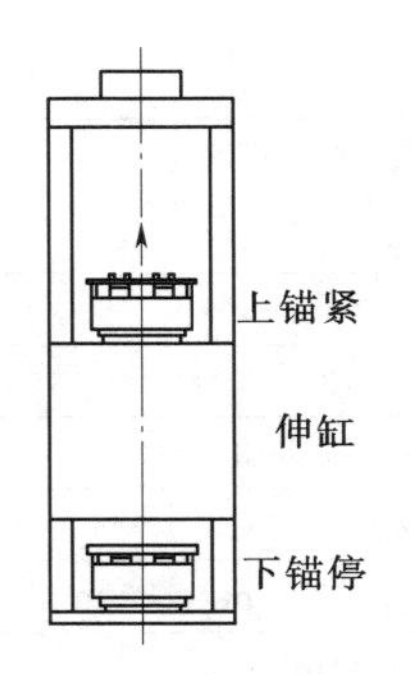

第一步　荷重伸缸：上锚紧、下锚停、主油缸伸缸，
被提构件可提升一段距离。

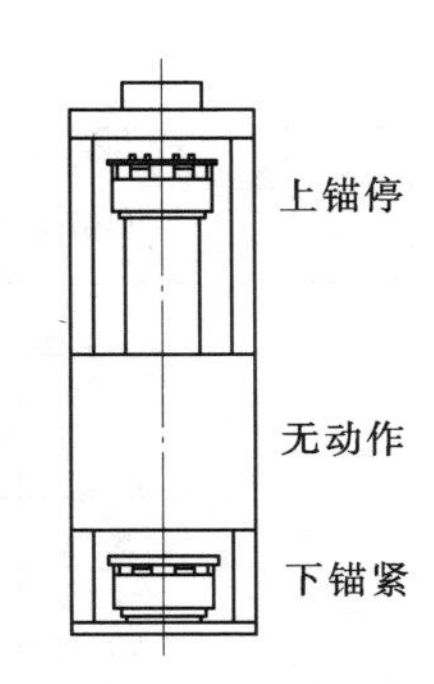

第二步　锚具切换：主油缸伸到底，停止伸缸，
下锚紧，上锚停。

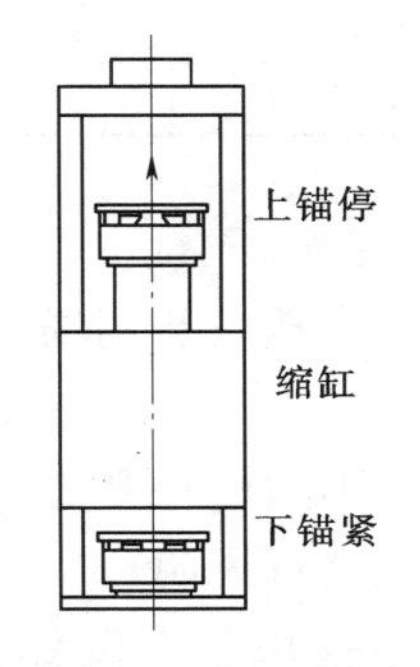

第三步　空载缩缸：上锚停、下锚紧、主油缸缩缸，
一小段距离，上锚松，再缩缸到底，
被提构件在空中停滞一段时间。

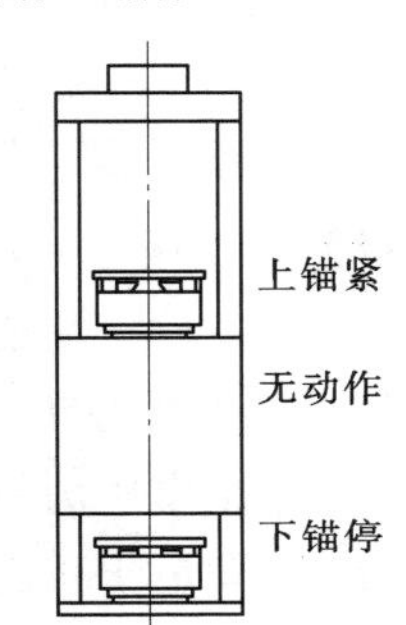

第四步　锚具切换：主油缸缩到底，停止缩缸，
上锚紧，下锚停，重复第一步。

图 1　提升油缸的工作流程图

4.2　液压提升机选型

下弯段钢管设计重量 260t，理论提升力为 90t，考虑初次使用和一定安全性，选取 4×50t，采用 4 台 50t 型提升器同步提升钢管，提升容量为 4×50＝200（t）。每个提升器有 5 根 ϕ15.2mm 钢绞线，每根钢绞线破断力≥30t，规定非比例延生力的最小载荷为 27t。提升系统的最大提升力约为 200t，因此提升系统提升容量储备系数为 200/90＝2.2，钢绞线安全系数为 4×5×27/90＝6。参照《重型结构（设备）整体提升技术规程》（DG/TJ08—2056—2009），第 7.1.3 规定总提升能力（所有提升油缸总额定载荷）应不小于总提升荷载标准值的 1.25 倍，且不大于 2 倍，第 7.1.2 规定提升油缸中单根钢绞线的拉力设计值不得超过其破断拉力的 50％，因此此提升能力储备系数及钢绞线的安全系数完全满足大型构件提升工况的要求。

4.3　多功能滚焊台车主要参数（见表 1）

表 1　　**多功能滚焊台车主要参数**

机　器　型　号	DGC100
台车行走速度	5200mm/min
台车轨道轨距	4000mm
台车车轮宽度	50mm

续表

机　器　型　号	DGC100
适应钢管直径	9000～11000mm
滚轮垂直升程	560mm
滚轮顶升重量	30t×2
主动滚轮驱动方式	双电源变频驱动
台车重量	4330kg
台车尺寸	6200mm×1300mm×1080mm 最宽状态（5530mm×1300mm×1480mm）最高状态
主动滚轮转速	3000mm/min
控制模式	遥控操作
电源	380V/3pH，50Hz
总功率	5.5kW

4.4　其他配套装置：上方锚固点，钢管底部支承座及滚轮等。

根据施工条件可将提升机构的位置安装在钢管上，或直接安装到锚固点的前端。钢管底部轨道，需严格测量，以避免钢管牵引到位后，安装困难。

在黄金坪左岸压力钢管根据实际情况目前采用了两种不同的提升方式，事实证明，两种方式都能够满足工程施工的要求。现根据实际工程情况进行说明：

（1）整体提升分段实施方式。在已完成的 4 号洞下平段中，弯段分为两段进行提升，采取空中对接的方式将下部的弯段钢管与前面固定好的弯管进行组焊。

4 号引水隧道下弯段提升共耗时约 60d，平均约 3d/节。

优点在于设备选定的条件下施工安全性更高，但必须在空中对接两个大节弯段，难度大，实施周期长。

（2）整体一次提升实施方式。在已完成的 3 号洞下平段中，下弯段钢管逐步在下平段组对焊接后一次性进行提升到位。

在 3 号引水隧道下弯段组焊的进度约 2 天/节。

对比结果表明，一次性安装的效率更高。只要在设备选型无误的情况下，显然一次性提升在安全、质量和效率方面具有优势。

5　结语

（1）压力钢管下弯段采用液压提升机的安装工艺是一种代替传统施工方式的安全新技术。与传统工艺相比，对于作业人员的安全保护更为可靠。

（2）采用液压提升机的安装工艺有利于提高钢管安装焊接，方便现场管理，

（3）采用液压提升机的安装工艺有利于提高工程效率、缩短工期。

（4）因液压提升机目前在国内外工程领域应用广泛，是一种可靠性很高的低速重载起重设备，进一步应用更大级别提升机进行钢管施工具有应用前景和经济开发价值。

黄金坪水电站钢管在国内首次应用了液压提升机技术进行施工，本项工程的成功应用，为后续的国内外水电站建设提供了非常值得借鉴的案例。

常用办公软件 Excel 和 CAD 绘制压力钢管展开图

鲁晋旺

（中国水利水电第七工程局有限公司，四川　彭山　620860）

【摘　要】 针对压力钢管某些形状比较复杂的展开图绘制及其相关分析研究中存在的一些困难，介绍了一种采用 Excel 与 CAD 结合进行压力钢管展开图绘制的方法。该方法利用 Excel 较强的数据分析功能计算生成所绘图像的坐标数据，用 CAD 生成图像，两者结合可以简化绘图过程，增强数据分析能力，在实际运用中具有较强可操作性，能够有效地提高工作效率。实践证明该方法能够满足实际工程的需要。

【关键词】 钢管展开图；岔管；数值分析；CAD；Excel

1　引言

工程上绘制钣金件展开图的方法可分为图解法和解析法，前者是以画法几何正投影原理进行几何放样作图，这是传统的作图方法，直观却误差大，作图效率低；后者是以解析几何曲线方程来表达钣金展开图轮廓线，可以通过计算机实现绘图、下料自动化，较前者误差小、效率高。

目前常用的工程绘图软件有 AutoCAD、mathCAD、Pro/E 等，由于有的工程技术人员不精通计算机编程，在使用工程绘图软件对展开图进行局部数据分析时，会碰到种种困难，需要一种能够仅使用常用办公工具且易于操作的方法来完成展开图的绘制与分析。

所有绘图的基本思想都是描点画图，只是所用工具不同，绘图效果或效率有所不同。办公表格软件（如 Excel、WPS 等）具有较强的数据分析功能，可以用来计算生成所绘图像的坐标数据；CAD 软件已成为现代工程技术人员绘图的必备工具，用于生成图像。前者描点，后者画图，这两种软件结合，可以简化绘图过程、增强数据分析、提高工作效率，在展开图绘制及分析中具有十分重要的现实意义。

2　建立坐标系

2.1　立体坐标系

2.1.1　坐标系的描述

如图 1 所示，制作完成的岔管外观表现出不规则性，但是其每条轮廓线都是圆锥曲线（它可视为空心圆锥体经过平面切割后的形状），以上管口轮廓线为例建立坐标系，见图 2，以正圆锥 EOD 的底面圆心 O 为坐标原点、以其对称轴 OE 为 z 轴建立坐标系，平面 ABP 切圆锥后所形成椭圆 ABP，A、B 分别是空间椭圆最低点、最高点，P 是椭圆上任意一点。以此坐标系为基础进行如下计算。

(a)侧视图

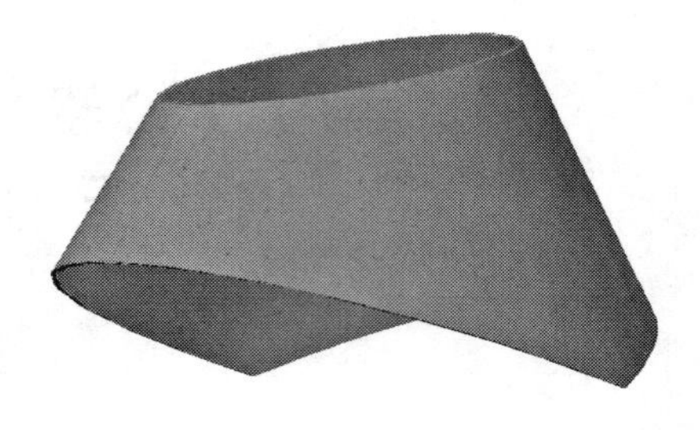
(b)立体图

图 1　岔管示意图

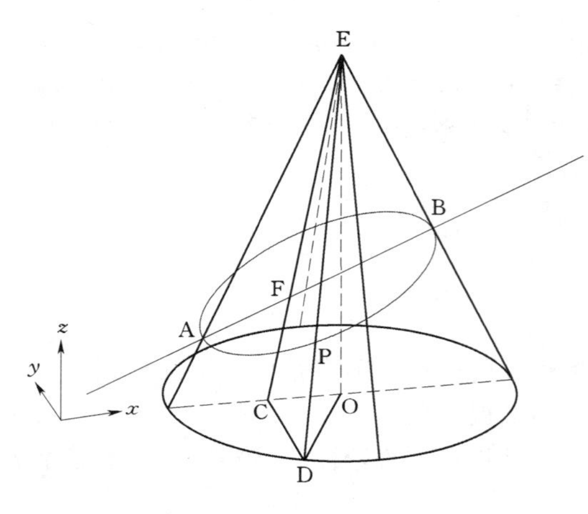

图 2　圆锥曲线坐标系

2.1.2　计算 P 到 E 的距离

现在计算 P 到圆锥顶点 E 的距离 l_P：

在平面 $y=0$ 上：$\angle OEB=\theta$

在平面 $z=0$ 上：$\angle COD=\beta$

x_A 表示 A 点的 x 坐标，则切面 ABP 的解析式可表示为：

$$\frac{x_A-x_B}{z_A-z_B}=\frac{x_P-x_B}{z_P-z_B} \tag{1}$$

式（1）中每个量都可以用椭圆上的点到 E 点的距离通过三角函数来计算，如：$x_B-x_P=l_P\sin\theta\cos\beta$

所以式（1）可写成：

$$\frac{l_A+l_B}{l_A-l_B}=\frac{l_P\cos\beta+l_B}{l_P-l_B} \tag{2}$$

化简并记 $l_\beta=l_P$ 得：

$$l_\beta=\frac{2l_Al_B}{(l_A+l_B)-(l_A-l_B)\cos\beta} \tag{3}$$

$l_A=EA$，$l_B=EB$，可以由设计图数据计算得到，由此式便可以得到任意多组（l_β，β），每一组数据可以用来计算平面坐标系中岔管展开图的坐标。

2.1.3　锥度对展开图的影响

D 为 EP 延长线与圆锥底面的交点，取 OD=R，并记：

$$a=\frac{R}{\sin\theta}-l_A,\quad b=\frac{R}{\sin\theta}-l_B,\quad l_\theta=\frac{R}{\sin\theta}-l_\beta$$

代入式（3）得

$$l_\theta=\frac{R\left(\dfrac{a+b}{2}+\dfrac{a-b}{2}\cos\beta\right)-ab\sin\theta}{R-\left(\dfrac{a+b}{2}-\dfrac{a-b}{2}\cos\beta\right)\sin\theta} \tag{4}$$

式（4）可用来研究锥度变化对钢管展开图形状的影响，当 $\theta>0$ 时，其横截面直径呈上小下大；当 $\theta<0$ 时，其截面直径呈上大下小。特别地，当 $\theta=0$ 时，有：

$$l_\beta=\frac{a+b}{2}+\frac{a-b}{2}\cos\beta \tag{5}$$

式（5）是直管展开图的轴线方向距离，可用于计算弯管展开图；但在锥管的展开图（$\theta=0$）绘制计算中还是式（3）比较实用。

2.2 平面坐标系

通过计算可以得到正圆锥斜切后侧面展开图轮廓的极坐标方程，即任意素线长 l_β 关于β的函数式（3）。根据施工生产需要，下面推导直角坐标系下压力钢管岔管展开图轮廓计算式。

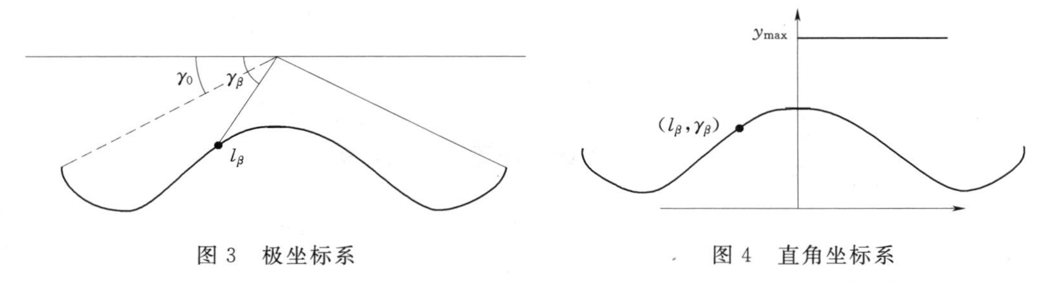

图3 极坐标系　　　　图4 直角坐标系

图3极坐标系以图2中圆锥展开图的顶点为原点，向左射线为零角度线。γ_β 即图2中椭圆弧$\widehat{AP}$在平面展开图上所对应的角度。γ_0 可以由图纸数据计算得到，γ_β 与β存在函数关系：

$$\gamma_\beta=\beta\sin\theta+\gamma_0=\beta\sin\theta+\frac{\pi}{2}-\pi\sin\theta \tag{6}$$

结合式（3），l_β 与 γ_β 有函数关系：　　$l_\beta=f(\gamma_\beta)$

转化为图4直角坐标系得：

$$\begin{cases}x_\beta=-l_\beta\cos\gamma_\beta\\ y_\beta=y_{max}-l_\beta\sin\gamma_\beta\end{cases} \tag{7}$$

式（7）中：y_{max}为展开图在 y 方向上的幅度，计算式见第3节。

至此，得到了钢管展开图轮廓的直角坐标系坐标计算式。在实际应用中，只需根据图纸得到 l_A、l_B、θ、y_{max} 即可通过自变量β计算一系列（x_β、y_β）坐标值，之后便可以由绘图工具“描点画图”了。

3 从图纸读取数据

3.1 岔管设计图示例

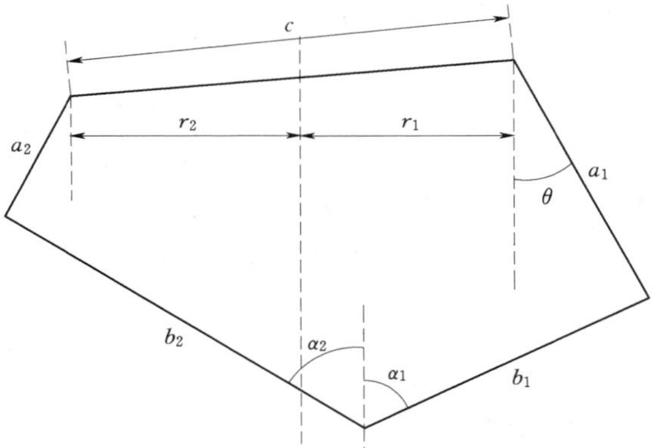

图5 岔管设计图示例

通常情况下，图纸上的数据尚需一些简单的几何计算方能直接应用于已得到的计算式。例如：图5为某工程压力钢管岔管部分示意图，用图中数据可计算得到 l_A、l_B、y_{max}。

3.2 计算图中无法直接读取的数据

对于图5右侧下方 b_1 所示斜切轮廓线，结合图2，首先需要找到 l_A、l_B、α_1 之间的关系。

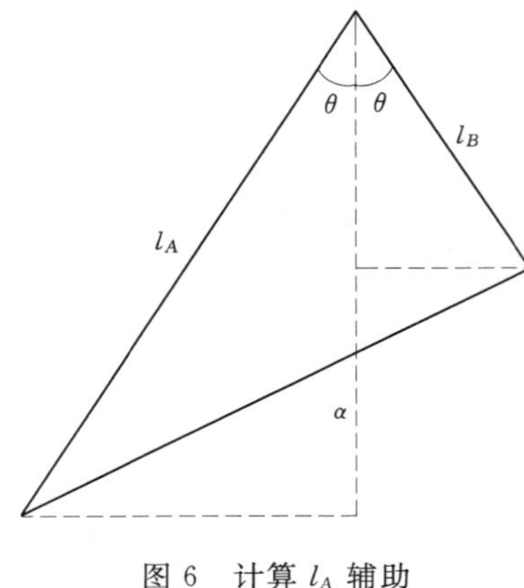

图6　计算 l_A 辅助

由图6得：　$l_A\cos\theta - l_B\cos\theta = \frac{l_A\sin\theta}{\tan\alpha} + \frac{l_B\sin\theta}{\tan\alpha}$

整理得：　$$l_A(\tan\alpha - \tan\theta) = l_B(\tan\alpha + \tan\theta) \tag{8}$$

据图5由几何关系得：

$$\begin{cases} l_B = \frac{r_1}{\sin\theta} + a_1 \\ y_{\max} = l_B + \frac{b_1\cos\alpha_1}{\cos\theta} \\ l_A = l_B\frac{\tan\alpha_1 + \tan\theta}{\tan\alpha_1 - \tan\theta} \end{cases} \tag{9}$$

3.3 计算任意一点的坐标

$\theta \neq 0$ 时取　$$\lambda_1 = \frac{\tan\alpha_1}{\tan\theta} \tag{10}$$

结合式（3）、式（6）、式（7）、式（9）得

$$\begin{cases} x_\beta = \frac{(\lambda_1+1)(r_1+a_1\sin\theta)\sin[(\pi-\beta)\sin\theta]}{\sin\theta\times(\lambda_1-\cos\beta)} \\ y_\beta = \frac{r_1+a_1\sin\theta}{\sin\theta} + \frac{b_1\cos\alpha_1}{\cos\theta} + \frac{x_\beta}{\tan[(\pi-\beta)\sin\theta]} \end{cases} \tag{11}$$

式（11）可以通过取适当的 β（$0\leqslant\beta\leqslant2\pi$），得到相应的一系列坐标（$x_\beta$，$y_\beta$），在图4直角坐标系中连接这些点构成了图5右侧下方 b_1 所示斜切轮廓线的平面展开图形状。所取的 β 越多，展开图就越平滑，即精度越高。

3.4 其他计算

3.4.1 锥度为0的情况

$\theta\to0$ 时，对式（11）取极限，得无锥度的钢管展开：

$$\begin{cases} x_\beta = r_1(\beta-\pi) \\ y_\beta = b_1\cos\alpha_1 - r_1\cot\alpha_1(1+\cos\beta) \end{cases} \tag{12}$$

3.4.2 平面直角坐标系旋转公式

在生产应用中，需要调节压力钢管焊接纵缝位置，还要用到平面直角坐标系旋转公式：

$$\begin{matrix} x \\ y \end{matrix} = \begin{matrix} x_0 \\ y_0 \end{matrix} \times \begin{vmatrix} \cos\alpha & \sin\alpha \\ -\sin\alpha & \cos\alpha \end{vmatrix} \tag{13}$$

4　应用实例

4.1 读取图纸数据

以某工程岔管 A_1 锥设计图为例，先从图7中读取基本数据，以表1形式整理到excel中。其中，a_1、a_2 在图中没有标注，可以通过其他数据计算得到这两个数据。如果图上已标注 a_1、a_2，那么计算数据可以用来检验设计图是否存在错误。

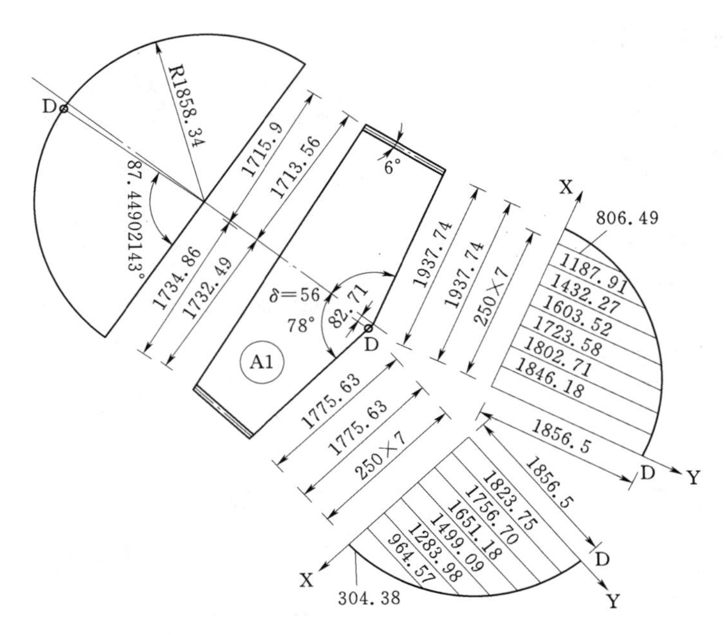

图 7　某工程岔管 A_1 锥设计图（单位：mm）

表 1　　岔管 A1 锥基础数据

代　号	取　值	代　号	取　值
r_2	1732.49	r_1	1713.56
a_2	0	a_1	0
b_2	1775.63	b_1	1937.74
α_2	78	α_1	79.017
θ	6	m	82.71

4.2　进一步整理完善数据

由于 A_1 锥的展开图可以分为 3 组曲线和 2 条直线，而表 1 的数据不足以进行计算，所以需要按上管口曲线、左下侧管口曲线、右下侧管口曲线结合图 6 数据代号进行整理数据，结果见表 2。

表 2　　完善后的 A1 锥基础数据

数据代号	上管口曲线	左下侧管口曲线	右下侧管口曲线	备　注
c	181.1	724.92	795.54	$c=2R\cos\alpha/\sin(\theta-\alpha)$
b		1775.63	1937.74	
a		832.771	1013.87	$a=(R-r)/\sin\theta$
r		1732.49	1713.56	
R	1732.49	1819.54	1819.54	$=b\sin\alpha+m$
α		1.361357	1.379107	
θ	0.1047198	0.10472	0.10472	
m		82.71	82.71	图 7 中 D 点与轴线距离
y_m	1203.98	371.2078	371.2071	D 点与圆锥顶点距离 $y_m=b\cos\alpha/\cos\theta$

4.3　计算并整理坐标数据

从表 2 中数据结合式（11），可以得到 3 个数组系列，通过 Excel 筛选有效数据，整理成列，形成如表 3 的坐标系列数据。根据图像的对称性，可以只列出一半的数据，待 CAD 中生成图像后做镜像处理。

表 3　　坐标系列数据

$\beta_n-\pi$	x_n	y_n	备　注
−3.14	−5614.06	1301.37	纵缝一端坐标，由表 2 “左下侧管口”数据得到
−3.14	−5287.07	2261.06	纵缝另一端坐标，与上个坐标点距离为 a_1
−3.11	−5236.10	2243.74	
⋮			
−1.54	−2641.34	1505.15	
−1.53	−2619.23	1500.37	图 7 中 D 点在展开图上的坐标
⋮			由“上管口曲线”数据得到
0.00	0.00	1203.98	
0.00	0.00	371.21	在 $x=0$ 处取 2 个点，其差值为 a_2
⋮			由“右下侧管口曲线”数据得到
1.51	2789.58	227.56	
1.53	2824.32	225.77	图 7 中 D 点在展开图上的坐标
⋮			由“左下侧管口曲线”数据得到
3.11	5559.98	1282.86	
3.14	5614.06	1301.37	单线结束点。用对称性可以得到完整图

Excel 的计算精度可以达到 10 位有效数字，能够满足日常生产要求。如果是数控下料，使用 CAD 图像即可；如果某些工程需要人工划线下料，则可以将表 3 数据提供给技术人员或施工人员作为参考。

4.4　生成预览图像

由表 3 数据，在 Excel 中建立散点图，可以预览图像概况，从施工焊接纵缝的长度考虑，应该选择纵缝较短的方案。图 8 和图 9，是 A_1 锥不同纵缝的展开图，相比之图 9 较好。

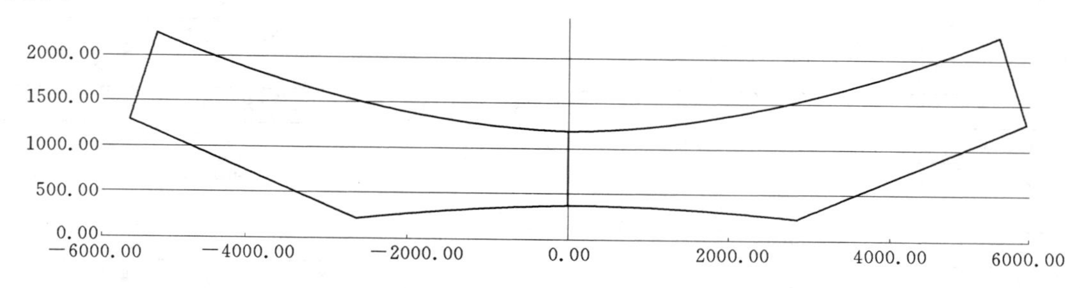

图 8　岔管 A1 锥展开图 1（单位：mm）

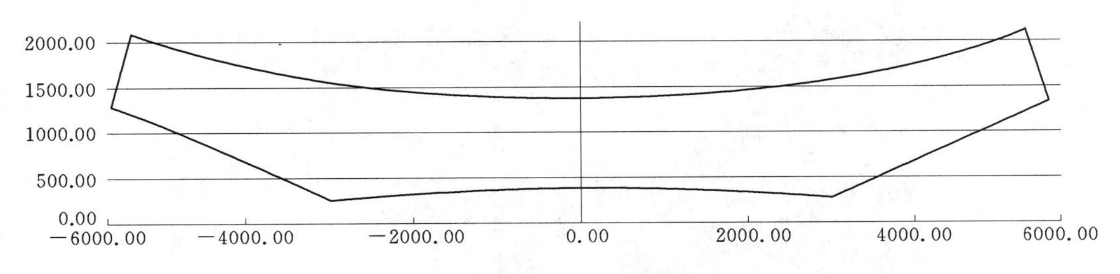

图 9　岔管 A1 锥展开图 2

4.5　考虑焊接纵缝调节

压力钢管焊接施工中环缝与纵缝形成“十”字形状时，会影响压力钢管的力学性能。为了避免焊接施工中“十字焊缝”的出现，需要在绘制展开图时考虑调节纵缝位置，可以通过展开图的局部旋转和平移来实现。如图 10，虚线为未做焊缝调节的情况，实线为调节后的情况，图 10 实线类似矩形显示了调节后的焊缝与最短焊缝的相对位置。

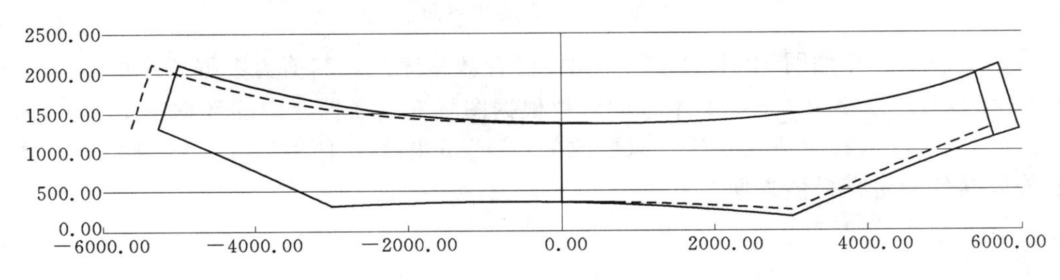

图 10　岔管 A_1 锥展开图 3（单位：mm）

4.6　在 CAD 中绘图

在 excel 中设置辅助列，用字符连接函数将坐标（x，y）写成能够用于 CAD 绘图的格式。如表 3 中的第 1 个坐标，由 Excel 整理成“−5614.06，1301.37”，该辅助列与筛选过的坐标数据一一对应。选中该列有效数据并复制，切换到 CAD 窗口中，画直线或多段线，确认程序焦点在命令输入栏后，进行黏贴操作就完成了绘图。

钢管展开图数据库见图 11。

图号	JKA11	JKA12	JKA13	JKA14	JKB11
r1	1723	1723	1823	1923	1539.47
r2	1723	1723	1823	1923	1537.71
a1	3504.89	1410.806	1503.33	1503.33	1579.92
a2	3082.82	1168.58	1503.33	1503.33	1368.56
b1	1725.38	1727.21	1723	1823	1499.84
b2	1725.38	1727.21	1723	1823	1503.62
α1	93.00825	94	90	90	92.74953
α2	86.99175	86	90	90	87.25047
θ	0		−3.81407	−3.81407	−1.5

图 11　钢管展开图数据库

4.7　批量数据管理

一个工程中，有许多钢管需要绘制展开图，可以建立数据库，结构如图 11，以图号

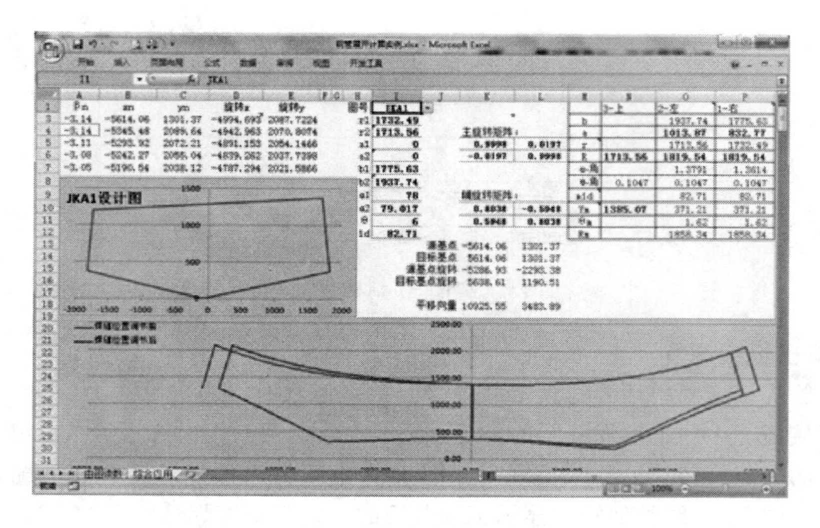

图 12　综合应用界面

为索引建立查询。在如图 12 中“I1”单元格设置数据序列，其值为数据库中的所有图号；单元格“I2：I12”使用 Excel 文本查询函数根据图号查询数据库中的数据，单元格“N3：P12”通过 Excel 公式生成。这样，只要改变“I1”的图号，便可以预览该展开图的概况，为相关数据分析研究提供方便。

5　结语

使用常用办公软件，实现压力钢管岔管展开图的绘制，易于理解，便于操作，提高了工作效率和计算精度，经实践证明该方法能满足实际工程的需要。

水电站压力钢管锥形岔管放样参数化研究

高顺阶　张建中　刘桂芳

（中国葛洲坝集团机械船舶有限公司，湖北　宜昌　443007）

【摘　要】 本文是根据实践经验，为减少压力钢管锥形岔管放样的工作量，并保证产品的制造质量可靠，将压力钢管锥形岔管展开曲线转化为参数化方程，利用常用的Excel表格或者AutoLISP语言编程进行数据计算，减少生产过程中技术人员和操作人员的工作量。

【关键词】 锥形岔管；展开曲线方程；放样；参数化

1　引言

水电站引水压力钢管岔管制造一直是压力钢管制造的难点，各方关注的焦点。而岔管的展开放样技术也是压力钢管岔管制造的核心技术之一。随着水电站的水头越来越高，压力钢管需要承受的水压力也越来越大，因而设计采用的制造钢板强度也越来越高、厚度越来越厚。在高强度、大厚度的压力钢管岔管的制造中，卷板后的调整、校正工作量大大高于从前常用的低合金中厚板，因而提高放样精度、尽量减少卷板后的调整、校正工作也成为了压力钢管施工工艺研究的一个不可忽视的方面。

锥形压力钢管岔管是水电站压力钢管中最常见的岔管形式，其展开放样从几何学的角度来看，就是坐标系的转换过程，即将锥面坐标转换为平面坐标。很多书籍从原理上和方法上对锥形岔管展开放样做了阐述，利用AutoCAD能比较方便的绘制出锥形岔管的展开放样图，但是需要等分圆逐个描出每一个点的坐标，比较繁琐且容易因为疏忽而出错。

在锥形岔管展开放样的过程中发现，若等分份数足够多，则展开曲线是一个十分平滑的曲线。因此就应该能推导出：锥形岔管的展开曲线一定是某一种函数的曲线。而岔管的体型参数是控制曲线形状的关键参数。如果展开曲线是某一种函数的曲线，那么只需要确定岔管的体型参数，将曲线的参数方程表达出来，就可以计算出展开曲线上任意一点的坐标。把计算得出的一系列点连接起来，就是要求的展开曲线了。

本文主要是对压力钢管锥形岔管的展开曲线方程进行参数化研究。

2　锥形岔管放样的几何方法和工艺

为了方便叙述，后面把锥形岔管的中径、内径、外径所在的锥面定义为“中径锥面”、“内径锥面”、“外径锥面”；结合压力钢管的特点，把上述锥面的交线或者是两节岔管拼装时接触而形成的曲线定义为“接触曲线”，对应的将两节岔管的结合面定义为“接触曲面”，将接触曲线按锥面展开的曲线定义为“展开曲线”；将展开曲线的起始点定义为“展开曲线起始点”，将展开曲线起始点与展开锥面顶点的连线定义为“展开基准线”。

2.1 锥形岔管放样的基本假设

锥形岔管通常采用钢板制造，在下料后用卷板机或者压力机进行卷制。从理论的角度上看，钢管的内径锥面被压缩、外径锥面被拉伸，而中径锥面的变化一般不大；但在实际的施工过程中，因钢板发生了整体的压延，中径锥面的整体尺寸会存在不同程度的偏大。从实际施工的经验来看，薄板的压延几乎可以忽略不计，但厚板的压延应引起重视。

为了简化放样和施工过程，在压力钢管的制造中常常都作了如下假设：在卷板的过程中，中径的尺寸不发生变化。

2.2 锥形岔管放样的几何方法

作岔管的展开曲线的几何方法一般是描点法，图1表示了一个典型的锥形岔管在AutoCAD中用几何方法展开过程。具体过程为：

（1）选取一个垂直于锥面中心线的参考平面，计算出该参考平面与锥面的交线圆的周长 c，计算该交线上任意一点到锥面顶点的空间距离PO。

（2）将参考平面与锥面的交线 n 等分，并求出等分点在中性面上的投影点，连接锥面顶点与等分点，并延长直至与接触曲线相交，依次求出这些接触曲线上的交点与锥面顶点间的空间距离 ρ。

（3）以PO为半径画弧，取弧长为 c，则弧长对应的圆心角为 γ。

（4）将弧长 n 等分，连接等分点与圆弧中心点，则这些连线与展开基准线之间的夹角 θ 依次为 0，γ/n，$2\gamma/n$，$3\gamma/n$，…，$(n-1)\gamma/n$，γ。

（5）将 ρ 与 θ 依次对应起来便可得出一系列的点的极坐标，将这些点连接起来就得出了该接触曲线的展开曲线。

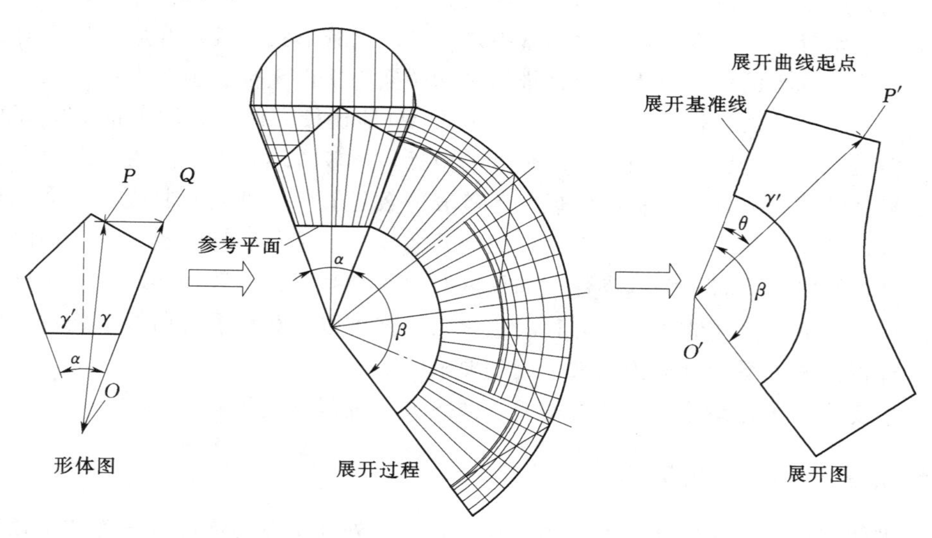

图1 典型的锥形岔管几何方法展开过程

用几何方法进行岔管的展开计算需要逐点进行计算，有时候为了提高精度需要计算上百个点，然后描点得出曲线。这样做既耗费大量的时间和精力，又易于因为疏忽而出错。

2.3 锥形岔管放样中的壁厚处理

因为岔管是有厚度的，则两节锥形岔管的连接处是一个空间曲面（即“接触曲面”），而展开曲线反映的是接触曲线按锥面展开后的形状，那么展开曲线就不能完全表示接触曲面按锥面展开后的情况。在薄板中，板厚的尺寸对展开曲线的影响不大，但在厚板中，板厚的影响就不容忽视。

岔管的制造中，环缝都是开坡口的焊缝，坡口的钝边约为 2mm，拼装时钝边对齐。这种情况下，钝边的厚度就可以忽略不计了，可以大致认为展开曲线能够反映钝边所在的锥面的接触曲线展开后的形状，那么坡口中钝边的位置就直接影响着展开曲线的形状。如图 2 所示，中径锥面的接触曲线和外径锥面对应的展开曲线的尺寸是不同的。

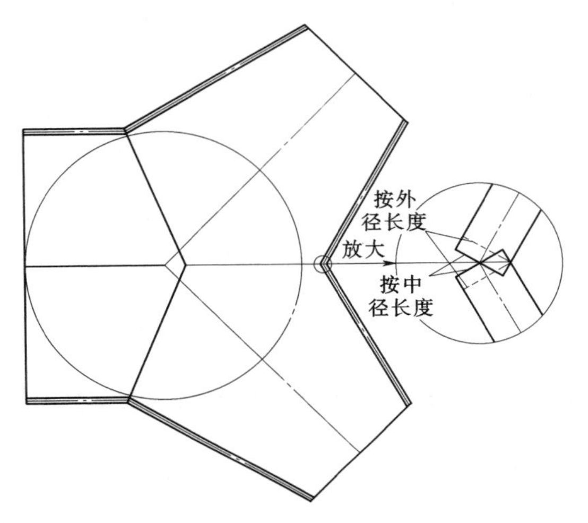

图 2　厚板对放样尺寸的影响

值得注意的是，参照在 2.1 节中提到的基本假设，锥形岔管的展开曲线应以中径锥面为基准。那么坡口的钝边如果不在中径的位置，比如坡口向内的单面坡口，那么该如何才能消除板厚对展开曲线的影响呢？

如果按照内径锥面的接触曲线进行展开放样，然后根据展开曲线进行切割，这时展开曲线真实地反应了接触曲线按锥面展开后的形状；但是由于内径锥面在卷制后会被压缩，卷板之后的接触曲线上的各点的距离将会减小，如果将卷制后形成的内径锥面再次展开，会发现展开曲线上的点 $P'(\rho, \theta)$ 的半径坐标 r 是真实值，角坐标 θ 却由于压缩而变小。那么，如果将内径锥面上接触曲线上的点 P 投影到中径锥面上得到点 Q，再将中径锥面展开得到展开曲线，则卷板后 ρ 仍然是真实值，且 θ 因是按中径锥面展开则不会因内径锥面被压缩而变小，也是真实值。

因此，为了消除板厚对展开曲线的影响。其中一种思路就是，将接触曲线垂直投影到中径锥面上，然后再以中径锥面进行展开，这样卷板后得到的岔管就既保证了接触曲线的形状，又保证了角坐标不发生变化。

3　锥形岔管放样的参数化公式推导

对于常见的有公切球的锥形岔管，其接触曲线一般在一个平面上，后面将这个平面定义为“接触平面”，那么接触曲线就可以表示为锥面和接触平面的交线。而一般的压力钢管岔管要与两个及以上的相邻管节相交，即存在两个及其以上的接触曲线和接触平面。

3.1　锥面与一个接触平面相交的接触曲线方程

首先研究锥面与一个接触平面相交的接触曲线，如图 3 所示。那么只要将锥面方程和接触面方程联立，就是接触曲线的曲线方程。注意，考虑到锥形岔管的实际情况，其体型参数满足 $h>0$ 且 $\beta<90°-\alpha/2$ 或者 $\beta>90°+\alpha/2$。

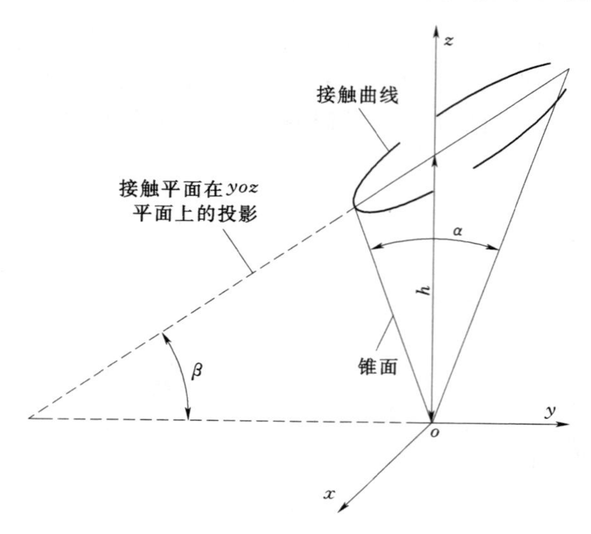

图 3　锥面与一个接触平面相交的接触曲线

因此，图 3 中的接触曲线方程可写为：

$$\begin{cases} z=\sqrt{x^2+y^2}\cot\dfrac{\alpha}{2} \\ z=h+y\tan\beta \end{cases} \tag{1}$$

很多数学书籍中已经证明，该接触曲线是一个空间椭圆，这里不予证明。要建立接触曲线和展开曲线之间的关系似乎非常复杂，为了能够更加简洁的描述接触曲线和展开曲线之间的关系，这里我们引入另一个曲线——接触曲线在 xoy 平面上的投影曲线。

接触曲线在 xoy 平面上的投影曲线的方程可写为

$$h+y\tan\beta=\sqrt{x^2+y^2}\cot\frac{\alpha}{2} \tag{2}$$

整理得

$$\frac{x^2}{\dfrac{h^2}{\cot^2\dfrac{\alpha}{2}-\tan^2\beta}}+\frac{\left(y-\dfrac{h\tan\beta}{\cot^2\dfrac{\alpha}{2}-\tan^2\beta}\right)^2}{\dfrac{h^2\cot^2\dfrac{\alpha}{2}}{\left(\cot^2\dfrac{\alpha}{2}-\tan^2\beta\right)^2}}=1 \tag{3}$$

为了简化方程，记

$$\frac{h^2}{\cot^2\dfrac{\alpha}{2}-\tan^2\beta}=A^2,\frac{h^2\cot^2\dfrac{\alpha}{2}}{\left(\cot^2\dfrac{\alpha}{2}-\tan^2\beta\right)^2}=B^2,\frac{h\tan\beta}{\cot^2\dfrac{\alpha}{2}-\tan^2\beta}=C$$

则方程（3）可记为

$$\frac{x^2}{A^2}+\frac{(y-C)^2}{B^2}=1 \tag{4}$$

方程（4）是一个椭圆方程的标准形式，即该接触曲线在 xoy 平面的投影曲线还是一个椭圆。

为了方便求出展开曲线，这里将投影曲线方程转换为极坐标形式。以原点为圆心，以 x 轴正方向为起点，以逆时针为正方向建立极坐标系，则该投影曲线方程的极坐标形式可表示为

$$\rho=\frac{AB\sqrt{(B^2-C^2)\cos^2\theta+A^2\sin^2\theta}}{B^2\cos^2\theta+A^2\sin^2\theta}+\frac{A^2C\sin^2\theta}{B^2\cos^2\theta+A^2\sin^2\theta}\quad\theta\in[\varphi,2\pi+\varphi] \tag{5}$$

式（5）中，φ 为投影曲线的初始相位。

3.2 锥面与一个接触平面相交的接触曲线的展开曲线方程

锥面展开后是一个扇形，记扇形的圆心角为 γ。以扇形的圆心为坐标原点，以展开基准线为起点，以逆时针为正方向建立极坐标系，用极坐标式来表示展开曲线。对于接触曲线上任意一点 P，在 xoy 平面上都有一个对应的投影点 $Q(\rho,\ \theta)$，在展开曲线上都有一个对应的点 $P'(\rho',\ \theta')$，如图4、图5所示。

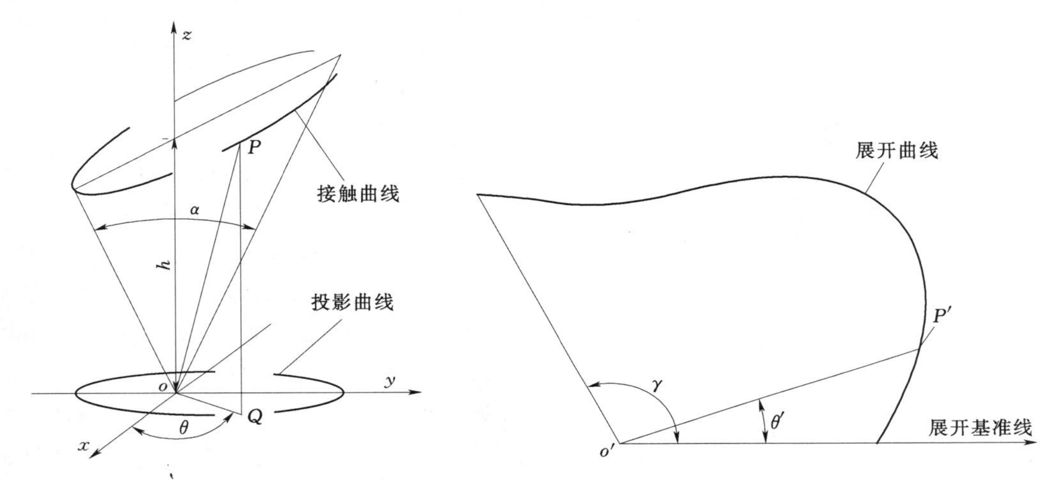

图4　接触曲线与投影曲线的关系　　　图5　接触曲线的展开曲线

不难证明，P、Q、P'、θ、θ'、γ、α 之间存在如下的关系：

（1）$OP=O'P'=\rho'$。

（2）$\angle POQ+\alpha/2=\pi/2$。

（3）$\theta/2\pi=\theta'/\gamma$。

（4）$\gamma=2\pi\sin(\alpha/2)$。

于是可得

$$\begin{cases}\rho'=\dfrac{\rho}{\sin\dfrac{\alpha}{2}}\\[2ex]\theta'=\dfrac{\theta\gamma}{2\pi}=\theta\sin\dfrac{\alpha}{2}\end{cases}\tag{6}$$

与式（5）联立，化简得展开曲线的极坐标方程为

$$\rho'=\frac{\dfrac{AB\sqrt{(B^2-C^2)\cos^2\left(\dfrac{\theta}{\sin\dfrac{\alpha}{2}}\right)+A^2\sin^2\left(\dfrac{\theta}{\sin\dfrac{\alpha}{2}}\right)}}{B^2\cos^2\left(\dfrac{\theta'}{\sin\dfrac{\alpha}{2}}\right)+A^2\sin^2\left(\dfrac{\theta'}{\sin\dfrac{\alpha}{2}}\right)}+\dfrac{A^2C\sin\left(\dfrac{\theta'}{\sin\dfrac{\alpha}{2}}\right)}{B^2\cos^2\left(\dfrac{\theta'}{\sin\dfrac{\alpha}{2}}\right)+A^2\sin^2\left(\dfrac{\theta'}{\sin\dfrac{\alpha}{2}}\right)}}{\sin\dfrac{\alpha}{2}}\quad(\theta'\in[\varphi',\varphi'+\gamma])\tag{7}$$

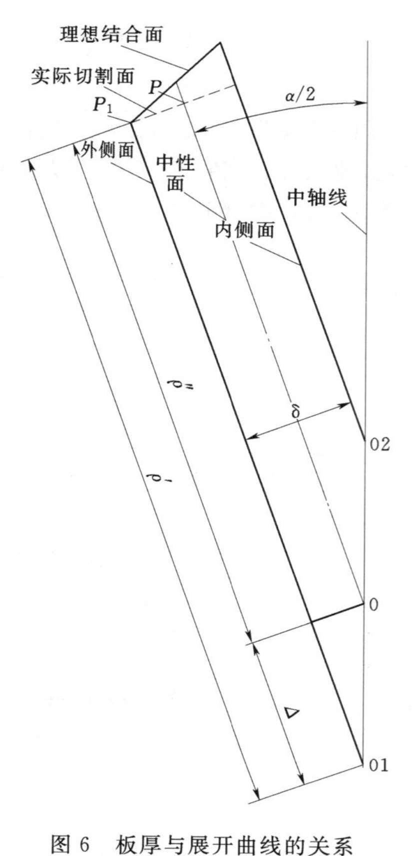

图 6　板厚与展开曲线的关系

式（7）中，φ'为展开曲线的初始相位，与 φ 的关系是 $\varphi'=\varphi\sin\left(\frac{\alpha}{2}\right)$。在实际的压力钢管制造过程中，初始相位表示了一条纵向焊缝的位置。

3.3　考虑壁厚处理后的展开曲线方程

假设工艺上安排的是坡口向内的单边坡口，即拼装过程中需要将外侧面对齐。在岔管的接触曲线上的任意一点 P_1，过点 P_1、圆锥顶点 O、圆锥中心线所在平面作岔管的剖视图，如图 6 所示，点 P 为点 P_1 在中性面上的投影。

按照 2.3 节的分析，为了消除板厚对展开曲线的影响，需要将外侧面的接触曲线投影到中性面上，然后再按中性面展开才行。根据前面的推导过程，展开扇形的圆心角 $\gamma=2\pi\sin(\alpha/2)$，而中性面和外侧面的锥顶角 α 是相等的，因而展开扇形圆心角 γ 也是相等的。

取接触曲线按外侧面展开的展开曲线上的任意一点 $P_1{}'(\rho',\theta')$，则接触曲线在中性面上的投影曲线的展开曲线上有一点 $P'(\rho'',\theta')$ 与之对应。因为展开扇形圆心角 γ 也是相等的，所以 $\theta'=\theta''$。

由几何分析可知，展开曲线上的任意一点到展开扇形圆心的距离就是对应的接触曲线上的点到锥面顶点的距离。如图 5 所示，通过几何分析可以得出：$\rho''=\rho'-\Delta$，$\Delta=\cot(\alpha/2)\times\delta/2$。

展开曲线的极坐标方程可表示为

$$\rho'=\frac{\dfrac{AB\sqrt{(B^2-C^2)\cos^2\left(\dfrac{\theta}{\sin\frac{\alpha}{2}}\right)+A^2\sin^2\left(\dfrac{\theta}{\sin\frac{\alpha}{2}}\right)}}{B^2\cos^2\left(\dfrac{\theta'}{\sin\frac{\alpha}{2}}\right)+A^2\sin^2\left(\dfrac{\theta'}{\sin\frac{\alpha}{2}}\right)}+\dfrac{A^2C\sin\left(\dfrac{\theta'}{\sin\frac{\alpha}{2}}\right)}{B^2\cos^2\left(\dfrac{\theta'}{\sin\frac{\alpha}{2}}\right)+A^2\sin^2\left(\dfrac{\theta'}{\sin\frac{\alpha}{2}}\right)}}{\sin\frac{\alpha}{2}}$$

$$-\frac{\delta}{2}\cot\frac{\alpha}{2}\quad(\theta'\in[\varphi',\varphi'+\gamma])\tag{8}$$

同理可得，若工艺上安排内壁接触，则展开曲线的方程可以表示为

$$\rho'=\frac{\dfrac{AB\sqrt{(B^2-C^2)\cos^2\left(\dfrac{\theta}{\sin\frac{\alpha}{2}}\right)+A^2\sin^2\left(\dfrac{\theta}{\sin\frac{\alpha}{2}}\right)}}{B^2\cos^2\left(\dfrac{\theta'}{\sin\frac{\alpha}{2}}\right)+A^2\sin^2\left(\dfrac{\theta'}{\sin\frac{\alpha}{2}}\right)}+\dfrac{A^2C\sin\left(\dfrac{\theta'}{\sin\frac{\alpha}{2}}\right)}{B^2\cos^2\left(\dfrac{\theta'}{\sin\frac{\alpha}{2}}\right)+A^2\sin^2\left(\dfrac{\theta'}{\sin\frac{\alpha}{2}}\right)}}{\sin\frac{\alpha}{2}}$$

$$+\frac{\delta}{2}\cot\frac{\alpha}{2} \quad (\theta'\in [\varphi', \varphi'+\gamma]) \tag{9}$$

为了方便表述，记接触曲线所在锥面与中性面之间的偏移距离为 d，当锥面在中性面内侧时取符号为“－”，当锥面在中性面外侧时取符号为“＋”，当锥面在中性面上时为0。则展开曲线的方程可以表示为

$$\rho'=\frac{\dfrac{AB\sqrt{(B^2-C^2)\cos^2\left(\dfrac{\theta}{\sin\frac{\alpha}{2}}\right)+A^2\sin^2\left(\dfrac{\theta}{\sin\frac{\alpha}{2}}\right)}}{B^2\cos^2\left(\dfrac{\theta'}{\sin\frac{\alpha}{2}}\right)+A^2\sin^2\left(\dfrac{\theta'}{\sin\frac{\alpha}{2}}\right)}+\dfrac{A^2C\sin\left(\dfrac{\theta'}{\sin\frac{\alpha}{2}}\right)}{B^2\cos^2\left(\dfrac{\theta'}{\sin\frac{\alpha}{2}}\right)+A^2\sin^2\left(\dfrac{\theta'}{\sin\frac{\alpha}{2}}\right)}}{\sin\frac{\alpha}{2}}$$

$$-d\cot\frac{\alpha}{2} \quad (\theta'\in[\varphi',\varphi'+\gamma]) \tag{10}$$

这样，式（10）就表示考虑壁厚影响之后的展开曲线的极坐标方程。为了方便叙述，后面将式（10）简记为

$$\rho'=\rho'(\theta',\varphi',\alpha,\beta,d) \quad (\theta'=[\varphi',\varphi'+\gamma]) \tag{11}$$

3.4 考虑卷板压延补偿后的展开曲线方程

岔管在卷板过程中，因受到卷板机的挤压，所以会发生压延。实际操作过程中，压延一般是不均匀的，各向不同的。为了解决压延对岔管展开曲线的影响，这里提出一种近似算法。

假设在卷板过程中：岔管是向受均匀挤压的，即单位长度的延伸率是一样的；压延方向是沿展开扇形的半径方向和沿弧长方向，如图7所示。

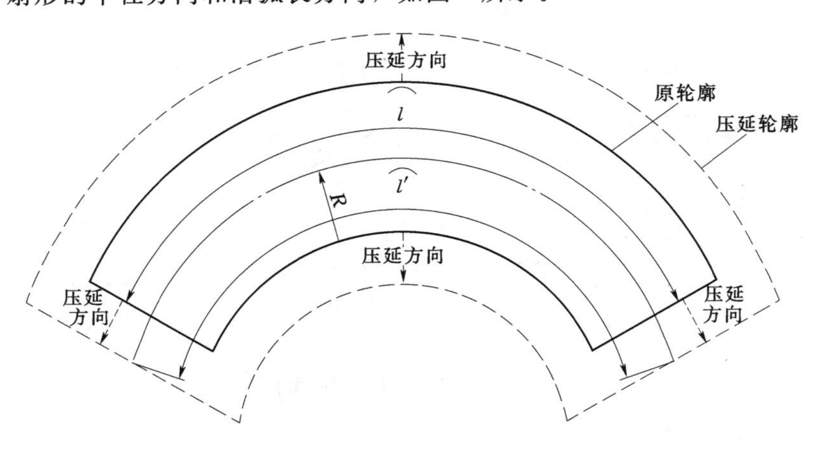

图7 钢板在卷板过程中的压延状况

实际施工过程中，单节岔管母线方向的尺寸一般在1.5m左右，受压延影响较小，且因展开曲线是异形的，半径方向的压延情况比较复杂，为了简化计算，这里假设半径方向不受压延影响；在弧长方向上的尺寸一般较大，受压延影响较大，这里将主要考虑弧长方向的压延补偿。

设岔管卷板时的延伸率为 t（t 为测得的经验值，表示钢板每 1000mm 的长度在卷板后的延伸量）。在展开扇形上取一个半径为 R 的同心圆弧，其弧长为 l'，对应的圆心角为 γ'；卷板后，其弧长为 l''，对应的圆心角为 γ''。根据均匀延展假设，可以得出，则压延后的圆心角 $\gamma''=\gamma'\times(1+0.001t)$，即压延之后展开扇形的圆心角变大了。

设压延后的展开曲线上任意一点 P''的坐标为（ρ''，θ''），则展开曲线的极坐标方程就可以表示为

$$\begin{cases}\rho''=\rho'(\theta',\varphi',\alpha,\beta,d)\\ \theta''=\theta'+(\theta'-\varphi')0.001t\end{cases}\quad(\theta'\in[\varphi',\varphi'+\gamma])\tag{12}$$

可以看出，若 $t=0$，则式（12）就是式（11），也就是说，式（11）是式（12）在 $t=0$ 时的一种特殊情况。

4 常见锥形岔管的展开曲线的参数化公式

水电站常见的锥形岔管为一个进口、两个出口且各管节的中心线在一个平面上（如图 2 所示），因而存在两个接触曲线和接触平面。本节主要研究这种形式的岔管的展开曲线的参数化公式。

如图 8 所示，是一种常见典型的锥形岔管管节体型图。这种锥形岔管有两个接触平面，与椎管相切形成两条接触曲线，两条接触曲线有两个明显的分界点。接触曲线的展开曲线方程在前面已经推导出来了，这里只需要确定两个展开曲线的定义域即可用前面推导的展开曲线方程来表示这种岔管的展开曲线方程。因展开曲线的定义域和投影曲线的定义域是一一对应的，则只需求出投影曲线的定义域即可。

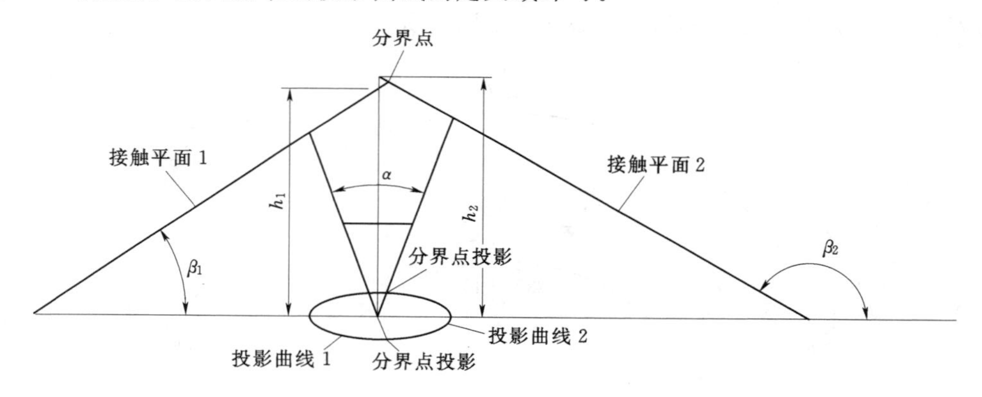

图 8　一种典型的岔管体型图

接触平面 1 的方程为

$$z=h_1+y\tan\beta_1\tag{13}$$

接触平面 2 的方程为

$$z=h_2+y\tan\beta_2\tag{14}$$

联立计算得出其相交直线的方程为

$$\begin{cases} y=\dfrac{h_1-h_2}{\tan\beta_2-\tan\beta_1} \\ z=h_1+\dfrac{h_1-h_2}{\tan\beta_2-\tan\beta_1}\tan\beta_1 \end{cases} \tag{15}$$

与锥面方程式（1）联立可求出分界点的 x 坐标为

$$x=\pm\sqrt{\left(h_1+\frac{h_1-h_2}{\tan\beta_2-\tan\beta_1}\tan\beta_1\right)^2\tan^2\frac{\alpha}{2}-\left(\frac{h_1-h_2}{\tan\beta_2-\tan\beta_1}\right)^2} \tag{16}$$

分界点投影的坐标可表示为

$$\begin{cases} x_0=\pm\sqrt{\left(h_1+\dfrac{h_1-h_2}{\tan\beta_2-\tan\beta_1}\tan\beta_1\right)^2\tan^2\dfrac{\alpha}{2}-\left(\dfrac{h_1-h_2}{\tan\beta_2-\tan\beta_1}\right)^2} \\ y_0=\dfrac{h_1-h_2}{\tan\beta_2-\tan\beta_1} \end{cases} \tag{17}$$

记

$$\theta_0=\arctan\frac{y_0}{x_0}\quad(x_0\text{ 取正值}) \tag{18}$$

则，投影曲线 1 的定义域可表示为

$$\theta\in[2k\pi+\pi-\theta_0,2k\pi+\pi+\theta_0]\quad(k\text{ 为任意整数})$$

投影曲线 2 的定义域可表示为

$$\theta\in[2k\pi+\theta_0,2k\pi+\pi-\theta_0]\quad(k\text{ 为任意整数})$$

于是，展开曲线 1 的定义域可表示为

$$\theta'\in\left[(2k\pi+\pi-\theta_0)\sin\frac{\alpha}{2},(2k\pi+\pi+\theta_0)\sin\frac{\alpha}{2}\right]\quad(k\text{ 为任意整数})$$

记为 $\theta'\in D_1$。

展开曲线 2 的定义域为

$$\theta'\in\left[(2k\pi+\theta_0)\sin\frac{\alpha}{2},(2k\pi+\pi-\theta_0)\sin\frac{\alpha}{2}\right]\quad(k\text{ 为任意整数})$$

记为 $\theta'\in D_2$。

这样，图 8 中所示的典型压力钢管的参数方程可表示为

$$\begin{cases} \rho''=\rho'(\theta',\varphi',\alpha_1,\beta_1,h_1,d) & \theta'\in D_1 \\ \rho''=\rho'(\theta',\varphi',\alpha_2,\beta_2,h_2,d) & \theta'\in D_2 \\ \theta''=\theta'+(\theta'-\varphi')\times 0.001t & \theta'\in D_1,D_2 \end{cases} \tag{19}$$

式（19）就则是图 8 所示的典型锥形岔管管节的展开曲线。

5　结语

通过本文中的推导可以看出，锥形岔管的展开曲线可以表示为极坐标方程，该方程可以反映出锥形压力钢管按中径锥面展开的展开曲线，并考虑了板厚、坡口位置、钢板压延对锥形岔管展开曲线的影响。从展开曲线方程可以看出，控制展开曲线的形状的参数是：α、β、h、d、t 这些锥形岔管的体型基本参数，根据其公式可以利用 Excel 表格或者是

AutoLISP 编程等实现锥形岔管放样参数化。但是由于卷板时的压延存在着一些不确定因素，在上述推导中忽略了母线方向的压延，公式中的卷板压延补偿仅为理想状态下的钢管的弧长方向，并且压延率 t 属于经验值，在实践中应用本公式进行放样时，建议在每批压力钢管前几节制造时进行实际测定后，再进行批量生产。

钢管展开CAD自动成图系统（PSCAD）的开发和应用

熊　将　杜英奎　张　杰

（中国电建集团北京勘测设计研究院有限公司，北京　100024）

【摘　要】本文主要介绍了钢管展开CAD自动成图系统（PSCAD）的总体设计思路、适用范围、程序特点、各功能模块和应用情况。该系统针对首尾部管节、渐缩管、普通直管和弯管等钢管类型，实现了钢管展开的自动计算和绘图；界面友好，操作方便，设计成果满足规范要求和施工详图设计精度。该系统目前已在北京勘测设计研究院有限公司内推广使用，具有良好的效果。

【关键词】PSCAD；钢管；展开计算；自动成图

0　引言

在目前的水电站建设中，水道系统压力管道钢板衬砌的应用非常广泛，十三陵、西龙池、琅琊山、张河湾、吉沙等水电站的高压管道均采用钢板衬砌。与钢板衬砌设计不可分割的一个方面是钢管的展开。而钢管展开设计的方法和手段仍然以人工计算和人工绘图为主，处于方法比较落后，效率比较低下的状况。因此针对这种情况，寻求一种经济合理、实用方便、快捷高效的设计理论、方法和手段，实现其自动化设计，是十分迫切和必要的。本文以VB6.0为开发工具编制了钢管展开CAD自动成图系统（PSCAD），来解决这些问题。该系统依据国家现行的规范和手册，针对首尾部管节、渐缩管、普通直管和弯管等钢管类型，实现了钢管展开的自动计算和绘图；可适用于不同规模的钢管展开设计。

1　总体设计

1.1　编制原则

钢管展开CAD自动成图系统（PSCAD）的编制原则为：①符合国家现行的规范及有关规程；②适应行业特点，满足行业规范要求；③程序的输入、输出界面清晰、直观，操作使用方便，利于推广。

1.2　编制依据

钢管展开CAD自动成图系统（PSCAD）主要依据国家相关的规范，行业部门出版的设计手册等。具体为：①《水电站压力钢管设计规范》（DL/T 5141—2001）；②《水工钣金工设计手册》。

1.3　系统流程

程序的系统流程图见图1。

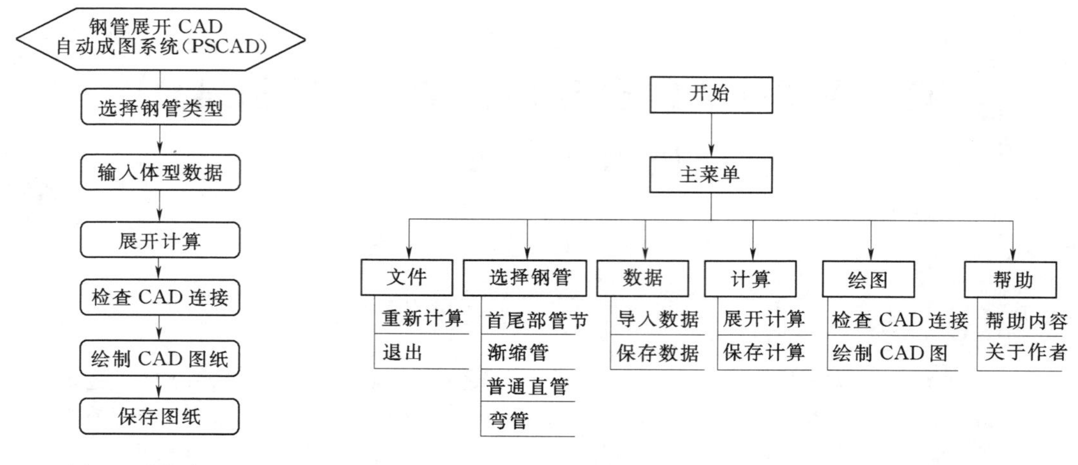

图 1　系统流程图

图 2　系统的总体结构图

1.4　总体结构

本系统采用 VB 语言编制，由文件、选择钢管、数据、计算、绘图和帮助等模块组成，各功能模块之间互有联系，由系统自动控制，由主菜单（下拉式中文菜单）对各子功能模块进行集中控制调用，以实现数据录入、计算、成果输出等功能。程序的总体结构图见图 2。

2　适用范围与特点

本程序适用于首尾部管节、渐缩管、普通直管和弯管的展开计算和绘图。且具有以下特点：

（1）适用面广、内容全。本程序根据相应的规范和手册进行编制，首尾部管节、渐缩管、普通直管和弯管均能够计算和绘图。

（2）界面友好、操作方便。本程序的主窗体采用中文下拉式菜单方式，通过鼠标就可以操作各菜单项的全部内容，操作方便快捷。

（3）计算速度快，省时省力。在实际设计中绘制一张展开图需要 3～4 天的时间，而使用本程序只需要几分钟即可。节省时间 99%以上，大大提高了工作效率。

（4）计算过程以文本文件的方式保存，绘制的图纸以 dwg 格式保存，便于显示、阅读和编辑。便于管理，随时调用。

3　主要功能模块

3.1　选择钢管类型

本部分功能为选择钢管类型。本系统考虑四种钢管：首尾部管节、渐缩管、普通直管和弯管。

3.2　数据

本部分功能为数据的导入和保存。除了界面输入以外，还提供了通过 dat 文件进行数

据的导入和保存，使用非常方便和简单。

3.3 计算

本部分功能为计算和计算书的保存。计算之后，通过保存计算保存计算书，计算书以dat文件保存，计算书中包括计算的资料、计算的数据和最终的材料表。

3.4 绘图

本部分功能为绘制CAD图形。首先检查CAD连接，如果没有安装相应的AutoCAD2006以下版本，则不能绘制图形；检查成功后，绘制CAD图形。

4 成果形式及运行环境

4.1 成果形式

钢管展开CAD自动成图系统（PSCAD）是以VB6.0为开发工具开发的，采用绿色免安装版本，无需安装，使用方便。执行程序文件PSCAD.exe即可使用。

4.2 运行环境

钢管展开CAD自动成图系统（PSCAD）对硬件的要求不高，目前一般的电脑均可使用。本程序可脱离VB编程环境直接运行，推荐在中文Windows XP下运行。由于需要绘制CAD图形，需要安装AutoCAD2006以下版本。

5 结语

在程序的开发和应用过程中，一直结合实例来测试和调试程序，来检验运行的正确性和合理性，并从用户角度出发，测试程序操作的方便性和实用性。钢管展开CAD自动成图系统（PSCAD）现已应用于山西西龙池抽水蓄能电站、安徽琅琊山抽水蓄能电站、张河湾抽水蓄能电站和呼和浩特抽水蓄能电站等多个实际工程项目的钢管展开设计和绘图。钢管展开CAD自动成图系统（PSCAD）历经计划、总体设计、建模、编程、实施和测试等阶段，历时2年多，通过应用和测试表明，该程序能在规定的范围内应用于不同规模钢管展开设计和绘图，目前已在北京勘测设计研究院有限公司内推广使用，收到了良好的效果。

参 考 文 献

[1] DL/T 5141—2001，水电站压力钢管设计规范[S].

[2] 熊将，高永辉，杜英奎.AutoCAD二次开发方法研究[J]. 计算机应用研究，2007年增刊，24：775-777.

低温韧性及焊接性优良的780MPa级大型水电站用钢板开发

刘自成　孙　震　郭　文　李先聚　吴　勇

（宝山钢铁股份有限公司，上海　201900）

【摘　要】 低温韧性及焊接性优良的780MPa级大型水电站用钢板在宝钢成功开发，通过合金成分设计、未再结晶控制轧制的最优化及特殊调质工艺的采用，使钢板的显微组织为均匀细小的下贝氏体＋板条马氏体、平均晶粒尺寸在25μm以下，获得均匀优良的强韧性、强塑性匹配的同时，钢板具有极其优良的焊接性，特别适用于水电压力钢管制造。

【关键词】 钢板；调质；焊接性；低温韧性；压力钢管

1　前沿

近年来，随着国家科学发展观的落实、建设和谐社会与践行中国梦的要求，在资源、能源消费量不断跃迁新高度的同时，对可持续发展与环境保护提出了更高要求与苛酷的刚性指标约束；水电作为环境友好、可持续发展的清洁能源越来越受到人们的重视，水力资源开发呈现不断发展、方兴未艾趋势；开发地域由海拔较低的丘陵地区向高山峡谷地区推进、由云贵高原向川藏高原乃至青藏高原大峡谷进发；开发水头（*H*）和管道直径（*D*）即*HD*也越来越大，水轮发电机组单机容量也向超大型化方向发展，与之相对应的钢板需要高强度化、厚肉化；特别是压力钢管、蜗壳及钢岔管等关键部件万一出现破断事故，将造成重大人员伤亡与设备损毁；因此不仅对钢板的低温韧性、冷热加工特性提出了很高的要求，而且要求钢板具有优良的焊接性，焊接预热温度低于50℃（钢板厚度≤80mm），能够承受较为宽泛的热输入（10～50kJ/cm）焊接，满足施工现场的高风、高湿度及低温等严酷条件的焊接，焊接热影响区具有优良的抗裂性、止裂性，焊接接头力学性能与母材钢板达到等强等韧。

高强度水电用钢焊接一般采用3种焊接方式，即手工电弧焊（SMAW）、埋弧自动化（SAW）及富氩气体保护焊，焊接采用多层多道次焊接，焊接热影响区经历复杂的热循环；熔合线近旁的粗晶热影响区（CGHAZ）、粗晶热影响区经过在铁素体（α）＋奥氏体（γ）两相区再加热形成的临界粗晶热影响区（ICCGHAZ）是焊接接头最为脆弱的区域，成为焊接接头的局部脆性区（LBZ）；特别是临界粗晶热影响区（ICCGHAZ）在铁素体（α）＋奥氏体（γ）两相区在加热时，发生铁素体α→奥氏体γ的逆相变，导致奥氏体γ相中碳含量浓化，在随后的冷却过程中，碳浓化的奥氏体γ相生成含有大量M－A岛的贝氏体，导致钢板低温韧性、抗裂性与止裂性急剧恶化。随着钢板强度提高、钢板厚度增大，钢板的碳含量、合金元素含量即碳当量将进一步增加（以保证钢板具有足够的淬透性，实现母材钢板强韧性匹配），导致临界粗晶热影响区（ICCGHAZ）的M－A岛数量、尺寸大幅度增加，进一步恶化钢板焊接热影响区低温韧性、抗裂性与止裂性。因此，钢板强韧性、强塑性与焊接性同时达成非常困难。

应对上述要求，宝钢在前期高强度调质钢板开发基础上，采用合金元素的组合设计、高度的微合金化元素的活用、Ca 处理及 Ca 系夹杂物细微化分散技术的运用，结合未再结晶控轧与特殊的调质工艺，使成品钢板的显微组织为均匀细小的回火马氏体＋回火下贝氏体，平均晶团尺寸在 25μm 以下，获得均匀优良的强韧性、强塑性与优良焊接性的匹配，特别适用于水电压力水管、蜗壳、钢岔管及水轮机关键部件等；本论文就宝钢开发的高性能水电用钢 B780CF 的特长、钢板焊接性与焊接接头性能进行简要的介绍。

2 开发钢板的成分设计与制造技术

2.1 目标性能指标

表 1 所示的开发钢板目标性能，该开发钢板化学成分、力学性能覆盖 EN 10025－04、JIS 3128、ASTM A514 Gr. F、GB/T 16270 及 Q/BQB 620—2013，见表 2，开发钢板最大厚度达到 180mm，粗晶焊接热影响区－40℃冲击功达到 70J 以上，本论文以 80mm 以下的钢板为例，介绍宝钢 80kg 级水电用钢的特点及焊接性能。

表 1　　开发钢板性能指标

厚度规格	抗拉强度 R_m/MPa	屈服强度 $R_{el}/R_p0.2$ /MPa	延伸率 δ_5/%	冷弯性能 ($D=3a\times180°$)	冲击功 A_{kv}/J 横向试样 平均/单个	5%应变时效后横向冲击功 A_{kv}/J 平均/单个	熔合线外 1mm 距离的 HAZ 冲击功 A_{kv}/J 平均/单个
80mm	≥760	≥670	≥16	完好	－40℃ ≥68/47	－20℃ ≥47/34	－40℃ ≥68/47

表 2　　开发钢板目标化学成分　　%

厚度规格	C	Si	Mn	P	S	Cu	Ni	Cr	Mo	V	B	C_{eq}	P_{cm}
80mm	≤0.09	≤0.40	0.70～1.50	≤0.015	≤0.005	≤0.40	0.30～1.50	≤0.60	≤0.60	≤0.06	≤0.003	≤0.53	≤0.25

注　$C_{eq}(\%)=C+Mn/6+Si/24+Ni/40+Cr/5+Mo/4+V/14$

$P_{cm}(\%)=C+Si/30+Mn/20+Cu/20+Ni/60+Cr/20+Mo/15+V/10+5B$。

2.2 钢板合金组合设计原理及作用

钢板合金组合设计原理及作用见表 3。

表 3　　钢板合金组合设计原理及作用

项目	原　理	作　用
高强度	（1）用 C、Mn、Cr、Mo、V、B 等合金元素调整钢板的淬透性指数 DI，使之控制在合适范围内，保证钢板中心部位具有足够的淬透性，实现钢板强韧性、强塑形匹配及较低的屈强比控制； （2）控制 Mo 当量在适合范围，确保钢板回火稳定性； （3）采用 AlN 析出控制技术，保证钢中具有足够固溶［B］原子，确保硼发挥最大的淬透性效应	（1）减轻重量； （2）减少焊接制作成本与工期； （3）节约运输成本； （4）放宽处理过程中的限制

续表

项目	原　理	作　用
高韧性 高塑性	（1）保证钢板中心部位具有足够的淬透性； （2）低C、低Si成分设计，控制（Mn当量）/C比； （3）超低夹杂元素P、S、O、N、H含量，Ca处理并控制Ca/S比，球化硫化物并细小分散化； （4）超低五害元素含量As、Sn、Sb、Bi、Pb（Te）控制； （5）适当添加Ni元素，控制Ni当量在合适范围； （6）特厚钢板添加微量的Nb，实现控轧细化晶粒，并形成表面层细晶粒的梯度组织； （7）添加超微量钛、低N含量，并控制Ti/N比范围，实现固N、控制板坯加热、轧制及热处理过程中奥氏体晶粒长大，并改善钢板焊接性	（1）抑制脆性断裂； （2）制止裂纹发生； （3）抑制裂纹失稳扩展
高焊接性	（1）低C、低碳当量、低 P_{cm}，尤其低C含量对保证高强度调质钢焊接性极其重要； （2）低C、超低Si成分设计，适当控制Cr、Mo、V等促进M-A岛析出的元素含量，减少焊接热影响区M-A岛析出，降低M-A岛尺寸； （3）超低夹杂元素P、S、O、N、H含量，Ca处理并控制Ca/S比，球化硫化物； （4）超低五害元素含量As、Sn、Sb、Bi、Pb（Te）控制； （5）适当添加Ni元素，控制Ni当量在合适范围； （6）控制Cr、Mo、V等合金元素含量，防止出现再热裂纹倾向； （7）添加超微量钛、低N含量，并控制Ti/N比范围，实现固N保固溶[B]、控制板坯加热及轧制过程中奥氏体晶粒长大，并改善钢板焊接性与HAZ低温韧性； （8）Ca处理并控制Ca/S比，球化硫化物并使其细微分散化，抑制焊接过程中奥氏体晶粒长大，改善HAZ低温韧性	（1）低预热焊接； （2）焊后无需消应力（SR）处理； （3）焊接热输入范围宽泛； （4）焊接接头熔合线、焊接热影响区低温韧性优良，具有高的抗裂、止裂性
内质优良	（1）低C含量设计，抑制钢水凝固过程中发生的包晶反应，减少板坯偏析； （2）降低夹杂元素S、O、H含量； （3）控制钢中Al含量≤0.08%，防止钢中形成 Al_2O_3 夹杂物	（1）钢板内质健全； （2）钢板内质纯净； （3）钢板内质均质

3　开发钢板的特性

开发钢板成分见表4，为了改善钢板强韧性、强塑性匹配与焊接性的平衡，B780CF钢板采用低碳与低硅设计，适量添加Cu、Cr、Mo、V合金元素，B、Ti及Al等微合金元素含量的平衡调整，以确保钢板淬透性适宜化，得到钢板的显微组织为均匀细小的下贝氏体+板条马氏体、平均晶粒尺寸在25μm以下，如图1所示。

表4　　开发钢板的化学成分

牌号	板厚/mm	C/%	Si/%	Mn/%	P/%	S/%	其他合金元素	C_{eq}	P_{cm}
B780CF	80	0.08	0.09	1.16	0.006	0.0007	Cu、Ni、Cr、Mo、V、Al、Ti、B等	0.50	0.23

注　$C_{eq}(\%)=C+Mn/6+Si/24+Ni/40+Cr/5+Mo/4+V/14$

$P_{cm}(\%)=C+Si/30+Mn/20+Cu/20+Ni/60+Cr/20+Mo/15+V/10+5B$。

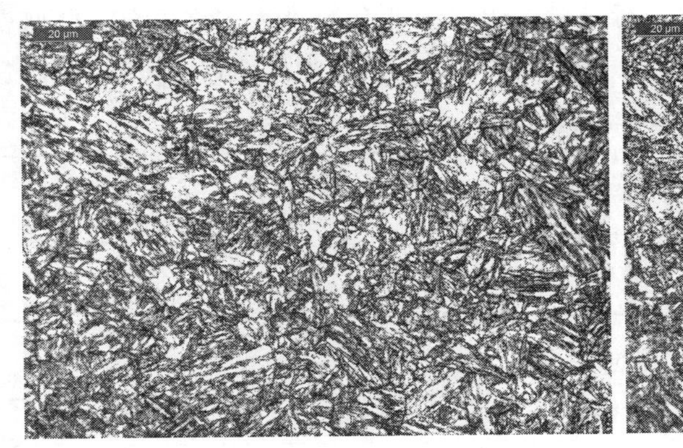

(a)表面层

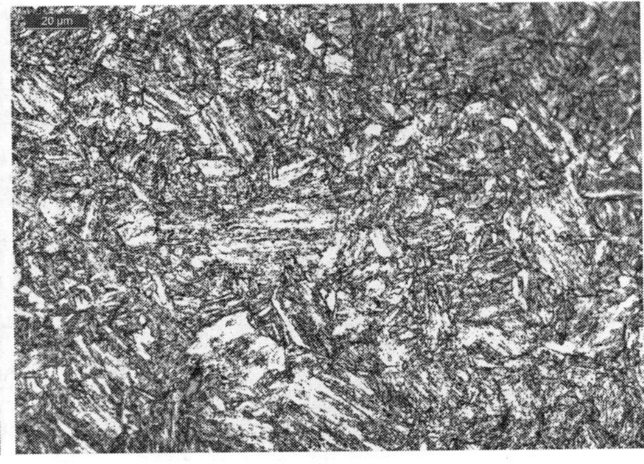

(b)厚板 1/4

(c)板厚 1/2

图 1　80mm 钢板显微组织

钢板所用的板坯采用转炉、炉外精炼及连铸工艺生产，为保证钢板内质，采用凝固末端轻压下技术；板坯加热、轧制、调质（淬火＋回火）各工序温度的严密控制，保证钢板原始奥氏体（γ）细小，母材钢板低温韧性向上；此外，添加适量的 Ni 元素保证母材钢板与焊接热影响区低温韧性向上的同时，钢板各项力学性能满足表 1 的要求，见表 5。

表 5　开发钢板的力学性能

牌号	厚度 /mm	抗拉强度 R_m/MPa	屈服强度 $R_{el}/R_p0.2$ /MPa	延伸率 δ_5/%	冷弯性能 ($D=3a\times180°$)	冲击功−40℃A_{kv}/J 横向试样平均/单个	5%应变时效后横向冲击功 −20℃A_{kv}/J 平均/单个
B780CF	80	831	745	19	完好	232，253，227；237	265，241，258；255

4　开发钢板焊接性试验

4.1　冷裂纹敏感性试验

斜 Y 坡口焊接裂纹试验（小铁研试验）是一种拘束程度较苛刻的冷裂纹试验方法，主要用于考核对接接头焊接热影响区的根部裂纹情况；试验按照 GB/T 4675.1 规定执行，采用神钢 LB－116 焊条电弧焊工艺方法进行试验，焊接规范参数见表 6，试验结果见表 7；结果表明开发钢板焊接冷裂纹敏感性较低，可以在较低的焊接预热条件下进行焊接。

表 6　　焊接冷裂纹试验参数

焊接工艺	焊接电流 /A	电弧电压 /V	焊接速度 /(mm/min)	气氛 环境稳定：18℃ 环境湿度：60％	气体流量 /(L/min)
焊条电弧焊	170	24	150	焊前 350℃保温 1h 烘干	

表 7　　冷裂纹试验结果

预热温度/℃	表面裂纹率/％	断面裂纹率/％	根部裂纹率/％	平均裂纹率/％
100	0	0	0	0
100	0	0	0	
75	0	0	0	0
75	0	0	0	
50	0	0	0	0
50	0	0	0	
25	100	100	100	100
25	100	100	100	

4.2　焊接接头最高硬度试验

焊接热影响区最高硬度试验按 GB/T 4675.5 进行，将 80mm 厚开发钢板刨至 20mm 厚（保留一个轧制面）进行热影响区最高硬度试验；采用 BHG－4M 焊丝 80％Ar＋20％CO_2 气体保护焊方式，按照标准最高硬度试验焊接条件，在室温（18℃）不预热条件下进行焊接热影响区最高硬度测定；试板焊后 12h，加工硬度试样，并按 GB/T 4675.5 规定进行硬度测定，试验结果见表 8。在室温（18℃）不预热条件下焊接，B780CF 钢板热影响区最高硬度为 Hv(10)＝333。试验结果表明：宝钢 B780CF 钢板焊接热影响区具有较低的淬硬倾向，焊接热影响区硬度得到很好的抑制。

表 8　　焊接热影响区最高硬度试验结果

预热温度	HV10	HV(Max)
不预热（18℃）	289 309 316 320 333 333 322 312 327 330 323 319 292 298 283	333

4.3　较大热输入焊接接头对接试验

较大热输入焊接接头特性评价，焊接工艺参数见表 9，采用埋弧自动焊进行接头对焊试验，焊接接头宏观形貌与熔合线近旁粗晶热影响区 HAZ 显微组织如图 2 所示，试验接头性能测试结果见表 10；试验结果表明开发钢板具有优良的焊接性，焊接粗晶热影响区（熔合线 FL＋1mm）显微组织较为均匀细小，为下贝氏体＋板条马氏体，能够承受较大热输入焊接，开发钢板焊接接头力学性能优良，尤其焊接热影响区低温韧性极其优异，焊接热影响区具有优良的抗裂性与止裂性。

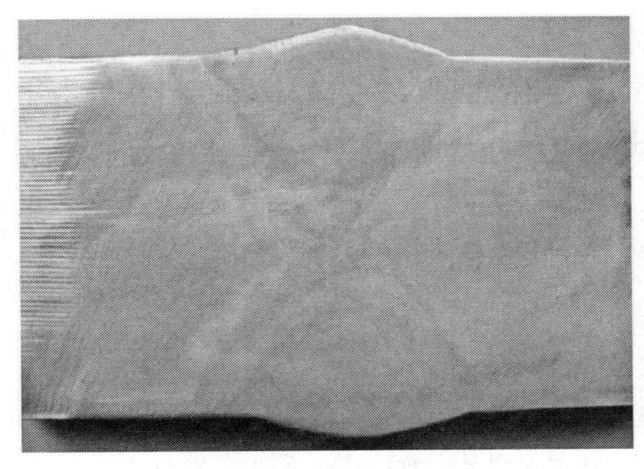
(a)焊接接头宏观形貌

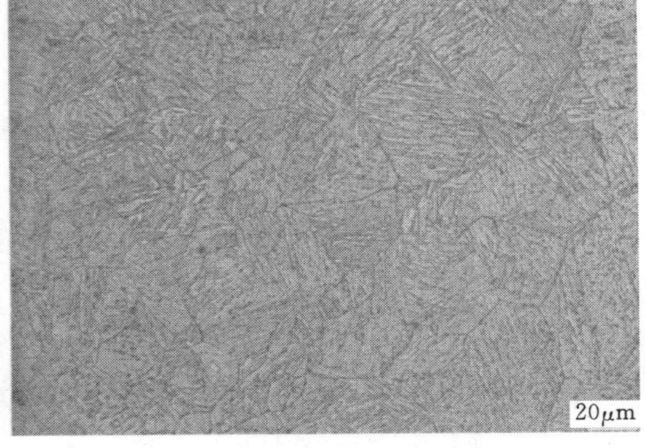

(b)粗晶 HAZ 显微组织(FL+1mm)

图 2 焊接粗晶热影响区显微组织

表 9 **对接试板焊接工艺参数**

焊接工艺	焊接电流/A	电弧电压/V	焊接速度/(mm/min)	预热温度/℃	道间温度/℃	热输入量/(kJ/cm)	焊接材料
SAW	750	32	360	50	150	40.0	BHM-4M (Φ.0)+XUN123 (中冶宝钢技术集团宝煊焊丝厂)

表 10 **对接试板焊接接头力学性能(250℃×3h 的消氢处理)**

焊接工艺	热输入量/(kJ/mm)	焊接接头拉伸性能			焊接接头 AKV-40℃/J			
		R_m/MPa	R_{el}/MPa	A/%	WM	FL	HAZ(FL+1mm)	HAZ(FL+3mm)
SAW	40.6	806	713	19.0	142,145,128 138	102,99,87 96	167,254,200 207	253,239,276 256

5 结语

低温韧性及焊接性优良的 780MPa 级大型水电站用钢板在宝钢成功开发，通过合理的合金成分设计、未再结晶控制轧制的最优化及特殊调质工艺的采用，使钢板的显微组织为均匀细小的下贝氏体+板条马氏体、平均晶粒尺寸在 25μm 以下，获得均匀优良的强韧性、强塑性匹配的同时，钢板具有极其优良的焊接性。

(1) 开发钢板采用低碳、低硅设计，适量添加 Cu、Cr、Mo、V 合金元素，B、Ti 及 Al 等微合金元素含量的均衡调整，以确保钢板淬透性最优化，得到钢板的显微组织为均匀细小的下贝氏体+马氏体的混合组织，母材钢板具有优良的强韧性、强塑性匹配的同时，钢板焊接性也同样优异。

(2) 开发钢板通过化学成分、控轧工艺及调质热处理工艺最优化控制，母材钢板具有高强度、优良的低温韧性，母材钢板抗裂性、止裂性指标顺利达成。

(3) 通过对开发钢板的焊接工艺试验表明，钢板具有优良的焊接性：焊接预热温度较低，焊接冷裂纹敏感性低，钢板适应较为宽泛的焊接热输入焊接，且可以承受较大热输入焊接，焊接接头尤其焊接 HAZ 具有优良的低温冲击韧性、强韧性与强塑性匹配，具备良好的抗裂性与止裂性特性，特别适用于水电压力钢管、钢岔管及蜗壳的制造。

高性能压力钢管用 WSD690E 钢板的焊接性能

王宪军　李书瑞　刘文斌　战国峰　杨秀利

（武汉钢铁（集团）公司研究院，湖北　武汉　430080）

【摘　要】 通过对武钢生产的 10～60mm 厚的 WSD690E 的母材的常低温拉伸、系列温度冲击机 Z 向拉伸性能以及焊接工艺性、焊接接头的性能检测及分析，结果表明，WSD690E 钢板具有优良的强韧性匹配和优良的焊接特性，可用作大型天然气球罐、氧气（包括氮气、氩气）球罐、水电站压力钢管以及水电机组蜗壳等构件用钢。WSD690E 的工程应用将推进此类高强度高韧性钢的系列化和国产化。

【关键词】 调质高强度钢；再热裂纹敏感性；焊接性能

1　前言

随着我国冶金、石油、化工、水电、能源储备等工业的快速发展，压力容器用调质高强度钢以其优异的综合性能获得了广泛应用，如大型储罐、球罐、压力钢管、成套装备等，需求量逐年增加。

随着各类冶金装备、石化装置、储罐、球罐、压力钢管、蜗壳等日趋大型化、轻量化，所使用的钢种强度级别逐步升级，对钢板的强度、韧性、焊接性、冷热加工性等综合性能提出了越来越高的要求。目前的 600MPa 级压力容器用调质高强度钢已不能满足我国储气球罐和压力钢管的大型化、高参数化发展需要。工程钢结构向大型化发展，要求在减轻截面重量的同时，又能保证结构的刚性，由此要求钢板具有高的强度，同时要提高结构制造的劳动效率和安全可靠性，由此要求使用高效率的焊接技术，并保证焊接接头具有良好的强度性和良好的低温韧性。

武汉钢铁（集团）公司在充分调查国内市场、系统分析国外相关钢种成分、工艺的基础上，开展了该钢种的试制研究（钢种牌号确定为 WSD690E），使其可用于建造 10000m^3 以上的大型天然气球罐、1000m^3 以上氧气（包括氮气、氩气）球罐以及水电站压力钢管、水电机组蜗壳等构件，可实现此类钢种的系列化和国产化。

2　工艺控制、化学成分及力学性能要求

武钢生产的 WSD690E 钢的性能优于美标的 SA533CL3、HT70，欧标的 S620Q 以及日本的 JFE 生产的 HITEN690 系列钢种及新日铁的 WEL－TEN690。该钢的生产工艺流程为：高炉铁水⟶铁水脱硫⟶转炉冶炼⟶吹氩⟶真空处理⟶连铸⟶铸坯检查⟶铸坯加热⟶轧制⟶冷却⟶探伤⟶淬火⟶回火⟶精整，其中热处理工艺采取调质热处理工艺：890～940℃淬火，600～680℃回火，成品钢板的组织为回火索氏体。WSD690E 钢的化学成分范围见表 1，力学性能及工艺性能见表 2。

表 1　　WSD690E 钢化学成分　　%

元素	C	Si	Mn	P	S	Cu+Cr+Mo+V	Ni	B	P_{cm}	P_{SR}
含量	≤0.10	0.15～0.50	1.20～1.60	≤0.015	≤0.005	≤0.50	0.15～0.70	≤0.0020	≤0.21	<0

注　P_{cm}=C+Si/30+Mn/20+Cu/20+Cr/20+Ni/60+Mo/15+V/10+5B（%）
P_{SR}=Cr+Cu+2Mo+10V+7Nb+5Ti−2（%）。

表 2　　WSD690E 钢力学性能和工艺性能要求

交货状态	规格/mm	拉伸试验			冲击试验		弯曲试验
		R_{eL}/MPa	R_m/MPa	A/%	试验温度/℃	KV_2/J	180°，b=2a
调质态	10～80	≥560	690～820	≥16	−40	≥80	d=3a，合格

注　拉伸、冲击及弯曲试验取样均为横向。

3　母材力学性能

为全面了解钢板的力学性能，对钢板的拉伸性能、冲击性能及 z 向性能进行了检验分析。

3.1　母材的拉伸和系列温度冲击性能

对厚度为 60mm 的 WSD690E 钢板取直径为 10mm 的横向光滑圆柱形拉伸试样进行低温拉伸试验，试验按 GB/T 13239—2006《金属材料低温拉伸试验方法》标准规定执行，对厚度为 60mm 的 WSD690E 钢板不同部位横向取样，并在 PSW750 型摆锤式冲击试验机上进行系列温度示波冲击试验。试验结果见表 3。

表 3　　低温拉伸试验结果

板厚/mm	取样位置	拉伸性能					冲击性能	
		试验温度/℃	R_{eL}/MPa	R_m/MPa	A/%	Z/%	试验温度/℃	KV_2/J
60	T/4 横向	20	670 670	740 745	23.0 21.5	74.5 75.0	−20 −40 −50	261 261 258 253 245 263 243 242 248
		−40	675 680	745 740	22.0 24.0	70.0 70.5	−60 −80	201 237 221 187 183 184
	T/2 横向	20	650 655	735 731	21.5 20.0	72.0 75.0	−20 −40 −50	249 244 238 204 212 225 194 188 199
		−40	655 652	730 725	20.0 21.5	74.0 77.0	−60 −80	175 179 174 150 148 156

注　T 表示钢板的厚度。

由表 3 可见，在试验温度范围内，钢板强度以及延伸率随温度的降低变化不大，说明该钢在低温环境下具有较优良的强塑性。

3.2　Z 向拉伸性能

对厚度为 38mm、60mm 的 WSD690E 钢板，将其加工 d_0=10mm，标距 L_0≥1.5d_0

的圆柱形Z向拉伸试样，按照GB/T 5313—2010《厚度方向性能钢板》标准规定进行试验，试验在WE－300kN万能材料试验机上进行，环境温度为室温，空气介质。试验结果见表4。

表4　Z向拉伸结果

板厚/mm	R_m/MPa	Z/%
38	750 755 752	71.0 74.5 72.0
60	745 740 740	67.0 68.0 66.0

由表4可见，WSD690E钢不同厚度钢板的Z向断面收缩率均在40%以上，均高于Z向钢最高级标准值，表明该钢具有良好的抗层状撕裂性能。

4　焊接工艺及焊接性能

根据WSD690E钢板强度、韧性及化学成分要求，选用ϕ4mm的国标型号：E7015－G的低氢钠型药皮焊条，其采用直流反接，进行全位置焊接。熔敷金属力学性能要求：屈服强度≥560MPa，抗拉强度≥690MPa，延伸率≥16%，－50℃冲击吸收功≥80J。

4.1　斜Y形坡口焊接再热裂纹敏感性试验

厚度10～60mm WSD690E钢板不出现冷裂纹的最低预热温度范围为20～45℃，在此基础上开展了钢板的再热裂纹敏感性试验。试验焊缝焊接完成48h后进行裂纹的检测，先做表面无损检测，检查试验焊缝表面裂纹的情况。

焊接无损检测合格后对试件进行560℃×2h、580℃×2h、620℃×2h的SR热处理，试验在箱式电阻加热炉中进行，试板400℃以上的升、降温速度均控制在50～70℃/h，400℃以下升温不控制升温速度，400℃以下降温不允许急冷。试件冷却后，先做焊缝表面裂纹检查，裂纹检查采用磁粉探伤（MT），然后机械分切后检测剖切面断面裂纹率，实验结果见表5。

表5　斜Y形坡口焊接再热裂纹敏感性试验结果

热处理规范/(℃×h×次)	表面无损检测	断面裂纹率/%
(560±10)×2	MT：Ⅰ级	0、0、0、0、0
(580±10)×2	MT：Ⅰ级	0、0、0、0、0
(620±10)×2	MT：Ⅰ级	0、0、0、0、0

结果表明，钢板在经过不同温度的工艺的再热处理后，断面裂纹率均为零。

4.2　接头拉伸性能

钢板的焊接坡口采用K形剖口，剖口加工示意图如图1（a）所示，焊接试板的焊接接头的宏观形貌如图1（b）所示。

10～60mm厚WSD690E钢板的焊接接头拉伸性能见表6。

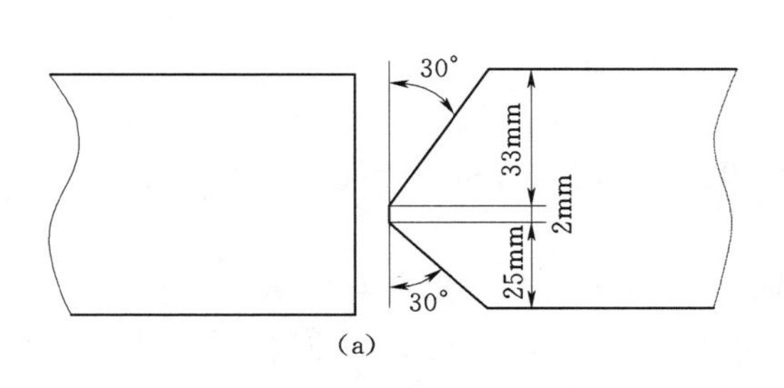

(a)

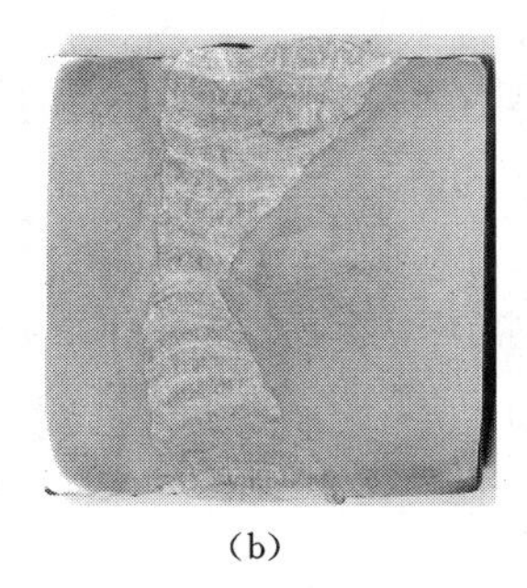
(b)

图 1　WSD690E 钢板的焊接剖口及焊接接头宏观形貌

表 6　接头拉伸试验结果

板　　厚/mm	R_m/MPa	断　裂　部　位
16	725 705	母材 母材
38	735 720	母材 母材
60	720 715	母材 母材

拉伸试验结果及断裂部位（母材）表明，接头焊态强度可以满足与母材强度相匹配的等强度要求。

4.3　接头系列温度冲击性能

对厚度为 10～60mm 的 WSD690E 焊接钢板采用常规冲击检验其低温韧性。焊缝金属的缺口轴线位于焊缝中心线上，热影响区的缺口轴线最大限度的通过热影响区。试验结果见表 7。

表 7　系列温度冲击试验结果

试验温度/℃	缺口部位	KV_2/J		
		16mm	38mm	60mm
20	焊缝金属	200 200 214	213 213 216	214 214 218
	热影响区	222 227 225	247 252 248	252 249 241
0	焊缝金属	194 182 182	182 185 189	183 192 189
	热影响区	201 207 198	203 200 202	207 202 201
−20	焊缝金属	170 164 172	160 174 168	156 163 171
	热影响区	199 183 188	190 191 193	192 197 193
−40	焊缝金属	140 145 141	145 142 147	147 140 152
	热影响区	165 173 161	175 165 159	177 164 173
−60	焊缝金属	100 119 102	116 118 111	113 114 104
	热影响区	130 122 126	155 150 154	154 153 162
−80	焊缝金属	56 65 70	75 79 88	88 90 78
	热影响区	90 110 107	102 120 115	125 131 135

由试验结果可知：各规格钢板焊接接头冲击性能优良，接头热影响区冲击值稍高于焊缝金属，各区－40℃冲击功平均值高于47J。

5 结论

通过对700MPa级压力钢管用WSD690E用钢母材及焊接工艺和焊接接头性能进行的测试和分析，可得出以下结论。

（1）母材力学性能解剖试验结果表明，WSD690E钢具有较高的强度和良好的韧性。

（2）焊接试验结果表明低焊接裂纹敏感性WSD690E钢具有优异的焊接性，与E7015－G的低氢钠型药皮焊条匹配性较好，且焊接接头具有优良的综合性能。

（3）工业性生产结果表明，压力钢管用WSD690E钢板具有优异的综合性能，便于大规模工业性生产，可作为大型天然气球罐、氧气（包括氮气、氩气）球罐、水电站压力钢管以及水电机组蜗壳等构件用钢是可行的，有利于国内水电用高强度钢板的系列化和国产化。

参考文献

[1] 陈晓，秦晓钟．高性能压力容器和压力钢管用钢．北京：机械工业出版社，2007.
[2] 陈颜堂，陈晓，李书瑞等．大线能量低焊接裂纹敏感性压力容器用钢的性能［J］．机械工程材料，2005，29（6）：39－43.
[3] 章小浒，许强，陆戴丁等．十万立方米原油储罐用钢板的国产化研究．材料与焊接，2001（5）：32－36.

首钢水电压力钢管用800MPa级别高强度钢板的开发

邹 扬[1] 隋鹤龙[1] 赵 楠[1] 秦丽晔[1] 樊艳秋[1] 张学锋[2]

（1. 首钢技术研究院，北京 100043

2. 秦皇岛首秦金属材料有限公司，河北 秦皇岛 066326）

【摘　要】 近年来随着水电行业的快速发展，水电装机容量不断增加，发电机组设计水头不断提高。对水电站压力钢管所使用的高强钢板的强度、韧性、可焊性等方面均提出了更高的要求。抗拉强度800MPa级别的易焊接高强度钢板逐步成为目前大型水电站和抽水蓄能电站的首选钢板。首钢4300中厚板生产线采用低碳高镍的成分设计，通过严格的冶炼、轧制及热处理工艺控制，生产出满足水电行业设计需求的800MPa级别高强度钢板SG780CFE。该钢板屈服强度≥690MPa，抗拉强度≥780MPa，韧脆转变温度≤－50℃，具有良好的起裂韧性和止裂韧性，应变时效敏感性因子仅4.71%。同时可实现在80℃的低焊接预热温度条件下不出现冷裂纹，热输入范围12～30kJ在满足压力钢管洞内施工时对焊接工艺窗口的苛刻要求。

【关键词】 水电用钢；压力钢管；贝氏体钢；调质处理

1 背景介绍

水电站引水压力钢管和蜗壳承受巨大的水压头，属压力容器结构。对材料、设计方法和焊接工艺等有不同于一般水工建筑物的特殊要求。早期的钢板均选用压力容器标准钢板，如Q345R（500MPa级别，GB 713）和07MnCrVR（600MPa级别，GB19189）。随着水电站坝体的设计高度不断提高，同时抽水蓄能电站在电网运行中起到越来越重要的作用，电站用压力钢管的设计水头越来越高，对钢板的强度等级要求逐步提高。但目前国内压力容器钢板的最高级别仅为600MPa，同时水电压力钢管用钢板并未形成系统的国家标准。

国内大型水电项目中，三峡二期工程已经广泛使用日本进口的600MPa级别钢板，从十三陵抽水蓄能电站开始使用日本进口的800MPa级别钢板。2008年起，河南宝泉抽水蓄能电站逐步开始使用由舞阳国产的800MPa级别钢板，目前使用国产800MPa级别的抽水蓄能电站工程已经增加到了5个以上。在建中的白鹤滩、乌东德水电站所采用1000MW巨型水轮发电机组压力钢管及机组部分也将全部采用800MPa级别高强度钢板。同时2013年开始已经有设计单位已经开始逐步探寻1000MPa级别钢板的工程应用可行性。

2 成分设计

水电站压力钢管安装时需要在管洞内进行手工焊接施工，施工环境非常恶劣。成分设计时需要尽量降低钢的碳当量［C_{eq}，见式（1）］和焊接裂纹敏感性系数［P_{cm}，见式（2)］，尽可能降低钢板的预热温度。在恶劣的施工环境也使得焊接过程中线能量难以得到稳定控制，需要钢板在较大 $t_{8/5}$ 范围内具有较好的冲击韧性，保证钢板热影响区（HAZ）具有较好的韧性储备。钢管在制造过程中需要将整张钢板卷制成圆形后再进行焊接，对钢板的应变时效敏感性也提出了较高的要求。

超细化的低碳回火贝氏体组织由于其基体内部包含这大量的大角度晶界，在充分回火后组织细小均匀、内应力小。这种组织在具有高强度的同时也具有优异的起裂韧性和止裂性能。与此同时调质工艺仍然是生产高强度、高韧性钢板最为稳定的生产工艺。

2.1 P_{cm} 对焊接预热温度的影响

根据式（3）可以对钢板的焊接预热温度进行估算。

$$C_{eq}=C+Si/24+Mn/6+Ni/40+Cr/5+Mo/4+V/14(\%) \tag{1}$$

$$P_{cm}=C+Si/30+Mn/20+Cu/20+Ni/60+Cr/20+Mo/15+V/10+5B(\%) \tag{2}$$

$$T_0=1501\times P_{cm}+1.31\times t-310(℃) \tag{3}$$

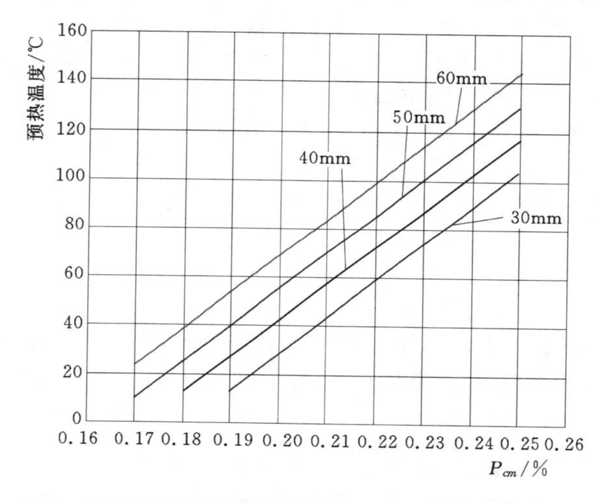

图 1　不同厚度规格钢板的焊接预热温度与 P_{cm} 值关系

其中：T_0 为钢板的预热温度；t 为钢板厚度；P_{cm} 为焊接裂纹敏感性系数（%）。

不同厚度规格钢板的 T_0-P_{cm} 关系如图 1 所示，可见当 P_{cm} 值低于 0.22% 时，预热温度可以低于 100℃。

2.2 元素对 HAZ 韧性的影响

添加少量的 Cu 元素，且提高 Ni 元素含量可以大大提高在较大线能量条件下热影响区的韧性（图 2)。

2.3 小结

综合考虑以上因素钢板采用低碳高镍的成分设计，在满足钢板淬透性要求的基础上，降低 C 元素含量，添加 Cu 元素提高热影响区韧性，添加 Nb、V 等微合金元素主要是固定钢中的 N 元素保证钢板具有较低的应变时效敏感性，添加微量 B 元素更进一步抑制先析铁素体的生成，提高获得贝氏体的冷速区间。

3 生产工艺

首钢 800MPa 级别钢板（SG780CFE）采用调质工艺生产，具体钢板生产工艺流程如下所示：

冶炼：铁水脱硫—转炉—LF—RH—连铸—板坯清理。

轧制：板坯加热—粗轧—精轧—ACC 冷却—堆冷—探伤—精整。

热处理：抛丸—淬火—回火—喷标—入库。

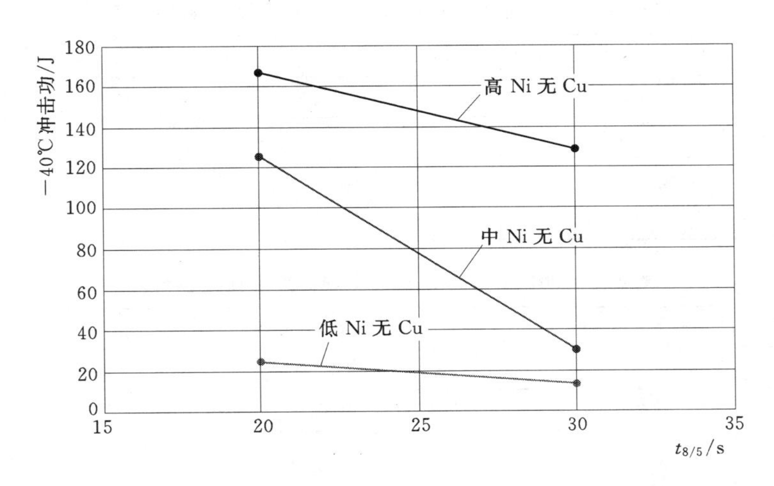

图 2　不同合金元素含量在不同的线能量输入条件下冲击性能对比

3.1　冶炼

由于 P_{cm} 值直接关系到钢的可焊性以及焊接预热温度的选择，因此冶炼过程中严格控制钢中各元素波动，以保证最后实际 P_{cm} 值波动控制在最小范围内，见图 3。同时冶炼过程中严格控制钢中 P、S、N、H 等杂质元素含量。转炉采用双渣法冶炼，出钢严格控制下渣量实现超低磷控制；采用铁水脱硫预处理、LF 炉深脱硫实现了超低硫钢控制；控制出钢过程吸氮、RH 真空脱气处理、连铸保护浇铸，保证了低的气体含量，典型炉次杂志元素及夹杂物控制如表 1 和表 2 所示。

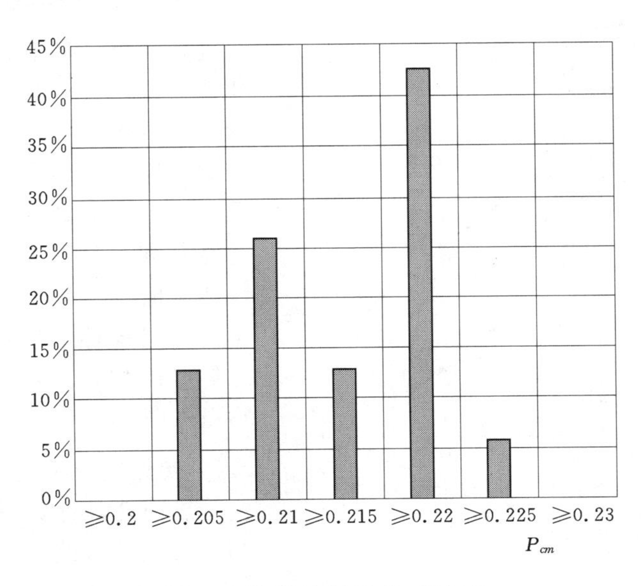

图 3　不同炉次钢坯 P_{cm} 值分布

表 1　　首钢 SG780CFE 水电用钢各炉次杂质元素统计（样本数 49 炉）

元素	P	S	N	H
Max.	0.010	0.0024	48.5	2.2
Min.	0.007	0.0008	36.3	1.4
Avg.	0.008	0.0014	43.4	1.83
STD.	0.0009	0.00057	4.38	0.31

表 2　　首钢 SG780CFE 水电用钢典型炉次夹杂物检验结果

规格/mm	非金属夹杂物（级）								
	A 类		B 类		C 类		D 类		DS
	粗系	细系	粗系	细系	粗系	细系	粗系	细系	
52	0	0	0	0.5	0	0	0.5	1	0
36	0	0	0	0.5	0	0	0.5	1	0
48	0	0	0	1	0	0	0	0.5	0

采用 400mm 浇铸控制并严格连铸坯内部质量，均匀的铸坯组织和成分分布可以有效提高钢板力学性能均匀性。铸坯的中心偏析在热力学上是不可能完全消除，通过严格控制温度梯度，优化凝固末端压下及增加固相区压下量等方法，增加铸坯等轴晶的比例。在均匀宏观中心偏析的基础上，也有效减轻铸坯近中心部位的枝晶偏析，从而提高铸坯的内部质量。

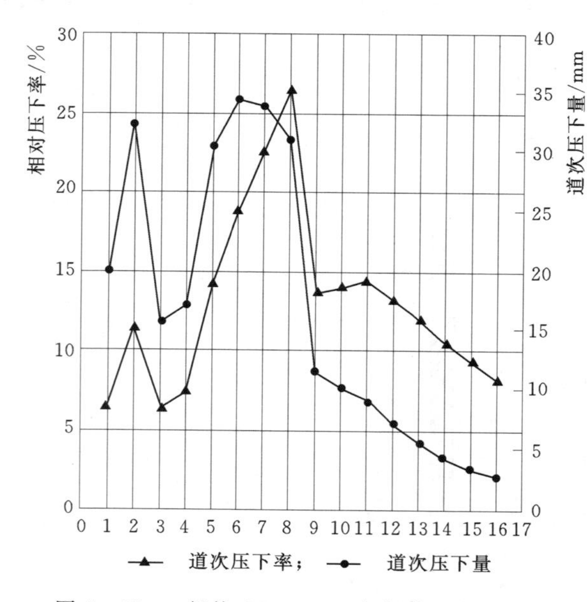

图 4　32mm 规格 SG780CFE 钢板典型轧制规程

3.2　轧制

钢板采用热机械轧制（TMCP）工艺进行生产。轧制过程的核心就是细化奥氏体晶粒，这个过程主要通过形变过程中奥氏体晶粒的再结晶来实现，控制奥氏体再结晶后晶粒尺寸的关键是形变温度和相对变形量。TMCP 工艺充分利用轧机能力，严格控制各道次轧制时的温度及压下量，达到充分细化原奥氏体晶粒，厚度方向晶粒尺寸尽可能均匀。轧制过程典型道次变形量见图 4。

3.3　热处理及组织性能

热处理是保证钢板最终力学性能和均匀性的最终也是最为关键的工艺步骤，SG780CFE 钢板采用调质工艺进行生产。SG780CFE 钢板在淬火过程中可以获得全截面均匀的板条贝氏体+低碳马氏体的混合组织，这种组织具有精细的亚结构，板条间被高密度的大角度界面分割，成为最终的强度和韧性控制单元。淬火后原奥氏体晶粒尺寸维持在 10～20μm（见图 5）。

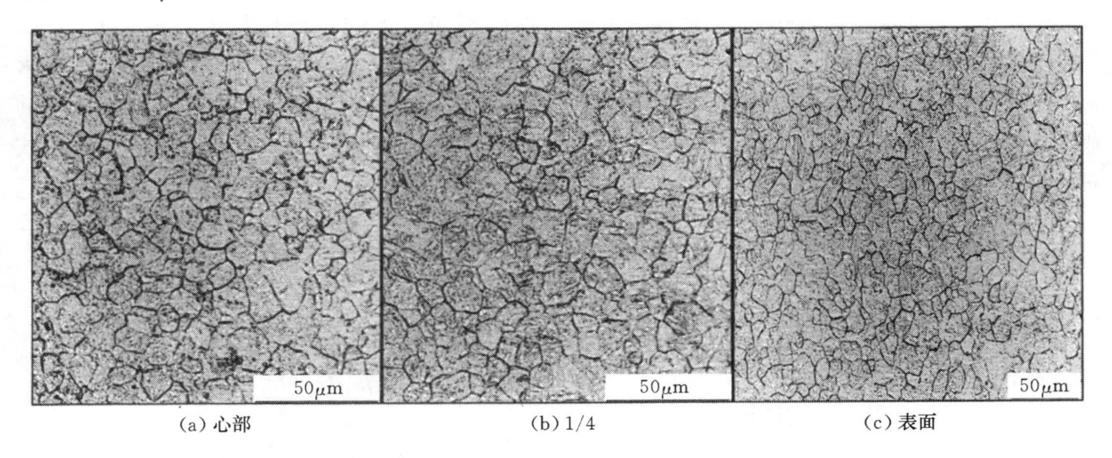

(a) 心部　　(b) 1/4　　(c) 表面

图 5　50mm 规格 SG780CFE 钢板厚度方向不同位置淬火钢板奥氏体晶粒组织照片

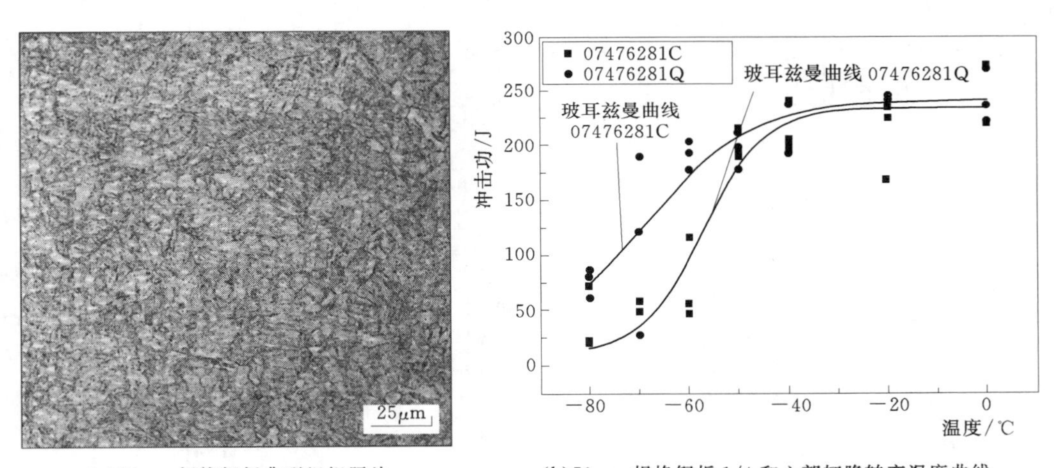

(a)50mm 规格钢板典型组织照片　　(b)50mm 规格钢板 1/4 和心部韧脆转变温度曲线

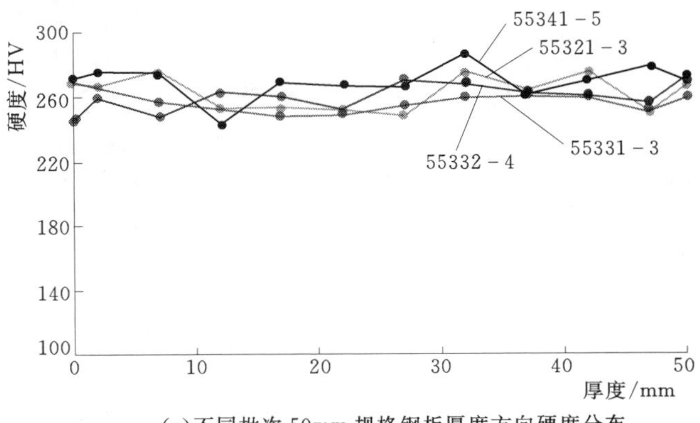

(c)不同批次 50mm 规格钢板厚度方向硬度分布

图 6

在回火过程中可以进一步消除淬火组织应力，钢板回火组织如图 6（a）所示。回火过程中小角度晶界合并，进一步增加大角度晶界比例和稳定性，进一步提高韧性和塑性，回火后 50mm 规格钢板韧脆转变曲线如图 6（b）所示。图 6（c）为 50mm 规格钢板回火后全截面硬度分布，可以看出经过调质处理后，钢板厚度界面上以及不同批次钢板之间的硬度分布基本保持在 240～280HV 之间。同时回火过程中固溶的 C、N 原子以析出物形式被固定，降低应变时效敏感性，实际测定钢板的应变时效敏感性为 4.17%。

回火后不同批次钢板之间力学性能统计如图 7 所示。

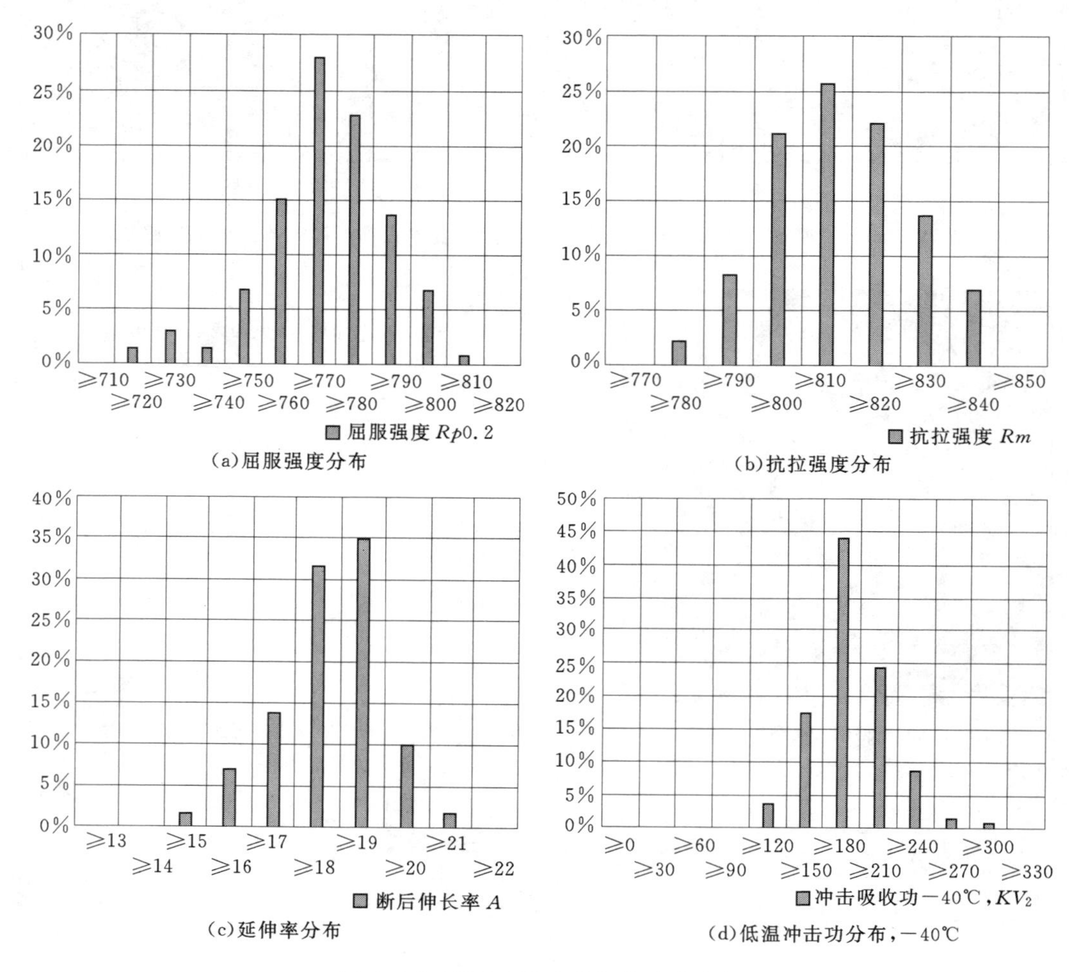

图 7　不同批次钢板力学性能统计分布

4　焊接性能

4.1　冷裂纹试验

由首钢技术研究院焊接实验室对 50mm 规格 SG780CFE 钢板进行冷裂纹和最高硬度试验，试验结果如表 3 和表 4 所示。从试验结果看出，实际钢板的淬硬倾向不显著，焊接接头冷裂纹倾向较低，预热 80℃以上可基本避免焊接冷裂纹现象发生，预热至 100℃可以

完全避免发生冷裂纹。

表 3　　50mm 规格 SG780CFE 钢板最高硬度试验

预热温度/℃	硬度测量值	最高硬度
不预热	275，280，264，240，293，325，330，334，331，328，320，326，325，323，281	334
50	299，306，312，317，322，325，326，329，327，326，320，318，310，302，297	329
80	279，285，289，290，295，297，299，300，296，295，290，288，280，278，277	300
100	278，280，283，286，290，291，294，295，293，291，289，287，285，280，278	295

表 4　　50mm 规格 SG780CFE 钢板斜 Y 坡口试验结果（环境温度 5℃，湿度 30%）

焊接方法	焊材直径/mm	预热温度/℃	断面裂纹率/%	表面裂纹率/%
焊条电弧焊（TENACITO 80CL）	4.0	50	100	100
		80	5.2	0
		100	0	0

4.2　焊接评定

结合浙江仙居抽水蓄能电站工程要求，实际钢板焊接评定试验由水电三局施焊，并由电力工业金属结构设备质量检测中心进行力学性能检测。具体结果见表 5～表 8。

表 5　　不同规格 SG780CFE 钢板焊条电弧焊焊接评定工艺及拉伸、冷弯性能

焊　　材	规格/mm	焊接位置	热输入/(kJ/cm)	R_m/MPa	断裂位置	侧弯 $d=4a$，180°
大西洋 CHE807RH	34	立焊	15～22	845，850	母材	合格
	34	横焊	8～26	840，830	母材	合格
	34	仰焊	14～21	845，840	母材	合格
	50	立焊	16～26	820/835 850/830	母材	合格
	50	平焊	13～20	830/835 825/830	母材	合格

表 6　　不同规格 SG780CFE 钢板焊条电弧焊焊接评定工艺及低温冲击韧性

焊材	规格/mm	焊接位置	热输入/(kJ/cm)	A_{kv}/J			
				−40℃		−20℃	
				焊缝	热影响区	焊缝	热影响区
大西洋 CHE807RH	34	立焊	15～22	27，53，34	222，178，219	56，53，53	229，214，209
	34	横焊	8～26	45，37，40	221，74，207	74，57，56	212，171，214
	34	仰焊	14～21	62，53，38	92，80，69	72，68，71	120，203，206
	50	立焊	16～26	43，37，29	246，247，219	60，55，54	249，246，244
	50	平焊	13～20	71，60，68	222，75，69	87，83，65	184，103，187

表 7　　不同规格 SG780CFE 钢板埋弧焊焊接评定工艺及拉伸、冷弯性能

焊材	规格/mm	焊接位置	热输入/(kJ/cm)	R_m/MPa	断裂位置	侧弯 $d=4a$，180°
大西洋 CHW-S80 CHF606	34	平焊	18～24	830，830	母材	合格
	50	平焊	20～29	835/810 815/825	母材	合格

表 8　　不同规格 SG780CFE 钢板埋弧焊焊接评定工艺及低温冲击韧性

焊材	规格/mm	焊接位置	热输入/(kJ/cm)	A_{kv}/J			
				−40℃		−20℃	
				焊缝	热影响区	焊缝	热影响区
大西洋 CHW-S80 CHF606	34	平焊	18～24	50，57，55	126，184，120	61，77，74	127，195，162
	50	平焊	20～29	52，48，54	218，232，215	50，73，75	229，218，239

焊接评定结论如下：在 30kJ/cm 热输入下焊接，焊接接头强度、冷弯满足标准要求，焊接接头−20℃冲击功满足要求；焊接热影响区−40℃冲击功满足要求，但焊缝−40℃冲击功无法满足≥47J 要求；首钢钢板满足−40℃条件下的设计要求。

5　结语

（1）采用低碳回火贝氏体组织设计可以满足 800MPa 级别钢板对高强度、高韧性的设计需要。SG780CFE 钢板屈服强度≥690MPa，抗拉强度≥780MPa，韧脆转变温度≤−50℃，具有良好的起裂韧性和止裂韧性。

（2）减小原奥氏体晶粒尺寸，可以明显降低 SG780CFE 钢板韧脆转变温度；同时提高厚度方向晶粒尺寸均匀性有利于获得均匀的组织及性能分布，提高钢板冷加工性能。

（3）严格控制钢中游离 N 元素含量，可以降低钢板应变时效敏感性。SG780CFE 钢中 N 含量控制在 40ppm 左右，实际应变时效敏感性为 4.17%。

（4）焊接温度预热公式预测本成分钢板的预热温度与实际试验结果相吻合，可以很好的指导不同厚度规格钢板的成分设计。提高 Ni 元素含量，有利于提高钢板 HAZ 韧性。

（5）通过焊接评定试验表明，SG780CFE 可实现在 80℃的低焊接预热温度条件下不出现冷裂纹，热输入范围 12～30kJ/cm 在满足压力钢管洞内施工时对焊接工艺窗口的苛刻要求，钢板可以满足压力钢管−40℃低温冲击的设计要求。

参　考　文　献

[1]　朱晓英，梅艳等．国内大型水电站压力钢管用钢的探讨［J］．焊接技术应用与研究，2007，36（S0）：43-46.

[2]　马耀芳，王富林，李明等．800MPa 级高强钢的焊接试验研究［J］．水利电力机械，1994（6）：3-9.

[3]　王翠萍．十三陵抽水蓄能电站压力钢管 SHY685N 钢的焊接［J］．焊接，2001，45（1）：32-34.

[4] 赵瑞存等．国产高强钢板在宝泉抽水蓄能电站引水高压钢管中的应用［J］．水力发电，2008，34（10）：84－86.
[5] 辜家明．水电站 $R_m \geqslant 800$MPa 高强钢岔管焊接工艺［J］．电焊机，2012，42（2）：11－15.
[6] 王春芳，王毛球等．17CrNiMo6 钢的微观组织对强度的影响．2007 中国钢铁年会论文集．
[7] Morito S，Tanaka H，Konishi R，et al. The morphology and crystallography of lath martensite in Fe－C alloys［J］．Acta Materialia，2003，51（6）：1789－1799.

首钢800MPa级水电压力钢管用钢焊接技术研究

张　熹　章　军　金　茹　陈延清　邹　扬　隋鹤龙　郭占山　张　楠

（首钢技术研究院用户技术研究所，北京　100043）

【摘　要】 本文系统研究了 P_{cm} 及Ni、Cr、Mo、Cu合金元素对800MPa级压力钢管用钢焊接冷裂纹敏感性及热影响区低温韧性的影响规律，并开展了5种焊材与首钢800MPa级水电压力钢管用钢SG780CFE的匹配性试验研究，确定了5种焊材焊接热输入窗口。该研究工作保证了首钢为浙江仙居抽水蓄能电站提供的34～56mm钢材具有低焊接裂纹敏感性，其最低焊前预热温度不超过100℃，满足洞内安装施工要求；在45kJ/cm热输入下焊接热影响区－40℃冲击功＞120J，为800MPa压力钢管安全服役提供了足够的韧性储备。通过先期介入为用户焊材选择及焊接工艺制定提供了充分的数据参考。

【关键词】 800MPa；水电；压力钢管；焊接技术

1　前言

随着水电站大装机容量及减量化趋势的不断发展，800MPa级水电压力钢管用钢应用量逐渐增多，钢材国产化程度也不断推进，河南宝泉抽水蓄能电站、内蒙古呼和浩特抽水蓄能电站采用了舞阳钢厂800MPa级钢板，浙江仙居抽水蓄能电站采用了首钢800MPa级钢板。随着钢板强度的提高，增加了焊接施工的难度，主要体现在：①钢板热影响区冷裂倾向提高，对低裂纹敏感性钢要求迫切。水电压力钢管洞内安装施工条件恶劣，且只能手工焊施工，焊接工人与工件之间距离最小只有10～20cm，施工时过高预热温度难以保障，也会导致焊工烫伤事故，钢材最低预热温度应不大于100℃；②对韧性要求提高，热影响区易脆化。800MPa级钢材焊接热影响区易出现不利于韧性的马氏体组织，合金元素合理配伍对热影响区组织、亚结构及韧性影响较大；③焊缝成为焊接接头的薄弱环节。800MPa级钢板配套国产焊材，特别是电焊条热输入窗口窄，在20～30kJ/cm常规热输入范围内焊缝中心冲击功很难满足－40℃≥47J的要求，进口焊材虽然焊接热输入窗口大，但其价格比国产焊材贵将近1倍。

为了保障首钢800MPa级水电钢在用户焊接施工中的焊接质量，针对浙江仙居抽水蓄能电站项目开展了首钢800MPa级钢板SG780CFE焊接性研究及配套焊接工艺研究，为用户提供了相关焊接技术服务，目前在用户处焊接使用良好。

2　800MPa级水电钢低裂纹敏感性控制技术

2.1　钢材预热温度与 P_{cm}、热影响区组织的关系

淬硬组织、扩散氢、拘束应力是导致焊接冷裂纹产生的3个决定性因素，焊接冷裂纹是这3个因素共同作用的结果，其中淬硬组织为内因，扩散氢和拘束应力为外因。当用户

焊材、结构设计已固化的情况下，热影响区是否出现淬硬组织是决定特厚高强钢最低焊前预热温度大小的关键因素。由于水电用钢大部分为特厚高强钢，因此焊接冷裂纹控制问题在特厚高强钢的焊接中显得尤为突出，通常采取适当的焊前预热来避免焊接冷裂纹的出现。如果钢材焊接冷裂敏感性大，则需要将预热温度提高到150℃，甚至更高，这不但会增加焊接施工成本、降低生产效率，而且对于野外施工或恶劣施工条件下是无法接受的，因此通过优化成分设计，提高热影响区止裂能力，开发出低焊接裂纹敏感性钢（CF钢）也是实现特厚高强钢焊接冷裂纹控制的有效方法。

本研究对首钢7种P_{cm}从0.17%～0.26%，规格为50mm的高强钢进行了焊接冷裂纹敏感性试验研究，确定了不同P_{cm}值钢材所对应的最低焊前预热温度及不同预热温度下热影响区的最高硬度，结果如图1和图2所示。结果表明：①随着钢材P_{cm}从0.17%增加到0.26%，热影响区淬硬倾向提高，其最高硬度由238HV提高到376HV，钢材避免焊接冷裂纹的最低预热温度随P_{cm}提高呈线性增加趋势；②$P_{cm}\geqslant 0.24\%$，即使预热到130℃以上，热影响区硬度下降幅度有限，其硬度接近甚至超过临界值350HV；③当$P_{cm}\leqslant 0.18\%$时50mm厚高强钢冷裂纹倾向低，可以实现不预热焊接；P_{cm}控制在0.21%以下，钢材可焊性较好，可以实现50mm厚高强钢预热温度<100℃低预热焊接；$P_{cm}>0.21\%$，钢材冷裂纹倾向较大。

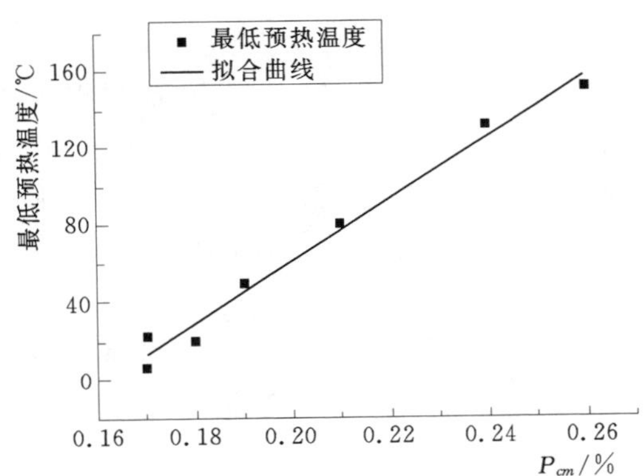

图1　钢材最低预热温度与P_{cm}之间的关系

图2　热影响区硬度与P_{cm}的关系

图3为不同P_{cm}高强钢热影响区金相组织，其焊接热输入均控制在17kJ/cm，金相结果表明：①$P_{cm}=0.18\%$时，热影响区为粒状贝氏体组织；②$P_{cm}=0.21\%$时，热影响区为

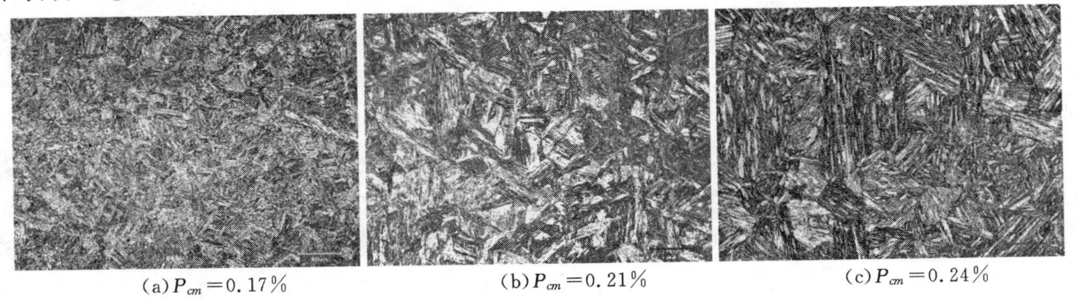

(a)$P_{cm}=0.17\%$　(b)$P_{cm}=0.21\%$　(c)$P_{cm}=0.24\%$

图3　不同P_{cm}高强钢热影响区金相组织

马氏体+贝氏体组织；③$P_{cm}=0.24\%$时，热影响区为马氏体组织。结合预热温度试验结果可知，粒状贝氏体具有好的止裂性能，马氏体止裂性能最差，为了避免焊接冷裂纹应尽量避免或减少焊接热影响区马氏体组织比例。

2.2 预热温度预测方程的建立及800MPa钢板P_{cm}控制

日本住友金属的伊藤于1969年提出了低合金高强度钢焊接最低预热温度T_0的经验公式，该公式在焊接预热温度制定中应用较广。伊藤公式显示钢材最低预热温度T_0与钢材的P_{cm}值、钢板厚度t及焊材扩散氢含量$[H]$呈线性关系。在P_{cm}、t、$[H]$三个变量中P_{cm}和t是由钢材所决定，而$[H]$主要由焊材的选择及焊材烘焙情况有关。不同用户焊材选择有所差异，焊材质保书中一般不会提供扩散氢具体数值，只是给出范围，因此限制其应用。

$$P_{cm}=\mathrm{C}+\mathrm{Si}/30+\mathrm{Mn}/20+\mathrm{Cu}/20+\mathrm{Ni}/60+\mathrm{Cr}/20+\mathrm{Mo}/15+\mathrm{V}/10+5\mathrm{B}(\%)$$

伊藤公式：

$$P_c=P_{cm}+[H]/60+t/600(\%)$$

$$T_0=1440P_c-392(℃)$$

式中　$[H]$——采用日本JIS 3113标准测定的熔敷金属扩散氢含量，ml/100g；

t——板厚，mm；

T_0——最低焊前预热温度，℃。

目前国内高强钢所采用的电焊条均为低氢焊材（H4，<4mL/100g），且进行焊接冷裂纹评价时通常采用焊条电弧焊，其焊材扩散氢含量均在3～4mL/100g，水平基本相当，因此可将伊藤公式中的$[H]$作为常量归为常数项。这样伊藤的T_0预测公式可简化为$T_0=AP_{cm}+Bt+C$的形式，其中A、B、C为常数，可以根据已有钢种的P_{cm}、厚度及最低预热温度的试验结果进行线性回归从而得到。

为建立钢板最低预热温度的预测方程，根据以往大量首钢不同厚度、P_{cm}高强钢最低预热温度的试验数据采用Minitab统计软件进行线性回归分析，得到线性回归方程形式为：

$$T_0=1497P_{cm}+1.28t-306$$

式中　t——厚度；

P_{cm}——冷裂纹敏感指数；

T_0——最低预热温度。

由于浙江仙居抽水蓄能电站项目所用800MPa级钢板厚度在34～56mm范围内，因此选择了最厚规格56mm的钢板进行计算，如图4所示，为了保证预热温度<100℃，P_{cm}不应高于0.23%。图5为首钢供浙江仙居抽水蓄能电站项目800MPa级压力钢管用钢SG780CFE的P_{cm}统计分布，结果表明：通过冶炼成分精准控制，≤56mm规格SG780CFE钢板P_{cm}稳定控制在0.21%～0.22%，钢板具有低裂纹敏感性。

表1为50mm、56mm厚SG780CFE钢板斜Y坡口焊接冷裂纹试验结果，该试验采用奥林康直径为4mm的TENACITO 80CL电焊条进行试验，以裂纹率<20%作为不产生冷裂纹的判断标准，50mm厚SG780CFE最低预热温度为80℃，56mm厚SG780CFE最低预热温度

为 90℃，该结果一定程度证明了预测方程的准确性，并保证了其最低预热温度<100℃。

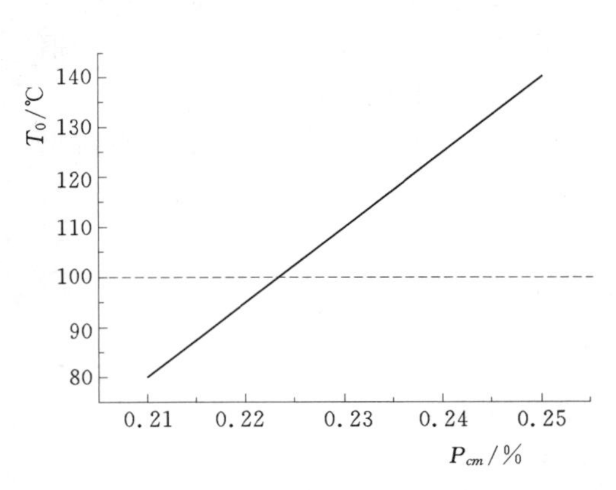

图 4　56mm 厚 800MPa 级水电钢 P_{cm} 与预热温度 T_0 的关系

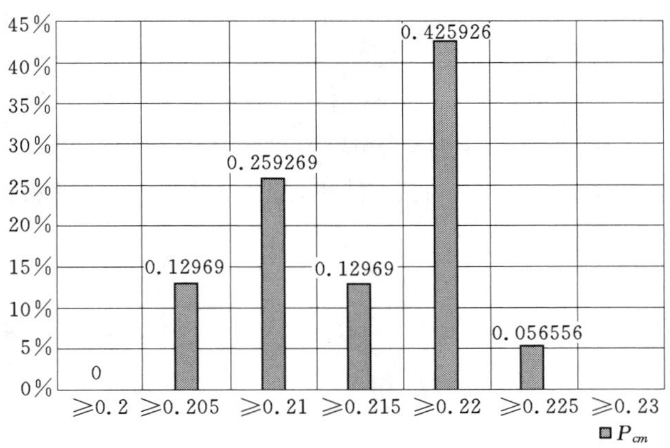

图 5　首钢 800MPa 级水电压力钢管用钢 P_{cm} 统计分布

表 1　首钢 800MPa 级水电钢斜 Y 坡口焊接冷裂纹试验结果

编号	板厚/mm	焊材	焊条直径/mm	预热温度/℃	断面裂纹率/%	表面裂纹率/%
1	50	TENACITO 80CL	4.0	50	100	100
2				80	5.2	0
3				100	0	0
4	56			90	0	0

3　800MPa 级水电钢热影响区韧化技术

为了保证 800MPa 级水电钢焊接热影响区具有优良的韧性储备，对三种成分体系 800MPa 级钢板采用 Gleeble3500 进行了焊接热模拟（焊接热模拟工艺参数见表 3），从而确定 Ni、Cr、Mo、Cu 等元素成分对热影响区韧性的影响规律。钢板成分见表 2。将热模拟后的试样进行－40℃冲击，并进行热影响区金相组织观察。

表 2　800MPa 级试验钢板成分

编号	元素含量/%						
	C	Si	Mn	Ni	Cr	Mo	Cu
1	0.09	0.25	1.3	0.19	0.47	0.19	0.011
2	0.09	0.25	1.2	0.28	0.45	0.28	0.019
3	0.09	0.25	1.3	0.50	0.32	0.27	0.18

表 3　焊接热模拟工艺参数

峰值温度/℃	峰值停留时间/s	$t_{8/5}$/s
1320	2	20，30

焊接热模拟试样冲击试验结果见图 6 所示，按照−40℃冲击功≥47J 的要求，1 号钢在 $t_{8/5}$为 20s、30s 下，热影响区冲击功低于标准要求；2 号钢在 $t_{8/5}$为 20s 时热影响区−40℃冲击功大于 120J，$t_{8/5}$为 30s 热影响区−40℃冲击功低于 47J 不能满足要求；3 号钢 $t_{8/5}$为 20s、30s 下热影响区−40℃冲击功均大于 120J。按照三维散热模型计算了 50mm 厚钢板 $t_{8/5}$=20s 时，其焊接热输入相当于 30kJ/cm，$t_{8/5}$=30s 时，其焊接热输入相当于 45kJ/cm。由此可见 3 号钢可在 45kJ/cm 焊接热输入下焊接保证热影响区具有优良的低温韧性。

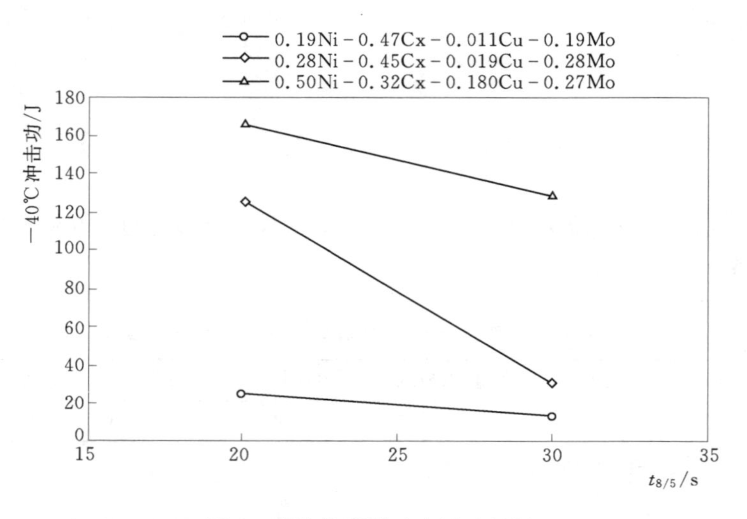

图 6　焊接热模拟冲击试验结果

为确定合金元素对 800MPa 级钢板韧性影响机理对焊接热模拟试样进行了金相组织观察、MA 岛形态观察及 EBSD 观察。结果表明：①如图 7 所示，3 种成分体系 800MPa 钢板在 $t_{8/5}$=20s 时热影响区组织类似，均为板条贝氏体+粒状贝氏体；3 种成分体系钢板 $t_{8/5}$=30s 时热影响区组织仍然类似，但由于冷却速率降低，板条贝氏体基本消失，热影响区为粒状贝氏体，该现象主要是由于 3 种钢 C 含量及碳当量相似导致在相同焊接热输入下热影响区组织转变相似；②MA 岛照片如图 8 所示，1 号 MA 岛含量最高，呈条状，且按方向性排列，2 号 MA 岛含量居中，呈条状，且有一定的方向性，3 号 MA 岛含量最少，呈粒状。MA 岛作为硬相，通常会成为裂纹源，若含量高且呈方向性排列会降低热影响区在冲击载荷作用下裂纹扩展功，从而降低了冲击功，MA 岛的数量形态受碳化物形成元素 Cr、Mo 含量影响较大，由成分对比可知 1 号钢的 Cr 元素比 3 号钢高 0.15%，而 Mo 元素含量比 3 号钢低 0.08%，由于两种钢碳化物形成元素中 Cr 含量差异最大，因此 Cr 含量的差异导致了 1 号钢与 3 号钢 MA 岛的显著差别；③焊接热模拟试样的 EBSD 照片如图 9 所示，随着 Ni、Cu 等稳定奥氏体元素含量的提高，2 号、3 号钢>10°的大角度晶界数量显著提高，而大角度晶界可以增加裂纹扩展的阻力并消耗更多的能量，从而提高热影响区低温韧性。

由以上结果可知 Cr、Mo、Ni、Cu 等元素含量差异导致热影响区 MA 岛、大角度晶界等亚结构差别较大，进而造成不同成分体系钢板热影响区表现出不同的韧性及热输入窗

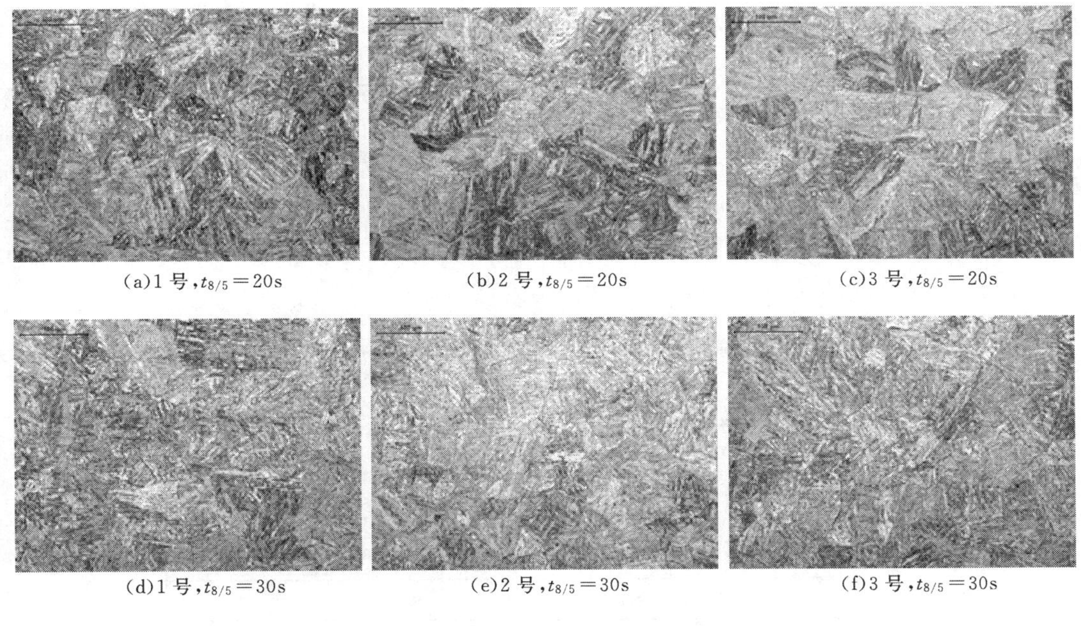

(a)1 号，$t_{8/5}=20s$ (b)2 号，$t_{8/5}=20s$ (c)3 号，$t_{8/5}=20s$

(d)1 号，$t_{8/5}=30s$ (e)2 号，$t_{8/5}=30s$ (f)3 号，$t_{8/5}=30s$

图 7 焊接热模拟试样金相组织

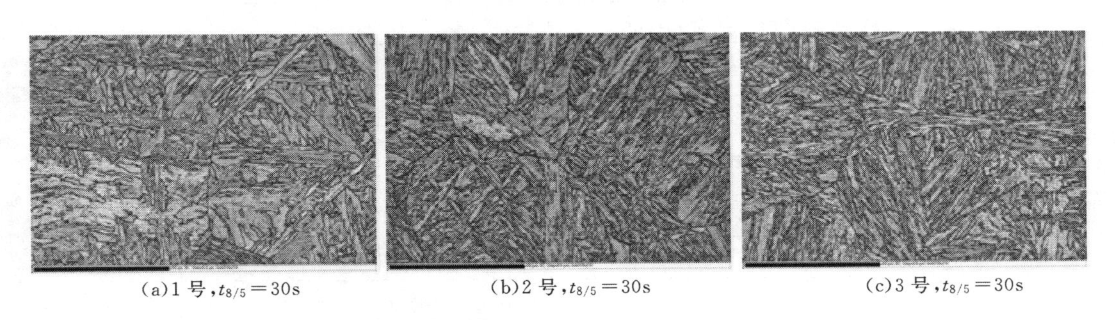

(a)1 号，$t_{8/5}=30s$ (b)2 号，$t_{8/5}=30s$ (c)3 号，$t_{8/5}=30s$

图 8 焊接热模拟试样 MA 含量及形态

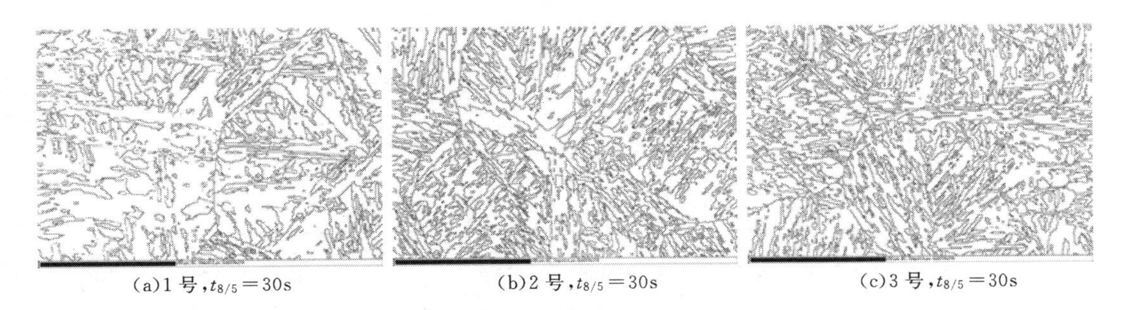

(a)1 号，$t_{8/5}=30s$ (b)2 号，$t_{8/5}=30s$ (c)3 号，$t_{8/5}=30s$

图 9 焊接热模拟试样 EBSD 分析

口差异。降低碳化物形成元素 Cr，提高 Ni、Cu 等稳定奥氏体元素含量对改善热影响区韧性有益，优化成分后的首钢 800MPa 级水电钢在 45kJ/cm 下焊接，热影响区具有良好的低温韧性储备。

4 800MPa 级钢板配套焊材焊接工艺适应性研究

随着压力钢管强度级别的提高，焊缝低温韧性很难达标，因此只能采用小焊接热输入进行焊接，这不但降低了焊接效率并增加了焊接缺陷出现的概率。首钢为了给浙江仙居抽水蓄能电站项目提供焊接技术支持，开展了首钢 SG780CFE 水电钢与国内外多种 800MPa 级焊材的匹配性试验研究。焊接评定试验采用首钢 50mm 厚 SG780CFE 钢板，电焊条及埋弧焊丝直径均为 4.0mm。

焊接工艺试验结果如表 4 所示，由试验结果可知：

表 4　　首钢 SG780CFE 与焊材匹配试验结果

焊接方法	焊材	热输入/(kJ/cm)	焊接接头强度/MPa	侧弯 $D=4a$，180°	冲击功/J			
					−40℃		−20℃	
					焊缝	热影响区	焊缝	热影响区
焊条电弧焊	大西洋 CHE807RH	26.0	820,825	合格	38,39,37	78,189,221	55,58,62	234,214,215
		19.0	823,822	合格	38,34,26	223,211,225	62,52,65	223,211,225
		15.0	811,830	合格	67,46,52	190,86,152		
		11.0	840,833	合格	79,77,71	203,130,136		
	奥林康 TENACITO 80CL	29.0	804,821	合格	35,48,24	75,63,50	64,61,67	84,182,229
		22.0	812,823	合格	44,37,35	166,114,158	63,58,61	243,191,139
		19.0	815,820	合格	55,61,52	88,134,211	76,78,63	98,211,212
	神钢 LB-116	25.0	810,815	合格	87,90,78	127,205,187		
埋弧焊	大西洋 CHW-S80 CHF606	34	810,818	合格	55,36,42	88,73,115	70,59,77	127,139,155
		30	815,825	合格	52,48,54	218,232,215	50,73,75	229,218,239
		25	814,816	合格	66,65,56	126,94,192	63,78,76	156,133,112
		20	832,845	合格	95,99,95	224,190,169	66,81,74	198,93,134
	伊萨 OK Autrod 13.43 OK FLUX 10.62	34	841,825	合格	59,72,54	157,61,206	89,132,129	223,221,236
标准要求			≥770		≥47			

(1) 首钢 50mm 厚 SG780CFE 钢板匹配大西洋、奥林康、伊萨 800MPa 级焊材，在≤34kJ/cm 热输入下进行焊接，焊接接头强度、冷弯性能及热影响区−40℃冲击功满足标准要求。

(2) 不同焊材焊接热输入承受能力相差较大，为了保证焊缝−40℃冲击功≥47J，大西洋 CHE807RH 电焊条焊接热输入不宜超过 15kJ/cm；奥林康 TENACITO 80CL 电焊条焊接热输入不宜超过 19kJ/cm；而神钢 LB-116 电焊条焊接热输入窗口可达到 25kJ/cm；

大西洋 CHW－S80 埋弧焊丝＋CHF606 焊剂焊接热输入不宜超过 30kJ/cm；而伊萨 OK Autrod 13.43 埋弧焊丝＋OK FLUX 10.62 焊剂焊接热输入窗口可达到 34kJ/cm。

（3）试验所采用的 5 种焊材在焊接评定热输入范围内，焊缝中心－20℃冲击功均满足标准要求，且富余量较大。

由以上试验结果可知神钢、伊萨等进口焊材焊接热输入窗口明显高于国产焊材，但由于这些进口焊材均在国外生产，其价格几乎比国产焊材高一倍，限制其推广应用，国内焊材厂应尽快开展 800MPa 级焊材强韧化机理研究，提高其焊接工艺适应性，从而降低 800MPa 级水电钢的焊接施工成本并为高强水电压力钢管服役安全性提供保障。

由于大西洋 CHE807RH 电焊条及 CHW－S80 埋弧焊丝＋CHF606 焊剂在常规热输入范围内可以保障焊缝－20℃冲击功≥47J，并考虑到浙江仙居所处地理位置，其极端天气下环境温度低于－20℃概率较低，因此焊接接头冲击性能按照－20℃进行控制，从而降低了生产成本，提高了焊接效率并保证了洞内焊接安装质量。

5 结语

（1）粒状贝氏体组织具有好的止裂性能，马氏体组织止裂性能最差，为了避免焊接冷裂纹应尽量避免或减少焊接热影响区马氏体组织比例。

（2）通过将 800MPa 级钢板 P_{cm} 控制在 0.21%～0.22%，保证了首钢 800MPa 级水电钢 SG780CFE 具有低焊接裂纹敏感性，为浙江仙居抽水蓄能电站项目提供的 34～56mm 钢板的最低预热温度＜100℃。

（3）Ni、Cr、Mo、Cu 元素含量对 800MPa 级水电钢焊接热影响区低温韧性影响较大，其主要是通过改变热影响区的 MA 岛及大角度晶界等亚结构来影响其韧性的，通过合金元素配比优化使首钢 SG780CFE 钢在 45kJ/cm 下焊接，热影响区－40℃冲击功＞120J。

（4）首钢通过大量焊材匹配性试验为浙江仙居抽水蓄能电站项目焊材选择及焊接工艺制定提供了参考。

（5）神钢、伊萨等进口焊材焊接热输入窗口明显高于国产焊材，由于进口焊材价格几乎比国产焊材高一倍，限制其推广应用，国内焊材厂应尽快开展 800MPa 级焊材强韧化机理研究，提高其焊接工艺适应性。

参 考 文 献

[1] 朱得祥.80kg 级高强钢的钢管制造［J］. 水力发电，1996，2：66－67.

[2] Yurioka N，Okumura M，Kasuya T，et al. Prediction of HAZ hardness of transformable steels. Metal Construction，1987（19）：217－223.

关于水电站埋入式钢管防腐蚀形式的探讨

杨明信

（河南省防腐企业集团有限公司，河南　长垣　453400）

【摘　要】 钢管根据埋入方式不同，填埋物质不同可分为土壤直埋式和混凝土嵌入式。两种方式给钢管本体造成的腐蚀强度和破坏力也有所不同，笔者根据长期从事防腐施工的经验并参阅了大量文献资料，将埋入式钢管腐蚀的机理以及腐蚀控制的方法进行概括和总结，以便与同行及从事本专业的同仁们进行探讨研究，同时也衷心地希望能得到专家老师们的批评指正。

【关键词】 埋入式钢管；填埋物质；土壤直埋式；混凝土嵌入式；腐蚀机理；腐蚀控制；电化学阴极保护

1　概述

钢管根据埋入方式不同，填埋物质不同可分为土壤直埋式和混凝土嵌入式。两种方式给钢管本体造成的腐蚀强度和破坏力也有所不同，笔者根据长期从事防腐施工的经验并参阅了大量文献资料，将埋入式钢管腐蚀的机理以及腐蚀控制的方法进行概括和总结，以便与同行及从事本专业的同仁们进行探讨研究。

2　腐蚀机理和防腐原理

钢铁腐蚀的机理大都为放出电子的电化学腐蚀，由原子态的铁变为铁离子，形成疏松状铁的氧化物或铁盐，使钢铁腐蚀变薄或丧失其原有的理化性能、力学性能，造成设备破坏。

因此防腐的根本方式是采取必要的手段将其与腐蚀性介质隔离或阻断，也可采用牺牲阳极（即敷设较活泼金属而代替转移钢铁腐蚀进行的牺牲性控制）或可采用外加电流（即补充电子）的电化学保护。电化学保护的技术条件要求较为苛刻，在水电领域没有大范围推广，在此笔者只对涂料涂装隔离方式的防腐蚀方法做一概括表述。

3　隔离式防腐方法

钢管按埋入方式可分为：①土壤直埋式：如石油天然气输送管道，城市供水及市政工程污水输送管道等；②混凝土嵌入管道，如水电站输水系统管道等。土壤直埋式管道所处腐蚀环境较为恶劣，由于土壤酸碱度不同、疏散的包覆，以及土壤中的杂散电流，大量的腐蚀性介质侵入钢管壁形成较强的侵蚀而造成材料破坏，加之钢管埋入地表下不便维护和更换，因此在选择方式上多采取加强级隔离层防腐，即采用耐腐蚀材料的多层多厚度的包覆屏蔽，常常采用玻璃纤维布加筋与热沥青相结合的包覆涂层，或者采用玻璃纤维布与环氧煤沥青冷涂相结合的包覆涂层，防腐层厚度一般为3mm。但此方法施工效率较低，不利于长输管道的施工需要，为了满足大批量长输管道的施工需要，近几年相继开发了自动化生产的2PE及3PE的生产装置，即管道聚乙烯的包覆缠绕。该装置为自动化抛丸除锈，自动化静电粉末涂料喷涂，熔溶状态的聚乙烯包覆。从而为钢管本体穿上一层厚厚的耐腐蚀铠甲，有效阻隔了腐蚀性介质及土壤杂散电流的腐蚀，延长了钢质管道的使用寿命。

4 水电行业混凝土嵌入式压力钢管防腐体系探讨

4.1 外壁与混凝土接触面

因混凝土属于弱碱性物质，嵌入中的钢质管道外壁与混凝土反应，生成含硅酸亚铁的复合硅酸盐，该惰化物质会为钢材表面形成惰化保护膜，保护钢材不受腐蚀，所以包覆在混凝土里的钢材一般不用做防腐处理。但考虑到钢管表面成型时氧化皮的剥落及混凝土浇注后的收缩，易形成微小缝隙，此缝隙内极易产生游离状态的腐蚀性离子，从而对钢材表面造成长期腐蚀。为了减少或杜绝伸缩缝的出现，也为了钢管表面的临时防护，一般安装前在钢管外壁表面涂刷水泥浆作为防护层，钢管外壁表面提前形成致密粗糙的水泥涂层，以利于二次灌浆后的牢固结合，按照相关规范该涂层水泥浆配比为：30%水泥（525号）、15%超细砂、5%苛性钠、10%水溶性黏接剂、水适量。

此配比中化学反应方程之一见式（1），其生成物为耐腐蚀的水玻璃（Na_2SiO_3）胶浆和化学稳定性较强的金属盐络合物。从而以较低的防腐成本抑制了钢铁的腐蚀，延长了钢质管道的使用寿命。

$$CaSiO_3 + 2NaOH + CO_2 = CaCO_3 + Na_2SiO_3 + H_2O \tag{1}$$

但具体施工操作中由于苛性钠的强腐蚀性，加上化学反应根据环境温度及湿度的不同而难以控制。往往造成对钢板先期腐蚀，从而出现涂层剥落及点蚀现象，违反初衷，甚至前功尽弃。笔者根据实验和相关理论，认为水泥浆中苛性钠可不加，或者直接加入水玻璃胶，但考虑到水玻璃属常温水溶性物质，雨水较多地区不易形成固态膜，容易被水冲掉，笔者曾采用耐腐蚀的高温水溶性胶做水泥浆添加剂，从而提高了水泥浆的黏聚力，也避免了雨水冲刷，涂装后在钢管壁形成致密的防护涂层，也提供了一道二次灌浆的较好的表面结合层，最大限度地抑制了腐蚀性介质对钢材的破坏，延长了管道本体寿命。

4.2 钢管内壁的防腐防磨蚀

钢管内壁长期输送自然水，水质酸碱不一，并加带大量泥沙，流速较快，极易对钢管本体造成腐蚀和磨蚀，再加上钢管后期检修维护困难，因此如何选用一套科学且行之有效的防腐体系，合理且一劳永逸的防腐蚀方法，对保护钢管尤为重要。笔者长期在施工一线从事施工技术管理，实施并见证了几座大型水电站压力钢管防腐蚀体系。在此做一分类总结。

（1）环氧煤沥青涂层的应用。如国电大渡河的瀑布沟水电站，龙头石水电站，该材料兼具了环氧树脂的耐腐蚀性和煤沥青的防水性，价格较低，但选材一定要严格，因为厂家为降低成本会加大沥青比例，造成涂层物理性能偏低，硬度及韧性减弱，沥青成分耐紫外光性较差，长期曝晒极易粉化，涂装成品要遮阳避光保存。

（2）复合涂层的应用。常规选用底，中，面。如三峡溪洛渡水电站压力钢管内壁防腐：环氧富锌底漆（50～70μm），环氧云铁中间漆（100μm），环氧煤沥青面漆（200μm），整个体系从防锈（环氧富锌）优良，隔离屏蔽（云铁为鳞片状防锈填料）效果优异。防水（环氧煤沥青）性能佳。为提高涂层的附着力，环氧富锌锌粉含量选用中含量65%，不选80%高固分型，涂层黏聚力拉拔试验从5MPa提高至7MPa。

（3）无溶剂超厚浆涂层的应用。如三峡左岸、向家坝、锦屏水电站。超厚浆无溶剂耐磨环氧的应用来看，效果不理想，毁誉参半，800μm膜厚选择造成涂料大量使用，成本较高，超厚膜涂装间隔时间不会控制，不利于双组分材料充分固化及挥发性物质的散发，从而降低了涂层的物理性能。500～600μm无溶剂超厚浆涂参层设计更为合理。在低水头低流速引水系统应用较广泛。

（4）玻璃鳞片涂料应用：玻璃鳞片在涂料中做填料，从而使涂层更加致密，屏蔽效果优异，抗磨抗渗性能更高，如近被开发出环氧玻璃鳞片型，环氧煤沥青玻璃鳞片型涂料，在金沙江中游的阿海，梨园水电站采用，施工方便，漆膜坚韧耐磨，耐盐雾试验良好，附着力 $P\geqslant 7$MPa，效果良好。

4 结语

（1）电站压力钢管与混凝土接触面水泥胶浆的配制。

（2）压力钢管内壁过流面防腐体系的选择是防腐蚀成败的关键。

（3）高水头高流速介质防腐涂层中富锌涂料的应用与附着力的控制（$P\geqslant 7$MPa）。

（4）新型玻璃鳞片涂料在压力钢管防腐施工中的应用。

以上是笔者对长期施工经验的概况和总结，以便给相关工程人员和从事防腐工作的同仁提供一点借鉴和引导作用。

五、管道规范与设计标准

设计规范中与岔管有关的几个问题

钟秉章[1]　陆　强[2]

（1. 浙江大学，浙江　杭州　310058；
2. 浙江大学建筑工程学院，浙江　杭州　310000）

【摘　要】 本文阐述了目前水电站压力钢管规范中影响到工程设计的一些具体问题，论述了钢岔管不做水压试验的可能性。

【关键词】 设计规范；钢岔管；水压试验

自 SD 144—85《水电站压力钢管设计规范（试行）》（以下简称《85 规范》）颁布以来，因水利电力部撤销，以及工程建设发展的需要，于 2001 年和 2003 年先后颁布了电力行业标准 DL/T 5141—2001《水电站压力钢管设计规范》（以下简称《电力规范》）和水利行业标准 SL 281—2003《水电站压力钢管设计规范》（以下简称《水利规范》），以上两部规范和《85 规范》对岔管部分有关规定仍存在一些值得讨论的问题。

1　规范条文

1.1　岔管结构平面布置型式

《电力规范》和《水利规范》仍例举了《85 规范》中岔管结构平面布置三种典型的型式：非对称 Y 形布置、Y 形布置以及三岔形布置，尽管规范中也提及到岔管结构的平面布置形式还可以是以上三种典型形式的组合，往往在具体工程实践中被设计工程师所忽略，对于一些 *HD* 值大的工程，经常遇到采用四通四梁岔管的形式，外加强梁尺寸非常庞大，给制作安装带来很多困难；更有采用四通月牙肋岔管的案例，因月牙肋内插，严重影响中间管道的水流流态。其实工程实践中早已出现一管三机分岔布置的结构型式，图 1 为云南那兰水电站一管三机布置型式，避免了采用四通岔管会造成水头损失大、结构复杂的缺点；如图 2 溧阳抽水蓄能电站采用了另外一种一管三机的结构布置型式，也巧妙地避免了类似的问题。

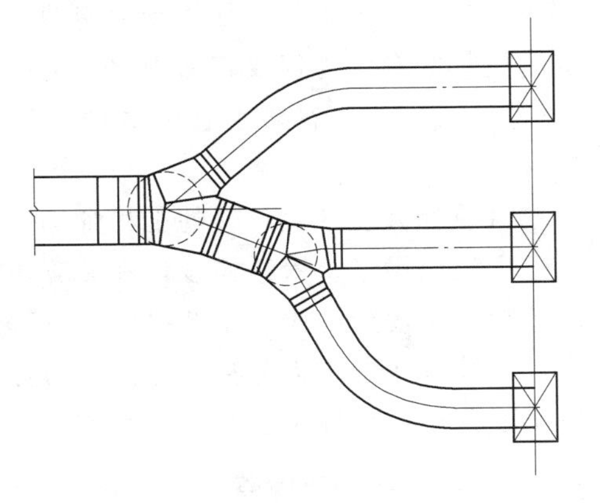

图 1　云南那兰水电站一管三机布置

以上两种布置是规范中对称 Y 形和不对称 Y 形布置的组合，巧妙地解决了多分岔的问题，以引导设计人员灵活应用。

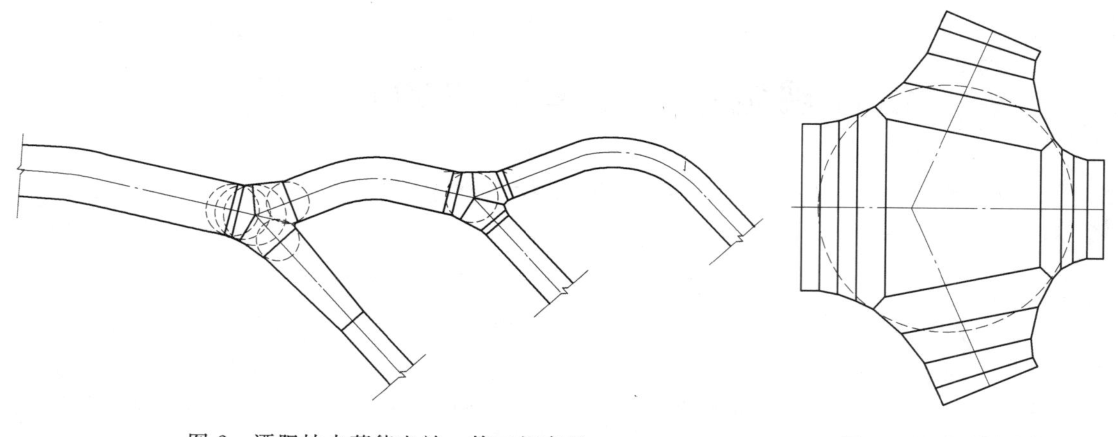
图 2 溧阳抽水蓄能电站一管三机布置　　图 3 四通无梁岔管

1.2 四通无梁岔管

四通无梁岔管已经从 20 世纪 80 年代末就在工程上应用，至今仍有工程继续在应用，但两个规范示意图也没有反映无梁岔管这些年的实践情况，如图 3 所示。

1.3 三梁岔管分岔角

规范里给出三梁岔管分岔角大小的适用范围为：非对称 Y 形宜用 45°～70°，对称 Y 形宜用 60°～90°，而工程实践中已有突破此规定的分岔角范围，如某水利工程设计拟用的 90°分岔球形岔管（主管和一个支管呈 90°，和另外一个支管成 180°）时，其 90°分岔只是供水系统的联接管，结构经过优化改为三梁式岔管，分岔角实际是 180°，简化了结构，也节省投资，还降低运行时的水头损失。

1.4 结构分析方法

两本规范关于外加强梁或月牙肋的结构力学计算方法，为了简化计算作了这样的假定：把管壁看作为仅仅转递内水压力的膜，再把不平衡水压力施加在梁（三梁式）或肋板（月牙肋式）上，忽略了管壳的剪力和弯矩作用，按此方法设计的外加强梁或肋板往往过大。

目前各大设计院年轻的工程师们已普遍熟悉和掌握了有限元软件的使用，有限元计算已经广泛应用于岔管结构设计和计算，规范中原先一些带有估算性质的分析方法已经不适用于规范所规定的 1、2、3 级电站工程设计实践，规范应当及时反映这一趋势，其中关于设计计算方法、应力分类、允许应力标准、制作及检验手段都应相匹配一致，当前许多水电工程公司和设计院承接国外水电工程其实也需要这样的改变。

1.5 主管管径和支管管径的关系

为了保证水流流态尽可能平稳，减少岔管的水头损失。一般主管进口处面积应等于或尽可能接近于各个支管出口处面积的总和，这应当是水力学的基本准则。但往往一些工程在长管道末尾没有设置渐变段，使得钢岔管的主管管径远远大于实际需要，无谓地增加工程难度和费用，建议在修编新规范时对此应作出明确规定。

2 水压试验

《电力规范》明确规定岔管应作水压试验，然而又规定，经过论证亦可不作水压试验；《水利规范》则规定明管、岔管宜作水压试验。水压试验压力都是1.25倍最高内水压力设计值。

如何论证和满足什么条件下可以取消水压试验，两个规范都没有相应的规定，也没有指出应采取的工程措施。

2.1 工程实践

我们调查了大量大中型水电站岔管资料，其中部分岔管做了水压试验，而多数岔管尤其是贴边岔管并没有做水压试验。

大型抽水蓄能电站由于水头高、HD值大，其岔管均采用高强钢制作，如北京十三陵抽水蓄能电站、西藏羊卓雍湖抽水蓄能电站、江苏宜兴抽水蓄能电站、河北张河湾抽水蓄能电站、山西西龙池抽水蓄能电站、溧阳抽水蓄能电站等。部分常规电站也有采用高强钢制作岔管的例子，如云南鲁布格水电站。上述这些电站岔管均做了水压试验，除了常规的要求外，这些电站钢岔管做水压试验主要还与钢材进口合同的要求有关。近年来内蒙古呼和浩特抽水蓄能电站、浙江仙居抽水蓄能电站、江西洪屏抽水蓄能电站开始采用国产800MPa高强钢制作钢岔管，为验证国产800MPa高强钢和制作工艺质量也都作了水压试验。

近年来四川瓦屋山水电站因钢材原因，四川一道桥水电站、云南尼汝河金汉拉扎水电站、云南大梁子水电站、云南不管河三级水电站因支管厚度与管径比值超出规范关于径厚比小于等于2.1%的规定，也确定做水压试验。

为了全面检验岔管制作质量，积累测试数据以改进设计计算方法，早期采用低碳钢和低合金钢制作的很多三梁和月牙肋岔管都做了水压试验。云南、贵州以及长江勘测设计研究院设计的钢岔管基本上都要求作水压试验，而新疆的工程，多数都没有作水压试验。限于条件，工程上贴边岔管则往往不作水压试验，其实贴边岔管的锐角处峰值应力非常高，而且贴边焊接质量很难得到保证，但这些没有做水压试验的岔管并没有发生事故的案例。

2.2 不做水压试验的可能性

常规钢岔管试验主要是为了达到这样一些目的：检验结构安全和致密性；检验结构计算结果和试验值的差异，以求改进计算分析方法；部分消除焊接和装配残余应力。

历史上钢管、压力容器经历了铆接、薄药皮酸性焊条手工焊接等发展过程，并没有无损检查手段，所用钢材多是韧性差、无塑性转变温度较高的低碳钢，甚至是沸腾钢。当时的条件规定做水压试验是非常必要的。

水压试验并不能绝对保证岔管的制造质量，如云南吉沙水电站，月牙肋岔管为对称Y形布置，设计内压6.522MPa，主管管径2.3m，支管管径1.4m，管壁厚46mm，肋板厚112mm，采用07MnCrMoVR钢材，尽管也做了出厂水压试验，试验后检查出有严重缺陷，金相分析证实有晶间和穿晶裂纹。投资方因急于投产，在岔管外包混凝土，增加钢筋布置。但从断裂力学角度看，微裂纹会随着内压变化、运行过程中的振动，迟早会扩展为宏观裂纹。再如四川冶勒水电站埋藏式钢岔管在运行后出现开裂事故，原因是没有按照高强钢的特点，控制好焊接输入线能量和工程管理不严格所致。

水压试验过程出问题的工程实例极少，但也有发生，如 20 世纪 60 年代末上海锅炉厂对进口厚板钢材制作的压力容器作常规水压试验，要求保压 24h。起初升压、保压正常，夜间气温降低后突然开裂，事后研究发现该钢材的无塑性转变温度非常接近于当时夜间的气温。而现在的低合金钢、高强钢的无塑性转变温度远低于水电站的最低运行温度，这已经不是问题。另外从国外的有关规范看，试验压力最初为工作压力的 1.5 倍，后来才调整为 1.25 倍。早在 2007 年就有规范只要求 1.1 倍或气密性试验即可。试验压力降低，试验过程再发生开裂的可能则更低。

消除残余应力的原理是在缓慢加载条件下，残余应力和逐步增加的水压引起结构应力叠加，因加载速度慢，应力超出钢材屈服时有充分的时间发生应变松弛，从目前的水压试验实测结果看可降低峰值应力 30%～35%。而水电站的首次充水其实就是一个缓慢的加载过程，也能起到部分消除残余应力峰值的作用；缓慢加载使得缺欠尺寸小于无损检查灵敏度而无法检出的缺欠尖端钝化，降低该处的应力强度因子数值，长期运行时可防止缺欠扩张；至于焊接残余应力还可以用振动法或爆炸法消除，费用和所需时间远低于水压试验。

水电站钢岔管不同于明钢管，或埋藏在围岩之中、或有外围钢筋混凝土包裹，万一出事故，因出流量有限，不会产生严重次生灾害。随着焊接材料、钢材品质、检查手段的进步，以及设计水平、全过程控制、管理制作工艺。再要求钢岔管作水压试验已无必要。

2.3 相关规范的规定

（1）美国规范 ASME Ⅷ 第一册 压力容器建造规则（2007）。

该规范其中 UG－99 标准液压试验对压力容器气压和水压试验作了规定。在下列情况时可不进行液压试验：已采用了适当的气密性试验的；经制造商和检验师双方同意以其他方法代替气密性试验的；所有可能因装配而被遮蔽的焊缝，在容器总装之前已对质量进行目视检查的；凡容器不储存“致命”物质的。

这与早年的 ASME 等标准比较，对于压力容器水压试验压力要求已经降低，而且规定在一定条件下可以不做水压试验。

（2）日本闸门钢管协会 2007 版闸门钢管技术标准。

该规范第 50 条设计“水压试验”部分的规定为：主承压部应视需要在工厂或现场进行水压试验，确认其安全性；实施水压试验时的试验压力为设计内压的 110%，持续时间为 10min 以上。

以前对主承压部每一管节进行水压试验或安装后进行整体的水压试验，确认其安全性。现在，随着钢材品质的提高以及焊接、非破坏检查技术的进步，可靠性能不断提高，所以如果实施放射性透照试验或超声波试验等非破坏检查可确认品质时，可以省去水压试验。

但是，岔管等主承压部采用新形式或复杂结构，只通过非破坏检查、结构解析等并不能充分确认其安全性能的情况下，往往进行水压试验。而采用机械接头时，原则上要作水压试验。

实施岔管水压试验时，除设计应力外，还有形状不连续造成的应力集中，组装、焊接

时角变形造成的附加应力，水压试验时临时支撑造成的附加应力，以及作用到水压试验用封头上的内压造成的附加应力，因此要制订周密的计划，确定试验压力，设定升压和降压过程中压力变化，及早通过测量变形掌握异常位移，实施安全对策等，慎重实施水压试验。

作为特殊情况，在安装结束后进行整体水压试验时，此时除了设计压力以上的内压作用之外，安装在管道上下游或中间的试验用封头板上的内压会引起管轴线方向的推力或造成管道连续性中断，镇墩会发生与正常运行不同的荷载状态，因此要充分研究。

(3) GB 150.4—2011 压力容器 第 4 部分：制造、检验和验收三部分。

该标准作了类似的明确规定，此处压力容器涉及化工压力容器，储存物质甚至还可能有毒、有爆炸危险的化工材料，泄漏可能会引起严重的次生灾难。也是从设计、材料、制造、检验和验收全过程控制质量入手，而不是依靠事后的水压试验。其有关水压试验的条文和上述国外的两个标准十分类似。

从以上规定中可以注意到美国规范在一定条件下允许不作水压试验。而日本闸门钢管协会 2007 版闸门钢管技术标准确定水压试验时的试验压力为设计内压的 110%，持续时间为 10min 以上。这与先前的规定水压试验压力为设计内压的 125%，持续时间半小时以上有显著变化。究其原因是对钢材品质、制作水平、无损检验和设计应力分析可靠度都更有信心，而且不必依靠水压试验来考验结构安全度和降低残余应力。近些年来除抽水蓄能电站之外，常规电站钢岔管已普遍不作水压试验。

2.4 取消水压试验应满足的条件

在满足以下条件的基础上，在专家检查施工记录和评审通过后，可免作水压试验并报请规范管理单位备案。

(1) 在结构设计合理条件的前提下，作岔管结构有限元分析，选择合适的钢材，有满足规范要求的安全裕度，万一发生意外事故也不会导致次生灾害。

(2) 钢材和焊接材料采购标书中应提出严格要求。

(3) 承包商需作好岔管的施工组织设计并经过专家的严格审查（如新疆波波娜水电站埋藏式钢岔管的施工组织设计就因承包商没有认真考虑施工方法和工程质量控制管理，专家评审未能通过免除作水压试验）。

(4) 对焊接有关人员、监理工程师、技术管理人员及业主工程管理人员作专业培训（如云南龙江、贵州响水二期、新疆哈德布特等水电站等）。

(5) 承包商应在焊接工艺评定之后，针对本工程岔管编制的焊接工艺实施规程和工艺卡（严格控制含焊接输入线能量），在施工过程中严格实施并有完整的施工记录。

(6) 对全部焊缝做 100%超声波、100%表面无损探伤（着色或磁粉法）以及按照规范规定比例的射线探伤，要求一次合格率在 95%以上。

(7) 对于缺欠部分需要制定返修工艺卡，经监理批准后，指定有经验的焊工实施，并不得有第二次返修。

(8) 可考虑作振动消应或爆炸消应，以降低焊接和装配应力峰值。消应之后对岔管的主要焊缝作全面无损探伤复查。

3 结论

水电事业的发展总离不开技术进步，纵观国外有关压力容器和钢管规范已经发生了显著变化。大型抽水蓄能电站不作水压试验迟早也会实施。国内后续规范的修订应及时总结工程实践经验，反映这些变化。

参 考 文 献

［1］ 钟秉章，陆强．水电站压力钢管设计规范中的若干问题．水电站压力管道——第七届全国水电站压力管道学术会议论文集．北京：中国电力出版社，2010.

［2］ DL/T 5141—2001 水电站压力钢管设计规范［S］. 北京：中国电力出版社，2001.

［3］ SL 281—2003 水电站压力钢管设计规范［S］. 北京：中国水利水电出版社，2003.

［4］ 美国规范 ASME Ⅷ 第一册 压力容器建造规则（2007）.

［5］ 日本闸门钢管协会 2007 版闸门钢管技术标准.

［6］ GB 150.4—2011 压力容器 第 4 部分：制造、检验和验收三部分.

关于月牙肋钢岔管应力控制标准的问题

杨兴义　张　团

（中国电建集团成都勘测设计研究院有限公司，四川　成都　610072）

【摘　要】本文旨在讨论目前水电站压力钢管设计规范中有关钢岔管设计允许应力取值的问题，指出月牙肋钢岔管作为一种常用的岔管结构型式，规范应尽可能对各部位的应力控制标准加以明确，以适应并指导月牙肋钢岔管的设计。

【关键词】月牙肋；岔管；允许应力；控制标准

1　引言

月牙肋钢岔管是水电站引水系统普遍采用的岔管型式，也是较为成熟的一种岔管结构。电力版《水电站压力钢管设计规范》（DL 5141—2001，以下简称《电力规范》）和水利版《水电站压力钢管设计规范》（SL 281—2003，以下简称《水利规范》）两本规范对岔管应采用的应力控制标准都做了专门的规定，但不尽相同。涉及到月牙肋钢岔管的具体设计时，管壳和月牙肋加强板的允许应力控制标准也不同，设计人员在设计过程中会经常遇到如何选取应力标准的问题。如果应力控制标准值取得较低，钢板势必加厚，增加制造难度和造价；应力控制标准值取得偏高，结构的安全度则会降低。规范基于以往岔管设计采用的简化结构力学方法得到的计算成果可靠度差，对应力控制标准留有充分的余度。随着有限元计算方法的不断完善和发展，采用有限元对岔管这种复杂的空间结构进行计算分析已相当普遍，并且多个工程实例已经证明有限元计算成果的有效性。月牙肋钢岔管不同部位的应力种类已较为明确，规范应加以区分的给予明确的应力控制标准值，以便于设计人员采用。

2　管壳允许应力

两本规范对岔管结构都未做明管或埋管的区分，即只要是岔管就按明管进行设计，这无形中给地下埋藏式钢岔管设计留了充分的安全余度。笔者根据已完成的多个电站的钢岔管设计和运行检验，认为钢岔管应对地下埋藏式岔管和明岔管采用不同的应力控制标准值，这在北京院王志国等编著的《水电站埋藏式内加强月牙肋岔管技术研究与实践》一书中已有论述。

月牙肋岔管管壳应力根据其所处几何位置，可分为三个区域。远离锥管转折角区对应整体膜应力，距离转折角一定范围内为局部膜应力，转折处对应的是局部膜应力＋弯曲应力。两本规范在转折处采用何种应力控制标准，都未做明确规定。《电力规范》虽然给出了局部膜应力＋弯曲应力的结构系数 γ_d，但并未明确该值适用于锥管转折处；而《水利规范》未给出局部膜应力＋弯曲应力的应力控制标准，认为岔管管壳及转折处均应采用局部膜应力进行控制，备注中说明当采用有限元计算峰值应力时可以酌情提高该值。一般设计人员针对锥管转折处，普遍采用较低的控制标准（即局部膜应力控制），此时板厚将增加18%左右。在进行大PD值钢岔管设计时，该问题将更为突出。例如某电站岔管采用局部膜应力控制转折处应力时管壳壁厚为84mm，如果采用局部膜应力+弯曲应力限制其转折处应力，则壁厚减小至70mm，大大降低了岔管材料供货和制造的难度，将转折处的应力放宽至一个较高的水平但不超过局部膜应力+弯曲应力的控制标准值是可行的。当然对埋藏式岔管和明岔管基于安全性考虑，应区分对待，不能一概而论。

值得一提的是，美国土木工程协会（ASCE）设计手册 Manual and Report on Engineering Practice No. 79，Steel Penstocks 规定，在管壳距离转折角一定范围内的局部膜应力按1.5倍整体膜应力考虑；在管壳转折处由于约束引起的具有自限能力的二次应力，其允许应力可取3倍整体膜应力。按此换算，岔管管壳转折处的允许应力可取钢材的抗拉强度，这在我国两本规范中是不允许的。笔者在进行埃塞俄比亚 GIBE III 地下埋藏式钢岔管设计时，采用介于电力规范局部膜应力+弯曲应力和美国规范二次应力之间的值对岔管管壳转折处的应力加以限定，目的是控制岔管的最大应力使得其值不超过材料的屈服强度。这恰恰说明，随着钢板制造厂的技术和岔管制造单位的经验不断提高，钢岔管设计时应区别对待埋管和明管，对岔管不同区域的允许应力也应采用不同的控制标准值，才是经济合理的。

3 肋板允许应力

月牙肋岔管，由三梁岔管发展而来，以月牙形肋板代替三梁岔的U梁，取消腰梁。月牙肋插在管壳中，它是结构的关键部件，往往岔管的设计、制造和施工难度都集中在肋板处。关于月牙肋的受力状态，诸多文献论述不一。但通过大量的有限元计算和水压试验数据可以证明，月牙肋板主要为一承担锥管管壳割裂所产生的不平衡力的受拉构件，肋板的应力为一次弯曲应力，不允许发生屈服应变。

两本规范对肋板的允许应力的规定并不相同，《电力规范》对肋板允许应力并未明确规定，按笔者的理解，肋板允许应力可按整体膜应力或局部膜应力进行控制。《水利规范》规定承受弯矩的加强构件即肋板的允许应力可取钢材屈服强度的0.67倍。设计人员在采用《电力规范》进行肋板设计时，允许应力取值没有一个明确的限定值可取，设计人员有思考和研究的空间，则会带来更多的方案比选和优化。在进行小规模岔管设计时，即使采用整体膜应力控制肋板应力，肋板厚度也不至于超过管壳厚度的2.5倍，肋板的材料供货和制造难度不大，此时采用整体膜应力作为肋板的允许应力是可行的。例如青龙水电站钢岔管，肋板厚度取2倍管壳厚度，肋板计算应力按整体膜应力控制，仍然有富裕。但哈萨克斯坦玛依纳水电站由于PD值达2300m^2，明钢岔管材质为高强钢，管壳厚度58mm，当采用局部膜应力限制肋板应力时，肋板厚度已超过120mm，考虑钢材制造能力，此时只能适当放宽允许应力，采用局部膜应力+弯曲应力对肋板应力加以限制，岔管已安全运行3年，肋板经受住了较高应力水平的考验，结构是安全的。

从月牙肋岔管受力特点分析，肋板有垂直板厚方向的撕拉应力，即肋板有Z向性能要求。Z向性能级别的合理选择，两本规范中都没有给出明确规定，是容易被设计人员忽

略的问题。层状撕裂一般发生在热影响区和靠近热影响区的母材上的一种特殊裂纹，产生的主要原因是钢材中含有微量非金属夹杂物。在设计月牙肋岔管时，如果肋板应力控制标准取值偏低，肋板厚度增加，肋板母材制造难度加大。厚肋板制造时，芯部的性能往往不能得到保证，肋板存在沿厚度方向撕裂的可能性，反而不一定是安全的。因此确定肋板允许应力时，应考虑材料、制造和岔管受力特点进行综合分析，降低各种可能出现的不利情况，才能得出经济合理的肋板体形。

4 结语

两本规范实施以来对水电站压力钢管和钢岔管的设计起到了很好的指导作用，但随着近年来我国水电行业的飞速发展，特别是大量的高水头大容量的抽水蓄能电站的新建，月牙肋岔管趋向大型化，有些电站的岔管 PD 值已超过 $4500m^2$。同时钢板生产能力和岔管制造技术也在不断进步。在这种大背景下，需要适时的对现行规范作必要的修订和补充[8]。月牙肋钢岔管作为一种常用的岔管结构型式，规范应尽可能对各部位的应力控制标准加以明确，以适应并指导当前月牙肋钢岔管的设计。

参 考 文 献

[1] DL/T 5141—2001 水电站压力钢管设计规范 [S]. 北京：中国电力出版社，2002.

[2] SL 281—2003 水电站压力钢管设计规范 [S]. 北京：中国水利水电出版社，2003.

[3] ASCE Manuals and Reports on Engineering Practice No. 79，Steel penstocks [S]. American，2012.

[4] 王志国. 水电站埋藏式内加强月牙肋岔管技术研究与实践 [M]. 北京：中国水利水电出版社，2011.

[5] 杨海红，杨兴义，伍鹤皋. 三分梁式岔管体形设计与有限元计算 [J]. 水力发电，2012，38 (2)：54-56.

[6] 杨兴义，陈亚琴，刘朝清，哈萨克斯坦玛依纳水电站压力管道设计 [J]. 第七届水电站压力管道学术会议论文集. 北京：中国电力出版社，2010.

[7] 钟秉章，陆强. 水电站压力钢管设计规范中的若干问题 [J]. 第七届水电站压力管道学术会议论文集. 北京：中国电力出版社，2010.

[8] 钟秉章，陆强. 关于水电站钢岔管设计的若干问题 [J]. 水电站压力管道学术会议论文集. 湖北：湖北科学技术出版社，2002.

水电站钢岔管应力控制标准的比较与应用研究

伍鹤皋　周彩荣　石长征

（武汉大学水资源与水电工程科学国家重点实验室，湖北　武汉　430072）

【摘　要】 国内外各类规范对埋藏式钢岔管的应力控制标准和考虑围岩联合承载与否均未做统一的规定，大多数规范在过去一般都按明岔管来设计埋藏式钢岔管，不能充分体现钢岔管与围岩联合承载的特性，也导致越来越多的大 HD 值钢岔管管壁厚度和加强梁尺寸过大，带来施工工艺上的困难。本文通过三维有限元结构分析，对目前常用的几种压力钢管规范应力控制标准进行了比较研究，在相同围岩参数及缝隙条件下，按不同应力控制标准设计的钢岔管管壁厚度和加强梁尺寸差别较大，说明不同规范的应力控制标准对设计结果的影响是较大的。为此，本文在上述研究的基础上提出了按 DL/T 5141—2001 规范坝内埋管的结构系数增加 10% 作为钢岔管的应力控制标准的建议，在同时满足明管校核准则和适当控制围岩承载比的条件下，该应力控制标准可使地下埋藏式钢岔管的设计更为合理，施工工艺更为简单。

【关键词】 水工结构；埋藏式钢岔管；应力控制标准；三维有限元法；管壁厚度

1　问题的提出

为了钢岔管结构稳定性的需要，钢岔管一般均布置在围岩或混凝土镇墩当中。但是许多已建或在建的埋藏式钢岔管大多按明钢岔管进行设计，一般有两种做法：①不考虑围岩承载作用，直接采用明钢管允许应力或在其基础上适当提高钢材允许应力进行设计；②采用直管段近似估算围岩分担内水压力的解析法，扣除围岩承担的部分内水压力后再对钢岔管进行设计，应力控制标准为明钢管允许应力。目前关于地下埋藏式钢岔管应力控制标准的研究不多，国内外常用的各种钢管规范都没有统一地规定钢岔管应力控制标准，而且偏于安全考虑，大多数工程均按照与明钢岔管相同的允许应力进行控制。然而，明钢岔管与埋藏式钢岔管的应力分布规律具有明显的区别，不能体现钢岔管与围岩联合承载的特性，也没有反映出不同管型安全性的差别，进而引起不同设计单位和设计人员根据自身的理解取值各不相同，设计结果差异较大。因此，如何确定合理的应力控制标准成为埋藏式钢岔管设计的一大难题，本文以埋藏式月牙肋钢岔管为例，对埋藏式钢岔管的应力控制标准进行了系统的研究和比较，以为今后其他工程中钢岔管应力控制标准的确定提供参考。

2　各种规范相应的应力控制标准

目前，国内外常用的钢管规范或标准主要有：DL/T 5141—2001《水电站压力钢管设计规范》、Q/HYDROCHINA 008—2011《地下埋藏式内加强月牙肋岔管设计导则》、SL 281—2003《水电站压力钢管设计规范》、美国 ASCE 1993 版《ASCE Manual and Report on Engineering Practice No. 79》、日本闸门钢管协会 1993 版《压力钢管设计技术标准》、欧盟 C. E. C. T 1980 版《Recommendations for the Design, Manufacture and Erection of Steel Penstocks of Welded Construction for Hydroleectric Installations》(以下分别简称为《DL 规范》、《岔管设计导则》、《SL 规范》、《美国 No. 79 标准》、《日本规范》、《欧盟规范》)。

对于钢岔管的应力，依据岔管不同部位应力是否有自限能力和自限程度的不同，各个规范对应力的分类也略有差别。其中在《美国 No. 79 标准》中，将钢岔管应力分为管壳部位的整体膜应力、局部膜应力、局部膜应力＋弯曲应力、二次应力和加强梁上的应力，其意义如下：

(1) 整体膜应力，是为满足基本平衡条件所必须的环向应力，在塑性流变中不会发生应力重分布，一旦应力超过钢材的屈服强度，将直接导致结构破坏，应加以严格限制。这种应力在日本规范中称为一次应力。

(2) 局部膜应力，是在结构不连续处所产生的膜应力，具有一定的自限性和局部性，在塑性流变中其膜应力将产生应力重分布，且影响范围仅限于局部，但要加以适当限制，否则会产生过量塑性变形而破坏。

(3) 局部膜应力＋弯曲应力，是在结构不连续处为满足变形协调所产生的膜应力和弯曲应力的叠加，具有自限性和局部性，不会引起显著的变形。局部膜应力和局部膜应力＋弯曲应力在日本规范中称为二次应力。

(4) 二次应力，是为满足相邻部件的约束条件或结构自身变形连续要求所需的弯曲应力、轴向应力或剪应力，基本特征是自限性和局部性，即局部屈服和小量变形就可以使约束条件或变形连续要求得到满足，它不会导致结构破坏。这种应力在《日本规范》中被称为峰值应力。

(5) 加强梁应力，为一次弯曲应力，不允许发生屈服应变。

《DL 规范》中规定，地下埋藏式岔管若有足够的埋深，且回填混凝土和灌浆质量符合要求，可计入围岩抗力，其岔管的结构系数 γ_d 应按明管 γ_d 值（整体膜应力为 1.6，局部膜应力为 1.3，局部膜应力＋弯曲应力为 1.1）增加 10%的采用，其 γ_d 值详见表 1。大型水电站或抽水蓄能电站钢岔管抗力限值（类似于 SL 规范中的允许应力，以下将该抗力限值统称为允许应力）可按规范中公式（8.0.10－6）进行计算，当岔管结构安全级别为Ⅰ时，公式中的结构重要性系数 γ_0 取为 1.1，设计状况系数 ψ 为 1.0。值得关注的是，规范中没有对管壳部位各种应力类型的定义做具体解释，也没有对加强梁应力类型做出明确规定；对于月牙肋钢岔管而言，工程中通常将肋板应力按整体膜应力或局部膜应力来控制。从内加强月牙肋岔管本身受力特点来分析，在运行工况下肋板多处于偏心受拉状态，当体形不太理想时偏心程度更大，而且许多工程中肋板实测应力值往往比设计值低很多，因此肋板应力按照局部膜应力来控制更合理。以下将上述允许应力的规定简称为《DL 明管规范》。

在《DL 规范》讨论和应用过程中，有不少设计单位和技术人员根据多年的钢岔管设计经验，提出地下埋藏式钢岔管的 γ_d 值在坝内埋管（因为地下埋管没有区分整体膜应力和局部膜应力）结构系数 γ_d（整体膜应力为 1.3，局部膜应力为 1.1，局部膜应力＋弯曲应力为 1.0）的基础上增加 10%的方法。需要说明的是，坝内埋管结构系数中并没有给出局部膜应力的结构系数，这里列出的局部膜应力结构系数 1.1 是参照明管结构各种应力结构系数的相对比例提出来的。该规定比 DL 明管规范中各种允许应力类型有较大程度提高，可充分体现出明管和埋管安全性的差别，也更好地反映了围岩联合承载的特性。以下将这种允许应力的规定简称为"DL 埋管规范"。

2011 年，中国水电工程顾问集团在《DL 规范》的基础上提出的地下埋藏式月牙肋钢岔管设计导则中，结构重要性系数 γ_0、设计状况系数 ψ 和整体膜应力对应的结构系数 γ_d 与《DL 规范》中完全相同，但对局部膜应力、局部膜应力＋弯曲应力相应的 γ_d 值进行适当降低，肋板应力结构系数 γ_d 进行了明确规定，各应力类型对应的结构系数具体为：整体膜应力 1.76，局部膜应力 1.3，局部膜应力＋弯曲应力 1.1，肋板应力 1.5。另外，还对局部应力区的范围进行了特别解释，距肋板 $3.5\sqrt{rt}$（r 为相应管节半径，t 为管壁厚度）以内管壳及母线转角处管壁，具体部位见图 1。与此同时，考虑钢岔管与围岩联合承载时结构设计应满足条件见 9.0.2 条，平均围岩承载比和局部削减率分别控制在 30% 和 45% 以内；还采用"明管校核准则"来限制埋藏式钢岔管外围岩体分担比例，即在钢岔管单独承载时其应力值也不超过材料屈服强度（考虑焊缝系数为 0.95，800MPa 级钢材约为 630.8MPa）。

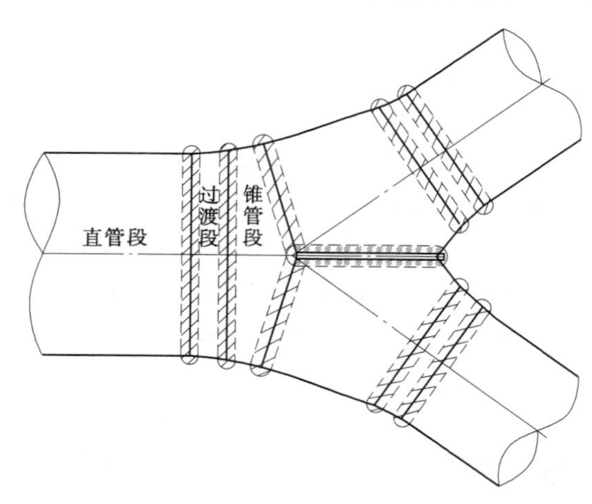

图 1　各类应力区示意图

□—膜应力区：远离肋板和转折处的管壁；▨—局部应力区：与转折处相邻的管壁；▤—No. 79 定义为二次应力区；其他规范定义为局部应力区

《SL 规范》中规定，埋藏式钢岔管若有足够的埋深，可计入围岩抗力，按直管段估计分担内压且允许应力与明岔管相同；若不计入围岩抗力，根据地质条件允许应力可比明岔管提高 10%～30%。钢岔管结构的允许应力取值分别为：膜应力区 $0.5\sigma_S$，局部应力区（即局部膜应力和局部膜应力＋弯曲应力）$0.8\sigma_S$，肋板应力为 $0.67\sigma_S$，其中 σ_S 取钢材屈服强度和 0.7 倍抗拉强度二者中较小值。此外该规范在表注中还注明，采用有限元计算峰值应力（笔者理解大致相当于《美国 No. 79 标准》中的二次应力）时，其允许应力可适当提高，但提高的大小与控制的部位没有详细规定，工程实践中一般取屈服强度。

《美国 No. 79 标准》中规定，埋藏式钢岔管和明钢岔管的应力控制标准完全相同，且埋藏式钢岔管中不考虑围岩分担内水压力，其围岩承载仅作为一种安全储备。基本允许应力 S 取 2/3 倍钢材屈服强度和 1/3 倍抗拉强度二者中较小值，各种应力类型对应的允许应力为 KS，其中 K 为允许应力提高系数，在正常工况下整体膜应力取 1.0；在岔管管壳几何不连续处的局部膜应力按 $1.5KS$ 考虑。同时，对局部膜应力的定义进行了专门解释，即在岔管几何不连续处，如果应力集中的区域（即应力值超过 1.1 倍基本应力的范围）小于 $1.0\sqrt{rt}$，那么该处应力可以按局部膜应力看待，另外，该处局部膜应力＋弯曲应力以及肋板应力也按 1.5 倍整体膜应力进行控制；在管壳与加强梁连接部位由于约束引起的具有自限能力的二次应力，其允许应力可取 3 倍基本应力（相当于钢材抗拉强度）。

《日本闸门钢管规范》中规定，允许应力是按设计基本强度具有 1.8 倍的安全系数而决定的，而设计基本强度是指材料的屈服强度除以材料系数（考虑了各钢种的屈强比、冷加工性能、破坏时的吸收能量等差异性的系数，对于 800MPa 的 SHY685NS－F 钢材取 1.15）。根据荷载和应力的性质，允许应力乘以不同的提高系数，一次应力即整体膜应力取 1.0，二次应力（相当于局部膜应力和局部膜应力＋弯曲应力）取 1.35，峰值应力类似于美国规范中的二次应力，提高系数取为 1.70（相当于 0.82 倍屈服强度，显然低于美国规范采用的抗拉强度）。钢管允许应力也没有区分埋管和明管。

《欧盟压力钢管规范》中规定，钢管应力也分为一次应力和二次应力两大类。对于埋藏式钢岔管而言，允许应力是按钢材屈服强度具有 1.8 倍的安全系数，同时考虑焊缝系数 0.9 而决定的。根据荷载和应力的性质，允许应力应乘以不同的提高系数：一次应力即整体膜应力取 1.0，二次应力相当于局部膜应力和局部膜应力＋弯曲应力，提高系数取 1.25（笔者注，无法直接从欧盟钢管规范中查得，引自笔者承担的一个埃塞俄比亚水力发电工程）。根据该规范第 2 章第 5 条允许应力的规定，当某一点的应力同时考虑二次应力时，钢管允许应力也可以达到屈服强度。

最后，将上述各种规范确定的允许应力列于表 1。

表 1　800MPa 级高强钢埋藏式钢岔管应力控制标准　　单位：MPa

规　范	抗拉强度	屈服强度	强度设计值或基本应力	整体膜应力		局部膜应力		局部膜应力＋弯曲应力		二次应力/峰值应力		肋板应力	
				系数	允许应力	系数	允许应力	系数	允许应力	系数	允许应力	系数	允许应力
《DL 明管规范》	760	664	513	$\frac{1}{1.76}$	265	$\frac{1}{1.43}$	326	$\frac{1}{1.21}$	385	/	/	$\frac{1}{1.43}$	326
《DL 埋管规范》	760	664	513	$\frac{1}{1.43}$	326	$\frac{1}{1.21}$	385	$\frac{1}{1.1}$	424	/	/	$\frac{1}{1.21}$	385
《岔管设计导则》	760	664	513	$\frac{1}{1.76}$	265	$\frac{1}{1.3}$	359	$\frac{1}{1.1}$	424	/	/	$\frac{1}{1.5}$	311
《SL 规范》	760	664	505	0.5	253	0.8	404	0.8	404	/	/	0.67	339
《美国 No.79 标准》	760	664	253	1	253	1.5	380	1.5	380	3	760	1.5	380
《日本规范》	760	664	$\frac{664}{1.15}$	$\frac{1}{1.8}$	305	1.35	411	1.35	411	1.7	519	1.35	411
《欧盟规范》	760	664	664×0.9	$\frac{1}{1.8}$	332	1.25	415	1.25	415		598	1.25	415

注　《DL 规范》中结构重要性系数取 1.1，焊缝系数分别为 0.95（中国、日本）和 1.0（美国）。

3　不同应力控制标准下设计结果的比较

本文结合某抽水蓄能电站的钢岔管进行探讨。该蓄能电站引水系统采用 2 洞 4 机的布置方式，为两个相同的对称 Y 形埋藏式月牙肋钢岔管；由于岔管主管直径 5m，支管直径 3.4m，设计内水压力为 8.0MPa，HD 值高达 4000m^2，需采用 800MPa 级钢板制造。高压岔管段埋深大于 280m，岩石为软硬岩互层且泥岩含量偏高，容易风化，围岩类别为Ⅳ$_2$

～Ⅴ类，围岩单位抗力系数在 5～10MPa/cm 取值。计算中，假设钢材在线弹性范围内，钢岔管管壳和肋板分别采用 ANSYS 中壳单元 SHELL63 和实体单元 SOLID45 模拟，回填混凝土只起传递荷载作用，与围岩视为一个整体，只对管壁正法向位移起弹性约束作用，采用 ANSYS 中的点点接触单元 CONTAC52 模拟钢岔管与围岩的联合承载机制。

采用课题组自主开发的月牙肋钢岔管体形设计程序，在主、支管直径基本确定的前提下，对分岔角、半锥顶角、母线转折角、扩大率等参数进行调整后，最终确定埋藏式月牙肋钢岔管尺寸，详见图 2，图中 A～G 为各关键点位置。网格模型见图 3。

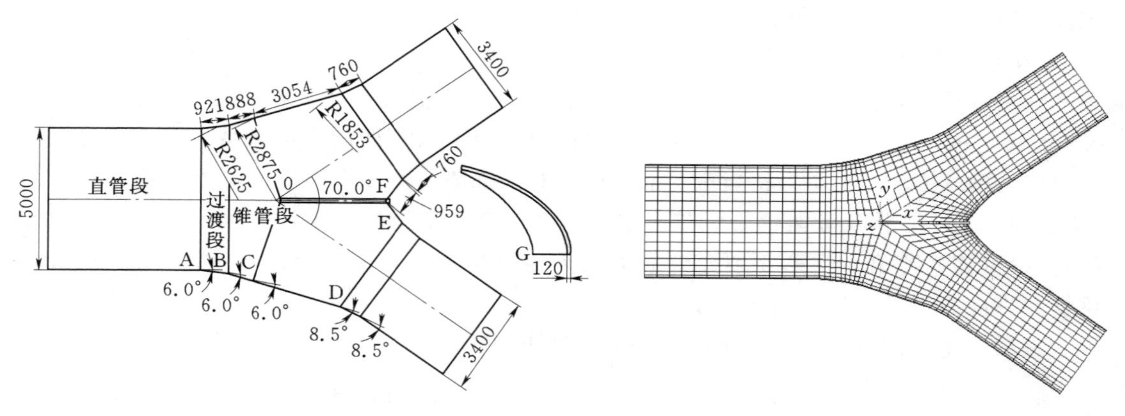

图 2　对称钢岔管体形（单位：mm）

图 3　对称钢岔管网格

3.1　不同应力控制标准下的设计

钢岔管与围岩之间分担荷载的比例受诸多因素的影响，围岩单位抗力系数 K_0 和缝隙值是其中两个重要影响因素。根据工程地质条件及相关工程经验，本节取 K_0 为 7.5MPa/cm 和缝隙值为 $6\times10^{-4}r$，采用图 2 所述的体型参数，经多次试算后得到在正常运行工况下满足各种设计标准所需的管壁厚度和肋板尺寸，详见表 2。钢岔管各关键点 Mises 应力及整体膜应力见表 3。需要注意的是，表中《美国 No.79》标准和日本规范均按单独承载进行设计，而其他规范中按钢岔管与围岩联合承载进行设计。

表 2　　各种应力控制标准下管壁厚度和肋板尺寸

计算标准	设计内水压力/MPa	主管管壁厚度/mm	支管管壁厚度/mm	肋板厚度/mm	肋板最大截面宽度/mm	肋宽比	围岩承载比/%
《DL 明管规范》	8	76，74，70	76，72，68	150	1180	0.331	4.00
《DL 埋管规范》	8	60，58，56	60，56，52	150	1080	0.303	6.62
《岔管设计导则》	8	76，74，70	76，72，68	150	1200	0.337	3.99
《SL 规范》	8	78，76，72	78，74，70	150	1150	0.323	3.77
《美国 No.79 标准》	8	82，78，74	82，78，74	150	1120	0.314	0
《日本规范》	8	72，68，64	72，68，64	150	1080	0.303	0
《明管校核》	8	56，52，48	56，52，48	110	950	0.268	0

注　表中管壁厚度依次为主支管的锥管段、过渡段及直管段的厚度，且已考虑 2mm 的锈蚀厚度，计算时取相应值减 2mm。

表 3　　各种应力控制标准下关键点 Mises 应力　　单位：MPa

计算标准	A		B		C		D		E		O－F		整体膜应力			G
	中面	表面	中面	表面	中面	表面	中面	表面	中面	表面	中面	表面	锥管段	过渡段	直管段	
《DL 明管规范》	280	288	283	293	295	306	214	230	223	239	254	307	258	261	258	311
《DL 埋管规范》	351	359	355	368	370	381	272	279	284	294	313	397	319	323	318	366
《岔管设计导则》	280	288	283	293	295	306	214	230	223	239	254	307	258	261	258	304
《SL 规范》	273	281	276	286	288	298	208	225	217	233	247	298	252	253	251	322
《美国 No. 79 标准》	283	322	282	331	290	338	217	264	210	217	253	355	252	251	252	368
《日本规范》	330	371	325	376	334	385	251	299	244	259	261	408	293	296	295	392
《明管校核》	450	490	431	484	442	499	339	389	331	374	355	619	406	403	396	600

注　表中 O－F 列表示与肋板相邻管壁的应力最大值，肋板应力主要由肋板上 G 点来控制且中面与表面 Mises 应力相同。

在采用《DL 明管规范》、《DL 埋管规范》、《岔管设计导则》、《SL 规范》四种方法进行联合承载设计时，除要求钢岔管各部位应力满足允许应力控制标准外，还要求满足岔管设计导则中的其他两条规定：①为了防止围岩分担率过高而出现设计管壁厚度过薄的现象，将平均围岩承载比和局部削减率分别控制在 30%和 45%以内；②在回填混凝土、灌浆质量出现问题时，钢岔管还能正常运行，应以明管准则进行校核，以保证钢岔管不产生过大变形而发生破坏。从表 2 最后一行数据可以看出，满足明管准则的最大管壁厚度为 56mm，而前四种方法确定的管壁厚度均大于 56mm，说明其厚度均满足明管校核准则。

3.2　各种应力控制标准计算结果的比较

从上述计算结果来看，在不同应力设计标准下钢岔管管壁厚度和肋板尺寸差别较大，这与其应力控制标准的不同紧密相关。直管段厚度主要由整体膜应力来控制，在不同标准下设计厚度大小与整体膜应力的允许应力大小成反比；过渡段和锥管段厚度主要由整体膜应力、局部膜应力和局部膜应力＋弯曲应力来联合控制，但考虑围岩承载作用时管壳局部应力区的应力值可能远小于允许应力，或者应力控制标准中整体膜应力相应的允许应力相对于局部应力区对应的允许应力过低时，此时管壁厚度仍主要由整体膜应力来控制。

对于按联合承载设计的前四种规范而言，《DL 明管规范》和《DL 埋管规范》中过渡段和锥管段厚度基本由整体膜应力、局部膜应力或局部膜应力＋弯曲应力同时控制。而岔管设计导则和《SL 规范》中钢岔管的整体膜应力非常接近各自的允许应力 265MPa 和 253MPa，钢岔管管壁厚度均由整体膜应力来控制，与此同时，局部膜应力和局部膜应力＋弯曲应力则远低于相应的允许应力 424MPa 和 404MPa，不起控制管壁厚度的作用。

四种国内规范方法中，DL 埋管规范中各种应力类型的允许应力值均最高，特别是整体膜应力明显比另外三种高得多，则设计的管壁厚度最小。岔管设计导则中虽然局部应力区的允许应力比《DL 明管规范》中有所提高，但整体膜应力的允许值却相等，由于此时钢岔管厚度完全由整体膜应力控制，因此两者设计的管壁厚度基本相等。《SL 规范》中局部应力区的允许应力比《DL 明管规范》中高，而整体膜应力的允许值却略小，其设计管壁厚度反而大 2mm；也说明了《岔管设计导则》和《SL 规范》中整体膜应力的允许应力取值可能偏低。

对于《美国 No. 79 标准》和《日本规范》而言，由于前者整体膜应力的允许值偏低而且整个管壁厚度由整体膜应力控制，因此其管壁厚度大于《日本规范》10mm；而按《日本规范》设计时管壁厚度由整体膜应力和局部膜应力＋弯曲应力联合控制，即钢岔管整体膜应力和局部应力同时接近各自的允许应力 305MPa 和 411MPa，材料作用得到充分发挥。另外，《美国 No. 79 标准》中整体膜应力的允许应力与 SL 规范中相等，而设计管壁厚度却大 2～4mm；《日本规范》中的允许应力和《DL 埋管规范》中的允许应力最为接近，而设计管壁厚度却大 4～6mm。这是由于《SL 规范》和《DL 埋管规范》中考虑了钢岔管与围岩联合承载，从而减小了管壁厚度。

埋藏式钢岔管的应力分布规律与明钢岔管有很大的区别：一是围岩分担了部分内水压力，二是岔管结构的不均匀变形受到限制，对管壳转折处约束更显著。特别是转折处局部弯曲应力减少，使内外表面应力更接近局部膜应力。即使在围岩条件较差的情况下，考虑联合承载时管壳上应力分布也趋于均匀化，且数值也会大大降低，特别是与肋板相邻及转折处的管壁上局部膜应力和局部膜应力＋弯曲应力降低程度更显著。因此，《DL 规范》和《SL 规范》中采用明钢岔管的允许应力来设计埋藏式钢岔管的方法，很显然不能反映不同管型安全性和受力特性的差别，说明其应力控制标准需要进一步完善与改进。

3.3 《DL 埋管规范》推行的可行性

在使用《DL 埋管规范》进行设计时，除满足各部位允许应力控制标准外，还应满足岔管设计导则中的其他规定，即为了防止围岩分担率考虑过高而出现设计管壁厚度过薄的现象，将平均围岩承载比和局部削减率分别控制在 30％和 45％以内；为确保因回填混凝土、灌浆质量等出现问题，钢岔管还能正常运行，还要求以明管准则进行校核，以保证钢岔管不产生过大的变形而发生破坏。研究成果表明，对于埋藏式钢岔管，当回填混凝土有一定缺陷时，即使出现在联合承载作用最不利的部位 C 点，对岔管应力状态的影响也仅是局部的，应力值一般仍小于钢材的屈服强度，因此以“明管校核准则”作为安全底线是基本可行的。

从表 2 设计结果来看，《DL 埋管规范》中设计管壁厚度最小，其次是《日本规范》，且远小于其他规范的管壁厚度，主要由于《DL 埋管规范》和《日本规范》中整体膜应力对应的允许应力远高于其他几个规范。但两者相比，《日本规范》中整体膜应力对应的允许应力略低，而且《日本规范》中按单独承载进行设计，因此在整体膜应力对管壁厚度也起控制的情况下，《DL 埋管规范》中设计厚度小 12mm。在这两个标准中，如果同样考虑围岩承载作用或都不考虑其作用，那么两者设计得到的管壁厚度将更加接近。因此，在参照《日本规范》允许应力取值的情况下，采用《DL 埋管规范》相应的允许应力进行地下埋藏式钢岔管设计，可以充分反映钢岔管与围岩联合承载的特性，在满足适当围岩承载比和明管校核准则的条件下，地下埋藏式钢岔管的安全是完全可以得到保证的。

4 结语

随着水电站或抽水蓄能电站建设规模的不断增大，地下埋藏式钢岔管的 HD 值也不断提高，过去不考虑围岩联合承载而按照明钢岔管进行设计，甚至按照明岔管允许应力进行应力控制，将导致钢岔管管壁厚度和肋板尺寸急速增大，不仅导致钢岔管工程投资增加，

更重要的是增大了钢岔管的制造安装难度。本文在系统比较各种设计标准的基础上，提出了按《DL规范》坝内埋管的结构系数增加10%的应力控制标准，在满足明管校核准则和适当控制围岩承载比的条件下，可使钢岔管管壁厚度和肋板尺寸最小，增加了大型钢岔管技术和经济的可行性，也充分反映了不同管型安全性和受力特性的差别。

参 考 文 献

[1] DL/T 5141—2001 水电站压力钢管设计规范 [S]. 北京：中国电力出版社，2001.

[2] Q/HYDROCHINA 008—2011 地下埋藏式内加强月牙肋岔管设计导则 [S]. 中国水电工程顾问集团，2011.

[3] SL 281—2003 水电站压力钢管设计规范 [S]. 北京：中国水利水电出版社，2003.

[4] ASCE Manuals and Reports on Engineering Practice No. 79，Steel penstocks [S]. American，1993.

[5] 日本闸门钢管协会，压力钢管设计技术标准 [S]. 1993.

[6] 欧盟 C. E. C. T，Recommendations for the Design，Manufacture and Erection of Steel Penstocks of Welded Construction for Hydroleectric Installations [S]. 1980

[7] 王志国．水电站埋藏式内加强月牙肋岔管技术研究与实践 [M]. 北京：中国水利水电出版社，2011.

[8] 伍鹤皋，石长征，苏凯．埋藏式月牙肋岔管结构特性研究 [J]. 水利学报，2008，39（4）：460-465.

马鹿塘水电站钢管道设计实践和探索
——兼谈地下埋管设计关键技术问题

刘项民

（中国电建集团昆明勘测设计研究院有限公司，云南　昆明　650051）

【摘　要】马鹿塘水电站位于云南文山，于2010年5月建成发电。该工程为地下埋藏式钢管，钢管道沿线地质条件良好。该工程压力钢管道设计，成功解决了深埋钢管内、外水影响选线的矛盾，围岩分担了较多的内水压力。同时对钢管道外的排水措施、抗外压稳定计算方法、岔管结构设计以及岔管围岩分担内水压力等关键技术问题进行了有益的探索，并通过检测资料分析论证了钢管道安全性。该工程设计，节约了大量的资金，方便了施工，可供其他工程设计借鉴。

【关键词】高PD钢管；联合受力；地下水压力；抗外压稳定；围岩分担压力

1　工程概况

马鹿塘水电站位于云南省文山州境内最大的河流盘龙河上，麻栗坡县境内，为盘龙河梯级规划中的第八个梯级，工程分两期开发建设。一期工程于2002年2月开工，2004年底2台机组全部发电。二期工程2005年8月开工，2010年5月3台机组全部并网发电。二期工程建成后，一、二期共用首部大坝、泄水建筑物及引水隧洞，在调压井后建二期钢管道和一期连接洞分别向一、二期厂房供水。

马鹿塘水电站以发电为单一开发目的，采用混合式开发。二期工程最大坝高154.0m，总库容5.46亿m^3，总装机容量300MW，为二等大（2）型工程。枢纽建筑物主要由混凝土面板堆石坝、左岸岸边溢洪道、左岸放空隧洞、右岸引水隧洞、压力钢管道、地下发电厂房、地面出线场及尾水洞等组成。

二期压力钢管道采用“一管三机”供水方案，地下埋管结构，主管内径5～4.8m，压力钢管道轴线采用“三平两斜”布置方案。

2　地质条件与钢管道布置

二期钢管道沿线山体雄厚，自然山坡稳定。钢管道除上平段最小埋深约70m外，绝大多数洞段埋深在130m以上。钢管道沿线断层构造不发育，以Ⅳ级结构面为主，少量Ⅲ级结构面。围岩片麻理产状走向与管道轴线斜交，倾角略陡于钢管道斜段坡度。钢管道沿线，岩石坚硬，完整性好，以块状～整体结构的Ⅰ类围岩为主，部分为Ⅱ类围岩，断层破碎带岩体较差，属Ⅳ类围岩。钢管道沿线地下水埋深较大。根据钻孔压水试验成果，围岩透水率极小，属极微透水岩体。

根据中国地震局地壳应力研究所的《云南马鹿塘水电站水压致裂地应力测试与岩体水

力劈裂试验成果报告》，钢管道沿线山体最大水平主应力一般在10～12MPa之间，最小水平主应力在5～7.5MPa，钻孔岩壁裂隙岩体的水力劈裂值一般为7.5MPa，且随岩体深度的加深变化不明显。

可研设计阶段，根据地质勘探及水力劈裂试验成果，设计提出非钢衬结构方案，为利用较好的围岩地质条件，压力管道埋深较大。工程开工后，由于种种原因，业主坚持钢衬方案，设计对钢管道轴线进行了调整，钢管道布置于接近地表的新鲜基岩内，见图1、图2。

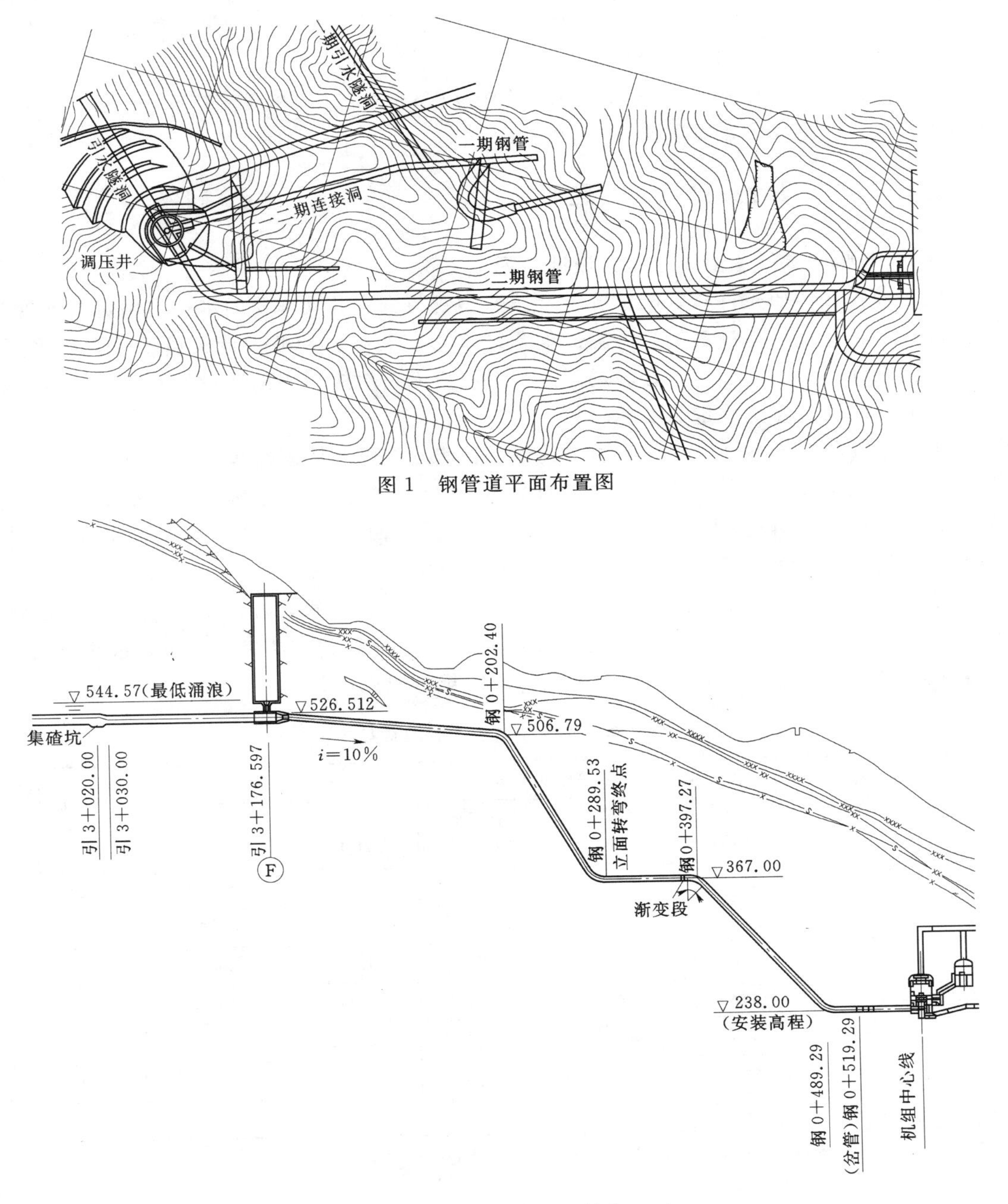

图1 钢管道平面布置图

图2 钢管道纵剖面图（单位：m）

钢管道上平段底坡10%，中间设60°水平转弯；上斜井段倾角60°，斜长160m；中平段平坡，设施工支洞兼排水洞，并设置检修进人门，末端钢管道内径由5.0m变为4.8m；下斜段倾角48°，斜长172.5m；下平段平坡，高程同机组安装高程（为238.0m）。平段与斜井段之间用竖向转弯连接，转弯半径均为20m。

在桩号钢0+519.292布置1号岔管，桩号钢0+529.139布置2号岔管，两岔管均采用月牙肋岔管。钢管道总长度约707m，最大设计压力4.50MPa，PD值2106m^2，钢岔管PD值2475m^2，为高PD值钢管道。钢管道水平段回填灌浆采用预埋灌浆管进行，管壁不开孔。一般情况下，不进行接触灌浆。

电站引用流量106.3m^3/s，压力钢管主管内径5m、4.8m，相应流速5.4m/s、5.9m/s；支管内径4.2m、3m，相应流速5.1m/s、5m/s。

3 钢管道结构设计关键技术问题研究

3.1 钢管与围岩共同承受内水压力设计研究

地下埋管在地质条件较好的情况下，按照钢管与围岩共同承受内水压力确定的钢管壁厚一般较小，应是可行的最经济方案。但是，工程实践中，一般设计人员不敢大胆采用，一方面是设计人员的工程设计经验局限性；另一方面是对施工中的质量控制信心不足，如爆破影响，回填混凝土质量等不能确信。

采用钢管与围岩共同承受内水压的前提是：满足缝隙和围岩覆盖厚度判断条件；管道开挖须严格控制爆破，尽量减少对围岩的扰动；回填混凝土密实饱满。由于本工程地质条件较好，工程由昆明院EPC总承包，在开挖、混凝土回填及回填灌浆等关键工序上能做到严格控制，设计者有信心按照这一理论进行钢管设计并实施。

设计中将钢管道分作6段，按7个控制断面进行分析计算，其中6号断面在岔管处，按照《水电站压力钢管设计规范》（以下简称规范）附录B的方法进行计算，成果见表1，表中亦列出了不考虑围岩承担内水压力的计算成果，以作比较。

表1　钢管抗内水管壁厚度计算成果

编号	钢管内半径/m	内水压力设计值/MPa	管壁厚度/mm		围岩承载		管壁应力/MPa
			围岩承担内压时	围岩不承担内压时	分担内压/MPa	比例/%	
1	2.5	1.191	12	13.07	0.517	43.78	114.6
2	2.5	1.508	12	16.18	0.695	46.09	134.6
3	2.5	3.000	12	32.35	1.752	58.40	172.4
4	2.5	3.038	12	32.75	1.778	58.53	173.6
5	2.4	4.466	12	46.31	2.699	60.43	218.5
6	2.4	4.489	12	46.53	2.714	60.46	219.2
7	1.5	4.53	8	29.36	2.369	52.30	227.7

注　1. 管壁应力均未达抗力限值230.8MPa；且管壁厚度均未包括锈蚀厚度；
2. 围岩分担压力为开挖面处压力。

从表 1 可以看出，若不考虑围岩与钢管联合受力时，钢管设计壁厚最大达 50mm（计入 2mm 锈蚀，下同）。而考虑围岩与钢管联合受力时，围岩承担内水压力 44%～60%，钢管壁厚按构造要求即可。联合受力设计对减薄钢板效果明显。

3.2 钢管抗外水压力设计研究

工程设计中，地下埋管线路设计最令设计人员头痛的是：为了利用新鲜基岩，要求管线深埋，有的为了方便施工，甚至采用竖井方案。但这样布置，地下水压力势必很大，为抵御地下水，钢管壁厚很大，不仅增加投资，而且施工难度加大。

如何降低外水压力，合理选取地下水设计水头，以及如何计算钢管抗外压稳定是一个值得研究的课题。

3.2.1 钢管道排水设计

本工程对钢管道设置了两个层次的排水，参见图 1、图 3。

周边排水：在钢管道右侧距钢管道轴线 20m 处，分上中下平行布置排水洞，其中上平段排水洞长 70m，中平段 230m，下平段 84m。排水洞为城门洞型，尺寸 2.5m×3m，并在钢管道一侧顶拱范围布置排水孔，每排 3 孔，排距 5m，孔深 15m。地下水由施工支洞排出山外。

管周排水：在钢管道底部两侧，与钢管垂面成 45°夹角设置梳子状排水孔，孔深 3m，D48 镀锌钢管深入孔中 1m，由沿管道轴向布置的 D150 镀锌钢管汇集排出山外，有效排除钢管道四周裂隙水，降低地下水压力。

3.2.2 地下水设计压力

规范中对地下埋管承受的地下水压力值规定不太明确，在设计阶段仅有勘测资料，而其他影响因素均需工程开工后确定。一般情况下，设计多根据地质推测的地下水位线确定，规范中又未明确折减计算，只能按全水头计算，据此计算得出的管壁厚度非常大，且大多数比内水控制的厚度还大，很不经济，也不符合实际情况。毕竟钢管道处于围岩中与处于水中完全不同。

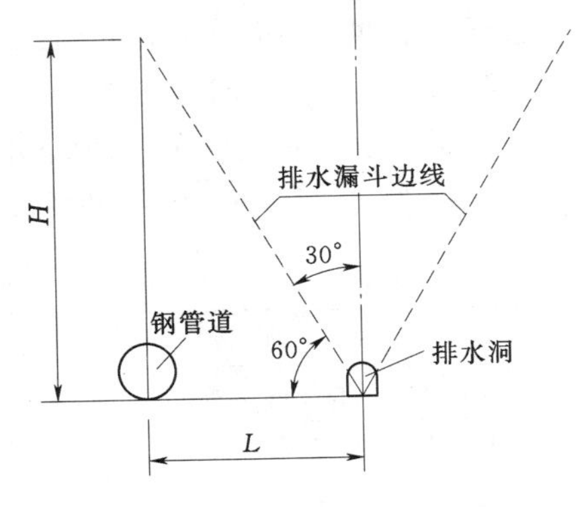

图 3 地下水水头计算简图

根据前述排水设计，考虑到本工程良好的地质条件，在技施设计阶段大胆采用如下假设：

设置排水洞后，地下水被大量排出，形成排水漏斗，压力大幅度减少。假定排水漏斗半锥角 30°（视围岩渗水情况定），则钢管道洞顶水头为：

$$H = L\tan 60^\circ$$

式中 L 为两洞间距，见图 3。

据此计算确定的地下水设计水头情况见表 2。

3.2.3 钢管抗外压稳定计算成果

根据上述假定，采用规范方法对钢管道抗外压稳定计算成果汇总于表 2。同时将地下水全水头计算成果亦列入表中对比。表中环间稳定和环稳定栏下面对应的数值分别表示环间管壁和加劲环满足抗外压稳定安全系数所需要的管壁厚度。

表 2 抗外压稳定管壁厚度计算成果汇总

编号	天然地下水深度/m	设计地下水深度/m	加劲环式钢管（$l=1.5$m，$h=0.15$m，$\delta=25$mm）				光面式钢管/mm	
			天然地下水深度时/mm		设计地下水深度时/mm		天然地下水深度时	设计地下水深度时
			环间稳定	环稳定	环间稳定	环稳定		
1	92	65	19	33	16	25	35.1	24.5
2	40	40	14	15	14	15	21.5	21.5
3	150	45	23	49	14	17	46.8	19.9
4	118	45	21	41	14	17	40.6	19.9
5	188	45	24	57	14	17	51.3	19.1
6	175	45	23	54	14	17	49.2	19.1
7	168	45	18	42	11	11	30.0	11.9

根据规范，地下埋管加劲环式钢管抗外压稳定安全系数取 1.8，采用光面管时安全系数取 2。从表 2 可以看出：

（1）加劲环式钢管道抗外压稳定计算中，加劲环的作用随地下水水头加大而减弱。在较低的设计水头下，加劲环式钢管比光面管普遍降低 2～3mm；

（2）当采用天然地下水深度时，加劲环稳定需要的管壁厚度是环间稳定需要管壁厚度的 2～3 倍，不尽合理（下节进一步讨论）；

（3）设置排水措施并采用本文假定，钢管壁厚降低明显，最大减少厚度 40mm。

计算表明增设排水设施，大胆使用设计假定，对降低钢管厚度作用明显。

3.2.4 抗外压稳定计算方法初探

根据规范推荐的方法，钢管道抗外压计算分光面管和加劲环式钢管两种，根据多年工程设计实践，结合表 2 计算成果可以看出，规范中加劲环抗外压稳定计算方法不尽合理。再举例说明：钢管内直径 5m，地下水水头 50m，采用 16MnR 钢 $\sigma_s=325$MPa，加劲环高度 120mm，厚度 25mm，按照规范附录 B 式（B16）计算结果列于表 3。

表 3 加劲环不同间距抗外压稳定计算成果表

加劲环间距/m	1.5	2.0	2.5	3.0
环间稳定管壁厚度/mm	23			
加劲环稳定管壁厚度/mm	20	26	31	36
倍比	0.87	1.13	1.35	1.57

注 环间稳定按光面管公式计算。

从表 3 可以看出，随着加劲环间距的加大，加劲环自身稳定越来越成问题，越来越需要钢管帮忙，这种加劲环需要钢管帮忙维持稳定的现象，与设置加劲环的初衷严重背离，显然是不合理的，说明其计算方法有问题。

3.3 钢管道最终设计成果

经综合考虑马鹿塘水电站二期工程钢管道地质条件、水文条件、施工方便性，以及排水系统的有效性和可靠性，确定本工程钢管道最终设计壁厚见表 4。

表 4　钢管道壁厚设计成果

编　号	内压控制厚度 /mm	环间控制厚度 /mm	加劲环控制厚度 /mm	钢管设计厚度 /mm	围岩分担压力 /%
1	12	16	25	25	
2	12	14	15	18	
3	12	14	17	20	38.46
4	12	14	17	20	39.23
5	12	14	17	20	56.94
6	12	14	17	20	57.16
7	8	11	11	16	45.66

注　此处管壁应力按全部达到抗力限值计算围岩分担的内压力。

从表 4 可以看出，由于采用钢管与围岩联合受力理念，又采用地下水设计假定，钢管壁厚由钢管单独承载全部内压所需的最大厚度 50mm 和不考虑钢管外排水措施所需的厚度 56mm，降低到 20mm，不仅节约了大量钢材，节省投资，又方便了施工。

4　岔管结构设计研究

目前引水式电站多为高水头大管径钢管，钢岔管 PD 值有加大趋势，工程使用的钢材强度也在加大，钢岔管制作难度也越来越大。如何有效的减薄岔管壁厚，不仅可以节约投资，又可大幅度降低施工难度。我们在马鹿塘水电站二期工程岔管设计中做了有益的尝试，供大家参考。主岔管体形图见图 4。

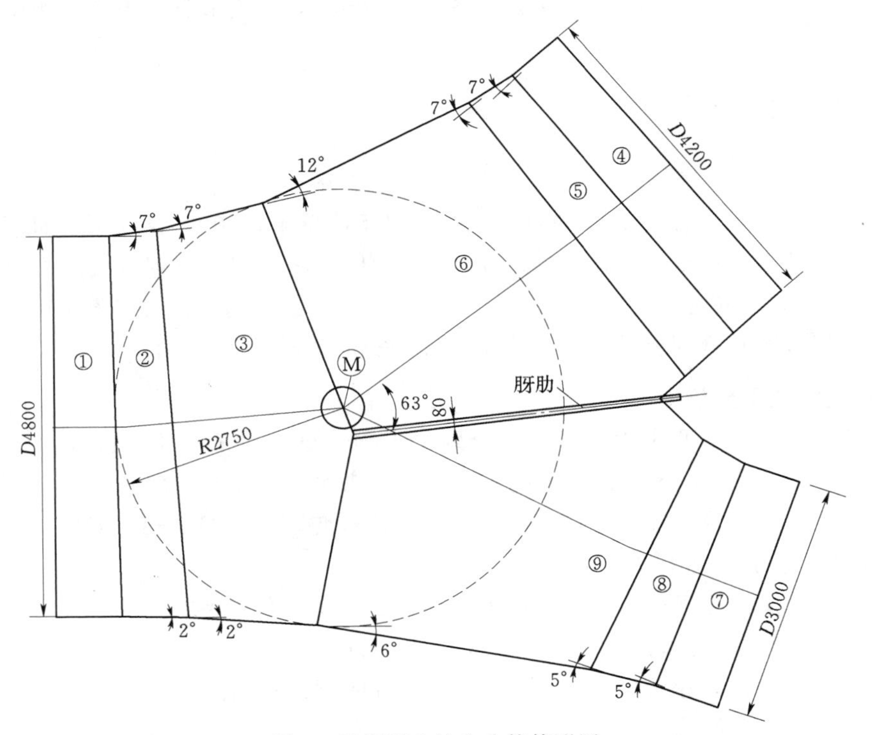

图 4　马鹿塘电站主岔管体形图

《水电站压力钢管设计规范》规定，岔管的结构系数应按明管结构系数加10%计算，也就是1.76计算。规范中亦未明确埋入岩体中的岔管是否考虑围岩分担内水压力。毕竟处于围岩中的岔管与暴露在大气中的岔管区别较大，岔管的变形受到围岩的约束，且其失事后造成的损失也比明岔管小。因此，建议结构系数取地下埋管的结构系数1.3加10%即可。

马鹿塘水电站二期工程岔管材质为ABD610，结构系数取1.43。参考岔管前钢管直管段围岩分担内水压力的情况，考虑到岔管结构的复杂性，开挖爆破对围岩扰动大等因素，确定围岩分担30%内水压力。

据此岔管按内水压力3.15MPa设计（最大压力4.5MPa），水压试验按压力3.93MPa进行，岔管计算成果及设计厚度列于表5，按照规范方法计算成果亦列于表中，以便对比。

表5　岔管结构设计计算成果　单位：mm

管节编号	①	②	③	④	⑤	⑥	⑦	⑧	⑨	肋板
规范方法	46.3	47.6	52.6	40.5	42.0	52.0	28.9	31.4	52.2	110
本文方法	26.3	27.1	29.9	23.0	23.9	29.6	16.5	17.9	29.7	80
设计厚度	36	36	40	36	36	40	36	36	40	80

从表5可以看出：采用埋管结构系数，在考虑围岩分担30%内水压力后，管壁厚度大为降低，岔管管壁最大厚度由55mm，降低到40mm，不仅节省了投资，更降低了加工制作难度。

5　钢管运行情况与分析

5.1　钢管充放水情况

马鹿塘水电站二期工程于2009年11月10日下闸蓄水，2009年12月5日引水隧洞充水试验，试验结束后检查钢管道正常。2010年9月15日钢管道修理进人门密封垫停机放空钢管，于2010年9月17日处理完毕。期间由于一期维修钢管进人门停机两次。

停机期间多次对钢管道进行检查均无异常，安全运行至今。

5.2　钢板监测成果分析

钢管道沿线布置了两个观测断面，分别位于钢管道上、下平段，根据《安全监测月报》2010年第2期，“自大坝蓄水发电后，受管道来水压力影响，B断面所有钢板计变化显著，张合度均发生较大幅度增加，全部转化为拉应变，其中GG－B－GB－03最大突变值达1004.2$\mu\varepsilon$”，据此分析如下：

由最大应变值计算钢板应力$\sigma=1004.2\times10^{-6}\times2.05\times10^{5}=205.86$(MPa)。观测时库水位570m，则钢管承受水头$h=570-238=332$(m)，按照规范埋管计算方法，该处管壁应力$\sigma=177.448$MPa，小于实测应力209MPa，说明钢板外侧混凝土浇筑可能不密实，或达不到设计状况，设计偏于不安全。按明管计算的钢管应力$\sigma=398.4$MPa，大于实测应力，说明围岩还是承担了较多内水压力（约48.3%）。

按照上述围岩承担比例 48.3%，计算当钢管达设计内水压力 4.5MPa 时，计算钢板应力将达到 277.4MPa，大于钢板抗力限值 230.769MPa，但仍小于 16MnR 的抗拉强度设计值 300MPa，应该说钢管是安全的。

6 结论及建议

通过马鹿塘水电站二期工程钢管道设计，可得出如下设计经验：

（1）当采用地下埋藏式钢管道时，仍应将钢管道置于新鲜围岩中。

（2）只要有条件，仍应大胆采用围岩与钢管联合受力设计钢管道，并对施工提出严格要求。

（3）当地下水较高时，应采用可靠的排水设施，并在设计计算时适当折减，采用加劲环式钢管时，计算一定要慎重，要合理选取设计参数和计算方法，建议采用条文说明中的俄国公式计算。

（4）埋入较好的新鲜岩体中的岔管，建议采用埋管结构系数加 10%计算，并根据岔管附近钢管围岩承担内水压力情况，考虑围岩分担内水压力。

（5）重视充水试验检查和安全监测资料的分析，掌握钢管受力情况，为今后设计积累经验。

马鹿塘水电站二期工程钢管道设计，全部采用笔者编制的计算机程序，方便方案比较及计算分析对比。按照本文设计计算成果进行施工详图设计，钢管工程量比可研阶段工程量减少近 2000 吨，经济效益显著，也极大地方便了施工。

最后，由于作者水平有限，文中定有不少错误之处，诚请各位提出宝贵意见，以便今后改正。

浅谈水电站压力明钢管中美设计标准之异同

陈　涛　周华卿　陈丽芬

（中国电建集团华东勘测设计研究院有限公司，浙江　杭州　310014）

【摘　要】 近年来，国内工程师进行涉外水电工程设计时常遇到中外设计标准选择的问题，为突破外标使用的瓶颈，需要通过对中外标准的详细比对找出差异，并加以分析合理协调应用。本文针对压力明钢管的设计领域，从一般布置要求、结构受力分析、附属建筑物设计等方面详细比较分析了应用中美标准的主要异同点，为涉外水电工程相关设计提供了有益参考，具有较强的实用性。

【关键词】 水电工程；压力明管

近年来，随着海外水电工程业务的快速扩张，中国水电工程技术标准国际化已成为困扰和制约我国对外承包工程行业发展的因素之一，如何将中国工程技术标准与国际技术标准接轨并推向国际市场，是打破国际市场技术壁垒、增强我国企业综合竞争力的关键。通过对中国技术标准和国外标准内容的细节性比对，找出其差异所在，分析各自实用性协调应用，是解决中外标准统一化问题的关键所在。美国标准作为国际主流设计标准之一，几乎可以得到世界各地的认可。本文就水电工程压力钢管中的明管设计中美技术标准进行了差异对比分析，以供相关工程参考。

1　国内外相关设计标准简介

关于水电工程压力钢管的设计标准，国内常用的规范性文件有《水电站压力钢管设计规范》（DL/T 5141—2001）和《水电站压力钢管设计规范》（SL 281—2003），本文仅选择由水利水电规划设计总院归口的 DL 版规范进行讨论，该规范的前身为原《水电站压力钢管设计规范（试行）》（SD 144—1985）。此外，一些在规范中没有详细规定的内容（如明管附属结构设计），可查阅由国家权威机构出版的设计手册确定。

美国政府推行的是民间标准优先的政策，鼓励政府部门参与民间团体的标准化活动，从而形成了多元化的标准体系，其中对于水电站压力钢管的设计规定比较全面的主要有以下几个标准：

（1）美国联邦政府内务部垦务局颁发的《焊接压力钢管》（下文中简称美垦务局《焊接压力钢管》）。

（2）美国非政府机构土木工程协会（ASCE）制定的《压力钢管》（下文中简称美 ASCE《压力钢管》）。

（3）ASCE 制定的《水电工程规划设计土木工程导则》（下文中简称美 ASCE《规划设计导则》）中水道篇压力钢管设计章节。

上述美国规范主要集中在 20 世纪五六十年代起草，在 20 世纪八九十年代完成了最终

修订，内容涵盖了压力钢管的设计、制造安装、防腐等各方面的内容。

可以看出，与美国规范相比，中国规范编制的年代和内容相对较新，这与各国水电工程的发展历程是匹配的。

2 管线布置要求

对于压力明管的管线布置要求，美国规范中的相关规定如下。

美垦务局《焊接压力钢管》规定：影响压力钢管的选址和布置的因素有坝的型式、进出水口位置、坝和厂房的相对位置以及施工期导流方法等。

美 ASCE《规划设计导则》规定：为确定最经济的管道线路，设计者必须调查现场，并在地形图上作出不同的管道布置方案，估计各方案的用料和施工的可能性；布置时，压力管道应放在稳固的地基上，如沿山脊或台地向山边开挖，要避开不良地段，如地下水源、填筑地段、断层和潜在的滑坡地段。

点评：结合我国的 DL 版规范可以看出，中美规范对压力明管的管线布置原则是一致的，均考虑到枢纽布置、地质条件、施工、经济等因素。

3 弯曲半径要求

在压力明管布线时，特别是在靠近厂房上游的斜坡面，常遇到布置空间难以满足弯曲半径要求的情况，因此弯曲半径对于明管设计是由颇为重要的因素。我国 DL 版规范规定钢管弯曲半径为 2～3 倍管径，若布置允许，建议尽量大于 3 倍。

美垦务局《焊接压力钢管》和美 ASCE《规划设计导则》规定：推荐的弯管半径为 3～5 倍管径。

美 ASCE《压力钢管》规定：弯管弯曲半径应大于或等于 1 倍的钢管直径，且不必大于 3 倍管道直径。弯曲半径小于 2.5 倍钢管直径的弯管在设计时要考虑弯管内缘的环向拉应力集中，并按下式复核弯管壁厚：

$$t=\frac{PD}{Sf}\left(\frac{D}{3}\tan\frac{\theta}{2}+\frac{S}{2}\right) \tag{1}$$

式中 t——弯管处壁厚，英寸；

P——设计压力，磅/平方英寸；

f——设计压力下的容许拉应力，磅/平方英寸；

D——钢管外径，英寸；

S——单节弯管沿内缘的长度，英寸；

θ——单个管节偏转角，(°)。

点评：中美规范规定表明，弯曲半径越大越好，美标普遍要求不小于 3 倍管道直径，但美 ASCE《压力钢管》同时规定，若这个倍数小于 2.5，需按式（1）复核弯管处壁厚，即可以考虑采用较大的壁厚来克服弯曲半径不足带来的拉应力集中，但极限半径不应小于 1 倍管径。

4 钢管壁厚设计

4.1 内压控制

钢管壁厚选定为压力钢管设计的核心内容，明管的壁厚一般按内压控制，中美标准所采用的原理一致，均为锅炉公式，但基本设计理念有所差异，目前中国 DL 版规范均遵循 GB/T 50199 可靠度理论，而美标压力钢管设计按容许应力理念执行。

按美标明管壁厚内压计算公式为：

$$t=\frac{Pr}{SE} \tag{2}$$

式中 t——承载内压作用所需要的钢管厚度，英寸；

P——钢管中心线处内压力，磅/平方英寸；

r——钢管内径，英寸；

S——设计内压作用下钢管的容许应力强度，磅/平方英寸；

E——焊缝折减系数，十进制百分数。

关于基准容许应力强度的取值，美 ASCE《压力钢管》和美《规划设计导则》均规定可取 1/3 钢材抗拉强度（美 ASCE《压力钢管》规定为 1/2.4 钢材抗拉强度）或 2/3 钢材屈服强度对应的值、两者取小值，此外，美 ASCE《压力钢管》还规定容许应力强度还应在基准值的基础上根据不同的荷载条件和明管管壁结构分析中不同类型的应力采取不同的放大系数。

点评：我国 DL 版规范采取可靠度理论确定明管抗力限值，进而求得壁厚，美国规范则采用容许应力法，其考虑的放大系数相当于计入了我们的结构系数和设计状况系数的影响，这与我国 SL 版规范的做法是相似的。

4.2 构造壁厚

与我国规定一致，按美标进行钢管壁厚取值需考虑构造要求，以确保钢管在加工、运输过程中具备足够的刚度。与我国 DL 规范上对应管径范围给出构造壁厚值的做法不同，美国规范采用公式法确定，并一致推崇按垦务局公式来计算构造壁厚：

$$t_{\min}=\frac{D+20}{400} \tag{3}$$

式中 D 为钢管内径，各参数单位均为英寸。

点评：相比国内推荐构造壁厚，按美标公式法计算值偏大。

5 结构分析

5.1 受内压结构分析方法

美 ASCE《压力钢管》规定，明管设计中正常工况下需要考虑的应力有：

（1）跨中管壁（a）梁弯曲产生的轴向应力、（b）温度变化和内压作用下的轴向应力、（c）内压作用环向应力、（d）基于 Von Mises 屈服理论的等效应力。

（2）支承环处的管壁（a）弯曲作用导致的环向应力、内压作用下的正应力、拉应力、（b）温度变化和内压作用下的轴向应力、（c）支承环约束作用下的弯曲应力、（d）基于

Von Mises 屈服理论的等效应力。

(3) 支承环或近旁管壁处的剪应力。

(4) 钢管的二次拉压应力与一些基本的环向拉应力及弯曲轴向应力的组合。

美垦务局《焊接压力钢管》也发布了详细的支承环分析方法，与我国采用的计算公式基本一致。

点评：我国 DL 版规范附录 A 中详细介绍了一整套明管应力分析方法，从应力分类、计算公式来看，与美标是一脉相承的。

5.2 抗外压稳定分析

关于明管抗外压稳定分析，美 ASCE《压力钢管》规定可以采用 E. Amstutz 和 S. Jacobsen 公式计算光面管临界外压，推荐采用 R. von Mises 提出的修正非稳定公式计算加劲环之间管壁的临界外压；该规范还规定，明管管壁及其加劲环的抗外压稳定安全系数均取 2.4。

点评：与美国规范相比，我国 DL 版规范附录 A 中对于光面管临界外压计算公式较简化，而明加劲环式钢管的计算与美标一致采用 Mises 公式；此外，中国规定的明管及加劲环抗外压稳定安全系数为 2，小于美标规定值。

6 附属建筑物

明管附属建筑物主要包括镇墩、支墩、伸缩节、支座、进人孔等，其中后三者均由厂家制作，中美标准相应内容大同小异、不再详述。

6.1 镇墩布置

美 ASCE《压力钢管》规定，镇墩通常布置在斜坡或平面中所有重要变化点上，有时也会布置在切线的交点上；对于使用伸缩节的管道，在镇墩和伸缩节之间可以用 500 英尺 (152.4m) 的间距。

点评：我国 DL 版规范规定的镇墩构造间距为 150m，美国规范与此一致。

6.2 支墩布置

关于支墩的间距各美标推荐值为：

美垦务局《焊接压力钢管》、美 ASCE《压力钢管》规定：20 英尺 (6.1m) ～60 英尺 (18.3m)；

美 ASCE《规划设计导则》：通常为 40 英尺 (12.2m)，经论证分析实际工程中已采用过 60 英尺 (18.3m)。

点评：我国 DL 版规范没有给出支墩间距具体的建议值，但明确应通过钢管应力分析，综合安装、支座、地基等因素确定，美标推荐取值范围 6～18m，具体也应根据计算综合确定。

6.3 镇支墩稳定性分析

美 ASCE《压力钢管》规定，镇支墩必须进行抗滑和抗倾覆稳定分析，并给出了各工况下的最小安全系数（两种分析可取相同值）：

静水压力：1.5。动水（主要为水锤）压力：1.3。基准设计地震荷载与静水压力组合：1.2。极端条件，大坝安全设防地震：1.05。

点评：我国DL版规范上没有直接给出稳定安全系数取值，但在另外一些文件（如《泵站设计规范》）上有所规定，美国规范给出的数值与国内规定相差不大。

7 水压试验

对于压力钢管的水压试验，中美标准均区分工厂和现场两种情况，美ASCE《压力钢管》规定，工厂水压试验值为1.5倍工作压力或钢材达到80%最小屈服强度时的压力值的较小值；现场水压试验值则为一个范围，即最小值为1.1倍工作压力、最大值为1.5倍工作压力和钢材达到80%最小屈服强度时压力值的较小值。

点评：我国DL版规范规定的水压试验压力值比美标规定偏小。

8 事故处理预案

明管一旦出现意外事故，将较大危及电站设备和人身的安全，DL版规范上规定应设置事故排水和防冲工程设施；一些已建工程中选择在明管前设置蝶阀，专门用来在爆管事故发生时紧急关闭、切断来水之用。

美ASCE《压力钢管》规定：对于带隧洞以及明钢管的水力系统，位于隧洞出口下游且刚好是压力钢管上游的位置必须设置压力钢管关闭阀，在阀门下游必须设计和安装一个合适的通气系统，来防止压力钢管内出现负压而引起的管道破坏。

美ASCE《规划设计导则》规定：一般应安装控制阀门或关闭阀门以防止明管破裂出现的重大破坏或人员伤亡，这些阀门一般无人看管、距厂房较远，因此常安装遥控系统在远处操作使阀门能自动关闭。

点评：美国规范明确规定为减小明管发生意外事故带来的影响必须设置事故阀门，且建议采取远控操作，以具备足够的应急能力，防止事故扩大。

9 结语

国内进行涉外工程设计时常遇到使用标准选择的问题，国外业主往往严格要求使用美标，由于中外语言文化习惯的差异，且对于别国的规范规程系统的熟悉程度大相径庭，实际应用美标会遇到各种问题，因此，必须仔细研究中外标准的差异，并加以分析合理协调使用。如果按中国标准习惯与美标有较大的分歧，或者采用国内技术明显更有优势的情况下，应主动与业主交涉、解释，以求折中达成共识。

本文针对压力明钢管主要设计点，选取美国相关领域较为权威、内容全面的主流标准，与国内标准（主要是DL版规范）进行了详细的异同对照分析，并以“点评”的方式进行了归纳总结，可供涉外水电工程中进行相关设计时提供参考。

参 考 文 献

[1] DL/T 5141—2001 水电站压力钢管设计规范 [S]. 北京：中国电力出版社，2002.
[2] 索丽生，刘宁等. 水工设计手册（第2版）第8卷. 水电站建筑物 [M]. 北京：中国水利水电出

版社．2013.
［3］ Welded Steel Penstocks，Engineering Monograph NO. 3. ［S］. New York：American Bureau of Reclamation. 1986.
［4］ Steel Penstocks，Manuals and Reports on Engineering Practice NO. 79. ［S］. New York：American society of civil engineers. 1982.
［5］ Civil Engineering Guidelines for Planning and Designing Hydroelectric Developments，Vol 2（Waterways）．［S］. New York：American society of civil engineers. 1991.
［6］ 沙林．美国标准化体系浅析［J］. 北京：世界标准化与质量管理．1998（6）．
［7］ 我国输水钢管同国外的差距及几点建议（二）——美国与中国输水钢管壁厚设计理念的比较［J］. 焊管，2007（30）．

压力管道水锤压力取值中美标准差异研究

陈 涛 高 悦 韩华超

（中国电建集团华东勘测设计研究院有限公司，浙江 杭州 310014）

【摘 要】 近年来，国内进行涉外工程设计时常遇到使用标准选择的问题，国外业主往往严格要求使用外标，中外标准差异研究工作的开展意义重大。水锤压力为水电站压力管道壁厚设计的基本荷载，本文针对这个课题，从基本概念、相关参数、计算方法、争议讨论等方面入手，详细分析了按照中美标准进行水锤压力计算的主要异同点，该成果可为涉外水电工程压力管道水锤压力参数取值提供有益参考。

【关键词】 美国标准；水锤压力；波速；压力管道；调压室

1 前言

近年来，国内海外水电工程业务快速扩张，但中国标准在世界范围的认可度尚不够，国外业主往往在招标文件中就写明必须使用外标，由于中外语言文化习惯的差异，且对于别国的规范规程系统的熟悉程度也大相径庭，工程中标后直接采用外国标准往往难以像应用国标一样得心应手，设计时会遇到各种问题。美国标准作为国际主流设计标准之一，几乎可以得到世界各地的认可，因此将美标作为重点研究对象，仔细对照中美标准的异同，并加以分析合理协调使用，对于涉外工程设计意义重大。

水锤计算是过渡过程计算的一部分，作为压力管道壁厚设计的基本荷载，本文就水锤压力这一课题的中美技术标准进行了差异对比分析，以供相关工程设计参考。

2 水锤基本概念

水锤又称水击，指水（或其他液体）在有压管道中输送时，由于阀门突然开启或关闭或水泵突然停止等原因，使流速发生突然变化，从而在管道中引起压力瞬变的现象。本文仅对水电站压力管道中引起的水锤进行研究。

水电站在实际运行中往往会遇到负荷突然变化的情况，需要快速调节导叶开度来适应，从而产生水锤压力，该压力以弹性波的形式沿管道传播，在长度为 L 的管道中传播一个来回的时间为 $2L/a_c$（a_c 为水锤弹性波速），称为“相”。由于波的反射性，引水系统中还会发生负向水锤使压力降低，本文只讨论正向水锤引起管道升压的有关内容。

3 国内外相关设计标准简介

关于水锤压力的基本设计内容，国内常用的规范性文件为《水工建筑物荷载设计规范》，《水力发电厂机电设计规范》上则根据电站水头对水锤压力限值有明确的规定。

美国政府推行民间标准优先的政策，鼓励政府部门参与民间团体的标准化活动，其中对水锤计算有系统规定的有以下两个标准：①美国土木工程协会（ASCE）制定的《水电工程规划设计土木工程导则》（以下简称《规划设计导则》）；②由 P. Creager 等人编制的《水力发电手册》，该手册为美国内务部垦务局和美国陆军工程兵团等权威机构多本规范中的指定用书。此外，陆军工程兵团颁布的《水力发电厂房构造设计》[5]中对调节保证各种限值有所规定。

4 水锤压力限值

调节保证设计标准是指水锤压力和转速变化在技术经济上合理的允许值，在缺乏资料的初步设计阶段进行隧洞和压力管道结构设计时，常直接取该压力升高限值作为荷载输入。

蜗壳部位水锤压力的最大升高限值通常以相对值 $\zeta_{max}=\Delta H/H_0$（H_0、ΔH 分别表示静水压力及压力升高值）来表示，该值主要根据技术经济要求确定，对此《水工建筑物荷载设计规范》上明确了10%的低限值，而《水力发电厂机电设计规范》则在总结国内水电厂设计中所通常采用且已被实践证明较为合理的数值的基础上，根据电站的额定水头级别进行了分类取值，水头越高压力上升率取得越小。

美标《水力发电厂房构造设计》中明确，蜗壳处最大压力升高限值应在30%以内，对应国内机电规范额定水头100～300m的情况，即对于低水头电站中水锤压力升高取值美标较国内标准偏低，即在不改变导叶关闭时间的情况下，要求流道内的流速相对较低，因而管道断面面积相对较大，工程投资增加；若通过调节关闭时间来满足压力上升，则对于机组的要求相对较高，此时需较大的机组转动惯量来满足转速上升要求，从而造成机组投资增大，因此，在应用美标进行过渡过程计算时应引起注意。

5 水锤波波速计算

在水锤过程的分析与计算中，波速是一个重要参数，其大小与管壁材料、厚度、管径等有关。国内相关研究成果表明，波速误差超过20%时，对所有类型的有压引水系统的最大正水锤压力的影响都很显著。国内荷载规范上规定，水锤波速一般在800～1200m/s范围内，在缺乏资料的情况下近似取1000m/s。

《水力发电手册》中指出，当导叶关闭时间与管道相长处于同一数量等级时，准确估计波速对于计算水锤压力升高值尤为重要。一般美标中波速计算公式为

$$a=\frac{1435}{\sqrt{1+\frac{E_wD}{Ee}}} \tag{1}$$

式中 E_w——水的体积弹性模量；

D、e——管道直径和壁厚；

E——管材弹性模量，经转换该公式与国内教科书在均质薄壁钢管中的水锤波速计算表达式完全一致。

美 ASCE《规划设计导则》中进一步列出了波速 a 及其与各影响因素［包含空气含量（见图1）、管壁材料、围岩岩性、管道体形］的关系对比曲线，主要为 Thorley 等人在20

世纪七八十年代的研究成果，可用来更加便捷地逼近实际波速取值。因此，按照美标进行波速取值时，在利用基本公式计算的基础上，还应根据水锤所处的环境因素进行修正。

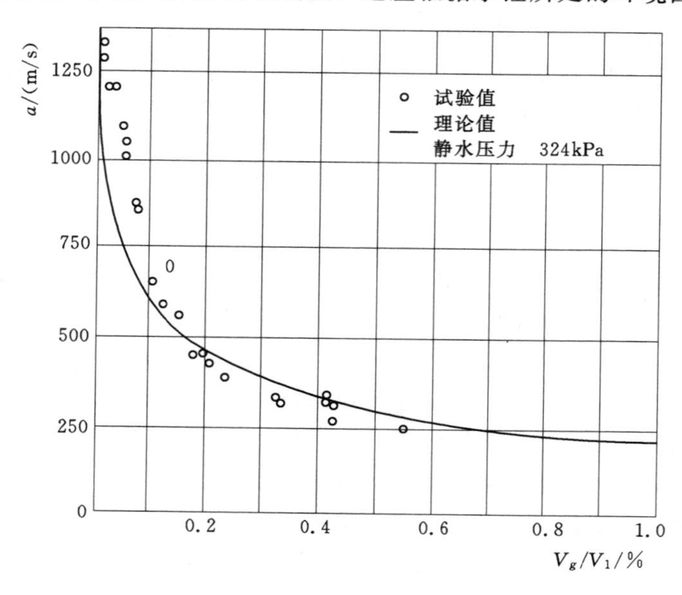

图 1 空气含量对波速的影响

6 水锤压力计算

6.1 计算方法简介

国内标准习惯采用公式法初步计算水锤压力。高校教科书[6]中基于冲击式水轮机给出了在任何导叶关闭规律下水锤连锁方程式，从而逐相求出导叶处水锤压力 $\zeta_1 \sim \zeta_n$，但是欲求 ζ_n 必须先依次求出 ζ_1、ζ_2、…、ζ_{n-1}，然后从中找出水锤压力最大值；在导叶开度依直线变化的情况下求得两个水锤特性常数 σ（与管长、流速、静水头、导叶有效启闭时间相关）和 ρ（与管道波速、流速和静水头相关），结合“水锤类型判别图”，教科书中还给出了第一相水锤和末相水锤的简化公式，即《水工建筑物荷载设计规范》中采用的公式，以快捷地求出导叶部位最大水锤压力。

美标《水力发电手册》规定，计算水锤压力的方法主要有 Allievi 图表法、数值积分算法以及图解法三种：

（1）Allievi 图表法需先求出两个常数 ρ（定义同前）和 θ（导叶有效启闭时间与一个相长的比值），然后查询 Allievi 图表（见图 2）即可求出水锤压力相对升高值（Z^2-1）。

（2）数值积分算法基于水锤计算的基本方程 $\Delta h_1=\dfrac{a}{g}\Delta V_1$，令 $B=V/\sqrt{H}$，假设各相末水锤压力总值

$$h_n=h_{n-1}+\Delta h_n-2\Delta h_{n-1}+2\Delta h_{n-2}-2\Delta h_{n-3}+\cdots \tag{2}$$

则在已知波速、管道流量、断面面积以及导叶名义总关闭时间的情况下，以 B 值为基准值迭代求出各相末的 ΔV 值，然后逐相列表求出 Δh、V 和 H 等值，再代入式（2）即可

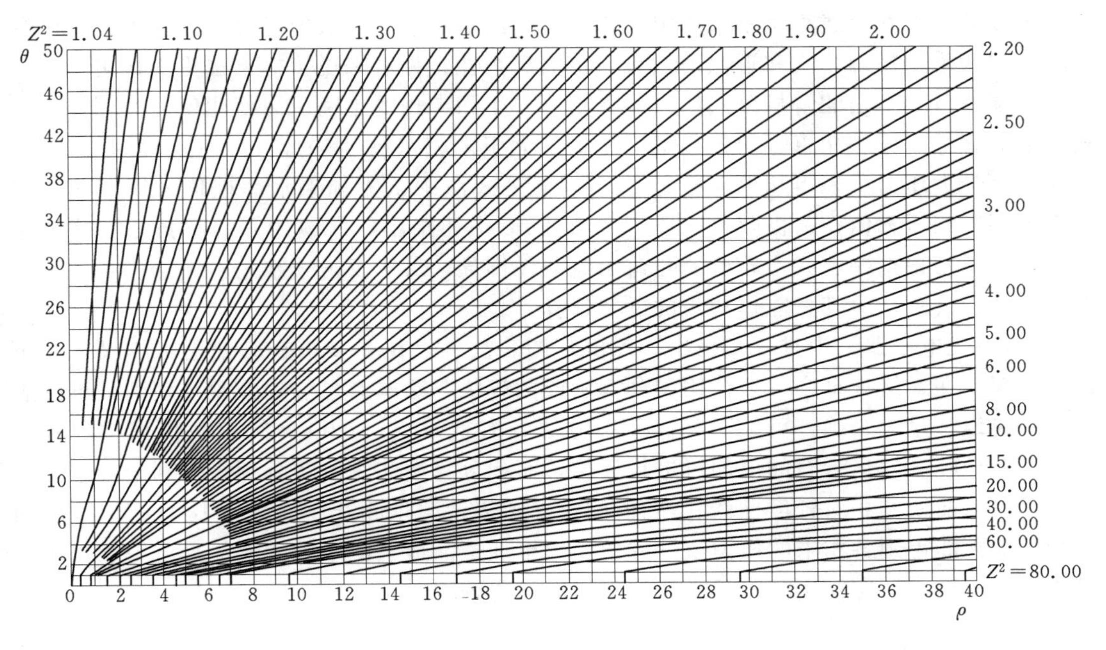

图 2 Allievi 图表——适用于导叶均匀关闭的简单管道

求得各相末的水锤压力总值。

（3）图解法过程的实质为根据流量的变化在导叶处人为施加一个压力波，然后这个压力波与系统边界条件相互作用。先定义以下几个参数：相对流速 $v'=V/V_0$、相对水头 $h'=H/H_0$、相对导叶开度 $\tau'=B/B_0$，假定三个参数满足 $v'=\tau'\sqrt{h'}$；可见 h' 与 v' 的关系为过原点的抛物线，美标提供了各相对开度 τ'（一般从 0.1～1.0 共 10 根整点抛物曲线）下的通用水锤图，根据水轮机导叶相对开度曲线找出各相末对应的 τ'，然后在水锤图中插值找到对应的部位，并在图中按一定的规则画出特征线找出最大的 h'，即可求得水锤压力极值。

按上述方法求出导叶处的水锤压力极值后，美标与国内标准一致，采用动量 $\sum l_i v_i$ 为权的比例分配即可求得沿管长各断面的水锤压力最大值。

6.2 计算方法比较

假定以下已知条件：有一简单管路，初始静水头 200ft，流量 600ft^3/s，导叶名义总操作时间 4s，有效关闭时间 2.68s，共 6 相，总管长 1000ft，管道平均流速 10.78ft/s，平均水锤波速 3005ft/s。则按照上述各种方法计算的升压工况下水锤压力代表值如表 1 所示。

表 1　　算例升压工况水锤压力代表值计算成果表

标　　准	方　　法	最大水锤压力升高值（ft）	出现相末
中国标准	公式法（精确）	169.98	末相
	公式法（近似）	181.77	末相
美国标准	Allievi 图表法	174	无法得知
	数值积分算法	171.8	第 4 相
	图解法	172	第 4 相

可以看出，在上述算例中采用中外标准计算出的水锤压力极值量级上差别不大，中国规范公式法采用精确公式和近似公式有一定的离散性，相对来说美标方法更加稳定。

中国规范中给出的解析公式法只能算出第一相和末相的水锤压力变化值，按照规范及教材上的解释，第一相以后的各相虽可能出现大于末相水锤 ζ_m 的情况，但与之差值不会很大，且最大压力出现得越迟越接近 ζ_m，因此公式法中认为如果水锤极值非第一相，则可直接用末相压力值作为极限水锤值。文献［6］中还指出，水锤计算的解析法公式简单明了，但其乃根据冲击式水轮机的孔口出流条件推导，对于反击式水轮机由于影响因素较多且复杂，公式法对其只能作初步的近似计算。

《水力发电手册》中进一步指出，Allievi 图表法一般在初步调查时使用，如果需要更精确的解，在最终计算中一般使用积分算法或图解法，除非有足够的经验表明阿列维图表法对最终设计足够精确。可以说美标三种方法各有优缺点，Allievi 图表法仅需按经验估算出一个导叶有效运行时间值即可进行计算，而积分算法和图解法分别需得到导叶运行流量时间关系曲线和相对开度曲线；然而 Allievi 图表法只能得出一个水锤压力极值，后面两种方法则能得到各相末的压力值，方便用户更加全面地了解水力特性，且所得水锤压力极值的精度更高，应在实际工程计算中尽可能优先采用。

7 计算误差取值

中国荷载规范规定，由于水锤压力解析公式法对于反击式水轮机计算误差较大，宜乘以一个大于 1.0 的修正系数，该系数与反击式水轮机的比转速有关，需通过试验确定；当无试验数据时，对于冲击式、混流式和轴流式水轮机，该系数分别取 1.0、1.2 和 1.4。实际上，随着近年来调节保证设计技术的逐渐完善，国内目前通常采用过渡过程数值分析软件计算出水锤压力值，并在此基础上考虑一定的脉动压力影响及适当的安全裕度，来综合确定管道内水压力的设计值，不再计入这个修正系数。

美标则规定，如果水锤计算条件更加复杂，必须明确适当的计算误差，因此在算出水锤压力变化值的基础上应乘以一个系数 x，按表 2 取值。

表 2　　美标水锤压力计算误差取值

工况/方法	Allievi 图表法	积分算法、图解法
压力管道等管径、等壁厚	$x=1.05$	$x=1.00$
压力管道变管径、变壁厚	$x=1.10$	$x=1.05$

从表 2 中可以看出，美标未提及水轮机型的影响，只根据所选取计算方法的不同来确定计算误差值；对于简单管路积分算法和图解法具有足够的精度，不需再作调整。

8 关于压力分配引水道长度的讨论

水锤压力沿线需按照压力引水道长度进行分配，关于总长 L 的取值，中国荷载规范中规定“自上游进水口（调压室）至下游出口的压力管道长度”，言下之意是如果无调压室时，L 就算到进水口，如果有调压室，L 就算到调压室。

《水力发电手册》中明确“水锤压力应以水轮机处为最大值，到开放（自由）水面衰减为零，沿包括调压室升管的压力引水道总长进行分配”。可以看出，美标中无调压室时，L应算至进口，有调压室时，L应算至调压室大井与升管相接部位，即调压室与水轮机之间高压管道长度加上升管的长度。

国内研究表明，小井增长时，调压井水位波动幅值减小、波动周期增长。当小井长度与引水洞长度之比在10%以下，小井对调压井水位幅值和水锤压力的影响不大，通常可忽略；当小井长度比值大于10%时，总水锤压力将增大，调压井作用降低，透入引水隧洞的水锤压力增大。可以看出，对于长引水工程小井的长度影响可以忽略，但对于引水隧洞较短的工程需计算小井底部的水锤压力值。

9 结语

本文从关于水锤压力取值的中美标准对比角度出发，提出了应用美国标准进行该项计算时需注意的要点，主要如下。

（1）对于低水头电站中水锤压力允许升高限值，美标比中标偏低，在初期设计阶段的过渡过程计算中必须引起足够的重视。

（2）波速值误差对水锤计算影响较大，实际操作中波速取值应在采用基本公式计算后，根据水锤所处的环境因素继续进行修正。

（3）在已知导叶运行流量时间关系曲线或相对开度曲线的前提下，应尽量采用积分算法和图解法来获得较为准确的水锤解，注意压力管道存在变截面的情况时误差系数的影响。

（4）引水隧洞较短（特别当小井长度大于10%的隧洞长度）时，水锤压力计算中压力引水道长度应包含小井的长度，即此情况下小井底部的水锤压力不能忽略。

涉外工程中应用外标进行设计时也不应一味地盲从，只有把中外对标工作做细、做扎实，理解了造成差异的原因后才能占据主动权，如果按中标习惯与美标规定有较大的分歧，或者采用国内技术明显更有优势的情况下，可主动与业主交涉、解释，以求折中达成共识。

参考文献

[1] DL 5077—1997 水工建筑物荷载设计规范 [S]. 北京：中国电力出版社，1998.

[2] DL/T 5186—2004 水力发电厂机电设计规范 [S]. 北京：中国电力出版社，2004.

[3] Civil engineering guidelines for planning and designing hydroelectric developments [M]. New York: American society of civil engineers. 1989.

[4] P. Creager, D. Justin. Hydroelectric handbook [M]. New York: John Wiley & Sons, Inc.. 1955.

[5] Hydroelectric power plants mechanical design (EM 1110 - 2 - 4205) [S]. Washington, DC: U. S. Army Corps of Engineers. 1995.

[6] 马善定，汪如泽．水电站建筑物 [M]. 北京：中国水利水电出版社，1996.

[7] 张祖莲．水锤波速不定性对水锤压力的影响 [J]. 昆明：云南工业大学学报，1998.

[8] 程永光等．连接管长度对调压井水位波动和水锤压力的影响 [J]. 北京：水利学报，2003.

中美压力钢管规范在地面式明钢管设计中的比较研究

胡　蕾　伍鹤皋　石长征　刘　园

（武汉大学水资源与水电工程科学国家重点实验室，湖北　武汉　430072）

【摘　要】本文以中美两国压力钢管规范为代表，比较了二者在明钢管结构设计方面的不同，并分别应用于某水电站地面式明钢管的设计实例。结果表明：在地面式明钢管结构设计方面，中美压力钢管规范主要的区别在于允许应力和荷载组合的选择；对于高水头水电站而言，压力钢管壁厚主要由整体膜应力的允许应力控制，较高的允许应力设计的钢管壁厚自然较小，因此2012新版美国规范ASCE No.79设计的管壁厚度最小，中国规范DL/T 5141—2001其次，1993版美国规范ASCE No.79最大。由此可见，2012版美国规范ASCE No.79钢材允许应力的提高，和欧美新颁布的压力容器规范相一致，这与目前钢材生产和焊缝质量检测水平的提高密切相关，因此海外工程设计可以根据具体情况尽量选择新版的美国压力钢管设计标准。

【关键词】水电站；地面式明钢管；DL/T 5141—2001；ASCE No.79；允许应力；荷载组合

1　引言

地面式明钢管，即沿地面铺设、暴露在大气中的压力钢管。这种型式的压力钢管一般敷设在一系列的支墩上，在管道的转弯处设镇墩，将管道固定，不使其有任何位移，在两镇墩间设伸缩节。因此明钢管结构受力明确、易于维护和检修。

由于以上特点，加上钢板焊接、伸缩节安装维护等环节的工艺技术日益成熟，明钢管在国内外引水式电站及跨流域调水等工程中的应用非常广泛。例如我国的羊卓雍湖、天湖、南山一级水电站，牛栏江—滇池补水工程和老挝的会兰庞雅水电站等，均采用明钢管作为输水建筑物。正是由于明钢管的广泛应用，国际上也存在多种压力钢管行业标准、规范或工程设计手册（以下统称规范），用于指导其设计和施工安装等。然而，由于地域本身的特点及工程发展应用程度等不同，不同地域应用的规范难免有所差别，可能造成的现象是对于同一工程，参照不同规范设计出的结构尺寸却有差异。本文拟以中国电力行业水电站压力钢管设计规范DL/T 5141—2001和美国ASCE Manuals and Reports on Engineering Practice No.79" Steel Penstocks"（以下简称DL/T 5141—2001和ASCE No.79）为代表，借助有限元方法对某引水式电站地面式明钢管进行结构设计，重点比较二者在明钢管结构设计方面的差异。

2　压力钢管管壳设计与分析

2.1　强度理论

明钢管结构中，钢材几乎承担了全部的荷载，因此钢材的强度是设计上首要关心的问题。DL/T 5141—2001 中明确规定，压力钢管各部位钢材的强度应按照畸变能理论（又称第四强度理论）进行校核，而 ASCE No.79 推荐采用的强度理论为最大剪应力理论（又称第三强度理论）。为便于与 DL/T 5141—2001 比较，统一采用畸变能理论，即各计算点的应力应符合下列强度条件：

$$\sigma=\sqrt{\sigma_\theta^2+\sigma_x^2+\sigma_r^2-\sigma_\theta\sigma_x-\sigma_\theta\sigma_r-\sigma_x\sigma_r+3(\tau_{\theta x}^2+\tau_{\theta r}^2+\tau_{xr}^2)}\leqslant[\sigma] \tag{1}$$

式中　σ——钢管结构构件的作用效应计算值，称为等效应力或 Mises 应力；

$[\sigma]$——钢材允许应力；

σ_x——轴向正应力；

σ_θ——环向正应力；

σ_r——径向正应力，以拉为正；

$\tau_{\theta x}$、$\tau_{\theta r}$、τ_{xr}——剪应力。

2.2　允许应力

对于明钢管结构，我国规范将应力分为整体膜应力、局部膜应力和局部膜应力＋弯曲应力三类，相应的允许应力（或称抗力限值）可按式（2）进行计算，具体数值见表 1。

$$\sigma_R=\frac{1}{\gamma_0\varphi\gamma_d}f \tag{2}$$

式中　γ_0——结构重要性系数；

φ——设计状况系数；

γ_d——结构系数；

f——钢材强度设计值。

对于明钢管，正常工况下结构系数取 1.6，结构重要性系数视钢管的安全级别取 1.1 或 1.0，设计状况系数取 1.0。

ASCE No.79 将压力钢管的应力分为一次应力、二次应力，其中一次应力又分为一次整体膜应力、一次局部膜应力和一次弯曲应力。ASCE No.79 对压力钢管各部位所属的应力分类有详细的说明，其中在管壳母线转折处或管壳与加强梁连接处作为局部膜应力的条件是，大于 $1.1KS$ 的应力范围应该小于 $\sqrt{Rt}$（R 为钢管半径，t 为管壁厚度），否则应作为整体膜应力处理。对于不同的一次或一次加二次应力采用了不同的允许应力值，详细计算方法如下：

允许应力 $[\sigma]$ 与提高系数 K 和基本允许设计应力 S 有关，即

$$[\sigma]=KS \tag{3}$$

其中 K 的取值与工作状况和应力类型有关，在正常工况下整体膜应力取 1.0，局部膜应力和局部膜应力＋弯曲应力取 1.5，局部膜应力＋弯曲应力＋二次应力取 3.0。在 1993 版 ASCE No.79 中，基本允许设计应力 S 取钢材标准规定的最小抗拉强度的 1/3 和最小

屈服强度的 2/3 的较小值。以 600MPa 级高强钢为例，1/3 抗拉强度：1/3×610＝203.3MPa，2/3 屈服强度：2/3×490＝326.7MPa，所以取 S＝203.3MPa。而在 2012 新版 ASCE No.79 中，基本允许设计应力 S 取钢材最小抗拉强度的 1/2.4 和最小屈服强度的 2/3 的较小值，即为 254.2MPa，允许应力见表 1。由此可知，即使针对同一种钢材，相同工作状况下根据不同的规范可以得到不同的允许应力。

表 1　　不同规范控制标准下正常运行工况明钢管允许应力　　单位：MPa

钢材类型	规　范	整体膜应力	局部膜应力	局部膜应力＋弯曲应力	局部膜应力＋弯曲应力＋二次应力
		支承环影响范围以外管壳中面	支承环附近或母线转折处管壳中面	支承环影响范围以外管壳表面	支承环附近或母线转折处管壳表面
600MPa 高强钢	中国规范（16～50mm）	231	285	337	—
	美国规范	203	305	305	610
	2012 新版美国规范	254	381	381	610
Q345	中国规范（≤36mm）	181	223	264	—
	美国规范	157	235	235	470
	2012 新版美国规范	196	294	294	470

2.3　管壳厚度计算

两种规范均指出，决定压力钢管壁厚的主要因素是抵抗荷载所需的厚度以及制造、运输和吊装等所需的厚度。除此之外，还应考虑锈蚀、磨损及制造误差等因素，预留一定的壁厚裕量，一般为 2mm。

（1）根据主要荷载（内水压力）按式（4）初估管壁厚度 t：

$$t=\frac{Pr}{\phi[\sigma]} \tag{4}$$

式中　P——计算断面处设计内水压力；

r——计算断面处钢管内半径；

$[\sigma]$——钢材允许应力；

ϕ——焊缝系数。

（2）保证运输和吊装的刚度所需的压力钢管的最小厚度，DL/T 5141—2001 采用式（5）计算，尺寸单位为 mm；ASCE No.79 推荐采用太平洋电气公司的公式（6）或美国垦务局的公式（7），两者比较取较大值，尺寸单位为英寸。

$$t=\frac{D}{800}+4 \tag{5}$$

$$t=\frac{D}{288} \tag{6}$$

$$t=\frac{D+20}{400} \tag{7}$$

2.4　设计工况和荷载组合

按照上述方法初步设计管壳后，还需要考虑各种荷载组合进一步复核压力钢管管壁和

加劲环、支承环的应力是否满足强度要求，若管壁厚度不满足强度要求或富裕较大，应增加或减小管壳厚度直到合适为止。

在明钢管设计时，我国规范将钢管结构设计分为持久状况、短暂状况和偶然状况三种设计状况共计6种荷载组合，而ASCE No.79中有正常状况、临时状况、事故状况、非常状况、施工状况和水压试验状况等，在每一种设计状况下又有不同的荷载组合。相对而言，ASCE No.79考虑的荷载组合比DL/T 5141—2001更多、更全面。由于篇幅限制，本文在进行钢管设计比较时，只选取持久状况（正常状况）下的荷载组合进行计算。在该设计工况下中美规范规定的荷载是一致的，但DL/T 5141—2001针对不同的荷载规定了不同的作用分项系数，而ASCE No.79规定所有荷载的荷载系数均为1.0。针对明钢管结构，中美规范中，主要荷载静水压力的荷载系数均为1.0，因此总体来说差别不大。

DL/T 5141—2001采用结构力学法和弹性力学法，以结构部位分类，详细列出了管壁、加劲环、支承环的各项应力计算公式，ASCE No.79根据应力的方向和引起应力的荷载分类，也有相应的计算公式。考虑到解析计算公式均有一定的简化，且计算过程繁琐，而利用有限元软件分析更加直观和准确，计算结果也被工程界所接受。因此本文采用有限元软件ANSYS，进行明钢管结构有限元计算，复核钢管的应力，最终确定明钢管的体型参数。

3 不同规范控制标准下设计结果的比较

某水电站枢纽主要建筑物由首部枢纽、左岸引水系统、发电厂房及其附属设施组成。引水系统主要建筑物包括引水隧洞、调压井和压力钢管。引水隧洞直径为3.3～4.0m，全长约8045m。调压室直径6.5m，高度66.5m。压力钢管起始位置位于调压室中心下游7m，主管直径2.85～2.5m，总长约1165m。其中隧洞钢衬段长度约216m，管径2.85m，钢管外混凝土厚0.625m。

隧洞出口下游为明管段，钢管布置在开挖的管沟内基岩上。在平面和竖向转弯处及距离超过150m时布置镇墩，全线共布置11个镇墩，每个镇墩的下游侧设伸缩节。钢管支墩间距8m左右，采用滑动支座。钢管在镇墩内布置止推环，在支墩处布置支承环。压力钢管示意图如图1。

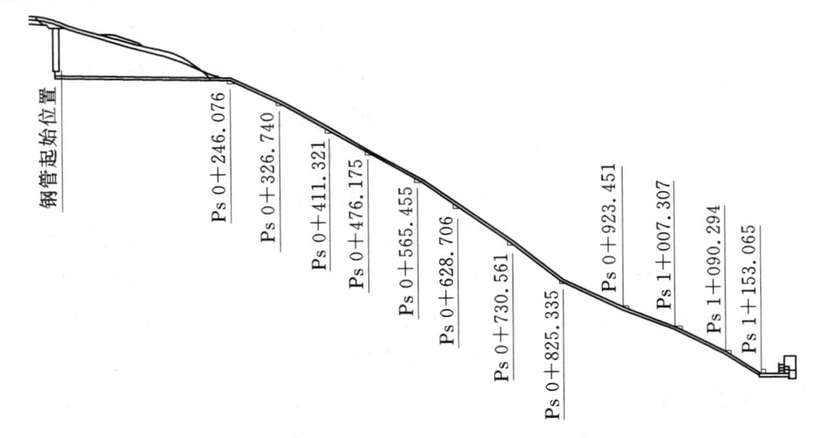

图1 压力钢管示意图

由于镇墩相当于压力钢管的固定端，因此设计时可将每两个镇墩之间的管段独立出来进行计算分析。以桩号 Ps1+007.307～Ps1+090.294 之间的管段为例，该管段压力钢管直径为 2.5m，内水压力 5.86～6.35MPa（包含水击压力）。模型包括引水钢管、伸缩节、支承环、滑动支座、镇墩以及部分地基，垂直于管轴线方向地基宽度取 17m，基础深度取 10m（见图 2）。钢管、支承环采用壳单元模拟，混凝土和地基采用八结点实体单元模拟。引水钢管沿轴线每隔 8m 左右设置一对支墩，支座上下滑动面采用面—面接触单元模拟，摩擦系数取 0.1；波纹管伸缩节采用梁单元模拟，梁单元的刚度取波纹管的等效刚度 2.9kN/mm，以此来体现波纹管的变形特征。模型地基左右两侧及上、下游侧、底部均法向约束。支承环示意图如图 3 所示。

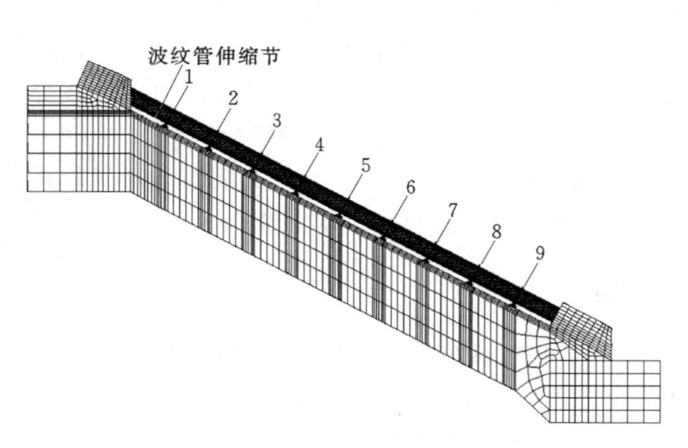

图 2　有限元模型

1～9—滑动支座

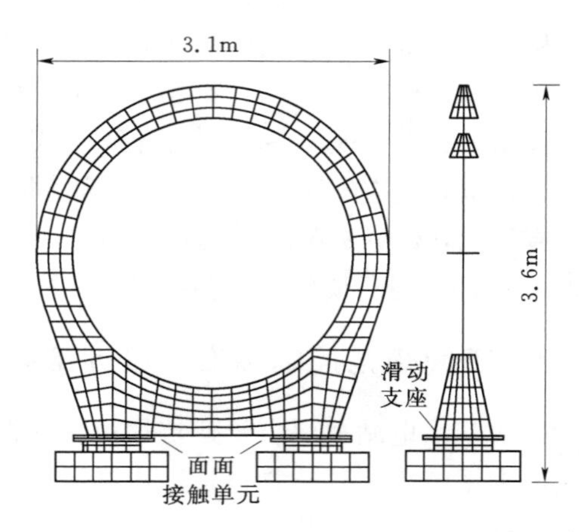

图 3　支承环示意图

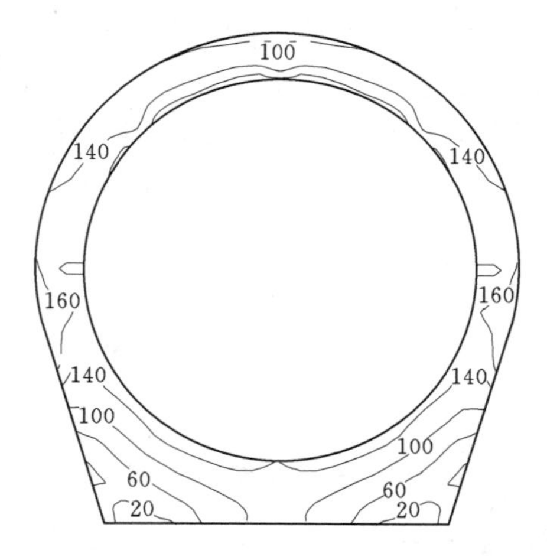

图 4　支承环中面 Mises 应力等值线图

混凝土材料：容重 $25kN/m^3$，弹性模量 28GPa，泊松比 0.167；钢材：容重 $78.5kN/m^3$，弹性模量 206GPa，泊松比 0.3；基岩：弹性模量 3GPa，泊松比 0.29。

3.1　不同规范控制标准下的设计

根据经验，压力钢管管壳厚度一般由正常工况控制，正常工况下中美规范规定的作用荷载是一致的，本文在计算时考虑的荷载有内水压力、管道结构自重、管内满水重和温度作用（温升 14.3℃、温降 15.7℃）。在计算之前首先根据允许应力初估管壁厚度，应用中美规范得到的初估管壁厚度分别为 36mm、40mm 和 32mm（2012 新版美国规范），均不包含锈蚀厚度。

基于以上介绍的模型、荷载等相关资料开展有限元计算，以两个支承环及中间的钢管为基本管段，明钢管的受力可分为三个基本区域：①支承环影响区以外的管壁（中面视为

整体膜应力，表面视为局部膜应力＋弯曲应力)；②支承环影响区内的管壁（中面视为局部膜应力，表面视为局部膜应力＋二次应力)；③支承环本身中面视为整体膜应力。分别用区域 1、2、3 表示。在进行应力校核时，主要观察以上三个区域的应力分布情况是否满足表 1 的要求，如果不满足应加厚管壁。

由于篇幅限制，仅用图 4～图 6 表示应用中国规范应力控制标准设计的结果。钢管的 Mises 应力主要受环向应力控制，支承环近旁的管壁由于环向变形受到约束，应力明显较小。无论是局部膜应力、局部膜应力＋弯曲应力还是局部膜应力＋二次应力，均远小于允许应力。管壁厚度主要由整体膜应力控制，当钢管壁厚取 38mm（包含锈蚀厚度）时，区域 1 钢管的应力满足 DL/T 5141—2001 整体膜应力控制标准 231MPa。

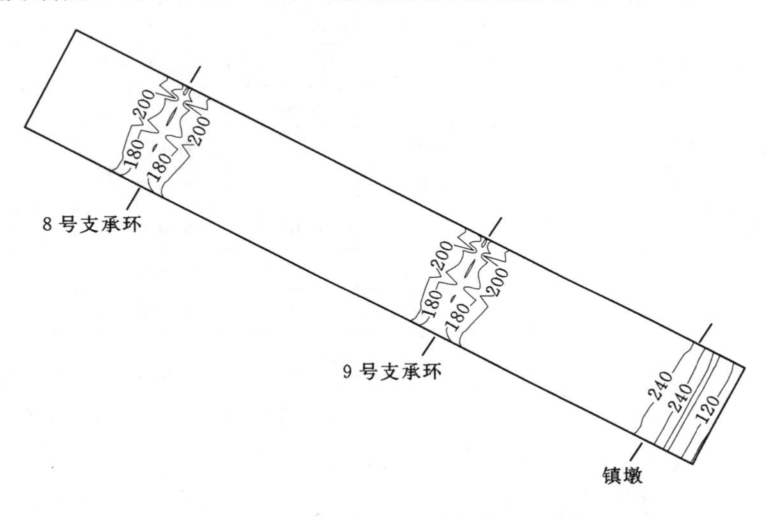

图 5　压力钢管中面 Mises 应力等值线图（单位：MPa）

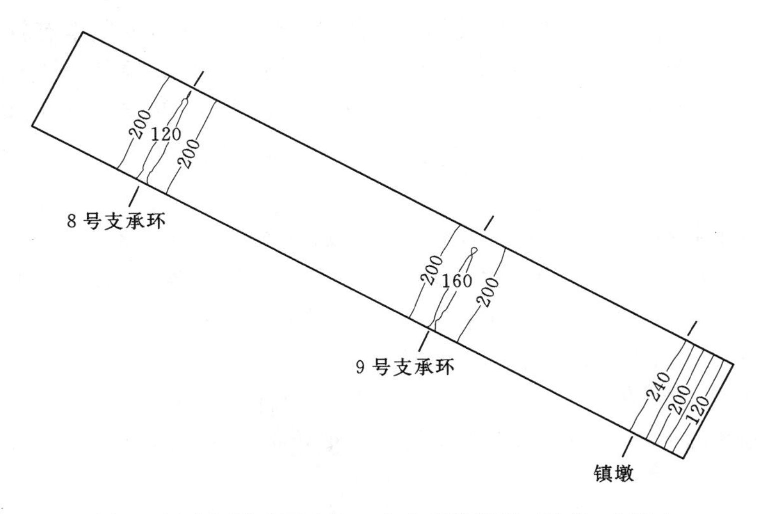

图 6　压力钢管表面 Mises 应力等值线图（单位：MPa）

3.2 不同规范控制标准下的设计结果

按照上述方法对其他管段进行同样的计算，最终确定的各管段壁厚如表2。

表2　　管道设计结果

桩　号	DL/T 5141—2001		1993版 ASCE No.79		2012版 ASCE No.79	
	壁厚/mm	钢材	壁厚/mm	钢材	壁厚/mm	钢材
Ps0+246.076～Ps0+326.740	14	普通钢	16	普通钢	14	普通钢
Ps0+326.740～Ps0+411.321	20	普通钢	22	普通钢	20	普通钢
Ps0+411.321～Ps0+476.175	24	普通钢	26	普通钢	22	普通钢
Ps0+476.175～Ps0+565.455	28	普通钢	30	普通钢	26	普通钢
Ps0+565.455～Ps0+628.706	22	高强钢	26	高强钢	20	高强钢
Ps0+628.706～Ps0+730.561	26	高强钢	30	高强钢	24	高强钢
Ps0+730.561～Ps0+825.335	30	高强钢	34	高强钢	28	高强钢
Ps0+825.335～Ps0+923.451	34	高强钢	36	高强钢	30	高强钢
Ps0+923.451～Ps1+007.307	36	高强钢	40	高强钢	34	高强钢
Ps1+007.307～Ps1+090.294	38	高强钢	42	高强钢	34	高强钢
Ps1+090.294～Ps1+153.065	40	高强钢	46	高强钢	38	高强钢

2012新版 ASCE No.79设计壁厚最小，DL/T 5141—2001其次，1993版 ASCE No.79设计壁厚最大。桩号Ps0+246.076～Ps0+565.455之间的管壁厚度DL/T 5141—2001需要14～28mm的低合金钢，而1993版 ASCE No.79需要16～30mm，比DL/T 5141—2001大2mm；桩号Ps0+565.455～Ps1+153.065之间的管壁厚度DL/T 5141—2001需要22～40mm的高强钢，而1993版 ASCE No.79需要26～46mm，比DL/T 5141—2001大4mm。但是2012新版美国规范的设计结果较之前的版本有较大的变动，桩号Ps0+246.076～Ps0+565.455之间的钢管需要14～24mm的低合金钢，比1993版 ASCE No.79小2～6mm，比DL/T 5141—2001小2～4mm；桩号Ps0+565.455～Ps1+153.065之间的钢管需要20～36mm的高强钢，比1993版 ASCE No.79减小6～8mm，比DL/T 5141—2001小2～4mm。

不同规范控制标准下钢管壁厚的设计结果差别较大，这与允许应力的取值直接相关。2012新版 ASCE No.79允许应力最大，DL/T 5141—2001其次，1993版 ASCE No.79允许应力最小。从我国多个压力钢管工程多年的运行来看，采用DL/T 5141—2001允许应力控制标准设计的压力钢管是安全的。相比之下，1993版 ASCE No.79采用了较低的允许应力，相当于提高安全裕度，但是会增加工程量。而2012版 ASCE No.79提高了允许应力，尤其相对旧版本美标允许应力变化较大，但仍远小于钢材强度设计值。

4 结语

本文比较了中美压力钢管规范设计明钢管的方法，并借助有限元方法，将二者应用在某水电站引水钢管的结构设计中。

（1）明钢管结构设计的主要内容是确定压力钢管的壁厚，中美规范在确定管壳壁厚时采用的强度理论、壁厚及应力估算公式基本上是一致的，只是形式上略有差别。ASCE No. 79 中规定的荷载组合更全面，但最主要的区别在于应力校核时应用的允许应力差别较大。其中 2012 新版 ASCE No. 79 允许应力最高，DL/T 5141—2001 其次，1993 版 ASCE No. 79 允许应力最低。

（2）对于地面式明钢管，钢管壁厚主要由整体膜应力控制，因此设计结果必然是 2012 新版 ASCE No. 79 设计壁厚最小，DL/T 5141—2001 其次，1993 版 ASCE No. 79 设计壁厚最大。

（3）我国许多压力明钢管工程多年的运行结果表明，采用 DL/T 5141—2001 允许应力控制标准设计的压力钢管是安全的。相比之下，1993 版 ASCE No. 79 采用了较高的安全系数，从而增加了工程量。而改版后的美标相比其 1993 版和我国的 DL/T 5141—2001 降低了安全系数，这可能与近年来钢材质量和焊缝质量检测水平的提高有关，因此在进行海外工程压力钢管设计时，可以根据工程实际情况尽量选用改版后的美国标准，以便使设计成果审查尽快通过，并节省工程投资。

参考文献

[1] 马善定，汪如泽．水电站建筑物［M］．第二版．北京：中国水利水电出版社，1996.

[2] DL/T 5141—2001，水电站压力钢管设计规范［S］．北京：中国电力出版社，2001.

[3] ASCE 79 - 1993：ASCE Manuals and Reports on Engineering Practice No. 79" Steel Penstocks"［S］. American Society of Civil Engineers，New York，1993.

[4] ASCE 79 - 2012：ASCE Manuals and Reports on Engineering Practice No. 79" Steel Penstocks" (Second Edition)［S］. American Society of Civil Engineers，New York，2012.

中美水工混凝土结构配筋方法在隧洞设计中的应用比较

张智敏　苏　凯　伍鹤皋

（武汉大学水资源与水电工程科学国家重点实验室，湖北　武汉　430072）

【摘　要】 针对水工钢筋混凝土结构配筋设计，从设计原理与基础、设计假定、计算方法、材料指标等方面，对中国《水工混凝土结构设计规范》(DL/T 5057—2009) 和美国 EM 1110-2-2104 水工钢筋混凝土结构强度设计规范进行了对比分析研究。结果表明，美国规范对于承载力安全储备直接反映在强度折减系数 ϕ 值上，对脆性破坏类型的构件可以通过降低 ϕ 值来提高承载力储备；而中国规范对于延性和脆性不同破坏类型的构件则采用统一的结构系数和材料性能分项系数，不能直观反映构件的整体受力性能和承载力储备。此外，鉴于中美规范在荷载和荷载组合、折减系数、材料强度指标、计算方法、构造措施等方面存在着较大的差异，在采用两国规范进行设计分析时要注意各自参数的配套选用，不能混淆。

【关键词】 水工隧洞；钢筋混凝土；DL/T 5057—2009；EM 1110-2-2104；配筋设计；承载力储备

混凝土是水利水电工程领域最为普遍的建筑材料，其造价低，取材方便，耐久性和可塑性较好，因而得到广泛使用。从 20 世纪 50 年代起，我国水工混凝土结构设计基本理论在参照前人经验和成果的基础上不断发展，不断创新。近年来，随着我国综合国力的迅速提升，水电事业也迈向世界一流水准，在国际水电工程中扮演着越来越重要的角色。美国规范作为世界主流标准之一，在世界范围内得到广泛采用，因此了解、熟悉并掌握美国规范成为中国水电建设走出国门迈向世界的迫切需要。在水工混凝土结构设计方面，美国规范与中国规范在设计理论和规范制定等方面既有相同之处，也存在不同，例如在计算基本假定、基本原则、设计基础等方面是相同的，在材料强度指标、荷载分项系数、构造要求等方面又是不同的。本文对中美两国水工钢筋混凝土配筋设计理论和计算方法进行了深入的探索和研究，并结合某压力隧洞实例对比分析了中美规范配筋方法的异同。

1　设计基础与原理

中美规范水工钢筋混凝土结构在设计基础上均以可靠度理论为基础，采用极限状态设计法（美国规范称为极限强度设计法）。

1.1　设计表达式

根据《水工混凝土结构设计规范》(DL/T 15057—2009) 规定，采用概率极限状态设计原则，在规定的材料强度和荷载取值条件下，在多系数分析基础上以安全系数表达式的方式进行设计，承载能力极限状态的设计表达式为：

$$\gamma_0 \psi S \leqslant \frac{1}{\gamma_d} R\left(\frac{f_{ck}}{\gamma_c}, \frac{f_{sk}}{\gamma_s}, a_k\right) \tag{1-1}$$

式中 γ_0——结构重要性系数；

ψ——设计状况系数；

S——荷载效应组合的设计值；

R——结构构件的抗力设计值；

γ_d——结构系数；

f_{ck}——混凝土轴心抗压强度标准值；

f_{sk}——钢筋强度标准值；

γ_c——混凝土材料分项系数；

γ_s——钢筋材料分项系数；

a_k——结构构件几何参数。

根据 EM 1110－2－2104 水工混凝土结构强度设计规范，美国规范采用基于概率理论的荷载-抗力系数设计法，设计表达式可用下式表示：

$$U \leqslant \phi R_n \tag{1-2}$$

式中 U——荷载效应；

ϕ——强度折减系数；

R_n——名义强度。

在式（1－1）和式（1－2）右侧，R/γ_d 和 ϕR_n 在概念上是一致的。中国规范用结构系数 γ_d（钢筋混凝土结构取 1.2）、混凝土材料分项系数 γ_c（取 1.4）和钢筋材料分项系数 γ_s（取 1.1）这 3 个系数的综合折减效果来考虑结构抗力折减，但由于混凝土和钢筋这两种材料的力学性能和离散程度不同，两种材料强度设计值的折减比例也不同，因此构件的实际受力性能和综合折减效果无法从直观上得到反映。而美国规范是用强度折减系数 ϕ 将结构构件抗力作为一个整体来考虑，直接反映了抗力折减的程度，其取值主要考虑以下四个因素：①考虑到材料强度和尺寸的变化；②考虑到设计公式的不准确性；③反映构件的延性程度和安全等级；④反映结构中构件的重要性。

美国规范对承受轴向和弯曲荷载的构件，根据 ε_t（极限受拉钢筋的净拉应变）的数值将截面分为：受压控制截面（$\varepsilon_t \leqslant 0.002$），受拉控制截面（$\varepsilon_t \geqslant 0.005$）及过渡型截面（$0.002 \leqslant \varepsilon_t \leqslant 0.005$）。对于受拉控制截面柱，其强度折减系数 ϕ 取 0.9，受压控制截面柱 ϕ 取 0.65，过渡型截面柱 ϕ 值则介于 0.65 与 0.9 之间，依照 ε_t 的大小进行线性内插计算（见图 1）。

由图 1 中可以看出，美国规范强度折减系数 ϕ 值随极限受拉钢筋的净拉应变 ε_t 的增加而增大。对于受拉控制构件，即具有一定延性的适筋构件，强度折减系数 ϕ 值较大，而对于延性较差的受压控制构件，强度折减系数 ϕ 值较小。这说明美国规范在处理构件破坏时更加注重延性与承载力储备的协调，

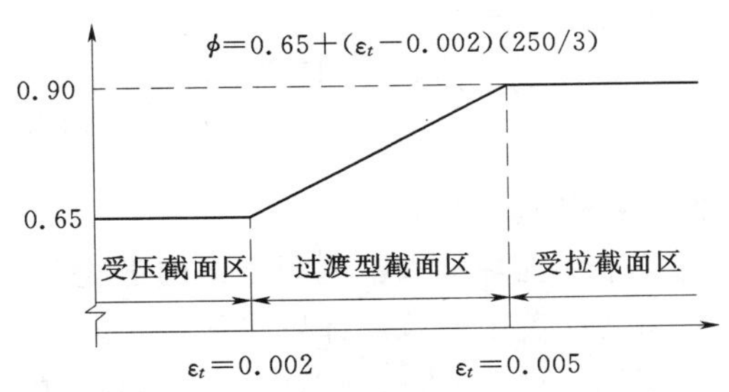

图 1　强度折减系数 ϕ 与净拉应变 ε_t 变化图

即延性差的构件可以通过降低 ϕ 值来提高承载力储备。

1.2 荷载和荷载组合

式（1-1）左侧，

$$S=\gamma_G G_k+\gamma_Q Q_k \tag{1-3}$$

式中 γ_G、γ_Q——永久荷载和可变荷载的分项系数；

G_k、Q_k——永久荷载和可变荷载的标准值。

式（1-2）左侧，

$$U=\sum_{i=1}^{l}\gamma_i Q_i \tag{1-4}$$

式中 l——荷载类型的数量；

γ_i——第 i 个荷载对应的荷载分项系数；

Q_i——第 i 个荷载类型（可分为恒载、活载、地震荷载等）。

由式（1-1）～式（1-4）可知，中国规范与美国规范的荷载组合在形式上是相似的，均是以荷载与荷载效应存在线性关系为前提的，但荷载组合中的具体荷载分项系数存在差异。中国规范通过荷载分项系数和设计状况系数 ψ 考虑荷载的作用效应（此外还考虑了结构重要性系数 γ_0），而美国规范则直接采用相应的荷载分项系数。同时需要指出的是，如果使用修正的ACI318法（Modified ACI318）对水工结构进行设计则需要引入水力作用系数，限于篇幅本文不讨论水力作用系数的相关内容。

2 水工混凝土结构正截面承载力计算

2.1 设计假定

中美规范在设计假定上基本相同：①均采用平截面应变假定；②不考虑混凝土的抗拉强度；③中国规范混凝土极限压应变为0.0033（轴心受压为0.002），美国规范为0.003；④中美规范混凝土非均匀受压区的应力图形均可简化为等效的矩形应力图，但在应力图的高度和应力取值上略有不同，中国规范矩形应力图的应力取为 f_c，高为 $x=0.80x_0$（x_0 为中和轴至受压区边缘的距离），而美国规范矩形应力图的应力取为 $0.85f_c'$，高度为 $a=\beta_1 c$（c 为中和轴至受压区边缘的距离），如图2所示。

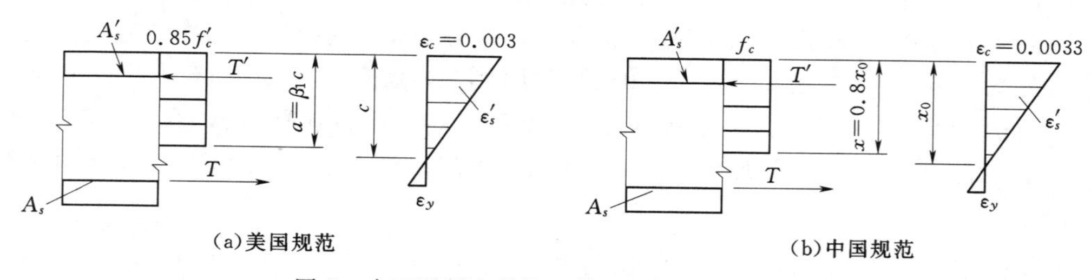

图2 水工混凝土结构正截面承载力计算简图

2.2 基本设计思路

关于中国规范水工混凝土结构正截面承载力计算基本思路和方法，在此不再赘述，本文着重介绍美国规范设计思路和公式推导。

根据EM 1110-2-2104，美国规范配筋设计思路可分为3大步：①根据结构力学或有限元计算方法，求得配筋控制截面的弯矩 M_u 和轴力 P_u；②通过弯矩和轴力判断结构

的构件类型；③根据对应的构件类型。按图 3 所示步骤依次进行配筋计算。

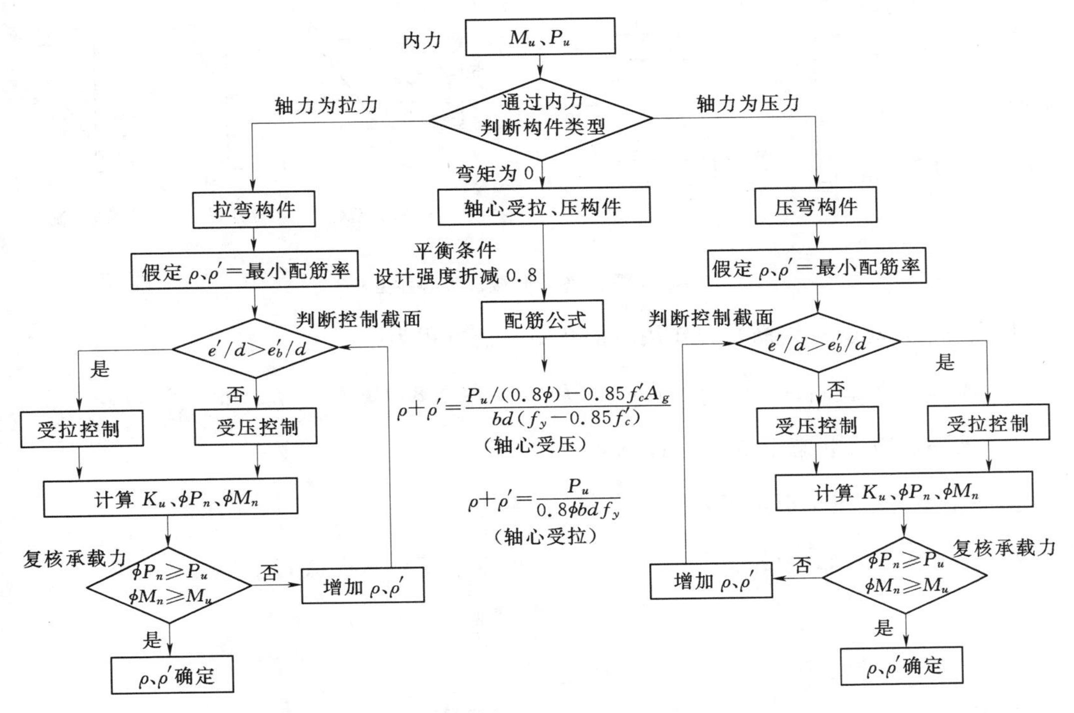

图 3　美国规范水工混凝土结构配筋设计流程

2.3　设计公式推导

本文以压弯构件为例，给出美国水工混凝土规范具体的配筋设计公式推导过程。

美国水工混凝土规范是先假定截面配筋方案，然后进行截面承载力的校核，即需要满足式（2－1）～式（2－2）

$$\phi P_n \geqslant P_u \tag{2-1}$$

$$\phi M_n \geqslant M_u \tag{2-2}$$

式中，ϕ 为强度折减系数，P_n、M_n 为名义强度，ϕP_n、ϕM_n 为设计强度，P_u、M_u 分别为计算得到的轴力和弯矩值。

根据图 4 计算得压弯构件截面能承受的轴力和弯矩的名义强度分别为：

$$P_n=(0.85f_c'k_u+\rho'f_s'-\rho f_s)bd \tag{2-3}$$

$$M_n=(0.85f_c'k_u+\rho'f_s'-\rho f_s)\left[\frac{e'}{d}-\left(1-\frac{h}{2d}\right)\right]bd^2 \tag{2-4}$$

其中，$e'=M_u/P_u+d-h/2$，k_u 为相对受压区高度系数，f_s、f_s'分别为受拉侧和受压侧的钢筋应力。

从式（2－3）和式（2－4）可以看出：在求出 P_n、M_n 的值前，需要先求出 k_u、f_s 和 f_s'的值。本文将根据平衡方程、应变三角形相似和相关假定求解这 3 个未知数。

（1）假定 ρ、ρ'（可采用截面最小配筋率），并计算对应平衡破坏状态的判断条件e_b'/d。

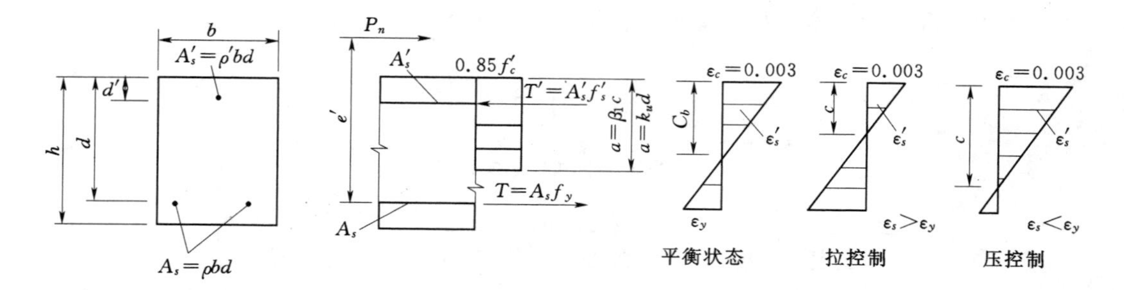

图 4　压弯构件双筋截面计算示意图

根据图 4，对受拉钢筋合力作用点的弯矩平衡方程为：

$$(0.85f'_cbk_ud)\left(d-\frac{k_ud}{2}\right)+f'_s\rho' bd(d-d')=(0.85f'_ck_ubd+f'_s\rho' bd-f_s\rho bd)e' \quad (2-5)$$

1）求平衡破坏状态下的 k_u，即 k_b：

由图 4 中应变三角形可得：

$$\frac{c_b}{d}=\frac{\varepsilon_c}{\varepsilon_c+\varepsilon_y} \quad (2-6)$$

将 $\varepsilon_y=f_y/E_s$，$k_bd=\beta_1c_b$ 代入式（2－6）可得平衡破坏状态下：

$$k_b=\frac{\beta_1E_s\varepsilon_c}{E_s\varepsilon_c+f_y} \quad (2-7)$$

其中，

$$\beta_1=\begin{cases}0.85(f'_c\leqslant 28\text{MPa})\\0.85-(f'_c-28)/140(28\text{MPa}<f'_c\leqslant 55\text{MPa})\\0.65(f'_c>55\text{MPa})\end{cases} \quad (2-8)$$

2）求 f_s 和 f'_s：

假定平衡破坏状态下受拉钢筋屈服，故　$f_s=f_y$　(2－9)

再由图 4 中应变三角形可得：

$$\frac{\varepsilon'_s}{c-d'}=\frac{\varepsilon_y}{d-c} \quad (2-10)$$

将 $\varepsilon'_s=f'_s/E_s$，$k_ud=\beta_1c$ 代入式（2－10）得：

$$f'_s=\frac{k_u-\beta_1d'/d}{\beta_1-k_u}f_y\leqslant f_y \quad (2-11)$$

3）最后求 e'_b/d：

将式（2－9）、式（2－11）代入弯矩平衡方程（2－5）并取 $k_u=k_b$，得：

$$\frac{e'_b}{d}=\frac{0.425f'_c(2k_b-k_b^2)(\beta_1-k_b)+f_y\rho'(1-d'/d)(k_b-\beta_1d'/d)}{0.85f'_ck_b(\beta_1-k_b)+f_y\rho'(k_b-\beta_1d'/d)-f_y\rho(\beta_1-k_b)} \quad (2-12)$$

（2）根据 e'/d 和 e'_b/d 的大小关系，判断控制截面类型：

1）当 $e'/d>e'_b/d$ 时，截面为受拉控制；

2）当 $e'/d<e'_b/d$ 时，截面为受压控制；

3）当 $e'/d=e'_b/d$ 时，截面为平衡状态。

（3）根据控制截面类型，计算 k_u、f_s 和 f'_s，进而计算截面能承受的名义轴力 P_n 和弯矩 M_n。

1）当 $e'/d>e'_b/d$ 时，截面为受拉控制，则受拉钢筋达到屈服

$$f_s = f_y \tag{2-13}$$

f'_s的求法如式（2-10）和式（2-11），表达式如下：

$$f'_s = \frac{k_u - \beta_1 d'/d}{\beta_1 - k_u} f_y \leqslant f_y \tag{2-14}$$

将 f_s 和 f'_s代入式（2-5）得关于 k_u 的方程：

$$k_u^3 + \left[2\left(\frac{e'}{d}-1\right)-\beta_1\right]k_u^2 - \left\{\frac{f_y}{0.425f'_c}\left[\rho'\left(\frac{e'}{d}+\frac{d'}{d}-1\right)+\frac{\rho e'}{d}\right]\right.$$

$$\left. + 2\beta_1\left(\frac{e'}{d}-1\right)\right\}k_u + \frac{f_y\beta_1}{0.425f'_c}\left[\rho'\frac{d'}{d}\left(\frac{e'}{d}+\frac{d'}{d}-1\right)+\frac{\rho e'}{d}\right]=0 \tag{2-15}$$

解式（2-15）可求得当前配筋方案下的 k_u，进而代入式（2-14）可得 f'_s，然后将 f_s、f'_s和 k_u 代入式（2-3）和式（2-4）即可得构件的最大名义承载力轴力 P_n、弯矩 M_n。

2）当 $e'/d < e'_b/d$ 时，截面为受压控制，其设计推导过程与受拉控制类似，在此略过，仅给出 f_s、f'_s和 k_u 表达式如下：

$$f_s = \frac{E_s\varepsilon_c(\beta_1 - k_u)}{k_u} \leqslant f_y \tag{2-16}$$

$$f'_s = \frac{E_s\varepsilon_c[k_u - \beta_1 d'/d]}{k_u} \leqslant f_y \tag{2-17}$$

$$k_u^3 + 2\left(\frac{e'}{d}-1\right)k_u^2 + \frac{E_s\varepsilon_c}{0.425f'_c}\left[(\rho+\rho')\left(\frac{e'}{d}\right)-\rho'\left(1-\frac{d'}{d}\right)\right]k_u$$

$$-\frac{\beta_1 E_s\varepsilon_c}{0.425f'_c}\left[\rho'\left(\frac{d'}{d}\right)\left(\frac{e'}{d}+\frac{d'}{d}-1\right)+\rho\left(\frac{e'}{d}\right)\right]=0 \tag{2-18}$$

3）当 $e'/d = e'_b/d$ 时，截面为平衡破坏状态，f_s、f'_s和 k_u 表达式见步骤（1）。

（4）截面承载力的复核。如果满足式（2-1）和式（2-2），则满足承载力要求，即设定的配筋方案满足要求，可采用设定的配筋方案；如不满足，则在美国规范推荐的最大配筋率限值 $0.375\rho_b$［ρ_b 为平衡配筋率，$\rho_b = 600(0.85\beta_1 f'_c/f_y)/(600+f_y)$］范围内增加配筋率 ρ、ρ'的值，重复以上承载力复核过程，直到承载力刚好满足要求［$0<(\phi P_n - P_u)/P_u<1\%$，$0<(\phi M_n - M_u)/M_u<1\%$］，即求出了最优配筋率。

3　材料指标

中美两国在混凝土试件尺寸、测试方法、强度保证率等方面存在较大的差异，承载力计算时材料强度指标的取值方法也不同，因此在使用这两类规范进行设计时，必须进行材料强度指标和模量指标之间的换算。

3.1　混凝土强度

中国规范的混凝土强度等级采用边长150mm立方体试件28天的抗压强度，而美国规范ASTM规定，混凝土强度等级采用直径150mm、高度为300mm圆柱体试件28天的抗压强度。

（1）对于不超过C50级的混凝土，文献［6］给出了混凝土圆柱体抗压强度平均值 $f'_{c,m}$（D150mm×300mm）与立方体抗压强度平均值 $f_{cu,m}$（150mm×150mm×150mm）的

关系

$$f'_{c,m}=(0.79\sim0.81)f_{cu,m} \tag{3-1}$$

（2）美国规范中的混凝土强度保证率为91％，圆柱体抗压强度标准值f'_c为：

$$f'_c=f'_{c,m}-1.34\sigma=f'_{c,m}(1-1.34\delta_{f_c}) \tag{3-2}$$

式中　σ——强度标准差；

δ_{f_c}——变异系数。

中国规范中的混凝土强度保证率统一为95％，立方体抗压强度标准值$f_{cu,k}$为：

$$f_{cu,k}=f_{cu,m}-1.645\sigma=f_{cu,m}(1-1.645\delta_{f_{cu}}) \tag{3-3}$$

式中　σ——强度标准差；

$\delta_{f_{cu}}$——变异系数。

（3）将式（3-2）、式（3-3）代入式（3-1）中，可将美国91％保证率的混凝土圆柱体抗压标准强度f'_c换算为中国95％保证率的立方体抗压标准强度$f_{cu,k}$，如式（3-4）所示

$$f_{cu,k}=1.25\frac{1-1.645\delta_{f_{cu}}}{1-1.34\delta_{f_c}}f'_c \tag{3-4}$$

例如：对于美国5000psi级的混凝土，$f'_c=34.5\text{MPa}$，参考中国规范近似取$\delta_{f_c}=\delta_{f_{cu}}=0.12$，代入式（3-4）可得中国混凝土立方体抗压强度标准值$f_{cu,k}=41.2\text{MPa}$，进而转化为混凝土轴心抗压强度设计值为：

$$f_c=\frac{f_{ck}}{\gamma_c}=\frac{0.67\alpha_c f_{cu,k}}{\gamma_c}=\frac{0.67\times1.0\times41.2}{1.4}=19.7(\text{MPa}) \tag{3-5}$$

3.2　混凝土弹模

中国规范认为混凝土的弹性模量为

$$E_c=\frac{10^5}{2.2+34.7/f_{cu,k}} \tag{3-6}$$

美国ACI318规范认为对于正常密度混凝土，弹性模量可按下式计算：

$$E_c=4700\sqrt{f'_c} \tag{3-7}$$

3.3　钢筋强度及弹性模量

中国常用的普通钢筋级别有HRB335级、HRB400级，在承载能力极限状态计算中，中国规范采用钢筋强度设计值。美国常用的普通钢筋的等级有40级（380MPa）、60级（420MPa）和75级（520MPa），在结构设计中，将钢筋强度取为规定的强度即屈服强度。中美规范钢筋的弹性模量差别很小，普通钢筋弹模均可取为$2.0\times10^5\text{N/mm}^2$。

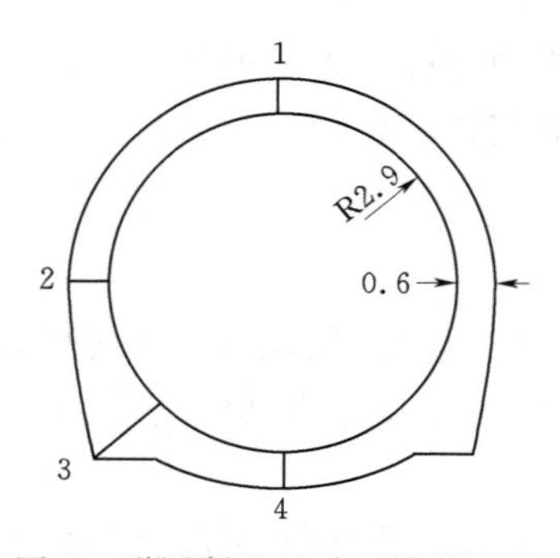

图5　隧洞断面尺寸（单位：m）

4　实例

4.1　计算参数

某压力隧洞为钢筋混凝土衬砌，内径5.8m，厚度为

60cm，断面尺寸如图 5 所示，运行期衬砌内、外水头差 120m，检修期外水水头 330m，混凝土材料为美国 5000psi 级混凝土。结构重要性系数取为 1.0（安全级别为Ⅱ级）。此外，在美国规范的荷载系数中未引入水力系数 H_f。

4.2 结果分析

根据有限元计算结果选取如图 5 所示 4 个典型截面并整理了相应的断面应力，通过积分计算各截面的轴力和弯矩。美国规范按 2.3 节确定的配筋公式进行配筋计算，中国规范按内力法进行配筋计算，计算中具体参数取值见表 1，计算结果见表 2。

表 1　中美规范算例参数对比

对比项	美国规范	中国规范
荷载分项系数	运行期：衬砌自重 1.3，内水压力 1.4 检修期：衬砌自重 1.1，外水压力 1.4 （未考虑水力系数 H_f）	运行期：衬砌自重 1.0，内水压力 1.2 检修期：衬砌自重 1.0，外水压力 1.2 （结构重要性系数 1.0）
混凝土保护层厚度	0.08m（3in）	0.08m（与美国规范统一）
混凝土材料强度计算值	34.5MPa（圆柱体标准强度 5000psi）	19.7MPa［式（3-5）］
混凝土弹模	27.6GPa［式（3-7）］	32.9GPa［式（3-6）、式（3-4）］
钢筋强度采用值（HRB400 级钢筋）	400MPa（屈服强度）	360MPa（设计强度）

表 2　某水电站压力隧洞衬砌配筋设计

工况	特征截面	截面厚度 /m	美国规范				中国规范			
			轴力 /MN	弯矩 /(MN·m)	构件类型	配筋量 /(mm²/m)	轴力 /MN	弯矩 /(MN·m)	构件类型	配筋量 /(mm²/m)
运行期	1	0.6	1.362	0.0208	拉弯/拉	4047	1.326	0.0192	小偏拉	4711
	2	0.6	1.388	0.0179	拉弯/拉	4083	1.352	0.0152	小偏拉	4737
	3	1.2	2.134	0.2243	拉弯/拉	7104	1.990	0.2235	小偏拉	8066
	4	0.6	1.495	0.0174	拉弯/拉	4373	1.459	0.0146	小偏拉	5085
检修期	1	0.6	−11.075	0.2715	压弯/压	6911	−9.572	0.2071	小偏压	5218
	2	0.6	−11.176	0.2531	压弯/压	7512	−9.670	0.1931	小偏压	5302
	3	1.2	−13.786	1.3462	压弯/压	3360	−11.834	1.0834	小偏压	3120
	4	0.6	−11.379	0.4148	压弯/压	8718	−9.773	0.3004	小偏压	7409

注　轴力为正表示受拉，反之受压；最小配筋率：美国规范采用整个截面的 0.28%[8]，中国规范取为单侧 0.15%[1]；“拉弯/拉”是指拉弯构件，受拉控制，“小偏拉”是指小偏心受拉构件。

从表 2 及图 6、图 7 中可以看出，美国规范计算得到的轴力和弯矩在数值上均比中国规范大，这主要是因为荷载分项系数的取值不同，美国规范荷载分项系数取值较大。

从表 2 及图 6、图 7 中还可以看出，对于运行期，美国规范计算得到的配筋量比中国规范小，原因是中美规范计算得到的轴力和弯矩值相差不大（最大相差 7%），同时美国规范强度折减系数 ϕ 取 0.9，而中国规范的综合折减系数约为 $1/(1.2\times1.1)=0.76$（运行期小偏心受拉不考虑混凝土强度，即 $\gamma_c=1.4$ 不参与计算）；而对于检修期，美国规范计

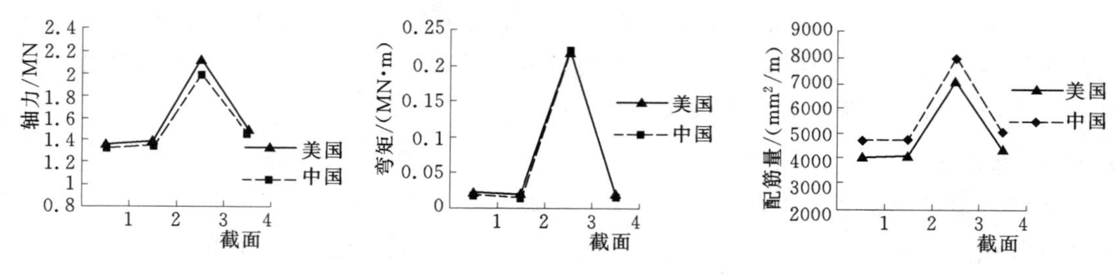

图 6　运行期中美规范衬砌截面轴力、弯矩、配筋量对比图

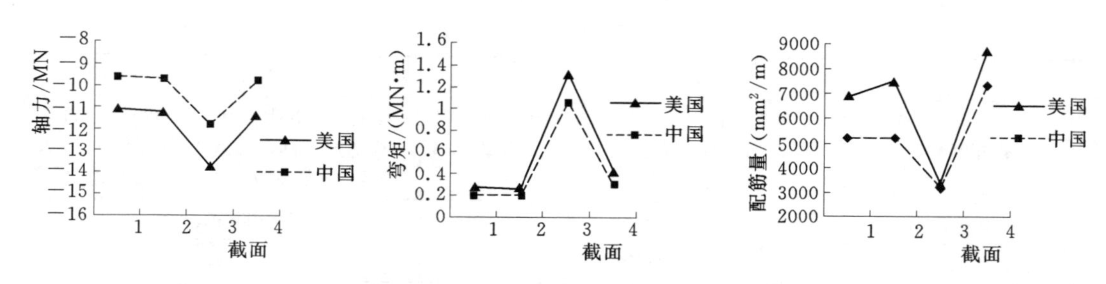

图 7　检修期中美规范衬砌截面轴力、弯矩、配筋量对比图

算得到的配筋量则比中国规范大，这主要是因为美国规范计算得到的内力值比中国规范要大（轴力大近 20%，弯矩大 30%左右，这是造成配筋量差异的主要原因），此外两国规范在抗力折减系数、材料强度取值、计算方法等方面的差异也会影响最终配筋量的大小。

5　结语

（1）中美规范水工混凝土结构设计均基于极限状态设计法，采用了“荷载一抗力”形式的设计表达式。在“荷载”一侧，中国规范用荷载分项系数、结构重要性系数 γ_0 和设计状况系数 ψ 考虑了荷载的变化，而美国规范直接采用荷载分项系数；在“抗力”一侧，中国规范用结构系数 γ_d 以及材料性能分项系数 γ_c 和 γ_s 反映了抗力的折减，而美国规范直接采用强度折减系数 ϕ。相比之下美国规范在系数的使用上更加直观简洁，同时也有助于工程师根据构件的整体受力性能通过改变 ϕ 值来调整相应的承载力安全储备。在处理构件破坏时，对延性破坏类型的构件可以取较大的 ϕ 值，而脆性破坏类型的构件可以通过降低 ϕ 值来提高承载力安全储备，这在理论上是比较合理的。

（2）中美规范在设计基本原则、分析方法、计算假定等方面是相同的，但在混凝土材料强度测试方法、试件尺寸、混凝土、钢材的强度指标、构造措施、荷载和荷载效应组合、折减系数、混凝土相对受压区高度的计算等方面存在着较大的差异，因而在采用两国规范进行设计分析时要注意各自参数的配套选用，不能混淆。

参　考　文　献

[1]　DL/T 5057—2009，水工混凝土结构设计规范［S］. 北京：中国电力出版社，2009.

[2]　Engineering and Design Strength design for reinforced - concrete hydraulic structures（EM1110 - 2 -

2104）[S]. U. S. Army Corps of Engineers，1992.
[3] Building Code Requirements for Structural Concrete（ACI 318 - 08）and Commentary [S]. American Concrete Institute，2008.
[4] 卢亦焱，李传才．水工混凝土结构 [M]. 武汉：武汉大学出版社，2011.
[5] 宋玉普，王清湘，王立成．水工钢筋混凝土结构 [M]. 北京：中国水利水电出版社，2010.
[6] 中国建筑科学研究院，混凝土结构设计 [M]. 北京：中国建筑工业出版社，2003.
[7] GB 50010—2010，混凝土结构设计规范 [S]. 北京：中国建筑工业出版社，2010.
[8] Engineering and Design Tunnels and Shafts in rock（EM 1110 - 2 - 2901）[S]. U. S. Army Corps of Engineers，1997.